2022
개정교육과정

고난도 실전개념서

신의 한수(數)

공통수학 I

김문호 지음

- 최상위권 현장 강의 노하우 수록
- 교과서 속 심화 개념 분석 및 정리
- 문제 해결을 위한 다양한 접근법 제시
- 킬러문항만 선별한 단원별 고난도 실전연습문제
- 효율적인 해법을 위한 교과 외 실전 필수 개념 정리
- 내신 및 모의고사 1등급을 위한 실전 개념과 문제 수록

신의 한數

선배들의 추천사

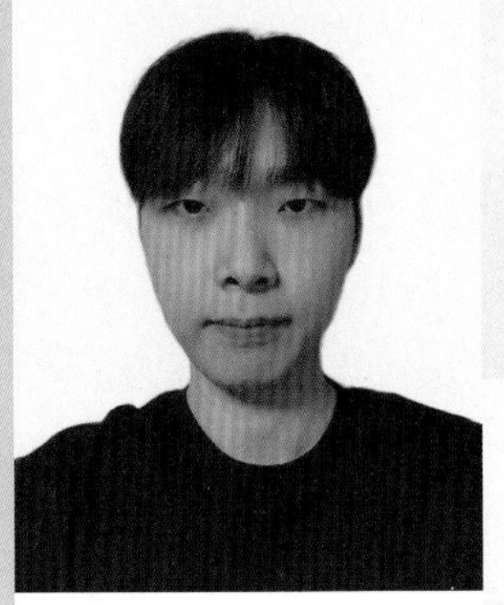

연세대 의예과(서울)
김석호

김문호 선생님의 가르침 덕분에, 수학은 고등학교 시절 늘 제게 가장 자신 있는 과목이었습니다. 이 책을 통해 여러분도 최고의 자신감을 갖게 되기를 기대합니다.

고려대 의예과
박영성

선생님께 수학을 배우면서 힘들었던 문제들도 결국엔 풀릴 수 있음을 알게 되었습니다.
신의 한 수(數)를 통해 학생 여러분들도 깨달음을 얻을 수 있으셨으면 좋겠습니다.

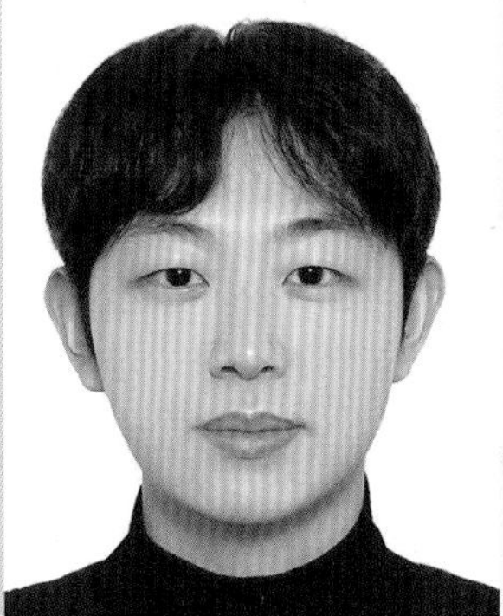

고려대 의예과
도우현

제가 항상 최상위권을 유지할 수 있었던 건 김문호 선생님 덕분입니다. 이 책은 선생님의 노하우와 통찰력을 담아 상위권 학생들이 수학적 사고력과 문제해결 능력을 더욱 단련할 수 있도록 돕는 강력한 도구가 될 것입니다.

서울대 치의예과
이상민

김문호 선생님 덕분에 고등학교 시절 수학에 대한 걱정을 떨쳐버릴 수 있었습니다.
흔들리지 않는 수학 실력을 위해 반드시 보셔야 할 책이라고 생각합니다.

서울대 치의예과
김병운

김문호 선생님의 체계적인 지도로 상위권 성적을 꾸준히 유지할 수 있었습니다. 이 교재는 최상위권 도약을 꿈꾸는 학생들에게 필요한 모든 것을 담고 있습니다. 수학적 깊이를 더하려면 이 책은 선택되어야 합니다.

서울대 약학과
김태연

선생님의 수업을 들으며 가장 자신있는 과목을 묻는 질문에 항상 수학이라는 답을 할 수 있었습니다. 그 가르침이 여러분에게도 이어져 최종적으로 목표하시던 바를 이루시기를 응원합니다.

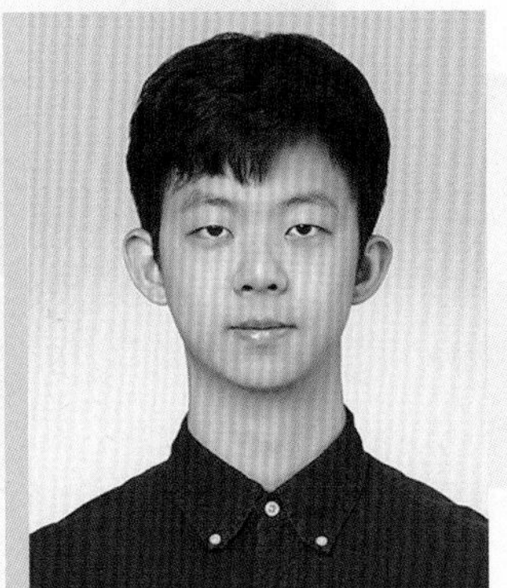

서울대 컴퓨터공학
김승효

제 고등학교 수학 성적은 김문호 수학학원에서 공부한 결과물입니다. 그래서 신의 한 수(數)를 누구에게나 자신 있게 추천합니다. 김문호 선생님의 명쾌한 설명과 함께 엄선된 문제들을 하루빨리 만나보시길 바랍니다.

서울대 전기정보
최호승

'신의 한 수'는 도전적인 문제들로 구성되어 있어 한 문제를 풀 때마다 실력이 향상되는 것을 체감할 수 있습니다. 수학 실력의 압도적 향상을 원할 때 이 책으로 도전하면, 수학의 재미를 발견하게 될 것입니다.

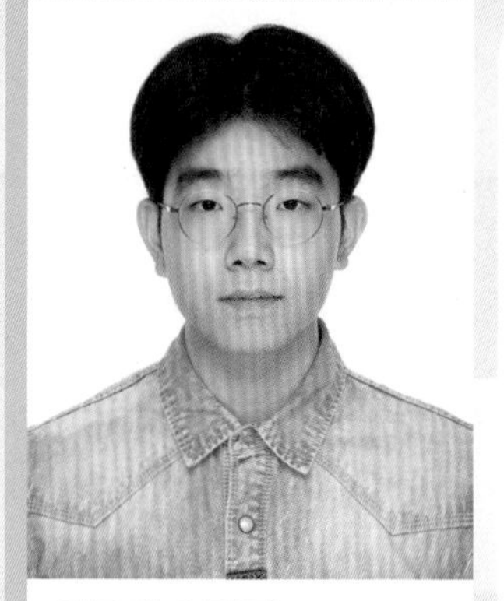

아주대 의예과
박세준

김문호 원장쌤과 함께 하면서 수학 실력이 정말 많이 늘었습니다. 예전에는 그저 알고 있는 방식으로만 풀고 어려운 문제는 손도 못댄 적도 많은데 이제는 처음보는 문제라도 다양한 방법으로 시도하며 풀 수 있게 되었어요!

연세대 의예과(원주)
이수빈

김문호 선생님께 수학을 배웠기에 고난도 문제에 익숙해질 수 있었습니다. 고난도 문제를 극복하고 상위권이 되고 싶다면 이 책을 강력 추천합니다!

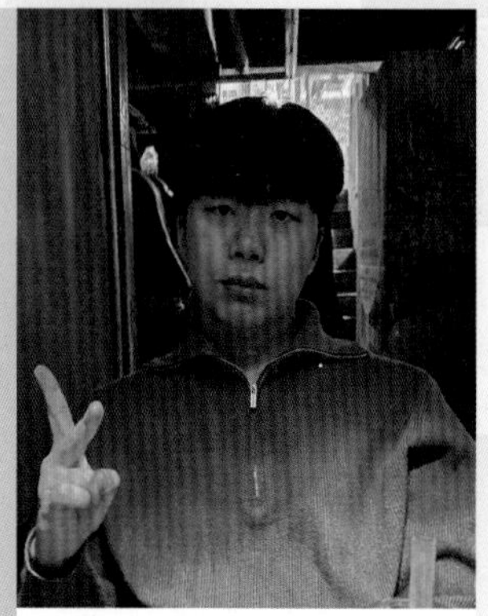

연세대 의예과(원주)
맹은서

김문호 선생님의 수업 덕분에 제가 무엇이 부족한지 깨달아 이전보다 좋은 성적을 받게 되었습니다. 이 책을 통해서 본인의 약점을 지우고 실력을 높이는 최고의 기회가 되리라 확신합니다!

경북대 의예과
박영준

남이 성공한 길을 따라 걷는 것만큼 성공하기 쉬운 방법은 없습니다. 수많은 발자취가 남아있는 〈신의 한 수〉를 따라 걷다 보면 원하는 곳에 반드시 도착할 것이라 굳게 믿습니다.

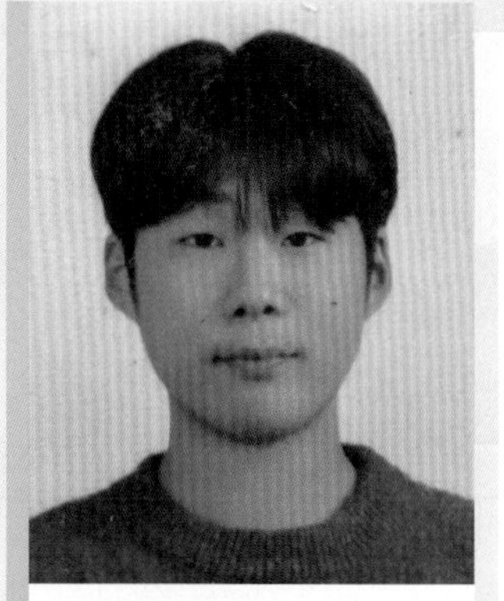

인제대 의예과
김민서

고정 1등급 받기위한
신의 한수!

경상대 의예과
이창영

상위권이라면 꼭 풀어봐야할 실전 심화책! 이 책 풀고 모두 최상위권 되세요.

전북대 의예과
오아람

김문호 원장님의 꼼꼼한 지도 덕분에 정규 학교수업 없이도 수능에서 좋은 성적을 거둘 수 있었습니다!

원광대 의예과
이지은

선생님과 함께한 시간 덕분에 수학이 두렵지 않았습니다. 여러분도 이 책을 믿고 끝까지 포기하지 마세요!

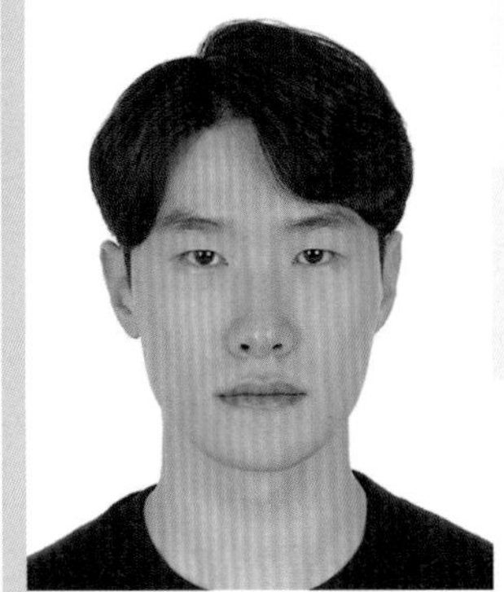

경희대 치의예과
김정욱

선생님께 오랜 시간 배운 덕분에 수학에 대한 걱정은 없었습니다. 그 노하우가 담긴 신의 한 수(數)가 학생 여러분들께 비장의 무기가 될 수 있기를 기대합니다.

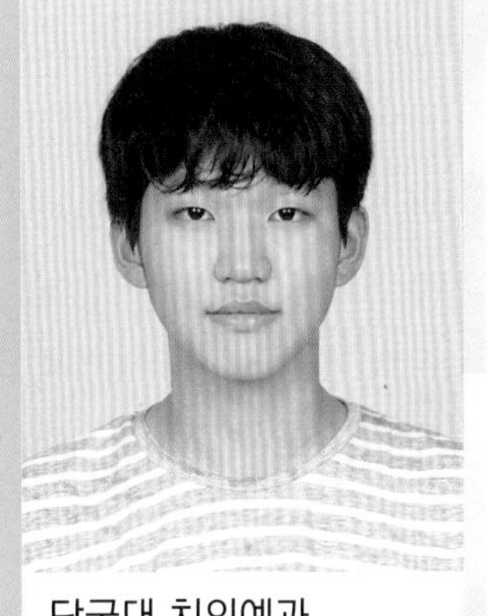

단국대 치의예과
홍성원

내신과 수능 모두에 도움이 되지만, 어디서든 쉽게 접할 수 없는 내용, 그러한 김문호 선생님 수업의 정수가 이 책에 녹아있습니다. 이 책을 택한 것이 당신에게 신의 한수가 될 것임을 확신합니다.

경북대 치의예과
홍의찬

김문호 선생님의 실력, 발상, 내공은 누구와도 비교할 수 없다고 장담합니다. 선생님의 모든 노하우가 담긴 신의 한 수를 통해, 학생여러분도 마법을 느껴보셨으면 좋겠습니다.

경희대 한의예과
이혁진

김문호 선생님의 수학은 암기가 아닌 개념 이해를 통한 응용을 중시했습니다. 신의 한 수는 이 가르침을 바탕으로 집필된 교재로, 수학을 깊이 이해하고자 하는 학생들에게 훌륭한 안내서가 될 것입니다.

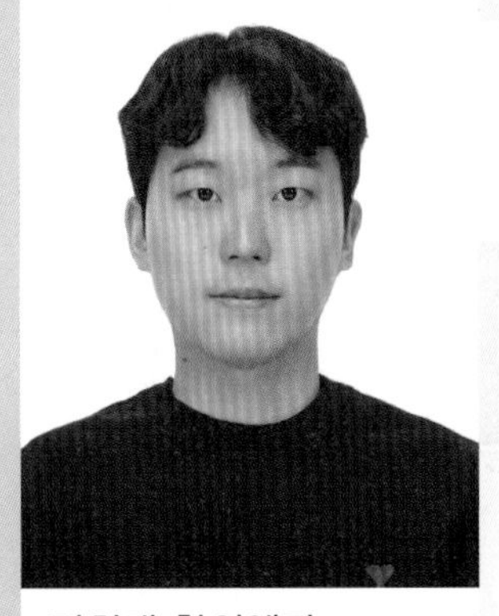

경희대 한의예과
정승우

많은 학생들이 수학 걱정을 덜었던 방법, 이제 '신의 한수'에 모두 담겨있습니다. 여러분의 수학 실력 향상을 기원합니다.

충남대 수의학과
이현서

김문호 선생님과 함께 오랜 시간 배운 결과 어떤 유형의 문제가 닥쳐와도 자신감을 가지고 해결해 나갈 수 있었습니다. 신의 한 수(數)가 여러분의 탄탄한 수학 실력을 위한 발돋움이 될 수 있을거라 믿습니다.

이화여대 약학과
김채연

선생님께 수학 배운 덕분에 수능 수학 100점 받았어요~ 여러분도 신의 한 수 풀고 100점 맞으세용!

서울대 원자핵공학
김하빈

내신과 수능을 아울러 반드시 필요한 노하우만을 담은 "신의 한 수(數)"를 통해, 여러분께서도 저처럼 수학에 자신감을 가지시게 되길 바랍니다.

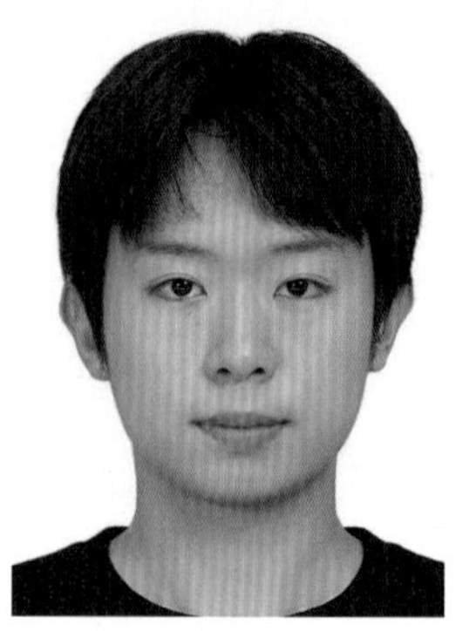

서울대 건설환경
박진우

수학의 본질을 꿰뚫는 깊이 있는 문제와 해설이 담긴 '신의 한 수'는 최상위권 학생들을 위한 필독서입니다. 현장강의 노하우가 담긴 이 책이 여러분들에게 진정 신의 한 수가 될 것입니다.

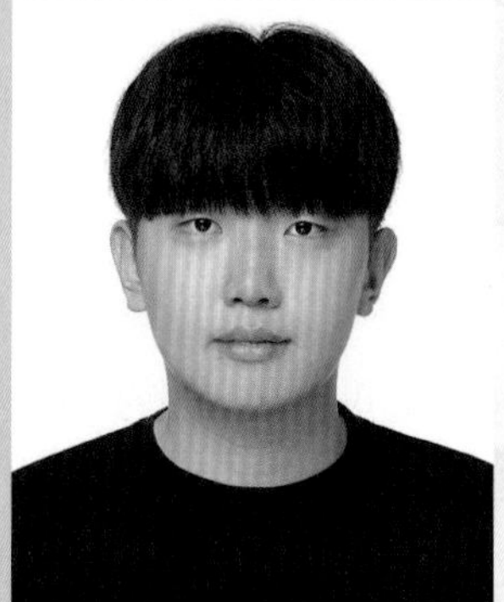

서울대 건설환경
방승현

교과서에선 가르쳐주지 않는 김문호 선생님만의 꿀팁으로 시험에서 어떤 문제가 나와도 당황하지 않고 풀 수 있게 되었습니다. 수학을 잘하고 싶어하는 학생들에게 큰 밑거름이 될 책이라고 생각합니다.

서울대 화학교육과
김주성

김문호 수학학원에 다니며 가장 좋았던 점은 다양한 관점을 통해 문제를 푸는 방법을 배우는 것이었습니다. 김문호 선생님의 관점에서 다양한 풀이를 경험하시길 바랍니다!

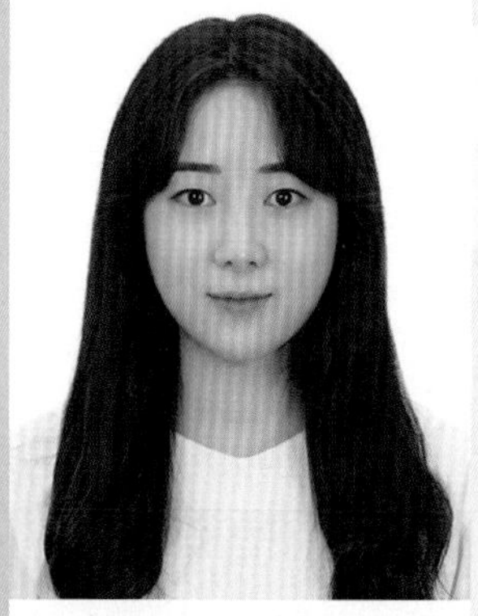

서울대 정치외교
안성주

선생님만의 새로운 문제 접근법을 배우며 중상위권에서 최상위권으로 도약할 수 있었습니다. 해설이 아닌 해결이 담긴 신의 한수를 통해 약점을 확실히 보완해 원하는 목표를 이루시길 응원합니다!

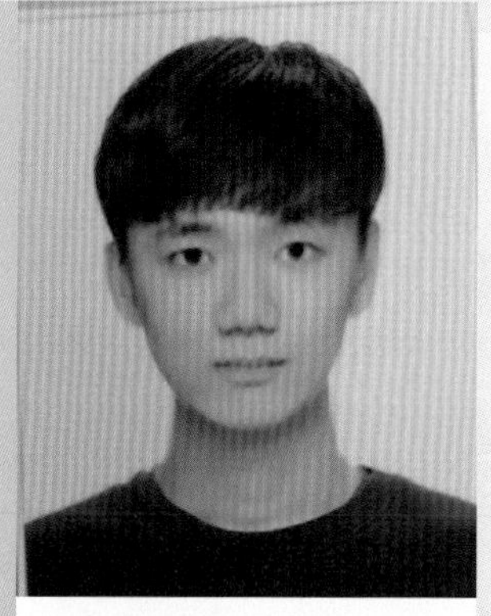

카이스트 전기전자
송주호

김문호 선생님 덕분에 학교 내신 고난도 문항에 대하여 확실하게 대비를 할 수 있었습니다. 선생님의 노하우가 담긴 이 책은 여러분이 최상위권으로 가기 위한 신의 한 수가 될 것이라 확신합니다!

포스텍 반도체공학
박겸민

선생님의 퀄리티 높은 수업과 잘 정리된 교재가 있었기에 고등학교 내내 상위권의 수학 성적을 받을 수 있었습니다. 여러분도 이 책으로 착실히 공부한다면 좋은 결과가 있을거라고 생각합니다.

연세대 전기전자
송의현

선생님께 배운 덕분에 내신, 수능이라는 두 마리 토끼를 다 잡아 좋은 결과를 얻을 수 있었습니다. 선생님의 정수가 담긴 책 '신의 한 수'를 통해 어떤 것에든 대비할 수 있는 탄탄한 수학 실력을 갖추길 바랍니다!

연세대 인공지능
이강한

김문호 선생님의 풀이와 접근에 익숙해지다보면 내신 킬러 문제도 거뜬히 풀 수 있습니다!! 신의 한 수(數)와 함께 성공하는 수험생활하시길 바라겠습니다!

연세대 경영학과
옥경호

'수학 최상위권으로 가기 위한 마지막 조각. 신의 한 수(數)'

연세대 경제학과
이수민

김문호 선생님 덕분에 고등학교 시절 내내 최상위권을 유지할 수 있었습니다. 흔들리지 않는 수학실력을 원한다면 반드시 봐야 할 책!

연세대 문헌정보
박진수

점점 바뀌어가는 수능에 맞추어 수능 사고력을 기르기에 아주 좋았습니다.

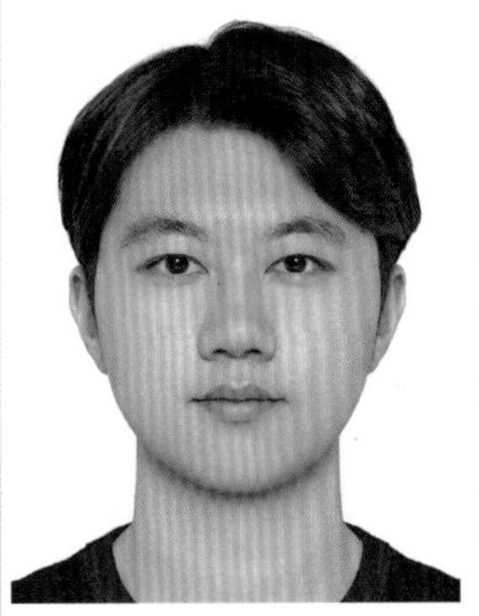

고려대 신소재공학
장진수

김문호 선생님께서는 혼자서 생각해내기 어려운 심화적 접근 방법을 개념으로 쉽게 설명해 주십니다!

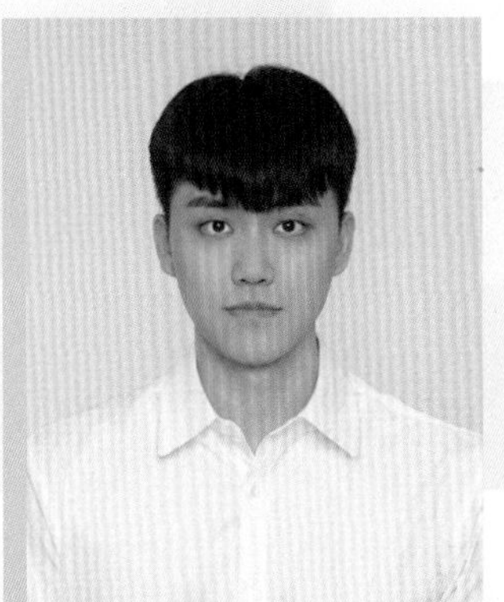

고려대 사이버국방
김도재

선생님을 만나기 전에 단순히 해답을 흉내내던 제가 선생님께 배우면서 스스로 사고하고 문제를 풀어나가게 되었습니다. 이 책을 보시는 분들도 같은 경험을 하길 바라겠습니다.

고려대 보건환경
김주은

선생님의 오랜 경험과 지혜가 담긴 신의 한 수(數)와 함께라면, 수학에서 신의 한 수를 찾아내며 큰 성장을 이룰 수 있을 겁니다. 하늘로 비상할 여러분의 미래를 위해 자신 있게 추천합니다!

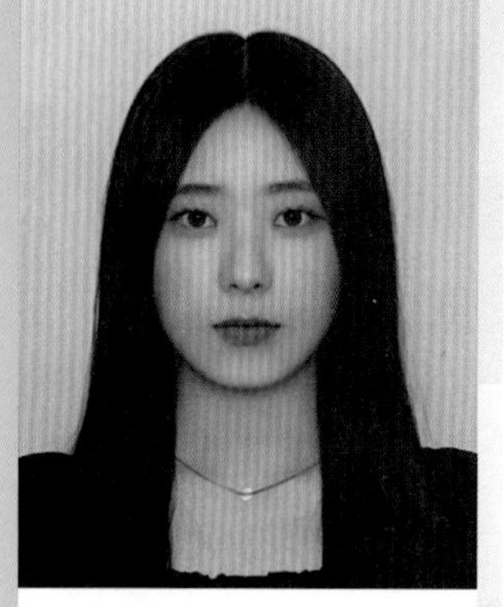

고려대 보건환경
이세연

다른 책에서 배울 수 없었던 상위권의 수학 비법이 가득 담겨 있어 신의 한수를 통해 중위권에서 최상위권까지 도약할 수 있었습니다.

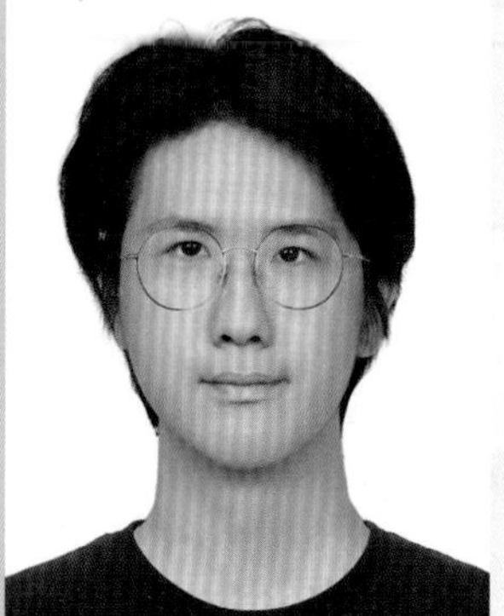

고려대 보건환경
김민한

김문호 선생님의 가르침으로 여러 심화 문제들의 풀이법을 익혀 고난도 내신 문제들을 맞출 수 있었습니다! 고난도 내신 문제를 대비하는 분들이라면 이 책을 꼭 풀어보시는 것을 추천합니다!

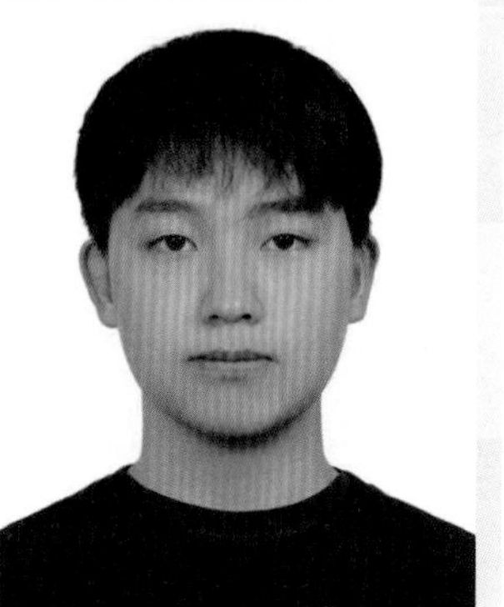

고려대 물리학과
임도현

김문호 선생님께서 알려주신 여러 방법들을 통해 수학에 대한 직관이 크게 성장했습니다. 같은 문제를 여러 방법으로 풀 수 있는 능력이야말로 수학의 마지막 단계입니다. 이 책을 통해 수학의 끝을 경험해보세요.

고려대 식품공학과
전수빈

한단계, 한단계 따라가다 보면 어려운 문제가 쉽게 풀리는 구성이라 혼자 공부하기에도 최고의 책인 것 같습니다. 단기간의 실력 향상과 안정적인 고득점 유지를 바라신다면 신의 한 수(數)가 좋은 선택일 것 같습니다.

성균관대 기계공학과
이범수

신의 한 수는 복잡한 수학 개념도 쉽게 풀어내는 탁월한 설명과 깊이 있는 통찰이 담긴 필독서입니다. 방황하고 부족함이 많았던 시기에 김문호 선생님 덕분에 많은 것을 배울 수 있었습니다. 출간 축하드립니다.

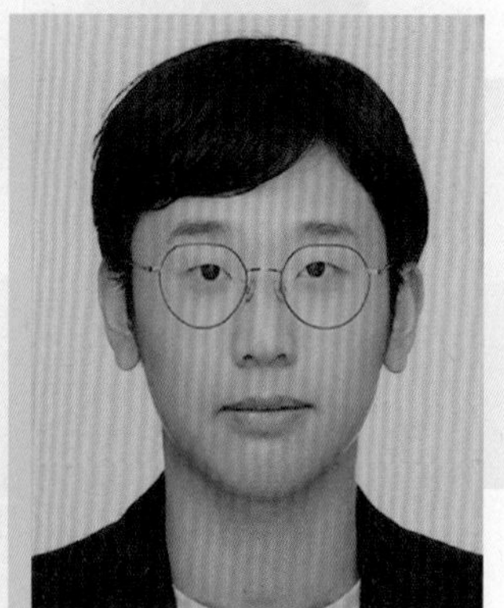

성균관대 신소재공학
김민석

신의한수, 저의 성공을 이끈 선생님의 정수가 담긴 책입니다. 이 책을 통해 수학 실력을 향상시켜 상위권으로 도약하시길 바랍니다!

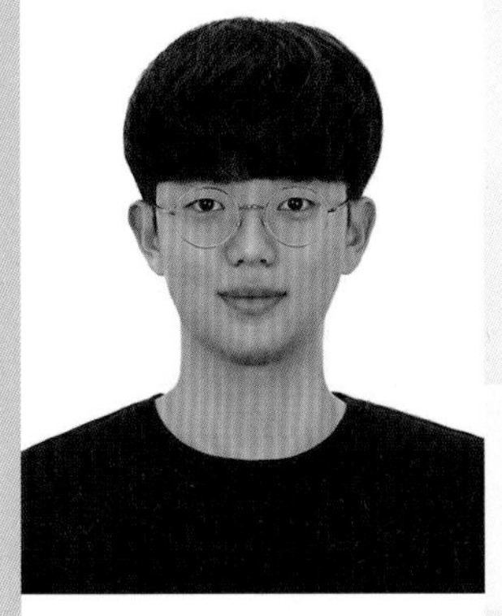

성균관대 소프트웨어
김한준

김문호 원장님의 지도 아래 수학의 깊이를 이해하며 최상위권에 도달할 수 있었습니다. '신의 한 수(數)'가 여러분의 수학 실력을 정점으로 끌어올릴 강력한 도구가 될 것이라 확신합니다.

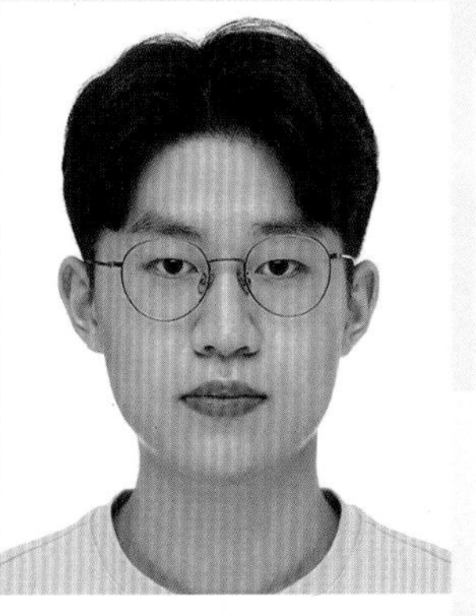

성균관대 수학과
김동우

선생님 덕분에 수학을 체계적으로 배우고, 문제 해결 능력을 키울 수 있었습니다. '신의 한 수'가 많은 학생들에게도 같은 경험을 선사하길 바랍니다.

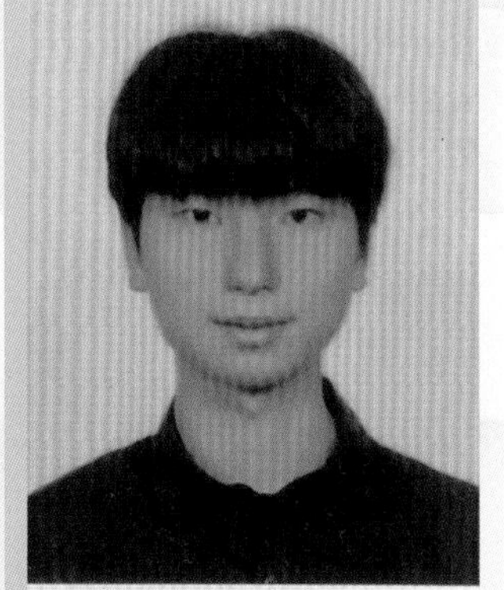

성균관대 자연과학
이승현

제가 수학에 대한 센스와 기본기를 갖추는데 김문호 선생님의 도움이 있었습니다. 신의 한 수를 통해 탄탄한 수학 실력을 갖출 수 있을 것입니다!

성균관대 글로벌경영
김성민

선생님께서 가르쳐 주신 실전개념과 문제 응용법을 통해 수학 실력을 많이 높일 수 있었습니다. 가장 수준 있는 '신의 한 수'를 통해 가장 높은 곳에 오르시기 바랍니다.

서강대 경영학과
오주영

3년간 선생님께 수학을 배우며 고난도 문제 해결을 위한 사고력을 기른 것이 제 수험생활에서 신의 한 수(手)였습니다. 여러분도 그 비법이 담긴 신의 한 수(數)를 통해 수학 실력을 더욱 향상시키시길 바랍니다.

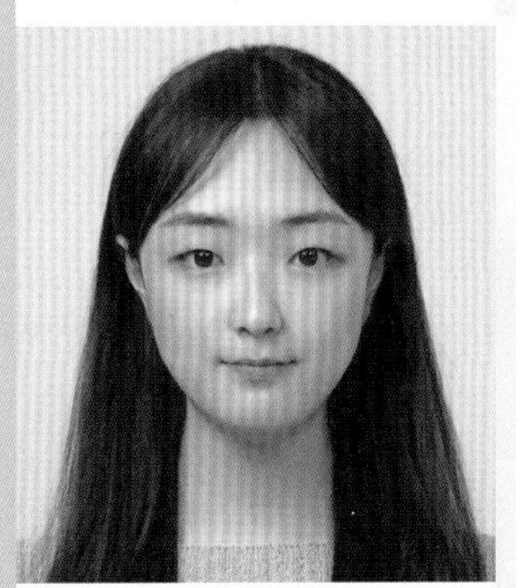

서강대 사회과학부
김유리

만년 수포자도 구제해주신 문호쌤의 책! 수학으로 고민이 많으시다면 신의 한 수만 제대로 풀어도 수학 1등급은 확정입니다.

고난도 실전개념서

신의 한수(數)

공통수학 I

서문 Preface

《신의 한 수(數)》는 18년 이상의 상위권 강의 경험을 바탕으로 한 **실전 개념서**입니다. 이 책은 시험에서 자주 출제되는 중요한 주제를 다루며, 수학 성적이 뛰어난 학생들이 활용하는 실전 개념을 중심으로 문제 해결 방법을 제시합니다. 이를 통해 학생들의 문제 해결 능력을 키우고, 시험에서 더 큰 경쟁력을 갖출 수 있도록 돕습니다.

많은 학생들이 학원에 다니는 이유 중 하나는 변별력 있는 문제를 정확히 이해하고 쉽게 풀 수 있는 개념과 방법을 배우며, 시중 문제집에서는 접할 수 없는 신유형 문제를 통해 실전 감각을 키우기 위해서입니다. 《신의 한 수(數)》는 이러한 요구를 충족하는 내용을 모두 담고 있습니다.

노력에 비해 성적이 오르지 않아 고민하는 중위권 학생들도 이 책을 통해 자주 출제되는 중요한 문제와 개념을 반복적으로 학습할 수 있습니다. 이를 통해 이해력을 높이고, 자신감을 쌓아가며 성적을 향상시킬 수 있을 것입니다. 상위권에 도달하는 과정에서 어려움이 있을 수 있지만, 자신의 목표와 꿈을 위해 지금 도전해보세요.

꾸준한 학습이 여러분의 미래를 변화시킬 수 있으며, 그 과정에서 스스로 성장하는 모습을 발견하게 될 것입니다.

여러분의 성공을 진심으로 응원합니다.

구성 Composition

1 심화개념 및 공식

각 주제를 더욱 깊이 이해하고 효과적인 문제 해결을 위해, 심화 개념과 공식을 수록했다.

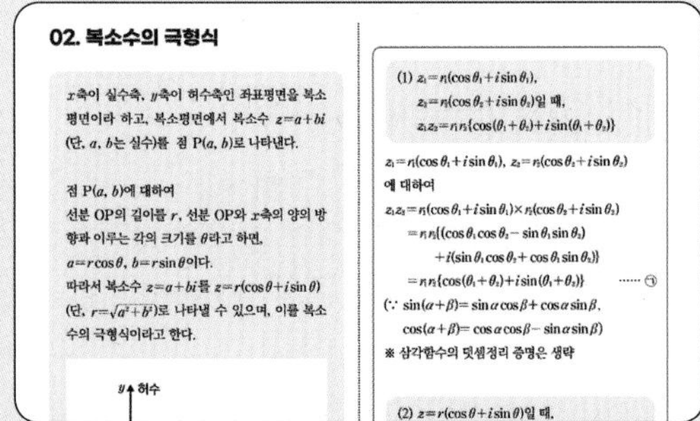

02. 복소수의 극형식

x축이 실수축, y축이 허수축인 좌표평면을 복소평면이라 하고, 복소평면에서 복소수 $z=a+bi$ (단, a, b는 실수)를 점 $\mathrm{P}(a, b)$로 나타낸다.

점 $\mathrm{P}(a, b)$에 대하여
선분 OP의 길이를 r, 선분 OP와 x축의 양의 방향과 이루는 각의 크기를 θ라고 하면,
$a=r\cos\theta$, $b=r\sin\theta$이다.
따라서 복소수 $z=a+bi$를 $z=r(\cos\theta+i\sin\theta)$ (단, $r=\sqrt{a^2+b^2}$)로 나타낼 수 있으며, 이를 복소수의 극형식이라고 한다.

(1) $z_1=r_1(\cos\theta_1+i\sin\theta_1)$,
$z_2=r_2(\cos\theta_2+i\sin\theta_2)$일 때,
$z_1z_2=r_1r_2\{\cos(\theta_1+\theta_2)+i\sin(\theta_1+\theta_2)\}$

$z_1=r_1(\cos\theta_1+i\sin\theta_1)$, $z_2=r_2(\cos\theta_2+i\sin\theta_2)$에 대하여

$$\begin{aligned} z_1z_2 &= r_1(\cos\theta_1+i\sin\theta_1)\times r_2(\cos\theta_2+i\sin\theta_2) \\ &= r_1r_2\{(\cos\theta_1\cos\theta_2-\sin\theta_1\sin\theta_2) \\ &\quad +i(\sin\theta_1\cos\theta_2+\cos\theta_1\sin\theta_2)\} \\ &= r_1r_2\{\cos(\theta_1+\theta_2)+i\sin(\theta_1+\theta_2)\} \quad \cdots\cdots ㉠ \end{aligned}$$

($\because$ $\sin(\alpha+\beta)=\sin\alpha\cos\beta+\cos\alpha\sin\beta$,
$\cos(\alpha+\beta)=\cos\alpha\cos\beta-\sin\alpha\sin\beta$)
※ 삼각함수의 덧셈정리 증명은 생략

(2) $z=r(\cos\theta+i\sin\theta)$일 때,

2 기출유형 연습

기출유형에 대한 효율적인 연습을 위해 다양한 문제를 수록하였다.

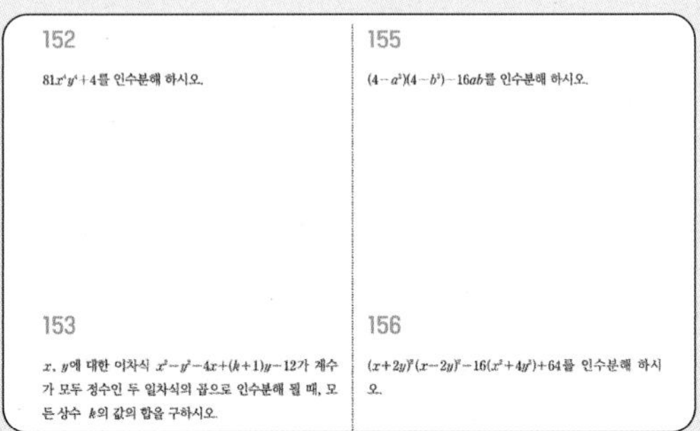

152
$81x^4y^4+4$를 인수분해 하시오.

155
$(4-a^2)(4-b^2)-16ab$를 인수분해 하시오.

153
x, y에 대한 이차식 $x^2-y^2-4x+(k+1)y-12$가 계수가 모두 정수인 두 일차식의 곱으로 인수분해 될 때, 모든 상수 k의 값의 합을 구하시오.

156
$(x+2y)^2(x-2y)^2-16(x^2+4y^2)+64$를 인수분해 하시오.

3 개념확인

새로운 개념에 대해서는 학생들이 해당 개념을 보다 쉽게 이해하고 활용할 수 있도록 개념 확인 문제를 수록하였다.

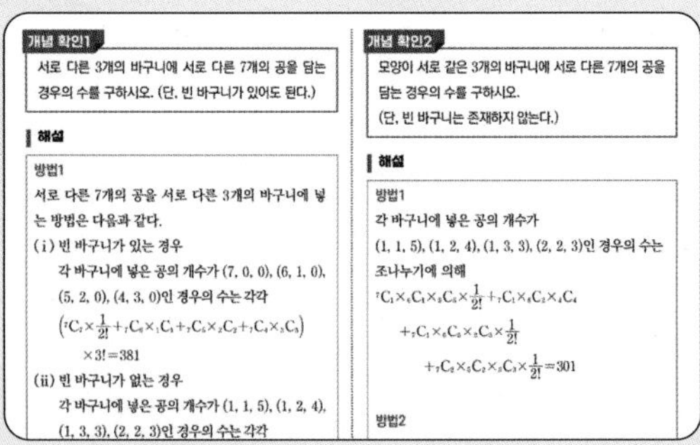

개념 확인1
서로 다른 3개의 바구니에 서로 다른 7개의 공을 담는 경우의 수를 구하시오. (단, 빈 바구니가 있어도 된다.)

해설

방법1
서로 다른 7개의 공을 서로 다른 3개의 바구니에 넣는 방법은 다음과 같다.
(i) 빈 바구니가 있는 경우
각 바구니에 넣은 공의 개수가 (7, 0, 0), (6, 1, 0), (5, 2, 0), (4, 3, 0)인 경우의 수는 각각
$\left({}_7C_7\times\frac{1}{2!}+{}_7C_6\times{}_1C_1+{}_7C_5\times{}_2C_2+{}_7C_4\times{}_3C_3\right)\times3!=381$
(ii) 빈 바구니가 없는 경우
각 바구니에 넣은 공의 개수가 (1, 1, 5), (1, 2, 4), (1, 3, 3), (2, 2, 3)인 경우의 수는 각각

개념 확인2
모양이 서로 같은 3개의 바구니에 서로 다른 7개의 공을 담는 경우의 수를 구하시오.
(단, 빈 바구니는 존재하지 않는다.)

해설

방법1
각 바구니에 넣은 공의 개수가
(1, 1, 5), (1, 2, 4), (1, 3, 3), (2, 2, 3)인 경우의 수는
조나누기에 의해
$${}_7C_1\times{}_6C_1\times{}_5C_5\times\frac{1}{2!}+{}_7C_1\times{}_6C_2\times{}_4C_4+{}_7C_1\times{}_6C_3\times{}_3C_3\times\frac{1}{2!}+{}_7C_2\times{}_5C_2\times{}_3C_3\times\frac{1}{2!}=301$$

방법2

4 고난도 실전 연습문제

앞에서 설명한 개념이 포함된 킬러문항을 각 단원의 연습문제에 수록하였다.

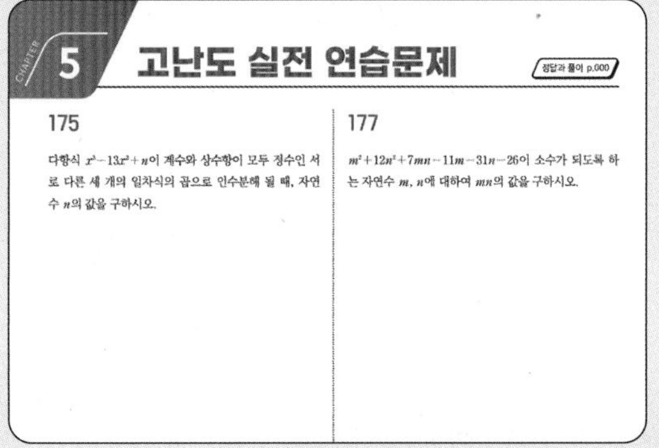

CHAPTER 5 **고난도 실전 연습문제**

정답과 풀이 p.000

175
다항식 x^3-13x^2+n이 계수와 상수항이 모두 정수인 서로 다른 세 개의 일차식의 곱으로 인수분해 될 때, 자연수 n의 값을 구하시오.

177
$m^2+12n^2+7mn-11m-31n-26$이 소수가 되도록 하는 자연수 m, n에 대하여 mn의 값을 구하시오.

5 실전개념 및 기출유형

문제를 효과적으로 분석하고 해결할 수 있도록, 기출유형 앞에 문제 해결을 위한 접근 방법과 핵심 포인트를 수록하였다.

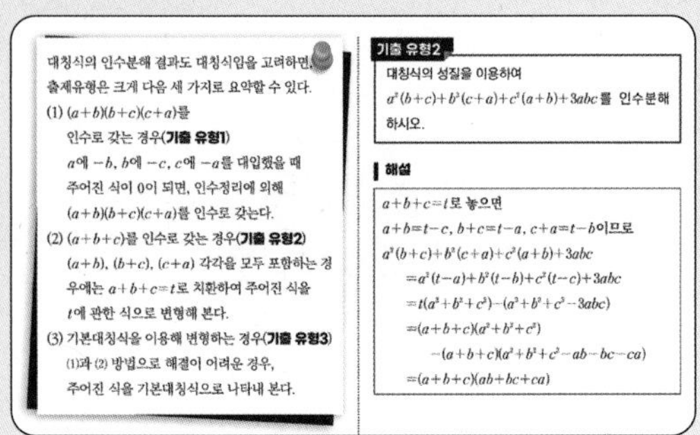

대칭식의 인수분해 결과도 대칭식임을 고려하면, 출제유형은 크게 다음 세 가지로 요약할 수 있다.
(1) $(a+b)(b+c)(c+a)$를 인수로 갖는 경우(**기출 유형1**)
a에 $-b$, b에 $-c$, c에 $-a$를 대입했을 때 주어진 식이 0이 되면, 인수정리에 의해 $(a+b)(b+c)(c+a)$를 인수로 갖는다.
(2) $(a+b+c)$를 인수로 갖는 경우(**기출 유형2**)
$(a+b)$, $(b+c)$, $(c+a)$ 각각을 모두 포함하는 경우에는 $a+b+c=t$로 치환하여 주어진 식을 t에 관한 식으로 변형해 본다.
(3) 기본대칭식을 이용해 변형하는 경우(**기출 유형3**)
(1)과 (2) 방법으로 해결이 어려운 경우, 주어진 식을 기본대칭식으로 나타내 본다.

기출 유형2
대칭식의 성질을 이용하여 $a^2(b+c)+b^2(c+a)+c^2(a+b)+3abc$를 인수분해 하시오.

해설

$a+b+c=t$로 놓으면
$a+b=t-c$, $b+c=t-a$, $c+a=t-b$이므로

$$\begin{aligned} &a^2(b+c)+b^2(c+a)+c^2(a+b)+3abc \\ &=a^2(t-a)+b^2(t-b)+c^2(t-c)+3abc \\ &=t(a^2+b^2+c^2)-(a^3+b^3+c^3-3abc) \\ &=(a+b+c)(a^2+b^2+c^2) \\ &\quad -(a+b+c)(a^2+b^2+c^2-ab-bc-ca) \\ &=(a+b+c)(ab+bc+ca) \end{aligned}$$

6 정답 및 풀이

정답과 해설이 쉽게 눈에 들어오도록 편집하였다.

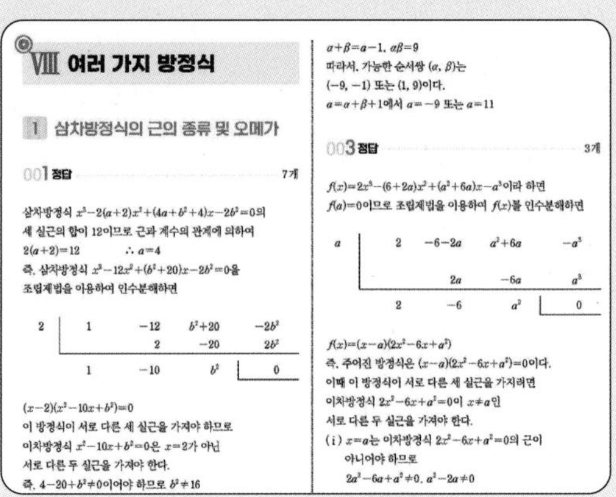

Ⅷ 여러 가지 방정식

1 삼차방정식의 근의 종류 및 오메가

001 정답 7개

삼차방정식 $x^3-2(a+2)x^2+(4a+b^2+4)x-2b^2=0$의 세 실근의 합이 12이므로 근과 계수의 관계에 의하여
$2(a+2)=12 \qquad \therefore a=4$
즉, 삼차방정식 $x^3-12x^2+(b^2+20)x-2b^2=0$을 조립제법을 이용하여 인수분해하면

2	1	−12	b^2+20	$-2b^2$
		2	−20	$2b^2$
	1	−10	b^2	0

$(x-2)(x^2-10x+b^2)=0$
이 방정식이 서로 다른 세 실근을 가져야 하므로
이차방정식 $x^2-10x+b^2=0$은 $x=2$가 아닌 서로 다른 두 실근을 가져야 한다.
즉, $4-20+b^2\neq0$이어야 하므로 $b^2\neq16$

$\alpha+\beta=a-1$, $\alpha\beta=9$
따라서, 가능한 순서쌍 (α, β)는 $(-9, -1)$ 또는 $(1, 9)$이다.
$a=\alpha+\beta+1$에서 $a=-9$ 또는 $a=11$

003 정답 3개

$f(x)=2x^3-(6+2a)x^2+(a^2+6a)x-a^3$이라 하면
$f(a)=0$이므로 조립제법을 이용하여 $f(x)$를 인수분해하면

a	2	$-6-2a$	a^2+6a	$-a^3$
		$2a$	$-6a$	a^3
	2	−6	a^2	0

$f(x)=(x-a)(2x^2-6x+a^2)$
즉, 주어진 방정식은 $(x-a)(2x^2-6x+a^2)=0$이다.
이때 이 방정식이 서로 다른 세 실근을 가지려면
이차방정식 $2x^2-6x+a^2=0$이 $x\neq a$인 서로 다른 두 실근을 가져야 한다.
(i) $x=a$는 이차방정식 $2x^2-6x+a^2=0$의 근이 아니어야 하므로
$2a^2-6a+a^2\neq0$, $a^2-2a\neq0$

차례 Contents

Ⅵ 이차방정식

Ⅶ 이차함수

Ⅷ 여러 가지 방정식

Ⅸ 여러 가지 부등식

Ⅹ 순열과 조합

Ⅺ 행렬

신의 한수(數)

I

다항식의 연산

1. 다항식의 전개 및 곱셈공식

2. 곱셈공식의 변형

01. 문자 2개

02. 문자 3개

3. 곱셈공식의 변형과 점화식

4. 고난도 실전 연습문제

CHAPTER 1

다항식의 전개 및 곱셈공식

(1) $(x+a_1)(x+a_2)(x+a_3)\cdots(x+a_n)$

$$=x^n+(a_1+a_2+\cdots+a_n)x^{n-1}$$
$$+(a_1a_2+a_1a_3+\cdots+a_{n-1}a_n)x^{n-2}$$
$$+(a_1a_2a_3+a_1a_2a_4+\cdots+a_{n-2}a_{n-1}a_n)x^{n-3}$$
$$+\cdots+a_1a_2\cdots a_n$$

(2) $(a_1+a_2+\cdots+a_n)^2=a_1^2+a_2^2+\cdots+a_n^2$

$$+2(a_1a_2+a_1a_3+\cdots+a_{n-1}a_n)$$

※ 서로 다른 두 수의 곱의 합

$$a_1a_2+a_1a_3+\cdots+a_{n-1}a_n$$
$$=\frac{(a_1+a_2+\cdots+a_n)^2-(a_1^2+a_2^2+\cdots+a_n^2)}{2}$$

(1) $(x+a_1)(x+a_2)(x+a_3)\cdots(x+a_n)$의 전개식에서

① x^{n-1}의 계수: n개의 인수 중 $n-1$개의 x가 곱해지면 남은 한 개의 인수에서는 상수항이 곱해져야 하므로 x^{n-1}의 계수는 $a_1+a_2+\cdots+a_n$

② x^{n-2}의 계수: n개의 인수에서 $n-2$개의 x가 곱해지면 남은 두 개의 인수에서는 상수항만 곱해져야 하므로 x^{n-2}의 계수는 $a_1a_2+a_1a_3+\cdots+a_{n-1}a_n$

③ x^{n-3}의 계수: n개의 인수에서 $n-3$개의 x가 곱해지면 남은 세 개의 인수에서는 상수항만 곱해져야 하므로 x^{n-3}의 계수는 $a_1a_2a_3+a_1a_2a_4+\cdots+a_{n-2}a_{n-1}a_n$

⋮

➡ 고차방정식에서의 근과 계수의 관계로 연계된다.

• **참고** $(x+y)^n$의 전개와 파스칼의 삼각형

$(x+y)^0=$ $\mathbf{1}_{x^0y^0}$

$(x+y)^1=$ $\mathbf{1}_{x^1y^0}+\mathbf{1}_{x^0y^1}$

$(x+y)^2=$ $\mathbf{1}_{x^2y^0}+\mathbf{2}_{x^1y^1}+\mathbf{1}_{x^0y^2}$

$(x+y)^3=$ $\mathbf{1}_{x^3y^0}+\mathbf{3}_{x^2y^1}+\mathbf{3}_{x^1y^2}+\mathbf{1}_{x^0y^3}$

$(x+y)^4=$ $\mathbf{1}_{x^4y^0}+\mathbf{4}_{x^3y^1}+\mathbf{6}_{x^2y^2}+\mathbf{4}_{x^1y^3}+\mathbf{1}_{x^0y^4}$

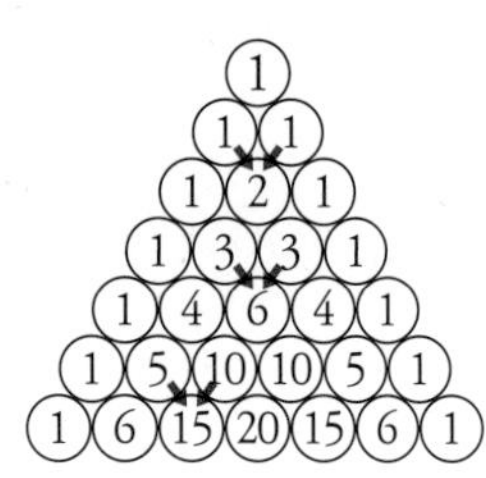

개념 확인

다항식 $(1+2x+3x^2+\cdots+9x^{10})^2$의 전개식에서 x^5의 계수를 구하시오.

해설

$(1+2x+3x^2+\cdots+9x^{10})^2$

$=(1+2x+3x^2+\cdots+9x^{10})$

$\times(1+2x+3x^2+\cdots+9x^{10})$

x^5이 나올 수 있는 경우는 다음과 같다.

(상수항) × (5차항) + (1차항) × (4차항)

+ ⋯ + (5차항) × (상수항)

따라서 $1\times6x^5+2x\times5x^4$

$+3x^2\times4x^3+4x^3\times3x^2$

$+5x^4\times2x+6x^5\times1$

을 계산하면 x^5의 계수는 56이다.

기출 유형

$f(x)=(1+6x^2)(2+5x^4)(3+4x^8)$

$\times(4+3x^{16})(5+2x^{32})(6+x^{64})$

일 때, $f(x)$의 전개식에서 x^{40}의 계수를 구하시오.

해설

$6x^2$, $5x^4$, $4x^8$, $3x^{16}$, $2x^{32}$, x^{64}의 곱에서 x^{40}항이 나오는 경우는 $4x^8$과 $2x^{32}$의 곱밖에 없다.

따라서 나머지 인수들에서는 상수항을 곱하면 x^{40}의 계수는 $1\times2\times4\times4\times2\times6$

즉, 384가 된다.

001

두 다항식 $(1-x+x^2-x^3+x^4)^3$, $(1-x+x^2-x^3+x^4-x^5)^3$의 전개식에서 x^5의 계수를 각각 a, b라 할 때, $|a-b|$의 값을 구하시오.

002

$(x+1)(x+2)(x+2^2)(x+2^3)\cdots(x+2^9)$의 전개식에서 x^9의 계수를 구하시오.

(단, $a+ar+ar^2+\cdots+ar^{n-1}=\dfrac{a(r^n-1)}{r-1}$, $r\neq1$)

003

$(x+1)(x^2+2)(x^4+4)\cdots(x^{512}+512)$의 전개식에서 x^{1004}의 계수를 구하시오.

(단, $a+ar+ar^2+\cdots+ar^{n-1}=\dfrac{a(r^n-1)}{r-1}$, $r\neq1$)

$(a_1+a_2+\cdots+a_{n-1}-ka_n)^2$
$=(a_1+a_2+\cdots+a_{n-1}+a_n-a_n-ka_n)^2$
$=\{a_1+a_2+\cdots+a_{n-1}+a_n-(k+1)a_n\}^2$
이때, $a_1+a_2+\cdots+a_n=\mathrm{X}$ 라고 하면
$(a_1+a_2+\cdots+a_{n-1}-ka_n)^2$
$=\{\mathrm{X}-(k+1)a_n\}^2$
$=\mathrm{X}^2-2(k+1)a_n\mathrm{X}+\{(k+1)a_n\}^2$

기출 유형

$(\sqrt{2}+\sqrt{5}+\sqrt{7}-\sqrt{11})^2+(\sqrt{2}+\sqrt{7}+\sqrt{11}-\sqrt{5})^2$
$+(\sqrt{5}+\sqrt{7}+\sqrt{11}-\sqrt{2})^2+(\sqrt{2}+\sqrt{5}+\sqrt{11}-\sqrt{7})^2$
을 간단히 하시오.

해설

방법1

$\sqrt{5}+\sqrt{2}=a$, $\sqrt{11}-\sqrt{7}=b$, $\sqrt{5}-\sqrt{2}=c$,
$\sqrt{11}+\sqrt{7}=d$ 로 놓으면
$(\sqrt{2}+\sqrt{5}+\sqrt{7}-\sqrt{11})^2+(\sqrt{2}+\sqrt{7}+\sqrt{11}-\sqrt{5})^2$
$+(\sqrt{5}+\sqrt{7}+\sqrt{11}-\sqrt{2})^2+(\sqrt{2}+\sqrt{5}+\sqrt{11}-\sqrt{7})^2$
$=(a-b)^2+(-c+d)^2+(c+d)^2+(a+b)^2$
$=2(a^2+b^2+c^2+d^2)$
이때
$a^2+b^2+c^2+d^2$
$=(\sqrt{5}+\sqrt{2})^2+(\sqrt{5}-\sqrt{2})^2$
$+(\sqrt{11}-\sqrt{7})^2+(\sqrt{11}+\sqrt{7})^2$
$=2(5+2+11+7)=50$
이므로
$\therefore 2(a^2+b^2+c^2+d^2)=2\times 50=100$

방법2

$\sqrt{2}+\sqrt{5}+\sqrt{7}+\sqrt{11}=\mathrm{X}$ 라고 하면
$(\sqrt{2}+\sqrt{5}+\sqrt{7}-\sqrt{11})^2+(\sqrt{2}+\sqrt{7}+\sqrt{11}-\sqrt{5})^2$
$+(\sqrt{5}+\sqrt{7}+\sqrt{11}-\sqrt{2})^2+(\sqrt{2}+\sqrt{5}+\sqrt{11}-\sqrt{7})^2$
$=(\mathrm{X}-2\sqrt{11})^2+(\mathrm{X}-2\sqrt{5})^2$
$+(\mathrm{X}-2\sqrt{2})^2+(\mathrm{X}-2\sqrt{7})^2$
$=4\mathrm{X}^2-4(\sqrt{11}+\sqrt{5}+\sqrt{2}+\sqrt{7})\mathrm{X}$
$+4(11+5+2+7)$
$=4\mathrm{X}^2-4\mathrm{X}^2+4(11+5+2+7)$
$=4(11+5+2+7)=100$

004

$$\left(\frac{\sqrt{2}}{2}-\sqrt{3}-\sqrt{7}\right)^2+\left(\frac{\sqrt{3}}{2}-\sqrt{2}-\sqrt{7}\right)^2+\left(\frac{\sqrt{7}}{2}-\sqrt{2}-\sqrt{3}\right)^2$$

의 값을 구하시오.

$1=\frac{1}{9}(10-1)$, $11=\frac{1}{9}(10^2-1)$,

$111=\frac{1}{9}(10^3-1)$, $\cdots$

$\underbrace{111\cdots1}_{n\text{개}}=\frac{1}{9}(10^n-1)$

기출 유형

$a=\underbrace{111\cdots1}_{20\text{개}}$, $b=\underbrace{111\cdots1}_{10\text{개}}$ 일 때,

$3\sqrt{a+4b+1}$ 의 각 자리 숫자의 합을 구하시오.

해설

방법1

$10^{10}=1\underbrace{00\cdots0}_{10\text{개}}=\underbrace{99\cdots9}_{10\text{개}}+1=9\times\underbrace{11\cdots1}_{10\text{개}}+1$

$=9b+1$

$a=\underbrace{111\cdots1}_{20\text{개}}=\underbrace{11\cdots1}_{10\text{개}}\times10^{10}+\underbrace{11\cdots1}_{10\text{개}}$ 이므로

$a=b\times10^{10}+b=b(9b+1)+b=9b^2+2b$ 이다.

$a+4b+1=(9b^2+2b)+4b+1=(3b+1)^2$

$\sqrt{a+4b+1}=\sqrt{(3b+1)^2}=3b+1$ ($\because 3b+1>0$)

이므로

$3\sqrt{a+4b+1}=3(3b+1)$

$=9b+3=\underbrace{99\cdots9}_{10\text{개}}+3=10^{10}+2$

그러므로 각 자리 숫자의 합은 $1+2=3$ 이다.

방법2

$1=\frac{1}{9}(10-1)$, $11=\frac{1}{9}(10^2-1)$,

$111=\frac{1}{9}(10^3-1)$, $\cdots$

$\underbrace{111\cdots1}_{n\text{개}}=\frac{1}{9}(10^n-1)$ 이므로

$a=\underbrace{111\cdots1}_{20\text{개}}=\frac{1}{9}(10^{20}-1)$

$b=\underbrace{111\cdots1}_{10\text{개}}=\frac{1}{9}(10^{10}-1)$

$3\sqrt{a+4b+1}=3\sqrt{\frac{1}{9}(10^{20}-1)+4\times\frac{1}{9}(10^{10}-1)+1}$

$10^{10}=\text{A}$ 라고 하면

$\sqrt{\frac{1}{9}(10^{20}-1)+4\times\frac{1}{9}(10^{10}-1)+1}$

$=\sqrt{\frac{1}{9}(\text{A}^2-1)+\frac{4}{9}(\text{A}-1)+1}$

$=\sqrt{\frac{1}{9}(\text{A}^2+4\text{A}+4)}=\frac{\text{A}+2}{3}$ ($\because \text{A}+2>0$)

$\therefore 3\sqrt{a+4b+1}=3\times\frac{\text{A}+2}{3}=\text{A}+2=10^{10}+2$

그러므로 각 자리 숫자의 합은 $1+2=3$ 이다.

005

$\dfrac{\sqrt{1111111111155555555560000}}{3333333334}$ 의 값을 구하시오.

CHAPTER 2

곱셈공식의 변형

01. 문자 2개

(1) $a^3+b^3=(a+b)^3-3ab(a+b)$

(2) $a^3-b^3=(a-b)^3+3ab(a-b)$

(3) $a^4+b^4=(a^2+b^2)^2-2a^2b^2=(a^2-b^2)^2+2a^2b^2$

(4) $a^5+b^5=(a^2+b^2)(a^3+b^3)-a^2b^2(a+b)$

(5) $a^5-b^5=(a^2+b^2)(a^3-b^3)-a^2b^2(a-b)$

(6) $a^6+b^6=(a^3+b^3)^2-2a^3b^3=(a^3-b^3)^2+2a^3b^3$

(7) $a^7+b^7=(a^3+b^3)(a^4+b^4)-a^3b^3(a+b)$

(8) $a^7-b^7=(a^3-b^3)(a^4+b^4)+a^3b^3(a-b)$

① a^n+b^n에서 n이 짝수일 경우 제곱을 하며, n이 홀수일 경우 [짝수 차수]×[홀수 차수] 형태로 변형한다.

② a^n-b^n에서 n이 짝수일 때는 합차 공식을 이용하여 인수분해하고, n이 홀수일 경우 a^n+b^n의 식에 b 대신 $-b$를 대입하여 ①번 과정을 적용한다.

개념 확인

$x-y=\sqrt{5}$, $x^3-y^3=8\sqrt{5}$일 때, x^5+y^5의 값을 구하시오. (단, x, y는 양수)

해설

$(x-y)(x^2+xy+y^2)=8\sqrt{5}$에서 $x-y=\sqrt{5}$이므로

$x^2+xy+y^2=8$ …… ㉠

㉠의 식을 변형하면 $x^2+xy+y^2=(x-y)^2+3xy=8$

$(\sqrt{5})^2+3xy=8 \quad \therefore xy=1$

㉠의 식에 $xy=1$을 대입하면 $x^2+y^2=7$

$x^2+y^2=(x+y)^2-2xy=7$이므로

$x+y=3$ ($\because x>0,\ y>0$)

한편, $x^3+y^3=(x+y)^3-3xy(x+y)$이므로

$x^3+y^3=18$

$\therefore x^5+y^5=(x^2+y^2)(x^3+y^3)-x^2y^2(x+y)$

$=7\times18-3=123$

기출 유형

$x^2=6+4\sqrt{2}$, $y^2=6-4\sqrt{2}$일 때, $\dfrac{y^3}{x^2}+\dfrac{x^3}{y^2}$의 값을 구하시오. (단, $x>0$, $y>0$)

해설

$x^2+y^2=6+4\sqrt{2}+6-4\sqrt{2}=12$

$x^2y^2=(6+4\sqrt{2})(6-4\sqrt{2})=6^2-(4\sqrt{2})^2=4$에서

$xy=2$ ($\because x>0,\ y>0$)

$x^2+y^2=(x+y)^2-2xy$, $12=(x+y)^2-2\times2$에서

$x+y=4$ ($\because x>0,\ y>0$)

따라서

$x^3+y^3=(x+y)^3-3xy(x+y)$

$=4^3-3\times2\times4=40$

$x^5+y^5=(x^2+y^2)(x^3+y^3)-x^2y^2(x+y)$

$=12\times40-2^2\times4=464$

그러므로 $\dfrac{y^3}{x^2}+\dfrac{x^3}{y^2}=\dfrac{x^5+y^5}{x^2y^2}=\dfrac{464}{2^2}=116$

006

$x^2=3+\sqrt{5}$, $y^2=3-\sqrt{5}$일 때, $\left|\frac{x-y}{x+y}\right|$의 최댓값을 구하시오.

007

$a+b=-1$, $a^2-2a+ab-b+b^2=1$일 때, $a^3+b^3-3a^2+3a$의 값을 구하시오.

008

$x-y=1$, $x^2+y^2=3$, $z-w=2$, $z^2+w^2=2$일 때, $(xz+yw)^3-(xw+yz)^3$의 값을 구하시오.

02. 문자 3개

(1) $a^2+b^2+c^2=(a+b+c)^2-2(ab+bc+ca)$

(2) $a^3+b^3+c^3$

$=(a+b+c)(a^2+b^2+c^2-ab-bc-ca)+3abc$

$=\frac{1}{2}(a+b+c)\{(a-b)^2+(b-c)^2+(c-a)^2\}+3abc$

※ a, b, c가 실수일 때

① $a^2+b^2+c^2=ab+bc+ca$이면 $a=b=c$

② $3(a^2+b^2+c^2)=(a+b+c)^2$이면 $a=b=c$

③ $(a+b+c)^2=3(ab+bc+ca)$이면 $a=b=c$

(3) $a^2b^2+b^2c^2+c^2a^2=(ab+bc+ca)^2-2abc(a+b+c)$

(4) $a^4+b^4+c^4=(a^2+b^2+c^2)^2-2(a^2b^2+b^2c^2+c^2a^2)$

(5) $a^5+b^5+c^5=(a^2+b^2+c^2)(a^3+b^3+c^3)$
$-(a+b+c)(a^2b^2+b^2c^2+c^2a^2)+abc(ab+bc+ca)$

(6) $(a+b)(b+c)(c+a)=(a+b+c)(ab+bc+ca)-abc$

(7) $a^2b+ab^2+b^2c+bc^2+c^2a+ca^2$

$=(a+b+c)(ab+bc+ca)-3abc$

$=(a+b+c)(a^2+b^2+c^2)-(a^3+b^3+c^3)$

(8) $(a+b+c)^3=a^3+b^3+c^3+3(a+b)(b+c)(c+a)$

(2) $a^3+b^3+c^3$

$=(a+b+c)(a^2+b^2+c^2-ab-bc-ca)+3abc$

$=\frac{1}{2}(a+b+c)\{(a-b)^2+(b-c)^2+(c-a)^2\}+3abc$

$a^3+b^3+c^3=(a+b+c)(a^2+b^2+c^2)$
$-\{ab(a+b)+bc(b+c)+ca(c+a)\}$ …… ㉠

㉠에서

$ab(a+b)+bc(b+c)+ca(c+a)$

$=\{ab(a+b)+abc\}+\{bc(b+c)+abc\}$
$+\{ca(c+a)+abc\}-3abc$

$=ab(a+b+c)+bc(a+b+c)$
$+ca(a+b+c)-3abc$

$=(a+b+c)(ab+bc+ca)-3abc$

$\therefore a^3+b^3+c^3$

$=(a+b+c)(a^2+b^2+c^2)$
$-\{(a+b+c)(ab+bc+ca)-3abc\}$

$=(a+b+c)(a^2+b^2+c^2-ab-bc-ca)+3abc$

다른 방법

㉠에서 $a+b+c=t$라고 하면

$ab(a+b)+bc(b+c)+ca(c+a)$

$=ab(t-c)+bc(t-a)+ca(t-b)$

$=t(ab+bc+ca)-3abc$

$=(a+b+c)(ab+bc+ca)-3abc$

※ a, b, c가 실수일 때

① $a^2+b^2+c^2=ab+bc+ca$이면 $a=b=c$

② $3(a^2+b^2+c^2)=(a+b+c)^2$이면 $a=b=c$

③ $(a+b+c)^2=3(ab+bc+ca)$이면 $a=b=c$

$a^2+b^2+c^2-ab-bc-ca$

$=\frac{1}{2}\{(a-b)^2+(b-c)^2+(c-a)^2\}$

이므로

$a^2+b^2+c^2-ab-bc-ca=0$이면

$\frac{1}{2}\{(a-b)^2+(b-c)^2+(c-a)^2\}=0 \quad \therefore a=b=c$

(5) $a^5+b^5+c^5$

$=(a^2+b^2+c^2)(a^3+b^3+c^3)$
$-(a+b+c)(a^2b^2+b^2c^2+c^2a^2)$
$+abc(ab+bc+ca)$

$a^5+b^5+c^5$

$=(a^2+b^2+c^2)(a^3+b^3+c^3)$
$-\{(ab)^2(a+b)+(bc)^2(b+c)$
$+(ca)^2(c+a)\}$ …… ㉠

㉠에서 $a+b+c=t$라고 하면

$(ab)^2(a+b)+(bc)^2(b+c)+(ca)^2(c+a)$

$=(ab)^2(t-c)+(bc)^2(t-a)+(ca)^2(t-b)$

$=t(a^2b^2+b^2c^2+c^2a^2)$
$-(a^2b^2c+b^2c^2a+c^2a^2b)$

$=(a+b+c)(a^2b^2+b^2c^2+c^2a^2)$
$-abc(ab+bc+ca)$

$\therefore a^5+b^5+c^5$

$=(a^2+b^2+c^2)(a^3+b^3+c^3)$
$-(a+b+c)(a^2b^2+b^2c^2+c^2a^2)$
$+abc(ab+bc+ca)$

다른 방법

$(ab)^2(a+b)+(bc)^2(b+c)+(ca)^2(c+a)$

$=(ab)^2(a+b+c)+(bc)^2(a+b+c)$

$+(ca)^2(a+b+c)-a^2b^2c-ab^2c^2-a^2bc^2$

$=(a+b+c)(a^2b^2+b^2c^2+c^2a^2)$

$-abc(ab+bc+ca)$

※참고

$a^k+b^k+c^k$

$=(a^m+b^m+c^m)(a^n+b^n+c^n)$

$-(ab)^m(a^{n-m}+b^{n-m})$

$-(bc)^m(b^{n-m}+c^{n-m})$

$-(ca)^m(c^{n-m}+a^{n-m})$

(단, $m+n=k$, $n>m$)

(6) $(a+b)(b+c)(c+a)$

$=(a+b+c)(ab+bc+ca)-abc$

$a+b+c=t$ 라고 하면

$(a+b)(b+c)(c+a)=(t-c)(t-a)(t-b)$

전개하여 $a+b+c=t$ 를 대입하면

$t^3-(a+b+c)t^2+(ab+bc+ca)t-abc$

$=t^3-t\times t^2+(ab+bc+ca)t-abc$

$=(ab+bc+ca)(a+b+c)-abc$

(7) ① $a^2b+ab^2+b^2c+bc^2+c^2a+ca^2$

$=(a+b+c)(ab+bc+ca)-3abc$

② $a^2b+ab^2+b^2c+bc^2+c^2a+ca^2$

$=(a+b+c)(a^2+b^2+c^2)-(a^3+b^3+c^3)$

① $a^2b+ab^2+b^2c+bc^2+c^2a+ca^2$

$=ab(a+b)+bc(b+c)+ca(c+a)$

$=ab(a+b)+abc+bc(b+c)+abc+ca(c+a)$

$+abc-3abc$

$=ab(a+b+c)+bc(a+b+c)$

$+ca(a+b+c)-3abc$

$=(a+b+c)(ab+bc+ca)-3abc$

다른 방법

$a+b+c=t$ 라고 하면

$a^2b+ab^2+b^2c+bc^2+c^2a+ca^2$

$=ab(a+b)+bc(b+c)+ca(c+a)$

$=ab(t-c)+bc(t-a)+ca(t-b)$

$=t(ab+bc+ca)-3abc$

$=(a+b+c)(ab+bc+ca)-3abc$

② $a^2b+ab^2+b^2c+bc^2+c^2a+ca^2$

$=a^2(b+c)+b^2(c+a)+c^2(a+b)$

$=a^2(a+b+c)-a^3+b^2(a+b+c)-b^3$

$+c^2(a+b+c)-c^3$

$=(a+b+c)(a^2+b^2+c^2)-(a^3+b^3+c^3)$

(8) $(a+b+c)^3=a^3+b^3+c^3+3(a+b)(b+c)(c+a)$

$(a+b+c)^3=(a+b)^3+3(a+b)^2c+3(a+b)c^2+c^3$

$=\{a^3+b^3+3ab(a+b)\}$

$+3(a+b)^2c+3(a+b)c^2+c^3$

$=a^3+b^3+c^3+3(a+b)\{c^2+(a+b)c+ab\}$

$=a^3+b^3+c^3+3(a+b)(b+c)(c+a)$

※ a, b, c가 실수일 때

① $a^2+b^2+c^2=ab+bc+ca$이면 $a=b=c$

② $3(a^2+b^2+c^2)=(a+b+c)^2$이면 $a=b=c$

③ $(a+b+c)^2=3(ab+bc+ca)$이면 $a=b=c$

기출 유형

실수 x, y, z가 다음 두 식
$x+2y-4z=12$, $x^2+4y^2+16z^2=48$을 만족할 때
$x+y+z$의 값을 구하시오.

해설

$x=a$, $2y=b$, $-4z=c$로 놓으면

$a+b+c=12$, $a^2+b^2+c^2=48$

$a^2+b^2+c^2=(a+b+c)^2-2(ab+bc+ca)$에서

$48=12^2-2(ab+bc+ca)$

$ab+bc+ca=48$

$\therefore a^2+b^2+c^2=ab+bc+ca$

$a^2+b^2+c^2-ab-bc-ca$

$=\frac{1}{2}\{(a-b)^2+(b-c)^2+(c-a)^2\}=0$

$\therefore a=b=c$ ($\because a, b, c$는 실수)

$a+b+c=12$에서

$a=b=c=4$, $x=2y=-4z=4$이므로

$x=4$, $y=2$, $z=-1$

그러므로 $x+y+z=4+2+(-1)=5$

009

세 실수 a, b, c에 대하여
$2a-b-4c=12$, $ab-2bc+4ca=-24$일 때,
a^2+bc의 값을 구하시오.

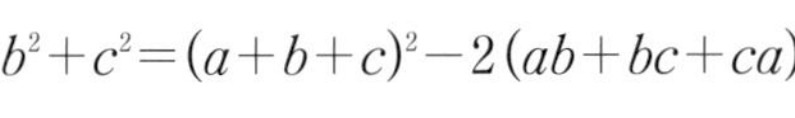

① $a^2+b^2+c^2=(a+b+c)^2-2(ab+bc+ca)$

② $a^2b^2+b^2c^2+c^2a^2$
$=(ab+bc+ca)^2-2abc(a+b+c)$

③ $a^4+b^4+c^4$
$=(a^2+b^2+c^2)^2-2(a^2b^2+b^2c^2+c^2a^2)$

기출 유형

$\dfrac{1}{a}+\dfrac{1}{b}+\dfrac{1}{c}=0$, $a^2+b^2+c^2=9$, $abc=2$를 만족하는 0이 아닌 세 실수 a, b, c에 대하여 $a^4+b^4+c^4$의 값을 구하시오.

해설

$\dfrac{1}{a}+\dfrac{1}{b}+\dfrac{1}{c}=0$에서 $\dfrac{ab+bc+ca}{abc}=0$

$\therefore ab+bc+ca=0$

$(a+b+c)^2=a^2+b^2+c^2+2(ab+bc+ca)$
$=9+2\times0=9$

$\therefore a+b+c=\pm3$

$a^2b^2+b^2c^2+c^2a^2=(ab+bc+ca)^2-2abc(a+b+c)$

에서 a, b, c는 실수이므로

$a^2b^2+b^2c^2+c^2a^2>0$

$\therefore a^2b^2+b^2c^2+c^2a^2$
$=0^2-2\times2\times(-3)=12$ ($\because a+b+c=-3$)

그러므로

$a^4+b^4+c^4=(a^2+b^2+c^2)^2-2(a^2b^2+b^2c^2+c^2a^2)$
$=9^2-2\times12=57$

010

0이 아닌 서로 다른 세 수 a, b, c에 대하여

$a^2+b^2+c^2=6$, $ab+bc+ca=-3$일 때,

$$\left(\frac{a}{a+2b+2c}+\frac{b}{2a+b+2c}+\frac{c}{2a+2b+c}\right)\times\left(\frac{a+2b+2c}{a}+\frac{2a+b+2c}{b}+\frac{2a+2b+c}{c}\right)$$

의 값을 구하시오.

011

$a+b+c=2$, $\dfrac{1}{a}+\dfrac{1}{b}+\dfrac{1}{c}=-\dfrac{1}{2}$, $abc=-2$일 때,

$(a^2+2b^2+2c^2)(2a^2+b^2+2c^2)(2a^2+2b^2+c^2)$의 값을 구하시오.

012

$\frac{ab+bc+ca}{a^2+b^2+c^2}=\frac{1}{5}$, $\frac{b+c}{a}+\frac{c+a}{b}+\frac{a+b}{c}=5$일 때,

$\frac{abc(a+b+c)}{ab+bc+ca}\left(\frac{1}{a^2}+\frac{1}{b^2}+\frac{1}{c^2}\right)$의 값을 구하시오.

$a^3+b^3+c^3$

$=(a+b+c)(a^2+b^2+c^2-ab-bc-ca)+3abc$

기출 유형

$a+b+c=2$, $\frac{b+c}{a}+\frac{c+a}{b}+\frac{a+b}{c}=-\frac{5}{3}$일 때,

$a^3+b^3+c^3+abc$ 의 값을 구하시오.

해설

$\frac{b+c}{a}+\frac{c+a}{b}+\frac{a+b}{c}=-\frac{5}{3}$ 에서

$\frac{b+c}{a}+1+\frac{c+a}{b}+1+\frac{a+b}{c}+1=-\frac{5}{3}+3$

$\frac{a+b+c}{a}+\frac{a+b+c}{b}+\frac{a+b+c}{c}=\frac{4}{3}$

$(a+b+c)\left(\frac{1}{a}+\frac{1}{b}+\frac{1}{c}\right)=\frac{4}{3}$

$a+b+c=2$ 이므로 $\frac{1}{a}+\frac{1}{b}+\frac{1}{c}=\frac{2}{3}$

$\therefore \frac{ab+bc+ca}{abc}=\frac{2}{3}$

이때 $ab+bc+ca=\mathrm{A}$, $abc=\mathrm{B}$로 놓으면

$2\mathrm{B}=3\mathrm{A}$ ······ ㉠

$\therefore a^3+b^3+c^3+abc$

$=(a+b+c)(a^2+b^2+c^2-ab-bc-ca)+4abc$

$=(a+b+c)\{(a+b+c)^2-3\mathrm{A}\}+4\mathrm{B}$

$=8-6\mathrm{A}+4\mathrm{B}$ $(\because a+b+c=2)$

$=8-6\mathrm{A}+2\times3\mathrm{A}$ $(\because$ ㉠$)$

$=8$

013

세 수 a, b, c에 대하여
$a+b+c=4$, $a^2+b^2+c^2=12$, $abc=-5$를 만족할 때,
$a^3(b+c)+b^3(c+a)+c^3(a+b)$의 값을 구하시오.

014

$a^3+b^3+c^3-3abc=\frac{1}{7}$일 때, 다음 식의 값을 구하시오.

$$(5b+5c-3a)^3+(5c+5a-3b)^3+(5a+5b-3c)^3 \\ -3(5b+5c-3a)(5c+5a-3b)(5a+5b-3c)$$

015

세 수 a, b, c가
$a+b+c=3$, $a^2+b^2+c^2=7$, $a^3+b^3+c^3=12$를 만족할 때, 다음 식의 값을 구하시오.

(1) $\frac{1}{a^4}+\frac{1}{b^4}+\frac{1}{c^4}$

(2) $\frac{1}{a^3}+\frac{1}{b^3}+\frac{1}{c^3}$

① $a^3+b^3+c^3$

$=(a+b+c)(a^2+b^2+c^2-ab-bc-ca)$
$+3abc$

$=\frac{1}{2}(a+b+c)\{(a-b)^2+(b-c)^2+(c-a)^2\}$
$+3abc$

② a, b, c가 실수일 때 $a^3+b^3+c^3=3abc$ 이면
$a+b+c=0$ 또는 $a=b=c$

기출 유형

$a^3+b^3+c^3=3abc$ 를 만족하는 0이 아닌 서로 다른 세 실수 a, b, c에 대하여 다음 식의 값을 구하시오.

$$\frac{1}{b^2+c^2-a^2}+\frac{1}{c^2+a^2-b^2}+\frac{1}{a^2+b^2-c^2}$$

해설

$a^3+b^3+c^3-3abc$
$=(a+b+c)(a^2+b^2+c^2-ab-bc-ca)=0$

a, b, c는 서로 다른 세 실수이므로 $a+b+c=0$

$b^2+c^2-a^2=(b+c)^2-2bc-a^2$
$=(-a)^2-2bc-a^2=-2bc$

같은 방법으로

$c^2+a^2-b^2=-2ca$

$a^2+b^2-c^2=-2ab$

이므로

$$\frac{1}{b^2+c^2-a^2}+\frac{1}{c^2+a^2-b^2}+\frac{1}{a^2+b^2-c^2}$$
$$=\frac{1}{-2bc}+\frac{1}{-2ca}+\frac{1}{-2ab}$$
$$=\frac{a+b+c}{-2abc}=0$$

016

$a+2b+3c\neq0$ 인 세 실수 a, b, c에 대하여 $a^3+8b^3+27c^3=9$, $abc=\frac{1}{2}$ 일 때, $(a+2b)(2b+3c)(3c+a)$ 의 값을 구하시오.

017

$x-y=2+\sqrt{3}$, $y-z=2-\sqrt{3}$, $x^3+y^3+z^3=30$, $xyz=15$일 때, $x+y+z$ 의 값을 구하시오.

018

$ab+bc+ca=1$, $a^2+b^2+c^2=7$을 만족하는 세 수 a, b, c에 대하여

$$\frac{a^2+2a+2}{(b+1)(c+1)}+\frac{b^2+2b+2}{(c+1)(a+1)}+\frac{c^2+2c+2}{(a+1)(b+1)}$$

의 값을 구하시오. (단, $a+b+c<0$)

① $(a+b)(b+c)(c+a)$
$=(a+b+c)(ab+bc+ca)-abc$

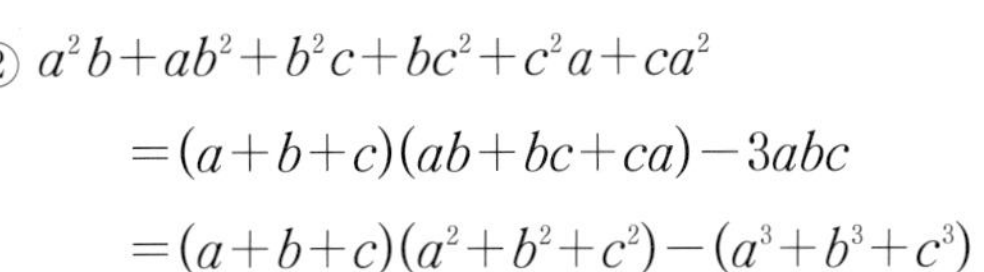

② $a^2b+ab^2+b^2c+bc^2+c^2a+ca^2$
$=(a+b+c)(ab+bc+ca)-3abc$
$=(a+b+c)(a^2+b^2+c^2)-(a^3+b^3+c^3)$

★ 빈출

① $a^2b+ab^2+b^2c+bc^2+c^2a+ca^2+2abc$
$=(a+b)(b+c)(c+a)$

② $a^2(b+c)+b^2(c+a)+c^2(a+b)+3abc$
$=(a+b+c)(ab+bc+ca)$

③ $(a+b+c)(ab+bc+ca)-abc$
$=(a+b)(b+c)(c+a)$

기출 유형

세 수 a, b, c에 대하여
$(a+b)(b+c)(c+a)=5abc$일 때,
$\frac{b+c}{a}+\frac{a+c}{b}+\frac{a+b}{c}$의 값을 구하시오.

해설

$(a+b)(b+c)(c+a)=(a+b+c)(ab+bc+ca)-abc$
에서 $(a+b+c)(ab+bc+ca)-abc=5abc$이므로
$(a+b+c)(ab+bc+ca)=6abc$이다.

$$\therefore \frac{b+c}{a}+\frac{a+c}{b}+\frac{a+b}{c}$$
$$=\frac{bc(b+c)+ca(c+a)+ab(a+b)}{abc}$$
$$=\frac{(a+b+c)(ab+bc+ca)-3abc}{abc}$$
$$=\frac{6abc-3abc}{abc}=3$$

019

$a+b=-1$, $b+c=-2$, $a^2+b^2+c^2+ab+bc+ca=7$ 일 때, $(a+b+c)(ab+bc+ca)-abc=k$이다.
양수 k의 값을 구하시오.

020

세 수 a, b, c가
$a+b+c=2$, $a^2+b^2+c^2=5$, $a^3+b^3+c^3=10$을 만족할 때, $ab(a+b)+bc(b+c)+ca(c+a)$의 값을 구하시오.

021

$(a+b+c)(ab+bc+ca)-abc=60$을 만족하는 서로 다른 한자리 자연수 a, b, c에 대하여 $a+b+c$의 값을 구하시오.

① $(a+b+c)^3$
$=a^3+b^3+c^3+3(a+b)(b+c)(c+a)$
② $(a+b+c)^3-(a^3+b^3+c^3)$
$=3(a+b)(b+c)(c+a)$

② $(a+b+c)^3-(a^3+b^3+c^3)$
$=a^3+3a^2(b+c)+3a(b+c)^2+(b+c)^3-a^3-(b^3+c^3)$
$=a^3+3a^2(b+c)+3a(b+c)^2+(b+c)^3-a^3-\{(b+c)^3-3bc(b+c)\}$
$=3a^2(b+c)+3a(b+c)^2+3bc(b+c)$
$=3(b+c)\{a^2+a(b+c)+bc\}$
$=3(a+b)(b+c)(c+a)$

기출 유형

서로 다른 한 자리의 세 자연수 a, b, c에 대하여
$(a+b+c)^3-(a+b-c)^3-(b+c-a)^3-(c+a-b)^3=960$
을 만족할 때, 가능한 $a+b+c$의 값을 모두 구하시오

해설

$a+b-c=\mathrm{A}$, $b+c-a=\mathrm{B}$, $c+a-b=\mathrm{C}$라 하면
$a+b+c=\mathrm{A}+\mathrm{B}+\mathrm{C}$ 이므로 주어진 등식의 좌변을 인수분해 하면
$(a+b+c)^3-(a+b-c)^3-(b+c-a)^3-(c+a-b)^3$
$=(\mathrm{A}+\mathrm{B}+\mathrm{C})^3-\mathrm{A}^3-\mathrm{B}^3-\mathrm{C}^3$
$=3(\mathrm{A}+\mathrm{B})(\mathrm{B}+\mathrm{C})(\mathrm{C}+\mathrm{A})$
$=3\times2b\times2c\times2a=24abc$
즉, $24abc=960$ 에서 $abc=40$
이때, a, b, c는 서로 다른 한 자리 자연수이므로 가능한 경우는 다음과 같다.
$abc=1\times5\times8$ 또는 $abc=2\times4\times5$
따라서 가능한 $a+b+c$ 의 값은
$1+5+8=14$ 또는 $2+4+5=11$ 이다.

022

$a+b+c=2$, $ab+bc+ca=-2$, $abc=-3$을 만족할 때, $(a+b+c)^3+(a-b-c)^3+(b-c-a)^3+(c-a-b)^3$의 값을 구하시오.

023

$49^3-13^3-17^3-19^3=2^\alpha3^\beta5^\gamma$ 일 때, 자연수 α, β, γ의 값을 구하시오.

CHAPTER 3

곱셈공식의 변형과 점화식

(1) ① $a+b=p$, $ab=q$일 때, $f(n)=a^n+b^n$이라고 하면 $f(n+2)=pf(n+1)-qf(n)$

② $a+b=r$, $ab=s$일 때, $g(n)=a^n-b^n$이라고 하면 $g(n+2)=rg(n+1)-sg(n)$

(2) $a+b+c=p$, $ab+bc+ca=q$, $abc=r$일 때, $f(n)=a^n+b^n+c^n$이라고 하면

$f(n+3)=pf(n+2)-qf(n+1)+rf(n)$

(3) $a^{n+2}+b^{n+2}=(a+b)(a^{n+1}+b^{n+1})-ab(a^n+b^n)$

(4) $a^{n+3}+b^{n+3}+c^{n+3}$

$=(a+b+c)(a^{n+2}+b^{n+2}+c^{n+2})$

$-(ab+bc+ca)(a^{n+1}+b^{n+1}+c^{n+1})$

$+abc(a^n+b^n+c^n)$

(5) $ax^{n+2}+by^{n+2}$

$=(ax^{n+1}+by^{n+1})(x+y)-xy(ax^n+by^n)$

(1) ① $a+b=p$, $ab=q$일 때, $f(n)=a^n+b^n$이라고 하면 $f(n+2)=pf(n+1)-qf(n)$

$a+b=p$, $ab=q$일 때, a, b를 두 근으로 하고 이차항의 계수가 1인 x에 관한 이차방정식은

$x^2-px+q=0$ …… ㉠

a, b가 이 이차방정식의 두 근이므로 ㉠의 x에 각각 a, b를 대입하면

$a^2-pa+q=0$ …… ㉡

$b^2-pb+q=0$ …… ㉢

㉡의 양변에 a^n을 곱하면

$a^{n+2}-pa^{n+1}+qa^n=0$ …… ㉣

㉢의 양변에 b^n을 곱하면

$b^{n+2}-pb^{n+1}+qb^n=0$ …… ㉤

㉣과 ㉤식을 변변 더하면

$a^{n+2}+b^{n+2}-p(a^{n+1}+b^{n+1})$

$+q(a^n+b^n)=0$ …… ㉥

㉥에서 $f(n)=a^n+b^n$이라고 하면

$\therefore f(n+2)=pf(n+1)-qf(n)$

(1) ② $a+b=r$, $ab=s$일 때,

$g(n)=a^n-b^n$이라고 하면

$g(n+2)=rg(n+1)-sg(n)$

$a+b=r$, $ab=s$일 때, a, b를 두 근으로 하는 이차항의 계수가 1인 x에 관한 이차방정식은

$x^2-rx+s=0$ …… ㉠

a, b가 이 이차방정식의 두 근이므로

㉠의 x에 각각 a, b를 대입하면

$a^2-ra+s=0$ …… ㉡

$b^2-rb+s=0$ …… ㉢

㉡의 양변에 a^n을 곱하면

$a^{n+2}-ra^{n+1}+sa^n=0$ …… ㉣

㉢의 양변에 b^n 을 곱하면

$b^{n+2}-rb^{n+1}+sb^n=0$ …… ㉤

㉣에서 ㉤식을 변변 빼면

$a^{n+2}-b^{n+2}-r(a^{n+1}-b^{n+1})$

$+s(a^n-b^n)=0$ …… ㉥

㉥에서 $g(n)=a^n-b^n$이라고 하면

$\therefore g(n+2)=rg(n+1)-sg(n)$

(2) $a+b+c=p$, $ab+bc+ca=q$, $abc=r$일 때,
$f(n)=a^n+b^n+c^n$이라고 하면
$f(n+3)=pf(n+2)-qf(n+1)+rf(n)$

$a+b+c=p$, $ab+bc+ca=q$, $abc=r$일 때,
a, b, c를 세 근으로 하고 삼차항의 계수가 1인 x에 관한 삼차방정식은 $x^3-px^2+qx-r=0$ …… ㉠
a, b, c가 ㉠의 세 근이므로
$a^3=pa^2-qa+r$ …… ㉡
$b^3=pb^2-qb+r$ …… ㉢
$c^3=pc^2-qc+r$ …… ㉣
㉡의 양변에 a^n을 곱하면
$a^{n+3}=pa^{n+2}-qa^{n+1}+ra^n$ …… ㉤
같은 방법으로
$b^{n+3}=pb^{n+2}-qb^{n+1}+rb^n$ …… ㉥
$c^{n+3}=pc^{n+2}-qc^{n+1}+rc^n$ …… ㉦
㉤, ㉥, ㉦의 식을 변변 더하면
$a^{n+3}+b^{n+3}+c^{n+3}$
$=p(a^{n+2}+b^{n+2}+c^{n+2})-q(a^{n+1}+b^{n+1}+c^{n+1})$
$+r(a^n+b^n+c^n)$ …… ㉧
㉧에서 $f(n)=a^n+b^n+c^n$이라고 하면
$\therefore f(n+3)=pf(n+2)-qf(n+1)+rf(n)$

(3) $a^{n+2}+b^{n+2}=(a+b)(a^{n+1}+b^{n+1})-ab(a^n+b^n)$

방법1

$a^4+b^4=(a+b)(a^3+b^3)-ab(a^2+b^2)$
$a^5+b^5=(a+b)(a^4+b^4)-ab(a^3+b^3)$
$a^6+b^6=(a+b)(a^5+b^5)-ab(a^4+b^4)$
$a^7+b^7=(a+b)(a^6+b^6)-ab(a^5+b^5)$
⋮
$a^{n+2}+b^{n+2}=(a+b)(a^{n+1}+b^{n+1})-ab(a^n+b^n)$

방법2

a, b를 두 근으로 하는 이차항의 계수가 1인 x에 관한 이차방정식은 $x^2-(a+b)x+ab=0$
a, b가 이 이차방정식의 두 근이므로
x에 a, b를 대입하면
$a^2=(a+b)a-ab$, $b^2=(a+b)b-ab$
$a^2=(a+b)a-ab$의 양변에 a^n을 곱하면
$a^{n+2}=(a+b)a^{n+1}-ab\times a^n$ …… ㉠
같은 방법으로
$b^{n+2}=(a+b)b^{n+1}-ab\times b^n$ …… ㉡
㉠과 ㉡의 두 식을 변변 더하면
$\therefore a^{n+2}+b^{n+2}=(a+b)(a^{n+1}+b^{n+1})-ab(a^n+b^n)$

3. 곱셈공식의 변형과 점화식

(4) $a^{n+3}+b^{n+3}+c^{n+3}$
$$=(a+b+c)(a^{n+2}+b^{n+2}+c^{n+2})-(ab+bc+ca)(a^{n+1}+b^{n+1}+c^{n+1})+abc(a^n+b^n+c^n)$$

방법1

$$a^4+b^4+c^4=(a+b+c)(a^3+b^3+c^3)-(ab+bc+ca)(a^2+b^2+c^2)+abc(a+b+c)$$
$$a^5+b^5+c^5=(a+b+c)(a^4+b^4+c^4)-(ab+bc+ca)(a^3+b^3+c^3)+abc(a^2+b^2+c^2)$$
$$a^6+b^6+c^6=(a+b+c)(a^5+b^5+c^5)-(ab+bc+ca)(a^4+b^4+c^4)+abc(a^3+b^3+c^3)$$
$$\vdots$$
$$a^{n+3}+b^{n+3}+c^{n+3}=(a+b+c)(a^{n+2}+b^{n+2}+c^{n+2})-(ab+bc+ca)(a^{n+1}+b^{n+1}+c^{n+1})+abc(a^n+b^n+c^n)$$

방법2

a, b, c를 세 근으로 하는 삼차항의 계수가 1인 x에 관한 삼차방정식은

$x^3-(a+b+c)x^2+(ab+bc+ca)x-abc=0$

a, b, c가 이 삼차방정식의 세 근이므로 x에 a, b, c를 대입하면

$a^3=(a+b+c)a^2-(ab+bc+ca)a+abc$

$b^3=(a+b+c)b^2-(ab+bc+ca)b+abc$

$c^3=(a+b+c)c^2-(ab+bc+ca)c+abc$

$a^3=(a+b+c)a^2-(ab+bc+ca)a+abc$ 양변에 a^n을 곱하면

$a^{n+3}=(a+b+c)a^{n+2}-(ab+bc+ca)a^{n+1}+(abc)a^n$ …… ㉠

같은 방법으로

$b^{n+3}=(a+b+c)b^{n+2}-(ab+bc+ca)b^{n+1}+(abc)b^n$ …… ㉡

$c^{n+3}=(a+b+c)c^{n+2}-(ab+bc+ca)c^{n+1}+(abc)c^n$ …… ㉢

㉠, ㉡, ㉢을 변변 더하면

$\therefore a^{n+3}+b^{n+3}+c^{n+3}$
$=(a+b+c)(a^{n+2}+b^{n+2}+c^{n+2})-(ab+bc+ca)(a^{n+1}+b^{n+1}+c^{n+1})+abc(a^n+b^n+c^n)$

(5) $ax^{n+2}+by^{n+2}$
$$=(ax^{n+1}+by^{n+1})(x+y)-xy(ax^n+by^n)$$

방법1

$$ax^2+by^2=(ax+by)(x+y)-xy(a+b)$$
$$ax^3+by^3=(ax^2+by^2)(x+y)-xy(ax+by)$$
$$ax^4+by^4=(ax^3+by^3)(x+y)-xy(ax^2+by^2)$$
$$ax^5+by^5=(ax^4+by^4)(x+y)-xy(ax^3+by^3)$$
$$\vdots$$
$$ax^{n+2}+by^{n+2}=(ax^{n+1}+by^{n+1})(x+y)-xy(ax^n+by^n)$$

방법2

x, y를 두 근으로 하는 이차항의 계수가 1인 t에 관한 이차방정식은

$t^2-(x+y)t+xy=0$ …… ㉠

x, y가 이 이차방정식의 두 근이므로 ㉠의 t에 x, y를 각각 대입하면

$x^2-(x+y)x+xy=0$ …… ㉡

$y^2-(x+y)y+xy=0$ …… ㉢

㉡의 양변에 ax^n을 곱하면

$ax^{n+2}-a(x+y)x^{n+1}+(xy)ax^n=0$ …… ㉣

㉢의 양변에 by^n을 곱하면

$by^{n+2}-b(x+y)y^{n+1}+(xy)by^n=0$ …… ㉤

㉣과 ㉤식을 변변 더하면

$ax^{n+2}+by^{n+2}-(ax^{n+1}+by^{n+1})(x+y)+xy(ax^n+by^n)=0$

$\therefore ax^{n+2}+by^{n+2}$
$=(ax^{n+1}+by^{n+1})(x+y)-xy(ax^n+by^n)$

개념 확인

$a+b=3$, $a^2-ab+b^2=6$일 때, a^5+b^5의 값을 점화식을 이용하여 구하시오.

해설

a와 b를 두 근으로 하는 이차방정식을 만들기 위해 $a+b$와 ab를 구하자.

$a^2-ab+b^2=(a+b)^2-3ab=6$이므로 $3^2-3ab=6$

$\therefore ab=1$

$a+b=3$, $ab=1$이므로 근과 계수의 관계에 의해 a, b를 두 근으로 하고 이차항의 계수가 1인 x에 관한 이차방정식은 $x^2-3x+1=0$ …… ㉠

이 방정식의 두 근이 a, b이므로

㉠에 a, b를 각각 대입하면

$a^2-3a+1=0$

$b^2-3b+1=0$

위의 두 식의 양변에 a^n, b^n을

각각 곱해서 변변 더하면

$a^{n+2}-3a^{n+1}+a^n=0$

$b^{n+2}-3b^{n+1}+b^n=0$에서

$a^{n+2}+b^{n+2}-3(a^{n+1}+b^{n+1})+(a^n+b^n)=0$

이때 $f(n)=a^n+b^n$이라고 하면

$f(n+2)=3f(n+1)-f(n)$ …… ㉡

$a^5+b^5=f(5)$이고

$f(1)=a+b=3$, $f(2)=a^2+b^2=(a+b)^2-2ab=7$

이므로 ㉡의 식에 $n=1$을 대입하면

$f(3)=3f(2)-f(1)=3\times7-3=18$

$n=2$를 대입하면 $f(4)=3\times18-7=47$

$n=3$을 대입하면 $f(5)=3\times47-18=123$

$\therefore a^5+b^5=123$

① $a+b=p$, $ab=q$일 때, $f(n)=a^n+b^n$이라 하면 $f(n+2)=pf(n+1)-qf(n)$

② $a+b=r$, $ab=s$일 때, $g(n)=a^n-b^n$이라 하면 $g(n+2)=rg(n+1)-sg(n)$

기출 유형

두 실수 a, b에 대하여 이차방정식 $x^2-ax+b=0$의 서로 다른 두 근은 α, β이고,

이차방정식 $x^2-2ax+2b=0$의 서로 다른 두 근은 $\alpha+1$, $\beta+1$이다. 다음 조건을 만족시키는 자연수 n의 최솟값을 구하시오.

$$\alpha^{n+1}+\beta^{n+1}=\alpha^n+\beta^n+40$$

해설

방법1

이차방정식 $x^2-ax+b=0$의 서로 다른 두 근이 α, β이므로 근과 계수의 관계에 의하여

$\alpha+\beta=a$ …… ㉠

$\alpha\beta=b$ …… ㉡

이차방정식 $x^2-2ax+2b=0$의 서로 다른 두 근이 $\alpha+1$, $\beta+1$이므로 근과 계수의 관계에 의하여

$(\alpha+1)+(\beta+1)=2a$ …… ㉢

$(\alpha+1)(\beta+1)=2b$ …… ㉣

㉠, ㉢에서

$a+2=2a$ $\therefore a=2$

㉠, ㉡을 ㉣에 대입하면

$b+2+1=2b$ $\therefore b=3$

즉, $\alpha+\beta=2$, $\alpha\beta=3$

이를 이용하여 $\alpha^n+\beta^n$을 구하면

$\alpha+\beta=2$

$\alpha^2+\beta^2=(\alpha+\beta)^2-2\alpha\beta=2^2-2\times3=-2$

$\alpha^3+\beta^3=(\alpha+\beta)^3-3\alpha\beta(\alpha+\beta)=2^3-3\times3\times2=-10$

$\alpha^4+\beta^4=(\alpha^2+\beta^2)^2-2\alpha^2\beta^2=(-2)^2-2\times3^2=-14$

$\alpha^5+\beta^5=(\alpha^2+\beta^2)(\alpha^3+\beta^3)-\alpha^2\beta^2(\alpha+\beta)$
$=(-2)\times(-10)-3^2\times2=2$

$\alpha^6+\beta^6=(\alpha^3+\beta^3)^2-2\alpha^3\beta^3$
$=(-10)^2-2\times3^3=46$

$\alpha^7+\beta^7=(\alpha^3+\beta^3)(\alpha^4+\beta^4)-\alpha^3\beta^3(\alpha+\beta)$
$=(-10)\times(-14)-3^3\times2=86, \cdots$

따라서 $\alpha^7+\beta^7=\alpha^6+\beta^6+40$이므로

조건을 만족시키는 자연수 n의 최솟값은 6이다.

방법2

방법1에서 $\alpha+\beta=2$, $\alpha\beta=3$이므로 α, β를 두 근으로 하는 이차항의 계수가 1인 x에 관한 이차방정식은 $x^2-2x+3=0$ …… ㉠

이 식의 근이 α, β이므로 ㉠의 x에 각각 α, β를 대입하면

$\alpha^2-2\alpha+3=0$ …… ㉡

$\beta^2-2\beta+3=0$ …… ㉢

㉡의 양변에 α^n을 곱하면

$\alpha^{n+2}-2\alpha^{n+1}+3\alpha^n=0$ …… ㉣

㉢의 양변에 β^n을 곱하면

$\beta^{n+2}-2\beta^{n+1}+3\beta^n=0$ …… ㉤

㉣과 ㉤식을 변변 더하면

$\alpha^{n+2}+\beta^{n+2}-2(\alpha^{n+1}+\beta^{n+1})+3(\alpha^n+\beta^n)=0$ …… ㉥

㉥에서 $f(n)=\alpha^n+\beta^n$이라고 하면

$f(n+2)=2f(n+1)-3f(n)$ …… ㉦

$f(1)=\alpha+\beta=2$

$f(2)=\alpha^2+\beta^2$

$=(\alpha+\beta)^2-2\alpha\beta=-2$

$f(n+1)=f(n)+40$을 만족하는 자연수 n의 최솟값을 구하기 위해서 ㉦의 식에 $n=1$부터 대입하면

$n=1$일 때, $f(3)=2f(2)-3f(1)=-10$

$n=2$일 때, $f(4)=2f(3)-3f(2)=-14$

$n=3$일 때, $f(5)=2f(4)-3f(3)=2$

$n=4$일 때, $f(6)=2f(5)-3f(4)=46$

$n=5$일 때, $f(7)=2f(6)-3f(5)=86$

$\therefore f(7)=f(6)+40$

즉, $\alpha^7+\beta^7=\alpha^6+\beta^6+40$을 만족하므로

구하는 자연수 n의 최솟값은 6이다.

024

$a+b=1$, $ab=-1$일 때, $a^{11}+b^{11}$의 값을 구하시오.

025

$a+b=1$, $ab=-1$일 때, $a^{11}-b^{11}$의 값을 구하시오.
(단, $a>b$)

026

그림과 같이 대각선 BE의 길이가 1인 정오각형 ABCDE의 한 변의 길이를 x라 할 때, $1-x+x^3+x^4+x^5+x^6-x^7-x^8$의 값을 구하시오.

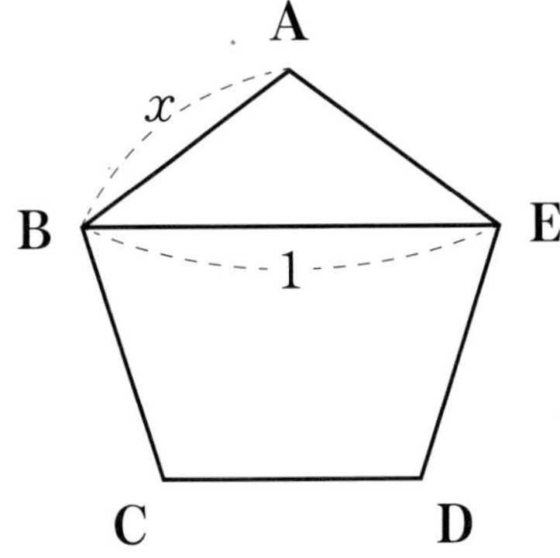

027

x에 대한 다항식 mx^9+nx^8-1이 이차식 x^2+x-1로 나누어떨어지기 위한 정수 m, n의 값을 구하시오.

028

$(1+\sqrt{3})^7+(1-\sqrt{3})^7$의 값을 구하시오.

$a+b+c=p$, $ab+bc+ca=q$, $abc=r$일 때,
$f(n)=a^n+b^n+c^n$이라고 하면
$f(n+3)=pf(n+2)-qf(n+1)+rf(n)$

기출 유형

$a+b+c=3$, $ab+bc+ca=1$, $abc=-2$일 때, $a^5+b^5+c^5$의 값을 구하시오.

해설

방법1

$a^2+b^2+c^2=(a+b+c)^2-2(ab+bc+ca)=9-2=7$

$a^3+b^3+c^3$
$=(a+b+c)(a^2+b^2+c^2-ab-bc-ca)+3abc$
$=3\times(7-1)+3\times(-2)=12$

이므로

$a^5+b^5+c^5$
$=(a^2+b^2+c^2)(a^3+b^3+c^3)$
$-\{a^2b^2(a+b)+b^2c^2(b+c)+c^2a^2(c+a)\}$ …… ㉠

㉠에서

$a^2b^2(a+b)+b^2c^2(b+c)+c^2a^2(c+a)$
$=a^2b^2(3-c)+b^2c^2(3-a)+c^2a^2(3-b)$
$=3(a^2b^2+b^2c^2+c^2a^2)-abc(ab+bc+ca)$

$\therefore$ $(a^2+b^2+c^2)(a^3+b^3+c^3)$
$-3\{(ab+bc+ca)^2-2abc(a+b+c)\}$
$+abc(ab+bc+ca)$
$=7\times12-3\{1-2\times(-2)\times3\}-2\times1=43$

방법2

근과 계수의 관계에 의해 a, b, c를 근으로 하는 x에 관한 삼차방정식은 $x^3-3x^2+x+2=0$

$\therefore x^3=3x^2-x-2$ …… ㉠

㉠의 양변에 x를 곱하면

$x^4=3x^3-x^2-2x$
$=3(3x^2-x-2)-x^2-2x$ ($\because$ ㉠)
$=8x^2-5x-6$

같은 방법으로 위의 식의 양변에 x를 곱하면

$x^5=8x^3-5x^2-6x$
$=8(3x^2-x-2)-5x^2-6x$
$=19x^2-14x-16$ …… ㉡

㉡에 $x=a$, $x=b$, $x=c$를 각각 대입하여 변변 더하면

$a^5=19a^2-14a-16$
$b^5=19b^2-14b-16$
$c^5=19c^2-14c-16$

$\therefore a^5+b^5+c^5=19(a^2+b^2+c^2)-14(a+b+c)$
-16×3
$=19\times7-14\times3-48=43$

방법3

a, b, c를 근으로 하는 삼차방정식은

$x^3-3x^2+x+2=0$

$x^3=3x^2-x-2$의 세 근이 a, b, c이므로

$a^3=3a^2-a-2$이고, 양변에 a^n을 곱하면

$a^{n+3}=3a^{n+2}-a^{n+1}-2a^n$ …… ㉠

같은 방법으로

$b^{n+3}=3b^{n+2}-b^{n+1}-2b^n$ …… ㉡

$c^{n+3}=3c^{n+2}-c^{n+1}-2c^n$ …… ㉢

㉠, ㉡, ㉢을 변변 더하면

$a^{n+3}+b^{n+3}+c^{n+3}$
$=3(a^{n+2}+b^{n+2}+c^{n+2})-(a^{n+1}+b^{n+1}+c^{n+1})$
$-2(a^n+b^n+c^n)$

$f(n)=a^n+b^n+c^n$이라 하면

$f(n+3)=3f(n+2)-f(n+1)-2f(n)$ …… ㉣

$f(1)=a+b+c=3$

$f(2)=a^2+b^2+c^2=(a+b+c)^2-2(ab+bc+ca)$
$=3^2-2\times1=7$

$f(3)=a^3+b^3+c^3$
$=(a+b+c)(a^2+b^2+c^2-ab-bc-ca)+3abc$
$=3\times(7-1)+3\times(-2)=12$이므로

㉣식에 $n=1$, $n=2$를 대입하면

$f(4)=3f(3)-f(2)-2f(1)=3\times12-7-2\times3=23$

$f(5)=3f(4)-f(3)-2f(2)=3\times23-12-2\times7=43$

따라서 $a^5+b^5+c^5=f(5)=43$

029

세 수 a, b, c가
$a+b+c=3$, $a^2+b^2+c^2=7$, $a^3+b^3+c^3=12$를 만족할 때, $a^7+b^7+c^7$의 값을 구하시오.

① $a^{n+2}+b^{n+2}$
$=(a+b)(a^{n+1}+b^{n+1})-ab(a^n+b^n)$

② $a^{n+3}+b^{n+3}+c^{n+3}$
$=(a+b+c)(a^{n+2}+b^{n+2}+c^{n+2})$
$-(ab+bc+ca)(a^{n+1}+b^{n+1}+c^{n+1})$
$+abc(a^n+b^n+c^n)$

기출 유형

$a+b=5$, $ab=3$을 만족하는 실수 a, b에 대하여 $P_n=a^n+b^n$이라 하자. $2P_{2022}+6P_{2020}=kP_{2021}$일 때, 실수 k의 값을 구하시오. (단, n은 자연수)

해설

방법1

$a^{n+2}+b^{n+2}=(a+b)(a^{n+1}+b^{n+1})-ab(a^n+b^n)$이므로

$a+b=5$, $ab=3$을 대입하면

$P_{n+2}=5P_{n+1}-3P_n$, $P_{n+2}+3P_n=5P_{n+1}$이 성립한다.

$n=2020$을 대입하면

$\therefore P_{2022}+3P_{2020}=5P_{2021}$ ······ ㉠

㉠의 양변에 2를 곱하면 $2P_{2022}+6P_{2020}=10P_{2021}$

그러므로 $k=10$

방법2

a, b를 근으로 갖는 이차방정식은 $x^2-5x+3=0$

a, b가 이 이차방정식의 두 근이므로

$a^2-5a+3=0$

$b^2-5b+3=0$

두 식의 양변에 a^n과 b^n을 각각 곱하면

$a^{n+2}-5a^{n+1}+3a^n=0$

$b^{n+2}-5b^{n+1}+3b^n=0$

두 식을 더하면

$a^{n+2}+b^{n+2}-5(a^{n+1}+b^{n+1})+3(a^n+b^n)=0$

$P_n=a^n+b^n$이므로 $P_{n+2}-5P_{n+1}+3P_n=0$

$\therefore P_{2022}+3P_{2020}=5P_{2021}$ ······ ㉠

㉠의 양변에 2를 곱하면

$2P_{2022}+6P_{2020}=10P_{2021}$

그러므로 $k=10$

030

다음 식이 성립할 때, 상수 k의 값을 구하시오.

$(2+\sqrt{2})^{2022}+(2-\sqrt{2})^{2022}+2\{(2+\sqrt{2})^{2020}+(2-\sqrt{2})^{2020}\}$
$=k\{(2+\sqrt{2})^{2021}+(2-\sqrt{2})^{2021}\}$

$$ax^{n+2}+by^{n+2}$$
$$=(ax^{n+1}+by^{n+1})(x+y)-xy(ax^n+by^n)$$

기출 유형

$ax+by=1$, $ax^2+by^2=2$, $ax^3+by^3=1$, $ax^4+by^4=-1$을 만족시키는 네 수 a, b, x, y에 대하여 ax^7+by^7의 값을 구하시오.

해설

$ax^{n+2}+by^{n+2}=(ax^{n+1}+by^{n+1})(x+y)-xy(ax^n+by^n)$

이므로

$f(n)=ax^n+by^n$ 이라고 하면

$f(n+2)=(x+y)f(n+1)-xyf(n)$ …… ㉠

이때

$f(1)=ax+by=1$, $f(2)=ax^2+by^2=2$

$f(3)=ax^3+by^3=1$, $f(4)=ax^4+by^4=-1$

이므로 ㉠ 식에 $n=1$, $n=2$를 각각 대입하면

$f(3)=(x+y)f(2)-xyf(1)$에서 $1=2(x+y)-xy$

$f(4)=(x+y)f(3)-xyf(2)$에서 $-1=(x+y)-2xy$

두 식을 연립하여 풀면

$x+y=1$, $xy=1$이다.

$\therefore f(n+2)=f(n+1)-f(n)$ …… ㉡

$f(7)=ax^7+by^7$ 을 구하기 위해

㉡식에 $n=3$, $n=4$, $n=5$를 대입하면

$f(5)=f(4)-f(3)=-2$

$f(6)=f(5)-f(4)=-1$

$f(7)=f(6)-f(5)=1$

따라서 $ax^7+by^7=1$이다.

031

$ax^5+by^5=1$, $ax^6+by^6=2$, $ax^7+by^7=5$, $ax^8+by^8=12$일 때, x^5+y^5의 값을 구하시오. (단, a, b, x, y는 실수이다.)

고난도 실전 연습문제

032

$(x+1)(x+2)(x+3)\cdots(x+10)$을 전개한 식에서 x^8의 계수를 구하시오.

033

다음 식의 값을 구하시오.

$$(\sqrt{1}+\sqrt{3}+\sqrt{5}+\sqrt{7}+\sqrt{9})^2 +(\sqrt{1}+\sqrt{3}+\sqrt{5}+\sqrt{7}-2\sqrt{9})^2 +(\sqrt{1}+\sqrt{3}+\sqrt{5}-2\sqrt{7}+\sqrt{9})^2 +(\sqrt{1}+\sqrt{3}-2\sqrt{5}+\sqrt{7}+\sqrt{9})^2 +(\sqrt{1}-2\sqrt{3}+\sqrt{5}+\sqrt{7}+\sqrt{9})^2 +(-2\sqrt{1}+\sqrt{3}+\sqrt{5}+\sqrt{7}+\sqrt{9})^2$$

034

실수 a, b에 대하여 $a-b=3$, $a^4+b^4=47$일 때, a^7-b^7의 값을 구하시오.

035

실수 x, y, z에 대하여

$x^2+y^2+z^2-6y+8z=5$, $x+y+z=3\sqrt{10}-1$일 때,

$x^2+z(y+1)$의 값을 구하시오.

036

세 실수 x, y, z가 다음 두 식을 만족할 때, $x+y+z$의 값을 구하시오.

$$\begin{cases} \dfrac{3}{x+y}+\dfrac{1}{y+z}+\dfrac{2}{z+x}=\dfrac{33}{10} \\ \dfrac{x}{y+z}+\dfrac{2y}{z+x}+\dfrac{3z}{x+y}=\dfrac{3}{5} \end{cases}$$

037

$a+b+c=1$, $a^2+b^2+c^2=3$, $a^3+b^3+c^3=7$일 때, $a^5+b^5+c^5-(a^2+b^2+c^2)(a^3+b^3+c^3)$의 값을 구하시오.

038

실수 a, b, c에 대하여 $a^3+b^3+c^3-3abc=0$일 때, $\dfrac{b(c+a-3b)}{b^2-c^2-a^2}+\dfrac{c(a+b-3c)}{c^2-a^2-b^2}+\dfrac{a(b+c-3a)}{a^2-b^2-c^2}$의 값을 모두 구하시오.

039

세 수 a, b, c에 대하여 $(a+b+c)(ab+bc+ca)-abc=17$, $a^2(b+c)+b^2(c+a)+c^2(a+b)=25$일 때, abc의 값을 구하시오.

040

$x=(\sqrt{2}+1)^{11}$ 이라 할 때, $[x]$의 값을 구하시오.
(단, $[x]$는 x를 넘지 않는 최대 정수이다.)

041

분모를 0으로 하지 않는 세 수 x, y, z에 대하여
$\frac{xy+yz+zx}{x^2+y^2+z^2}=\frac{1}{6}$, $\frac{y+z}{x}+\frac{z+x}{y}+\frac{x+y}{z}=3$일 때,
$\frac{(x+y+z)^3}{(x+y+z)^3-(x+y-z)^3-(y+z-x)^3-(z+x-y)^3}$ 의
값을 구하시오.

042

세 수 x, y, z가
$x+y+z=1$, $x^2+y^2+z^2=-1$, $xyz=2$를 만족시킬 때, $x^5y^5+y^5z^5+z^5x^5$의 값을 구하시오.

043

$a+b+c=3$, $ab+bc+ca=2$, $abc=5$
를 만족하는 세 수 a, b, c에 대하여
$R_n=a^n-b^n+c^n$ (단, n은 자연수)이라 하자.
$R_6+2R_4=3R_5+kR_3$을 만족할 때, 실수 k의 값을 구하시오.

Ⅱ

항등식

CHAPTER 1

계수비교법과 수치대입법

01. 다항식의 전개와 계수비교법

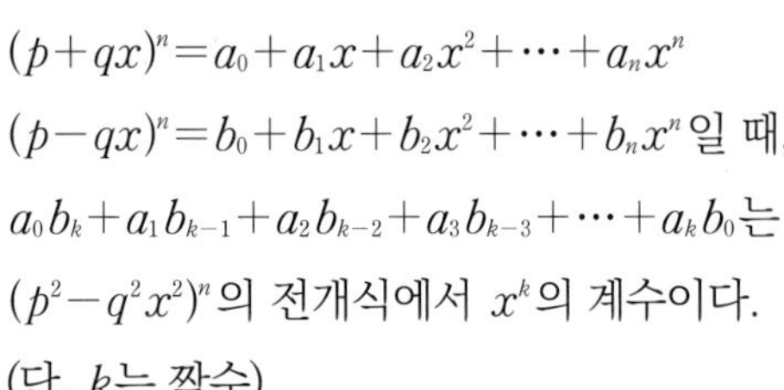

$(p+qx)^n=a_0+a_1x+a_2x^2+\cdots+a_nx^n$

$(p-qx)^n=b_0+b_1x+b_2x^2+\cdots+b_nx^n$일 때,

$a_0b_k+a_1b_{k-1}+a_2b_{k-2}+a_3b_{k-3}+\cdots+a_kb_0$는

$(p^2-q^2x^2)^n$의 전개식에서 x^k의 계수이다.

(단, k는 짝수)

$(p+qx)^n=a_0+a_1x+a_2x^2+\cdots+a_nx^n$ …… ㉠

$(p-qx)^n=b_0+b_1x+b_2x^2+\cdots+b_nx^n$ …… ㉡

㉠×㉡에서 우변의 식을 전개했을 때 x^k의 계수는

$a_0b_k+a_1b_{k-1}+a_2b_{k-2}+a_3b_{k-3}+\cdots+a_kb_0$이고,

이는 좌변의 식

$$(p+qx)^n\times(p-qx)^n=\{(p+qx)(p-qx)\}^n$$
$$=(p^2-q^2x^2)^n$$

의 전개식에서 x^k의 계수와 같다.

기출 유형

$(1+x)^{10}=a_0+a_1x+a_2x^2+\cdots+a_{10}x^{10}$과

$(1-x)^{10}=b_0+b_1x+b_2x^2+\cdots+b_{10}x^{10}$이

x에 대한 항등식일 때,

$a_0b_4+a_1b_3+a_2b_2+a_3b_1+a_4b_0$의 값을 구하시오.

(단, a_0, a_1, a_2, $\cdots$, a_{10}, b_0, b_1, b_2, $\cdots$, b_{10}은 상수)

해설

$$(1+x)^{10}(1-x)^{10}$$
$$=(a_0+a_1x+\cdots+a_{10}x^{10})$$
$$\times(b_0+b_1x+\cdots+b_{10}x^{10}) \quad \cdots\cdots ㉠$$

㉠에서 우변의 식을 전개했을 때 x^4의 계수는 다음과 같다.

$a_0b_4+a_1b_3+a_2b_2+a_3b_1+a_4b_0$

㉠에서 좌변의 식은

$$(1+x)^{10}(1-x)^{10}=(1-x^2)^{10}$$
$$=\underbrace{(1-x^2)(1-x^2)\cdots(1-x^2)}_{10\text{개}}$$

이므로, x^4의 계수는 10개의 $1-x^2$ 중에서

2개를 선택하여 $-x^2$끼리 곱하는 경우와 같다.

$\therefore a_0b_4+a_1b_3+a_2b_2+a_3b_1+a_4b_0={}_{10}\mathrm{C}_2=45$

044

등식

$$\{(x+1)(x^2+x+1)\}^6$$
$$=a_0+a_1x+a_2x^2+\cdots+a_{17}x^{17}+a_{18}x^{18}$$ 과

$$\{(x-1)(x^2-x+1)\}^6$$
$$=b_0+b_1x+b_2x^2+\cdots+b_{17}x^{17}+b_{18}x^{18}$$ 이

x에 대한 항등식일 때,

$a_0b_6+a_1b_5+a_2b_4+a_3b_3+a_4b_2+a_5b_1+a_6b_0$의 값을 구하시오.

(단, a_0, a_1, a_2, $\cdots$, a_{18}, b_0, b_1, b_2, $\cdots$, b_{18}은 상수이다.)

02. 수치대입법

1 수치대입법(1)

$f(x)=a_0+a_1x+a_2x^2+\cdots+a_nx^n$ 일 때,

(1) ① $a_0+a_1+a_2+a_3+\cdots+a_{n-1}+a_n=f(1)$

② $a_0-a_1+a_2-a_3+\cdots+(-1)^na_n=f(-1)$

(2) ① $a_0+a_2+a_4+a_6+\cdots=\dfrac{f(1)+f(-1)}{2}$

② $a_1+a_3+a_5+a_7+\cdots=\dfrac{f(1)-f(-1)}{2}$

(3) ① $a_0+\alpha a_1+\alpha^2a_2+\cdots+\alpha^na_n=f(\alpha)$

② $a_0-\alpha a_1+\alpha^2a_2-\cdots+(-\alpha)^na_n=f(-\alpha)$

(4) ① $a_0+\alpha^2a_2+\alpha^4a_4+\cdots=\dfrac{f(\alpha)+f(-\alpha)}{2}$

② $\alpha a_1+\alpha^3a_3+\alpha^5a_5+\cdots=\dfrac{f(\alpha)-f(-\alpha)}{2}$

$f(x)=a_0+a_1x+a_2x^2+\cdots+a_nx^n$ ...... ㉠

(1) ㉠의 양변에 $x=1$을 대입하면

$a_0+a_1+a_2+\cdots+a_n=f(1)$ ...... ㉡

㉠의 양변에 $x=-1$을 대입하면

$a_0-a_1+a_2-\cdots+(-1)^na_n=f(-1)$ ...... ㉢

(2) $\frac{1}{2}\times$(㉡+㉢)

$=a_0+a_2+a_4+a_6+\cdots=\dfrac{f(1)+f(-1)}{2}$

$\frac{1}{2}\times$(㉡−㉢)

$=a_1+a_3+a_5+a_7+\cdots=\dfrac{f(1)-f(-1)}{2}$

(3) ㉠의 양변에 $x=\alpha$를 대입하면

$a_0+\alpha a_1+\alpha^2a_2+\cdots+\alpha^na_n=f(\alpha)$ ...... ㉣

㉠의 양변에 $x=-\alpha$를 대입하면

$a_0-\alpha a_1+\alpha^2a_2-\cdots$

$+(-\alpha)^na_n=f(-\alpha)$ ...... ㉤

(4) $\frac{1}{2}\times$(㉣+㉤)

$=a_0+\alpha^2a_2+\alpha^4a_4+\cdots=\dfrac{f(\alpha)+(-\alpha)}{2}$

$\frac{1}{2}\times$(㉣−㉤)

$=\alpha a_1+\alpha^3a_3+\alpha^5a_5+\cdots=\dfrac{f(\alpha)-f(-\alpha)}{2}$

기출 유형

등식 $(x^2-2x)^6+x^2$

$=a_0+a_1x+a_2x^2+\cdots+a_{11}x^{11}+a_{12}x^{12}$이

x에 관계없이 항상 성립할 때,

$10a_0+6(a_1+a_2+a_3+a_4+a_5)+2a_6$

$+(a_7+a_8+\cdots+a_{11}+a_{12})$

의 값을 구하시오.

(단, a_0, a_1, a_2, $\cdots$, a_{12}는 상수이다.)

해설

$(x^2-2x)^6$의 전개식에서 가장 낮은 차수는 6차이므로 $a_2=1$, $a_0=a_1=a_3=a_4=a_5=0$임을 알 수 있다.

즉, $(x^2-2x)^6=a_6x^6+a_7x^7+a_8x^8+\cdots$

$+a_{11}x^{11}+a_{12}x^{12}$ ...... ㉠

$(x^2-2x)^6=x^6(x-2)^6$이므로

x^6의 계수 $a_6=(-2)^6=64$

㉠의 양변에 $x=1$을 대입하면

$1=a_6+a_7+a_8+\cdots+a_{11}+a_{12}$

$\therefore a_7+a_8+\cdots+a_{11}+a_{12}=1-a_6=1-64=-63$

그러므로

$10a_0+6(a_1+a_2+a_3+a_4+a_5)+2a_6$

$+(a_7+a_8+\cdots+a_{11}+a_{12})$

$=6a_2+2a_6+(a_7+a_8+\cdots+a_{11}+a_{12})$

$=6\times1+2\times64-63=71$

045

임의의 실수 x에 대하여
$(3x-1)^7=a_0+a_1x+a_2x^2+\cdots+a_6x^6+a_7x^7$이 성립할 때, $|a_0|+|a_1|+\cdots+|a_6|+|a_7|$의 값을 구하시오.
(단, a_0, a_1, a_2, $\cdots$, a_7은 상수이다.)

046

임의의 실수 x에 대하여
$$x^{100}+x+2=a_0+a_1(x+2)+a_2(x+2)^2+\cdots+a_{100}(x+2)^{100}$$
이 성립할 때, $a_1+a_3+a_5+\cdots+a_{99}$의 값을 구하시오.
(단, a_0, a_1, a_2, $\cdots$, a_{100}은 상수이다.)

047

모든 실수 x에 대하여 등식
$(3x+1)^{50}=a_0+a_1x+a_2x^2+\cdots+a_{50}x^{50}$이 성립할 때,
$$\frac{2^2a_1}{3^3}+\frac{2^4a_3}{3^5}+\frac{2^6a_5}{3^7}+\cdots+\frac{2^{50}a_{49}}{3^{51}}=\frac{q}{p}(3^{50}-1)$$
을 만족하는 상수 p, q에 대하여 $p+q$의 값을 구하시오.
(단, p, q는 서로소인 자연수이고, a_0, a_1, a_2, $\cdots$, a_{50}은 상수이다.)

048

임의의 실수 x에 대하여
$(x+2)^{10}=a_0+a_1x+a_2x^2+\cdots+a_{10}x^{10}$이 성립할 때,
$a_1-2a_2+2^2a_3-2^3a_4+\cdots+2^8a_9-2^9a_{10}$의 값을 구하시오. (단, a_0, a_1, a_2, $\cdots$, a_{10}은 상수이다.)

2 수치대입법(2)

$f(x)=a_0+a_1x+a_2x^2+\cdots+a_nx^n$일 때,

(1) ① $a_0+a_1+a_2+a_3+\cdots+a_{n-1}+a_n=f(1)$

② $a_0-a_1+a_2-a_3+\cdots+(-1)^na_n=f(-1)$

(2) ① $a_0+a_2+a_4+a_6+\cdots=\dfrac{f(1)+f(-1)}{2}$

② $a_1+a_3+a_5+a_7+\cdots=\dfrac{f(1)-f(-1)}{2}$

(3) ① $a_0-a_2+a_4-a_6+\cdots=[f(i)$에서 실수 부분$]$

② $a_1-a_3+a_5-a_7+\cdots=[f(i)$에서 허수 부분$]$

(단, $i=\sqrt{-1}$이다.)

(4) ① $a_0+a_4+a_8+a_{12}+\cdots$

$=\dfrac{\dfrac{f(1)+f(-1)}{2}+[f(i)\text{의 실수 부분}]}{2}$

② $a_1+a_5+a_9+a_{13}+\cdots$

$=\dfrac{\dfrac{f(1)-f(-1)}{2}+[f(i)\text{의 허수 부분}]}{2}$

(단, $i=\sqrt{-1}$이다.)

$f(x)=a_0+a_1x+a_2x^2+\cdots+a_nx^n$ …… ㉠

(3) ㉠의 양변에 $x=i$를 대입하면

$(a_0-a_2+a_4-\cdots)+(a_1-a_3+a_5-\cdots)i=f(i)$

따라서

$a_0-a_2+a_4-a_6+\cdots=[f(i)$에서 실수 부분$]$

$a_1-a_3+a_5-a_7+\cdots=[f(i)$에서 허수 부분$]$

(4) ① $a_0+a_4+a_8+a_{12}+\cdots=\dfrac{(2)\text{의 ①}+(3)\text{의 ①}}{2}$

$=\dfrac{\dfrac{f(1)+f(-1)}{2}+[f(i)\text{에서 실수 부분}]}{2}$

② $a_1+a_5+a_9+a_{13}+\cdots=\dfrac{(2)\text{의 ②}+(3)\text{의 ②}}{2}$

$=\dfrac{\dfrac{f(1)-f(-1)}{2}+[f(i)\text{에서 허수 부분}]}{2}$

기출 유형

등식 $(x+1)^{12}=a_0+a_1x+a_2x^2+\cdots+a_{12}x^{12}$이 x에 관계없이 항상 성립할 때, 다음 식의 값을 구하시오.
(단, a_0, a_1, a_2, $\cdots$, a_{12}는 실수이다.)

(1) $a_0-a_2+a_4-a_6+a_8-a_{10}+a_{12}$

(2) $a_0+a_4+a_8+a_{12}$

해설

(1) $(x+1)^{12}=a_0+a_1x+a_2x^2+\cdots+a_{12}x^{12}$

의 양변에 $x=i$를 대입하면 (단, $i=\sqrt{-1}$이다.)

$(i+1)^{12}=a_0+a_1i+a_2i^2+\cdots+a_{12}i^{12}$ …… ㉠

㉠에서 좌변의 값을 계산하여 간단히 하면

$(i+1)^{12}=\{(i+1)^2\}^6=(2i)^6=2^6\times i^6=2^6\times i^2=-2^6$

㉠에서 우변의 식을

실수 부분과 허수 부분으로 나누어 정리하면

$(a_0-a_2+a_4-a_6+\cdots+a_{12})$

$+(a_1-a_3+a_5-a_7+\cdots-a_{11})i$

(좌변)=(우변)이므로

$\therefore a_0-a_2+a_4-a_6+a_8-a_{10}+a_{12}=-64$ …… ㉡

(2) $(x+1)^{12}=a_0+a_1x+a_2x^2+\cdots+a_{12}x^{12}$

의 양변에 $x=1$과 $x=-1$을 각각 대입하면

$2^{12}=a_0+a_1+a_2+\cdots+a_{12}$

$0=a_0-a_1+a_2-\cdots+a_{12}$

두 식을 더하면

$2^{12}=2(a_0+a_2+a_4+\cdots+a_{12})$

$\therefore a_0+a_2+a_4+\cdots+a_{12}=2^{11}$ …… ㉢

㉡ + ㉢에서 $2(a_0+a_4+a_8+a_{12})=1984$

$\therefore a_0+a_4+a_8+a_{12}=992$

049

등식 $(x+1)^{10}=a_0+a_1x+\cdots+a_9x^9+a_{10}x^{10}$이 x에 대한 항등식일 때,

$a_0+a_1-a_2-a_3+a_4+a_5-a_6-a_7+a_8+a_9-a_{10}$의 값을 구하시오. (단, a_0, a_1, a_2, $\cdots$, a_{10}은 실수)

050

x에 관계없이

$(x+\sqrt{2})^{10}=a_0+a_1x+a_2x^2+\cdots+a_9x^9+a_{10}x^{10}$이 성립할 때, $a_0-2a_2+2^2a_4-2^3a_6+2^4a_8-2^5a_{10}$의 값을 구하시오. (단, a_0, a_1, a_2, ..., a_{10}은 실수)

3 수치대입법(3)

$f(x)=a_0+a_1x+a_2x^2+\cdots+a_nx^n$에 대하여

(1) $\omega^3=1$일 때

① $a_0+a_3+a_6+a_9+\cdots=[f(\omega)$에서 상수항$]$

② $a_1+a_4+a_7+a_{10}+\cdots=[f(\omega)$에서 ω의 계수$]$

③ $a_2+a_5+a_8+a_{11}+\cdots=[f(\omega)$에서 ω^2의 계수$]$

(2) $\omega^3=-1$일 때

① $a_0-a_3+a_6-a_9+\cdots=[f(\omega)$에서 상수항$]$

② $a_1-a_4+a_7-a_{10}+\cdots=[f(\omega)$에서 ω의 계수$]$

③ $a_2-a_5+a_8-a_{11}+\cdots=[f(\omega)$에서 ω^2의 계수$]$

(1) $f(x)=a_0+a_1x+a_2x^2+\cdots+a_nx^n$ …… ㉠

$x^2+x+1=0$을 만족하는 한 허근을 $x=\omega$라고 하면 $\omega^2+\omega+1=0$, $\omega^3=1$이다.

㉠의 양변에 $x=\omega$를 대입하면

$f(\omega)=a_0+a_1\omega+a_2\omega^2+\cdots+a_n\omega^n$

$\omega^3=1$이므로

$$f(\omega)=(a_0+a_3+a_6+\cdots)+(a_1+a_4+a_7+\cdots)\omega+(a_2+a_5+a_8+\cdots)\omega^2$$

이때,

$a_0+a_3+a_6+\cdots=\mathrm{A}$, $a_1+a_4+a_7+\cdots=\mathrm{B}$

$a_2+a_5+a_8+\cdots=\mathrm{C}$

라고 하면, $\omega^2+\omega+1=0$에 의해

$$\begin{aligned}f(\omega)&=\mathrm{A}+\mathrm{B}\omega+\mathrm{C}\omega^2\\&=\mathrm{A}+\mathrm{B}\omega+\mathrm{C}(-1-\omega)\\&=(\mathrm{A}-\mathrm{C})+(\mathrm{B}-\mathrm{C})\omega\end{aligned}$$

한편, $f(1)=a_0+a_1+a_2+\cdots+a_n=\mathrm{A}+\mathrm{B}+\mathrm{C}$ 이므로 세 식을 연립하여 풀면 A, B, C를 구할 수 있다.

(2) $f(x)=a_0+a_1x+a_2x^2+\cdots+a_nx^n$ ······ ㉡

$x^2-x+1=0$을 만족하는 한 허근을

$x=\omega$라고 하면 $\omega^2-\omega+1=0$, $\omega^3=-1$이다.

㉡의 양변에 $x=\omega$를 대입하면

$f(\omega)=a_0+a_1\omega+a_2\omega^2+\cdots+a_n\omega^n$

$\omega^3=-1$이므로

$$f(\omega)=(a_0-a_3+a_6-\cdots)+(a_1-a_4+a_7-\cdots)\omega+(a_2-a_5+a_8-\cdots)\omega^2$$

이때,

$a_0-a_3+a_6-\cdots=\text{A}$, $a_1-a_4+a_7-\cdots=\text{B}$,

$a_2-a_5+a_8-\cdots=\text{C}$

라고 하면, $\omega^2-\omega+1=0$에 의해

$$\begin{aligned}f(\omega)&=\text{A}+\text{B}\omega+\text{C}\omega^2\\&=\text{A}+\text{B}\omega+\text{C}(\omega-1)\\&=(\text{A}-\text{C})+(\text{B}+\text{C})\omega\end{aligned}$$

한편,

$f(-1)=a_0-a_1+a_2-\cdots+(-1)^na_n=\text{A}-\text{B}+\text{C}$

이므로 세 식을 연립하여 풀면 A, B, C를 구할 수 있다.

기출 유형

등식 $(1+x)^{30}=a_0+a_1x+a_2x^2+\cdots+a_{29}x^{29}+a_{30}x^{30}$이 x에 관계없이 항상 성립할 때,

$a_2+a_5+a_8+\cdots+a_{26}+a_{29}$의 값을 구하시오.

(단, a_0, a_1, a_2, $\cdots$, a_{30}은 실수이다.)

해설

$x^2+x+1=0$을 만족하는 한 허근을

$x=\omega$라고 하면 $\omega^2+\omega+1=0$, $\omega^3=1$이다.

양변에 $x=\omega$를 대입하면

$$(1+\omega)^{30}=a_0+a_1\omega+a_2\omega^2+a_3\omega^3+a_4\omega^4+\cdots+a_{29}\omega^{29}+a_{30}\omega^{30} \quad \cdots\cdots ㉠$$

㉠에서 좌변의 값을 계산하여 간단히 하면

$(1+\omega)^{30}=(-\omega^2)^{30}=\omega^{60}=1$이고

㉠에서 우변의 식을 정리하면

$$\begin{aligned}&a_0+a_1\omega+a_2\omega^2+\cdots+a_{29}\omega^{29}+a_{30}\omega^{30}\\&=a_0+a_1\omega+a_2\omega^2+a_3+a_4\omega+\cdots+a_{29}\omega^2+a_{30}\\&=(a_0+a_3+\cdots+a_{30})+(a_1+a_4+\cdots+a_{28})\omega+(a_2+a_5+\cdots+a_{29})\omega^2\end{aligned}$$

이때,

$a_0+a_3+\cdots+a_{30}=\text{A}$, $a_1+a_4+\cdots+a_{28}=\text{B}$

$a_2+a_5+\cdots+a_{29}=\text{C}$

라고 하면

$$\begin{aligned}1&=\text{A}+\text{B}\omega+\text{C}\omega^2\\&=\text{A}+\text{B}\omega+\text{C}(-1-\omega)\\&=(\text{A}-\text{C})+(\text{B}-\text{C})\omega\end{aligned}$$

복소수가 서로 같을 조건에 의하여

$\text{A}-\text{C}=1$, $\text{B}-\text{C}=0$

즉, $\text{A}=\text{C}+1$, $\text{B}=\text{C}$이다.

한편,

$(1+x)^{30}=a_0+a_1x+a_2x^2+\cdots+a_{29}x^{29}+a_{30}x^{30}$

에서 양변에 $x=1$을 대입하면

$2^{30}=a_0+a_1+a_2+\cdots+a_{29}+a_{30}=\text{A}+\text{B}+\text{C}$이므로

$\text{A}+\text{B}+\text{C}=3\text{C}+1=2^{30}$, $\text{C}=\frac{1}{3}(2^{30}-1)$

따라서 구하는 답은 $\frac{1}{3}(2^{30}-1)$

051

x에 대한 항등식

$(x-1)^{20}=a_0+a_1x+\cdots+a_{19}x^{19}+a_{20}x^{20}$에서

$a_1-a_4+a_7-a_{10}+a_{13}-a_{16}+a_{19}$의 값을 구하시오.

(단, a_0, a_1, a_2, $\cdots$, a_{20}은 실수)

052

등식

$(1+x+x^2+x^3+x^4+x^5)^4$

$\quad=a_0+a_1x+a_2x^2+\cdots+a_{19}x^{19}+a_{20}x^{20}$

이 x에 관계없이 항상 성립할 때, 다음 식의 값을 구하시오. (단, a_0, a_1, a_2, $\cdots$, a_{20}은 실수)

(1) $a_0+a_3+a_6+\cdots+a_{18}$

(2) $a_0+a_1+a_2-a_3-a_4+a_5+a_6+a_7+a_8-a_9-a_{10}$
$\quad+a_{11}+a_{12}+a_{13}+a_{14}-a_{15}-a_{16}+a_{17}+a_{18}+a_{19}+a_{20}$

2 라그랑주 항등식

$$(a^2+b^2)(c^2+d^2)=(ac+bd)^2+(ad-bc)^2$$
$$=(ac-bd)^2+(ad+bc)^2$$

$(ac\pm bd)^2+(ad\mp bc)^2$
$=(a^2c^2\pm 2abcd+b^2d^2)+(a^2d^2\mp 2abcd+b^2c^2)$
$=a^2(c^2+d^2)+b^2(c^2+d^2)$
$=(a^2+b^2)(c^2+d^2)$

※ 참고
코시-슈바르츠 부등식
$(a^2+b^2)(c^2+d^2)=(ac+bd)^2+(ad-bc)^2$이므로
$(a^2+b^2)(c^2+d^2)\geq(ac+bd)^2$
(단, 등호는 $ad-bc=0$)

기출 유형

대각선의 길이가 각각 $\sqrt{5}$, $\sqrt{10}$인 두 직사각형 A, B에 대하여 직사각형 A의 가로, 세로의 길이는 각각 a, b이고, 직사각형 B의 가로, 세로의 길이는 각각 c, d이다.
$ac-bd=5$일 때, $ad+bc$의 값을 구하시오.

해설

두 직사각형 A, B의 대각선이 각각 $\sqrt{5}$, $\sqrt{10}$이므로
$a^2+b^2=5$, $c^2+d^2=10$
$(ac-bd)^2+(ad+bc)^2$
$=(a^2c^2-2abcd+b^2d^2)+(a^2d^2+2abcd+b^2c^2)$
$=a^2c^2+b^2d^2+a^2d^2+b^2c^2$
$=a^2(c^2+d^2)+b^2(c^2+d^2)$
$=(a^2+b^2)(c^2+d^2)$
이므로
$ac-bd=5$, $a^2+b^2=5$, $c^2+d^2=10$을 대입하면
$5^2+(ad+bc)^2=5\times 10$
$(ad+bc)^2=50-25=25$
$\therefore ad+bc=5$ ($\because ad+bc>0$)

053

$338=2\times 13^2$임을 이용하여 338을 서로 다른 두 자연수의 제곱의 합으로 나타내시오.

054

실수 a, b, c, d가 세 조건
$a^2+c^2=2$, $b^2+d^2=2$, $ad-bc=-2$를 만족할 때,
a^2+b^2의 값을 구하시오.

CHAPTER 3

기타

01. 항상 성립하는 다항식

임의의 실수 x에 대해 성립하는 다항식 $f(x)$문제는 $f(x)$를 n차식으로 두고 양변의 차수를 비교해 n을 구한다.

기출 유형

임의의 실수 x에 대하여 다항식 $f(x)$가 등식 $f(x^2+1)=xf(x)+2x+3$을 만족시킬 때, $f(3)$을 구하시오.

해설

$f(x)$를 n차식이라 하면
$f(x^2+1)$은 $2n$차식이고 $xf(x)$는 $(n+1)$차식이다.
주어진 등식의 좌변과 우변의 차수가 같아야 하므로
$2n=n+1$에서 $n=1$
따라서, $f(x)$는 일차식이다.
$f(x)=ax+b$ (단, a, b는 상수)라고 하면,
$f(x^2+1)=xf(x)+2x+3$에서
$a(x^2+1)+b=x(ax+b)+2x+3$
$ax^2+a+b=ax^2+(b+2)x+3$
이 식은 x에 대한 항등식이므로 $b+2=0$, $a+b=3$
두 식을 연립하여 풀면 $a=5$, $b=-2$
$\therefore f(x)=5x-2$
그러므로 $f(3)=15-2=13$

055

임의의 실수 x에 대하여 다항식 $f(x)$가 등식 $f(x^2+x)=x^2f(x)-x^3+2x^2+3x+2$를 만족시킬 때, $f(1)$의 값을 구하시오.

02. 헤비사이드의 부분분수 분해법

x에 대한 항등식

$$\frac{f(x)}{(x-\alpha_1)(x-\alpha_2)\cdots(x-\alpha_n)}=\frac{A_1}{x-\alpha_1}+\frac{A_2}{x-\alpha_2}+\cdots+\frac{A_{n-1}}{x-\alpha_{n-1}}+\frac{A_n}{x-\alpha_n}$$

에서

$$A_1=\frac{f(\alpha_1)}{(\alpha_1-\alpha_2)(\alpha_1-\alpha_3)\cdots(\alpha_1-\alpha_n)}$$

$$A_2=\frac{f(\alpha_2)}{(\alpha_2-\alpha_1)(\alpha_2-\alpha_3)\cdots(\alpha_2-\alpha_n)}$$

$$\vdots$$

$$A_n=\frac{f(\alpha_n)}{(\alpha_n-\alpha_1)(\alpha_n-\alpha_2)\cdots(\alpha_n-\alpha_{n-1})}$$

(단, $f(x)$의 차수는 $n-1$이하이고, A_1, A_2, $\cdots$, A_n은 상수이다.)

$$\frac{f(x)}{(x-\alpha_1)(x-\alpha_2)\cdots(x-\alpha_n)}=\frac{A_1}{x-\alpha_1}+\frac{A_2}{x-\alpha_2}+\cdots+\frac{A_n}{x-\alpha_n} \quad \cdots\cdots ㉠$$

㉠의 양변에 $x-\alpha_1$을 곱하면

$$\frac{f(x)}{(x-\alpha_2)\cdots(x-\alpha_n)}=A_1+\left(\frac{A_2}{x-\alpha_2}+\cdots+\frac{A_n}{x-\alpha_n}\right)(x-\alpha_1) \quad \cdots\cdots ㉡$$

㉡의 양변에 $x=\alpha_1$을 대입하면

$$\therefore A_1=\frac{f(\alpha_1)}{(\alpha_1-\alpha_2)(\alpha_1-\alpha_3)\cdots(\alpha_1-\alpha_n)}$$

$$\vdots$$

마찬가지로 ㉠의 양변에 $x-\alpha_n$을 곱하면

$$\frac{f(x)}{(x-\alpha_1)\cdots(x-\alpha_{n-1})}=\left(\frac{A_1}{x-\alpha_1}+\cdots+\frac{A_{n-1}}{x-\alpha_{n-1}}\right)(x-\alpha_n)+A_n \quad \cdots\cdots ㉢$$

㉢의 양변에 $x=\alpha_n$을 대입하면

$$\therefore A_n=\frac{f(\alpha_n)}{(\alpha_n-\alpha_1)(\alpha_n-\alpha_2)\cdots(\alpha_n-\alpha_{n-1})}$$

개념 확인1

분모를 0으로 하지 않는 모든 실수 x에 대하여 등식

$\frac{x}{(x-1)(x-2)(x-3)}=\frac{A}{x-1}+\frac{B}{x-2}+\frac{C}{x-3}$가

항상 성립할 때, 상수 A, B, C를 구하시오.

해설

$\frac{x}{(x-1)(x-2)(x-3)}=\frac{A}{x-1}+\frac{B}{x-2}+\frac{C}{x-3}$에서

A의 값을 구하기 위해 양변에 $(x-1)$을 곱하면

$$\frac{x}{(x-2)(x-3)}=A+(x-1)\left(\frac{B}{x-2}+\frac{C}{x-3}\right)$$

이 식의 양변에 $x=1$을 대입하면

$$\therefore A=\frac{1}{(-1)\times(-2)}=\frac{1}{2}$$

양변에 $(x-2)$를 곱한 후 $x=2$를 대입하면

$$\frac{x}{(x-1)(x-3)}=B+(x-2)\left(\frac{A}{x-1}+\frac{C}{x-3}\right)$$

$$\therefore B=\frac{2}{1\times(-1)}=-2$$

양변에 $(x-3)$을 곱한 후 $x=3$을 대입하면

$$\frac{x}{(x-1)(x-2)}=C+(x-3)\left(\frac{A}{x-1}+\frac{B}{x-2}\right)$$

$$\therefore C=\frac{3}{2\times1}=\frac{3}{2}$$

그러므로 $A=\frac{1}{2}$, $B=-2$, $C=\frac{3}{2}$

개념 확인2

분모를 0으로 하지 않는 모든 실수 x에 대하여 등식 $\frac{x}{(x-1)^2(x-2)}=\frac{A}{x-1}+\frac{B}{(x-1)^2}+\frac{C}{x-2}$가 항상 성립할 때, 상수 A, B, C를 구하시오.

해설

$$\frac{x}{(x-1)^2(x-2)}=\frac{A}{x-1}+\frac{B}{(x-1)^2}+\frac{C}{x-2} \quad \cdots\cdots ㉠$$

B의 값을 구하기 위해 ㉠의 양변에 $(x-1)^2$을 곱한 후 $x=1$을 대입하면

$$\frac{x}{x-2}=B+A(x-1)+\frac{C(x-1)^2}{x-2}$$

$\therefore B=\frac{1}{-1}=-1$

같은 방법으로

C의 값을 구하기 위해 ㉠의 양변에 $(x-2)$를 곱한 후 $x=2$를 대입하면

$$\frac{x}{(x-1)^2}=C+(x-2)\left\{\frac{A}{x-1}+\frac{B}{(x-1)^2}\right\}$$

$\therefore C=\frac{2}{1^2}=2$

B와 C의 값을 ㉠에 대입하면

$$\frac{x}{(x-1)^2(x-2)}=\frac{A}{x-1}-\frac{1}{(x-1)^2}+\frac{2}{x-2} \quad \cdots\cdots ㉡$$

A의 값을 구하기 위해 ㉡의 양변에 $x=0$을 대입하면

$0=-A-1-1$ $\quad\therefore A=-2$

그러므로 $A=-2$, $B=-1$, $C=2$

기출 유형

분모를 0으로 하지 않는 모든 실수 x에 대하여 등식

$$\frac{a_0}{x}+\frac{a_1}{x-1}+\frac{a_2}{x-2}+\frac{a_3}{x-3}+\frac{a_4}{x-4}+\frac{a_5}{x-5}+\frac{a_6}{x-6}=\frac{4x+24}{x(x-1)(x-2)\cdots(x-6)}$$

이 항상 성립할 때, a_3의 값을 구하시오.

(단, a_0, a_1, a_2, $\cdots$, a_6은 상수이다.)

해설

$$\frac{a_0}{x}+\frac{a_1}{x-1}+\frac{a_2}{x-2}+\frac{a_3}{x-3}+\frac{a_4}{x-4}+\frac{a_5}{x-5}+\frac{a_6}{x-6}=\frac{4x+24}{x(x-1)(x-2)\cdots(x-6)} \quad \cdots\cdots ㉠$$

a_3의 값을 구하기 위하여 ㉠ 양변에 $(x-3)$을 곱하면

$$(x-3)\left(\frac{a_0}{x}+\frac{a_1}{x-1}+\frac{a_2}{x-2}+\frac{a_4}{x-4}+\frac{a_5}{x-5}+\frac{a_6}{x-6}\right)+a_3=\frac{4x+24}{x(x-1)(x-2)(x-4)(x-5)(x-6)}$$

이다.

이 식의 양변에 $x=3$을 대입하면

$$\therefore a_3=\frac{4\times3+24}{3\times2\times1\times(-1)\times(-2)\times(-3)}=\frac{36}{-36}=-1$$

056

분모를 0으로 하지 않는 모든 실수 x에 대하여 등식

$$\frac{a_1}{x-1}+\frac{a_2}{x-2}+\cdots+\frac{a_9}{x-9}+\frac{a_{10}}{x-10}=\frac{x+1}{(x-1)(x-2)\cdots(x-10)}$$

이 항상 성립할 때, 다음 식의 값을 구하시오.

(단, a_0, a_1, a_2, $\cdots$, a_{10}은 상수이다.)

(1) $a_1+a_2+\cdots+a_9+a_{10}$

(2) $\frac{a_5}{a_6}$

고난도 실전 연습문제

057

등식

$(x^2-7x+12)^{10}=a_0+a_1(x-4)+a_2(x-4)^2+\cdots$
$+a_{19}(x-4)^{19}+a_{20}(x-4)^{20}$

이 x에 관계없이 항상 성립할 때,

$a_0+3a_2+3^2a_4+3^3a_6+\cdots+3^9a_{18}+3^{10}a_{20}=\dfrac{3^5(\mathrm{A}^{10}+\mathrm{B}^{10})}{2}$

을 만족하는 상수 A, B에 대하여 $\mathrm{A}^2+\mathrm{B}^2$의 값을 구하시오. (단, a_0, a_1, a_2, $\cdots$, a_{20}은 상수이다.)

058

임의의 실수 x에 대하여 등식

$a_0+a_1(x-1)^3+a_2(x-2)^3+a_3(x-3)^3+\cdots+a_{10}(x-10)^3$
$=x^3-x^2-x+1$

이 항상 성립할 때,

$(2^2+2\times1+1^2)a_1+(3^2+3\times2+2^2)a_2+(4^2+4\times3+3^2)a_3$
$+\cdots+(10^2+10\times9+9^2)a_9+(11^2+11\times10+10^2)a_{10}$

의 값을 구하시오. (단, a_0, a_1, a_2, $\cdots$, a_{10}은 상수이다.)

059

x에 관계없이 등식

$(x^3+3x^2+3x+2)^4+x^5$
$=a_0+a_1(x+1)+a_2(x+1)^2$
$+\cdots+a_{11}(x+1)^{11}+a_{12}(x+1)^{12}$

이 항상 성립할 때, $a_1-a_2-a_4+a_5+a_7-a_8-a_{10}+a_{11}$의 값을 구하시오. (단, a_0, a_1, a_2, $\cdots$, a_{12}는 실수이다.)

060

$a^2+b^2=25$, $c^2+d^2=25$, $ac-bd=7$일 때,

$\sqrt{\dfrac{bd(a^2d^2+2a^2c^2+b^2c^2)+ac(a^2d^2+2b^2d^2+b^2c^2)}{bd+ac}}$

의 값을 구하시오.

Ⅲ

나머지정리

CHAPTER 1

몫과 나머지의 이해

다항식 $\mathrm{F}(x)$를 $\mathrm{P}(x)$로 나누었을 때의
몫을 $\mathrm{Q}(x)$, 나머지를 $\mathrm{R}(x)$라고 하면
$\mathrm{F}(x)=\mathrm{P}(x)\mathrm{Q}(x)+\mathrm{R}(x)$
(단, $\mathrm{P}(x)$의 차수 $>$ $\mathrm{R}(x)$의 차수)

기출 유형1

다항식 $f(x)$를 $x+\frac{1}{2}$로 나누었을 때의 몫을 $\mathrm{Q}(x)$, 나머지를 R이라고 하자. $(x-1)f(x)$를 $2x+1$로 나누었을 때의 몫과 나머지를 구하시오.

해설

$f(x)=\left(x+\frac{1}{2}\right)\mathrm{Q}(x)+\mathrm{R}$이므로

$$
\begin{aligned}
(x-1)f(x)&\\
&=(x-1)\left(x+\frac{1}{2}\right)\mathrm{Q}(x)+\mathrm{R}(x-1)\\
&=(x-1)(2x+1)\times\frac{1}{2}\mathrm{Q}(x)+(2x+1)\times\frac{\mathrm{R}}{2}-\frac{3}{2}\mathrm{R}\\
&=(2x+1)\left\{\frac{1}{2}(x-1)\mathrm{Q}(x)+\frac{\mathrm{R}}{2}\right\}-\frac{3}{2}\mathrm{R}
\end{aligned}
$$

$\therefore$ 몫 : $\frac{1}{2}(x-1)\mathrm{Q}(x)+\frac{\mathrm{R}}{2}$, 나머지 : $-\frac{3}{2}\mathrm{R}$

061

다항식 $\mathrm{P}(x)$를 $x+1$로 나누었을 때의 몫을 $\mathrm{Q}(x)$, 나머지를 R이라 할 때, $x^2\mathrm{P}(x)$를 $x+1$로 나누었을 때의 몫과 나머지를 구하시오.

062

다항식 $f(x)$를 일차식 $ax+b$로 나누었을 때의 몫을 $\mathrm{Q}(x)$, 나머지를 R이라고 할 때, $x^3f(x)$를 $x+\frac{b}{a}$로 나누었을 때의 몫과 나머지를 구하시오.
(단, a, b는 상수이다.)

063

삼차 다항식 $f(x)$를 $3x+2$로 나누었을 때의 몫을 $\mathrm{Q}(x)$, 나머지를 R이라고 할 때, 다항식 $f(x)$를 $3\mathrm{Q}(x)-1$로 나누었을 때의 몫과 나머지를 구하시오.

기출 유형2

다항식 $f(x)$를 $x+2$로 나눈 몫은 $Q(x)$, 나머지는 3이고 $Q(x)$를 $x-3$으로 나눈 나머지는 5이다. $f(x)$를 x^2-x-6으로 나눈 나머지를 구하시오.

해설

다항식 $f(x)$를 $x+2$로 나눈 몫이 $Q(x)$이고 나머지가 3이므로

$f(x)=(x+2)Q(x)+3$ …… ㉠

$Q(x)$를 $x-3$으로 나누었을 때의 몫을 $Q'(x)$라 하면

$Q(x)=(x-3)Q'(x)+5$ …… ㉡

㉡을 ㉠에 대입하면

$$\begin{aligned} f(x)&=(x+2)\{(x-3)Q'(x)+5\}+3 \\ &=(x+2)(x-3)Q'(x)+5(x+2)+3 \\ &=(x+2)(x-3)Q'(x)+5x+13 \end{aligned}$$

따라서 $f(x)$를 x^2-x-6으로 나눈 나머지는 $5x+13$

064

다항식 $f(x)$를 다항식 $g(x)$로 나누었을 때, 몫이 x^2-4x+3이고 나머지가 $3x^3-5x^2+3x+1$이었다. 이때 다항식 $f(x)$를 $x-1$로 나누었을 때의 몫을 $Q(x)$, 나머지를 R이라고 하자. $Q(3)+R$의 값을 구하시오.

065

다항식 $f(x)$는 $(x-1)^2$으로 나누면 몫이 $Q(x)$, 나머지가 x이고, $Q(x)$를 $(x+2)^2$으로 나누었을 때, 나머지는 $2x+1$이다. $f(x)$를 x^2+x-2로 나눈 나머지를 $R(x)$라 할 때, $R(4)$의 값을 구하시오.

066

x에 대한 다항식 $f(x)$를 x^2+2x+4로 나누었을 때, 나머지가 $3x+2$이다. $(x-1)f(x)$를 x^2+2x+4로 나누었을 때의 몫을 $Q(x)$, 나머지를 $R(x)$라 하자.
이때, $Q(1)+R(-1)$의 값을 구하시오.

067

x에 대한 이차식 $f(x)$가 다음 〈조건〉을 만족시킬 때, $f(x)$, $r(x)$를 구하시오.

〈조건〉

(가) 다항식 $2x^3+4x^2-2x-4$를 $f(x)$로 나눈 나머지는 $r(x)$이다.

(나) 다항식 $2x^3+4x^2-2x-4$를 $r(x)$로 나눈 나머지는 $f(x)-2x^2-2x+1$이다.

CHAPTER 2

나머지 구하기

01. 나머지를 구하는 절차

다항식 $F(x)$를 $P(x)$로 나누었을 때의 몫을 $Q(x)$, 나머지를 $R(x)$라고 하면 $F(x)=P(x)Q(x)+R(x)$

(1) ($P(x)$의 차수) > ($R(x)$의 차수) 이므로
$P(x)$가 n차 다항식이면
$R(x)=a_{n-1}x^{n-1}+a_{n-2}x^{n-2}+\cdots+a_0$로 놓는다.

(2) $Q(x)$에 대한 조건이 없으므로,
복소수 범위에서 $P(x)=0$이 되는 수를 대입하여 연립방정식을 푼다.

(3) $P(x)=0$이 되는 수가 복잡한 경우에는
$P(x)=0$이 되는 수를 $x=\omega$등의 문자로 치환하여 대입한 후, $F(x)$를 $P(x)$보다 낮은 차수의 다항식으로 변형한다. 이때, $\omega^n=k$ (단, k는 실수), 무리수 또는 복소수가 서로 같을 조건이 이용된다.
(**개념확인2**의 **방법1** 참고)

(4) $P(x)=0$이 되는 수를 대입하여 해결할 수 없으면, $P(x)$의 인수 중에서 $P(x)$보다 낮은 차수의 다항식으로 나눈 나머지를 구하는 문제로 바꿔 해석한다.
(**개념확인2**의 **방법2** 참고)

개념 확인1

다항식 $f(x)$를 $(x-1)(x-2)$로 나누었을 때의 나머지는 $x-3$이고, $x+1$로 나누었을 때의 나머지는 2이다. 이 다항식을 $(x-1)(x-2)(x+1)$로 나누었을 때의 나머지를 구하시오.

방법1

다항식 $f(x)$를 $(x-1)(x-2)(x+1)$로
나누었을 때의 몫을 $Q(x)$, 나머지를 ax^2+bx+c
(단, a, b, c는 상수)라 하면,

$f(x)=(x-1)(x-2)(x+1)Q(x)$
$\quad+ax^2+bx+c$ …… ㉠

$f(x)$를 $(x-1)(x-2)$로 나누었을 때의
나머지가 $x-3$이므로 ㉠에서
ax^2+bx+c를 $(x-1)(x-2)$로 나누었을 때의
나머지도 $x-3$이다.

즉, $ax^2+bx+c=a(x-1)(x-2)+x-3$
이를 ㉠에 대입하면

$f(x)=(x-1)(x-2)(x+1)Q(x)$
$\quad+a(x-1)(x-2)+x-3$ …… ㉡

$f(-1)=2$ ($\because$ $f(x)$를 $x+1$로 나눈 나머지가 2)이므로
㉡의 양변에 $x=-1$을 대입하면
$f(-1)=6a-4=2$, $a=1$
따라서 구하는 나머지는 x^2-2x-1

방법2

$f(x)$를 $(x-1)(x-2)$로 나누었을 때의 몫을 $P(x)$라 하면 나머지가 $x-3$이므로

$f(x)=(x-1)(x-2)P(x)+x-3$

위 식의 양변에 $x=1$, $x=2$를 대입하면

$f(1)=-2$, $f(2)=-1$

또한 $f(x)$를 $x+1$로 나누었을 때의 나머지가 2이므로 $f(-1)=2$

한편, 다항식 $f(x)$를 $(x-1)(x-2)(x+1)$로 나누었을 때의 몫을 $Q(x)$, 나머지를 ax^2+bx+c (단, a, b, c는 상수)라 하면

$f(x)=(x-1)(x-2)(x+1)Q(x)+ax^2+bx+c$

이때 $ax^2+bx+c=a(x-1)(x-2)+p(x-1)+q$ (단, p, q는 상수)로 놓으면

$f(x)=(x-1)(x-2)(x+1)Q(x)$
$+a(x-1)(x-2)+p(x-1)+q$ …… ㉠

㉠의 양변에 $x=1$을 대입하면

$f(1)=q=-2$

㉠의 양변에 $x=2$를 대입하면

$f(2)=p+q=-1$에서 $p=1$

㉠의 양변에 $x=-1$을 대입하면

$f(-1)=6a-2p+q=2$에서 $a=1$

따라서 구하는 나머지는

$(x-1)(x-2)+(x-1)-2=x^2-2x-1$

※ 참고

$ax^2+bx+c=a(x-1)(x-2)+p(x-2)+q$로 놓고 양변에 $x=2$, $x=1$, $x=-1$을 차례로 대입하거나, $ax^2+bx+c=a(x-1)(x+1)+p(x-1)+q$로 놓고 양변에 $x=1$, $x=-1$, $x=2$를 차례로 대입해도 같은 결과를 얻을 수 있다.

개념 확인2

다항식 $f(x)$를 x^2+x+1로 나누었을 때의 나머지는 $x+2$이고, $x-2$로 나누었을 때의 나머지는 11일 때, $f(x)$를 $(x^2+x+1)(x-2)$로 나누었을 때의 나머지를 구하시오.

방법1

$f(x)$를 $(x^2+x+1)(x-2)$로 나누었을 때 몫을 $Q(x)$, 나머지를 ax^2+bx+c (단, a, b, c는 실수)라 하면

$f(x)=(x^2+x+1)(x-2)Q(x)+ax^2+bx+c$ …… ㉠

$f(x)$를 $x-2$로 나누었을 때의 나머지가 11이므로

$f(2)=4a+2b+c=11$ …… ㉡

$f(x)$를 x^2+x+1로 나누었을 때의 나머지가 $x+2$이므로

몫을 $Q'(x)$라 하면

$f(x)=(x^2+x+1)Q'(x)+x+2$ …… ㉢

이때, $x^2+x+1=0$의 한 허근을 ω라 하면

$\omega^2+\omega+1=0$

㉠의 양변에 $x=\omega$를 대입하면

$f(\omega)=a\omega^2+b\omega+c$

㉢의 양변에 $x=\omega$를 대입하면

$f(\omega)=\omega+2$

이 두 식은 같으므로 복소수가 서로 같을 조건에 의해

$a\omega^2+b\omega+c$
$=a(-\omega-1)+b\omega+c$
$=(-a+b)\omega-a+c$
$=\omega+2$

$\therefore -a+b=1$, $-a+c=2$ …… ㉣

㉡, ㉣을 연립하여 풀면

$a=1$, $b=2$, $c=3$

그러므로 구하는 나머지는 x^2+2x+3

Ⅲ 나머지정리

방법2

$f(x)$를 $(x^2+x+1)(x-2)$로 나누었을 때 몫을 $Q(x)$, 나머지를 ax^2+bx+c (단, a, b, c는 상수)라 하면

$f(x)=(x^2+x+1)(x-2)Q(x)+ax^2+bx+c$ …… ㉠

$f(x)$를 x^2+x+1로 나누었을 때 나머지가 $x+2$이므로

㉠에서 ax^2+bx+c를 x^2+x+1로 나누었을 때의 나머지도 $x+2$이다.

즉, $ax^2+bx+c=a(x^2+x+1)+x+2$

이를 ㉠에 대입하면

$f(x)=(x^2+x+1)(x-2)Q(x)$
$+a(x^2+x+1)+x+2$ …… ㉡

조건에 의해 $f(2)=11$

($\because$ $f(x)$를 $x-2$로 나누었을 때의 나머지가 11)

이므로

㉡에 $x=2$를 대입하면 $f(2)=7a+4=11$, $a=1$

따라서 구하는 나머지는 x^2+2x+3이다.

02. 1차식으로 나눈 나머지

※ 1차식으로 나눈 나머지를 구할 때 자주 사용되는 공식

(1) n이 2이상인 자연수일 때

① x^n-a^n
$=(x-a)(x^{n-1}+ax^{n-2}+\cdots+a^{n-2}x+a^{n-1})$

② $x^n-1=(x-1)(x^{n-1}+x^{n-2}+\cdots+x+1)$

(2) n이 2보다 큰 홀수일 때

① x^n+a^n
$=(x+a)(x^{n-1}-ax^{n-2}+\cdots-a^{n-2}x+a^{n-1})$

② $x^n+1=(x+1)(x^{n-1}-x^{n-2}+\cdots-x+1)$

(1) n이 2이상인 자연수일 때, x^n-a^n의 인수분해

$f(x)=x^n-a^n$으로 놓으면 $f(a)=0$

조립제법에 의해

a	1	0	0	$\cdots$	0	$-a^n$
		a	a^2	$\cdots$	a^{n-1}	a^n
	1	a	a^2	$\cdots$	a^{n-1}	0

$\therefore$ $x^n-a^n=(x-a)(x^{n-1}+ax^{n-2}+\cdots+a^{n-2}x+a^{n-1})$

(2) n이 2보다 큰 홀수일 때, x^n+a^n의 인수분해

$g(x)=x^n+a^n$으로 놓으면 $g(-a)=0$

조립제법에 의해

$-a$	1	0	0	$\cdots$	0	a^n
		$-a$	a^2	$\cdots$	a^{n-1}	$-a^n$
	1	$-a$	a^2	$\cdots$	a^{n-1}	0

$\therefore$ $x^n+a^n=(x+a)(x^{n-1}-ax^{n-2}+\cdots-a^{n-2}x+a^{n-1})$

다항식 $f(x)$를 $x-\alpha$로 나눈 나머지는 $f(\alpha)$이다.

기출 유형

모든 실수 x에 대하여 두 다항식 $f(x)$, $g(x)$가 다음 조건을 만족시킬 때, $g(x-2)+x+1$을 $x-5$로 나누었을 때의 나머지를 구하시오.

(가) $f(2x)=(x-1)g(x+1)+2$

(나) 다항식 $f(x+3)g(x^2+2)$를 $x+1$로 나누었을 때의 나머지는 4 이다.

해설

(가)의 양변에 $x=1$을 대입하면 $f(2)=2$

다항식 $f(x+3)g(x^2+2)$를 $x+1$로 나누었을 때의 나머지가 4이므로 나머지 정리에 의해

$f(2)g(3)=4$, $2g(3)=4$ $\quad\therefore g(3)=2$

그러므로 다항식 $g(x-2)+x+1$을 $x-5$로 나누었을 때의 나머지는 $g(3)+5+1=2+6=8$

068

다항식 $f(x)$를 $(3x-2)(x+3)$으로 나눈 몫이 $Q(x)$, 나머지가 $x+1$일 때, $f(2x+1)$을 $x+2$로 나눈 나머지를 구하시오.

03. 2차식으로 나눈 나머지

다항식 $f(x)$를 $(x-\alpha)(x-\beta)$ (단, α, β는 유리수)로 나눈 나머지를 구할 때에는 $f(x)=(x-\alpha)(x-\beta)Q(x)+ax+b$로 놓고 양변에 $x=\alpha$, $x=\beta$를 대입한다.

기출 유형

다항식 $f(x+3)$을 $x+2$로 나눈 나머지는 3이고, $x-2$로 나눈 나머지가 -1일 때, $f(x)$를 $(x-1)(x-5)$로 나눈 몫을 $Q(x)$라 하면 $Q(2)=1$이다. $f(x)$를 $x-2$로 나눈 나머지를 구하시오.

해설

다항식 $f(x)$를 $(x-1)(x-5)$로 나눈 몫이 $Q(x)$이므로 나머지를 $ax+b$ (단, a, b는 상수)라 하면

$f(x)=(x-1)(x-5)Q(x)+ax+b$ …… ㉠

$f(x+3)$을 $x+2$로 나눈 나머지가 3이고,

$x-2$로 나눈 나머지가 -1이므로

나머지 정리에 의해 $f(1)=3$, $f(5)=-1$

㉠의 양변에 $x=1$, $x=5$를 대입하면

$f(1)=a+b=3$

$f(5)=5a+b=-1$

두 식을 연립하여 풀면

$a=-1$, $b=4$

$\therefore f(x)=(x-1)(x-5)Q(x)-x+4$ …… ㉡

$Q(2)=1$이므로 ㉡의 양변에 $x=2$를 대입하면

$f(2)=1\times(-3)\times Q(2)-2+4=-3\times1+2=-1$

따라서 $f(x)$를 $x-2$로 나눈 나머지는 -1

069

두 다항식 $f(x)$, $g(x)$ 가 다음 조건을 만족시킬 때, 다항식 $f(x+4)\{g(x)+g(x-1)\}$을 $x+2$로 나누었을 때의 나머지를 구하시오.

(가) 모든 실수 x에 대하여 $f(2x)=(x-1)g(x)+2$ (나) $g(x^2-3)-x^2+2x$ 는 x^2+x 로 나누어떨어진다.

070

삼차 다항식 $f(x)$가 $xf(x)=f(x+1)+x^4-x-2$를 만족시킬 때, $f(x)$를 x^2-4x+3으로 나누었을 때의 나머지를 구하시오.

다항식 $f(x)$를 $x^2\pm px+p^2$ (단, p는 실수)으로 나눈 나머지를 구할 때에는 다음과 같이 진행한다.

(i) $f(x)=(x^2\pm px+p^2)Q(x)+ax+b$로 놓고 $x^2\pm px+p^2=0$이 되는 수를 $x=\omega$와 같은 문자로 치환하여 양변에 대입한다.

(ii) $\omega^2+p\omega+p^2=0$이면 $\omega^3=p^3$
$\omega^2-p\omega+p^2=0$이면 $\omega^3=-p^3$
을 이용하여 $f(\omega)$의 차수를 1차 이하로 낮춘다.

기출 유형

$x^{101}+2x^2+4x+4$를 x^2+x+1로 나눈 나머지를 구하시오.

해설

$x^{101}+2x^2+4x+4$를 x^2+x+1로 나누었을 때의 몫을 $Q(x)$, 나머지를 $ax+b$ (단, a, b는 실수)라고 하면

$x^{101}+2x^2+4x+4=(x^2+x+1)Q(x)+ax+b$ …… ㉠

$x^2+x+1=0$의 한 허근을 ω라 하면

$\omega^2+\omega+1$, $\omega^3=1$

㉠의 양변에 $x=\omega$를 대입하면

$\omega^{101}+2\omega^2+4\omega+4=a\omega+b$

$\omega^{101}=(\omega^3)^{33}\times\omega^2=\omega^2$, $\omega^2=-\omega-1$이므로

$$\begin{aligned}\omega^{101}+2\omega^2+4\omega+4&=\omega^2+2\omega^2+4\omega+4\\&=3(-\omega-1)+4\omega+4\\&=\omega+1\end{aligned}$$

$\therefore\ \omega+1=a\omega+b$

복소수가 서로 같을 조건에 의해 $a=1$, $b=1$이므로 구하는 나머지는 $x+1$이다.

071

$x^{2028}+3x^5-2$를 x^2-x+1로 나눈 나머지를 구하시오.

072

다항식 $x^7-2x^6+x^2+x+4$를 x^2-2x+4로 나눈 나머지를 구하시오.

073

$f(x)=(1+x)(1+x^2)(1+x^3)\cdots(1+x^{10})(1+x^{11})$일 때, $f(x)$를 x^2+x+1로 나눈 나머지를 구하시오.

074

50이하의 자연수 n에 대하여 $(x^2+x)^{2n}+(x^2+1)^{2n}+(x+1)^{2n}$이 x^2+x+1로 나누어떨어지도록 하는 n의 개수를 구하시오.

2. 나머지 구하기

다항식 $f(x)$를 $(x-\alpha)^2$으로 나눈 나머지를 구할 때에는 $f(x)=(x-\alpha)^2Q(x)+ax+b$로 놓고, 양변에 $x=\alpha$를 대입하여 a와 b의 관계식을 구한 후, b를 a에 관한 식으로 (또는 a를 b에 관한 식으로) 바꾸어 $(x-\alpha)$를 인수로 갖도록 주어진 식을 변형한다.

기출 유형1

다항식 x^{100}을 $(x+1)^2$으로 나누었을 때의 나머지를 구하시오.

해설

x^{100}을 $(x+1)^2$으로 나누었을 때의 몫을 $Q(x)$, 나머지를 $ax+b$ (단, a, b는 상수)라고 하면

$x^{100}=(x+1)^2Q(x)+ax+b$ …… ㉠

㉠의 양변에 $x=-1$을 대입하면

$1=-a+b$ $\quad\therefore b=a+1$ …… ㉡

㉡을 ㉠에 대입하면

$x^{100}=(x+1)^2Q(x)+ax+a+1$

$x^{100}-1=(x+1)^2Q(x)+a(x+1)$

이때,

$x^{100}-1=(x+1)(x^{99}-x^{98}+x^{97}-\cdots+x-1)$

이므로

$(x+1)(x^{99}-x^{98}+x^{97}-\cdots+x-1)$
$=(x+1)^2Q(x)+a(x+1)$

$\therefore x^{99}-x^{98}+x^{97}-\cdots+x-1=(x+1)Q(x)+a$

위 식의 양변에 $x=-1$을 대입하면 $-100=a$

따라서 구하는 나머지는

$ax+a+1=-100x-99$이다.

075

x에 대한 사차 다항식 $f(x)=(x^2-x-1)(x^2+ax+b)+3$에 대하여 $f(x+1)$을 x^2-2x+1로 나눈 나머지가 $2x+1$일 때, a, b의 값을 구하시오. (단, a, b는 상수이다.)

076

n이 3이상의 홀수일 때, x^n+1을 $(x+1)^2$으로 나눈 나머지가 $99x+99$가 되도록 하는 자연수 n의 값을 구하시오.

077

다항식 $(x-1)^4+4(x-1)^3+6(x-1)^2+4(x-1)+1$을 $(x+1)^2$으로 나누었을 때의 나머지를 구하시오.

기출 유형2

자연수 n에 대하여 다항식 $x^n(x^2+ax+b)$를 $(x-3)^2$으로 나눈 나머지가 $3^n(x-3)$일 때, 상수 a, b의 값을 구하시오.

해설

$x^n(x^2+ax+b)$를 $(x-3)^2$으로 나눈 몫을 $\mathrm{Q}(x)$라 하면 나머지가 $3^n(x-3)$이므로

$x^n(x^2+ax+b)=(x-3)^2\mathrm{Q}(x)+3^n(x-3)$ ······ ㉠

㉠의 양변에 $x=3$을 대입하면

$3^n(9+3a+b)=0$

$\therefore b=-3a-9$ ($\because 3^n>0$) ······ ㉡

㉡을 ㉠에 대입하면

$x^n(x^2+ax-3a-9)=(x-3)^2\mathrm{Q}(x)+3^n(x-3)$

$x^n(x-3)(x+a+3)$

$=(x-3)\{(x-3)\mathrm{Q}(x)+3^n\}$ ······ ㉢

㉢에서 $x^n(x+a+3)=(x-3)\mathrm{Q}(x)+3^n$이므로

위 식의 양변에 $x=3$을 대입하면

$3^n(a+6)=3^n$, $6+a=1$ ($\because 3^n>0$)

$\therefore a=-5$, $b=-3a-9=6$이다.

078

자연수 n에 대하여 다항식 $x^{2n}(x^2+ax+b)$를 $(x-2)^2$으로 나누었을 때의 나머지가 $4^n(x-2)$일 때, 상수 a, b의 값을 구하시오.

079

자연수 n에 대하여 $x^{2n-1}(x^2+ax+b)$를 $(x+4)^2$으로 나눈 나머지가 $16^n(x+4)$일 때, 상수 a, b의 값을 구하시오.

04. 3차식으로 나눈 나머지

다항식 $f(x)$를 $(x-\alpha)^2(x-\beta)$
(단, α, β는 유리수)로 나눈 나머지를 구할 때에는 $f(x)$를 $(x-\alpha)^2$으로 나눈 나머지를 구하는 문제로 해석한다.

기출 유형

다항식 $f(x)$를 $(x-1)^2$으로 나누었을 때의 나머지가 $2x+3$이고, $x+1$로 나누었을 때의 나머지가 9이다. $f(x)$를 $(x-1)^2(x+1)$로 나누었을 때의 나머지를 구하시오.

해설

다항식 $f(x)$를 $(x-1)^2(x+1)$로 나누었을 때
몫을 $Q(x)$, 나머지를 ax^2+bx+c
(단, a, b, c는 상수)라고 하면
$f(x)=(x-1)^2(x+1)Q(x)+ax^2+bx+c$ …… ㉠
㉠의 양변에 $x=1$, $x=-1$을 대입하면
문자가 3개인데 식을 2개 밖에 얻을 수가 없어서
a, b, c를 구할 수 없다.
따라서 $f(x)$를 2차식 $(x-1)^2$으로
나눈 나머지를 구하는 문제로 바꿔 해석한다.
$f(x)$를 $(x-1)^2$으로 나누었을 때,
나머지가 $2x+3$이므로
㉠에서 ax^2+bx+c를 $(x-1)^2$으로 나눈 나머지도 $2x+3$이다.
즉, $ax^2+bx+c=a(x-1)^2+2x+3$
이를 ㉠에 대입하면
$f(x)=(x-1)^2(x+1)Q(x)$
$+a(x-1)^2+2x+3$ …… ㉡
나머지정리에 의해 $f(-1)=9$이므로
㉡의 양변에 $x=-1$을 대입하면
$f(-1)=4a+1=9$ $\therefore a=2$
그러므로 구하는 나머지는
$2(x-1)^2+2x+3=2x^2-2x+5$

080

다항식 $f(x)$를 $x-2$로 나누면 나머지가 -6, $(x+1)^2$으로 나누면 나머지가 $2x-1$이다. $f(x)$를 x^3-3x-2로 나누었을 때의 나머지를 구하시오.

081

다항식 $f(x)$를 $(x-1)^2$으로 나누었을 때 나머지는 $2x-4$, $(x+2)^2$으로 나누었을 때 나머지는 $x+3$이다. $f(x)$를 $(x-1)^2(x+2)$로 나누었을 때의 몫을 $Q(x)$라 할 때, $(x+2)f(x+3)$을 $(x+2)^3$으로 나누었을 때의 몫과 나머지를 x, $Q(x)$를 이용하여 나타내시오.

082

x에 대한 다항식 $f(x)$를 $(x-1)^3$으로 나누면 나머지가 $2x^2-3x+3$이고, $(x+2)^2$으로 나누면 나머지가 $4x-2$일 때, $f(x)$를 $(x-1)^2(x+2)$로 나누었을 때의 나머지를 구하시오.

083

x^{100}을 $(x^2-1)(x+1)$로 나눈 나머지를 구하시오.

다항식 $f(x)$를 $(x^2+px+q)(x-\alpha)$로 나눈 나머지를 구할 때에는 $f(x)$를 x^2+px+q로 나눈 나머지를 구하는 문제로 해석한다.
(단, $x^2+px+q=0$의 해는 무리수 또는 허수)

기출 유형

다항식 $f(x)$를 x^2-2x-1로 나누었을 때의 나머지는 $x+2$이고 $2x+1$로 나누었을 때의 나머지는 2이다. $f(x)$를 $(x^2-2x-1)\left(x+\frac{1}{2}\right)$로 나누었을 때의 나머지를 구하시오.

해설

$f(x)$를 $(x^2-2x-1)\left(x+\frac{1}{2}\right)$로 나누었을 때 몫을 $\mathrm{Q}(x)$, 나머지를 ax^2+bx+c (단, a, b, c는 상수)라고 하면

$$f(x)=(x^2-2x-1)\left(x+\frac{1}{2}\right)\mathrm{Q}(x)+ax^2+bx+c \quad \cdots\cdots ㉠$$

$f(x)$를 x^2-2x-1로 나누었을 때의 나머지가 $x+2$이므로
㉠에서 ax^2+bx+c를 x^2-2x-1로 나눈 나머지도 $x+2$이다.
즉, $ax^2+bx+c=a(x^2-2x-1)+x+2$
이를 ㉠에 대입하면

$$f(x)=(x^2-2x-1)\left(x+\frac{1}{2}\right)\mathrm{Q}(x)+a(x^2-2x-1)+x+2 \quad \cdots\cdots ㉡$$

나머지정리에 의해 $f\left(-\frac{1}{2}\right)=2$이므로
㉡의 양변에 $x=-\frac{1}{2}$을 대입하면

$$f\left(-\frac{1}{2}\right)=\frac{1}{4}a+\frac{3}{2}=2 \quad \therefore a=2$$

그러므로 구하는 나머지는
$2(x^2-2x-1)+x+2=2x^2-3x$

084

다항식 $f(x)$를 x^2+2x+4로 나누었을 때의 나머지는 $5x-5$이고 x^3-8로 나누었을 때의 나머지는 $2x^2+px+q$이다. 상수 p, q의 값을 구하시오.

다항식 $f(x)$를 $(x-\alpha)^3$(단, α는 유리수)으로 나눈 나머지를 구할 때에는 $x=\alpha$를 대입하여 한 문자로 바꾼 다음, $(x-\alpha)$를 인수로 갖도록 식을 변형한다.

기출 유형

다항식 $(x^{100}+1)(x^2+ax+b)$를 $(x+1)^3$으로 나누었을 때 나머지가 $2x^2+6x+4$가 되도록 하는 상수 a, b의 값을 구하시오.

해설

$(x^{100}+1)(x^2+ax+b)$를 $(x+1)^3$으로 나누었을 때의 몫을 $Q(x)$라 하면 나머지가 $2x^2+6x+4$이므로

$(x^{100}+1)(x^2+ax+b)$

$=(x+1)^3Q(x)+2x^2+6x+4$ ······ ㉠

㉠의 양변에 $x=-1$을 대입하면

$2(-a+b+1)=0$　　$\therefore b=a-1$

이를 ㉠에 대입하면

$(x^{100}+1)\{x^2+ax+a-1\}$

$=(x+1)^3Q(x)+2x^2+6x+4$

$(x^{100}+1)(x+1)(x+a-1)$

$=(x+1)^3Q(x)+2(x+1)(x+2)$

$=(x+1)\{(x+1)^2Q(x)+2(x+2)\}$ ······ ㉡

㉡에서

$(x^{100}+1)(x+a-1)=(x+1)^2Q(x)+2(x+2)$이므로

위 식의 양변에 $x=-1$을 대입하면 $2(a-2)=2$

$\therefore a=3,\ b=a-1=2$

085

홀수인 모든 자연수 n에 대하여 다항식 $x^n(2x^3+ax^2+bx+c)$를 $(x+2)^3$으로 나누었을 때의 나머지가 $2^{n+1}(x+2)^2$일 때, 상수 a, b, c의 값을 구하시오.

05. 4차 이상의 식으로 나눈 나머지

다항식 $f(x)$를
$x^n+x^{n-1}+x^{n-2}+\cdots+x+1$로 나눈 나머지를 구할 때는 $x^n+x^{n-1}+x^{n-2}+\cdots+x+1=0$이 되는 수를 $x=\omega$등의 문자로 치환하여 대입한다.
($x^n-x^{n-1}+x^{n-2}+\cdots-x+1$로 나눈 나머지를 구할 때도 마찬가지이다.)

기출 유형1

$x^{1004}+x^{13}+x^{12}+x^{11}+x^2+1$을 $x^4+x^3+x^2+x+1$로 나눈 나머지를 구하시오.

해설

$x^{1004}+x^{13}+x^{12}+x^{11}+x^2+1$을
$x^4+x^3+x^2+x+1$로 나누었을 때 몫을 $Q(x)$,
나머지를 ax^3+bx^2+cx+d
(단, a, b, c, d는 실수)라고 하면

$$x^{1004}+x^{13}+x^{12}+x^{11}+x^2+1 =(x^4+x^3+x^2+x+1)Q(x) +ax^3+bx^2+cx+d \quad \cdots\cdots ㉠$$

$x^4+x^3+x^2+x+1=0$을 만족하는 한 근을 $x=\omega$라고 하면 $\omega^4+\omega^3+\omega^2+\omega+1=0$
$(\omega-1)(\omega^4+\omega^3+\omega^2+\omega+1)=0$에서 $\omega^5=1$
㉠의 양변에 $x=\omega$를 대입하면
$\omega^{1004}+\omega^{13}+\omega^{12}+\omega^{11}+\omega^2+1=a\omega^3+b\omega^2+c\omega+d$
좌변 식의 차수를 3차 이하로 낮추면

$$\begin{aligned}&\omega^{1004}+\omega^{13}+\omega^{12}+\omega^{11}+\omega^2+1\\ &=(\omega^5)^{200}\times\omega^4+(\omega^5)^2\times\omega^3+(\omega^5)^2\times\omega^2 +(\omega^5)^2\times\omega+\omega^2+1\\ &=\omega^4+\omega^3+\omega^2+\omega+\omega^2+1 \quad (\because \omega^5=1)\\ &=\omega^2 \quad (\because \omega^4+\omega^3+\omega^2+\omega+1=0)\end{aligned}$$

$\therefore \omega^2=a\omega^3+b\omega^2+c\omega+d$
복소수가 서로 같을 조건에 의해
$a=0$, $b=1$, $c=0$, $d=0$
따라서 구하는 나머지는 x^2이다.

Ⅲ 나머지정리

기출 유형2

다항식 $f(x)$를 x^3-8로 나누었을 때의 나머지는 x^2+x+2이고, $x+2$로 나누었을 때의 나머지는 -10이다. $xf(x)$를 $(x^3-8)(x+2)$로 나누었을 때의 나머지를 구하시오.

해설

$f(x)$를 x^3-8로 나누었을 때 몫을 $\mathrm{P}(x)$라 하면
나머지가 x^2+x+2이므로

$f(x)=(x^3-8)\mathrm{P}(x)+x^2+x+2$

$xf(x)=(x^3-8)x\mathrm{P}(x)+x^3+x^2+2x$

$=(x^3-8)x\mathrm{P}(x)+(x^3-8)+x^2+2x+8$

$=(x^3-8)\{x\mathrm{P}(x)+1\}+x^2+2x+8$ …… ㉠

한편, $xf(x)$를 $(x^3-8)(x+2)$로 나눈 몫을 $\mathrm{Q}(x)$,
나머지를 ax^3+bx^2+cx+d (단, a, b, c, d는 상수)
라 하면

$xf(x)=(x^3-8)(x+2)\mathrm{Q}(x)$
$+ax^3+bx^2+cx+d$ …… ㉡

㉠에서
$xf(x)$를 x^3-8로 나눈 나머지가 x^2+2x+8이므로
ax^3+bx^2+cx+d를 x^3-8로 나눈 나머지도
x^2+2x+8이다.

즉, $ax^3+bx^2+cx+d=a(x^3-8)+x^2+2x+8$

이를 ㉡에 대입하면

$xf(x)=(x^3-8)(x+2)\mathrm{Q}(x)$
$+a(x^3-8)+x^2+2x+8$ …… ㉢

나머지정리에 의해 $f(-2)=-10$이므로
㉢에 $x=-2$를 대입하면

$-2f(-2)=20=-16a+8$ $\quad\therefore a=-\frac{3}{4}$

그러므로
$xf(x)$를 $(x^3-8)(x+2)$로 나눈 나머지는
$-\frac{3}{4}(x^3-8)+x^2+2x+8=-\frac{3}{4}x^3+x^2+2x+14$

086

$x^{2021}+x^{1003}+x^{52}+x^{11}+x^7+1$을 $x^4-x^3+x^2-x+1$로 나눈 나머지를 구하시오.

087

다항식 $x^{16}+x^5+4$를 x^4-x^2+1로 나눈 나머지를 구하시오.

088

x에 대한 다항식 $\mathrm{P}(x)$를 x^2-1로 나누면 10이 남고, x^2+x+1로 나누면 $-x+2$가 남는다.
$\mathrm{P}(x)$를 $(x+1)(x^3-1)$로 나눈 나머지를 구하시오.

089

다항식 $x^{30}-1$ 을 $(x-1)^2(x^2+x+1)$로 나누었을 때의 나머지를 구하시오.

090

다항식 $x^{50}+x^{21}+5$를 $(x^4+x^2+1)(x^4-x^2+1)$로 나눈 나머지를 구하시오.

$(x-\alpha)^2(x-\beta)^2$, $(x-\alpha)^2(x^2+px+q)$, $(x^2+px+q)(x^2+rx+s)$로 나눈 나머지를 구할 때에는 각각의 이차식의 인수로 나눈 나머지를 구하는 문제로 해석한다.

기출 유형

다항식 $f(x)$를 x^2+1, x^2+4로 나누었을 때의 나머지가 각각 $2x+4$, $6x+8$이다. $f(x)$를 $(x^2+1)(x^2+4)$로 나누었을 때의 나머지를 구하시오.

방법1

$f(x)$를 $(x^2+1)(x^2+4)$로 나누었을 때의 몫을 $Q(x)$, 나머지를 ax^3+bx^2+cx+d (단, a, b, c, d는 상수)라 하면

$f(x)=(x^2+1)(x^2+4)Q(x)+ax^3+bx^2+cx+d$

$f(x)$를 x^2+1로 나누었을 때 나머지가 $2x+4$이므로

ax^3+bx^2+cx+d
$=(x^2+1)(ax+p)+2x+4$ …… ㉠

$f(x)$를 x^2+4로 나누었을 때 나머지가 $6x+8$이므로

ax^3+bx^2+cx+d
$=(x^2+4)(ax+q)+6x+8$ …… ㉡

㉠과 ㉡에서 우변의 두 식은 같으므로

$(x^2+1)(ax+p)+2x+4=(x^2+4)(ax+q)+6x+8$

$ax^3+px^2+(a+2)x+p+4$
$=ax^3+qx^2+(4a+6)x+4q+8$

이 등식은 x에 대한 항등식이므로 계수비교법에 의해

$p=q$, $a+2=4a+6$, $p+4=4q+8$

$\therefore a=-\frac{4}{3}$, $p=-\frac{4}{3}$, $q=-\frac{4}{3}$

이를 ㉠에 대입하면 구하는 나머지는

$(x^2+1)\left(-\frac{4}{3}x-\frac{4}{3}\right)+2x+4$
$=-\frac{4}{3}x^3-\frac{4}{3}x^2+\frac{2}{3}x+\frac{8}{3}$

방법2

$f(x)$를 $(x^2+1)(x^2+4)$로 나누었을 때의 몫을 $Q(x)$, 나머지를 ax^3+bx^2+cx+d (단, a, b, c, d는 실수)라 하면

$f(x)=(x^2+1)(x^2+4)Q(x)$
$+ax^3+bx^2+cx+d$ …… ㉠

$f(x)$를 x^2+1로 나누었을 때 나머지가 $2x+4$이므로 이때 몫을 $Q_1(x)$라 하면

$f(x)=(x^2+1)Q_1(x)+2x+4$ …… ㉡

㉠과 ㉡의 양변에 $x=i$를 대입하면

$ai^3+bi^2+ci+d=2i+4$

$(-a+c)i+(-b+d)=2i+4$

$\therefore -a+c=2$, $-b+d=4$ …… ㉢

$f(x)$를 x^2+4로 나누었을 때 나머지가 $6x+8$이므로 이 때의 몫을 $Q_2(x)$라 하면

$f(x)=(x^2+4)Q_2(x)+6x+8$ …… ㉣

㉠과 ㉣의 양변에 $x=2i$를 대입하면

$a(2i)^3+b(2i)^2+c\times 2i+d=12i+8$

$(-8a+2c)i+(-4b+d)=12i+8$

$\therefore -4a+c=6$, $-4b+d=8$ …… ㉤

㉢과 ㉤을 연립하여 풀면

$a=-\frac{4}{3}$, $b=-\frac{4}{3}$, $c=\frac{2}{3}$, $d=\frac{8}{3}$

그러므로 구하는 나머지는

$-\frac{4}{3}x^3-\frac{4}{3}x^2+\frac{2}{3}x+\frac{8}{3}$이다.

091

다항식 $f(x)$를 $(x+2)^2$으로 나누었을 때의 나머지는 $12x+16$이고, $(x-2)^2$으로 나누었을 때의 나머지는 $4x-16$이다. $f(x)$를 $(x+2)^2(x-2)^2$으로 나누었을 때의 나머지를 구하시오.

CHAPTER 3

몫에 관한 문제

몫을 구하는 문제는 나머지를 구한 후,
이를 통해 인수분해 한다.

개념 확인

다항식 x^9을 $3x-1$로 나누었을 때의 몫을 $\mathrm{Q}(x)$라 하고 $\mathrm{Q}(x)$를 $x-\frac{1}{3}$로 나누었을 때의 나머지를 R이라 할 때, R의 값을 구하시오.

해설

x^9을 $3x-1$로 나눈 나머지는

나머지정리에 의해 $\left(\frac{1}{3}\right)^9$이므로

$x^9=(3x-1)\mathrm{Q}(x)+\left(\frac{1}{3}\right)^9$

$x^9-\left(\frac{1}{3}\right)^9=\left(x-\frac{1}{3}\right)\times\{3\mathrm{Q}(x)\}$

$\frac{1}{3}=a$로 놓으면

$x^9-a^9=(x-a)\times\{3\mathrm{Q}(x)\}$

$(x-a)(x^8+ax^7+\cdots+a^7x+a^8)=(x-a)\times\{3\mathrm{Q}(x)\}$

$\therefore\ \mathrm{Q}(x)=\frac{1}{3}(x^8+ax^7+\cdots+a^7x+a^8)$

$\mathrm{Q}(x)$를 $x-a$로 나눈 나머지는

$\mathrm{Q}(a)=\frac{1}{3}(a^8+a^8+\cdots+a^8)$

$=\frac{1}{3}\times a^8\times 9$

$=3\times\left(\frac{1}{3}\right)^8=\left(\frac{1}{3}\right)^7$

그러므로 $\mathrm{R}=\frac{1}{3^7}$

기출 유형1

다항식 $x^{10}-2x^9+ax+4$를 $x-2$로 나누었을 때, 몫의 계수의 합이 5가 되도록 하는 상수 a의 값을 구하시오.

해설

다항식 $x^{10}-2x^9+ax+4$를 $x-2$로 나누었을 때의 몫을 $\mathrm{Q}(x)$, 나머지를 R이라 하면

$x^{10}-2x^9+ax+4=(x-2)\mathrm{Q}(x)+\mathrm{R}$

위 식의 양변에 $x=2$를 대입하면 $\mathrm{R}=2a+4$이므로

$x^{10}-2x^9+ax+4=(x-2)\mathrm{Q}(x)+2a+4$ ⋯⋯ ㉠

한편, 몫 $\mathrm{Q}(x)$의 계수의 합이 $\mathrm{Q}(1)$이므로

㉠의 양변에 $x=1$을 대입하면

$1-2+a+4=-\mathrm{Q}(1)+2a+4$

$=-5+2a+4$

$\therefore\ a=4$

Ⅲ 나머지정리

기출 유형2

다항식 $x^{20}+9x+10$을 x^2-x로 나누었을 때의 몫을 $Q(x)$라고 할 때, $Q(x)$의 모든 계수의 합을 구하시오.

해설

$x^{20}+9x+10$을 x^2-x로 나누었을 때
나머지를 $ax+b$ (단, a, b는 상수)라 하면
몫이 $Q(x)$이므로
$x^{20}+9x+10=x(x-1)Q(x)+ax+b$ …… ㉠
㉠의 양변에
$x=0$을 대입하면 $b=10$
$x=1$을 대입하면 $a+b=20$이므로 $a=10$
$\therefore\ x^{20}+9x+10=x(x-1)Q(x)+10x+10$
위 식 우변의 $10x+10$을 좌변으로 이항하여 정리하면
$x^{20}-x=x(x-1)Q(x)$
$x^{20}-x=x(x^{19}-1)$
$\quad=x(x-1)(x^{18}+x^{17}+x^{16}+\cdots+x+1)$
이므로
$x(x-1)(x^{18}+x^{17}+x^{16}+\cdots+x+1)=x(x-1)Q(x)$
$\therefore\ Q(x)=x^{18}+x^{17}+x^{16}+\cdots+x+1$
그러므로 $Q(x)$의 모든 계수의 합은 $Q(1)=19$

092

x^6을 $x-2$로 나누었을 때의 몫을 $Q_1(x)$, 나머지를 R_1, $Q_1(x)$를 $x-2$로 나누었을 때의 몫을 $Q_2(x)$, 나머지를 R_2라 하자. $Q_2(x)$를 $x-2$로 나눈 나머지를 R_3라 할 때, $R_1+R_2+R_3$의 값을 구하시오.

093

다항식 $f(x)$를 $(x-2)(x-3)$으로 나누면 몫이 $Q(x)$이고 나머지가 $x-1$이다. $f(x)$를 $x+1$로 나눈 나머지가 8일 때, $Q(x)$를 $x+1$로 나눈 나머지를 구하시오.

094

자연수 n에 대하여 x^n+2x-3을 $x-1$로 나누고 그 몫을 다시 $x-1$로 나누었을 때의 나머지가 102일 때, 자연수 n의 값을 구하시오.

095

다항식 $f(x)$를 다항식 $g(x)$로 나누었을 때, 몫이 x^2-4x+3이고 나머지가 $3x^3-5x^2+3x+1$이다. 이때 다항식 $f(x)$를 $x-1$로 나누었을 때의 몫을 $Q(x)$, 나머지를 R이라고 하자. $Q(3)+R$의 값을 구하시오.

096

다항식 $f(x)$를 $(x-2)^2$으로 나눈 나머지가 $x+2$이고, $f(1)=0$일 때, $xf(x)$를 $(x-2)^2$으로 나눈 몫을 $x-1$로 나눈 나머지를 구하시오.

097

x^{2024}을 x^2-x로 나눈 몫을 $Q(x)$라 하자. $Q(x)$를 x^2+x로 나눈 나머지를 구하시오.

098

$x^{50}-x+1$을 x^2-1로 나눈 몫을
$Q(x)=a_0+a_1x+a_2x^2+\cdots+a_{48}x^{48}$이라고 하자.
$a_1+a_3+a_5+\cdots+a_{47}$의 값을 구하시오.

CHAPTER 4

몫과 나머지를 통해 식 구하기

개념 확인

삼차 다항식 $f(x)$는 $x-1$과 $x-2$로 나누어떨어지고, $f(x)-3$은 x^2-x+1로 나누어떨어진다.
$f(x)$를 구하시오.

해설

삼차 다항식 $f(x)$는 $x-1$, $x-2$로 나누어 떨어지므로
나머지정리에 의해 $f(1)=0$, $f(2)=0$
삼차 다항식 $f(x)-3$은 x^2-x+1로 나누어 떨어지므로 나눈 몫을 $ax+b$ (단, a, b는 상수)라고 하면
$f(x)-3=(x^2-x+1)(ax+b)$ …… ㉠
㉠의 양변에
$x=1$을 대입하면
$f(1)-3=a+b$, $a+b=-3$
$x=2$를 대입하면
$f(2)-3=3(2a+b)$, $2a+b=-1$
두 식을 연립하면
$a=2$, $b=-5$
$\therefore f(x)=(x^2-x+1)(2x-5)+3$
$\qquad =2x^3-7x^2+7x-2$

기출 유형1

삼차 다항식 $f(x)$에 대하여 $f(x)-x-1$은 $(x-1)^2$으로 나누어떨어지고, $f(x)+32x-4$는 x^2+x+1로 나누어떨어진다.
$f(x)$를 $x-2$로 나누었을 때의 나머지를 구하시오.

해설

삼차 다항식 $f(x)-x-1$이 $(x-1)^2$으로 나누어떨어지므로 몫을 $ax+b$ (단, a, b는 상수)라고 하면
$f(x)-x-1=(x-1)^2(ax+b)$
$f(x)=(x-1)^2(ax+b)+x+1$ …… ㉠
$f(x)+32x-4$를 x^2+x+1로 나눈 나머지를 구하기 위해 ㉠의 식을 $f(x)$에 대입하여 변형하면
$f(x)+32x-4$
$=(x-1)^2(ax+b)+33x-3$
$=(x^2-2x+1)(ax+b)+33x-3$
$=(x^2+x+1-3x)(ax+b)+33x-3$
$=(x^2+x+1)(ax+b)-3x(ax+b)+33x-3$
$=(x^2+x+1)(ax+b)-3a(x^2+x+1)$
$\quad +(3a-3b+33)x+3a-3$
$=(x^2+x+1)(ax+b-3a)$
$\quad +(3a-3b+33)x+3a-3$
으로 나타낼 수 있다.
이때 $f(x)+32x-4$가 x^2+x+1로 나누어 떨어지므로 $(3a-3b+33)x+3a-3=0$이어야 한다.
즉, $3(a-b+11)=0$, $3(a-1)=0$
$\therefore a=1$, $b=12$
이를 ㉠에 대입하면
$f(x)=(x-1)^2(x+12)+x+1$ …… ㉡
구하는 값은 나머지 정리에 의해 $f(2)$이므로
㉡의 식에 $x=2$를 대입하면
$f(2)=1^2\times 14+2+1=17$
따라서 구하는 나머지는 17

099

최고차항의 계수가 1인 삼차 다항식 $f(x)$가 다음 조건을 만족시킬 때, $f(x)$를 구하시오.

(가) $f(0)=2$
(나) $f(x^2-x+1)$을 x^2+x+1로 나눈 나머지는 $2x-2$ 이다.

100

다항식 $f(x)$를 x^4+x^2+1로 나누었을 때 몫은 $x+2$이고, x^2+x+1로 나누었을 때 나머지는 $x+1$이며 x^2-x+1로 나누었을 때 나머지가 $x-1$일 때, $f(x)$를 구하시오.

기출 유형2

최고차항의 계수가 1인 삼차 다항식 $f(x)$를 $(x+1)^2$으로 나눈 나머지를 $R(x)$라 할 때, 다음 조건을 만족시키는 다항식 $f(x)$를 구하시오.

(가) $R(x)$를 $x+2$로 나눈 몫과 나머지가 같다.
(나) $R(3)=R(0)+3$, $f(1)=0$

해설

$f(x)$는 최고차항의 계수가 1인 삼차 다항식이므로
$f(x)$를 $(x+1)^2$으로 나누었을 때의 몫을 $x+a$,
나머지를 $R(x)=bx+c$라 하면 (단, a, b, c는 상수)
$f(x)=(x+1)^2(x+a)+bx+c$ …… ㉠
(가)에 의해 $R(x)$를 $x+2$로 나눈 몫과 나머지가
서로 상수로 같으므로 $R(x)=b(x+2)+b$로 놓을 수 있다.
(나)에서 $R(3)=R(0)+3$이므로 $6b=3b+3$, $b=1$
즉, $R(x)=x+3$
$\therefore f(x)=(x+1)^2(x+a)+x+3$
(나)에서 $f(1)=0$이므로
위의 식에 $x=1$을 대입하면 $f(1)=4(a+1)+4=0$
$\therefore a=-2$
그러므로
$f(x)=(x+1)^2(x-2)+x+3=x^3-2x+1$

Ⅲ 나머지정리

101

삼차 다항식 $f(x)$가 다음 조건을 만족시킨다.

> (가) $f(-1)=1$
> (나) $f(x)$를 $(x+1)^2$으로 나눈 몫은 나머지의 $\frac{1}{2}$배와 같다.

$f(x)$를 x^3+4x^2+5x+2로 나눈 나머지를 $R(x)$라고 하자. $R(0)=1$일 때, $R(x)$를 구하시오.

102

삼차 다항식 $f(x)$가 다음 조건을 만족시킨다.

> (가) $f(1)=0$
> (나) $f(x)$를 $(x-1)^2$으로 나눈 몫은 나머지보다 1만큼 작다.

$f(x)$를 $(x-1)(x^2-1)$로 나눈 나머지를 $R(x)$라 하자. $R(0)+2=R(2)$일 때, $R(x)$를 구하시오.

기출 유형3

최고차항의 계수가 2인 두 이차 다항식 $A(x)$, $B(x)$가 다음 조건을 만족시킨다.

> (가) $A(x)-B(x)$를 $x-4$로 나눈 몫과 나머지가 서로 같다.
> (나) $A(x)B(x)$는 x^2-9로 나누어떨어진다.

$A(4)=9$일 때, $A(x)+B(x)$를 $x-1$로 나눈 나머지를 구하시오.

해설

이차 다항식 $A(x)$와 $B(x)$의 최고차항의 계수가 같으므로 $A(x)-B(x)$는 일차식이다.
(가)에 의해 $x-4$로 나누었을 때의 나머지가 상수로 같으므로 몫과 나머지를 a로 놓으면
$A(x)-B(x)=(x-4)a+a=a(x-3)$
위 식의 양변에 $x=3$을 대입하면
$A(3)-B(3)=0$ …… ㉠
(나)에 의해 $A(x)B(x)$를 x^2-9로 나누었을 때 나누어떨어지므로 몫을 $Q(x)$라 하면
$A(x)B(x)=(x^2-9)Q(x)$ …… ㉡
위 식의 양변에 $x=3$을 대입하면
$A(3)B(3)=0$ …… ㉢
㉠과 ㉢을 연립하여 풀면
$\{A(3)\}^2=0 \qquad \therefore A(3)=B(3)=0$
따라서 인수정리에 의하여
$A(x)$, $B(x)$는 모두 $x-3$을 인수로 갖고,
두 다항식의 최고차항 계수가 2이므로
$A(x)=(x-3)(2x+p)$
$B(x)=(x-3)(2x+q)$
로 놓을 수 있다. (단, p, q는 상수)
한편, $A(4)=9$이므로 $8+p=9$, $p=1$
$\therefore A(x)=(x-3)(2x+1)$
㉡의 양변에 $x=-3$을 대입하면
$A(-3)B(-3)=0$에서 $B(-3)=0$ ($\because A(-3)\neq 0$)
$\therefore B(x)=(x-3)(2x+6)$
그러므로 $A(x)+B(x)$를 $x-1$로 나눈 나머지는
$A(1)+B(1)=-6-16=-22$

103

이차항의 계수가 1인 두 이차 다항식 $f(x)$, $g(x)$가 다음 조건을 만족시킨다. 이때 $|f(3)-g(3)|$의 값을 구하시오.

> (가) $f(x)+g(x)$와 $f(x)g(x)$가 모두 $x-1$로 나누어떨어진다.
>
> (나) $f(x)g(x)=x^4+x^3+ax^2+bx+2$

104

두 이차 다항식 $f(x)$, $g(x)$가 다음 조건을 만족시킨다.

> (가) 모든 실수 x에 대하여 $3f(x)+2g(x)=0$이다.
>
> (나) $f(x)g(x)$는 x^2+2x+3으로 나누어떨어진다.

$f(-1)=4$일 때, $g(x)$를 구하시오.

105

최고차항의 계수가 3인 이차 다항식 $f(x)$와 최고차항의 계수가 1인 이차 다항식 $g(x)$가 다음 조건을 만족시킨다.

> (가) $f(x)-3g(x)$를 $x-3$으로 나눈 몫과 나머지가 서로 같다.
>
> (나) $f(x)g(x)$는 x^2-4로 나누어떨어진다.

$g(3)=2$일 때, $f(x)$, $g(x)$를 구하시오.

106

이차항의 계수가 1인 이차 다항식 $\mathrm{P}(x)$와 일차항의 계수가 1인 일차 다항식 $\mathrm{Q}(x)$가 다음 조건을 만족시킨다.

> (가) 다항식 $\mathrm{P}(x+2)-\mathrm{Q}(x+2)$는 $x+1$로 나누어떨어진다.
>
> (나) 방정식 $\mathrm{P}(x-1)-\mathrm{Q}(x-1)=0$은 중근을 갖는다.

다항식 $\mathrm{P}(x)+\mathrm{Q}(x)$를 $x-1$로 나눈 나머지가 6일 때, $\mathrm{P}(x)$와 $\mathrm{Q}(x)$를 구하시오.

CHAPTER 5

나머지정리의 활용

01. 큰 수의 나머지를 구하는 방법

복잡하거나 큰 수의 나머지를 구할 때는 적당한 수를 문자로 치환하여 나머지정리를 이용한다. 이때 구한 나머지가 나누는 수보다 작은 음이 아닌 정수인지 확인해야 한다.

기출 유형1

2025^{20}을 2024로 나눈 나머지를 R_1, 2024^{99}을 2025로 나눈 나머지를 R_2라 할 때, R_1+R_2를 구하시오.

해설

x^{20}을 $x-1$로 나누었을 때의
몫을 $Q_1(x)$, 나머지를 r_1이라 하면
$x^{20}=(x-1)Q_1(x)+r_1$
위 식의 양변에 $x=1$을 대입하면 $r_1=1$
$\therefore\ x^{20}=(x-1)Q_1(x)+1$ …… ㉠
㉠의 양변에 $x=2025$를 대입하면
$2025^{20}=2024\times Q_1(2025)+1$
따라서 2025^{20}을 2024로 나눈 나머지 $R_1=1$
x^{99}를 $x+1$로 나누었을 때
몫을 $Q_2(x)$, 나머지를 r_2라 하면
$x^{99}=(x+1)Q_2(x)+r_2$
위의 식 양변에 $x=-1$을 대입하면 $r_2=-1$
$\therefore\ x^{99}=(x+1)Q_2(x)-1$ …… ㉡
㉡의 양변에 $x=2024$를 대입하면
$2024^{99}=2025\times Q_2(2024)-1$
나머지는 음이 아닌 정수이므로
$2024^{99}=2025\times\{Q_2(2024)-1\}+2024$
따라서 2024^{99}을 2025로 나눈 나머지 $R_2=2024$
그러므로 구하는 값은
$R_1+R_2=1+2024=2025$

기출 유형2

$2^{1000}+2^{1001}+2^{1002}+2^{1003}+2^{1004}$을 7로 나눈 나머지를 구하시오.

해설

7은 2^3-1이므로 $2^3=x$로 치환하여
$2^{1000}+2^{1001}+2^{1002}+2^{1003}+2^{1004}$을 x로 나타내면

$$\begin{aligned}&2^{1000}+2^{1001}+2^{1002}+2^{1003}+2^{1004}\\&=(2^3)^{333}\times2+(2^3)^{333}\times2^2+(2^3)^{334}\\&\quad+(2^3)^{334}\times2+(2^3)^{334}\times2^2\\&=2x^{333}+4x^{333}+x^{334}+2x^{334}+4x^{334}\\&=7x^{334}+6x^{333}\end{aligned}$$

$7x^{334}+6x^{333}$을 $x-1$로 나누었을 때
몫을 $Q(x)$, 나머지를 R이라 하면
$7x^{334}+6x^{333}=(x-1)Q(x)+R$
위 식의 양변에 $x=1$을 대입하면 $R=13$
7로 나눈 나머지는 0이상 6이하인 정수이므로
따라서 구하는 답은 13을 7로 나눈 나머지 6이다.

107

$3^{2021}+3^{2023}+3^{2025}$을 28로 나눈 나머지를 구하시오.

108

n이 2보다 큰 홀수일 때
$x^n+1=(x+1)(x^{n-1}-x^{n-2}+\cdots-x+1)$임을 이용하여
$23^{17}-9$를 24로 나눈 나머지를 구하시오.

109

2024^{20}을 2025로 나눈 몫이 Q일 때, Q를 2025로 나눈 나머지를 구하시오.

110

$3^{25}+3^{20}+3^{15}+3^{10}+3^{5}+1$을 $3^4+3^3+3^2+3+1$로 나눈 나머지를 구하시오.

111

$n+2^{252}$이 129의 배수가 되는 1000이하의 자연수 n을 모두 구하시오.

02. 인수정리를 이용해 식 만드는 방법

수의 규칙성을 통해 식을 만든다. 

기출 유형1

최고차항의 계수가 1인 삼차 다항식 $f(x)$가 $f(1)=2$, $f(2)=4$, $f(3)=6$을 만족할 때, $f(4)$의 값을 구하시오.

해설

방법1

$f(x)$는 최고차항의 계수가 1인 삼차 다항식이므로

$f(x)=(x-1)(x-2)(x-3)+a(x-1)(x-2)$
$\quad +b(x-1)+c$

로 놓을 수 있다. (단, a, b, c는 상수)

위 식의 양변에

$x=1$을 대입하면 $f(1)=c=2$

$x=2$를 대입하면 $f(2)=b+c=4$에서 $b=2$

$x=3$을 대입하면 $f(3)=2a+2b+c=6$에서 $a=0$

$\therefore f(x)=(x-1)(x-2)(x-3)+2(x-1)+2$

그러므로 $f(4)=6+6+2=14$

방법2

수의 규칙성이 드러나도록 주어진 조건을 변형하면

$f(1)=2$에서 $f(1)-2\times1=0$

$f(2)=4$에서 $f(2)-2\times2=0$

$f(3)=6$에서 $f(3)-2\times3=0$

$g(x)=f(x)-2x$라 하면

$g(x)$는 최고차항의 계수가 1인 삼차 다항식이고

$g(1)=g(2)=g(3)=0$이므로 인수정리에 의해

$g(x)=(x-1)(x-2)(x-3)$

$f(x)-2x=(x-1)(x-2)(x-3)$

$\therefore f(x)=(x-1)(x-2)(x-3)+2x$

그러므로 $f(4)=6+8=14$

112

x에 대한 삼차 다항식 $f(x)$가 $f(1)=1$, $f(2)=4$, $f(3)=7$을 만족할 때, $f(0)+f(4)$의 값을 구하시오.

113

x에 대한 십차 다항식 $f(x)$에 대하여 $f(x)$를 $x-1$, $x-2$, $x-3$, $x-4$, $\cdots$, $x-10$으로 나눈 나머지가 각각 3, 12, 27, 48, $\cdots$, 300이다. $f(0)=1$일 때, $f(x)$를 $x-11$로 나누었을 때의 나머지를 구하시오.

114

x^4의 계수가 1인 사차 다항식 $\mathrm{P}(x)$에 대하여 $\mathrm{P}(1)=9$, $\mathrm{P}(2)=8$, $\mathrm{P}(3)=7$, $\mathrm{P}(4)=6$일 때, $\mathrm{P}(x)$를 $x-6$으로 나눈 나머지를 구하시오.

기출 유형2

삼차 다항식 $f(x)$에 대하여
$f(2)=\frac{1}{3}$, $f(3)=\frac{1}{8}$, $f(4)=\frac{1}{15}$, $f(5)=\frac{1}{24}$
일 때, $f(0)$의 값을 구하시오.

해설

수의 규칙성이 드러나도록 주어진 조건을 변형하면
$f(2)=\frac{1}{3}$에서 $f(2)=\frac{1}{2^2-1}$, $(2^2-1)f(2)-1=0$
$f(3)=\frac{1}{8}$에서 $f(3)=\frac{1}{3^2-1}$, $(3^2-1)f(3)-1=0$
$f(4)=\frac{1}{15}$에서 $f(4)=\frac{1}{4^2-1}$, $(4^2-1)f(4)-1=0$
$f(5)=\frac{1}{24}$에서 $f(5)=\frac{1}{5^2-1}$, $(5^2-1)f(5)-1=0$
$g(x)=(x^2-1)f(x)-1$이라 하면
$g(x)$는 오차 다항식이고
$g(2)=0$, $g(3)=0$, $g(4)=0$, $g(5)=0$
이므로 인수정리에 의해
$g(x)=(x-2)(x-3)(x-4)(x-5)(ax+b)$
(단, a, b는 상수)
즉,
$(x^2-1)f(x)-1$
$=(x-2)(x-3)(x-4)(x-5)(ax+b)$ …… ㉠
㉠의 양변에
$x=1$을 대입하면 $-1=24(a+b)$ …… ㉡
$x=-1$을 대입하면 $-1=360(-a+b)$ …… ㉢
㉡과 ㉢을 연립하여 풀면 $a=-\frac{7}{360}$, $b=-\frac{1}{45}$
$\therefore$ $(x^2-1)f(x)-1$
$=(x-2)(x-3)(x-4)$
$\times(x-5)\left(-\frac{7}{360}x-\frac{1}{45}\right)$ …… ㉣
㉣의 양변에 $x=0$을 대입하면
$\therefore$ $f(0)=\frac{5}{3}$

115

삼차 다항식 $f(x)$에 대하여
$f(1)=\frac{5}{6}$, $f(2)=\frac{6}{5}$, $f(3)=\frac{7}{4}$, $f(4)=\frac{8}{3}$일 때, $15f(5)$의 값을 구하시오.

116

최고차항의 계수가 1인 사차 다항식 $f(x)$가
$\frac{f(1)}{7}=\frac{f(2)}{3}=\frac{5f(5)}{3}=3f(6)=2$를 만족시킬 때, $15f(3)$을 구하시오.

117

삼차 다항식 $f(x)$에 대하여
$\frac{f(k)+1}{2^{k-1}}=1$ ($k=1, 2, 3, 4$)일 때, $f(5)$의 값을 구하시오.

Ⅲ 나머지정리

03. 배수 판정법

기출 유형

n자리의 자연수 $a_n a_{n-1} \cdots a_1$을 $\overline{a_n a_{n-1} \cdots a_1}$이라 하자. 예를 들어 $\overline{abc}=a\times10^2+b\times10+c$이다. 다섯 자리 자연수 $\overline{abcde}$에 대하여 $a-b+c-d+e$가 11의 배수이면 $\overline{abcde}$는 11의 배수임을 나머지 정리를 이용하여 증명하시오.

해설

$10=x$라고 하면, $11=x+1$이고,

$$\overline{abcde}=a\times10^4+b\times10^3+c\times10^2+d\times10+e$$
$$=ax^4+bx^3+cx^2+dx+e$$

로 나타낼 수 있다.

$f(x)=ax^4+bx^3+cx^2+dx+e$라고 할 때

$f(x)$를 $x+1$로 나누었을 때의 몫을 $Q(x)$라고 하면

나머지는 $f(-1)=a-b+c-d+e$이므로

$$f(x)=ax^4+bx^3+cx^2+dx+e$$
$$=(x+1)Q(x)+a-b+c-d+e$$

위 식의 양변에 $x=10$을 대입하면

$$a\times10^4+b\times10^3+c\times10^2+d\times10+e$$
$$=11Q(10)+a-b+c-d+e$$

따라서 $a-b+c-d+e$가 11의 배수이면

$\overline{abcde}$도 11의 배수이다.

118

n자리의 자연수 $a_n a_{n-1} \cdots a_1$을 $\overline{a_n a_{n-1} \cdots a_1}$이라 하자. 예를 들어 $\overline{abc}=a\times10^2+b\times10+c$이다. $\overline{36x49y5}$가 33의 배수가 되도록 하는 0이상의 한자리 정수 x, y의 값을 모두 구하시오.

CHAPTER 6

조립제법

조립제법을 반복적으로 적용하는 경우가 있다.(연조립제법)

기출 유형1

모든 실수 x에 대하여 등식

$x^4+2x^3-3x^2+4x+1$

$=a(x-1)^4+b(x-1)^3+c(x-1)^2+d(x-1)+e$

가 성립할 때, 상수 a, b, c, d, e의 값을 구하시오.

해설

조립제법을 반복적으로 적용하면 다음과 같다.

1	1	2	−3	4	1	
		1	3	0	4	
1	1	3	0	4	5	←e
		1	4	4		
1	1	4	4	8	←d	
		1	5			
1	1	5	9	←c		
		1				
	1	6	←b			
	↑ a					

$x^4+2x^3-3x^2+4x+1$을 $x-1$로 나누었을 때, 조립제법을 이용하여 얻은 몫과 나머지는 위의 그림의 첫 번째 결과이다.

즉, 몫이 x^3+3x^2+4이고, 나머지가 5이므로

$x^4+2x^3-3x^2+4x+1$

$=(x-1)(x^3+3x^2+4)+5$ …… ㉠

x^3+3x^2+4를 $x-1$로 나누었을 때, 조립제법을 이용하여 얻은 몫과 나머지는 위의 그림의 두 번째 결과이다.

즉, 몫이 x^2+4x+4이고, 나머지가 8이므로 ㉠의 식은 다음과 같이 쓸 수 있다.

$x^4+2x^3-3x^2+4x+1$

$=(x-1)\{(x-1)(x^2+4x+4)+8\}+5$

$=(x-1)^2(x^2+4x+4)+8(x-1)+5$ …… ㉡

마찬가지 방법으로 구하면

x^2+4x+4를 $x-1$로 나눈 몫은 $x+5$이고, 나머지는 9이고,

$x+5$를 $x-1$로 나눈 몫은 1, 나머지는 6이다.

이를 통해 ㉡의 식을 다시 정리하면

$x^4+2x^3-3x^2+4x+1$

$=(x-1)^2(x^2+4x+4)+8(x-1)+5$

$=(x-1)^2\{(x-1)(x+5)+9\}+8(x-1)+5$

$=(x-1)^3(x+5)+9(x-1)^2+8(x-1)+5$

$=(x-1)^3\{(x-1)+6\}+9(x-1)^2+8(x-1)+5$

$=(x-1)^4+6(x-1)^3+9(x-1)^2+8(x-1)+5$

따라서 $a=1$, $b=6$, $c=9$, $d=8$, $e=5$

기출 유형2

조립제법을 이용하여 $2x^4+x^3-3x^2-5x+1$을 $(x+1)(x-2)(x-3)$으로 나눈 몫과 나머지를 각각 구하시오.

해설

조립제법을 반복적으로 적용하면 다음과 같다.

-1	2	1	-3	-5	1
		-2	1	2	3
2	2	-1	-2	-3	4
		4	6	8	
3	2	3	4	5	
		6	27		
	2	9	31		

이를 통해 식을 정리하면

$$\begin{aligned}&2x^4+x^3-3x^2-5x+1\\&=(x+1)(2x^3-x^2-2x-3)+4\\&=(x+1)\{(x-2)(2x^2+3x+4)+5\}+4\\&=(x+1)(x-2)(2x^2+3x+4)+5(x+1)+4\\&=(x+1)(x-2)\{(x-3)(2x+9)+31\}\\&\quad+5(x+1)+4\\&=(x+1)(x-2)(x-3)\underbrace{(2x+9)}_{\text{몫}}\\&\quad\underbrace{+31(x+1)(x-2)+5(x+1)+4}_{\text{나머지}}\end{aligned}$$

따라서

$2x^4+x^3-3x^2-5x+1$을 $(x+1)(x-2)(x-3)$으로 나눈 몫은 $2x+9$이고, 나머지는 $31x^2-26x-53$이다.

119

$$\begin{aligned}&(x+3)^4-6(x+3)^3+10(x+3)^2+2(x+3)-5\\&\quad=ax^4+bx^3+cx^2+dx+e\end{aligned}$$

가 모든 실수 x에 대하여 항상 성립할 때, 상수 a, b, c, d, e의 값을 구하시오.

120

다항식 $P(x)=x^4-4x^3+12x^2-10x+8$일 때,

$\{P(0.9)+P(3.1)\}-\{P(1.1)+P(2.9)\}$의 값을 구하시오.

121

x에 대한 항등식

$$9x^3-18x^2+12x-2$$
$$=a(3x-1)^3+b(3x-1)^2+c(3x-1)+d$$

가 성립할 때, 상수 a, b, c, d의 값을 구하시오.

122

모든 실수 x에 대하여

$$\frac{x^3+2x^2+3x+4}{(x-1)^4}$$
$$=\frac{A}{x-1}+\frac{B}{(x-1)^2}+\frac{C}{(x-1)^3}+\frac{D}{(x-1)^4}$$

가 항상 성립할 때, 상수 A, B, C, D의 값을 구하시오.

123

다음의 조립제법을 이용하여 $ax^4+bx^3+cx^2+dx+e$를 $(3x-2)(x-1)(x+2)$로 나눈 몫과 나머지를 구하시오.

$\frac{2}{3}$	a	b	c	d	e
		f	g	h	i
1	j	k	l	m	2
		n	o	p	
-2	q	r	s	3	
		t	u		
	3	9	4		

124

자연수 $n^4-2n^3-7n^2+17n-6$이 자연수 n^2-5n+6으로 나누어떨어질 때, 자연수 n의 최솟값과 최댓값의 합을 구하시오.

고난도 실전 연습문제

125

짝수인 모든 자연수 n에 대하여
다항식 $x^n(x^4+ax^3+bx^2+cx-8)$을 x^3+8로 나누었을 때의 나머지가 $2^n(x^2-2x+4)$일 때, 세 상수 a, b, c의 값을 구하시오.

126

x에 대한 다항식
$\{(x^{2020}+1)(x^{2022}+1)(x^{2024}+1)(x^{2026}+1)(x^{2028}+1)+a\}^2$을 x^4+x^2+1로 나누었을 때의 나머지를 $\mathrm{R}(x)$라 하자. $\mathrm{R}(1)=-12$일 때, 실수 a의 값을 모두 구하시오.

127

다항식 $f(x)$를 x^2+4로 나누었을 때의 나머지는 $-x+5$, $(x-2)^2$으로 나누었을 때의 나머지는 $2x-1$이다. 다항식 $f(x)$를 $(x^2+4)(x-2)^2$으로 나누었을 때의 나머지를 구하시오.

128

$\mathrm{F}(x)=x^3+x^2+x+1$일 때, $\mathrm{F}(x^{18})$을 x^6+1로 나눈 몫을 $\mathrm{Q}(x)$라 하자. 이때 $\mathrm{Q}(x)$를 $\mathrm{F}(x)$로 나눈 나머지를 구하시오.

129

최고차항의 계수가 1인 이차식 $f(x)-x$를 $x+2$로 나누었을 때의 몫은 $Q_1(x)$이고 $f(x)-x+2$를 $x+1$로 나누었을 때의 몫은 $Q_2(x)$이다. $Q_1(x)$와 $Q_2(x)$는 다음 조건을 만족시킬 때, $f(x)$를 구하시오.

(가) $Q_2(-2)-f(-1)=-1$
(나) $2Q_1(-2)=Q_2(-2)$

130

$5^{15}+5^{12}+5^9+5^6+5^3+5+1$을 31로 나눈 나머지를 구하시오.

131

아래 그림의 파스칼의 삼각형을 이용하여 $11^{2025}+13^{2025}$을 144로 나눈 나머지를 구하시오.

$$(x+y)^0 = \mathbf{1}_{x^0y^0}$$
$$(x+y)^1 = \mathbf{1}_{x^1y^0} + \mathbf{1}_{x^0y^1}$$
$$(x+y)^2 = \mathbf{1}_{x^2y^0} + \mathbf{2}_{x^1y^1} + \mathbf{1}_{x^0y^2}$$
$$(x+y)^3 = \mathbf{1}_{x^3y^0} + \mathbf{3}_{x^2y^1} + \mathbf{3}_{x^1y^2} + \mathbf{1}_{x^0y^3}$$
$$(x+y)^4 = \mathbf{1}_{x^4y^0} + \mathbf{4}_{x^3y^1} + \mathbf{6}_{x^2y^2} + \mathbf{4}_{x^1y^3} + \mathbf{1}_{x^0y^4}$$

132

삼차 다항식 $f(x)$에 대하여

$$f(k)=\frac{120k}{(k+1)(k+2)}\ (k=0,\ 1,\ 2,\ 3)$$

일 때, $f(4)$의 값을 구하시오.

133

n자리의 자연수 $a_na_{n-1}\cdots a_1$을 $\overline{a_na_{n-1}\cdots a_1}$이라 하자. 예를 들어 $\overline{abc}=a\times10^2+b\times10+c$이다. 아홉 자리 자연수 $\overline{abcdefghi}$에 대하여 $\overline{abc}-\overline{def}+\overline{ghi}$가 7의 배수이면 $\overline{abcdefghi}$는 7의 배수임을 나머지 정리를 이용하여 증명하시오. 예를 들어 아홉 자리 자연수 213456789에 대하여 $213-456+789=546$은 7의 배수이므로 213456789는 7의 배수이다.
(힌트 : 1001은 7의 배수임을 이용할 것)

134

다음은 조립제법을 이용하여 x에 대한 다항식 ax^3+bx^2+cx+d를 $(2x-1)(x+1)$로 나눈 몫과 나머지를 구하는 과정이다.

$\frac{1}{2}$	a	b	c	d
		□	□	□
-1	□	□	-10	4
		□	□	
	4	□	□	

위의 조립제법에 의해
$ax^3+bx^2+cx+d=(2x-1)(x+1)(px+q)+4x+r$
일 때, 상수 p, q, r의 값을 구하시오.
(단, a, b, c, d는 상수)

135

자연수 $n^5-5n^4+6n^3+17n^2-49n+30$이
자연수 $(n-1)(n-2)(n-3)$으로 나누어떨어질 때, 자연수 n의 최댓값과 최솟값을 구하시오.

136

다항식 x^5+x^3을 다항식 $f(x)$로 나누었을 때의 나머지는 x^3-x+2이고, 다항식 $f(x)$를 다항식 $g(x)$로 나누었을 때의 나머지는 $4x+2$이다. 다항식 $g(x)$를 $x+2$로 나눈 나머지가 3일 때, $f(x)$, $g(x)$를 구하시오.
(단, $f(x)$, $g(x)$의 모든 계수는 정수이고, 최고차항의 계수는 1이며, 몫이 1인 경우는 생각하지 않는다.)

137

다음 조건을 만족시키는 모든 이차 다항식 $f(x)$의 합을 $g(x)$라 할 때, $g(3)$의 값을 구하시오.

(가) $f(0)f(1)=0$
(나) 사차 다항식 $f(x)\{f(x)+3\}$은 $(x+1)(x-2)$로 나누어떨어진다.

138

계수가 실수인 다항식 $f(x)$에 대하여 방정식 $x^3+3x+8=0$의 서로 다른 세 근이 모두 방정식 $(x^2-2x+4)f(x)=12$의 근이 되도록 하는 차수가 최소인 다항식 $f(x)$를 구하시오.

IV

인수분해

1. 문자가 하나인 다항식의 인수분해

01. 복이차식의 인수분해
02. 상반식의 인수분해
03. 허근을 이용한 인수분해
04. 치환 및 식의 변형에 의한 인수분해
05. 인수정리를 이용한 인수분해

2. 문자가 두 개 이상인 다항식의 인수분해

01. 공식을 이용한 인수분해
02. 내림차순 정리를 통한 인수분해
03. 식 변형에 의한 인수분해
04. 문자대입을 통한 인수분해

3. 대칭식과 교대식의 인수분해

01. 대칭식의 인수분해
02. 교대식의 인수분해

4. 인수분해의 활용

5. 고난도 실전 연습문제

CHAPTER 1

문자가 하나인 다항식의 인수분해

01. 복이차식의 인수분해

ax^4+bx^2+c (단, $a\neq0$)는 x에 대한 사차식이다. 이 식에서 $x^2=t$로 치환하면 at^2+bt+c가 되어 t에 대한 이차식이 된다. 이러한 사차식을 복이차식이라고 한다.

복이차식의 인수분해 방법은 다음과 같다.

① x^2을 치환하여 인수분해가 가능한지 확인한다.

② 사차항과 상수항을 기준으로 완전제곱식을 만들어 합차 공식을 이용한다.

개념 확인

합차 공식을 이용하여 x^4+x^2+1을 인수분해 하시오.

해설

합차 공식을 이용하기 위해 제곱의 차로 식을 변형하면

$$\begin{aligned}x^4+x^2+1&=(x^4+2x^2+1)-x^2\\&=(x^2+1)^2-x^2\\&=(x^2+x+1)(x^2-x+1)\end{aligned}$$

계수가 문자인 복이차식의 인수분해에서는 합차 공식뿐만 아니라 x^2의 치환을 통한 인수분해도 반드시 고려해야 한다.

기출 유형

다항식 x^4+nx^2+36은 계수와 상수항이 모두 정수인 두 개 이상의 다항식의 곱으로 인수분해 될 때, 자연수 n의 값을 모두 구하시오.

해설

x^4+nx^2+36이 인수분해 되는 경우는 다음과 같다.

(i) $x^4+nx^2+36=(x^2+\alpha)(x^2+\beta)$로 인수분해 되는 경우 (단, α, β는 자연수이다.)

$\alpha\beta=36$, $\alpha+\beta=n$이므로

$36=1\times36=2\times18=3\times12=4\times9=6\times6$에서

$n=1+36=37$, $n=2+18=20$, $n=3+12=15$,

$n=4+9=13$, $n=6+6=12$

(ii) $x^4+nx^2+36=(x^2+6)^2-(12-n)x^2$꼴인 경우

$12-n$이 12보다 작은 제곱수가 되어야 하므로

$12-n=1,\ 4,\ 9$에서 $n=11,\ 8,\ 3$

(i), (ii)에서 구하는 n의 값은

$3,\ 8,\ 11,\ 12,\ 13,\ 15,\ 20,\ 37$이다.

139

다항식 x^4-nx^2+4가 계수와 상수항이 모두 정수인 두 개 이상의 다항식의 곱으로 인수분해 되도록 하는 n의 값을 모두 구하시오. (단, n은 50이하의 자연수이다.)

140

두 자연수 m, n에 대하여 일차식 $x-n$을 인수로 가지는 다항식 $f(x)=x^4-50x^2+m$이 계수와 상수항이 모두 정수인 서로 다른 세 개의 다항식의 곱으로 인수분해 될 때, 모든 다항식 $f(x)$의 개수를 구하시오.

141

사차 다항식 x^4-nx^2+324가 계수와 상수항이 모두 정수인 네 개의 일차식의 곱으로 인수분해 되도록 하는 모든 자연수 n의 값의 합을 구하시오.

02. 상반식의 인수분해

상반식이란 x에 관한 n차 다항식에서 k차 항의 계수 (x^k의 계수)와 $n-k$차 항의 계수(x^{n-k}의 계수)가 같은 식을 말한다.

즉, $ax^n+bx^{n-1}+cx^{n-2}+\cdots+cx^2+bx+a$ 형태의 다항식이다.

예. $ax^4+bx^3+cx^2+bx+a$ (단, $a\neq0$)

상반식의 인수분해 방법은 다음과 같이 정리할 수 있다.

(1) 상반식의 가운데 항으로 묶는다

(2) $x+\dfrac{1}{x}$ 형태의 식으로 정리하여 인수분해 한다.

(3) 분수식을 다항식으로 변형한다.

* $x-\dfrac{1}{x}$ 형태의 식으로 정리하여 인수분해 하는 경우에도 같은 절차로 진행한다.

개념 확인

상반식의 인수분해 방법으로 x^4+x^2+1을 인수분해 하시오.

해설

x^4+x^2+1은 상반식이므로 가운데 항 x^2으로 묶으면

$$\begin{aligned} x^4+x^2+1&=x^2\left(x^2+1+\frac{1}{x^2}\right)\\ &=x^2\left\{\left(x+\frac{1}{x}\right)^2-1^2\right\}\\ &=x^2\left(x+\frac{1}{x}+1\right)\left(x+\frac{1}{x}-1\right)\\ &=(x^2+x+1)(x^2-x+1) \end{aligned}$$

기출 유형

$x^4+4x^3+5x^2+4x+1$을 인수분해 하시오.

해설

방법1

$x^4+4x^3+5x^2+4x+1$은 상반식이므로

가운데 항인 x^2으로 묶으면

$$\begin{aligned} & x^4+4x^3+5x^2+4x+1 \\ &=x^2\left(x^2+4x+5+\frac{4}{x}+\frac{1}{x^2}\right) \\ &=x^2\left\{\left(x^2+\frac{1}{x^2}\right)+4\left(x+\frac{1}{x}\right)+5\right\} \\ &=x^2\left\{\left(x+\frac{1}{x}\right)^2+4\left(x+\frac{1}{x}\right)+3\right\} \\ &=x^2\left(x+\frac{1}{x}+1\right)\left(x+\frac{1}{x}+3\right) \\ &=(x^2+x+1)(x^2+3x+1) \end{aligned}$$

방법2

$x^4+4x^3+5x^2+4x+1$에서 공통인수가 나오도록 $5x^2$을 $4x^2+x^2$으로 나누면 다음과 같이 인수분해 할 수 있다.

$$\begin{aligned} & x^4+4x^3+5x^2+4x+1 \\ &=x^4+4x^3+4x^2+x^2+4x+1 \\ &=(x^4+x^2+1)+4x(x^2+x+1) \\ &=(x^2-x+1)(x^2+x+1)+4x(x^2+x+1) \\ &=(x^2+x+1)(x^2+3x+1) \end{aligned}$$

142

$x^4-2x^3-5x^2+2x+1$을 인수분해 하시오.

143

$(x^2-4)^2-x(x^2-1)-15$를 인수분해 하시오.

03. 허근을 이용한 인수분해

주어진 다항식 $f(x)$에 대해 $f(x)=0$의 해가 허근인 경우, $x^n=a$ (단, a는 실수)를 이용하여 공통인수가 나오도록 식을 변형한다. 이 과정에서 주로 $x^3=1$ 또는 $x^3=-1$을 이용한다.

개념 확인

방정식의 허근을 이용하여 x^4+x^2+1을 인수분해 하시오.

해설

x^4+x^2+1을 인수분해 하기 위해 복소수 범위에서 $x^4+x^2+1=0$의 해를 생각한다.

$x^2+x+1=0$의 한 허근을 ω라고 하면

$\omega^2+\omega+1=0$, $\omega^3=1$

x^4+x^2+1에 $x=\omega$를 대입하면

$\omega^4+\omega^2+1=\omega+\omega^2+1=0$

이를 통해 x^2+x+1이 공통인수임을 알 수 있으며, x^4+x^2+1을 다음과 같이 변형할 수 있다.

$x^4+x^2+1=(x^4-x)+x+x^2+1$

따라서

$$\begin{aligned}x^4+x^2+1&=(x^4-x)+x+x^2+1\\&=x(x^3-1)+x+x^2+1\\&=x(x-1)(x^2+x+1)+(x^2+x+1)\\&=(x^2+x+1)(x^2-x+1)\end{aligned}$$

※ 참고

$\omega^3=-1$을 이용하면 $\omega^4+\omega^2+1=\omega^2-\omega+1=0$이다. 이를 통해 x^2-x+1이 공통인수임을 알 수 있으며, x^4+x^2+1을 다음과 같이 변형할 수 있다.

$x^4+x^2+1=(x^4+x)-x+x^2+1$

따라서

$$\begin{aligned}x^4+x^2+1&=(x^4+x)-x+x^2+1\\&=x(x^3+1)-x+x^2+1\\&=x(x+1)(x^2-x+1)+(x^2-x+1)\\&=(x^2-x+1)(x^2+x+1)\end{aligned}$$

일반적인 인수분해 과정으로 해결할 수 없다면, 주어진 다항식 $f(x)$가 0이 되는 값을 복소수 범위에서 고려해 본다.

기출 유형

x^5+x+1을 인수분해 하시오.

해설

x^5+x+1을 인수분해 하기 위해 복소수 범위에서 $x^5+x+1=0$의 해를 생각한다.

$x^2+x+1=0$의 한 허근을 ω라고 하면

$\omega^2+\omega+1=0$, $\omega^3=1$

x^5+x+1에 $x=\omega$를 대입하면

$\omega^5+\omega+1=\omega^2+\omega+1=0$

이를 통해 x^2+x+1이 공통인수임을 알 수 있으며, x^5+x+1을 다음과 같이 변형할 수 있다.

$x^5+x+1=(x^5-x^2)+x^2+x+1$

따라서

$$\begin{aligned}x^5+x+1&=(x^5-x^2)+x^2+x+1\\&=x^2(x^3-1)+x^2+x+1\\&=x^2(x-1)(x^2+x+1)+(x^2+x+1)\\&=(x^2+x+1)(x^3-x^2+1)\end{aligned}$$

Ⅳ 인수분해

144

x^8-x^7+1을 인수분해 하시오.

145

$x^9+x^7+x^6+x^3+1$을 인수분해 하시오.

04. 치환 및 식의 변형에 의한 인수분해

다항식 $x^{2n}+x^{2n-2}+\cdots+x^4+x^2+1$의 형태는 $x^2=t$로 치환하여 식의 변형을 통해 인수분해 할 수 있다.

$$\begin{aligned}
&x^{2n}+x^{2n-2}+\cdots+x^4+x^2+1\\
&\quad=t^n+t^{n-1}+\cdots+t+1\\
&\quad=\frac{t^{n+1}-1}{t-1}=\frac{x^{2n+2}-1}{x^2-1}\\
&\quad=\frac{(x^{n+1}-1)(x^{n+1}+1)}{(x-1)(x+1)}\\
&\quad=\frac{(x-1)(x^n+x^{n-1}+\cdots+x+1)}{(x-1)}\\
&\qquad\times\frac{(x+1)(x^n-x^{n-1}+\cdots-x+1)}{(x+1)}\\
&\quad=(x^n+x^{n-1}+\cdots+x+1)\\
&\qquad\times(x^n-x^{n-1}+\cdots-x+1)
\end{aligned}$$

개념 확인

치환 및 식의 변형을 이용하여 x^4+x^2+1을 인수분해 하시오.

해설

$x^2=t$라 하면

$$\begin{aligned}
&x^4+x^2+1\\
&\quad=t^2+t+1\\
&\quad=\frac{(t-1)(t^2+t+1)}{t-1}=\frac{t^3-1}{t-1}\\
&\quad=\frac{x^6-1}{x^2-1}\\
&\quad=\frac{(x^3-1)(x^3+1)}{(x-1)(x+1)}\\
&\quad=\frac{(x-1)(x^2+x+1)(x+1)(x^2-x+1)}{(x-1)(x+1)}\\
&\quad=(x^2+x+1)(x^2-x+1)
\end{aligned}$$

기출 유형

$x^8+x^6+x^4+x^2+1$을 인수분해 하시오.

해설

방법1

$x^2=\mathrm{X}$로 놓으면 주어진 식은

$\mathrm{X}^4+\mathrm{X}^3+\mathrm{X}^2+\mathrm{X}+1$

$=\dfrac{(\mathrm{X}-1)(\mathrm{X}^4+\mathrm{X}^3+\mathrm{X}^2+\mathrm{X}+1)}{\mathrm{X}-1}=\dfrac{\mathrm{X}^5-1}{\mathrm{X}-1}$

$=\dfrac{x^{10}-1}{x^2-1}=\dfrac{(x^5-1)(x^5+1)}{(x-1)(x+1)}$

$=\dfrac{(x-1)(x^4+x^3+x^2+x+1)(x+1)(x^4-x^3+x^2-x+1)}{(x-1)(x+1)}$

$=(x^4+x^3+x^2+x+1)(x^4-x^3+x^2-x+1)$

방법2

$x^8+x^6+x^4+x^2+1$을 인수분해 하기 위해

복소수 범위에서 $x^8+x^6+x^4+x^2+1=0$의

해를 생각한다.

$x^4+x^3+x^2+x+1=0$의 한 허근을 ω라고 하면

$\omega^4+\omega^3+\omega^2+\omega+1=0$, $\omega^5=1$

따라서

$x^8+x^6+x^4+x^2+1$에 $x=\omega$를 대입하면

$\omega^8+\omega^6+\omega^4+\omega^2+1=\omega^3+\omega+\omega^4+\omega^2+1=0$

이를 통해

$x^4+x^3+x^2+x+1$이 공통인수임을 알 수 있으며,

$x^8+x^6+x^4+x^2+1$을 다음과 같이 변형할 수 있다.

$x^8+x^6+x^4+x^2+1$

$\quad=(x^8-x^3+x^6-x)+x^4+x^3+x^2+x+1$

따라서

$x^8+x^6+x^4+x^2+1$

$\quad=(x^8-x^3+x^6-x)+x^4+x^3+x^2+x+1$

$\quad=\{x^3(x^5-1)+x(x^5-1)\}+x^4+x^3+x^2+x+1$

$\quad=(x^5-1)(x^3+x)+x^4+x^3+x^2+x+1$

$\quad=(x-1)(x^4+x^3+x^2+x+1)(x^3+x)$

$\qquad+x^4+x^3+x^2+x+1$

$\quad=(x^4+x^3+x^2+x+1)(x^4-x^3+x^2-x+1)$

146

다음 식을 인수분해 하시오.

$$x^{12}+x^{10}+x^8+x^6+x^4+x^2+1$$

05. 인수정리를 이용한 인수분해

(1) $f(x)$가 삼차 이상의 다항식일 경우, 인수분해 방법은 다음과 같다.

① $f(\alpha)=0$을 만족하는 상수 α를 찾는다.

② 조립제법을 이용하여 $f(x)$를 $x-\alpha$로 나누었을 때의 몫을 구한다.

③ 다항식 $f(x)$를 $f(x)=(x-\alpha)\mathrm{Q}(x)$ 형태로 인수분해한다.

(2) $f(x)=0$이 되는 x가 문자인 경우에도 (1)과 동일한 방식으로 진행한다.

※ 계수가 모두 정수인 다항식 $f(x)$에서 $f(\alpha)=0$을 만족시키는 α의 값은

$\pm\dfrac{(f(x)\text{의 상수항의 약수})}{(f(x)\text{의 최고차항의 계수의 약수})}$

중에서 찾는다.

개념 확인

$6x^3-5x^2+7x-2$를 인수분해 하시오.

해설

$f(x)=6x^3-5x^2+7x-2$라 할 때,

$f\left(\frac{1}{3}\right)=0$이므로 조립제법을 이용하여 인수분해 하면

$\frac{1}{3}$	6	-5	7	-2
		2	-1	2
	6	-3	6	0

$\therefore \left(x-\frac{1}{3}\right)(6x^2-3x+6)=(3x-1)(2x^2-x+2)$

기출 유형1

다항식 $3x^4+(n-2)x^3+9x^2-(n-2)x-12$가 계수가 모두 정수인 네 일차식의 곱으로 인수분해 되도록 하는 정수 n의 개수를 구하시오.

해설

$f(x)=3x^4+(n-2)x^3+9x^2-(n-2)x-12$라 할 때,

$f(1)=0$, $f(-1)=0$이므로 조립제법을 이용하여 인수분해하면

1	3	$n-2$	9	$-n+2$	-12
		3	$n+1$	$n+10$	12
-1	3	$n+1$	$n+10$	12	0
		-3	$-n+2$	-12	
	3	$n-2$	12	0	

$3x^4+(n-2)x^3+9x^2-(n-2)x-12$

$=(x-1)(x+1)\{3x^2+(n-2)x+12\}$

이때, $3x^4+(n-2)x^3+9x^2-(n-2)x-12$가 계수가 모두 정수인 네 개의 일차식의 곱으로 인수분해 되려면 $3x^2+(n-2)x+12=(3x+m)(x+l)$

(단, m, l은 정수)

의 형태가 되어야 한다.

우변을 전개해서 좌변의 계수와 비교하면

$n-2=m+3l$ 이고 $ml=12$

$ml=12$를 만족시키는 두 정수 m과 l의 모든 순서쌍 (m, l)을 구하면

$(12, 1)$, $(6, 2)$, $(4, 3)$, $(3, 4)$, $(2, 6)$, $(1, 12)$, $(-1, -12)$, $(-2, -6)$, $(-3, -4)$, $(-4, -3)$, $(-6, -2)$, $(-12, -1)$로 12개다.

위의 각 순서쌍에 대해 정수 $n(=m+3l+2)$의 값을 차례로 구해보면

17, 14, 15, 17, 22, 39, -35, -18, -13, -11, -10, -13이 된다. 이때 17과 -13은 중복되므로

따라서 구하는 정수 n의 값은

-35, -18, -13, -11, -10, 14, 15, 17, 22, 39

로 총 10개이다.

147

다항식 $x^3+4x^2+(3-k)x-k$가 계수가 모두 정수인 세 일차식의 곱으로 인수분해 되도록 하는 100이하의 자연수 k의 개수를 구하시오.

148

다항식 $x^4+(k-1)x^3-(8+k)x^2+(6-2k)x+12$가 계수가 모두 정수인 서로 다른 네 일차식의 곱으로 인수분해 되도록 하는 정수 k의 값을 모두 구하시오.

149

다항식 $x^4-2ax^3+(5a-7)x^2+2ax-5a+6$을 인수분해 했을 때의 결과가 $(x-\alpha)(x-\beta)(x-\gamma)^2$이 되도록 하는 실수 a의 값을 모두 구하시오.
(단, α, β, γ는 서로 다른 실수이다.)

기출 유형2

다항식 x^2-2x-k 중에서 $(x+m)(x-n)$의 형태로 인수분해되는 다항식의 개수를 구하시오.
(단, k, m, n은 자연수이며 $21\leq k\leq 70$이다.)

해설

$(x+m)(x-n)=x^2+(m-n)x-mn$에서
$m-n=-2$이고 $mn=k$이므로
$21\leq mn\leq 70$ 을 만족하는 자연수
mn의 값은 4×6, 5×7, 6×8, 7×9이다.
따라서 가능한 (m, n)의 순서쌍은
$(4, 6)$, $(5, 7)$, $(6, 8)$, $(7, 9)$로 네 가지이며,
이를 통해 $(x+m)(x-n)$의 형태로 인수분해 되는 다항식은 4개이다.

150

101개의 다항식
$x^3-4x-50$, $x^3-4x-49$, $x^3-4x-48$, $\cdots$,
x^3-4x-1, x^3-4x, x^3-4x+1, $\cdots$, $x^3-4x+49$,
$x^3-4x+50$중에서 $(x-n)$을 인수로 갖는 다항식의 개수를 구하시오. (단, n은 자연수이다.)

151

다항식 x^3+mx^2+18이 $(x-n)$을 인수로 갖도록 하는 순서쌍 (m, n)을 모두 구하시오.
(단, n은 자연수이고, m은 정수이다.)

문자가 두 개 이상인 다항식의 인수분해

01. 공식을 이용한 인수분해

(1) $abx^2+(aq+bp)x+pq=(ax+p)(bx+q)$

(2) $a^3+b^3=(a+b)(a^2-ab+b^2)$
$a^3-b^3=(a-b)(a^2+ab+b^2)$

(3) $a^3+3a^2b+3ab^2+b^3=(a+b)^3$
$a^3-3a^2b+3ab^2-b^3=(a-b)^3$

(4) $a^2+b^2+c^2+2ab+2bc+2ca=(a+b+c)^2$

(5) $a^3+b^3+c^3-3abc$
$=(a+b+c)(a^2+b^2+c^2-ab-bc-ca)$

(6) $a^4+a^2b^2+b^4=(a^2+ab+b^2)(a^2-ab+b^2)$

(5) $a^3+b^3+c^3-3abc$
$=(a+b+c)(a^2+b^2+c^2-ab-bc-ca)$

곱셈공식의 변형에 의해

$a^3+(b+c)^3$
$=\{a+(b+c)\}^3-3a(b+c)\{a+(b+c)\}$
$=(a+b+c)\{(a+b+c)^2-3a(b+c)\}$

이므로

$a^3+(b^3+c^3)-3abc$
$=a^3+\{(b+c)^3-3bc(b+c)\}-3abc$
$=\{a^3+(b+c)^3\}-3bc(a+b+c)$
$=(a+b+c)\{(a+b+c)^2-3a(b+c)\}$
$-3bc(a+b+c)$
$=(a+b+c)(a^2+b^2+c^2-ab-bc-ca)$

개념 확인

$x^4+14x^2y^2+81y^4$을 인수분해 하시오.

해설

합차 공식을 이용하기 위해 식을 변형하면

$x^4+14x^2y^2+81y^4$
$=(x^4+18x^2y^2+81y^4)-4x^2y^2$
$=(x^2+9y^2)^2-(2xy)^2$
$=\{(x^2+9y^2)+2xy\}\{(x^2+9y^2)-2xy\}$
$=(x^2+2xy+9y^2)(x^2-2xy+9y^2)$

기출 유형

$(a-b)^3+(b-c)^3+(c-a)^3$을 인수분해 하시오.

해설

$a-b=x$, $b-c=y$, $c-a=z$로 놓으면

$x+y+z=0$이므로

$(a-b)^3+(b-c)^3+(c-a)^3$
$=x^3+y^3+z^3$
$=(x+y+z)(x^2+y^2+z^2-xy-yz-zx)+3xyz$
$=3xyz$

$\therefore (a-b)^3+(b-c)^3+(c-a)^3=3(a-b)(b-c)(c-a)$

152

$81x^4y^4+4$를 인수분해 하시오.

153

x, y에 대한 이차식 $x^2-y^2-4x+(k+1)y-12$가 계수가 모두 정수인 두 일차식의 곱으로 인수분해 될 때, 모든 상수 k의 값의 합을 구하시오.

154

$a^2(a^2+2b^2)+b^2(b^2-2c^2)+c^2(c^2-2a^2)$을 인수분해 하시오.

155

$(4-a^2)(4-b^2)-16ab$를 인수분해 하시오.

156

$(x+2y)^2(x-2y)^2-16(x^2+4y^2)+64$를 인수분해 하시오.

157

다음 식을 인수분해 하시오.

$$a^3+8b^3-6a^2-24b^2+12a+24b$$
$$+6a^2b-24ab+12ab^2-8$$

02. 내림차순 정리를 통한 인수분해

차수가 가장 낮은 문자를 기준으로 내림차순으로 정리한 후, 공통인수가 나타나도록 식을 변형한다.

기출 유형

$a^3b^2+b^3c^2+c^3a^2+a^3c$
$\quad +ab^3+bc^3+a^2b^2c^2+abc$
를 인수분해 하시오.

해설

a, b, c의 차수가 3으로 같으므로, 주어진 식을 a에 대해 내림차순으로 정리하여 인수분해 하면 다음과 같다.

$$\begin{aligned}&(b^2+c)a^3+c^2(b^2+c)a^2+b(b^2+c)a+bc^2(b^2+c)\\&=(b^2+c)(a^3+c^2a^2+ba+bc^2)\\&=(b^2+c)\{a(a^2+b)+c^2(a^2+b)\}\\&=(b^2+c)(a^2+b)(c^2+a)\\&=(a^2+b)(b^2+c)(c^2+a)\end{aligned}$$

158

세 변의 길이가 x, y, z인 삼각형이 $x^3+2x^2y-z^2x+xy^2+2y^3-2yz^2=0$인 관계를 만족시킬 때, 이 삼각형은 어떤 삼각형인지 서술하시오.

159

$10xyz-3x^2y+3xy^2-y^2z-3yz^2+3z^2x-9zx^2$을 인수분해 하시오.

160

서로 다른 세 자연수 a, b, c가 $a^2(b+c)+(b^2+3bc+c^2)a+b^2c+bc^2-310=0$을 만족시킬 때, $a^3+b^3+c^3-3abc$의 값을 구하시오.

161

삼각형의 세 변의 길이 a, b, c에 대하여 $(a^2+b^2-c^2)(b^2c^2+c^2a^2-a^2b^2)=a^2b^2c^2$을 만족하는 삼각형은 어떤 삼각형인지 설명하시오.

03. 식 변형에 의한 인수분해

공통인수가 나타나거나 인수분해 공식을
사용할 수 있도록 식을 변형한다.

기출 유형

$a^4+a^3(1-b)+a^2b^2+b^3$을 인수분해 하시오.

해설

차수가 가장 낮은 문자 b에 대해 내림차순으로 정리한 식 $b^3+a^2b^2-a^3b+a^3+a^4$에서 공통인수가 보이지 않으므로 식을 변형한다.

$a^4+a^3(1-b)+a^2b^2+b^3$에서 두 개의 항끼리 묶어도 공통인수가 나오지 않으므로, 세 개의 항을 함께 묶어본다.

$$\begin{aligned} & a^4+a^3(1-b)+a^2b^2+b^3 \\ & \quad =a^4+a^3-a^3b+a^2b^2+b^3 \\ & \quad =a^2(a^2-ab+b^2)+a^3+b^3 \qquad \cdots\cdots ㉠ \end{aligned}$$

$a^3+b^3=(a+b)(a^2-ab+b^2)$이므로 이를 ㉠에 대입하면 다음과 같이 인수분해 할 수 있다.

$$\begin{aligned} & a^2(a^2-ab+b^2)+a^3+b^3 \\ & \quad =a^2(a^2-ab+b^2)+(a+b)(a^2-ab+b^2) \\ & \quad =(a^2-ab+b^2)(a^2+a+b) \end{aligned}$$

$$\begin{aligned} \therefore\ & a^4+a^3(1-b)+a^2b^2+b^3 \\ & \quad =(a^2-ab+b^2)(a^2+a+b) \end{aligned}$$

162

$a^3+a^2(b+c)+a(b^2+c^2)+b^2c+bc^2+b^3+c^3$을 인수분해 하시오.

163

세 모서리의 길이가 a, b, c인 직육면체의 대각선 길이가 7이고,
$a^3(b+c)+b^3(c+a)+c^3(a+b)+abc(a+b+c)=77$을 만족할 때, 직육면체의 겉넓이를 구하시오.

164

$a^3-b^3+c^3-ab(a-b)-bc(b-c)-ca(c+a)$를 인수분해 하시오.

정답과 풀이 p.43

04. 문자 대입을 통한 인수분해

기출 유형

$x^3-3xy^2+2y^3$을 인수분해 하시오.

해설

방법1

$f(x)=x^3-3xy^2+2y^3$이라고 하면 $f(y)=0$이므로
조립제법을 이용해 인수분해 하면

$$\begin{array}{c|cccc} y & 1 & 0 & -3y^2 & 2y^3 \\ & & y & y^2 & -2y^3 \\ \hline & 1 & y & -2y^2 & \boxed{0} \end{array}$$

$$\begin{aligned} \therefore\ x^3-3xy^2+2y^3 &= (x-y)(x^2+yx-2y^2) \\ &= (x-y)(x-y)(x+2y) \\ &= (x-y)^2(x+2y) \end{aligned}$$

방법2

$$\begin{aligned} x^3-3xy^2+2y^3 &= x^3-xy^2-2xy^2+2y^3 \\ &= x(x^2-y^2)-2y^2(x-y) \\ &= (x-y)\{x(x+y)-2y^2\} \\ &= (x-y)(x^2+yx-2y^2) \\ &= (x-y)(x-y)(x+2y) \\ &= (x-y)^2(x+2y) \end{aligned}$$

165

$3x^3-24y^3+6x^2y-12xy^2+x^2-4y^2$을 인수분해 하시오.

대칭식과 교대식의 인수분해

01. 대칭식의 인수분해

(1) 대칭식의 정의

대칭식이란 두 개 이상의 문자를 포함하는 식에서 어떤 두 문자를 교환해도 항상 원래의 식과 동일한 식을 말한다.

예를 들어, a^2+b^2은 a, b에 관한 대칭식이고, $(a+b)(b+c)(c+a)$는 a, b, c에 관한 대칭식이다.

(2) 기본대칭식

(i) a, b 2개의 문자에 관한 기본대칭식

① 1차 기본대칭식: $a+b$

② 2차 기본대칭식: ab

(ii) a, b, c 3개의 문자에 관한 기본대칭식

① 1차 기본대칭식: $a+b+c$

② 2차 기본대칭식: $ab+bc+ca$

③ 3차 기본대칭식: abc

(3) 대칭식의 기본 정리

모든 대칭식은 기본대칭식의 합과 곱으로 나타낼 수 있다.

① 2차 대칭식

$=k$(1차 기본대칭식)^2+l(2차 기본대칭식)

② 3차 대칭식

$=k$(1차 기본대칭식)^3

$+l$(1차 기본대칭식) $\times$ (2차 기본대칭식)

$+m$(3차 기본대칭식)

대칭식을 기본대칭식의 합과 곱으로 나타낼 때, 먼저 계수 비교법으로 구할 수 있는지 살펴보고, 그 후 수치 대입법을 이용한다.

개념 확인

$a^2b+ab^2+b^2c+bc^2+c^2a+ca^2$을 기본대칭식으로 나타내시오.

해설

$a^2b+ab^2+b^2c+bc^2+c^2a+ca^2$은

a, b, c에 관한 3차 대칭식이므로

$a^2b+ab^2+b^2c+bc^2+c^2a+ca^2$

$=k$(1차 기본대칭식)^3

$+l$(1차 기본대칭식) $\times$ (2차 기본대칭식)

$+m$(3차 기본대칭식)

으로 나타낼 수 있다.

즉, $a^2b+ab^2+b^2c+bc^2+c^2a+ca^2$

$=l(a+b+c)^3+m(a+b+c)(ab+bc+ca)$

$+nabc$

양변의 a^3에 대한 계수를 비교하면 $l=0$

좌변에서 a^2의 계수는 $(b+c)$이고,

우변에서 a^2의 계수는 $m(b+c)$이므로 $m=1$

이 등식은 a, b, c에 대한 항등식이므로

양변에 $a=b=c=1$을 대입하면 $6=9+n$, $n=-3$

따라서

$a^2b+ab^2+b^2c+bc^2+c^2a+ca^2$을

기본대칭식으로 나타내면

$a^2b+ab^2+b^2c+bc^2+c^2a+ca^2$

$=(a+b+c)(ab+bc+ca)-3abc$

대칭식의 인수분해 결과도 대칭식임을 고려하면, 출제유형은 크게 다음 세 가지로 요약할 수 있다.

(1) $(a+b)(b+c)(c+a)$를 인수로 갖는 경우(**기출 유형1**)
a에 $-b$, b에 $-c$, c에 $-a$를 대입했을 때 주어진 식이 0이 되면, 인수정리에 의해 $(a+b)(b+c)(c+a)$를 인수로 갖는다.

(2) $(a+b+c)$를 인수로 갖는 경우(**기출 유형2**)
$(a+b)$, $(b+c)$, $(c+a)$ 각각을 모두 포함하는 경우에는 $a+b+c=t$로 치환하여 주어진 식을 t에 관한 식으로 변형해 본다.

(3) 기본대칭식을 이용해 변형하는 경우(**기출 유형3**)
(1)과 (2) 방법으로 해결이 어려운 경우, 주어진 식을 기본대칭식으로 나타내 본다.

기출 유형1

대칭식의 성질을 이용하여 $a^2b+ab^2+b^2c+bc^2+c^2a+ca^2+2abc$를 인수분해 하시오.

해설

$a^2b+ab^2+b^2c+bc^2+c^2a+ca^2+2abc$에서
b에 $-a$를 대입하면 0이 되므로
$a+b$를 인수로 갖고,
대칭식의 성질에 의해 $(a+b)(b+c)(c+a)$를 인수로 갖는다.
$a^2b+ab^2+b^2c+bc^2+c^2a+ca^2+2abc$는
a, b, c에 관한 3차 대칭식이므로
$a^2b+ab^2+b^2c+bc^2+c^2a+ca^2+2abc$
$=k(a+b)(b+c)(c+a)$
이 등식은 a, b, c에 대한 항등식이므로
양변에 $a=b=c=1$을 대입하면 $8=8k$, $k=1$
따라서
$a^2b+ab^2+b^2c+bc^2+c^2a+ca^2+2abc$
$=(a+b)(b+c)(c+a)$

기출 유형2

대칭식의 성질을 이용하여 $a^2(b+c)+b^2(c+a)+c^2(a+b)+3abc$를 인수분해 하시오.

해설

$a+b+c=t$로 놓으면
$a+b=t-c$, $b+c=t-a$, $c+a=t-b$이므로
$a^2(b+c)+b^2(c+a)+c^2(a+b)+3abc$
$=a^2(t-a)+b^2(t-b)+c^2(t-c)+3abc$
$=t(a^2+b^2+c^2)-(a^3+b^3+c^3-3abc)$
$=(a+b+c)(a^2+b^2+c^2)$
$-(a+b+c)(a^2+b^2+c^2-ab-bc-ca)$
$=(a+b+c)(ab+bc+ca)$

기출 유형3

대칭식의 성질을 이용하여 $a^3+b^3+c^3-3abc$를 인수분해 하시오.

해설

$a^3+b^3+c^3-3abc$는 문자가 3개인 3차 대칭식이므로
기본대칭식으로 나타내면
$a^3+b^3+c^3-3abc$
$=l(a+b+c)^3+m(a+b+c)(ab+bc+ca)$
$+nabc$
a^3의 계수가 1이므로 $l=1$
이 등식은 a, b, c에 대한 항등식이므로
$a=b=1$, $c=0$을 대입하면 $2=8+2m$, $m=-3$
$a=b=c=1$을 대입하면 $0=27-27+n$, $n=0$
따라서
$a^3+b^3+c^3-3abc$
$=(a+b+c)^3-3(a+b+c)(ab+bc+ca)$
$=(a+b+c)\{(a+b+c)^2-3(ab+bc+ca)\}$
$=(a+b+c)(a^2+b^2+c^2-ab-bc-ca)$

166

대칭식의 성질을 이용하여 $(a+b+c)^3-a^3-b^3-c^3$을 인수분해 하시오.

167

대칭식의 성질을 이용하여 $(a+b)(b+c)(c+a)+abc$를 인수분해 하시오.

02. 교대식의 인수분해

(1) 교대식의 정의

교대식은 다항식에서 임의의 두 변수를 서로 바꾸면, 부호만 변하는 식을 의미한다.

예를 들어 $(a-b)(b-c)(c-a)$는 a, b, c에 관한 교대식이다.

(2) 교대식의 성질

$f(a, b, c)$가 교대식이면

어떤 대칭식 $g(a, b, c)$가 존재하여

$f(a, b, c)=(a-b)(b-c)(c-a)g(a, b, c)$로

나타낼 수 있다. 따라서

① $f(a, b, c)$가 3차 교대식이면

$f(a, b, c)=k(a-b)(b-c)(c-a)$

② $f(a, b, c)$가 4차 교대식이면

$f(a, b, c)$

$=(a-b)(b-c)(c-a)\{k(a+b+c)\}$

③ $f(a, b, c)$가 5차 교대식이면

$f(a, b, c)$

$=(a-b)(b-c)(c-a)$

$\times\{k(a^2+b^2+c^2)+l(ab+bc+ca)\}$

$f(a, b, c)$가 교대식이면 어떤 대칭식 $g(a, b, c)$가 존재하여 $f(a, b, c)=(a-b)(b-c)(c-a)g(a, b, c)$로 나타낼 수 있다.

㉠ $(a-b)(b-c)(c-a)$를 인수로 갖는 이유

$f(a, b, c)$가 교대식이므로 $f(a, b, c)=-f(b, a, c)$

$f(a, b, c)+f(b, a, c)=0$

b의 자리에 a를 대입하면 $f(a, a, c)+f(a, a, c)=0$

이므로 $f(a, a, c)=0$

따라서 인수정리에 의해 $f(a, b, c)$는 $(a-b)$를 인수로 갖는다.

마찬가지로 $f(a, b, b)=0$에서 $(b-c)$를

$f(c, b, c)=0$에서 $(c-a)$를 인수로 갖는다.

그러므로 $f(a, b, c)$는 $(a-b)$, $(b-c)$, $(c-a)$를 인수로 갖는다.

㉡ $g(a, b, c)$가 대칭식인 이유

$f(a, b, c)$가 교대식이므로 $f(a, b, c)=-f(b, a, c)$

$f(a, b, c)+f(b, a, c)=0$에서 ①의 결과를 이용하면

$(a-b)(b-c)(c-a)g(a, b, c)$

$+(b-a)(a-c)(c-b)g(b, a, c)=0$

$(a-b)(b-c)(c-a)g(a, b, c)$

$-(a-b)(b-c)(c-a)g(b, a, c)=0$

위의 식을 인수분해 하면

$(a-b)(b-c)(c-a)\{g(a, b, c)-g(b, a, c)\}=0$

$\therefore g(a, b, c)=g(b, a, c)$

그러므로 $g(a, b, c)$는 대칭식이다.

③ $f(a, b, c)$가 5차 교대식이면

$f(a, b, c)=(a-b)(b-c)(c-a)$

$\times\{k(a^2+b^2+c^2)+l(ab+bc+ca)\}$

$f(a, b, c)$가 5차 교대식이면

$f(a, b, c)=(a-b)(b-c)(c-a)\times$ (2차 대칭식)이고

(2차 대칭식) = (1차 기본 대칭식)^2 + (2차 기본 대칭식)

으로 나타낼 수 있으므로

(2차 대칭식) $=m(a+b+c)^2+n(ab+bc+ca)$

$=k(a^2+b^2+c^2)+l(ab+bc+ca)$

따라서 $f(a, b, c)$가 5차 교대식이면

$f(a, b, c)$

$=(a-b)(b-c)(c-a)\{k(a^2+b^2+c^2)+l(ab+bc+ca)\}$

로 놓을 수 있다.

3. 대칭식과 교대식의 인수분해

개념 확인

$a^2(b-c)+b^2(c-a)+c^2(a-b)$를 인수분해 하시오.

해설

$f(a, b, c)=a^2(b-c)+b^2(c-a)+c^2(a-b)$라 할 때, $f(a, b, c)=-f(b, a, c)$이므로 $f(a, b, c)$는 교대식이다.

$f(a, b, c)$는 3차 교대식이므로 교대식의 성질에 의해

$a^2(b-c)+b^2(c-a)+c^2(a-b)$

$=k(a-b)(b-c)(c-a)$

위 식에서 양변의 a^2의 계수를 비교하면 $k=-1$

따라서

$a^2(b-c)+b^2(c-a)+c^2(a-b)$

$=-(a-b)(b-c)(c-a)$

기출 유형1

$a^3(b-c)+b^3(c-a)+c^3(a-b)$를 인수분해 하시오.

해설

$f(a, b, c)=a^3(b-c)+b^3(c-a)+c^3(a-b)$라 할 때, $f(a, b, c)=-f(b, a, c)$이므로 $f(a, b, c)$는 교대식이다.

$f(a, b, c)$는 4차 교대식이므로 교대식의 성질에 의해

$a^3(b-c)+b^3(c-a)+c^3(a-b)$

$=(a-b)(b-c)(c-a)$(1차 대칭식)

$=(a-b)(b-c)(c-a)\{k(a+b+c)\}$

위의 식에서 양변의 a^3의 계수를 비교하면 $k=-1$

$\therefore a^3(b-c)+b^3(c-a)+c^3(a-b)$

$=-(a+b+c)(a-b)(b-c)(c-a)$

기출 유형2

$a^4(b-c)+b^4(c-a)+c^4(a-b)$를 인수분해 하시오.

해설

$f(a, b, c)=a^4(b-c)+b^4(c-a)+c^4(a-b)$라 할 때, $f(a, b, c)=-f(b, a, c)$이므로 $f(a, b, c)$는 교대식이다.

$f(a, b, c)$는 5차 교대식이므로 교대식의 성질에 의해

$a^4(b-c)+b^4(c-a)+c^4(a-b)$

$=(a-b)(b-c)(c-a)$(2차 대칭식)

$=(a-b)(b-c)(c-a)$

$\times\{k(a+b+c)^2+l(ab+bc+ca)\}$

$=(a-b)(b-c)(c-a)$

$\times\{m(a^2+b^2+c^2)+n(ab+bc+ca)\}$

위 식에서 양변의 a^4의 계수를 비교하면 $m=-1$

양변에 $a=0$, $b=1$, $c=-1$을 대입하면 $n=-1$

$\therefore a^4(b-c)+b^4(c-a)+c^4(a-b)$

$=-(a-b)(b-c)(c-a)$

$\times(a^2+b^2+c^2+ab+bc+ca)$

168

교대식의 인수분해를 이용하여
$(a-b)^3+(b-c)^3+(c-a)^3$을 인수분해 하시오.

169

$a(b-c)^3+b(c-a)^3+c(a-b)^3$을 인수분해 하시오.

170

$a^2(b-c)^3+b^2(c-a)^3+c^2(a-b)^3$을 인수분해 하시오.

171

$a^2b^2(a-b)+b^2c^2(b-c)+c^2a^2(c-a)$를 인수분해 하시오.

CHAPTER 4 인수분해의 활용

수의 인수분해는 수를 문자로 치환하여 해결한다.

기출 유형

$N=\dfrac{2021^3+8}{2021\times4038+8}$일 때, 2N의 각 자릿수의 합을 구하시오. (단, N은 자연수)

해설

$2N=2\times\dfrac{2021^3+8}{2021\times4038+8}$

$=\dfrac{2021^3+2^3}{2021\times2019+4}$

$=\dfrac{2021^3+2^3}{2021\times(2021-2)+4}$

$2021=a$로 놓으면

$2N=\dfrac{a^3+2^3}{a(a-2)+4}=\dfrac{a^3+2^3}{a^2-2a+4}$

$x^3+y^3=(x+y)(x^2-xy+y^2)$을 이용하여 분자를 인수분해 하면

$2N=\dfrac{(a+2)(a^2-2a+4)}{a^2-2a+4}=a+2=2023$

따라서 2N의 각 자릿수의 합은 $2+0+2+3=7$

172

$23^6-2^{27}-17^3$을 소인수분해 하시오.

173

$\dfrac{502^6-498^6}{(16+3\times502\times498)(10^6-3\times502\times498)}=N\times10^3$

일 때, 자연수 N의 값을 구하시오.

174

$P(x)=x^2+x+1$, $Q(x)=x^2-x+1$에 대하여

$\dfrac{(2^3-1)(3^3-1)(4^3-1)\cdots(11^3-1)}{(2^3+1)(3^3+1)(4^3+1)\cdots(11^3+1)}=\dfrac{b}{a}\times\dfrac{P(11)}{Q(2)}$일 때,

$a+b$의 값을 구하시오.

(단, a, b는 서로소인 자연수이다.)

CHAPTER 5

고난도 실전 연습문제

175

다항식 x^3-13x^2+n이 계수와 상수항이 모두 정수인 서로 다른 세 개의 일차식의 곱으로 인수분해 될 때, 자연수 n의 값을 구하시오.

176

다항식 $f(x)=x^3-(2k+2)x^2+(k^2-k)x+3k^2+6k$가 일차식의 완전제곱식을 인수로 갖도록 하는 실수 k의 값을 모두 구하시오.

177

$m^2+12n^2+7mn-11m-31n-26$이 소수가 되도록 하는 자연수 m, n에 대하여 mn의 값을 구하시오.

178

자연수 n에 대하여 $n^2+3n+14$가 어떤 자연수 m의 제곱이 될 때, m, n의 값을 구하시오.

179

$x^8-x^7+x^4-x+1$을 인수분해 하시오.

180

다항식 $x^4+px^3+qx^2+125$를 인수분해 했을 때의 결과가 $(x-\alpha)(x-\beta)(x^2+ax+b)$가 되도록 하는 정수 p, q의 값을 구하시오.
(단, α, β는 서로 다른 자연수이고, a, b는 실수이다.)

181

$a^4-b^4-a^3c+b^3c+c^3a+a^2bc-c^2a^2-ab^2c+b^2c^2-bc^3$을 인수분해 하시오.

182

$x(y^2+z^2-x^2)-y(z^2+x^2-y^2)-z(x^2+y^2-z^2)-2xyz$를 인수분해 하시오.

183

대칭식의 성질을 이용하여 $(a+b+c)^5-a^5-b^5-c^5$을 인수분해 하시오.

184

$(a-b)^5+(b-c)^5+(c-a)^5$을 인수분해 하시오.

185

$$\frac{(1^4+1^2+1)(3^4+3^2+1)(5^4+5^2+1)(7^4+7^2+1)}{(2^4+2^2+1)(4^4+4^2+1)(6^4+6^2+1)(8^4+8^2+1)}\times\frac{(9^4+9^2+1)(11^4+11^2+1)}{(10^4+10^2+1)(12^4+12^2+1)}$$

의 값이 $\frac{q}{p}$일 때, $p+q$의 값을 구하시오.

(단, p, q는 서로소인 자연수)

186

a^4+4b^4의 인수분해를 이용하여 $\frac{(2^2+1)(18^2+1)(50^2+1)(98^2+1)}{(8^2+1)(32^2+1)(72^2+1)(128^2+1)}$의 값을 구하면 $\frac{q}{p}$이다. $p+q$의 값을 구하시오.

(단, p, q는 서로소인 자연수)

신의 한수(數)

V

복소수

1. 복소수의 성질

2. 켤레복소수의 성질

3. 음수의 제곱근

4. 복소수의 거듭제곱 및 주기성

5. 복소평면과 복소수의 극형식

   01. 복소수의 절댓값
   02. 복소수의 극형식

6. 고난도 실전 연습문제

CHAPTER 1

복소수의 성질

복소수 z의 성질은 다음과 같다.

(1) z가 실수일 때, $z=\overline{z}$

(2) z가 순허수일 때, $z=-\overline{z}$

(3) z^2이 음의 실수일 때, z는 순허수

(4) z^2이 양의 실수일 때, z는 0이 아닌 실수

복소수 z에 대하여

(1) $z=-\overline{z}$이면 z는 순허수이거나 0이다.
(이 경우 z가 0일 수도 있음에 유의해야 한다.)

(2) z^{2n}이 실수이면 z^n은 실수이거나 순허수이다.

(3) $z^{2n}>0$이면 z^n은 0이 아닌 실수이다.

개념 확인

실수 x에 대하여
복소수 $z=(1+3i)x^3+(2+5i)x^2-(1+2i)x-2$일 때,
$z+\overline{z}=0$을 만족하는 복소수 z를 모두 구하시오.
(단, $i=\sqrt{-1}$이다.)

해설

복소수 z를 실수 부분과 허수 부분으로 나누어 정리하면 다음과 같다.

$z=(1+3i)x^3+(2+5i)x^2-(1+2i)x-2$
$=(x^3+2x^2-x-2)+(3x^3+5x^2-2x)i$
$=\{x^2(x+2)-(x+2)\}+x(3x^2+5x-2)i$
$=(x+2)(x-1)(x+1)+x(3x-1)(x+2)i$

$z+\overline{z}=0$을 만족해야 하므로 z는 0이거나 순허수이다.

즉, $(x+2)(x-1)(x+1)=0$

따라서 x의 값은 -2 , -1 또는 1 이다.

$x=-2$일 때, $z=0$

$x=-1$일 때, $z=4i$

$x=1$일 때, $z=6i$

그러므로 구하는 복소수 z는 0, $4i$ 또는 $6i$

기출 유형1

복소수 $z=ix^2+(1-i)x-(1+2i)$에 대하여
z^2이 음의 실수일 때, 실수 x의 값을 구하시오.
(단, $i=\sqrt{-1}$이다.)

해설

방법1

$z=a+bi$ (단, a, b는 실수)라고 하면

$z^2=a^2-b^2+2abi$

$z^2<0$이므로

$a^2-b^2+2abi<0$에서

$a^2-b^2<0$, $ab=0$이어야 한다.

이때, $b=0$이면 $a^2<0$이 되어 모순이므로 $b\neq0$이다.

즉 $a=0$이므로

$z=(x-1)+(x^2-x-2)i$에서 $x-1=0$

따라서 구하는 x의 값은 1

방법2

z^2이 음의 실수이면 복소수 z는 순허수이다.

즉, 복소수 z의 (실수부분)$=0$이고, (허수부분)$\neq0$이어야 한다.

$z=(x-1)+(x^2-x-2)i$에서

(i) $x-1=0$이므로 $x=1$

(ii) $x^2-x-2\neq0$이므로 $(x-2)(x+1)\neq0$
$x\neq2$ 이고 $x\neq-1$

(i), (ii)를 동시에 만족하는 x의 값은 $x=1$

따라서 구하는 x의 값은 1

187

복소수 $z=(2i-1)x^2+(1+i)x+2-i$에 대하여
z^2이 실수가 되도록 하는 모든 실수 x의 값의 곱을 구하시오. (단, $i=\sqrt{-1}$이다.)

188

복소수 $z=k^3(1+i)+2k^2-k(1+i)+(3i-2)$에 대하여
z^2과 $z-3i$가 모두 실수일 때, 가능한 실수 k의 값을 모두 구하시오. (단, $i=\sqrt{-1}$이다.)

189

복소수 $z=(1+i)k^2-(1+8i)k+15i-2$에 대하여
z^2이 허수일 때, 한자리 자연수 k의 값의 합을 구하시오.
(단, $i=\sqrt{-1}$이다.)

기출 유형2

실수가 아닌 복소수 z에 대하여 z^2-3z가 실수일 때,
$z+\overline{z}$의 값을 구하시오.
(단, $\overline{z}$는 z의 켤레복소수이다.)

해설

방법1

$z=a+bi$ (단, a, b는 실수, $b\neq0$)라고 하면

$z^2-3z=(a+bi)^2-3(a+bi)$

$=a^2+2abi-b^2-3a-3bi$

$=(a^2-3a-b^2)+b(2a-3)i$

z^2-3z가 실수이므로 $b(2a-3)=0$

$\therefore a=\frac{3}{2}$ ($\because b\neq0$)

따라서 $z+\overline{z}=a+bi+a-bi=2a=2\times\frac{3}{2}=3$

방법2

z^2-3z가 실수이므로 복소수의 성질에 의해

$z^2-3z=\overline{z}^2-3\overline{z}$, $z^2-\overline{z}^2-3z+3\overline{z}=0$

$(z+\overline{z})(z-\overline{z})-3(z-\overline{z})=0$

$(z-\overline{z})(z+\overline{z}-3)=0$

z는 실수가 아니므로 $z\neq\overline{z}$

따라서 $z+\overline{z}=3$

V 복소수

190

실수가 아닌 복소수 z에 대하여 $z+\frac{3}{z}$이 실수일 때, $z\overline{z}$의 값을 구하시오. (단, $\overline{z}$는 z의 켤레복소수이다.)

191

실수가 아닌 복소수 z에 대하여 $z\overline{z}+\frac{\overline{z}}{z^2}$가 실수일 때, $\frac{\overline{z}}{z}+\frac{z}{\overline{z}}$의 값을 구하시오.
(단, $\overline{z}$는 z의 켤레복소수이다.)

192

복소수 z에 대하여
$(z-\overline{z})i<0$, $\left(\frac{z}{1+4z^2}\right)^2>0$이고 $\frac{z^2}{1-z}$이 실수일 때,
복소수 z의 값을 구하시오.
(단, $\overline{z}$는 z의 켤레복소수이고 $i=\sqrt{-1}$이다.)

193

복소수 z에 대하여 $7z\overline{z}+4\left(\frac{\overline{z}}{z}\right)=3$을 만족시킬 때, z^2의 값을 구하시오. (단, $\overline{z}$는 z의 켤레복소수이다.)

194

복소수 $z=a-bi+\frac{7}{bi-a}$에 대하여 $z^2<0$일 때, a^2+b^2의 값을 구하시오.
(단, a, b는 0이 아닌 실수이고 $i=\sqrt{-1}$이다.)

기출 유형3

x에 대한 이차방정식 $x^2-2ax+a^2-a=0$이 허근 α를 가질 때, α^3이 실수가 되도록 하는 실수 a의 값을 구하시오.

해설

방법1

이차방정식 $x^2-2ax+a^2-a=0$이 허근을 가지므로

판별식을 D라고 하면 $D/4<0$, $a^2-(a^2-a)<0$

$\therefore a<0$

이차방정식 $x^2-2ax+a^2-a=0$의 한 허근이 α이므로

$\alpha^2-2a\alpha+a^2-a=0$을 만족시킨다.

$\alpha^2=2a\alpha-a^2+a$에서

$\alpha^3=\alpha^2\times\alpha$

$=2a\alpha^2+(-a^2+a)\alpha$

$=2a(2a\alpha-a^2+a)-(a^2-a)\alpha$

$=(3a^2+a)\alpha-2a^2(a-1)$

이때 $3a^2+a$, $-2a^2(a-1)$은 실수, α는 허수이므로

α^3이 실수가 되려면 $3a^2+a=0$이어야 한다.

따라서 $a=-\frac{1}{3}$ ($\because a<0$)

방법2

이차방정식 $x^2-2ax+a^2-a=0$이 허근을 가지므로

판별식을 D라고 하면 $D/4<0$, $a^2-(a^2-a)<0$

$\therefore a<0$

α^3이 실수이므로 복소수의 성질에 의해

$\alpha^3=\overline{\alpha}^3$, $\alpha^3-\overline{\alpha}^3=0$, $(\alpha-\overline{\alpha})(\alpha^2+\alpha\overline{\alpha}+\overline{\alpha}^2)=0$

α가 허수이므로 $\alpha\neq\overline{\alpha}$

$\therefore \alpha^2+\alpha\overline{\alpha}+\overline{\alpha}^2=0$ …… ㉠

한편, 이차방정식 $x^2-2ax+a^2-a=0$의

두 근은 α, $\overline{\alpha}$이므로 근과 계수의 관계에 의하여

$\alpha+\overline{\alpha}=2a$, $\alpha\overline{\alpha}=a^2-a$

이를 ㉠에 대입하면

$\alpha^2+\overline{\alpha}^2+\alpha\overline{\alpha}=(\alpha+\overline{\alpha})^2-\alpha\overline{\alpha}=0$에서

$(2a)^2-(a^2-a)=0$, $3a^2+a=0$

따라서 $a=-\frac{1}{3}$($\because a<0$)

195

x에 대한 이차방정식 $x^2+2ax+a+1=0$이 허근 α를 가질 때, α^4이 실수가 되도록 하는 실수 a의 값을 모두 구하시오.

196

x에 대한 이차방정식 $4x^2-4kx+k+2=0$이 허근 α를 갖는다. α^2은 허수가 되고, α^3은 순허수가 되도록 하는 실수 k의 값의 합을 구하시오.

CHAPTER 2

켤레복소수의 성질

복소수 z_1, z_2에 대해 다음과 같은 성질이 성립한다.

(1) $\overline{z_1 \pm z_2} = \overline{z_1} \pm \overline{z_2}$

(2) $\overline{z_1 z_2} = \overline{z_1} \times \overline{z_2}$

(3) $\overline{\left(\frac{z_1}{z_2}\right)} = \frac{\overline{z_1}}{\overline{z_2}}$ (단, $z_2 \neq 0$)

① $z = a + bi$ (단, a, b는 실수)일 때, $z\overline{z} = a^2 + b^2 \geq 0$이다.

② $\alpha\overline{\alpha} = \beta\overline{\beta} = k$로 주어진 문제는 조건으로 주어진 식을 $\overline{\alpha}$, $\overline{\beta}$에 관한 형태로 바꾼 다음, $\overline{\alpha} = \frac{k}{\alpha}$, $\overline{\beta} = \frac{k}{\beta}$를 이용한다.

개념 확인

$\alpha = 1 + i$, $\beta = -2 + 2i$일 때, $\alpha\overline{\alpha} - \overline{\alpha}\beta - \alpha\overline{\beta} + \beta\overline{\beta}$의 값을 구하시오.
(단, $\overline{\alpha}$, $\overline{\beta}$는 각각 α, β의 켤레복소수이고, $i = \sqrt{-1}$이다.)

해설

$\alpha - \beta = (1+i) - (-2+2i) = 3 - i$이므로

$\overline{\alpha} - \overline{\beta} = 3 + i$

따라서

$$\begin{aligned}\alpha\overline{\alpha} - \overline{\alpha}\beta - \alpha\overline{\beta} + \beta\overline{\beta} &= \alpha(\overline{\alpha} - \overline{\beta}) - \beta(\overline{\alpha} - \overline{\beta}) \\ &= (\alpha - \beta)(\overline{\alpha} - \overline{\beta}) \\ &= (3 - i)(3 + i) \\ &= 9 + 1 = 10\end{aligned}$$

기출 유형1

두 복소수 α, β에 대하여
$\alpha\overline{\alpha} = 1$, $\beta\overline{\beta} = 1$, $\alpha + \beta = 1 - i$일 때, $\alpha\beta$의 값을 구하시오.
(단, $i = \sqrt{-1}$이고 $\overline{\alpha}$, $\overline{\beta}$ 는 각각 α, β의 켤레복소수이다.)

해설

$\alpha + \beta = 1 - i$에서 $\overline{\alpha} + \overline{\beta} = 1 + i$ …… ㉠

$\alpha\overline{\alpha} = 1$, $\beta\overline{\beta} = 1$에서 $\overline{\alpha} = \frac{1}{\alpha}$, $\overline{\beta} = \frac{1}{\beta}$ …… ㉡

㉡을 ㉠에 대입하면

$\frac{1}{\alpha} + \frac{1}{\beta} = 1 + i$, $\frac{\alpha + \beta}{\alpha\beta} = \frac{1 - i}{\alpha\beta} = 1 + i$

$\therefore \alpha\beta = \frac{1 - i}{1 + i} = -i$

197

두 복소수 α, β에 대하여
$\alpha^2\overline{\alpha}^2=\beta^2\overline{\beta}^2=4$, $(\alpha+\beta)^2(\overline{\alpha+\beta})^2=36$일 때, $\frac{\alpha}{\beta}+\frac{\beta}{\alpha}$의 값을 구하시오.
(단, $\overline{\alpha}$, $\overline{\beta}$ 는 각각 α, β의 켤레복소수이다.)

198

복소수 z_1, z_2, z_3, $\cdots$, z_{2025}에 대하여
$(z_1\overline{z_1})^2=(z_2\overline{z_2})^2=\cdots=(z_{2025}\overline{z_{2025}})^2=16$,
$(z_1+z_2+\cdots+z_{2025})\left(\frac{1}{z_1}+\frac{1}{z_2}+\cdots+\frac{1}{z_{2025}}\right)=10$일 때,
$(z_1+z_2+\cdots+z_{2025})\overline{(z_1+z_2+\cdots+z_{2025})}$의 값을 구하시오.
(단, 자연수 n에 대하여 $\overline{z_n}$는 z_n의 켤레복소수이다.)

199

두 복소수 α, β에 대하여
$\alpha\overline{\alpha}=\beta\overline{\beta}=2$, $(\alpha+\beta)\overline{(\alpha+\beta)}=3$일 때, $\frac{\alpha}{\beta}$의 값을 구하시오. (단, $\overline{\alpha}$, $\overline{\beta}$는 각각 α, β의 켤레복소수이다.)

200

두 복소수 α, β에 대하여
$\alpha\overline{\alpha}=1$, $\beta\overline{\beta}=1$, $\alpha+\beta=i$일 때,
$\alpha^3+\beta^3$의 값을 구하시오.
(단, $i=\sqrt{-1}$이고, $\overline{\alpha}$, $\overline{\beta}$는 각각 α, β의 켤레복소수이다.)

201

복소수 α, β에 대하여 $\alpha=a+bi$, $\beta=c+di$이고, $a^2+b^2=c^2+d^2=4$, $(a+c)+(b+d)i=3i$를 만족시킨다. $(a^2+c^2)-(b^2+d^2)+2(ab+cd)i$의 값을 구하시오.
(단, a, b, c, d는 실수이고 $i=\sqrt{-1}$이다.)

202

두 복소수 α, β에 대하여
$\alpha\overline{\alpha}=1$, $\beta\overline{\beta}=1$이고 $\alpha+\beta=\sqrt{3}i$일 때, $\alpha^{41}+\beta^{41}$의 값을 구하시오.
(단, $\overline{\alpha}$, $\overline{\beta}$ 는 각각 α, β의 켤레복소수이고 $i=\sqrt{-1}$이다.)

기출 유형2

계수가 실수인 이차방정식 $ax^2+bx+c=0$의 한 허근이 z이면 $\overline{z}$도 근임을 증명하시오.
(단, $\overline{z}$는 z의 켤레복소수이다.)

해설

방법1

이차방정식 $ax^2+bx+c=0$이 허근을 가지므로
판별식을 D라 하면
$D=b^2-4ac<0$ …… ㉠
근의 공식에 의해
$x=\frac{-b\pm\sqrt{b^2-4ac}}{2a}=\frac{-b\pm\sqrt{-b^2+4ac}\,i}{2a}$ ($\because$ ㉠)
두 근은 서로 켤레관계이므로
이차방정식 $ax^2+bx+c=0$의 한 허근이 z이면
다른 허근은 $\overline{z}$이다.

방법2

이차방정식 $ax^2+bx+c=0$의
한 허근을 $z=p+qi$, 다른 허근을 $\alpha+\beta i$ (단, p, α는 실수이고 q, β는 0이 아닌 실수)라고 하면,
근과 계수의 관계에 의하여 두 근의 합과 곱은 다음과 같다.
$(p+qi)+(\alpha+\beta i)=(p+\alpha)+(q+\beta)i=-\frac{b}{a}$
$(p+qi)(\alpha+\beta i)=(p\alpha-q\beta)+(p\beta+q\alpha)i=\frac{c}{a}$
이때, a, b, c는 실수이므로 복소수가 서로 같을 조건에 의해
$q+\beta=0$, $p\beta+q\alpha=0$
$p\beta+q\alpha=0$에 $\beta=-q$를 대입하면
$-pq+q\alpha=0$ $\quad\therefore \alpha=p$ ($\because q\neq0$)
따라서 이차방정식 $ax^2+bx+c=0$의
다른 허근 $\alpha+\beta i=p-qi$이다.
그러므로 한 허근이 z이면 다른 허근은 $\overline{z}$이다.

방법3

z가 이차방정식 $ax^2+bx+c=0$의 한 근이므로
$az^2+bz+c=0$
양변에 켤레를 취하면 $\overline{az^2+bz+c}=0$
$a\overline{z}^2+b\overline{z}+c=a(\overline{z})^2+b(\overline{z})+c=0$
($\because$ a, b, c는 실수)
이 식은 이차방정식 $ax^2+bx+c=0$에서 x에 $\overline{z}$를 대입한 형태이므로
$\overline{z}$는 이차방정식 $ax^2+bx+c=0$의 다른 허근이다.
따라서 한 허근이 z이면 다른 허근은 $\overline{z}$이다.

203

이차다항식 $\mathrm{P}(x)=ax^2+bx+c$에 대하여

$\mathrm{P}(3+2i)=\frac{\sqrt{3}+\sqrt{6}i}{3}$일 때, $\mathrm{P}(3-2i)=p+qi$이다.

이때 p^2+q^2의 값을 구하시오.

(단, a, b, c, p, q는 실수이고 $i=\sqrt{-1}$이다.)

204

계수가 실수인 삼차방정식 $ax^3+bx^2+cx+d=0$의 한 허근이 z이면 $\overline{z}$도 근이 됨을 증명하시오.

(단, $\overline{z}$는 z의 켤레복소수이다.)

205

이차방정식 $ax^2+bix+c=0$의 한 허근을 z라 하자.

a, b, c가 실수일 때, 다른 한 근은 $k\overline{z}$이다. k의 값을 구하시오.

(단, $\overline{z}$는 z의 켤레복소수이고 $i=\sqrt{-1}$이다.)

206

삼차방정식 $ax^3+bix^2+cx+di=0$의 한 허근을 z라 하자. a, b, c, d가 실수일 때,

$-2\overline{z}$가 방정식 $ax^3+2bix^2+4cx+8di=0$의 한 허근이 될 수 있음을 보이시오.

(단, $\overline{z}$는 z의 켤레복소수이고 $i=\sqrt{-1}$이다.)

CHAPTER 3
음수의 제곱근

(1) $\sqrt{a}\sqrt{b}=-\sqrt{ab}$이면

$a<0$, $b<0$ 또는 $a=0$ 또는 $b=0$

(2) $\dfrac{\sqrt{a}}{\sqrt{b}}=-\sqrt{\dfrac{a}{b}}$이면

$a>0$, $b<0$ 또는 $a=0$, $b\neq0$

개념 확인

$a=3-\sqrt{2}$일 때,

$|2-a|+\sqrt{a-2}\sqrt{a-2}+\dfrac{\sqrt{2-a}}{\sqrt{a-2}}+\sqrt{(a-2)^2}$의

값을 구하시오.

해설

$1<3-\sqrt{2}<2$이므로 $1<a<2$에서 $2-a>0$, $a-2<0$

$\therefore |2-a|+\sqrt{a-2}\sqrt{a-2}+\dfrac{\sqrt{2-a}}{\sqrt{a-2}}+\sqrt{(a-2)^2}$

$=(2-a)+(\sqrt{a-2})^2-\sqrt{\dfrac{2-a}{a-2}}+|a-2|$

$=(2-a)+(a-2)-\sqrt{-1}-(a-2)$

$=-i-a+2$

$=-i-(3-\sqrt{2})+2=\sqrt{2}-1-i$

(1) $\sqrt{a}\sqrt{b}=-\sqrt{ab}$가 성립할 때,

$a=0$ 또는 $b=0$이 될 수 있고,

$\dfrac{\sqrt{a}}{\sqrt{b}}=-\sqrt{\dfrac{a}{b}}$가 성립할 때,

$a=0$이 될 수 있음에 유의해야 한다.

(2) $(\sqrt{a})^2=a$, $\sqrt{a^2}=|a|$

※ 주의

$a<0$일 때, $\sqrt{a}\times\sqrt{-a}=\sqrt{a}\times\sqrt{a}i=(\sqrt{a})^2i=ai$

로 풀지 않도록 주의한다.

* 옳은 풀이

a가 음수이므로

$\sqrt{a}=\sqrt{-(-a)}=\sqrt{-a}\sqrt{-1}=\sqrt{-a}i$

$\therefore \sqrt{a}\times\sqrt{-a}=\sqrt{-a}i\times\sqrt{-a}=(\sqrt{-a})^2i=-ai$

기출 유형

두 등식 $\sqrt{x}\sqrt{x-1}=-\sqrt{x(x-1)}$,

$\dfrac{\sqrt{-x+2}}{\sqrt{-x-3}}=-\sqrt{\dfrac{-x+2}{-x-3}}$를 모두 만족시키는 모든

정수 x의 값의 합을 구하시오.

해설

$\sqrt{a}\sqrt{b}=-\sqrt{ab}$이면

$a<0$, $b<0$ 또는 $a=0$ 또는 $b=0$ 이므로

$\sqrt{x}\sqrt{x-1}=-\sqrt{x(x-1)}$에서

$x<0$, $x-1<0$ 또는 $x=0$ 또는 $x-1=0$ 이다.

$\therefore x\leq0$ 또는 $x=1$ …… ㉠

$\dfrac{\sqrt{a}}{\sqrt{b}}=-\sqrt{\dfrac{a}{b}}$이면

$a>0$, $b<0$ 또는 $a=0$, $b\neq0$이므로

$\dfrac{\sqrt{-x+2}}{\sqrt{-x-3}}=-\sqrt{\dfrac{-x+2}{-x-3}}$에서

$-x+2>0$, $-x-3<0$ 또는 $-x+2=0$이다.

$\therefore -3<x\leq2$ …… ㉡

㉠, ㉡을 동시에 만족시키는 x의 값 또는 범위는

$-3<x\leq0$ 또는 $x=1$

따라서 이를 만족하는 정수 x는 -2, -1, 0, 1이며

이들의 합은 $(-2)+(-1)+0+1=-2$

207

두 실수 α, β에 대하여 $\alpha+\beta=4$, $\alpha\beta=-2$일 때, $\left(\sqrt{\frac{\beta}{\alpha}}+\sqrt{\frac{\alpha}{\beta}}\right)^2$의 값을 구하시오.

208

0이 아닌 두 실수 a, b에 대하여 $\sqrt{ab}=-\sqrt{a}\sqrt{b}$가 성립할 때,
$(\sqrt{a}+\sqrt{b})(\sqrt{a}+\sqrt{-b})+(\sqrt{-a}+\sqrt{b})(\sqrt{-a}+\sqrt{-b})$를 간단히 하시오.

209

두 실수 a, b에 대하여 $\frac{\sqrt{a}}{\sqrt{b}}=-\sqrt{\frac{a}{b}}$일 때,
$\sqrt{a}\sqrt{a}+(\sqrt{ab})^2+|b-a|+\sqrt{b}\sqrt{b}-\sqrt{a^2b^2}$을 간단히 하시오.

V
복소수

CHAPTER 4 복소수의 거듭제곱 및 주기성

(1) $\frac{1+i}{1-i}=i$, $\frac{1-i}{1+i}=-i$

(2) $\left(\frac{1+i}{\sqrt{2}}\right)^2=i$, $\left(\frac{1-i}{\sqrt{2}}\right)^2=-i$

$\left(\frac{\sqrt{2}}{1+i}\right)^2=-i$, $\left(\frac{\sqrt{2}}{1-i}\right)^2=i$

$\left(\frac{\sqrt{2}i}{1+i}\right)^2=i$, $\left(\frac{\sqrt{2}i}{1-i}\right)^2=-i$

(3) $i^{4n+1}=i$, $i^{4n+2}=-1$, $i^{4n+3}=-i$, $i^{4n+4}=i$

(단, n은 음이 아닌 정수)

$(1+i)^2=2i$, $(1-i)^2=-2i$이므로

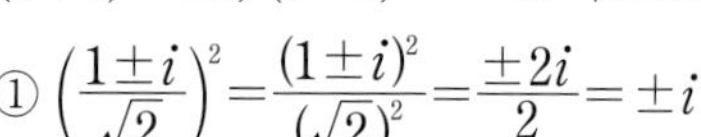

① $\left(\frac{1\pm i}{\sqrt{2}}\right)^2=\frac{(1\pm i)^2}{(\sqrt{2})^2}=\frac{\pm 2i}{2}=\pm i$

② $\left(\frac{\sqrt{2}}{1\pm i}\right)^2=\frac{(\sqrt{2})^2}{(1\pm i)^2}=\frac{2}{\pm 2i}=\mp i$

③ $\left(\frac{\sqrt{2}i}{1\pm i}\right)^2=\frac{(\sqrt{2}i)^2}{(1\pm i)^2}=\frac{-2}{\pm 2i}=\pm i$

개념 확인

$\left(\frac{\sqrt{2}}{1-i}\right)^2+\left(\frac{\sqrt{2}}{1-i}\right)^4+\left(\frac{\sqrt{2}}{1-i}\right)^6+\left(\frac{\sqrt{2}}{1+i}\right)^8+\left(\frac{\sqrt{2}}{1+i}\right)^{10}+\left(\frac{\sqrt{2}}{1+i}\right)^{12}$

의 값을 구하시오. (단, $i=\sqrt{-1}$이다.)

해설

$\left(\frac{\sqrt{2}}{1-i}\right)^2=\frac{2}{-2i}=-\frac{1}{i}=i$, $\left(\frac{\sqrt{2}}{1+i}\right)^2=\frac{2}{2i}=\frac{1}{i}=-i$

이므로

$$\begin{aligned}&\left(\frac{\sqrt{2}}{1-i}\right)^2+\left(\frac{\sqrt{2}}{1-i}\right)^4+\left(\frac{\sqrt{2}}{1-i}\right)^6\\&\quad+\left(\frac{\sqrt{2}}{1+i}\right)^8+\left(\frac{\sqrt{2}}{1+i}\right)^{10}+\left(\frac{\sqrt{2}}{1+i}\right)^{12}\\&\quad=i+i^2+i^3+(-i)^4+(-i)^5+(-i)^6\\&\quad=i+i^2+i^3+i^4-i^5+i^6\\&\quad=i-1-i+1-i-1 \qquad (\because i^4=1)\\&\quad=-1-i\end{aligned}$$

기출 유형

자연수 n에 대하여 $f(n)=n\times\left(\frac{1+i}{1-i}\right)^n$이라고 할 때, $f(1)+f(2)+\cdots+f(2025)=a+bi$이다. 실수 a, b에 대하여 $a+b$의 값을 구하시오. (단, $i=\sqrt{-1}$이다.)

해설

$\frac{1+i}{1-i}=\frac{(1+i)^2}{(1-i)(1+i)}=\frac{2i}{2}=i$이므로

$f(n)=n\times\left(\frac{1+i}{1-i}\right)^n=n\times i^n$ 이다.

$$\begin{aligned}\therefore\ &f(1)+f(2)+\cdots+f(2025)\\&=i+2i^2+3i^3+4i^4+\cdots+2025i^{2025}\\&=(i-2-3i+4)+(5i-6-7i+8)+\cdots\\&\qquad+(2021i-2022-2023i+2024)+2025i\\&=506\times(2-2i)+2025i=1012+1013i\end{aligned}$$

$\therefore\ a=1012$, $b=1013$

그러므로 $a+b=2025$

210

자연수 n에 대하여
$f(n)=\left(\frac{1+i}{1-i}\right)^n$, $g(n)=\left(\frac{1-i}{1+i}\right)^n$, $h(n)=f(n)+g(n)$이라 할 때, $h(1)+h(2)+h(3)+\cdots+h(2025)$의 값을 구하시오. (단, $i=\sqrt{-1}$이다.)

211

복소수 $z=\frac{1-i}{1+i}$일 때,
$\frac{1}{z}-\frac{2}{z^2}+\frac{3}{z^3}-\frac{4}{z^4}+\cdots+\frac{99}{z^{99}}-\frac{100}{z^{100}}$의 값을 구하시오.
(단, $i=\sqrt{-1}$이다.)

212

두 복소수 $z_1=\frac{\sqrt{2}}{1-i}$, $z_2=\frac{1-i}{\sqrt{2}}$에 대하여
$z_1^n=z_2^n$을 만족시키는 50이하의 자연수 n의 개수를 구하시오. (단, $i=\sqrt{-1}$이다.)

213

0이 아닌 복소수 z가 $\overline{z}i=z$, $\frac{(\overline{z})^2}{z}=\overline{z}-2$를 만족시킬 때, z^{20}의 값을 구하시오.
(단, $i=\sqrt{-1}$, $\overline{z}$는 z의 켤레복소수이다.)

214

$z_n=\left(\frac{\sqrt{2}i}{1+i}\right)^n+\left(\frac{\sqrt{2}i}{1-i}\right)^n$이라 할 때, $z_n=2$를 만족시키는 두 자리 자연수 n의 개수를 구하시오.
(단, $i=\sqrt{-1}$이다.)

215

자연수 n에 대하여
$f(n)=\left(\frac{\sqrt{2}}{1-i}\right)^n+\left(\frac{\sqrt{2}}{1+i}\right)^n$이라 할 때,
$f(1)+f(3)+f(5)+\cdots+f(49)+f(51)$의 값을 구하시오.
(단, $i=\sqrt{-1}$이다.)

5 복소평면과 복소수의 극형식

01. 복소수의 절댓값

(1) 정의

복소수 $z=a+bi$ (단, a, b는 실수)에 대해

$|z|=\sqrt{a^2+b^2}$으로 정의한다. (단, $i=\sqrt{-1}$)

(2) 성질

복소수 $z=a+bi$ (단, a, b는 실수)에 대해

$|z|=\sqrt{a^2+b^2}$일 때,

① $|z|=0$이면 $z=0$

② $|z|=|\overline{z}|=|-z|=|-\overline{z}|$

③ $|z|^2=z\overline{z}$

④ $|z_1z_2|=|z_1||z_2|$

⑤ $\left|\dfrac{z_1}{z_2}\right|=\dfrac{|z_1|}{|z_2|}$

⑥ $|z_1+z_2|^2=|z_1|^2+|z_2|^2+z_1\overline{z_2}+\overline{z_1}z_2$

① $|z|=0$이면 $z=0$

$z=a+bi$ (단, a, b는 실수)에 대해 $|z|=0$이면

$\sqrt{a^2+b^2}=0$이므로 $a=b=0$ $\therefore z=0$

② $|z|=|\overline{z}|=|-z|=|-\overline{z}|$

복소수 $z=a+bi$ (단, a, b는 실수)에 대해 복소평면에서 $|z|=\sqrt{a^2+b^2}$은 원점과 (a, b)사이의 거리를 나타낸다.

z를 x축에 대칭시키면 $\overline{z}$, y축에 대칭시키면 $-\overline{z}$, 원점에 대칭시키면 $-z$가 되므로 원점과의 거리가 $\sqrt{a^2+b^2}$으로 $|z|$와 동일하다.

$\therefore |z|=|\overline{z}|=|-z|=|-\overline{z}|$

③ $|z|^2=z\overline{z}$(★)

$|z|^2=a^2+b^2$, $z\overline{z}=(a+bi)(a-bi)=a^2+b^2$이므로

$|z|^2=z\overline{z}$

④ $|z_1z_2|=|z_1||z_2|$

$$|z_1z_2|^2=(z_1z_2)\overline{(z_1z_2)}$$
$$=z_1\overline{z}_1\times z_2\overline{z}_2$$
$$=|z_1|^2|z_2|^2=(|z_1||z_2|)^2$$

$\therefore |z_1z_2|=|z_1||z_2|$

⑤ $\left|\dfrac{z_1}{z_2}\right|=\dfrac{|z_1|}{|z_2|}$

$$\left|\frac{z_1}{z_2}\right|^2=\frac{z_1}{z_2}\times\overline{\left(\frac{z_1}{z_2}\right)}=\frac{z_1}{z_2}\times\left(\frac{\overline{z_1}}{\overline{z_2}}\right)=\frac{|z_1|^2}{|z_2|^2}=\left(\frac{|z_1|}{|z_2|}\right)^2$$

$\therefore \left|\dfrac{z_1}{z_2}\right|=\dfrac{|z_1|}{|z_2|}$

⑥ $|z_1+z_2|^2=|z_1|^2+|z_2|^2+z_1\overline{z_2}+\overline{z_1}z_2$

$$|z_1+z_2|^2=(z_1+z_2)(\overline{z_1+z_2})$$
$$=z_1\overline{z_1}+z_2\overline{z_2}+z_1\overline{z_2}+\overline{z_1}z_2$$
$$=|z_1|^2+|z_2|^2+z_1\overline{z_2}+\overline{z_1}z_2$$

$\therefore |z_1+z_2|^2=|z_1|^2+|z_2|^2+z_1\overline{z_2}+\overline{z_1}z_2$

복소수의 절댓값 문제는
① $|z|$가 실수임을 이용한다.
② $|z|^2=z\bar{z}$를 이용한다.

기출 유형

복소수 $z=a+bi$ (단, a, b는 실수)에 대하여 $|z|=\sqrt{a^2+b^2}$으로 정의할 때, $2|z|+z\bar{z}(i-2)-2(z+\bar{z})i=0$을 만족하는 복소수 z를 모두 구하시오.
(단, $i=\sqrt{-1}$이고 $\bar{z}$는 z의 켤레복소수이다.)

해설

$2|z|+z\bar{z}(i-2)-2(z+\bar{z})i=0$을
실수부분과 허수부분으로 나눠 정리하면
$|z|$, $z\bar{z}$, $z+\bar{z}$ 모두 실수이므로
$(2|z|-2|z|^2)+i\{|z|^2-2(z+\bar{z})\}=0$ ($\because$ $z\bar{z}=|z|^2$)
복소수가 서로 같을 조건에 의해
$|z|=|z|^2$, $|z|^2=2(z+\bar{z})=4a$ …… ㉠
(i) $|z|=0$일 때
$a^2+b^2=0$이므로 $a=b=0$
$\therefore$ $z=0$
(ii) $|z|=1$일 때
㉠에 $|z|^2=4a$에 $|z|=1$을 대입하면 $a=\frac{1}{4}$
$a^2+b^2=1$이므로 $b=\pm\frac{\sqrt{15}}{4}$
$\therefore$ $z=\frac{1\pm\sqrt{15}i}{4}$
그러므로 (i), (ii)에서 구하는 복소수 z는
$z=0$ 또는 $z=\frac{1\pm\sqrt{15}i}{4}$

216

복소수 $z=a+bi$ (단, a, b는 실수)에 대하여 $|z|=\sqrt{a^2+b^2}$으로 정의한다. $|z-3|=2$를 만족할 때, $z\bar{z}$의 최댓값과 최솟값을 구하시오.
(단, $i=\sqrt{-1}$이고 $\bar{z}$는 z의 켤레복소수이다.)

217

복소수 $z=a+bi$ (단, a, b는 실수)에 대하여 $|z|=\sqrt{a^2+b^2}$으로 정의한다. $|5iz-4|=|4z+5i|$를 만족하는 복소수 z에 대하여 $|z|$의 값을 구하시오.
(단, $i=\sqrt{-1}$이다.)

218

복소수 $z=a+bi$ (단, a, b는 실수)에 대하여 $|z|=\sqrt{a^2+b^2}$으로 정의한다. $|z_1|=|z_2|=3$, $z_1+z_2=3$을 만족하는 두 복소수 z_1, z_2에 대하여 $\frac{z_2}{z_1}+\frac{z_1}{z_2}$의 값을 구하시오. (단, $i=\sqrt{-1}$이다.)

219

복소수 $z=a+bi$ (단, a, b는 실수)에 대하여 $|z|=\sqrt{a^2+b^2}$으로 정의한다. $\overline{z}+i=\frac{1}{z}(2+i+|z|-\overline{z}i)$를 만족시키는 복소수 z를 모두 구하시오.
(단, $i=\sqrt{-1}$이고 $\overline{z}$는 z의 켤레복소수이다.)

02. 복소수의 극형식

x축이 실수축, y축이 허수축인 좌표평면을 복소평면이라 하고, 복소평면에서 복소수 $z=a+bi$ (단, a, b는 실수)를 점 $\mathrm{P}(a, b)$로 나타낸다.

점 $\mathrm{P}(a, b)$에 대하여
선분 OP의 길이를 r, 선분 OP와 x축의 양의 방향과 이루는 각의 크기를 θ라고 하면,
$a=r\cos\theta$, $b=r\sin\theta$이다.
따라서 복소수 $z=a+bi$를 $z=r(\cos\theta+i\sin\theta)$ (단, $r=\sqrt{a^2+b^2}$)로 나타낼 수 있으며, 이를 복소수의 극형식이라고 한다.

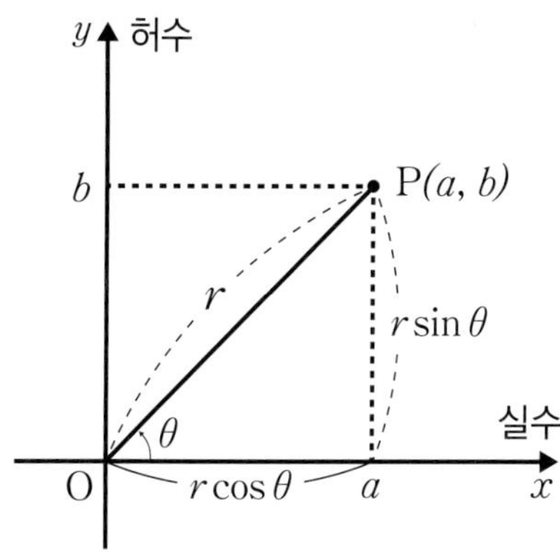

(1) $z_1=r_1(\cos\theta_1+i\sin\theta_1)$,
$z_2=r_2(\cos\theta_2+i\sin\theta_2)$일 때,
$z_1z_2=r_1r_2\{\cos(\theta_1+\theta_2)+i\sin(\theta_1+\theta_2)\}$

(2) $z=r(\cos\theta+i\sin\theta)$일 때,
$z^n=r^n\{\cos(n\theta)+i\sin(n\theta)\}$
(단, n은 자연수)

(1) $z_1=r_1(\cos\theta_1+i\sin\theta_1)$,
$z_2=r_2(\cos\theta_2+i\sin\theta_2)$일 때,
$z_1z_2=r_1r_2\{\cos(\theta_1+\theta_2)+i\sin(\theta_1+\theta_2)\}$

$z_1=r_1(\cos\theta_1+i\sin\theta_1)$, $z_2=r_2(\cos\theta_2+i\sin\theta_2)$
에 대하여

$$\begin{aligned} z_1z_2 &= r_1(\cos\theta_1+i\sin\theta_1)\times r_2(\cos\theta_2+i\sin\theta_2) \\ &= r_1r_2\{(\cos\theta_1\cos\theta_2-\sin\theta_1\sin\theta_2) \\ &\qquad +i(\sin\theta_1\cos\theta_2+\cos\theta_1\sin\theta_2)\} \\ &= r_1r_2\{\cos(\theta_1+\theta_2)+i\sin(\theta_1+\theta_2)\} \quad \cdots\cdots ㉠ \end{aligned}$$

($\because$ $\sin(\alpha+\beta)=\sin\alpha\cos\beta+\cos\alpha\sin\beta$,
$\cos(\alpha+\beta)=\cos\alpha\cos\beta-\sin\alpha\sin\beta$)

※ 삼각함수의 덧셈정리 증명은 생략

(2) $z=r(\cos\theta+i\sin\theta)$일 때,
$z^n=r^n\{\cos(n\theta)+i\sin(n\theta)\}$
(단, n은 자연수)

㉠에 의해

$$\begin{aligned} z^2 &= r^2\{\cos(\theta+\theta)+i\sin(\theta+\theta)\} \\ &= r^2\{\cos(2\theta)+i\sin(2\theta)\} \\ z^3 &= r^3\{\cos(2\theta+\theta)+i\sin(2\theta+\theta)\} \\ &= r^3\{\cos(3\theta)+i\sin(3\theta)\} \\ &\ \vdots \end{aligned}$$

$\therefore$ $z^n=r^n\{\cos(n\theta)+i\sin(n\theta)\}$ (단, n은 자연수)

$z_1=r_1(\cos\theta_1+i\sin\theta_1)$,

$z_2=r_2(\cos\theta_2+i\sin\theta_2)$에 대해 $r_1=r_2=1$이면

z_1z_2는 복소평면의 단위원(반지름이 1인 원)에서 각도가 더해진 위치에 존재한다.

($\because$ $r_1=r_2=1$이면 $r_1\times r_2=1$이므로

$z_1z_2=\cos(\theta_1+\theta_2)+i\sin(\theta_1+\theta_2)$이다.)

개념 확인

$z=\dfrac{\sqrt{3}+i}{2}$를 복소수의 극형식으로 표현하고, 이를 이용하여 z^2, z^3, z^4, $\cdots$, z^{12}의 값을 구하시오.
(단, $i=\sqrt{-1}$)

해설

복소평면에서 $z=\dfrac{\sqrt{3}+i}{2}$는 점 $\mathrm{P}\left(\dfrac{\sqrt{3}}{2}, \dfrac{1}{2}\right)$에 대응되고

$r=\sqrt{\left(\dfrac{\sqrt{3}}{2}\right)^2+\left(\dfrac{1}{2}\right)^2}=1$, $\theta=30^\circ$이므로

z는 극형식으로 다음과 같이 표현된다.

$z=\cos 30^\circ+i\sin 30^\circ$

$z^2=r^2(\cos 2\theta+i\sin 2\theta)=\cos 60^\circ+i\sin 60^\circ$이므로

$z^2=\dfrac{1+\sqrt{3}i}{2}$

$z^3=\cos 90^\circ+i\sin 90^\circ$이므로 $z^3=i$, $\cdots$

따라서 $r=1$이면 $r^n=1$이므로 z^n은 복소평면의 단위원에서 각도가 더해진 위치에 존재한다. 이를 그림으로 표현하면 다음과 같다.

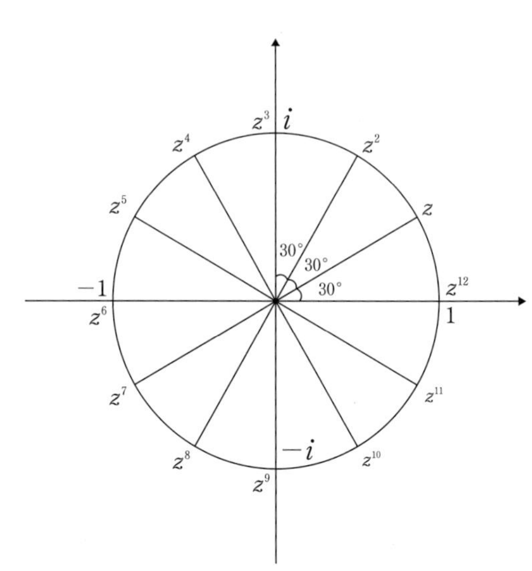

그림에서 볼 수 있듯이 z가 한 번 곱해질 때마다 각도가 30°씩 증가하므로, z는 단위원 위에서 반 시계 방향으로 30°씩 회전한다.

따라서

$z^2=\dfrac{1+\sqrt{3}i}{2}$, $z^3=i$, $z^4=\dfrac{-1+\sqrt{3}i}{2}$

$z^5=\dfrac{-\sqrt{3}+i}{2}$, $z^6=-1$, $z^7=\dfrac{-\sqrt{3}-i}{2}$

$z^8=\dfrac{-1-\sqrt{3}i}{2}$, $z^9=-i$, $z^{10}=\dfrac{1-\sqrt{3}i}{2}$

$z^{11}=\dfrac{\sqrt{3}-i}{2}$, $z^{12}=1$

220

$z=\frac{\sqrt{2}+\sqrt{2}i}{2}$를 복소수의 극형식으로 표현하고, 이를 이용하여 z^2, z^3, z^4, $\cdots$, z^8의 값을 구하시오.
(단, $i=\sqrt{-1}$)

221

$z=\frac{1+\sqrt{3}i}{2}$일 때, z^2, z^3, z^4, z^5, z^6을 복소평면 위에 나타내시오. (단, $i=\sqrt{-1}$)

222

$z=\frac{-1+\sqrt{3}i}{2}$일 때, z, z^2, z^3을 복소평면 위에 나타내시오. (단, $i=\sqrt{-1}$)

기출 유형1

두 복소수 α, β를 $\alpha=\frac{\sqrt{3}+i}{2}$, $\beta=\frac{1+\sqrt{3}i}{2}$라 할 때, $\alpha^m\times\beta^n=i$를 만족시키는 30 이하의 자연수 m, n에 대하여 $m+2n$의 최댓값을 구하시오. (단, $i=\sqrt{-1}$)

해설

방법1

$\alpha=\frac{\sqrt{3}+i}{2}$에서

$\alpha^2=\left(\frac{\sqrt{3}+i}{2}\right)^2=\frac{1+\sqrt{3}i}{2}=\beta$ …… ㉠

$\alpha^3=\left(\frac{\sqrt{3}+i}{2}\right)^3=i$ …… ㉡

$\therefore\ \alpha^m\times\beta^n=\alpha^m\times(\alpha^2)^n=\alpha^{m+2n}$ ($\because$ ㉠)

$\alpha^m\times\beta^n=\alpha^{m+2n}=i$를 만족하는

$m+2n$의 값 중 최소인 자연수는 3이고 ($\because$ ㉡)

$\alpha^{12}=(\alpha^3)^4=i^4=1$이므로

$m+2n$이 가질 수 있는 값은 3, 15, 27, 39, ⋯ 이다.

이때, m과 n은 각각 30이하의 자연수이므로

$m+2n\leq 90$이다.

따라서 구하는 $m+2n$의 최댓값은 $3+12\times 7=87$

방법2

α, β를 복소수의 극형식으로 표현하면

$\alpha=\frac{\sqrt{3}+i}{2}=\cos 30^\circ+i\sin 30^\circ$

$\beta=\frac{1+\sqrt{3}i}{2}=\cos 60^\circ+i\sin 60^\circ$

$|\alpha|=|\beta|=1$이고, $30^\circ\times 2=60^\circ$이므로

$\alpha^2=\beta$임을 바로 알 수 있다.

$\therefore\ \alpha^m\times\beta^n=\alpha^m\times\alpha^{2n}=\alpha^{m+2n}=i$

$\alpha^3=i$이고 $30^\circ\times 12=360^\circ$이므로 $\alpha^{12}=1$

따라서 $m+2n$이 가질 수 있는 값은

3, 15, 27, 39, ⋯ 이다.

이때, m과 n은 각각 30이하의 자연수이므로

$m+2n\leq 90$이다.

그러므로 구하는 $m+2n$의 최댓값은 $3+12\times 7=87$

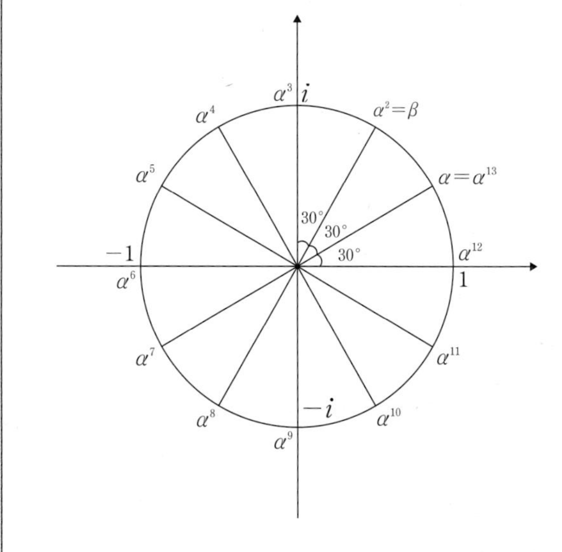

223

복소수 $\alpha=a+bi$ (단, a, b는 실수)에 대하여
복소수 $\langle\alpha\rangle$를 $\langle\alpha\rangle=b+ai$라 정의한다.
$\alpha=\frac{15+8i}{17}$일 때, $17\alpha^5\langle\alpha\rangle^4$을 구하시오.
(단, $i=\sqrt{-1}$이다.)

224

두 복소수 α, β를 $\alpha=\frac{\sqrt{3}+i}{2}$, $\beta=\frac{-\sqrt{3}+i}{2}$라 할 때, $\alpha^m\times\beta^n=-i$를 만족시키는 10 이하의 자연수 m, n에 대하여 $m+5n$의 최댓값을 구하시오.
(단, $i=\sqrt{-1}$이다.)

225

두 복소수 α, β에 대하여 $\alpha=\frac{\sqrt{3}+i}{2}$, $\beta=\frac{-1-\sqrt{3}i}{2}$일 때, $\alpha^m\times\beta^n=-i$를 만족시키는 100이하의 자연수 m, n에 대하여 $m+8n$의 최댓값을 구하시오.
(단, $i=\sqrt{-1}$이다.)

기출 유형2

복소수 $z=\frac{1+i}{\sqrt{2}}$에 대하여 $z+z^2+z^3+\cdots+z^9+z^{10}$의 값을 구하시오. (단, $i=\sqrt{-1}$이다.)

해설

방법1

$z^2=\left(\frac{1+i}{\sqrt{2}}\right)^2=\frac{2i}{2}=i$

$z^4=i^2=-1$

$z^8=(z^4)^2=(-1)^2=1$이므로

$z^8-1=0$

$(z-1)(z^7+z^6+\cdots+z+1)=0$

$z\neq1$이므로 $z^7+z^6+\cdots+z+1=0$ …… ㉠

따라서

$z+z^2+z^3+\cdots+z^9+z^{10}$

$=z(1+z+\cdots+z^7)+z^8(z+z^2)$

$=1\times(z+z^2)$ ($\because$ ㉠)

$=\frac{1+i}{\sqrt{2}}+i=\frac{\sqrt{2}}{2}+\frac{2+\sqrt{2}}{2}i$

방법2

z를 복소수의 극형식으로 표현하면

$z=\frac{1+i}{\sqrt{2}}=\cos45^\circ+i\sin45^\circ$

$|z|=1$이고, $45^\circ\times8=360^\circ$이므로 $z^8=1$ 이다.

이하 **방법1**과 같다.

V 복소수

226

두 복소수 $z_1=\frac{1+i}{\sqrt{2}}$, $z_2=\frac{1-i}{\sqrt{2}}$에 대하여

$f(n)=(z_1)^n+(z_2)^n$일 때,

$f(1)+f(2)+\cdots+f(2024)+f(2025)$의 값을 구하시오.

(단, n은 자연수이고, $i=\sqrt{-1}$이다.)

227

두 복소수 $z_1=\frac{1-\sqrt{3}i}{2}$, $z_2=\frac{\sqrt{2}}{1-i}$에 대하여

$z_1^n=z_2^n$을 만족하는 두 자리 자연수 n의 개수를 구하시오. (단, $i=\sqrt{-1}$이다.)

228

$f(n)=\left(\frac{1+\sqrt{3}i}{2}\right)^n+\left(\frac{\sqrt{3}-i}{2}\right)^{2n}$이라 할 때,

$f(n)>0$을 만족시키는 두 자리 자연수 n의 개수를 구하시오. (단, $i=\sqrt{-1}$)

기출 유형3

이차방정식 $x^2-\sqrt{3}x+1=0$의 두 근이 α, β일 때, $(1+\alpha+\alpha^2+\cdots+\alpha^{1003})(1+\beta+\beta^2+\cdots+\beta^{1003})$의 값을 구하시오.

해설

방법1

이차방정식 $x^2-\sqrt{3}x+1=0$의

두 근이 α, β이므로 근과 계수의 관계에 의하여

$\alpha+\beta=\sqrt{3}$, $\alpha\beta=1$ …… ㉠

$x^2+1=\sqrt{3}x$에서 양변을 제곱하여 정리하면

$x^4-x^2+1=0$

양변에 x^2+1을 곱하면 $(x^2+1)(x^4-x^2+1)=0$

$x^6=-1$, $x^{12}=1$

$\therefore \alpha^{12}=1$, $\beta^{12}=1$ …… ㉡

$x^{12}=1$에서

$(x-1)(x^{11}+x^{10}+x^9+\cdots+x+1)=0$

$x-1\neq 0$이므로

$x^{11}+x^{10}+x^9+\cdots+x+1=0$

$\therefore 1+\alpha+\alpha^2+\cdots+\alpha^{11}=0$

$1+\beta+\beta^2+\cdots+\beta^{11}=0$ …… ㉢

이를 이용하여 주어진 식의 값을 구하면

$(1+\alpha+\alpha^2+\cdots+\alpha^{1003})(1+\beta+\beta^2+\cdots+\beta^{1003})$

$=(1+\alpha+\alpha^2+\cdots+\alpha^7)$

$\times(1+\beta+\beta^2+\cdots+\beta^7)$ ($\because$ ㉡, ㉢)

$=(-\alpha^8-\alpha^9-\alpha^{10}-\alpha^{11})$

$\times(-\beta^8-\beta^9-\beta^{10}-\beta^{11})$ ($\because$ ㉢)

$=(\alpha^8\times\beta^8)(1+\alpha+\alpha^2+\alpha^3)(1+\beta+\beta^2+\beta^3)$

$=(1+\alpha)(1+\alpha^2)(1+\beta)(1+\beta^2)$ ($\because \alpha\beta=1$)

$=3\alpha\beta(1+\alpha)(1+\beta)$

($\because 1+\alpha^2=\sqrt{3}\alpha$, $1+\beta^2=\sqrt{3}\beta$)

$=3(1+\alpha+\beta+\alpha\beta)$

$=3(2+\sqrt{3})$ ($\because$ ㉠)

따라서

$(1+\alpha+\alpha^2+\cdots+\alpha^{1003})(1+\beta+\beta^2+\cdots+\beta^{1003})$

$=6+3\sqrt{3}$

방법2

근의 공식에 의해 $x^2-\sqrt{3}x+1=0$의 두 근은

$x=\dfrac{\sqrt{3}\pm i}{2}$

이를 극형식으로 표현하면

$\dfrac{\sqrt{3}+i}{2}=\cos 30^\circ+i\sin 30^\circ$,

$\dfrac{\sqrt{3}-i}{2}=\cos(-30^\circ)+i\sin(-30^\circ)$

이때 $r=1$이고 $30^\circ\times 12=360^\circ$이므로

$\alpha^{12}=1$, $\beta^{12}=1$ 임을 알 수 있다.

이하 **방법1**과 같다.

V 복소수

229

$\alpha-\dfrac{1}{\alpha}+\sqrt{3}i=0$을 만족하는 복소수 α에 대하여 $\dfrac{\alpha^{2024}-1}{\alpha}$의 값을 구하시오. (단, $i=\sqrt{-1}$이다.)

230

복소수 z에 대하여 $z=\dfrac{\sqrt{3}+i}{2}$일 때,
$(1+z+z^2+\cdots+z^7+z^8)(1+\overline{z}+\overline{z}^2+\cdots+\overline{z}^7+\overline{z}^8)$의 값을 구하시오.
(단, $\overline{z}$는 z의 켤레복소수이고 $i=\sqrt{-1}$이다.)

231

복소수 z에 대하여 $z=\dfrac{\sqrt{3}-i}{2}$일 때,
$(1+z+z^2+z^3+\cdots+z^{50})(1+\overline{z}+\overline{z}^2+\overline{z}^3+\cdots+\overline{z}^{50})$의 값을 구하시오.
(단, $\overline{z}$는 z의 켤레복소수이고 $i=\sqrt{-1}$이다.)

고난도 실전 연습문제

232

복소수 $z=k^2(1+i)+k(i-1)-2$에 대하여 z^4이 실수일 때, 실수 k의 값을 모두 구하시오. (단, $i=\sqrt{-1}$이다.)

233

복소수 $z=a+bi$ (단, a, b는 0이 아닌 실수)에 대하여 $\frac{z}{2z^2-4}$가 순허수이다. $z^4=p+qi$라 할 때, p^2+q^2의 값을 구하시오. (단, p, q는 실수이고, $i=\sqrt{-1}$이다.)

234

x에 대한 이차방정식 $x^2-2ax+a^2-a+1=0$의 한 허근 α에 대하여 $\alpha^6<0$이 되도록 하는 실수 a의 개수를 p라 하고, a의 값의 합을 q라 할 때, $p+q$의 값을 구하시오.

235

세 복소수 α, β, γ에 대하여
$\alpha\overline{\alpha}=\beta\overline{\beta}=\gamma\overline{\gamma}=2$, $\alpha+\beta+\gamma=4i$일 때,
$\frac{\alpha^2(\beta+\gamma)+\beta^2(\gamma+\alpha)+\gamma^2(\alpha+\beta)}{\alpha\beta\gamma}$의 값을 구하시오.
(단, $\overline{\alpha}$, $\overline{\beta}$, $\overline{\gamma}$는 각각 α, β, γ의 켤레복소수이고, $i=\sqrt{-1}$이다.)

236

복소수 z에 대하여 $z^2=8-6i$일 때,
$z^3+\overline{z}^3$의 값을 모두 구하시오.
(단, $\overline{z}$는 z의 켤레복소수이고 $i=\sqrt{-1}$이다.)

237

0이 아닌 두 실수 a, b에 대하여 $\sqrt{ab}=-\sqrt{a}\sqrt{b}$가 성립할 때, 다음 〈 보기 〉 중 옳은 것의 개수는 모두 몇 개인지 구하시오.

〈 보기 〉

ㄱ. $\sqrt{a^2b}=-a\sqrt{b}$

ㄴ. $\sqrt{\frac{a}{b^2}}=-\frac{\sqrt{a}}{b}$

ㄷ. $\sqrt{\frac{a^2}{b}}=-\frac{a}{\sqrt{b}}$

ㄹ. $\frac{\sqrt{a}}{\sqrt{ab}}=\frac{\sqrt{b}}{b}$

ㅁ. $\sqrt{\frac{b^2}{a^3}}=\frac{b\sqrt{a}}{a^2}$

238

$z+\frac{1}{z}=\sqrt{2}$를 만족하는 두 복소수 z_1, z_2에 대하여
$z_1^n+z_2^n=0$이 되도록 하는 100이하 자연수 n의 개수를 구하시오.

239

두 복소수 $\alpha=\frac{\sqrt{3}+i}{2}$, $\beta=\frac{1+\sqrt{3}i}{2}$에 대하여
$\alpha^{50}+\alpha^{49}\beta+\alpha^{48}\beta^2+\cdots+\alpha\beta^{49}+\beta^{50}$의 값을 구하시오.
(단, $i=\sqrt{-1}$이다.)

240

10이하의 두 자연수 m, n에 대하여
$\left[\left(\frac{1+i}{\sqrt{2}}\right)^{2m}+\left\{\left(\frac{\sqrt{2}i}{1-i}\right)^{2}\right\}^{2m}\right]^{n}$의 값이 양의 실수가 되도록 하는 순서쌍 (m, n)의 개수를 구하시오. (단, $i=\sqrt{-1}$)

241

복소수 $\alpha=x+yi$ (단, x, y는 실수)에 대하여
$|\alpha|$를 $|\alpha|=\sqrt{x^2+y^2}$으로 정의하자.
$\beta\overline{\beta}\neq 1$인 복소수 β에 대하여
$|\alpha-2025\beta|=|\alpha\overline{\beta}-2025|$가 성립할 때, $|\alpha|$의 값을 구하시오.
(단, $i=\sqrt{-1}$, $\overline{\alpha}$, $\overline{\beta}$ 는 각각 α, β의 켤레복소수이다.)

242

이차방정식 $3x^2-3x+1=0$의 두 근을 α, β라 할 때,
$(1+\sqrt{3}\alpha+3\alpha^2+\cdots+3^{49}\sqrt{3}\alpha^{99}+3^{50}\alpha^{100})$
$\times(1+\sqrt{3}\beta+3\beta^2+\cdots+3^{49}\sqrt{3}\beta^{99}+3^{50}\beta^{100})$
은 $p+q\sqrt{3}$이다. $p+q$의 값을 구하시오.
(단, p, q는 유리수이다.)

Ⅵ

이차방정식

1. 이차방정식의 판별식
2. 근과 계수의 관계
3. 이차방정식의 켤레근
4. 이차방정식의 근의 형태
5. 이차방정식 만들기
6. 공통근 및 정수근

   01. 공통근
   02. 정수근

7. 단원 연계

   01. 음수의 제곱근
   02. 고차방정식 만들기

8. 고난도 실전 연습문제

CHAPTER 1 이차방정식의 판별식

(1) 이차방정식 $ax^2+bx+c=0$ (단, a, b, c는 실수)의 판별식을 $\mathrm{D}=b^2-4ac$라고 할 때,

(i) 서로 다른 두 실근을 가지면 $\mathrm{D}>0$

(ii) 중근을 가지면 $\mathrm{D}=0$

(iii) 서로 다른 두 허근을 가지면 $\mathrm{D}<0$

(2) 이차방정식 $ax^2+bx+c=0$에서 a, b, c가 실수라는 조건이 없으면, 판별식 $\mathrm{D}=b^2-4ac$를 통해 근을 판별할 수 없다.

(i) 서로 다른 두 실근을 가지면 $\mathrm{D}>0$(거짓)

(ii) 서로 다른 두 허근을 가지면 $\mathrm{D}<0$(거짓)

(iii) 중근을 가지면 $\mathrm{D}=0$(참)

※ 이차방정식 $ax^2+bx+c=0$이 중근을 가지면 a, b, c가 실수가 아니어도 $b^2-4ac=0$이다.

(2) 이차방정식 $ax^2+bx+c=0$에서 a, b, c가 실수라는 조건이 없으면,
판별식 $\mathrm{D}=b^2-4ac$를 통해 근을 판별할 수 없다.

근의 공식 $x=\dfrac{-b\pm\sqrt{b^2-4ac}}{2a}$에서 a, b, c가 실수라는 조건이 없을 때, $\dfrac{b}{a}$가 허수인 경우에는 $\mathrm{D}=b^2-4ac>0$이어도 허근이 될 수 있다.

예제) $x^2+2ix-5=0$의 판별식 $\mathrm{D}/4=4>0$이지만 $x=-i\pm2$(허근)

※ 이차방정식 $ax^2+bx+c=0$이 중근을 가지면 a, b, c가 실수가 아니어도 $b^2-4ac=0$이다.

이차방정식이 중근 α를 가지면

$ax^2+bx+c=a(x-\alpha)^2=ax^2-2a\alpha x+a\alpha^2$

양변의 계수를 비교하면

$b=-2a\alpha$ …… ㉠

$c=a\alpha^2$ …… ㉡

㉠에서 $\alpha=-\dfrac{b}{2a}$이므로

이 식을 ㉡에 대입하면 $c=a\times\dfrac{b^2}{4a^2}$, $4ac=b^2$

$\therefore\ b^2-4ac=0$

예제) 일차항의 계수가 허수인 이차방정식 $x^2-2ix-1=0$의 해는 $x^2-2ix-1=(x-i)^2=0$에서 $x=i$(중근)이다.

이때 $x^2-2ix-1=0$의 판별식을 D라고 하면 $\mathrm{D}/4=i^2+1=0$임을 알 수 있다.

기출 유형

x에 대한 이차방정식
$x^2-2(2a-b+1)x-4ab-1=0$이 중근을 가질 때, 실수 a, b의 값을 구하시오.

해설

이차방정식 $x^2-2(2a-b+1)x-4ab-1=0$이 중근을 가지므로 판별식을 D라고 할 때
$D/4=(2a-b+1)^2-(-4ab-1)=0$이다.
$4a^2+b^2+1-4ab-2b+4a+4ab+1=0$
위의 식을 제곱의 합으로 바꾸면
$(4a^2+4a+1)+(b^2-2b+1)=0$
$(2a+1)^2+(b-1)^2=0$
$\therefore a=-\frac{1}{2}$, $b=1$ ($\because$ a, b는 실수)

243

x에 대한 이차방정식
$x^2-2(a-b)x+a^2+b^2-3ab+2a+3b-5=0$이 중근을 갖도록 하는 자연수 a, b에 대하여 $a+b$의 최댓값을 구하시오.

244

최고차항의 계수가 양수인 이차 다항식 $f(x)$가 모든 실수 x에 대하여 $\{f(x)-2x\}^2=(x-a)(x+a)(x^2+2)+9$를 만족시킨다. $f(a)$의 값을 구하시오. (단, $a>0$)

Ⅵ 이차방정식

★ 주의

$\alpha+\beta=p$, $\alpha\beta=q$일 때, α, β가 실수이면 $p^2-4q\geq 0$을 만족해야 한다.

$\alpha+\beta=p$, $\alpha\beta=q$이므로 α, β를 근으로 하는 이차항의 계수가 1인 이차방정식은 $x^2-px+q=0$이다. 이 방정식이 실근을 가지므로 판별식을 D라고 하면 D는 0이상이어야 한다. $\therefore\ p^2-4q\geq 0$

기출 유형1

x에 대한 이차방정식 $x^2+2kx+k^2+2k-4=0$의 두 실근 α, β에 대하여 $\alpha^2+\beta^2-\alpha\beta$의 최솟값을 구하시오. (단, k는 실수이다.)

해설

이차방정식 $x^2+2kx+k^2+2k-4=0$이 실근을 가지므로 판별식을 D라고 하면

$D/4=k^2-(k^2+2k-4)\geq 0\quad\therefore k\leq 2$

이차방정식의 근과 계수의 관계에 의하여

$\alpha+\beta=-2k$, $\alpha\beta=k^2+2k-4$이므로

$$\begin{aligned}\alpha^2+\beta^2-\alpha\beta&=(\alpha+\beta)^2-3\alpha\beta\\&=(-2k)^2-3(k^2+2k-4)\\&=k^2-6k+12=(k-3)^2+3\end{aligned}$$

따라서 $k\leq 2$일 때 $(k-3)^2+3$은 $k=2$에서 최솟값 4를 갖는다.

245

x에 대한 이차방정식 $x^2-2kx+k^2+k+2=0$의 두 실근 α, β에 대하여 $\alpha+\beta-\alpha\beta$의 최댓값을 구하시오.
(단, k는 실수)

246

x, y에 대한 연립방정식

$\begin{cases}x+y=2k-1\\xy-(x+y)=k^2\end{cases}$의 해가 실수가 되도록 하는 정수 k의 최댓값을 구하시오.

기출 유형2

실수 a, b, c에 대하여
$a+b+c=2$, $a^2+b^2+c^2=6$일 때, c의 최댓값과 최솟값의 합을 구하시오.

해설

$a+b+c=2$에서 $a+b=2-c$ …… ㉠

$a^2+b^2+c^2=6$에서

$a^2+b^2=6-c^2$, $(a+b)^2-2ab=6-c^2$

$\therefore ab=\dfrac{(2-c)^2-6+c^2}{2}$ ($\because$ ㉠)

$=c^2-2c-1$ …… ㉡

㉠, ㉡에 의해 두 실수 a, b를 두 근으로 하고 이차항의 계수가 1인 t에 대한 이차방정식은 다음과 같다.

$t^2-(a+b)t+ab=0$에서

$t^2-(2-c)t+(c^2-2c-1)=0$

이 방정식이 실근을 가지므로 판별식을 D라고 하면

$D=(2-c)^2-4(c^2-2c-1)=-3c^2+4c+8\geq0$

$\therefore 3c^2-4c-8\leq0$

이 부등식의 해는 $\dfrac{2-2\sqrt{7}}{3}\leq c\leq\dfrac{2+2\sqrt{7}}{3}$이므로

최댓값은 $\dfrac{2+2\sqrt{7}}{3}$, 최솟값은 $\dfrac{2-2\sqrt{7}}{3}$이다.

그러므로 최댓값과 최솟값의 합은

$\dfrac{2+2\sqrt{7}}{3}+\dfrac{2-2\sqrt{7}}{3}=\dfrac{4}{3}$

(또는 $3c^2-4c-8=0$에서 두 근의 합과 같으므로, 최댓값과 최솟값의 합은 $\dfrac{4}{3}$)

247

실수 a, b, c에 대하여 $a+b+c=6$, $ab+bc+ca=-15$를 만족할 때, b의 최댓값과 최솟값을 구하시오.

VI 이차방정식

$x^2+y^2=\alpha$ (단, α는 0이 아닌 실수)를 만족시키는 실수 x, y에 대하여 $ax^2+bxy+cy^2$ (단, $b\neq0$)의 최댓값과 최솟값을 구하는 문제는 $ax^2+bxy+cy^2=k$로 놓고 두 이차방정식 $x^2+y^2=\alpha$, $ax^2+bxy+cy^2=k$에서 상수항을 소거한 후에 판별식을 이용한다.

기출 유형

$x^2+y^2=4$를 만족시키는 실수 x, y에 대하여 $\frac{3}{2}x^2+2xy$의 최댓값과 최솟값을 구하시오.

해설

$x^2+y^2=4$ $\cdots\cdots$ ㉠

$\frac{3}{2}x^2+2xy=k$ $\cdots\cdots$ ㉡

㉠$\times k-$㉡$\times4$로 상수항을 소거시키면

$k(x^2+y^2)-4\left(\frac{3}{2}x^2+2xy\right)=0$

$kx^2+ky^2-6x^2-8xy=0$

이 식을 x에 대한 내림차순으로 정리하면

$(k-6)x^2-8yx+ky^2=0$

이 방정식이 실근을 갖기 위한 k의 값 또는 범위는 다음과 같다.

(i) $k=6$일 때 $-8xy+6y^2=0$

이를 만족하는 실수 x, y가 존재하므로 $k=6$은 가능한 값이다.

(ii) $k\neq6$일 때 $(k-6)x^2-8yx+ky^2=0$을 만족하는 실수 x가 존재하려면 판별식 $D\geq0$이어야 한다.

$D/4=(-4y)^2-k(k-6)y^2$

$=16y^2-(k^2-6k)y^2$

$=y^2(16-k^2+6k)\geq0$

$y^2\geq0$이므로 $16-k^2+6k\geq0$

$k^2-6k-16\leq0$, $(k-8)(k+2)\leq0$

$\therefore -2\leq k<6$ 또는 $6<k\leq8$ ($\because k\neq6$)

(i), (ii)에서 $-2\leq k\leq8$

그러므로 $\frac{3}{2}x^2+2xy$의 최솟값은 -2, 최댓값은 8

248

$x^2+y^2=2$를 만족시키는 실수 x, y에 대하여 $(2x+y)^2+(x-y)^2$의 최댓값을 M, 최솟값을 m이라 할 때, $M\times m$의 값을 구하시오.

근과 계수의 관계

정답과 풀이 p.64

이차방정식 $ax^2+bx+c=0$의 두 근이 α, β이면
$\alpha+\beta=-\frac{b}{a}$, $\alpha\beta=\frac{c}{a}$

① $\frac{C}{AB}=\frac{C}{B-A}\left(\frac{1}{A}-\frac{1}{B}\right)$
② $\frac{D}{ABC}=\frac{D}{C-A}\left(\frac{1}{AB}-\frac{1}{BC}\right)$

기출 유형

x에 대한 이차방정식
$n(n+1)x^2-x-1=0$의 두 근을 α_n, β_n이라 할 때,
$(\alpha_1+\alpha_2+\cdots+\alpha_9)+(\beta_1+\beta_2+\cdots+\beta_9)$의 값을 구하시오. (단, n은 자연수)

해설

근과 계수의 관계에 의해
$\alpha_n+\beta_n=\frac{1}{n(n+1)}=\frac{1}{n}-\frac{1}{n+1}$이므로

$$\begin{aligned}&(\alpha_1+\alpha_2+\cdots+\alpha_9)+(\beta_1+\beta_2+\cdots+\beta_9)\\&=(\alpha_1+\beta_1)+(\alpha_2+\beta_2)+\cdots+(\alpha_9+\beta_9)\\&=\left(\frac{1}{1}-\frac{1}{2}\right)+\left(\frac{1}{2}-\frac{1}{3}\right)+\cdots+\left(\frac{1}{9}-\frac{1}{10}\right)\\&=1-\frac{1}{10}=\frac{9}{10}\end{aligned}$$

249

자연수 n에 대하여 x에 대한 이차방정식
$n(n+1)x^2-\frac{1}{n+2}x-1=0$의 두 근을 α_n, β_n이라 할 때, $(\alpha_1+\alpha_2+\cdots+\alpha_8)+(\beta_1+\beta_2+\cdots+\beta_8)$의 값을 구하시오.

250

n이 자연수일 때, x에 대한 이차방정식
$(n+1)x^2+2x-n(n+2)=0$의 두 근 α_n, β_n에 대하여
$\left(\frac{1}{\alpha_1}+\frac{1}{\alpha_2}+\cdots+\frac{1}{\alpha_8}\right)+\left(\frac{1}{\beta_1}+\frac{1}{\beta_2}+\cdots+\frac{1}{\beta_8}\right)$의 값을 구하시오.

251

자연수 n에 대하여 x에 대한 이차방정식
$\{n\sqrt{n}\sqrt{n+1}+n(n+1)\}x^2-\sqrt{n}x-1=0$의 두 근을
α_n, β_n이라 할 때,
$(\alpha_1+\alpha_2+\cdots+\alpha_{99})+(\beta_1+\beta_2+\cdots+\beta_{99})$의 값을 구하시오.

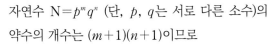

※ 약수의 개수

자연수 $\mathrm{N}=p^m q^n$ (단, p, q는 서로 다른 소수)의 약수의 개수는 $(m+1)(n+1)$이므로

① 약수의 개수가 홀수이면 N은 완전제곱수
② 약수의 개수가 3이면 N은 소수의 제곱수
③ 약수의 개수가 4이면 N은 소수의 세 제곱수 또는 서로 다른 두 소수의 곱
④ 약수의 개수가 5이면 N은 소수의 네 제곱수

⋮

기출 유형

이차방정식 $x^2-ax+b=0$의 두 근이 α, β일 때, 다음 조건을 모두 만족시키는 순서쌍 (a, b)의 개수를 구하시오.

(가) α, β, a, b는 60이하의 자연수이다.
(나) α는 3개의 양의 약수를 갖고, β는 4개의 양의 약수를 갖는다.

해설

조건 (가), (나)에서 α는 60이하의 소수의 제곱수이고, β는 60이하의 서로 다른 두 소수의 곱 또는 소수의 세 제곱수이므로 α가 될 수 있는 수는

2^2, 3^2, 5^2, 7^2 이고

β가 될 수 있는 수는

2×3, 2×5, 2×7, 2×11, 2×13, 2×17, 2×19, 2×23, 2×29, 3×5, 3×7, 3×11, 3×13, 3×17, 3×19, 5×7, 5×11, 2^3, 3^3 이다.

이차방정식 $x^2-ax+b=0$의 두 근이 α, β이므로 근과 계수의 관계에 의해 $a=\alpha+\beta$, $b=\alpha\beta$ 이고, 조건 (가)에서 a, b는 60이하의 자연수이므로 구하는 순서쌍 (a, b)는 다음과 같다.

(i) $\alpha=4$일 때

$b=4\beta\le60$, $\beta\le15$이므로 가능한 β의 값은 6, 8, 10, 14, 15

따라서 조건을 만족하는 순서쌍 (a, b)의 개수는 5개이다.

(ii) $\alpha=9$일 때

$b=9\beta\le60$, $\beta\le\frac{20}{3}$이므로 가능한 β의 값은 6

따라서 조건을 만족하는 순서쌍 (a, b)의 개수는 1개이다.

(iii) $\alpha=25$ 또는 49일 때

β의 최솟값이 6이므로 조건을 만족하지 않는다.

(i) ~ (iii)에서 구하는 (a, b)의 순서쌍의 개수는 6개이다.

252

이차방정식 $x^2-ax+b=0$의 두 근 α, β가 다음 조건을 모두 만족시킬 때, 순서쌍 (a, b)의 개수를 구하시오.

〈조건〉

(가) α, β는 각각 5개의 양의 약수를 갖는다.
(나) a는 1000이하의 자연수이다.

253

이차방정식 $x^2-ax+b=0$의 두 근이 α, β일 때, 다음 조건을 모두 만족시키는 순서쌍 (a, b)의 개수를 구하시오.

〈조건〉

(가) α, β는 각각 4개의 양의 약수를 갖는다.
(나) α, β는 30이하의 서로 다른 자연수이다.

이차방정식 $ax^2+bx+c=0$의 서로 다른 두 실근 α, β에 대하여 $p|\alpha|+q|\beta|=k$일 때, $|p|=|q|$이면 양변을 제곱하고, $|p|\neq|q|$이면 α, β의 부호를 각각 따져본다.

기출 유형

이차방정식 $x^2+ax+2a=0$의 서로 다른 두 실근 α, β에 대하여 $|\alpha|+|\beta|=4$일 때, $|\alpha|-|\beta|$의 값을 구하시오. (단, $a<0$)

해설

방법1

이차방정식 $x^2+ax+2a=0$의 두 근이 α, β이므로 근과 계수의 관계에 의하여

$\alpha+\beta=-a$, $\alpha\beta=2a$ ⋯⋯ ㉠

$a<0$ 이므로 $\alpha+\beta>0$, $\alpha\beta<0$이다.

(i) $\alpha<0<\beta$ 일 때

$|\alpha|+|\beta|=4$에서 $\alpha<0$, $\beta>0$이므로 $-\alpha+\beta=4$

양변을 제곱하여 정리하면

$\alpha^2+\beta^2-2\alpha\beta=16$, $(\alpha+\beta)^2-4\alpha\beta=16$

$\therefore a^2-8a-16=0$ ($\because$ ㉠)

근의 공식에 의해 $a=4-4\sqrt{2}$ ($\because a<0$)이므로

$$\begin{aligned}\therefore |\alpha|-|\beta| &= -\alpha-\beta \\ &= -(\alpha+\beta) \\ &= a \\ &= 4-4\sqrt{2}\end{aligned}$$

(ii) $\beta<0<\alpha$ 일 때

$|\alpha|+|\beta|=4$에서 $\alpha-\beta=4$

$\alpha^2+\beta^2-2\alpha\beta=16$

$\therefore a^2-8a-16=0$

근의 공식에 의해 $a=4-4\sqrt{2}$ ($\because a<0$)

$$\begin{aligned}\therefore |\alpha|-|\beta| &= \alpha+\beta \\ &= -a \\ &= -4+4\sqrt{2}\end{aligned}$$

(i), (ii)에서

구하는 $|\alpha|-|\beta|$의 값은 $4-4\sqrt{2}$ 또는 $-4+4\sqrt{2}$

방법2

근과 계수의 관계에 의해

$\alpha+\beta=-a$, $\alpha\beta=2a$ ⋯⋯ ㉠

$a<0$이므로 $\alpha+\beta>0$, $\alpha\beta<0$이다.

$|\alpha|+|\beta|=4$에서 양변을 제곱하면

$$\begin{aligned}(|\alpha|+|\beta|)^2 &= \alpha^2+2|\alpha\beta|+\beta^2 \\ &= \alpha^2+\beta^2-2\alpha\beta \quad (\because \alpha\beta<0) \\ &= 16\end{aligned}$$

$\alpha^2+\beta^2-2\alpha\beta=(\alpha+\beta)^2-4\alpha\beta=16$이므로

위의 식에 ㉠을 대입하면

$a^2-8a-16=0$

근의 공식에 의해 $a=4-4\sqrt{2}$ ($\because a<0$)이다.

한편,

$$\begin{aligned}(|\alpha|-|\beta|)^2 &= \alpha^2-2|\alpha\beta|+\beta^2 \\ &= \alpha^2+2\alpha\beta+\beta^2 \quad (\because \alpha\beta<0) \\ &= a^2\end{aligned}$$ 이므로

$\therefore |\alpha|-|\beta|=\pm a$

그러므로 구하는 $|\alpha|-|\beta|$의 값은

$4-4\sqrt{2}$ 또는 $-4+4\sqrt{2}$

254

x에 대한 이차방정식 $x^2-2x-a^2-2=0$의 두 근을 α, β라 할 때, $|\alpha|+|\beta|\le 4$가 되도록 하는 실수 a의 값의 범위를 구하시오.

255

이차방정식 $x^2+ax+3b=0$의 서로 다른 두 실근 α, β에 대하여 이차방정식 $x^2-(3a-b)x+4a-2b=0$의 두 근을 $|\alpha|$, $|\beta|$라 할 때, 실수 a, b의 값을 구하시오.
(단, $\alpha\beta<0$)

256

이차방정식 $x^2-ax+3a-9=0$의 서로 다른 두 실근 α, β에 대하여 다음 두 조건을 만족하는 실수 a의 값을 모두 구하시오.

(가) $|3\alpha|+|\beta|=11$
(나) $|\alpha+\beta|<|\alpha|+|\beta|$

이차방정식의 두 근 α, β에 관한 이차 이상의 식을 계산할 때는 주어진 식의 차수를 1차 이하로 낮춰 근과 계수의 관계를 이용한다.

기출 유형

이차방정식 $x^2-4x+2=0$의 두 근을 α, β라 할 때, $\dfrac{\beta}{\alpha^3-13\alpha+8}+\dfrac{\alpha}{\beta^2-3\beta+2}$의 값을 구하시오.

해설

이차방정식 $x^2-4x+2=0$의 두 근이 α, β이므로

$\alpha^2-4\alpha+2=0$, $\beta^2-4\beta+2=0$

α^3을 1차 이하의 식으로 바꾸면

$\alpha^2=4\alpha-2$에서

$\alpha^3=4\alpha^2-2\alpha=4(4\alpha-2)-2\alpha=14\alpha-8$이므로

$\alpha^3-13\alpha+8=(14\alpha-8)-13\alpha+8=\alpha$

$\beta^2=4\beta-2$ 이므로

$\beta^2-3\beta+2=(4\beta-2)-3\beta+2=\beta$

한편, 근과 계수의 관계에 의하여 $\alpha+\beta=4$, $\alpha\beta=2$ 이므로

$$\begin{aligned}&\frac{\beta}{\alpha^3-13\alpha+8}+\frac{\alpha}{\beta^2-3\beta+2}\\&=\frac{\beta}{\alpha}+\frac{\alpha}{\beta}=\frac{\alpha^2+\beta^2}{\alpha\beta}\\&=\frac{(\alpha+\beta)^2-2\alpha\beta}{\alpha\beta}\\&=\frac{4^2-2\times 2}{2}=6\end{aligned}$$

257

$x^2+ax-4a=0$의 서로 다른 두 실근 α, β에 대하여 $|\alpha|-|\beta|=1$일 때, $(\alpha^4+2\alpha^3+2\alpha^2+2\alpha-15)(\beta^4+2\beta^3+2\beta^2+2\beta-15)$의 값을 구하시오. (단, $a>0$)

258

이차방정식 $x^2+6x+1=0$의 두 근을 α, β라 할 때, $(\sqrt{\alpha^4+12\alpha^3+37\alpha^2+7\alpha}+\sqrt{\beta^4+12\beta^3+37\beta^2+7\beta})^2$의 값을 구하시오.

VI 이차방정식

CHAPTER 3 이차방정식의 켤레근

이차방정식 $ax^2+bx+c=0$에서

(1) a, b, c가 유리수일 때, 한 근이 $p+q\sqrt{m}$이면 다른 한 근은 $p-q\sqrt{m}$이다.
(단, p와 q는 유리수이고, $q\neq0$이며 $\sqrt{m}$은 무리수이다.)

(2) a, b, c가 실수일 때,
한 근이 $p+qi$이면 다른 한 근은 $p-qi$이다.
(단, p와 q는 실수이고, $q\neq0$이며 $i=\sqrt{-1}$이다.)

★ a, b, c에 대한 조건이 없는 경우에는 주의해야 한다.

(1) 이차방정식 $ax^2+bx+c=0$에서 a, b, c가 유리수일 때, 한 근이 $p+q\sqrt{m}$이면 다른 한 근은 $p-q\sqrt{m}$이다.
(단, p와 q는 유리수이고, $q\neq0$이며 $\sqrt{m}$은 무리수이다.)

이차방정식 $ax^2+bx+c=0$에서 근의 공식에 의해

$x=\dfrac{-b\pm\sqrt{b^2-4ac}}{2a}$

a, b, c가 유리수일 때 $-\dfrac{b}{2a}$는 유리수이므로

$\sqrt{b^2-4ac}$가 무리수이면 $\dfrac{\sqrt{b^2-4ac}}{2a}$는 무리수가 되어 반드시 켤레근을 갖는다.

(2) 이차방정식 $ax^2+bx+c=0$에서 a, b, c가 실수일 때, 한 근이 $p+qi$이면 다른 한 근은 $p-qi$이다.
(단, p와 q는 실수이고, $q\neq0$이며 $i=\sqrt{-1}$이다.)

a, b, c가 실수일 때 $-\dfrac{b}{2a}$는 실수이므로

$\sqrt{b^2-4ac}$가 허수이면 $\dfrac{\sqrt{b^2-4ac}}{2a}$는 허수가 되어 반드시 켤레근을 갖는다.

★ 이차방정식 $ax^2+bx+c=0$에서 a, b, c에 대한 조건이 없는 경우에는 주의해야 한다.

예제1) $x^2+\sqrt{5}x-1=0$의 해는 근의 공식에 의해

$x=\dfrac{-\sqrt{5}\pm3}{2}$이므로 두 근은 켤레근이 아니다.

예제2) $x^2+2ix-5=0$의 해는 근의 공식에 의해

$x=-i\pm2$이므로 두 근은 켤레근이 아니다.

개념 확인

x에 대한 이차방정식 $x^2+kx-10=0$의 한 근이 $3-i$일 때, k의 값을 구하시오. (단, $i=\sqrt{-1}$이다.)

해설

★ 주의
k가 실수라는 조건이 없으므로, 다른 한 근을 $3+i$로 놓지 않는다.

방법1

$x=3-i$를 주어진 이차방정식에 대입하면

$(3-i)^2+k(3-i)-10=0$

$(8-6i)+k(3-i)-10=0$

$k(3-i)=2+6i$

$\therefore k=\dfrac{2(1+3i)}{3-i}=\dfrac{2(1+3i)(3+i)}{(3-i)(3+i)}=2i$

방법2

다른 근을 α라고 하면 근과 계수의 관계에 의하여

$(3-i)+\alpha=-k$ …… ㉠

$\alpha(3-i)=-10$ …… ㉡

㉡에서

$\alpha=-\dfrac{10}{3-i}=-\dfrac{10(3+i)}{(3-i)(3+i)}=-3-i$

이를 ㉠에 대입하면

$\therefore k=-(3-i)-(-3-i)=2i$

이차방정식 $ax^2+bx+c=0$에서
(1) a, b, c가 유리수 또는 실수일 때만 켤레근의 성질을 이용할 수 있다.
(2) a, b, c가 유리수나 실수라는 조건이 없을 때는 다음과 같은 방법을 사용한다.
① 주어진 한 근을 대입하여 무리수나 복소수가 서로 같을 조건을 이용한다.
② 근과 계수의 관계를 이용한다.
③ 식을 변형한다.

기출 유형

실수 a, b, c에 대하여 $ax^2+bix+c=0$의 한 근이 $\alpha=2+i$이다. 다른 한 근을 β라 할 때, $\frac{1}{\alpha}+\frac{1}{\beta}$의 값을 구하시오. (단, $i=\sqrt{-1}$이다.)

해설

방법1

이차방정식 $ax^2+bix+c=0$의 한 근이 $2+i$이므로 이를 x에 대입하면

$a(2+i)^2+bi(2+i)+c=0$

$(3a-b+c)+(4a+2b)i=0$

a, b, c는 실수이므로 복소수가 서로 같을 조건에 의해

$3a-b+c=0$, $4a+2b=0$

b와 c를 a로 나타내면 $b=-2a$, $c=-5a$ 이므로

$\therefore ax^2+bix+c=a(x^2-2ix-5)=0$

근과 계수의 관계에 의해 $\alpha+\beta=2i$, $\alpha\beta=-5$

그러므로 $\frac{1}{\alpha}+\frac{1}{\beta}=\frac{\alpha+\beta}{\alpha\beta}=-\frac{2i}{5}$

방법2

켤레근의 성질을 이용하기 위해

$ax^2+bix+c=0$을 계수가 실수인 이차방정식으로 변형하자.

$t=ix$라고 하면,

$ax^2+bix+c=0$은 $\frac{a}{i^2}t^2+bt+c=0$, $at^2-bt-c=0$

이 방정식의 한 근이 $-1+2i$이므로 켤레근의 성질에 의해

다른 한 근은 $-1-2i$이다. ($\because$ a, b, c는 실수)

즉, $\alpha i=-1+2i$, $\beta i=-1-2i$

따라서 주어진 방정식의 다른 한 근은

$\beta=\frac{-1-2i}{i}=-2+i$이다.

그러므로 $\frac{1}{\alpha}+\frac{1}{\beta}=\frac{1}{2+i}+\frac{1}{-2+i}=-\frac{2i}{5}$

방법3

$\alpha=2+i$에서 $\alpha-i=2$

양변을 제곱하여 정리하면 $\alpha^2-2i\alpha-5=0$

즉, α는 이차방정식 $a(x^2-2ix-5)=0$의 근이다.

이 방정식의 다른 한 근은 β이므로

근과 계수의 관계에 의해

$\alpha+\beta=2i$, $\alpha\beta=-5$

$\therefore \frac{1}{\alpha}+\frac{1}{\beta}=\frac{\alpha+\beta}{\alpha\beta}=-\frac{2i}{5}$

방법4

$f(x)=ax^2+bix+c$라 하면

$f(\alpha)=a\alpha^2+bi\alpha+c=0$ …… ㉠

㉠의 양변에 켤레를 취하면

$a\overline{\alpha}^2-bi\overline{\alpha}+c=0$, $a(-\overline{\alpha})^2+bi(-\overline{\alpha})+c=0$

따라서 $ax^2+bix+c=0$의 다른 한 근은 $-\overline{\alpha}$이다.

즉, $\beta=-\overline{\alpha}=i-2$

그러므로 $\frac{1}{\alpha}+\frac{1}{\beta}=-\frac{2i}{5}$

Ⅵ 이차방정식

259

x에 대한 이차방정식 $(1+i)x^2+(2+k)x+3(1-i)=0$이 실근을 가질 때, 실수 k의 값을 모두 구하시오.
(단, $i=\sqrt{-1}$)

260

x에 대한 이차방정식 $x^2-(2-\sqrt{2})x-8-2\sqrt{2}a=0$이 하나의 정수근과 하나의 무리수 근을 갖도록 하는 정수 a의 값을 모두 구하시오.

261

x에 대한 이차방정식 $(1-k)x^2+(i-2)x+1+i=0$의 해가 실근 1개, 허근 1개가 되도록 하는 실수 k의 값을 구하고, 그 때의 허근을 구하시오. (단, $i=\sqrt{-1}$)

262

$x^2+px+q=0$의 두 허근 α, β가 $\alpha^2-2\beta=2$를 만족시킬 때, 실수 p, q의 값을 구하시오.

이차방정식 $ax^2+bx+c=0$에서

(1) b를 잘못 보고 푼 경우

a와 c는 제대로 보았으므로 두 근의 곱은 $\frac{c}{a}$

(2) c를 잘못 보고 푼 경우

a와 b는 제대로 보았으므로

두 근의 합은 $-\frac{b}{a}$

(3) a를 잘못 보고 푼 경우

b와 c는 제대로 보았으므로 잘못 본 이차항의 계수를 a'이라고 하면

$\frac{\text{두 근의 곱}}{\text{두 근의 합}}=\frac{\frac{c}{a'}}{-\frac{b}{a'}}=-\frac{c}{b}$

(4) 근의 공식을 잘못 적용한 경우

근과 계수의 관계를 이용한다.

기출 유형

이차방정식 $ax^2+bx+c=0$에서 b를 다른 실수로 잘못 보고 풀어 $-1-i$를 한 근으로 얻었고, c를 다른 실수로 잘못 보고 풀어 $2+i$를 한 근으로 얻었다. 이차방정식 $ax^2+bx+c=0$의 두 근을 α, β라 할 때, $|\alpha-\beta|$의 값을 구하시오.

(단, a, b, c는 0이 아닌 실수이고, $i=\sqrt{-1}$)

해설

b를 다른 실수로 잘못 본 경우,

a와 c를 바르게 보았으므로 켤레근의 성질을 이용하면,

근과 계수의 관계에 의하여

$\frac{c}{a}=(-1-i)(-1+i)=2$ $\quad\therefore c=2a$

c를 다른 실수로 잘못 본 경우,

a와 b를 바르게 보았으므로 켤레근의 성질을 이용하면,

근과 계수의 관계에 의하여

$-\frac{b}{a}=(2+i)+(2-i)=4$ $\quad\therefore b=-4a$

이를 이차방정식 $ax^2+bx+c=0$에 대입하여 정리하면 $ax^2-4ax+2a=0$, $x^2-4x+2=0$

근과 계수의 관계에 의하여 $\alpha+\beta=4$, $\alpha\beta=2$

$\therefore (\alpha-\beta)^2=(\alpha+\beta)^2-4\alpha\beta=4^2-4\times2=8$

그러므로 $|\alpha-\beta|=2\sqrt{2}$

263

x에 대한 이차방정식 $ax^2+bx+c=0$에서 a를 다른 유리수로 잘못 보고 풀었더니 한 근이 $\sqrt{3}-1$이 나왔고, c를 다른 유리수로 잘못 보고 풀었더니 두 근이 -1, $\frac{2}{3}$가 나왔다. 이차방정식 $ax^2+bx+c=0$의 옳은 근을 α, β라 할 때, $\frac{\beta}{\alpha}+\frac{\alpha}{\beta}$의 값을 구하시오.

(단, a, b, c는 0이 아닌 유리수)

264

계수가 실수인 이차방정식 $ax^2+bx+c=0$의 근을 구하는데, 근의 공식을 $x=\frac{-b\pm\sqrt{b^2-ac}}{a}$로 잘못 기억하여 한 근 $2+i$를 얻었다. 원래 방정식의 두 근을 α, β라 할 때, $\alpha^2+\beta^2$의 값을 구하시오. (단, $i=\sqrt{-1}$이다.)

CHAPTER 4 이차방정식의 근의 형태

(1) 이차방정식 $f(x)=0$의 한 근이 α일 때, $f(px+q)=0$의 한 근을 α로 나타내면 다음과 같다.

① 이차방정식 $f(x)=0$의 한 근이 α이면 $f(\alpha)=0$이므로 이차방정식 $f(px+q)=0$의 한 근은 $px+q=\alpha$에서 $x=\dfrac{\alpha-q}{p}$ (단, $p\neq0$)

② 이차방정식 $ax^2+bx+c=0$의 한 근이 α이면 $a\alpha^2+b\alpha+c=0$이므로 이차방정식 $a(px+q)^2+b(px+q)+c=0$의 한 근은 $px+q=\alpha$에서 $x=\dfrac{\alpha-q}{p}$ (단, $p\neq0$)

(2) 이차방정식 $f(px+q)=0$의 한 근이 α일 때, $f(x)=0$의 한 근을 α로 나타내면 다음과 같다.

① 이차방정식 $f(px+q)=0$의 한 근이 α이면 $f(p\alpha+q)=0$이므로 $f(x)=0$의 한 근은 $x=p\alpha+q$

② 이차방정식 $a(px+q)^2+b(px+q)+c=0$의 한 근이 α이면 $a(p\alpha+q)^2+b(p\alpha+q)+c=0$이므로 $ax^2+bx+c=0$의 한 근은 $x=p\alpha+q$

개념 확인

$ax^2+bx+c=0$의 근이 α일 때, 다음 이차방정식의 근을 α에 관한 식으로 나타내시오.

(1) $ax^2-bx+c=0$

(2) $4ax^2-2bx+c=0$

(3) $ax^2-2bx+4c=0$

해설

$ax^2+bx+c=0$의 근이 α이므로 $a\alpha^2+b\alpha+c=0$이다.

따라서 주어진 식을 $a(\ \ )^2+b(\ \ )+c=0$의 형태로 변형하여 $(\ \ )=\alpha$로 놓으면 주어진 방정식의 해를 α로 나타낼 수 있다.

(1) 이차방정식 $ax^2-bx+c=0$에서

$ax^2+b(-x)+c=0$

$a(-x)^2+b(-x)+c=0$

$-x=\alpha$이므로

$\therefore x=-\alpha$

(2) 이차방정식 $4ax^2-2bx+c=0$에서

$4ax^2+b(-2x)+c=0$

$a(-2x)^2+b(-2x)+c=0$

$-2x=\alpha$이므로

$\therefore x=-\dfrac{\alpha}{2}$

(3) 이차방정식 $ax^2-2bx+4c=0$에서

양변을 4로 나누면

$\dfrac{ax^2-2bx+4c}{4}=0$

$a\left(-\dfrac{x}{2}\right)^2+b\left(-\dfrac{x}{2}\right)+c=0$

$-\dfrac{x}{2}=\alpha$이므로

$\therefore x=-2\alpha$

기출 유형1

이차방정식 $ax^2+bx+c=0$의 근이 α일 때, 다음 이차방정식의 근을 α에 관한 식으로 나타내시오.

(1) $cx^2+bx+a=0$

(2) $cx^2-bx+a=0$

(3) $4cx^2-2bx+a=0$

해설

(1) 이차방정식 $cx^2+bx+a=0$에서

양변을 x^2으로 나누면

$\frac{cx^2+bx+a}{x^2}=0$

$a\left(\frac{1}{x}\right)^2+b\left(\frac{1}{x}\right)+c=0$

$\frac{1}{x}=\alpha$이므로

$\therefore x=\frac{1}{\alpha}$

★ 빈출

이차방정식 $ax^2+bx+c=0$의 근이 α이면

이차방정식 $cx^2+bx+a=0$의 근은 $\frac{1}{\alpha}$이다.

(2) 이차방정식 $cx^2-bx+a=0$에서

양변을 x^2으로 나누면

$\frac{cx^2-bx+a}{x^2}=0$

$a\left(-\frac{1}{x}\right)^2+b\left(-\frac{1}{x}\right)+c=0$

$-\frac{1}{x}=\alpha$이므로

$\therefore x=-\frac{1}{\alpha}$

(3) 이차방정식 $4cx^2-2bx+a=0$에서

양변을 $4x^2$으로 나누면

$\frac{4cx^2-2bx+a}{4x^2}=0$

$a\left(-\frac{1}{2x}\right)^2+b\left(-\frac{1}{2x}\right)+c=0$

$-\frac{1}{2x}=\alpha$이므로

$\therefore x=-\frac{1}{2\alpha}$

기출 유형2

이차방정식 $(2x-2025)^2-(2x-2025)+3=0$의 두 근을 α, β라 할 때, $\left(\alpha-\frac{2023}{2}\right)\left(\beta-\frac{2023}{2}\right)$의 값을 구하시오.

해설

$f(x)=x^2-x+3$으로 놓으면

$(2x-2025)^2-(2x-2025)+3=0$은

$f(2x-2025)=0$으로 나타낼 수 있고,

이 방정식의 두 근은 α와 β이므로

$f(2\alpha-2025)=0$, $f(2\beta-2025)=0$ 이다. …… ㉠

$f(x)=x^2-x+3=0$의 두 근을 γ, δ라고 하면

$f(\gamma)=0$, $f(\delta)=0$이므로 ㉠의 식과 비교하면

$2\alpha-2025=\gamma$, $2\beta-2025=\delta$ 이다.

즉, $\alpha=\frac{\gamma+2025}{2}$, $\beta=\frac{\delta+2025}{2}$

$\therefore \left(\alpha-\frac{2023}{2}\right)\left(\beta-\frac{2023}{2}\right)$

$=\left(\frac{\gamma+2025}{2}-\frac{2023}{2}\right)\left(\frac{\delta+2025}{2}-\frac{2023}{2}\right)$

$=\frac{1}{4}(\gamma+2)(\delta+2)$ …… ㉡

한편, 이차방정식 $x^2-x+3=0$의 두 근이 γ, δ이므로

근과 계수의 관계에 의하여

$\gamma+\delta=1$, $\gamma\delta=3$

이 값을 ㉡의 식에 대입하면

$\frac{1}{4}(\gamma+2)(\delta+2)$

$=\frac{1}{4}\{\gamma\delta+2(\gamma+\delta)+4\}$

$=\frac{1}{4}(3+2\times1+4)=\frac{9}{4}$

따라서 구하는 식의 값은 $\frac{9}{4}$

Ⅵ 이차방정식

265

세 실수 a, b, c에 대하여 x에 대한 이차방정식 $ax^2+bx+c=0$의 한 근이 $1-\sqrt{2}i$일 때, 이차방정식 $4cx^2-2bx+a=0$의 두 근을 α, β라 하자. α, β를 근으로 갖고 x^2의 계수가 12인 이차방정식을 $12x^2+px+q=0$이라고 할 때, 실수 p, q의 값을 구하시오. (단, $i=\sqrt{-1}$)

266

$f(x)=\left(\frac{3x-5}{2}\right)^2-\left(\frac{3x-5}{2}\right)+7$에 대하여 이차방정식 $f(x)=0$의 두 근을 α, β라 할 때, $f\left(\frac{2x-3}{6}\right)=0$의 두 근의 곱을 구하시오.

267

이차방정식 $\mathrm{P}(x-2)=0$의 서로 다른 두 근을 α, β라 할 때, $\alpha+\beta=1$, $\alpha\beta=2$를 만족한다.
이때, $\mathrm{P}(x^2+x+3)=0$의 모든 근의 곱을 구하시오.

268

x에 대한 이차방정식 $a(x-1)^2+b(x-1)+c=0$의 두 근이 α, β일 때, x에 대한 이차방정식 $c\left(\frac{1}{x+1}\right)^2-b\left(\frac{1}{x+1}\right)+a=0$의 두 근을 각각 α, β로 나타내시오. (단 a, b, c는 실수이다.)

이차방정식 만들기

이차방정식 $x^2+mx+n=0$의 두 근이 α, β일 때, 최고차항의 계수가 a인 이차방정식 $f(x)$는 다음과 같이 나타낼 수 있다.

(1) $f(\alpha)=p\alpha+q$, $f(\beta)=p\beta+q$이면

$f(x)-(px+q)=a(x-\alpha)(x-\beta)$

(2) $f(\alpha)=p\beta+q$, $f(\beta)=p\alpha+q$이면

$f(x)+px+pm-q=a(x-\alpha)(x-\beta)$

(3) $f(\alpha)=p\alpha^2$, $f(\beta)=p\beta^2$이면

$f(x)+p(mx+n)=a(x-\alpha)(x-\beta)$

(4) $f(\alpha)=p\beta^2$, $f(\beta)=p\alpha^2$이면

$f(x)-p(mx+m^2-n)=a(x-\alpha)(x-\beta)$

(5) $\beta f(\alpha)=p$, $\alpha f(\beta)=p$이면

$f(x)-\frac{p}{n}x=a(x-\alpha)(x-\beta)$

(1) $f(\alpha)=p\alpha+q$, $f(\beta)=p\beta+q$이면

$f(x)-(px+q)=a(x-\alpha)(x-\beta)$

$f(\alpha)=p\alpha+q$, $f(\beta)=p\beta+q$에서 α, β를 x로 놓으면 $f(x)=px+q$의 해가 α, β이다.

즉, $f(x)-(px+q)=0$의 해가 α, β이므로

$\therefore$ $f(x)-(px+q)=a(x-\alpha)(x-\beta)$

(2) $f(\alpha)=p\beta+q$, $f(\beta)=p\alpha+q$이면

$f(x)+px+pm-q=a(x-\alpha)(x-\beta)$

$f(\alpha)=p\beta+q$, $f(\beta)=p\alpha+q$에서

$\alpha+\beta=-m$을 이용하여 우변의 α, β에 관한 식을 좌변의 괄호 안의 문자에 관한 식으로 나타내면

$f(\alpha)=p\beta+q=p(-\alpha-m)+q$

$f(\beta)=p\alpha+q=p(-\beta-m)+q$

위의 식에서 α, β를 x로 놓으면

$f(x)=p(-x-m)+q$의 해가 α, β임을 알 수 있다.

즉, $f(x)+px+pm-q=0$의 해가 α, β이므로

$\therefore$ $f(x)+px+pm-q=a(x-\alpha)(x-\beta)$

(3) $f(\alpha)=p\alpha^2$, $f(\beta)=p\beta^2$이면

$f(x)+p(mx+n)=a(x-\alpha)(x-\beta)$

$f(\alpha)=p\alpha^2$, $f(\beta)=p\beta^2$에서 우변의 2차식으로 인해 좌변의 2차항의 계수가 달라지므로 복잡함을 피하기 위해 우변의 2차식을 1차 이하의 식으로 나타낸다.

이차방정식 $x^2+mx+n=0$의 두 근이 α, β이므로

$\alpha^2=-m\alpha-n$, $\beta^2=-m\beta-n$

이 식을 각각 α^2, β^2에 대입하면

$f(\alpha)=p(-m\alpha-n)$, $f(\beta)=p(-m\beta-n)$

위의 식에서 α, β를 x로 놓으면

$f(x)=p(-mx-n)$의 해가 α, β임을 알 수 있다.

즉, $f(x)+p(mx+n)=0$의 해가 α, β이므로

$\therefore$ $f(x)+p(mx+n)=a(x-\alpha)(x-\beta)$

(4) $f(\alpha)=p\beta^2$, $f(\beta)=p\alpha^2$이면

$f(x)-p(mx+m^2-n)=a(x-\alpha)(x-\beta)$

$f(\alpha)=p\beta^2$, $f(\beta)=p\alpha^2$에서 우변의 2차식을 좌변의 괄호 안의 문자에 관한 1차 이하의 식으로 나타낸다.

$\beta^2=-m\beta-n$, $\alpha^2=-m\alpha-n$에서 $\alpha+\beta=-m$ 이므로

$\beta^2=-m(-\alpha-m)-n$, $\alpha^2=-m(-\beta-m)-n$

이 식을 각각 α^2, β^2에 대입하면

$f(\alpha)=p(m\alpha+m^2-n)$, $f(\beta)=p(m\beta+m^2-n)$

위의 식에서 α, β를 x로 놓으면

$f(x)=p(mx+m^2-n)$의 해가 α, β임을 알 수 있다.

즉, $f(x)-p(mx+m^2-n)=0$의 해가 α, β이므로

$\therefore$ $f(x)-p(mx+m^2-n)=a(x-\alpha)(x-\beta)$

(5) $\beta f(\alpha)=p$, $\alpha f(\beta)=p$이면
$f(x)-\frac{p}{n}x=a(x-\alpha)(x-\beta)$

$\beta f(\alpha)=p$, $\alpha f(\beta)=p$에서 $f(\alpha)=\frac{p}{\beta}$, $f(\beta)=\frac{p}{\alpha}$
근과 계수의 관계에 의해 $\alpha\beta=n$이므로
이를 이용하여 우변의 α와 β를
괄호 안의 문자로 바꾸면 $f(\alpha)=\frac{p}{n}\alpha$, $f(\beta)=\frac{p}{n}\beta$
위의 식에서 α, β를 x로 놓으면
$f(x)=\frac{p}{n}x$의 해가 α, β임을 알 수 있다.
즉, $f(x)-\frac{p}{n}x=0$의 해가 α, β이므로
$\therefore f(x)-\frac{p}{n}x=a(x-\alpha)(x-\beta)$

개념 확인

이차방정식 $x^2+2x-4=0$의 두 근을 α, β라 할 때, $f(\alpha)=\beta$, $f(\beta)=\alpha$을 만족하는 이차식 $f(x)$를 구하시오. (단, $f(x)$의 이차항의 계수는 1이다.)

해설

$x^2+2x-4=0$의 두 근이 α, β이므로
근과 계수의 관계에 의해 $\alpha+\beta=-2$
$\therefore f(\alpha)=\beta=-2-\alpha$, $f(\beta)=\alpha=-2-\beta$
위의 식에서 α, β를 x로 놓으면
$f(x)=-x-2$의 두 근이 α, β임을 알 수 있다.
즉, $f(x)+x+2=0$의 해가 α, β이다.
$f(x)$의 이차항의 계수는 1이므로
$f(x)+x+2=(x-\alpha)(x-\beta)=x^2+2x-4$
$\therefore f(x)=x^2+x-6$

주어진 식을 괄호 안의 문자에 관해 정리한다. 

기출 유형

이차방정식 $x^2-10x+8=0$의 두 근을 α, β라 할 때, $f(\alpha)=-2\alpha^2$, $f(\beta)=-2\beta^2$, $f(1)=3$을 만족시키는 이차식 $f(x)$를 구하시오.

해설

방법1
이차방정식 $x^2-10x+8=0$의 두 근이 α, β이므로
$x^2-10x+8=(x-\alpha)(x-\beta)$ …… ㉠
$f(\alpha)+2\alpha^2=0$, $f(\beta)+2\beta^2=0$이므로
α, β는 이차방정식 $f(x)+2x^2=0$의 두 근임을 알 수 있다.
이때, $f(x)+2x^2$의 최고차항의 계수를 a라고 하면
$f(x)+2x^2=a(x-\alpha)(x-\beta)$
$=a(x^2-10x+8)$ ($\because$ ㉠)
위 식의 양변에 $x=1$을 양변에 대입하면
$f(1)+2=-a$ $\therefore a=-5$ ($\because f(1)=3$)
그러므로 $f(x)=-7x^2+50x-40$

방법2
이차방정식 $x^2-10x+8=0$의 두 근이 α, β이므로
$\alpha^2-10\alpha+8=0$, $\beta^2-10\beta+8=0$
위의 식을 이용하여 우변의 식을 1차 이하의 식으로 나타내면
$f(\alpha)=-2\alpha^2=-2(10\alpha-8)$
$f(\beta)=-2\beta^2=-2(10\beta-8)$
$f(\alpha)+20\alpha-16=0$, $f(\beta)+20\beta-16=0$
위의 식에서 α, β를 x로 놓으면
$f(x)+20x-16=0$의 두 근은 α, β임을 알 수 있다.
이때, $f(x)$의 이차항의 계수를 k라고 하면
$f(x)+20x-16=k(x-\alpha)(x-\beta)=k(x^2-10x+8)$
$f(1)=3$이므로 위의 식에 $x=1$을 대입하면
$f(1)+20-16=-k$ $\therefore k=-7$
$f(x)+20x-16=-7(x^2-10x+8)$
그러므로 $f(x)=-7x^2+50x-40$

269

이차방정식 $x^2+x-1=0$의 두 근을 α, β라 할 때, 이차식 $f(x)$가 $f(\alpha)=\beta^2$, $f(\beta)=\alpha^2$, $f(1)=0$을 만족시킨다. 이차방정식 $f(x)=0$의 두 근의 차를 구하시오.

개념 확인

이차방정식 $x^2-3x+1=0$의 두 근을 α, β라 할 때, $f(\alpha)=\frac{1}{\beta}$, $f(\beta)=\frac{1}{\alpha}$을 만족시키는 이차식 $f(x)$를 구하시오. (단, $f(x)$의 이차항의 계수는 1이다.)

해설

이차방정식 $x^2-3x+1=0$의 두 근이 α, β이므로
근과 계수의 관계에 의해 $\alpha\beta=1$이다.
$\alpha\beta=1$에서 $\frac{1}{\beta}=\alpha$, $\frac{1}{\alpha}=\beta$이므로
$f(\alpha)=\frac{1}{\beta}=\alpha$, $f(\beta)=\frac{1}{\alpha}=\beta$ 이다.
위의 식에서 α, β를 x로 놓으면
$f(x)=x$의 해가 α, β임을 알 수 있다.
즉, 이차방정식 $f(x)-x=0$의 두 근이 α, β이므로
$\therefore f(x)-x=(x-\alpha)(x-\beta)$
$=x^2-3x+1$
그러므로 $f(x)=x^2-2x+1$

α, β가 분모에 있는 형태는 두 근의 곱을 이용하여 식을 변형하면 계산을 줄일 수 있다.

기출 유형

이차방정식 $x^2+5x-2=0$의 두 근을 α, β라 할 때, 다음 조건을 만족시키는 이차식 $f(x)$에 대하여 $f(3)$의 값을 구하시오.

(가) $f(\alpha)=-\frac{6}{\beta}$, $f(\beta)=-\frac{6}{\alpha}$
(나) $f(1)=-5$

해설

방법1

이차방정식 $x^2+5x-2=0$의 두 근이 α, β이므로
근과 계수의 관계에 의해 $\alpha+\beta=-5$ …… ㉠
이를 이용하여 괄호 안의 문자에 관한 식으로 나타내면
$f(\alpha)=-\frac{6}{\beta}$에서 $\beta f(\alpha)+6=0$
$(-5-\alpha)f(\alpha)+6=0$ ($\because$ ㉠)
마찬가지로 $(-5-\beta)f(\beta)+6=0$
이때, $g(x)=(-5-x)f(x)+6$이라고 하면
$g(\alpha)=0$, $g(\beta)=0$이고, $g(x)$는 삼차 다항식이므로
($\because f(x)$가 이차 다항식)
$\therefore g(x)=(x-\alpha)(x-\beta)(ax+b)$
$=(x^2+5x-2)(ax+b)$에서
$(-5-x)f(x)+6=(x^2+5x-2)(ax+b)$ …… ㉡
로 놓을 수 있다. (단, a, b는 상수이고 $a\neq0$)
㉡의 양변에 $x=1$을 대입하면
$-6f(1)+6=4(a+b)$, $a+b=9$ …… ㉢
㉡의 양변에 $x=-5$를 대입하면
$6=-2(-5a+b)$, $-5a+b=-3$ …… ㉣
㉢, ㉣을 연립하여 풀면 $a=2$, $b=7$
이를 ㉡에 대입하면
$(-5-x)f(x)+6=(x^2+5x-2)(2x+7)$
$\therefore f(3)=-35$

Ⅵ 이차방정식

방법2

이차방정식 $x^2+5x-2=0$의 두 근이 α, β이므로

근과 계수의 관계에 의해 $\alpha\beta=-2$

이를 이용하여 우변의 식을

좌변의 괄호 안의 문자에 관한 식으로 나타내면

$f(\alpha)=-\frac{6}{\beta}=3\times\left(-\frac{2}{\beta}\right)=3\alpha$

$f(\beta)=-\frac{6}{\alpha}=3\times\left(-\frac{2}{\alpha}\right)=3\beta$

위의 식에서 α, β를 x로 놓으면

$f(x)=3x$의 해가 α, β임을 알 수 있다.

즉, 방정식 $f(x)-3x=0$의 두 근이 α, β이므로

$f(x)$의 이차항의 계수를 k라고 하면

$f(x)-3x=k(x-\alpha)(x-\beta)=k(x^2+5x-2)$

$f(x)=kx^2+(5k+3)x-2k$

$f(1)=-5$이므로

$f(1)=4k+3=-5$, $k=-2$

$\therefore f(x)=-2x^2-7x+4$

그러므로 $f(3)=(-2)\times3^2-7\times3+4=-35$

270

이차방정식 $x^2-x-1=0$의 두 근을 α, β라 할 때,
이차식 $f(x)$가 다음 조건을 만족시킨다.

(가) 이차항의 계수는 1이다.
(나) $f(\alpha)=-\frac{1}{\beta^2}-\alpha$, $f(\beta)=-\frac{1}{\alpha^2}-\beta$

이차방정식 $f(x)=0$의 두 근의 합을 p, 두 근의 곱을 q라 할 때, $p+q$의 값을 구하시오.

271

이차방정식 $x^2-2x+2=0$의 두 근을 α, β라 할 때,
다음 조건을 만족시키는 이차식 $f(x)$를 구하시오.

(가) $\beta f(\alpha)=4$ (나) $\alpha f(\beta)=4$ (다) $f(0)=1$

272

이차방정식 $x^2-\frac{1}{3}x-4=0$의 서로 다른 두 근을 α, β라 할 때,
$(1-3\beta)f\left(\frac{1}{6}-\frac{1}{2}\alpha\right)=-12$, $(1-3\alpha)f\left(\frac{1}{6}-\frac{1}{2}\beta\right)=-12$를 만족시키는 이차식 $f(x)$를 구하시오.
(단, $f(x)$의 이차항의 계수는 1이다.)

CHAPTER 6

공통근 및 정수근

01. 공통근

이차방정식에서의 공통근 문제는 상수항 또는 이차항을 소거하여 해결한다.

기출 유형

두 이차방정식

$x^2+(a-2)x-a+1=0$, $x^2-x+a-1=0$이 오직 하나의 공통근을 갖도록 하는 실수 a의 값을 구하시오.

해설

방법1

두 이차방정식의 공통근을 α라고 하면

$$\begin{cases}\alpha^2+(a-2)\alpha-a+1=0 & \cdots\cdots ㉠\\ \alpha^2-\alpha+a-1=0 & \cdots\cdots ㉡\end{cases}$$

상수항을 소거하기 위해 ㉠과 ㉡을 더하면

$2\alpha^2+(a-3)\alpha=0$, $\alpha\{2\alpha+(a-3)\}=0$

$\therefore \alpha=0$ 또는 $\alpha=\dfrac{3-a}{2}$

(i) $\alpha=0$일 때

㉠과 ㉡에서 $a=1$이고 이를 주어진 식에 대입하면 두 이차방정식이 $x^2-x=0$으로 일치하여 공통인 해가 두 개가 되어 모순이다.

(ii) $\alpha=\dfrac{3-a}{2}$일 때

$\alpha=\dfrac{3-a}{2}$를 ㉡에 대입하면

$\dfrac{1}{4}(3-a)^2+\dfrac{a-3}{2}+a-1=0$, $a^2-1=0$

$\therefore a=-1 \qquad (\because a\neq1)$

(i), (ii)에서 구하는 a의 값은 -1이다.

방법2

두 이차방정식의 공통근을 α라고 하면

$$\begin{cases}\alpha^2+(a-2)\alpha-a+1=0 & \cdots\cdots ㉠\\ \alpha^2-\alpha+a-1=0 & \cdots\cdots ㉡\end{cases}$$

이차항을 소거하기 위해 ㉠에서 ㉡을 빼면

$(a-1)\alpha-2(a-1)=0$, $(a-1)(\alpha-2)=0$

$\therefore a=1$ 또는 $\alpha=2$

(i) $a=1$일 때,

$a=1$을 주어진 식에 대입하면 두 이차방정식이 $x^2-x=0$으로 일치하여 공통인 해가 두 개가 되어 모순이다.

(ii) $\alpha=2$일 때,

㉠에서 $4+2(a-2)-a+1=0$,

$a+1=0 \qquad \therefore a=-1$

(i), (ii)에서 구하는 a의 값은 -1

273

두 이차방정식

$x^2+(m+1)x-3m=0$, $x^2-(m+5)x+3m=0$이 공통근을 갖도록 하는 실수 m의 값을 모두 구하시오.

274

두 이차방정식 $x^2+(2m+3)x-m-4=0$,

$x^2+(m+3)x+m-4=0$의 공통근이 오직 1개가 되도록 하는 실수 m의 값을 구하시오.

02. 정수근

이차방정식에서의 정수근 문제는 근과 계수의 관계 또는 근의 공식을 이용하여 해결한다.

기출 유형

이차방정식 $x^2+112x+3p=0$이 서로 다른 두 정수근을 갖도록 하는 소수 p를 모두 구하시오.

해설

방법1

$x^2+112x+3p=0$에서 근의 공식에 의해

$x=-56+\sqrt{56^2-3p}$ 또는 $x=-56-\sqrt{56^2-3p}$

이 두 근이 서로 다른 정수가 되려면, $\sqrt{56^2-3p}$가 자연수가 되어야 하므로 56^2-3p가 제곱수여야 한다.

$56^2-3p=k^2$ (단, k는 자연수)으로 놓으면

$56^2-k^2=3p$

이 식을 인수분해 하면 $(56+k)(56-k)=3p$

p는 소수이므로 $56+k$, $56-k$, p의 값으로 가능한 경우는 다음과 같다.

$56+k$	$56-k$	p
$3p$	1	37
p $(p>3)$	3	109
3	p $(p<3)$	×

따라서 구하는 소수 p는 37 또는 109이다.

방법2

$x^2+112x+3p=0$에서 근과 계수의 관계에 의해

$\alpha+\beta=-112$, $\alpha\beta=3p$

α, β가 정수이고 두 근의 합이 음수이고, 곱이 양수이므로 가능한 (α, β)의 순서쌍은

$(-3, -p)$ 또는 $(-1, -3p)$ 두 가지 경우뿐이다.

(i) $\alpha=-3$, $\beta=-p$일 때

$\alpha+\beta=-3-p=-112$ $\quad\therefore p=109$

(ii) $\alpha=-1$, $\beta=-3p$일 때

$\alpha+\beta=-1-3p=-112$ $\quad\therefore p=37$

(i), (ii)에서 구하는 소수 p는 37 또는 109

275

이차방정식 $x^2-mx+m+5=0$의 두 근이 모두 정수가 되도록 하는 모든 정수 m의 값들의 합을 구하시오.

276

x에 대한 이차방정식 $x^2+2(k-5)x+2k^2=0$의 두 근이 모두 정수가 되도록 하는 정수 k의 값을 모두 구하시오.

277

이차방정식 $x^2-px-114p=0$의 두 근이 모두 정수가 되도록 하는 소수 p를 구하시오.

278

이차방정식 $x^2-2px-3q^2=0$의 두 근이 모두 정수가 되도록 하는 순서쌍 (p, q)의 개수를 구하시오.
(단, p, q는 한자리 소수이다.)

CHAPTER 7

단원 연계

01. 음수의 제곱근

이차방정식에서 $\sqrt{\alpha}$, $\sqrt{\beta}$에 관한 문제는 먼저 근과 계수의 관계를 이용하여 두 근의 부호를 따져본다.

기출 유형

이차방정식 $x^2+6x+4=0$의 두 근을 α, β라 할 때, $\left(\frac{1}{\sqrt{\alpha}}-\frac{1}{\sqrt{\beta}}\right)^2$의 값을 구하시오.

해설

$x^2+6x+4=0$의 두 근이 α, β이므로

근과 계수의 관계에 의해

$\alpha+\beta=-6$, $\alpha\beta=4$

두 근의 합은 음수, 곱은 양수이므로 $\alpha<0$, $\beta<0$ 이다.

$$\therefore \left(\frac{1}{\sqrt{\alpha}}-\frac{1}{\sqrt{\beta}}\right)^2$$

$$=\frac{1}{\alpha}+\frac{1}{\beta}-\frac{2}{\sqrt{\alpha}\sqrt{\beta}}$$

$$=\frac{\alpha+\beta}{\alpha\beta}+\frac{2}{\sqrt{\alpha\beta}}$$

$$=\frac{-6}{4}+\frac{2}{\sqrt{4}}=-\frac{1}{2}$$

279

이차방정식 $x^2-x-5=0$의 두 실근을 α, β라 할 때, $\left(\sqrt{\frac{\beta}{\alpha}}+\sqrt{\frac{\alpha}{\beta}}\right)^2$의 값을 구하시오.

280

이차방정식 $x^2+ax+4a=0$의 두 근 α, β에 대하여 $(\sqrt{\alpha}+\sqrt{\beta})^2=-16$일 때, 양의 실수 a의 값을 구하시오.

281

이차방정식 $x^2+4x-k=0$의 두 실근 α, β에 대하여 $\sqrt{\alpha}+\sqrt{\beta}=\sqrt{6}i$일 때, $k\times\left(\frac{1}{\sqrt{\alpha}}+\frac{1}{\sqrt{\beta}}\right)^2$의 값을 구하시오. (단, α, β, k는 0이 아닌 실수이고, $i=\sqrt{-1}$이다.)

02. 고차방정식 만들기

이차방정식에서 계수가 무리수 또는 허수인 항이 하나만 있을 경우, 그 항을 등호 반대쪽으로 이항한 후 양변을 제곱하면 모든 항의 계수가 유리수 또는 정수인 고차방정식을 얻을 수 있다.

기출 유형

이차방정식 $x^2-\sqrt{3}x+1=0$의 한 허근을 α라 할 때, $\alpha^{100}+\dfrac{1}{\alpha^{40}}$의 값을 구하시오.

해설

방법1

$x^2-\sqrt{3}x+1=0$에서 $x^2+1=\sqrt{3}x$

양변을 제곱하여 정리하면

$x^4-x^2+1=0$, $(x^2+1)(x^4-x^2+1)=0$, $x^6+1=0$

$\therefore x^{12}=1$

즉, $\alpha^4-\alpha^2+1=0$이고 $\alpha^{12}=1$이다. …… ㉠

$\alpha^4-\alpha^2+1=0$의 양변을 α^2으로 나누면

$\alpha^2-1+\dfrac{1}{\alpha^2}=0$, $\alpha^2+\dfrac{1}{\alpha^2}=1$이고

$\alpha^{100}=(\alpha^{12})^8\times\alpha^4=\alpha^4$, $\alpha^{40}=(\alpha^{12})^3\times\alpha^4=\alpha^4$이므로

$$\therefore \alpha^{100}+\frac{1}{\alpha^{40}}=\alpha^4+\frac{1}{\alpha^4}$$
$$=\left(\alpha^2+\frac{1}{\alpha^2}\right)^2-2=1^2-2=-1$$

방법2

$x^2-\sqrt{3}x+1=0$에서 근의 공식에 의해 두 근을 구하면 $x=\dfrac{\sqrt{3}+i}{2}$ 또는 $\dfrac{\sqrt{3}-i}{2}$

이 두 근을 복소수의 극형식으로 표현하면

$x=\cos 30°+i\sin 30°$ 또는

$x=\cos(-30°)+i\sin(-30°)$

$|x|=1$이고 $30°\times 12=360°$이므로 $x^{12}=1$ $\therefore \alpha^{12}=1$

한편, $\alpha^2-\sqrt{3}\alpha+1=0$의 양변을 α로 나누면

$\alpha-\sqrt{3}+\dfrac{1}{\alpha}=0$, $\alpha+\dfrac{1}{\alpha}=\sqrt{3}$이므로

$$\alpha^2+\frac{1}{\alpha^2}=\left(\alpha+\frac{1}{\alpha}\right)^2-2=1$$

$$\alpha^4+\frac{1}{\alpha^4}=\left(\alpha^2+\frac{1}{\alpha^2}\right)^2-2=-1$$

$$\therefore \alpha^{100}+\frac{1}{\alpha^{40}}=(\alpha^{12})^8\times\alpha^4+\frac{1}{(\alpha^{12})^3\times\alpha^4}=\alpha^4+\frac{1}{\alpha^4}=-1$$

그러므로 구하는 식의 값은 -1

282

이차방정식 $x^2+\sqrt{3}x+1=0$의 두 근을 α, β라 할 때, $\left(1+\frac{1}{\alpha}+\frac{1}{\alpha^2}+\cdots+\frac{1}{\alpha^9}\right)\left(1+\frac{1}{\beta}+\frac{1}{\beta^2}+\cdots+\frac{1}{\beta^9}\right)$의 값을 구하시오.

283

이차방정식 $2x^2-(1+\sqrt{5})x+2=0$의 두 근을 α, β라 할 때, $\alpha^{2024}+\beta^{2024}$의 값을 구하시오.

284

두 복소수 $\alpha=\frac{1+\sqrt{3}i}{2}$, $\beta=\frac{1-\sqrt{3}i}{2}$에 대하여 $\left(\frac{1}{1-\alpha}\right)^{40}+\left(\frac{1}{1-\beta}\right)^{40}$의 값을 구하시오. (단, $i=\sqrt{-1}$)

CHAPTER 8

고난도 실전 연습문제

285

세 유리수 a, b, c에 대하여
x에 대한 이차방정식 $ax^2+bx+\sqrt{5}c=0$의 한 근이 $\alpha=1-\sqrt{5}$이고 다른 한 근을 β라 할 때,
$\dfrac{\beta}{\alpha^2-5\alpha-4\sqrt{5}}+\dfrac{\alpha}{\beta^2-5\beta-4\sqrt{5}}$의 값을 구하시오.

286

x에 대한 이차방정식 $ax^2+bx+c=0$에서 a를 0이 아닌 다른 유리수로 잘못 보고 풀어 $-1+\sqrt{3}i$를 한 근으로 얻었고, b를 다른 유리수로 잘못 보고 풀어 $2-\sqrt{2}$를 한 근으로 얻었다.
이차방정식 $ax^2+bx+c=0$의 두 근을 α, β라 할 때, $\dfrac{1}{\alpha^2-3\alpha-4}+\dfrac{1}{\beta^2-3\beta-4}$의 값을 구하시오.
(단, a, b, c는 모두 유리수이고, $i=\sqrt{-1}$이다.)

287

$\mathrm{N}=\dfrac{x^2+x+2}{x^2-x+1}$에 대하여 가능한 정수 N의 값을 모두 구하시오. (단, x는 실수이다.)

288

두 실수 x, y에 대하여 $x+y=4$일 때, x^4+y^4의 최솟값을 구하시오.

289

x에 대한 이차방정식 $t(1+i)x^2+(2+ti)x+t+2i=0$이 실근을 갖도록 하는 실수 t의 값을 구하시오.
(단, $i=\sqrt{-1}$)

Ⅵ 이차방정식

290

x에 대한 이차방정식 $ax^2+\{b+(c-d)i\}x+e=0$의 해가 실근 1개, 허근 1개가 될 조건을 구하시오.
(단, a, b, c, d, e는 실수이고, $i=\sqrt{-1}$이다.)

291

x에 대한 이차방정식
$(n^4+n^2+1)x^2-2nx-n=0$ (단, n은 자연수)의 두 근을 α_n, β_n이라 할 때,
$(\alpha_1+\alpha_2+\cdots+\alpha_9)+(\beta_1+\beta_2+\cdots+\beta_9)$의 값을 구하시오.

292

x에 대한 이차방정식 $x^2+(a-3b)x-ab+4b^2=0$이 중근을 가질 때, $\dfrac{a^2-ab-4b^2}{a^2-ab-6b^2}$의 값을 구하시오.
(단, $ab>0$)

293

x에 대한 이차방정식
$x^2+(2abc+2)x+2a^2b^2c^2+2=0$이 실근을 가질 때, 분모를 0으로 하지 않는 세 실수 a, b, c에 대하여
$\dfrac{a}{2ab+a+2}+\dfrac{2b}{2bc+2b+1}+\dfrac{2c}{ca+2c+2}$의 값을 구하시오.

294

이차방정식 $x^2+4x+2=0$의 두 근을 α, β라 할 때, 다음 조건을 만족시키는 이차식 $f(x)$를 구하시오.

(가) $f(x)$의 이차항의 계수는 2이다. (나) $(\beta^2+5\beta+6)f(\alpha)=\frac{4}{\alpha}$, $(\alpha^2+5\alpha+6)f(\beta)=\frac{4}{\beta}$

295

이차방정식의 $x^2-2x+2=0$의 두 근 α, β에 대하여 $f(x)=x^2+ax+b$가 $\alpha^3f(\alpha^5)=8$, $\beta^3f(\beta^5)=8$을 만족시킬 때, 두 상수 a, b에 대하여 $4a-b$의 값을 구하시오.

296

실수 a, b, c에 대하여
$a+b+c=0$, $ab+bc+ca=-9$일 때,
$a^4+a^3b+a^2+ab^3+b^2+b^4$의 최댓값과 최솟값을 구하시오.

297

이차방정식 $x^2+ax-4a=0$의 서로 다른 두 실근을 α, β라 하고, 이차방정식 $x^2-7ax+24a=0$의 두 근을 $|\alpha|+|\beta|$, $|\alpha\beta|$라 할 때, 실수 a의 값을 구하시오.

298

두 이차방정식 $mx^2-14x+24=0$, $nx^2-3x+m=0$이 모두 정수인 근을 적어도 하나씩 갖도록 하는 순서쌍 (m, n)을 모두 구하시오. (단, m, n은 자연수)

299

이차방정식 $x^2-4px-160p=0$의 두 근이 모두 정수가 되도록 하는 소수 p를 구하시오.

300

이차방정식 $x^2+2x-4=0$의 두 근을 α, β라 할 때, $(\sqrt{\alpha}+\sqrt{\beta})^2-\left(\sqrt{\frac{\beta}{\alpha}}+\sqrt{\frac{\alpha}{\beta}}\right)$의 값을 구하시오.

301

$x^2-\sqrt{2}x+1=0$을 만족하는 x에 대하여

$$\frac{1}{x^7}(1-x+x^2-x^3+x^4-x^5+x^6-x^7+x^8-x^9+x^{10}-x^{11}+x^{12}-x^{13}+x^{14})$$

의 값을 구하시오.

Ⅶ

이차함수

CHAPTER 1 이차함수의 특성과 수식

이차함수는 대칭축을 기준으로 선대칭이며, 대칭축의 좌우에서 각각 증가하거나 감소한다. 또한, 위로 볼록하거나 아래로 볼록한 형태를 가진다.

(1) 대칭축을 기준으로 선대칭

모든 실수 x에 대해 $f(a+x)=f(a-x)$이면 $f(x)$는 $x=a$ 대칭이다.

(2) 대칭축의 좌우에서 각각 증가 또는 감소

① 임의의 두 실수 x_1, x_2에 대해 $x_1<x_2$일 때, $f(x_1)<f(x_2)$이면 $f(x)$는 증가함수이다.

② 임의의 두 실수 x_1, x_2에 대해 $x_1<x_2$일 때, $f(x_1)>f(x_2)$이면 $f(x)$는 감소함수이다.

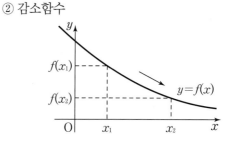

(3) 위로 볼록 또는 아래로 볼록

① 중점을 이용한 표현

㉠ 서로 다른 두 실수 x_1, x_2에 대해

$f\left(\frac{x_1+x_2}{2}\right)>\frac{f(x_1)+f(x_2)}{2}$ 이면

$f(x)$는 위로 볼록하다.

㉡ 서로 다른 두 실수 x_1, x_2에 대해

$f\left(\frac{x_1+x_2}{2}\right)<\frac{f(x_1)+f(x_2)}{2}$ 이면

$f(x)$는 아래로 볼록하다.

② 기울기를 이용한 표현

㉠ $x_1<x_2<x_3$인 세 실수 x_1, x_2, x_3에 대해

$\frac{f(x_2)-f(x_1)}{x_2-x_1}>\frac{f(x_3)-f(x_1)}{x_3-x_1}>\frac{f(x_3)-f(x_2)}{x_3-x_2}$

이면 $f(x)$는 위로 볼록하다.

㉡ $x_1<x_2<x_3$인 세 실수 x_1, x_2, x_3에 대해

$\frac{f(x_2)-f(x_1)}{x_2-x_1}<\frac{f(x_3)-f(x_1)}{x_3-x_1}<\frac{f(x_3)-f(x_2)}{x_3-x_2}$

이면 $f(x)$는 아래로 볼록하다.

(1) 대칭축을 기준으로 선대칭

모든 실수 x에 대해 $f(a+x)=f(a-x)$이면 $f(x)$는 $x=a$대칭이다.

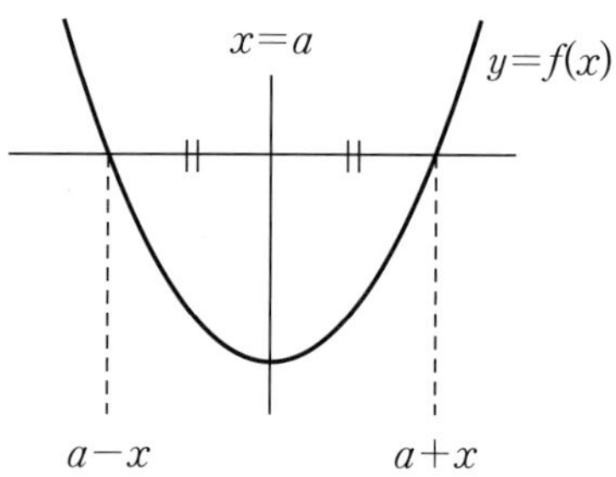

※ 괄호 안의 식을 더했을 때 상수가 나오면, 그 두 수의 합을 2로 나눈 값에 선대칭이다.

예를 들어 모든 실수 x에 대해 $f(3+x)=f(1-x)$이면 $f(x)$는 $x=\frac{(3+x)+(1-x)}{2}=2$에 선대칭이다.

(2) 대칭축의 좌우에서 각각 증가 또는 감소

① 임의의 두 실수 x_1, x_2에 대해 $x_1<x_2$일 때, $f(x_1)<f(x_2)$이면 $f(x)$는 증가함수이다.

② 임의의 두 실수 x_1, x_2에 대해 $x_1<x_2$일 때, $f(x_1)>f(x_2)$이면 $f(x)$는 감소함수이다.

① 증가함수

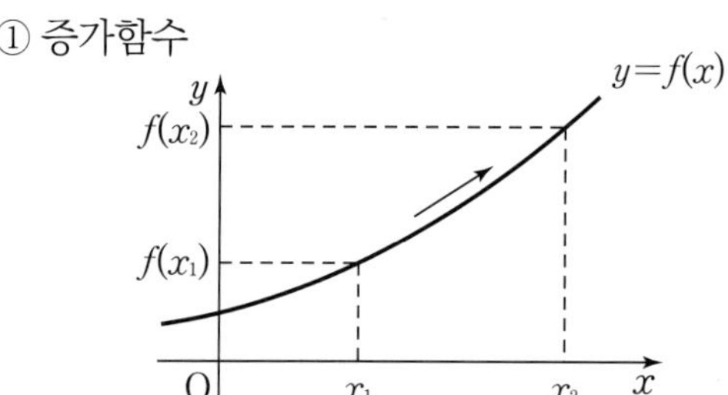

② 감소함수

(3) 위로 볼록 또는 아래로 볼록

① 중점을 이용한 표현

㉠ 서로 다른 두 실수 x_1, x_2에 대해

$f\left(\frac{x_1+x_2}{2}\right)>\frac{f(x_1)+f(x_2)}{2}$ 이면

$f(x)$는 위로 볼록하다.

㉡ 서로 다른 두 실수 x_1, x_2에 대해

$f\left(\frac{x_1+x_2}{2}\right)<\frac{f(x_1)+f(x_2)}{2}$ 이면

$f(x)$는 아래로 볼록하다.

㉠ 위로 볼록

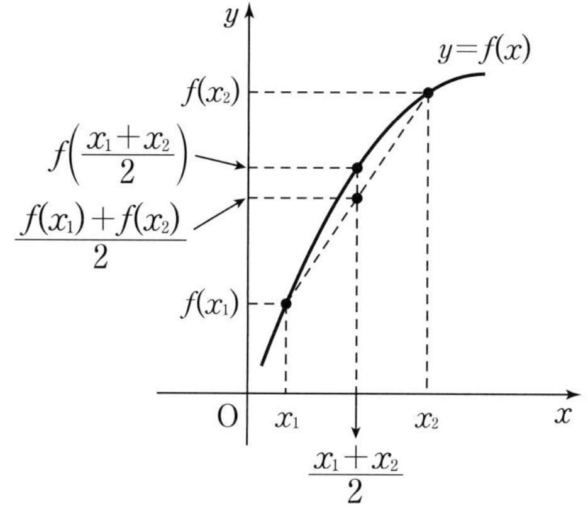

㉡ 아래로 볼록

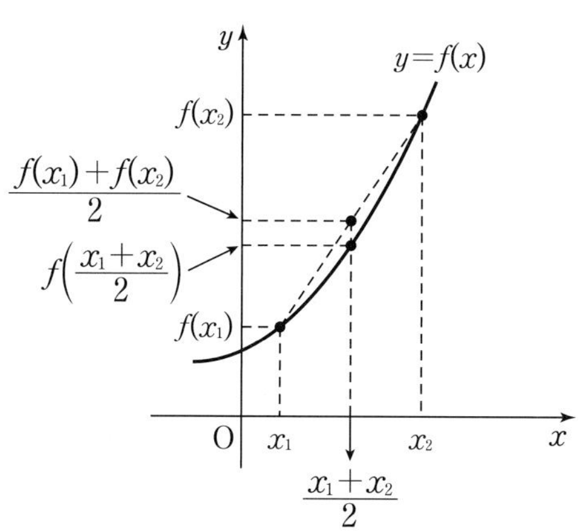

(3) 위로 볼록 또는 아래로 볼록

② 기울기를 이용한 표현

㉠ $x_1<x_2<x_3$인 세 실수 x_1, x_2, x_3에 대해

$\frac{f(x_2)-f(x_1)}{x_2-x_1}>\frac{f(x_3)-f(x_1)}{x_3-x_1}>\frac{f(x_3)-f(x_2)}{x_3-x_2}$

이면 $f(x)$는 위로 볼록하다.

㉡ $x_1<x_2<x_3$인 세 실수 x_1, x_2, x_3에 대해

$\frac{f(x_2)-f(x_1)}{x_2-x_1}<\frac{f(x_3)-f(x_1)}{x_3-x_1}<\frac{f(x_3)-f(x_2)}{x_3-x_2}$

이면 $f(x)$는 아래로 볼록하다.

㉠ 위로 볼록

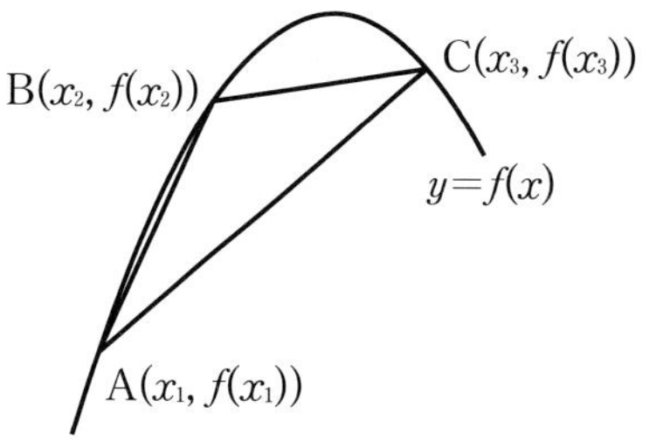

㉡ 아래로 볼록

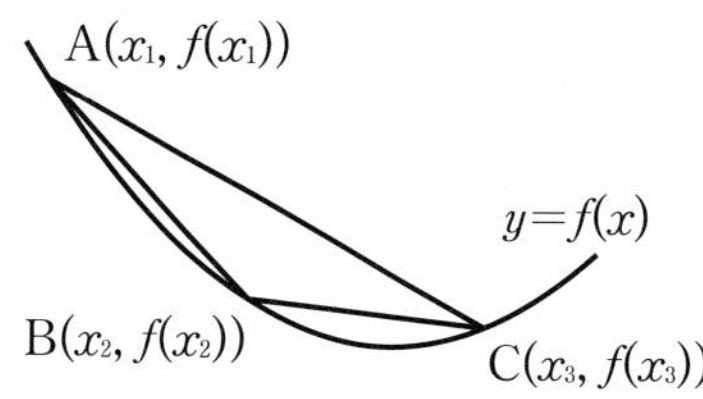

기출 유형

다음 조건을 모두 만족시키는 이차함수 $y=f(x)$를 구하시오.

(가) $f(x+2)=f(6-x)$
(나) $f(1)<f(2)$
(다) $1\le x\le 5$일 때, $y=f(x)$의 최댓값은 9, 최솟값은 -9이다.

해설

(가) 조건에 의해 축의 방정식이 $x=4$이고
(나) 조건에 의해 위로 볼록하므로
이차함수 $y=f(x)$를 다음과 같이 나타낼 수 있다.
$f(x)=a(x-4)^2+b$ (단, a, b는 실수, $a<0$)

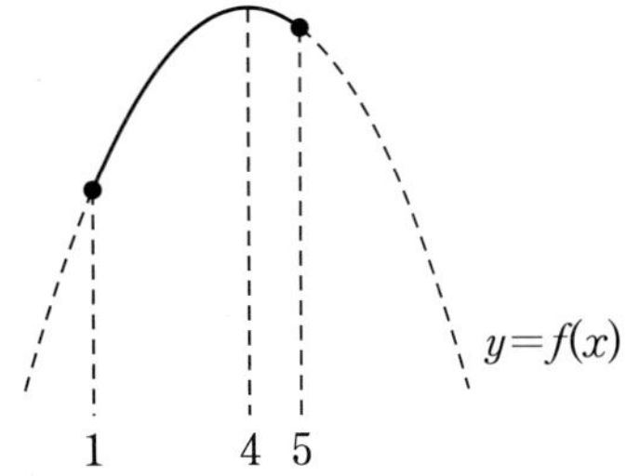

위 그래프를 통해 알 수 있듯이
이차함수 $y=f(x)$는 $x=1$에서 최솟값 -9를 갖고,
대칭축인 $x=4$에서 최댓값 9를 갖는다.
즉, $f(4)=9$에서 $b=9$
$f(1)=-9$에서 $9a+b=-9$이므로
연립하여 풀면 $a=-2$
따라서 구하는 이차함수는 $f(x)=-2(x-4)^2+9$이다. 즉, $f(x)=-2x^2+16x-23$

302

다음 조건을 모두 만족시키는 이차함수 $f(x)$를 모두 구하시오.

(가) 모든 실수 x에 대하여 $f(1-x)=f(3+x)$
(나) 임의의 서로 다른 두 실수 x_1, x_2에 대하여
$f\left(\frac{x_1+x_2}{2}\right)>\frac{f(x_1)+f(x_2)}{2}$이다.
(다) $0\le x\le 3$에서 이차함수 $f(x)$의 최솟값은 0이다.
(라) 이차함수 $y=f(x)$의 그래프와 직선 $y=-2x+9$는 서로 접한다.

CHAPTER 2

차의 함수로 식 세우기

일차함수와 이차함수 또는 두 이차함수가 만나는 경우, 두 함수의 함숫값의 차이를 함숫값으로 하는 새로운 함수(차의 함수)를 통해 계산을 줄일 수 있다.

$f(x)=ax^2+bx+c$, α, β, $y=k$

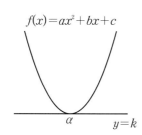

$f(x)-k=a(x-\alpha)(x-\beta)$

$f(x)=ax^2+bx+c$, α, $y=k$

$f(x)-k=a(x-\alpha)^2$

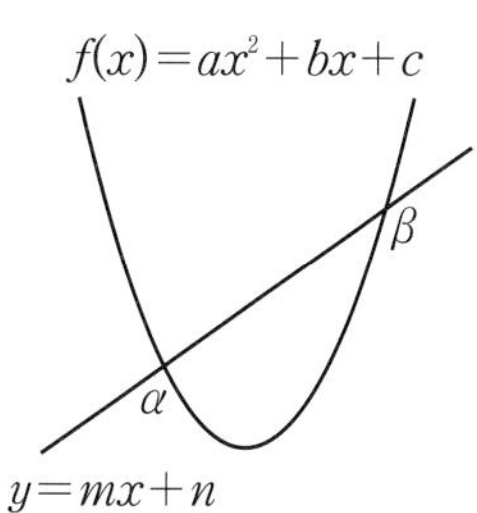

$f(x)-(mx+n)$
$=a(x-\alpha)(x-\beta)$

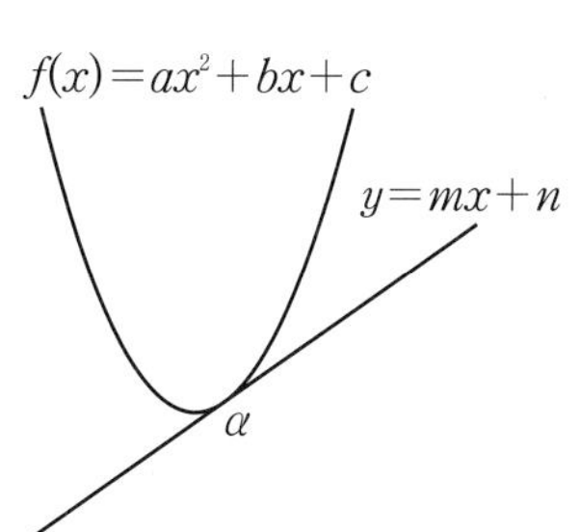

$f(x)-(mx+n)=a(x-\alpha)^2$

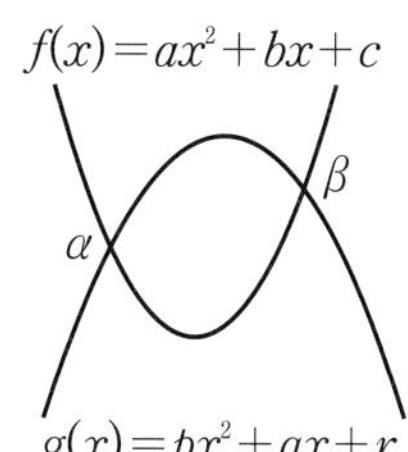

$f(x)-g(x)$
$=(a-p)(x-\alpha)(x-\beta)$

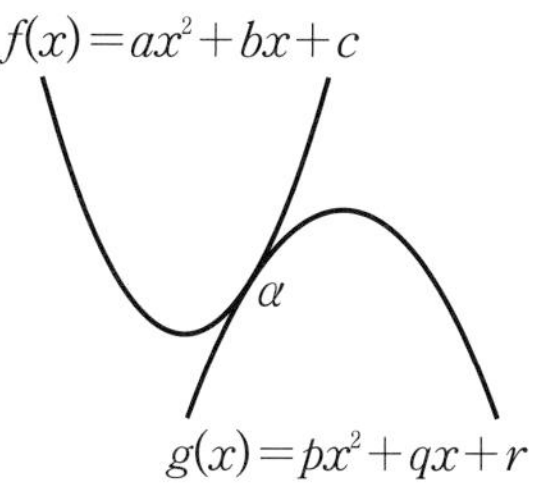

$f(x)-g(x)=(a-p)(x-\alpha)^2$

개념 확인1

세 점 A(1, 2), B(2, 2), C(3, 3)을 지나는 이차함수를 구하시오.

해설

방법1

구하는 이차함수를 $y=f(x)$라고 하면

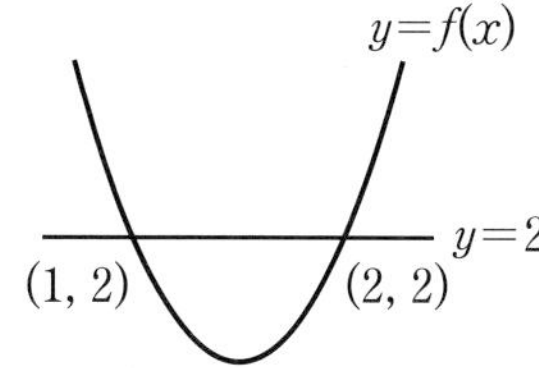

$f(x)-2=a(x-1)(x-2)$이므로

위의 식에 C(3, 3)을 대입하여 a를 구하면 $a=\frac{1}{2}$

$\therefore\ f(x)=\frac{1}{2}(x-1)(x-2)+2=\frac{1}{2}x^2-\frac{3}{2}x+3$

방법2

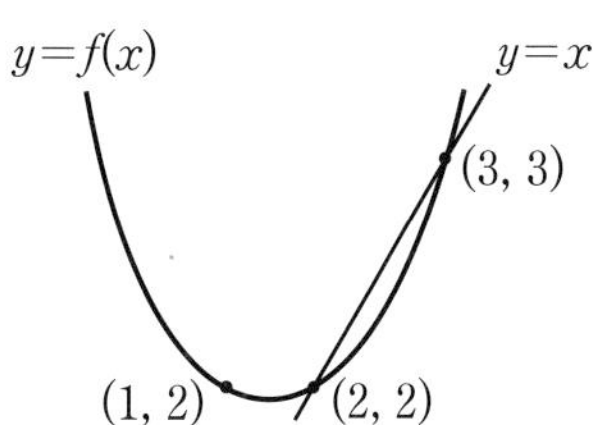

$f(x)-x=a(x-2)(x-3)$이므로

위의 식에 A(1, 2)를 대입하여 a를 구하면 $a=\frac{1}{2}$

$\therefore\ f(x)=\frac{1}{2}(x-2)(x-3)+x=\frac{1}{2}x^2-\frac{3}{2}x+3$

방법3

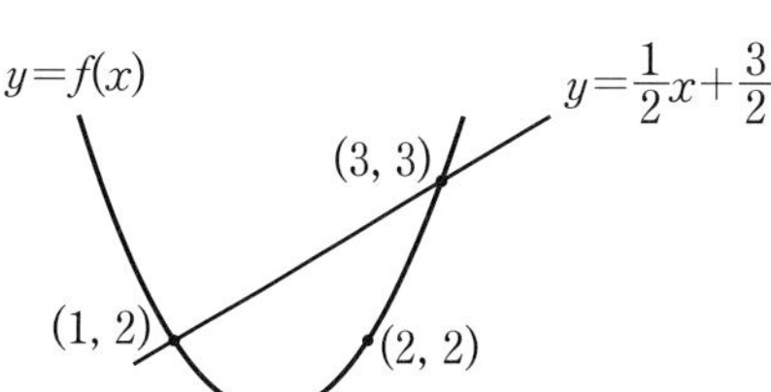

$f(x)-\left(\frac{1}{2}x+\frac{3}{2}\right)=a(x-1)(x-3)$이므로

위의 식에 B(2, 2)를 대입하여 a를 구하면 $a=\frac{1}{2}$

$\therefore\ f(x)=\frac{1}{2}(x-1)(x-3)+\frac{1}{2}x+\frac{3}{2}=\frac{1}{2}x^2-\frac{3}{2}x+3$

2. 차의 함수로 식 세우기

개념 확인2

이차함수 $y=f(x)$와 직선 $y=g(x)$가 만나는 서로 다른 두 점의 x좌표를 각각 α, β라고 할 때, $y=g(x)$에 평행한 직선이 이차함수 $y=f(x)$와 접하는 점의 x좌표는 $x=\frac{\alpha+\beta}{2}$임을 증명하시오.

해설

$h(x)=f(x)-g(x)$라고 하면 $h(x)=a(x-\alpha)(x-\beta)$ (단, a는 0이 아닌 실수)로 나타낼 수 있고
아래 그림과 같이 $\alpha\le x\le\beta$에서 $y=f(x)$와 $y=g(x)$의 함숫값의 차이가 가장 클 때는 $y=g(x)$와 평행한 직선이 $y=f(x)$와 접할 때이므로, 그 때의 x좌표는 $y=h(x)$의 꼭짓점의 x좌표이다. 즉 $x=\frac{\alpha+\beta}{2}$

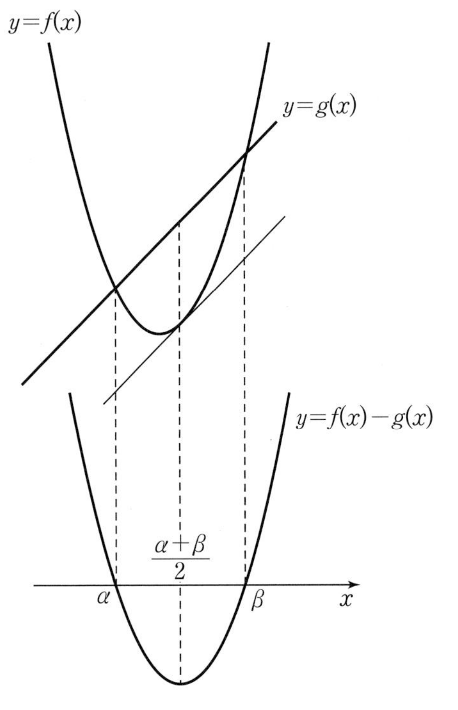

기출 유형

그림과 같이 두 이차함수 $y=g(x)$, $y=h(x)$에 접하는 일차함수 $y=f(x)$가 있다. $y=f(x)$와 $y=g(x)$의 그래프가 접하는 점의 x좌표를 2, $y=f(x)$와 $y=h(x)$의 그래프가 접하는 점의 x좌표를 3이라 할 때, $y=g(x)$의 그래프와 $y=h(x)$의 그래프가 만나는 점의 x좌표의 합을 구하시오.
(단, $y=g(x)$의 이차항의 계수는 -1이고, $y=h(x)$의 이차항의 계수는 -2이다.)

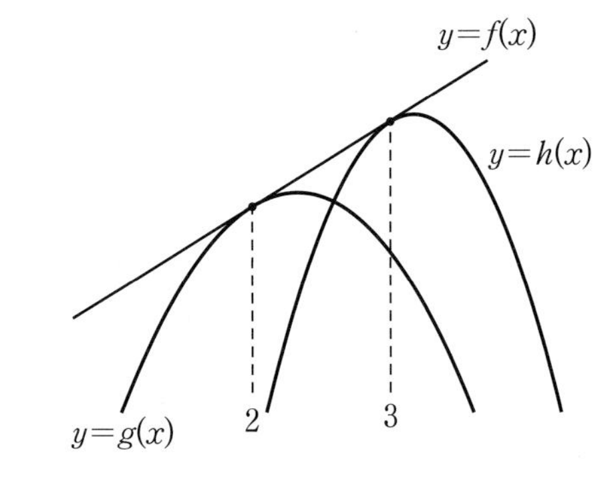

해설

이차함수 $y=g(x)$의 그래프가 일차함수 $y=f(x)$의 그래프와 $x=2$에서 접하므로 이차방정식
$g(x)-f(x)=0$은 $x=2$를 중근으로 갖는다.
이차함수 $y=g(x)$의 x^2의 계수는 -1이므로
$g(x)-f(x)=-(x-2)^2$, $g(x)=-(x-2)^2+f(x)$
같은 방식으로
$h(x)=-2(x-3)^2+f(x)$ 이다.
이때, 이차함수 $y=g(x)$와 $y=h(x)$가 만나는 교점의 x좌표를 t라고 하면 $g(t)=h(t)$에서
$-(t-2)^2+f(t)=-2(t-3)^2+f(t)$ 이므로
$t^2-8t+14=0$
따라서 근과 계수의 관계에 의해 $y=g(x)$의 그래프와 $y=h(x)$의 그래프가 만나는 점의 x좌표의 합은 8

303

그림과 같이 두 이차함수 $f(x)=x^2+ax+b$와 $g(x)=-2x^2+cx+d$의 그래프가 만나는 두 점의 x좌표는 2와 6이다. y축에 평행한 직선과 $y=g(x)$, $y=f(x)$의 교점을 각각 A, B라 할 때, 선분 AB의 길이의 최댓값을 구하시오.
(단, a, b, c, d는 실수이고, 점 A와 B는 $2\le x\le 6$에서 움직인다.)

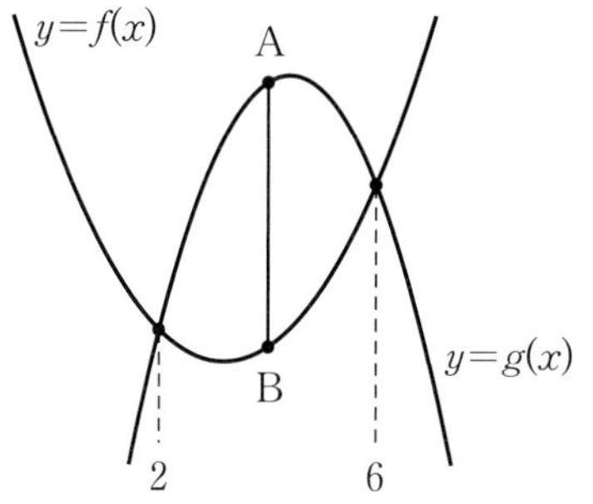

304

다음 조건을 모두 만족시키는 최고차항의 계수가 2인 이차함수 $y=f(x)$에 대하여 $f(0)$의 값을 구하시오.

> (가) 이차함수 $y=f(x)$의 그래프는 이차함수 $y=x^2+2$의 그래프와 한 점에서 만난다.
> (나) 이차함수 $y=f(x)$의 최솟값은 4이다.

305

이차함수 $y=f(x)$의 그래프와 일차함수 $y=g(x)$의 그래프가 만나는 두 점의 x좌표는 2, 4이고, 이차함수 $y=f(x)$의 그래프와 일차함수 $y=h(x)$는 $x=-1$에서 접할 때, $y=g(x)$의 그래프와 $y=h(x)$의 그래프의 교점의 x좌표를 구하시오.

306

$f(x)=x^2+ax+b$의 그래프와 $g(x)=-2x^2+cx+d$의 그래프가 만나는 서로 다른 두 점의 x좌표는 0과 4이고, $f(x)=x^2+ax+b$의 그래프와 $h(x)=ex+f$의 그래프는 $x=3$에서 접할 때, $y=g(x)$의 그래프와 $y=h(x)$의 그래프가 만나는 두 점의 x좌표를 α, β라 하자. $|\alpha-\beta|$의 값을 구하시오.
(단, a, b, c, d, e, f는 실수이다.)

VII 이차함수

307

다음 조건을 모두 만족시키는 최고차항의 계수가 a인 이차함수 $y=f(x)$를 구하시오.

> (가) $x_1<x_2$인 임의의 두 실수 x_1, x_2에 대하여
> $f\left(\frac{x_1+x_2}{2}\right)>\frac{f(x_1)+f(x_2)}{2}$
> (나) $y=4ax+b$와 $y=f(x)$가 만나는 두 점의 x좌표는 -2와 4이다.
> (다) x값의 범위가 $-\frac{3}{2}\le x\le 0$일 때, $y=f(x)$의 최댓값은 1, 최솟값은 -1이다.

308

그림과 같이 일차함수 $f(x)=mx+5$와 두 이차함수 $g(x)=x^2-2x+p$, $h(x)=-2x^2-12x+q$가 점 A에서 동시에 접할 때, 기울기 m과 상수 p, q의 값을 구하시오.

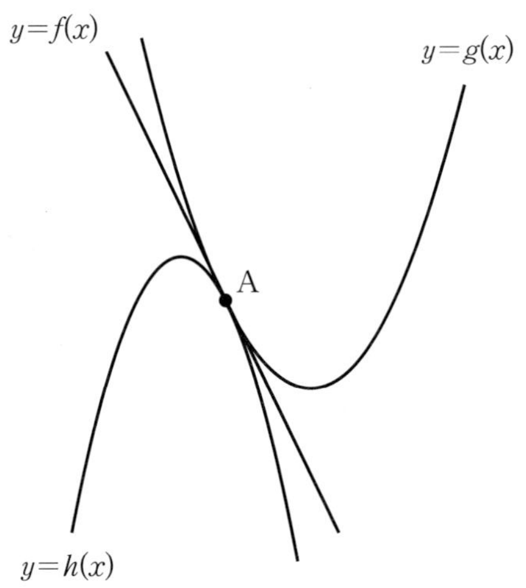

309

최고차항의 계수가 1인 이차함수 $y=f(x)$의 그래프와 기울기가 양수인 일차함수 $y=g(x)$의 그래프는 $(1, k)$에서 접하고 $y=f(x)+3g(x)$의 그래프는 $y=1$과 서로 접한다. $g(2)=4$일 때, 실수 k의 값을 구하시오.

310

그림과 같이 일차함수 $f(x)=x+a$가
이차함수 $g(x)=2x^2$과 만나는 서로 다른 두 점을 각각 P, Q, 이차함수 $h(x)=x^2-4x+6$과 만나는 서로 다른 두 점을 각각 R, S라 하자.
선분 PQ의 길이가 1일 때, 선분 RS의 길이를 구하시오.
(단, a는 실수이다.)

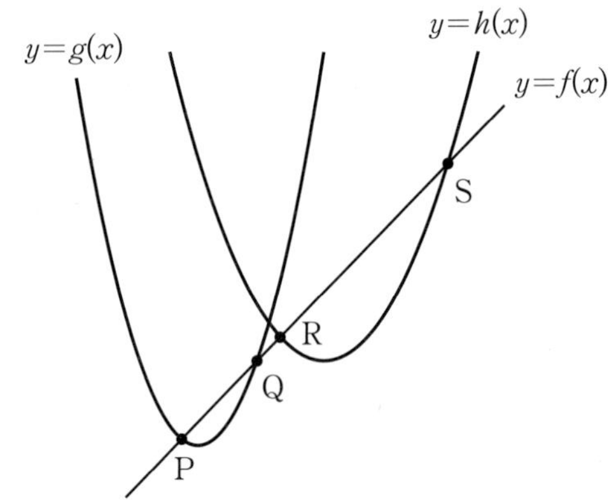

CHAPTER 3 이차방정식과 함수의 그래프

01. 이차방정식의 실근의 개수

① x에 대한 이차방정식 $f(x)=g(x)$의 서로 다른 실근의 개수는 $y=f(x)$와 $y=g(x)$의 교점의 개수와 같다.

② x에 대한 이차방정식 $f(x)=g(x)+a$의 서로 다른 실근의 개수는 방정식 $f(x)-g(x)=a$의 실근의 개수와 같으며, 이는 이차함수 $y=f(x)-g(x)$와 상수함수 $y=a$의 교점의 개수와 같다.

③ x에 대한 이차방정식 $f(x)-ax=0$의 서로 다른 실근의 개수는 방정식 $f(x)=ax$의 실근의 개수와 같으며, 이는 이차함수 $y=f(x)$와 일차함수 $y=ax$의 교점의 개수와 같다.

기출 유형1

함수 $f(x)=\begin{cases} 2x^2-3x+4 & (x\geq 0) \\ x^2+5x+4 & (x<0) \end{cases}$와

$g(x)=x+a$에 대하여 x에 대한 방정식

$f(x)=g(x)$의 서로 다른 실근의 개수를 조사하시오.

(단, a는 실수)

해설

방법1

방정식 $f(x)=g(x)$의 서로 다른 실근의 개수는 $y=f(x)$와 $y=g(x)$의 교점의 개수와 같고, 교점의 개수가 변하는 순간은 그림과 같이 $y=f(x)$와 $y=g(x)$가 접할 때와 $y=g(x)$가 점 $(0, 4)$를 지날 때이다.

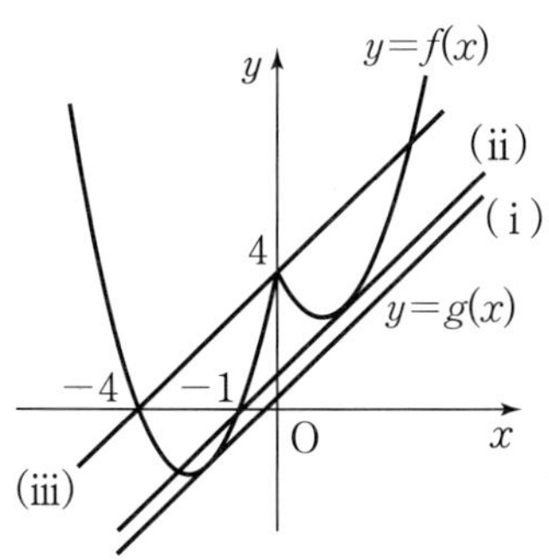

각 경우에 대한 a의 값을 구하면 다음과 같다.

(i) 이차함수 $y=x^2+5x+4$와 직선 $y=x+a$가 접할 때

$x^2+5x+4=x+a$, $x^2+4x+4-a=0$에서 판별식을 D_1이라고 하면

$D_1/4=2^2-(4-a)=0 \qquad \therefore a=0$

(ii) 이차함수 $y=2x^2-3x+4$와 직선 $y=x+a$가 접할 때

$2x^2-3x+4=x+a$, $2x^2-4x+4-a=0$에서 판별식을 D_2라고 하면

$D_2/4=(-2)^2-2(4-a)=0 \qquad \therefore a=2$

(iii) 직선 $y=x+a$가 $(0, 4)$를 지날 때

$y=x+a$에 $(0, 4)$를 대입하면 $a=4$

(i) ~ (iii)에서 a의 값의 범위에 따른 방정식 $f(x)=g(x)$의 서로 다른 실근의 개수는 다음과 같다.

$a<0$일 때, 0개

$a=0$일 때, 1개

$0<a<2$일 때, 2개

$a=2$일 때, 3개

$2<a<4$일 때, 4개

$a=4$일 때, 3개

$a>4$일 때, 2개

방법2

방정식 $f(x)=g(x)$의 서로 다른 실근의 개수는 $f(x)=x+a$에서 $f(x)-x=a$의 실근의 개수와 같고, $h(x)=f(x)-x$라고 하면 함수 $y=h(x)$와 상수함수 $y=a$의 교점의 개수와 같다.

$h(x)=\begin{cases} 2x^2-4x+4 & (x\geq 0) \\ x^2+4x+4 & (x<0) \end{cases}$이므로 교점의 개수가 변하는 순간은 아래 그림과 같이 $y=h(x)$와 $y=a$가 접할 때와 $y=a$가 점 (0, 4)를 지날 때이다.

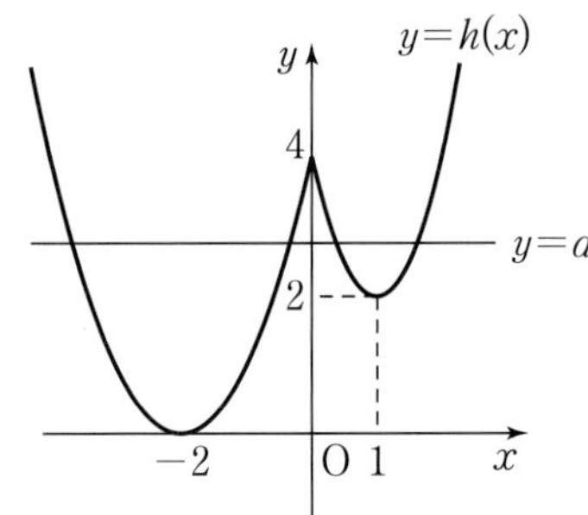

따라서 a의 값의 범위에 따른
방정식 $f(x)=g(x)$의 서로 다른 실근의 개수는 다음과 같다.

$a<0$일 때, 0개
$a=0$일 때, 1개
$0<a<2$일 때, 2개
$a=2$일 때, 3개
$2<a<4$일 때, 4개
$a=4$일 때, 3개
$a>4$일 때, 2개

기출 유형2

이차방정식 $x^2-2kx+4=0$이 $1<x<3$에서 서로 다른 두 개의 실근을 갖도록 하는 실수 k의 값의 범위를 구하시오.

해설

방법1

$f(x)=x^2-2kx+4$라 할 때,
이차방정식 $f(x)=0$이 $1<x<3$에서 서로 다른 두 개의 실근을 가지려면 $y=f(x)$의 그래프의 개형은 다음과 같아야 한다.

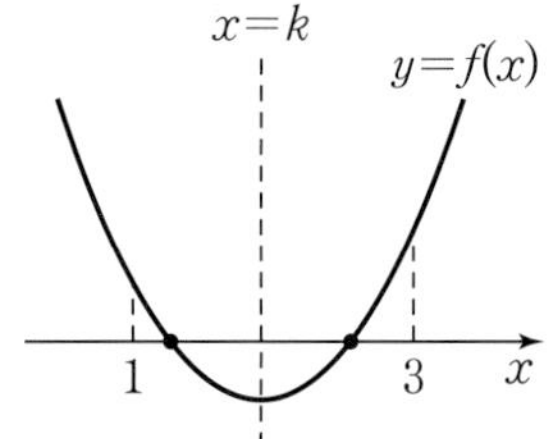

따라서
(i) $f(1)=1-2k+4>0$에서 $k<\frac{5}{2}$

$f(3)=9-6k+4>0$에서 $k<\frac{13}{6}$

(ii) $y=f(x)$의 그래프의 축의 방정식이 $x=k$이므로 $1<k<3$

(iii) 이차방정식 $f(x)=0$의 판별식을 D라고 하면 $D/4=k^2-4>0$에서 $k<-2$ 또는 $k>2$

(i) ~ (iii)에서 구하는 실수 k의 값의 범위는
$2<k<\frac{13}{6}$

방법2

$x^2-2kx+4=0$에서

$2kx$를 우변으로 이항하면 $x^2+4=2kx$

이때, $f(x)=x^2+4$, $g(x)=2kx$라고 하면

$1<x<3$에서 $y=f(x)$와 $y=g(x)$가 서로 다른 두 점에서 만나야 한다.

즉, 아래 그림과 같이 $y=2kx$가 (i)과 (ii)사이에 있을 때, k의 값의 범위를 구하면 된다.

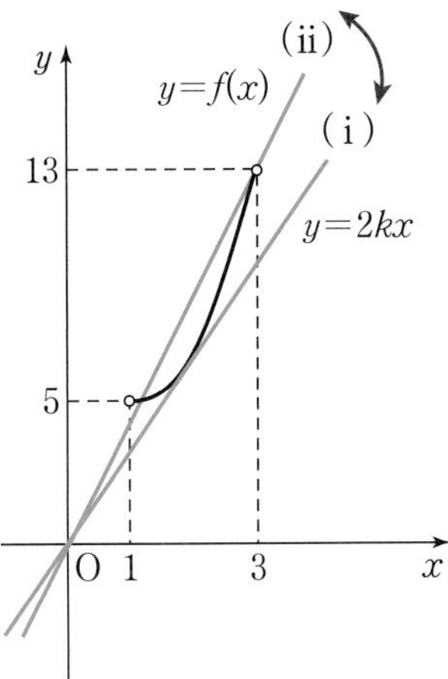

위의 그림에서 (i)의 경우는

이차함수 $y=f(x)$와 직선 $y=g(x)$가 접할 때이므로

$x^2+4=2kx$, $x^2-2kx+4=0$에서

판별식을 D라고 하면

$D/4=k^2-4=0$ $\therefore k=2$ ($\because k>0$)

위의 그림에서 (ii)의 경우는

직선 $y=g(x)$가 $(3, 13)$을 지날 때이므로

직선의 기울기는 $\frac{13}{3}=2k$에서 $k=\frac{13}{6}$

(i), (ii)에서 구하는 실수 k의 값의 범위는

$2<k<\frac{13}{6}$

311

이차방정식 $x^2-2x-k=0$이 $-1\le x\le 2$에서 다음을 만족하도록 하는 실수 k의 값 또는 범위를 구하시오.

(1) 실근을 갖지 않는다.

(2) 서로 다른 두 실근을 갖는다.

312

x에 대한 방정식 $x^2-4|x|-a=0$이 서로 다른 세 개 이상의 실근을 갖도록 하는 실수 a의 값의 범위를 구하시오.

313

두 함수 $f(x)=\begin{cases} x^2-3x & (x\geq 0) \\ -3x^2+5x & (x<0) \end{cases}$와 $g(x)=-x^2+x+a$에 대하여 방정식 $f(x)=g(x)$의 서로 다른 실근의 개수가 2가 되도록 하는 실수 a의 값을 모두 구하시오.

314

$t\geq 0$인 실수 t에 대하여 $t\leq x\leq t+2$에서
이차함수 $f(x)=-x^2+4tx-4t^2$의 최댓값과 최솟값의 합을 $g(t)$라 하자. t에 대한 방정식 $g(t)=2t+a$의 서로 다른 실근의 개수가 2가 되도록 하는 실수 a의 값의 범위를 구하시오.

315

이차방정식 $x^2-ax-4=0$이 $-3\leq x\leq 2$에서 서로 다른 두 실근을 갖도록 하는 실수 a의 값의 범위를 구하시오.

02. 이차방정식에서 실근의 위치

(1) 이차함수 $f(x)=ax^2+bx+c$
(단, $a>0$)에 대하여

① $f(x)=0$의 두 근 사이에 α가 있는 경우
$f(\alpha)<0$

② $f(x)=0$의 두 근이 모두 α보다 큰 경우
(i) $D\geq 0$ (ii) $-\frac{b}{2a}>\alpha$ (iii) $f(\alpha)>0$

③ $f(x)=0$의 두 근이 모두 β보다 작은 경우
(i) $D\geq 0$ (ii) $-\frac{b}{2a}<\beta$ (iii) $f(\beta)>0$

④ $f(x)=0$의 두 근이 α, β사이에 있는 경우
(i) $D\geq 0$ (ii) $\alpha<-\frac{b}{2a}<\beta$
(iii) $f(\alpha)>0$, $f(\beta)>0$

(i) $y=f(x)$가 x축과 만나는 두 점 사이에 숫자가 있는 경우에는 주어진 숫자들을 모두 대입하여 공통 범위를 구한다.
(판별식, 축의 위치 판단은 불필요)

(ii) $y=f(x)$가 x축과 만나는 두 점 사이에 숫자가 없는 경우에는 세 가지(판별식, 축의 위치, 숫자 대입)를 모두 만족하는 범위를 구한다.

(2) 이차방정식의 그래프적 해석
이차방정식 $f(x)-a=0$의 실근의 위치는
$y=f(x)$의 그래프와 상수함수
$y=a$의 교점의 x좌표의 위치와 같고,
이차방정식 $f(x)-ax=0$의 실근의 위치는
$y=f(x)$의 그래프와 일차함수
$y=ax$의 교점의 x좌표의 위치와 같다.

① $f(x)=0$의 두 근 사이에 α가 있는 경우
$f(\alpha)<0$

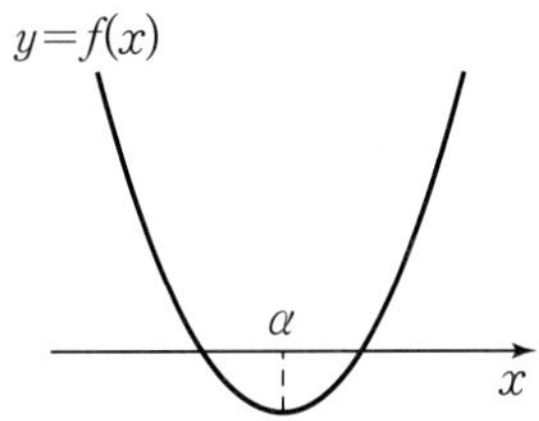

② $f(x)=0$의 두 근이 모두 α보다 큰 경우
(i) $D\geq 0$ (ii) $-\frac{b}{2a}>\alpha$ (iii) $f(\alpha)>0$

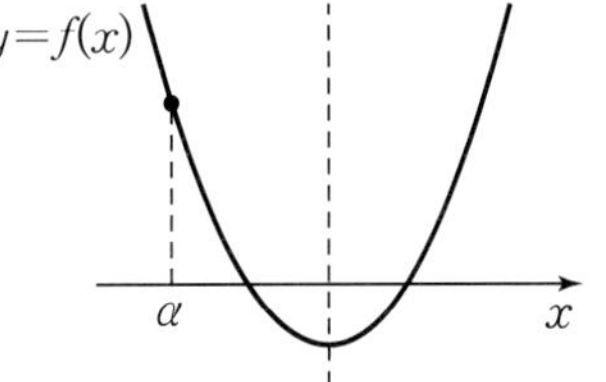

③ $f(x)=0$의 두 근이 모두 β보다 작은 경우
(i) $D\geq 0$ (ii) $-\frac{b}{2a}<\beta$ (iii) $f(\beta)>0$

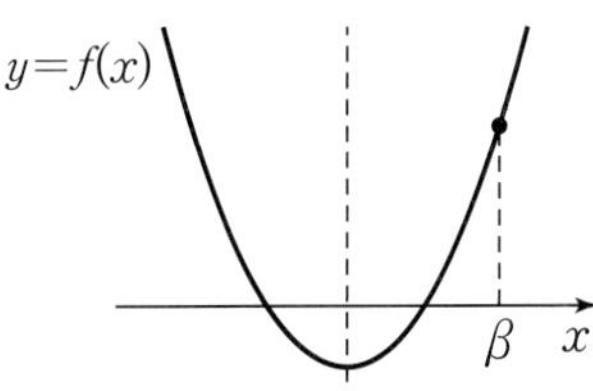

④ $f(x)=0$의 두 근이 α와 β사이에 있는 경우
(i) $D\geq 0$ (ii) $\alpha<-\frac{b}{2a}<\beta$
(iii) $f(\alpha)>0$, $f(\beta)>0$

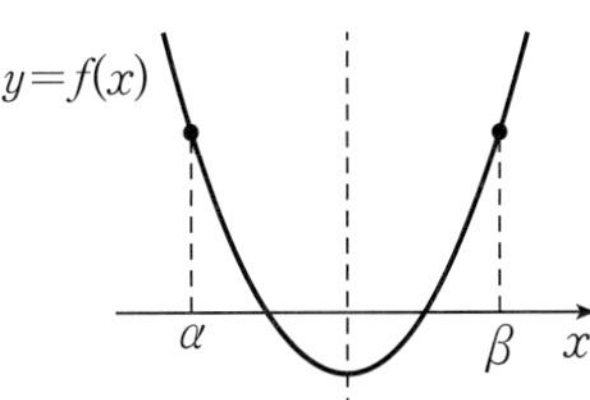

상수항 또는 일차항을 이항하여 두 그래프의 교점의 위치로 해결할 수 있는지 살펴본다.

기출 유형1

이차방정식 $4x^2+ax-2a+2=0$의 한 근은 -1과 0 사이에 있고, 다른 한 근은 0과 1사이에 있도록 하는 실수 a의 값의 범위를 구하시오.

해설

$f(x)=4x^2+ax-2a+2$라고 하면
$f(x)=0$의 한 근은 -1과 0사이에 있고, 다른 한 근은 0과 1사이에 있으므로 $y=f(x)$의 그래프의 개형은 다음과 같아야 한다.

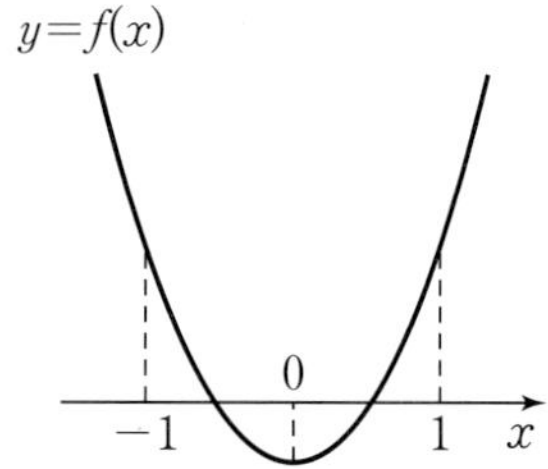

따라서
(i) $f(-1)=4-a-2a+2>0$에서 $a<2$
(ii) $f(0)=-2a+2<0$에서 $a>1$
(iii) $f(1)=4+a-2a+2>0$에서 $a<6$

(i) ~ (iii)에서 구하는 a의 값의 범위는 $1<a<2$

기출 유형2

이차방정식 $x^2-4x+a=0$의 근 중에서 적어도 한 근이 0과 3사이에 존재하도록 하는 실수 a의 값의 범위를 구하시오.

해설

방법1

$f(x)=x^2-4x+a$라고 할 때,
0과 3사이에서 $y=f(x)$와 x축과의 교점의 개수로 경우를 분류하면 다음과 같다.

(i) 이차함수 $y=f(x)$와 x축과의 교점이 0과 3사이에 하나만 존재하는 경우

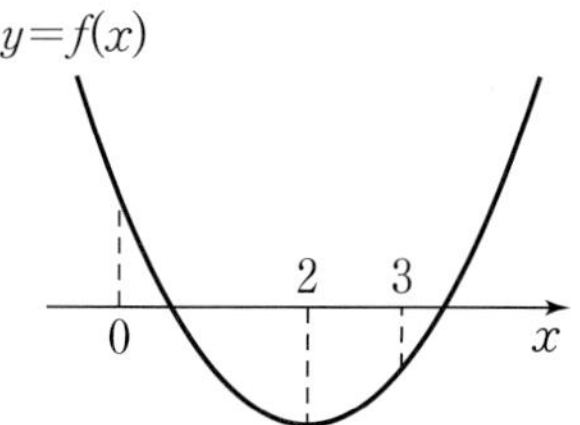

$f(x)=(x-2)^2+a-4$에서
축의 방정식이 $x=2$이므로 위의 그림과 같이 $f(0)>0$, $f(3)<0$이어야 한다.
$f(0)>0$에서 $a>0$
$f(3)<0$에서 $a-3<0$ $\therefore 0<a<3$

(ii) 이차함수 $y=f(x)$와 x축과의 교점이 0과 3사이에 두 개 존재하는 경우(접하는 경우 포함)

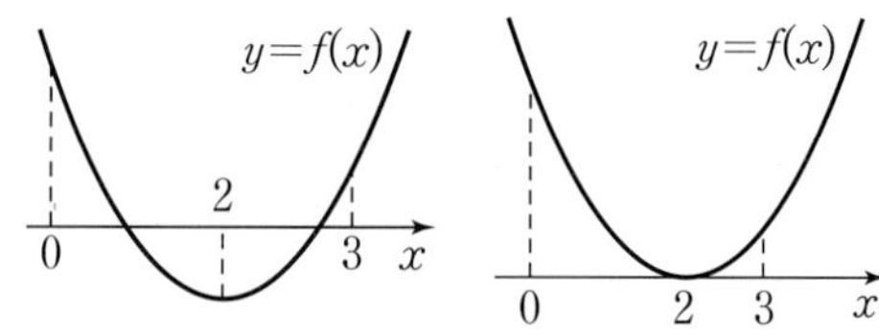

이차함수 $f(x)$의 대칭축이 $x=2$이므로
$f(3)>0$에서 $a>3$
이차방정식 $x^2-4x+a=0$의 판별식을 D라고 하면 $D/4\geq 0$에서 $4-a\geq 0$, $a\leq 4$
$\therefore 3<a\leq 4$

(iii) 이차함수 $y=f(x)$와 x축과의 교점이 0과 3사이에 하나 존재하고, 다른 하나는 0 또는 3에 위치하는 경우

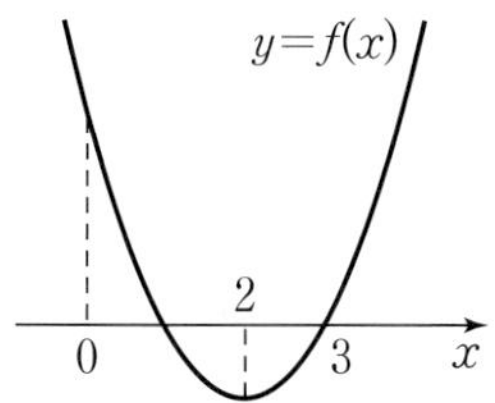

이차함수 $y=f(x)$의 대칭축이 $x=2$이므로 $f(3)=0$인 경우만 존재한다.
따라서 $f(3)=0$에서 $a=3$이다.

(i) ~ (iii)에서 구하는 실수 a의 값의 범위는 $0<a\le 4$

방법2

상수항 a를 우변으로 이항하면 $x^2-4x=-a$이므로 $0<x<3$에서 이차함수 $y=x^2-4x$와 상수함수 $y=-a$의 교점이 적어도 하나가 존재하면 된다.

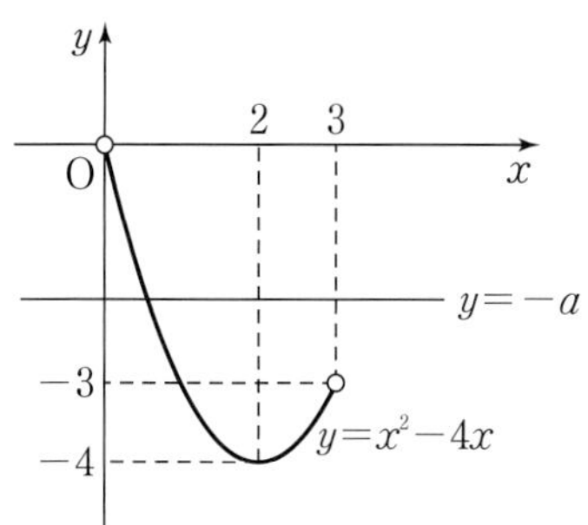

위의 그림에서 볼 수 있듯이 $0<x<3$에서 교점이 존재하려면 $-4\le -a<0$이다.

$\therefore\ 0<a\le 4$

기출 유형3

x에 대한 이차방정식 $x^2-2(a+1)x+a^2-7=0$의 두 근이 모두 1보다 클 때, 실수 a의 값의 범위를 구하시오.

해설

$f(x)=x^2-2(a+1)x+a^2-7$이라고 하면, $x>1$에서 $y=f(x)$와 x축과의 교점이 두 개 존재해야 한다.(접하는 경우 포함)
따라서 $y=f(x)$의 그래프의 개형은 다음과 같다.

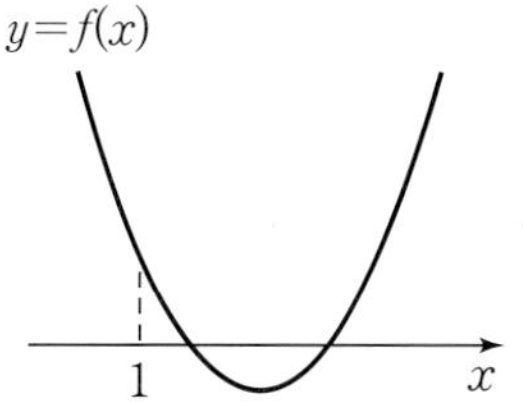

(i) $f(1)=1-2(a+1)+a^2-7>0$에서
$a^2-2a-8>0$, $(a-4)(a+2)>0$
$\therefore\ a<-2$ 또는 $a>4$

(ii) $y=f(x)$의 그래프의
축의 방정식 $x=a+1$은 1보다 커야 하므로
$a+1>1\quad \therefore\ a>0$

(iii) 이차방정식 $f(x)=0$의 판별식을 D라 하면
$D/4=(a+1)^2-(a^2-7)\ge 0$에서
$2a+8\ge 0\quad \therefore\ a\ge -4$

(i) ~ (iii)에서 구하는 a의 값의 범위는 $a>4$이다.

※ a와 a^2이 함께 있는 경우에는 이항하여 풀지 않도록 주의한다.

기출 유형4

이차방정식 $x^2-2kx+4k-3=0$의 근 중에서 적어도 한 근이 이차방정식 $x^2-x-6=0$의 두 근 사이에 있을 때, 실수 k의 값의 범위를 구하시오.

해설

방법1

$x^2-2kx+4k-3=0$에서 $-2kx+4k$를 우변으로 이항하면 $x^2-3=2k(x-2)$

이때, $f(x)=x^2-3$, $g(x)=2k(x-2)$라고 하면 $y=f(x)$와 $y=g(x)$의 교점이 $-2<x<3$에서 적어도 하나 존재해야 한다.

($\because$ $x^2-x-6=0$의 두 근은 $x=-2$ 또는 $x=3$)

$y=g(x)$는 $(2, 0)$을 지나고 기울기가 $2k$인 직선으로, k의 값에 따라 $y=f(x)$와 만나는 교점의 개수가 달라지므로 $y=f(x)$와 $y=g(x)$가 접하는 점의 x좌표를 찾아야 한다.

$x^2-3=2k(x-2)$, $x^2-2kx+4k-3=0$에서 판별식을 D라고 하면

$D/4=k^2-4k+3=0$, $k=1$ 또는 $k=3$이다.

이때 접하는 점의 x좌표는

$k=1$일 때 1이고, $k=3$일 때 3이므로

$-2<x<3$에서 $y=f(x)$와 $y=g(x)$가 적어도 한 점에서 만나기 위해서는 아래 그림에서 알 수 있듯이 $k\le1$ 또는 $k>3$이어야 한다.

$\therefore$ $k\le1$ 또는 $k>3$

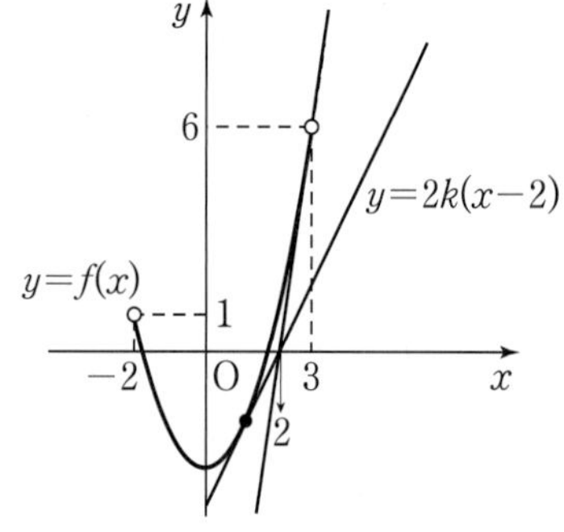

방법2

$f(x)=x^2-2kx+4k-3$라고 할 때,

$-2<x<3$에서 $y=f(x)$와 x축과의 교점의 개수로 경우를 분류하면 다음과 같다.

(i) 이차함수 $y=f(x)$와 x축의 교점이 -2와 3사이에 하나만 존재하는 경우

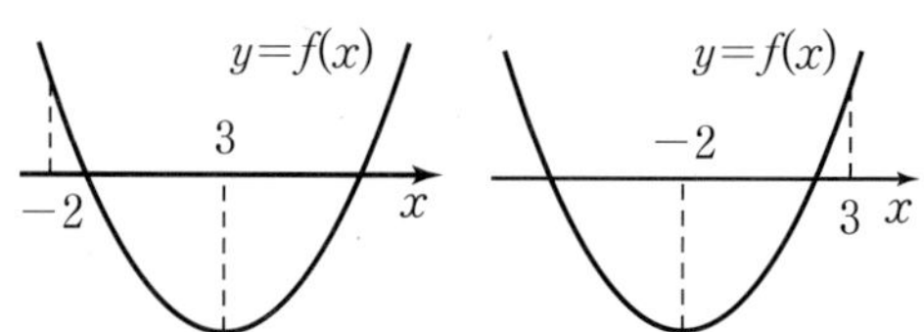

$f(-2)f(3)<0$이므로 $(8k+1)(6-2k)<0$

$\therefore$ $k<-\frac{1}{8}$ 또는 $k>3$

(ii) 이차함수 $y=f(x)$와 x축과의 교점이 -2와 3사이에 두 개 존재하는 경우(접하는 경우 포함)

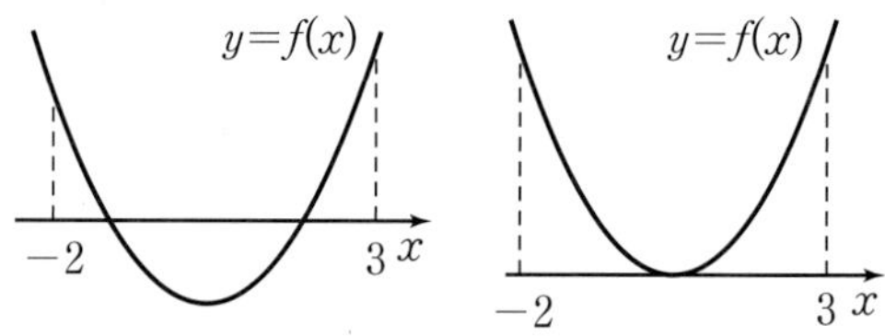

① $f(-2)>0$, $f(3)>0$에서 $-\frac{1}{8}<k<3$

② 축의 방정식 $x=k$의 위치에 의해 $-2<k<3$

③ 판별식을 D라 할 때, $D=k^2-4k+3\ge0$이므로 $k\le1$ 또는 $k\ge3$

① ~ ③에서 $-\frac{1}{8}<k\le1$

(iii) 이차함수 $y=f(x)$와 x축과의 교점이 -2와 3사이에 하나 존재하고, 다른 하나는 -2 또는 3에 위치하는 경우

① 이차함수 $y=f(x)$가 점 $(-2, 0)$을 지날 때 $k=-\frac{1}{8}$이므로 $f(x)=x^2+\frac{1}{4}x-\frac{7}{2}$

이때 $f(3)>0$이므로 조건을 만족시킨다.

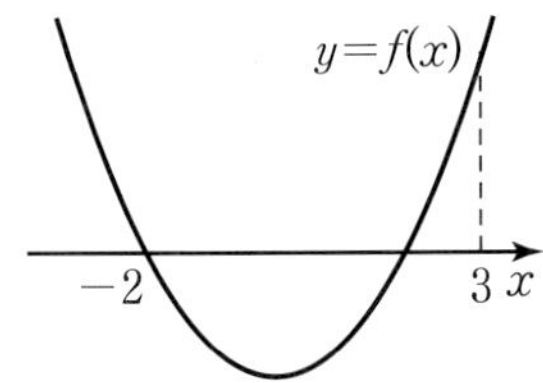

② 이차함수 $y=f(x)$가 점 $(3, 0)$을 지날 때 $k=3$이므로 $f(x)=(x-3)^2$

이 경우는 조건을 만족시키지 않는다.

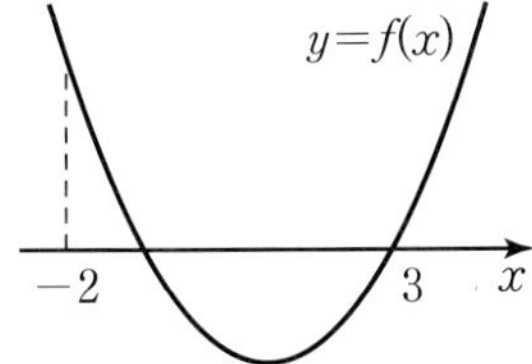

(i) ~ (iii)에서

구하는 k의 값의 범위는 $k\le1$ 또는 $k>3$

316

이차방정식 $x^2-3kx-2x+3k=0$의 두 실근이 모두 3보다 작도록 하는 실수 k의 값의 범위를 구하시오.

317

이차방정식 $3x^2-2ax+a=0$의 두 근 α, β가 다음 두 조건을 만족시킬 때, 실수 a의 값의 범위를 구하시오.

> (가) $|\alpha\beta|>\alpha\beta$
> (나) 두 근 α, β는 -1과 2사이에 있다.

318

이차방정식 $x^2-(k+2)x+k=0$의 두 근 중 한 근만 0과 3사이에 있기 위한 실수 k의 값의 범위를 구하시오.

319

x에 대한 이차방정식 $x^2-2ax-a^2+8=0$이 양의 실근을 갖지 않도록 하는 정수 a의 개수를 구하시오.

320

x에 대한 이차방정식 $x^2+(2a+2)x+2a^2-2=0$의 두 근 중에서 적어도 하나가 음수가 되기 위한 실수 a의 값의 범위를 구하시오.

321

두 점 $A(2, 1)$, $B(4, 3)$에 대하여
선분 AB와 이차함수 $y=x^2+ax+2$의 그래프가 만나도록 하는 실수 a의 값의 범위를 구하시오.

322

이차방정식 $x^2-(k+2)x-4k+1=0$이 $-2\leq x\leq 4$에서 다음을 만족하도록 하는 실수 k의 값의 범위를 구하시오.

(1) 단 하나의 실근을 갖는다. (단, 중근은 하나로 센다.)

(2) 서로 다른 두 양의 실근을 갖는다.

(3) 양의 실근 1개, 음의 실근 1개를 갖는다.

03. 이차함수와 직선의 교점 : 근과 계수의 관계

(1) 이차함수 $y=f(x)$와 직선 $l_1 : y=mx+p$가 만나는 서로 다른 두 점의 x좌표를 α, δ라고 하고, 이차함수 $y=f(x)$와 직선 $l_2 : y=mx+q$가 만나는 서로 다른 두 점의 x좌표를 β, γ라고 하면 $\alpha+\delta=\beta+\gamma$ 가 성립한다.

(2) 이차함수 $y=f(x)$와 직선 $l_1 : y=mx+p$가 만나는 서로 다른 두 점의 x좌표를 α, δ라고 하고, 이차함수 $y=f(x)$와 직선 $l_2 : y=nx+p$가 만나는 서로 다른 두 점의 x좌표를 β, γ라고 하면 $\alpha\times\delta=\beta\times\gamma$ 가 성립한다.

(3) 이차함수 $y=f(x)$와 직선 $l : y=mx+n$이 서로 다른 두 점 A, B에서 만날 때, 두 점의 x좌표를 각각 α, β라고 하면 $\overline{\mathrm{AB}}=|\alpha-\beta|\sqrt{m^2+1}$이다.

(4) 이차함수 $f(x)=ax^2$과 직선 $g(x)=mx+n$이 만나는 서로 다른 두 점의 x좌표를 α, β라고 하면 $n=-a\alpha\beta$이다.

(1) 이차함수 $y=f(x)$와 직선 $l_1 : y=mx+p$가 만나는 서로 다른 두 점의 x좌표를 α, δ라고 하고, 이차함수 $y=f(x)$와 직선 $l_2 : y=mx+q$가 만나는 서로 다른 두 점의 x좌표를 β, γ라고 하면 $\alpha+\delta=\beta+\gamma$ 가 성립한다.

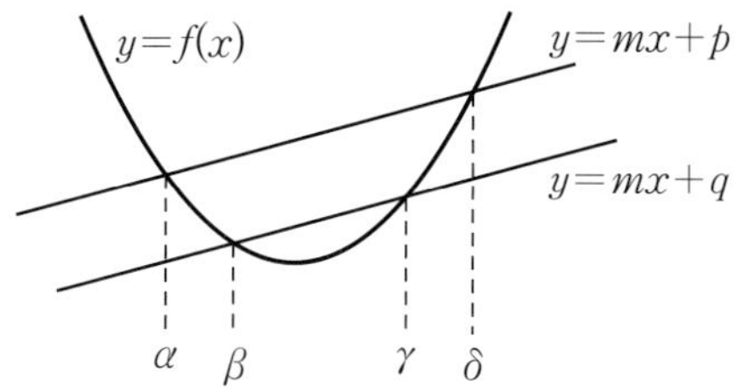

$f(x)=ax^2+bx+c$와 $y=mx+p$의 교점의 x좌표가 α, δ이므로 이차방정식 $ax^2+bx+c=mx+p$의 해는 α, δ이다.

즉, 이차방정식 $ax^2+(b-m)x+c-p=0$의 해가 α, δ이므로 근과 계수의 관계에 의해

$\alpha+\delta=-\dfrac{b-m}{a}$ …… ㉠

마찬가지로 $f(x)=ax^2+bx+c$와 $y=mx+q$의 교점의 x좌표는 β, γ이므로 $ax^2+bx+c=mx+q$의 해는 β, γ 이다.

즉, 이차방정식 $ax^2+(b-m)x+c-q=0$의 해가 β, γ이므로 근과 계수의 관계에 의해

$\beta+\gamma=-\dfrac{b-m}{a}$ …… ㉡

㉠과 ㉡에서 우변의 식이 같으므로

$\therefore \alpha+\delta=\beta+\gamma$

(2) 이차함수 $y=f(x)$와 직선 $l_1 : y=mx+p$가 만나는 서로 다른 두 점의 x좌표를 α, δ라고 하고, 이차함수 $y=f(x)$와 직선 $l_2 : y=nx+p$가 만나는 서로 다른 두 점의 x좌표를 β, γ라고 하면 $\alpha\times\delta=\beta\times\gamma$가 성립한다.

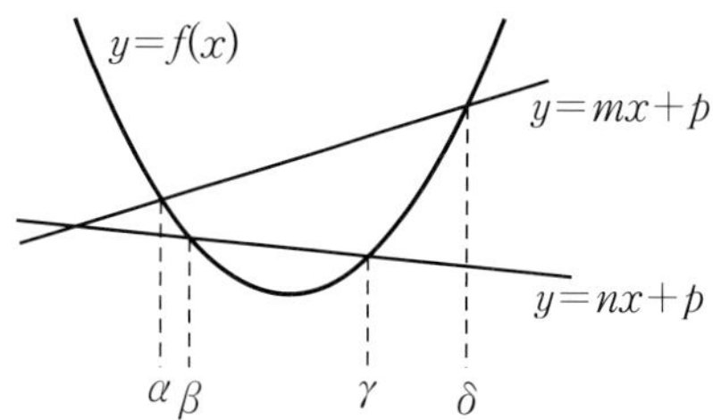

$f(x)=ax^2+bx+c$와 $y=mx+p$의 교점의 x좌표는 α, δ이므로 이차방정식 $ax^2+bx+c=mx+p$의 해는 α, δ이다.

즉, 이차방정식 $ax^2+(b-m)x+c-p=0$의 해가 α, δ이므로 근과 계수의 관계에 의해

$\alpha\times\delta=\dfrac{c-p}{a}$ …… ㉠

$f(x)=ax^2+bx+c$와 $y=nx+p$의 교점의 x좌표는 β, γ이므로 $ax^2+bx+c=nx+p$의 해는 β, γ이다.

즉, 이차방정식 $ax^2+(b-n)x+c-p=0$의 해가 β, γ이므로 근과 계수의 관계에 의해

$\beta\times\gamma=\dfrac{c-p}{a}$ …… ㉡

㉠과 ㉡에서 우변의 식이 같으므로

$\therefore \alpha\times\delta=\beta\times\gamma$

Ⅶ 이차함수

(3) 이차함수 $y=f(x)$와 직선 $l : y=mx+n$이 서로 다른 두 점 A, B에서 만날 때, 두 점의 x좌표를 각각 α, β라고 하면
$\overline{AB}=|\alpha-\beta|\sqrt{m^2+1}$이다.

이차함수 $y=f(x)$와 직선 $l : y=mx+n$이 만나는 두 점 A, B의 x좌표를 각각 α, β라고 할 때,

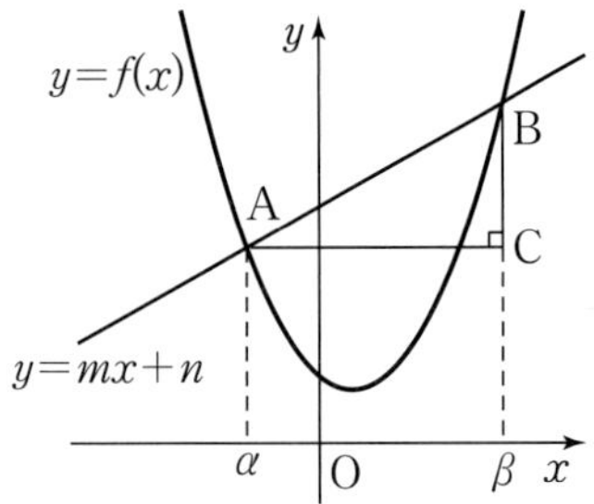

$\overline{AC}=|\beta-\alpha|$이고, $\overline{BC}=|\beta-\alpha|\times m$
($\because$ 직선 l의 기울기는 m)이므로 피타고라스의 정리에 의해

$$\overline{AB}=\sqrt{\overline{AC}^2+\overline{BC}^2}=\sqrt{(\beta-\alpha)^2+\{m(\beta-\alpha)\}^2}$$
$$=|\beta-\alpha|\sqrt{m^2+1}$$

(4) 이차함수 $f(x)=ax^2$과 직선 $g(x)=mx+n$이 만나는 서로 다른 두 점의 x좌표를 α, β라고 하면
$n=-a\alpha\beta$이다.

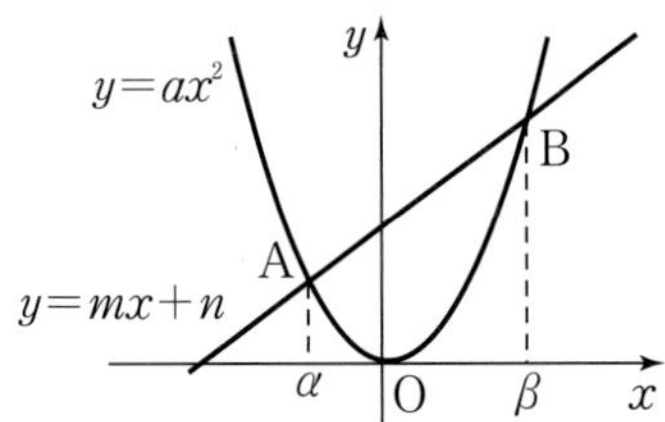

이차방정식 $f(x)=g(x)$의 해가 α, β이므로
$ax^2-mx-n=a(x-\alpha)(x-\beta)$
위의 식에 $x=0$을 대입하면 $n=-a\alpha\beta$

개념 확인

이차함수 $y=f(x)$의 그래프와 일차함수 $g(x)=2x+m$이 만나는 두 점의 x좌표가 -1, 4이고, 이차함수 $y=f(x)$의 그래프와 일차함수 $h(x)=2x+n$이 만나는 두 점의 x좌표가 1, α일 때, α의 값을 구하시오. (단, m, n은 실수)

해설

방법1
두 일차함수 $y=g(x)$와 $y=h(x)$의 기울기가 서로 같으므로, 이차방정식 $f(x)-g(x)=0$에서의 두 근의 합과 이차방정식 $f(x)-h(x)=0$에서의 두 근의 합은 서로 같다.
$-1+4=1+\alpha$에서 $\alpha=2$

방법2
이차함수 $y=f(x)$의 그래프와 일차함수 $y=g(x)$의 교점의 x좌표가 -1, 4이므로 이차방정식 $f(x)-g(x)=0$의 두 근은 -1과 4이다.
이때, 이차함수 $y=f(x)$의 이차항의 계수를 a라고 하면
$f(x)-g(x)=a(x+1)(x-4)$
$\therefore f(x)=a(x^2-3x-4)+g(x)$
$=ax^2+(2-3a)x+m-4a$ …… ㉠
같은 방법으로
$f(x)=a(x-1)(x-\alpha)+h(x)$
$=ax^2+(2-a-a\alpha)x+n+a\alpha$ …… ㉡
㉠과 ㉡에서 $f(x)$의 일차항의 계수는 서로 같으므로
$2-3a=2-a-a\alpha$
$\therefore \alpha=2$

기출 유형

그림과 같이 이차함수 $f(x)=-x^2+4$와 일차함수 $g(x)=mx+1$이 만나는 두 점을 각각 A, B라 할 때, 선분 AB의 길이의 최솟값을 구하시오.

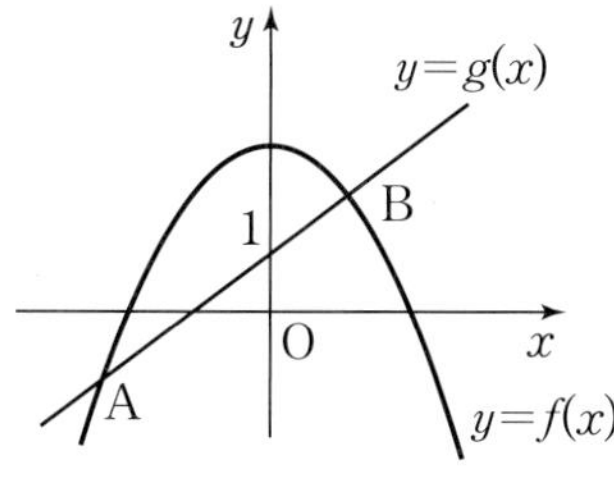

해설

$y=f(x)$와 $y=g(x)$의 교점의 x좌표를 각각 α, β라고 하면 $f(x)-g(x)=-x^2-mx+3=0$의 해는 $x=\alpha$, $x=\beta$이므로 근과 계수의 관계에 의해 $\alpha+\beta=-m$, $\alpha\beta=-3$이다.

한편,

$\overline{AB}=|\alpha-\beta|\sqrt{m^2+1}$ 이고

$(\alpha-\beta)^2=(\alpha+\beta)^2-4\alpha\beta=m^2+12$이므로

$$\begin{aligned}\overline{AB}^2&=(\alpha-\beta)^2(m^2+1)\\&=(m^2+12)(m^2+1)\\&=m^4+13m^2+12\\&=\left(m^2+\frac{13}{2}\right)^2+12-\frac{169}{4}\end{aligned}$$

$m^2\geq0$이므로 위의 식은 $m=0$일 때, 최솟값 12를 갖는다. 따라서 선분 AB의 길이의 최솟값은 $2\sqrt{3}$

323

이차함수 $y=f(x)$의 그래프와 일차함수 $g(x)=mx+2$가 만나는 두 점의 x좌표가 1, 6이고, 이차함수 $y=f(x)$의 그래프와 일차함수 $h(x)=nx+2$가 만나는 두 점의 x좌표가 2, α일 때, α의 값을 구하시오.
(단, m, n은 실수이다.)

324

점 P(2, 4)를 지나는 직선이 이차함수 $f(x)=-x^2+2x+8$과 만나는 두 점의 x좌표를 α, β라 할 때, $|\alpha-\beta|$의 최솟값을 구하시오.

Ⅶ 이차함수

325

이차함수 $f(x)=x^2$의 그래프와 일차함수 $g(x)=mx+1$이 만나는 서로 다른 두 점을 각각 P, Q라 할 때, $\overline{PQ}=\sqrt{10}$이 되도록 하는 실수 m의 값을 모두 구하시오.

326

이차함수 $f(x)=x^2$의 그래프와 일차함수 $g(x)=x+n$의 그래프가 만나는 서로 다른 두 점을 각각 점 A, B라 하고, $g(x)=x+n$이 y축과 만나는 점을 점 C라 할 때, $\overline{AB}\times\overline{OC}=6\sqrt{2}$가 되도록 하는 실수 n의 값을 구하시오. (단, O는 원점이다.)

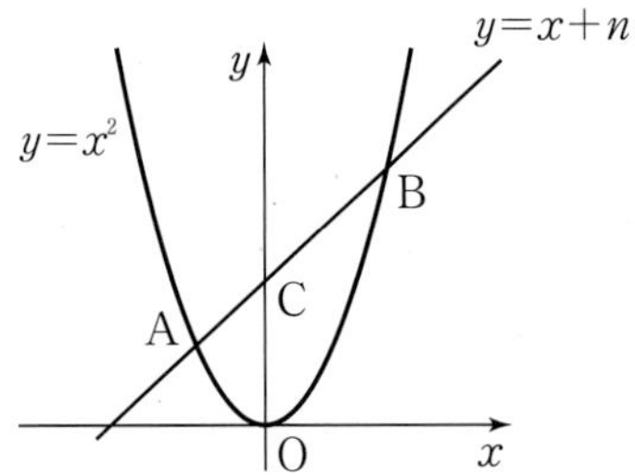

327

그림과 같이 두 이차함수 $f(x)=x^2-2x+2$, $g(x)=2x^2-8x-6$이 두 점 A, B에서 만난다. y축에 평행한 직선이 $y=f(x)$, $y=g(x)$와 만나는 점을 각각 P, Q라 할 때, 사각형 AQBP의 넓이의 최댓값을 구하시오. (단, 점 P는 두 점 A, B 사이에 있다.)

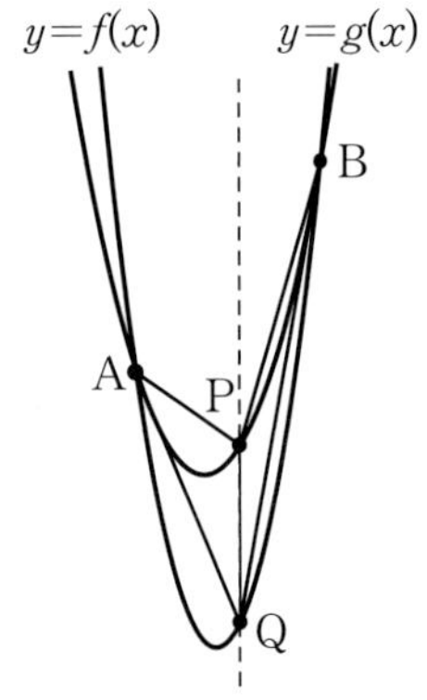

4 이차함수의 최대·최소

01. 항상 성립하는 이차부등식

(1) 모든 실수 x에 대하여 이차부등식
$f(x) \geq g(x)$가 성립하기 위한 조건 ⇔
$f(x)-g(x)=0$의 판별식을 D라 할 때,
$D \leq 0$
(단, $f(x)-g(x)$의 이차항의 계수는 양수이다.)

(2) 두 이차함수 $y=f(x)$와 $y=g(x)$에 대하여
임의의 두 실수 x_1, x_2에 대하여
$f(x_1) \geq g(x_2)$가 성립하기 위한 조건
⇔ [$f(x)$의 최솟값] ≥ [$g(x)$의 최댓값]
(단, $f(x)$의 이차항의 계수는 양수이고, $g(x)$의 이차항의 계수는 음수이다.)

(1) 모든 실수 x에 대하여 이차부등식
$f(x) \geq g(x)$가 성립하기 위한 조건 ⇔
$f(x)-g(x)=0$의 판별식을 D라 할 때,
$D \leq 0$
(단, $f(x)-g(x)$의 이차항의 계수는 양수이다.)

모든 실수 x에 대하여 $f(x) \geq g(x)$가 성립하려면 모든 실수 x에 대하여 $f(x)-g(x) \geq 0$이어야 하므로 $y=f(x)-g(x)$의 최솟값이 0이상이어야 한다.
따라서 이차방정식 $f(x)-g(x)=0$의 판별식을 D라 할 때, $D \leq 0$이다.

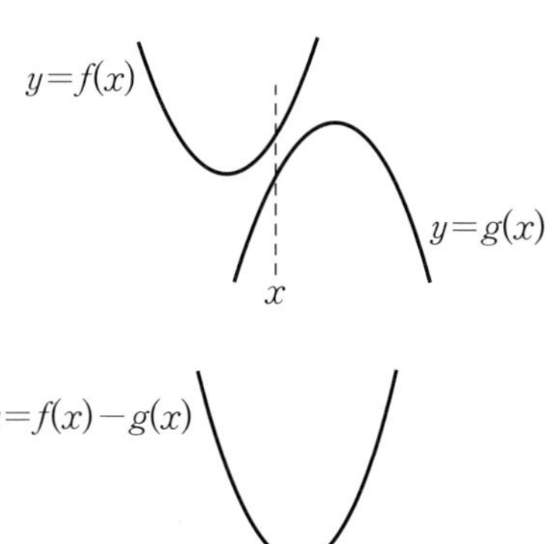

(2) 두 이차함수 $y=f(x)$와 $y=g(x)$에 대하여
임의의 두 실수 x_1, x_2에 대하여
$f(x_1) \geq g(x_2)$가 성립하기 위한 조건
⇔ [$f(x)$의 최솟값] ≥ [$g(x)$의 최댓값]
(단, $f(x)$의 이차항의 계수는 양수이고,
$g(x)$의 이차항의 계수는 음수이다.)

임의의 두 실수 x_1, x_2에 대하여 $f(x_1) \geq g(x_2)$가 성립하려면 [그림1]과 같이 [$f(x)$의 최솟값]≥[$g(x)$의 최댓값]이어야 한다. 따라서 이차방정식 $f(x)-g(x)=0$의 판별식을 D라 할 때, $D \leq 0$으로 풀면 잘못된 결과가 나온다. [그림2]와 같은 상황에서는 $f(x_1) < g(x_2)$이기 때문이다.

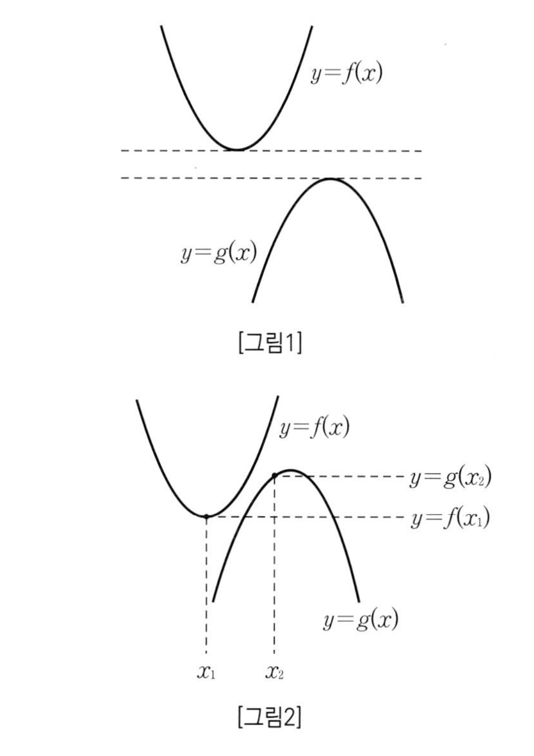

[그림1]

[그림2]

① 괄호 안의 문자가 같은지 다른지를 확인한다.
② 임의의 두 실수 x_1, x_2에 대하여 항상 성립하는 이차부등식 문제를 풀 때, $f(x)-g(x)=0$의 판별식 $D \le 0$으로 계산하지 않도록 주의한다.

기출 유형

이차함수 $f(x)=x^2-2kx+k+1$와
$g(x)=-x^2+2x+2k-2$에 대하여 다음 물음에 답하시오.
(1) 모든 실수 x에 대하여 $f(x) \ge g(x)$가 성립할 때, 실수 k의 값의 범위를 구하시오.
(2) 임의의 두 실수 x_1, x_2에 대하여 $f(x_1) \ge g(x_2)$가 성립할 때, 실수 k의 값의 범위를 구하시오.

해설

(1) $x^2-2kx+k+1 \ge -x^2+2x+2k-2$에서
$2x^2-2(k+1)x-k+3 \ge 0$이 모든 실수 x에 대해 성립하려면 이차함수
$y=2x^2-2(k+1)x-k+3$의 그래프는 그림과 같이 x축보다 위에 있거나 x축에 접해야 한다.

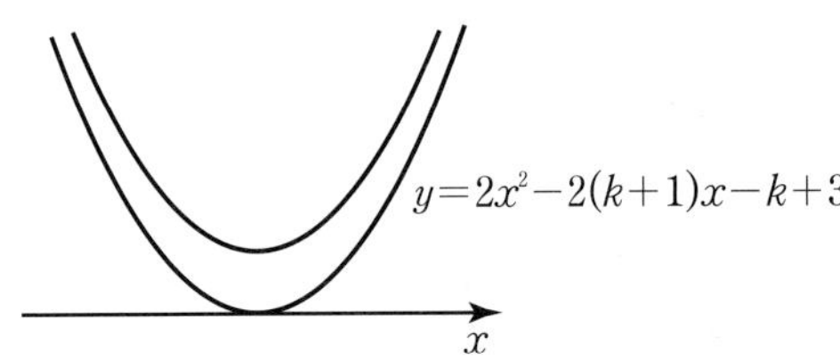

따라서 이차방정식 $2x^2-2(k+1)x-k+3=0$의 판별식을 D라고 하면 $D \le 0$이므로
$D/4=(k+1)^2-2(-k+3) \le 0$
$k^2+4k-5 \le 0$, $(k+5)(k-1) \le 0$
$\therefore -5 \le k \le 1$

(2) 임의의 두 실수 x_1, x_2에 대하여 $f(x_1) \ge g(x_2)$가 성립하기 위해서는 $f(x)$의 최솟값이 $g(x)$의 최댓값보다 크거나 같아야 한다.
$f(x)=(x-k)^2-k^2+k+1$에서 $f(x)$의 최솟값은 $-k^2+k+1$이고
$g(x)=-(x-1)^2+2k-1$에서 $g(x)$의 최댓값은 $2k-1$이므로 $-k^2+k+1 \ge 2k-1$
$k^2+k-2 \le 0$, $(k+2)(k-1) \le 0$
$\therefore -2 \le k \le 1$

328

x에 대한 두 이차함수 $f(x)=\frac{1}{2}x^2-2kx+k^2+1$,
$g(x)=-\frac{1}{2}x^2+2x+2k-2$에서 모든 실수 x에 대하여 $f(x) \ge g(x)$가 성립할 때, 실수 k의 값의 범위를 구하시오.

정답과 풀이 p.86

329

두 이차함수 $f(x)=x^2+2x+k+1$,
$g(x)=-x^2+2x-2k-2$에서
임의의 두 실수 x_1, x_2에 대하여 $f(x_1) \geq g(x_2)$가 성립할 때, 실수 k의 값의 범위를 구하시오.

330

x에 대한 두 함수 $f(x)=x^2-2a|x|+2a^2-1$,
$g(x)=-x^2+4x-3$가 있다.
임의의 두 실수 x_1, x_2에 대하여 $f(x_1)>g(x_2)$가 성립할 때, 실수 a의 값의 범위를 구하시오.

331

x에 대한 두 이차함수 $f(x)=-x^2+2ax-a^2-a-2$,
$g(x)=x^2+a$가 있다. $-1 \leq x_1 \leq 1$, $-1 \leq x_2 \leq 1$을 만족하는 임의의 두 실수 x_1, x_2에 대하여 $f(x_1)<g(x_2)$가 성립하도록 하는 실수 a의 값의 범위를 구하시오.

332

이차함수 $f(x)=x^2-2x+ma$와
일차함수 $g(x)=mx+2$가 m의 값에 관계없이 항상 만날 때, 실수 a의 값의 범위는 $\alpha \leq a \leq \beta$이다.
$\alpha+\beta$의 값을 구하시오. (단, m, a는 실수이다.)

Ⅶ
이차함수

02. 구간 내에서 이차함수의 최대/최소

1 $\alpha \le x \le \beta$에서 이차함수의 최대/최소 : 구간이 숫자인 경우

$\alpha \le x \le \beta$에서 이차함수 $f(x)=a(x-p)^2+q$의 최댓값(M)과 최솟값(m)은 다음과 같다.
(단, p, q, α, β는 상수)

(1) $a>0$

① $p>\beta$일 때 : $\mathrm{M}=f(\alpha)$, $m=f(\beta)$

② $\frac{\alpha+\beta}{2}<p\le\beta$일 때 : $\mathrm{M}=f(\alpha)$, $m=q$

③ $\alpha<p\le\frac{\alpha+\beta}{2}$일 때 : $\mathrm{M}=f(\beta)$, $m=q$

④ $p\le\alpha$일 때 : $\mathrm{M}=f(\beta)$, $m=f(\alpha)$

(2) $a<0$

① $p>\beta$일 때 : $\mathrm{M}=f(\beta)$, $m=f(\alpha)$

② $\frac{\alpha+\beta}{2}<p\le\beta$일 때 : $\mathrm{M}=q$, $m=f(\alpha)$

③ $\alpha<p\le\frac{\alpha+\beta}{2}$일 때 : $\mathrm{M}=q$, $m=f(\beta)$

④ $p\le\alpha$일 때 : $\mathrm{M}=f(\alpha)$, $m=f(\beta)$

(1) $a>0$

① $p>\beta$일 때
$\mathrm{M}=f(\alpha)$, $m=f(\beta)$

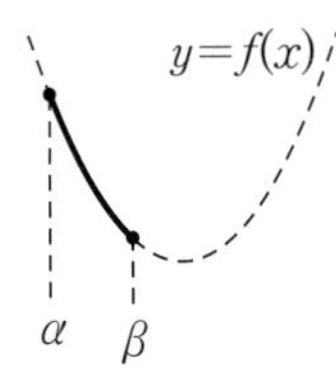

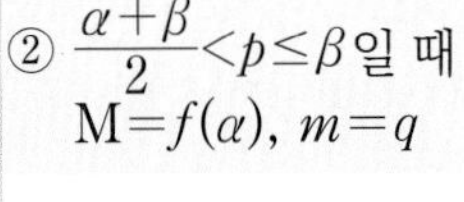

② $\frac{\alpha+\beta}{2}<p\le\beta$일 때
$\mathrm{M}=f(\alpha)$, $m=q$

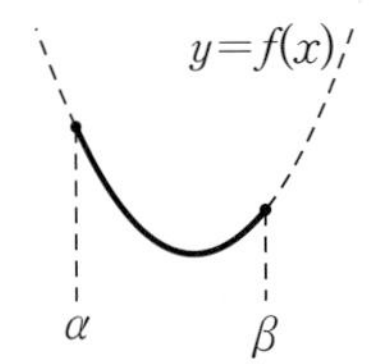

③ $\alpha<p\le\frac{\alpha+\beta}{2}$일 때
$\mathrm{M}=f(\beta)$, $m=q$

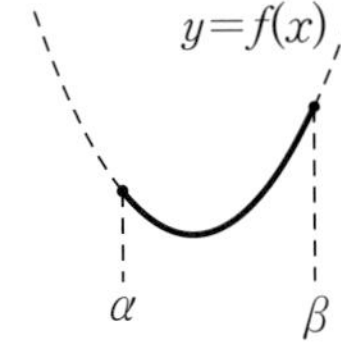

④ $p\le\alpha$일 때
$\mathrm{M}=f(\beta)$, $m=f(\alpha)$

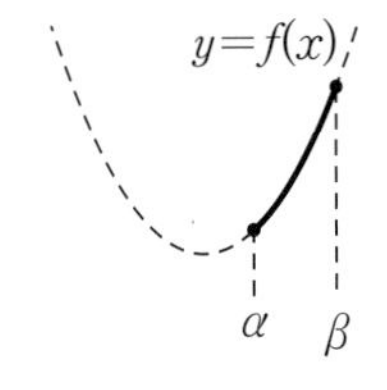

(2) $a<0$

① $p>\beta$일 때
$\mathrm{M}=f(\beta)$, $m=f(\alpha)$

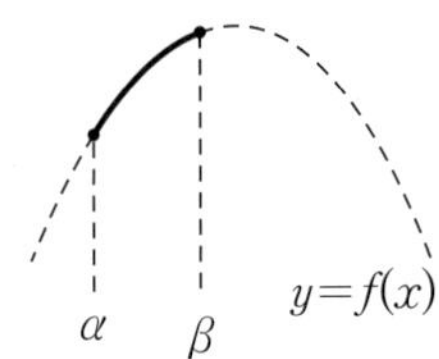

② $\frac{\alpha+\beta}{2}<p\le\beta$일 때
$\mathrm{M}=q$, $m=f(\alpha)$

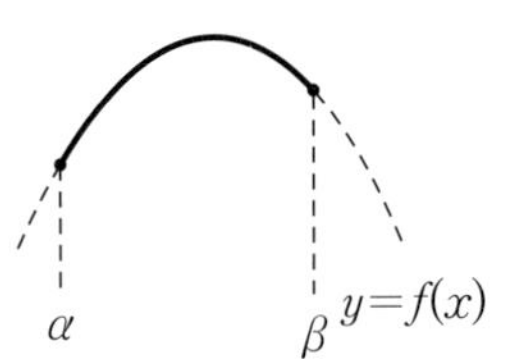

③ $\alpha<p\le\frac{\alpha+\beta}{2}$일 때
$\mathrm{M}=q$, $m=f(\beta)$

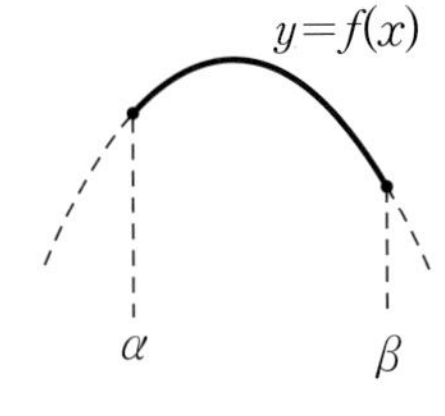

④ $p\le\alpha$일 때
$\mathrm{M}=f(\alpha)$, $m=f(\beta)$

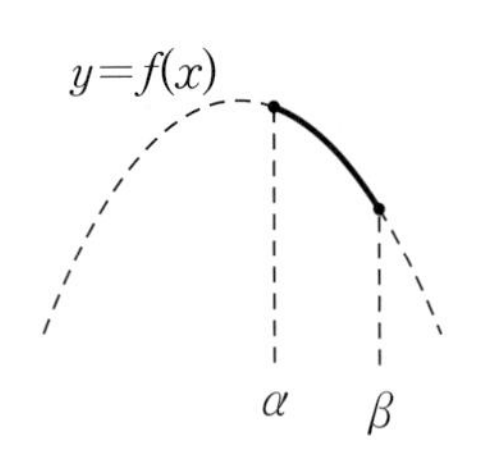

개념 확인

x에 대한 이차함수 $f(x)=x^2-4ax+5a^2-4a+1$의 최솟값을 $g(a)$라 하자. 실수 a의 값의 범위가 $0\le a\le3$일 때, $g(a)$의 최댓값을 구하시오.

해설

$f(x)=x^2-4ax+5a^2-4a+1$
$=(x-2a)^2+a^2-4a+1$
이므로 $f(x)$의 최솟값은 $x=2a$에서 a^2-4a+1이다.
$\therefore g(a)=a^2-4a+1$
그러므로 $0\le a\le3$에서 $y=g(a)$의 최댓값은 $a=0$일 때 1이다.

기출 유형

$f(x)=x^2+ax+1(0\leq x\leq 2)$일 때, $f(x)$의 최댓값과 최솟값을 a에 관한 식으로 나타내시오. (단, a는 실수)

해설

$f(x)=x^2+ax+1=\left(x+\frac{a}{2}\right)^2+1-\frac{a^2}{4}$에서 축의 방정식은 $x=-\frac{a}{2}$이므로 a의 범위에 따른 $f(x)$의 최댓값과 최솟값은 다음과 같다.

(i) $a<-4$일 때

최댓값은 $f(0)=1$, 최솟값은 $f(2)=2a+5$

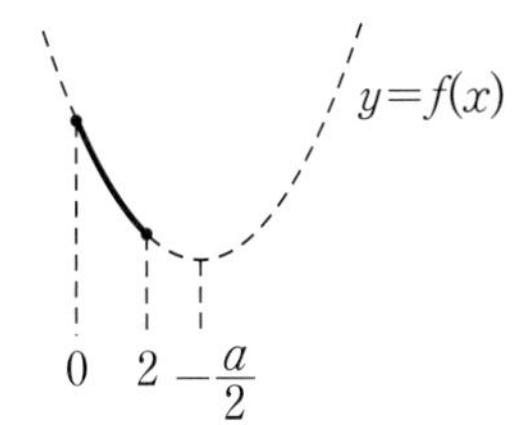

(ii) $-4\leq a<-2$일 때

최댓값은 $f(0)=1$, 최솟값은 $f\left(-\frac{a}{2}\right)=-\frac{a^2}{4}+1$

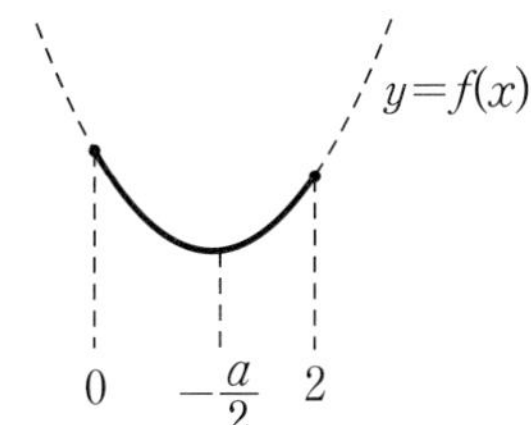

(iii) $-2\leq a<0$일 때

최댓값은 $f(2)=2a+5$

최솟값은 $f\left(-\frac{a}{2}\right)=-\frac{a^2}{4}+1$

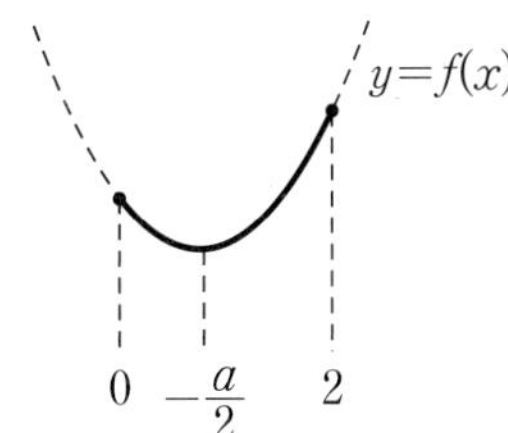

(iv) $a\geq 0$일 때

최댓값은 $f(2)=2a+5$, 최솟값은 $f(0)=1$

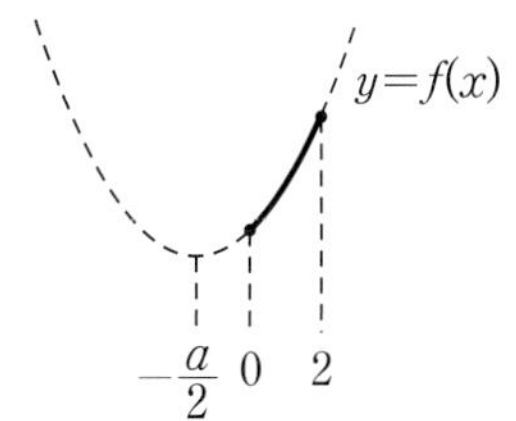

333

다음 조건을 모두 만족하는 이차함수 $f(x)$를 구하시오.

(가) 모든 실수 x에 대하여 $f(x)\leq f(2)$

(나) $f(1)=1$

(다) $0\leq x\leq 3$에서 $f(x)$의 최솟값은 -2이다.

334

$0\leq x\leq 2$에서 x에 대한 이차함수

$y=-x^2-4kx-4k^2+2k+2$의 최댓값이 0일 때, 실수 k의 값을 모두 구하시오.

Ⅶ 이차함수

335

$-1\le x\le 2$에서 x에 대한 이차함수
$y=kx^2-2kx+k^2-k$의 최댓값이 8이 되도록 하는 모든 실수 k의 값의 합을 구하시오.

336

세 점 $\mathrm{A}(0, 5)$, $\mathrm{B}(2, 1)$, $\mathrm{C}(3, 2)$를 지나는 이차함수 $y=f(x)$ 위를 점 $\mathrm{P}(p, q)$가 점 A에서 점 C까지 움직일 때, $p+q$의 최댓값과 최솟값을 구하시오.

337

이차함수 $f(x)=x^2-2kx+2k+1$ (단, $0\le x\le 2$)의 최솟값을 $g(k)$라 하자. $-1\le k\le 2$일 때, $g(k)$의 최댓값과 최솟값을 구하시오.

338

$-1\le x\le 1$에서 x에 대한 이차함수
$y=-2x^2+4px+2p^2+q$의 최댓값이 4가 되도록 하는 실수 p, q에 대하여 $2p+q$의 최댓값을 구하시오.

정답과 풀이 p.88

2 $t \le x \le t+\alpha$에서 이차함수의 최대/최소 : 구간이 문자인 경우

$t \le x \le t+\alpha$에서 이차함수 $f(x)=a(x-p)^2+q$ (단, p, q는 상수)의 최댓값을 $\mathrm{M}(t)$, 최솟값을 $m(t)$라고 하면 $\mathrm{M}(t)$와 $m(t)$는 다음과 같다.

(1) $a>0$인 경우

① $t+\alpha \le p$일 때

$\mathrm{M}(t)=f(t)$, $m(t)=f(t+\alpha)$

② $t<p \le t+\alpha$일 때

i) $p-t \ge (t+\alpha)-p$이면

$\mathrm{M}(t)=f(t)$, $m(t)=q$

ii) $p-t<(t+\alpha)-p$이면

$\mathrm{M}(t)=f(t+\alpha)$, $m(t)=q$

③ $t \ge p$일 때

$\mathrm{M}(t)=f(t+\alpha)$, $m(t)=f(t)$

(2) $a<0$인 경우

① $t+\alpha \le p$일 때

$\mathrm{M}(t)=f(t+\alpha)$, $m(t)=f(t)$

② $t<p \le t+\alpha$일 때

i) $p-t \ge (t+\alpha)-p$이면

$\mathrm{M}(t)=q$, $m(t)=f(t)$

ii) $p-t<(t+\alpha)-p$이면

$\mathrm{M}(t)=q$, $m(t)=f(t+\alpha)$

③ $t \ge p$일 때

$\mathrm{M}(t)=f(t)$, $m(t)=f(t+\alpha)$

(1) $a>0$인 경우

① $t+\alpha \le p$일 때

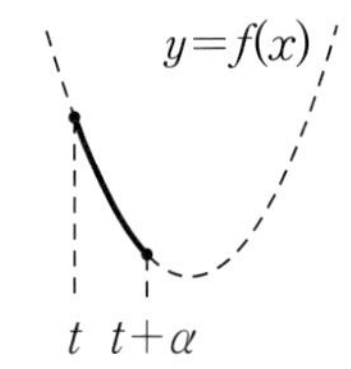

$\mathrm{M}(t)=f(t)$
$m(t)=f(t+\alpha)$

② $t<p \le t+\alpha$에서 i) $p-t \ge (t+\alpha)-p$일 때

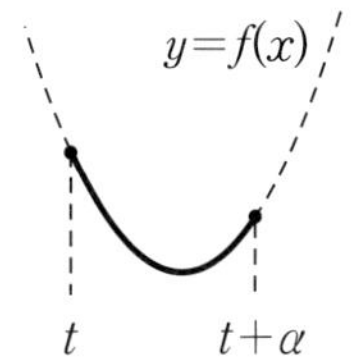

$\mathrm{M}(t)=f(t)$
$m(t)=q$

② $t<p \le t+\alpha$에서 ii) $p-t<(t+\alpha)-p$일 때

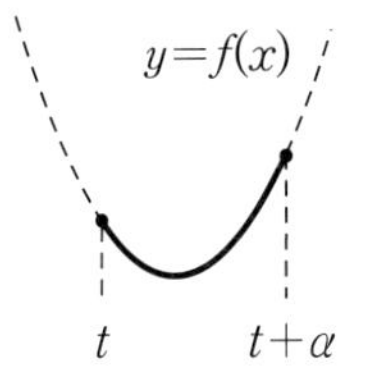

$\mathrm{M}(t)=f(t+\alpha)$
$m(t)=q$

③ $t \ge p$일 때

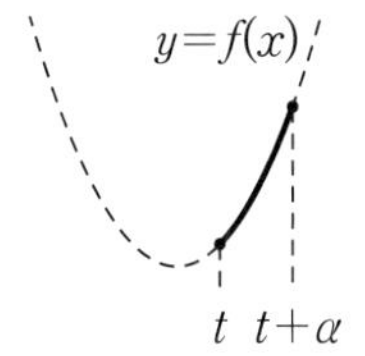

$\mathrm{M}(t)=f(t+\alpha)$
$m(t)=f(t)$

(2) $a<0$인 경우

① $t+\alpha \le p$일 때

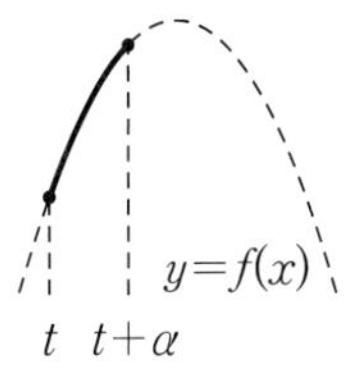

$\mathrm{M}(t)=f(t+\alpha)$
$m(t)=f(t)$

② $t<p \le t+\alpha$에서 i) $p-t \ge (t+\alpha)-p$일 때

t $t+\alpha$ $y=f(x)$

$\mathrm{M}(t)=q$
$m(t)=f(t)$

② $t<p \le t+\alpha$에서 ii) $p-t<(t+\alpha)-p$일 때

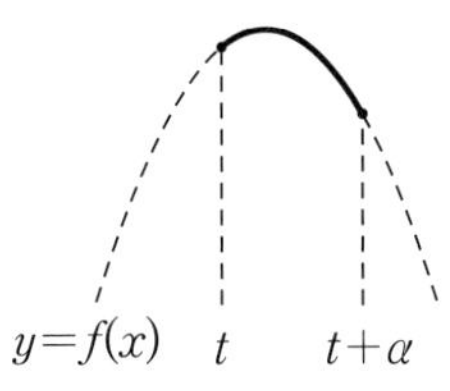

$\mathrm{M}(t)=q$
$m(t)=f(t+\alpha)$

③ $t \ge p$일 때

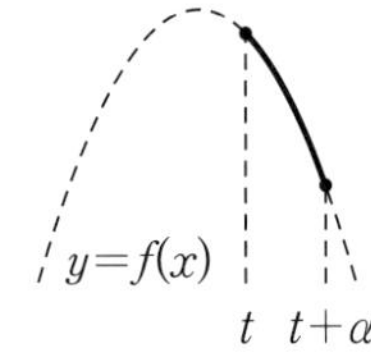

$\mathrm{M}(t)=f(t)$
$m(t)=f(t+\alpha)$

기출 유형

실수 t에 대하여 $t \le x \le t+2$에서 이차함수 $f(x)=x^2-4x+7$의 최댓값을 $\mathrm{M}(t)$, 최솟값을 $m(t)$라 할 때, $y=\mathrm{M}(t)$, $y=m(t)$의 그래프의 개형을 그리시오.

해설

$f(x)=x^2-4x+7=(x-2)^2+3$

(i) $y=\mathrm{M}(t)$의 그래프의 개형은 다음과 같다.

$t \le 1$일 때 $f(t) \ge f(t+2)$이므로

$\mathrm{M}(t)=f(t)=t^2-4t+7$

$t>1$일 때 $f(t)<f(t+2)$이므로

$\mathrm{M}(t)=f(t+2)=t^2+3$

따라서

$$\mathrm{M}(t)=\begin{cases} t^2-4t+7 & (t \le 1) \\ t^2+3 & (t>1) \end{cases}$$

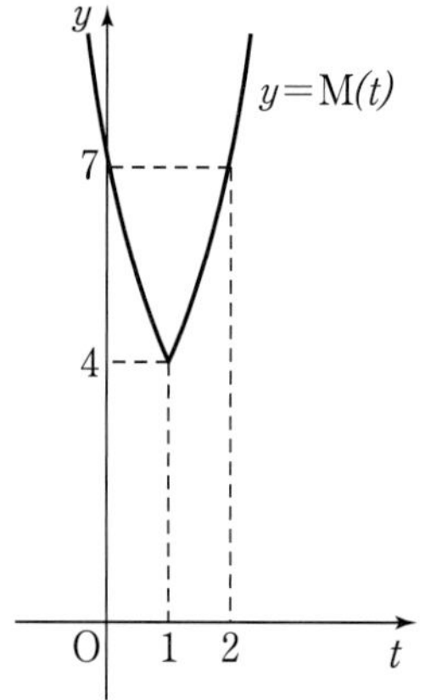

(ii) $y=m(t)$의 그래프의 개형은 다음과 같다.

$t<0$일 때 $f(t)>f(t+2)$이므로

$m(t)=f(t+2)=t^2+3$

$0 \le t<2$일 때 $m(t)=f(2)=3$

$t \ge 2$일 때 $f(t)<f(t+2)$이므로

$m(t)=f(t)=t^2-4t+7$

따라서

$$m(t)=\begin{cases} t^2+3 & (t<0) \\ 3 & (0 \le t<2) \\ t^2-4t+7 & (t \ge 2) \end{cases}$$

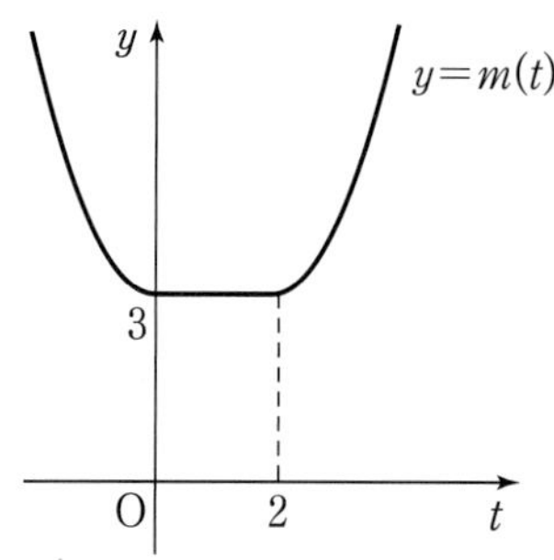

339

실수 a에 대하여 $a-2\le x\le a$에서 이차함수 $f(x)=-x^2+6x$의 최솟값을 $g(a)$라 하자. $g(a)=5$를 만족하는 실수 a의 값을 모두 구하시오.

340

실수 t에 대하여 $t\le x\le t+1$에서 이차함수 $f(x)=-x^2+2x+t+1$의 최댓값이 0이 되도록 하는 t의 값을 모두 구하시오.

341

$t-1\le x\le t+1$에서 이차함수 $y=x^2-4x+5$의 최댓값과 최솟값의 합이 10이 되도록 하는 모든 실수 t의 값을 구하시오.

342

다음 조건을 모두 만족시키는 이차함수 $f(x)$를 구하시오.

(가) 모든 실수 x에 대하여 $f(x)\le f(2)$이다.
(나) 실수 t에 대하여 $-2\le x-t\le 0$에서 함수 $f(x)$의 최솟값을 $m(t)$라고 할 때, 함수 $m(t)$의 최댓값은 2이다.
(다) 이차함수 $y=f(x)$의 y절편은 -1이다.

343

$t\le x\le t+1$에서 이차함수 $y=x^2+2x-1$의 최댓값을 $\mathrm{M}(t)$, 최솟값을 $m(t)$라 하자. $\mathrm{M}(t)-m(t)=3$이 되도록 하는 모든 실수 t의 값의 합을 구하시오.

Ⅶ 이차함수

CHAPTER

5 이차함수와 접하는 직선

01. 이차함수 위의 점과 직선 사이의 거리의 최솟값

이차함수 위를 움직이는 점 P에서 직선 l에 이르는 거리가 최소인 점은
직선 l : $y=mx+n$과 평행한 직선
l' : $y=mx+n'$이 이차함수와 접하는 점 P′이고,
거리의 최솟값 $\overline{\mathrm{P'Q}}$는 두 직선 l과 l'사이의 거리와 같다.
이때, $\overline{\mathrm{P'Q}}=\dfrac{\overline{\mathrm{P'R}}}{\sqrt{1+m^2}}$
($\overline{\mathrm{P'R}}$ = 두 직선의 y절편의 차)

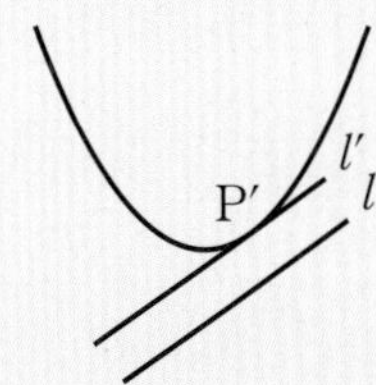

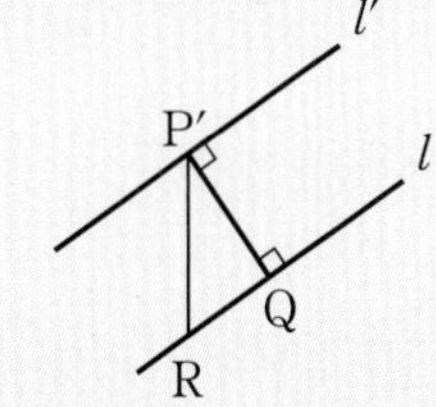

※ 이차함수 위의 점과 직선 사이의 거리의 최솟값을 구하는 문제가 이차함수 단원의 내용만을 이용하여 해결하도록(점과 직선 사이의 거리공식을 사용하지 않고)시험에 출제된 적이 있다.

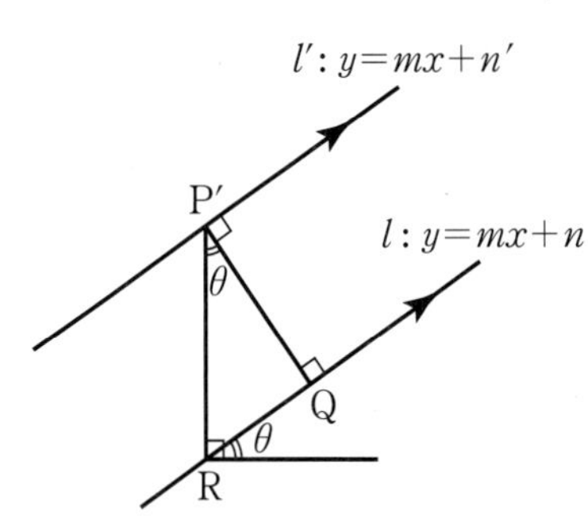

직선 l의 기울기 m은 $\tan\theta$이므로

$\tan\theta=\dfrac{\overline{\mathrm{QR}}}{\overline{\mathrm{P'Q}}}=m$

$\therefore \overline{\mathrm{QR}}=m\overline{\mathrm{P'Q}}$ …… ㉠

삼각형 P′QR에서 피타고라스의 정리를 이용하면

$\overline{\mathrm{P'R}}=\sqrt{\overline{\mathrm{QR}}^2+\overline{\mathrm{P'Q}}^2}=\sqrt{1+m^2}\times\overline{\mathrm{P'Q}}$ ($\because$ ㉠)

$\therefore \overline{\mathrm{P'Q}}=\dfrac{\overline{\mathrm{P'R}}}{\sqrt{1+m^2}}$

이때 $\overline{\mathrm{P'R}}$은 두 직선 l과 l'의 y절편의 차이와 같다.

개념 확인

이차함수 $y=x^2-x+2$ 위를 움직이는 점 P에서 직선 $y=3x-5$에 이르는 거리의 최솟값을 구하시오.

해설

$y=x^2-x+2$ 위를 움직이는 점 P에서 직선 $y=3x-5$에 이르는 거리의 최솟값은 $y=x^2-x+2$에 접하고 기울기가 3인 직선과 직선 $y=3x-5$ 사이의 거리이다.

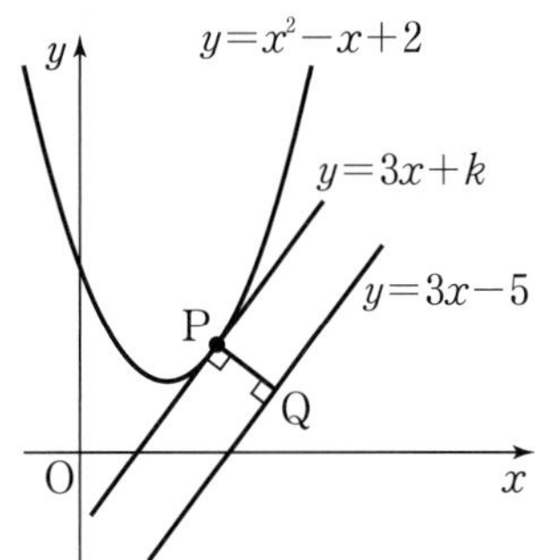

이차함수에 접하고 기울기가 3인 직선의 y절편을 k로 놓으면

$x^2-x+2=3x+k$, $x^2-4x+2-k=0$에서 판별식을 D라 할 때, $D/4=4-(2-k)=0$이어야 한다.

$\therefore k=-2$

이때, 평행한 두 직선 $y=3x-2$와 $y=3x-5$의 y절편의 차가 3이므로 공식을 적용하면

거리의 최솟값 $\overline{\mathrm{PQ}}=\dfrac{3}{\sqrt{1+3^2}}=\dfrac{3\sqrt{10}}{10}$

기출 유형

이차함수 $y=x^2+k$ 위의 점 P와 직선 $y=4x-1$ 사이의 거리의 최솟값이 $\sqrt{17}$이 되도록하는 상수 k의 값을 구하시오.

해설

아래 그림과 같이 직선 $y=4x-1$과 평행하고 이차함수 $y=x^2+k$에 접하는 직선을 $y=4x+n$이라고 할 때, 이차함수 $y=x^2+k$의 그래프 위의 점 P와 직선 $y=4x-1$ 사이의 거리의 최솟값은 두 직선 $y=4x+n$과 $y=4x-1$ 사이의 거리이다.

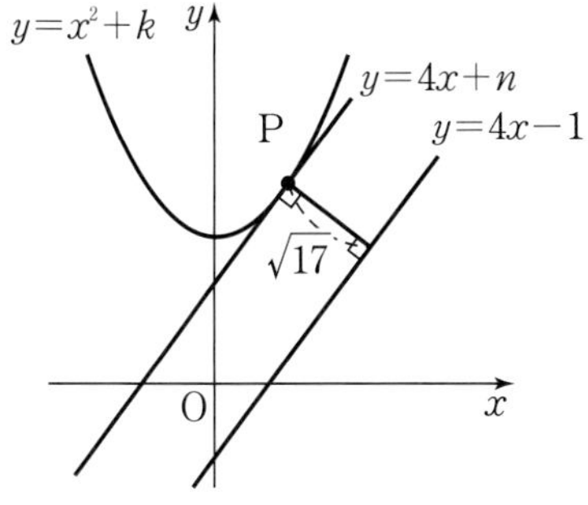

$y=4x+n$과 $y=4x-1$의 y절편의 차이가 $n+1$이므로 공식을 적용하면 $\sqrt{17}=\dfrac{n+1}{\sqrt{1+4^2}}$

$\therefore n=16$

이때 $y=4x+16$과 이차함수 $y=x^2+k$의 그래프가 접하므로 $x^2+k=4x+16$, $x^2-4x+k-16=0$에서 판별식을 D라고 하면 $D/4=4-(k-16)=0$

$\therefore k=20$

344

두 점 A(0, −8), B(4, 0)과 이차함수 $y=x^2-2x$ 위의 점 P에 대하여 삼각형 PAB의 넓이의 최솟값을 구하시오.

345

그림과 같이 이차함수 $y=x^2-3x$ $(0\le x\le 3)$ 위의 점 P에 대하여 다각형 OBPCA 넓이의 최댓값을 구하고, 이때 점 P의 좌표를 구하시오. (단, O는 원점)

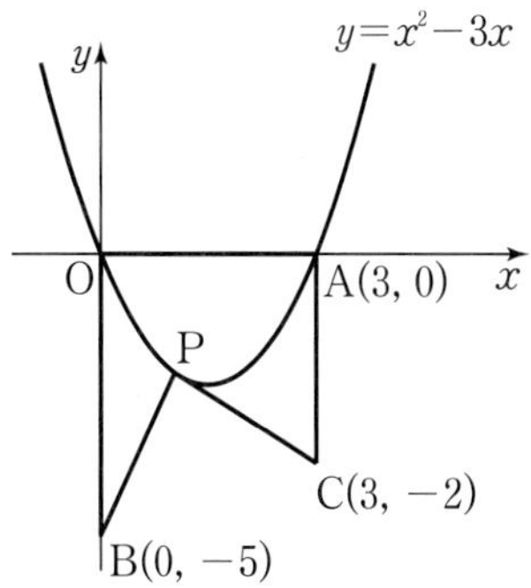

346

그림과 같이 이차함수 $y=-x^2+1$의 그래프와 직선 $y=x-2$가 만나는 서로 다른 두 점 A, B와 이차함수 위의 점 P에 대하여 삼각형 PAB의 넓이의 최댓값을 구하시오. (단, 점 P는 점 A, B 사이에 있다.)

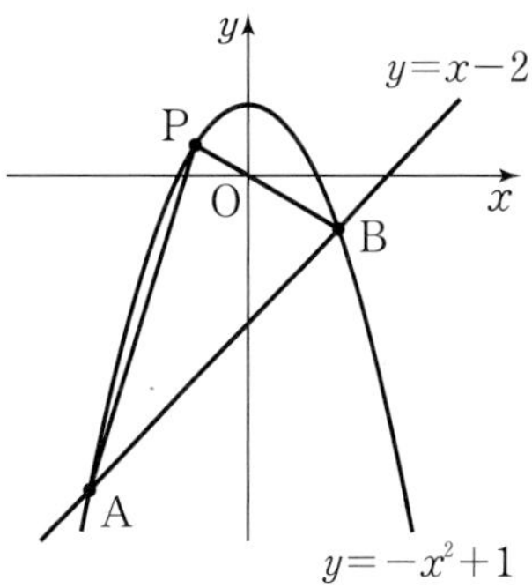

Ⅶ 이차함수

02. 이차함수와 직선이 만나는 두 점에서 그은 접선과 관련된 성질

그림과 같이 이차함수 $y=f(x)$와 직선 $y=g(x)$가 만나는 두 점 A, B에서의 접선의 교점을 C라고 하자.

점 C를 지나고 y축에 평행한 직선과 $y=g(x)$의 교점을 P, $y=f(x)$의 교점을 Q라 할 때, 다음과 같은 성질이 성립한다.

(1) 두 접선의 교점 C의 x좌표는 두 점 A, B의 x좌표의 중점이다.

(2) $\overline{AP}=\overline{BP}$

(3) $\overline{PQ}=\overline{QC}$

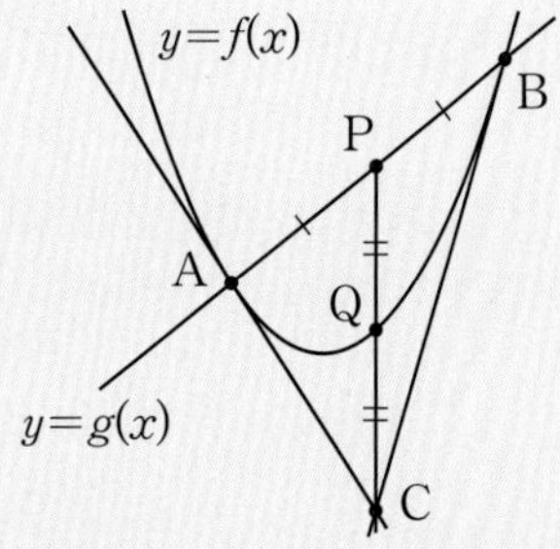

※ 접선과 관련된 성질은 주로 다항함수의 미분법에서 다루어지지만, 이차함수와 관련된 내용으로 시험에 출제된 적이 여러 번 있으니 꼭 알아두도록 하자.

[증명]

(1) 두 접선의 교점 C의 x좌표는 두 점 A, B의 x좌표의 중점이다.

이차함수 $y=ax^2+bx+c$를 평행 이동해도 모양이 동일하므로 $y=ax^2$으로 놓고 증명을 해도 일반성을 잃지 않는다.

두 점 A, B가 평행 이동된 $y=ax^2$ 위의 두 점을 각각 $A'(\alpha, a\alpha^2)$, $B'(\beta, a\beta^2)$이라고 하자.

점 A′에서의 접선의 기울기를 p라고 하면 접선의 방정식은 $y=p(x-\alpha)+a\alpha^2$

이 직선이 이차함수 $y=ax^2$과 접하므로

$ax^2=p(x-\alpha)+a\alpha^2$에서 판별식을 D라 할 때

$D=p^2-4a\alpha p+4a^2\alpha^2=0$, $(p-2a\alpha)^2=0$

$\therefore p=2a\alpha$

같은 방법으로 점 B에서의 접선의 기울기를 구하면 $2a\beta$이다.

두 직선 $y=2a\alpha(x-\alpha)+a\alpha^2$과

$y=2a\beta(x-\beta)+a\beta^2$의 교점이 점 C의 x좌표이므로 두 식을 연립하여 풀면

$2a\alpha(x-\alpha)+a\alpha^2=2a\beta(x-\beta)+a\beta^2$

$2a(\alpha-\beta)x=a(\alpha^2-\beta^2)$에서 $x=\dfrac{\alpha+\beta}{2}$

따라서 두 접선이 만나는 점 C의 x좌표는 두 점 A, B의 x좌표의 중점이다.

(2) $\overline{AP}=\overline{BP}$

(1)에 의하여 점 C의 x좌표는 두 점 A, B의 x좌표의 중점이므로 점 P는 두 점 A, B의 중점이다.

$\therefore \overline{AP}=\overline{BP}$

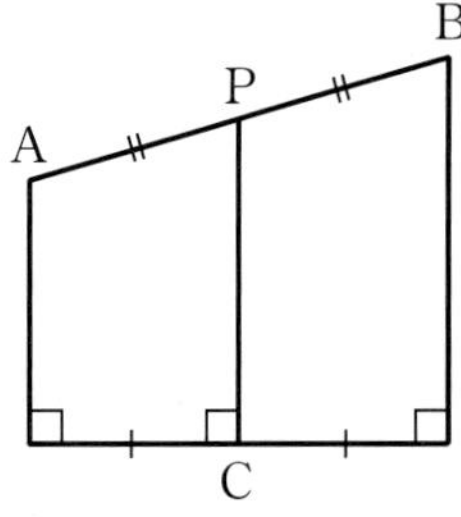

(3) $\overline{PQ}=\overline{QC}$

두 함수 $y=f(x)$와 $y=g(x)$의 교점의 x좌표를 γ, δ라고 하고 $T(x)=g(x)-f(x)$라고 하면 $T(x)=-a(x-\gamma)(x-\delta)$ (단, $a>0$)로 놓을 수 있다.

$\overline{PQ}=T\left(\frac{\gamma+\delta}{2}\right)$이므로

$\therefore \overline{PQ}=-a\left(\frac{\gamma+\delta}{2}-\gamma\right)\left(\frac{\gamma+\delta}{2}-\delta\right)=a\left(\frac{\gamma-\delta}{2}\right)^2$

같은 방법으로 직선 AC를 $y=h(x)$로 놓았을 때

$K(x)=f(x)-h(x)$라고 하면

$K(x)=a(x-\gamma)^2$으로 놓을 수 있다.

$\overline{QC}=K\left(\frac{\gamma+\delta}{2}\right)$이므로

$\therefore \overline{QC}=a\left(\frac{\gamma+\delta}{2}-\gamma\right)^2=a\left(\frac{\gamma-\delta}{2}\right)^2$

그러므로 $\overline{PQ}=\overline{QC}$

※ 이차함수의 성질

(1) 이차함수는 대칭축에 선대칭이므로 이차함수 $y=f(x)$와 상수함수 $y=k$와 만나는 두 점 A, B에서의 접선의 교점 C는 이차함수의 대칭축 위에 있다.

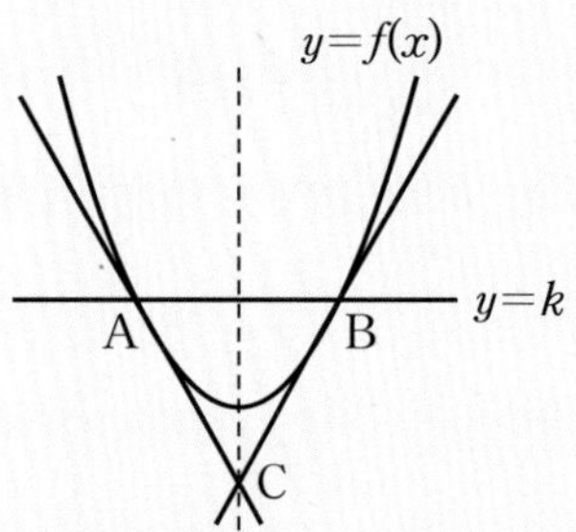

(2) 원점을 O, 이차함수 $y=ax^2$ 위의 점 A에서의 접선의 y절편을 점 B, 점 A에서 y축에 내린 수선의 발을 점 H라 할 때, $\overline{OH}=\overline{OB}$ 이다.

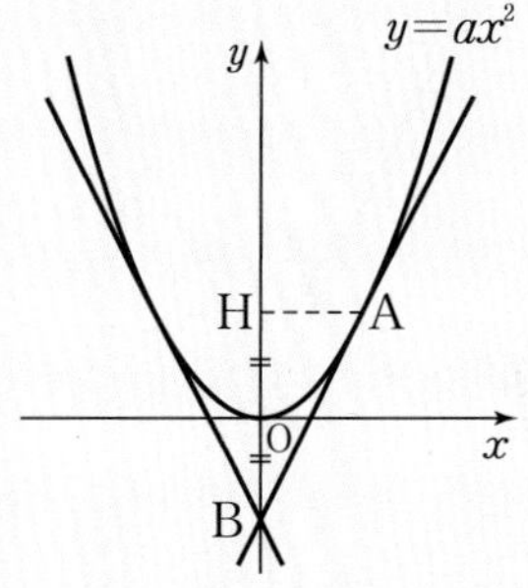

(2) 원점을 O, 이차함수 $y=ax^2$ 위의 점 A에서의 접선의 y절편을 점 B, 점 A에서 y축에 내린 수선의 발을 점 H라 할 때, $\overline{OH}=\overline{OB}$ 이다.

이차함수 위의 점 $A(\alpha, a\alpha^2)$에서의 접선의 방정식은 $y=2a\alpha(x-\alpha)+a\alpha^2$이므로 ($\because$ [증명]의 (1))

점 B의 좌표는 $B(0, -a\alpha^2)$이고, 점 H의 좌표는 $H(0, a\alpha^2)$이므로 $\overline{OH}=\overline{OB}$

Ⅶ

이차함수

※ 이차함수의 성질을 이용한 증명

이차함수 $y=f(x)$와 직선 $y=g(x)$가 만나는 두 점 A, B에서의 접선을 각각 $y=l_1(x)$, $y=l_2(x)$라고 하자.

$h(x)=f(x)-g(x)$

$h_1(x)=l_1(x)-g(x)$

$h_2(x)=l_2(x)-g(x)$라고 하면

$y=h(x)$, $y=h_1(x)$, $y=h_2(x)$의 그래프는 아래 그림과 같다.

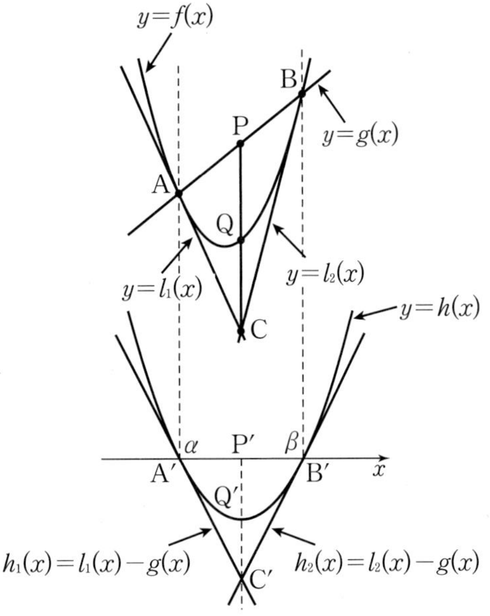

위의 그림에서 알 수 있듯이 A, B의 x좌표를 α, β라 할 때, $y=h_1(x)$와 $y=h_2(x)$의 교점의 x좌표는 이차함수의 성질 (1)에 의해 대칭축 위에 있으므로 점 C′의 x좌표는 $x=\dfrac{\alpha+\beta}{2}$이다.

따라서 $y=h_1(x)$와 $y=h_2(x)$의 교점의 x좌표는 $h_1(x)=h_2(x)$, $l_1(x)-g(x)=l_2(x)-g(x)$에서 $l_1(x)=l_2(x)$의 해와 같으므로 $y=l_1(x)$와 $y=l_2(x)$의 교점 C의 x좌표는 $x=\dfrac{\alpha+\beta}{2}$이다.

또한 이차함수의 성질 (2)에 따르면 $\overline{P'Q'}=\overline{Q'C'}$이므로 $\overline{PQ}=\overline{QC}$이다.

기출 유형

그림과 같이 이차함수 $y=x^2-3x$와 직선 $l: y=ax+b$가 만나는 서로 다른 두 점 $A(\alpha, \alpha^2-3\alpha)$, $B(\beta, \beta^2-3\beta)$에 대하여 $\alpha\beta=1$을 만족한다. 두 점 A, B에서의 접선의 교점을 $C(2, c)$라 할 때, 직선 l의 방정식을 구하시오.
(단, a, b, c는 실수)

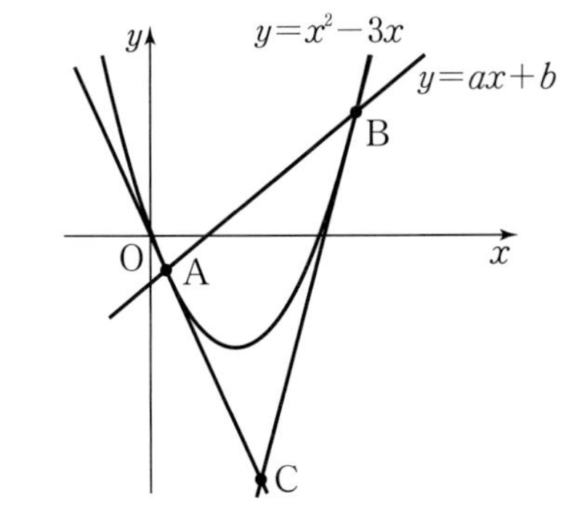

해설

방법1

점 A에서 이차함수 $y=x^2-3x$에 접하는 직선의 방정식을 $y=mx+n$(단, m, n은 실수)이라고 하면

$x^2-3x=mx+n$은 $x=\alpha$의 중근을 가지므로

$x^2-(m+3)x-n=(x-\alpha)^2$이다.

위의 식에서 $mx+n=x^2-3x-(x-\alpha)^2$이므로

점 A에서 이차함수 $y=x^2-3x$에 접하는 직선의 방정식 $y=mx+n$은 $y=x^2-3x-(x-\alpha)^2$이다. …… ㉠

같은 방법으로 점 B에서 함수 $y=x^2-3x$에 접하는 직선의 방정식은 $y=x^2-3x-(x-\beta)^2$ …… ㉡

두 점 A, B에서의 접선의 교점의 x좌표가 2이므로

$x=2$를 ㉠과 ㉡에 대입하면

$2^2-3\times2-(2-\alpha)^2=2^2-3\times2-(2-\beta)^2$에서

$(2-\alpha)^2-(2-\beta)^2=0$

$(4-\alpha-\beta)(-\alpha+\beta)=0 \qquad \therefore \alpha+\beta=4(\because \alpha\neq\beta)$

한편, α, β는 이차함수 $y=x^2-3x$와 직선 $y=ax+b$의 교점의 x좌표이므로

$x^2-3x=ax+b$, $x^2-(a+3)x-b=0$의 두 근이다.

근과 계수의 관계에 의해
$\alpha+\beta=a+3=4$, $\alpha\beta=-b=1$
$\therefore a=1$, $b=-1$
그러므로 직선 l의 방정식은 $y=x-1$

방법2
이차함수와 직선이 만나는 두 점에서 그은 접선과 관련된 성질에 의해 $\frac{\alpha+\beta}{2}=2$이다.
이하 **방법1**과 같다.

347

그림과 같이 이차함수 $y=-x^2+2$와 직선 $y=mx$가 만나는 서로 다른 두 점 A, B에서의 접선은 점 C에서 만난다. 두 점 A, B의 x좌표 α, β에 대하여 $\alpha+\beta=-2$일 때, 삼각형 ABC의 넓이를 구하시오. (단, m은 실수)

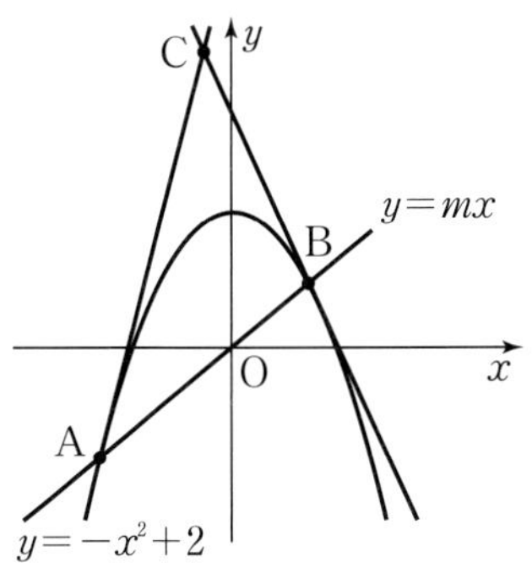

03. 이차함수의 닮음과 공통접선

모든 이차함수는 서로 닮음이다. (정삼각형의 모양이 유일한 것처럼, 이차함수의 모양도 한 가지로 일정하다.)

(1) 두 이차함수 $y=ax^2+bx+c$, $y=a'x^2+b'x+c'$의 닮음비는 $|a'|:|a|$이다.

(2) 꼭짓점을 공유하고 이차항의 계수가 a, $-a$인 두 이차함수의 꼭짓점을 지나는 직선과 두 이차함수가 만나는 두 점에서의 접선의 기울기는 같다.

(3) 이차항의 계수가 a, $-a$인 두 이차함수의 공통접선은 두 이차함수의 꼭짓점의 중점을 지난다.

(4) 이차항의 계수가 같은 두 이차함수의 공통접선의 기울기는 두 이차함수의 꼭짓점을 연결한 직선의 기울기와 같다.

(5) 이차항의 계수가 a, b인 두 이차함수의 공통접선은 두 이차함수의 꼭짓점을 $|b|:|a|$로 내분하는 점을 지난다. (단, $ab<0$)

※ 이차함수의 닮음은 다항함수의 미분법에서 다루는 심화 내용이지만, 두 이차함수에서의 공통접선을 구하는 문제가 출제된 적이 있어 소개하고자 한다.

Ⅶ 이차함수

5. 이차함수와 접하는 직선

(1) 두 이차함수 $y=ax^2+bx+c$,
$y=a'x^2+b'x+c'$의 닮음비는 $|a'|:|a|$이다.

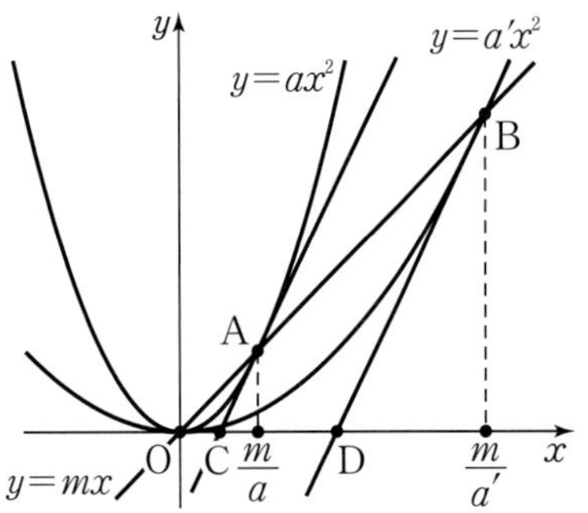

직선 $y=mx$와 $y=ax^2$ (단, $a>0$)이 만나는 점의 좌표를 구하면 $\mathrm{A}\left(\frac{m}{a}, \frac{m^2}{a}\right)$이므로

점 A에서의 직선의 기울기를 p라 할 때, 접선의 방정식은 $y=p\left(x-\frac{m}{a}\right)+\frac{m^2}{a}$

$p\left(x-\frac{m}{a}\right)+\frac{m^2}{a}=ax^2$, $ax^2-px+\frac{m(p-m)}{a}=0$에서 판별식을 D라고 하면 D는 0이어야 한다.

$\therefore \mathrm{D}=p^2-4pm+4m^2=0$, $(p-2m)^2=0$

에서 $p=2m$

같은 방법으로 점 B에서의 접선의 기울기도 $2m$이다.

이때, 두 점 A, B에서의 접선이 서로 평행하므로

삼각형 OAC와 삼각형 OBD는 닮은 도형이고,

닮음비는 $\overline{\mathrm{OA}}:\overline{\mathrm{OB}}=\frac{m}{a}:\frac{m}{a'}=a':a$이다.

따라서 점 O, A, B가 일직선 위에 있는 경우에 점 A와 점 B의 위치에 관계없이 $\overline{\mathrm{OA}}:\overline{\mathrm{OB}}=a':a$로 언제나 일정하므로 두 이차함수는 닮은 도형이고, 닮음비는 $a':a$이다. (이차항의 계수가 음수인 경우까지 고려하면 닮음비는 $|a'|:|a|$)

(2) 꼭짓점을 공유하고 이차항의 계수가 a, $-a$인 두 이차함수의 꼭짓점을 지나는 직선과 두 이차함수가 만나는 두 점에서의 접선의 기울기는 같다.

아래 그림에서 두 이차함수는 모양이 같으므로 삼각형 OAC와 삼각형 OBD는 합동이다. 따라서 두 점 A와 B에서의 접선의 기울기는 같다.

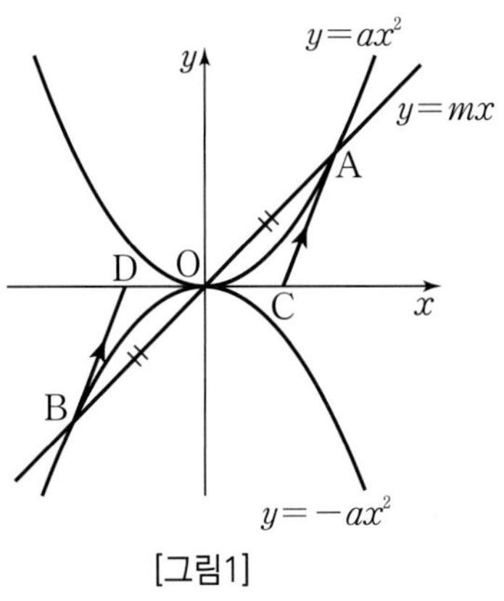

[그림1]

(3) 이차항의 계수가 a, $-a$인 두 이차함수의 공통접선은 두 이차함수의 꼭짓점의 중점을 지난다.

[그림1]에서의 점 D가 점 C에 오도록 평행이동했을 때의 점을 점 C′이라고 하면
점 A에서의 접선과 점 B에서 접선은 직선 AB′으로 일치되어 공통접선이 된다.
이때, [그림2]에서 삼각형 OAC′과 O′B′C′은 합동이므로 점 C′은 두 꼭짓점의 중점이다.
따라서 공통접선은 두 꼭짓점의 중점을 지난다.

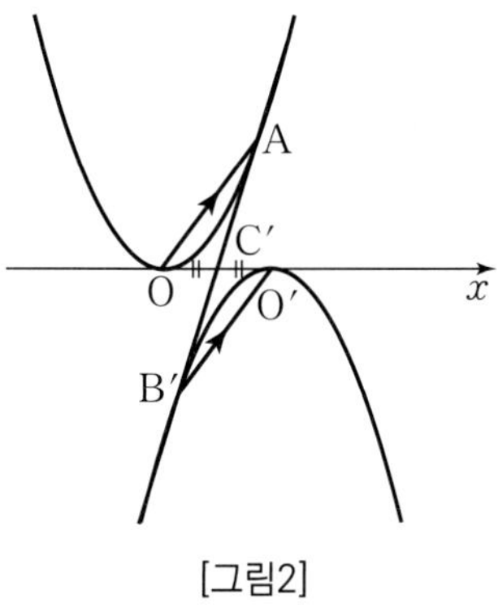

[그림2]

또한 [그림2]에서의 점 B′이 점 B″이 되도록 평행이동 시키면 삼각형 OAC″과 삼각형 O″B″C″이 합동이므로 공통접선은 두 꼭짓점의 중점을 지난다.

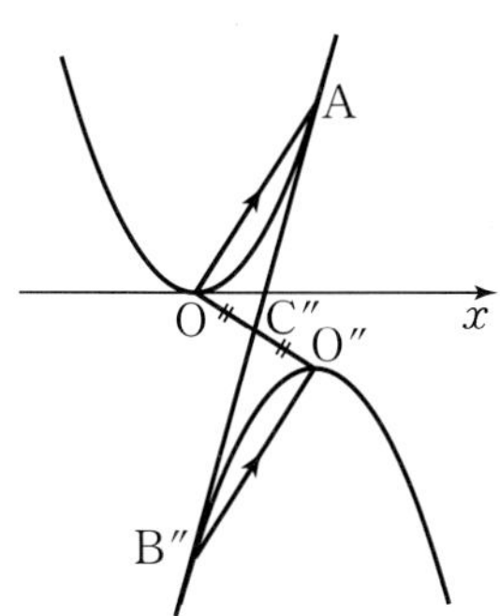

★ 이차함수의 두 꼭짓점에서 이차함수와 접선이 만나는 점을 각각 연결하면 두 선분은 평행이 된다.

(4) 이차항의 계수가 같은 두 이차함수의 공통접선의 기울기는 두 이차함수의 꼭짓점을 연결한 직선의 기울기와 같다.

아래 그림과 같이 두 이차함수의 꼭짓점에서 접선과 만나는 점을 연결하면 이차함수의 닮음에 의해 두 선분은 평행하게 된다. 이때, 두 이차함수는 모양이 같으므로 네 선분으로 둘러싸인 사각형은 평행사변형이다. 따라서 공통접선의 기울기는 두 이차함수의 꼭짓점을 지나는 직선의 기울기와 같다.

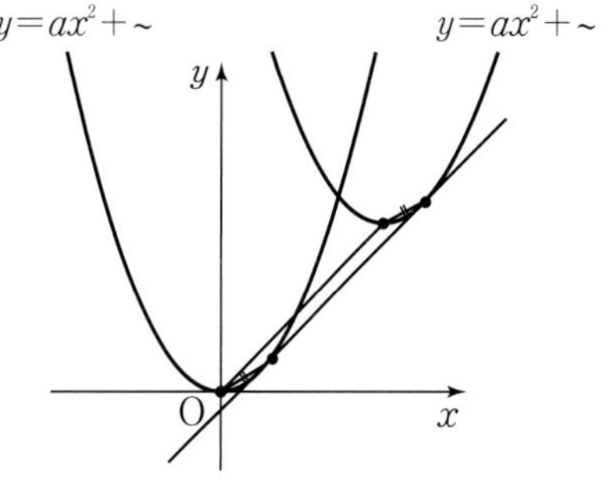

(5) 이차항의 계수가 a, b인 두 이차함수의 공통접선은 두 이차함수 꼭짓점을 $|b|:|a|$로 내분하는 점을 지난다. (단, $ab<0$)

아래 그림과 같이 두 이차함수의 꼭짓점에서 접선과 만나는 점을 연결하면 이차함수의 닮음에 의해 두 선분은 평행하게 되므로 △OAP와 △OBQ는 닮음비가 $|b|:|a|$인 닮은 도형이 된다. 따라서 두 이차함수에 동시에 접하는 공통접선은 두 이차함수의 꼭짓점을 $|b|:|a|$로 내분하는 점 O를 지나게 된다.

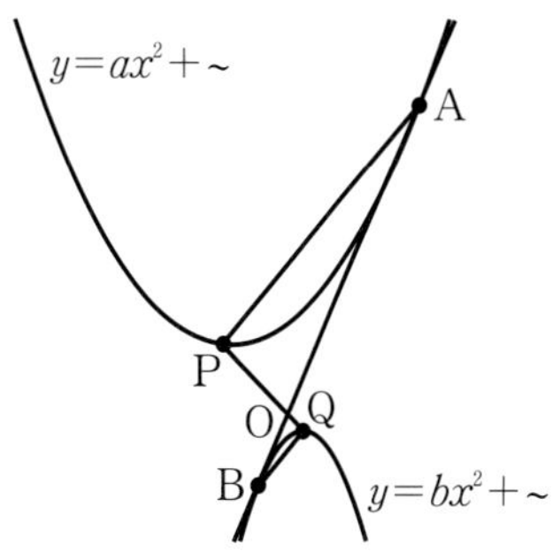

개념 확인

아래 그림과 같이 이차함수 $y=x^2$과 $y=\frac{1}{3}x^2$이 원점을 지나는 직선 l_1과 만나는 점을 각각 P, Q, 원점을 지나는 직선 l_2와 만나는 점을 각각 R, S라 할 때, $\overline{PR}:\overline{QS}$의 값을 구하시오.

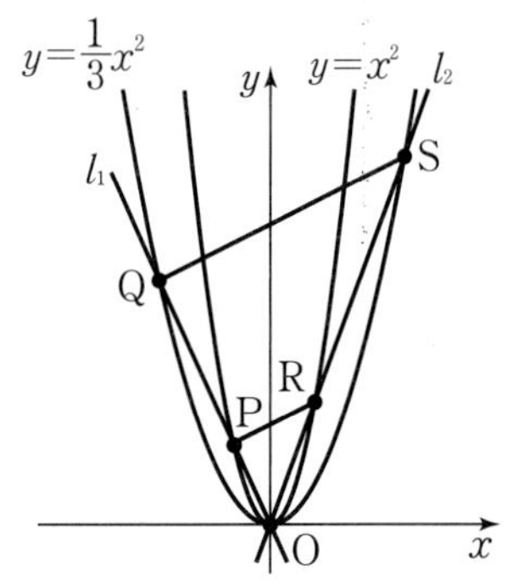

해설

$y=x^2$과 $y=\frac{1}{3}x^2$의 이차항의 계수가

각각 1과 $\frac{1}{3}$이므로 이차함수의 닮음에 의해

$\overline{OR}:\overline{OS}=\frac{1}{3}:1=1:3$이다.

마찬가지로 $\overline{OP}:\overline{OQ}=1:3$이다.

따라서 △OPR과 △OQS는 닮음이고 닮음비가

$1:3$이므로 $\overline{PR}:\overline{QS}=\overline{OR}:\overline{OS}=1:3$

접점과 꼭짓점을 각각 연결하면 이차함수의 닮음에 의해 두 선분이 평행하므로, 합동, 닮음, 평행사변형의 성질을 이용해 접선 위의 한 점 또는 접선의 기울기를 구할 수 있다.
이후 판별식 D=0을 이용하면 공통접선의 방정식을 보다 쉽게 구할 수 있다.

기출 유형

두 이차함수 $y=2x^2-4x+4$, $y=-x^2-8x-17$에 동시에 접하는 직선은 두 개 있다. 이 두 직선(접선)의 기울기의 곱을 구하시오.

해설

방법1

두 이차함수 $y=2x^2-4x+4$, $y=-x^2-8x-17$
에 동시에 접하는 직선의 방정식을 $y=ax+b$라고 하면 두 이차방정식 $2x^2-4x+4=ax+b$,
$-x^2-8x-17=ax+b$에서 판별식을 D라 할 때, D는 0이어야 한다.

$2x^2-(4+a)x+4-b=0$의 판별식을 D_1이라고 하면

$D_1=(4+a)^2-8(4-b)=0$에서

$b=-\frac{1}{8}a^2-a+2$ …… ㉠

$x^2+(a+8)x+b+17=0$의 판별식을 D_2라고 하면

$D_2=(a+8)^2-4(b+17)=0$에서

$b=\frac{1}{4}a^2+4a-1$ …… ㉡

㉠, ㉡에서 $-\frac{1}{8}a^2-a+2=\frac{1}{4}a^2+4a-1$

$3a^2+40a-24=0$

근과 계수의 관계에 의해 두 근의 곱은 -8이므로
두 이차함수에 동시에 접하는 두 직선의 기울기의 곱은 -8이다.

방법2

두 이차함수의 이차항의 계수가 2와 -1이므로 두 이차함수에 동시에 접하는 직선은 이차함수의 닮음에 의해 두 이차함수의 꼭짓점을 $1:2$로 내분하는 점을 지난다.

두 이차함수의 꼭짓점 $(1,\ 2)$, $(-4,\ -1)$의 $1:2$ 내분점은 $\left(-\frac{2}{3},\ 1\right)$

이 점을 지나는 직선의 기울기를 m이라고 하면,

$y=m\left(x+\frac{2}{3}\right)+1=mx+\frac{2}{3}m+1$

이 직선과 $y=-x^2-8x-17$이 서로 접하므로

$-x^2-8x-17=mx+\frac{2}{3}m+1$

$x^2+(m+8)x+\frac{2}{3}m+18=0$에서 판별식을 D라고 할 때 $D=(m+8)^2-4\left(\frac{2}{3}m+18\right)=0$

$3m^2+40m-24=0$

따라서 근과 계수의 관계에 의해 두 직선의 기울기의 곱은 -8이다.

※ 내분점을 구하는 방법은 공통수학2 참고

348

아래 그림과 같이 두 이차함수

$y=\frac{1}{2}x^2$, $y=\frac{1}{2}(x-2)^2+2$에 동시에 접하는 직선의 방정식(접선)을 구하시오.

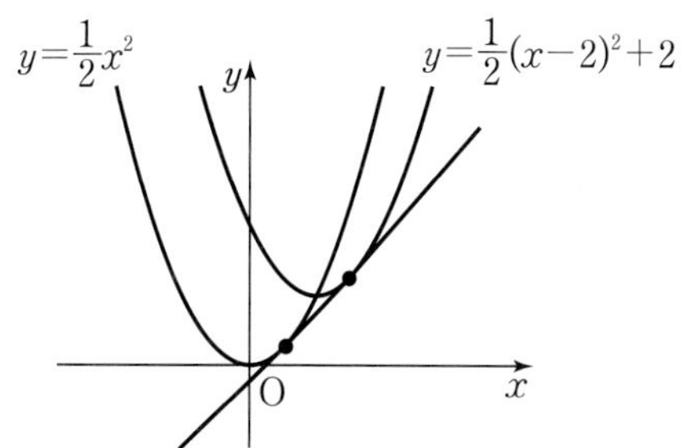

349

아래 그림과 같이 두 이차함수

$y=x^2$, $y=-x^2+4x-10$에 동시에 접하는 직선의 방정식(접선)을 모두 구하시오.

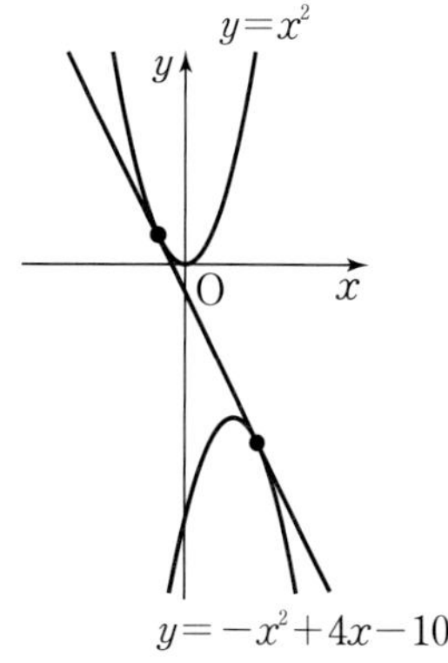

Ⅶ
이차함수

고난도 실전 연습문제

350

이차함수 $f(x)=ax^2+bx+c$가 다음 조건을 모두 만족시킬 때, $f(x)$를 구하시오.

> (가) $y=f(x)$와 직선 $y=2ax-3$의 그래프가 만나는 두 점의 x좌표는 1과 3이다.
> (나) $x_1<x_2<x_3$인 서로 다른 임의의 세 실수 x_1, x_2, x_3에 대하여 $\frac{f(x_2)-f(x_1)}{x_2-x_1}>\frac{f(x_3)-f(x_2)}{x_3-x_2}$이다.
> (다) $0\le x\le\frac{3}{2}$에서 $f(x)$의 최솟값은 -6이다.

351

그림과 같이 일차함수 $y=f(x)$와 이차함수 $y=g(x)$가 만나는 두 점의 x좌표는 -1, 1이고 $y=f(x)$와 이차함수 $y=h(x)$의 그래프가 접하는 점의 x좌표는 3이다. 두 이차함수 $y=g(x)$와 $y=h(x)$의 그래프가 만나는 두 점의 x좌표를 각각 α, β라 할 때, $\alpha^2+\beta^2$의 값을 구하시오.
(단, $y=g(x)$의 이차항의 계수는 2, $y=h(x)$의 이차항의 계수는 1이다.)

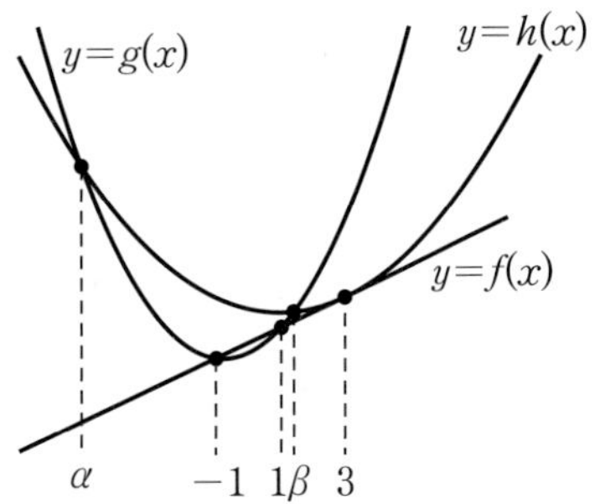

352

이차방정식 $x^2-2x+3a=0$의 서로 다른 두 실근을 α, β라 하고, 이차방정식 $x^2+2ax-3=0$의 서로 다른 두 실근을 γ, δ라 할 때, $\alpha<\gamma<\beta<\delta$가 성립하도록 하는 정수 a의 최댓값을 구하시오.

353

$-1\le x\le 2$에서 이차함수 $f(x)=-x^2+2tx+t^2-1$의 최솟값을 $g(t)$라 하자. 방정식 $g(t)=4t+k$가 서로 다른 네 실근을 갖도록 하는 실수 k의 값의 범위를 구하시오. (단, t는 실수이다.)

354

실수 a에 대하여 $a-1\leq x\leq a+2$에서
이차함수 $f(x)=x^2-2x+4$의 최댓값을 $\mathrm{M}(a)$, 최솟값을 $m(a)$라 하자. $y=\mathrm{M}(a)$는 $a=\alpha$에서 최솟값을 갖고, $y=m(a)$는 $\beta\leq a\leq\gamma$에서 최솟값을 가질 때, $\alpha+\beta+\gamma$의 값을 구하시오.

355

방정식 $|x^2-4x-12|+ax=16$이 서로 다른 두 실근을 가질 때, 실수 a의 값의 범위를 구하시오.

356

다음 조건을 모두 만족하는 이차함수 $f(x)$를 구하시오.

(가) $y=f(x)$와 직선 $y=-x+1$은 두 점에서 만나고, 만나는 두 점의 x좌표는 x_1, x_5이다.
(나) $y=f(x)$와 직선 $y=-x+2$는 두 점에서 만나고, 만나는 두 점의 x좌표는 x_2, x_4이다.
(다) 직선 $y=-x+3$은 $y=f(x)$에 접하고, 접하는 점의 x좌표는 x_3이다.
(라) $x_1+x_2+x_3+x_4=-10$, $x_5=0$이다.

357

직선 $y=mx+2$가 이차함수 $f(x)=(x+1)^2$과 서로 다른 두 점 A, B에서 만난다. 두 점 A, B에서 x축에 내린 수선의 발을 각각 C, D라 할 때, $\frac{1}{\overline{\mathrm{OC}}}+\frac{1}{\overline{\mathrm{OD}}}=3$이 되도록 하는 실수 m의 값을 모두 구하시오.
(단, O는 원점이다.)

358

$-1\le x\le 1$에서 이차함수 $y=x^2-2ax+a^2-a+b$의 최솟값이 2가 되도록 하는 실수 a, b에 대하여 $b-2a$의 최댓값을 구하시오.

359

다음 조건을 모두 만족시키는 이차함수 $f(x)$를 구하시오.

(가) 모든 실수 x에 대하여 $f(x)\ge f(2)$이다.
(나) 실수 a에 대하여 $a-1\le x\le a+1$에서 함수 $f(x)$의 최댓값을 $\mathrm{M}(a)$라고 할 때, 함수 $\mathrm{M}(a)$의 최솟값은 -5이다.
(다) $f(4)=1$

360

$t\le x\le t+2$에서 이차함수 $y=x^2-2x+3$의 최댓값을 $\mathrm{M}(t)$, 최솟값을 $m(t)$라 하자. $f(t)=\mathrm{M}(t)-m(t)$라 할 때, $y=f(t)$의 그래프의 개형을 그리시오.

361

$0\le x\le 1$에서 이차함수 $f(x)=-(x-m)^2+n$의 최댓값이 -5일 때, 두 실수 m, n에 대하여 $|m+n|$의 최댓값을 구하시오. (단, $-1\le m\le 3$)

VIII

여러 가지 방정식

CHAPTER 1

삼차방정식의 근의 종류 및 오메가

01. 삼차방정식의 근의 종류

모든 항의 계수가 실수인 삼차방정식의 근의 종류

i) 서로 다른 세 실근

ii) 실근인 중근과 다른 한 실근 또는 삼중근

iii) 한 실근과 서로 다른 두 허근

※ 모든 항의 계수가 실수인 삼차방정식에서는 두 허근이 항상 켤레 관계이기 때문에, 허근이 중근이거나 두 실근과 한 허근 또는 세 허근을 갖는 경우는 없다.

모든 항의 계수가 실수인 삼차방정식의 근의 종류에 관한 문제는 조립제법을 이용하여 인수분해 한 후, 판별식을 이용한다.

기출 유형

삼차방정식 $x^3-x^2-(k+2)x-k=0$에 대하여 다음 조건을 만족하는 실수 k의 값 또는 범위를 구하시오.

(1) 서로 다른 세 실근을 갖는다.

(2) 실근 1개, 중근 1개를 갖는다.

(3) 허근을 갖는다.

해설

$x^3-x^2-(k+2)x-k=0$에서

$x=-1$을 대입하면 위의 등식이 성립하므로 조립제법을 이용해서 인수분해 하면

$$\begin{array}{r|rrrr} -1 & 1 & -1 & -k-2 & -k \\ & & -1 & 2 & k \\ \hline & 1 & -2 & -k & 0 \end{array}$$

$\therefore x^3-x^2-(k+2)x-k=(x+1)(x^2-2x-k)=0$

(1) 삼차방정식 $(x+1)(x^2-2x-k)=0$이 $x=-1$을 근으로 가지므로 서로 다른 세 실근을 가지려면 이차방정식 $x^2-2x-k=0$이 -1이 아닌 서로 다른 두 실근을 가져야 한다.

(i) 이차방정식 $x^2-2x-k=0$의 해가 $x\neq-1$이므로 $1+2-k\neq0$ $\therefore k\neq3$

(ii) 이차방정식 $x^2-2x-k=0$이 서로 다른 두 실근을 가져야 하므로 이 이차방정식의 판별식을 D라고 하면

$D/4=1+k>0$ $\therefore k>-1$

(i), (ii)에서 구하는 실수 k의 값의 범위는

$-1<k<3$ 또는 $k>3$

(2) 삼차방정식 $(x+1)(x^2-2x-k)=0$이 실근 1개, 중근 1개를 갖는 경우는 다음과 같이 두 가지이다.

(i) $x=-1$이 이차방정식 $x^2-2x-k=0$의 한 근일 때

$1+2-k=0$ $\therefore k=3$

(ii) 이차방정식 $x^2-2x-k=0$이 -1이 아닌 중근을 가질 때

이 이차방정식의 판별식을 D라 하면

$D/4=1+k=0$ $\therefore k=-1$

(이때 중근은 $x=1$)

(i), (ii)에서 구하는 k의 값은 -1 또는 3

(3) $(x+1)(x^2-2x-k)=0$에서 이차방정식 $x^2-2x-k=0$이 서로 다른 두 허근을 가져야 하므로 판별식을 D라고 하면 $D/4=1+k<0$

$\therefore k<-1$

362

삼차방정식 $x^3-2(a+2)x^2+(4a+b^2+4)x-2b^2=0$이 서로 다른 세 실근을 갖고, 세 근의 합이 12가 되도록 하는 순서쌍 (a, b)의 개수를 구하시오.
(단, a, b는 정수이다.)

363

삼차방정식 $x^3-(a+1)x^2+(2a+7)x-18=0$의 세 근이 모두 서로 다른 정수가 되도록 하는 실수 a의 값을 모두 구하시오.

364

x에 대한 삼차방정식 $2x^3-(6+2a)x^2+(a^2+6a)x-a^3=0$이 서로 다른 세 실근을 갖도록 하는 정수 a의 개수를 구하시오.

02. 오메가

1 오메가의 성질

(1) $x^3=1$의 한 허근을 ω라고 하면
① $\omega^3=1$, $\omega^2+\omega+1=0$
② $\omega+\overline{\omega}=-1$, $\overline{\omega}=\frac{1}{\omega}=\omega^2$

(2) $x^3=-1$의 한 허근을 ω라고 하면
① $\omega^3=-1$, $\omega^2-\omega+1=0$
② $\omega+\overline{\omega}=1$, $\overline{\omega}=\frac{1}{\omega}=-\omega^2$

(1) $x^3=1$의 한 허근을 ω라고 하면
① $\omega^3=1$, $\omega^2+\omega+1=0$
② $\omega+\overline{\omega}=-1$, $\overline{\omega}=\frac{1}{\omega}=\omega^2$

ω는 $x^3=1$의 근이므로 $\omega^3=1$
$x^3-1=(x-1)(x^2+x+1)=0$에서 $x^2+x+1=0$의 두 근이 ω, $\overline{\omega}$이므로 근과 계수의 관계에 의해
$\omega+\overline{\omega}=-1$, $\omega\overline{\omega}=1$
$\therefore \overline{\omega}=\frac{1}{\omega}=\omega^2$

(2) $x^3=-1$의 한 허근을 ω라고 하면
① $\omega^3=-1$, $\omega^2-\omega+1=0$
② $\omega+\overline{\omega}=1$, $\overline{\omega}=\frac{1}{\omega}=-\omega^2$

ω는 $x^3=-1$의 근이므로 $\omega^3=-1$
$x^3+1=(x+1)(x^2-x+1)=0$에서 $x^2-x+1=0$의 두 근이 ω, $\overline{\omega}$이므로 근과 계수의 관계에 의해
$\omega+\overline{\omega}=1$, $\omega\overline{\omega}=1$
$\therefore \overline{\omega}=\frac{1}{\omega}=-\omega^2$

기출 유형

0이 아닌 서로 다른 두 복소수 x, y가
$x^2+xy+y^2=0$을 만족시킬 때,
$\left(\frac{x}{x+y}\right)^{2024}+\left(\frac{y}{x+y}\right)^{2024}$의 값을 구하시오.

해설

방법1

$\frac{x}{x+y}=\alpha$, $\frac{y}{x+y}=\beta$로 놓으면

$\alpha+\beta=\frac{x}{x+y}+\frac{y}{x+y}=\frac{x+y}{x+y}=1$

$\alpha\beta=\frac{x}{x+y}\times\frac{y}{x+y}=\frac{xy}{x^2+2xy+y^2}=\frac{xy}{xy}=1$

$(\because x^2+xy+y^2=0)$

α, β를 두 근을 하는 t에 대한 이차방정식은

$t^2-(\alpha+\beta)t+\alpha\beta=0$

$t^2-t+1=0$, $t^3=-1$, $t^6=1$

$\therefore \alpha^6=1$, $\beta^6=1$

그러므로

$$\left(\frac{x}{x+y}\right)^{2024}+\left(\frac{y}{x+y}\right)^{2024}$$
$$=\alpha^{2024}+\beta^{2024}=(\alpha^6)^{337}\times\alpha^2+(\beta^6)^{337}\times\beta^2$$
$$=\alpha^2+\beta^2=(\alpha+\beta)^2-2\alpha\beta$$
$$=1-2=-1$$

방법2

$x^2+xy+y^2=0$의 양변을 x^2으로 나누면

$1+\frac{y}{x}+\left(\frac{y}{x}\right)^2=0$, $\frac{y}{x}=\omega$로 놓으면

$\omega^2+\omega+1=0$, $(\omega-1)(\omega^2+\omega+1)=0$, $\omega^3=1$이므로

$$\left(\frac{x}{x+y}\right)^{2024}+\left(\frac{y}{x+y}\right)^{2024}$$
$$=\left(\frac{1}{1+\frac{y}{x}}\right)^{2024}+\left(\frac{\frac{y}{x}}{1+\frac{y}{x}}\right)^{2024}$$
$$=\left(\frac{1}{1+\omega}\right)^{2024}+\left(\frac{\omega}{1+\omega}\right)^{2024} \quad \cdots\cdots ㉠$$

이때, $(1+\omega)^{2024}=(-\omega^2)^{2024}=\omega^{4048}=(\omega^3)^{1349}\times\omega=\omega$

$\omega^{2024}=(\omega^3)^{674}\times\omega^2=\omega^2$ 이므로 ㉠에 대입하면

$$\left(\frac{1}{1+\omega}\right)^{2024}+\left(\frac{\omega}{1+\omega}\right)^{2024}=\frac{1}{(1+\omega)^{2024}}+\frac{\omega^{2024}}{(1+\omega)^{2024}}$$
$$=\frac{1}{\omega}+\frac{\omega^2}{\omega}=\frac{-\omega}{\omega}=-1$$

365

삼차방정식 $x^3=1$의 한 허근을 ω라 할 때, $\omega^{2n}=\left(\frac{\omega+\overline{\omega}}{\overline{\omega}^2}\right)^n$을 만족하는 100 이하의 자연수 n의 개수를 구하시오. (단, $\overline{\omega}$는 ω의 켤레복소수이다.)

367

0이 아닌 서로 다른 두 복소수 x, y가 $x^2-xy+y^2=0$을 만족할 때, $\left(\frac{x}{x-y}\right)^{101}-\left(\frac{y}{y-x}\right)^{101}$의 값을 구하시오.

366

삼차방정식 $x^3=-1$의 한 허근을 ω라 할 때, $(\omega-1)^n=\left(\frac{1}{\overline{\omega}^2+\omega\overline{\omega}}\right)^n$을 만족시키는 100 이하의 자연수 n의 개수를 구하시오. (단, $\overline{\omega}$는 ω의 켤레복소수이다.)

368

0이 아닌 서로 다른 두 복소수 x, y가 $x^2+2xy+4y^2=0$을 만족할 때, $\left(\frac{2x+4y}{y}\right)^3+\left(\frac{2y}{x+2y}\right)^3$의 값을 구하시오.

VIII 여러 가지 방정식

2 오메가에 관한 식 만들기

(1) 0이 아닌 세 복소수 α, β, γ에 대하여

$\alpha+\beta+\gamma=0$, $\alpha\beta+\beta\gamma+\gamma\alpha=0$이면

$\frac{\beta}{\alpha}=\frac{\gamma}{\beta}=\frac{\alpha}{\gamma}(=k)$이고 $k^3=1$이다.

(※ 주의 $k\neq1$)

(2) 서로 다른 세 복소수 α, β, γ에 대하여

(단, a, b는 0이 아닌 실수)

① $\frac{b\alpha}{a+b\beta}=\frac{b\beta}{a+b\gamma}=\frac{b\gamma}{a+b\alpha}=k$이면

$k^3=1$이다.

(※ 주의 $k\neq1$)

② $\frac{b\alpha}{a-b\beta}=\frac{b\beta}{a-b\gamma}=\frac{b\gamma}{a-b\alpha}=k$이면

$k^3=-1$이다.

(※ 주의 $k\neq-1$)

(1) 0이 아닌 세 복소수 α, β, γ에 대하여

$\alpha+\beta+\gamma=0$, $\alpha\beta+\beta\gamma+\gamma\alpha=0$이면

$\frac{\beta}{\alpha}=\frac{\gamma}{\beta}=\frac{\alpha}{\gamma}(=k)$이고 $k^3=1$이다.

(※ 주의 $k\neq1$)

α, β, γ를 세 근으로 하는 삼차방정식은

$a(x-\alpha)(x-\beta)(x-\gamma)=0$ (단, $a\neq0$)

이 식을 전개하여 x에 대한 내림차순으로 정리하면

$x^3-(\alpha+\beta+\gamma)x^2$

$+(\alpha\beta+\beta\gamma+\gamma\alpha)x-\alpha\beta\gamma=0$ …… ㉠

㉠에서 $\alpha+\beta+\gamma=0$, $\alpha\beta+\beta\gamma+\gamma\alpha=0$이면

$x^3-\alpha\beta\gamma=0$ …… ㉡

이 식의 세 근은 α, β, γ이므로

㉡에 $x=\alpha$를 대입하면 $\alpha^3-\alpha\beta\gamma=0$에서 $\alpha^2=\beta\gamma$

$\therefore \frac{\beta}{\alpha}=\frac{\alpha}{\gamma}$ …… ㉢

㉡에 $x=\beta$를 대입하면 $\beta^3-\alpha\beta\gamma=0$에서 $\beta^2=\gamma\alpha$

$\therefore \frac{\gamma}{\beta}=\frac{\beta}{\alpha}$ …… ㉣

㉡에 $x=\gamma$를 대입하면 $\gamma^3-\alpha\beta\gamma=0$에서 $\gamma^2=\alpha\beta$

$\therefore \frac{\alpha}{\gamma}=\frac{\gamma}{\beta}$ …… ㉤

㉢, ㉣, ㉤에 의하여 $\frac{\beta}{\alpha}=\frac{\gamma}{\beta}=\frac{\alpha}{\gamma}$이므로

$\frac{\beta}{\alpha}=\frac{\gamma}{\beta}=\frac{\alpha}{\gamma}=k$라고 하면 $\frac{\beta}{\alpha}\times\frac{\gamma}{\beta}\times\frac{\alpha}{\gamma}=k^3=1$이다.

한편, $k=1$이면 $\alpha=\beta=\gamma$이므로, $\alpha+\beta+\gamma=0$에 대입하면

$\alpha=\beta=\gamma=0$이 되어 α, β, γ가 0이 아닌 세 복소수라는 조건에 모순이므로 $k\neq1$

(2) 서로 다른 세 복소수 α, β, γ에 대하여

(단, a, b는 0이 아닌 실수)

① $\frac{b\alpha}{a+b\beta}=\frac{b\beta}{a+b\gamma}=\frac{b\gamma}{a+b\alpha}=k$이면

$k^3=1$이다.

(※ 주의 $k\neq1$)

$\frac{b\alpha}{a+b\beta}=k$에서 $b\alpha=ak+bk\beta$ …… ㉠

$\frac{b\beta}{a+b\gamma}=k$에서 $b\beta=ak+bk\gamma$ …… ㉡

$\frac{b\gamma}{a+b\alpha}=k$에서 $b\gamma=ak+bk\alpha$ …… ㉢

㉠−㉡에서

$b(\alpha-\beta)=bk(\beta-\gamma)$, $\alpha-\beta=k(\beta-\gamma)$ …… ㉣

㉡−㉢에서

$b(\beta-\gamma)=bk(\gamma-\alpha)$, $\beta-\gamma=k(\gamma-\alpha)$ …… ㉤

㉢−㉠에서

$b(\gamma-\alpha)=bk(\alpha-\beta)$, $\gamma-\alpha=k(\alpha-\beta)$ …… ㉥

㉣, ㉤, ㉥을 변변 곱하면

$(\alpha-\beta)(\beta-\gamma)(\gamma-\alpha)=k^3(\beta-\gamma)(\gamma-\alpha)(\alpha-\beta)$

α, β, γ는 서로 다른 세 복소수이므로 $k^3=1$이다.

한편, $k=1$일 때, ㉠, ㉡, ㉢을 변변 더하면

$b(\alpha+\beta+\gamma)=3a+b(\alpha+\beta+\gamma)$에서 $a=0$이다.

이는 a, b가 0이 아니라는 조건에 모순이므로

$k\neq1$

(2) ② $\frac{b\alpha}{a-b\beta}=\frac{b\beta}{a-b\gamma}=\frac{b\gamma}{a-b\alpha}=k$이면

(단, a, b는 0이 아닌 실수)

$k^3=-1$이다.

(※ 주의 $k\neq-1$)

$\frac{b\alpha}{a-b\beta}=k$에서 $b\alpha=ak-bk\beta$ …… ㉠

$\frac{b\beta}{a-b\gamma}=k$에서 $b\beta=ak-bk\gamma$ …… ㉡

$\frac{b\gamma}{a-b\alpha}=k$에서 $b\gamma=ak-bk\alpha$ …… ㉢

㉠−㉡에서

$b(\alpha-\beta)=bk(\gamma-\beta)$, $\alpha-\beta=k(\gamma-\beta)$ …… ㉣

㉡−㉢에서

$b(\beta-\gamma)=bk(\alpha-\gamma)$, $\beta-\gamma=k(\alpha-\gamma)$ …… ㉤

㉢−㉠에서

$b(\gamma-\alpha)=bk(\beta-\alpha)$, $\gamma-\alpha=k(\beta-\alpha)$ …… ㉥

㉣, ㉤, ㉥을 변변 곱하면

$(\alpha-\beta)(\beta-\gamma)(\gamma-\alpha)=k^3(\gamma-\beta)(\alpha-\gamma)(\beta-\alpha)$

α, β, γ는 서로 다른 세 복소수이므로 $k^3=-1$이다.

한편, $k=-1$일 때, ㉠ ㉡ ㉢을 변변 더하면

$b(\alpha+\beta+\gamma)=-3a+b(\alpha+\beta+\gamma)$에서 $a=0$

이는 a, b가 0이 아닌라는 조건에 모순이므로

$k\neq-1$

0이 아닌 세 복소수 α, β, γ가

$\alpha+\beta+\gamma=0$, $\alpha\beta+\beta\gamma+\gamma\alpha=0$을 만족하면

$\frac{\beta}{\alpha}=\frac{\alpha}{\gamma}=\frac{\gamma}{\beta}=k$로 놓고 해결한다.

기출 유형

0이 아닌 세 복소수 α, β, γ가

$\alpha+\beta+\gamma=0$, $\alpha\beta+\beta\gamma+\gamma\alpha=0$을 만족할 때,

$\left(\frac{\beta}{\alpha}\right)^2+\frac{\alpha}{\gamma}$의 값을 구하시오.

해설

방법1

$\alpha\beta+\beta\gamma+\gamma\alpha=0$에서 $\beta\gamma=-\alpha(\beta+\gamma)$ …… ㉠

$\alpha+\beta+\gamma=0$이므로 $\beta+\gamma=-\alpha$를 ㉠에 대입하면

$\beta\gamma=\alpha^2$ …… ㉡

같은 방법으로 $\gamma\alpha=\beta^2$ …… ㉢

㉡, ㉢을 $\alpha\beta+\beta\gamma+\gamma\alpha=0$에 대입하면

$\alpha\beta+\alpha^2+\beta^2=0$

양변을 α^2으로 나누면 $\left(\frac{\beta}{\alpha}\right)^2+\frac{\beta}{\alpha}+1=0$

㉡에서 $\frac{\alpha}{\gamma}=\frac{\beta}{\alpha}$이므로

$\therefore \left(\frac{\beta}{\alpha}\right)^2+\frac{\alpha}{\gamma}=\left(\frac{\beta}{\alpha}\right)^2+\frac{\beta}{\alpha}=-1$

방법2

α, β, γ를 세 근으로 하는 삼차방정식은

$x^3-(\alpha+\beta+\gamma)x^2+(\alpha\beta+\beta\gamma+\gamma\alpha)x-\alpha\beta\gamma=0$이므로

$\alpha+\beta+\gamma=0$, $\alpha\beta+\beta\gamma+\gamma\alpha=0$을 대입하면

$x^3-\alpha\beta\gamma=0$

위의 삼차방정식의 근이 α, β, γ이므로 이를 대입하여 정리하면

$\alpha^3-\alpha\beta\gamma=0$에서 $\alpha^2=\beta\gamma$ …… ㉠

$\beta^3-\alpha\beta\gamma=0$에서 $\beta^2=\gamma\alpha$ …… ㉡

$\gamma^3-\alpha\beta\gamma=0$에서 $\gamma^2=\alpha\beta$ …… ㉢

㉠에서 $\frac{\beta}{\alpha}=\frac{\alpha}{\gamma}$, ㉡에서 $\frac{\beta}{\alpha}=\frac{\gamma}{\beta}$, ㉢에서 $\frac{\gamma}{\beta}=\frac{\alpha}{\gamma}$

즉, $\frac{\beta}{\alpha}=\frac{\alpha}{\gamma}=\frac{\gamma}{\beta}$이므로 $\frac{\beta}{\alpha}=\frac{\alpha}{\gamma}=\frac{\gamma}{\beta}=k$ (단, $k\neq1$)라고 하면

$\frac{\beta}{\alpha}\times\frac{\alpha}{\gamma}\times\frac{\gamma}{\beta}=k^3=1$, $k^2+k+1=0$

그러므로 $\left(\frac{\beta}{\alpha}\right)^2+\frac{\alpha}{\gamma}=k^2+k=-1$

369

0이 아닌 세 복소수 α, β, γ가 $\alpha+\beta+\gamma=0$, $\alpha\beta+\beta\gamma+\gamma\alpha=0$을 만족할 때, $\left(\frac{\beta}{\alpha}\right)^3-\left(\frac{\alpha}{\gamma}\right)^2+\overline{\left(\frac{\gamma}{\beta}\right)}$의 값을 구하시오.

370

0이 아닌 세 복소수 α, β, γ가 $\alpha^2\beta\gamma+\alpha\beta^2\gamma+\alpha\beta\gamma^2=0$, $\frac{1}{\alpha}+\frac{1}{\beta}+\frac{1}{\gamma}=0$을 만족할 때,

$\left(\frac{\beta}{\alpha}\right)^4+2\left(\frac{\alpha}{\gamma}\right)^3+\overline{\left(\frac{\gamma}{\beta}\right)}+\frac{\beta}{\alpha}\overline{\left(\frac{\gamma}{\beta}\right)}$의 값을 구하시오.

371

0이 아닌 세 복소수 α, β, γ가 $\alpha+\beta=2\gamma$, $\frac{1}{\alpha}+\frac{1}{\beta}=\frac{1}{2\gamma}$을 만족할 때, $\left(\frac{\beta}{\alpha}\right)^5+\left(\frac{\alpha}{2\gamma}\right)^3+\overline{\left(\frac{2\gamma}{\beta}\right)}-1$의 값을 구하시오.

서로 다른 세 수 α, β, γ라는 조건은 $(\alpha-\beta)\neq 0$, $(\beta-\gamma)\neq 0$, $(\gamma-\alpha)\neq 0$임을 이용하는 것이므로 $(\alpha-\beta)(\ )$, $(\beta-\gamma)(\ )$, $(\gamma-\alpha)(\ )$의 형태로 식을 변형해 해결하는 경우가 많다.

기출 유형

서로 다른 세 복소수 z_1, z_2, z_3에 대하여 $\frac{z_1}{1+z_2}=\frac{z_2}{1+z_3}=\frac{z_3}{1+z_1}=\alpha$일 때, α^{2024}의 값을 구하시오.

해설

$\frac{z_1}{1+z_2}=\alpha$에서 $z_1=\alpha(1+z_2)$ …… ㉠

$\frac{z_2}{1+z_3}=\alpha$에서 $z_2=\alpha(1+z_3)$ …… ㉡

$\frac{z_3}{1+z_1}=\alpha$에서 $z_3=\alpha(1+z_1)$ …… ㉢

㉠－㉡에서 $z_1-z_2=\alpha(z_2-z_3)$

㉡－㉢에서 $z_2-z_3=\alpha(z_3-z_1)$

㉢－㉠에서 $z_3-z_1=\alpha(z_1-z_2)$

위의 세 식을 변변 곱하면

$(z_1-z_2)(z_2-z_3)(z_3-z_1)=\alpha^3(z_2-z_3)(z_3-z_1)(z_1-z_2)$

z_1, z_2, z_3은 서로 다른 복소수이므로 $\alpha^3=1$

한편 $\alpha=1$일 때, ㉠, ㉡, ㉢을 변변 더하면

$z_1+z_2+z_3=3+z_1+z_2+z_3$이 되어 모순이므로 $\alpha\neq 1$

$\therefore \alpha^2+\alpha+1=0$, $\alpha=\frac{-1\pm\sqrt{3}i}{2}$

그러므로

$\alpha^{2024}=(\alpha^3)^{674}\times\alpha^2=\alpha^2=-\alpha-1=\frac{-1\pm\sqrt{3}i}{2}$

372

서로 다른 세 복소수 z_1, z_2, z_3에 대하여 $\frac{z_2}{2z_1+5i}=\frac{z_3}{2z_2+5i}=\frac{z_1}{2z_3+5i}=k$일 때, 모든 k의 값의 곱을 구하시오. (단, $i=\sqrt{-1}$이다.)

Ⅷ 여러 가지 방정식

CHAPTER 2 특수한 형태의 고차방정식

01. 복이차방정식

1 복이차방정식의 근의 종류

$ax^4+bx^2+c=0(a\neq0)$은 x에 대한 사차방정식이지만 $x^2=t$로 치환하면 $at^2+bt+c=0(a\neq0)$이 되어 t에 대한 이차방정식이 된다. 이와 같은 사차방정식을 복이차방정식이라고 한다.
복이차방정식에서는 $at^2+bt+c=0(a\neq0)$의 두 근의 부호로 근의 종류를 판별한다.

$at^2+bt+c=0$ (단, $a\neq0$)에서
(1) 두 근이 서로 다른 양의 실근인 경우
$ax^4+bx^2+c=0$은 서로 다른 네 실근을 갖는다.
(2) 한 근은 0, 다른 한 근은 양의 실근인 경우
$ax^4+bx^2+c=0$은 서로 다른 세 실근을 갖는다.
(3) 한 근은 양의 실근,
다른 하나는 음의 실근인 경우
$ax^4+bx^2+c=0$은 서로 다른 두 실근과 서로 다른 두 허근을 갖는다.
(4) 한 근은 0, 다른 한 근은 음의 실근인 경우
$ax^4+bx^2+c=0$은 실근 한 개(중근)와 서로 다른 두 허근을 갖는다.
(5) 두 근이 서로 다른 음의 실근을 갖거나 서로 다른 두 허근을 갖는 경우
$ax^4+bx^2+c=0$은 서로 다른 네 허근을 갖는다.

예를 들어 $at^2+bt+c=0(a\neq0)$에서
① $t=4$이면 $x^2=4$이므로 $x=\pm2$인 서로 다른 두 개의 실근을 갖는다.
② $t=-4$이면 $x^2=-4$이므로 $x=\pm2i$인 서로 다른 두 개의 허근을 갖는다.
③ $t=0$이면 $x^2=0$이므로 $x=0$인 한 개의 실근(중근)을 갖는다.

복이차방정식에서 근의 종류 문제는
이차방정식에서의 실근의 부호 문제와 같다.

기출 유형

사차방정식 $x^4+2kx^2+k+2=0$에 대하여 다음 조건에 맞는 실수 k의 값 또는 범위를 구하시오.
(1) 서로 다른 두 실근과 서로 다른 두 허근을 갖는다.
(2) 서로 다른 세 실근을 갖는다.
(3) 서로 다른 네 실근을 갖는다.

해설

방법1
사차방정식 $x^4+2kx^2+k+2=0$에서 x^2을 t라고 하면
$t^2+2kt+k+2=0$이고
$t>0$이면 x는 서로 다른 두 실근
$t=0$이면 $x=0$인 한 개의 실근(중근)
$t<0$이면 x는 서로 다른 두 허근이 된다.
(1) $x^4+2kx^2+k+2=0$이 서로 다른 두 실근과 서로 다른 두 허근을 갖기 위해서는 이차방정식 $t^2+2kt+k+2=0$의 한 근은 0보다 크고, 다른 한 근은 0보다 작아야 한다.
따라서 두 근의 곱이 0보다 작아야 하므로 근과 계수의 관계에 의해 (두 근의 곱)$=k+2<0$
$\therefore k<-2$
(2) 사차방정식 $x^4+2kx^2+k+2=0$이 서로 다른 세 실근을 갖기 위해서는 이차방정식 $t^2+2kt+k+2=0$의 한 근은 0, 다른 한 근은 0보다 커야 한다.
따라서 두 근의 합은 0보다 크고 두 근의 곱은 0이어야 한다.
근과 계수의 관계에 의해
(두 근의 곱)$=k+2=0$에서 $k=-2$이고
(두 근의 합)$=-2k>0$에서 $k<0$
$\therefore k=-2$
(3) 사차방정식 $x^4+2kx^2+k+2=0$이 서로 다른 네 실근을 갖기 위해서는 이차방정식 $t^2+2kt+k+2=0$이 서로 다른 두 양의 실근을 가져야 한다.

따라서 (두 근의 합)$=-2k>0$에서 $k<0$

(두 근의 곱)$=k+2>0$에서 $k>-2$

판별식을 D라 할 때, $D/4=k^2-k-2>0$에서

$k<-1$ 또는 $k>2$

그러므로 구하는 k의 값의 범위는 $-2<k<-1$

이다.

방법2

사차방정식 $x^4+2kx^2+k+2=0$에서 $x^2=t$라고 하면 $t^2+2kt+k+2=0$, t^2+2를 우변으로 이항하면

$-t^2-2=2kt+k$

이때, $f(t)=-t^2-2$, $g(t)=2k\left(t+\frac{1}{2}\right)(t\ge0)$이라고 하면 $g(t)$는 $\left(-\frac{1}{2}, 0\right)$을 지나고 기울기가 $2k$인 직선으로, k의 값에 따라 $f(t)=-t^2-2$와 만나는 교점의 개수와 위치가 달라지므로 $y=f(t)$와 $y=g(t)$가 접할 때의 k의 값과 직선 $y=g(t)$가 $(0, -2)$를 지날 때의 k의 값을 구해야 한다.

(i) 직선 $y=g(t)$가 이차함수 $y=f(t)$에 접하는 경우 (단, $t>0$)

이차방정식 $t^2+2kt+k+2=0$의 판별식을 D라고 하면 $D=k^2-(k+2)=0$ $\therefore k=-1$ ($\because k<0$)

(ii) 직선 $y=g(t)$가 $(0, -2)$를 지날 때

$g(t)=2k\left(x+\frac{1}{2}\right)$에 $(0, -2)$를 대입하면

$k=-2$

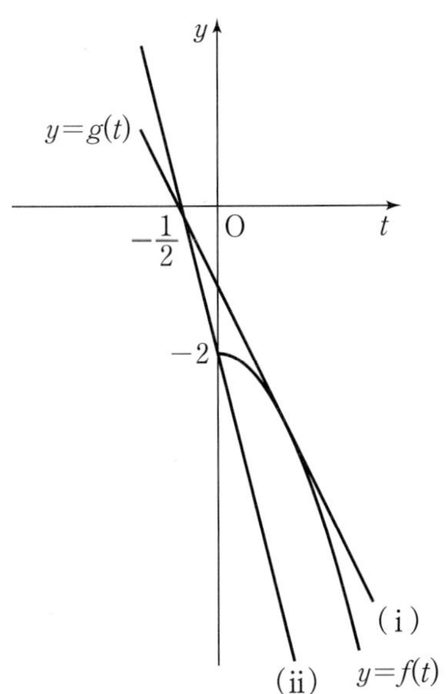

(1) 주어진 사차방정식이 서로 다른 두 실근과 서로 다른 두 허근을 가지려면

$t>0$에서 두 함수의 교점이 1개(접하는 경우 제외)여야 하므로 직선 $y=g(t)$의 그래프의 기울기가 (ii)의 경우의 기울기보다 작아야 한다.

$\therefore k<-2$

(2) 주어진 사차방정식이 서로 다른 세 실근을 가지려면 두 함수의 교점의 t의 좌표가 0과 양수이어야 하므로 직선 $y=g(t)$의 그래프가 $(0, -2)$을 지나야 한다.

$\therefore k=-2$

(3) 주어진 사차방정식이 서로 다른 네 실근을 가지려면 $t>0$에서 두 함수가 서로 다른 두 점에서 만나야 하므로 직선 $y=g(t)$의 그래프가 (i), (ii) 사이에 존재해야 한다.

$\therefore -2<k<-1$

373

사차방정식 $x^4-2ax^2+a^2-a-2=0$이 실근을 갖지 않도록 하는 실수 a의 값의 범위를 구하시오.

374

사차방정식 $x^4-2ax^2-a-1=0$이 서로 다른 네 허근을 갖도록 하는 실수 a의 값의 범위를 구하시오.

375

사차방정식 $x^4-ax^2+a^2-2a-3=0$이 한 개의 중근과 두 개의 허근을 갖도록 하는 실수 a의 값을 구하시오.

376

사차방정식 $x^4-(2k-3)x^2+k^2-3k+2=0$의 서로 다른 실근의 개수를 $f(k)$라 할 때, $y=f(k)$ 그래프의 개형을 그리시오.

정답과 풀이 p.104

2 네 실근을 갖는 복이차방정식

(1) $ax^4+bx^2+c=0$ (단, $a\neq0$)이 서로 다른 네 실근을 가지려면 $x^2=t$로 치환했을 때의 이차방정식 $at^2+bt+c=0$이 서로 다른 두 양의 실근을 가져야 한다. 이때 $at^2+bt+c=0$의 서로 다른 두 양의 실근을 p, q라고 하면 $x^2=p$ 또는 $x^2=q$이므로 $x=\pm\sqrt{p}$ 또는 $x=\pm\sqrt{q}$이다.

(2) $ax^4+bx^2+c=0$의 서로 다른 네 실근을 $x=\pm\alpha$, $x=\pm\beta$라고 하면 $x^2=t$로 치환한 식 $at^2+bt+c=0$의 두 실근은 α^2, β^2이다.

기출 유형

사차방정식 $x^4-x^2+3k+2=0$이 -1보다 큰 서로 다른 네 실근을 갖도록 하는 실수 k의 값의 범위를 구하시오.

해설

사차방정식 $x^4-x^2+3k+2=0$에서 $x^2=t$로 놓으면 $x>-1$에서 $y=x^2$과 $y=t$의 그래프는 오른쪽 그림과 같으므로 $0<t<1$일 때 서로 다른 두 실근을 갖는다.

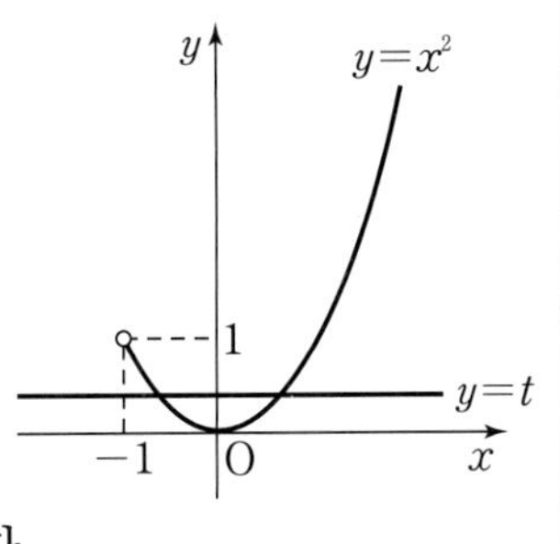

따라서 x에 대한 사차방정식 $x^4-x^2+3k+2=0$이 서로 다른 네 실근을 가지려면 t에 대한 이차방정식 $t^2-t+3k+2=0$이 $0<t<1$에서 서로 다른 두 실근을 가져야 한다.

즉, $f(x)=x^2-x+3k+2$라고 하면 이 함수의 그래프의 개형은 다음과 같이 그려져야 한다.

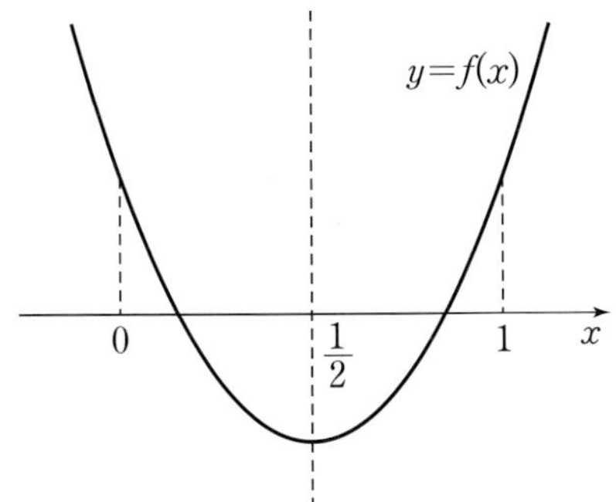

이차방정식에서의 실근의 위치에 의해

$f(0)=3k+2>0$에서 $k>-\frac{2}{3}$

$f(1)=1-1+3k+2>0$에서 $k>-\frac{2}{3}$

방정식 $f(x)=0$의 판별식을 D라고 하면

$D=1-4(3k+2)>0$에서 $k<-\frac{7}{12}$

따라서 구하는 k의 값의 범위는 $-\frac{2}{3}<k<-\frac{7}{12}$이다.

377

사차방정식 $x^4-2ax^2-a+2=0$은 서로 다른 네 실근을 갖는다. 가장 작은 실근을 α, 가장 큰 실근을 β라 할 때, $\beta-\alpha<4$가 되도록 하는 실수 a의 값의 범위를 구하시오.

378

사차방정식 $x^4+(a-1)x^2+a^2-0$은 시로 다른 네 실근 α, β, γ, δ를 갖고 $\frac{\beta}{\alpha}+\frac{\delta}{\gamma}=3$을 만족할 때, 실수 a의 값을 모두 구하시오. (단, $\alpha<\beta<\gamma<\delta$)

02. 이차식의 치환

사차방정식 $(x^2+2px)^2+a(x^2+2px)+b=0$에서의 실근의 개수에 관한 문제는 $x^2+2px=t$로 치환하면 이차방정식 $t^2+at+b=0$ $(t \geq -p^2)$에서의 실근의 위치 문제가 된다.

이때 t의 범위에 따른 실근의 개수는 다음과 같다.

(1) $t^2+at+b=0$이 $-p^2$보다 큰 서로 다른 두 실근을 가지면 사차방정식은 서로 다른 네 실근을 갖는다.

(2) $t^2+at+b=0$의 한 실근은 $-p^2$이고, 다른 한 실근이 $-p^2$보다 크면 사차방정식은 서로 다른 세 실근을 갖는다.

(3) $t^2+at+b=0$의 한 실근이 $-p^2$보다 작고 다른 한 실근은 $-p^2$보다 클 때, 또는 $-p^2$보다 큰 중근을 가지면 사차방정식은 서로 다른 두 실근을 갖는다.

(4) $t^2+at+b=0$이 한 실근이 $-p^2$이고, 다른 한 실근은 $-p^2$보다 작으면 사차방정식은 하나의 실근을 갖는다.

(5) $t^2+at+b=0$이 $-p^2$보다 작은 두 실근을 갖거나 서로 다른 두 허근을 가지면 사차방정식은 실근을 갖지 않는다.

t와 x를 가로축으로 하는 두 가지 그래프의 개형을 통해 교점의 개수를 파악한다.

(1) $t^2+at+b=0$이 $-p^2$보다 큰 서로 다른 두 실근을 가지면 사차방정식은 서로 다른 네 실근을 갖는다.

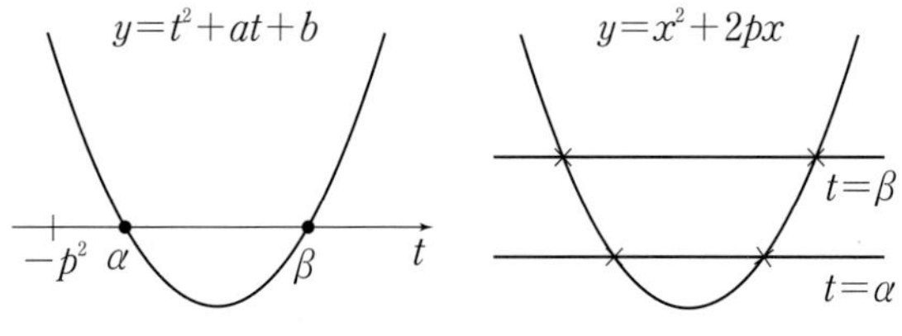

(2) $t^2+at+b=0$의 한 실근은 $-p^2$이고, 다른 한 실근이 $-p^2$보다 크면 사차방정식은 서로 다른 세 실근을 갖는다.

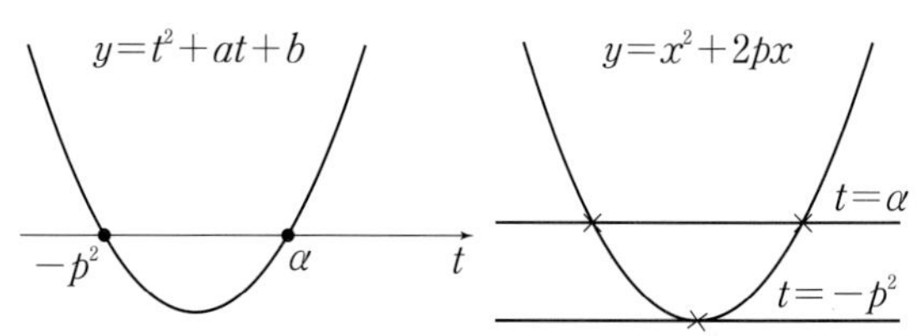

(3) $t^2+at+b=0$의 한 실근이 $-p^2$보다 작고 다른 한 실근은 $-p^2$보다 클 때, 또는 $-p^2$보다 큰 중근을 가지면 사차방정식은 서로 다른 두 실근을 갖는다.

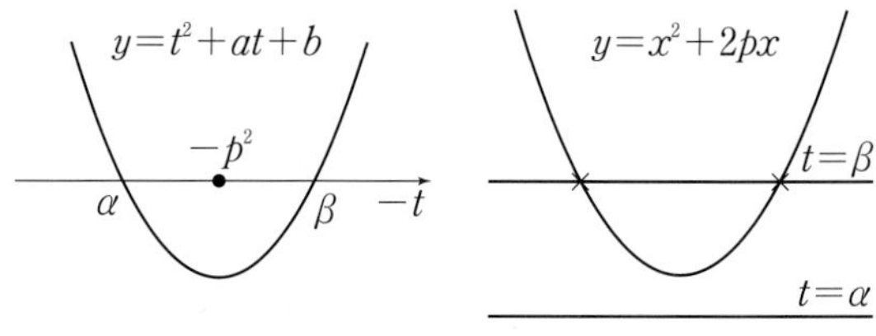

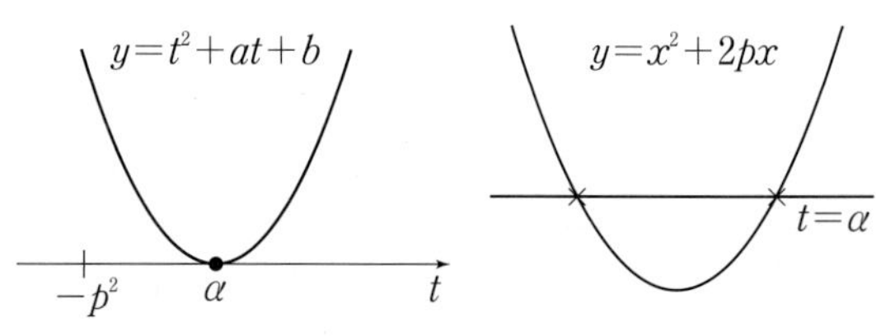

(4) $t^2+at+b=0$의 한 실근이 $-p^2$이고, 다른 한 실근은 $-p^2$보다 작으면 사차방정식은 하나의 실근을 갖는다.

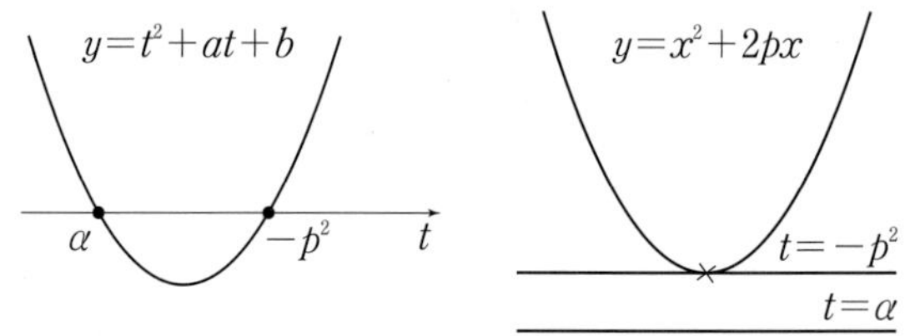

(5) $t^2+at+b=0$이 $-p^2$보다 작은 두 실근을 갖거나 서로 다른 두 허근을 가지면 사차방정식은 실근을 갖지 않는다.

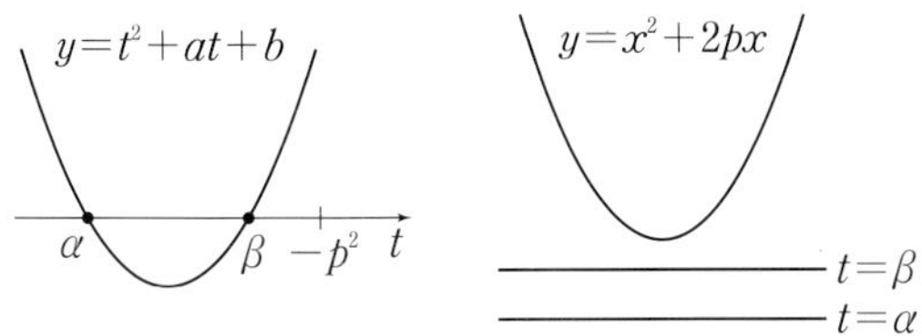

기출 유형

사차방정식 $(x^2+2x)^2-3x^2-6x+k-1=0$의 서로 다른 실근의 개수를 조사하시오.

해설

$(x^2+2x)^2-3(x^2+2x)+k-1=0$에서

$x^2+2x=t$ $(t\geq-1)$로 놓으면

$t^2-3t+k-1=0$이고 ······ ㉠

t의 범위에 따른 실근의 개수는 두 그래프

$f(x)=x^2+2x$와 $y=t$의 교점의 개수와 같다. 즉

① $t<-1$일 때는 실근이 존재하지 않고

② $t=-1$일 때 서로 다른 실근의 개수는 1개

③ $t>-1$일 때 서로 다른 실근의 개수는 2개이다.

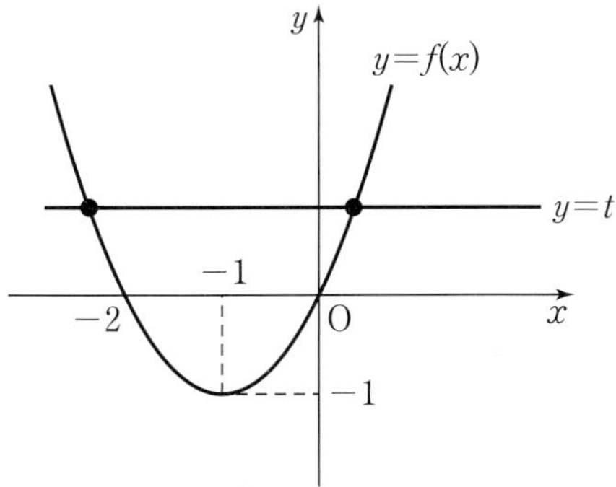

이를 이용하여 ㉠식의 실근의 개수를 조사하기 위해 $k-1$을 우변으로 이항하면 $t^2-3t=1-k$

이때 $g(t)=t^2-3t$, $y=1-k$라고 하면 (단, $t\geq-1$)

$y=1-k$의 값의 범위에 따른 실근의 개수는 다음과 같다.

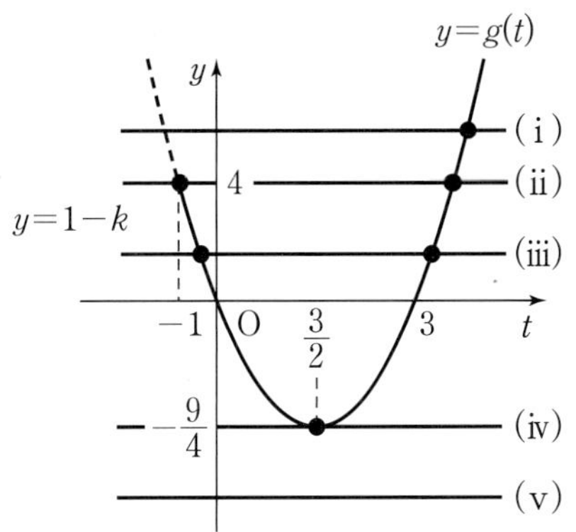

(i) $1-k>4$ 즉, $k<-3$일 때

$t>-1$에서 교점 1개이므로 서로 다른 실근 x의 개수는 2이다.

(ii) $1-k=4$ 즉, $k=-3$일 때

$t=-1$에서 교점이 1개이고, $t>-1$에서 교점 1개이므로 서로 다른 실근 x의 개수는 3이다.

(iii) $-\frac{9}{4}<1-k<4$ 즉, $-3<k<\frac{13}{4}$일 때

$t>-1$에서 교점 2개이므로 서로 다른 실근 x의 개수는 4이다.

(iv) $1-k=-\frac{9}{4}$ 즉, $k=\frac{13}{4}$일 때

$t>-1$에서 교점 1개이므로 서로 다른 실근 x의 개수는 2이다.

(v) $1-k<-\frac{9}{4}$ 즉, $k>\frac{13}{4}$일 때

$t\geq-1$에서 교점이 존재하지 않으므로 실근 x의 개수는 0이다.

(i) ~ (v)에서

$k<-3$ 또는 $k=\frac{13}{4}$일 때, 서로 다른 실근 2개

$k=-3$일 때, 서로 다른 실근 3개

$-3<k<\frac{13}{4}$일 때, 서로 다른 실근 4개

$k>\frac{13}{4}$일 때, 실근 0개

379

사차방정식 $(x^2+1)^2-4(x^2+1)-a=0$의 서로 다른 실근의 개수를 조사하시오.

380

사차방정식 $(x^2-4x)^2+4(x^2-4x)+m-1=0$ (단, $0\le x\le 3$)이 서로 다른 2개의 실근을 갖도록 하는 실수 m의 값 또는 범위를 구하시오.

381

사차방정식 $(x^2-1)^2-a(x^2-1)+a^2-7=0$이 서로 다른 두 개의 실근을 갖도록 하는 실수 a의 값 또는 범위를 구하시오.

382

사차방정식 $(x^2-4x)^2+a(x^2-4x)+a^2-21=0$ (단, $0<x<4$)이 서로 다른 세 개의 실근을 갖도록 하는 실수 a의 값 또는 범위를 구하시오.

03. 상반방정식

상반방정식이란 x에 관한 n차의 방정식에서 k차 항인 x^k의 계수와 $n-k$차 항인 x^{n-k}의 계수가 같은 방정식이다.

즉, $ax^n+bx^{n-1}+cx^{n-2}+\cdots+cx^2+bx+a=0$ 형태의 방정식을 말한다. 상반방정식은 최고차항의 차수에 따라 홀수와 짝수로 나뉘며, 특히 삼차와 사차 상반방정식의 특징은 다음과 같다.

(1) 삼차 상반방정식

삼차 상반방정식 $ax^3+bx^2+bx+a=0$은 $x=-1$을 근으로 갖고, 인수분해 했을 때 $(x+1)$이 아닌 다른 인수는 상반식이다.

※ 변형된 식

삼차방정식 $ax^3-bx^2+bx+a=0$은 $x=1$을 근으로 갖고, 인수분해 했을 때 $(x-1)$이 아닌 다른 인수는 상반식이다.

(2) 사차 상반방정식

사차방정식 $ax^4+bx^3+cx^2+bx+a=0$의

한 근이 α이면 $\frac{1}{\alpha}$도 근이므로

$ax^4+bx^3+cx^2+bx+a=0$의

네 근은 α, β, $\frac{1}{\alpha}$, $\frac{1}{\beta}$이다.

이때, 한 근이 1 또는 -1이면 항상 중근이 된다.

※ 변형된 식

사차방정식 $ax^4-bx^3+cx^2+bx+a=0$의

한 근이 α이면 $-\frac{1}{\alpha}$도 근이므로

$ax^4-bx^3+cx^2+bx+a=0$의

네 근은 α, β, $-\frac{1}{\alpha}$, $-\frac{1}{\beta}$이다.

이때, 한 근이 1이면 -1도 근이 되고,

한 근이 -1이면 1도 근이 된다.

(1) 삼차 상반방정식

① 삼차방정식 $ax^3+bx^2+bx+a=0$은 $x=-1$을 근으로 갖고, 인수분해 했을 때 $(x+1)$이 아닌 다른 인수는 상반식이다.

② 삼차방정식 $ax^3-bx^2+bx-a=0$은 $x=1$을 근으로 갖고, 인수분해 했을 때 $(x-1)$이 아닌 다른 인수는 상반식이다.

① 삼차방정식 $ax^3+bx^2+bx+a=0$에 $x=-1$을 대입하면 등식이 성립하므로 조립제법을 이용하여 인수분해하면

-1	a	b	b	a
		$-a$	$a-b$	$-a$
	a	$-a+b$	a	0

$\therefore ax^3+bx^2+bx+a$

$=(x+1)\{ax^2+(b-a)x+a\}=0$

이 되고 $ax^2+(b-a)x+a$는 상반식 임을 알 수 있다.

② 삼차방정식 $ax^3-bx^2+bx-a=0$에 $x=1$을 대입하면 등식이 성립하므로 조립제법을 이용하여 인수분해하면

1	a	$-b$	b	$-a$
		a	$a-b$	a
	a	$a-b$	a	0

$\therefore ax^3-bx^2+bx-a$

$=(x-1)\{ax^2+(a-b)x+a\}=0$

이 되고 $ax^2+(a-b)x+a$는 상반식 임을 알 수 있다.

(2) 사차 상반방정식

① 사차방정식 $ax^4+bx^3+cx^2+bx+a=0$의 한 근이 α이면 $\frac{1}{\alpha}$도 근이므로 $ax^4+bx^3+cx^2+bx+a=0$의 네 근은 α, β, $\frac{1}{\alpha}$, $\frac{1}{\beta}$이다. 이때 한 근이 1 또는 -1이면 항상 중근이 된다.

② 사차방정식 $ax^4-bx^3+cx^2+bx+a=0$의 한 근이 α이면 $-\frac{1}{\alpha}$도 근이므로 $ax^4-bx^3+cx^2+bx+a=0$의 네 근은 α, β, $-\frac{1}{\alpha}$, $-\frac{1}{\beta}$이다. 이때 한 근이 1이면 -1도 근이 되고, 한 근이 -1이면 1도 근이 된다.

① 사차방정식 $ax^4+bx^3+cx^2+bx+a=0$의 양변을 x^2으로 나누면 $a\left(x^2+\frac{1}{x^2}\right)+b\left(x+\frac{1}{x}\right)+c=0$

위의 식을 변형하면

$a\left(x+\frac{1}{x}\right)^2+b\left(x+\frac{1}{x}\right)+c-2a=0$ …… ㉠

㉠에서 $x+\frac{1}{x}=t$라고 하면

$at^2+bt+c-2a=0$ …… ㉡

이때 $x+\frac{1}{x}=t$, $x^2-tx+1=0$에서 근과 계수의 관계에 의해 두 근의 곱이 1임을 알 수 있다.

따라서 사차 상반방정식의 한 근이 α이면 다른 한 근은 $\frac{1}{\alpha}$이고, 한 근이 β이면 다른 한 근은 $\frac{1}{\beta}$이므로 α, β, $\frac{1}{\alpha}$, $\frac{1}{\beta}$이 사차방정식의 네 근이 된다. (단, $\alpha\neq\beta$)

이 사실에 의해 사차 상반방정식의 근이 1과 -1이면 각각 중근이 됨을 알 수 있고, ㉡에서 t에 관한 이차방정식의 두 근은 $\alpha+\frac{1}{\alpha}$, $\beta+\frac{1}{\beta}$임을 알 수 있다.

② 사차방정식 $ax^4-bx^3+cx^2+bx+a=0$의 해를 구할 때에도 마찬가지로 양변을 x^2으로 나누고 $x-\frac{1}{x}$을 치환하여 근을 구한다.

이때 $x-\frac{1}{x}=t$, $x^2-tx-1=0$에서 근과 계수의 관계에 의해 두 근의 곱은 -1임을 알 수 있다.

따라서 한 근이 α이면 다른 한 근은 $-\frac{1}{\alpha}$이고, 한 근이 β이면 다른 한 근은 $-\frac{1}{\beta}$이므로 α, β, $-\frac{1}{\alpha}$, $-\frac{1}{\beta}$이 사차방정식의 네 근이 된다. (단, $\alpha\neq\beta$)

이 사실에 의해 한 근이 1이면 -1도 근이 되고, 한 근이 -1이면 1도 근이 됨을 알 수 있다.

기출 유형1

사차방정식 $x^4-2x^3-16x^2+8x+16=0$의 해를 모두 구하시오.

해설

주어진 식의 양변을 x^2으로 나누면

$x^2-2x-16+\frac{8}{x}+\frac{16}{x^2}=0$

위의 식을 치환할 수 있도록 변형하면

$x^2+\left(\frac{4}{x}\right)^2-2\left(x-\frac{4}{x}\right)-16=0$

$\left(x-\frac{4}{x}\right)^2-2\left(x-\frac{4}{x}\right)-8=0$

$x-\frac{4}{x}=\mathrm{X}$라고 하면 $\mathrm{X}^2-2\mathrm{X}-8=0$

$(\mathrm{X}-4)(\mathrm{X}+2)=0$에서 $\mathrm{X}=-2$ 또는 $\mathrm{X}=4$

(i) $\mathrm{X}=-2$일 때

$x-\frac{4}{x}=-2$에서 $x^2+2x-4=0$

$\therefore x=-1\pm\sqrt{5}$

(ii) $\mathrm{X}=4$일 때

$x-\frac{4}{x}=4$에서 $x^2-4x-4=0$

$\therefore x=2\pm2\sqrt{2}$

(i), (ii)에서 $x=-1\pm\sqrt{5}$ 또는 $x=2\pm2\sqrt{2}$

383

사차방정식 $x^4-4x^3+5x^2-4x+1=0$의 두 허근을 α, β라 할 때, $\frac{\beta^{2024}}{\alpha}+\frac{\alpha^{2024}}{\beta}$의 값을 구하시오.

기출 유형2

사차방정식 $x^4-x^3-3x^2-x+1=0$의 네 근 중 두 근을 α, β라고 할 때, 다음 식의 값을 구하시오.

(1) $\left(\alpha+\frac{1}{\alpha}\right)\left(\beta+\frac{1}{\beta}\right)$

(2) $(\alpha+\beta)\left(1+\frac{1}{\alpha\beta}\right)$

해설

$x^4-x^3-3x^2-x+1=0$에서 양변을 x^2으로 나누면

$x^2-x-3-\frac{1}{x}+\frac{1}{x^2}=0$

위의 식을 치환할 수 있도록 변형하면

$\left(x+\frac{1}{x}\right)^2-\left(x+\frac{1}{x}\right)-5=0$

$x+\frac{1}{x}=t$라고 하면 $t^2-t-5=0$

이 방정식의 두 근을 t_1, t_2라고 하면

$t_1=\alpha+\frac{1}{\alpha}$, $t_2=\beta+\frac{1}{\beta}$이고

근과 계수의 관계에 의해 $t_1+t_2=1$, $t_1t_2=-5$이므로

(1) $\left(\alpha+\frac{1}{\alpha}\right)\left(\beta+\frac{1}{\beta}\right)=t_1t_2=-5$

(2) $(\alpha+\beta)\left(1+\frac{1}{\alpha\beta}\right)=\alpha+\frac{1}{\alpha}+\beta+\frac{1}{\beta}=t_1+t_2=1$

384

오차방정식 $x^5+ax^4+bx^3+bx^2+ax+1=0$의 다섯 개의 근이 α, α, α, β, β가 되도록 하는 실수 a, b의 값을 구하시오. (단, $\alpha\neq\beta$이다.)

Ⅷ 여러 가지 방정식

385

실수 a, b에 대하여 사차방정식
$x^4+ax^3+bx^2+ax+1=0$이 네 실근 중 한 근이 -1일 때, $(b-a)^2$의 최솟값을 구하시오.

386

사차방정식 $x^4-6x^3-kx^2-6x+1=0$이 서로 다른 두 실근을 갖도록 하는 실수 k의 값의 범위를 구하시오. (단, $x>0$)

04. 기타

계수나 상수항에 있는 무리수 또는 무리수가 곱해진 문자를 치환하면 인수분해가 용이한 경우가 있다.

기출 유형

$7\sqrt{7}x^3-14x^2+2\sqrt{7}x-1=0$은 실근 α와 서로 다른 두 허근 β, γ를 갖는다. $\alpha\beta+\alpha\gamma$의 값을 구하시오.

해설

$7\sqrt{7}x^3-14x^2+2\sqrt{7}x-1=0$에서
$\sqrt{7}x=t$로 놓으면
$t^3-2t^2+2t-1=0$, $(t-1)(t^2-t+1)=0$
t에 $\sqrt{7}x$을 대입하면
$(\sqrt{7}x-1)(7x^2-\sqrt{7}x+1)=0$
위 삼차방정식의 실근 α가 $\dfrac{1}{\sqrt{7}}$이므로
서로 다른 두 허근 β, γ는 $7x^2-\sqrt{7}x+1=0$의 두 근임을 알 수 있다.
근과 계수의 관계에 의해 $\beta+\gamma=\dfrac{\sqrt{7}}{7}$이므로
$\therefore\ \alpha\beta+\alpha\gamma=\alpha(\beta+\gamma)$
$=\dfrac{1}{\sqrt{7}}\times\dfrac{\sqrt{7}}{7}=\dfrac{1}{7}$

387

$x^4-6x^3+3x^2-18x+6\sqrt{5}x+3\sqrt{5}-5=0$의 서로 다른 두 실근의 합을 구하시오.

CHAPTER 3

고차방정식의 근에 관한 식

01. 근과 계수의 관계

(1) 삼차방정식에서 근과 계수의 관계

삼차방정식 $ax^3+bx^2+cx+d=0$의

세 근이 α, β, γ이면

$\alpha+\beta+\gamma=-\frac{b}{a}$, $\alpha\beta+\beta\gamma+\gamma\alpha=\frac{c}{a}$, $\alpha\beta\gamma=-\frac{d}{a}$

(2) 사차방정식에서 근과 계수의 관계

사차방정식 $ax^4+bx^3+cx^2+dx+e=0$의

네 근이 $\alpha, \beta, \gamma, \delta$이면

$\alpha+\beta+\gamma+\delta=-\frac{b}{a}$

$\alpha\beta+\alpha\gamma+\alpha\delta+\beta\gamma+\beta\delta+\gamma\delta=\frac{c}{a}$

$\alpha\beta\gamma+\alpha\beta\delta+\beta\gamma\delta+\gamma\delta\alpha=-\frac{d}{a}$, $\alpha\beta\gamma\delta=\frac{e}{a}$

(3) n차방정식에서 근과 계수의 관계

$a_nx^n+a_{n-1}x^{n-1}+a_{n-2}x^{n-2}+\cdots+a_1x+a_0=0$의

n개의 근이 $x_1, x_2, x_3, \cdots, x_n$이면

$x_1+x_2+\cdots+x_n=-\frac{a_{n-1}}{a_n}$

$x_1x_2+x_1x_3+\cdots+x_{n-1}x_n=\frac{a_{n-2}}{a_n}$

$x_1x_2x_3+x_1x_2x_4+\cdots+x_{n-2}x_{n-1}x_n=-\frac{a_{n-3}}{a_n}$

$\vdots$

$x_1x_2\cdots x_{n-1}x_n=(-1)^n\frac{a_0}{a_n}$

(1) 삼차방정식에서 근과 계수의 관계

삼차방정식 $ax^3+bx^2+cx+d=0$의 세 근이

α, β, γ이면

$\alpha+\beta+\gamma=-\frac{b}{a}$, $\alpha\beta+\beta\gamma+\gamma\alpha=\frac{c}{a}$, $\alpha\beta\gamma=-\frac{d}{a}$

삼차방정식 $ax^3+bx^2+cx+d=0$의 세 근이 α, β, γ이므로 $x^3+\frac{b}{a}x^2+\frac{c}{a}x+\frac{d}{a}=(x-\alpha)(x-\beta)(x-\gamma)$

우변을 전개하여 정리하면

$(x-\alpha)(x-\beta)(x-\gamma)$

$=x^3-(\alpha+\beta+\gamma)x^2+(\alpha\beta+\beta\gamma+\gamma\alpha)x-\alpha\beta\gamma$

$\therefore \alpha+\beta+\gamma=-\frac{b}{a}$, $\alpha\beta+\beta\gamma+\gamma\alpha=\frac{c}{a}$, $\alpha\beta\gamma=-\frac{d}{a}$

(3) n차방정식에서 근과 계수의 관계

$a_nx^n+a_{n-1}x^{n-1}+a_{n-2}x^{n-2}+\cdots+a_1x+a_0=0$의

n개의 근을 $x_1, x_2, x_3, \cdots, x_n$이라 할 때,

$x_1+x_2+\cdots+x_n=-\frac{a_{n-1}}{a_n}$

$x_1x_2+x_1x_3+\cdots+x_{n-1}x_n=\frac{a_{n-2}}{a_n}$

$\vdots$

$x_1x_2\cdots x_{n-1}x_n=(-1)^n\frac{a_0}{a_n}$

(1)과 같은 방식으로 n차방정식에서의 근과 계수의 관계를 유도할 수 있으나, 문자가 많아 복잡하므로 규칙성을 찾도록 하자.

① 근과 계수의 관계에서 나오는 좌변의 모든 식은 대칭식으로, 1차식부터 n차식까지 차례대로 진행된다.

$x_1+x_2+\cdots+x_n$: 1차 대칭식

$x_1x_2+x_1x_3+\cdots+x_{n-1}x_n$: 2차 대칭식

$\vdots$

$x_1x_2\cdots x_{n-1}x_n$: n차 대칭식

② 우변의 값의 분모는 모두 최고차항의 계수이고, 분자는 최고차항을 제외한 차수들의 계수가 차례로 진행되며, 부호는 $-$를 시작으로 $+$와 번갈아 반복되는 구조이다.

즉,

$x_1+x_2+\cdots+x_n=-\frac{a_{n-1}}{a_n}$

$x_1x_2+x_1x_3+\cdots+x_{n-1}x_n=\frac{a_{n-2}}{a_n}$

$x_1x_2x_3+x_1x_2x_4+\cdots+x_{n-2}x_{n-1}x_n=-\frac{a_{n-3}}{a_n}$

$\vdots$

$x_1x_2\cdots x_{n-1}x_n=(-1)^n\frac{a_0}{a_n}$

Ⅷ 여러 가지 방정식

기출 유형

삼차방정식 $x^3-x^2-2x+1=0$의 세 근이 α, β, γ일 때, $\frac{1}{\alpha^2}+\frac{1}{\beta^2}+\frac{1}{\gamma^2}$의 값을 구하시오.

해설

삼차방정식 $x^3-x^2-2x+1=0$의 세 근이 α, β, γ이므로 근과 계수의 관계에 의해

$\alpha+\beta+\gamma=1$, $\alpha\beta+\beta\gamma+\gamma\alpha=-2$, $\alpha\beta\gamma=-1$

$\frac{1}{\alpha}+\frac{1}{\beta}+\frac{1}{\gamma}=\frac{\alpha\beta+\beta\gamma+\gamma\alpha}{\alpha\beta\gamma}=\frac{-2}{-1}=2$

$\frac{1}{\alpha\beta}+\frac{1}{\beta\gamma}+\frac{1}{\gamma\alpha}=\frac{\alpha+\beta+\gamma}{\alpha\beta\gamma}=\frac{1}{-1}=-1$이므로

$$\frac{1}{\alpha^2}+\frac{1}{\beta^2}+\frac{1}{\gamma^2}$$
$$=\left(\frac{1}{\alpha}+\frac{1}{\beta}+\frac{1}{\gamma}\right)^2-2\left(\frac{1}{\alpha\beta}+\frac{1}{\beta\gamma}+\frac{1}{\gamma\alpha}\right)$$
$$=2^2-2\times(-1)=6$$

388

사차방정식 $x^4-x^3-x^2-3x+1=0$의 네 근이 α, β, γ, δ일 때, $\frac{\beta+\gamma+\delta}{\alpha}+\frac{\alpha+\gamma+\delta}{\beta}+\frac{\alpha+\beta+\delta}{\gamma}+\frac{\alpha+\beta+\gamma}{\delta}$의 값을 구하시오.

02. 근이 포함된 곱해진 식의 해석

n차방정식

$f(x)=a_nx^n+a_{n-1}x^{n-1}+\cdots+a_1x+a_0=0$의 n개의 근을 α_1, α_2, α_3, $\cdots$, α_n이라고 할 때,

(1) $a_n(m-\alpha_1)(m-\alpha_2)\cdots(m-\alpha_n)=f(m)$

(2) $a_n(m+\alpha_1)(m+\alpha_2)\cdots(m+\alpha_n)=(-1)^nf(-m)$

(1) $a_n(m-\alpha_1)(m-\alpha_2)\cdots(m-\alpha_n)=f(m)$

$f(x)=0$의 근이 α_1, α_2, α_3, $\cdots$, α_n이므로

$f(x)=a_n(x-\alpha_1)(x-\alpha_2)\cdots(x-\alpha_n)$ …… ㉠

㉠의 양변에 $x=m$을 대입하면

$f(m)=a_n(m-\alpha_1)(m-\alpha_2)\cdots(m-\alpha_n)$

$\therefore a_n(m-\alpha_1)(m-\alpha_2)\cdots(m-\alpha_n)=f(m)$

(2) $a_n(m+\alpha_1)(m+\alpha_2)\cdots(m+\alpha_n)=(-1)^nf(-m)$

$f(x)=0$의 근이 α_1, α_2, α_3, $\cdots$, α_n이므로

$f(x)=a_n(x-\alpha_1)(x-\alpha_2)\cdots(x-\alpha_n)$ …… ㉠

㉠의 양변에 $x=-m$을 대입하면

$f(-m)=a_n(-m-\alpha_1)(-m-\alpha_2)\cdots(-m-\alpha_n)$

$\therefore a_n(m+\alpha_1)(m+\alpha_2)\cdots(m+\alpha_n)=(-1)^nf(-m)$

기출 유형1

방정식 $x^{11}=1$에서 1이 아닌 10개의 근을 $\alpha_1, \alpha_2, \cdots, \alpha_{10}$이라고 할 때, $(1-\alpha_1)(1-\alpha_2)\cdots(1-\alpha_{10})$의 값을 구하시오.

해설

$x^{11}=1$에서 $x^{11}-1=0$을 인수분해 하면

$(x-1)(x^{10}+x^9+x^8+\cdots+x+1)=0$

$x^{10}+x^9+x^8+\cdots+x+1=0$의

근이 $\alpha_1, \alpha_2, \alpha_3, \cdots, \alpha_{10}$이므로

$x^{10}+x^9+x^8+\cdots+x+1$

$\quad=(x-\alpha_1)(x-\alpha_2)(x-\alpha_3)\cdots(x-\alpha_{10})$

위 식의 양변에 $x=1$을 대입하면

$\therefore (1-\alpha_1)(1-\alpha_2)(1-\alpha_3)\cdots(1-\alpha_{10})$

$\quad=\underbrace{1+1+\cdots+1}_{11\text{개}}=11$

기출 유형2

$x^5=1$을 만족하는 1이 아닌 복소수를 z라 할 때, $(1-z)(1-z^2)(1-z^3)(1-z^4)$의 값을 구하시오.

해설

방법1

$x^5=1$에서 $x^5-1=(x-1)(x^4+x^3+x^2+x+1)=0$

이므로 $x^4+x^3+x^2+x+1=0 \quad (\because x\neq 1)$

위 식의 근이 z이므로 $z^4+z^3+z^2+z+1=0$

$f(x)=x^4+x^3+x^2+x+1$이라고 하면

$f(z^2)=(z^2)^4+(z^2)^3+(z^2)^2+(z^2)+1$

$\quad=z^8+z^6+z^4+z^2+1$

$\quad=z^3+z+z^4+z^2+1 \quad (\because z^5=1)$

$\quad=0$

따라서 z^2은 사차방정식 $x^4+x^3+x^2+x+1=0$의 근이다.

같은 방법으로

$f(z^3)=z^{12}+z^9+z^6+z^3+1$

$\quad=z^2+z^4+z+z^3+1 \quad (\because z^5=1)$

$\quad=0$

$f(z^4)=z^{16}+z^{12}+z^8+z^4+1$

$\quad=z+z^2+z^3+z^4+1=0$

즉, $x^4+x^3+x^2+x+1=0$의

근이 z이면 z^2, z^3, z^4도 근이다.

$\therefore x^4+x^3+x^2+x+1=(x-z)(x-z^2)(x-z^3)(x-z^4)$

위의 식에 $x=1$을 대입하면

구하는 답은 $(1-z)(1-z^2)(1-z^3)(1-z^4)=5$

방법2

복소수의 극형식으로 생각을 하면

$x^5=1$의 근이 $1, z, z^2, z^3, z^4$임을 바로 알 수 있다.

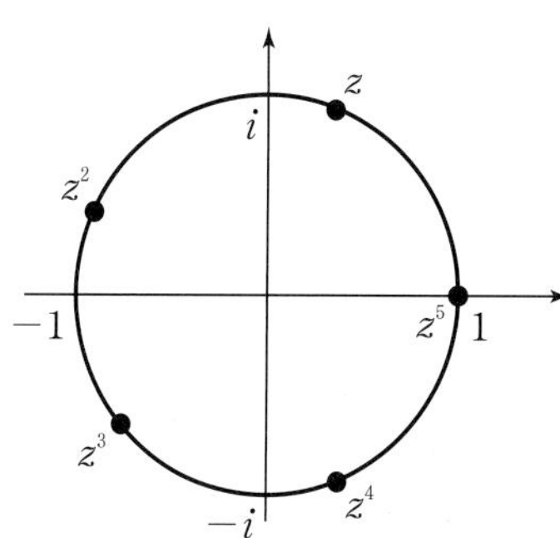

$\therefore x^4+x^3+x^2+x+1=(x-z)(x-z^2)(x-z^3)(x-z^4)$

위의 식에 $x=1$을 대입하면

$(1-z)(1-z^2)(1-z^3)(1-z^4)=5$

Ⅷ 여러 가지 방정식

389

삼차방정식 $x^3-2x^2-5x+6=0$의 세 근을 α, β, γ라 할 때, $(\alpha+\beta)(\beta+\gamma)(\gamma+\alpha)$의 값을 구하시오.

390

사차방정식 $x^4+x^3-2x^2+3x-1=0$의 네 근을 α, β, γ, δ라 할 때, $(1+\alpha)(1+\beta)(1+\gamma)(1+\delta)$의 값을 구하시오.

391

삼차방정식 $x^3+2x^2+2x-4=0$의 세 근을 α, β, γ라고 할 때, $(\alpha+\beta-\gamma)(\alpha-\beta+\gamma)(-\alpha+\beta+\gamma)$의 값을 구하시오.

392

삼차방정식 $x^3+2x^2+2x-4=0$의 세 근을 α, β, γ라고 할 때, $\dfrac{\{\alpha(\beta+\gamma)+2\}\{\beta(\gamma+\alpha)+2\}\{\gamma(\alpha+\beta)+2\}}{(\alpha+\beta-\gamma)(\beta+\gamma-\alpha)(\gamma+\alpha-\beta)}$의 값을 구하시오.

393

$x^3+3x^2+6x+5=0$의 세 근을 α, β, γ라 할 때, $(\alpha^2+2\alpha+3)(\beta^2+2\beta+3)(\gamma^2+2\gamma+3)$의 값을 구하시오.

CHAPTER 4 고차방정식 만들기

01. 무리수근 또는 허수근을 이용해 고차방정식 만들기

① $x=\dfrac{-1\pm\sqrt{3}i}{2} \Rightarrow x^3=1$

② $x=\dfrac{1\pm\sqrt{3}i}{2} \Rightarrow x^3=-1$

③ $x=\dfrac{\pm\sqrt{3}\pm i}{2} \Rightarrow x^6=-1$

④ $x+\dfrac{1}{x}=\dfrac{-1\pm\sqrt{5}}{2} \Rightarrow x^5=1$

⑤ $x+\dfrac{1}{x}=\dfrac{1\pm\sqrt{5}}{2} \Rightarrow x^5=-1$

① $x=\dfrac{-1\pm\sqrt{3}i}{2} \Rightarrow x^3=1$

$2x+1=\pm\sqrt{3}i$에서 양변을 제곱하면

$(2x+1)^2=(\pm\sqrt{3}i)^2$

$4x^2+4x+1=-3$, $x^2+x+1=0$이므로

$(x-1)(x^2+x+1)=0$, $x^3-1=0$

$\therefore x^3=1$

② $x=\dfrac{1\pm\sqrt{3}i}{2} \Rightarrow x^3=-1$

$2x-1=\pm\sqrt{3}i$에서 양변을 제곱하면

$(2x-1)^2=(\pm\sqrt{3}i)^2$

$4x^2-4x+1=-3$, $x^2-x+1=0$이므로

$(x+1)(x^2-x+1)=0$, $x^3+1=0$

$\therefore x^3=-1$

③ $x=\dfrac{\pm\sqrt{3}\pm i}{2} \Rightarrow x^6=-1$

$2x\mp\sqrt{3}=\pm i$에서 양변을 제곱하면

$(2x\mp\sqrt{3})^2=(\pm i)^2$

$4x^2\mp4\sqrt{3}x+3=-1$, $x^2\mp\sqrt{3}x+1=0$

$(x^2+1)^2=(\pm\sqrt{3}x)^2$, $x^4-x^2+1=0$이므로

$(x^2+1)(x^4-x^2+1)=0$, $x^6+1=0$

$\therefore x^6=-1$

④ $x+\dfrac{1}{x}=\dfrac{-1\pm\sqrt{5}}{2} \Rightarrow x^5=1$

$x+\dfrac{1}{x}=\mathrm{X}$라고 하면 $2\mathrm{X}+1=\pm\sqrt{5}$

$(2\mathrm{X}+1)^2=(\pm\sqrt{5})^2$, $4\mathrm{X}^2+4\mathrm{X}+1=5$

$\therefore \mathrm{X}^2+\mathrm{X}-1=0$

이 식에 $\mathrm{X}=x+\dfrac{1}{x}$을 대입하고 전개하여 정리하면

$\left(x+\dfrac{1}{x}\right)^2+\left(x+\dfrac{1}{x}\right)-1=0$, $x^2+x+1+\dfrac{1}{x}+\dfrac{1}{x^2}=0$

양변에 x^2을 곱하면 $x^4+x^3+x^2+x+1=0$이므로

$(x-1)(x^4+x^3+x^2+x+1)=0$, $x^5-1=0$

$\therefore x^5=1$

⑤ $x+\dfrac{1}{x}=\dfrac{1\pm\sqrt{5}}{2} \Rightarrow x^5=-1$

$x+\dfrac{1}{x}=\mathrm{X}$라고 하면 $2\mathrm{X}-1=\pm\sqrt{5}$

$(2\mathrm{X}-1)^2=(\pm\sqrt{5})^2$, $4\mathrm{X}^2-4\mathrm{X}+1=5$

$\therefore \mathrm{X}^2-\mathrm{X}-1=0$

이 식에 $\mathrm{X}=x+\dfrac{1}{x}$을 대입하고 전개하여 정리하면

$\left(x+\dfrac{1}{x}\right)^2-\left(x+\dfrac{1}{x}\right)-1=0$, $x^2-x+1-\dfrac{1}{x}+\dfrac{1}{x^2}=0$

양변에 x^2을 곱하면 $x^4-x^3+x^2-x+1=0$

$(x+1)(x^4-x^3+x^2-x+1)=0$, $x^5+1=0$이므로

$\therefore x^5=-1$

루트 또는 순허수를 제곱하면
실수가 됨을 이용한다.

기출 유형1

$x=\frac{-1-\sqrt{3}i}{2}$일 때, $x^{50}+\frac{1}{x^{50}}$의 값을 구하여라.
(단, $i=\sqrt{-1}$)

해설

$2x+1=-\sqrt{3}i$에서 양변을 제곱하면
$(2x+1)^2=(-\sqrt{3}i)^2$, $4x^2+4x+1=-3$
$x^2+x+1=0$이므로
$(x-1)(x^2+x+1)=0$, $x^3-1=0$, $x^3=1$
$x^{50}=(x^3)^{16}\times x^2=x^2$

$$\begin{aligned}\therefore\ x^{50}+\frac{1}{x^{50}}\\ &=x^2+\frac{1}{x^2}=\left(x+\frac{1}{x}\right)^2-2\\ &=(-1)^2-2 \qquad (\because\ x^2+x+1=0)\\ &=-1\end{aligned}$$

394

$x=\frac{1-\sqrt{3}i}{2}$일 때, $x^{20}-\frac{1}{x^{20}}$의 값을 구하시오.
(단, $i=\sqrt{-1}$)

395

$x=\frac{-1+\sqrt{3}i}{2}$일 때,
$\frac{x}{1+x}+\frac{x^2}{1+x^2}+\frac{x^3}{1+x^3}+\cdots+\frac{x^{49}}{1+x^{49}}+\frac{x^{50}}{1+x^{50}}$의 값을 구하시오. (단, $i=\sqrt{-1}$)

396

$\alpha=\frac{-\sqrt{3}+i}{2}$일 때,
$(1+\alpha+\alpha^2+\cdots+\alpha^{20})(1+\overline{\alpha}+\overline{\alpha}^2+\cdots+\overline{\alpha}^{20})$의 값을 구하시오. (단, $i=\sqrt{-1}$이고, $\overline{\alpha}$는 α의 켤레복소수이다.)

기출 유형2

$a+\frac{1}{a}=\frac{1+\sqrt{5}}{2}$ 일 때, $a^{11}-\frac{1}{a^6}$ 의 값을 구하시오.

해설

$a+\frac{1}{a}=x$라고 하면

$x=\frac{1+\sqrt{5}}{2}$, $(2x-1)^2=(\sqrt{5})^2$, $4x^2-4x+1=5$

$x^2-x-1=0$

$x=a+\frac{1}{a}$을 대입한 후 정리하면

$\left(a+\frac{1}{a}\right)^2-\left(a+\frac{1}{a}\right)-1=a^2-a+1-\frac{1}{a}+\frac{1}{a^2}=0$

양변에 a^2을 곱하면 $a^4-a^3+a^2-a+1=0$

$(a+1)(a^4-a^3+a^2-a+1)=0$, $a^5+1=0$

$\therefore a^5=-1$

그러므로

$a^{11}-\frac{1}{a^6}=(a^5)^2\times a-\frac{1}{a^5\times a}=a+\frac{1}{a}=\frac{1+\sqrt{5}}{2}$

397

$x+\frac{1}{x}=\frac{-1+\sqrt{5}}{2}$ 일 때, $x+x^9$의 값을 구하시오.

02. 켤레복소수를 이용해 고차방정식 만들기

켤레복소수를 이용해 고차방정식을 만들면 다음과 같다.

① $z^2=a\overline{z}$ 이면 $z^3=a^3$

② $z^3=a^2\overline{z}$ 이면 $z^4=a^4$

⋮

③ $z^n=a^{n-1}\overline{z}$ 이면 $z^{n+1}=a^{n+1}$

(단, $z\neq0$이고, $a\neq0$인 실수이며 $\overline{z}$는 z의 켤레복소수이다.)

① $z^2=a\overline{z}$ 이면 $z^3=a^3$

$z^2=a\overline{z}$ …… ㉠

㉠의 양변에 켤레를 취하면 $\overline{z}^2=az$ …… ㉡

㉠과 ㉡을 곱하면 $(z\overline{z})^2=a^2z\overline{z}$에서 $z\overline{z}>0$이므로

$z\overline{z}=a^2$ …… ㉢

㉠의 양변에 z를 곱하면 $z^3=az\overline{z}=a^3$ ($\because$ ㉢)

$\therefore z^3=a^3$

② $z^3=a^2\overline{z}$ 이면 $z^4=a^4$

$z^3=a^2\overline{z}$ …… ㉠

㉠의 양변에 켤레를 취하면 $\overline{z}^3=a^2z$ …… ㉡

㉠과 ㉡을 곱하면 $(z\overline{z})^3=a^4z\overline{z}$에서 $z\overline{z}>0$이므로

$z\overline{z}=a^2$ …… ㉢

㉠의 양변에 z를 곱하면 $z^4=a^2z\overline{z}=a^4$ ($\because$ ㉢)

$\therefore z^4=a^4$

③ $z^n=a^{n-1}\overline{z}$ 이면 $z^{n+1}=a^{n+1}$

$z^n=a^{n-1}\overline{z}$ …… ㉠

㉠의 양변에 켤레를 취하면 $\overline{z}^n=a^{n-1}z$ …… ㉡

㉠과 ㉡을 곱하면 $(z\overline{z})^n=(a^2)^{n-1}z\overline{z}$에서 $z\overline{z}>0$이므로

$z\overline{z}=a^2$ …… ㉢

㉠의 양변에 z를 곱하면 $z^{n+1}=a^{n-1}z\overline{z}=a^{n+1}$ ($\because$ ㉢)

$\therefore z^{n+1}=a^{n+1}$

(1) $z^n = k\overline{z}$ 의 문제는 $z^n = k\overline{z}$ 의 양변에 켤레를 취해서 $z\overline{z}$ 를 구한 다음, $z^n = k\overline{z}$ 의 양변에 z를 곱하고 앞에서 구한 $z\overline{z}$ 의 값을 대입하면 z에 관한 고차식을 얻을 수 있다.

(2) 계수가 실수인 삼차방정식에서 두 허근이 α, $k\alpha^2$인 경우, 한 근이 α이면 $\overline{\alpha}$도 근임을 이용하여 고차방정식을 만들 수 있다.

기출 유형1

실수 a, b에 대하여 $z=a+bi$일 때, $z^2=\overline{z}$를 만족하는 복소수 z를 구하시오.
(단, $b<0$, $\overline{z}$는 z의 켤레복소수이고 $i=\sqrt{-1}$이다.)

해설

방법1

$z^2=\overline{z}$에 $z=a+bi$, $\overline{z}=a-bi$를 대입하여 정리하면

$(a+bi)^2=a-bi$, $(a^2-a-b^2)+b(2a+1)i=0$

복소수가 서로 같을 조건에 의해

$a^2-a-b^2=0$ …… ㉠

$b(2a+1)=0$ …… ㉡

㉡에서 $b<0$이므로 $2a+1=0$ $\quad\therefore a=-\frac{1}{2}$

이를 ㉠에 대입하면 $b=-\frac{\sqrt{3}}{2}$ $\quad(\because b<0)$

따라서 구하는 복소수 z는 $\frac{-1-\sqrt{3}i}{2}$

방법2

$z^2=\overline{z}$ …… ㉠

㉠의 양변에 켤레를 취하면

$\overline{z}^2=z$ …… ㉡

㉠을 ㉡에 대입하면 $(z^2)^2=z$, $z^3=1$ $(\because z\neq0)$

$z^3-1=0$, $(z-1)(z^2+z+1)=0$

$b<0$이므로 $z\neq1$ $\quad\therefore z^2+z+1=0$

그러므로 구하는 복소수 z는 $\frac{-1-\sqrt{3}i}{2}$ $\quad(\because b<0)$

방법3

$z^2=\overline{z}$ …… ㉠

㉠의 양변에 켤레를 취하면

$\overline{z}^2=z$ …… ㉡

㉠, ㉡을 곱하면 $(z\overline{z})^2=z\overline{z}$, $z\overline{z}(z\overline{z}-1)=0$

$b<0$이므로 $z\neq0$, $z\overline{z}\neq0$ $\therefore z\overline{z}=1$ …… ㉢

㉠의 양변에 z을 곱하면 $z^3=z\overline{z}=1$ $\quad(\because$ ㉢$)$

$z^3-1=0$, $(z-1)(z^2+z+1)=0$

$b<0$이므로 $z\neq1$ $\quad\therefore z^2+z+1=0$

그러므로 구하는 복소수 z는 $\frac{-1-\sqrt{3}i}{2}$ $\quad(\therefore b<0)$

398

$z^2+\overline{z}=0$을 만족하는 복소수 z를 모두 구하시오.
(단, $\overline{z}$는 z의 켤레복소수이다.)

399

실수가 아닌 복소수 z와 z의 켤레복소수 $\overline{z}$에 대하여 $z^3=\overline{z}$일 때, $1+\frac{1}{z}+\frac{1}{z^2}+\cdots+\frac{1}{z^{100}}$의 값을 구하시오.

400

$z^4=\overline{z}$를 만족하는 허수 z에 대하여 $z+\overline{z}$의 값을 구하시오. (단, $\overline{z}$는 z의 켤레복소수이다.)

기출 유형2

삼차방정식 $x^3+ax^2+bx+3=0$이 한 실근과 두 허근 α, α^2을 가질 때, 두 실수 a, b의 값을 구하시오.

해설

방법1

계수가 실수인 삼차방정식의 한 허근이 α이므로

$\overline{\alpha}$도 근이다. 즉, $\overline{\alpha}=\alpha^2$ …… ㉠

㉠의 양변에 켤레를 취하면

$\alpha=\overline{\alpha}^2$ …… ㉡

㉠을 ㉡에 대입하면 $\alpha=(\alpha^2)^2$

$\therefore\ \alpha^3=1,\ \alpha^3-1=0,\ (\alpha-1)(\alpha^2+\alpha+1)=0$

따라서 α를 근으로 갖는 x에 관한 방정식은

$x^2+x+1=0$이고, $x^3+ax^2+bx+3=0$에서 상수항이 3임을 이용하면

$$x^3+ax^2+bx+3=(x^2+x+1)(x+3)$$
$$=x^3+4x^2+4x+3$$

$\therefore\ a=4,\ b=4$

방법2

계수가 실수인 삼차방정식의 한 허근이 α이므로

$\overline{\alpha}$도 근이다. 즉, $\overline{\alpha}=\alpha^2$ …… ㉠

㉠의 양변에 켤레를 취하면

$\alpha=\overline{\alpha}^2$ …… ㉡

㉠, ㉡을 곱하면 $(\alpha\overline{\alpha})^2=\alpha\overline{\alpha}$, $\alpha\overline{\alpha}(\alpha\overline{\alpha}-1)=0$

$\therefore\ \alpha\overline{\alpha}=1$ …… ㉢

㉠식 양변에 α를 곱하면 $\alpha^3=\alpha\overline{\alpha}=1$ $(\because$ ㉢$)$

이하 **방법1**과 같다.

Ⅷ 여러 가지 방정식

401

실수 a, b에 대하여
$x^4+2x^3+ax^2+bx-1=0$이 두 실근과 두 허근 α, $-\alpha^2$을 가질 때, 실수 a, b의 값을 구하시오.

402

사차방정식 $x^4+ax^3+bx^2+cx-16=0$이 두 실근 α, $-\alpha$와 두 허근 2β, β^2을 가질 때, 실수 a, b, c의 값을 구하시오.

기출 유형3

계수가 실수인 x에 대한 이차방정식
$x^2+ax+b=0$의 두 허근을 α, β라고 할 때, $\dfrac{\beta}{\alpha^2}$는 실수이다. 이때, $\left(\dfrac{\beta}{\alpha}\right)^{2021}$의 값을 구하시오.

해설

계수가 실수인 이차방정식에서 한 허근이 α이면 $\overline{\alpha}$도 근이다.

$\therefore\ \beta=\overline{\alpha},\ \alpha=\overline{\beta}$

$\dfrac{\beta}{\alpha^2}$는 실수이므로 $\dfrac{\beta}{\alpha^2}=\overline{\left(\dfrac{\beta}{\alpha^2}\right)}=\dfrac{\overline{\beta}}{\overline{\alpha}^2}$, $\overline{\alpha}^2\beta=\alpha^2\overline{\beta}$

$\overline{\alpha}^2\beta=\alpha^2\overline{\beta}$에 $\beta=\overline{\alpha}$, $\alpha=\overline{\beta}$를 대입하면

$\beta^2\beta=\alpha^2\alpha$, $\alpha^3=\beta^3$

$\therefore\ \left(\dfrac{\beta}{\alpha}\right)^3=\dfrac{\beta^3}{\alpha^3}=1$

이때 $\dfrac{\beta}{\alpha}=\omega$로 놓으면

$\omega^3=1$, $\omega^2+\omega+1=0$

근의 공식에 의해 $\omega=\dfrac{-1\pm\sqrt{3}i}{2}$

$$\begin{aligned}\therefore\ \left(\frac{\beta}{\alpha}\right)^{2021}&=\omega^{2021}=\omega^2=-\omega-1\\&=-\left(\frac{-1\pm\sqrt{3}i}{2}\right)-1\\&=\frac{-1\pm\sqrt{3}i}{2}\end{aligned}$$

403

x에 대한 이차방정식 $x^2+px+q=0$의 서로 다른 두 허근 z_1, z_2에 대하여 $\dfrac{z_2^2}{z_1}$이 실수일 때, $q-p$의 최솟값을 구하시오. (단, p, q는 실수)

03. 모든 근이 동일한 형태일 때의 고차방정식 만들기

$f(x)=ax^3+bx^2+cx+d$에 대하여 $f(x)=0$의 해를 α, β, γ라고 할 때

(1) $n-\alpha$, $n-\beta$, $n-\gamma$를 근으로 하는 삼차방정식은 $a(n-x)^3+b(n-x)^2+c(n-x)+d=0$

(2) $\dfrac{m}{\alpha+n}$, $\dfrac{m}{\beta+n}$, $\dfrac{m}{\gamma+n}$을 근으로 하는 삼차방정식은

$$x^3\left\{a\left(\frac{m}{x}-n\right)^3+b\left(\frac{m}{x}-n\right)^2+c\left(\frac{m}{x}-n\right)+d\right\}=0$$

$f(x)=ax^3+bx^2+cx+d$에 대하여 $f(x)=0$의 해를 α, β, γ라고 할 때

(1) $n-\alpha$, $n-\beta$, $n-\gamma$를 근으로 하는 삼차방정식은

$a(n-x)^3+b(n-x)^2+c(n-x)+d=0$

$f(x)=0$의 해가 α, β, γ이므로

$f(\alpha)=0$, $f(\beta)=0$, $f(\gamma)=0$ …… ㉠

$n-\alpha=t_1$, $n-\beta=t_2$, $n-\gamma=t_3$라고 하면

$n-t_1=\alpha$, $n-t_2=\beta$, $n-t_3=\gamma$

위의 식을 ㉠에 대입하면

$f(n-t_1)=0$, $f(n-t_2)=0$, $f(n-t_3)=0$이므로

$f(n-t)=0$의 세 근은 t_1, t_2, t_3이다.

따라서 $ax^3+bx^2+cx+d=0$의 x에 $n-t$를 대입하고 t를 x로 바꾸면

$a(n-x)^3+b(n-x)^2+c(n-x)+d=0$

(2) $\dfrac{m}{\alpha+n}$, $\dfrac{m}{\beta+n}$, $\dfrac{m}{\gamma+n}$을 근으로 하는 삼차방정식은

$$x^3\left\{a\left(\frac{m}{x}-n\right)^3+b\left(\frac{m}{x}-n\right)^2+c\left(\frac{m}{x}-n\right)+d\right\}=0$$

$f(x)=0$의 해가 α, β, γ이므로

$f(\alpha)=0$, $f(\beta)=0$, $f(\gamma)=0$ …… ㉠

$\dfrac{m}{\alpha+n}=t_1$, $\dfrac{m}{\beta+n}=t_2$, $\dfrac{m}{\gamma+n}=t_3$라고 하면

$\dfrac{m}{t_1}-n=\alpha$, $\dfrac{m}{t_2}-n=\beta$, $\dfrac{m}{t_3}-n=\gamma$

이 식을 ㉠에 대입하면

$f\left(\dfrac{m}{t_1}-n\right)=0$, $f\left(\dfrac{m}{t_2}-n\right)=0$, $f\left(\dfrac{m}{t_3}-n\right)=0$이므로

$f\left(\dfrac{m}{t}-n\right)=0$의 세 근은 t_1, t_2, t_3이다.

따라서 $ax^3+bx^2+cx+d=0$의 x에 $\dfrac{m}{t}-n$을 대입하고 t를 x로 바꾸면

$a\left(\dfrac{m}{x}-n\right)^3+b\left(\dfrac{m}{x}-n\right)^2+c\left(\dfrac{m}{x}-n\right)+d=0$

분수식을 다항식으로 바꾸기 위해 양변에 x^3을 곱하면

$x^3\left\{a\left(\dfrac{m}{x}-n\right)^3+b\left(\dfrac{m}{x}-n\right)^2+c\left(\dfrac{m}{x}-n\right)+d\right\}=0$

Ⅷ 여러 가지 방정식

(1) $n-\alpha$, $n-\beta$, $n-\gamma$를 근으로 하는 삼차방정식 문제는 $n-x=t$로 놓고 x에 $n-t$를 대입한다.

(2) $\frac{m}{\alpha+n}$, $\frac{m}{\beta+n}$, $\frac{m}{\gamma+n}$을 근으로 하는 삼차방정식 문제는 $\frac{m}{x+n}=t$로 놓고 x에 $\frac{m}{t}-n$을 대입한다.

기출 유형1

삼차방정식 $x^3+x^2-1=0$의 세 근을 α, β, γ라 할 때, $1-\alpha$, $1-\beta$, $1-\gamma$를 세 근으로 하고 x^3의 계수가 1인 삼차방정식을 구하시오.

해설

방법1

삼차방정식 $x^3+x^2-1=0$의 세 근이 α, β, γ이므로

근과 계수의 관계에 의해

$\alpha+\beta+\gamma=-1$, $\alpha\beta+\beta\gamma+\alpha\gamma=0$, $\alpha\beta\gamma=1$

이를 이용하여

세 근의 합, 두 근끼리 곱의 합, 세 근의 곱을 구하면 다음과 같다.

$(1-\alpha)+(1-\beta)+(1-\gamma)=4$

$(1-\alpha)(1-\beta)+(1-\beta)(1-\gamma)+(1-\gamma)(1-\alpha)=5$

$(1-\alpha)(1-\beta)(1-\gamma)=1$

따라서 $1-\alpha$, $1-\beta$, $1-\gamma$를 세 근으로 하고 x^3의 계수가 1인 삼차방정식은 $x^3-4x^2+5x-1=0$

방법2

$1-x=t$로 놓으면 $x=1-t$

$x^3+x^2-1=0$에 대입하면 $(1-t)^3+(1-t)^2-1=0$

전개하여 정리하면 $t^3-4t^2+5t-1=0$

t를 x로 바꾸면 $x^3-4x^2+5x-1=0$

따라서 구하는 삼차방정식은 $x^3-4x^2+5x-1=0$

※ x에 관한 방정식의 근이 α, β, γ이므로
$1-\alpha$, $1-\beta$, $1-\gamma$에서 $1-x=t$로 놓는다.

404

삼차방정식 $x^3+x^2-1=0$의 세 근을 α, β, γ라 할 때, $\alpha+\beta$, $\beta+\gamma$, $\gamma+\alpha$를 세 근으로 하고 x^3의 계수가 1인 삼차방정식을 구하시오.

405

삼차방정식 $x^3+3x^2-x+1=0$의 세 근을 α, β, γ라 할 때, $\alpha^3+3\alpha^2$, $\beta^3+3\beta^2$, $\gamma^3+3\gamma^2$을 세 근으로 하고 x^3의 계수가 1인 삼차방정식을 구하시오.

406

삼차방정식 $x^3-x^2+3x+1=0$의 세 근을 α, β, γ라 할 때, $(\alpha+\beta)(\beta+\gamma)+(\beta+\gamma)(\gamma+\alpha)+(\gamma+\alpha)(\alpha+\beta)$의 값을 구하시오.

기출 유형2

삼차방정식 $x^3+3x^2-2x-1=0$의 세 근을 α, β, γ라 할 때, $\frac{1}{\alpha}$, $\frac{1}{\beta}$, $\frac{1}{\gamma}$을 세 근으로 하고, 최고차항의 계수가 1인 삼차방정식을 구하시오.

해설

방법1

삼차방정식 $x^3+3x^2-2x-1=0$의
세 근이 α, β, γ이므로 근과 계수의 관계에 의해
$\alpha+\beta+\gamma=-3$, $\alpha\beta+\beta\gamma+\gamma\alpha=-2$, $\alpha\beta\gamma=1$

(세 근의 합)
$$=\frac{1}{\alpha}+\frac{1}{\beta}+\frac{1}{\gamma}=\frac{\alpha\beta+\beta\gamma+\gamma\alpha}{\alpha\beta\gamma}=-2$$
(두 근끼리의 곱의 합)
$$=\frac{1}{\alpha}\times\frac{1}{\beta}+\frac{1}{\beta}\times\frac{1}{\gamma}+\frac{1}{\gamma}\times\frac{1}{\alpha}=\frac{\alpha+\beta+\gamma}{\alpha\beta\gamma}=-3$$
(세 근의 곱)
$$=\frac{1}{\alpha}\times\frac{1}{\beta}\times\frac{1}{\gamma}=\frac{1}{\alpha\beta\gamma}=1$$
따라서 구하는 삼차방정식은 $x^3+2x^2-3x-1=0$

방법2

$f(x)=x^3+3x^2-2x-1$이라 하면 $f(x)=0$의 해가
α, β, γ이므로 $f(\alpha)=0$, $f(\beta)=0$, $f(\gamma)=0$ …… ㉠
$\frac{1}{\alpha}=t_1$, $\frac{1}{\beta}=t_2$, $\frac{1}{\gamma}=t_3$라 하면 $\frac{1}{t_1}=\alpha$, $\frac{1}{t_2}=\beta$, $\frac{1}{t_3}=\gamma$
이 식을 ㉠에 대입하면
$f\left(\frac{1}{t_1}\right)=0$, $f\left(\frac{1}{t_2}\right)=0$, $f\left(\frac{1}{t_3}\right)=0$이므로
$f\left(\frac{1}{t}\right)=0$의 세 근은 t_1, t_2, t_3이다.
삼차방정식 $x^3+3x^2-2x-1=0$의 x에 $\frac{1}{t}$을 대입하면
$\left(\frac{1}{t}\right)^3+3\left(\frac{1}{t}\right)^2-2\left(\frac{1}{t}\right)-1=0$ 이고
위 식의 양변에 t^3을 곱하고 t를 x로 바꾸면
$x^3+2x^2-3x-1=0$
따라서 구하는 삼차방정식은 $x^3+2x^2-3x-1=0$

※ x에 관한 방정식의 근이 α, β, γ이므로
$\frac{1}{\alpha}$, $\frac{1}{\beta}$, $\frac{1}{\gamma}$에서 $\frac{1}{x}=t$로 놓는다.

407

삼차방정식 $x^3+2x^2-x+1=0$의 세 근을 α, β, γ라 할 때, $\frac{1}{\alpha+1}+\frac{1}{\beta+1}+\frac{1}{\gamma+1}$의 값을 구하시오.

408

삼차방정식 $3x^3-x^2-2x+1=0$의 세 근을 α, β, γ라 할 때, $\frac{1-3\beta-3\gamma}{9\alpha^3-6\alpha+3}$, $\frac{1-3\gamma-3\alpha}{9\beta^3-6\beta+3}$, $\frac{1-3\alpha-3\beta}{9\gamma^3-6\gamma+3}$를 세 근으로 하고 최고차항의 계수가 1인 삼차방정식을 구하시오.

409

$x^5-x-1=0$을 만족하는 5개의 근을

ω_1, ω_2, ω_3, ω_4, ω_5라 할 때,

$\left(\frac{1}{\omega_1^5}+\frac{1}{\omega_2^5}+\frac{1}{\omega_3^5}+\frac{1}{\omega_4^5}+\frac{1}{\omega_5^5}\right)-\left(\frac{1}{\omega_1^4}+\frac{1}{\omega_2^4}+\frac{1}{\omega_3^4}+\frac{1}{\omega_4^4}+\frac{1}{\omega_5^4}\right)$

의 값을 구하시오.

410

삼차방정식 $x^3-2x^2-4x+1=0$의 세 근을 α, β, γ라 할 때, $\left(2+\frac{1}{\alpha}\right)\left(2+\frac{1}{\beta}\right)\left(2+\frac{1}{\gamma}\right)$의 값을 구하시오.

기출 유형3

삼차방정식 $x^3+x^2-x-2=0$의 세 근을 α, β, γ라 하자. $f(x)=x^3+px^2+qx+r$에 대하여 $f\left(\frac{1}{\alpha}\right)=f\left(\frac{1}{\beta}\right)=f\left(\frac{1}{\gamma}\right)=1$을 만족할 때, 상수 p, q, r의 값을 구하시오.

해설

방법1

$f\left(\frac{1}{\alpha}\right)-1=0$, $f\left(\frac{1}{\beta}\right)-1=0$, $f\left(\frac{1}{\gamma}\right)-1=0$이므로

$f\left(\frac{1}{x}\right)-1=0$의 해는 α, β, γ이다.

$\therefore f\left(\frac{1}{x}\right)-1=\frac{1}{x^3}+\frac{p}{x^2}+\frac{q}{x}+r-1=0$

위 식의 양변에 x^3을 곱하면

$(\gamma-1)x^3+qx^2+px+1=0$

이때 삼차방정식 $(\gamma-1)x^3+qx^2+px+1=0$과

$x^3+x^2-x-2=0$의 세 근이 모두 α, β, γ이므로

두 식은 서로 같아야 한다.

$\therefore (\gamma-1)x^3+qx^2+px+1$

$=-\frac{1}{2}(x^3+x^2-x-2)$

$=-\frac{1}{2}x^3-\frac{1}{2}x^2+\frac{1}{2}x+1$

양변의 계수를 비교하면 $p=\frac{1}{2}$, $q=-\frac{1}{2}$, $r=\frac{1}{2}$

방법2

$f\left(\frac{1}{\alpha}\right)-1=0$, $f\left(\frac{1}{\beta}\right)-1=0$, $f\left(\frac{1}{\gamma}\right)-1=0$ 이므로

$\frac{1}{\alpha}$, $\frac{1}{\beta}$, $\frac{1}{\gamma}$은 $f(x)-1=0$의 세 근이다.

$\therefore f(x)-1=x^3+px^2+qx+r-1=0$ …… ㉠

한편, α, β, γ를 세 근으로 하는 삼차방정식은

$x^3+x^2-x-2=0$이므로

$\frac{1}{\alpha}$, $\frac{1}{\beta}$, $\frac{1}{\gamma}$을 세 근으로 하는 삼차방정식은

$2x^3+x^2-x-1=0$

즉, $x^3+\frac{1}{2}x^2-\frac{1}{2}x-\frac{1}{2}=0$ …… ㉡

㉠과 ㉡이 서로 같으므로 $p=\frac{1}{2}$, $q=-\frac{1}{2}$, $r=\frac{1}{2}$

411

삼차방정식 $x^3+x^2-2x+1=0$의 세 근을 α, β, γ라 하자. $f(x)=(x+1)^3+p(x+1)^2+q(x+1)+r$에 대하여 $f\left(-1-\frac{1}{\alpha}\right)=f\left(-1-\frac{1}{\beta}\right)=f\left(-1-\frac{1}{\gamma}\right)=2$를 만족할 때, 상수 p, q, r의 값을 구하시오.

04. 연립방정식 형태의 식에서 고차방정식 만들기

서로 다른 세 복소수 a, b, c에 대하여
$a^3+ka^2+la+m=0$, $b^3+kb^2+lb+m=0$
$c^3+kc^2+lc+m=0$이 성립하면
$x^3+kx^2+lx+m=0$의 세 근은 a, b, c이다.

$a^3+ka^2+la+m=0$ …… ㉠
$b^3+kb^2+lb+m=0$ …… ㉡
$c^3+kc^2+lc+m=0$ …… ㉢
이라고 할 때,
$x^3+kx^2+lx+m=0$에 $x=a$를 대입하면 ㉠이고
$x^3+kx^2+lx+m=0$에 $x=b$를 대입하면 ㉡이며
$x^3+kx^2+lx+m=0$에 $x=c$를 대입하면 ㉢이므로
$x^3+kx^2+lx+m=0$ 의 세 근은 a, b, c이다.
따라서 근과 계수의 관계에 의하여
$a+b+c=-k$, $ab+bc+ca=l$, $abc=-m$

Ⅷ 여러 가지 방정식

기출 유형1

서로 다른 세 복소수 a, b, c가 $a^3+3a^2+a+1=0$, $b^3+3b^2+b+1=0$, $c^3+3c^2+c+1=0$을 만족할 때, $a+b+c$의 값을 구하시오.

해설

방법1

$a^3+3a^2+a+1=0$ …… ㉠

$b^3+3b^2+b+1=0$ …… ㉡

$c^3+3c^2+c+1=0$ …… ㉢

㉠−㉡를 하면

$a^3-b^3+3(a^2-b^2)+a-b$

$=(a-b)\{(a^2+ab+b^2)+3(a+b)+1\}=0$

$a-b\neq0$이므로

$a^2+ab+b^2+3a+3b+1=0$ …… ㉣

㉡−㉢을 하면

$b^3-c^3+3(b^2-c^2)+b-c$

$=(b-c)\{(b^2+bc+c^2)+3(b+c)+1\}=0$

$b-c\neq0$이므로

$b^2+bc+c^2+3b+3c+1=0$ …… ㉤

㉢−㉠을 하면

$c^3-a^3+3(c^2-a^2)+c-a$

$=(c-a)\{(c^2+ca+a^2)+3(c+a)+1\}=0$

$c-a\neq0$이므로

$c^2+ca+a^2+3c+3a+1=0$ …… ㉥

㉣−㉤를 하면

$a^2-c^2+b(a-c)+3(a-c)$

$=(a-c)(a+b+c+3)=0$

$\therefore a+b+c=-3$ $(\because a\neq c)$

※ ㉤−㉥ 또는 ㉥−㉣를 통해서도 같은 결과를 얻을 수 있다.

방법2

$a^3+3a^2+a+1=0$ …… ㉠

$b^3+3b^2+b+1=0$ …… ㉡

$c^3+3c^2+c+1=0$ …… ㉢

이라고 할 때,

$x^3+3x^2+x+1=0$에 $x=a$를 대입하면 ㉠이고

$x^3+3x^2+x+1=0$에 $x=b$를 대입하면 ㉡이며

$x^3+3x^2+x+1=0$에 $x=c$를 대입하면 ㉢이므로

$x^3+3x^2+x+1=0$의 세 근은 a, b, c 이다.

따라서 근과 계수의 관계에 의해 $a+b+c=-3$

412

서로 다른 세 복소수 a, b, c가

$\dfrac{a^3-3a^2}{a+3}=\dfrac{b^3-3b^2}{b+3}=\dfrac{c^3-3c^2}{c+3}$을 만족할 때,

$\dfrac{(a+b+c)(ab+bc+ca)}{abc}$의 값을 구하시오.

413

x, y, z는 서로 다른 세 수이고,

$$\begin{aligned}x^3+y^3-(x^2+y^2)-x-y &= y^3+z^3-(y^2+z^2)-y-z \\ &= z^3+x^3-(z^2+x^2)-z-x\end{aligned}$$

를 만족한다. 이때 $x^2+y^2+z^2$의 값을 구하시오.

414

서로 다른 세 실수 α, β, γ에 대하여 연립방정식

$\begin{cases}\alpha^3x+\alpha^2y+\alpha z=2 \\ \beta^3x+\beta^2y+\beta z=2 \\ \gamma^3x+\gamma^2y+\gamma z=2\end{cases}$ 의 해 (x, y, z)를 구하시오.

(단, $\alpha\beta\gamma\neq0$)

기출 유형2

서로 다른 세 수 a, b, c에 대하여 다음 식이 성립할 때, $a^2+b^2+c^2$의 값을 구하시오.

$$a^2-a+2=bc$$
$$b^2-b+2=ac$$
$$c^2-c+2=ab$$

해설

방법1

$a^2-a+2=bc$ …… ㉠

$b^2-b+2=ac$ …… ㉡

$c^2-c+2=ab$ …… ㉢

㉠-㉡을 하면 $a^2-b^2-a+b=bc-ac$

$(a-b)(a+b)-(a-b)+c(a-b)=0$

$(a-b)(a+b+c-1)=0$

$a\neq b$이므로

$\therefore a+b+c=1$ …… ㉣

㉠+㉡+㉢을 하면

$a^2+b^2+c^2-(a+b+c)+6=ab+bc+ca$

$(a+b+c)^2-2(ab+bc+ca)-(a+b+c)+6$

$\quad =ab+bc+ca$

$1-2(ab+bc+ca)-1+6=ab+bc+ca$ ($\because$ ㉣)

$\therefore ab+bc+ca=2$

그러므로

$a^2+b^2+c^2=(a+b+c)^2-2(ab+bc+ca)$

$\qquad =1^2-2\times2=-3$

VIII 여러 가지 방정식

방법2

주어진 방정식의 양변에 각각 a, b, c를 곱해서 정리하면

$a^3-a^2+2a-abc=0$ …… ㉠

$b^3-b^2+2b-abc=0$ …… ㉡

$c^3-c^2+2c-abc=0$ …… ㉢

㉠, ㉡, ㉢에서 a, b, c는

삼차방정식 $x^3-x^2+2x-abc=0$의 세 근이다.

근과 계수의 관계에 의해

$a+b+c=1$, $ab+bc+ca=2$이므로

$\therefore a^2+b^2+c^2=(a+b+c)^2-2(ab+bc+ca)$

$=1-4=-3$

415

서로 다른 세 복소수 z_1, z_2, z_3가

$z_1^2-z_2z_3+1=0$, $z_2^2-z_3z_1+1=0$, $z_3^2-z_1z_2+1=0$을 만족할 때, $z_1^4+z_2^4+z_3^4$의 값을 구하시오.

(단, $i=\sqrt{-1}$이다.)

05. 기타

기출 유형1

$x^5=1$을 만족하는 1이 아닌 복소수를 ω라 할 때, $\omega+\omega^4$의 값을 구하시오.

해설

방법1

주어진 방정식의 해가 ω이므로 $\omega^5=1$, $\omega^5-1=0$

$(\omega-1)(\omega^4+\omega^3+\omega^2+\omega+1)=0$

$\omega\neq1$이므로 $\omega^4+\omega^3+\omega^2+\omega+1=0$ …… ㉠

㉠식의 양변을 ω^2으로 나누면

$\omega^2+\frac{1}{\omega^2}+\omega+\frac{1}{\omega}+1=0$

이때 $\omega+\frac{1}{\omega}=z$로 놓으면

$z^2+z-1=0$, $z=\frac{-1\pm\sqrt{5}}{2}$

$\omega^5=1$에서 $\omega^4=\frac{1}{\omega}$이므로

$\omega+\omega^4=\omega+\frac{1}{\omega}=z$

$\therefore \omega+\omega^4=\frac{-1\pm\sqrt{5}}{2}$

방법2

$z=\omega^4+\omega$로 놓으면,

$z^2=\omega^8+2\omega^5+\omega^2=\omega^3+\omega^2+2$

$=-\omega^4-\omega+1=-z+1$ ($\because$ **방법1**의 ㉠)

이므로

$z^2+z-1=0$ $\therefore z=\frac{-1\pm\sqrt{5}}{2}$

방법3

$\omega+\omega^4=\alpha$, $\omega^2+\omega^3=\beta$라고 하면

$\alpha+\beta=\omega+\omega^2+\omega^3+\omega^4=-1$ ($\because$ **방법1**의 ㉠)

$\alpha\beta=(\omega+\omega^4)(\omega^2+\omega^3)=\omega^3+\omega^4+\omega^6+\omega^7$

$=\omega^3+\omega^4+\omega+\omega^2=-1$ ($\because$ **방법1**의 ㉠)

따라서 α, β를 두 근으로 하는 x에 대한 이차방정식은

$x^2+x-1=0$, $x=\frac{-1\pm\sqrt{5}}{2}$

그러므로

$\omega+\omega^4=\alpha=\frac{-1\pm\sqrt{5}}{2}$

416

$x^7=1$을 만족하는 1이 아닌 복소수 ω에 대하여, $\omega^4+\omega^2+\omega$의 값을 구하시오.

기출 유형2

$z\neq1$이고, $z^5=1$을 만족할 때, $\frac{z}{z^2+1}+\frac{z^2}{z^4+1}$의 값을 구하시오.

해설

방법1

주어진 식을 통분하여 정리하면

$$\frac{z}{z^2+1}+\frac{z^2}{z^4+1}=\frac{z(z^4+1)+z^2(z^2+1)}{(z^2+1)(z^4+1)}$$
$$=\frac{z^5+z^4+z^2+z}{z^6+z^4+z^2+1}$$
$$=\frac{1+z^4+z^2+z}{z+z^4+z^2+1}=1 \quad (\because z^5=1)$$

방법2

$z^5=1$에서 $z^5-1=0$, $(z-1)(z^4+z^3+z^2+z+1)=0$

$z\neq1$이므로 $z^4+z^3+z^2+z+1=0$ …… ㉠

㉠의 양변을 z^2으로 나누면

$z^2+\frac{1}{z^2}+z+\frac{1}{z}+1=0$ …… ㉡

㉡을 $z+\frac{1}{z}$에 관한 식으로 변형하여 $z+\frac{1}{z}=t$로 놓으면 $\left(z+\frac{1}{z}\right)^2+\left(z+\frac{1}{z}\right)-1=0$, $t^2+t-1=0$ …… ㉢

$$\therefore \frac{z}{z^2+1}+\frac{z^2}{z^4+1}=\frac{1}{z+\frac{1}{z}}+\frac{1}{z^2+\frac{1}{z^2}}=\frac{1}{t}+\frac{1}{t^2-2}$$
$$=\frac{1}{t}+\frac{1}{-t-1}=\frac{-1}{-t^2-t}=1$$

($\because$ ㉢)

방법3

$x^4+x^3+x^2+x+1=0$의 한 근이 z이면, z^2, z^3, z^4도 근이 된다.

복소수의 극형식으로 생각을 하면 $x^5=1$의 근이 1, z, z^2, z^3, z^4이기 때문이다. 따라서 $x^4+x^3+x^2+x+1=0$의 네 근은 z, z^2, z^3, z^4이다.

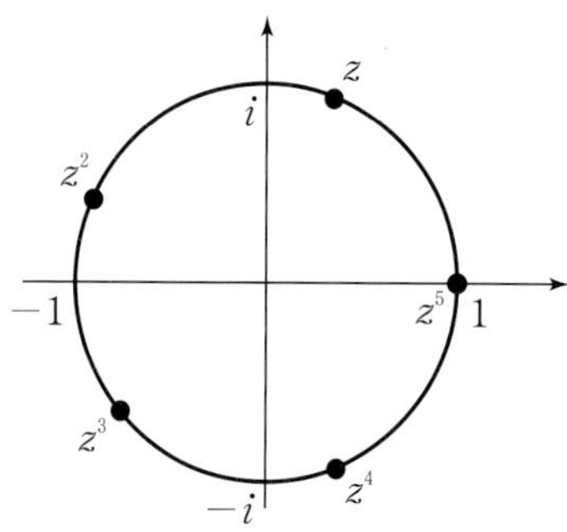

또는 방정식 $x^4+x^3+x^2+x+1=0$의 x에 z^2을 대입하면

$(z^2)^4+(z^2)^3+(z^2)^2+(z^2)+1=z^3+z+z^4+z^2+1=0$

이 되고, x에 z^3, z^4을 대입해도 마찬가지이다.

($\because z^5=1$)

따라서 $x^4+x^3+x^2+x+1=0$의 네 근은 z, z^2, z^3, z^4이다.

$z^4+z^3+z^2+z+1=0$ …… ㉠

㉠의 양변을 z^2으로 나누면

$z^2+\frac{1}{z^2}+z+\frac{1}{z}+1=0$ …… ㉡

㉡에서 $z+\frac{1}{z}=t$로 놓으면

$\left(z+\frac{1}{z}\right)^2+\left(z+\frac{1}{z}\right)-1=0$, $t^2+t-1=0$ …… ㉢

따라서 $t^2+t-1=0$의 근은 $z+\frac{1}{z}$이다.

또한 $x^4+x^3+x^2+x+1=0$의 근이 z, z^2, z^3, z^4이므로 $z^2+\frac{1}{z^2}$, $z^3+\frac{1}{z^3}$, $z^4+\frac{1}{z^4}$도 $t^2+t-1=0$의 근이 됨을 알 수 있다.

이때 $z^5=1$에 의해 $z^3+\frac{1}{z^3}=\frac{1}{z^2}+z^2$, $z^4+\frac{1}{z^4}=\frac{1}{z}+z$ 로 동일하므로 $t^2+t-1=0$의 두 근은 $z+\frac{1}{z}$, $z^2+\frac{1}{z^2}$이다.

따라서 $t^2+t-1=0$의 두 근을 α, β라 하면 근과 계수의 관계에 의하여 $\alpha+\beta=-1$, $\alpha\beta=-1$이므로

$$\frac{z}{z^2+1}+\frac{z^2}{z^4+1}$$
$$=\frac{1}{z+\frac{1}{z}}+\frac{1}{z^2+\frac{1}{z^2}}=\frac{1}{\alpha}+\frac{1}{\beta}$$
$$=\frac{\alpha+\beta}{\alpha\beta}=\frac{-1}{-1}=1$$

417

$x^7=1$을 만족하는 1이 아닌 복소수 ω에 대하여 $\frac{\omega}{\omega^2+1}+\frac{\omega^2}{\omega^4+1}+\frac{\omega^3}{\omega^6+1}$의 값을 구하시오.

켤레근, 공통근, 연립이차방정식 및 부정방정식

01. 켤레근

켤레근의 성질을 이용할 수 있는지를 확인하기 위해 계수가 유리수 또는 실수인지 살펴본다.

기출 유형

사차방정식 $x^4-3x^3+ax^2+bx-15=0$의 한 근을 $1+2i$, 나머지 세 근을 α, β, γ라 할 때, $\alpha^3+\beta^3+\gamma^3$의 값을 구하시오. (단, a, b는 실수이다.)

해설

a, b가 실수이므로 켤레근의 성질에 의해
사차방정식 $x^4-3x^3+ax^2+bx-15=0$의
한 근이 $1+2i$이면 $1-2i$도 근이다.
두 근 $1+2i$, $1-2i$의 합이 2이고 곱이 5이므로
$1+2i$, $1-2i$를 두 근으로 하는 이차방정식은
$x^2-2x+5=0$
이때, 사차방정식 $x^4-3x^3+ax^2+bx-15=0$의
x^3의 계수가 -3이고 상수항이 -15이므로
$x^4-3x^3+ax^2+bx-15=(x^2-2x+5)(x^2-x-3)$
이 된다.
따라서 $\gamma=1-2i$라 하면
이차방정식 $x^2-x-3=0$의 두 근은 α, β이다.
근과 계수의 관계에 의해 $\alpha+\beta=1$, $\alpha\beta=-3$
그러므로 주어진 식의 값은

$$\begin{aligned}\alpha^3+\beta^3+\gamma^3&=(\alpha+\beta)^3-3\alpha\beta(\alpha+\beta)+(1-2i)^3\\&=1+9+(-11+2i)=-1+2i\end{aligned}$$

418

다항식 $\mathrm{P}(x)=x^4+3x^3+ax^2+bx+5$에 대하여 $\mathrm{P}(1-i)=3$이 성립하도록 하는 실수 a, b의 값을 구하시오.

02. 공통근

기출 유형

한 근이 $2-i$인 삼차방정식 $x^3+px^2+qx+r=0$과
이차방정식 $x^2+px+8=0$이 공통근을 가질 때,
$p+2q+r$의 값을 구하시오.
(단, p, q, r은 실수이고 $i=\sqrt{-1}$이다.)

해설

삼차방정식 $x^3+px^2+qx+r=0$의 계수가 모두 실수이므로 켤레근의 성질에 의해 한 근이 $2-i$이면 다른 한 근은 $2+i$이다.
$2-i$, $2+i$를 두 근으로 하는 이차방정식이
$x^2-4x+5=0$이므로 나머지 한 실근을 α라고 하면
$x^3+px^2+qx+r=(x^2-4x+5)(x-\alpha)$ …… ㉠
㉠에서 x^2의 계수를 비교하면
$p=-\alpha-4$
한편 이차방정식 $x^2+px+8=0$과 공통인 실근이 α이므로
$x^2-(\alpha+4)x+8=0$에서 $(x-\alpha)(x-4)=0$
즉, $4\alpha=8$ $\therefore \alpha=2$
이를 ㉠에 대입하면
$x^3+px^2+qx+r=(x^2-4x+5)(x-2)$
$=x^3-6x^2+13x-10$
$\therefore p=-6,\ q=13,\ r=-10$
그러므로 $p+2q+r=10$

419

삼차방정식 $x^3+2x^2+3x+2=0$과
사차방정식 $x^4+(2-a)x^2-2ax-a+1=0$이 허근을 공통근으로 가질 때, 실수 a의 값을 구하시오.

420

삼차방정식 $x^3-(k+1)x+2-k=0$과
이차방정식 $x^2+(k-1)x-2+k=0$이 오직 하나의 공통근을 갖도록 하는 실수 k의 값을 모두 구하시오.

421

사차방정식 $x^4+2x^3-x^2+2x+1=0$과
이차방정식 $x^2-ax+1=0$이 공통근을 가질 때, 실수 a의 값을 모두 구하시오.

03. 연립이차방정식

(1) 일차방정식과 이차방정식으로 이루어진 연립이차방정식

① 일차방정식을 한 미지수에 대해 정리한 후, 그 결과를 이차방정식에 대입하여 미지수가 하나인 이차방정식을 푼다.

② $x+y=a$, $xy=b$가 주어진 문제는 이차방정식 $t^2-at+b=0$의 두 근이 x, y임을 이용한다. 이때 x, y가 실수이면 판별식 $\mathrm{D}=a^2-4b\ge0$을 만족하는 값만 해가 될 수 있음에 유의해야 한다.

(2) 두 개의 이차방정식으로 이루어진 연립이차방정식

① 어느 한 식이 인수분해 되는 경우
인수분해로 얻은 두 개의 일차식을 이차방정식에 대입하여 미지수가 하나인 이차방정식을 푼다.

② 두 이차방정식이 모두 인수분해가 되지 않는 경우

i) 두 식에 xy항이 있으면 상수항을 소거시키고, xy항이 없으면 최고차항을 소거하여 해결하는 경우가 많다.

ii) 연립이차방정식이 x, y에 관한 대칭식인 경우에는 $x+y=a$, $xy=b$로 놓고 a, b를 구한 후에 이차방정식 $t^2-at+b=0$의 두 근이 x, y임을 이용한다.

기출 유형1

연립방정식 $\begin{cases} x^2-4x+y^2-6y=-9 \\ x^2-6x+y^2-2y=-5 \end{cases}$ 의 해를 구하시오.

해설

$\begin{cases} x^2-4x+y^2-6y=-9 & \cdots\cdots ㉠ \\ x^2-6x+y^2-2y=-5 & \cdots\cdots ㉡ \end{cases}$

㉠−㉡을 하면 $2x-4y=-4$, $x=2y-2$ ⋯⋯ ㉢

㉢을 ㉠에 대입하면

$(2y-2)^2-4(2y-2)+y^2-6y=-9$

$(5y-7)(y-3)=0$

$\therefore y=\frac{7}{5}$ 또는 $y=3$

따라서 구하는 해는 $\begin{cases} x=\frac{4}{5} \\ y=\frac{7}{5} \end{cases}$ 또는 $\begin{cases} x=4 \\ y=3 \end{cases}$

기출 유형2

두 실수 x, y에 대하여 $x^2+y^2=1$, $x^3+y^3=1$일 때, $x+y$의 값을 구하시오.

해설

$x+y=\mathrm{A}$, $xy=\mathrm{B}$로 치환하여 두 식을 A, B로 나타내면 $\mathrm{A}^2-2\mathrm{B}=1$, $\mathrm{A}^3-3\mathrm{AB}=1$

위의 식에서 B를 소거하여 A에 관한 식으로 나타내면 $\mathrm{A}^3-3\mathrm{A}+2=0$

$\mathrm{A}=1$을 대입하면 만족하므로

인수정리에 의한 인수분해에 의해

$(\mathrm{A}-1)(\mathrm{A}^2+\mathrm{A}-2)=(\mathrm{A}-1)^2(\mathrm{A}+2)=0$이므로

$\mathrm{A}=1$ 또는 $\mathrm{A}=-2$를 얻을 수 있다.

이때 x, y를 두 근으로 하는 이차방정식은

$t^2-\mathrm{A}t+\mathrm{B}=0$

x, y가 실수이므로 이 방정식의 판별식을 D라 할 때

$\mathrm{D}=\mathrm{A}^2-4\mathrm{B}\ge0$이어야 한다.

$\mathrm{A}^2-4\mathrm{B}=\mathrm{A}^2-4\left(\frac{\mathrm{A}^2-1}{2}\right)\ge0$을 정리하면 $\mathrm{A}^2-2\le0$

해를 구하면 $-\sqrt{2}\le\mathrm{A}\le\sqrt{2}$이므로 가능한 A값은 1뿐이다. 따라서 $x+y=1$

422

연립방정식 $\begin{cases} x^2+3xy-12y^2=-8 \\ x^2-6xy+9y^2=4 \end{cases}$의 해를 구하시오.

423

연립방정식 $\begin{cases} x^2+y^2+2x+2y=1 \\ x^2+xy+y^2=2 \end{cases}$의 해를 $x=\alpha$, $y=\beta$라 할 때, $\dfrac{\beta}{\alpha}+\dfrac{\alpha}{\beta}$의 최댓값을 구하시오.

424

실수 x, y에 대하여 연립방정식 $x^2+y^2=12$, $x^2-xy+y^2=k$의 해가 존재할 때, 실수 k의 값의 범위를 구하시오.

425

연립방정식 $\begin{cases} x+y+z=-2 \\ x^2+y^2+z^2=6 \\ x^3+y^3+z^3=-8 \end{cases}$ 을 만족하는 실수 x, y, z에 대하여 $|x|+|y|+|z|$의 값을 구하시오.

04. 부정방정식

부정방정식이란 방정식의 개수가 미지수의 개수보다 적어서 해가 무수히 많은 방정식을 말한다. 부정방정식은 정수 조건이나 실수 조건에 의해 해를 결정할 수 있다.

1 정수 조건이 주어진 일차방정식

문자가 2개인 1차 부정방정식은 특수해와 일반해를 이용하여 해를 구할 수 있다.

기출 유형

$2x+3y=30$을 만족하는 자연수 해의 순서쌍 $(x,\ y)$의 개수를 구하시오.

해설

방법1

$3y$를 우변으로 이항하면

$2x=30-3y=3(10-y)$ …… ㉠

㉠에서 우변이 3의 배수이므로,

좌변도 3의 배수가 되어야 하므로 x는 3의 배수이다.

$\therefore\ x=3k$ (단, k는 자연수) …… ㉡

$6k=3(10-y)$에서

$10-y=2k$이므로 $y=10-2k$ …… ㉢

y는 자연수이므로 $10-2k>0$ $\quad\therefore\ k<5$

따라서 가능한 자연수 k의 값은 1, 2, 3, 4

이를 ㉡, ㉢에 대입하면 구하는 자연수 해의 순서쌍 $(x,\ y)$는 $(3,\ 8)$, $(6,\ 6)$, $(9,\ 4)$, $(12,\ 2)$이다.

방법2

주어진 방정식 $2x+3y=30$에서

2와 3의 최대공약수가 1이므로 $2x+3y=1$로 놓고

이를 만족시키는 특수해를 찾으면 $x=2$, $y=-1$

$2\times(2)+3\times(-1)=1$에서 양변에 30을 곱하면

$2\times(60)+3\times(-30)=30$

즉, $2x+3y=30$의 특수해는 $x=60$, $y=-30$이므로

이에 대한 일반해는

$x=60+3k$, $y=-30-2k$ (단, k는 정수) …… ㉠

로 놓을 수 있다.

x, y는 모두 자연수이므로 $60+3k>0$, $-30-2k>0$

$\therefore\ -20<k<-15$에서 $k=-19$, -18, -17, -16

이를 ㉠에 대입하면 구하는 순서쌍 $(x,\ y)$는

$(3,\ 8)$, $(6,\ 6)$, $(9,\ 4)$, $(12,\ 2)$

426

$5x+3y=100$을 만족하는 자연수 해의 순서쌍 $(x,\ y)$의 개수를 구하시오.

427

$22x+23y=2025$를 만족하는 자연수 해의 순서쌍 $(x,\ y)$의 개수를 구하시오.

2 정수 조건이 주어진 이차방정식

(1) 인수분해를 하거나 분수 형태로 변형해 약수와 배수 관계를 통해 해를 구할 수 있다.

(2) ① $A^2+B^2=0 \Leftrightarrow A=B=0$

② 판별식 $D\geq0$을 이용하는 경우도 있다.

기출 유형

$x^2-kx+k+2=0$의 두 근이 모두 정수일 때, 실수 k의 값을 모두 구하시오.

해설

방법1

이차방정식 $x^2-kx+k+2=0$의

두 정수근을 α, β (단, $\alpha\leq\beta$)라고 하면

근과 계수의 관계에 의해

$\alpha+\beta=k$ …… ㉠

$\alpha\beta=k+2$ …… ㉡

㉠, ㉡에서 k를 소거하면 $\alpha\beta=\alpha+\beta+2$

$\therefore \alpha\beta-\alpha-\beta=2$ …… ㉢

㉢을 (일차식)×(일차식)=(정수)의 형태로 변형하면

$\alpha(\beta-1)-(\beta-1)-1=2$

$\therefore (\alpha-1)(\beta-1)=3$

α, β가 정수이므로 $\alpha-1$, $\beta-1$도 정수가 되며,

가능한 값은 다음과 같다.

$\alpha-1=1$, $\beta-1=3$일 때, $\alpha=2$, $\beta=4$

$\alpha-1=-3$, $\beta-1=-1$일 때, $\alpha=-2$, $\beta=0$

㉠에서 $k=\alpha+\beta$이므로

따라서 $k=6$ 또는 $k=-2$

방법2

㉢에서 $\alpha(\beta-1)=\beta+2$

$\alpha=\frac{\beta+2}{\beta-1}=\frac{\beta-1+3}{\beta-1}=1+\frac{3}{\beta-1}$

α, β가 정수이므로

$\beta-1=-3, -1, 1$ 또는 3이 될 수 있다. 따라서

$\beta-1=-3$일 때, $\beta=-2$, $\alpha=0$

$\beta-1=-1$일 때, $\beta=0$, $\alpha=-2$

이 값을 ㉠에 대입하면 $k=-2$

$\beta-1=1$일 때, $\beta=2$, $\alpha=4$

$\beta-1=3$일 때, $\beta=4$, $\alpha=2$

이 값을 ㉠에 대입하면 $k=6$

그러므로 $k=-2$ 또는 $k=6$

428

$x^2+2xy+3y^2-9=0$을 만족시키는 정수 x, y를 모두 구하시오.

429

$x^2+4xy+5y^2-4=0$을 만족시키는 정수해의 순서쌍 (x, y)의 개수를 구하시오.

3 정수 조건이 주어진 삼차방정식

모든 항의 계수가 정수이거나 모든 근이 정수인 삼차방정식의 문제는 조립제법을 이용하여 인수분해 한 후, 2의 부정방정식의 해법을 이용한다.

기출 유형

삼차방정식 $x^3+(m-1)x^2+(14-2m)x-32=0$이 서로 다른 세 정수를 근으로 갖도록 하는 정수 m의 값을 모두 구하시오.

해설

주어진 삼차방정식을 조립제법을 이용하여 인수분해하면

2	1	$m-1$	$14-2m$	-32
		2	$2m+2$	32
	1	$m+1$	16	0

$(x-2)\{x^2+(m+1)x+16\}=0$

삼차방정식의 근이 서로 다른 세 정수이므로, 이차방정식 $x^2+(m+1)x+16=0$은 $x=2$가 아닌 정수를 근으로 가져야 한다.

이차방정식의 근과 계수의 관계에 의하여

(두 근의 합)$=-(m+1)$, (두 근의 곱)$=16$이므로

이차방정식 $x^2+(m+1)x+16=0$의 서로 다른 두 정수인 근은 -16, -1 또는 -8, -2 또는 1, 16이다.

(두 근의 합)$=-(m+1)$에서 $m=-$(두 근의 합)-1이므로

위의 식에 각각 대입하면

구하는 정수 m의 값은 16, 9, -18이다.

430

삼차방정식 $x^3-(m^2+2)x^2+(2m^2+n^2)x-2n^2=0$이 서로 다른 세 실근을 갖고, 세 실근의 합이 6이 되도록 하는 자연수 m, n의 값을 구하시오.

431

삼차방정식 $x^3-(6+m)x^2+(6m+n)x-mn=0$이 서로 다른 두 실근을 갖도록 하는 양의 정수 (m, n)의 순서쌍의 개수를 구하시오. (단, $n\neq9$)

432

삼차방정식 $x^3-2x^2+ax+6=0$의 세 근이 모두 정수가 되도록 하는 실수 a의 값을 구하시오.

4 정수 조건이 주어진 사차방정식

모든 항의 계수가 정수이거나 모든 근이 정수인 사차방정식의 문제는 조립제법을 두 번 이용하여 인수분해 한 후, 2의 부정방정식 해법을 이용한다.

기출 유형

사차방정식 $x^4-kx^3+(k+2)x^2+kx-k-3=0$의 네 근이 모두 정수가 되도록 하는 실수 k의 값을 모두 구하시오.

해설

조립제법을 이용하여 주어진 방정식을 인수분해하면

$$\begin{array}{r|rrrrr} 1 & 1 & -k & k+2 & k & -k-3 \\ & & 1 & -k+1 & 3 & k+3 \\ \hline -1 & 1 & -k+1 & 3 & k+3 & 0 \\ & & -1 & k & -k-3 & \\ \hline & 1 & -k & k+3 & 0 & \end{array}$$

$(x-1)(x+1)(x^2-kx+k+3)=0$

이때 이차방정식 $x^2-kx+k+3=0$의

두 정수근을 α, β $(\alpha\le\beta)$라고 하면

근과 계수의 관계에 의하여

$\alpha+\beta=k$ …… ㉠

$\alpha\beta=k+3$ …… ㉡

㉡−㉠을 하면

$\alpha\beta-\alpha-\beta=3$, $(\alpha-1)(\beta-1)=4$

α, β가 정수이므로 가능한 α, β의 값은 다음과 같다.

(i) $\alpha-1=-4$, $\beta-1=-1$일 때, $\alpha=-3$, $\beta=0$

(ii) $\alpha-1=-2$, $\beta-1=-2$일 때, $\alpha=-1$, $\beta=-1$

(iii) $\alpha-1=2$, $\beta-1=2$일 때, $\alpha=3$, $\beta=3$

(iv) $\alpha-1=1$, $\beta-1=4$일 때, $\alpha=2$, $\beta=5$

㉠에서 $k=\alpha+\beta$이므로

(i)~(iv)에서 구하는 실수 k의 값은 -3, -2, 6, 7

433

사차방정식

$x^4-(a+7)x^3+(8a+6)x^2-(a^2+7a)x+a^2=0$이 서로 다른 네 실근을 갖도록 하는 자연수 a의 개수를 구하시오.

434

사차방정식 $x^4+kx^3+(3-k)x^2-kx+k-4=0$의 모든 근이 정수가 되도록 하는 정수 k의 값을 모두 구하시오.

435

사차방정식

$ax^4-2(a-2b)x^3+5ax^2+2(a-2b)x-6a=0$이 서로 다른 네 정수를 근으로 갖는다. 두 정수 a, b에 대하여 $|a|\le32$, $|b|\le32$일 때, 순서쌍 (a, b)의 개수를 구하시오.

정답과 풀이 p.122

5 실수 조건이 있는 부정방정식

(1) $A^2+B^2=0 \Leftrightarrow A=B=0$을 이용한다.
(2) 판별식 $D\geq 0$을 이용한다.

기출 유형1

$x^2-xy+\frac{5}{4}y^2-\frac{2}{3}y+\frac{1}{9}=0$을 만족하는 두 실수 x, y의 값을 구하시오.

해설

방법1

주어진 식을 제곱의 합으로 바꾸면

$x^2-xy+\frac{5}{4}y^2-\frac{2}{3}y+\frac{1}{9}=\left(x-\frac{y}{2}\right)^2+\left(y-\frac{1}{3}\right)^2=0$

x, y는 실수이므로 $x-\frac{y}{2}=0$, $y=\frac{1}{3}$

따라서 구하는 답은 $x=\frac{1}{6}$, $y=\frac{1}{3}$

방법2

주어진 식을 x에 관해 내림차순으로 정리하면

$x^2-yx+\frac{5}{4}y^2-\frac{2}{3}y+\frac{1}{9}=0$

x는 실수이므로 판별식

$D=y^2-4\left(\frac{5}{4}y^2-\frac{2}{3}y+\frac{1}{9}\right)\geq 0$이어야 한다.

정리하면 $36y^2-24y+4\leq 0$, $(6y-2)^2\leq 0$

y는 실수이므로 $y=\frac{1}{3}$

$y=\frac{1}{3}$을 $x^2-xy+\frac{5}{4}y^2-\frac{2}{3}y+\frac{1}{9}=0$에 대입하여

x를 구하면 $x=\frac{1}{6}$

따라서 구하는 답은 $x=\frac{1}{6}$, $y=\frac{1}{3}$

436

$2x^2+y^2+2xy+2y+2=0$을 만족하는 두 실수 x, y의 값을 구하시오.

437

방정식 $x^2y^2+x^2+4y^2-8xy+4=0$을 만족시키는 두 실수 x, y의 순서쌍 (x, y)를 모두 구하시오.

438

세 실수 x, y, z가 $x^4+9y^4+z^4-12xyz+9=0$을 만족할 때, 순서쌍 (x, y, z)를 모두 구하시오.

고난도 실전 연습문제

439

삼차방정식 $x^3+mx^2+nx-6=0$이 실근 α와 서로 다른 두 허근 β, γ를 갖는다. $\beta+\gamma=-1$이 되도록 하는 순서쌍 (m, n)을 모두 구하시오. (단, m, n은 정수이다.)

440

0이 아닌 세 복소수 α, β, γ가 $\alpha+\beta-\gamma=0$, $\gamma(\alpha+\beta)=\alpha\beta$를 만족할 때, $\left\{\left(\dfrac{\alpha}{\beta}\right)^4-\overline{\left(\dfrac{\gamma}{\beta}\right)}\right\}\times\left(\dfrac{\gamma}{\alpha}\right)^2$의 값을 구하시오.

441

서로 다른 세 복소수 α, β, γ에 대하여

$$\frac{2025\alpha}{2024-2025\beta}=\frac{2025\beta}{2024-2025\gamma}=\frac{2025\gamma}{2024-2025\alpha}=k$$

일 때, $1+k+k^2+k^3+k^4+\cdots+k^{2025}$의 값을 구하시오.

442

$x=\dfrac{4}{\sqrt{3}i-1}$일 때,

$\dfrac{(2+x)(2^2+x^2)(2^3+x^3)(2^4+x^4)(2^5+x^5)(2^6+x^6)}{2^{21}}$의 값을 구하시오. (단, $i=\sqrt{-1}$)

443

$x^4-6ax^2+a^2=0$이 서로 다른 네 실근을 갖는다. 이 네 실근 중에서 두 실근의 합이 4가 되도록 하는 실수 a의 값을 모두 구하시오.

444

사차방정식 $(x^2+2x)^2-k(x^2+2x)+k^2-3=0$에 대하여 다음 조건에 맞는 k의 값 또는 범위를 구하시오.

(1) 서로 다른 두 실근을 갖는다.

(2) 서로 다른 세 실근을 갖는다.

(3) 서로 다른 네 실근을 갖는다.

445

사차방정식 $(x^2-8x)(x^2-8x-18)+k=0$의 네 근이 모두 정수가 되도록 하는 실수 k의 값을 모두 구하시오.

446

삼차방정식 $x^3-2x^2-2x-3=0$의 서로 다른 두 허근이 α, β일 때,

$$(1+\alpha+2\alpha^2+3\alpha^3+\cdots+20\alpha^{20})\times(1+\beta+2\beta^2+3\beta^3+\cdots+20\beta^{20})$$

의 값을 구하시오.

Ⅷ

여러 가지 방정식

447

$x^{19}=1$을 만족하는 1이 아닌 복소수를 z라 할 때, $(1-z)(1-z^2)(1-z^3)\cdots(1-z^{18})$의 값을 구하시오.

448

복소수 z에 대하여 $z+\frac{1}{z}=\frac{-1+\sqrt{5}}{2}$일 때, $z+\frac{z}{1+z^2}+\frac{z^2}{1+z^3}$의 값을 구하시오.

449

$x^3+x^2-2x+1=0$의 세 근을 α, β, γ라 할 때, $\frac{(\alpha-1)(\beta-1)}{(\alpha-2)(\beta-2)}+\frac{(\beta-1)(\gamma-1)}{(\beta-2)(\gamma-2)}+\frac{(\gamma-1)(\alpha-1)}{(\gamma-2)(\alpha-2)}$의 값을 구하시오.

450

삼차방정식 $(x+1)^3-3(x+1)^2-4(x+1)-1=0$의 세 근을 각각 α, β, γ라고 하자. 삼차다항식 $f(x)=(x-1)^3+p(x-1)^2+q(x-1)+r$에 대하여 $f\left(\frac{-\beta-\gamma}{\alpha+1}\right)=f\left(\frac{-\gamma-\alpha}{\beta+1}\right)=f\left(\frac{-\alpha-\beta}{\gamma+1}\right)=5$를 만족할 때, 상수 p, q, r의 값을 구하시오.

451

$x^4+4x^3+5x^2+4x+3=0$의 네 근을 α, β, γ, δ라 할 때,

$$(\alpha^3+3\alpha^2+2\alpha+1)(\beta^3+3\beta^2+2\beta+1)$$
$$\times(\gamma^3+3\gamma^2+2\gamma+1)(\delta^3+3\delta^2+2\delta+1)$$

의 값을 구하시오.

452

0이 아닌 서로 다른 세 복소수 z_1, z_2, z_3가 $z_1^2-z_1-2kz_2z_3=z_2^2-z_2-2kz_3z_1=z_3^2-z_3-2kz_1z_2$를 만족할 때, $z_1+z_2+z_3-2k$의 값을 구하시오.

453

사차방정식 $x^4+4kx^3-kx^2+4kx+1=0$이 실근을 갖도록 하는 실수 k의 값의 범위를 구하시오.

454

사차방정식 $x^4+2x^3+5x^2+2x+1=0$의 네 근을 α, β, γ, δ라 할 때, $\alpha^3+\beta^3+\gamma^3+\delta^3$의 값을 구하시오.

신의 한수(數)

IX

여러 가지 부등식

CHAPTER 1

일차부등식

01. 연립일차부등식

복잡한 연립일차부등식 문제는 일차함수 그래프의 개형을 이용하면 쉽게 해결되는 경우가 많다.

기출 유형

연립부등식 $x+3<kx<2x+1$의 해가 존재하지 않도록 하는 실수 k의 값의 범위를 구하시오.

해설

방법1

일차함수 그래프의 개형을 이용하기 위해

$f(x)=x+3$, $g(x)=kx$, $h(x)=2x+1$로 놓았을 때, 연립부등식 $x+3<kx<2x+1$의 해가 존재하지 않으려면, $y=g(x)$의 그래프가 아래 그림의 색칠된 부분을 지나지 않아야 하므로 그 경우는 다음과 같다.

(i)의 경우

$y=g(x)$의 기울기는 $y=f(x)$의 기울기보다 작거나 같아야 한다.

(ii)의 경우

$y=f(x)$와 $y=h(x)$의 교점 $(2, 5)$를 지날 때의 기울기보다 크거나 같아야 한다.

따라서 구하는 k의 값의 범위는 $k\le 1$ 또는 $k\ge \frac{5}{2}$

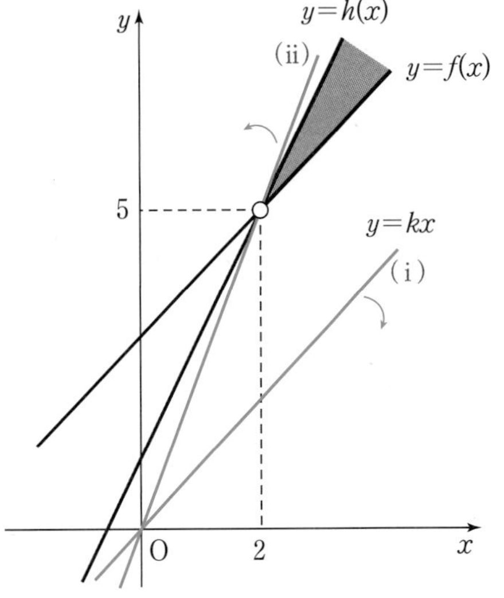

방법2

$x+3<kx$에서 $(k-1)x>3$ …… ㉠

$kx<2x+1$에서 $(k-2)x<1$ …… ㉡

(i) $k<1$일 때

㉠, ㉡에서 $x<\frac{3}{k-1}$, $x>\frac{1}{k-2}$이므로

해가 존재하지 않으려면 아래 그림과 같아야 한다.

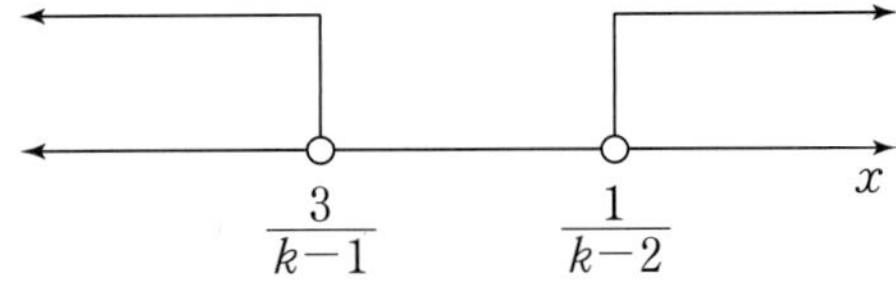

$\therefore \frac{3}{k-1}\le\frac{1}{k-2}$, 부등식을 풀면 $k\le\frac{5}{2}$

$k<1$, $k\le\frac{5}{2}$의 공통범위는 $k<1$

(ii) $k=1$일 때

㉠에 대입하면 $0\times x>3$, 이 부등식의 해가 존재하지 않으므로 ㉠, ㉡을 동시에 만족시키는 x는 존재하지 않는다.

(iii) $1<k<2$일 때

㉠, ㉡에서 $x>\frac{3}{k-1}$, $x>\frac{1}{k-2}$이므로

㉠, ㉡을 동시에 만족시키는 x가 항상 존재한다.

(iv) $k=2$일 때

㉠에 대입하면 $x>3$

㉡에 대입하면 $0\times x<1$, 이 부등식의 해가 무수히 많다. 따라서 ㉠, ㉡을 동시에 만족시키는 범위는 $x>3$으로 존재한다.

(v) $k>2$일 때

㉠, ㉡에서 $x>\frac{3}{k-1}$, $x<\frac{1}{k-2}$이므로

공통부분이 존재하지 않으려면 아래 그림과 같아야 한다.

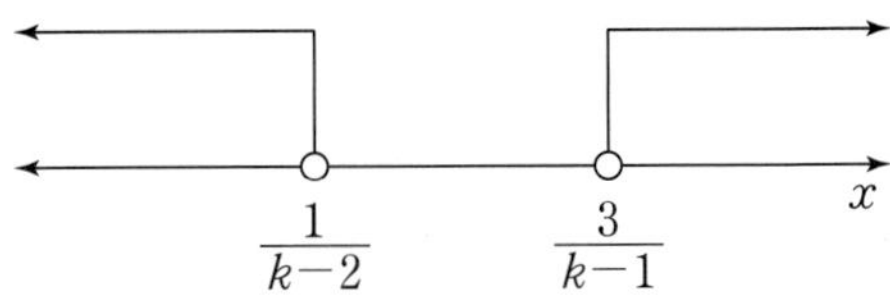

$\therefore \frac{1}{k-2}\le\frac{3}{k-1}$, 부등식을 풀면 $k\ge\frac{5}{2}$

$k>2$, $k\ge\frac{5}{2}$의 공통범위는 $k\ge\frac{5}{2}$

(i) ~ (v)에서 $k\le 1$ 또는 $k\ge\frac{5}{2}$이다.

455

연립부등식 $x \le -x+k+2 < 3x-2$를 만족하는 정수해의 개수가 3이 되도록 하는 실수 k의 값 또는 범위를 구하시오.

02. 절댓값 기호를 포함한 일차부등식

절댓값 기호 2개 이상을 포함한 일차부등식의 문제는 먼저 그래프의 개형을 통해서 해결할 수 있는지 살펴 본다.

※ 그래프의 개형을 그리는 방법

① 절댓값 기호 안의 식이 0이 되는 x의 값들을 대입하여 좌표를 구한다.

② 절댓값 기호 안의 식이 0이 되는 가장 작은 x의 값보다 작은 임의의 정수 x를 대입하여 좌표를 구한다.

③ 절댓값 기호 안의 식이 0이 되는 가장 큰 x의 값보다 큰 임의의 정수 x를 대입하여 좌표를 구한다.

①~③에서 얻은 점들을 직선으로 연결한다.

예제1) $y=|x-1|+|x-2|$

방법1

(i) $x<1$일 때

$y=|x-1|+|x-2|=-x+1-x+2=-2x+3$

(ii) $1\le x<2$일 때

$y=|x-1|+|x-2|=x-1-x+2=1$

(iii) $x\ge 2$일 때

$y=|x-1|+|x-2|=x-1+x-2=2x-3$

(i) ~ (iii)에서

$y=|x-1|+|x-2|$의 그래프의 개형은 다음과 같다.

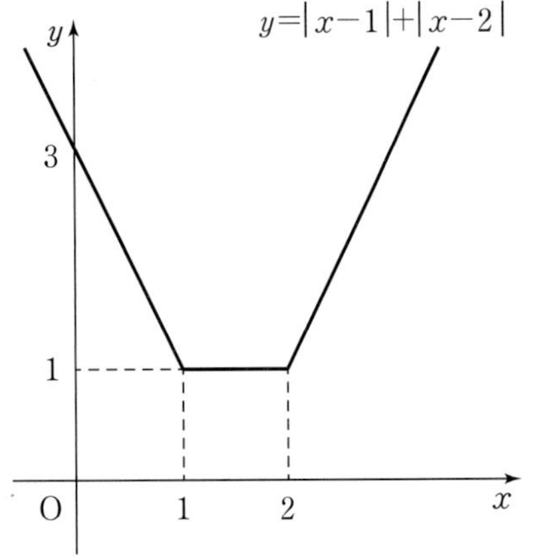

방법2

$f(x)=|x-1|+|x-2|$라 놓자.

절댓값 기호 안의 식이 0이 되는 x에서의 함숫값을 구하면 $f(1)=1$, $f(2)=1$

$x<1$과 $x>2$에서의 임의의 두 점을 구하면

$f(0)=3$, $f(3)=3$

이 네 점을 찍어 직선으로 연결하면 다음과 같다.

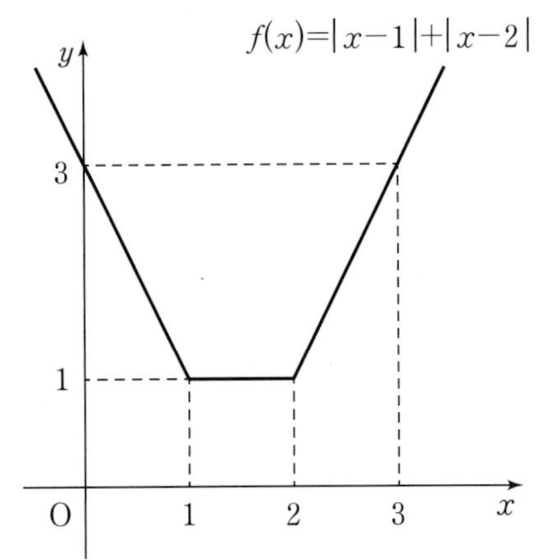

예제2) $y=|x-1|+|x-2|+3|x-3|$

방법1

(i) $x<1$일 때

$y=|x-1|+|x-2|+3|x-3|$

$=-x+1-x+2-3(x-3)=-5x+12$

(ii) $1\le x<2$일 때

$y=|x-1|+|x-2|+3|x-3|$

$=x-1-x+2-3(x-3)=-3x+10$

(iii) $2\le x<3$일 때

$y=|x-1|+|x-2|+3|x-3|$

$=x-1+x-2-3(x-3)=-x+6$

(iv) $x\ge 3$일 때

$y=|x-1|+|x-2|+3|x-3|$

$=x-1+x-2+3(x-3)=5x-12$

(ⅰ) ~ (ⅳ)에서 $y=|x-1|+|x-2|+3|x-3|$의 그래프의 개형은 다음과 같다.

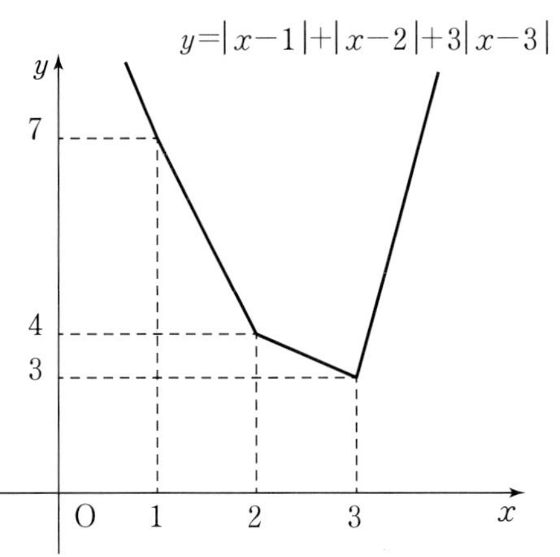

방법2

$f(x)=|x-1|+|x-2|+3|x-3|$이라 놓자.

절댓값 기호 안의 식이 0이 되는 x에서의 함숫값을 구하면 $f(1)=7$, $f(2)=4$, $f(3)=3$

$x<1$과 $x>3$에서의 임의의 두 점을 구하면

$f(0)=12$, $f(4)=8$

이 다섯 개의 점을 찍어 직선으로 연결하면 다음과 같다.

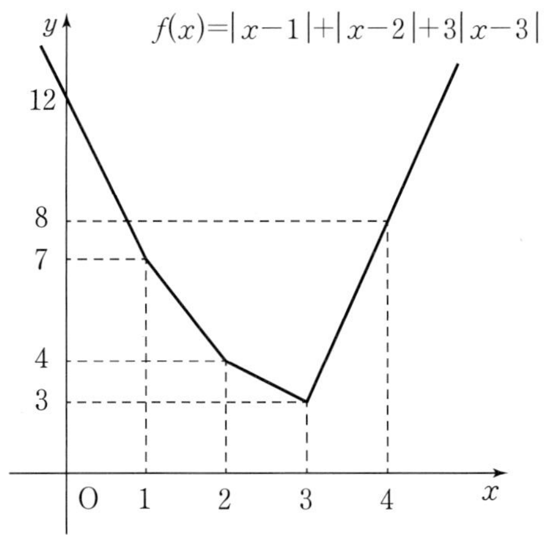

예제3) $y=|x-2|-2|x-1|$

방법1

(ⅰ) $x<1$일 때

$y=|x-2|-2|x-1|=-x+2+2(x-1)=x$

(ⅱ) $1\leq x<2$일 때

$y=|x-2|-2|x-1|$

$=-x+2-2(x-1)=-3x+4$

(ⅲ) $x\geq 2$일 때

$y=|x-2|-2|x-1|=x-2-2(x-1)=-x$

(ⅰ) ~ (ⅲ)에서 $y=|x-2|-2|x-1|$의 그래프는 다음과 같다.

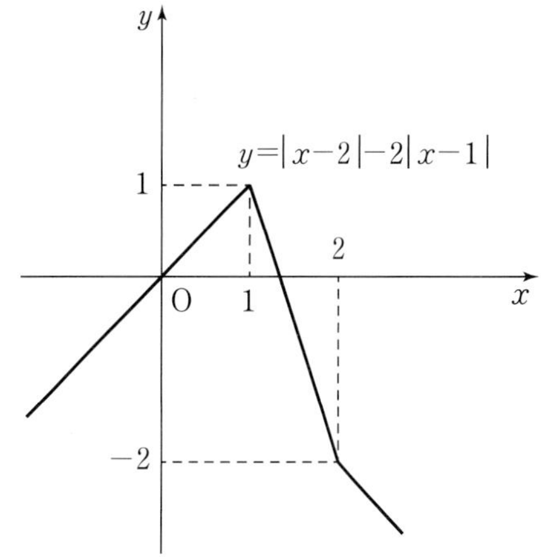

방법2

$f(x)=|x-2|-2|x-1|$이라 놓자.

절댓값 기호 안의 식이 0이 되는 x에서의 함숫값을 구하면 $f(1)=1$, $f(2)=-2$

$x<1$과 $x>2$에서의 임의의 두 점을 구하면

$f(0)=0$, $f(3)=-3$

이 네 점을 찍어 직선으로 연결하면 다음과 같다.

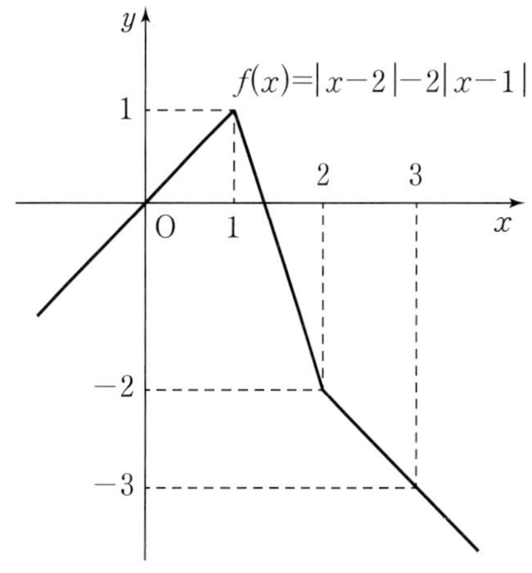

기출 유형1

x에 대한 부등식 $|x+3|+|x-1| \leq a$를 만족시키는 정수 x의 개수가 7개가 되도록 하는 실수 a의 값의 범위를 구하시오.

해설

방법1

$f(x)=|x+3|+|x-1|$, $y=a$로 놓으면

$$f(x)=\begin{cases} -2x-2 & (x<-3) \\ 4 & (-3 \leq x<1) \\ 2x+2 & (x \geq 1) \end{cases}$$

이므로 $y=f(x)$와 $y=a$의 그래프의 개형은 다음과 같다.

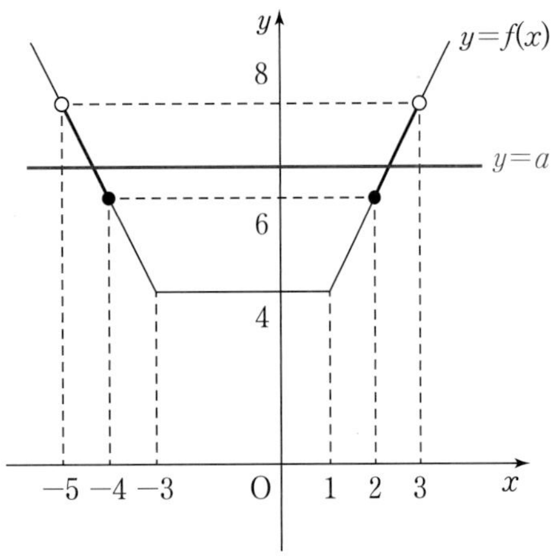

위의 그래프에서 알 수 있듯이,

$y=a$가 $y=f(x)$보다 위에 있을 때(같은 경우 포함) 정수 x의 개수가 7개가 되려면

$x=-4$와 $x=2$는 포함해야 하고,

$x=-5$와 $x=3$은 포함하지 않아야 한다.

따라서 구하는 실수 a의 값의 범위는 $6 \leq a<8$이다.

방법2

부등식 $|x+3|+|x-1| \leq a$에서

(i) $x<-3$일 때

$-(x+3)-(x-1) \leq a$에서 $x \geq -\frac{a}{2}-1$

$-\frac{a}{2}-1<-3$ 이면 (즉, $a>4$)

해는 $-\frac{a}{2}-1 \leq x<-3$이고

$a \leq 4$이면 해가 없다.

(ii) $-3 \leq x<1$일 때

$(x+3)-(x-1) \leq a$에서 $4 \leq a$이므로

$a \geq 4$이면 해는 $-3 \leq x<1$이고,

$a<4$이면 해가 없다.

(iii) $x \geq 1$일 때

$(x+3)+(x-1) \leq a$이므로 $x \leq \frac{a}{2}-1$

$1 \leq \frac{a}{2}-1$ 이면 (즉, $a \geq 4$)

해는 $1 \leq x \leq \frac{a}{2}-1$이고

$a<4$이면 해는 없다.

(i) ~ (iii)에서

$a=4$일 때, $-3 \leq x \leq 1$

$a<4$일 때, 해가 없다.

$a>4$일 때, $-\frac{a}{2}-1 \leq x \leq \frac{a}{2}-1$

$a>4$일 때 $x=-1-\frac{a}{2}$와 $x=-1+\frac{a}{2}$는 $x=-1$에 대칭임을 이용해 수직선에 나타내면 다음과 같고, 정수 x의 개수가 7개가 되려면 $2 \leq -1+\frac{a}{2}<3$ (또는 $-5<-1-\frac{a}{2} \leq -4$)이어야 한다.

$\therefore 6 \leq a<8$

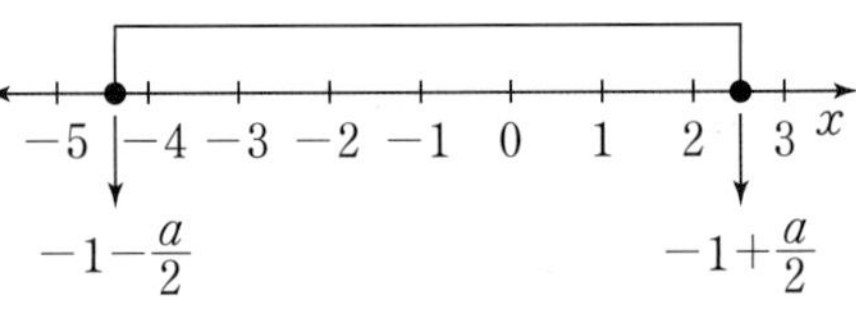

기출 유형2

x에 대한 부등식 $|x+b^2|>2|x-a^2|$의 해가 $1<x<13$이 되도록 하는 실수 a, b에 대하여 $a+b$의 최댓값을 구하시오.

해설

방법1

$f(x)=|x+b^2|$, $g(x)=2|x-a^2|$이라고 할 때, $f(x)>g(x)$의 해가 $1<x<13$이 되기 위해서는 이 범위에서 $y=f(x)$의 그래프가 $y=g(x)$의 그래프보다 위에 있어야 한다.

$y=f(x)$와 $y=g(x)$ 그래프의 개형은 아래 그림과 같고, 두 그래프의 교점의 x좌표가 각각 $x=1$과 $x=13$이므로 이를 이용하여 a, b의 값을 구하면 다음과 같다.

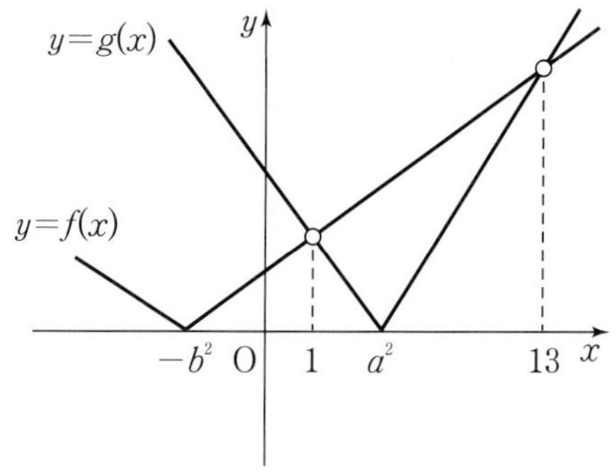

$x+b^2=-2(x-a^2)$의 해가 $x=1$이므로, 이를 대입하면 $1+b^2=-2+2a^2$

$\therefore b^2=2a^2-3$ …… ㉠

$x+b^2=2(x-a^2)$의 해가 $x=13$이므로, 이를 대입하면 $13+b^2=26-2a^2$

$\therefore b^2=-2a^2+13$ …… ㉡

㉠, ㉡을 연립하여 풀면

$a=\pm2$, $b=\pm\sqrt{5}$

따라서 $a+b$의 최댓값은 $2+\sqrt{5}$

방법2

부등식 $|x+b^2|>2|x-a^2|$에서

(i) $x<-b^2$일 때

$-(x+b^2)>-2(x-a^2)$이므로

부등식을 풀면 $x>2a^2+b^2$

$-b^2<2a^2+b^2$이므로 해가 없다.

(ii) $-b^2\le x<a^2$일 때

$x+b^2>-2(x-a^2)$이므로

부등식을 풀면 $x>\frac{1}{3}(2a^2-b^2)$

$\therefore \frac{1}{3}(2a^2-b^2)<x<a^2$

(iii) $x\ge a^2$일 때

$x+b^2>2(x-a^2)$이므로

부등식을 풀면 $x<2a^2+b^2$

$\therefore a^2\le x<2a^2+b^2$

(i) ~ (iii)에서

부등식의 해는 $\frac{1}{3}(2a^2-b^2)<x<2a^2+b^2$이므로

$\frac{1}{3}(2a^2-b^2)=1$, $2a^2+b^2=13$이다.

이 두 식을 연립하여 풀면

$a=\pm2$, $b=\pm\sqrt{5}$

따라서 $a+b$의 최댓값은 $2+\sqrt{5}$

Ⅸ 여러 가지 부등식

456

부등식 $2\sqrt{(x-1)^2}+3|x-2|\leq 8$을 만족시키는 서로 다른 정수 x의 개수를 구하시오.

457

x에 대한 부등식 $|x-a^2|\leq|x-2a+2|$의 해가 $x\geq-\frac{3}{2}$이 되도록 하는 실수 a의 값을 구하시오.

458

$2\sqrt{(x-1)^2}+|x-2|<x+k$를 만족하는 정수 x의 개수가 2가 되도록 하는 실수 k의 값의 범위를 구하시오.

459

x에 대한 부등식 $2|x-2|-|x+1|\geq a$가 항상 성립하도록 하는 실수 a의 값의 범위를 구하시오.

460

부등식 $|x+2|+|x|+|x-2|\geq -x^2+x+a$가 x에 관계없이 항상 성립하도록 하는 실수 a의 값의 범위를 구하시오.

CHAPTER 2

이차부등식

01. 이차방정식의 해를 이용하여 이차부등식의 해 구하기

x에 대한 이차부등식 $f(ax+b)>0$의 해가
$\alpha<x<\beta$일 때, $f(cx+d)<0$의 해는
(i) $a>0$, $c>0$ 또는 $a<0$, $c<0$일 때
$x<\dfrac{a\alpha+b-d}{c}$ 또는 $x>\dfrac{a\beta+b-d}{c}$
(ii) $a>0$, $c<0$ 또는 $a<0$, $c>0$일 때
$x<\dfrac{a\beta+b-d}{c}$ 또는 $x>\dfrac{a\alpha+b-d}{c}$
※ $f(ax+b)=0$의 해가 α, β이면
$f(a\alpha+b)=0$, $f(a\beta+b)=0$이므로
$f(cx+d)=0$의 해는
$cx+d=a\alpha+b$, $cx+d=a\beta+b$임을 이용하면
이차부등식을 작성하지 않고 해를 구할 수 있다.

$ax+b=t$라고 하면 $f(t)>0$의 해는 $\alpha<\dfrac{t-b}{a}<\beta$
① $a>0$이면 $a\alpha+b<t<a\beta+b$이므로 $f(t)<0$의 해는 $a\alpha+b>t$ 또는 $a\beta+b<t$이다.
따라서 부등식 $f(cx+d)<0$의 해는
$a\alpha+b>cx+d$ 또는 $a\beta+b<cx+d$에서
(i) $c>0$이면 $\dfrac{a\alpha+b-d}{c}>x$ 또는 $\dfrac{a\beta+b-d}{c}<x$
(ii) $c<0$이면 $\dfrac{a\alpha+b-d}{c}<x$ 또는 $\dfrac{a\beta+b-d}{c}>x$
② $a<0$이면
$a\beta+b<t<a\alpha+b$이므로 $f(t)<0$의 해는
$a\alpha+b<t$ 또는 $a\beta+b>t$이다.
따라서 부등식 $f(cx+d)<0$의 해는
$a\alpha+b<cx+d$ 또는 $a\beta+b>cx+d$에서
(i) $c>0$이면 $\dfrac{a\alpha+b-d}{c}<x$ 또는 $\dfrac{a\beta+b-d}{c}>x$
(ii) $c<0$이면 $\dfrac{a\alpha+b-d}{c}>x$ 또는 $\dfrac{a\beta+b-d}{c}<x$
그러므로 x에 대한 이차부등식 $f(ax+b)>0$의 해가
$\alpha<x<\beta$일 때, $f(cx+d)<0$의 해는
(i) $a>0$, $c>0$ 또는 $a<0$, $c<0$일 때
$x<\dfrac{a\alpha+b-d}{c}$ 또는 $x>\dfrac{a\beta+b-d}{c}$
(ii) $a>0$, $c<0$ 또는 $a<0$, $c>0$일 때
$x<\dfrac{a\beta+b-d}{c}$ 또는 $x>\dfrac{a\alpha+b-d}{c}$

이차부등식을 직접 작성하지 않고,
이차방정식의 해를 이용하여 이차부등식의 해를
구할 수 있는지 살펴본다.

기출 유형1

x에 대한 이차부등식 $f(x-1)>0$의 해가 $-1<x<3$일 때, x에 대한 이차부등식 $f(-3x+1)\le 0$의 해를 구하시오.

해설

방법1
이차부등식 $f(x-1)>0$의 해가 $-1<x<3$이므로
$f(x-1)=a(x+1)(x-3)$ (단, $a<0$)
x에 $x+1$을 대입하면
$f(x)=a(x+2)(x-2)$이므로
$f(-3x+1)$
$=a(-3x+1+2)(-3x+1-2)$
$=a(-3x+3)(-3x-1)=3a(x-1)(3x+1)$
$f(-3x+1)\le 0$에서 $3a(x-1)(3x+1)\le 0$
$a<0$이므로 $(x-1)(3x+1)\ge 0$
$\therefore\ x\le -\dfrac{1}{3}$ 또는 $x\ge 1$

방법2
$f(x-1)>0$의 해가 $-1<x<3$이므로
$x-1=t$로 놓으면
$f(t)>0$의 해는 $-1<t+1<3$에서 $-2<t<2$이므로
$f(t)\le 0$의 해는 $t\le -2$ 또는 $t\ge 2$이다.
즉, $f(-3x+1)\le 0$의 해는
$-3x+1\le -2$ 또는 $-3x+1\ge 2$이므로
$\therefore\ x\ge 1$ 또는 $x\le -\dfrac{1}{3}$

방법3

$f(x-1)=0$의 해가 -1, 3이므로

$f(-2)=0$, $f(2)=0$

따라서 $f(-3x+1)=0$의 해는

$-3x+1=-2$에서, $x=1$

$-3x+1=2$에서, $x=-\frac{1}{3}$

구하는 부등식은 이차항의 부호는 같고 부등호가 반대이므로

$\therefore\ x\geq 1$ 또는 $x\leq -\frac{1}{3}$

기출 유형2

x에 대한 이차부등식 $ax^2+bx+c\leq 0$의 해가 $\alpha\leq x\leq\beta$일 때, 이차부등식 $cx^2+bx+a\leq 0$의 해를 α, β로 나타내시오. (단, $\alpha\beta<0$)

해설

방법1

해가 $\alpha\leq x\leq\beta$이고 x^2의 계수가 1인 이차부등식은

$(x-\alpha)(x-\beta)\leq 0$

$\therefore\ x^2-(\alpha+\beta)x+\alpha\beta\leq 0$ …… ㉠

주어진 부등식 $ax^2+bx+c\leq 0$과 부등식 ㉠의 부등호의 방향이 같으므로 $a>0$

㉠의 양변에 a를 곱하면

$ax^2-a(\alpha+\beta)x+a\alpha\beta\leq 0$

$\therefore\ b=-a(\alpha+\beta)$, $c=a\alpha\beta$ …… ㉡

㉡을 $cx^2+bx+a\leq 0$에 대입하면

$a\alpha\beta x^2-a(\alpha+\beta)x+a\leq 0$

$\alpha\beta x^2-(\alpha+\beta)x+1\leq 0$ $(\because\ a>0)$

이때 $\alpha\beta<0$이므로 양변을 $\alpha\beta$로 나누면

$x^2-\left(\frac{1}{\alpha}+\frac{1}{\beta}\right)x+\frac{1}{\alpha}\times\frac{1}{\beta}\geq 0$

$\left(x-\frac{1}{\alpha}\right)\left(x-\frac{1}{\beta}\right)\geq 0$

따라서 구하는 부등식의 해는 $x\leq\frac{1}{\alpha}$ 또는 $x\geq\frac{1}{\beta}$

방법2

이차부등식 $ax^2+bx+c\leq 0$의 해가 $\alpha\leq x\leq\beta$이므로

이차방정식 $ax^2+bx+c=0$의 두 근은 α, β이다.

이때 이차방정식 $cx^2+bx+a=0$의 해는 $\frac{1}{\alpha}$, $\frac{1}{\beta}$이므로(이차방정식의 근의 형태 참고)

이차부등식 $cx^2+bx+a\leq 0$의 해는

$x\leq\frac{1}{\alpha}$ 또는 $x\geq\frac{1}{\beta}$이다. $(\because\ c<0,\ \alpha<0<\beta)$

461

x에 대한 이차부등식 $ax^2+bx+c<0$의 해가 $-2<x<3$일 때, $a(-x+1)^2+b(-x+1)+c>0$의 해를 구하시오.

462

x에 대한 이차부등식 $a(1-2x)^2+b(1-2x)+c>0$의 해가 $\alpha<x<\beta$일 때, x에 대한 이차부등식 $ax^2+bx+c<0$의 해를 α, β로 나타내시오.

463

x에 대한 이차부등식 $ax^2+bx+c<0$의 해가 $\alpha<x<\beta$일 때, x에 대한 이차부등식 $9cx^2-3bx+a>0$의 해를 구하시오. (단, $\alpha\beta<0$)

02. 이차부등식과 함수의 그래프

1 항상 성립하는 이차부등식과 해가 존재하는 이차부등식

(1) 모든 실수 x에 대하여 $ax^2+bx+c\geq0$이 성립하는 경우

(i) $a>0$, 판별식 $D\leq0$

(ii) $a=0$, $b=0$, $c\geq0$

(2) $ax^2+bx+c\geq0$의 해가 존재하는 경우

(i) $a>0$

(ii) $a=0$, $b\neq0$

(iii) $a=0$, $b=0$, $c\geq0$

(iv) $a<0$, 판별식 $D\geq0$

(1) 모든 실수 x에 대하여 $ax^2+bx+c\geq0$이 성립하는 경우

(i) $a\neq0$일 때

아래로 볼록한 이차함수가 되어야 하고, 꼭짓점의 y좌표가 0이상이어야 한다.

따라서 $a>0$이고 판별식 $D\leq0$

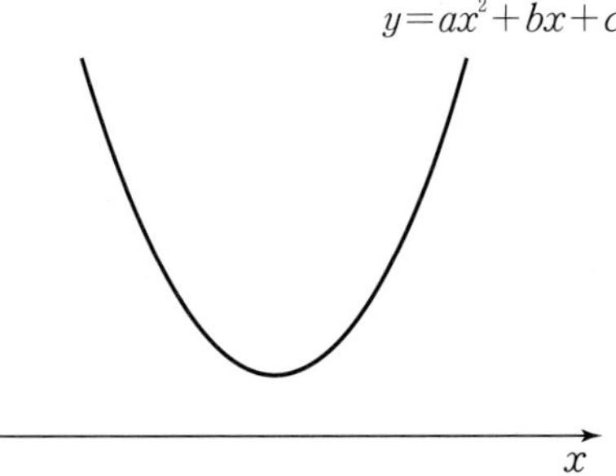

(ii) $a=0$일 때

$bx+c\geq0$이 항상 성립하려면 $b=0$이어야 한다. $b\neq0$이면 일차함수가 되어 이 부등식이 항상 성립하지 않기 때문이다.

따라서 $a=0$이면 $b=0$이고 $c\geq0$

(2) $ax^2+bx+c\geq0$의 해가 존재하는 경우

(i) $a>0$일 때

아래로 볼록한 이차함수이므로

$ax^2+bx+c\geq0$의 해가 항상 존재한다.

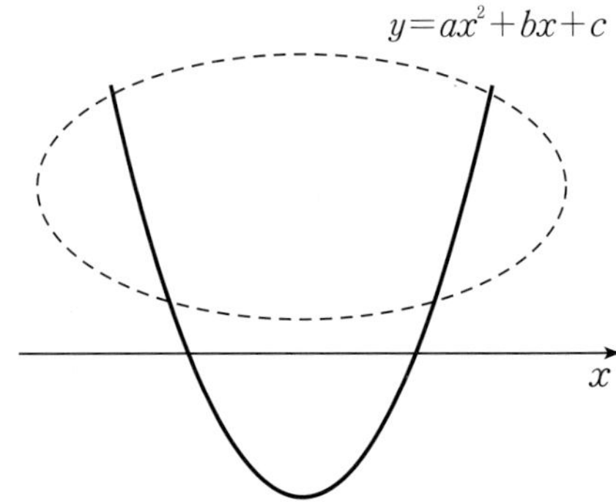

(ii) $a=0$이고 $b\neq0$일 때

일차함수가 되어 $bx+c\geq0$이 되는 x가 항상 존재한다.

(iii) $a=0$이고 $b=0$일 때

$c\geq0$이어야 한다.

(iv) $a<0$일 때

위로 볼록한 이차함수이므로

$ax^2+bx+c\geq0$의 해가 존재하려면

판별식 $D\geq0$이어야 한다.

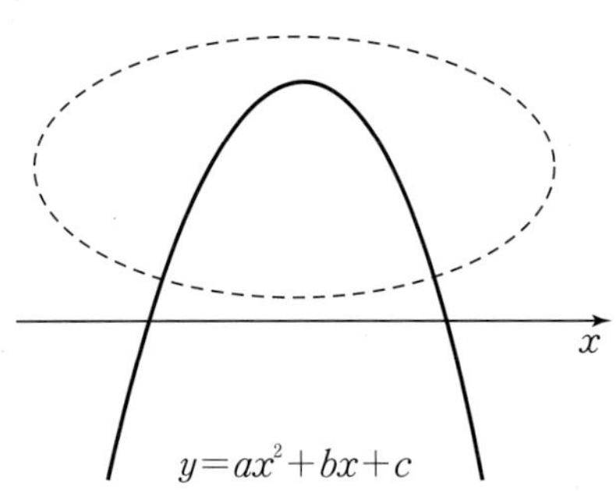

항상 성립하는 이차부등식과 해가 존재하는 이차부등식 문제는 이차함수의 그래프와 x축의 위치관계를 통해 해결한다.

기출 유형

x에 대한 부등식 $kx^2-2kx+3\ge x^2-2x-2k$에서

(1) 모든 실수 x에 대해 부등식이 성립하도록 실수 k의 값의 범위를 구하시오.

(2) 부등식의 해가 존재하도록 하는 실수 k의 값의 범위를 구하시오.

해설

(1) $kx^2-2kx+3\ge x^2-2x-2k$에서

$(k-1)x^2+2(1-k)x+3+2k\ge 0$ …… ㉠

(i) $k=1$일 때

㉠에 대입하면 $5\ge 0$이므로 부등식은 항상 성립한다.

(ii) $k>1$일 때

이차부등식 $(k-1)x^2+2(1-k)x+3+2k\ge 0$이 항상 성립하려면

이차함수 $y=(k-1)x^2+2(1-k)x+3+2k$의 그래프가 x축과 접하거나 x축보다 위에 있어야 한다.

이차방정식 $(k-1)x^2+2(1-k)x+3+2k=0$의 판별식을 D라 할 때,

$D/4=(1-k)^2-(k-1)(3+2k)\le 0$

$(k-1)(k+4)\ge 0$에서 $k\le -4$ 또는 $k\ge 1$

$\therefore k>1$

(i), (ii)에서 구하는 실수 k의 값의 범위는 $k\ge 1$

(2) 주어진 부등식의 해가 존재하려면

(i) $k=1$일 때

$k=1$을 ㉠에 대입하면 $5\ge 0$이므로

부등식을 만족시킨다.

(ii) $k>1$일 때

$y=(k-1)x^2+2(1-k)x+3+2k$는

아래로 볼록한 이차함수이므로

주어진 부등식은 항상 해를 갖는다.

(iii) $k<1$일 때

이차부등식 $(k-1)x^2+2(1-k)x+3+2k\ge 0$을

만족시키는 x의 값이 존재하려면

이차함수 $y=(k-1)x^2+2(1-k)x+3+2k$가

x축과 적어도 한 점에서 만나야 하므로

$(k-1)x^2+2(1-k)x+3+2k=0$의

판별식을 D라 할 때,

$D/4=(1-k)^2-(k-1)(3+2k)\ge 0$이어야 한다.

$(k-1)(k+4)\le 0$, $-4\le k\le 1$

$\therefore -4\le k<1$

(i)~(iii)에서

구하는 실수 k의 값의 범위는 $k\ge -4$이다.

464

x에 대한 부등식
$kx^2-2x+k \geq 2x^2-kx+1$의 해가 존재하도록 하는 실수 k의 값의 범위를 구하시오.

465

모든 실수 m에 대하여 x에 대한 이차부등식
$x^2+2-mn \leq (m+3)x$의 해가 항상 존재하도록 하는 실수 n의 값의 범위를 구하시오.

466

x에 대한 부등식
$kx^2-2(k-1)x+k+1 \leq 0$의 해가 존재하지 않을 때, 실수 k의 값의 범위를 구하시오.

2 연립 일차, 이차부등식

이차항의 계수가 음수인 이차식 $f(x)$와 이차항의 계수가 양수인 이차식 $g(x)$, 그리고 일차식 $h(x)$에 대해
모든 실수 x에 대하여 $f(x) \le h(x) \le g(x)$가 성립하는 부등식 문제는 이차함수와 직선의 위치 관계를 통해 해결한다.

(1) $f(x)-g(x)=0$의 판별식 $\mathrm{D}=0$이면
$f(x)-h(x)=a(x-\alpha)^2$ 또는
$g(x)-h(x)=b(x-\alpha)^2$

(2) $f(x)-g(x)=0$의 판별식 $\mathrm{D}<0$이면
$f(x)-h(x)=0$의 판별식 $\mathrm{D}_1 \le 0$이고
$g(x)-h(x)=0$의 판별식 $\mathrm{D}_2 \le 0$이다.

※ $f(x)-g(x)=0$의 판별식 $\mathrm{D}>0$이면
$f(x) \le h(x) \le g(x)$가 성립하는 경우는 존재하지 않는다.

(1) $f(x)-g(x)=0$의 판별식 $\mathrm{D}=0$이면
아래 그림과 같이 $y=f(x)$와 $y=g(x)$가 서로 접한다.
따라서 $f(x) \le h(x) \le g(x)$를 만족하려면
직선 $y=h(x)$는 아래 그림과 같이 두 이차함수의 접점을 지나야 한다.
이때, $y=f(x)$와 $y=g(x)$가 접하는 점의 x좌표를 $x=\alpha$라고 하면
$y=f(x)$와 $y=h(x)$ 또는 $y=g(x)$와 $y=h(x)$가 접하는 점의 x좌표도 $x=\alpha$이므로
$\therefore\ f(x)-h(x)=a(x-\alpha)^2$ 또는
$g(x)-h(x)=b(x-\alpha)^2$

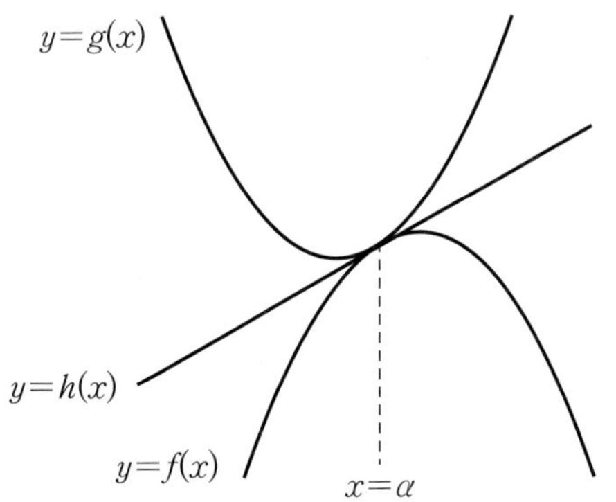

(2) $f(x)-g(x)=0$의 판별식 $\mathrm{D}<0$이면
아래 그림과 같이 $y=f(x)$와 $y=g(x)$는 만나지 않는다.
따라서 $f(x) \le h(x) \le g(x)$를 만족하려면 직선 $y=h(x)$는 두 이차함수 사이에 있거나 이차함수와 접해야 한다.
즉, $f(x)-h(x)=0$의 판별식을 D_1이라고 하면 $\mathrm{D}_1 \le 0$이고, $g(x)-h(x)=0$의 판별식을 D_2라고 하면 $\mathrm{D}_2 \le 0$이어야 한다.

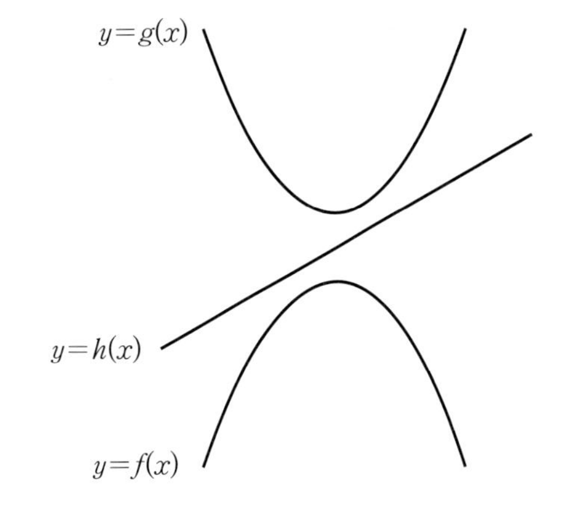

IX
여러 가지 부등식

이차항의 계수가 음수인 이차식 $f(x)$와
이차항의 계수가 양수인 이차식 $g(x)$, 그리고 일차식 $h(x)$에 대해 모든 실수 x에 대하여 $f(x) \le h(x) \le g(x)$가 성립하는 이차부등식 문제는 먼저 두 이차함수 $y=f(x)$와 $y=g(x)$가 서로 접하는지를 판별식을 이용하여 확인한다.

기출 유형

모든 실수 x에 대하여 부등식
$-x^2+2x-5 \le px+q \le x^2-6x+3$이 성립할 때,
상수 p, q의 값을 구하시오.

해설

방법1

모든 실수에 대해
$-x^2+2x-5 \le px+q$, $x^2+(p-2)x+q+5 \ge 0$이
성립하려면 이차방정식 $x^2+(p-2)x+q+5=0$의
판별식을 D라고 할 때,
$D=(p-2)^2-4(q+5) \le 0$이어야 한다.
$\therefore 4q \ge p^2-4p-16$ …… ㉠
또한, 모든 실수 x에 대하여
$px+q \le x^2-6x+3$, $x^2-(p+6)x+3-q \ge 0$이
성립하려면 이차방정식 $x^2-(p+6)x+3-q=0$의
판별식을 D′이라고 할 때,
$D'=(p+6)^2-4(3-q) \le 0$이어야 한다.
$\therefore 4q \le -p^2-12p-24$ …… ㉡
㉠, ㉡에서
$p^2-4p-16 \le 4q \le -p^2-12p-24$ …… ㉢
즉, $p^2-4p-16 \le -p^2-12p-24$이므로
$2p^2+8p+8 \le 0$
$2(p+2)^2 \le 0$ $\quad \therefore p=-2$
이 값을 ㉢에 대입하면 $-4 \le 4q \le -4$에서 $q=-1$
$\therefore p=-2, q=-1$

방법2

$-x^2+2x-5 \le px+q \le x^2-6x+3$에서
$f(x)=x^2-6x+3$, $g(x)=-x^2+2x-5$로 놓았을 때,
두 이차함수 $y=f(x)$와 $y=g(x)$가 서로 접하는지를 확인한다.
$-x^2+2x-5=x^2-6x+3$에서
$x^2-4x+4=0$, $(x-2)^2=0$이므로
두 이차함수는 P(2, −5)에서 접함을 알 수 있다.
이를 통해 조건에 맞도록 그래프의 개형을 그리면 다음과 같다.

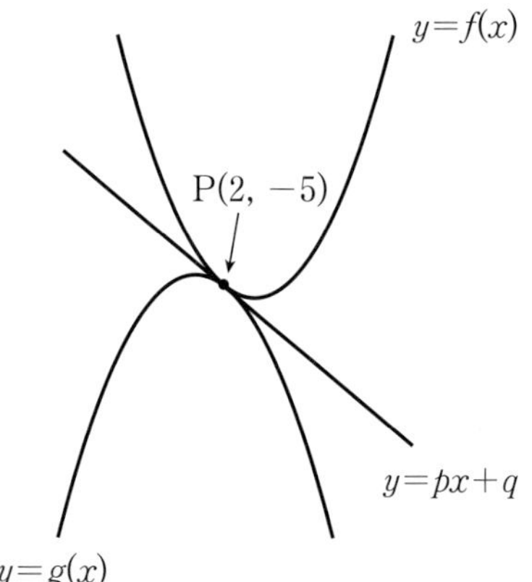

이때 주어진 부등식을 만족하려면 직선 $y=px+q$가 두 이차함수 $y=f(x)$, $y=g(x)$와 점 P(2, −5)에서 서로 접해야 하므로
$f(x)-(px+q)=(x-2)^2$에서
$f(x)=x^2-(4-p)x+4+q$이다.
$f(x)=x^2-6x+3$이므로 계수를 비교하면
$\therefore p=-2, q=-1$

467

모든 실수 x에 대하여
부등식 $-x^2+6x-2\le ax+b\le x^2-2x+6$이 성립할 때, 상수 a, b의 값을 구하시오.

468

모든 실수 x에 대하여 부등식
$2x+1\le mx+n\le x^2-2x+8-n$이 성립할 때,
$m+n$의 최댓값을 구하시오.

469

모든 실수 x에 대하여
부등식 $-x^2+x-2\le ax-1\le x^2-3x+3$이 성립할 때, 실수 a의 값의 범위를 구하시오.

470

모든 실수 x에 대하여
부등식 $-x^2-2x-3\le ax+b\le x^2-4x+10$이 성립할 때, 순서쌍 (a, b)의 개수를 구하시오.
(단, a, b는 자연수이다.)

3 항상 성립하는 이차부등식(2) : x의 범위가 있는 경우

① x의 범위가 있을 때의 항상 성립하는 이차부등식 문제는 이차함수의 그래프를 이용하여 해결한다.

② 축의 방정식이 문자인 문제에서 상수함수 또는 일차함수를 통해 해결할 수 있는 경우에는 케이스 분류가 필요하지 않다.

기출 유형1

$0\le x\le 3$을 만족하는 모든 실수 x에 대하여 $x^2-4x+a\ge 0$이 성립할 때, 실수 a의 값의 범위를 구하시오.

해설

방법1

$f(x)=x^2-4x+a$라 하면 $f(x)=(x-2)^2+a-4$

아래 그림과 같이 $0\le x\le 3$에서 $f(x)\ge 0$이려면 $f(x)$의 최솟값이 0이상 이어야 한다.

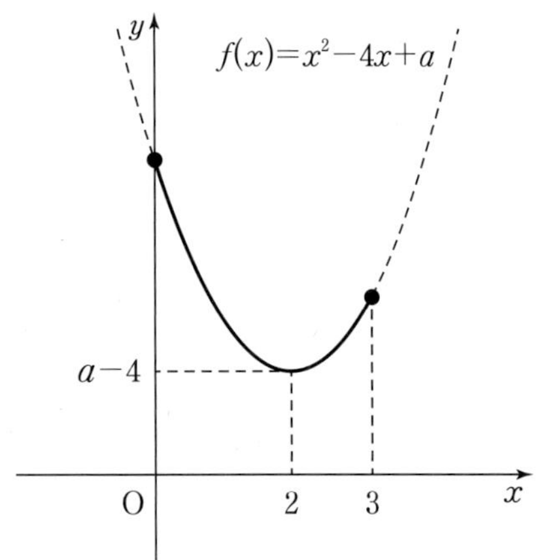

즉, $f(2)=a-4\ge 0$에서 $a\ge 4$

방법2

상수함수를 통해 해결하기 위해 부등식을 변형하면 $x^2-4x+a\ge 0$에서 $-x^2+4x\le a$

위의 부등식이 항상 성립하려면, $0\le x\le 3$에서 그림과 같이 $y=a$가 이차함수 $y=-x^2+4x$의 그래프보다 위(접하는 경우 포함)에 있어야 한다. $\therefore\ a\ge 4$

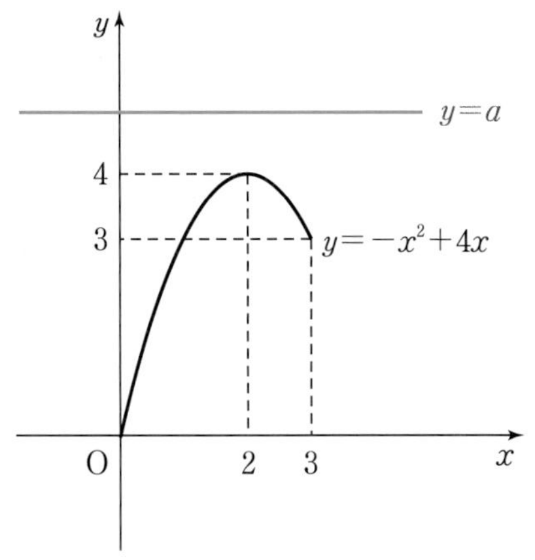

기출 유형2

$-2 \le x \le 2$에서 이차부등식 $x^2-2kx+3k+4 \ge 0$이 항상 성립할 때, 실수 k의 최댓값과 최솟값의 합을 구하시오.

해설

방법1

$f(x)=x^2-2kx+3k+4$라고 할 때, $-2 \le x \le 2$에서 $f(x) \ge 0$이 항상 성립하려면 $f(x)$의 최솟값이 0보다 크거나 같아야 한다.

$f(x)=(x-k)^2-k^2+3k+4$이므로 축의 위치에 따른 최솟값은 다음과 같다.

(i) $k<-2$일 때

$f(x)$의 최솟값이 $f(-2)$이므로 $f(-2) \ge 0$이어야 한다. $f(-2)=7k+8 \ge 0$에서 $k \ge -\dfrac{8}{7}$

$k<-2$이므로

주어진 조건을 만족하는 k는 존재하지 않는다.

(ii) $-2 \le k < 2$일 때

$f(x)$의 최솟값이 $f(k)$이므로 $f(k) \ge 0$이어야 한다. $f(k)=-k^2+3k+4 \ge 0$에서

$(k-4)(k+1) \le 0$, $-1 \le k \le 4$

$\therefore -1 \le k < 2$

(iii) $k \ge 2$일 때

$f(x)$의 최솟값이 $f(2)$이므로 $f(2) \ge 0$이어야 한다. $f(2)=8-k \ge 0$에서 $k \le 8$

$\therefore 2 \le k \le 8$

(i) ~ (iii)에서 구하는 k의 값의 범위는

$-1 \le k \le 8$이므로

실수 k의 최댓값과 최솟값의 합은 $-1+8=7$

방법2

일차함수를 이용하기 위해

k가 포함된 항을 우변으로 이항하면

$x^2+4 \ge 2k\left(x-\dfrac{3}{2}\right)$

$f(x)=x^2+4$, $g(x)=2k\left(x-\dfrac{3}{2}\right)$라고 하면

$y=g(x)$는 k의 값에 관계없이

$\left(\dfrac{3}{2}, 0\right)$을 지나고 기울기가 $2k$인 일차함수이다.

$y=f(x)$와 $y=g(x)$가 접하는 점의 x좌표를 찾기 위해 판별식을 이용하면,

$D/4=k^2-3k-4=0$에서 $k=-1$ 또는 4이다.

$k=-1$일 때, 접점의 x좌표는 -1로, 이 값은 $-2 \le x \le 2$의 범위에 있고,

$k=4$일 때, 접점의 x좌표는 4로, 이 값은 $-2 \le x \le 2$의 범위에 포함되지 않는다.

조건을 만족하는 경우는 그림과 같이 직선 $y=g(x)$가 색칠된 부분을 지날 때이므로, $y=g(x)$가 $(2, 8)$을 지날 때 기울기를 구하면 $2k=16$에서 $k=8$

따라서 구하는 실수 k의 값의 범위는

$-1 \le k \le 8$이므로

k의 최댓값과 최솟값의 합은 $8+(-1)=7$

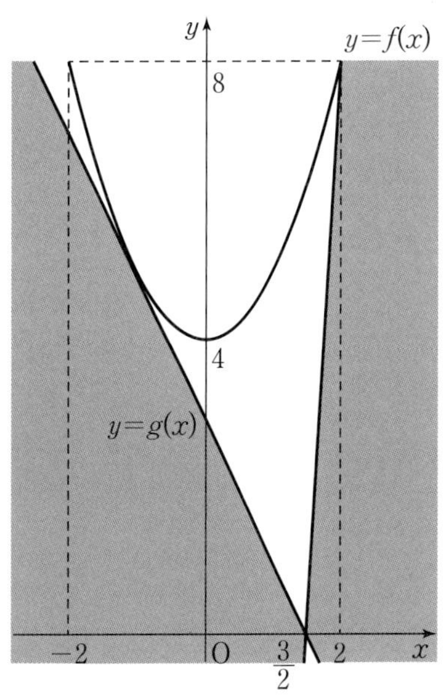

471

$-1 \le x \le 1$에서 부등식 $3x+a \le x^2+2x \le 2x^2+3x+b$가 항상 성립할 때, $b-a$의 최솟값을 k라고 하자. $10k$의 값을 구하시오.

472

$-3 \le x \le 1$에서 $x^2-3kx-\frac{3}{2}k+2 \ge 0$이 항상 성립할 때, 실수 k의 최댓값과 최솟값의 합을 구하시오.

473

$0<x<4$에서 부등식 $x^2-2ax-a^2+2a \ge 0$이 항상 성립할 때, 실수 a의 값의 범위를 구하시오.

03. 문자를 포함한 연립이차부등식

문자 간의 대소 비교는 문자를 가로축으로 하는 그래프의 개형을 이용한다.

기출 유형1

x에 대한 연립부등식 $\begin{cases} x^2-x-6>0 \\ x^2+(4-2a)x-8a<0 \end{cases}$ 을 만족하는 정수 x가 1개 존재할 때, 실수 a의 값의 범위를 구하시오.

해설

$x^2-x-6>0$에서 $(x-3)(x+2)>0$

$\therefore x<-2$ 또는 $x>3$ …… ㉠

$x^2+(4-2a)x-8a<0$에서

$(x+4)(x-2a)<0$ …… ㉡

(i) $a<-2$일 때

㉡에서 연립부등식의 해가 $2a<x<-4$이므로 이 범위에 정수해가 하나만 존재하려면 그 정수는 -5여야 한다.

따라서 $-6\le 2a<-5$에서 $-3\le a<-\frac{5}{2}$

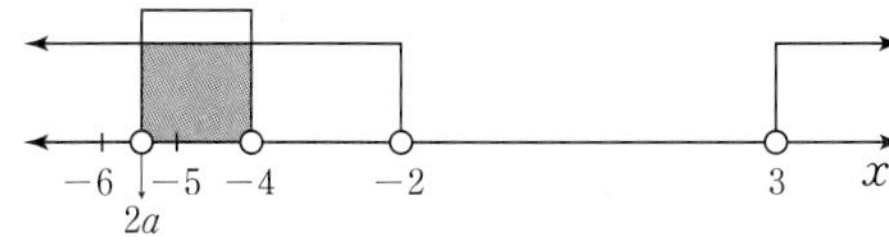

(ii) $a=-2$일 때

㉡에서 $(x+4)^2<0$이므로 해가 존재하지 않는다.

(iii) $a>-2$일 때

㉡에서 연립부등식의 해가 $-4<x<2a$이므로 이 범위에 정수해가 하나만 존재하려면 그 정수는 -3이어야 한다.

따라서 $-3<2a\le 4$에서 $-\frac{3}{2}<a\le 2$

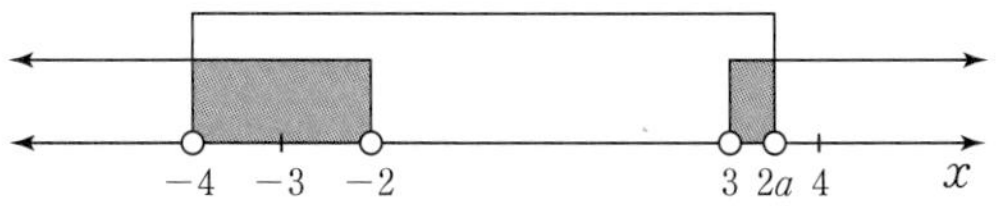

(i) ~ (iii)에서 구하는 실수 a의 값의 범위는

$-3\le a<-\frac{5}{2}$ 또는 $-\frac{3}{2}<a\le 2$

기출 유형2

x에 대한 연립부등식

$\begin{cases} x^2-(4a+2)x+3a^2+2a\ge 0 \\ x^2-2ax-2a-1<0 \end{cases}$ 을 만족하는 정수 x가 3개 존재할 때, 실수 a의 값의 범위를 구하시오.

해설

$x^2-(4a+2)x+3a^2+2a\ge 0$에서

$(x-a)(x-3a-2)\ge 0$ …… ㉠

$x^2-2ax-2a-1<0$에서

$(x+1)(x-2a-1)<0$ …… ㉡

이때 a, $3a+2$, -1, $2a+1$의 대소를 비교하기 위해서 a를 가로축으로 하는 그래프를 그리면 다음과 같다.

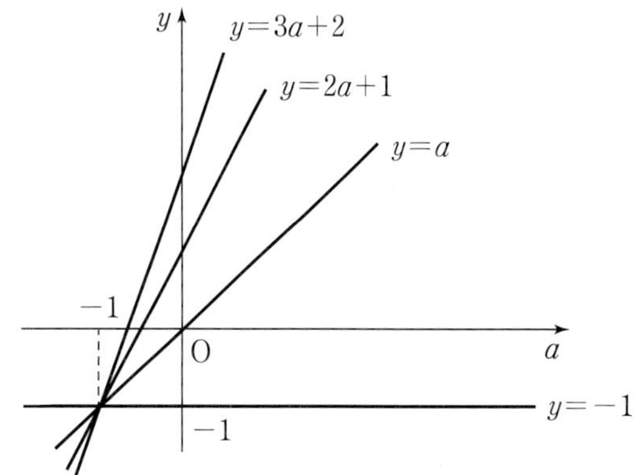

따라서 a, $3a+2$, -1, $2a+1$의 대소 관계는

$a<-1$일 때는 $3a+2<2a+1<a<-1$이고

$a>-1$일 때는 $-1<a<2a+1<3a+2$이다.

(i) $a<-1$일 때

㉠에서 $x\ge a$ 또는 $x\le 3a+2$

㉡에서 $2a+1<x<-1$이므로

정수해 x가 3개 존재하려면 $-5<a\le -4$여야 한다.

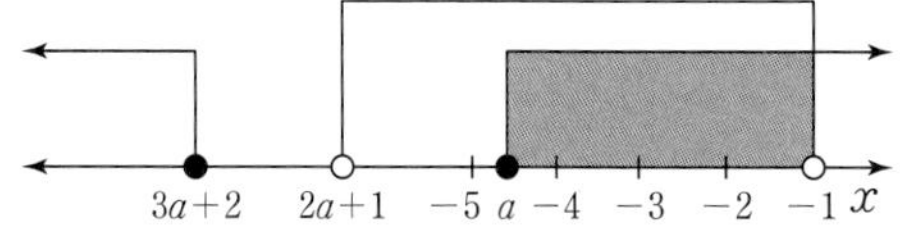

(ii) $a=-1$일 때

㉠에서 $(x+1)^2\ge 0$, ㉡에서 $(x+1)^2<0$이므로

이를 만족하는 해는 존재하지 않는다.

Ⅸ

여러 가지 부등식

(iii) $a>-1$일 때

㉠에서 $x \geq 3a+2$ 또는 $x \leq a$

㉡에서 $-1<x<2a+1$이므로

정수해가 3개 존재하려면 $2 \leq a<3$여야 한다.

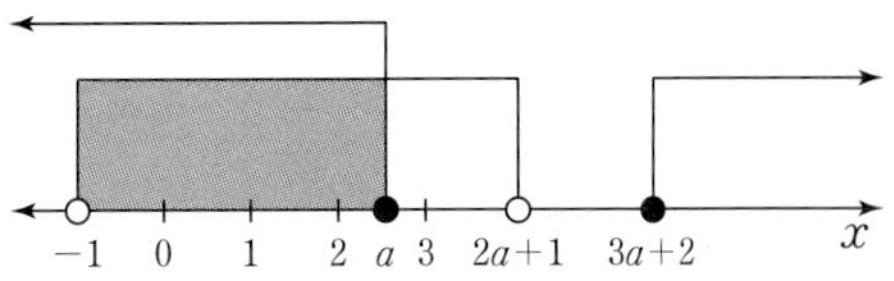

(i) ~ (iii)에서 $-5<a \leq -4$ 또는 $2 \leq a<3$

기출 유형3

x에 대한 연립부등식

$\begin{cases} x^2-16a^2x \geq 0 \\ x^2-16ax+64a^2-1<0 \end{cases}$을 만족시키는 정수 x의 개수를 a의 범위에 따라 구하시오. (단, $0<a<\frac{\sqrt{2}}{4}$)

해설

$x^2-16a^2x \geq 0$에서 $x(x-16a^2) \geq 0$

$x^2-16ax+64a^2-1<0$에서

$(x-8a-1)(x-8a+1)<0$

이때 0, $16a^2$, $8a+1$, $8a-1$의 대소 비교를 위해 a를 가로축으로 하는 그래프 그리면 다음과 같다.

($y=16a^2$과 $y=8a-1$은 $a=\frac{1}{4}$에서 접함)

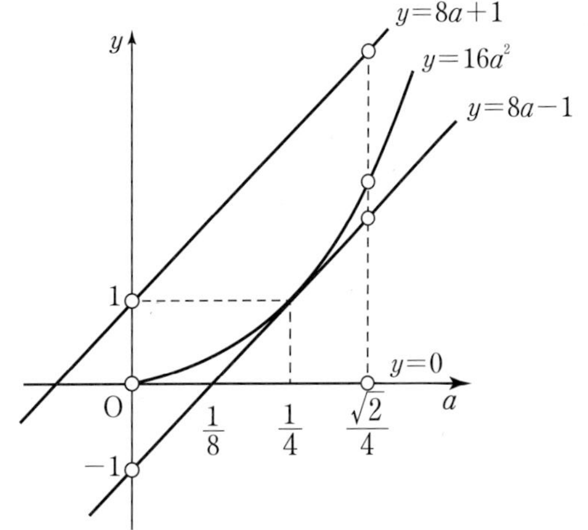

(i) $0<a<\frac{1}{8}$일 때

$-1<8a-1<0$, $0<16a^2<\frac{1}{4}$, $1<8a+1<2$이므로 아래 그림과 같이 정수의 개수는 $x=0$과 $x=1$로 2개다.

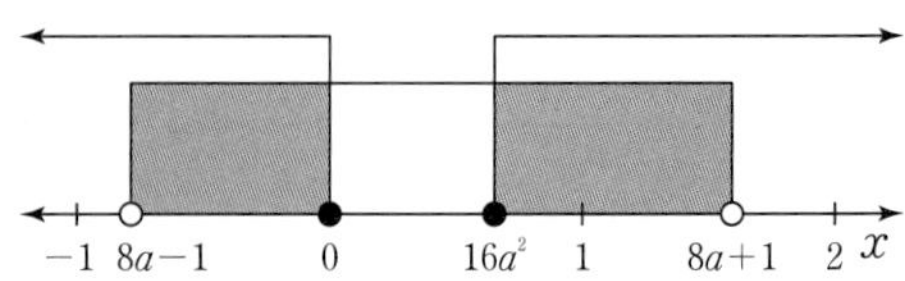

(ii) $a=\frac{1}{8}$일 때

아래 그림과 같이 정수의 개수는 $x=1$로 1개다.

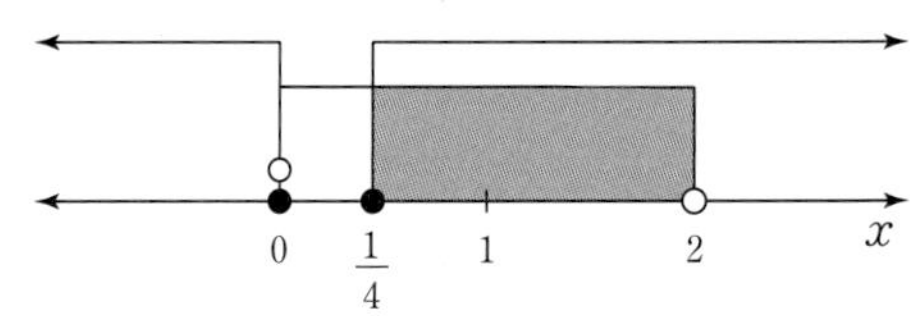

(iii) $\frac{1}{8}<a<\frac{1}{4}$일 때

$\frac{1}{4}<16a^2<1$, $2<8a+1<3$이므로

아래 그림과 같이 정수의 개수는 $x=1$과 $x=2$로 2개다.

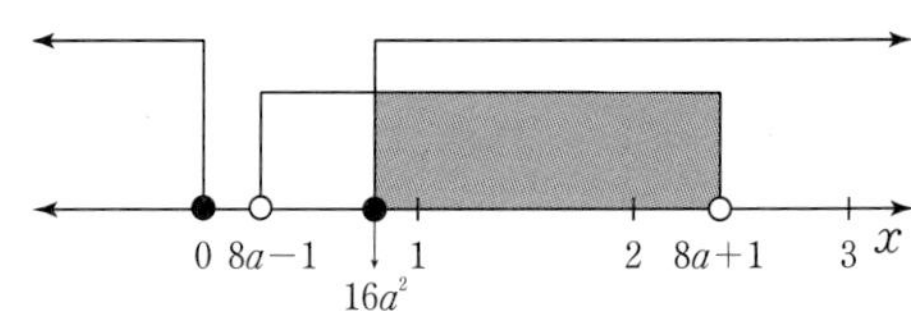

(iv) $a=\frac{1}{4}$일 때

아래 그림과 같이 정수의 개수는 $x=2$로 1개다.

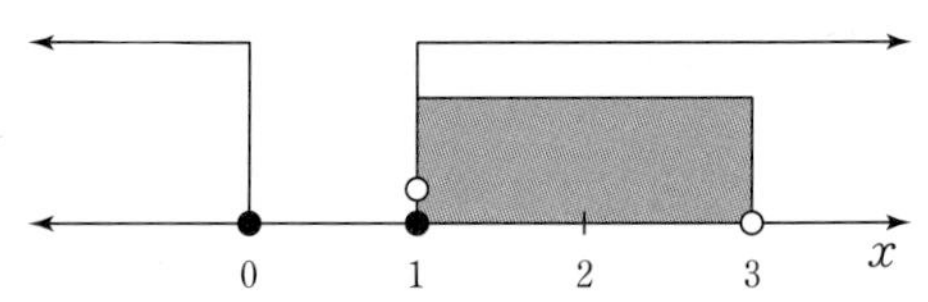

(v) $\frac{1}{4}<a<\frac{\sqrt{2}}{4}$일 때

$1<16a^2<2$, $3<8a+1<2\sqrt{2}+1$이므로

아래 그림과 같이 정수의 개수는

$x=2$와 $x=3$으로 2개다.

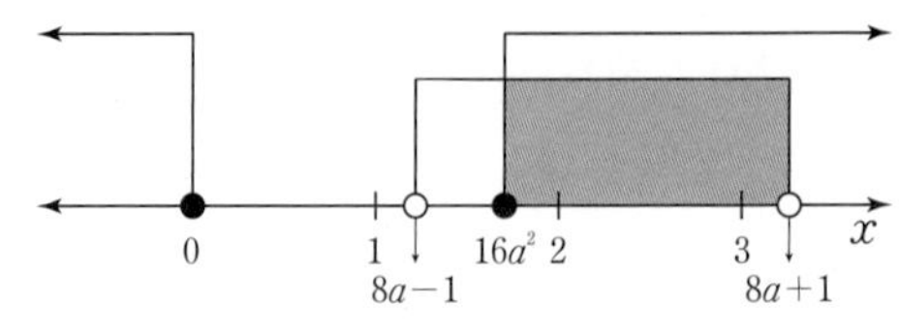

기출 유형4

연립부등식

$\begin{cases} x^2+(1-2a)x+a<0 \\ x^2-3x+2>0 \end{cases}$ 을 만족시키는 정수 x가

3뿐일 때, 실수 a의 값의 범위를 구하시오.

해설

$x^2+(1-2a)x+a=0$이 유리수 범위에서

인수분해가 되지 않으므로

이차방정식에서의 실근의 위치로 해결한다.

$x^2+(1-2a)x+a<0$에서

이차방정식 $x^2+(1-2a)x+a=0$의

두 근을 α, β (단, $\alpha<\beta$)라고 하면 $\alpha<x<\beta$

$x^2-3x+2>0$에서 $(x-1)(x-2)>0$

$\therefore$ $x<1$ 또는 $x>2$

주어진 연립부등식을 만족시키는 정수 x가 3만 존재하려면

아래 그림과 같이 $0\le\alpha<3$이고 $3<\beta\le4$여야 한다.

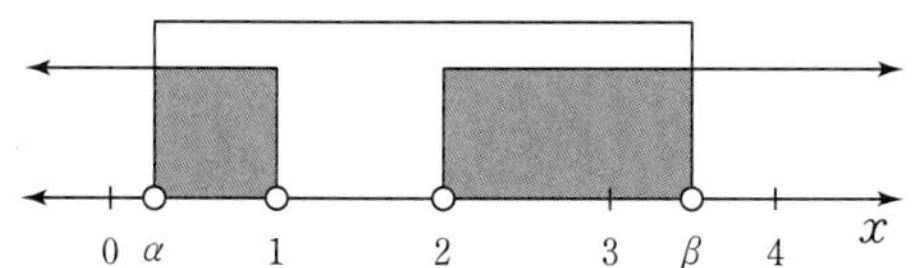

이때 $f(x)=x^2+(1-2a)x+a$로 놓으면

다음 그림과 같아야 하므로

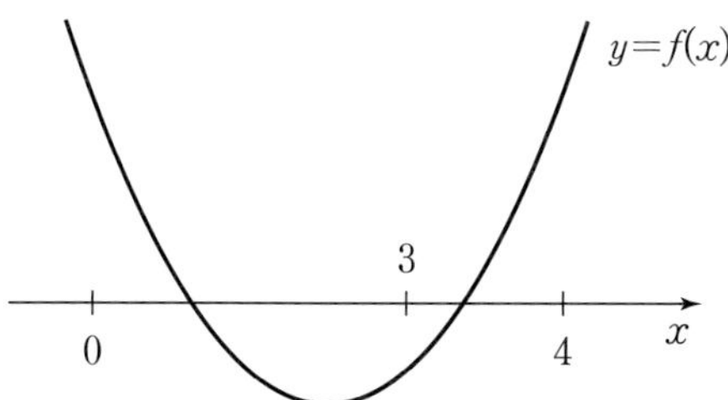

$f(0)\ge0$에서 $a\ge0$

$f(3)<0$에서 $9+3(1-2a)+a<0$, $a>\dfrac{12}{5}$

$f(4)\ge0$에서 $16+4(1-2a)+a\ge0$, $a\le\dfrac{20}{7}$

따라서 이를 만족하는 a의 값의 범위는 $\dfrac{12}{5}<a\le\dfrac{20}{7}$

474

x에 대한 연립부등식 $\begin{cases} x^2-x-2\le0 \\ x^2-4ax+4a^2-1<0 \end{cases}$의 해가 존재 할 때, 실수 a의 값의 범위를 구하시오.

475

x에 대한 연립부등식 $\begin{cases} x^2-7x+10>0 \\ 2x^2-(2a+1)x+a<0 \end{cases}$의 자연수인 해가 1개뿐일 때, 실수 a의 값의 범위를 구하시오.

476

x에 대한 연립부등식 $\begin{cases} |2x-1|>3 \\ x^2-kx-2k^2<0 \end{cases}$을 만족하는 정수해가 1개 존재하도록 하는 실수 k의 값의 범위를 구하시오.

477

x에 대한 연립부등식 $\begin{cases} 2x^2-3x-2>0 \\ x^2-(4+a)x+4a<0 \end{cases}$을 만족하는 정수 x가 2개 존재할 때, 실수 a의 값의 범위를 구하시오.

478

x에 대한 연립부등식 $\begin{cases} x^2-(2a+2)x+4a\le 0 \\ x^2-(2a-1)x+a^2-a-2>0 \end{cases}$의 해가 존재하지 않을 때, 실수 a의 값 또는 범위를 구하시오.

479

x에 대한 연립부등식 $\begin{cases} (2x+a-3)(2x-3a+1)<0 \\ (x-1)(x-2a+1)<0 \end{cases}$의 정수해가 2개뿐일 때, 실수 a의 값의 범위를 구하시오.

480

x에 대한 연립부등식

$\begin{cases} 4x^2-k^2x\ge 0 \\ x^2-2kx+k^2-1<0 \end{cases}$을 만족시키는 정수 x의 개수가 1이 되도록 하는 실수 k의 값 또는 범위를 구하시오.

(단, $0<k<2\sqrt{2}$)

CHAPTER 3

고난도 실전 연습문제

481

$1<k<4$인 모든 실수 k에 대하여 부등식 $(k-2)x-k+1<0$이 성립하도록 하는 실수 x의 값의 범위를 구하시오.

482

x에 대한 부등식 $|x^2-x-2|+x^2-x-2<2m(x+1)$을 만족시키는 정수 x의 개수가 5가 되도록 하는 실수 m의 값의 범위를 구하시오.

483

x에 대한 부등식 $|x^2-2|x+1||\le 1$의 해를 구하시오.

484

두 이차함수 $f(x)=ax^2-x$, $g(x)=x^2-3x+a^2-a$와 일차함수 $h(x)=x-a$에 대하여 $y=f(x)$는 $y=h(x)$보다 항상 위쪽에 있고, $y=g(x)$는 $y=h(x)$와 적어도 한 점에서 만날 때, 실수 a의 값의 범위를 구하시오.

485

x에 대한 부등식
$(-x^2+2x)^2-4k(-x^2+2x)+2+2k\geq0$이 모든 실수 x에 대하여 항상 성립할 때, 실수 k의 값의 범위를 구하시오.

486

x에 대한 연립부등식
$\begin{cases} x(x-k^2)\geq0 \\ (x+2k+1)(x+2k-3)<0 \end{cases}$을 만족시키는 정수 x의 개수가 3이 되도록 하는 실수 k의 값 또는 범위를 구하시오. (단, $-\sqrt{2}<k<0$)

487

x에 대한 이차식 $f(x)=(2x-a^2-2a)(2x-5a)$에 대하여 다음 조건을 모두 만족시키는 실수 a의 값을 구하시오.

(가) $f(x)\leq0$의 해를 $\alpha\leq x\leq\beta$라 할 때, $\beta-\alpha$는 자연수이다. (나) $\alpha\leq x\leq\beta$를 만족하는 정수 x의 개수는 5이다.

X

순열과 조합

1. 경우의 수와 순열

01. 색칠하는 방법의 수
02. 교란순열(완전순열)
03. 같은 것을 포함하는 순열
04. 기타

2. 조합

01. 도형의 개수
02. 조 나누기
03. 조합론적 해석

3. 복잡한 문제해결의 아이디어

01. 여사건 이용
02. 함수로 생각하기
03. 포함배제의 원리
04. 중복조합의 아이디어
05. 점화식 세우기
06. 최단경로의 수로 생각하기

4. 고난도 실전 연습문제

CHAPTER 1

경우의 수와 순열

01. 색칠하는 방법의 수

1 같은 색을 여러 번 사용해도 되는 문제

(1) 어느 영역에서 색칠을 시작해도 상관없지만, 인접한 영역이 가장 많은 곳을 마지막에 칠하면 케이스 분류가 많아져 복잡해진다.

(2) 이웃하지 않는 영역끼리 색칠해 나가면 케이스 분류가 많아져 복잡해지므로, 이웃한 영역끼리 색칠해 나간다.

(3) 사용하는 색의 수로 분류하면 쉽게 해결할 수 있는 경우가 있다.

(4) [그림]과 같이 색칠을 시작하는 영역과 마지막에 색칠하는 영역이 이웃해 있는 문제(부채꼴로 자른 원 모양)는 케이스 분류가 많아지므로 점화식을 이용하는 것이 효과적이다.

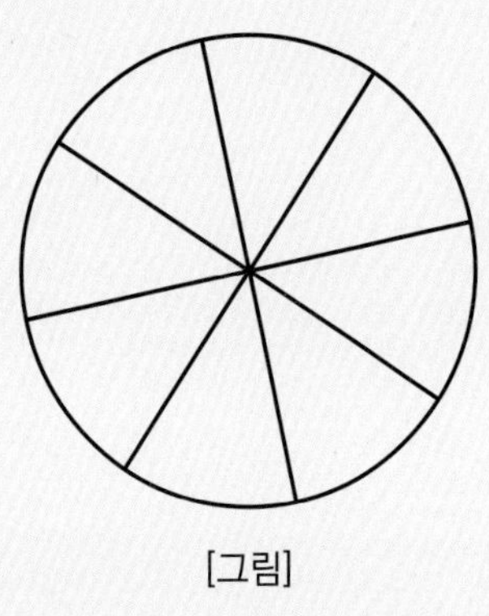

[그림]

기출 유형1

그림과 같이 A, B, C, D, E의 영역이 있다.
5가지 이하의 색 중 전부 또는 일부를 사용하여 색을 칠하려고 한다. 같은 색은 중복해서 사용해도 좋으나 이웃한 영역은 서로 다른 색으로 칠할 때, 색칠하는 경우의 수를 구하시오.

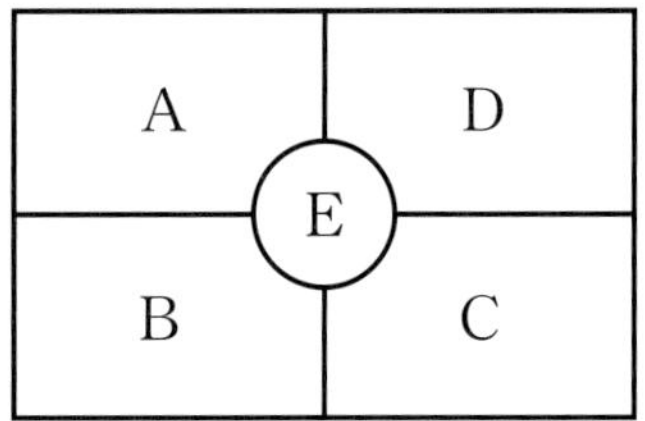

해설

방법1

$E \to A \to B \to C \to D$ 순으로 칠할 때의 경우의 수를 구해보자. A와 C에 같은 색을 칠하는 경우와 다른 색을 칠하는 경우로 나누어 생각해야 한다.

(i) A와 C에 같은 색을 칠하는 경우

$5 \times 4 \times 3 \times 1 \times 3 = 180$

(ii) A와 C에 다른 색을 칠하는 경우

$5 \times 4 \times 3 \times 2 \times 2 = 240$

(i), (ii)에서 구하는 경우의 수는 $180 + 240 = 420$

방법2

$A \to B \to E \to C \to D$ 순으로 칠할 때의 경우의 수를 구해보자. A와 C에 같은 색을 칠하는 경우와 다른 색을 칠하는 경우로 나누어 생각해야 한다.

(i) A와 C에 같은 색을 칠하는 경우

$5 \times 4 \times 3 \times 1 \times 3 = 180$

(ii) A와 C에 다른 색을 칠하는 경우

$5 \times 4 \times 3 \times 2 \times 2 = 240$

(i), (ii)에서 구하는 경우의 수는 $180 + 240 = 420$

방법3

A→B→C→D→E 순으로 칠할 때의 경우의 수를 구해보자. A와 C에 같은 색을 칠하는 경우와 다른 색을 칠하는 경우로 나누어 생각해야 한다.

(ⅰ) A와 C에 같은 색을 칠하는 경우

① B와 D를 같은 색으로 칠하는 경우

$5\times4\times1\times1\times3=60$

② B와 D를 다른 색으로 칠하는 경우

$5\times4\times1\times3\times2=120$

(ⅱ) A와 C에 다른 색을 칠하는 경우

① B와 D를 같은 색으로 칠하는 경우

$5\times4\times3\times1\times2=120$

② B와 D를 다른 색으로 칠하는 경우

$5\times4\times3\times2\times1=120$

(ⅰ), (ⅱ)에서 구하는 경우의 수는

$60+120+120+120=420$

방법4

사용하는 색의 수로 분류해 보자. 다섯 영역 A, B, C, D, E 중에서 이웃하지 않는 영역은 A, C와 B, D이므로 최소 3가지 색을 사용해야 한다.

(ⅰ) 5가지 색을 모두 사용하는 경우

$5!=120$

(ⅱ) 4가지 색을 사용하는 경우

A와 C에 같은 색을 칠하고

나머지는 다른 색을 칠하는 경우의 수는

${}_5P_4=120$

B와 D에 같은 색을 칠하고

나머지는 다른 색을 칠하는 경우의 수도 동일하므로 $120\times2=240$

(ⅲ) 3가지 색을 사용하는 경우

A와 C, B와 D를 각각 같은 색으로 칠하는 경우

${}_5P_3=60$

(ⅰ) ~ (ⅲ)에서 구하는 경우의 수는

$120+240+60=420$

① **방법1**과 **방법2**에서 알 수 있듯이, 어느 영역에서 색칠을 시작해도 큰 차이는 없지만, 일반적으로 인접한 영역이 가장 많은 부분부터 시작해 시계방향 또는 반시계방향으로 색을 칠해 나간다.

② **방법3**은 인접한 영역이 가장 많은 영역을 마지막에 칠했기 때문에 **방법1**과 **방법2**에 비해 케이스 분류가 많다.

별 모양의 도형에서 색칠하는 방법의 수는 가운데 영역과 인접한 모든 영역이 서로 인접하지 않는 특성을 고려해야 한다.
일반적인 모양에서처럼 색칠하면 케이스 분류가 많아지므로 가운데 영역에 인접한 모든 영역에 사용하는 색의 수로 분류하여 문제를 해결하는 것이 더 효율적이다.

기출 유형2

그림의 7개의 영역을 서로 다른 3가지의 색으로 칠하려고 한다. 같은 색을 전부 또는 일부 사용해도 되나 이웃하는 영역은 서로 다른 색으로 칠하는 방법의 수를 구하시오.

해설

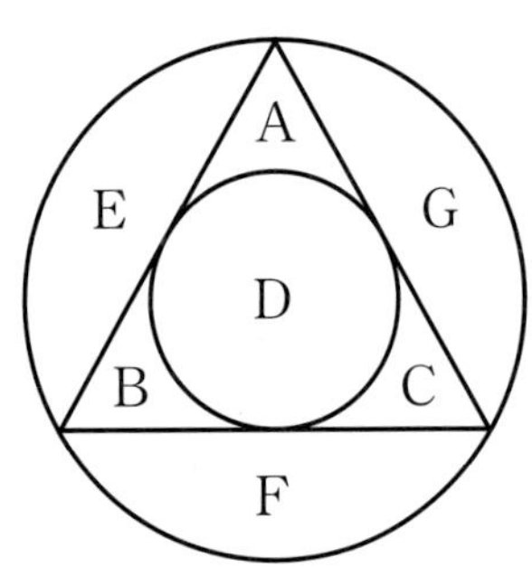

그림과 같이 7개의 영역을 각각 A, B, C, D, E, F, G라고 할 때, A, B, C에 사용하는 색의 수로 분류하면 다음과 같다.

(i) A, B, C를 2가지 색으로 칠하는 경우
D에 칠하는 방법의 수는 3가지
A, B, C를 2가지 색으로 칠하는 방법의 수는
${}_3C_2 \times 2! = 6$(가지)
그 각각에 대하여 E, F, G에 칠하는 방법의 수는
$2 \times 1 \times 1 = 2$(가지)
따라서 칠하는 방법의 수는 $3 \times 6 \times 2 = 36$

(ii) A, B, C를 1가지 색으로 칠하는 경우
D에 칠하는 방법의 수는 3가지
A, B, C를 1가지 색으로 칠하는 방법의 수는 2가지
그 각각에 대하여 E, F, G에 칠하는 방법의 수는
$2 \times 2 \times 2 = 8$(가지)
따라서 칠하는 방법의 수는 $3 \times 2 \times 8 = 48$

(i), (ii)에서 칠하는 모든 방법의 수는 $36 + 48 = 84$

488

그림과 같이 A, B, C, D, E, F의 영역이 있다.
5가지 이하의 색 중 전부 또는 일부를 사용하여 색을 칠하려고 한다. 같은 색은 중복해서 사용해도 좋으나 이웃한 영역은 서로 다른 색으로 칠할 때, 색칠하는 경우의 수를 구하시오.

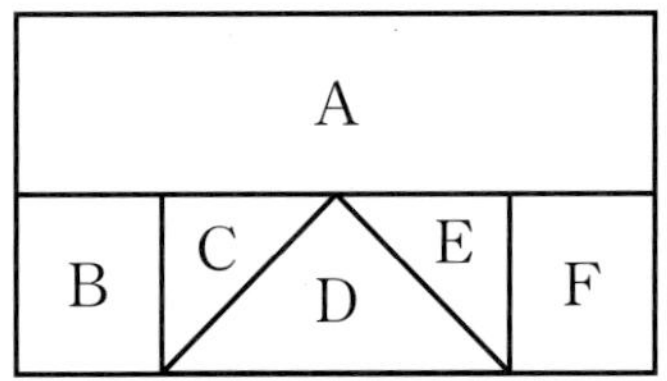

정답과 풀이 p.143

489

그림과 같이 A, B, C, D, E의 영역이 있다. 5가지의 서로 다른 색 중 전부 또는 일부를 사용하여 색을 칠하려고 한다. 같은 색은 중복해서 사용해도 좋으나 이웃한 영역은 서로 다른 색으로 칠할 때, 색칠하는 경우의 수를 구하시오.

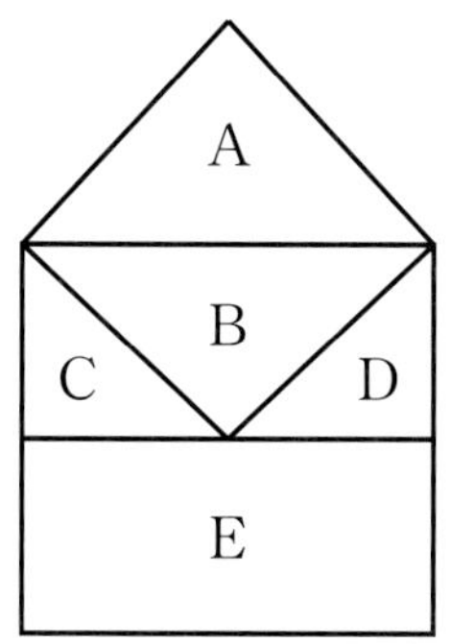

490

그림과 같이 A, B, C, D, E의 영역이 있다. 5가지의 서로 다른 색 중 전부 또는 일부를 사용하여 색을 칠하려고 한다. 같은 색은 중복해서 사용해도 좋으나 이웃한 영역은 서로 다른 색으로 칠할 때, 색칠하는 경우의 수를 구하시오.

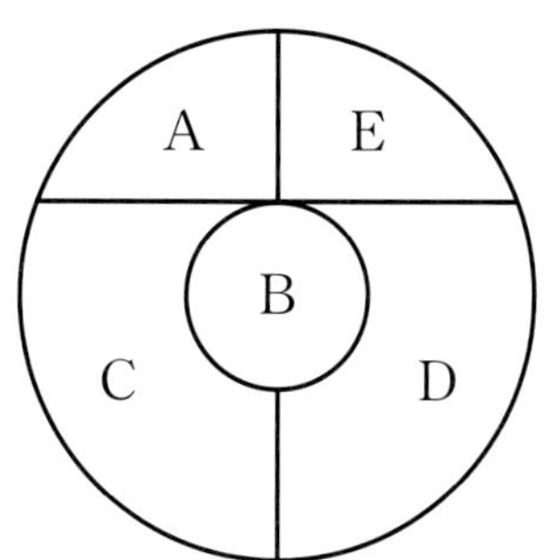

491

그림과 같이 A, B, C, D, E, F의 영역이 있다. 5가지의 서로 다른 색 중 전부 또는 일부를 사용하여 색을 칠하려고 한다. 같은 색은 중복해서 사용해도 좋으나 이웃한 영역은 서로 다른 색으로 칠할 때, 색칠하는 경우의 수를 구하시오.

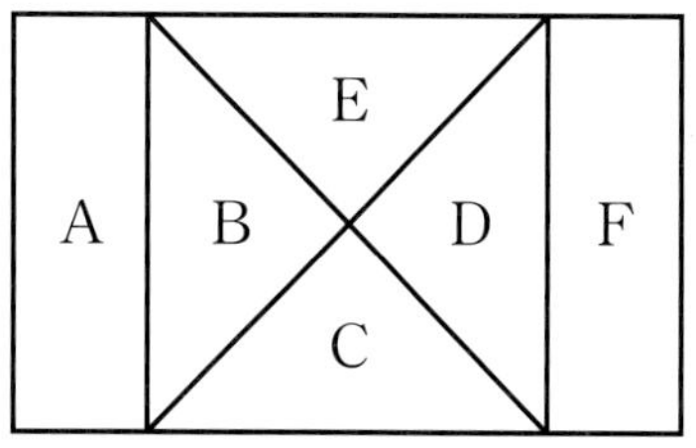

492

그림과 같이 A, B, C, D, E, F, G, H의 영역이 있다. 5가지의 서로 다른 색 중 전부 또는 일부를 사용하여 색을 칠하려고 한다. 같은 색은 중복해서 사용해도 좋으나 이웃한 영역은 서로 다른 색으로 칠할 때, 색칠하는 경우의 수를 구하시오.

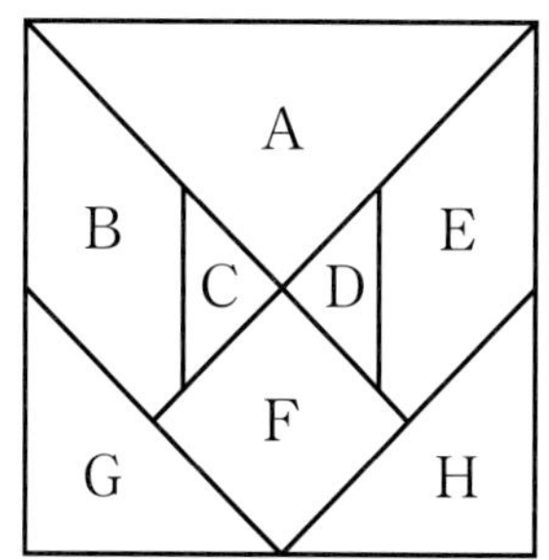

X 순열과 조합

493

1, 2, 3, 4, 5가 적혀 있는 공이 하나씩 들어 있는 주머니가 있다. 이 주머니에서 공을 하나 뽑았을 때 공에 적혀 있는 수를 확인하고 공을 다시 넣는다. 첫 번째 뽑은 공에 적혀 있는 수를 x, 두 번째 뽑은 공에 적혀 있는 수를 y, 세 번째 뽑은 공에 적혀 있는 수를 z, 네 번째 뽑은 공에 적혀 있는 수를 w라 할 때,
$(x-y)(y-z)(z-w)(w-x)=0$인 경우의 수를 구하시오.

494

그림의 9개의 영역을 서로 다른 4가지의 색으로 칠하려고 한다. 같은 색을 전부 또는 일부 사용해도 되나 이웃한 영역은 서로 다른 색으로 칠하는 방법의 수를 구하시오.

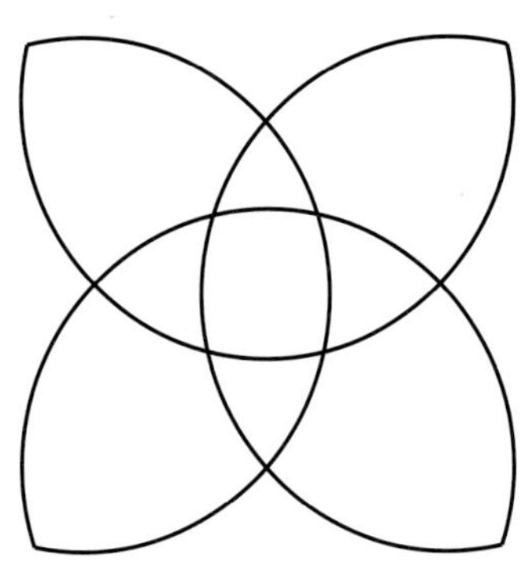

★ 점화식을 이용하는 방법

그림과 같이 n개의 칸에 k가지 색을 칠하는 방법의 수를 $f(n)$이라고 하면
$f(n)=k(k-1)^{n-1}-f(n-1)$ (단, $n\geq 3$)

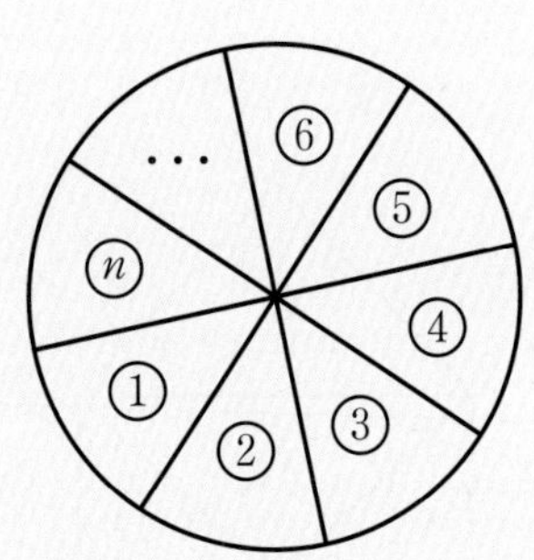

①부터 ⓝ까지 순서대로 색칠해 나는 방법의 수는 다음과 같다.
①의 영역에 색을 칠하는 방법의 수는 k가지
②의 영역에 색을 칠하는 방법의 수는
① 영역에 사용한 색을 제외하면 $(k-1)$가지이므로
② 영역까지 색을 칠하는 방법의 수는 $k(k-1)$
③의 영역에 색을 칠하는 방법의 수는
② 영역에 사용한 색을 제외하면 $(k-1)$가지이므로
③ 영역까지 색을 칠하는 방법의 수는 $k(k-1)^2$
같은 방식으로 계속 색을 칠해 나갈 경우
ⓝ의 영역까지 색을 칠하는 방법의 수는 $k(k-1)^{n-1}$

이 중 ⓝ영역과 ①영역의 색이 같은 경우는 제외해야 한다.
즉, ⓝ영역과 ①영역의 색이 같으면 두 영역을 하나로 볼 수 있어, $(n-1)$개의 칸에 k가지 색을 칠하는 방법의 수와 같으므로 $f(n-1)$이다.
따라서 n개의 칸에 k가지 색을 칠하는 방법의 수를 $f(n)$이라고 하면
$f(n)=k(k-1)^{n-1}-f(n-1)$
(단, $n\geq 3$, $f(2)=k(k-1)$)

색칠을 시작하는 영역과 마지막에 칠하는 영역이 이웃해 있는 문제에서 영역의 수가 많을 경우, 케이스 분류가 복잡해지므로 점화식을 이용하는 것이 효과적이다.

기출 유형

그림과 같이 A, B, C, D, E의 영역이 있다. 3가지의 서로 다른 색 중 전부 또는 일부를 사용하여 색을 칠하려고 한다. 같은 색은 중복해서 사용해도 좋으나 이웃한 영역은 서로 다른 색으로 칠할 때, 색칠하는 경우의 수를 구하시오.

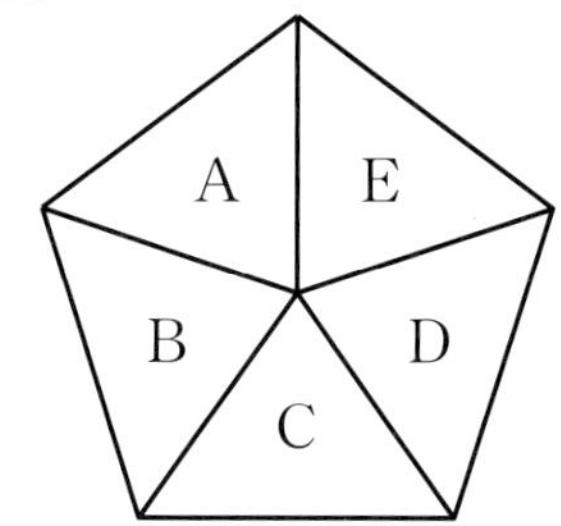

해설

방법1

A→B→C→D→E의 순으로 칠하면 A와 C가 같은 색인지 다른 색인지에 따라 D와 E에 칠해지는 색의 가짓 수가 달라진다.

(i) A와 C에 같은 색을 칠하는 경우

A와 C에 칠할 수 있는 색은 3가지

B에 칠할 수 있는 색은 A(C)에 칠한 색을 제외한 2가지

D에 칠할 수 있는 색은 C에 칠한 색을 제외한 2가지

E에 칠할 수 있는 색은 A, D에 칠한 색을 제외한 1가지

따라서 색칠하는 방법의 수는

$3\times2\times1\times2\times1=12$

(ii) A와 C에 다른 색을 칠하는 경우

A와 D가 같은 색인지 다른 색인지에 따라 E에 칠해지는 색의 가짓 수가 달라진다.

① A와 D에 같은 색을 칠하는 경우

A와 D에 칠할 수 있는 색은 3가지

B에 칠할 수 있는 색은 A에 칠한 색을 제외한 2가지

C에 칠할 수 있는 색은 A, B에 칠한 색을 제외한 1가지

E에 칠할 수 있는 색은 A(D)에 칠한 색을 제외한 2가지

$\therefore 3\times2\times1\times1\times2=12$

② A와 D에 다른 색을 칠하는 경우

A에 칠할 수 있는 색은 3가지

B에 칠할 수 있는 색은 A에 칠한 색을 제외한 2가지

C에 칠할 수 있는 색은 A, B에 칠한 색을 제외한 1가지

D에 칠할 수 있는 색은 A, C에 칠한 색을 제외한 1가지

E에 칠할 수 있는 색은 A, D에 칠한 색을 제외한 1가지

$\therefore 3\times2\times1\times1\times1=6$

①, ②에서 구하는 방법의 수는 18

따라서 구하는 답은 $12+18=30$

방법2

3개 이하의 색을 n개의 부채꼴에 칠하는 경우의 수를 a_n이라고 하면 a_n은 다음과 같은 관계식을 만족한다.

$a_n=3\times2^{n-1}-a_{n-1}$ (단, $n\geq3$) …… ㉠

$a_2=3\times2=6$ 이므로 이를 ㉠에 대입하면

$a_3=3\times2^2-a_2=6$

마찬가지로

$a_4=3\times2^3-a_3=24-6=18$

$\therefore a_5=3\times2^4-a_4=48-18=30$

X 순열과 조합

495

그림과 같이 A, B, C, D, E의 영역이 있다. 5가지 이하의 색 중 전부 또는 일부를 사용하여 색을 칠하려고 한다. 같은 색은 중복해서 사용해도 좋으나 이웃한 영역은 서로 다른 색으로 칠할 때, 색칠하는 경우의 수를 점화식을 이용하여 구하시오.

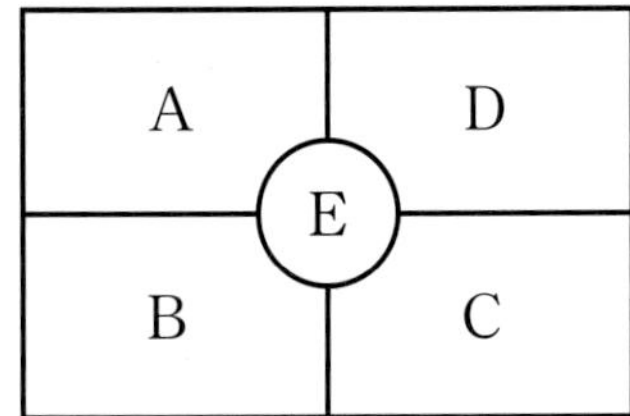

496

그림과 같이 A, B, C, D, E, F, G, H, I의 영역이 있다. 4가지의 서로 다른 색 중 전부 또는 일부를 사용하여 색을 칠하려고 한다. 같은 색은 중복해서 사용해도 좋으나 이웃한 영역은 서로 다른 색으로 칠할 때, 색칠하는 경우의 수를 구하시오.

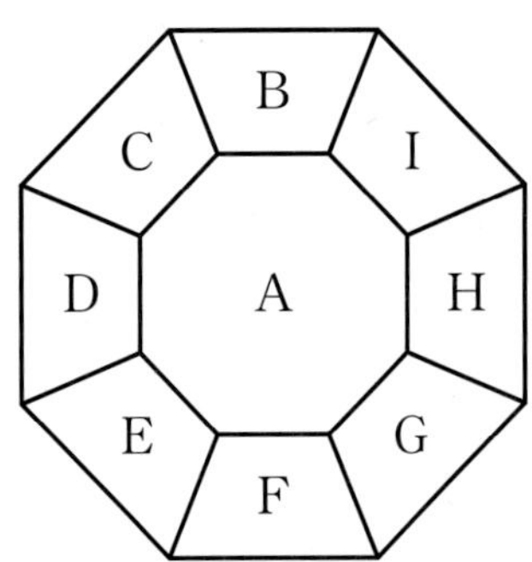

2 주어진 색을 모두 사용하는 문제

같은 색을 칠해도 되는 영역끼리 짝을 지어 가능한 경우를 직접 센다.

기출 유형

그림과 같은 A, B, C, D, E의 영역이 있다. 4가지의 서로 다른 색을 모두 사용하여 색을 칠하려고 할 때, 색칠하는 경우의 수를 구하시오.
(단, 같은 색은 중복해서 사용해도 좋으나 이웃한 영역은 서로 다른 색을 칠한다.)

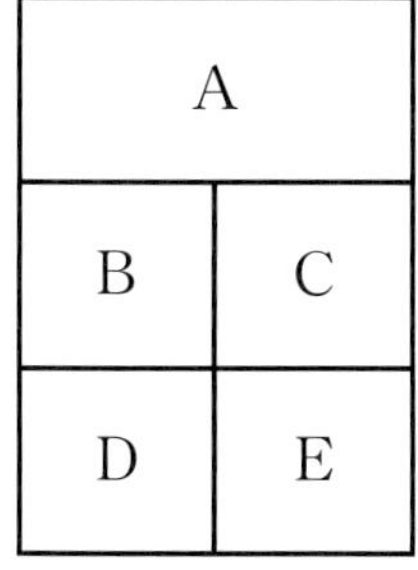

해설

A, B, C, D, E의 5개 영역에 4가지의 서로 다른 색을 모두 사용하여 칠하려면 두 개의 영역에는 같은 색을 칠하고 나머지는 다른 색을 칠해야 한다.
같은 색을 칠해야 하는 두 영역을 짝지어 보면
(A, D), (A, E), (B, E), (C, D)의 4가지이다.
4개의 영역을 네 가지의 색으로 칠하는 경우의 수는 $4!$이므로 구하는 전체 경우의 수는 $4\times4!=96$

497

그림과 같이 A, B, C, D, E, F의 영역이 있다. 5가지의 서로 다른 색을 모두 사용하여 색을 칠하려고 할 때, 색칠하는 경우의 수를 구하시오.
(단, 이웃한 영역은 서로 다른 색으로 칠한다.)

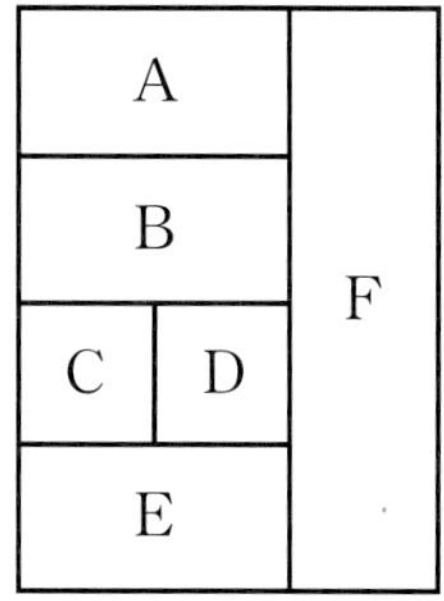

498

그림과 같이 A, B, C, D, E, F의 영역이 있다. 4가지의 서로 다른 색을 모두 사용하여 색을 칠하려고 할 때, 색칠하는 경우의 수를 구하시오.
(단, 이웃한 영역은 서로 다른 색으로 칠한다.)

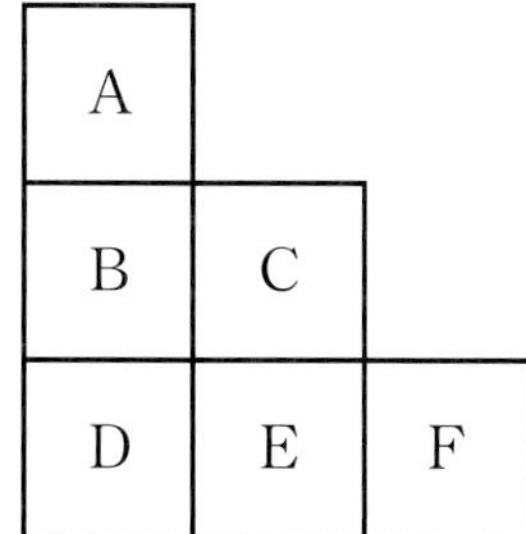

02. 교란순열(완전순열)

(1) 예를 들어, 사람들이 각자의 모자를 벗고 아무 모자나 다시 쓸 때, 모든 사람이 자기 모자가 아닌 다른 사람의 모자를 쓰는 경우를 교란 순열이라고 한다.

(2) 서로 다른 n명의 사람이 모자를 쓰는 방법의 수를 a_n이라고 할 때, 다음과 같은 점화식이 성립한다.

$a_n=(n-1)(a_{n-1}+a_{n-2})$ (단, $n\geq4$)

n명(A, B, C, …)이 서로 다른 사람의 모자(a, b, c, …)를 쓰는 방법의 수를 a_n이라고 하면

① A, B 두 명이 서로 모자를 바꿔 쓰는 경우는 한가지이므로

$\therefore a_2=1$

② A, B, C 세 명이 서로 다른 사람의 모자를 쓰는 경우는 다음과 같으므로

A	B	C
b	c	a
c	a	b

$\therefore a_3=2$

③ A, B, C, D 네 명이 서로 다른 사람의 모자를 쓰는 경우는 다음과 같으므로

A	B	C	D
b	a	d	c
	c	d	a
	d	a	c
c	a	d	b
	d	a	b
		b	a
d	a	b	c
	c	a	b
		b	a

$\therefore a_4=9$

n명일 때의 점화식을 보다 쉽게 유도하기 위해 a_4를 a_2와 a_3을 이용해 나타내 보자.
A, B, C 세 명이 있는 모임에 D가 들어와서 다른 사람의 모자를 쓰는 경우는 3가지이다.
만약 D가 모자 c를 쓴다면,
남은 A, B, C가 모자를 쓰는 모든 경우는 C를 기준으로 다음과 같이 분류할 수 있다.

(i) C가 모자 d를 쓰는 경우
남은 A와 B는 서로의 모자를 쓰면 되므로 이 경우의 수는 a_2와 같다.

(ii) C가 모자 d가 아닌 다른 모자를 쓰는 경우
A, B, C가 모자를 쓸 수 있는 경우는 bda, dab이다.
이는 모자 d를 모자 c로 생각했을 때의 교란 순열의 경우의 수인 a_3과 같다.

따라서 $a_4=3(a_2+a_3)$

※ 일반화

X_1, X_2, X_3, … , X_{n-1}의 $(n-1)$명이 있는 모임에 X_n이 들어와서 다른 사람의 모자를 쓰는 방법의 수는 $(n-1)$가지이다.
만약 X_n이 X_{n-1}의 모자를 쓴다고 하면
X_1, X_2, X_3, … , X_{n-1}이 모자를 쓰는 방법의 수는
X_{n-1}이 X_n의 모자를 쓰는 경우와
X_{n-1}이 X_n의 모자가 아닌 다른 사람의 모자를 쓰는 경우로 분류할 수 있다.

(i) X_{n-1}이 X_n의 모자를 쓰는 경우
남은 $(n-2)$명이 서로 다른 사람의 모자를 쓰는 방법의 수는 a_{n-2}

(ii) X_{n-1}이 X_n의 모자가 아닌 다른 모자를 쓰는 경우
X_n의 모자를 X_{n-1}의 모자로 생각했을 때의 교란순열의 경우의 수와 같으므로 a_{n-1}

$\therefore a_n=(n-1)(a_{n-1}+a_{n-2})$ (단, $n\geq4$, $a_2=1$, $a_3=2$)

교란순열의 경우의 수에서 1, 2, 9, 44는 자주 나오므로 미리 기억해 두고, 더 큰 수는 점화식을 이용해 구하는 것이 시간 절약에 유리하다.

기출 유형

A, B, C, D, E 5명의 학생이 수학 시험을 본 후에 A, B, C, D 4명의 학생이 모두 각각 하나의 시험지를 채점하기로 하였다. 자기 자신의 시험지는 채점할 수 없다고 할 때, 4명이 채점할 수 있는 방법의 수를 구하시오.

해설

A, B, C, D 네 명의 학생이 네 개의 시험지를 채점하는 경우를, E를 포함하여 다섯 명이 다섯 개의 시험지를 채점한다고 생각하자

(i) A, B, C, D가 채점하는 시험지에
E의 시험지가 포함되지 않은 경우는
A, B, C, D 네 명일 때의 교란순열이므로 9가지

(ii) A, B, C, D가 채점하는 시험지에
E의 시험지가 포함된 경우는
A, B, C, D, E 다섯 명일 때의 교란순열이므로 44가지이다.
(예를 들어 A, B, C, D가 순서대로 B, C, D, E의 시험지를 채점한다고 하면 남은 A의 시험지는 E가 채점을 한다고 생각한다.)

(i), (ii)에서 구하는 경우의 수는 $9+44=53$(가지)

499

8명의 학생이 각자 쓰고 온 우산을 가지고 가려고 한다. 3명은 자기 우산을 가져가고, 5명은 다른 사람의 우산을 가져가는 방법의 수를 구하시오.

500

1, 2, 3, 4, 5를 모두 한 번씩 사용하여 다섯 자릿수 $\overline{abcde}$를 만들었다.
이때 $(a-1)(b-2)(c-3)(d-4)(e-5)=0$을 만족시키는 다섯 자릿수의 개수를 구하시오.
(단, $\overline{abcde}=a\times10^4+b\times10^3+c\times10^2+d\times10+e$)

501

학교 앞 K분식점에는 여섯 종류의 음식 A, B, C, D, E, F가 있다. 다섯 명의 학생이 점심 식사로 각각 서로 다른 음식을 하나씩 먹고, 저녁이 되자 다시 K분식점에 가서 저녁 식사를 하려고 한다. 다섯 명 모두 각각 점심 때 먹은 음식과 다른 음식을 하나씩 선택하여 저녁 식사로 먹는 방법의 수를 구하시오.
(단, 다섯 명 모두 서로 다른 음식을 먹어야 한다.)

X 순열과 조합

03. 같은 것을 포함하는 순열

1 같은 것을 포함하는 순열

(1) 전체를 배열하는 방법의 수를 같은 것의 배열 방법의 수로 나누어 계산한다.
예를들어 a, b, c, c, c를 배열하는 방법의 수는 $\frac{5!}{3!}$이다.

(2) 문자의 개수만큼 존재하는 빈자리에 같은 문자가 들어갈 자리를 선택한 후, 나머지 자리에 서로 다른 문자들을 배열하는 방법의 수를 곱한다.
예를들어 a, b, c, c, c를 배열하는 방법의 수는 ${}_5C_3 \times 2!$이다.

※ 같은 것을 포함하는 순열은 확률과 통계에서 나오는 개념이지만, 고1 내신시험에서도 여러 번 출제되었으므로 잘 이해해 두는 것이 좋다. 특히 서술형 대비를 위해 (2)의 설명도 놓치지 않도록 유의하자.

(1) 같은 문자 c, c, c를 전부 다른 문자로 취급하면 a, b, c_1, c_2, c_3를 배열하는 방법의 수는 $5!$ 인데 c_1, c_2, c_3는 실제로는 c, c, c로 1가지이기 때문에 c_1, c_2, c_3를 배열하는 방법의 수로 나누어야 한다. 따라서 $\frac{5!}{3!}$이다.

(2) 다섯 개의 빈 자리 ○, ○, ○, ○, ○에서 c가 들어갈 자리를 고르는 경우의 수는 ${}_5C_3$이다.
남은 2자리에 A, B를 배열하는 방법의 수는 $2!$이므로 구하는 경우의 수는 ${}_5C_3 \times 2!$이다.

개념 확인

a, b, c, c, d, d, d를 배열하는 방법의 수를 구하시오.

해설

방법1
7개의 자리 중에서 c를 놓을 2개의 자리를 택하는 경우의 수는 ${}_7C_2$이고,
나머지 5개의 자리 중에서 d를 놓을 3개의 자리를 택하는 경우의 수는 ${}_5C_3$,
남은 2개의 자리에 a, b를 배열하는 경우의 수는 $2!$이므로 구하는 경우의 수는 ${}_7C_2 \times {}_5C_3 \times 2 = 420$

방법2
7개의 문자 중에서 같은 문자 c가 2개, d가 3개 있으므로 구하는 경우의 수는 $\frac{7!}{2! \times 3!} = 420$

2 순서가 정해진 순열

배열의 순서가 정해진 것들은 동일한 것으로 간주한다. 예를 들어 a, b, c, d, e를 일렬로 배열할 때, d가 e보다 왼쪽에 오도록 배열하는 방법의 수는 ${}_5C_2 \times 3!$이다.

a, b, c, d, e를 일렬로 배열할 때, d가 e보다 왼쪽에 오도록 배열하는 방법의 수는 a, b, c, ○, ○을 배열하는 방법의 수와 같다.
예를 들어 배열된 상태 ○, c, b, ○, a는 두 개의 ○에 왼쪽부터 차례대로 d, e를 쓰면 d, c, b, e, a를 의미한다. 따라서 a, b, c, ○, ○를 배열하는 방법의 수와 같으므로 ${}_5C_2 \times 3!$이다.

기출 유형

A, b, c, d, 1, 2를 일렬로 배열할 때, 문자 중에서 대문자 A는 소문자 b, c, d보다 왼쪽에 있도록 배열하는 경우의 수를 구하시오.
(예를 들어 2, A, c, 1, b, d는 조건을 만족하는 배열이다.)

해설

대문자 A는 소문자 b, c, d보다 왼쪽에 있어야 하므로 먼저 6개의 자리에서 A, b, c, d를 놓을 4자리를 선택하면 경우의 수는 ${}_6C_4$이다.
선택한 4자리 중 맨 앞에 A가 고정되므로, 나머지 3자리에 b, c, d를 배열하는 방법은 3!이다. 이제 남은 2개의 자리에 1, 2를 배열하는 경우의 수는 2!이므로 따라서 구하는 전체 경우의 수는 ${}_6C_4 \times 3! \times 2! = 180$

502

1, 2, 3, 4, A, B, C를 일렬로 나열할 때, 숫자 중에서 4는 1, 2, 3보다 뒤에 있도록 나열하는 경우의 수를 구하시오.
(예를 들어 C2A13B4는 조건을 만족하는 경우이다.)

503

1, 2, 3, A, B, C, D, E, F를 일렬로 나열할 때, 숫자끼리는 서로 이웃하지 않고, 1, 2, 3 순으로 나열하는 경우의 수를 구하시오.
(예를 들어 E1D2A3BCF는 조건을 만족하는 경우이다.)

X 순열과 조합

504

대문자 A, B, C를 포함한 문자 7개 A, B, C, d, e, f, g를 일렬로 나열할 때, C가 A와 B 사이에 오도록 나열하는 경우의 수를 구하시오.
(예를 들어 eBdCfAg는 조건을 만족하는 경우이다.)

505

a, b, c, 1, 2, 3을 일렬로 배열할 때, 문자 b는 문자 a, c 사이에 오고, 숫자 2는 숫자 1, 3사이에 오도록 배열하는 방법의 수를 구하시오.
(예를 들어 3, a, b, 2, c, 1은 조건을 만족하는 배열이다.)

506

A, B, C, D, E를 일렬로 배열할 때, 다음 조건을 모두 만족시키는 배열 방법의 수를 구하시오.

(가) (A와 B사이의 거리) $<$ (A와 C사이의 거리)가 되도록 배열한다.
(나) D는 E보다 왼쪽에 있도록 배열한다.

04. 기타

1 이웃하지 않게 배열하는 방법의 수

(1) 이웃해도 되는 것들을 먼저 배열한 후, 그 사이사이와 양 끝에 이웃하면 안 되는 것들을 넣어 배열한다.
(2) 조건을 만족하는 전체 경우의 수에서 이웃하는 경우의 수를 제외한다.
(3) 이웃하지 않게 배열하는 경우를 직접 계산해 본다.

기출 유형1

일렬로 놓여 있는 9개의 똑같은 빈 의자에 네 명의 학생이 앉을 때, 어느 두 명도 서로 이웃하지 않게 의자에 앉는 방법의 수를 구하시오.

해설

4개의 의자에 학생이 앉으므로 빈 의자는 5개이다.
5개의 빈 의자들 사이에는 4개의 공간이 있고, 빈 의자 양 끝에는 두 개의 공간이 있으므로 총 6개의 자리에 학생 4명을 앉히는 경우의 수와 같다.
따라서 구하는 경우의 수는 ${}_6P_4=6\times5\times4\times3=360$

기출 유형2

6개의 문자 A, B, C, D, E, F를 일렬로 배열할 때, A와 B는 이웃하고, A와 C는 이웃하지 않도록 배열하는 방법의 수를 구하시오.

해설

A, B는 서로 이웃하므로 A와 B를 한 사람으로 생각해서 5명을 일렬로 세우는 방법의 수는 $5!=120$이고
A와 B가 자리를 바꾸는 경우의 수는 $2!=2$이므로
A, B가 이웃하는 경우의 수는 $5!\times2=240$
이때, A와 C가 이웃하면 안 되므로
A와 C가 이웃하는 경우인 B와 C사이에 A가 있는 경우를 제외해야 한다.
묶음 BAC (또는 CAB)와 남은 3개의 문자 D, E, F를 배열하는 경우의 수는 $2\times4!=48$
따라서 구하는 경우의 수는 $240-48=192$

507

1부터 11까지의 수가 하나씩 적혀 있는 11장의 카드가 있다. 이 카드 중에서 동시에 4장의 카드를 뽑을 때, 카드에 적혀 있는 어느 두 수도 연속하지 않을 경우의 수를 구하시오.

508

1, 2, 3, A, B, C, D를 일렬로 배열할 때, 1, 2, 3 중에서 2개의 숫자끼리는 서로 이웃하지만 3개의 숫자는 모두 이웃하지 않도록 배열하는 방법의 수를 구하시오.

509

A, B, C, c, d, 1, 2를 일렬로 배열할 때, 대문자는 대문자끼리, 소문자는 소문자끼리 각각 모두 이웃하지만 같은 문자 C와 c는 이웃하지 않도록 배열하는 방법의 수를 구하시오.

510

남학생 5명과 여학생 2명이 모두 일렬로 나열된 7개의 의자에 앉을 때, 남학생끼리는 두 명 까지만 이웃할 수 있고, 여학생끼리는 서로 이웃하지 않도록 의자에 앉는 방법의 수를 구하시오.

정답과 풀이 p.146

2 약수와 배수 문제
(1) 3의 배수 문제

3의 배수 문제는 각 수를 3으로 나눈 나머지로 분류한다.

기출 유형

1부터 15까지의 자연수 중에서 서로 다른 세 수를 선택할 때, 세 수의 합이 3의 배수가 되는 경우의 수를 구하시오.

해설

1부터 15까지의 자연수 중에서 3으로 나눈 나머지가 0, 1, 2인 수의 모임을 각각 A_0, A_1, A_2라 하면

$A_0=\{3, 6, 9, 12, 15\}$

$A_1=\{1, 4, 7, 10, 13\}$

$A_2=\{2, 5, 8, 11, 14\}$

서로 다른 세 수를 선택할 때, 세 수의 합이 3의 배수가 되는 경우는 다음과 같다.

(i) A_0에서 세 수를 선택하는 경우

$_5C_3=10$

(ii) A_1에서 세 수를 선택하는 경우

$_5C_3=10$

(iii) A_2에서 세 수를 선택하는 경우

$_5C_3=10$

(iv) A_0, A_1, A_2에서 각각 하나씩 선택하는 경우

$5\times5\times5=125$

(i) ~ (iv)에서 구하는 경우의 수는

$10+10+10+125=155$

511

일곱 개의 숫자 0, 1, 2, 3, 4, 5, 6 중에서 서로 다른 세 개의 숫자를 선택하여 세 자리 자연수를 만들 때, 그 수가 3의 배수가 되는 경우의 수를 구하시오.

512

1부터 9까지의 자연수 중에서 서로 다른 네 수를 선택하여 네 자리 자연수를 만들 때, 그 수가 6의 배수가 되는 경우의 수를 구하시오.

513

0부터 6까지의 정수 중에서 서로 다른 네 개의 수를 선택하여 네 자리의 자연수를 만들 때, 그 수가 12의 배수가 되는 경우의 수를 구하시오.

(2) 서로소 문제

서로소란 1이외의 공약수를 갖지 않는 둘 이상의 양의 정수를 말한다.
참고) 소수는 약수가 1과 자기 자신뿐인 자연수이다.

짝수끼리는 서로소가 아니므로
먼저 홀수를 배열한 후 각각의 홀수 사이에 짝수를 넣는 방법을 고려해 본다.
이때 짝수 6은 3의 배수인 홀수 3, 9, 15, … 와 서로소가 아님을 유의해야 한다.

기출 유형

1, 2, 3, 4, 5, 6, 7을 일렬로 배열할 때, 서로 이웃한 두 수가 서로소가 되도록 숫자를 배열하는 방법의 수를 구하시오.

해설

1, 2, 3, 4, 5, 6, 7을 일렬로 배열할 때 서로 이웃한 두 수가 서로소가 되려면 짝수 2, 4, 6은 서로 이웃하면 안 되고 3, 6 또한 서로 이웃하면 안 된다.
따라서 먼저 홀수를 배열한다.
홀수 1, 3, 5, 7의 4개의 숫자를 일렬로 배열하는 방법의 수는 4!이다.
이때, 3과 6은 이웃하면 안 되므로 6이 들어갈 수 있는 곳을 먼저 생각하면
6은 3의 양쪽을 제외한 세 곳에 들어갈 수 있다.
✓ 1 3 5 ✓ 7 ✓
이제 남은 두 개의 숫자 2와 4는
6이 들어간 자리의 양쪽을 제외한 네 곳에 배열하면 되므로 ${}_4P_2$이다.
61 ✓ 3 ✓ 5 ✓ 7 ✓
따라서 구하는 경우의 수는
$4! \times 3 \times {}_4P_2 = 24 \times 3 \times (4 \times 3) = 864$

514

5개의 숫자 1, 3, 6, 9, 27을 일렬로 배열할 때, 이웃하는 두 수는 항상 하나의 수가 다른 하나의 수의 배수가 되도록 배열하는 방법의 수를 구하시오.

515

1, 2, 3, 4, 5, 6, 7, 8, 9를 일렬로 배열할 때, 서로 이웃한 두 수가 서로소가 되도록 숫자를 배열하는 방법의 수를 구하시오.

3 지불 방법수와 지불 금액수

(1) 직접 센다.
(2) 가장 낮은 금액의 동전으로 바꿨을 때, 지불 가능한 금액이 연속된 경우에는 모든 동전을 가장 낮은 금액의 동전으로 교환한다. (**개념 확인1, 개념 확인3** 방법2 참고)
(3) 일정 금액의 범위 내에서 연속된 금액으로 지불 가능할 경우, 해당 범위의 가장 낮은 금액의 동전으로 교환한다. (**개념 확인2** 방법1, **개념 확인3** 방법1 참고)

개념 확인1

10원짜리 동전 6개, 50원짜리 동전 2개, 100원짜리 동전 1개로 지불할 수 있는 금액의 수를 구하시오.
(단, 0원은 지불하지 않은 것으로 한다.)

해설

50원과 100원을 제일 낮은 금액인 10원짜리 동전으로 바꾸게 되면 10원부터 260원까지 연속된 금액이 나오므로 구하는 경우의 수는 26가지이다.

개념 확인2

10원짜리 동전 3개, 50원짜리 동전 2개, 100원짜리 동전 1개로 지불할 수 있는 금액의 수를 구하시오.
(단, 0원은 지불하지 않은 것으로 한다.)

해설

방법1
100원짜리 동전을 50원짜리 동전으로 바꾸면 50원짜리 동전이 4개 있다고 생각할 수 있으므로 10원짜리 동전 3개와 50원짜리 동전 4개로 지불하는 금액의 수와 같다.
$\therefore (3+1)\times(4+1)-1=19$가지이다.

방법2
지불할 수 있는 금액을 직접 세면 10원~30원, 50원~80원, 100원~130원, 150원~180원, 200원~230원이므로 19가지이다.

개념 확인3

10원짜리 동전 4개, 50원짜리 동전 2개, 100원짜리 동전 1개로 지불할 수 있는 금액의 수를 구하시오.
(단, 0원은 지불하지 않은 것으로 한다.)

해설

방법1
100원짜리 동전을 50원짜리 동전으로 바꾸면 50원짜리 동전이 4개 있다고 생각할 수 있으므로 10원짜리 동전 4개와 50원짜리 동전 4개로 지불하는 금액의 수와 같다.
$\therefore (4+1)\times(4+1)-1=24$가지이다.

방법2
50원과 100원을 제일 낮은 금액인 10원짜리 동전으로 바꾸게 되면 10원부터 240원까지 연속된 금액이 나오므로 구하는 경우의 수는 24가지이다.

516

10원짜리 동전 7개, 50원짜리 동전 3개, 100원짜리 동전 2개, 500원짜리 동전 1개로 지불할 수 있는 방법의 수와 지불할 수 있는 금액의 수를 구하시오.
(단, 0원은 지불하지 않은 것으로 한다.)

517

10원짜리 동전 4개, 50원짜리 동전 2개, 100원짜리 동전 3개, 500원짜리 동전 1개로 지불할 수 있는 금액의 수를 구하시오. (단, 0원은 지불하지 않은 것으로 한다.)

518

10원짜리 동전 3개, 50원짜리 동전 4개, 100원짜리 동전 1개, 500원짜리 동전 1개로 지불할 수 있는 금액을 작은 금액부터 차례로 나열할 때, 30번째 금액은 얼마인지 구하시오. (단, 0원은 지불하지 않은 것으로 한다.)

정답과 풀이 p.148

4 전개식에서 서로 다른 항의 개수

전개했을 때 같은 항이 나타나는지 확인한다. 

개념 확인1

$(a+b)(a+b+c)$를 전개했을 때, 서로 다른 항의 개수를 구하시오.

해설

방법1

$(a+b)(a+b+c)=(a+b)^2+(a+b)c$

$=a^2+2ab+b^2+ac+bc$

이므로 전개했을 때 서로 다른 항의 개수는 5이다.

방법2

$(a+b)(a+b+c)$에서 각 문자를 모두 다르다고 하면 전개식에서 서로 다른 항의 개수는 $2\times3=6$

$a+b=\mathrm{X}$라고 하면

$(a+b)(a+b+c)=\mathrm{X}(\mathrm{X}+c)=\mathrm{X}^2+c\mathrm{X}$

X^2의 전개식에서 ab가 두 번 나오므로 이를 하나 빼면 서로 다른 항의 개수는 $6-1=5$이다.

개념 확인2

$(a+b)(a+b+c)(d+e)$를 전개했을 때, 서로 다른 항의 개수를 구하시오.

해설

방법1

$(a+b)(a+b+c)(d+e)$

$=\{(a+b)^2+(a+b)c\}(d+e)$

$=(a^2+2ab+b^2+ac+bc)(d+e)$

이므로 전개했을 때의 서로 다른 항의 개수는

$5\times2=10$이다.

방법2

$(a+b)(a+b+c)(d+e)$에서 각 문자를 모두 다르다고 하면 전개식에서 서로 다른 항의 개수는

$2\times3\times2=12$

$a+b=\mathrm{X}$라고 하면

$(a+b)(a+b+c)(d+e)$

$=\mathrm{X}(\mathrm{X}+c)(d+e)=(\mathrm{X}^2+c\mathrm{X})(d+e)$

X^2의 전개식에서 ab가 두 번 나오므로 오른쪽에 곱해져 있는 $(d+e)$에 있는 항의 개수 2를 곱해서 한번 빼면 서로 다른 항의 개수는 $12-2=10$이다.

개념 확인3

$(a+b+c)(k+l)-(a+b)(x+y)$를 전개했을 때, 서로 다른 항의 개수를 구하시오.

해설

$(a+b+c)(k+l)$을 전개하면

a, b, c의 각각에 k, l 중 하나에 곱하여 항이 만들어지므로 구하는 항의 개수는 $3\times2=6$

같은 방법으로 $(a+b)(x+y)$를 전개하였을 때

서로 다른 항의 개수는 $2\times2=4$

이 중에서 같은 항은 없으므로 구하는 경우의 수는

$6+4=10$

X 순열과 조합

기출 유형

$(a+b)(a+b+c)(a+b+d)$를 전개했을 때, 서로 다른 항의 개수를 구하시오.

해설

방법1

$(a+b)(a+b+c)(a+b+d)$에서 $a+b=\mathrm{X}$라고 하면

$$(a+b)(a+b+c)(a+b+d)$$
$$=\mathrm{X}(\mathrm{X}+c)(\mathrm{X}+d)$$
$$=\mathrm{X}\{\mathrm{X}^2+(c+d)\mathrm{X}+cd\}$$
$$=\mathrm{X}^3+(c+d)\mathrm{X}^2+cd\mathrm{X}$$
$$=a^3+3a^2b+3ab^2+b^3+(c+d)(a^2+2ab+b^2)+cd(a+b)$$

이므로 전개했을 때 서로 다른 항의 개수는

$4+2\times3+2=12$

방법2

$(a+b)(a+b+c)(a+b+d)$에서 각 문자를 모두 다르다고 하면

전개식에서 서로 다른 항의 개수는 $2\times3\times3=18$

$a+b=\mathrm{X}$라고 하면 $\mathrm{X}^3+(c+d)\mathrm{X}^2+cd\mathrm{X}$

X^3의 전개식에서

a^2b, ab^2이 각각 세 번씩 나오므로 각각 두 번씩 빼고

X^2의 전개식에서

ab가 두 번 나오므로 곱해져 있는 $(c+d)$에

있는 항의 개수 2를 곱해서 한번 빼면 구하는 답은

$18-2\times2-2=12$

519

$(a+b+c+d)(x+y+z)(b+c+d)$를 전개했을 때, 서로 다른 항의 개수를 구하시오.

520

$(a+b+c)(x+y+z)-(c+d)(x+w+u)$를 전개했을 때, 서로 다른 항의 개수를 구하시오.

521

$(a+b+c+d)(x+y+z)-(c+d+e)(y+z+w)$를 전개했을 때, 서로 다른 항의 개수를 구하시오.

조합

01. 도형의 개수

1 직선, 삼각형의 개수

(1) n개의 점 중에서 m개(단, $m \geq 3$)의 점이 일직선상에 있을 때, 서로 다른 2개의 점을 연결하여 만들 수 있는 직선의 개수: ${}_nC_2 - {}_mC_2 + 1$

(2) n개의 점 중에서 m개(단, $m \geq 3$)의 점이 일직선상에 있을 때, 서로 다른 3개의 점을 연결하여 만들 수 있는 삼각형의 개수: ${}_nC_3 - {}_mC_3$

① n개의 점 중에서 m개(단, $m \geq 3$)의 점이 일직선상에 있을 때, 서로 다른 2개의 점을 연결하여 만들 수 있는 직선의 개수: ${}_nC_2 - {}_mC_2 + 1$

n개의 점 중에서 2개를 선택하는 경우의 수는 ${}_nC_2$
이 중 한 직선 위에 있는 직선의 개수는 1이므로 중복된 직선의 개수를 빼야 한다.
$\therefore {}_nC_2 - {}_mC_2 + 1$

② n개의 점 중에서 m개(단, $m \geq 3$)의 점이 일직선상에 있을 때, 서로 다른 3개의 점을 연결하여 만들 수 있는 삼각형의 개수: ${}_nC_3 - {}_mC_3$

n개의 점 중에서 3개를 선택하는 경우의 수는 ${}_nC_3$
이 중 한 직선 위에 있는 점 중에서 3개를 선택하는 경우는 삼각형이 만들어지지 않는다.
$\therefore {}_nC_3 - {}_mC_3$

※주의 사각형의 개수

★ 틀린 풀이
n개의 점 중에서 m개(단, $m \geq 4$)의 점이 일직선상에 있을 때, 서로 다른 4개의 점을 연결하여 만들 수 있는 사각형의 개수
=(n개의 점들 중에서 4개의 점을 선택하는 경우의 수)−(일직선 위에 있는 점들 중에서 4개의 점을 택하는 경우의 수)−(일직선 위에 있는 점들 중에서 3개를 선택하고 나머지 하나는 일직선 위에 있지 않은 점을 선택하는 경우의 수)
이므로 ${}_nC_4 - {}_mC_4 - (n-m) \times {}_mC_3$

세 점을 연결한 삼각형의 내부에 한 점이 존재하는 경우, 아래 그림과 같이 오목사각형이 3개 생긴다. 따라서 일직선 위에 있지 않은 네 점을 선택했을 때 가능한 사각형의 개수가 반드시 1이 되는 것은 아니다.

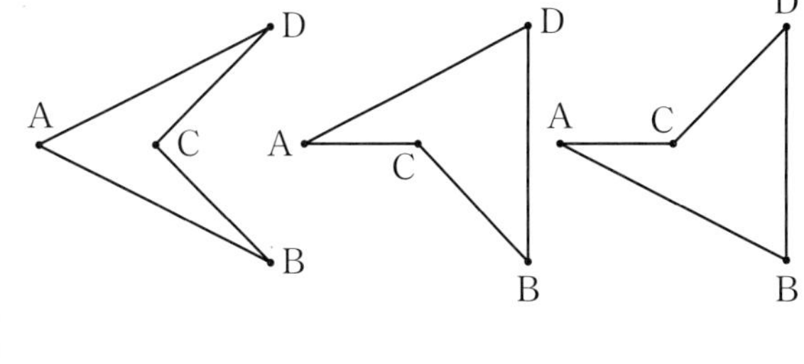

X 순열과 조합

개념 확인

그림과 같이 서로 합동인 4개의 정사각형으로 이루어진 도형 위에 꼭짓점 9개가 있다. 이 9개의 점 중에서 서로 다른 4개의 점을 이어서 만들 수 있는 사각형의 개수를 구하시오.

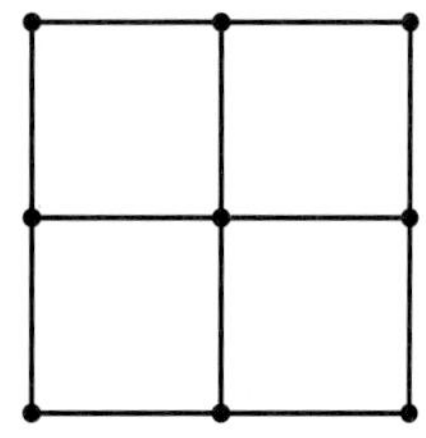

해설

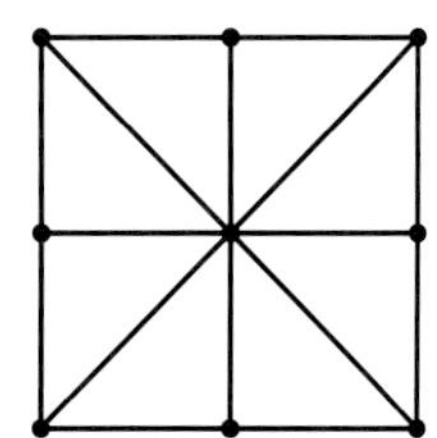

9개의 점 중에서 4개의 점을 택하는 경우의 수는

${}_9C_4=126$

이때, 택한 4개의 점으로 사각형을 만들 수 없는 경우는 일직선 위에 있는 3개의 점과 나머지에서 한 개의 점을 택할 때이므로 $({}_3C_3\times{}_6C_1)\times8=48$

이때 고른 네 점이 다음 그림과 같은 경우는 각각 3개의 사각형이 존재하므로 각 경우(8가지)에 대해서 2개씩 추가해야 한다.

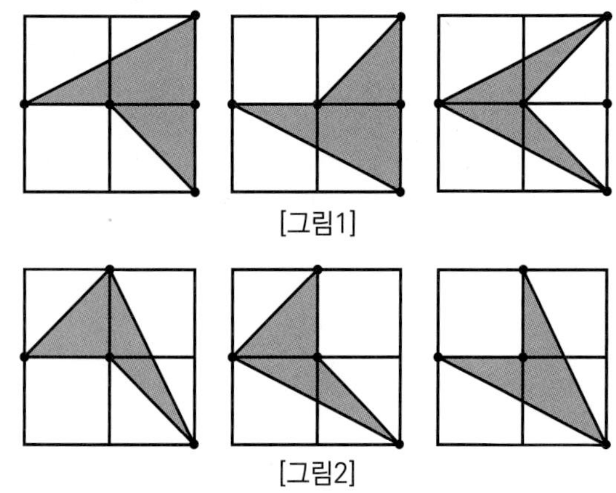

[그림1]

[그림2]

따라서 구하는 사각형의 개수는

$126-48+2\times8=94$

기출 유형

다음 그림과 같이 서로 합동인 12개의 정사각형으로 이루어진 도형 위에 꼭짓점 21개가 있다. 이 21개의 점 중에서 서로 다른 2개의 점을 이어서 만들 수 있는 직선의 개수를 a, 서로 다른 3개의 점을 이어서 만들 수 있는 삼각형의 개수를 b라 할 때, a, b의 값을 구하시오.

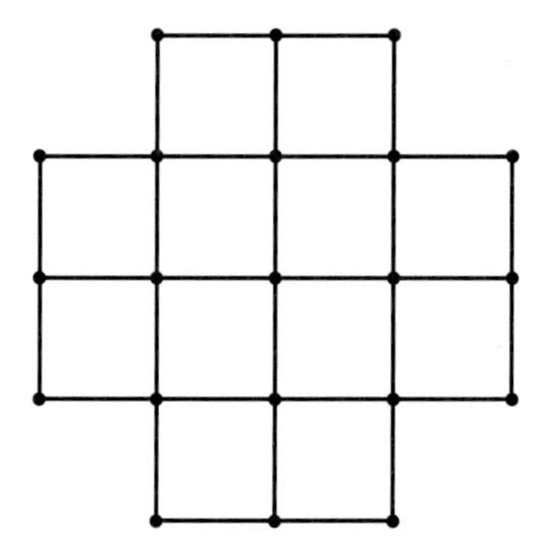

해설

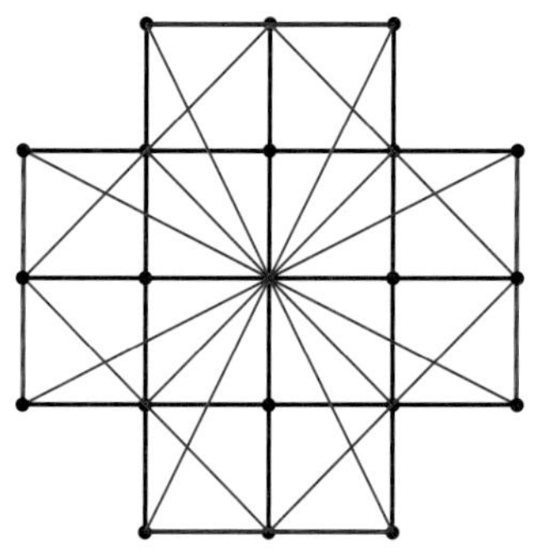

(1) 직선의 개수

21개의 점 중 2개를 택하는 경우의 수는 ${}_{21}C_2=210$이다. 이 중 한 직선 위에 있는 직선의 개수는 1이므로 중복된 직선의 개수를 빼야한다.

(i) 한 직선 위에 5개의 점이 있는 경우는 6개이고 각 직선에서 ${}_5C_2=10$(개)씩 중복된 직선이 존재한다.

(ii) 한 직선 위에 4개의 점이 있는 경우는 4개이고 각 직선에서 ${}_4C_2=6$(개)씩 중복된 직선이 존재한다.

(iii) 한 직선 위에 3개의 점이 있는 경우는 14개이고 각 직선에서 ${}_3C_2=3$(개)씩 중복된 직선이 존재한다.

따라서 서로 다른 직선의 개수는

$$a={}_{21}C_2-6\times{}_5C_2+6-4\times{}_4C_2+4 \\ -14\times{}_3C_2+14=108$$

(2) 삼각형의 개수

21개의 점 중 3개를 택하는 경우의 수는 ${}_{21}C_3=1330$이다. 이 중 한 직선 위에 있는 점 중에서 3개를 택하는 경우는 삼각형이 만들어지지 않는다.

한 직선 위에 5개의 점이 있는 경우는 6개

한 직선 위에 4개의 점이 있는 경우는 4개

한 직선 위에 3개의 점이 있는 경우는 14개이므로

서로 다른 3개의 점을 이어서 만든 삼각형의 개수는

$$b={}_{21}C_3-6\times{}_5C_3-4\times{}_4C_3-14\times{}_3C_3=1240$$

522

그림과 같이 합동인 14개의 정삼각형으로 이루어진 도형 위에 13개의 점이 있다. 이 13개의 점 중에서 세 점을 꼭짓점으로 하여 만들 수 있는 삼각형의 개수를 구하시오.

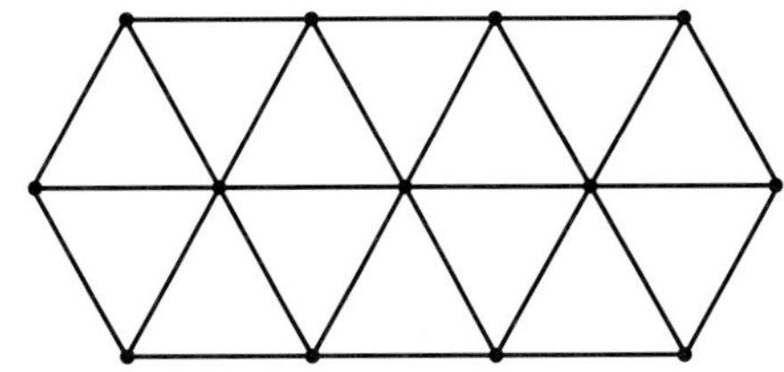

523

좌표평면 위에 있는 서로 다른 점 9개에서 2개의 점을 이어서 만들 수 있는 직선의 개수가 29개일 때, 이 9개의 점 중에서 3개의 점을 이어서 만들 수 있는 삼각형의 개수를 구하시오.

X 순열과 조합

2 평행선으로 만들 수 있는 직사각형의 개수

평행한 두 직선과 수직으로 만나는 두 직선에 의해 하나의 직사각형이 만들어지므로 평행한 두 가로선에 대해 직사각형을 만들 수 있는 세로선 두 개를 선택하는 경우의 수를 구한다.

기출 유형

아래 그림은 합동인 정사각형 16개를 연결한 도형이다. 이 도형의 선들로 만들 수 있는 직사각형의 개수를 구하시오.

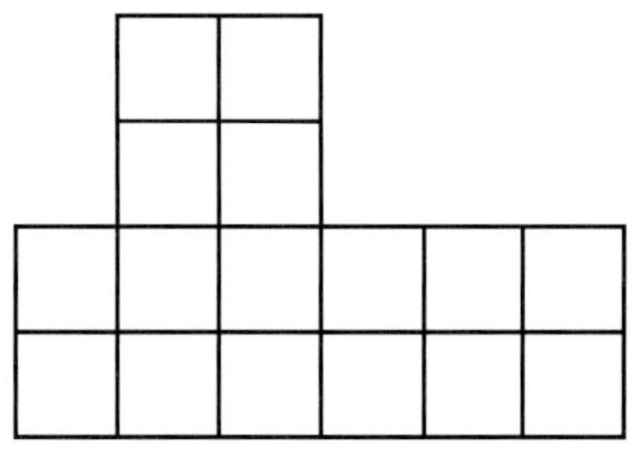

해설

방법1

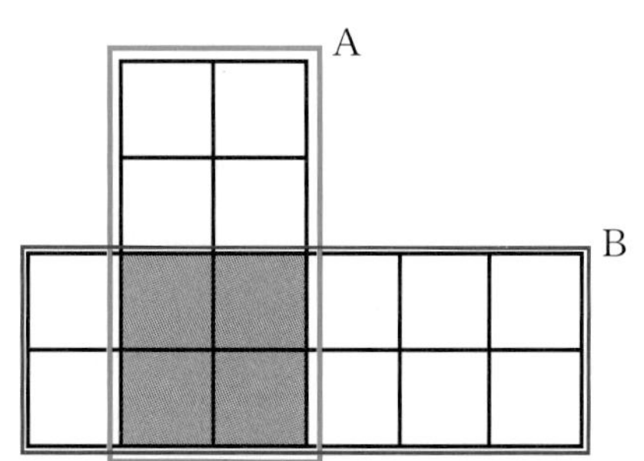

위의 그림에서 A부분에 있는 직사각형 개수는

${}_5C_2 \times {}_3C_2 = 10 \times 3 = 30$

B부분에 있는 직사각형 개수는

${}_7C_2 \times {}_3C_2 = 21 \times 3 = 63$

A부분, B부분에서 중복되는 직사각형의 개수는

${}_3C_2 \times {}_3C_2 = 3 \times 3 = 9$이므로

구하는 직사각형의 개수는 $30 + 63 - 9 = 84$

방법2

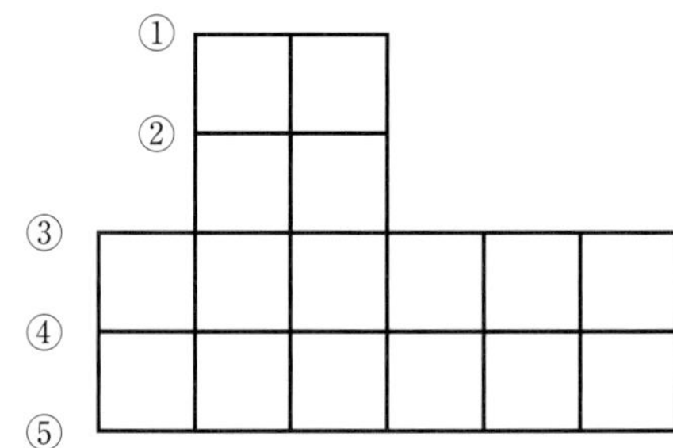

위의 그림에 있는 다섯 개의 가로줄 ①, ②, ③, ④, ⑤ 중에서 2개를 선택하고,

각각의 경우에 대해 세로줄 2개를 선택하면 직사각형이 만들어 진다.

이에 대해 가능한 경우를 살펴보면 다음과 같다.

(i) 가로줄 ①과 나머지 가로줄(②, ③, ④, ⑤)을 선택하는 경우

가능한 세로줄이 3개이므로 ${}_3C_2 \times 4 = 3 \times 4 = 12$

(ii) 가로줄 ②와 나머지 가로줄(③, ④, ⑤)을 선택하는 경우

가능한 세로줄이 3개이므로 ${}_3C_2 \times 3 = 3 \times 3 = 9$

(iii) 가로줄 ③과 나머지 가로줄(④, ⑤)을 선택하는 경우

가능한 세로줄이 7개이므로 ${}_7C_2 \times 2 = 21 \times 2 = 42$

(iv) 가로줄 ④, ⑤를 선택하는 경우

가능한 세로줄이 7개이므로 ${}_7C_2 \times 1 = 21$

(i) ~ (iv)에서 구하는 경우의 수는

$12 + 9 + 42 + 21 = 84$

기출 유형1

아래 그림은 합동인 정사각형 13개를 연결한 도형이다. 이 도형의 선들로 만들 수 있는 직사각형의 개수를 구하시오.

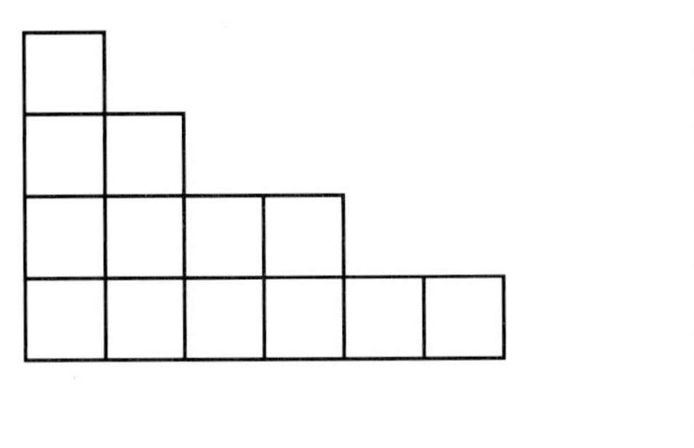

해설

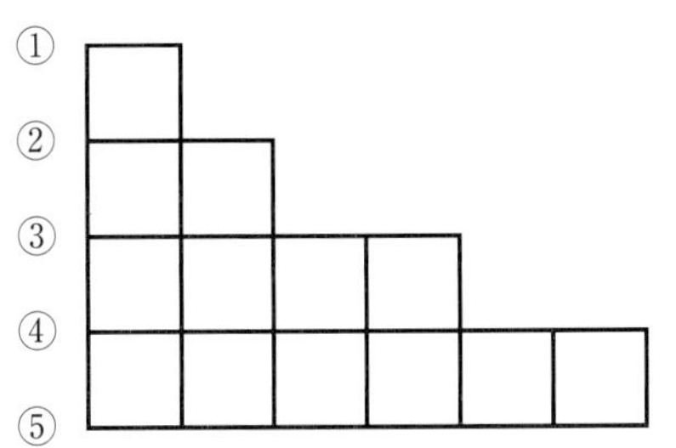

위의 그림에 있는 다섯 개의 가로줄 ①, ②, ③, ④, ⑤ 중에서 2개를 선택하고, 각각의 경우에 대해 세로줄 2개를 선택하면 직사각형이 만들어진다.
이에 대해 가능한 경우를 살펴보면 다음과 같다.

(i) 가로줄 ①과 나머지 가로줄(②, ③, ④, ⑤)을 선택하는 경우
가능한 세로줄이 2개이므로 ${}_2C_2\times4=1\times4=4$

(ii) 가로줄 ②와 나머지 가로줄(③, ④, ⑤)을 선택하는 경우
가능한 세로줄이 3개이므로 ${}_3C_2\times3=3\times3=9$

(iii) 가로줄 ③과 나머지 가로줄(④, ⑤)을 선택하는 경우
가능한 세로줄이 5개이므로
${}_5C_2\times2=10\times2=20$

(iv) 가로줄 ④, ⑤를 선택하는 경우
가능한 세로줄이 7개이므로 ${}_7C_2\times1=21$

(i) ~ (iv)에서 구하는 경우의 수는
$4+9+20+21=54$

524

아래 그림은 직사각형 10개를 연결한 도형이다. 이 도형의 선들로 만들 수 있는 직사각형의 개수를 구하시오.

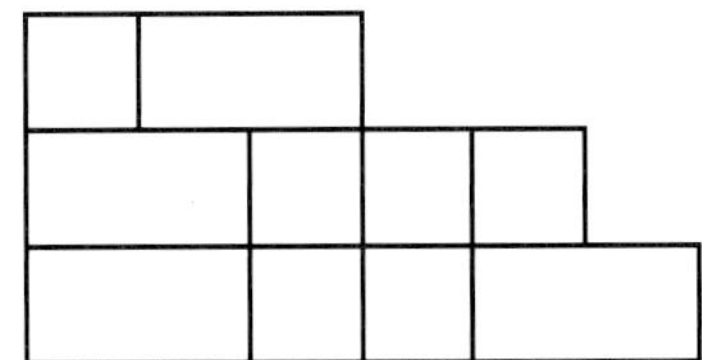

525

아래 그림은 직사각형 13개를 연결한 도형이다. 이 도형의 선들로 만들 수 있는 직사각형의 개수를 구하시오.

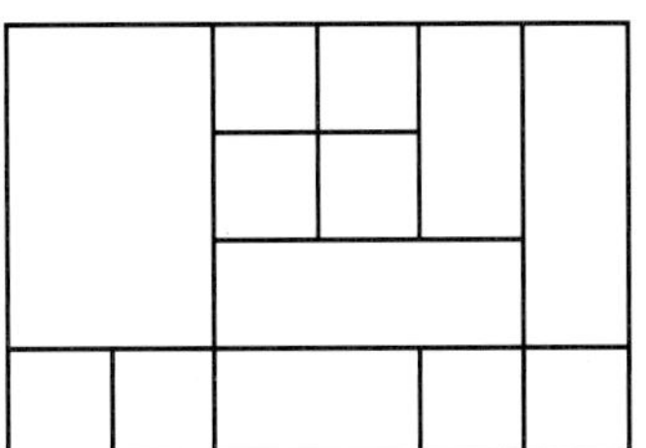

X 순열과 조합

3 특정한 직사각형을 포함하는 직사각형의 개수

특정한 직사각형 A를 포함하도록 A의 왼쪽, 오른쪽, 위쪽, 아래쪽에서 각각 하나의 선을 선택하는 경우의 수를 구한다.

개념 확인

다음 그림은 합동인 직사각형 30개를 이어 붙여 만든 도형이다. 이 도형의 선으로 이루어진 직사각형 중에서 색칠된 직사각형을 포함하는 직사각형의 개수를 구하시오.

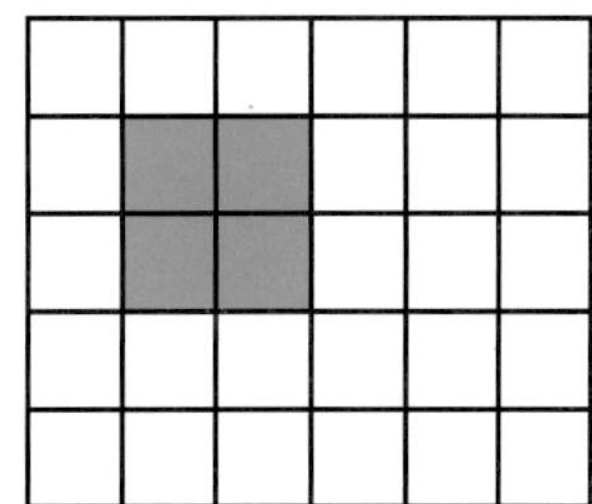

해설

가로선 6개 중에서 색칠된 직사각형을 기준으로 아래쪽에 있는 가로선 3개에서 1개를 택하고, 위쪽에 있는 가로선 2개에서 1개를 택하는 경우의 수는

${}_3C_1 \times {}_2C_1 = 6$

세로선 7개 중에서 색칠된 직사각형을 기준으로 왼쪽에 있는 세로선 2개에서 1개를 택하고, 오른쪽에 있는 세로선 4개에서 1개를 택하는 경우의 수는

${}_2C_1 \times {}_4C_1 = 8$

따라서 구하는 경우의 수는 $6 \times 8 = 48$

기출 유형1

다음 그림은 합동인 정사각형 36개를 이어 붙여 만든 도형이다. 이 도형의 선으로 이루어진 직사각형 중에서 ■를 하나만 포함하는 직사각형의 개수를 구하시오.

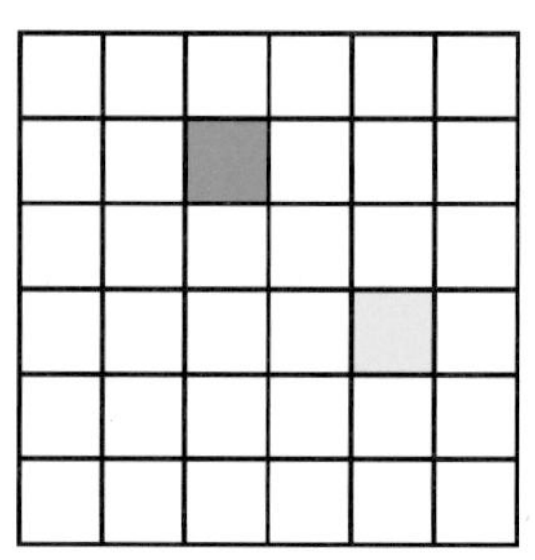

해설

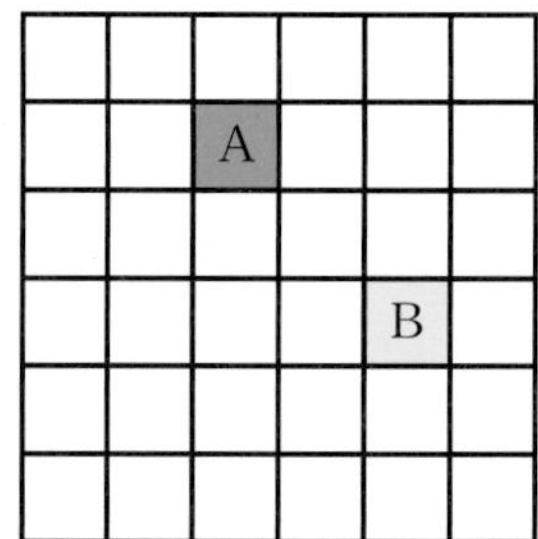

위의 그림과 같이 색칠한 직사각형을 각각 A, B라고 하면

A를 포함하는 직사각형의 개수는

A의 왼쪽, 오른쪽, 위쪽, 아래쪽에 있는 선에서 하나씩 선택하면 되므로

$({}_3C_1 \times {}_4C_1) \times ({}_2C_1 \times {}_5C_1) = 120$

마찬가지로 B를 포함하는 직사각형의 개수는

$({}_5C_1 \times {}_2C_1) \times ({}_4C_1 \times {}_3C_1) = 120$

A, B를 모두 포함하는 직사각형의 개수는

$({}_3C_1 \times {}_2C_1) \times ({}_2C_1 \times {}_3C_1) = 36$

따라서 ■를 하나만 포함하는 직사각형의 개수는

(i) (A를 포함하는 직사각형의 개수)
−(A, B를 모두 포함하는 직사각형의 개수)

(ii) (B를 포함하는 직사각형의 개수)
−(A, B를 모두 포함하는 직사각형의 개수)

이므로

$120 + 120 - 36 \times 2 = 168$

526

다음 그림은 합동인 정사각형 70개를 이어 붙여 만든 도형이다. 이 도형의 선으로 이루어진 직사각형 중에서 색칠된 직사각형 ■를 두 개만 포함하는 직사각형의 개수를 구하시오.

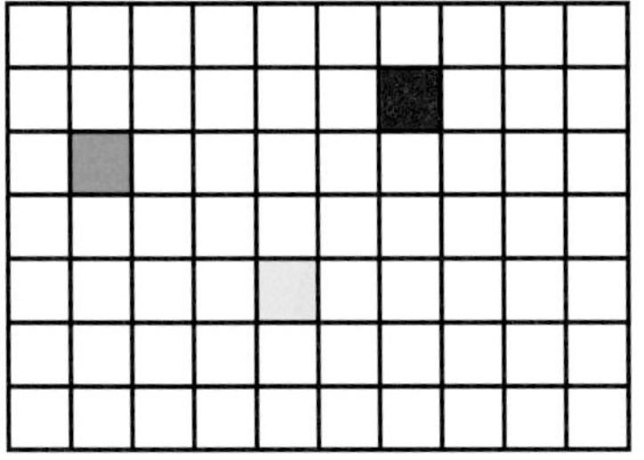

4 정다각형에서 직각, 둔각, 예각삼각형의 개수

(1) 정 $2n$각형에서 직각삼각형의 개수 : $2n(n-1)$

(2) 정 $2n$각형에서 둔각삼각형의 개수

: $2n\times{}_{n-1}C_2=n(n-1)(n-2)$

정 $2n+1$각형에서 둔각삼각형의 개수

: $(2n+1)\times{}_{n}C_2$

(3) 정 $2n$각형에서 예각삼각형의 개수

: ${}_{2n}C_3-2n(n-1)-n(n-1)(n-2)$

$=\frac{1}{3}n(n-1)(n-2)$

(4) 정 $2n$각형에서

(예각삼각형의 개수) : (둔각삼각형의 개수)$=1:3$

(1) 정 $2n$각형에서 직각삼각형의 개수

: $2n(n-1)$

직각삼각형의 빗변이 되는 하나의 지름에 대해 $2(n-1)$개의 직각삼각형이 존재한다. 지름의 개수는 n이므로 구할 수 있는 직각삼각형의 총 개수는 $2n(n-1)$이다.

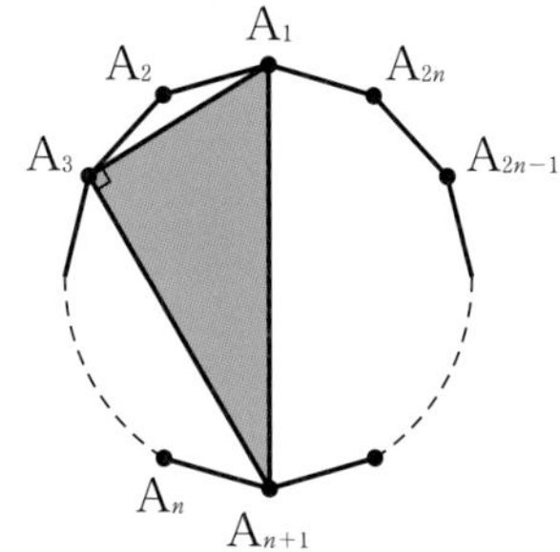

X 순열과 조합

(2) 정 $2n$각형에서 둔각삼각형의 개수
: $2n \times {}_{n-1}C_2 = n(n-1)(n-2)$

기준이 되는 점으로 하나의 점(예: 점 A_1)을 선택했을 때, 지름 A_1A_{n+1}의 왼쪽 또는 오른쪽에 있는 $n-1$개의 점 중 2개를 선택하면 둔각삼각형이 만들어진다. 기준이 되는 점으로 선택할 수 있는 꼭짓점의 개수는 $2n$이므로 가능한 둔각삼각형의 개수는
$2n \times {}_{n-1}C_2 = n(n-1)(n-2)$

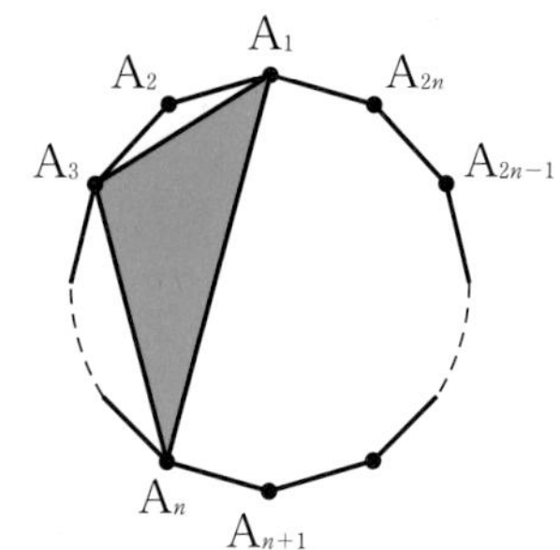

(3) 정 $2n$각형에서 예각삼각형의 개수

$${}_{2n}C_3 - 2n(n-1) - n(n-1)(n-2) = \frac{1}{3}n(n-1)(n-2)$$

전체 삼각형의 개수에서 직각삼각형과 둔각삼각형의 개수를 빼면 예각삼각형의 개수는

$${}_{2n}C_3 - 2n(n-1) - n(n-1)(n-2) = \frac{1}{3}n(n-1)(n-2)$$

(4) 정 $2n$각형에서
(예각삼각형의 개수) : (둔각삼각형의 개수)$=1:3$

(2), (3)에 의해
(예각삼각형의 개수) : (둔각삼각형의 개수)

$$=\frac{1}{3}n(n-1)(n-2) : n(n-1)(n-2) = 1:3$$

※ 기하적 증명
그림과 같이 예각삼각형의 꼭짓점 A, B, C를 중심 O에 대칭시킨 점을 각각 A′, B′, C′이라고 할 때, 삼각형 ABC에 대하여
둔각삼각형 ABC′, BCA′, ACB′이 만들어진다.
따라서 정 $2n$각형에서
(예각삼각형의 개수) : (둔각삼각형의 개수)$=1:3$

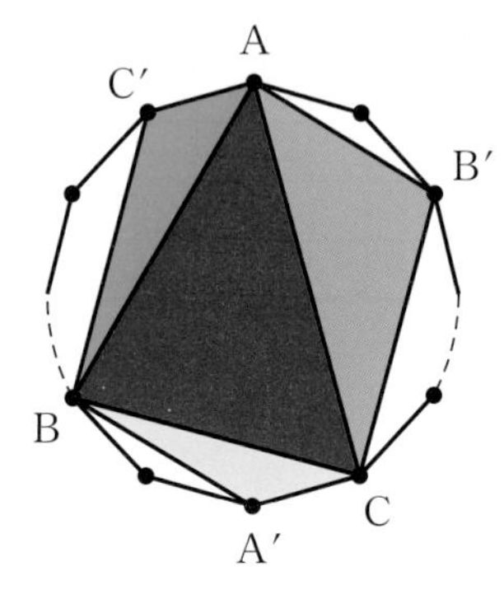

기출 유형

정팔각형의 꼭짓점 중에서 세 개를 연결해서 만들 수 있는 직각삼각형의 개수를 a, 둔각삼각형의 개수를 b, 예각삼각형의 개수를 c, 이등변삼각형의 개수를 d라 할 때, a, b, c, d의 값을 구하시오.

해설

(i) 그림과 같이 3개의 점을 택하여 만든 삼각형이 직각삼각형이려면 원의 지름이 삼각형의 빗변이어야 한다. 하나의 지름에 대하여 6개의 직각삼각형이 존재하고, 지름의 개수는 4이므로 직각삼각형의 개수는 $a=4\times6=24$

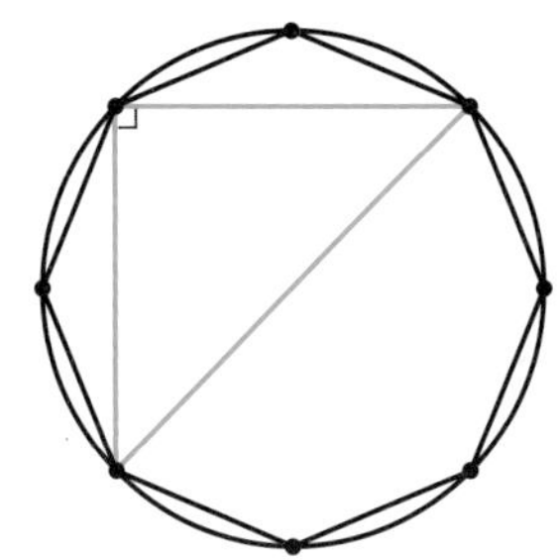

(ii) 그림과 같이 기준이 되는 한 점을 A_1으로 선택했을 때, 지름 A_1A_5의 왼쪽에 있는 3개의 점 중 2개의 점을 선택하면 둔각삼각형이 만들어진다. 기준으로 잡을 수 있는 꼭짓점의 개수는 8이므로 둔각삼각형의 개수는 $b=8\times{}_3C_2=24$

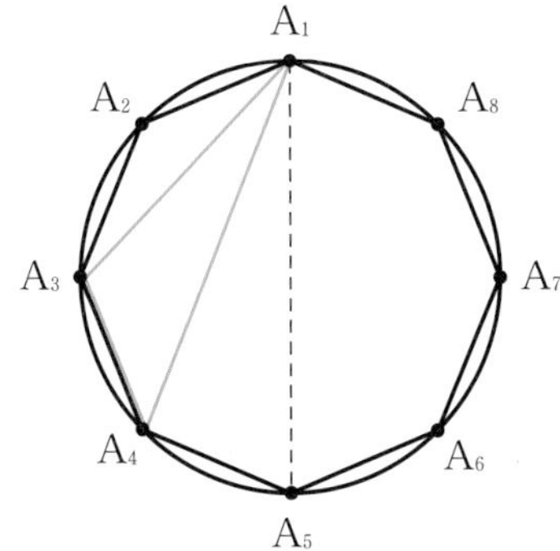

(iii) 삼각형의 총 개수는 ${}_8C_3=56$이고, 가능한 삼각형은 예각삼각형, 직각삼각형, 둔각삼각형 중 하나이므로 구하는 예각삼각형의 개수는

$c={}_8C_3-(a+b)=56-(24+24)=8$

(iv) 그림과 같이 한 꼭짓점 A_n을 꼭지각으로 하는 이등변삼각형은 3개씩 존재하므로 가능한 이등변삼각형의 개수는 $d=8\times3=24$

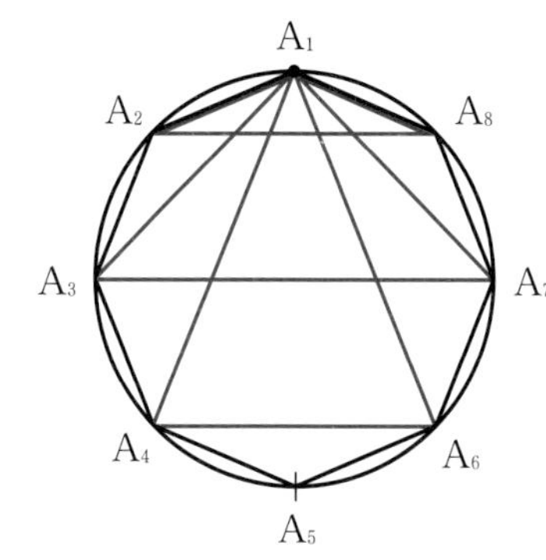

X 순열과 조합

527

정칠각형의 꼭짓점 중에서 세 개의 꼭짓점을 연결해서 만들 수 있는 둔각삼각형의 개수를 구하시오.

528

정십이각형의 꼭짓점 중에서 세 개를 연결해서 만들 수 있는 직각삼각형의 개수를 a, 둔각삼각형의 개수를 b, 예각삼각형의 개수 c, 이등변삼각형의 개수를 d라 할 때, a, b, c, d의 값을 구하시오.

529

정구각형의 꼭짓점 중에서 세 개의 꼭짓점을 연결해서 만들 수 있는 둔각삼각형의 개수를 a, 이등변삼각형의 개수를 b라 할 때, a, b의 값을 구하시오.

정답과 풀이 p.150

5 정다각형에서 직사각형, 사다리꼴의 개수

(1) 직사각형의 개수
정다각형을 포함하는 원에서 두 개의 지름을 선택하면 이 두 지름에 의해 하나의 직사각형이 만들어진다.
(2) 사다리꼴 개수
(i) 정n각형에서 n이 홀수인 경우
정n각형의 한 변과 그에 평행한 대각선의 개수를 m이라 할 때,
사다리꼴의 개수는 ${}_{m}C_{2}\times n$ (단, $m=\frac{n-1}{2}$)
(ii) 정n각형에서 n이 짝수$(=2m)$인 경우
정n각형의 한 변과 그에 평행한 대각선의 개수는 m이고 가장 짧은 대각선과 그에 평행한 대각선의 개수는 $m-1$개이므로
사다리꼴의 개수는
$({}_{m}C_{2}+{}_{m-1}C_{2})\times m-$(중복된 직사각형의 개수)

(1) 직사각형의 개수
정다각형을 포함하는 원에서 두 개의 지름을 선택하면 이 두 지름에 의해 하나의 직사각형이 만들어진다.

지름에 대한 원주각은 직각이고 하나의 지름을 기준으로 왼쪽, 오른쪽에서 각각 하나씩 두 개의 직각이 나올 수 있으므로 네 각이 직각이 되려면 지름 2개를 선택하면 된다.

(2) 사다리꼴 개수
(i) 정n각형에서 n이 홀수인 경우
정n각형의 한 변과 그에 평행한 대각선의 개수를 m이라 할 때,
사다리꼴의 개수는 ${}_{m}C_{2}\times n$ (단, $m=\frac{n-1}{2}$)
(ii) 정n각형에서 n이 짝수$(=2m)$인 경우
정n각형의 한 변과 그에 평행한 대각선의 개수는 m이고 가장 짧은 대각선과 그에 평행한 대각선의 개수는 $m-1$개이므로 사다리꼴의 개수는
$({}_{m}C_{2}+{}_{m-1}C_{2})\times m-$(중복된 직사각형의 개수)

원 위에 있는 점들 중에서 4개의 점을 택하여 만든 사각형이 사다리꼴이 되려면 평행한 선분 두 개를 고르면 된다.
(i) 정n각형에서 n이 홀수인 경우
한 변과 그에 평행한 대각선의 개수는 $\frac{n-1}{2}$이므로 $m=\frac{n-1}{2}$이라고 하면 한 변과 그에 평행한 대각선에서 만들 수 있는 사다리꼴의 개수는 ${}_{m}C_{2}$, 변의 개수가 n이므로 사다리꼴의 총 개수는 ${}_{m}C_{2}\times n$이다.
(ii) 정n각형에서 n이 짝수$(=2m)$인 경우
① 한 변 A_1A_2와 그에 평행한 대각선의 개수는 m이므로 정n각형의 한 변과 그에 평행한 대각선에서 만들 수 있는 사다리꼴의 개수는 ${}_{m}C_{2}$이고 마주 보는 변과의 중복을 고려하면 중복되지 않는 변의 개수는 m이므로 사다리꼴의 총 개수는 ${}_{m}C_{2}\times m$

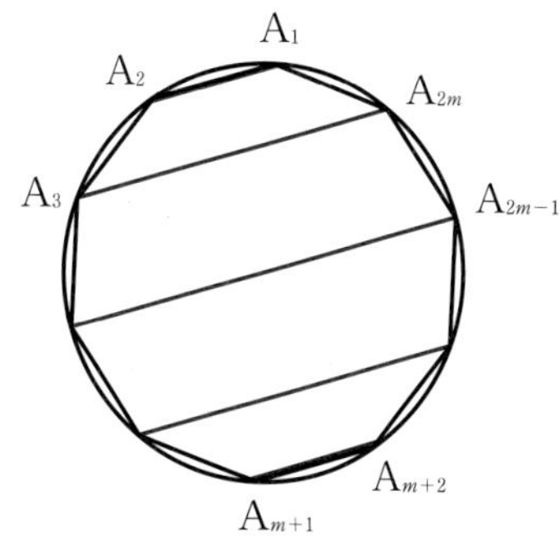

② $\overline{A_1A_3}$와 그에 평행한 대각선의 개수는 $m-1$ 이므로 $\overline{A_1A_3}$와 그에 평행한 대각선으로 만들 수 있는 사다리꼴의 개수는 ${}_{m-1}C_2$, 중심을 기준으로 대칭되는 선분 $A_{m+1}A_{m+3}$과 중복을 고려하면 중복되지 않는 선분의 개수는 m이므로 사다리꼴의 총 개수는 ${}_{m-1}C_2\times m$

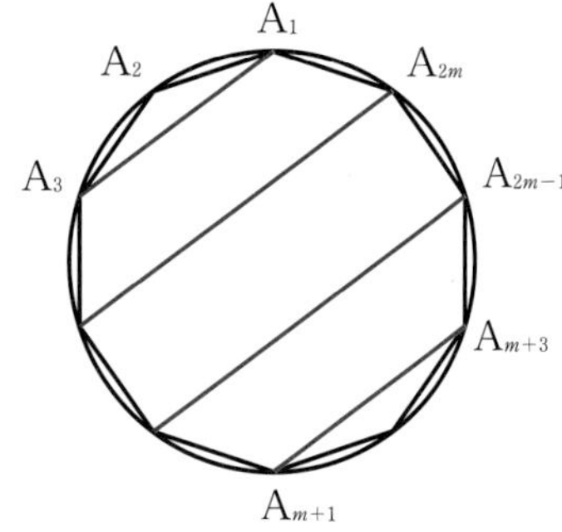

③ 이 중에서 중복된 직사각형은 따로 빼줘야 한다.
따라서 사다리꼴의 총 개수는
$({}_mC_2+{}_{m-1}C_2)\times m-$ (중복된 직사각형의 개수)

기출 유형1

정칠각형의 꼭짓점 중에서 네 개를 연결해서 만들 수 있는 사다리꼴의 개수를 구하시오.

해설

4개의 점을 택하여 만든 사각형이 사다리꼴이 되려면 평행한 선분 두 개를 고르면 된다.
정칠각형의 한 변 A_1A_2를 기준으로 평행선을 그려 보면 서로 다른 평행선이 그림과 같이 세 개이다.

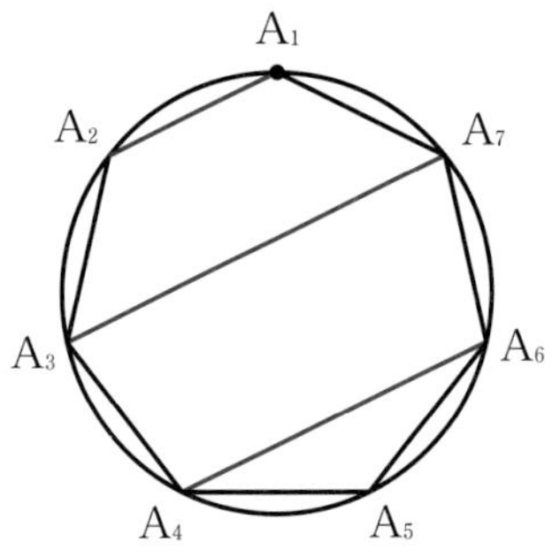

평행한 세 개의 선분에서 만들 수 있는 사다리꼴은 ${}_3C_2=3$(가지)이고 변이 7개이므로
구하는 경우의 수는 ${}_3C_2\times7=21$(가지)이다.

기출 유형2

정팔각형의 꼭짓점 중에서 네 개를 연결해서 만들 수 있는 사다리꼴의 개수를 구하시오.

해설

4개의 점을 택하여 만든 사각형이 사다리꼴이 되려면 평행한 2개의 선분을 고르면 된다.
꼭짓점 A_1을 기준으로 평행선을 그려보면 그림과 같이 두 가지 경우가 존재한다.

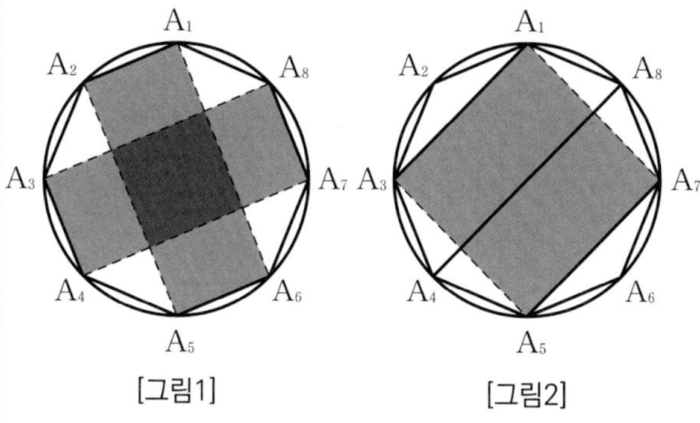

[그림1] [그림2]

[그림1]에서 4개의 평행한 선분으로 만들 수 있는 사다리꼴은 ${}_4C_2=6$(가지)이고 [그림2]에서 3개의 평행한 선분으로 만들 수 있는 사다리꼴은 ${}_3C_2=3$(가지)이다.
이때 [그림1]에서 $\overline{A_1A_2}$를 기준으로 구한 사다리꼴 중 직사각형은 $\overline{A_3A_4}$를 기준으로 구한 직사각형 2개와 중복되고
[그림2]에서 $\overline{A_1A_3}$을 기준으로 구한 사다리꼴 중 직사각형은 $\overline{A_3A_5}$를 기준으로 구한 직사각형 1개와 중복되므로 이를 빼줘야 한다.
따라서 구하는 사다리꼴의 개수는
$({}_4C_2+{}_3C_2)\times 4-(2+1)\times 2=30$

530

정구각형의 꼭짓점 중에서 네 개를 연결해서 만들 수 있는 사다리꼴의 개수를 구하시오.

531

정십각형의 꼭짓점 중에서 네 개를 연결해서 만들 수 있는 사다리꼴의 개수를 구하시오.

02. 조 나누기

1 대진표 작성하기

단순한 대진표 작성은 모빌 이론을 활용하고,
조건이 있는 대진표 작성은 조 나누기를 이용한다.

기출 유형

8개의 팀이 그림과 같은 토너먼트 시합을 할 때, 대진표를 작성하는 방법의 수를 구하시오.

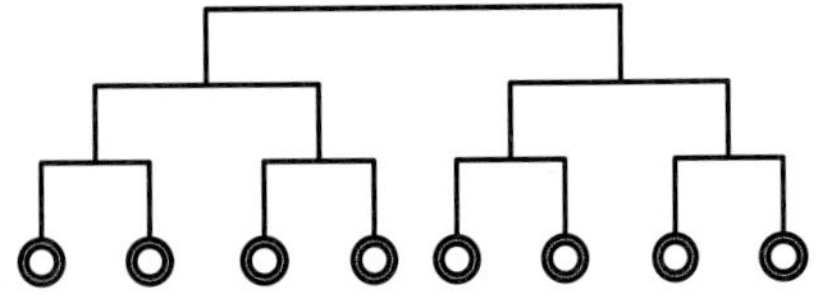

해설

방법1

먼저 8개의 팀을 네 팀씩 두 조로 나누고, 다시 네 팀을 각각 두 팀씩 두 조로 나누는 방법의 수와 같으므로

$\left({}_8C_4\times{}_4C_4\times\frac{1}{2!}\right)\times\left({}_4C_2\times{}_2C_2\times\frac{1}{2!}\right)^2=35\times3^2=315$

방법2 모빌이론

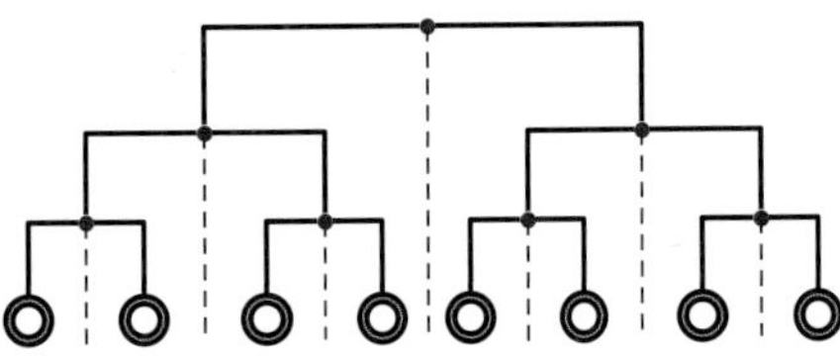

8개의 팀을 일렬로 배열한 후에
팀의 위치가 바뀌어도 같아지는 곳(축을 기준으로 대칭이 되는 곳)이 그림과 같이 일곱 군데 존재하므로 2로 일곱 번 나누면 된다.

따라서 $\frac{8!}{2^7}=315$

기출 유형

8개의 팀이 그림과 같은 토너먼트 방식으로 시합을 한다. 8개의 팀 사이에는 실력 차이가 있고, 시합에서는 언제나 실력이 뛰어난 팀이 이긴다고 하였을 때, 3위인 팀이 결승전에 진출할 수 있도록 대진표를 작성하는 방법의 수를 구하시오.

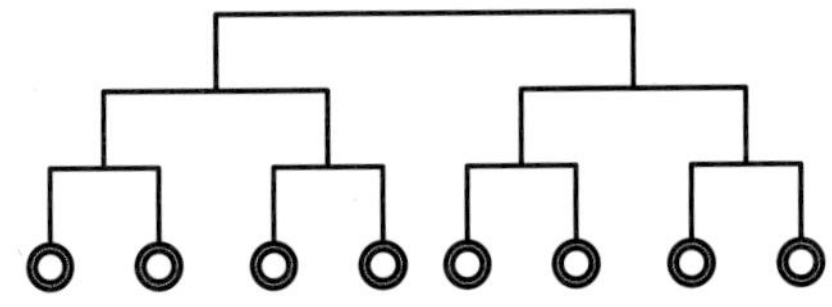

해설

8개의 팀을 4팀씩 2개의 조로 나눌 때, 실력이 3위인 팀이 결승전에 진출할 수 있으려면 3위인 팀은 1, 2위인 팀과 다른 조로 편성되어야 한다.

실력이 1, 2, 3위인 팀이 들어갈 곳이 정해져 있으므로 나머지 4위부터 8위까지의 5개의 팀을 세 팀, 두 팀으로 나누어야 한다. 5개의 팀을 세 팀, 두 팀으로 나누는 방법의 수는 ${}_5C_3\times{}_2C_2$

이때, 두 팀은 1, 2위 팀과 한 조가 되고, 나머지 세 팀은 3위 팀과 한 조가 된다.

이제 각 조의 4개의 팀을 다시 각각 두 팀씩 2개의 조로 나누면 되므로 그 방법의 수는 $\left({}_4C_2\times{}_2C_2\times\frac{1}{2!}\right)^2$

따라서 구하는 경우의 수는

${}_5C_3\times{}_2C_2\times\left({}_4C_2\times{}_2C_2\times\frac{1}{2!}\right)^2=90$

정답과 풀이 p.152

532

6개의 팀이 그림과 같은 토너먼트 시합을 할 때, 대진표를 작성하는 방법의 수를 구하시오.

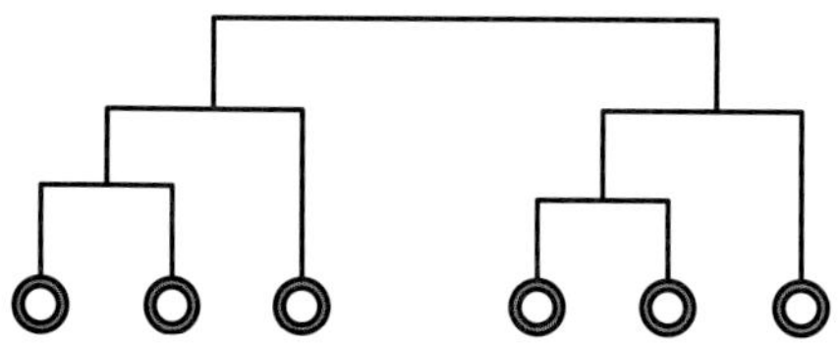

533

7개의 팀이 그림과 같이 토너먼트 방식으로 시합을 한다. 7개의 팀은 모두 실력 차이가 있고 시합에서는 언제나 실력이 뛰어난 사람이 이긴다고 하자.

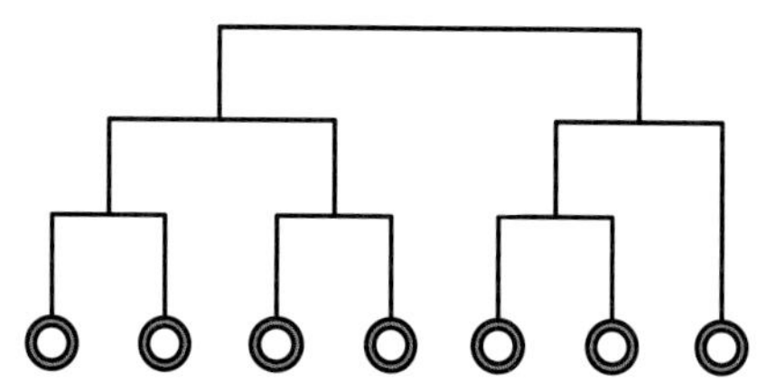

(1) 대진표를 작성하는 방법의 수를 구하시오.

(2) 3위인 팀이 결승전에 진출할 수 있도록 대진표를 작성하는 방법의 수를 구하시오.

(3) 4위인 팀이 결승전에 진출할 수 있도록 대진표를 작성하는 방법의 수를 구하시오.

(4) 1, 2위인 팀이 결승전에서 만나도록 대진표를 작성하는 방법의 수를 구하시오.

2 분할(조 나누기)과 분배

조를 나눈 후 배열하는 경우의 수를 곱하면
분배하는 경우의 수이다.

기출 유형

어른 4명과 어린이 5명이 서로 다른 자동차 3대에 나누어 탑승하여 이동하려고 한다. 운전은 어른만 모두 가능하다고 할 때, 3대의 자동차에 3명씩 탑승하는 방법의 수를 구하시오.
(단, 의자에 앉는 위치와 순서는 고려하지 않는다.)

해설

운전은 어른만 가능하므로
어른 4명은 서로 다른 3대의 자동차에 2명, 1명, 1명씩 나누어 탑승해야 한다.
어른이 탑승하는 방법의 수를 구하면
${}_4C_2 \times {}_2C_1 \times {}_1C_1 \times \frac{1}{2!} \times 3! = 36$(가지)이고,
남은 어린이 5명이 1명, 2명, 2명씩 나누어 탑승하는 방법의 수는 ${}_5C_1 \times {}_4C_2 \times {}_2C_2 = 30$(가지)이므로
구하는 전체 경우의 수는 $36 \times 30 = 1080$이다.

534

서로 다른 7개의 공을 똑같은 세 개의 바구니에 담는 방법의 수를 구하시오.
(단, 담는 순서는 고려하지 않고 빈 바구니는 존재하지 않는다.)

535

서로 다른 과자 4개와 서로 같은 사탕 2개를 서로 다른 모양의 바구니 5개에 남김없이 넣으려고 한다. 가능한 모든 방법의 수를 구하시오.
(단, 넣는 순서는 고려하지 않고, 빈 바구니는 존재하지 않는다.)

03. 조합론적 해석

조합론적 해석이란 서로 다른 형태의 두 식이 같음을 증명할 때, 계산 대신 두 식이 나타내는 상황에 대한 논리적인 해석을 활용하는 방법을 말한다.

기출 유형1

다음 식을 조합론으로 증명하시오.

$${}_{n}\mathrm{P}_{r}=n\times{}_{n-1}\mathrm{P}_{r-1}$$

해설

(i) 1부터 n까지의 서로 다른 n개의 숫자 중에서 r개를 뽑아 일렬로 배열하는 방법의 수는 ${}_{n}\mathrm{P}_{r}$

(ii) 배열된 모든 수를 맨 왼쪽에 있는 수를 기준으로 분류를 하면

맨 왼쪽에 1이 있는 경우는 나머지 오른쪽에 있는 수 $(n-1)$개 중에서 $(r-1)$개를 뽑아 일렬로 배열하는 방법의 수와 같으므로 ${}_{n-1}\mathrm{P}_{r-1}$

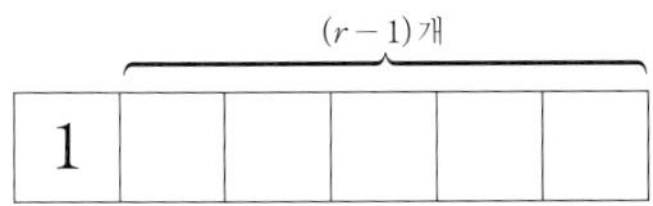

다음으로 맨 왼쪽에 2가 있는 경우는 나머지 오른쪽에 있는 수 $(n-1)$개 중에서 $(r-1)$개를 뽑아 일렬로 배열하는 방법의 수와 같으므로

${}_{n-1}\mathrm{P}_{r-1}$

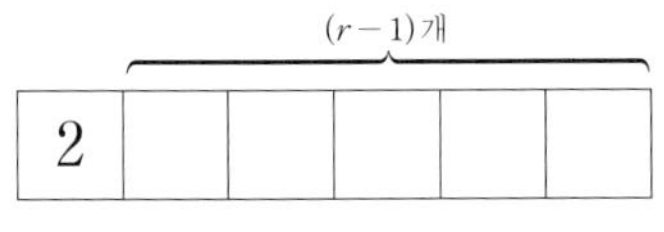

⋮

마지막으로 맨 왼쪽에 n이 있는 경우는 나머지 오른쪽에 있는 수 $(n-1)$개 중에서 $(r-1)$개를 뽑아 일렬로 배열하는 방법의 수와 같으므로

${}_{n-1}\mathrm{P}_{r-1}$

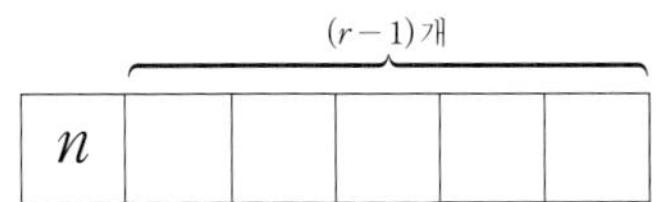

위의 내용을 종합하면 $n\times{}_{n-1}\mathrm{P}_{r-1}$

(i)=(ii)이므로

$\therefore {}_{n}\mathrm{P}_{r}=n\times{}_{n-1}\mathrm{P}_{r-1}$

기출 유형2

다음 식을 조합론으로 증명하시오.

$${}_{n}\mathrm{P}_{r}=r\times{}_{n-1}\mathrm{P}_{r-1}+{}_{n-1}\mathrm{P}_{r}$$

해설

(i) 1부터 n까지의 서로 다른 n개의 숫자 중에서 r개를 뽑아 일렬로 배열하는 방법의 수는 ${}_{n}\mathrm{P}_{r}$

(ii) 1부터 n까지의 서로 다른 n개의 숫자 중에서 r개를 뽑아 일렬로 배열하는 방법의 경우의 수를 특정한 숫자가 포함되느냐 포함되지 않느냐를 기준으로 분류하여 식을 세울 수 있다.

예를 들어 1을 포함하는 경우와 포함하지 않는 경우로 분류해 보자.

① 1을 포함하는 경우의 수는

1이 들어갈 곳이 r군데, 맨 왼쪽에 1이 있다고 하면 나머지 오른쪽에 있는 수는 이미 뽑힌 1을 제외한 나머지 $(n-1)$개 중에서 $(r-1)$개를 뽑아 일렬로 배열하는 방법의 수와 같으므로 $r\times{}_{n-1}\mathrm{P}_{r-1}$

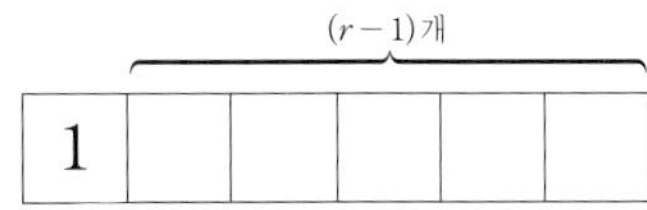

② 1을 포함하지 않는 경우의 수는

1을 제외한 $(n-1)$개 중에서 r개를 뽑아 일렬로 배열하는 방법의 수와 같으므로 ${}_{n-1}\mathrm{P}_{r}$

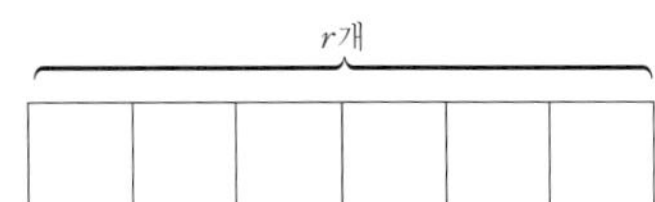

(i)=(ii)이므로

$\therefore {}_{n}\mathrm{P}_{r}=r\times{}_{n-1}\mathrm{P}_{r-1}+{}_{n-1}\mathrm{P}_{r}$

기출 유형3

다음 식을 조합론으로 증명하시오.

$$_{n}C_{r}={}_{n-1}C_{r-1}+{}_{n-1}C_{r}$$

해설

(i) 1부터 n까지의 서로 다른 n개의 숫자 중에서 r개를 뽑는 경우의 수는 $_{n}C_{r}$

(ii) 1부터 n까지의 서로 다른 n개의 숫자 중에서 r개를 뽑는 경우의 수는 특정한 숫자가 포함되느냐 포함되지 않느냐를 기준으로 분류하여 식을 세울 수 있다.
예를들어 1을 포함하는 경우와 포함하지 않는 경우로 분류해 보자.
① 1을 포함하는 경우의 수는
이미 뽑힌 1을 제외한 나머지 $(n-1)$개 중에서 $(r-1)$개를 뽑는 방법의 수와 같으므로
$_{n-1}C_{r-1}$
② 1을 포함하지 않는 경우의 수는
1을 제외한 $(n-1)$개 중에서 r개를 뽑는 방법의 수와 같으므로 $_{n-1}C_{r}$

(i)=(ii)이므로

$\therefore {}_{n}C_{r}={}_{n-1}C_{r-1}+{}_{n-1}C_{r}$

기출 유형4

다음 식을 조합론으로 증명하시오.

$$r\times{}_{n}C_{r}=n\times{}_{n-1}C_{r-1}$$

해설

방법1

n명의 학생 중에서 반장을 포함한 r명의 임원을 뽑는 경우의 수는 다음과 같이 두 가지 방법으로 구할 수 있다.

① n명의 학생 중에서 r명의 임원을 뽑는 경우의 수는 $_{n}C_{r}$이고, 뽑힌 임원 r명 중에서 반장 1명을 뽑는 경우의 수는 r이므로 구하는 경우의 수는 $r\times{}_{n}C_{r}$

② n명의 학생 중에서 반장 1명을 뽑는 경우의 수는 n이고, 나머지 $(n-1)$명의 학생 중에서 $(r-1)$명의 임원을 뽑는 경우의 수는 $_{n-1}C_{r-1}$이므로
구하는 경우의 수는 $n\times{}_{n-1}C_{r-1}$

①=②이므로

$\therefore r\times{}_{n}C_{r}=n\times{}_{n-1}C_{r-1}$

방법2

먼저 간단한 예를 들어보자.

1에서 10까지 10개의 숫자가 있다고 하자.

① 이 중에서 4개를 뽑는 경우의 수는 $_{10}C_{4}$이고, $_{10}C_{4}$개 각각의 묶음에는 숫자가 4개씩 있으므로 뽑은 총 숫자의 개수는 $4\times{}_{10}C_{4}$

② 뽑은 $_{10}C_{4}$개의 숫자
$\{1, 2, 3, 4\}, \{1, 2, 3, 5\}, \{1, 2, 3, 6\}, \cdots, \{7, 8, 9, 10\}$에 있는 1의 총 개수는 $_{9}C_{3}$
마찬가지로 2의 총 개수는 $_{9}C_{3}$
⋮
마지막으로 10의 총 개수는 $_{9}C_{3}$
따라서 뽑은 총 숫자의 개수는 $10\times{}_{9}C_{3}$

①=②이므로 $4\times{}_{10}C_{4}=10\times{}_{9}C_{3}$

이를 문자화 하면 다음과 같다.

① 1부터 n까지의 서로 다른 n개의 숫자 중에서 r개를 뽑는 경우의 수는 ${}_nC_r$이고, ${}_nC_r$개 각각의 묶음에는 숫자가 r개씩 있으므로 뽑은 총 숫자의 개수는 $r\times{}_nC_r$

② ${}_nC_r$개의 묶음에 있는 수 중에서

1의 개수는 ${}_{n-1}C_{r-1}$

2의 개수는 ${}_{n-1}C_{r-1}$

⋮

n의 개수는 ${}_{n-1}C_{r-1}$

이므로 총 숫자의 개수는 $n\times{}_{n-1}C_{r-1}$

①=②이므로 $r\times{}_nC_r=n\times{}_{n-1}C_{r-1}$

536

다음 식을 조합론으로 증명하시오.

$${}_nP_r=r(r-1)\times{}_{n-2}P_{r-2}+2\times r\times{}_{n-2}P_{r-1}+{}_{n-2}P_r$$

537

다음 식을 조합론으로 증명하시오.

$${}_nC_r={}_{n-2}C_{r-2}+2\times{}_{n-2}C_{r-1}+{}_{n-2}C_r$$

X 순열과 조합

기출 유형5

$_{15}C_4\times{}_8C_0+{}_{15}C_3\times{}_8C_1+{}_{15}C_2\times{}_8C_2$
$+{}_{15}C_1\times{}_8C_3+{}_{15}C_0\times{}_8C_4={}_nC_r$일 때, n과 r의 값을 구하시오. (단, n, r은 자연수이고 r은 10이하이다.)

해설

예를 들어, 우리 반 남학생 15명과 여학생 8명 중에서 4명을 뽑아 영화를 보여주려고 한다.

(i) 이때 가능한 경우는 다음의 총 5가지이다.

① 남학생 중에서만 4명을 뽑는다.

② 남학생 중에서 3명, 여학생 중에서 1명을 뽑는다.

⋮

⑤ 여학생 중에서만 4명을 뽑는다.

이를 조합식을 이용하여 표현하면 다음과 같다.

$_{15}C_4\times{}_8C_0+{}_{15}C_3\times{}_8C_1+\cdots+{}_{15}C_0\times{}_8C_4$

(ii) 우리 반 23명 중에서 4명을 뽑아 영화를 보여주는 방법의 수는 $_{23}C_4$이다.

(i)=(ii)이므로 $n=23$, $r=4$

538

$({}_6C_0)^2+({}_6C_1)^2+({}_6C_2)^2+\cdots+({}_6C_6)^2={}_nC_r$일 때, n과 r의 값을 구하시오. (단, n, r은 자연수이다.)

539

$_4C_4+{}_5C_4+{}_6C_4+\cdots+{}_{19}C_4={}_nC_r$일 때, n과 r의 값을 구하시오. (단, n, r은 자연수이고, r은 10이하이다.)

540

$_1C_1\times{}_{98}C_3+{}_2C_1\times{}_{97}C_3+{}_3C_1\times{}_{96}C_3+\cdots+{}_{96}C_1\times{}_3C_3={}_nC_r$
일 때, n과 r의 값을 구하시오.
(단, n, r은 자연수이고, r은 10이하이다.)

CHAPTER 3

복잡한 문제해결의 아이디어

01. 여사건 이용

주사위를 던질 때 특정한 눈이 나오는 것을 사건 A라고 하면, 사건 A가 일어나지 않는 경우를 A의 여사건이라고 한다.

(1) 직접 세기가 번거로운 경우에 여사건을 생각해 본다.
(2) '적어도 ~', '~ 이상', '~ 이하' 등의 문구가 있을 때 여사건을 사용하면 편리한 경우가 많다.

기출 유형

1부터 10까지의 자연수 중에서 임의로 서로 다른 3개의 수를 선택할 때, 선택된 3개의 수 중 적어도 하나가 5이상의 홀수일 경우의 수를 구하시오.

해설

방법1

1부터 10까지의 자연수 중에서 서로 다른 3개의 수를 선택할 때 5이상의 홀수 5, 7, 9가 적어도 하나 포함되는 경우를 다음과 같이 분류할 수 있다.

(i) 5 이상의 홀수가 1개 포함되는 경우
5, 7, 9 중에서 1개, 나머지 7개의 수 중에서 2개를 뽑는 경우의 수이므로
${}_3C_1 \times {}_7C_2 = 3 \times 21 = 63$

(ii) 5 이상의 홀수가 2개 포함되는 경우
5, 7, 9 중에서 2개, 나머지 7개의 수 중에서 1개를 뽑는 경우의 수이므로
${}_3C_2 \times {}_7C_1 = 3 \times 7 = 21$

(iii) 5 이상의 홀수가 3개 포함되는 경우
5, 7, 9 중에서 3개를 뽑는 경우의 수이므로
${}_3C_3 = 1$

(i) ~ (iii)에서 구하는 경우의 수는 $63+21+1=85$

방법2

전체 10개의 수 중에서 3개를 뽑는 경우의 수는
${}_{10}C_3 = 120$
5이상의 홀수가 포함되지 않는 경우의 수는
5, 7, 9를 제외한 나머지 7개 중에서 3개를 뽑는 경우의 수이므로 ${}_7C_3 = 35$
따라서 구하는 경우의 수는 $120-35=85$

541

7을 적어도 하나 포함하는 세 자리 자연수의 개수를 구하시오.

X 순열과 조합

542

A, B, C, D, E, 1, 2를 일렬로 배열할 때, 문자는 4개 이상 서로 이웃하지 않도록 배열하는 방법의 수를 구하시오.

543

1, 2, 3, A, B, C를 일렬로 나열할 때, 숫자 2개 또는 3개가 서로 이웃하도록 배열하는 방법의 수를 구하시오.

544

1, 2, 3, A, B, C, D를 일렬로 배열할 때, 숫자 두 개는 서로 이웃하지만 숫자 세 개는 모두 이웃하지 않도록 배열하는 방법의 수를 구하시오.

545

참여자들이 돌아가며 자연수 1부터 차례로 말하되 3, 6, 9가 들어가 있는 수를 말하지 않는 게임을 369게임이라고 하자. 369게임을 할 때, 1부터 2000까지의 자연수 중에서 말하지 않아야 하는 수의 개수를 구하시오. (예를 들어, 6, 23, 34, 234, 1300 등은 말하지 않아야 하는 수이다.)

02. 함수로 생각하기

경우의 수를 구할 때, 치역과 공역이 같은 함수의 개수를 구하는 문제로 생각하면 쉽게 해결되는 경우가 있다.

정의역 $X=\{1, 2, 3, \cdots, n\}$
공역 $Y=\{1, 2, 3, \cdots, r\}$에 대하여
(1) $X \to Y$로의 함수의 개수: r^n
(2) $X \to Y$로의 함수 중 치역과 공역이 같은 함수의 개수
(i) $r=2$일 때: 2^n-2
(ii) $r=3$일 때: $3^n-\{3+{}_3C_2(2^n-2)\}$
(iii) $r=4$일 때:
$4^n-[4+{}_4C_2(2^n-2)+{}_4C_3\{3^n-(3+{}_3C_2(2^n-2))\}]$
⋮

(1) 정의역 $X=\{1, 2, 3, \cdots, n\}$
공역 $Y=\{1, 2, 3, \cdots, r\}$에 대하여
$X \to Y$로의 함수의 개수: r^n

정의역 1이 선택할 수 있는 공역에 있는 수는 r가지
정의역 2가 선택할 수 있는 공역에 있는 수는 r가지
⋮
정의역 n이 선택할 수 있는 공역에 있는 수는 r가지
이므로 함수의 개수는 r^n

(2) 정의역 $X=\{1, 2, 3, \cdots, n\}$
공역 $Y=\{1, 2, 3, \cdots, r\}$에 대하여 $X \to Y$로의 함수 중 치역과 공역이 같은 함수의 개수
(i) $r=2$일 때: 2^n-2
(ii) $r=3$일 때: $3^n-\{3+{}_3C_2(2^n-2)\}$
(iii) $r=4$일 때:
$4^n-[4+{}_4C_2(2^n-2)+{}_4C_3\{3^n-(3+{}_3C_2(2^n-2))\}]$
⋮

(i) 공역의 개수가 2일 때
① 전체 함수의 개수는 2^n가지
② 치역이 하나인 경우는 2가지
따라서 치역과 공역이 같은 함수의 개수는
①−②이므로 2^n-2

(ii) 공역의 개수가 3일 때
① 전체 함수의 개수는 3^n가지
② 치역이 하나인 경우는 3가지
③ 치역이 두 개인 경우는 ${}_3C_2\times$(i)가지
따라서 치역과 공역이 같은 함수의 개수는
①−(②+③) 이므로 $3^n-\{3+{}_3C_2(2^n-2)\}$

(iii) 공역의 개수가 4일 때
① 전체 함수의 개수는 4^n가지
② 치역이 하나인 경우는 4가지
③ 치역이 두 개인 경우는 ${}_4C_2\times$(i)가지
④ 치역이 세 개인 경우는 ${}_4C_3\times$(ii)가지
따라서 치역과 공역이 같은 함수의 개수는
①−(②+③+④) 이므로
$4^n-[4+{}_4C_2(2^n-2)+{}_4C_3\{3^n-(3+{}_3C_2(2^n-2))\}]$

개념 확인1

서로 다른 3개의 바구니에 서로 다른 7개의 공을 담는 경우의 수를 구하시오. (단, 빈 바구니가 있어도 된다.)

해설

방법1

서로 다른 7개의 공을 서로 다른 3개의 바구니에 넣는 방법은 다음과 같다.

(i) 빈 바구니가 있는 경우

각 바구니에 넣은 공의 개수가 (7, 0, 0), (6, 1, 0), (5, 2, 0), (4, 3, 0)인 경우의 수는

$_7C_7\times3+({_7C_6}\times{_1C_1}+{_7C_5}\times{_2C_2}+{_7C_4}\times{_3C_3})\times3!$

$=381$

(ii) 빈 바구니가 없는 경우

각 바구니에 넣은 공의 개수가 (1, 1, 5), (1, 2, 4), (1, 3, 3), (2, 2, 3)인 경우의 수는

$\left({_7C_1}\times{_6C_1}\times{_5C_5}\times\frac{1}{2!}+{_7C_1}\times{_6C_2}\times{_4C_4}\right.$

$+{_7C_1}\times{_6C_3}\times{_3C_3}\times\frac{1}{2!}$

$\left.+{_7C_2}\times{_5C_2}\times{_3C_3}\times\frac{1}{2!}\right)\times3!=1806$

(i), (ii)에 의해 구하는 경우의 수는

$381+1806=2187$

방법2

서로 다른 공을 정의역, 서로 다른 바구니를 공역으로 생각하면 정의역이 $\{1, 2, 3, 4, 5, 6, 7\}$, 공역이 $\{1, 2, 3\}$인 함수의 개수와 같으므로 구하는 경우의 수는 $3^7=2187$이다.

개념 확인2

모양이 서로 같은 3개의 바구니에 서로 다른 7개의 공을 담는 경우의 수를 구하시오.
(단, 빈 바구니는 존재하지 않는다.)

해설

방법1

각 바구니에 넣은 공의 개수가 (1, 1, 5), (1, 2, 4), (1, 3, 3), (2, 2, 3)인 경우의 수는 조 나누기에 의해

${_7C_1}\times{_6C_1}\times{_5C_5}\times\frac{1}{2!}+{_7C_1}\times{_6C_2}\times{_4C_4}$

$+{_7C_1}\times{_6C_3}\times{_3C_3}\times\frac{1}{2!}$

$+{_7C_2}\times{_5C_2}\times{_3C_3}\times\frac{1}{2!}=301$

방법2

바구니를 서로 다르다고 가정하면 서로 다른 공을 정의역, 서로 다른 바구니를 공역으로 생각할 수 있다.

정의역이 $\{1, 2, 3, 4, 5, 6, 7\}$, 공역이 $\{1, 2, 3\}$일 때, 치역과 공역이 같은 함수의 개수는

$3^7-\{3+{_3C_2}(2^7-2)\}=1806$

이때, 바구니의 모양이 같으므로 3!으로 나누면

구하는 경우의 수는 $\frac{1806}{3!}=301$

서로 다른 공을 서로 다른 주머니에 담는 경우와 같은 상황에서는 함수의 개수를 통해 경우의 수를 구할 수 있다.

기출 유형

주사위를 6번 던져서 나온 수의 최댓값이 4인 경우의 수를 구하시오.

해설

주사위를 한 번 던져서 나올 수 있는 눈의 수는
1, 2, 3, 4, 5, 6 여섯 개이므로
눈의 수의 최댓값이 4인 경우는
정의역이 $\{1, 2, 3, 4, 5, 6\}$이고,
공역이 $\{1, 2, 3, 4\}$인 함수의 개수에서
정의역이 $\{1, 2, 3, 4, 5, 6\}$이고, 공역이 $\{1, 2, 3\}$ (공역에 4가 포함되지 않는 경우)인 함수의 개수를 빼면 된다.
$\therefore 4^6-3^6=3367$

546

주사위를 5번 던져서 나온 수의 최솟값이 3인 경우의 수를 구하시오.

547

주사위를 5번 던져서 나온 눈의 수의 최댓값이 6, 최솟값이 4인 경우의 수를 구하시오.

548

a, b, c, d, e와 1, 2, 3, 4가 적혀 있는 9개의 공을 모두 서로 다른 세 개의 바구니에 담으려고 한다. 알파벳이 적힌 공은 각 바구니에 적어도 하나 존재하도록 담는다고 할 때, 9개의 공을 나누어 담는 경우의 수를 구하시오.
(단, 공을 바구니에 담는 순서는 고려하지 않는다)

X 순열과 조합

549

a, b, c, d, e, f와 1, 2, 3, 4가 적혀 있는 10개의 공을 똑같은 세 개의 바구니에 나누어 담으려고 한다. 각 바구니에 알파벳과 숫자가 적힌 공이 적어도 하나씩 들어가도록 공을 담는 방법의 수를 구하시오.
(단, 공을 바구니에 담는 순서는 고려하지 않는다)

550

서로 다른 과일 4개를 3명의 학생들에게 모두 나눠주는 경우의 수를 구하시오.
(단, 과일을 받지 못하는 학생은 없다.)

03. 포함 배제의 원리

포함 배제의 원리는 각각의 개수를 더한 후 중복으로 세어진 항의 개수를 빼고, 세 번 중복된 항의 개수는 다시 더하는 방식으로 전체 개수를 계산하는 방법이다. 이는 중등 과정의 경우의 수에서 합의 법칙과 유사하다. 이를 집합을 이용해 표현하면 다음과 같다.

$$n(\mathrm{A}\cup\mathrm{B}\cup\mathrm{C})=n(\mathrm{A})+n(\mathrm{B})+n(\mathrm{C})$$
$$-n(\mathrm{A}\cap\mathrm{B})-n(\mathrm{B}\cap\mathrm{C})-n(\mathrm{C}\cap\mathrm{A})$$
$$+n(\mathrm{A}\cap\mathrm{B}\cap\mathrm{C})$$

※ 경우의 수를 구할 때 간결한 표현을 위해 집합의 개념과 기호의 사용이 불가피한 경우가 있다.

※ 드모르간의 법칙

① $(\mathrm{A}\cap\mathrm{B}\cap\mathrm{C})^c=\mathrm{A}^c\cup\mathrm{B}^c\cup\mathrm{C}^c$

② $(\mathrm{A}\cup\mathrm{B}\cup\mathrm{C})^c=\mathrm{A}^c\cap\mathrm{B}^c\cap\mathrm{C}^c$

기출 유형1

1부터 180까지의 자연수 중에서 180과 서로소인 자연수의 개수를 구하시오.

해설

180을 소인수분해하면 $180=2^2\times3^2\times5$이므로
180과 서로소인 자연수는 2, 3, 5를 소인수로 갖지 않는다.
180이하의 자연수 전체의 집합을 U라 하면
$n(\mathrm{U})=180$
U의 원소 중에서
2의 배수의 집합을 X
3의 배수의 집합을 Y
5의 배수의 집합을 Z라고 하면
180이하의 자연수 중에서 180과 서로소인 자연수는 $\mathrm{X}^c\cap\mathrm{Y}^c\cap\mathrm{Z}^c$이다.
이때
$n(\mathrm{X})=90$, $n(\mathrm{Y})=60$, $n(\mathrm{Z})=36$, $n(\mathrm{X}\cap\mathrm{Y})=30$,
$n(\mathrm{Y}\cap\mathrm{Z})=12$, $n(\mathrm{Z}\cap\mathrm{X})=18$, $n(\mathrm{X}\cap\mathrm{Y}\cap\mathrm{Z})=6$
이므로

$$\begin{aligned}&n(\mathrm{X}^c\cap\mathrm{Y}^c\cap\mathrm{Z}^c)\\&=n(\mathrm{U})-n(\mathrm{X}\cup\mathrm{Y}\cup\mathrm{Z})\\&=n(\mathrm{U})-n(\mathrm{X})-n(\mathrm{Y})-n(\mathrm{Z})+n(\mathrm{X}\cap\mathrm{Y})\\&\quad+n(\mathrm{Y}\cap\mathrm{Z})+n(\mathrm{Z}\cap\mathrm{X})-n(\mathrm{X}\cap\mathrm{Y}\cap\mathrm{Z})\\&=180-90-60-36+30+12+18-6=48\end{aligned}$$

기출 유형2

A, B, C, D, E를 일렬로 나열할 때, 다음 조건을 모두 만족시키도록 나열하는 방법의 수를 구하시오.

(가) 첫째 자리에 A가 올 수 없다.
(나) 셋째 자리에 B가 올 수 없다.
(다) 다섯째 자리에 C가 올 수 없다.

해설

A, B, C, D, E를 모두 사용하여 만든 5자리의 문자열의 집합을 U라 하면 $n(\mathrm{U})=5!$
U의 원소 중에서
첫째 자리에 A가 오는 문자열의 집합을 X
셋째 자리에 B가 오는 문자열의 집합을 Y
다섯째 자리에 C가 오는 문자열의 집합을 Z라 하면
주어진 조건을 모두 만족시키는 집합은 $\mathrm{X}^c\cap\mathrm{Y}^c\cap\mathrm{Z}^c$이다.
따라서

$$\begin{aligned}&n(\mathrm{X}^c\cap\mathrm{Y}^c\cap\mathrm{Z}^c)\\&=n(\mathrm{U})-n(\mathrm{X}\cup\mathrm{Y}\cup\mathrm{Z})\\&=n(\mathrm{U})-n(\mathrm{X})-n(\mathrm{Y})-n(\mathrm{Z})+n(\mathrm{X}\cap\mathrm{Y})\\&\quad+n(\mathrm{Y}\cap\mathrm{Z})+n(\mathrm{Z}\cap\mathrm{Y})-n(\mathrm{X}\cap\mathrm{Y}\cap\mathrm{Z})\\&=5!-4!\times3+3!\times3-2!\\&=120-72+18-2=64\end{aligned}$$

551

A, a, B, b, C, c를 일렬로 배열할 때, 같은 문자끼리는 이웃하지 않도록 배열하는 경우의 수를 구하시오.

552

A, a, B, b, C, c를 일렬로 배열할 때, 같은 문자가 적어도 하나 이웃하도록 배열하는 방법의 수를 구하시오.

553

A, B, C, D, E를 일렬로 나열할 때, 다음 조건을 모두 만족시키도록 나열하는 방법의 수를 구하시오.

> (가) A의 바로 다음 자리에 B가 올 수 없다.
> (나) B의 바로 다음 자리에 C가 올 수 없다.
> (다) C의 바로 다음 자리에 D가 올 수 없다.

554

A, B, C, D, E를 일렬로 나열할 때, 다음 조건을 모두 만족시키도록 나열하는 방법의 수를 구하시오.

> (가) 첫째 자리에 A가 올 수 없다.
> (나) 셋째 자리에 A, B가 올 수 없다.
> (다) 다섯째 자리에 A, C가 올 수 없다.

555

A, B, C, D, E를 일렬로 배열할 때, 다음 조건을 모두 만족시키도록 배열하는 방법의 수를 구하시오.

> (가) A의 바로 다음 자리에 B가 올 수 없다.
> (나) B의 바로 다음 자리에 C가 올 수 없다.
> (다) C의 바로 다음 자리에 D가 온다.

556

1, 2, 3, 4로 네 자리 자연수를 만들 때, 3과 4가 모두 포함되어 있는 자연수의 개수를 구하시오.
(단, 숫자를 중복사용해도 된다)

04. 중복조합의 아이디어

숫자 n개 중에서 중복을 허락하여 숫자 r개를 선택하는 경우의 수는 ${}_{n-1+r}C_r$

※ 중복조합의 개념은 확률과 통계에서 다뤄지지만 이를 활용하면 보다 쉽게 풀 수 있는 문제들이 시험에 여러 번 출제되었다.

예를들어 {1, 2, 3}에서 중복을 허락하여 숫자 2개를 선택하는 모든 경우는
{1, 1}, {1, 2}, {1, 3}, {2, 2}, {2, 3}, {3, 3}이다.
위에 나열된 모든 경우를 방, 칸막이, 같은 모양의 공을 이용하여 나타내 보자.
숫자 1, 2, 3 사이에 칸막이가 있다고 생각을 하면 칸막이는 두 개, 방은 1번, 2번, 3번 세 개 존재한다.
↓를 칸막이라고 하면 ○○↓↓은 1번 방에만 두 개의 공이 있는 경우이므로 {1, 1}을 의미하고, ○↓○↓은 1번 방과 2번 방에 각각 하나의 공이 존재하므로 {1, 2}를 나타낸다.
마찬가지로 ○↓↓○={1, 3}, ↓○○↓={2, 2}, ↓○↓○={2, 3}, ↓↓○○={3, 3}을 나타낸다.

따라서 {1, 2, 3}에서 중복을 허락하여 숫자 2개를 선택하는 경우의 수는 두 개의 칸막이와 같은 모양의 공 두개를 배열하는 방법의 수와 같다.
이는 네 개의 빈칸 중 두 개의 공이 들어갈 위치를 선택하는 경우로도 볼 수 있으므로 ${}_4C_2$로 표현할 수 있다.

이를 일반화하면
n개 숫자 중에서 중복을 허락하여 r개를 선택하는 경우의 수는 $n-1$개의 칸막이와 같은 모양의 r개의 공을 배열하는 방법의 수와 같으므로 ${}_{n-1+r}C_r$

① 서로 같은 공을 서로 같은 주머니에 넣을 때
 : 직접 센다.
② 서로 다른 공을 서로 같은 주머니에 넣을 때
 : 조 나누기(분할)
③ 서로 다른 공을 서로 다른 주머니에 넣을 때
 : 분배
④ 서로 같은 공을 서로 다른 주머니에 넣을 때
 : 칸막이 이용(중복조합의 아이디어)

개념 확인1

서로 같은 공 5개를 서로 같은 세 바구니에 담는 방법의 수를 구하시오.
(1) 빈 바구니가 있어도 될 때
(2) 빈 바구니가 없을 때

해설

(1) 서로 같은 공 5개를 서로 같은 세 바구니에 담는 경우는 다음과 같이 5가지 경우가 존재한다
(5, 0, 0), (4, 1, 0), (3, 2, 0), (3, 1, 1), (2, 2, 1)

(2) (1)번에서 구한 경우 중에서 빈 바구니가 없을 때는 (3, 1, 1), (2, 2, 1) 2가지 경우가 존재한다.

X 순열과 조합

개념 확인2

서로 다른 공 5개를 서로 같은 세 바구니에 담는 방법의 수를 구하시오.
(1) 빈 바구니가 있어도 될 때
(2) 빈 바구니가 없을 때

해설

(1) 조건을 만족시키도록 공을 담는 경우는 각 상자에 (5, 0, 0), (4, 1, 0), (3, 2, 0), (3, 1, 1), (2, 2, 1)씩 나누어 담는 경우이다.

(ⅰ) (5, 0, 0)으로 나누어 담는 경우 : 1가지

(ⅱ) (4, 1, 0)으로 나누어 담는 경우
5개의 공을 4개, 1개로 조를 나눈 다음, 3개의 바구니에 넣어주면 되므로
$_5C_4 \times {}_1C_1=5$가지

(ⅲ) (3, 2, 0)으로 나누어 담는 경우 :
5개의 공을 3개, 2개로 조를 나눈 다음, 3개의 바구니에 넣어주면 되므로
$_5C_3 \times {}_2C_2=10$가지

(ⅳ) (3, 1, 1)로 나누어 담는 경우 :
5개의 공을 3개, 1개, 1개로 조를 나눈 다음, 3개의 바구니에 넣어주면 되므로
$_5C_3 \times {}_2C_1 \times {}_1C_1 \times \frac{1}{2!}=10$가지

(ⅴ) (2, 2, 1)로 나누어 담는 경우 :
5개의 공을 2개, 2개, 1개로 조를 나눈 다음, 3개의 바구니에 넣어주면 되므로
$_5C_2 \times {}_3C_2 \times {}_1C_1 \times \frac{1}{2!}=15$가지

(ⅰ) ~ (ⅴ)에서 구하는 방법의 수는
$1+5+10+10+15=41$이다.

(2) 빈 바구니가 없을 때는 (1)번의 경우 중 (ⅳ), (ⅴ)에 해당되므로 $10+15=25$이다.

개념 확인3

서로 다른 공 5개를 서로 다른 세 바구니에 담는 방법의 수를 구하시오.
(1) 빈 바구니가 있어도 될 때
(2) 빈 바구니가 없을 때

해설

(1) 서로 다른 공 5개를 서로 다른 바구니 3개에 담는 경우의 수는 각각의 공을 넣을 수 있는 바구니가 3개씩이므로 $3\times3\times3\times3\times3=3^5=243$

(2)

방법1

① (3, 1, 1)로 나누어 담는 경우 :
5개의 공을 3개, 1개, 1개로 조를 나눈 다음, 3개의 바구니에 분배하면 되므로
$\left({}_5C_3 \times {}_2C_1 \times {}_1C_1 \times \frac{1}{2!}\right)\times 3!=60$(가지)

② (2, 2, 1)로 나누어 담는 경우 :
5개의 공을 2개, 2개, 1개로 조를 나눈 다음, 3개의 바구니에 분배하면 되므로
$\left({}_5C_2 \times {}_3C_2 \times {}_1C_1 \times \frac{1}{2!}\right)\times 3!=90$(가지)

따라서 $60+90=150$

방법2

서로 다른 공 5개를 서로 다른 바구니 3개에 넣는 경우의 수는 $3^5=243$
이때, 빈 바구니가 없도록 하려면 5개의 공을 1개의 바구니에 넣는 경우 3가지와 5개의 공을 두 개의 바구니에 적어도 하나씩 넣는 경우 ${}_3C_2\times(2^5-2)=90$(가지)를 제외해야 하므로 구하는 경우의 수는
$3^5-\{3+{}_3C_2\times(2^5-2)\}=243-93=150$

개념 확인4

서로 같은 공 5개를 서로 다른 세 바구니에 담는 방법의 수를 구하시오.
(1) 빈 바구니가 있어도 될 때
(2) 빈 바구니가 없을 때

해설

방법1

(1) 서로 같은 공 5개를 서로 다른 세 바구니에 담는 방법은 다음과 같다.

(i) 한 바구니에 5개를 모두 넣는 경우
(5, 0, 0) : ${}_3C_1=3$가지

(ii) 두 바구니에 4개, 1개 또는 3개, 2개를 넣는 경우
(4, 1, 0) : $3! = 6$가지
(3, 2, 0) : $3! = 6$가지

(iii) 세 바구니에 3개, 1개, 1개 또는 2개, 2개, 1개를 넣는 경우
(3, 1, 1) : ${}_3C_1 = 3$가지
(2, 2, 1) : ${}_3C_2 = 3$가지

(i) ~ (iii)에서 구하는 경우의 수는 $3+12+6=21$

(2) 빈 바구니가 없을 때는
(1)에서 (iii)의 경우이므로 6가지이다.

방법2

(1) 서로 같은 공 5개를 서로 다른 세 바구니에
담는 방법의 수는
같은 모양의 5개의 공과 2개의 칸막이를
배열하는 방법의 수와 같다.

○ ○ ○ ○ ○ / /

즉, 7개의 자리 중에서 칸막이를 놓을 2개의 자리를 택하는 경우의 수이므로 ${}_7C_2=21$이다.

(2) 서로 같은 5개의 공을 빈 바구니가 없도록
서로 다른 세 바구니에 담는 방법의 수는
미리 공을 1개씩 세 바구니에 담아 놓고,
나머지 2개를 서로 다른 세 바구니에 담는
경우의 수와 같으므로
같은 모양의 2개의 공과 2개의 칸막이를
배열하는 방법의 수와 같다.

○ ○ / /

즉, 4개의 자리 중에서 칸막이를 놓을 2개의 자리를 택하는 경우의 수이므로 ${}_4C_2=6$이다.

개념 확인5

방정식 $x+y+z=6$을 만족시키는 음이 아닌 정수해 $(x,\ y,\ z)$의 개수를 구하시오.

해설

$x,\ y,\ z$는 방의 이름을 나타내고, + 기호는 칸막이를 나타내며, 같은 모양의 공은 6개 있다고 생각을 하면 $x+y+z=6$을 만족시키는 음이 아닌 정수해 $(x,\ y,\ z)$의 개수는 칸막이 2개와 같은 모양의 공 6개를 배열하는 방법의 수와 같다. 즉 8개의 빈칸에 6개의 공이 들어갈 곳을 선택하는 경우의 수이므로 ${}_8C_6={}_8C_2=28$가지이다.

중복조합의 아이디어는 같은 모양의 공을 서로 다른 주머니에 넣는 경우에 사용된다. 따라서 서로 다른 종류의 과자와 같은 종류의 사탕을 동일한 모양의 주머니에 담는 상황에서는, 먼저 다른 종류의 과자를 주머니에 넣어 서로 다른 모양의 주머니로 만든 다음, 중복조합의 원리를 적용할 수 있다.

기출 유형1

부등식 $x+y+z\le5$를 만족시키는 음이 아닌 정수 x, y, z의 순서쌍 (x, y, z)의 개수를 구하시오.

해설

방법1

x, y, z가 음이 아닌 정수이므로

$x+y+z\le5$에서 $x+y+z$의 값이 될 수 있는 것은 0, 1, 2, 3, 4, 5이다.

방정식 $x+y+z=n$에서 $(n=0, 1, 2, \cdots, 5)$

x, y, z는 방의 이름을 나타내고, $+$기호는 칸막이를 나타내며, 같은 모양의 공이 n개 있다고 생각하면 칸막이 2개와 같은 모양의 공 n개를 배열하는 방법의 수는 $(n+2)$개의 빈 칸에 n개의 공이 들어갈 곳을 선택하는 경우의 수와 같으므로 ${}_{n+2}C_n={}_{n+2}C_2$이다.

가능한 n의 값이 0, 1, 2, 3, 4, 5이므로 구하는 경우의 수는

$${}_2C_2+{}_3C_2+{}_4C_2+{}_5C_2+{}_6C_2+{}_7C_2$$
$$=1+3+6+10+15+21=56$$

방법2

$x+y+z$를 우변으로 이항하면 $5-(x+y+z)\ge0$이므로 $5-(x+y+z)=w$로 놓으면 $x+y+z\le5$를 만족시키는 음이 아닌 정수해의 순서쌍 (x, y, z)을 구하는 문제는 $x+y+z+w=5$를 만족시키는 음이 아닌 정수해의 순서쌍 (x, y, z, w)를 구하는 문제로 바꿔 해석할 수 있다.

이때, $x+y+z+w=5$를 만족시키는 음이 아닌 정수해의 순서쌍의 개수는 칸막이 3개와 같은 모양의 공 5개를 배열하는 방법의 수와 같다.

이는 8개의 빈 칸에 5개의 공이 들어갈 곳을 선택하는 경우의 수로 볼 수 있으므로 구하는 답은 ${}_8C_5={}_8C_3=56$이다.

기출 유형2

서로 다른 과자 6개와 서로 같은 사탕 7개를 서로 같은 모양의 바구니 3개에 남김없이 넣으려고 한다. 과자와 사탕을 각각 적어도 하나씩 바구니에 넣는다고 할 때, 가능한 모든 방법의 수를 구하시오.
(단, 넣는 순서는 고려하지 않는다.)

해설

방법1

서로 다른 과자 6개를 넣는 경우로 분류해보면,

(i) 과자를 세 개의 바구니에 3개, 2개, 1개씩 넣는 경우

$_6C_3 \times {}_3C_2 \times {}_1C_1 = 60$

(ii) 과자를 세 개의 바구니에 2개, 2개, 2개씩 넣는 경우

$_6C_2 \times {}_4C_2 \times {}_2C_2 \times \frac{1}{3!} = 15$

(iii) 과자를 세 개의 바구니에 4개, 1개, 1개씩 넣는 경우

$_6C_4 \times {}_2C_1 \times {}_1C_1 \times \frac{1}{2!} = 15$

(i) ~ (iii)에서 서로 다른 과자 6개를
서로 같은 모양의 바구니 3개에 담는 경우의 수는
$60+15+15=90$가지이다.

위의 각 경우에 대해 서로 같은 사탕 7개를 세 바구니에 넣는 경우는 다음과 같다.

사탕을 5개, 1개, 1개씩 넣는 경우 : 3가지
사탕을 4개, 2개, 1개씩 넣는 경우 : 6가지
사탕을 3개, 3개, 1개씩 넣는 경우 : 3가지
사탕을 3개, 2개, 2개씩 넣는 경우 : 3가지

즉, 사탕을 담는 경우의 수는 $3+6+3+3=15$가지이다.

따라서 구하는 모든 방법의 수는 $90 \times 15 = 1350$이다.

방법2

서로 다른 과자 6개를 서로 같은 모양의 바구니 3개에 적어도 하나씩 넣는 경우의 수는 **방법1**과 같이 90가지이다.

이때 과자를 넣은 세 바구니는 서로 구별되고, 사탕은 모양이 서로 같으므로 중복조합의 아이디어를 사용할 수 있다.

사탕을 1개씩 세 바구니에 미리 담으면 4개의 사탕이 남는다. 이 4개의 사탕을 서로 다른 세 바구니에 담는 경우의 수는 같은 모양의 4개의 사탕과 2개의 칸막이를 배열하는 방법의 수와 같다.

○ ○ ○ ○ / /

이는 6개의 자리 중에서 칸막이를 놓을 2개의 자리를 택하는 경우의 수로 볼 수 있으므로 $_6C_2$로 표현할 수 있다.

따라서 구하는 모든 방법의 수는 $90 \times 15 = 1350$이다.

557

방정식 $x+y+z=8$을 만족시키는 자연수해의 순서쌍 $(x,\ y,\ z)$의 개수를 구하시오.

558

$(x+y+z+w)^6$을 전개하였을 때, 서로 다른 항의 개수를 구하시오.

559

서로 다른 과자 2개와 서로 같은 사탕 7개를 서로 같은 모양의 바구니 3개에 남김없이 넣으려고 한다. 과자는 각 바구니에 1개씩 담을 때, 가능한 모든 방법의 수를 구하시오.
(단, 과자와 사탕을 넣는 순서는 고려하지 않고, 빈 바구니는 존재하지 않는다.)

560

서로 다른 과자 4개와 서로 같은 사탕 3개를 서로 같은 모양의 바구니 3개에 남김없이 넣으려고 한다. 가능한 모든 방법의 수를 구하시오.
(단, 과자와 사탕을 넣는 순서는 고려하지 않고, 빈 바구니는 존재하지 않는다.)

정답과 풀이 p.157

05. 점화식 세우기

점화식이란 나열된 수에서 이웃하는 두 개 이상의 수 사이에 성립하는 일정한 관계를 나타내는 식이다. 점화식은 주로 수열에서 다루지만, 경우의 수를 구할 때도 유용하게 사용될 수 있다.

※ 고1 시험에 여러 번 출제된 점화식은 다음과 같다.
(1) 색칠하기 문제의 점화식
(2) 교란 순열의 점화식
(3) 피보나치 점화식
(4) 피보나치 점화식의 응용

* 피보나치 점화식
$a_n = a_{n-1} + a_{n-2}$ (단, $n \geq 3$)

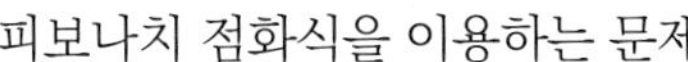

피보나치 점화식을 이용하는 문제
① 계단 오르기 문제
② 배열 문제
두 개의 물체를 배열할 때, 하나는 이웃해도 되고 다른 하나는 이웃하지 않도록 배열하는 방법의 수를 구하는 문제
※ 점화식이 $a_n = pa_{n-1} + qa_{n-2}$(단, $n \geq 3$, p, $q \neq 1$)의 형태로 나타나는 경우는 피보나치 점화식의 응용이다.

기출 유형1

10단 짜리 계단이 있다. 한 계단씩 올라가거나 한 번에 두 계단씩 올라갈 때, 10단을 올라가는 경우의 수를 구하시오.

해설

방법1

$10 = 2+2+2+2+2$
$= 2+2+2+2+1+1$
$= 2+2+2+1+1+1+1$
$= 2+2+1+1+1+1+1+1$
$= 2+1+1+1+1+1+1+1+1$
$= 1+1+1+1+1+1+1+1+1+1$

이므로
10단 짜리 계단을 올라가는 방법의 수는
$1 + {}_6C_2 + {}_7C_3 + {}_8C_2 + {}_9C_1 + 1$
$= 1+15+35+28+9+1 = 89$

방법2

n단의 계단을 오르는 방법의 수를 a_n이라고 하면,
처음에 1단을 오르고 남은 $(n-1)$개의 계단을 오르는 방법은 a_{n-1}가지
처음에 2단을 오르고 남은 $(n-2)$개의 계단을 오르는 방법은 a_{n-2}가지
이 두 경우는 동시에 일어날 수 없으므로 다음 점화식이 성립한다.
$a_n = a_{n-1} + a_{n-2}$ (단, $n \geq 3$) …… ㉠
이때, 1단을 오르는 방법은 1가지, 2단의 계단을 오르는 방법은 (1단, 1단) , (2단)의 2가지이므로
$a_1 = 1$, $a_2 = 2$
따라서 ㉠에 $n = 3, 4, 5, \cdots$ 을 대입하면
$a_3 = a_1 + a_2 = 3$, $a_4 = a_2 + a_3 = 5$, $a_5 = a_3 + a_4 = 8$
$a_6 = a_4 + a_5 = 13$, $a_7 = a_5 + a_6 = 21$, $a_8 = a_6 + a_7 = 34$
$a_9 = a_7 + a_8 = 55$, $a_{10} = a_8 + a_9 = 89$
그러므로 구하는 경우의 수는 89가지이다.

기출 유형2

흰 바둑돌과 검은 바둑돌을 합하여 10개를 일렬로 나열할 때, 흰 바둑돌끼리는 이웃하지 않도록 나열하는 방법의 수를 구하시오.
(단, 흰 바둑돌은 사용하지 않아도 된다.)

해설

방법1

흰 바둑돌이 이웃하지 않으려면 흰 바둑돌은 5개 이하여야 한다.

(i) 검은 바둑돌이 10개인 경우와 검은 바둑돌 9개, 흰 바둑돌 1개인 경우

$1+{}_{10}C_1=1+10=11$

(ii) 흰 바둑돌이 2개, 검은 바둑돌이 8개인 경우

☑●☑●☑●☑●☑●☑●☑●☑●☑

검은 바둑돌 사이사이와 양 끝의 9개의 자리 중에서 2개의 자리에 흰 바둑돌을 넣는 방법의 수는 ${}_9C_2=36$

(iii) 흰 바둑돌이 3개, 검은 바둑돌이 7개인 경우

☑●☑●☑●☑●☑●☑●☑●☑

검은 바둑돌 사이사이와 양 끝의 8개의 자리 중에서 3개의 자리에 흰 바둑돌을 넣는 방법의 수는 ${}_8C_3=56$

(iv) 흰 바둑돌이 4개, 검은 바둑돌이 6개인 경우

☑●☑●☑●☑●☑●☑●☑

같은 방법으로 ${}_7C_4=35$

(v) 흰 바둑돌이 5개, 검은 바둑돌이 5개인 경우

☑●☑●☑●☑●☑●☑

같은 방법으로 ${}_6C_5=6$

(i) ~ (v)에서 구하는 방법의 수는

$11+36+56+35+6=144$

방법2

바둑돌 n개를 일렬로 나열하는 방법의 수를 a_n이라고 하면 전체 경우는 맨 앞에 흰색 바둑돌이 놓인 경우와 검은색 바둑돌이 놓인 경우로 분류할 수 있다.

(i) 맨 앞에 흰색 바둑돌이 놓인 경우

반드시 두 번째는 검은 돌이 와야 하므로 나머지 $(n-2)$개의 바둑돌을 주어진 규칙에 따라 배열하는 방법의 수를 구하면 a_{n-2}가지

(ii) 맨 앞에 검은색 바둑돌이 놓인 경우

나머지 $(n-1)$개의 바둑돌을 주어진 규칙에 따라 배열하는 방법의 수를 구하면 a_{n-1}가지

(i), (ii)에서

$a_n=a_{n-1}+a_{n-2}$ (단, $n\geq 3$) …… ㉠

이때, $a_1=2$, $a_2=3$이므로 $n=3, 4, 5, \cdots$ 를 ㉠에 대입하면

2, 3, 5, 8, 13, 21, 34, 55, 89, 144, …

$a_{10}=144$이므로 구하는 경우의 수는 144가지이다.

561

두 개의 숫자 1, 2로 비밀번호 10자리를 만든다.
이 중에서 2로 시작하면서 2는 2개 이상 연속하지 않는 것의 개수를 구하시오.

562

7단 짜리 계단이 있다. 한 계단씩 올라가거나 한 번에 두 계단씩 또는 한 번에 세 계단씩 올라갈 때, 7단을 올라가는 경우의 수를 구하시오.

563

가로의 길이가 1, 세로의 길이가 1인 정사각형(■)과 가로의 길이가 2, 세로의 길이가 1인 직사각형(□)으로 가로의 길이가 10, 세로의 길이가 1인 직사각형 모양의 네모칸을 빈 공간 없이 채우려고 한다. 채울 수 있는 방법의 수를 구하시오.
(예를들어 가로의 길이가 3, 세로의 길이가 1인 직사각형 모양의 네모칸을 빈 공간없이 채우는 방법의 수는 아래의 그림과 같이 3가지이다.)

564

아래의 그림과 같이 K공원에는 O지점에서 시작되는 1km거리의 산책로 4가지, 2km거리의 산책로 2가지가 있다. 갑이 4km를 산책할 때, 산책로를 정하는 방법의 수를 구하시오.
(단, 모든 산책로에서 시계 방향으로만 산책을 할 수 있다.)

X 순열과 조합

06. 최단경로의 수로 생각하기

두 팀이 경기를 할 때, 경기가 $m:n$으로 끝나는 승패 문제는 최단 경로의 수를 이용하여 보다 쉽게 구할 수 있다.

최단경로의 수를 구할 때는 각 교차로로 들어오는 방향의 수를 모두 더하면 된다.

개념 확인1

그림과 같이 바둑판 모양의 도로가 있다. P에서 Q로 가는 최단 경로의 수를 구하시오.

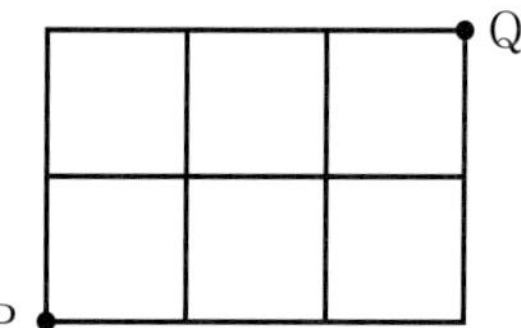

해설

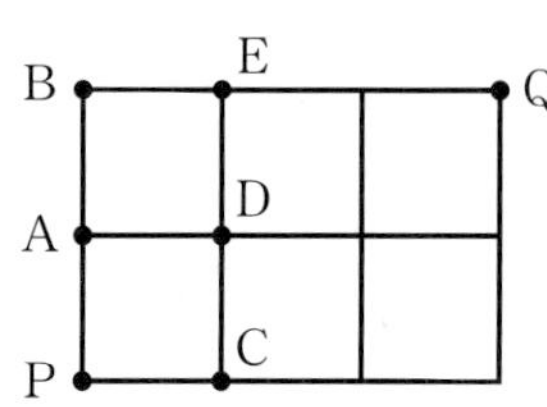

P에서 A로 가는 최단 경로의 수는 1가지 …… ㉠
P에서 C로 가는 최단 경로의 수는 1가지 …… ㉡
P에서 D로 가는 최단 경로는 $P \to A \to D$와 $P \to C \to D$가 있으므로 2가지이다. 이는 ㉠+㉡과 같다.
P에서 E로 가는 최단 경로의 수는
$P \to A \to B \to E$, $P \to A \to D \to E$, $P \to C \to D \to E$로 3가지이다.
따라서 최단 경로의 수는 교차로에서 이동해야 하는 방향으로 들어오는 수를 모두 더하면 되고, 이를 정리하면 아래 그림과 같다.

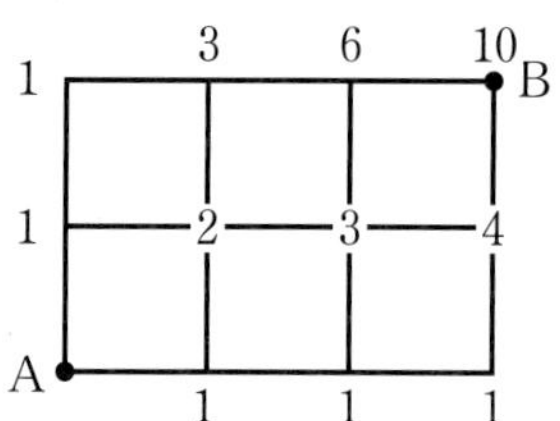

그러므로 구하는 답은 10가지이다.

개념 확인2

그림과 같이 바둑판 모양의 도로가 있다. A에서 B로 가는 최단 경로의 수를 구하시오.

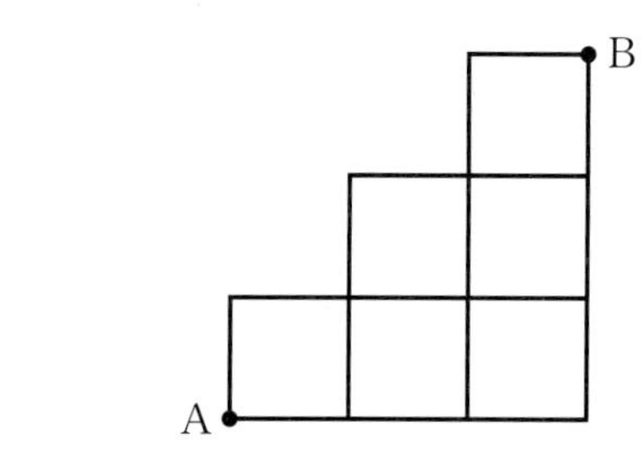

해설

최단 경로의 수는 교차로에서 이동해야 하는 방향으로 들어오는 수를 모두 더하면 되므로 A에서 B로 가는 최단경로의 수는 14가지이다.

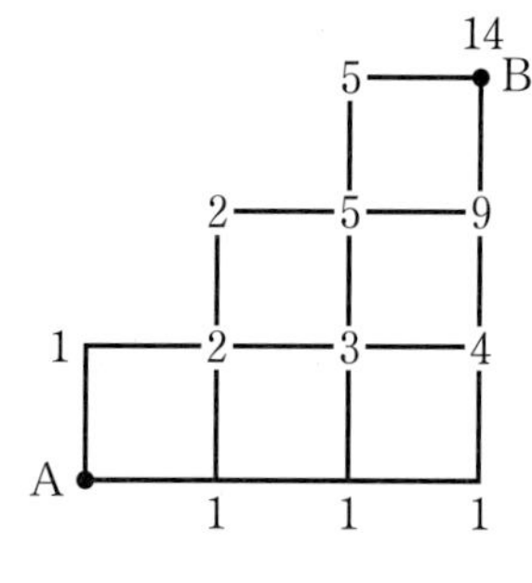

기출 유형

갑과 을 두 사람이 배드민턴 시합 9경기를 하기로 하였다. 첫 경기부터 갑이 이긴 횟수가 을이 이긴 횟수보다 항상 많도록 유지되면서 시합이 진행될 때, 갑이 5번 이기고 을이 4번 이기는 경우의 수를 구하시오.

해설

방법1

첫 경기부터 갑이 이긴 횟수가 을이 이긴 횟수보다 항상 많아야 하므로 두 번째 경기까지 갑이 이겨야 된다. 주어진 상황을 수형도로 나타내면 다음과 같다.

```
갑 ─ 갑 ┬ 갑 ┬ 갑 ┬ 갑 ─ 을 ─ 을 ─ 을 ─ 을
        │    │    └ 을 ┬ 갑 ─ 을 ─ 을 ─ 을
        │    │         └ 을 ┬ 갑 ─ 을 ─ 을
        │    │              └ 을 ─ 갑 ─ 을
        │    └ 을 ┬ 갑 ┬ 갑 ─ 을 ─ 을 ─ 을
        │         │    └ 을 ┬ 갑 ─ 을 ─ 을
        │         │         └ 을 ─ 갑 ─ 을
        │         └ 을 ─ 갑 ┬ 갑 ─ 을 ─ 을
        │                   └ 을 ─ 갑 ─ 을
        └ 을 ─ 갑 ┬ 갑 ┬ 갑 ─ 을 ─ 을 ─ 을
                  │    └ 을 ┬ 갑 ─ 을 ─ 을
                  │         └ 을 ─ 갑 ─ 을
                  └ 을 ─ 갑 ┬ 갑 ─ 을 ─ 을
                            └ 을 ─ 갑 ─ 을
```

따라서 구하는 경우의 수는 14이다.

방법2

갑이 이긴 경기 수를 가로 칸의 개수, 을이 이긴 경기 수를 세로 칸의 개수라 하자. 즉, 갑이 이기면 가로 방향으로 한 칸, 을이 이기면 세로 방향으로 한 칸 이동한다.

이때, 구하려는 경우의 수는 그림과 같이 가로 5칸, 세로 4칸의 바둑판 모양의 도로에서의 이동 가능한 최단 경로의 수와 같고,

갑이 이긴 횟수가 을이 이긴 횟수보다 항상 많도록 유지하면서 경기가 진행되려면 아래의 그림과 같이 색칠한 부분으로만 이동해야 한다.

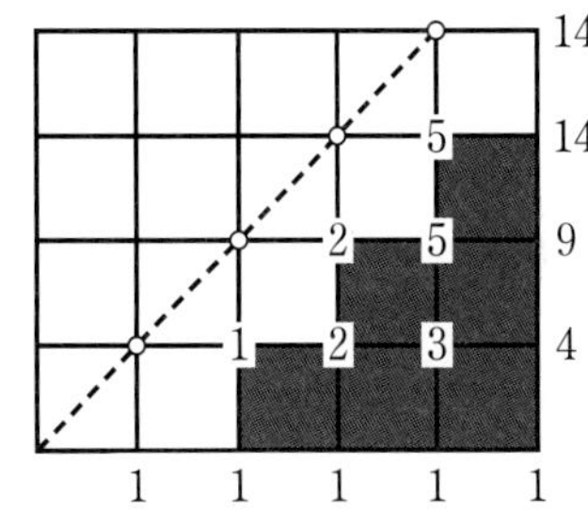

그러므로 구하는 경우의 수는 14가지이다.

565

A, B 두 선수가 총 13라운드의 복싱 시합을 하는데, 매 라운드에서 이기는 사람에게 1점씩 점수를 준다. 13라운드가 끝나기 전에 두 선수의 점수 차이가 4점 이상이 되면 둘의 실력 차이가 많이 나는 것으로 간주하여 선수 보호 차원에서 경기를 중단한다. 이 시합에서 A가 B를 8 : 5로 이기는 경우의 수를 구하시오.

(단, 각 라운드에서 비기는 경우는 없다.)

X 순열과 조합

566

남학생 6명과 여학생 2명이 모두 일렬로 나열된 8개의 의자에 앉을 때, 남학생끼리는 두 명 이상씩 이웃하고 여학생끼리는 서로 이웃하지 않도록 의자에 앉는 방법의 수를 구하시오.

567

아래 그림은 직사각형 12개를 연결한 도형이다. 이 도형의 선들로 만들 수 있는 직사각형 중에서 색칠된 정사각형을 적어도 하나 포함하는 직사각형의 개수를 구하시오.

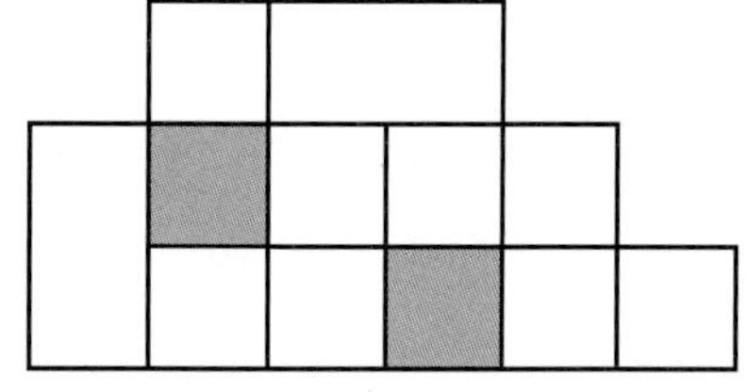

568

그림과 같이 A, B, C, D, E, F의 영역이 있다. 5가지의 서로 다른 색 중 전부 또는 일부를 사용하여 색을 칠하려고 한다. 같은 색은 중복해서 사용해도 좋으나 이웃한 영역은 서로 다른 색으로 칠할 때, 색칠하는 경우의 수를 구하시오.

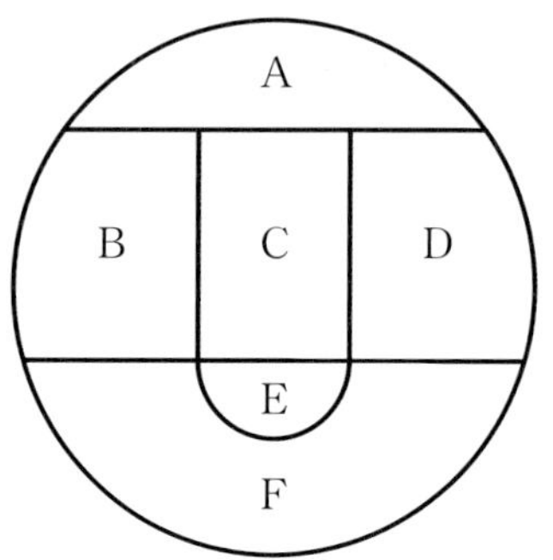

569

그림과 같이 A, B, C, D, E, F의 영역이 있다. 4가지의 서로 다른 색을 모두 사용하여 색을 칠하려고 할 때, 색칠하는 경우의 수를 구하시오.
(단, 이웃한 영역은 서로 다른 색으로 칠한다.)

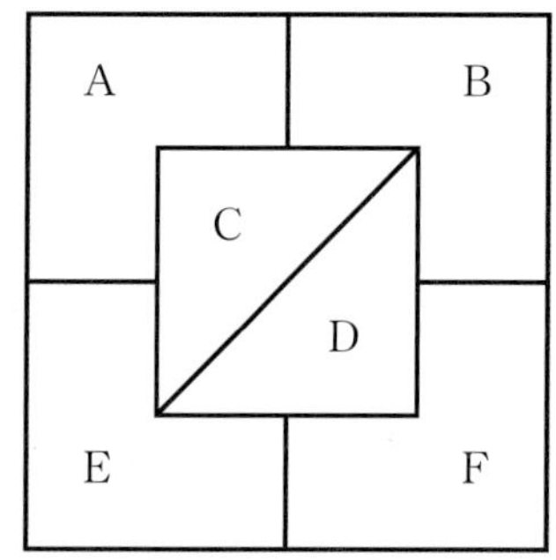

570

그림의 11개의 영역을 서로 다른 3가지의 색으로 칠하려고 한다. 3가지의 색을 전부 또는 일부 사용해도 되나 이웃하는 영역은 서로 다른 색으로 칠하는 방법의 수를 구하시오.

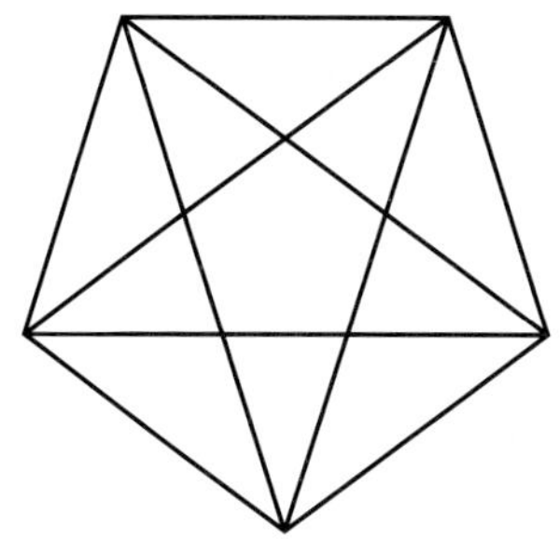

571

주사위를 5번 던져서 나오는 눈의 수를 차례대로 a_1, a_2, a_3, a_4, a_5라 할 때, $(a_1-a_2)(a_2-a_3)(a_3-a_4)(a_4-a_5)(a_5-a_1)=0$을 만족하는 경우의 수를 구하시오.

572

남학생 6명과 여학생 4명이 모두 일렬로 나열된 10개의 의자에 앉을 때, 남학생이 적어도 두 명 이상씩 이웃하게 의자에 앉는 방법의 수를 구하시오.

573

좌표평면 위에 14개의 서로 다른 점 중에서 두 점을 이어서 생기는 직선의 개수가 85개일 때, 이들 14개의 점 중에서 세 점을 택해서 만들 수 있는 삼각형의 개수를 구하시오.

X 순열과 조합

574

정십이각형의 꼭짓점 중에서 네 개를 연결해서 만들 수 있는 직사각형의 개수를 a, 사다리꼴의 개수를 b라 할 때, a, b의 값을 구하시오.

575

서로 다른 과자 4개와 서로 같은 사탕 2개를 서로 다른 모양의 바구니 5개에 남김없이 넣으려고 한다. 가능한 모든 방법의 수를 구하시오.
(단, 넣는 순서는 고려하지 않고, 빈 바구니는 존재하지 않는다.)

576

${}_{2}C_{2}\times{}_{97}C_{2}+{}_{3}C_{2}\times{}_{96}C_{2}+\cdots+{}_{97}C_{2}\times{}_{2}C_{2}={}_{n}C_{r}$일 때, n과 r의 값을 구하시오.
(단, n, r은 자연수이고, r은 10이하이다.)

577

A, B, C, D, E, F, G 7개 팀이 그림과 같은 토너먼트 방식으로 시합을 할 때, 다음 물음에 답하시오.

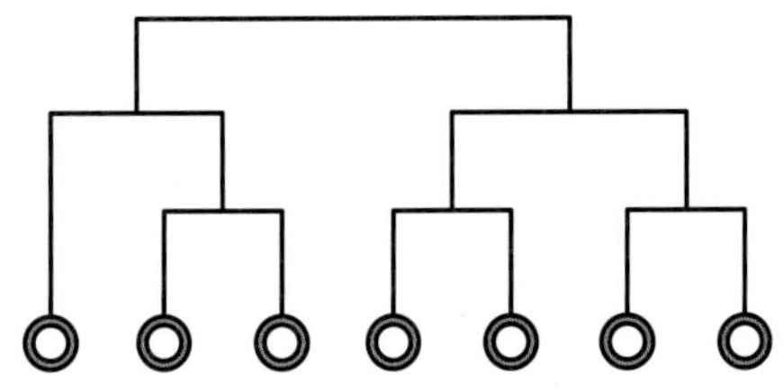

(1) A, B가 첫 번째 경기에서 만나지 않도록 대진표를 작성하는 방법의 수를 구하시오.

(2) A, B가 결승전 이전에 서로 만나지 않도록 대진표를 작성하는 방법의 수를 구하시오.

578

1, 2, 3, A, B, C, D, E를 일렬로 배열할 때, 숫자끼리는 서로 이웃하지 않고, 숫자 1은 숫자 2, 3보다 왼쪽에 있도록 배열하는 방법의 수를 구하시오.

579

그림과 같은 9칸의 정사각형에 2와 7이 적혀 있다. 2와 7을 제외한 1에서 9까지의 자연수를 빈 칸에 하나씩 모두 적을 때, 가로, 세로, 대각선에 있는 세 수의 합이 모두 3의 배수가 되는 경우의 수를 구하시오.

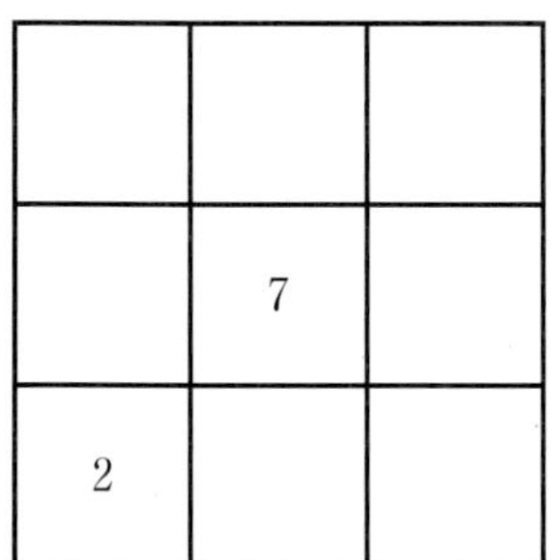

580

흰색 바둑돌과 검은색 바둑돌을 합하여 10개의 바둑돌을 일렬로 나열하려고 한다. 같은 색의 바둑돌끼리는 서로 두 개까지 이웃할 수 있을 때, 나열하는 방법의 수를 구하시오. 예를들어 1개의 바둑돌을 나열하는 경우는 [검], [흰] 두 가지, 2개의 바둑돌을 나열하는 경우의 수는 [흰흰], [흰검], [검흰], [검검] 네 가지이다.

581

냉수만 나오는 정수기에 버튼 A, B, C 3개가 있는데 A버튼을 누르면 50mL, B버튼을 누르면 100mL, C버튼을 누르면 100mL의 물이 나온다고 하자. 500mL의 물을 받기 위해서 정수기의 버튼을 순서대로 누르는 방법의 수를 구하시오.
(예를 들어 100mL의 물을 받기 위해서 정수기의 버튼을 순서대로 누르는 방법의 수는 3가지이다.)

XI

행렬

CHAPTER

1 행렬의 곱셈 및 거듭제곱

01. 행렬의 곱셈에 의한 A^n의 추정

(1) $\begin{pmatrix}1 & a\\0 & 1\end{pmatrix}^n=\begin{pmatrix}1 & na\\0 & 1\end{pmatrix}$, $\begin{pmatrix}1 & 0\\a & 1\end{pmatrix}^n=\begin{pmatrix}1 & 0\\na & 1\end{pmatrix}$

(2) $\begin{pmatrix}a & 0\\0 & b\end{pmatrix}^n=\begin{pmatrix}a^n & 0\\0 & b^n\end{pmatrix}$

(3) $\begin{pmatrix}1 & a\\0 & b\end{pmatrix}^n=\begin{pmatrix}1 & a(1+b+b^2+\cdots+b^{n-1})\\0 & b^n\end{pmatrix}$

$\begin{pmatrix}b & a\\0 & 1\end{pmatrix}^n=\begin{pmatrix}b^n & a(1+b+b^2+\cdots+b^{n-1})\\0 & 1\end{pmatrix}$

$\begin{pmatrix}1 & 0\\a & b\end{pmatrix}^n=\begin{pmatrix}1 & 0\\a(1+b+b^2+\cdots+b^{n-1}) & b^n\end{pmatrix}$

$\begin{pmatrix}b & 0\\a & 1\end{pmatrix}^n=\begin{pmatrix}b^n & 0\\a(1+b+b^2+\cdots+b^{n-1}) & 1\end{pmatrix}$

(1) $\begin{pmatrix}1 & a\\0 & 1\end{pmatrix}^n=\begin{pmatrix}1 & na\\0 & 1\end{pmatrix}$, $\begin{pmatrix}1 & 0\\a & 1\end{pmatrix}^n=\begin{pmatrix}1 & 0\\na & 1\end{pmatrix}$

$\begin{pmatrix}1 & a\\0 & 1\end{pmatrix}^2=\begin{pmatrix}1 & a\\0 & 1\end{pmatrix}\begin{pmatrix}1 & a\\0 & 1\end{pmatrix}=\begin{pmatrix}1 & 2a\\0 & 1\end{pmatrix}$

$\begin{pmatrix}1 & a\\0 & 1\end{pmatrix}^3=\begin{pmatrix}1 & a\\0 & 1\end{pmatrix}^2\begin{pmatrix}1 & a\\0 & 1\end{pmatrix}=\begin{pmatrix}1 & 2a\\0 & 1\end{pmatrix}\begin{pmatrix}1 & a\\0 & 1\end{pmatrix}=\begin{pmatrix}1 & 3a\\0 & 1\end{pmatrix}, \cdots$

$\therefore \begin{pmatrix}1 & a\\0 & 1\end{pmatrix}^n=\begin{pmatrix}1 & na\\0 & 1\end{pmatrix}$

(2) $\begin{pmatrix}a & 0\\0 & b\end{pmatrix}^n=\begin{pmatrix}a^n & 0\\0 & b^n\end{pmatrix}$

$\begin{pmatrix}a & 0\\0 & b\end{pmatrix}^2=\begin{pmatrix}a & 0\\0 & b\end{pmatrix}\begin{pmatrix}a & 0\\0 & b\end{pmatrix}=\begin{pmatrix}a^2 & 0\\0 & b^2\end{pmatrix}$

$\begin{pmatrix}a & 0\\0 & b\end{pmatrix}^3=\begin{pmatrix}a & 0\\0 & b\end{pmatrix}^2\begin{pmatrix}a & 0\\0 & b\end{pmatrix}=\begin{pmatrix}a^2 & 0\\0 & b^2\end{pmatrix}\begin{pmatrix}a & 0\\0 & b\end{pmatrix}=\begin{pmatrix}a^3 & 0\\0 & b^3\end{pmatrix}, \cdots$

$\therefore \begin{pmatrix}a & 0\\0 & b\end{pmatrix}^n=\begin{pmatrix}a^n & 0\\0 & b^n\end{pmatrix}$

(3) $\begin{pmatrix}1 & a\\0 & b\end{pmatrix}^n=\begin{pmatrix}1 & a(1+b+b^2+\cdots+b^{n-1})\\0 & b^n\end{pmatrix}$

$\begin{pmatrix}1 & a\\0 & b\end{pmatrix}^2=\begin{pmatrix}1 & a\\0 & b\end{pmatrix}\begin{pmatrix}1 & a\\0 & b\end{pmatrix}=\begin{pmatrix}1 & a(1+b)\\0 & b^2\end{pmatrix}$

$\begin{pmatrix}1 & a\\0 & b\end{pmatrix}^3=\begin{pmatrix}1 & a(1+b)\\0 & b^2\end{pmatrix}\begin{pmatrix}1 & a\\0 & b\end{pmatrix}=\begin{pmatrix}1 & a(1+b+b^2)\\0 & b^3\end{pmatrix}, \cdots$

$\therefore \begin{pmatrix}1 & a\\0 & b\end{pmatrix}^n=\begin{pmatrix}1 & a(1+b+b^2+\cdots+b^{n-1})\\0 & b^n\end{pmatrix}$

기출 유형

행렬 $A=\begin{pmatrix}2 & 1\\0 & 2\end{pmatrix}$에 대하여 A^n의 $(1, 2)$성분을 $f(n)$이라고 할 때, $\dfrac{f(2025)}{2^{2024}}$의 값을 구하시오.

해설

$A=2\begin{pmatrix}1 & \frac{1}{2}\\0 & 1\end{pmatrix}$에 대하여

$A^n=2^n\begin{pmatrix}1 & \frac{1}{2}\\0 & 1\end{pmatrix}^n=2^n\begin{pmatrix}1 & \frac{n}{2}\\0 & 1\end{pmatrix}=\begin{pmatrix}2^n & n\times2^{n-1}\\0 & 2^n\end{pmatrix}$

A^n의 $(1, 2)$성분은 $n\times2^{n-1}$이므로 $f(n)=n\times2^{n-1}$

$\therefore \dfrac{f(2025)}{2^{2024}}=\dfrac{2025\times2^{2024}}{2^{2024}}=2025$

582

$A=\begin{pmatrix} p & p \\ -q & q \end{pmatrix}$에 대하여 다음 물음에 답하시오.

(단, O는 영행렬, E는 단위행렬이다.)

(1) $A^2=O$을 만족시키는 행렬 A를 구하시오.

(2) $A^2=8E$를 만족시키는 행렬 A를 모두 구하시오.

(3) $A^2=4A$를 만족시키는 행렬 A를 모두 구하시오.

583

행렬 $A=\begin{pmatrix} -1 & 0 \\ 0 & 1 \end{pmatrix}$에 대하여 $A+A^2+A^3+\cdots+A^{2025}$의 모든 성분의 합을 구하시오.

584

두 행렬 $A=\begin{pmatrix} 1 & 0 \\ 0 & 3 \end{pmatrix}$, $B=\begin{pmatrix} -2 & 0 \\ 0 & 1 \end{pmatrix}$에 대하여 A^n+B^n의 모든 성분의 합이 213이 되도록 하는 자연수 n의 값을 구하시오.

585

행렬 $A=\begin{pmatrix} \frac{1}{2} & \frac{1}{2} \\ 0 & 1 \end{pmatrix}$에 대하여 $A+A^2+A^3+\cdots+A^n$의 모든 성분의 합을 $\mathrm{S}(n)$이라고 할 때, $\frac{\mathrm{S}(2025)}{\mathrm{S}(2024)}$의 값을 구하시오.

(단, $a+ar+ar^2+\cdots+ar^{n-1}=\frac{a(r^n-1)}{r-1}$ $(r\neq1)$)

02. 행렬의 거듭제곱의 성질

(1) $A^5=A^3=E$이면 $A=E$

(2) $A^{32}=A^{20}=E$이면 $A^4=E$

⋮

(3) $A^l=A^m=A^n=E$이고 l, m, n이 서로소이면 $A=E$

(1) $A^5=A^3=E$이면 $A=E$

$A^5=A^2\times A^3=A^2\times E=A^2$

$\therefore\ A^2=E$

$A^3=A^2\times A=E\times A=A$

$\therefore\ A=E$

그러므로 $A^5=A^3=E$이면 $A=E$

⇒ 지수 5와 3의 최대공약수는 1

(2) $A^{32}=A^{20}=E$이면 $A^4=E$

$A^{32}=A^{20}\times A^{12}=E\times A^{12}=A^{12}$

$\therefore\ A^{12}=E$

$A^{20}=A^{12}\times A^8=E\times A^8=A^8$

$\therefore\ A^8=E$

$A^{12}=A^8\times A^4=E\times A^4=A^4$

$\therefore\ A^4=E$

그러므로 $A^{32}=A^{20}=E$이면 $A^4=E$

⇒ 지수 32와 20의 최대공약수는 4

(3) $A^l=A^m=A^n=E$이고 l, m, n이 서로소이면 $A=E$

l, m, n의 최대공약수가 1이므로 $A=E$

교과外 역행렬

이차정사각행렬 $A=\begin{pmatrix} a & b \\ c & d \end{pmatrix}$에 대하여

$$AX=XA=E$$

를 만족하는 X가 존재할 때, X를 A의 역행렬이라고 하고 A^{-1}로 나타내며,

$A^{-1}=\dfrac{1}{ad-bc}\begin{pmatrix} d & -b \\ -c & a \end{pmatrix}$이다.

$A=\begin{pmatrix} a & b \\ c & d \end{pmatrix}$의 역행렬이 존재한다고 가정하고,

그것을 $X=\begin{pmatrix} x & u \\ y & v \end{pmatrix}$라고 하자.

$AX=E$로부터

$\begin{pmatrix} a & b \\ c & d \end{pmatrix}\begin{pmatrix} x & u \\ y & v \end{pmatrix}=\begin{pmatrix} 1 & 0 \\ 0 & 1 \end{pmatrix}$, $\begin{pmatrix} ax+by & au+bv \\ cx+dy & cu+dv \end{pmatrix}=\begin{pmatrix} 1 & 0 \\ 0 & 1 \end{pmatrix}$

$ax+by=1$ …… ㉠ $au+bv=0$ …… ㉢

$cx+dy=0$ …… ㉡ $cu+dv=1$ …… ㉣

㉠$\times d-$㉡$\times b$, ㉡$\times a-$㉠$\times c$

㉢$\times d-$㉣$\times b$, ㉣$\times a-$㉢$\times c$를 하면

$(ad-bc)x=d$ …… ㉤ $(ad-bc)u=-b$ …… ㉦

$(ad-bc)y=-c$ …… ㉥ $(ad-bc)v=a$ …… ㉧

㉤, ㉥, ㉦, ㉧에서 $ad-bc\neq 0$일 때

$A^{-1}=\dfrac{1}{ad-bc}\begin{pmatrix} d & -b \\ -c & a \end{pmatrix}$

* $ad-bc=0$이면 역행렬이 존재하지 않는다.

※ 참고

$A^n=O$이면 $A^2=O$이다. (단, $n\geq3$인 자연수)

$A=\begin{pmatrix} a & b \\ c & d \end{pmatrix}$에 대하여

(i) $A=O$일 때 성립

(ii) $A\neq O$일 때

A의 역행렬이 존재한다고 가정하면

$ad-bc\neq0$

$A^n=O$의 양변에 A^{-1}을 계속 곱해나가면

$E=O$이므로 모순이다.

따라서 A의 역행렬은 존재하지 않으므로

$ad-bc=0$

케일리-헤밀턴의 정리에 의해

$A^2-(a+d)A+(ad-bc)E=O$

$ad-bc=0$이므로 $A^2=(a+d)A$ …… ㉠

$A^3=(a+d)A^2=(a+d)^2A$, $\cdots$

$\therefore$ $A^n=(a+d)^{n-1}A$이므로 $(a+d)^{n-1}A=O$에서

$a+d=0$ ($\because$ $A\neq O$)

그러므로 ㉠에서 $A^2=(a+d)A=O$이다.

XI 행렬

CHAPTER 2

A^n의 유도

01. 케일리-헤밀턴의 정리에 의한 A^n의 유도

1 케일리-헤밀턴의 정리와 역

※ 케일리-헤밀턴의 정리

이차정사각행렬 $A=\begin{pmatrix} a & b \\ c & d \end{pmatrix}$에 대하여

$A^2-(a+d)A+(ad-bc)E=O$

★ 케일리-헤밀턴의 정리의 역은 성립하지 않는다.

이차정사각행렬 $A=\begin{pmatrix} a & b \\ c & d \end{pmatrix}$에 대하여

$A^2-pA+qE=O$이 성립할 때,

$a+d=p$, $ad-bc=q$를 항상 만족하는 것은 아니다.

이차정사각행렬 $A=\begin{pmatrix} a & b \\ c & d \end{pmatrix}$에 대하여

$A^2-(a+d)A+(ad-bc)E=O$이 성립한다.

$A=\begin{pmatrix} a & b \\ c & d \end{pmatrix}$에서

$$A^2=\begin{pmatrix} a & b \\ c & d \end{pmatrix}\begin{pmatrix} a & b \\ c & d \end{pmatrix}=\begin{pmatrix} a^2+bc & ab+bd \\ ca+cd & bc+d^2 \end{pmatrix} \quad \cdots\cdots ㉠$$

$$(a+d)A=(a+d)\begin{pmatrix} a & b \\ c & d \end{pmatrix}=\begin{pmatrix} a^2+ad & ab+bd \\ ac+cd & ad+d^2 \end{pmatrix} \cdots\cdots ㉡$$

$$(ad-bc)E=(ad-bc)\begin{pmatrix} 1 & 0 \\ 0 & 1 \end{pmatrix}$$

$$=\begin{pmatrix} ad-bc & 0 \\ 0 & ad-bc \end{pmatrix} \quad \cdots\cdots ㉢$$

㉠$-$㉡$+$㉢을 하면

$$A^2-(a+d)A+(ad-bc)E$$

$$=\begin{pmatrix} a^2+bc & ab+bd \\ ca+cd & bc+d^2 \end{pmatrix}-\begin{pmatrix} a^2+ad & ab+bd \\ ac+cd & ad+d^2 \end{pmatrix}$$

$$+\begin{pmatrix} ad-bc & 0 \\ 0 & ad-bc \end{pmatrix}$$

$$=\begin{pmatrix} 0 & 0 \\ 0 & 0 \end{pmatrix}$$

$\therefore A^2-(a+d)A+(ad-bc)E=O$

케일리-헤밀턴의 정리의 역은 성립하지 않는다.

행렬 $A=\begin{pmatrix} a & b \\ c & d \end{pmatrix}$일 때, 케일리 헤밀턴의 정리에 의해

$A^2-(a+d)A+(ad-bc)E=O$ $\cdots\cdots$ ㉠

이 성립한다.

만약 A가 케일리-헤밀턴의 정리 이외의 이차식을 만족한다면 $A^2-pA+qE=O$ $\cdots\cdots$ ㉡

㉡에서 ㉠을 빼면 $(a+d-p)A=(ad-bc-q)E$

(i) $a+d-p\neq 0$이면 $A=kE$꼴

(ii) $a+d-p=0$이면 $ad-bc-q=0$이므로

$a+d=p$, $ad-bc=q$

예를 들어 $A=E$, $A=2E$일 때, $A^2-3A+2E=O$을 만족하나

(i) $A=E$일 때, $A=\begin{pmatrix} 1 & 0 \\ 0 & 1 \end{pmatrix}$이므로

$a+d=2$, $ad-bc=1$

(ii) $A=2E$일 때, $A=\begin{pmatrix} 2 & 0 \\ 0 & 2 \end{pmatrix}$이므로

$a+d=4$, $ad-bc=4$

따라서 케일리-헤밀턴의 정리의 역은 성립하지 않는다.

※ 이차정사각행렬 $A=\begin{pmatrix} a & b \\ c & d \end{pmatrix}$에 대하여

$A\neq kE$일 때,

$A^2-pA+qE=O \Leftrightarrow a+d=p,\ ad-bc=q$

케일리-헤밀턴의 정리의 역은 $A \neq kE$일 때만 성립하므로, 역을 이용할 때에는 $A=kE$일 때와 $A \neq kE$일 때로 케이스를 나눈다.

기출 유형

등식 $A^2-2A-3E=O$을 만족시키는 행렬 $A=\begin{pmatrix} a & b \\ c & d \end{pmatrix}$에 대하여 가능한 $a+d$의 값을 모두 구하시오. (단, O는 영행렬, E는 단위행렬이다.)

해설

(i) $A=kE$ (단, k는 실수)일 때

주어진 식에 $A=kE$를 대입하면

$$A^2-2A-3E=(kE)^2-2kE-3E$$
$$=(k^2-2k-3)E=O$$

에서 $k^2-2k-3=(k-3)(k+1)=0$

$\therefore k=-1$ 또는 $k=3$

즉, $A=-E$ 또는 $A=3E$이므로

$A=\begin{pmatrix} -1 & 0 \\ 0 & -1 \end{pmatrix}$ 또는 $A=\begin{pmatrix} 3 & 0 \\ 0 & 3 \end{pmatrix}$

따라서 $a+d=-2$ 또는 $a+d=6$

(ii) $A \neq kE$ (k는 실수)일 때

케일리-헤밀턴 정리에 의해 $a+d=2$

(i), (ii)에서 가능한 $a+d$의 값은 -2, 2 또는 6이다.

586

등식 $A^2-5A+6E=O$을 만족시키는 행렬 $A=\begin{pmatrix} a & b \\ c & d \end{pmatrix}$에 대하여 가능한 $ad-bc$의 합을 구하시오.
(단, O는 영행렬, E는 단위행렬이다.)

587

행렬 $A=\begin{pmatrix} a & b \\ -1 & 1 \end{pmatrix}$에 대하여 $A^2-3A-4E=O$이 성립하도록 하는 실수 a, b의 값을 구하시오.
(단, O는 영행렬, E는 단위행렬이다.)

XI 행렬

2 케일리-헤밀턴의 정리에 의한 A^n의 유도

(1) $A=\begin{pmatrix} 0 & a \\ a & 0 \end{pmatrix}$일 때

케일리-헤밀턴의 정리에 의해 $A^2-a^2E=O$이므로

$A^n=\begin{cases} a^nE & (n\text{짝수}) \\ a^{n-1}A & (n\text{홀수}) \end{cases}$

(2) $A=\begin{pmatrix} 0 & a \\ b & 0 \end{pmatrix}$일 때

케일리-헤밀턴의 정리에 의해 $A^2-abE=O$이므로

$A^n=\begin{cases} (ab)^{\frac{n}{2}}E & (n\text{짝수}) \\ (ab)^{\frac{n-1}{2}}A & (n\text{홀수}) \end{cases}$

(3) $A=\begin{pmatrix} a & b \\ c & d \end{pmatrix}$에 대하여

(i) $ad-bc=0$일 때

$A^2-(a+d)A=O$이므로

$A^n=(a+d)^{n-1}A$

(ii) $a+d=0$일 때

$A^2+(ad-bc)E=O$이므로

$A^n=\begin{cases} (-ad+bc)^{\frac{n}{2}}E & (n\text{짝수}) \\ (-ad+bc)^{\frac{n-1}{2}}A & (n\text{홀수}) \end{cases}$

(4) $A=\begin{pmatrix} a & b \\ c & d \end{pmatrix}$에 대하여

(i) $a+d=-1,\ ad-bc=1$일 때

케일리-헤밀턴의 정리에 의해

$A^2+A+E=O$이므로

$A^3=E,\ A^{n+2}+A^{n+1}+A^n=O$

(ii) $a+d=1,\ ad-bc=1$일 때

케일리-헤밀턴의 정리에 의해

$A^2-A+E=O$이므로

$A^3=-E,\ A^6=E$

$A^{n+5}+A^{n+4}+A^{n+3}+A^{n+2}+A^{n+1}+A^n=O$

(1) $A=\begin{pmatrix} 0 & a \\ a & 0 \end{pmatrix}$일 때 $A^n=\begin{cases} a^nE & (n\text{짝수}) \\ a^{n-1}A & (n\text{홀수}) \end{cases}$

$A=\begin{pmatrix} a & b \\ c & d \end{pmatrix}$에서

케일리-헤밀턴의 정리에 의해 $A^2-a^2E=O$이므로

$A^2=a^2E,\ A^3=a^2A,\ A^4=a^4E,\ A^5=a^4A,\ \cdots$

(2) $A=\begin{pmatrix} 0 & a \\ a & 0 \end{pmatrix}$일 때 $A^n=\begin{cases} (ab)^{\frac{n}{2}}E & (n\text{짝수}) \\ (ab)^{\frac{n-1}{2}}A & (n\text{홀수}) \end{cases}$

$A=\begin{pmatrix} 0 & a \\ b & 0 \end{pmatrix}$일 때

케일리-헤밀턴의 정리에 의해 $A^2-abE=O$이므로

$A^2=abE,\ A^3=abA,\ A^4=(ab)^2E,\ A^5=(ab)^2A,\ \cdots$

(3) $A=\begin{pmatrix} a & b \\ c & d \end{pmatrix}$에 대하여

(i) $ad-bc=0$일 때

$A^n=(a+d)^{n-1}A$

(ii) $a+d=0$일 때

$A^n=\begin{cases} (-ad+bc)^{\frac{n}{2}}E & (n\text{짝수}) \\ (-ad+bc)^{\frac{n-1}{2}}A & (n\text{홀수}) \end{cases}$

(i) 예를 들어 $A=\begin{pmatrix} 1 & 2 \\ 1 & 2 \end{pmatrix}$일 때

케일리-헤밀턴의 정리에 의해 $A^2-3A=O$

$A^2=3A,\ A^3=3A^2=3^2A,\ \cdots,\ A^n=3^{n-1}A$

(ii) 예를 들어 $A=\begin{pmatrix} 2 & 1 \\ 1 & -2 \end{pmatrix}$일 때

케일리-헤밀턴의 정리에 의해 $A^2-5E=O$

$A^2=5E,\ A^3=5A,\ A^4=5^2E,\ A^5=5^2A,\ \cdots$

(4) $A=\begin{pmatrix} a & b \\ c & d \end{pmatrix}$에 대하여

(i) $a+d=-1$, $ad-bc=1$일 때

$A^3=E$, $A^{n+2}+A^{n+1}+A^n=O$

(ii) $a+d=1$, $ad-bc=1$일 때

$A^3=-E$, $A^6=E$

$A^{n+5}+A^{n+4}+A^{n+3}+A^{n+2}+A^{n+1}+A^n=O$

(i) $a+d=-1$, $ad-bc=1$일 때

케일리-헤밀턴의 정리에 의해 $A^2+A+E=O$

① $(A-E)(A^2+A+E)=O$, $A^3=E$이므로

$A^6=A^9=\cdots=A^{3n}=E$

② $A^2+A+E=O$에서 양변에 A^n을 곱하면

$A^{n+2}+A^{n+1}+A^n=O$

(ii) $a+d=1$, $ad-bc=1$일 때

케일리-헤밀턴의 정리에 의해 $A^2-A+E=O$

① $(A+E)(A^2-A+E)=O$, $A^3=-E$이므로

$A^6=E$, $A^9=-E$, $\cdots$

$\begin{cases} A^{6n}=E \\ A^{6n-3}=-E \end{cases}$

② $A^5+A^4+A^3+A^2+A+E$

$=-A^2-A-E+A^2+A+E=O$

$A^5+A^4+A^3+A^2+A+E=O$에서 양변에

A^n을 곱하면

$A^{n+5}+A^{n+4}+A^{n+3}+A^{n+2}+A^{n+1}+A^n=O$

기출 유형

행렬 $A=\begin{pmatrix} -2 & 3 \\ -3 & 4 \end{pmatrix}$에 대하여 $A^{100}=kA+lE$일 때, 실수 k, l의 값을 구하시오. (단, E는 단위행렬이다.)

해설

방법1

$A=\begin{pmatrix} -2 & 3 \\ -3 & 4 \end{pmatrix}$에서 케일리-헤밀턴 정리에 의하여

$A^2-2A+E=O$ $\therefore A^2=2A-E$

$A^3=A^2A=(2A-E)A=2A^2-A$

$=2(2A-E)-A=3A-2E$

$A^4=A^3A=(3A-2E)A=3A^2-2A$

$=3(2A-E)-2A=4A-3E$

$\vdots$

이므로

$A^n=nA-(n-1)E$로 추정할 수 있다.

(단, n은 자연수)

따라서 $A^{100}=100A-99E$에서

$k=100$, $l=-99$이다.

방법2

케일리-헤밀턴 정리에 의해 $A^2-2A+E=O$

이를 이용하여 n차식을 1차 이하의 식으로 나타낼 수 있다.

$A^n=(A^2-2A+E)Q(A)+aA+bE$로 놓고, a와 b를 구하면 $A^n=aA+bE$와 같다.

($\because$ $A^2-2A+E=O$)

이때, A와 E에 대한 합과 곱으로 이루어진 행렬식에서는 교환법칙이 성립하므로, 다항식을 통해 a와 b를 구할 수 있다.

즉, 행렬 $A=x$라고 하면

$x^n=(x^2-2x+1)Q(x)+ax+b$ …… ㉠

$=(x-1)^2Q(x)+ax+b$

㉠의 양변에 $x=1$을 대입하면 $1=a+b$ …… ㉡

$\therefore b=1-a$

XI

행렬

㉡을 ㉠에 대입하여 정리하면

$x^n=(x-1)^2Q(x)+a(x-1)+1$

$x^n-1=(x-1)^2Q(x)+a(x-1)$에서

$(x-1)(x^{n-1}+x^{n-2}+\cdots+x+1)$

$\quad=(x-1)^2Q(x)+a(x-1)$이므로

$\therefore\ x^{n-1}+x^{n-2}+\cdots+x+1=(x-1)Q(x)+a$

위 식의 양변에 $x=1$을 대입하면 $a=n$

㉡에서 $b=1-a$이므로 $b=1-n$

$\therefore\ A^n=aA+bE=nA+(1-n)E$

그러므로 $A^{100}=100A-99E$에서

$k=100,\ l=-99$

588

행렬 $A=\begin{pmatrix}-2 & 3\\ -1 & 1\end{pmatrix}$에 대하여

$E+A+A^2+A^3+\cdots+A^{2024}$의 모든 성분의 합을 구하시오. (단, E는 단위행렬이다.)

589

두 행렬 $A=\begin{pmatrix}5 & -3\\ 7 & -4\end{pmatrix}$, $B=\begin{pmatrix}1 & 2\\ 1 & -3\end{pmatrix}$에 대하여 $A^{2024}B$를 구하시오.

590

행렬 $A=\begin{pmatrix}1 & -1\\ 1 & -2\end{pmatrix}$에 대하여

$A^4+2A^3+A^2-2A-2E=xA+yE$를 만족하는 실수 x, y의 값을 구하시오. (단, E는 단위행렬이다.)

591

행렬 $A=\begin{pmatrix}\frac{1}{2} & -\frac{\sqrt{3}}{2}\\ \frac{\sqrt{3}}{2} & \frac{1}{2}\end{pmatrix}$에 대하여 A^{100}의 모든 성분의 합을 구하시오.

02. 식의 변형에 의한 A^n의 유도

(1) $A^2-\sqrt{2a}A+aE=O$이면 $A^4=-a^2E$
(2) $A^2=aA+bE$, $B^2=aB+bE$이면
$A^{n+2}+B^{n+2}=a(A^{n+1}+B^{n+1})+b(A^n+B^n)$
(3) $A^2-(\alpha+\beta)A+\alpha\beta E=O$ (단, $\alpha\neq\beta$)이면
$A^n=\left(\frac{\beta^n-\alpha^n}{\beta-\alpha}\right)A+\alpha\beta\left(\frac{\alpha^{n-1}-\beta^{n-1}}{\beta-\alpha}\right)E$

(1) $A^2-\sqrt{2a}A+aE=O$이면 $A^4=-a^2E$

$A^2-\sqrt{2a}A+aE=O$의 양변에 $A^2+\sqrt{2a}A+aE$를 곱하면

$(A^2+\sqrt{2a}A+aE)(A^2-\sqrt{2a}A+aE)$
$=(A^2+aE)^2-(\sqrt{2a}A)^2=A^4+a^2E=O$

$\therefore A^4=-a^2E$

(2) $A^2=aA+bE$, $B^2=aB+bE$이면
$A^{n+2}+B^{n+2}=a(A^{n+1}+B^{n+1})+b(A^n+B^n)$

$A^2=aA+bE$의 양변에 A^n을 곱하면

$A^{n+2}=aA^{n+1}+bA^n$ …… ㉠

$B^2=aB+bE$ 의 양변에 B^n을 곱하면

$B^{n+2}=aB^{n+1}+bB^n$ …… ㉡

㉠+㉡을 하면

$A^{n+2}+B^{n+2}=a(A^{n+1}+B^{n+1})+b(A^n+B^n)$

(3) $A^2-(\alpha+\beta)A+\alpha\beta E=O$ (단, $\alpha\neq\beta$)이면
$A^n=\left(\frac{\beta^n-\alpha^n}{\beta-\alpha}\right)A+\alpha\beta\left(\frac{\alpha^{n-1}-\beta^{n-1}}{\beta-\alpha}\right)E$

방법1

$A^2-(\alpha+\beta)A+\alpha\beta E=O$ (단, $\alpha\neq\beta$)에서

$A(A-\alpha E)=\beta(A-\alpha E)$ …… ㉠

$A(A-\beta E)=\alpha(A-\beta E)$ …… ㉡

㉠의 양변 왼쪽에 A를 곱하면

$A^2(A-\alpha E)=\beta A(A-\alpha E)=\beta^2(A-\alpha E)$ ($\because$ ㉠)

위의 식에서 양변의 왼쪽에 A를 곱하면

$A^3(A-\alpha E)=\beta^2A(A-\alpha E)=\beta^3(A-\alpha E)$ ($\because$ ㉠)

⋮

$\therefore A^n(A-\alpha E)=\beta^n(A-\alpha E)$ …… ㉢

마찬가지로 ㉡의 양변 왼쪽에 A를 곱해서 정리하면

$A^n(A-\beta E)=\alpha^n(A-\beta E)$ …… ㉣

㉢−㉣을 하면

$(\beta-\alpha)A^n=(\beta^n-\alpha^n)A+(\alpha^n\beta-\alpha\beta^n)E$

$\therefore A^n=\left(\frac{\beta^n-\alpha^n}{\beta-\alpha}\right)A+\alpha\beta\left(\frac{\alpha^{n-1}-\beta^{n-1}}{\beta-\alpha}\right)E$

방법2

A, E의 합과 곱으로 이루어진 행렬식에서는 교환법칙이 성립하므로 행렬식을 다항식으로 생각해서 계산할 수 있다.

행렬 $A=x$로 놓으면

A^n을 $A^2-(\alpha+\beta)A+\alpha\beta E$로 나눈 나머지를

x^n을 $x^2-(\alpha+\beta)x+\alpha\beta$로 나눈 나머지를 이용하여 구할 수 있다.

$x^n=(x-\alpha)(x-\beta)Q(x)+ax+b$ …… ㉠

㉠에 $x=\alpha$를 대입하면 $\alpha^n=a\alpha+b$ …… ㉡

㉠에 $x=\beta$를 대입하면 $\beta^n=a\beta+b$ …… ㉢

㉢−㉡을 하면 $\beta^n-\alpha^n=a(\beta-\alpha)$

$\alpha\neq\beta$이므로 $a=\frac{\beta^n-\alpha^n}{\beta-\alpha}$ …… ㉣

$\beta\times$㉡$-\alpha\times$㉢을 하면 $\alpha^n\beta-\beta^n\alpha=b(\beta-\alpha)$

$\therefore b=\frac{\alpha^n\beta-\beta^n\alpha}{\beta-\alpha}=\alpha\beta\left(\frac{\alpha^{n-1}-\beta^{n-1}}{\beta-\alpha}\right)$ …… ㉤

㉣, ㉤을 ㉠에 대입하면

$x^n=(x-\alpha)(x-\beta)Q(x)+\left(\frac{\beta^n-\alpha^n}{\beta-\alpha}\right)x$
$+\alpha\beta\left(\frac{\alpha^{n-1}-\beta^{n-1}}{\beta-\alpha}\right)$

$\therefore A^n=(A-\alpha E)(A-\beta E)Q(A)$
$+\left(\frac{\beta^n-\alpha^n}{\beta-\alpha}\right)A+\alpha\beta\left(\frac{\alpha^{n-1}-\beta^{n-1}}{\beta-\alpha}\right)E$

이때, $(A-\alpha E)(A-\beta E)=O$이므로

$\therefore A^n=\left(\frac{\beta^n-\alpha^n}{\beta-\alpha}\right)A+\alpha\beta\left(\frac{\alpha^{n-1}-\beta^{n-1}}{\beta-\alpha}\right)E$

기출 유형

행렬 $A=\begin{pmatrix} 0 & 1 \\ -2 & 3 \end{pmatrix}$에 대하여 $A^{2025}+A-2E$의 모든 성분의 합을 구하시오. (단, E는 단위행렬이다.)

해설

방법1

$A=\begin{pmatrix} 0 & 1 \\ -2 & 3 \end{pmatrix}$에서 케일리-헤밀턴 정리에 의해

$A^2-3A+2E=O \quad \therefore A^2=3A-2E$

$A^3=3A^2-2A=3(3A-2E)-2A=7A-6E$

$A^4=7A^2-6A=7(3A-2E)-6A=15A-14E$

$\vdots$

$A^n=(2^n-1)A-(2^n-2)E$

$\therefore A^{2025}=(2^{2025}-1)A-(2^{2025}-2)E$

$A^{2025}+A-2E$

$=(2^{2025}-1)A-(2^{2025}-2)E+A-2E$

$=2^{2025}(A-E)=2^{2025}\begin{pmatrix} -1 & 1 \\ -2 & 2 \end{pmatrix}$이므로

$A^{2025}+A-2E$의 모든 성분의 합은 0이다.

방법2

A, E의 합과 곱으로 이루어진 행렬식에서는 교환법칙이 성립하므로 행렬식을 다항식으로 생각해서 계산할 수 있다.

행렬 $A=x$로 놓으면

$A^{2025}+A-2E$를 $A^2-3A+2E$로 나눈 나머지를

$x^{2025}+x-2$를 x^2-3x+2로 나눈 나머지를 이용하여 구할 수 있다.

$x^{2025}+x-2=(x-1)(x-2)Q(x)+ax+b$ …… ㉠

㉠의 양변에 $x=1$, $x=2$를 각각 대입하면

$a+b=0$ …… ㉡

$2a+b=2^{2025}$ …… ㉢

㉡, ㉢을 연립하여 풀면 $a=2^{2025}$, $b=-2^{2025}$

케일리-헤밀턴 정리에 의해 $A^2-3A+2E=O$이므로

$A^{2025}+A-2E=aA+bE=2^{2025}A-2^{2025}E$

$\therefore A^{2025}+A-2E=2^{2025}(A-E)=2^{2025}\begin{pmatrix} -1 & 1 \\ -2 & 2 \end{pmatrix}$

그러므로 $A^{2025}+A-2E$의 모든 성분의 합은 0이다.

592

행렬 $A=\begin{pmatrix} 2 & 1 \\ -2 & 0 \end{pmatrix}$에 대하여 $A^n=kE$ (단, k는 양의 실수)를 만족하는 100이하의 자연수 n의 개수를 구하시오. (단, E는 단위행렬이다.)

593

행렬 $A=\begin{pmatrix} 2 & 1 \\ -4 & 2 \end{pmatrix}$에 대하여 A^9의 모든 성분의 합을 구하시오.

594

두 이차정사각행렬 A, B에 대하여
$A+B=2E$, $AB=E$가 성립할 때, $A^7+B^7=kE$이다.
실수 k의 값을 구하시오. (단, E는 단위행렬이다.)

595

행렬 $A=\begin{pmatrix} 3 & 0 \\ 1 & 1 \end{pmatrix}$에 대하여
$2A^{2025}=3^{\alpha}(A-E)+\beta(A-3E)$일 때, 실수 α, β의 값을 구하시오. (단, E는 단위행렬이다.)

CHAPTER 3

행렬의 곱셈에 대한 성질

01. 교환법칙 불성립

$AB \neq BA$이므로 곱셈공식이 성립되지 않는다. 

(1) $(A \pm B)^2 \neq A^2 \pm 2AB + B^2$

(2) $(A+B)(A-B) \neq A^2 - B^2$

(3) $(AB)^2 \neq A^2B^2$

(1) $(A \pm B)^2 \neq A^2 \pm 2AB + B^2$

$(A \pm B)^2 = A^2 \pm (AB+BA) + B^2$

(2) $(A+B)(A-B) \neq A^2 - B^2$

$(A+B)(A-B) = A^2 - AB + BA - B^2$

(3) $(AB)^2 \neq A^2B^2$

$(AB)^2 = (AB)(AB) = A(BA)B$

$(AB)^2 = A^2B^2$이면 $A(BA-AB)B = O$

★ 교환법칙이 성립하는 경우

(1) 단위행렬과 곱해진 경우

$AE = EA = A$ (단, E는 단위행렬)

(2) A^n꼴 (단, n은 자연수)

$A^mA^n = A^nA^m$

(3) $(A \pm B)^2 = A^2 \pm 2AB + B^2$이면 $AB = BA$

$(A+B)(A-B) = A^2 - B^2$이면 $AB = BA$

(4) $kA + B = lA^n$이면 $AB = BA$ (단, k, l은 실수)

(5) $B = kA + lE$이면 $AB = BA$

(단, k, l은 실수, E는 단위행렬)

(6) $AB = kE$이면 $AB = BA$

(단, $k \neq 0$인 실수, E는 단위행렬)

(7) $AB = E$이면 $AB^n = B^nA$ (단, E는 단위행렬)

(8) $(aA + bE)(cB + dE) = E$이면 $AB = BA$

(단, a, b, c, d는 실수, E는 단위행렬)

(9) ① $A = \begin{pmatrix} a & b \\ -b & a \end{pmatrix}$, $B = \begin{pmatrix} c & d \\ -d & c \end{pmatrix}$이면 $AB = BA$

② $A = \begin{pmatrix} a & b \\ b & a \end{pmatrix}$, $B = \begin{pmatrix} c & d \\ d & c \end{pmatrix}$이면 $AB = BA$

(2) $A^mA^n=A^nA^m$

$$A^mA^n=\overbrace{AA\cdots A}^{(m+n)\text{개}}=A^nA^m$$

(4) $kA+B=lA^n$이면 $AB=BA$

$kA+B=lA^n$의 왼쪽에 행렬 A를 곱하면

$kA^2+AB=lA^{n+1}$ …… ㉠

$kA+B=lA^n$의 오른쪽에 행렬 A를 곱하면

$kA^2+BA=lA^{n+1}$ …… ㉡

㉠=㉡이므로 $\therefore AB=BA$

(5) $B=kA+lE$이면 $AB=BA$

$B=kA+lE$의 왼쪽에 행렬 A를 곱하면

$AB=kA^2+lA$ …… ㉠

$B=kA+lE$의 오른쪽에 행렬 A를 곱하면

$BA=kA^2+lA$ …… ㉡

㉠=㉡이므로 $\therefore AB=BA$

(6) $AB=kE$이면 $AB=BA$

$XA=kE$라 하고 오른쪽에 행렬 B를 곱하면

$XAB=kB$

$XAB=X(kE)=kX$ ($\because AB=kE$)

$kB=kX$이므로 $X=B$, $XA=BA=kE$

$\therefore AB=BA$

※ 참고

역행렬의 정의를 생각하면 교환법칙의 성립은 당연하다.

(7) $AB=E$이면 $AB^n=B^nA$

(6)에 의해 $AB=E$이면 $AB=BA$이므로

$$AB^n=(AB)B\cdots B=(BA)B\cdots B=B(AB)\cdots B$$
$$=B(BA)\cdots B=\cdots=B\cdots(BA)=B^nA$$

(8) $(aA+bE)(cB+dE)=E$

(6)에 의해

$(aA+bE)(cB+dE)=(cB+dE)(aA+bE)=E$

이므로 전개하여 정리하면 $AB=BA$

(9) ① $A=\begin{pmatrix} a & b \\ -b & a \end{pmatrix}$, $B=\begin{pmatrix} c & d \\ -d & c \end{pmatrix}$이면 $AB=BA$

② $A=\begin{pmatrix} a & b \\ b & a \end{pmatrix}$, $B=\begin{pmatrix} c & d \\ d & c \end{pmatrix}$이면 $AB=BA$

① $A=\begin{pmatrix} a & b \\ -b & a \end{pmatrix}=b\begin{pmatrix} 0 & 1 \\ -1 & 0 \end{pmatrix}+aE$이므로

$\therefore \begin{pmatrix} 0 & 1 \\ -1 & 0 \end{pmatrix}=\frac{1}{b}(A-aE)$

$B=\begin{pmatrix} c & d \\ -d & c \end{pmatrix}=d\begin{pmatrix} 0 & 1 \\ -1 & 0 \end{pmatrix}+cE=\frac{d}{b}(A-aE)+cE$

$B=mA+nE$ 꼴이므로 (5)에 의해 $AB=BA$

② $A=\begin{pmatrix} a & b \\ b & a \end{pmatrix}=b\begin{pmatrix} 0 & 1 \\ 1 & 0 \end{pmatrix}+aE$ 이므로

$\therefore \begin{pmatrix} 0 & 1 \\ 1 & 0 \end{pmatrix}=\frac{1}{b}(A-aE)$

$B=\begin{pmatrix} c & d \\ d & c \end{pmatrix}=d\begin{pmatrix} 0 & 1 \\ 1 & 0 \end{pmatrix}+cE=\frac{d}{b}(A-aE)+cE$

$B=mA+nE$ 꼴이므로 (5)에 의해 $AB=BA$

※ 주의

(1) $(AB)^2=A^2B^2$이면 $AB=BA$ (거짓)
(2) $(A+B)^3=A^3+3A^2B+3AB^2+B^3$이면 $AB=BA$ (거짓)
(3) $A^2B^2=E$이면 $AB=BA$ (거짓)
(4) $A^2B^2=B^2A^2$이면 $AB=BA$ (거짓)
(5) $kAB+lA+mB+nE=O$이면 $AB=BA$ (거짓)

(1) $(AB)^2=A^2B^2$이면 $AB=BA$ (거짓)

반례) $A=\begin{pmatrix} 0 & 0 \\ 1 & 0 \end{pmatrix}$, $B=\begin{pmatrix} 0 & 0 \\ 0 & 1 \end{pmatrix}$

(2) $(A+B)^3=A^3+3A^2B+3AB^2+B^3$이면 $AB=BA$ (거짓)

반례) $A=\begin{pmatrix} 1 & 1 \\ 0 & 0 \end{pmatrix}$, $B=\begin{pmatrix} 0 & 2 \\ 0 & -1 \end{pmatrix}$

(3) $A^2B^2=E$이면 $AB=BA$ (거짓)

반례) $A=\begin{pmatrix} 0 & 1 \\ 1 & 0 \end{pmatrix}$, $B=\begin{pmatrix} 1 & 0 \\ 0 & -1 \end{pmatrix}$

(4) $A^2B^2=B^2A^2$이면 $AB=BA$ (거짓)

반례) $A=\begin{pmatrix} 1 & 1 \\ 0 & -1 \end{pmatrix}$, $B=\begin{pmatrix} 0 & 1 \\ 1 & 0 \end{pmatrix}$

(5) $kAB+lA+mB+nE=O$이면 $AB=BA$ (거짓)

$kAB+lA+mB+nE=O$을 곱의 형태로 나타냈을 때 $(pA+qE)(rB+sE)=O$의 꼴이 되는 경우에는 교환법칙이 성립하지 않는다.
$CD=O$이면 $DC=O$가 성립하지 않기 때문이다.

예제) $AB-A+B-E=O$이면 $AB=BA$ 참인가?
반례) $A=\begin{pmatrix} -1 & 0 \\ 1 & -1 \end{pmatrix}$, $B=\begin{pmatrix} 1 & 0 \\ 0 & 2 \end{pmatrix}$이면
$AB-A+B-E=O$을 만족하지만
$AB\neq BA$이다.
이 예제의 경우에도 반례를 찾기 보다는
$AB-A+B-E=(A+E)(B-E)=O$이므로
$AB\neq BA$이다.

02. 진위판정

기출 유형

다음 중 [보기]에서 옳은 것만을 있는대로 고르시오.
(단, O는 영행렬, E는 단위행렬이다.)

[보 기]

ㄱ. 두 이차정사각행렬 A, B에 대하여 $AB=O$, $A\neq O$이면 $B=O$이다.

ㄴ. 두 이차정사각행렬 A, B에 대하여 $AB^2=B^2A$이면 $AB=BA$이다.

ㄷ. 두 이차정사각행렬 A, B가 $(E+B)A=2E$, $A(B+E)+B(A+E)=O$을 만족하면 $A-B=2E$ 이다.

ㄹ. 두 이차정사각행렬 A, B가 $4A^2+E=2A$, $2A+B^2=E$를 만족시킬 때, $B^{18}=-E$이다.

ㅁ. 두 이차정사각행렬 A, B가 $A^2+AB+2A+2B+E=O$을 만족시키면 $AB=BA$이다.

해설

ㄱ) [반례] $A=\begin{pmatrix} 1 & -1 \\ -1 & 1 \end{pmatrix}$, $B=\begin{pmatrix} 1 & 0 \\ 1 & 0 \end{pmatrix}$이면

$AB=\begin{pmatrix} 1 & -1 \\ -1 & 1 \end{pmatrix}\begin{pmatrix} 1 & 0 \\ 1 & 0 \end{pmatrix}=\begin{pmatrix} 0 & 0 \\ 0 & 0 \end{pmatrix}$이지만

$A\neq O$이고 $B\neq O$이다. (거짓)

ㄴ) [반례] $A=\begin{pmatrix} 1 & 2 \\ 3 & 4 \end{pmatrix}$, $B=\begin{pmatrix} 0 & 1 \\ 1 & 0 \end{pmatrix}$이면

$B^2=E$이므로 $AB^2=B^2A=A$이지만

$AB\neq BA$이다. (거짓)

ㄷ) $(E+B)A=2E$이므로

$(E+B)A=A(E+B)=2E$ …… ㉠

이므로 $AB=BA$

$A(B+E)+B(A+E)=O$에서

$2AB+A+B=O$ …… ㉡

이때, ㉠에서 $A+AB=2E$, $AB=2E-A$이므로

이를 ㉡에 대입하면 $2(2E-A)+A+B=O$

$\therefore A-B=4E$ (거짓)

ㄹ) $2A+B^2=E$에서 $B^2=E-2A$

$4A^2+E=2A$에서 $4A^2=2A-E$

$\therefore B^4=(E-2A)^2$

$=E-4A+4A^2$

$=E-4A+(2A-E)=-2A$

$B^6=B^4B^2=-2A(E-2A)=-2A+4A^2=-E$

$\therefore B^{18}=(B^6)^3=(-E)^3=-E$ (참)

ㅁ) $A^2+AB+2A+2B+E=O$에서

$(A+2E)(A+B)=(A+B)(A+2E)=-E$

이므로 $AB=BA$ (참)

XI 행렬

596

다음 중 [보기]에서 옳은 것만을 있는대로 고르시오.
(단, O는 영행렬, E는 단위행렬이다.)

[보기]

ㄱ. 영행렬이 아닌 두 이차정사각행렬 A, B에 대하여 $AB=O$이면 $A^3B^3=O$이다.

ㄴ. 두 이차정사각행렬 A, B가 $A^2=A$, $A^7+B^5=2A+3E$를 만족하면 $AB^4=B^4A$이다.

ㄷ. 두 이차정사각행렬 A, B가 $2A^2+BA=2E$, $4A^3B=B^3A+4E$를 만족하면 $4A^2+B^2=2E$이다.

597

다음 중 [보기]에서 옳은 것만을 있는대로 고르시오.
(단, O는 영행렬, E는 단위행렬이다.)

[보기]

ㄱ. 두 이차정사각행렬 A, B에 대하여 $AB=B$, $BA=A$이면 $B^2=B$이다.

ㄴ. 두 이차정사각행렬 A, B에 대하여 $A^2=A$, $B^2=E$이면 $(E+BAB)(E-BAB)=E-BAB$이다.

ㄷ. 두 이차정사각행렬 A, B가 $B^2+BA=4E$, $A^2B+AB^2=3A+4B$를 만족하면 $A^2-B^2=12E$이다.

※ 영인자

$A\neq O$, $B\neq O$이지만 $AB=O$인 두 행렬 A, B 쌍을 영인자라고 한다.

(1) $AB=O$이면 $A=O$ 또는 $B=O$ (거짓)

(2) $(A-E)(A-2E)=O$이면 $A=E$ 또는 $A=2E$ (거짓)

(3) $A^2=O$이면 $A=O$ (거짓)

(1) $AB=O$이면 $A=O$ 또는 $B=O$ (거짓)

반례) $A=\begin{pmatrix}1 & 0\\0 & 0\end{pmatrix}$, $B=\begin{pmatrix}0 & 0\\1 & 0\end{pmatrix}$일 때

$AB=O$이지만 $A\neq O$, $B\neq O$

(2) $(A-E)(A-2E)=O$이면 $A=E$ 또는 $A=2E$ (거짓)

반례) $A=\begin{pmatrix}1 & 1\\0 & 2\end{pmatrix}$이면 $A-E=\begin{pmatrix}0 & 1\\0 & 1\end{pmatrix}$,

$A-2E=\begin{pmatrix}-1 & 1\\0 & 0\end{pmatrix}$이고

$(A-E)(A-2E)=\begin{pmatrix}0 & 0\\0 & 0\end{pmatrix}$이다.

(3) $A^2=O$이면 $A=O$ (거짓)

$A^2=O$이면 $A=O$ (거짓)

반례) $A=\begin{pmatrix}0 & 0\\1 & 0\end{pmatrix}$

※ 주의 $A^n=O$이면 $A^2=O$ (참)
(단, $n\geq 3$인 자연수)

참고

(1) $A^3=E$이면 $A=E$ 또는 $A^2+A+E=O$
(단, E는 단위행렬, 행렬 A의 모든 성분은 실수)

(2) $A^4=E$이면 $A^2=E$ 또는 $A^2=-E$
(단, E는 단위행렬이고, 행렬 A의 모든 성분은 실수)

(1) $A^3=E$이면 $A=E$ 또는 $A^2+A+E=O$

(i) $A=kE$ (단, k는 실수)일 때
$A^3=k^3E$, $k^3E=E$에서 $k^3=1$이므로 $k=1$
$\therefore A=E$

(ii) $A\neq kE$ (단, k는 실수)일 때
케일리-헤밀턴의 정리에 의해
$A^2-(a+d)A+(ad-bc)E=O$
$a+d=p$, $ad-bc=q$라고 하면
$A^2-pA+qE=O$, $A^2=pA-qE$
위 식의 양변에 A를 곱하면
$A^3=pA^2-qA=p(pA-qE)-qA$
$=(p^2-q)A-pqE$
$A^3=E$이므로 $p^2=q$, $pq=-1$
두 식을 연립하여 풀면 $p=-1$, $q=1$이므로
$\therefore A^2+A+E=O$

그러므로 (i), (ii)에서 $A^3=E$이면
$A=E$ 또는 $A^2+A+E=O$

(2) $A^4=E$이면 $A^2=E$ 또는 $A^2=-E$

(i) $A=kE$ (단, k는 실수)일 때
$A^4=k^4E$, $k^4E=E$, $k^4=1$이므로 $k=\pm1$
$\therefore A^2=k^2E=E$

(ii) $A\neq kE$ (단, k는 실수)일 때
케일리-헤밀턴의 정리에 의해
$A^2-(a+d)A+(ad-bc)E=O$
$a+d=p$, $ad-bc=q$라고 하면
$A^2-pA+qE=O$, $A^2=pA-qE$
양변을 제곱하여 정리하면
$A^4=(pA-qE)^2$
$=p^2A^2-2pqA+q^2E$
$=p^2(pA-qE)-2pqA+q^2E$
$=(p^3-2pq)A+(q^2-p^2q)E$
$A^4=E$이므로
$p(p^2-2q)=0$ …… ㉠
$q(q-p^2)=1$ …… ㉡
㉠, ㉡을 연립하여 풀면 $p=0$, $q=\pm1$
$\therefore A^2=E$ 또는 $A^2=-E$

그러므로 (i), (ii)에서 $A^4=E$이면
$A^2=E$ 또는 $A^2=-E$

CHAPTER 4 행렬 곱셈의 변형

이차정사각행렬 A에 대하여

$A\begin{pmatrix} a \\ b \end{pmatrix}=\begin{pmatrix} p \\ q \end{pmatrix}$, $A\begin{pmatrix} c \\ d \end{pmatrix}=\begin{pmatrix} r \\ s \end{pmatrix}$이면 $A\begin{pmatrix} ka+lc \\ kb+ld \end{pmatrix}=\begin{pmatrix} kp+lr \\ kq+ls \end{pmatrix}$

이차정사각행렬 A에 대하여

$A\begin{pmatrix} a \\ b \end{pmatrix}=\begin{pmatrix} p \\ q \end{pmatrix}$, $A\begin{pmatrix} c \\ d \end{pmatrix}=\begin{pmatrix} r \\ s \end{pmatrix}$이면

$A\begin{pmatrix} ka+lc \\ kb+ld \end{pmatrix}=\begin{pmatrix} kp+lr \\ kq+ls \end{pmatrix}$

행렬 $A=\begin{pmatrix} x & y \\ z & w \end{pmatrix}$라고 하면

$A\begin{pmatrix} a \\ b \end{pmatrix}=\begin{pmatrix} x & y \\ z & w \end{pmatrix}\begin{pmatrix} a \\ b \end{pmatrix}=\begin{pmatrix} ax+by \\ az+bw \end{pmatrix}=\begin{pmatrix} p \\ q \end{pmatrix}$이고

$A\begin{pmatrix} c \\ d \end{pmatrix}=\begin{pmatrix} x & y \\ z & w \end{pmatrix}\begin{pmatrix} c \\ d \end{pmatrix}=\begin{pmatrix} cx+dy \\ cz+dw \end{pmatrix}=\begin{pmatrix} r \\ s \end{pmatrix}$이므로

$$A\begin{pmatrix} ka+lc \\ kb+ld \end{pmatrix}=\begin{pmatrix} x & y \\ z & w \end{pmatrix}\begin{pmatrix} ka+lc \\ kb+ld \end{pmatrix}$$
$$=\begin{pmatrix} k(ax+by)+l(cx+dy) \\ k(az+bw)+l(cz+dw) \end{pmatrix}$$
$$=\begin{pmatrix} kp+lr \\ kq+ls \end{pmatrix}$$

기출 유형

이차정사각행렬 A에 대하여

$A\begin{pmatrix} 1 \\ 1 \end{pmatrix}=\begin{pmatrix} 1 \\ -1 \end{pmatrix}$, $A\begin{pmatrix} -1 \\ -2 \end{pmatrix}=\begin{pmatrix} -2 \\ 1 \end{pmatrix}$을 만족시킬 때,

$A\begin{pmatrix} 1 \\ -1 \end{pmatrix}$을 구하시오.

해설

실수 a, b에 대하여

$\begin{pmatrix} 1 \\ -1 \end{pmatrix}=a\begin{pmatrix} 1 \\ 1 \end{pmatrix}+b\begin{pmatrix} -1 \\ -2 \end{pmatrix}$이 성립한다고 하면

$\begin{pmatrix} 1 \\ -1 \end{pmatrix}=\begin{pmatrix} a-b \\ a-2b \end{pmatrix}$

$\therefore a-b=1,\ a-2b=-1$

두 식을 연립하여 풀면 $a=3$, $b=2$

즉, $\begin{pmatrix} 1 \\ -1 \end{pmatrix}=3\begin{pmatrix} 1 \\ 1 \end{pmatrix}+2\begin{pmatrix} -1 \\ -2 \end{pmatrix}$ …… ㉠

㉠의 양변 왼쪽에 행렬 A를 곱하면

$$\therefore A\begin{pmatrix} 1 \\ -1 \end{pmatrix}=3A\begin{pmatrix} 1 \\ 1 \end{pmatrix}+2A\begin{pmatrix} -1 \\ -2 \end{pmatrix}$$
$$=3\begin{pmatrix} 1 \\ -1 \end{pmatrix}+2\begin{pmatrix} -2 \\ 1 \end{pmatrix}$$
$$=\begin{pmatrix} -1 \\ -1 \end{pmatrix}$$

정답과 풀이 p.168

598

이차정사각행렬 A에 대하여

$A\begin{pmatrix}2\\3\end{pmatrix}=\begin{pmatrix}1\\0\end{pmatrix}$, $A^2+A-3E=O$일 때, $A\begin{pmatrix}1\\0\end{pmatrix}$을 구하시오.

(단, O는 영행렬이고 E는 단위행렬이다.)

599

이차정사각행렬 A에 대하여

$A\begin{pmatrix}3p\\q\end{pmatrix}=\begin{pmatrix}1\\-2\end{pmatrix}$, $A\begin{pmatrix}9p+2r\\3q-2s\end{pmatrix}=\begin{pmatrix}1\\-4\end{pmatrix}$를 만족시킬 때,

$A\begin{pmatrix}-r\\s\end{pmatrix}$를 구하시오. (단, p, q, r은 상수)

600

이차정사각행렬 A에 대하여

$A^2=\begin{pmatrix}3&0\\0&2\end{pmatrix}$, $A\begin{pmatrix}1\\-1\end{pmatrix}=\begin{pmatrix}1\\0\end{pmatrix}$이 성립할 때,

$A\begin{pmatrix}2\\-1\end{pmatrix}$을 구하시오.

CHAPTER 5

고난도 실전 연습문제

601

행렬 $A=\begin{pmatrix} 6 & 0 \\ 4 & 2 \end{pmatrix}$에 대하여 A^{2025}의 모든 성분의 합이 $2^m \times 3^n$일 때, 자연수 m, n의 값을 구하시오.

(단, $a+ar+ar^2+\cdots+ar^{n-1}=\dfrac{a(r^n-1)}{r-1}(r\neq1)$)

602

두 이차정사각행렬 A, B가

$A\neq E$, $B\neq -E$, $A+B=O$, $AB^2=E$를 만족시킬 때, $(A+A^2+A^3+\cdots+A^{2023})+(B+B^2+B^3+\cdots+B^{2023})$을 간단히 하시오. (단, O는 영행렬, E는 단위행렬이다.)

603

행렬 $A=\begin{pmatrix} 2 & 1 \\ 0 & 3 \end{pmatrix}$에 대하여 A^n의 모든 성분의 합을 $S(n)$이라 할 때, $\dfrac{S(2025)}{S(2024)}$의 값을 구하시오.

604

행렬 $A=\begin{pmatrix} -1 & 1 \\ -3 & 2 \end{pmatrix}$에 대하여 $A^{2026}\begin{pmatrix} 1 \\ 2 \end{pmatrix}=\begin{pmatrix} x \\ y \end{pmatrix}$일 때, x, y의 값을 각각 구하시오.

605

행렬 $A=\begin{pmatrix} 5 & 4 \\ -4 & -3 \end{pmatrix}$에 대하여 $A^{2025}-A^{2024}$의 모든 성분의 합을 구하시오.

606

행렬 $A=\begin{pmatrix} \frac{\sqrt{3}}{2} & -\frac{1}{2} \\ \frac{1}{2} & \frac{\sqrt{3}}{2} \end{pmatrix}$에 대하여

$E+A+A^2+A^3+\cdots+A^{96}$의 모든 성분의 합을 구하시오. (단, E는 단위행렬이다.)

607

다음 중 [보기]에서 옳은 것만을 있는대로 고르시오.
(단, O는 영행렬, E는 단위행렬이다.)

[보 기]

ㄱ. 두 이차정사각행렬 A, B에 대하여
$A^2=O$, $B^2=O$이면 $AB=O$이다.

ㄴ. 두 이차정사각행렬 A, B가
$BA=A+2E$, $A^2+2A=4E$를 만족하면
$AB^2A-2A=8E$이다.

ㄷ. 두 이차정사각행렬 A, B가
$2A+BA=E$, $A^2B+2A^2=B+3E$를 만족하면
$B^2+5B=-5E$이다.

608

다음 중 [보기]에서 옳은 것만을 있는대로 고르시오.
(단, O는 영행렬, E는 단위행렬이다.)

[보 기]

ㄱ. 두 이차정사각행렬 A, B에 대하여
$A^2=E$, $B^2=E$이면
$(ABA-E)^5=16(ABA-E)$

ㄴ. 두 이차정사각행렬
$A=\begin{pmatrix} a & b+1 \\ c-1 & d \end{pmatrix}$, $B=\begin{pmatrix} a & b-1 \\ c+1 & d \end{pmatrix}$에 대하여
$A^2+B^2+4E=AB+BA$

ㄷ. 두 이차정사각행렬 A, B가 $B^2+2AB+B=E$,
$(A+B-E)(A+B+E)=O$을 만족하면
$A^4+2A^3+A^2=E$

609

이차정사각행렬 A에 대하여
$A\begin{pmatrix} -1 \\ 2 \end{pmatrix}=\begin{pmatrix} 2 \\ 1 \end{pmatrix}$, $A^2\begin{pmatrix} -1 \\ 2 \end{pmatrix}=\begin{pmatrix} 3 \\ 2 \end{pmatrix}$를 만족시킬 때,

$A\begin{pmatrix} p \\ q \end{pmatrix}=\begin{pmatrix} 1 \\ 2 \end{pmatrix}$를 만족하는 실수 p, q의 값을 구하시오.

빠른 정답 찾기

Ⅰ 다항식의 연산

001 3 **002** 1023 **003** 32 **004** 27 **005** 100 **006** $\sqrt{5}$ **007** 5 **008** 2

009 8 **010** 9 **011** 64 **012** -6 **013** 44 **014** 64 **015** (1) $\frac{113}{16}$ (2) $-\frac{31}{8}$

016 24 **017** -1 **018** 3 **019** 6 **020** 0 **021** 6 **022** -72

023 $\alpha=8$, $\beta=4$, $\gamma=1$ **024** 199 **025** $89\sqrt{5}$ **026** $\frac{\sqrt{5}}{2}(3-\sqrt{5})$ **027** $m=21$, $n=34$

028 1136 **029** 157 **030** 4 **031** 82 **032** 1320 **033** 225 **034** 843 **035** 4

036 2 **037** 0 **038** -6, 3 **039** -4 **040** 16238 **041** 2 **042** -9

043 5

Ⅱ 항등식

044 -6 **045** 4^7 **046** $-\frac{3}{2}(3^{99}-1)$ **047** 10 **048** 512 **049** 32 **050** 0

051 $-\frac{1}{3}(2^{20}+2)$ **052** (1) 432 (2) 432 **053** 17^2+7^2 **054** 2 **055** 6

056 (1) 0 (2) $-\frac{6}{7}$ **057** 8 **058** 1 **059** 21 **060** 24

Ⅲ 나머지정리

061 몫: $x^2Q(x)+Rx-R$ 나머지: R **062** 몫: $ax^3Q(x)+R\left(x^2-\frac{b}{a}x+\frac{b^2}{a^2}\right)$ 나머지: $-\frac{b^3}{a^3}R$

063 몫: $x+\frac{2}{3}$ 나머지: $x+R+\frac{2}{3}$ **064** 24 **065** 31 **066** -4

067 $f(x)=2x^2+2x-1$, $r(x)=-3x-3$ **068** -2 **069** 6 **070** $-3x+5$

071 $-3x+2$ **072** $67x-128$ **073** 8 **074** 34 **075** $a=-2$, $b=0$ **076** 99

077 $-4x-3$ **078** $a=-3$, $b=2$ **079** $a=4$, $b=0$ **080** $-x^2-2$

081 몫 $(x+5)Q(x+3)+1$ 나머지 $2x^2+6x+4$ **082** $-x^2+3x$ **083** $50x^2-49$

084 $p=9$, $q=3$ **085** $a=10$, $b=16$, $c=8$ **086** x^3+2x+1 **087** x^3+x^2-x+3

088 $-2x^3+3x^2+2x+7$ **089** $10(x^3-1)$ **090** $-x^5+x^2-x+5$ **091** x^3-x^2-4x-4

092 496 **093** $\frac{5}{6}$ **094** 100 **095** 24 **096** -2 **097** 1 **098** 0

099 x^3-x^2+x+2 **100** $x^5+2x^4+2x^3+2x^2+2x+2$ **101** x^2+x+1

102 $-3x^2+7x-4$ **103** 2 **104** $-3x^2-6x-9$ **105** $f(x)=3x^2-12$, $g(x)=x^2-3x+2$

106 $P(x)=x^2-x+3$, $Q(x)=x+2$ **107** 21 **108** 14 **109** 2005 **110** 6

111 128, 257, 386, 515, 644, 773, 902 **112** 8 **113** 364 **114** 124 **115** 62 **116** 214

117 14 **118** $x=1$, $y=8$, $x=5$, $y=1$, $x=8$, $y=4$ **119** $a=1$, $b=6$, $c=10$, $d=8$, $e=10$

120 11.216 **121** $a=\frac{1}{3}$, $b=-1$, $c=1$, $d=\frac{1}{3}$ **122** A=1, B=5, C=10, D=10

123 몫 $x+3$ 나머지 $4x^2-\frac{11}{3}x+\frac{8}{3}$ **124** 16 **125** $a=-\frac{3}{2}$, $b=1$, $c=6$ **126** 10, -2

127 $\frac{3}{8}x^3-\frac{3}{4}x^2+\frac{1}{2}x+2$ **128** $4-2x^2$ **129** x^2+6x+8 **130** 11 **131** 72 **132** 32

133 풀이참조 **134** $p=2$, $q=-7$, $r=2$ **135** 최댓값 21, 최솟값 4

136 $f(x)=x^4+x^3+x^2+x+2$, $g(x)=x^2+2x+3$ **137** -27 **138** x^2-1

Ⅳ 인수분해

139 4, 5, 8, 12, 13, 20, 21, 29, 32, 40, 45 140 4 141 455 142 $(x^2-3x-1)(x^2+x-1)$

143 $(x^2-3x-1)(x^2+2x-1)$ 144 $(x^2-x+1)(x^6-x^4-x^3+x+1)$

145 $(x^4+x^3+x^2+x+1)(x^5-x^4+x^3-x+1)$ 146 $(x^6+x^5+x^4+x^3+x^2+x+1)\times(x^6-x^5+x^4-x^3+x^2-x+1)$

147 8 148 5, −1 149 $\frac{5}{7}$, $\frac{5}{3}$, 2, 3 150 4 151 (−19, 1), (−5, 3)

152 $(9x^2y^2+6xy+2)(9x^2y^2-6xy+2)$ 153 −2 154 $(a^2+b^2-c^2)^2$

155 $(ab+2a+2b-4)(ab-2a-2b-4)$ 156 $(x^2+4xy+4y^2-8)(x^2-4xy+4y^2-8)$ 157 $(a+2b-2)^3$

158 빗변의 길이가 z인 직각삼각형 159 $(x-y)(y+3z)(z-3x)$ 160 70

161 $b=c$인 이등변삼각형, $a=c$인 이등변삼각형 162 $(a+b+c)(a^2+b^2+c^2)$ 163 $\frac{22}{7}$

164 $(a-b-c)(a^2+b^2-c^2)$ 165 $(x+2y)(3x+6y+1)(x-2y)$ 166 $3(a+b)(b+c)(c+a)$

167 $(a+b+c)(ab+bc+ca)$ 168 $3(a-b)(b-c)(c-a)$ 169 $(a-b)(b-c)(c-a)(a+b+c)$

170 $(a-b)(b-c)(c-a)(ab+bc+ca)$ 171 $-(a-b)(b-c)(c-a)(ab+bc+ca)$ 172 $2^9\times3\times17\times23^2$

173 4 174 67 175 144 176 −12, 0, 4 177 6 178 $m=12$, $n=10$

179 $(x^4-x^3+x^2-x+1)(x^4-x^2+1)$ 180 $p=24$, $q=-150$ 181 $(a-b)(c-a-b)(c^2-a^2-b^2)$

182 $-(x+y-z)(x-y+z)(x+y+z)$ 183 $5(a+b)(b+c)(c+a)(a^2+b^2+c^2+ab+bc+ca)$

184 $5(a-b)(b-c)(c-a)(a^2+b^2+c^2-ab-bc-ca)$ 185 158 186 146

Ⅴ 복소수

187 −1 188 −1, 1 189 35 190 3 191 −1 192 $z=\frac{1}{8}+\frac{\sqrt{15}}{8}i$

193 −1 194 7 195 $a=0$, $a=-\frac{1}{2}$, $a=1$ 196 $\frac{3}{4}$ 197 1 198 40

199 $\frac{-1\pm\sqrt{15}i}{4}$ 200 $2i$ 201 −1 202 $-\sqrt{3}i$ 203 1 204 풀이참조

205 −1 206 풀이참조 207 −12 208 $2(\sqrt{ab}-b)i$ 209 $2a(1+b)$

210 0 211 $-50-50i$ 212 12 213 −1024 214 11 215 0

216 최댓값 25, 최솟값 1 217 1 218 −1 219 $\frac{1+\sqrt{15}i}{2}$, $\frac{1-\sqrt{15}i}{2}$

220 $z^2=i$, $z^3=\frac{-\sqrt{2}+\sqrt{2}i}{2}$, $z^4=-1$, $z^5\frac{-\sqrt{2}-\sqrt{2}i}{2}$, $z^6=-i$, $z^7=\frac{\sqrt{2}-\sqrt{2}i}{2}$, $z^8=1$ 221 풀이참조

222 풀이참조 223 $15+8i$ 224 57 225 897 226 $\sqrt{2}$ 227 4 228 45

229 $-\sqrt{3}i$ 230 $4+2\sqrt{3}$ 231 $4+2\sqrt{3}$ 232 −1, 0, 1, 2 233 16 234 0 235 5

236 36, −36 237 2 238 25 239 $(\sqrt{3}+1)i$ 240 25 241 2025 242 11

Ⅵ 이차방정식

243 7 244 7 245 −8 246 0 247 최솟값 : −4, 최댓값 : 8 248 36 249 $\frac{11}{45}$

250 $\frac{58}{45}$ 251 $\frac{9}{10}$ 252 5 253 36 254 $-1\le a\le1$ 255 $a=1$, $b=-4$

256 1, $\frac{1}{3}$ 257 16 258 −8 259 $k=-2\pm2\sqrt{3}$ 260 −1, 2

261 $k=4$, 허근 : $\frac{1\pm i}{3}$ 262 $p=2$, $q=2$ 263 $-\frac{7}{3}$ 264 −6 265 $p=4$, $q=1$

266 $\frac{333}{4}$ 267 22 268 $-\alpha$, $-\beta$ 269 $\frac{8}{3}$ 270 1 271 $f(x)=\frac{1}{2}x^2+x+1$

272 $f(x)=x^2+\frac{11}{6}x-1$ 273 0, 6 274 −2 275 8 276 −12, −10, −6, −4, 0, 2 277 19

278 4 279 $-\frac{21}{5}$ 280 $24-8\sqrt{5}$ 281 6 282 $2-\sqrt{3}$ 283 $-\frac{1+\sqrt{5}}{2}$

284 -1 285 $-2-\frac{9}{5}\sqrt{5}$ 286 $-\frac{2}{11}$ 287 1, 2, 3, 4 288 32 289 -1

290 $c\neq d$ 그리고 $e=0$ 291 $\frac{90}{91}$ 292 $\sqrt{2}$ 293 1 294 $f(x)=2x^2+4x-10$ 295 2

296 최댓값 : $\frac{205}{2}$, 최솟값 : 18 297 2 298 (1, 2), (2, 1) 299 5 300 $-2+(4-\sqrt{5})i$

301 1

Ⅶ 이차함수

302 $f(x)=-x^2+4x$, $f(x)=-\frac{1}{4}x^2+x$ 303 12 304 6 305 $\frac{7}{8}$ 306 $3\sqrt{3}$

307 $f(x)=-2x^2-4x-1$ 308 $m=-\frac{16}{3}$, $p=\frac{70}{9}$, $q=-\frac{5}{9}$ 309 $\frac{5}{2}$ 310 $\sqrt{3}$

311 (1) $k<-1$, $k>3$ (2) $-1<k\leq 0$ 312 $-4<a\leq 0$ 313 $a=-2$, $a=0$

314 $-4\leq a<-3$ 315 $-\frac{5}{3}\leq a\leq 0$ 316 $k<\frac{1}{2}$ 317 $-1<a<0$

318 $k\leq 0$, $k\geq\frac{3}{2}$ 319 4 320 $-1<a\leq 3$ 321 $-\frac{15}{4}\leq a\leq -\frac{5}{2}$

322 (1) $\frac{9}{8}<k\leq\frac{9}{2}$, $k=0$ (2) $0<k<\frac{1}{4}$ (3) $\frac{1}{4}<k\leq\frac{9}{8}$ 323 3 324 4 325 $m=-1$, $m=1$

326 2 327 $17\sqrt{17}$ 328 $k\leq\frac{1}{2}$ 329 $k\geq -\frac{1}{3}$ 330 $a<-1$, $a>\sqrt{2}$ 331 $a<-3$, $a>-1$

332 2 333 $f(x)=-x^2+4x-2$ 334 $k=-1$, $k=1$ 335 0 336 최댓값 5, 최솟값 $\frac{11}{4}$

337 최댓값 2, 최솟값 -1 338 $\frac{17}{4}$ 339 3, 5 340 -1, $\frac{3+\sqrt{13}}{2}$ 341 $2-\sqrt{3}$, $2+\sqrt{3}$

342 $f(x)=-(x-2)^2+3$ 343 -3 344 8 345 최댓값 9, $\mathrm{P}(2, -2)$ 346 $\frac{13\sqrt{13}}{8}$ 347 $6\sqrt{3}$

348 $y=x-\frac{1}{2}$ 349 $y=6x-9$, $y=-2x-1$ 350 $f(x)=-x^2+2x-6$ 351 58 352 -2

353 $-5<k<-\frac{19}{4}$ 354 $\frac{3}{2}$ 355 $a<0$, $a>\frac{8}{3}$ 356 $f(x)=-\frac{1}{2}x^2-3x+1$

357 $m=2-\sqrt{5}$, $m=2+\sqrt{5}$ 358 $\frac{13}{4}$ 359 $f(x)=2x^2-8x+1$ 360 풀이참조 361 $\frac{21}{4}$

Ⅷ 여러 가지 방정식

362 7 363 -9, 11 364 3 365 50 366 16 367 $\pm\sqrt{3}i$ 368 -65 369 1

370 2 371 -2 372 $\frac{1}{4}$ 373 $a<-1$ 374 $a<-1$ 375 -1

376 풀이참조 377 $1<a<2$ 378 $a=-\frac{1}{2}$, $a=\frac{1}{4}$

379 $a<-4$일 때 0, $a=-4$ 또는 $a>-3$일 때 2, $a=-3$일 때 3, $-4<a<-3$일 때 4 380 $m=1$, $4<m<5$

381 $a=\frac{2\sqrt{21}}{3}$, $-3<a<2$ 382 5 383 -2 384 $a=1$, $b=-2$ 385 4

386 $k=-11$, $k>-10$ 387 6 388 -1 389 -4 390 -6 391 -40 392 $\frac{2}{5}$

393 3 394 $-\sqrt{3}i$ 395 25 396 $4-2\sqrt{3}$ 397 $\frac{-1+\sqrt{5}}{2}$

398 $z=0$, $z=-1$, $z=\frac{1\pm\sqrt{3}i}{2}$ 399 1 400 $\frac{-1\pm\sqrt{5}}{2}$ 401 $a=-3$, $b=4$

402 $a=4$, $b=15$, $c=-4$ 403 $-\frac{1}{4}$ 404 $x^3+2x^2+x+1=0$ 405 $x^3+6x^2+8x+4=0$ 406 4

407 $\frac{2}{3}$ 408 $x^3-2x^2-x+3=0$ 409 3 410 19 411 $p=2$, $q=1$, $r=1$ 412 -1

413 3 414 $(x, y, z)=\left(\frac{2}{\alpha\beta\gamma}, \frac{-2(\alpha+\beta+\gamma)}{\alpha\beta\gamma}, \frac{2(\alpha\beta+\beta\gamma+\gamma\alpha)}{\alpha\beta\gamma}\right)$ 415 2 416 $\frac{-1\pm\sqrt{7}i}{2}$

417 -2 418 $a=-7$, $b=8$ 419 1 420 1, 2, 4 421 -3, 1

422 $\begin{cases}x=-1\\y=-1\end{cases}$, $\begin{cases}x=1\\y=1\end{cases}$, $\begin{cases}x=-4\\y=-2\end{cases}$, $\begin{cases}x=4\\y=2\end{cases}$ 423 $-\frac{5}{7}$ 424 $6\leq k\leq 18$ 425 4 426 6

427 4 428 $\begin{cases}x=-3\\y=0\end{cases}$, $\begin{cases}x=3\\y=0\end{cases}$, $\begin{cases}x=-3\\y=2\end{cases}$, $\begin{cases}x=-1\\y=2\end{cases}$, $\begin{cases}x=1\\y=-2\end{cases}$, $\begin{cases}x=3\\y=-2\end{cases}$ 429 4 430 $m=2$, $n=1$

431 4 432 -5 433 6 434 -8, 4 435 24 436 $x=1$, $y=-2$

437 $(-2, -1), (2, 1)$ **438** $(\sqrt{3}, 1, \sqrt{3}), (-\sqrt{3}, -1, \sqrt{3}), (-\sqrt{3}, 1, -\sqrt{3}), (\sqrt{3}, -1, -\sqrt{3})$
439 $(-5, -5), (-2, -1), (-1, 1), (0, 5)$ **440** 2 **441** $\pm\sqrt{3}i$ **442** 4 **443** 2, 4
444 (1) $-2<k<1$, $k=2$ (2) $k=1$ (3) $1<k<2$ **445** 81, -495 **446** 127 **447** 19 **448** $\frac{-1+\sqrt{5}}{2}$
449 $\frac{2}{3}$ **450** $p=-4$, $q=3$, $r=6$ **451** -1 **452** 0 **453** $k\le-\frac{2}{7}$, $k\ge\frac{2}{9}$ **454** 16

IX 여러 가지 부등식

455 $10\le k<14$ **456** 4 **457** -1 **458** $0<k\le2$ **459** $a\le-3$ **460** $a\le4$
461 $x<-2$, $x>3$ **462** $x<1-2\beta$, $x>1-2\alpha$ **463** $-\frac{1}{3\beta}<x<-\frac{1}{3\alpha}$ **464** $k\ge\frac{2}{3}$
465 $-2\le n\le-1$ **466** $k>\frac{1}{3}$ **467** $a=2$, $b=2$ **468** 4 **469** $-1\le a\le1$
470 4 **471** 5 **472** $-\frac{2}{3}$ **473** $0\le a\le1$ **474** $-1<a<\frac{3}{2}$ **475** $1<a\le6$
476 $-\frac{3}{2}\le k<-1$, $\frac{3}{2}<k\le2$ **477** $-2\le a<-1$, $6<a\le7$ **478** $a=1$
479 $-1\le a<-\frac{1}{3}$, $\frac{7}{3}<a\le3$ **480** $k=1$, $k=2$ **481** $0\le x\le\frac{3}{2}$
482 $-9\le m<-8$, $2<m\le3$ **483** $-1\le x\le1-\sqrt{2}$, $1+\sqrt{2}\le x\le3$ **484** $1<a\le2$
485 $-\frac{1}{2}\le k\le\frac{3}{2}$ **486** -1, $-\frac{1}{2}$ **487** 5

X 순열과 조합

488 2340 **489** 1040 **490** 780 **491** 4160 **492** 12960 **493** 365 **494** 9612 **495** 420
496 1032 **497** 600 **498** 480 **499** 2464 **500** 76 **501** 309 **502** 1260
503 25200 **504** 1680 **505** 80 **506** 26 **507** 70 **508** 2880 **509** 264
510 720 **511** 68 **512** 444 **513** 78 **514** 36 **515** 13824 **516** 191, 85
517 89 **518** 520원 **519** 27 **520** 13 **521** 13 **522** 260 **523** 79 **524** 31
525 41 **526** 164 **527** 21 **528** $a=60$, $b=120$, $c=40$, $d=52$ **529** $a=54$, $b=30$
530 54 **531** 70 **532** 90 **533** (1) 315 (2) 90 (3) 36 (4) 180 **534** 301 **535** 960
536 풀이참조 **537** 풀이참조 **538** $n=12$, $r=6$ **539** $n=20$, $r=5$ **540** $n=100$, $r=5$
541 252 **542** 2880 **543** 576 **544** 2880 **545** 1314 **546** 781 **547** 180
548 12150 **549** 3240 **550** 36 **551** 240 **552** 480 **553** 64 **554** 28 **555** 14
556 110 **557** 21 **558** 84 **559** 28 **560** 104 **561** 55 **562** 44 **563** 89
564 356 **565** 560 **566** 1520 **567** 30 **568** 1980 **569** 96 **570** 732 **571** 4656
572 777600 **573** 361 **574** $a=15$, $b=135$ **575** 960 **576** $n=100$, $r=5$
577 (1) 270 (2) 180 **578** 4800 **579** 72 **580** 178 **581** 683

XI 행렬

582 (1) $A=O$ (2) $A=\begin{pmatrix}-2 & -2\\ -2 & 2\end{pmatrix}$, $A=\begin{pmatrix}2 & 2\\ 2 & -2\end{pmatrix}$ (3) $A=O$, $A=\begin{pmatrix}0 & 0\\ -4 & 4\end{pmatrix}$, $A=\begin{pmatrix}4 & 4\\ 0 & 0\end{pmatrix}$ **583** 2024 **584** 5
585 $\frac{2025}{2024}$ **586** 19 **587** $a=2$, $b=-6$ **588** 0 **589** $\begin{pmatrix}1 & 17\\ 2 & 29\end{pmatrix}$ **590** $x=-2$, $y=-1$
591 -1 **592** 12 **593** 4096 **594** 2 **595** $\alpha=2025$, $\beta=-1$ **596** ㄱ, ㄴ, ㄷ
597 ㄱ, ㄴ, ㄷ **598** $\begin{pmatrix}5\\ 9\end{pmatrix}$ **599** $\begin{pmatrix}1\\ -1\end{pmatrix}$ **600** $\begin{pmatrix}4\\ -2\end{pmatrix}$ **601** $m=2026$, $n=2025$ **602** O **603** 3
604 $x=-1$, $y=-1$ **605** 0 **606** 2 **607** ㄴ, ㄷ **608** ㄱ, ㄴ, ㄷ **609** $p=10$, $q=-5$

고난도 실전개념서

신의 한수(數)

공통수학 I

정답 및 풀이

I 다항식의 연산

1 다항식의 전개 및 곱셈공식

001 정답 ········· 3

$1-x+x^2-x^3+x^4=\mathrm{A}$ 라 하면

$(1-x+x^2-x^3+x^4)^3=\mathrm{A}^3$ 이고

$(1-x+x^2-x^3+x^4-x^5)^3$

$\quad=(\mathrm{A}-x^5)^3=\mathrm{A}^3-3\mathrm{A}^2x^5+3\mathrm{A}x^{10}-x^{15}$

이 식에서 x^5 이 나올 수 있는 항은 $\mathrm{A}^3-3\mathrm{A}^2x^5$ 이므로

각각의 전개식에서 x^5 의 계수의 차 $|a-b|$는

$3\mathrm{A}^2\times x^5=3(1-x+x^2-x^3+x^4)^2\times x^5$ 의

x^5 의 계수의 절댓값과 같다. $\quad\therefore |a-b|=3$

002 정답 ········· 1023

$(x+a_1)(x+a_2)(x+a_3)\cdots(x+a_n)$

$\quad=x^n+(a_1+a_2+\cdots+a_n)x^{n-1}$

$\qquad+(a_1a_2+a_1a_3+\cdots+a_{n-1}a_n)x^{n-2}+\cdots$

$\quad=x^n+$(각 상수항의 합)x^{n-1}

$\qquad+$(두 상수항의 곱의 합)$x^{n-2}+\cdots$ 이므로

$(x+1)(x+2)(x+2^2)\cdots(x+2^9)$ 의 전개식에서

x^9 항은 $(1+2+2^2+\cdots+2^9)x^9$ 이다.

$1+2+2^2+\cdots+2^9=\dfrac{1\times(2^{10}-1)}{2-1}=1023$

이므로 x^9 의 계수는 1023 이다.

003 정답 ········· 32

$1+2+2^2+\cdots+2^9=\dfrac{1\times(2^{10}-1)}{2-1}=1023$ 이므로

$1004=1+2+4+8+\cdots+512-(1+2+16)$

따라서 $x,\ x^2,\ x^4,\ \cdots,\ x^{512}$ 의 곱 중에서

x^{1004} 항이 나오는 경우는

$x,\ x^2,\ x^{16}$ 이 포함된 항은 상수항을,

나머지는 x 가 포함된 항을 곱하면 된다.

즉, $1\times2\times x^4\times x^8\times16\times x^{32}\times\cdots\times x^{512}=32x^{1004}$

따라서 $(x+1)(x^2+2)(x^4+4)\cdots(x^{512}+512)$ 의

전개식에서 x^{1004} 의 계수는 32 이다.

004 정답 ········· 27

• 방법 1

$\sqrt{2}=a,\ \sqrt{3}=b,\ \sqrt{7}=c$ 라 하고 $a+b+c=x$ 라 놓으면

$-\dfrac{\sqrt{2}}{2}+\sqrt{3}+\sqrt{7}=-\dfrac{a}{2}+b+c=x-\dfrac{3}{2}a$

$-\dfrac{\sqrt{3}}{2}+\sqrt{2}+\sqrt{7}=-\dfrac{b}{2}+a+c=x-\dfrac{3}{2}b$

$-\dfrac{\sqrt{7}}{2}+\sqrt{2}+\sqrt{3}=-\dfrac{c}{2}+a+b=x-\dfrac{3}{2}c$

이므로

(주어진 식)

$\quad=\left(x-\dfrac{3}{2}a\right)^2+\left(x-\dfrac{3}{2}b\right)^2+\left(x-\dfrac{3}{2}c\right)^2$

$\quad=3x^2-3(a+b+c)x+\dfrac{9}{4}(a^2+b^2+c^2)$

$\quad=3x^2-3x^2+\dfrac{9}{4}(a^2+b^2+c^2)$

$\quad=\dfrac{9}{4}(a^2+b^2+c^2)$

$\quad=\dfrac{9}{4}\times(2+3+7)=27$

• 방법 2

$\sqrt{2}+\sqrt{3}+\sqrt{7}=x$ 라 놓으면

$\dfrac{\sqrt{2}}{2}-\sqrt{3}-\sqrt{7}=\dfrac{3\sqrt{2}}{2}-x$

$\dfrac{\sqrt{3}}{2}-\sqrt{2}-\sqrt{7}=\dfrac{3\sqrt{3}}{2}-x$

$\dfrac{\sqrt{7}}{2}-\sqrt{2}-\sqrt{3}=\dfrac{3\sqrt{7}}{2}-x$

이므로

(주어진 식)

$\quad=\left(\dfrac{3\sqrt{2}}{2}-x\right)^2+\left(\dfrac{3\sqrt{3}}{2}-x\right)^2+\left(\dfrac{3\sqrt{7}}{2}-x\right)^2$

$\quad=3x^2-3(\sqrt{2}+\sqrt{3}+\sqrt{7})x+\left(\dfrac{3\sqrt{2}}{2}\right)^2$

$\qquad+\left(\dfrac{3\sqrt{3}}{2}\right)^2+\left(\dfrac{3\sqrt{7}}{2}\right)^2$

$\quad=3x^2-3x^2+27=27$

005 정답 ········· 100

• 방법 1

11111111111555555555560000

$\quad=1111111111555555555556\times10^4$

$\quad=(1111111111\times10^{10}+5555555556)\times10^4$

$\quad=(1111111111\times10^{10}+5555555555+1)\times10^4$

$\quad=(1111111111\times10^{10}+1111111111\times5+1)\times10^4$

3333333334

$=3333333333+1$

$=1111111111\times3+1$

$1111111111=x$라 하고

분자를 정리하면

$\sqrt{(1111111111\times10^{10}+1111111111\times5+1)\times10^4}$

$=\sqrt{(10^{10}x+5x+1)\times10^4}$

$=10^2\sqrt{(10^{10}x+5x+1)}$

분모를 정리하면

$1111111111\times3+1=3x+1$이다.

이때,

$10^{10}=10000000000$

$=9999999999+1$

$=1111111111\times9+1=9x+1$

이므로

$\sqrt{(10^{10}x+5x+1)}$

$=\sqrt{(9x+1)x+5x+1}$

$=\sqrt{9x^2+6x+1}$

$=\sqrt{(3x+1)^2}$

$=3x+1$

따라서

$\dfrac{10^2\sqrt{(10^{10}x+5x+1)}}{3x+1}$

$=\dfrac{10^2(3x+1)}{3x+1}$

$=10^2=100$

$\therefore \dfrac{\sqrt{111111111115555555555560000}}{3333333334}=100$

• **방법 2**

$1111111111=\dfrac{1}{9}(10^{10}-1)$

임을 알 수 있다. 분자를 정리하면

$111111111115555555555560000$

$=\left\{\dfrac{1}{9}(10^{10}-1)\times10^{10}+\dfrac{5}{9}(10^{10}-1)+1\right\}\times10^4$

$=\dfrac{10^4}{9}(10^{20}-10^{10}+5\times10^{10}-5+9)$

$=\dfrac{10^4}{9}(10^{20}+4\times10^{10}+4)$

$=\left\{\dfrac{10^2}{3}(10^{10}+2)\right\}^2$

이고, 분모를 정리하면

3333333334

$=\dfrac{3}{9}(10^{10}-1)+1$

$=\dfrac{1}{3}(10^{10}-1+3)=\dfrac{1}{3}(10^{10}+2)$

이다. 따라서

$\dfrac{\sqrt{111111111115555555555560000}}{3333333334}$

$=\dfrac{\sqrt{\left\{\dfrac{10^2}{3}(10^{10}+2)\right\}^2}}{\dfrac{1}{3}(10^{10}+2)}$

$=\dfrac{\dfrac{10^2}{3}(10^{10}+2)}{\dfrac{1}{3}(10^{10}+2)}=100$

2 곱셈공식의 변형

006 정답 .... $\sqrt{5}$

$x^2=3+\sqrt{5}$, $y^2=3-\sqrt{5}$에서

$x^2+y^2=6$, $x^2y^2=4$

$\therefore xy=2$ 또는 $xy=-2$

(i) $xy=2$일 때

$\left(\dfrac{x-y}{x+y}\right)^2=\dfrac{x^2+y^2-2xy}{x^2+y^2+2xy}=\dfrac{6-4}{6+4}=\dfrac{1}{5}$

$\therefore \left|\dfrac{x-y}{x+y}\right|=\dfrac{1}{\sqrt{5}}$

(ii) $xy=-2$일 때

$\left(\dfrac{x-y}{x+y}\right)^2=\dfrac{x^2+y^2-2xy}{x^2+y^2+2xy}=\dfrac{6+4}{6-4}=5$

$\therefore \left|\dfrac{x-y}{x+y}\right|=\sqrt{5}$

(i), (ii)에 의해 $\left|\dfrac{x-y}{x+y}\right|$의 최댓값은 $\sqrt{5}$이다.

007 정답 5

$a^2-2a+ab-b+b^2=1$에서

$(a-1)^2+b(a-1)+b^2=2$ ...... ㉠

$a+b=-1$에서

$a-1+b=-2$ ...... ㉡

$a-1=x$, $b=y$로 놓으면

㉠, ㉡식은 각각

$x^2+xy+y^2=2$, $x+y=-2$

$x^2+xy+y^2=2$에서

$(x+y)^2-xy=2$, $(-2)^2-xy=2$

$\therefore xy=2$

$x^3+y^3=(x+y)^3-3xy(x+y)$

$=-8+12=4$

이므로

$a^3+b^3-3a^2+3a$

$=a^3-3a^2+3a-1+b^3+1$
$=(a-1)^3+b^3+1$
$=x^3+y^3+1$
$=4+1=5$

008 정답 2

$xz+yw=\mathrm{A}$, $xw+yz=\mathrm{B}$라 하면
$(xz+yw)^3-(xw+yz)^3$
$=\mathrm{A}^3-\mathrm{B}^3$
$=(\mathrm{A}-\mathrm{B})^3+3\mathrm{AB}(\mathrm{A}-\mathrm{B})$ ...... ㉠
이때 $x-y=1$, $z-w=2$이므로
$\mathrm{A}-\mathrm{B}=(xz+yw)-(xw+yz)$
$=x(z-w)+y(w-z)$
$=(x-y)(z-w)=2$
이고
$\mathrm{AB}=(xz+yw)(xw+yz)$
$=x^2zw+xyz^2+xyw^2+y^2wz$
$=xy(z^2+w^2)+zw(x^2+y^2)$
$=2xy+3zw$ $(\because x^2+y^2=3,\ z^2+w^2=2)$
$x^2+y^2=(x-y)^2+2xy$에서 $3=1+2xy$
$\therefore xy=1$
$z^2+w^2=(z-w)^2+2zw$에서 $2=4+2zw$
$\therefore zw=-1$
즉, $\mathrm{A}-\mathrm{B}=2$, $\mathrm{AB}=2xy+3zw=-1$이고
이 값을 ㉠에 대입하면
$(xz+yw)^3-(xw+yz)^3$
$=2^3+3\times(-1)\times2=2$

009 정답 8

$2a=x$, $-b=y$, $-4c=z$로 놓으면
$2a-b-4c=12$에서 $x+y+z=12$
$ab-2bc+4ca=-24$에서 $-2ab+4bc-8ca=48$
$\therefore xy+yz+zx=48$
이때
$x^2+y^2+z^2=(x+y+z)^2-2(xy+yz+zx)$
$=12^2-2\times48=48$
즉, $x^2+y^2+z^2-xy-yz-zx=48-48=0$이므로
$\frac{1}{2}\{(x-y)^2+(y-z)^2+(z-x)^2\}=0$이고
x, y, z는 실수이므로
$x-y=0$, $y-z=0$, $z-x=0$
$\therefore x=y=z$
즉, $x+y+z=12$에서 $3x=12$이므로 $x=y=z=4$
$2a=-b=-4c=4$에서
$a=2$, $b=-4$, $c=-1$
따라서 $a^2+bc=2^2+(-4)\times(-1)=8$

010 정답 9

$a^2+b^2+c^2=(a+b+c)^2-2(ab+bc+ca)$에서
$6=(a+b+c)^2-2\times(-3)$
$\therefore a+b+c=0$
$a+2b+2c=2(a+b+c)-a=-a$
$2a+b+2c=2(a+b+c)-b=-b$
$2a+2b+c=2(a+b+c)-c=-c$이므로
$$\left(\frac{a}{a+2b+2c}+\frac{b}{2a+b+2c}+\frac{c}{2a+2b+c}\right)\times\left(\frac{a+2b+2c}{a}+\frac{2a+b+2c}{b}+\frac{2a+2b+c}{c}\right)$$
$$=\left(\frac{a}{-a}+\frac{b}{-b}+\frac{c}{-c}\right)\left(\frac{-a}{a}+\frac{-b}{b}+\frac{-c}{c}\right)$$
$=(-3)\times(-3)=9$

011 정답 64

$\frac{1}{a}+\frac{1}{b}+\frac{1}{c}=-\frac{1}{2}$에서 $\frac{ab+bc+ca}{abc}=-\frac{1}{2}$
$ab+bc+ca=-\frac{1}{2}\times abc=-\frac{1}{2}\times(-2)=1$
$\therefore a^2+b^2+c^2=(a+b+c)^2-2(ab+bc+ca)$
$=2^2-2\times1=2$
따라서
$a^2+2b^2+2c^2=2(a^2+b^2+c^2)-a^2=4-a^2$
$2a^2+b^2+2c^2=2(a^2+b^2+c^2)-b^2=4-b^2$
$2a^2+2b^2+c^2=2(a^2+b^2+c^2)-c^2=4-c^2$
그러므로
$(a^2+2b^2+2c^2)(2a^2+b^2+2c^2)(2a^2+2b^2+c^2)$
$=(4-a^2)(4-b^2)(4-c^2)$
$=4^3-4^2(a^2+b^2+c^2)+4(a^2b^2+b^2c^2+c^2a^2)-a^2b^2c^2$
$=64-32+4(a^2b^2+b^2c^2+c^2a^2)-4$ ...... ㉠
이때
$a^2b^2+b^2c^2+c^2a^2$
$=(ab+bc+ca)^2-2abc(a+b+c)$
$=1^2-2\times(-2)\times2=9$이므로 ㉠에 대입하면
구하는 식의 값은 $64-32+4\times9-4=64$

012 정답 .... -6

$\dfrac{ab+bc+ca}{a^2+b^2+c^2}=\dfrac{1}{5}$ 에서 $a^2+b^2+c^2=5(ab+bc+ca)$

$\therefore (a+b+c)^2=7(ab+bc+ca)$ ...... ㉠

$\dfrac{b+c}{a}+\dfrac{c+a}{b}+\dfrac{a+b}{c}=5$ 에서

$\dfrac{b+c}{a}+1+\dfrac{c+a}{b}+1+\dfrac{a+b}{c}+1=5+3$

$\dfrac{a+b+c}{a}+\dfrac{a+b+c}{b}+\dfrac{a+b+c}{c}=8$

$(a+b+c)\left(\dfrac{1}{a}+\dfrac{1}{b}+\dfrac{1}{c}\right)=8$

$\therefore (a+b+c)\times\dfrac{ab+bc+ca}{abc}=8$ ...... ㉡

이때, $a+b+c=x$, $ab+bc+ca=y$, $abc=z$ 로 놓으면

㉠, ㉡은 각각

$x^2=7y$, $xy=8z$ ...... ㉢

이다.

$\dfrac{abc(a+b+c)}{ab+bc+ca}\left(\dfrac{1}{a^2}+\dfrac{1}{b^2}+\dfrac{1}{c^2}\right)$

$=\dfrac{abc(a+b+c)}{ab+bc+ca}\times\dfrac{a^2b^2+b^2c^2+c^2a^2}{a^2b^2c^2}$

한편,

$a^2b^2+b^2c^2+c^2a^2$

$=(ab+bc+ca)^2-2abc(a+b+c)$

$=y^2-2zx$

이므로

$\dfrac{abc(a+b+c)}{ab+bc+ca}\times\dfrac{a^2b^2+b^2c^2+c^2a^2}{a^2b^2c^2}$

$=\dfrac{zx}{y}\times\dfrac{y^2-2zx}{z^2}$

$=\dfrac{x(y^2-2zx)}{yz}$

$=\dfrac{1}{yz}\times\{(xy)\times y-2z\times x^2\}$

$=\dfrac{1}{yz}\times(8yz-14yz)=-6$ $(\because$ ㉢$)$

013 정답 44

$a^2+b^2+c^2=(a+b+c)^2-2(ab+bc+ca)$ 에서

$12=4^2-2(ab+bc+ca)$

$\therefore ab+bc+ca=2$

$a^3+b^3+c^3$

$=(a+b+c)(a^2+b^2+c^2-ab-bc-ca)+3abc$

$=4\times(12-2)+3\times(-5)=25$

$a^2b^2+b^2c^2+c^2a^2$

$=(ab+bc+ca)^2-2abc(a+b+c)$

$=2^2-2\times(-5)\times4=44$

$a^4+b^4+c^4$

$=(a^2+b^2+c^2)^2-2(a^2b^2+b^2c^2+c^2a^2)$

$=12^2-2\times44=56$

한편 $a+b+c=4$ 이므로

$b+c=4-a$, $c+a=4-b$, $a+b=4-c$

$\therefore a^3(b+c)+b^3(c+a)+c^3(a+b)$

$=a^3(4-a)+b^3(4-b)+c^3(4-c)$

$=4(a^3+b^3+c^3)-(a^4+b^4+c^4)$

$=4\times25-56=44$

014 정답 64

$a^3+b^3+c^3-3abc$

$=(a+b+c)(a^2+b^2+c^2-ab-bc-ca)$

$=\dfrac{1}{2}(a+b+c)\{(a-b)^2+(b-c)^2+(c-a)^2\}$

이므로

$\dfrac{1}{2}(a+b+c)\{(a-b)^2+(b-c)^2+(c-a)^2\}=\dfrac{1}{7}$ ...... ㉠

이때

$5b+5c-3a=x$, $5c+5a-3b=y$, $5a+5b-3c=z$ 로

놓으면

$x+y+z=7(a+b+c)$

$x-y=8(b-a)$, $y-z=8(c-b)$, $z-x=8(a-c)$

이므로

(주어진 식)

$=x^3+y^3+z^3-3xyz$

$=\dfrac{1}{2}(x+y+z)\{(x-y)^2+(y-z)^2+(z-x)^2\}$

$=\dfrac{1}{2}\times7(a+b+c)\times64\{(a-b)^2+(b-c)^2+(c-a)^2\}$

$=7\times64\times\dfrac{1}{2}(a+b+c)\{(a-b)^2+(b-c)^2+(c-a)^2\}$

$=7\times64\times\dfrac{1}{7}=64$ $(\because$ ㉠$)$

015 정답 .... (1) $\dfrac{113}{16}$ (2) $-\dfrac{31}{8}$

곱셈공식의 변형을 이용하여 $ab+bc+ca$, abc 의 값을 구하면,

$a^2+b^2+c^2=(a+b+c)^2-2(ab+bc+ca)$ 에서

$7=3^2-2(ab+bc+ca)$

$\therefore ab+bc+ca=1$ ...... ㉠

$a^3+b^3+c^3=(a+b+c)(a^2+b^2+c^2-ab-bc-ca)+3abc$

에서

$12=3(7-1)+3abc$

$\therefore abc=-2$ …… ㉡

(1) ㉠에서 양변을 제곱하면

$(ab+bc+ca)^2=a^2b^2+b^2c^2+c^2a^2+2abc(a+b+c)$에서

$1^2=a^2b^2+b^2c^2+c^2a^2+2\times(-2)\times3$

$\therefore a^2b^2+b^2c^2+c^2a^2=13$ …… ㉢

$(a^2b^2+b^2c^2+c^2a^2)^2=a^4b^4+b^4c^4+c^4a^4+2a^2b^2c^2(a^2+b^2+c^2)$

에서

$13^2=a^4b^4+b^4c^4+c^4a^4+2\times(-2)^2\times7$

$\therefore a^4b^4+b^4c^4+c^4a^4=113$ …… ㉣

주어진 식을 $a^4b^4c^4$으로 통분하고, ㉡과 ㉣의 값을 대입하면,

$\therefore \frac{1}{a^4}+\frac{1}{b^4}+\frac{1}{c^4}=\frac{a^4b^4+b^4c^4+c^4a^4}{a^4b^4c^4}=\frac{113}{16}$

(2) $ab=\mathrm{A}$, $bc=\mathrm{B}$, $ca=\mathrm{C}$로 놓으면

$\mathrm{A+B+C}=ab+bc+ca=1$

$\mathrm{AB+BC+CA}=abc(a+b+c)=(-2)\times3=-6$

$\mathrm{ABC}=a^2b^2c^2=(-2)^2=4$

$\mathrm{A^3+B^3+C^3}$

$=\mathrm{(A+B+C)(A^2+B^2+C^2-AB-BC-CA)}$
$+3\mathrm{ABC}$

$=\mathrm{(A+B+C)\{(A+B+C)^2-3(AB+BC+CA)\}}$
$+3\mathrm{ABC}$

에서

$\mathrm{A^3+B^3+C^3}=1\times\{1^2-3\times(-6)\}+3\times4=31$

$\therefore a^3b^3+b^3c^3+c^3a^3=31$ …… ㉤

주어진 식을 $a^3b^3c^3$으로 통분하고, ㉡과 ㉤의 값을 대입하면,

$\therefore \frac{1}{a^3}+\frac{1}{b^3}+\frac{1}{c^3}=\frac{a^3b^3+b^3c^3+c^3a^3}{a^3b^3c^3}=-\frac{31}{8}$

016 정답 24

$a=x$, $2b=y$, $3c=z$로 놓으면

$a^3+8b^3+27c^3=9$에서

$x^3+y^3+z^3=9$ …… ㉠

$abc=\frac{1}{2}$이므로 $(a)\times(2b)\times(3c)=\frac{1}{2}\times6=3$에서

$xyz=3$ …… ㉡

$x^3+y^3+z^3=(x+y+z)(x^2+y^2+z^2-xy-yz-zx)+3xyz$

에 ㉠, ㉡을 대입하면

$9=(x+y+z)(x^2+y^2+z^2-xy-yz-zx)+3\times3$

$\therefore x^2+y^2+z^2-xy-yz-zx=0$ $(\because x+y+z\neq0)$

$\frac{1}{2}\{(x-y)^2+(y-z)^2+(z-x)^2\}=0$

에서 x, y, z는 실수이므로

$x-y=0$, $y-z=0$, $z-x=0$

$\therefore x=y=z$

이를 ㉡에 대입하면 $x^3=3$

$\therefore (a+2b)(2b+3c)(3c+a)$

$=(x+y)(y+z)(z+x)$

$=(2x)\times(2x)\times(2x)=8x^3=8\times3=24$

017 정답 −1

$x-y=2+\sqrt{3}$, $y-z=2-\sqrt{3}$이므로

$z-x=(z-y)+(y-x)$

$=-2+\sqrt{3}-2-\sqrt{3}$

$=-4$

$x^3+y^3+z^3$

$=(x+y+z)(x^2+y^2+z^2-xy-yz-zx)+3xyz$

$=\frac{1}{2}(x+y+z)\{(x-y)^2+(y-z)^2+(z-x)^2\}+3xyz$

에서

$30=\frac{1}{2}(x+y+z)\{(2+\sqrt{3})^2+(2-\sqrt{3})^2+(-4)^2\}+3\times15$

$=\frac{1}{2}(x+y+z)\times30+45$

$\therefore x+y+z=-1$

018 정답 3

$(a+b+c)^2=a^2+b^2+c^2+2(ab+bc+ca)$에서

$(a+b+c)^2=7+2\times1=9$

$\therefore a+b+c=-3$ $(\because a+b+c<0)$

$a+1=x$, $b+1=y$, $c+1=z$로 놓으면

$x+y+z=a+b+c+3=0$이다.

$\frac{a^2+2a+2}{(b+1)(c+1)}+\frac{b^2+2b+2}{(c+1)(a+1)}+\frac{c^2+2c+2}{(a+1)(b+1)}$

$=\frac{(a+1)^2+1}{(b+1)(c+1)}+\frac{(b+1)^2+1}{(c+1)(a+1)}+\frac{(c+1)^2+1}{(a+1)(b+1)}$

$=\frac{x^2+1}{yz}+\frac{y^2+1}{zx}+\frac{z^2+1}{xy}$

$=\frac{x^3+y^3+z^3+x+y+z}{xyz}$

이때 $x+y+z=0$이므로

$x^3+y^3+z^3=(x+y+z)(x^2+y^2+z^2-xy-yz-zx)+3xyz$

$=3xyz$

$\therefore \frac{x^3+y^3+z^3+x+y+z}{xyz}=\frac{3xyz}{xyz}=3$

019 정답 6

$a^2+b^2+c^2+ab+bc+ca=7$에서

$\frac{1}{2}\{(a+b)^2+(b+c)^2+(c+a)^2\}=7$

$a+b=-1$, $b+c=-2$를 대입하면

$(-1)^2+(-2)^2+(c+a)^2=14$

$\therefore c+a=\pm3$

$k=(a+b+c)(ab+bc+ca)-abc$

$\quad=(a+b)(b+c)(c+a)$

이므로

(i) $c+a=3$일 때

$\quad k=(-1)\times(-2)\times3=6$

(ii) $c+a=-3$일 때

$\quad k=(-1)\times(-2)\times(-3)=-6$

(i), (ii)에 의해 양수 k의 값은 6이다.

020 정답 ··· 0

• 방법 1

$a^2+b^2+c^2=(a+b+c)^2-2(ab+bc+ca)$에서

$5=2^2-2(ab+bc+ca)$

$\therefore ab+bc+ca=-\frac{1}{2}$

$a^3+b^3+c^3=(a+b+c)(a^2+b^2+c^2-ab-bc-ca)+3abc$

에서

$10=2\left(5+\frac{1}{2}\right)+3abc$

$\therefore abc=-\frac{1}{3}$

따라서 구하는 식의 값은

$ab(a+b)+bc(b+c)+ca(c+a)$

$\quad=ab(a+b+c)+bc(a+b+c)+ca(a+b+c)$

$\quad\quad-3abc$

$\quad=(a+b+c)(ab+bc+ca)-3abc$

$\quad=2\left(-\frac{1}{2}\right)-3\left(-\frac{1}{3}\right)=0$

• 방법 2

$ab(a+b)+bc(b+c)+ca(c+a)$

$\quad=a^2(b+c)+b^2(c+a)+c^2(a+b)$

$\quad=a^2(a+b+c)-a^3+b^2(a+b+c)-b^3$

$\quad\quad+c^2(a+b+c)-c^3$

$\quad=(a+b+c)(a^2+b^2+c^2)-(a^3+b^3+c^3)$

$\quad=2\times5-10=0$

021 정답 ··· 6

$(a+b+c)(ab+bc+ca)-abc=(a+b)(b+c)(c+a)$

이므로

$(a+b)(b+c)(c+a)=60$에서

$a>b>c\geq1$라 하면

$a+b>a+c>b+c\geq3$이고,

$60=3\times4\times5$이므로

$a+b=5,\ a+c=4,\ b+c=3$

$\therefore a+b+c=\frac{1}{2}\{(a+b)+(b+c)+(c+a)\}$

$\quad=\frac{1}{2}(5+3+4)=6$

022 정답 ··· -72

$(x+y+z)^3=x^3+y^3+z^3+3(x+y)(y+z)(z+x)$에서

$(x+y+z)^3-x^3-y^3-z^3=3(x+y)(y+z)(z+x)$를

이용하자.

$(a+b+c)^3+(a-b-c)^3+(b-c-a)^3+(c-a-b)^3$

$\quad=(a+b+c)^3-(-a+b+c)^3-(-b+c+a)^3-(-c+a+b)^3$

여기서 $-a+b+c=\mathrm{A}$, $-b+c+a=\mathrm{B}$, $-c+a+b=\mathrm{C}$로

놓으면 $a+b+c=\mathrm{A}+\mathrm{B}+\mathrm{C}$이므로

$(a+b+c)^3-(-a+b+c)^3-(-b+c+a)^3-(-c+a+b)^3$

$\quad=(\mathrm{A}+\mathrm{B}+\mathrm{C})^3-\mathrm{A}^3-\mathrm{B}^3-\mathrm{C}^3$

$\quad=3(\mathrm{A}+\mathrm{B})(\mathrm{B}+\mathrm{C})(\mathrm{C}+\mathrm{A})$

$\quad=3\times2c\times2a\times2b=24abc=-72$

023 정답 ··· $\alpha=8,\ \beta=4,\ \gamma=1$

$13=x,\ 17=y,\ 19=z,\ 49=13+17+19=x+y+z$로 놓고,

$(x+y+z)^3-x^3-y^3-z^3=3(x+y)(y+z)(z+x)$임을

이용하면,

$49^3-13^3-17^3-19^3$

$\quad=(x+y+z)^3-x^3-y^3-z^3$

$\quad=3(x+y)(y+z)(z+x)$

$\quad=3(13+17)(17+19)(19+13)$

$\quad=2^8\times3^4\times5$

$\therefore \alpha=8,\ \beta=4,\ \gamma=1$

3 곱셈공식의 변형과 점화식

024 정답 ··· 199

☑ 곱셈공식 변형을 이용한 풀이가 복잡하므로
점화식을 이용하여 풀어보도록 하자.

a, b를 두 근으로 하고 이차항의 계수가 1인
x에 대한 이차방정식 $x^2-x-1=0$에서
$x^2=x+1$
이 이차방정식은 두 근이 a, b이므로
$a^2=a+1$, $b^2=b+1$
위의 두 식의 양변에 a^n, b^n을 각각 곱하면
$a^{n+2}=a^{n+1}+a^n$ …… ㉠
$b^{n+2}=b^{n+1}+b^n$ …… ㉡
㉠+㉡을 하면
$a^{n+2}+b^{n+2}=(a^{n+1}+b^{n+1})+(a^n+b^n)$
이때 $f(n)=a^n+b^n$이라 하면
$f(n+2)=f(n+1)+f(n)$을 얻을 수 있다.
$f(1)=a+b=1$, $f(2)=a^2+b^2=(a+b)^2-2ab=1+2=3$
이므로 $n=1, 2, 3, \cdots$ 을 대입하여 계산해 나가면
$f(3)=1+3=4$, $f(4)=3+4=7$, $f(5)=4+7=11$
$f(6)=18$, $f(7)=29$, $f(8)=47$, $f(9)=76$
$f(10)=123$, $f(11)=199$, $\cdots$
$\therefore a^{11}+b^{11}=f(11)=199$

※ 참고

$f(n+2)=f(n+1)+f(n)$ (단, $n=1, 2, 3, \cdots$)
을 피보나치의 점화식이라고 부른다.

025 정답 …… $89\sqrt{5}$

a, b를 두 근으로 하고 이차항의 계수가 1인
x에 대한 이차방정식 $x^2-x-1=0$에서
$x^2=x+1$
이 이차방정식의 두 근이 a, b이므로
$a^2=a+1$, $b^2=b+1$
위의 두 식의 양변에 a^n, b^n을 각각 곱하면
$a^{n+2}=a^{n+1}+a^n$ …… ㉠
$b^{n+2}=b^{n+1}+b^n$ …… ㉡
㉠ − ㉡을 하면
$a^{n+2}-b^{n+2}=(a^{n+1}-b^{n+1})+(a^n-b^n)$
이때 $a^n-b^n=f(n)$이라 하면
$f(n+2)=f(n+1)+f(n)$의 관계식을 얻을 수 있다.
$a+b=1$, $ab=-1$이므로
$(a-b)^2=(a+b)^2-4ab=5$에서
$f(1)=a-b=\sqrt{5}$ $(\because a>b)$
$f(2)=a^2-b^2=(a+b)(a-b)=\sqrt{5}$
이므로 $n=1, 2, 3, \cdots$ 을 대입하여 계산해 나가면
$f(3)=f(2)+f(1)=2\sqrt{5}$
$f(4)=f(3)+f(2)=3\sqrt{5}$
⋮
$f(11)=f(10)+f(9)=89\sqrt{5}$
$\therefore f(11)=a^{11}-b^{11}=89\sqrt{5}$

026 정답 …… $\frac{\sqrt{5}}{2}(3-\sqrt{5})$

그림과 같이 두 대각선 AC와 BE가 만나는 점을 P라 하면

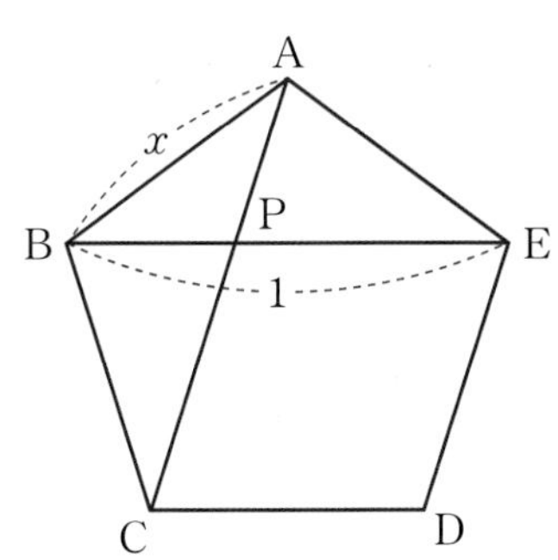

정오각형 ABCDE에서 △ABP와 △BEA는 서로
닮은 도형이고
$\overline{PE}=\overline{AE}=x$이므로 $\overline{BP}=1-x$
$\overline{AB}:\overline{BE}=\overline{BP}:\overline{AE}$에서 $x:1=1-x:x$
$x^2=1-x$, $x^2+x-1=0$ …… ㉠
이차방정식 $x^2+x-1=0$에서 $x^2=-x+1$
위의 식의 양변에 x^n을 곱하면 $x^{n+2}=-x^{n+1}+x^n$
$f(n)=x^n$으로 놓으면 $f(n+2)=-f(n+1)+f(n)$ …… ㉡
㉡식에 $n=3$, $n=6$을 각각 대입하여 정리하면
$f(4)+f(5)=f(3)$, $f(7)+f(8)-f(6)=0$이므로
$1-x+x^3+x^4+x^5+x^6-x^7-x^8$
$=1-f(1)+f(3)+\{f(4)+f(5)\}+\{f(6)-f(7)-f(8)\}$
$=1-f(1)+2f(3)$
$=1-x+2x^3$
이때 $x^2=-x+1$이므로
$x^3=-x^2+x=-(-x+1)+x=2x-1$
$\therefore 1-x+2x^3=1-x+2(2x-1)=3x-1$
㉠에서 $x=\frac{-1+\sqrt{5}}{2}$이므로 구하는 식의 값은
$3\times\left(\frac{-1+\sqrt{5}}{2}\right)-1=\frac{\sqrt{5}}{2}(3-\sqrt{5})$이다.

027 정답 …… $m=21$, $n=34$

x에 대한 다항식 mx^9+nx^8-1이
x^2+x-1로 나누어떨어지므로 몫을 $Q(x)$라 하면

$mx^9+nx^8-1=(x^2+x-1)Q(x)$ …… ㉠
이때 이차방정식 $x^2+x-1=0$의
두 근을 α, β (단, $\alpha>\beta$)라 하면
근과 계수의 관계에 의해
$\alpha+\beta=-1$, $\alpha\beta=-1$
이고, 두 근을 ㉠에 대입하면
$m\alpha^9+n\alpha^8-1=0$, $m\beta^9+n\beta^8-1=0$
두 식을 변변 더하면
$m(\alpha^9+\beta^9)+n(\alpha^8+\beta^8)-2=0$ …… ㉡
두 식을 변변 빼면
$m(\alpha^9-\beta^9)+n(\alpha^8-\beta^8)=0$ …… ㉢
한편 α, β를 두 근으로 하는
이차방정식 $x^2+x-1=0$에서 $x^2=-x+1$
양변에 x^n을 곱하면
$x^{n+2}=-x^{n+1}+x^n$
위 식의 근이 α, β이므로 각각 대입하면
$\alpha^{n+2}=-\alpha^{n+1}+\alpha^n$
$\beta^{n+2}=-\beta^{n+1}+\beta^n$
두 식을 변변 더하고
$f(n)=\alpha^n+\beta^n$이라 하면
$\alpha^{n+2}+\beta^{n+2}=-(\alpha^{n+1}+\beta^{n+1})+(\alpha^n+\beta^n)$
$\therefore f(n+2)=-f(n+1)+f(n)$ …… ㉣
두 식을 변변 빼고
$g(n)=\alpha^n-\beta^n$이라 하면
$\alpha^{n+2}-\beta^{n+2}=-(\alpha^{n+1}-\beta^{n+1})+(\alpha^n-\beta^n)$
$\therefore g(n+2)=-g(n+1)+g(n)$ …… ㉤
㉣식에 $n=1, 2, 3, \cdots$ 을 대입하여 $f(n)$을 구하면
$f(1)=\alpha+\beta=-1$, $f(2)=\alpha^2+\beta^2=(\alpha+\beta)^2-2\alpha\beta=3$
$f(3)=-f(2)+f(1)=-4$, $f(4)=-f(3)+f(2)=7$
$f(5)=-f(4)+f(3)=-11$, $f(6)=-f(5)+f(4)=18$
$f(7)=-f(6)+f(5)=-29$, $f(8)=-f(7)+f(6)=47$
$f(9)=-f(8)+f(7)=-76$, $\cdots$
같은 방법으로 ㉤식에 $n=1, 2, 3, \cdots$ 을 대입하여 $g(n)$을 구하면
$g(1)=\alpha-\beta=\sqrt{(\alpha+\beta)^2-4\alpha\beta}=\sqrt{5}$
$g(2)=\alpha^2-\beta^2=(\alpha-\beta)(\alpha+\beta)=-\sqrt{5}$
$g(3)=-g(2)+g(1)=2\sqrt{5}$, $g(4)=-g(3)+g(2)=-3\sqrt{5}$
$g(5)=-g(4)+g(3)=5\sqrt{5}$, $g(6)=-g(5)+g(4)=-8\sqrt{5}$
$g(7)=-g(6)+g(5)=13\sqrt{5}$
$g(8)=-g(7)+g(6)=-21\sqrt{5}$
$g(9)=-g(8)+g(7)=34\sqrt{5}$, $\cdots$
㉡, ㉢에서
$mf(9)+nf(8)-2=0$, $mg(9)+ng(8)=0$
위에서 구한 값을 각각 대입한 후 연립하여 풀면
$-76m+47n-2=0$, $34\sqrt{5}m-21\sqrt{5}n=0$에서
$m=21$, $n=34$이다.

028 정답 ………… 1136

$1+\sqrt{3}=a$, $1-\sqrt{3}=b$로 놓으면
$a+b=2$, $ab=-2$이므로
a, b를 두 근으로 하는 이차방정식
$x^2-2x-2=0$에서 $x^2=2x+2$
양변에 x^n을 곱하면
$x^{n+2}=2x^{n+1}+2x^n$
위 식의 근이 a, b이므로 각각 대입하여 더하면
$a^{n+2}+b^{n+2}=2(a^{n+1}+b^{n+1})+2(a^n+b^n)$
$f(n)=a^n+b^n$으로 놓으면
$f(n+2)=2f(n+1)+2f(n)$ …… ㉠
㉠식에 $n=1, 2, 3, \cdots$ 을 대입하여 $f(7)$을 구하면
$f(1)=a+b=2$
$f(2)=a^2+b^2=(a+b)^2-2ab=2^2-2\times(-2)=8$이므로
$f(3)=2f(2)+2f(1)=20$
$f(4)=2f(3)+2f(2)=56$
$f(5)=2f(4)+2f(3)=152$
$f(6)=2f(5)+2f(4)=416$
$f(7)=2f(6)+2f(5)=1136$
따라서
$(1+\sqrt{3})^7+(1-\sqrt{3})^7$
$=a^7+b^7=f(7)=1136$

029 정답 ………… 157

$a^2+b^2+c^2=(a+b+c)^2-2(ab+bc+ca)$에서
$7=3^2-2(ab+bc+ca)$
$\therefore ab+bc+ca=1$
$a^3+b^3+c^3=(a+b+c)(a^2+b^2+c^2-ab-bc-ca)+3abc$
에서
$12=3\times(7-1)+3abc$
$\therefore abc=-2$
a, b, c를 근으로 하는 삼차방정식은
$x^3-3x^2+x+2=0$
$x^3=3x^2-x-2$의 세 근이 a, b, c이므로
$a^3=3a^2-a-2$, $b^3=3b^2-b-2$, $c^3=3c^2-c-2$
양변에 a^n을 곱하면
$a^{n+3}=3a^{n+2}-a^{n+1}-2a^n$ …… ㉠
같은 방법으로

$b^{n+3}=3b^{n+2}-b^{n+1}-2b^n$ …… ㉡

$c^{n+3}=3c^{n+2}-c^{n+1}-2c^n$ …… ㉢

㉠, ㉡, ㉢을 변변 더하면

$a^{n+3}+b^{n+3}+c^{n+3}$

$=3(a^{n+2}+b^{n+2}+c^{n+2})$

$-(a^{n+1}+b^{n+1}+c^{n+1})-2(a^n+b^n+c^n)$

$f(n)=a^n+b^n+c^n$이라 하면

$f(n+3)=3f(n+2)-f(n+1)-2f(n)$ …… ㉣

$f(1)=a+b+c=3$

$f(2)=a^2+b^2+c^2=7$

$f(3)=a^3+b^3+c^3=12$

이므로 ㉣에 $n=1, 2, 3, 4$를 대입하면

$f(4)=3f(3)-f(2)-2f(1)=3\times12-7-2\times3=23$

$f(5)=3f(4)-f(3)-2f(2)=3\times23-12-2\times7=43$

$f(6)=3f(5)-f(4)-2f(3)=3\times43-23-2\times12=82$

$f(7)=3f(6)-f(5)-2f(4)=3\times82-43-2\times23=157$

$\therefore a^7+b^7+c^7=f(7)=157$

030 정답 ········ 4

$a=2+\sqrt{2}$, $b=2-\sqrt{2}$라 놓으면

$a+b=4$, $ab=2$이므로

a, b를 두 근으로 하는 이차방정식 $x^2-4x+2=0$에서

$x^2=4x-2$

양변에 x^n을 곱하면

$x^{n+2}=4x^{n+1}-2x^n$

위 식의 근이 a, b이므로 각각 대입한 후 더하면

$a^{n+2}+b^{n+2}=4(a^{n+1}+b^{n+1})-2(a^n+b^n)$

$a^{n+2}+b^{n+2}+2(a^n+b^n)=4(a^{n+1}+b^{n+1})$

$n=2020$, $a=2+\sqrt{2}$, $b=2-\sqrt{2}$를 대입하면

$(2+\sqrt{2})^{2022}+(2-\sqrt{2})^{2022}+2\{(2+\sqrt{2})^{2020}+(2-\sqrt{2})^{2020}\}$

$=4\{(2+\sqrt{2})^{2021}+(2-\sqrt{2})^{2021}\}$

따라서 $k=4$이다.

031 정답 ········ 82

$ax^7+by^7=(ax^6+by^6)(x+y)-xy(ax^5+by^5)$

$5=2(x+y)-xy$

$ax^8+by^8=(ax^7+by^7)(x+y)-xy(ax^6+by^6)$에서

$12=5(x+y)-2xy$이므로

두 식을 연립하여 $x+y$, xy를 구하면

$x+y=2$, $xy=-1$

$x^2+y^2=(x+y)^2-2xy$

$=(2)^2-2(-1)=6$

$x^3+y^3=(x+y)^3-3xy(x+y)$

$=2^3-3\times(-1)\times2=14$

$\therefore x^5+y^5=(x^2+y^2)(x^3+y^3)-(xy)^2(x+y)$

$=6\times14-(-1)^2\times2=82$

4 고난도 실전 연습 문제

032 정답 ········ 1320

$(x+a_1)(x+a_2)(x+a_3)\cdots(x+a_n)$

$=x^n+(a_1+a_2+\cdots+a_n)x^{n-1}$

$+(a_1a_2+a_1a_3+\cdots+a_{n-1}a_n)x^{n-2}+\cdots$

$=x^n+($각 상수항의 합$)x^{n-1}$

$+($두 상수항의 곱의 합$)x^{n-2}+\cdots$

따라서 $(x+1)(x+2)(x+3)\cdots(x+10)$의 전개식에서

x^8항은 $(1\times2+1\times3+\cdots+9\times10)x^8$이다.

한편

$(1+2+3+\cdots+10)^2$

$=1^2+2^2+3^2+\cdots+10^2$

$+2(1\times2+1\times3+1\times4+\cdots+9\times10)$

이므로

$1\times2+1\times3+1\times4+\cdots+9\times10$

$=\frac{1}{2}\{(1+2+\cdots+10)^2-(1^2+2^2+\cdots+10^2)\}$

$=\frac{1}{2}(55^2-385)=1320$

따라서 x^8항의 계수는 1320이다.

033 정답 ········ 225

$a=\sqrt{1}$, $b=\sqrt{3}$, $c=\sqrt{5}$, $d=\sqrt{7}$, $e=\sqrt{9}$라 하고

$a+b+c+d+e=x$라 놓으면

$a+b+c+d-2e=x-3e$

$a+b+c-2d+e=x-3d$

$a+b-2c+d+e=x-3c$

$a-2b+c+d+e=x-3b$

$-2a+b+c+d+e=x-3a$이므로

(주어진 식)

$=x^2+(x-3e)^2+(x-3d)^2$

$+(x-3c)^2+(x-3b)^2+(x-3a)^2$

$=6x^2-6(a+b+c+d+e)x$

$+9(a^2+b^2+c^2+d^2+e^2)$

$=6x^2-6x^2+9(a^2+b^2+c^2+d^2+e^2)$
$=9(a^2+b^2+c^2+d^2+e^2)$
$=9(1+3+5+7+9)=225$

034 정답 ········ 843

$a=x$, $-b=y$로 놓으면
$x+y=3$, $x^4+y^4=47$
$x^2+y^2=(x+y)^2-2xy$
$=9-2xy$
$x^4+y^4=(x^2+y^2)^2-2x^2y^2$
$47=(9-2xy)^2-2x^2y^2$
$47=2x^2y^2-36xy+81$
$2(xy)^2-36xy+34=0$
$(xy)^2-18xy+17=0$
이므로 $xy=1$ 또는 $xy=17$
한편, $x^2+y^2=9-2xy\ge0$이므로
$xy\le\frac{9}{2}$ ······ ㉠
x, y를 근으로 하는 t에 대한 이차방정식
$t^2-(x+y)t+xy=0$에서
x, y가 실수이므로 판별식을 D라 하면
$D=(x+y)^2-4xy\ge0$, $3^2-4xy\ge0$
$\therefore xy\le\frac{9}{4}$ ······ ㉡
㉠, ㉡을 모두 만족하는 xy의 범위는 $xy\le\frac{9}{4}$
$\therefore xy=1$
$x^3+y^3=(x+y)^3-3xy(x+y)$
$=3^3-3\times1\times3=18$
$x^7+y^7=(x^3+y^3)(x^4+y^4)-x^3y^3(x+y)$
$=18\times47-1^3\times3=843$

035 정답 ········ 4

$x^2+y^2+z^2-6y+8z=5$에서
$x^2+(y-3)^2+(z+4)^2=30$
$x+y+z=3\sqrt{10}-1$에서
$x+(y-3)+(z+4)=3\sqrt{10}$
$x=a$, $y-3=b$, $z+4=c$라고 놓으면
$a^2+b^2+c^2=30$, $a+b+c=3\sqrt{10}$이다.
$a^2+b^2+c^2=(a+b+c)^2-2(ab+bc+ca)$이므로
$30=(3\sqrt{10})^2-2(ab+bc+ca)$
$\therefore ab+bc+ca=30$
$a^2+b^2+c^2=30$, $ab+bc+ca=30$
두 식 모두 값이 30으로 같으므로
$a^2+b^2+c^2=ab+bc+ca$로 나타낼 수 있다.
$a^2+b^2+c^2-ab-bc-ca=0$
$a^2+b^2+c^2-ab-bc-ca$
$=\frac{1}{2}(2a^2+2b^2+2c^2-2ab-2bc-2ca)$
$=\frac{1}{2}(a^2+a^2+b^2+b^2+c^2+c^2-2ab-2bc-2ca)$
$=\frac{1}{2}\{(a^2-2ab+b^2)+(b^2-2bc+c^2)+(c^2-2ca+a^2)\}$
$=\frac{1}{2}\{(a-b)^2+(b-c)^2+(c-a)^2\}$
이때 x, y, z는 실수이므로 a, b, c도 실수
따라서 $\frac{1}{2}\{(a-b)^2+(b-c)^2+(c-a)^2\}=0$이 되려면
$(a-b)^2=0$, $(b-c)^2=0$, $(c-a)^2=0$이어야 한다.
따라서 $a=b=c$ 이다.
$a+b+c=3\sqrt{10}$이므로 $a=b=c=\sqrt{10}$
즉, $x=y-3=z+4=\sqrt{10}$이므로
$x^2+z(y+1)=(\sqrt{10})^2+(\sqrt{10}-4)(\sqrt{10}+4)=4$

036 정답 ········ 2

$\frac{3}{x+y}+\frac{1}{y+z}+\frac{2}{z+x}=\frac{33}{10}$ ······ ㉠
$\frac{x}{y+z}+\frac{2y}{z+x}+\frac{3z}{x+y}=\frac{3}{5}$ ······ ㉡
㉡식의 양변에 6을 더한 후 정리하면
$\frac{x}{y+z}+\frac{2y}{z+x}+\frac{3z}{x+y}+6=\frac{3}{5}+6$
$\frac{x}{y+z}+1+\frac{2y}{z+x}+2+\frac{3z}{x+y}+3=\frac{33}{5}$
$\left(\frac{x}{y+z}+\frac{y+z}{y+z}\right)+\left\{\frac{2y}{z+x}+\frac{2(z+x)}{z+x}\right\}$
$+\left\{\frac{3z}{x+y}+\frac{3(x+y)}{x+y}\right\}=\frac{33}{5}$
$\frac{x+y+z}{y+z}+\frac{2(x+y+z)}{z+x}+\frac{3(x+y+z)}{x+y}=\frac{33}{5}$
$(x+y+z)\left(\frac{1}{y+z}+\frac{2}{z+x}+\frac{3}{x+y}\right)=\frac{33}{5}$
㉠에 의해서
$(x+y+z)\times\frac{33}{10}=\frac{33}{5}$
$\therefore x+y+z=\frac{33}{5}\times\frac{10}{33}=2$

037 정답 ········ 0

$a^5+b^5+c^5-(a^2+b^2+c^2)(a^3+b^3+c^3)$

$=-a^2(b^3+c^3)-b^2(c^3+a^3)-c^2(a^3+b^3)$

$=-a^2b^2(a+b)-b^2c^2(b+c)-c^2a^2(c+a)$ ······ ㉠

$a+b+c=1$ 이므로

$a+b=1-c,\ b+c=1-a,\ c+a=1-b$

이를 ㉠에 대입하면

$a^5+b^5+c^5-(a^2+b^2+c^2)(a^3+b^3+c^3)$

$=-a^2b^2(1-c)-b^2c^2(1-a)-c^2a^2(1-b)$

$=-(a^2b^2+b^2c^2+c^2a^2)+abc(ab+bc+ca)$ ······ ㉡

한편, $a+b+c=1,\ a^2+b^2+c^2=3$ 이므로

$a^2+b^2+c^2=(a+b+c)^2-2(ab+bc+ca)$ 에서

$3=1-2(ab+bc+ca)$

$\therefore ab+bc+ca=-1$

$a^3+b^3+c^3=(a+b+c)(a^2+b^2+c^2-ab-bc-ca)+3abc$

$7=3+1+3abc$

$\therefore abc=1$

$a^2b^2+b^2c^2+c^2a^2=(ab+bc+ca)^2-2abc(a+b+c)$

$=1-2\times1=-1$

이므로 ㉡에 대입하면

$a^5+b^5+c^5-(a^2+b^2+c^2)(a^3+b^3+c^3)$

$=-(-1)+1\times(-1)=0$

038 정답 ········· $-6,\ 3$

$a^3+b^3+c^3-3abc=0$ 에서

$(a+b+c)(a^2+b^2+c^2-ab-bc-ca)=0$ 이고,

$a^2+b^2+c^2-ab-bc-ca=\frac{1}{2}\{(a-b)^2+(b-c)^2+(c-a)^2\}$

이므로

$a+b+c=0$ 또는 $a=b=c$ 이다.

(i) $a+b+c=0$ 일 때

$b+c=-a,\ c+a=-b,\ a+b=-c$

$b^2-c^2-a^2$

$=b^2-(c^2+a^2)$

$=b^2-\{(c+a)^2-2ca\}$

$=b^2-\{(-b)^2-2ca\}=2ca$

같은 방법으로 $c^2-a^2-b^2=2ab,\ a^2-b^2-c^2=2bc$

이므로

$$\frac{b(c+a-3b)}{b^2-c^2-a^2}+\frac{c(a+b-3c)}{c^2-a^2-b^2}+\frac{a(b+c-3a)}{a^2-b^2-c^2}$$

$$=\frac{b(-b-3b)}{2ca}+\frac{c(-c-3c)}{2ab}+\frac{a(-a-3a)}{2bc}$$

$$=\frac{-2b^2}{ca}+\frac{-2c^2}{ab}+\frac{-2a^2}{bc}=\frac{-2(a^3+b^3+c^3)}{abc}$$

$$=\frac{-6abc}{abc}=-6$$

(ii) $a=b=c$ 일 때

b 와 c 에 모두 a 를 대입하면

$$\frac{b(c+a-3b)}{b^2-c^2-a^2}+\frac{c(a+b-3c)}{c^2-a^2-b^2}+\frac{a(b+c-3a)}{a^2-b^2-c^2}$$

$$=\frac{-a^2}{-a^2}+\frac{-a^2}{-a^2}+\frac{-a^2}{-a^2}=3$$

(i), (ii)에 의해 구하는 값은 -6 또는 3이다.

039 정답 ········· -4

$a+b+c=\mathrm{A},\ ab+bc+ca=\mathrm{B},\ abc=\mathrm{C}$ 라 하면

$(a+b+c)(ab+bc+ca)-abc=17$ 에서

$\mathrm{AB}-\mathrm{C}=17$ ······ ㉠

$a^2(b+c)+b^2(c+a)+c^2(a+b)$

$=(a+b+c)(a^2+b^2+c^2)-(a^3+b^3+c^3)$

$=25$ ······ ㉡

$a^2+b^2+c^2$

$=(a+b+c)^2-2(ab+bc+ca)$

$=\mathrm{A}^2-2\mathrm{B}$ ······ ㉢

$a^3+b^3+c^3$

$=(a+b+c)(a^2+b^2+c^2-ab-bc-ca)+3abc$

$=\mathrm{A}(\mathrm{A}^2-3\mathrm{B})+3\mathrm{C}$

$=\mathrm{A}^3-3\mathrm{AB}+3\mathrm{C}$ ······ ㉣

㉢, ㉣을 ㉡에 대입하면

$\mathrm{A}(\mathrm{A}^2-2\mathrm{B})-(\mathrm{A}^3-3\mathrm{AB}+3\mathrm{C})=25$

$\mathrm{AB}-3\mathrm{C}=25$

㉠에서 $\mathrm{AB}=\mathrm{C}+17$ 을 위의 식에 대입하면

$\mathrm{C}+17-3\mathrm{C}=25$ 이므로 $\mathrm{C}=abc=-4$

040 정답 ········· 16238

$a=\sqrt{2}+1,\ b=-\sqrt{2}+1$ 이라 하면

$a+b=2,\ ab=-1$ 이므로

$a,\ b$ 를 두 근으로 하는 이차방정식 $t^2-2t-1=0$ 에서

$t^2=2t+1$

양변에 t^n 을 곱하면

$t^{n+2}=2t^{n+1}+t^n$

위 식의 근이 $a,\ b$ 이므로 각각 대입한 후 더하면

$a^{n+2}+b^{n+2}=2(a^{n+1}+b^{n+1})+(a^n+b^n)$

$f(n)=a^n+b^n$ 로 놓으면

$f(n+2)=2f(n+1)+f(n)$ ······ ㉠

$f(1)=a+b=2$

$f(2)=a^2+b^2$

$=(a+b)^2-2ab=6$

이므로 ㉠식에 $n=1, 2, 3, \cdots$ 을 대입하여

$f(11)$의 값을 구해보면

$f(3)=2f(2)+f(1)=14$

$f(4)=2f(3)+f(2)=34$

$\vdots$

$f(11)=2f(10)+f(9)=16238$

$\therefore (\sqrt{2}+1)^{11}+(-\sqrt{2}+1)^{11}=16238$

이때, $-1<(-\sqrt{2}+1)^{11}<0$ 이므로

$-1<16238-(\sqrt{2}+1)^{11}<0$

$16238<(\sqrt{2}+1)^{11}<16239$

$\therefore [x]=16238$

041 정답 2

• **방법 1**

$\frac{xy+yz+zx}{x^2+y^2+z^2}=\frac{1}{6}$ 에서

$x^2+y^2+z^2=6(xy+yz+zx)$

$x^2+y^2+z^2=(x+y+z)^2-2(xy+yz+zx)$

라고도 나타낼 수 있으므로

$6(xy+yz+zx)=(x+y+z)^2-2(xy+yz+zx)$

$(x+y+z)^2=8(xy+yz+zx)$ 이다.

$\therefore xy+yz+zx=\frac{(x+y+z^2)}{8}$ ...... ㉠

$\frac{y+z}{x}+\frac{z+x}{y}+\frac{x+y}{z}=3$에서

$\frac{y+z}{x}+1+\frac{z+x}{y}+1+\frac{x+y}{z}+1=3+3$

$\frac{y+z}{x}+\frac{x}{x}+\frac{z+x}{y}+\frac{y}{y}+\frac{x+y}{z}+\frac{z}{z}=6$

$\frac{y+z+x}{x}+\frac{z+x+y}{y}+\frac{x+y+z}{z}=6$

$(x+y+z)\left(\frac{1}{x}+\frac{1}{y}+\frac{1}{z}\right)=6$

$(x+y+z)\left(\frac{1}{x}+\frac{1}{y}+\frac{1}{z}\right)\times xyz=6xyz$

$(x+y+z)(yz+zx+xy)=6xyz$

$\therefore (x+y+z)^3=48xyz$ (∵ ㉠)

이때

$(x+y+z)^3-(x+y-z)^3-(y+z-x)^3-(z+x-y)^3$ 에서

$x+y-z=\mathrm{A}$, $y+z-x=\mathrm{B}$, $z+x-y=\mathrm{C}$ 라 놓으면

$\mathrm{A}+\mathrm{B}+\mathrm{C}=x+y+z$ 이므로

$(x+y+z)^3-(x+y-z)^3-(y+z-x)^3-(z+x-y)^3$

$=(\mathrm{A}+\mathrm{B}+\mathrm{C})^3-\mathrm{A}^3-\mathrm{B}^3-\mathrm{C}^3$

$=3(\mathrm{A}+\mathrm{B})(\mathrm{B}+\mathrm{C})(\mathrm{C}+\mathrm{A})$

$=3\times(2y)\times(2z)\times(2x)=24xyz$

위에서 구한 식들을 이용하여 주어진 식을 정리하면

$\frac{(x+y+z)^3}{(x+y+z)^3-(x+y-z)^3-(y+z-x)^3-(z+x-y)^3}$

$=\frac{48xyz}{24xyz}=2$

• **방법 2**

$x+y+z=a$, $xy+yz+zx=b$, $xyz=c$ 라 놓으면

$\frac{xy+yz+zx}{x^2+y^2+z^2}=\frac{1}{6}$에서

$\frac{b}{a^2-2b}=\frac{1}{6}$, $6b=a^2-2b$

$\therefore a^2=8b$ ...... ㉠

$\frac{y+z}{x}+\frac{z+x}{y}+\frac{x+y}{z}=3$ 에서

$\frac{y+z}{x}+1+\frac{z+x}{y}+1+\frac{x+y}{z}+1=6$

$\frac{x+y+z}{x}+\frac{x+y+z}{y}+\frac{x+y+z}{z}=6$

$(x+y+z)\left(\frac{1}{x}+\frac{1}{y}+\frac{1}{z}\right)=6$

$(x+y+z)\times\frac{xy+yz+zx}{xyz}=6$

이므로 $\frac{ab}{c}=6$, $ab=6c$

$\therefore a^3=48c$ (∵ ㉠)

따라서

$\frac{(x+y+z)^3}{(x+y+z)^3-(x+y-z)^3-(y+z-x)^3-(z+x-y)^3}$

$=\frac{(x+y+z)^3}{24xyz}=\frac{a^3}{24c}=\frac{48c}{24c}=2$

042 정답 .... −9

$x^2+y^2+z^2=(x+y+z)^2-2(xy+yz+zx)$ 에서

$-1=1^2-2(xy+yz+zx)$

$\therefore xy+yz+zx=1$

$xy=a$, $yz=b$, $zx=c$ 로 놓으면

$a+b+c=1$

$ab+bc+ca=xyz(x+y+z)$

$=2\times1=2$

$abc=(xyz)^2=4$

따라서 a, b, c를 근으로 하는 삼차방정식은

$t^3-t^2+2t-4=0$ 에서 $t^3=t^2-2t+4$

양변에 t^n 을 곱하면

$t^{n+3}=t^{n+2}-2t^{n+1}+4t^n$

위 식의 근이 a, b, c 이므로

각각 대입하여 더하면

$a^{n+3}=a^{n+2}-2a^{n+1}+4a^n$

$b^{n+3}=b^{n+2}-2b^{n+1}+4b^n$

$c^{n+3}=c^{n+2}-2c^{n+1}+4c^{n}$

$a^{n+3}+b^{n+3}+c^{n+3}$

$=(a^{n+2}+b^{n+2}+c^{n+2})-2(a^{n+1}+b^{n+1}+c^{n+1})$

$+4(a^{n}+b^{n}+c^{n})$

$f(n)=a^{n}+b^{n}+c^{n}$ 이라 하면,

$f(n+3)=f(n+2)-2f(n+1)+4f(n)$

$f(1)=a+b+c=1$

$f(2)=a^2+b^2+c^2$

$=(a+b+c)^2-2(ab+bc+ca)$

$=1^2-2\times2=-3$

$f(3)=a^3+b^3+c^3$

$=(a+b+c)(a^2+b^2+c^2-ab-bc-ca)+3abc$

$=1\times(-3-2)+3\times4=7$

$f(4)=f(3)-2f(2)+4f(1)$

$=7-2\times(-3)+4\times1=17$

$f(5)=f(4)-2f(3)+4f(2)$

$=17-2\times7+4\times(-3)=-9$

따라서

$x^5y^5+y^5z^5+z^5x^5=a^5+b^5+c^5=f(5)=-9$

043 정답 5

$a,\ b,\ c$를 세 근으로 하는 삼차방정식은

근과 계수의 관계에 의하여

$t^3-3t^2+2t-5=0,\ t^3=3t^2-2t+5$

양변에 t^n 을 곱하면

$t^{n+3}=3t^{n+2}-2t^{n+1}+5t^{n}$

위 식의 근이 $a,\ b,\ c$이므로 대입하면

$a^{n+3}=3a^{n+2}-2a^{n+1}+5a^{n}$ ...... ㉠

$b^{n+3}=3b^{n+2}-2b^{n+1}+5b^{n}$ ...... ㉡

$c^{n+3}=3c^{n+2}-2c^{n+1}+5c^{n}$ ...... ㉢

㉠－㉡＋㉢을 하면

$a^{n+3}-b^{n+3}+c^{n+3}$

$=3(a^{n+2}-b^{n+2}+c^{n+2})$

$-2(a^{n+1}-b^{n+1}+c^{n+1})+5(a^{n}-b^{n}+c^{n})$

이때 $\mathrm{R}_n=a^n-b^n+c^n$ 이므로

위의 식에 대입하여 정리하면

$\mathrm{R}_{n+3}=3\mathrm{R}_{n+2}-2\mathrm{R}_{n+1}+5\mathrm{R}_n$

$\mathrm{R}_{n+3}+2\mathrm{R}_{n+1}=3\mathrm{R}_{n+2}+5\mathrm{R}_n$

$\therefore \mathrm{R}_6+2\mathrm{R}_4=3\mathrm{R}_5+5\mathrm{R}_3$

즉, 실수 k의 값은 5이다.

Ⅱ 항등식

1 계수비교법과 수치대입법

044 정답 .... -6

$(a_0+a_1x+a_2x^2+\cdots+a_{17}x^{17}+a_{18}x^{18})$

$\times(b_0+b_1x+b_2x^2+\cdots+b_{17}x^{17}+b_{18}x^{18})$

의 전개식에서

$a_0b_6+a_1b_5+\cdots+a_5b_1+a_6b_0$ 는 x^6 의 계수이므로

$\{(x+1)(x^2+x+1)\}^6\times\{(x-1)(x^2-x+1)\}^6$

$=\{(x+1)(x^2-x+1)(x-1)(x^2+x+1)\}^6$

$=\{(x^3+1)(x^3-1)\}^6$

$=(x^6-1)^6$

따라서 x^6 의 계수는 $(-1)^5\times6=-6$

따라서 $a_0b_6+a_1b_5+\cdots+a_5b_1+a_6b_0=-6$

045 정답 .... 4^7

총 7개의 항의 곱 $(3x-1)^7$ 의 전개식에서

(x의 차수) + (-1의 곱의 개수)=7

(x의 차수)가 짝수이면 (-1의 곱의 개수)가 홀수가 되어서 계수의 부호가 음수가 되고 (x의 차수가) 홀수이면 (-1의 곱의 개수)가 짝수가 되어서 계수의 부호가 양수가 된다.

즉, $a_0<0,\ a_2<0,\ a_4<0,\ a_6<0$ 이고

$a_1>0,\ a_3>0,\ a_5>0,\ a_7>0$ 이 되어

$|a_0|+|a_1|+\cdots+|a_6|+|a_7|$

$=-a_0+a_1-a_2+a_3-a_4+a_5-a_6+a_7$

$(3x-1)^7=a_0+a_1x+a_2x^2+\cdots+a_6x^6+a_7x^7$

의 양변에 $x=-1$을 대입하면

$(-4)^7=a_0-a_1+a_2-a_3+a_4-a_5+a_6-a_7$

$\therefore -a_0+a_1-a_2+a_3-a_4+a_5-a_6+a_7=4^7$

046 정답 .... $-\frac{3}{2}(3^{99}-1)$

$x^{100}+x+2=a_0+a_1(x+2)+a_2(x+2)^2+\cdots+a_{100}(x+2)^{100}$

의 양변에 $x=-1$과 $x=-3$을 각각 대입하면

$(-1)^{100}+(-1)+2=a_0+a_1+a_2+\cdots+a_{100}$

$\therefore a_0+a_1+a_2+\cdots+a_{100}=2$ ...... ㉠

$(-3)^{100}+(-3)+2=a_0-a_1+a_2-\cdots+a_{100}$

$\therefore\ a_0-a_1+a_2-\cdots+a_{100}=3^{100}-1$ ⋯⋯ ㉡

㉠－㉡에서

$2(a_1+a_3+\cdots+a_{99})=3-3^{100}$

$\therefore\ a_1+a_3+\cdots+a_{99}=-\frac{3}{2}(3^{99}-1)$

047 정답 ⋯⋯ 10

$(3x+1)^{50}=a_0+a_1x+a_2x^2+\cdots+a_{50}x^{50}$ ⋯⋯ ㉠

㉠의 양변에 $x=\frac{2}{3}$, $x=-\frac{2}{3}$를 각각 대입하면

$3^{50}=a_0+\frac{2}{3}a_1+\left(\frac{2}{3}\right)^2a_2+\left(\frac{2}{3}\right)^3a_3+\cdots+\left(\frac{2}{3}\right)^{50}a_{50}$ ⋯⋯ ㉡

$1=a_0-\frac{2}{3}a_1+\left(\frac{2}{3}\right)^2a_2-\left(\frac{2}{3}\right)^3a_3+\cdots+\left(\frac{2}{3}\right)^{50}a_{50}$ ⋯⋯ ㉢

㉡－㉢에서

$2\left\{\frac{2}{3}a_1+\left(\frac{2}{3}\right)^3a_3+\cdots+\left(\frac{2}{3}\right)^{49}a_{49}\right\}=3^{50}-1$

$\therefore\ \frac{2}{3}a_1+\left(\frac{2}{3}\right)^3a_3+\cdots+\left(\frac{2}{3}\right)^{49}a_{49}=\frac{1}{2}(3^{50}-1)$

위의 식에 $\frac{2}{3^2}$를 곱하면

$\frac{2^2}{3^3}a_1+\frac{2^4}{3^5}a_3+\cdots+\frac{2^{50}}{3^{51}}a_{49}=\frac{1}{9}(3^{50}-1)$

따라서 $p=9$, $q=1$이고 $p+q=10$이다.

048 정답 ⋯⋯ 512

x에 대한 항등식이므로

$(x+2)^{10}=a_0+a_1x+a_2x^2+\cdots+a_{10}x^{10}$에서

(i) $x=0$을 대입하면

$a_0=2^{10}=1024$

(ii) $x=-2$를 대입하면

$0=a_0-2a_1+2^2a_2-2^3a_3+2^4a_4-\cdots-2^9a_9+2^{10}a_{10}$

에서

$a_0=2a_1-2^2a_2+2^3a_3-2^4a_4+\cdots+2^9a_9-2^{10}a_{10}$

$=2(a_1-2a_2+2^2a_3-2^3a_4+\cdots+2^8a_9-2^9a_{10})$

$\therefore\ a_1-2a_2+2^2a_3-2^3a_4+\cdots+2^8a_9-2^9a_{10}=\frac{a_0}{2}=512$

049 정답 ⋯⋯ 32

$(x+1)^{10}=a_0+a_1x+\cdots+a_9x^9+a_{10}x^{10}$

의 양변에 $x=i$를 대입하면

$(i+1)^{10}=a_0+a_1i+\cdots+a_9i^9+a_{10}i^{10}$

$(1+i)^{10}=\{(1+i)^2\}^5=(2i)^5=32i$이고

$i^2=-1$, $i^3=-i$, $i^4=1$이므로

$32i=(a_0-a_2+a_4-a_6+a_8-a_{10})+i(a_1-a_3+a_5-a_7+a_9)$

복소수가 서로 같을 조건에 의하여

$a_0-a_2+a_4-a_6+a_8-a_{10}=0$

$a_1-a_3+a_5-a_7+a_9=32$

두 식을 더하면

$a_0+a_1-a_2-a_3+a_4+a_5-a_6-a_7+a_8+a_9-a_{10}=32$

050 정답 ⋯⋯ 0

$a_0+a_1x+a_2x^2+\cdots+a_9x^9+a_{10}x^{10}$에서

$a_0-2a_2+2^2a_4-2^3a_6+2^4a_8-2^5a_{10}$

의 값을 구하기 위해서

$(x+\sqrt{2})^{10}=a_0+a_1x+a_2x^2+\cdots+a_9x^9+a_{10}x^{10}$에

$x=\sqrt{2}i$를 대입하면

$(\sqrt{2}i+\sqrt{2})^{10}$

$=a_0+\sqrt{2}ia_1-2a_2-2\sqrt{2}ia_3+2^2a_4+2^2\sqrt{2}ia_5$

$-2^3a_6-2^3\sqrt{2}ia_7+2^4a_8+2^4\sqrt{2}ia_9-2^5a_{10}$

이다.

$(\sqrt{2}i+\sqrt{2})^{10}=\{\sqrt{2}(1+i)\}^{10}$

$=2^5(1+i)^{10}$

$=2^5\{(1+i)^2\}^5$

$=2^5(2i)^5=2^5\times2^5i=2^{10}i$이므로

$2^{10}i=(a_0-2a_2+2^2a_4-2^3a_6+2^4a_8-2^5a_{10})$

$+(a_1-2a_3+2^2a_5-2^3a_7+2^4a_9)\sqrt{2}i$

에서 복소수가 서로 같은 조건에 의하여 실수부분이 0이므로

$a_0-2a_2+2^2a_4-2^3a_6+2^4a_8-2^5a_{10}=0$이다.

051 정답 ⋯⋯ $-\frac{1}{3}(2^{20}+2)$

방정식 $x^2-x+1=0$의 한 허근을 ω라 하면

$\omega^2-\omega+1=0$, $\omega^3=-1$, $\omega^6=1$이므로

주어진 등식에 $x=\omega$를 대입하면

$(\omega-1)^{20}=a_0+a_1\omega+\cdots+a_{19}\omega^{19}+a_{20}\omega^{20}$

$\omega-1=\omega^2$이므로 좌변은

$(\omega^2)^{20}=\omega^{40}=-\omega$

$\therefore\ -\omega=(a_0-a_3+a_6-a_9+\cdots+a_{18})$

$+\omega(a_1-a_4+a_7-a_{10}+\cdots+a_{19})$

$+\omega^2(a_2-a_5+a_8-a_{11}+\cdots+a_{20})$

$a_0-a_3+a_6-a_9+\cdots+a_{18}=\mathrm{A}$

$a_1-a_4+a_7-a_{10}+\cdots+a_{19}=\mathrm{B}$

$a_2-a_5+a_8-a_{11}+\cdots+a_{20}=\mathrm{C}$

라 하면

$-\omega=A+B\omega+C\omega^2$ 이고 $\omega^2=\omega-1$
이므로
$-\omega=(A-C)+\omega(B+C)$
$\therefore$ $A-C=0$, $B+C=-1$ …… ㉠
한편
$(x-1)^{20}=a_0+a_1x+\cdots+a_{19}x^{19}+a_{20}x^{20}$
에 $x=-1$을 대입하면
$a_0-a_1+a_2-a_3+\cdots-a_{19}+a_{20}=2^{20}$
에서
$(a_0-a_3+\cdots+a_{18})-(a_1-a_4+\cdots+a_{19})+(a_2-a_5+\cdots+a_{20})$
$=2^{20}$
$\therefore$ $A-B+C=2^{20}$ …… ㉡
㉠에서 $C=-B-1$, $A=C=-B-1$이므로
이를 ㉡에 대입하면
$B=a_1-a_4+a_7-a_{10}+\cdots+a_{19}=-\frac{1}{3}(2^{20}+2)$

052 정답 …… (1) 432 (2) 432

(1) $x^2+x+1=0$의 한 허근을 ω라 하면
$\omega^2+\omega+1=0$, $\omega^3=1$이다.
$(1+x+x^2+x^3+x^4+x^5)^4$
$=a_0+a_1x+a_2x^2+\cdots+a_{19}x^{19}+a_{20}x^{20}$
에 $x=\omega$를 대입하면
$(1+\omega+\omega^2+\omega^3+\omega^4+\omega^5)^4$
$=a_0+a_1\omega+a_2\omega^2+\cdots+a_{19}\omega^{19}+a_{20}\omega^{20}$
에서 ω의 차수를 정리하면
$0=(a_0+a_3+\cdots+a_{18})+(a_1+a_4+\cdots+a_{19})\omega$
$+(a_2+a_5+\cdots+a_{20})\omega^2$
$=(a_0+a_3+\cdots+a_{18})+(a_1+a_4+\cdots+a_{19})\omega$
$+(a_2+a_5+\cdots+a_{20})(-\omega-1)$
$a_0+a_3+\cdots+a_{18}=A$
$a_1+a_4+\cdots+a_{19}=B$
$a_2+a_5+\cdots+a_{20}=C$
라 하면
$0=(A-C)+(B-C)\omega$ 이므로
$A-C=0$ …… ㉠
$B-C=0$ …… ㉡
㉠, ㉡에서 $A=B=C$
한편
$(1+x+x^2+x^3+x^4+x^5)^4$
$=a_0+a_1x+a_2x^2+\cdots+a_{19}x^{19}+a_{20}x^{20}$
에 $x=1$을 대입하면
$6^4=a_0+a_1+a_2+\cdots+a_{19}+a_{20}=A+B+C$ …… ㉢

㉢에서 $A=B=C$ 이므로 $A=\frac{1}{3}\times6^4$
$\therefore$ $a_0+a_3+a_6+\cdots+a_{18}=A=432$

(2) $x^2-x+1=0$의 한 허근을 ω라 하면
$\omega^2-\omega+1=0$, $\omega^3=-1$, $\omega^6=1$,
$1+\omega+\omega^2+\omega^3+\omega^4+\omega^5=0$이다.
$(1+x+x^2+x^3+x^4+x^5)^4$
$=a_0+a_1x+a_2x^2+\cdots+a_{19}x^{19}+a_{20}x^{20}$
위의 식에 $x=\omega$를 대입하면
$(1+\omega+\omega^2+\omega^3+\omega^4+\omega^5)^4$
$=a_0+a_1\omega+a_2\omega^2+\cdots+a_{19}\omega^{19}+a_{20}\omega^{20}$
에서 ω의 차수를 정리하면
$0=(a_0-a_3+a_6-\cdots+a_{18})$
$+(a_1-a_4+a_7-\cdots+a_{19})\omega$
$+(a_2-a_5+a_8-\cdots+a_{20})\omega^2$
$=(a_0-a_3+a_6-\cdots+a_{18})$
$+(a_1-a_4+a_7-\cdots+a_{19})\omega$
$+(a_2-a_5+a_8-\cdots+a_{20})(\omega-1)$
$a_0-a_3+\cdots+a_{18}=A$
$a_1-a_4+\cdots+a_{19}=B$
$a_2-a_5+\cdots+a_{20}=C$
라고 하면
$0=(A-C)+(B+C)\omega$ 이므로
$A-C=0$ …… ㉠
$B+C=0$ …… ㉡
$(1+x+x^2+x^3+x^4+x^5)^4$
$=a_0+a_1x+a_2x^2+\cdots+a_{19}x^{19}+a_{20}x^{20}$
에 $x=-1$을 대입하면
$0=a_0-a_1+a_2-\cdots-a_{19}+a_{20}=A-B+C$ …… ㉢
㉠, ㉡에서 $-B=C=A$ 이므로 이를 ㉢에 대입하면 $3A=0$이다.
따라서 $A=B=C=0$
$a_0+a_1+a_2-a_3-a_4+a_5+a_6+a_7+a_8-a_9-a_{10}$
$+a_{11}+a_{12}+a_{13}+a_{14}-a_{15}-a_{16}+a_{17}+a_{18}+a_{19}+a_{20}$
$=(a_0-a_3+a_6-a_9+a_{12}-a_{15}+a_{18})$
$+(a_1-a_4+a_7-a_{10}+a_{13}-a_{16}+a_{19})$
$+(a_2+a_5+a_8+a_{11}+a_{14}+a_{17}+a_{20})$
$=A+B+(a_2+a_5+a_8+a_{11}+a_{14}+a_{17}+a_{20})$
$a_2+a_5+a_8+a_{11}+a_{14}+a_{17}+a_{20}$은 (1)에서 C의 값과 같다.
따라서
$A+B+(a_2+a_5+a_8+a_{11}+a_{14}+a_{17}+a_{20})=\frac{1}{3}\times6^4=432$

2 라그랑주 항등식

053 정답 .... 17^2+7^2

$338=2\times13^2$

$=(1^2+1^2)(5^2+12^2)$

으로 표현할 수 있다.

한편

$(a^2+b^2)(c^2+d^2)$

$=a^2c^2+a^2d^2+b^2c^2+b^2d^2$

$=(a^2c^2+2abcd+b^2d^2)+(a^2d^2-2abcd+b^2c^2)$

$=(ac+bd)^2+(ad-bc)^2$

이므로

$338=(1^2+1^2)(5^2+12^2)$

$=(1\times5+1\times12)^2+(1\times12-1\times5)^2=17^2+7^2$

054 정답 2

$(ad-bc)^2+(ab+cd)^2$

$=a^2d^2-2abcd+b^2c^2+a^2b^2+2abcd+c^2d^2$

$=a^2(b^2+d^2)+c^2(b^2+d^2)$

$=(a^2+c^2)(b^2+d^2)=2\times2=4$

이때 $ad-bc=-2$ 이므로

$(ab+cd)^2=0$ $\quad\therefore ab+cd=0$

$ab+cd=0$ 에서 $ab=-cd$ 이므로

양변을 제곱하여 정리하면

$a^2b^2=c^2d^2$

$=(2-a^2)(2-b^2)$

$=4-2a^2-2b^2+a^2b^2$

$\therefore a^2+b^2=2$

3 기타

055 정답 6

$f(x)$를 n차식이라 하면

$f(x^2+x)$는 $2n$차식이고 $x^2f(x)$는 $(n+2)$차식이다.

주어진 등식의 좌변과 우변의 차수가 같으므로

$2n=n+2$ 에서 $n=2$

즉, $f(x)$는 이차식이다.

$f(x)=ax^2+bx+c$ (단, a, b, c는 상수이고 $a\neq0$)라 하면

$f(x^2+x)=x^2f(x)-x^3+2x^2+3x+2$에서

$a(x^2+x)^2+b(x^2+x)+c$

$=x^2(ax^2+bx+c)-x^3+2x^2+3x+2$

$ax^4+2ax^3+(a+b)x^2+bx+c$

$=ax^4+(b-1)x^3+(c+2)x^2+3x+2$

이 식은 x에 대한 항등식이므로

$2a=b-1$, $a+b=c+2$, $b=3$, $c=2$

$\therefore a=1$, $b=3$, $c=2$

$f(x)=x^2+3x+2$ 에서 $f(1)=6$이다.

056 정답 .... (1) 0 (2) $-\frac{6}{7}$

(1) $\frac{a_1}{x-1}+\frac{a_2}{x-2}+\cdots+\frac{a_9}{x-9}+\frac{a_{10}}{x-10}$

$=\frac{x+1}{(x-1)(x-2)\cdots(x-10)}$

의 양변에

$(x-1)(x-2)\cdots(x-10)$을 곱하면

$a_1(x-2)(x-3)\cdots(x-10)$

$+a_2(x-1)(x-3)\cdots(x-10)+\cdots$

$+a_{10}(x-1)(x-2)\cdots(x-9)=x+1$

위의 식을 x에 대한 내림차순으로 정리하면

$(a_1+a_2+\cdots+a_{10})x^9+\cdots=x+1$

이 식은 x에 대한 항등식이므로

$a_1+a_2+\cdots+a_{10}=0$

(2) 주어진 등식에서 a_5를 구하기 위하여 양변에 $x-5$를 곱하면

$(x-5)\left(\frac{a_1}{x-1}+\frac{a_2}{x-2}+\frac{a_3}{x-3}+\cdots+\frac{a_{10}}{x-10}\right)+a_5$

$=\frac{x+1}{(x-1)(x-2)(x-3)(x-4)(x-6)\cdots(x-10)}$

이 식의 양변에 $x=5$를 대입하면

$a_5=\frac{6}{4\times3\times2\times1\times(-1)\times(-2)\times(-3)\times(-4)\times(-5)}$ ..... ㉠

같은 방법으로

주어진 등식의 양변에 $x-6$을 곱한 후 $x=6$을 대입하면

$a_6=\frac{7}{5\times4\times3\times2\times1\times(-1)\times(-2)\times(-3)\times(-4)}$ ..... ㉡

따라서 ㉠÷㉡을 하면 $\frac{a_5}{a_6}=-\frac{6}{7}$

4 고난도 실전 연습 문제

057 정답 8

$(x^2-7x+12)^{10}=\{(x-4)(x-3)\}^{10}$이고,

x에 대한 항등식이므로 주어진 식에

x 대신 $x+4$를 대입해도 성립한다.

$x^{10}(x+1)^{10}$

$=a_0+a_1x+a_2x^2+\cdots+a_{19}x^{19}+a_{20}x^{20}$ …… ㉠

이며, ㉠식도 x에 대한 항등식이다.

㉠식에 $x=\sqrt{3}$을 대입하면

$(\sqrt{3})^{10}(\sqrt{3}+1)^{10}$

$=a_0+\sqrt{3}a_1+3a_2+\cdots+3^9\sqrt{3}a_{19}+3^{10}a_{20}$ …… ㉡

㉠식에 $x=-\sqrt{3}$을 대입하면

$(\sqrt{3})^{10}(-\sqrt{3}+1)^{10}$

$=a_0-\sqrt{3}a_1+3a_2-\cdots-3^9\sqrt{3}a_{19}+3^{10}a_{20}$ …… ㉢

㉡과 ㉢을 변변 더하면

$3^5\{(\sqrt{3}+1)^{10}+(\sqrt{3}-1)^{10}\}$

$=2(a_0+3a_2+3^2a_4+3^3a_6+\cdots+3^9a_{18}+3^{10}a_{20})$

이므로

$a_0+3a_2+3^2a_4+3^3a_6+\cdots+3^9a_{18}+3^{10}a_{20}$

$=\dfrac{3^5\{(\sqrt{3}+1)^{10}+(\sqrt{3}-1)^{10}\}}{2}$

따라서 $\sqrt{3}+1=\mathrm{A}$이면 $\sqrt{3}-1=\mathrm{B}$이므로

$\mathrm{A}^2+\mathrm{B}^2=(\sqrt{3}+1)^2+(\sqrt{3}-1)^2=8$

058 정답 …… 1

$(a-b)(a^2+ab+b^2)=a^3-b^3$에서

$a-b=1$이면 $a^2+ab+b^2=a^3-b^3$이므로

$(2^2+2\times1+1^2)a_1+(3^2+3\times2+2^2)a_2+(4^2+4\times3+3^2)a_3$

$+\cdots+(10^2+10\times9+9^2)a_9+(11^2+11\times10+10^2)a_{10}$

위의 식에서 a_n 항의 계수를 정리하면

$(2^3-1^3)a_1+(3^3-2^3)a_2+\cdots+(11^3-10^3)a_{10}$이다.

한편

$a_0+a_1(x-1)^3+a_2(x-2)^3+a_3(x-3)^3+\cdots+a_{10}(x-10)^3$

$=x^3-x^2-x+1$

위의 식에 $x=-1$을 대입하면

$a_0-2^3a_1-3^3a_2-\cdots-11^3a_{10}=0$ …… ㉠

$x=0$을 대입하면

$a_0-1^3a_1-2^3a_2-\cdots-10^3a_{10}=1$ …… ㉡

㉡$-$㉠을 하면

$(2^3-1^3)a_1+(3^3-2^3)a_2+\cdots+(11^3-10^3)a_{10}=1$이다.

059 정답 …… 21

x에 대한 항등식이므로 주어진 식에 x 대신 $x-1$을 대입하면

$(x^3+1)^4+(x-1)^5$

$=a_0+a_1x+a_2x^2+\cdots+a_{11}x^{11}+a_{12}x^{12}$ …… ㉠

방정식 $x^2-x+1=0$의 한 허근을 ω라 하면

$\omega^2-\omega+1=0$, $\omega^3=-1$, $\omega^6=1$이다.

㉠의 양변에 $x=\omega$를 대입하면

$(\omega^3+1)^4+(\omega-1)^5=a_0+a_1\omega+a_2\omega^2+\cdots+a_{11}\omega^{11}+a_{12}\omega^{12}$

양변에 ω의 차수를 정리하면

$0^4+(\omega^2)^5=a_0+a_1\omega+a_2\omega^2-a_3-\cdots-a_{11}\omega^2+a_{12}$

$=(a_0-a_3+a_6-a_9+a_{12})$

$+(a_1-a_4+a_7-a_{10})\omega$

$+(a_2-a_5+a_8-a_{11})\omega^2$

$=(a_0-a_3+a_6-a_9+a_{12})$

$+(a_1-a_4+a_7-a_{10})\omega$

$+(a_2-a_5+a_8-a_{11})(\omega-1)$

$a_0-a_3+a_6-a_9+a_{12}=\mathrm{A}$

$a_1-a_4+a_7-a_{10}=\mathrm{B}$

$a_2-a_5+a_8-a_{11}=\mathrm{C}$

라 하면,

$(\omega^2)^5=\omega^{10}=\omega^6\times\omega^4=\omega^4=-\omega$

이므로

$-\omega=(\mathrm{A}-\mathrm{C})+(\mathrm{B}+\mathrm{C})\omega$

$\mathrm{A}-\mathrm{C}=0$ …… ㉡

$\mathrm{B}+\mathrm{C}=-1$ …… ㉢

또한 ㉠식에 $x=-1$을 대입하면

$-32=a_0-a_1+a_2-a_3+\cdots-a_{11}+a_{12}$에서

$-32=\mathrm{A}-\mathrm{B}+\mathrm{C}$ …… ㉣

㉡, ㉢, ㉣식을 연립하면

$\mathrm{A}=-11$, $\mathrm{B}=10$, $\mathrm{C}=-11$

$\therefore a_1-a_2-a_4+a_5+a_7-a_8-a_{10}+a_{11}=\mathrm{B}-\mathrm{C}=21$

060 정답 …… 24

$bd(a^2d^2+2a^2c^2+b^2c^2)+ac(a^2d^2+2b^2d^2+b^2c^2)$

$=a^2d^2(ac+bd)+b^2c^2(ac+bd)+2abcd(ac+bd)$

$=(ac+bd)(a^2d^2+2abcd+b^2c^2)$

$=(ac+bd)(ad+bc)^2$

$\therefore \sqrt{\dfrac{bd(a^2d^2+2a^2c^2+b^2c^2)+ac(a^2d^2+2b^2d^2+b^2c^2)}{bd+ac}}$

$=\sqrt{\dfrac{(bd+ac)(ad+bc)^2}{bd+ac}}=|ad+bc|$

한편

$(ac-bd)^2=a^2c^2-2abcd+b^2d^2$

$(ad+bc)^2=a^2d^2+2abcd+b^2c^2$

이므로

$(ac-bd)^2+(ad+bc)^2=a^2(c^2+d^2)+b^2(c^2+d^2)$

$=(a^2+b^2)(c^2+d^2)$

$7^2+(ad+bc)^2=25\times25$

$\therefore\ |ad+bc|=\sqrt{625-49}=\sqrt{576}=24$

Ⅲ 나머지 정리

1 몫과 나머지의 이해

061 정답 몫 : $x^2Q(x)+Rx-R$ 나머지 : R

$P(x)=(x+1)Q(x)+R$ 이므로

$x^2P(x)=x^2(x+1)Q(x)+Rx^2$

$=(x+1)x^2Q(x)+R(x+1)(x-1)+R$

$=(x+1)\{x^2Q(x)+R(x-1)\}+R$

$\therefore$ 몫 : $x^2Q(x)+Rx-R$

나머지 : R

062 정답 몫 : $ax^3Q(x)+R\left(x^2-\frac{b}{a}x+\frac{b^2}{a^2}\right)$ 나머지 : $-\frac{b^3}{a^3}R$

$f(x)=(ax+b)Q(x)+R$ 이므로

양변에 x^3을 곱하면

$x^3f(x)=x^3(ax+b)Q(x)+Rx^3$

이때, $x^3=\left(x+\frac{b}{a}\right)\left(x^2-\frac{b}{a}x+\frac{b^2}{a^2}\right)-\frac{b^3}{a^3}$이므로

$x^3f(x)$

$=a\left(x+\frac{b}{a}\right)x^3Q(x)+R\left\{\left(x+\frac{b}{a}\right)\left(x^2-\frac{b}{a}x+\frac{b^2}{a^2}\right)-\frac{b^3}{a^3}\right\}$

$=\left(x+\frac{b}{a}\right)\left\{ax^3Q(x)+R\left(x^2-\frac{b}{a}x+\frac{b^2}{a^2}\right)\right\}-\frac{b^3}{a^3}R$

$\therefore$ 몫 : $ax^3Q(x)+R\left(x^2-\frac{b}{a}x+\frac{b^2}{a^2}\right)$

나머지 : $-\frac{b^3}{a^3}R$

063 정답 몫 : $x+\frac{2}{3}$ 나머지 : $x+R+\frac{2}{3}$

$f(x)$가 삼차다항식이므로 $Q(x)$는 이차식이고

$f(x)$를 $3Q(x)-1$로 나눈 나머지의 차수는 일차 이하임을 알 수 있다.

따라서

$f(x)=(3x+2)Q(x)+R$

$=3xQ(x)+2Q(x)+R$

$=x\{3Q(x)-1\}+\frac{2}{3}\{3Q(x)-1\}+x+R+\frac{2}{3}$

$=\{3Q(x)-1\}\left(x+\frac{2}{3}\right)+x+R+\frac{2}{3}$

$\therefore$ 몫 : $x+\frac{2}{3}$

나머지 : $x+R+\frac{2}{3}$

064 정답 24

$f(x)=g(x)(x^2-4x+3)+3x^3-5x^2+3x+1$

$=g(x)(x-1)(x-3)+(x-1)(3x^2-2x+1)+2$

$=(x-1)\{(x-3)g(x)+3x^2-2x+1)\}+2$

이므로

$Q(x)=(x-3)g(x)+3x^2-2x+1,\ R=2$

$\therefore\ Q(3)+R=3\times3^2-2\times3+1+2=24$

065 정답 31

다항식 $f(x)$는 $(x-1)^2$으로 나누었을 때

몫이 $Q(x)$, 나머지가 x이므로

$f(x)=(x-1)^2Q(x)+x$ …… ㉠

$Q(x)$를 $(x+2)^2$으로 나눈

몫을 $P(x)$라 하면 나머지가 $2x+1$이므로

$Q(x)=(x+2)^2P(x)+2x+1$

이를 ㉠에 대입하여 정리하면

$f(x)=(x-1)^2\{(x+2)^2P(x)+2x+1\}+x$

$=(x-1)^2\{(x+2)^2P(x)+2(x+2)-3\}+x$

$=(x-1)^2(x+2)^2P(x)+2(x+2)(x-1)^2$

$-3(x-1)^2+x$

$=(x-1)(x+2)\{(x-1)(x+2)P(x)+2(x-1)\}$

$-3x^2+7x-3$

$=(x-1)(x+2)\{(x-1)(x+2)P(x)+2(x-1)-3\}$

$+10x-9$

$\therefore\ R(x)=10x-9$

$R(4)=10\times4-9=31$

066 정답 -4

$f(x)$를 x^2+2x+4로 나누었을 때

몫을 $P(x)$라고 하면 나머지가 $3x+2$이므로

$f(x)=(x^2+2x+4)P(x)+3x+2$

$(x-1)f(x)$

$=(x-1)(x^2+2x+4)P(x)+(3x+2)(x-1)$

$=(x^2+2x+4)(x-1)P(x)+3x^2-x-2$
$=(x^2+2x+4)(x-1)P(x)+3(x^2+2x+4)-7x-14$
$=(x^2+2x+4)\{(x-1)P(x)+3\}-7x-14$
$\therefore$ $Q(x)=(x-1)P(x)+3$, $R(x)=-7x-14$
$Q(1)+R(-1)=3-7=-4$

067 정답 …………… $f(x)=2x^2+2x-1$, $r(x)=-3x-3$

조건 ㈎에서
다항식 $2x^3+4x^2-2x-4$를 $f(x)$로 나누었을 때
몫을 $Q(x)$라 하면 나머지가 $r(x)$이므로
$2x^3+4x^2-2x-4=f(x)Q(x)+r(x)$ …… ㉠
이때, $f(x)$는 이차식이므로 나머지인 $r(x)$는 일차 이하의 다항식이다.
조건 ㈏에서
다항식 $2x^3+4x^2-2x-4$를 $r(x)$로 나누었을 때
몫을 $Q'(x)$라 하면 나머지는 $f(x)-2x^2-2x+1$이므로
$2x^3+4x^2-2x-4$
$=r(x)Q'(x)+f(x)-2x^2-2x+1$ …… ㉡
이때 $r(x)$는 일차 이하의 다항식이므로
나머지인 $f(x)-2x^2-2x+1$은 상수이다.
따라서 $f(x)=2x^2+2x+a$ (단, a는 상수)라 놓을 수 있다.
이를 ㉠에 대입한 후 좌변과 계수 비교하여 정리하면
$2x^3+4x^2-2x-4=(2x^2+2x+a)(x+1)-(a+4)x-(a+4)$
즉, $r(x)=-(a+4)(x+1)$이다.
따라서 ㉡에서
$2x^3+4x^2-2x-4=-(a+4)(x+1)Q'(x)+a+1$
양변에 $x=-1$을 대입하면
$0=a+1$, $a=-1$
$\therefore$ $f(x)=2x^2+2x-1$, $r(x)=-3x-3$

2 나머지 구하기

068 정답 …………… -2

다항식 $f(x)$를 $(3x-2)(x+3)$으로 나누었을 때
몫이 $Q(x)$, 나머지가 $x+1$이므로
$f(x)=(3x-2)(x+3)Q(x)+x+1$ …… ㉠
다항식 $f(2x+1)$을 $x+2$로
나눈 나머지는 나머지정리에 의해
$f(2\times(-2)+1)=f(-3)$이므로
㉠의 양변에 $x=-3$을 대입하면
$f(-3)=-2$
따라서 $f(2x+1)$을 $x+2$로 나눈 나머지는 -2이다.

069 정답 …………… 6

항등식 $f(2x)=(x-1)g(x)+2$에
$x=1$을 대입하면 $f(2)=2$
$g(x^2-3)-x^2+2x$가 $x(x+1)$로
나누어 떨어지므로 인수 정리에 의해
$x=0$, $x=-1$을 각각 대입하면
$g(-3)=0$
$g(-2)-3=0$
따라서 $f(x+4)\{g(x)+g(x-1)\}$를 $x+2$로
나누었을 때의 나머지는 나머지정리에 의해
$f(2)\{g(-2)+g(-3)\}=2\times3=6$

070 정답 …………… $-3x+5$

삼차식 $f(x)$를 x^2-4x+3으로 나눈 몫을 $Q(x)$,
나머지를 $ax+b$(단, a, b는 상수)라 하면
$f(x)=(x^2-4x+3)Q(x)+ax+b$
$=(x-1)(x-3)Q(x)+ax+b$ …… ㉠
한편 $xf(x)=f(x+1)+x^4-x-2$이므로
(i) $x=0$을 대입하면
$0=f(1)-2$ $\therefore f(1)=2$
(ii) $x=1$을 대입하면
$1\times f(1)=f(2)-2=2$ $\therefore f(2)=4$
(iii) $x=2$를 대입하면
$2\times f(2)=f(3)+16-2-2=8$ $\therefore f(3)=-4$
(i), (iii)의 결과를 ㉠에 대입하면
$f(1)=a+b=2$
$f(3)=3a+b=-4$
연립하여 풀면 $a=-3$, $b=5$
따라서 $f(x)$를 x^2-4x+3으로 나눈 나머지는 $-3x+5$이다.

071 정답 …………… $-3x+2$

다항식 $x^{2028}+3x^5-2$를 x^2-x+1로 나누었을때
몫을 $Q(x)$, 나머지를 $ax+b$ (단 a, b는 실수)라 하면,
$x^{2028}+3x^5-2=(x^2-x+1)Q(x)+ax+b$ …… ㉠
이차방정식 $x^2-x+1=0$의 한 허근을 ω라 하면
$\omega^2-\omega+1=0$, $\omega^3=-1$, $\omega^6=1$이므로
㉠의 양변에 $x=\omega$를 대입하면

$\omega^{2028}+3\omega^5-2=a\omega+b$ …… ㉡

$\omega^{2028}=(\omega^6)^{338}=1$

$\omega^5=\omega^3\times\omega^2$

$=-1\times(\omega-1)$

$=1-\omega$

이를 ㉡에 대입하면

$a\omega+b=1+3(1-\omega)-2$

$=-3\omega+2$

복소수가 서로 같을 조건에 의하여

$a=-3,\ b=2$

따라서 구하는 나머지는 $-3x+2$ 이다.

072 정답 …… $67x-128$

$x^7-2x^6+x^2+x+4$ 를 x^2-2x+4 로 나누었을 때의 몫을 $\mathrm{Q}(x)$, 나머지를 $ax+b$ (단, a, b는 실수)라 하면

$x^7-2x^6+x^2+x+4$

$=(x^2-2x+4)\mathrm{Q}(x)+ax+b$ …… ㉠

이차방정식 $x^2-2x+4=0$ 의 한 허근을 ω 라고 하면

$\omega^2-2\omega+4=0$ 이 성립한다.

양변에 $\omega+2$ 를 곱하면 $\omega^3=-8$

㉠식의 양변에 $x=\omega$ 를 대입하면

$a\omega+b=\omega^7-2\omega^6+\omega^2+\omega+4$

$=64\omega-128+3\omega$ ($\because\ \omega^3=-8,\ \omega^2=2\omega-4$)

$=67\omega-128$

복소수가 서로 같을 조건에 의해서

$a=67,\ b=-128$

따라서 구하는 나머지는 $67x-128$

073 정답 …… 8

다항식 $f(x)$를 x^2+x+1 로 나누었을 때 몫을 $\mathrm{Q}(x)$, 나머지를 $ax+b$ (단, a, b는 실수)라 하면

$f(x)=(x^2+x+1)\mathrm{Q}(x)+ax+b$ …… ㉠

이차방정식 $x^2+x+1=0$ 의 한 허근을 ω라 하면

$\omega^2+\omega+1=0,\ \omega^3=1$ 이므로

㉠의 양변에 $x=\omega$ 를 대입하면

$f(\omega)=(1+\omega)(1+\omega^2)(1+\omega^3)\cdots(1+\omega^{10})(1+\omega^{11})$

$=(-\omega^2)\times(-\omega)\times2\times(-\omega^2)\times(-\omega)\times\cdots$

$\times(-\omega^2)\times(-\omega)$

$=\{(-\omega^2)\times(-\omega)\times2\}^3\times(-\omega^2)\times(-\omega)$

$=(2\omega^3)^3\times\omega^3=8$

즉, $a\omega+b=8$

복소수가 서로 같은 조건에 의하여 $a=0,\ b=8$

따라서 구하는 나머지는 8 이다.

074 정답 …… 34

$(x^2+x)^{2n}+(x^2+1)^{2n}+(x+1)^{2n}$ 을 x^2+x+1 로 나누었을때 나누어 떨어지므로 몫을 $\mathrm{Q}(x)$라 하면

$(x^2+x)^{2n}+(x^2+1)^{2n}+(x+1)^{2n}$

$=(x^2+x+1)\mathrm{Q}(x)$ …… ㉠

이차방정식 $x^2+x+1=0$ 의 한 허근을 ω라 하면

$\omega^2+\omega+1=0,\ \omega^3=1$

㉠의 양변에 $x=\omega$ 를 대입하면

$(\omega^2+\omega)^{2n}+(\omega^2+1)^{2n}+(\omega+1)^{2n}=0$

$(-1)^{2n}+(-\omega)^{2n}+(-\omega^2)^{2n}=0$

$\therefore\ \omega^{4n}+\omega^{2n}+1=0$

(i) $n=3k$ (k는 자연수)일 때

$\omega^{2n}=\omega^{6k}=(\omega^3)^{2k}=1$

$\omega^{4n}=(\omega^{2n})^2=1$ 이므로

$\therefore\ \omega^{4n}+\omega^{2n}+1=1+1+1\neq0$

(ii) $n=3k+1$ (k는 음이 아닌 정수)일 때

$\omega^{2n}=\omega^{6k+2}=(\omega^3)^{2k}\times\omega^2=\omega^2$

$\omega^{4n}=(\omega^{2n})^2=\omega^4=\omega$ 이므로

$\therefore\ \omega^{4n}+\omega^{2n}+1=\omega+\omega^2+1=0$

(iii) $n=3k+2$ (k는 음이 아닌 정수)일 때

$\omega^{2n}=\omega^{6k+4}=(\omega^3)^{2k+1}\times\omega=\omega$

$\omega^{4n}=(\omega^{2n})^2=\omega^2$ 이므로

$\therefore\ \omega^{4n}+\omega^{2n}+1=\omega^2+\omega+1=0$

따라서 n은 3의 배수가 아닌 자연수이므로 구하는 자연수 n의 개수는 50이하의 자연수 중 3의 배수 16개를 제외하면 $50-16=34$(개)이다.

075 정답 …… $a=-2,\ b=0$

$f(x)=(x^2-x-1)(x^2+ax+b)+3$ 에 대하여 …… ㉠

$f(x+1)$을 x^2-2x+1 로 나누었을 때 몫을 $\mathrm{Q}(x)$라 하면 나머지가 $2x+1$ 이므로

$f(x+1)=(x^2-2x+1)\mathrm{Q}(x)+2x+1$

$=(x-1)^2\mathrm{Q}(x)+2x+1$ …… ㉡

$x=1$ 을 ㉡에 대입하면 $f(2)=3$

㉠의 식에 $x=2$를 대입하여 정리하면

$f(2)=4+2a+b+3=3$

$\therefore\ b=-2a-4$

즉 $f(x)=(x^2-x-1)(x^2+ax-2a-4)+3$

$=(x^2-x-1)(x+a+2)(x-2)+3$

이 식에 x 대신 $x+1$을 대입하여 정리하면

$f(x+1)$

$=\{(x+1)^2-(x+1)-1\}(x+1+a+2)(x+1-2)+3$

$=(x^2+x-1)(x+a+3)(x-1)+3$ …… ㉢

㉡=㉢에서

$(x-1)^2Q(x)+2x+1=(x^2+x-1)(x+a+3)(x-1)+3$

$(x-1)^2Q(x)=(x^2+x-1)(x+a+3)(x-1)-2(x-1)$

$\therefore\ (x-1)Q(x)=(x^2+x-1)(x+a+3)-2$ …… ㉣

㉣의 양변에 $x=1$을 대입하면

$0=(1+1-1)(1+a+3)-2$

$\therefore\ a=-2,\ b=-2a-4=0$

076 정답 ······ 99

x^n+1을 $(x+1)^2$으로 나눈 몫을 $Q(x)$라 하면

나머지가 $99x+99$이므로

$x^n+1=(x+1)^2Q(x)+99(x+1)$ …… ㉠

$x^n+1=(x+1)(x^{n-1}-x^{n-2}+\cdots-x+1)$이므로

㉠의 양변을 $x+1$로 나누면

$x^{n-1}-x^{n-2}+\cdots-x+1=(x+1)Q(x)+99$

양변에 $x=-1$을 대입하면

$\underbrace{1+1+\cdots+1}_{n\text{개}}=99$

$\therefore\ n=99$

077 정답 ······ $-4x-3$

$x-1=t$라 하면

$(x-1)^4+4(x-1)^3+6(x-1)^2+4(x-1)+1$

$=t^4+4t^3+6t^2+4t+1$

$=(t+1)^4$

$x=t+1$이므로 $(x+1)^2=(t+2)^2$이다.

따라서 $(t+1)^4$을 $(t+2)^2$으로 나누었을 때

몫을 $Q(t)$, 나머지를 $at+b$ (단, a, b는 상수)라 하면

$(t+1)^4=(t+2)^2Q(t)+at+b$ …… ㉠

㉠의 양변에 $t=-2$를 대입하면

$1=-2a+b$ $\therefore\ b=2a+1$

이를 ㉠에 대입하면

$(t+1)^4-1=(t+2)^2Q(t)+a(t+2)$ …… ㉡

$(t+1)^4-1=(t+1+1)\{(t+1)^3-(t+1)^2+(t+1)-1\}$

$=(t+2)\{(t+1)^3-(t+1)^2+(t+1)-1\}$

이므로 ㉡의 양변을 $t+2$로 나누면

$(t+1)^3-(t+1)^2+(t+1)-1=(t+2)Q(t)+a$

양변에 $t=-2$를 대입하면

$a=-4,\ b=2a+1=-7$

즉, $at+b=-4t-7$

$=-4(x-1)-7$

$=-4x-3$

따라서 구하는 나머지는 $-4x-3$이다

078 정답 ······ $a=-3,\ b=2$

$x^{2n}(x^2+ax+b)$를 $(x-2)^2$으로 나누었을 때

몫을 $Q(x)$ 라고 하면 나머지가 $4^n(x-2)$이므로

$x^{2n}(x^2+ax+b)=(x-2)^2Q(x)+4^n(x-2)$ …… ㉠

㉠의 양변에 $x=2$를 대입하면

$2^{2n}(2^2+2a+b)=0,\ 4^n(4+2a+b)=0$

$4^n>0$ 이므로

$4+2a+b=0$ $\therefore\ b=-2a-4$

이를 ㉠에 대입하여 식을 정리하면

$x^{2n}(x^2+ax-2a-4)=(x-2)^2Q(x)+4^n(x-2)$

$x^{2n}(x-2)(x+a+2)=(x-2)^2Q(x)+4^n(x-2)$이므로

$x^{2n}(x+a+2)=(x-2)Q(x)+4^n$ …… ㉡

㉡의 양변에 $x=2$를 대입하면

$2^{2n}(2+a+2)=4^n,\ 4^n(a+4)=4^n,\ a+4=1$

$\therefore\ a=-3,\ b=-2a-4=2$

079 정답 ······ $a=4,\ b=0$

$x^{2n-1}(x^2+ax+b)$를 $(x+4)^2$으로 나누었을 때

몫을 $Q(x)$라 하면 나머지가 $16^n(x+4)$이므로

$x^{2n-1}(x^2+ax+b)$

$=(x+4)^2Q(x)+16^n(x+4)$ …… ㉠

㉠의 양변에 $x=-4$를 대입하면

$-4^{2n-1}(16-4a+b)=0$

$\therefore\ b=4a-16$ $(\because\ 4^{2n-1}>0)$ …… ㉡

㉡을 ㉠에 대입하면

$x^{2n-1}(x^2+ax+4a-16)=(x+4)^2Q(x)+16^n(x+4)$

$x^{2n-1}(x+4)(x+a-4)=(x+4)^2Q(x)+16^n(x+4)$

$x^{2n-1}(x+a-4)=(x+4)Q(x)+16^n$ …… ㉢

㉢의 양변에 $x=-4$를 대입하면

$-4^{2n-1}(a-8)=16^n$

$-(a-8)=4$ $(\because\ 4^{2n-1}>0)$ $\therefore\ a=4$

따라서 ㉡에 대입하면 $b=0$

080 정답 $-x^2-2$

다항식 $f(x)$를 x^3-3x-2로 나누었을 때
몫을 $Q(x)$, 나머지를 ax^2+bx+c (단, a, b, c는 상수)라 하면
$x^3-3x-2=(x+1)^2(x-2)$이므로
$f(x)=(x+1)^2(x-2)Q(x)+ax^2+bx+c$ …… ㉠
이때 $f(x)$를 $(x+1)^2$으로 나누었을 때 나머지가 $2x-1$이므로
㉠에서 ax^2+bx+c를 $(x+1)^2$으로 나누었을 때
나머지도 $2x-1$이다.
즉, $ax^2+bx+c=a(x+1)^2+2x-1$
$\therefore$ $f(x)=(x+1)^2(x-2)Q(x)+a(x+1)^2+2x-1$ …… ㉡
한편, $f(x)$를 $x-2$로 나눈 나머지가 -6이므로
나머지정리에 의해
$f(2)=9a+3=-6$ $\therefore$ $a=-1$
따라서 구하는 나머지는 ㉡에서
$ax^2+bx+c=-(x+1)^2+2x-1$
$=-x^2-2$

081 정답 몫 $(x+5)Q(x+3)+1$ 나머지 $2x^2+6x+4$

다항식 $f(x)$를 $(x-1)^2(x+2)$로 나누었을 때
몫이 $Q(x)$이므로 나머지를
ax^2+bx+c (단, a, b, c는 상수)라 하면
$f(x)=(x-1)^2(x+2)Q(x)+ax^2+bx+c$
또한 $f(x)$를 $(x-1)^2$으로 나눈 나머지가 $2x-4$이므로
$f(x)=(x-1)^2(x+2)Q(x)+a(x-1)^2+2x-4$ …… ㉠
이때, $f(x)$를 $(x+2)^2$으로 나눈 나머지가 $x+3$이므로
$f(-2)=9a-8=1$ $\therefore$ $a=1$
$\therefore$ $f(x)=(x-1)^2(x+2)Q(x)+(x-1)^2+2(x-2)$
이 식은 x에 대한 항등식이므로
x 대신 $x+3$을 대입한 후 $(x+2)$를 곱하면
$f(x+3)=(x+2)^2(x+5)Q(x+3)+(x+2)^2+2(x+1)$
$(x+2)f(x+3)$
$=(x+2)^3(x+5)Q(x+3)+(x+2)^3+2(x+1)(x+2)$
$=(x+2)^3\{(x+5)Q(x+3)+1\}+2(x+1)(x+2)$
따라서 $(x+2)f(x+3)$을 $(x+2)^3$으로 나눈
몫은 $(x+5)Q(x+3)+1$, 나머지는 $2x^2+6x+4$이다.

082 정답 $-x^2+3x$

다항식 $f(x)$를 $(x-1)^3$으로 나누었을 때
몫을 $Q_1(x)$라 하면 나머지가 $2x^2-3x+3$이므로
$f(x)=(x-1)^3Q_1(x)+2x^2-3x+3$
$=(x-1)^2(x-1)Q_1(x)+2(x-1)^2+x+1$
$=(x-1)^2\{(x-1)Q_1(x)+2\}+x+1$
따라서 $f(x)$를 $(x-1)^2$으로 나눈 나머지는 $x+1$이다.
한편, $f(x)$를 $(x-1)^2(x+2)$로 나눈
몫을 $Q_2(x)$, 나머지를 ax^2+bx+c (단, a, b, c는 상수)라
하면
$f(x)=(x-1)^2(x+2)Q_2(x)+ax^2+bx+c$
이때 $f(x)$를 $(x-1)^2$으로 나눈 나머지가 $x+1$이므로
$f(x)=(x-1)^2(x+2)Q_2(x)+a(x-1)^2+x+1$ …… ㉠
$f(x)$를 $(x+2)^2$으로 나눈 나머지가 $4x-2$이므로
$f(-2)=4\times(-2)-2=-10$
㉠에 $x=-2$를 대입하면
$f(-2)=9a-1=-10$ $\therefore$ $a=-1$
따라서 $f(x)$를 $(x-1)^2(x+2)$로 나눈 나머지는
$-(x-1)^2+x+1=-x^2+3x$이다.

083 정답 $50x^2-49$

x^{100}을 $(x^2-1)(x+1)$로 나누었을 때
몫을 $Q(x)$, 나머지를 ax^2+bx+c (단, a, b, c는 상수)라 하면
$x^{100}=(x^2-1)(x+1)Q(x)+ax^2+bx+c$
$=(x+1)^2(x-1)Q(x)+ax^2+bx+c$ …… ㉠
이때 x^{100}을 $(x+1)^2$으로 나누었을 때
몫을 $P(x)$, 나머지를 $px+q$라 하면
$x^{100}=(x+1)^2P(x)+px+q$ …… ㉡
위의 식의 양변에 $x=-1$을 대입하면
$-p+q=1$, $q=p+1$
이를 ㉡에 대입하면
$x^{100}=(x+1)^2P(x)+p(x+1)+1$에서
$x^{100}-1=(x+1)^2P(x)+p(x+1)$
$(x+1)(x^{99}-x^{98}+\cdots+x-1)=(x+1)^2P(x)+p(x+1)$
양변을 $x+1$로 나누고 $x=-1$을 대입하면
$x^{99}-x^{98}+\cdots+x-1=(x+1)P(x)+p$에서
$p=-1\times100=-100$
$q=p+1=-99$
즉, x^{100}을 $(x+1)^2$으로 나누었을 때
나머지는 $-100x-99$이므로
$ax^2+bx+c=a(x+1)^2-100x-99$
즉, ㉠식은
$x^{100}=(x+1)^2(x-1)Q(x)+a(x+1)^2-100x-99$
위의 식에 $x=1$을 대입하면
$1=4a-100-99$, $a=50$

따라서 구하는 나머지는

$50(x+1)^2-100x-99=50x^2-49$

084 정답 $p=9,\ q=3$

다항식 $f(x)$를 x^2+2x+4로 나누었을 때

몫을 $\mathrm{P}(x)$라 하면 나머지가 $5x-5$이므로

$f(x)=(x^2+2x+4)\mathrm{P}(x)+5x-5$ …… ㉠

$f(x)$를 x^3-8로 나누었을 때

몫을 $\mathrm{Q}(x)$라 하면 나머지가 $2x^2+px+q$이므로

$f(x)=(x^3-8)\mathrm{Q}(x)+2x^2+px+q$

$=(x-2)(x^2+2x+4)\mathrm{Q}(x)+2x^2+px+q$

$=(x^2+2x+4)\{(x-2)\mathrm{Q}(x)+2\}+5x-5$ $(\because$ ㉠$)$

$=(x^3-8)\mathrm{Q}(x)+2(x^2+2x+4)+5x-5$

$=(x^3-8)\mathrm{Q}(x)+2x^2+9x+3$

$\therefore\ p=9,\ q=3$

085 정답 $a=10,\ b=16,\ c=8$

$x^n(2x^3+ax^2+bx+c)$를 $(x+2)^3$으로 나누었을때

몫을 $\mathrm{Q}(x)$라 하면 나머지가 $2^{n+1}(x+2)^2$이므로

$x^n(2x^3+ax^2+bx+c)$

$=(x+2)^3\mathrm{Q}(x)+2^{n+1}(x+2)^2$ …… ㉠

㉠의 양변에 $x=-2$를 대입하면

n이 홀수이므로

$-2^n(-16+4a-2b+c)=0$

$\therefore\ c=-4a+2b+16$ $(\because\ 2^n>0)$ …… ㉡

㉡을 ㉠에 대입하면

$x^n(2x^3+ax^2+bx-4a+2b+16)$

$=(x+2)^3\mathrm{Q}(x)+2^{n+1}(x+2)^2$

$2x^3+ax^2+bx-4a+2b+16$

$=(x+2)\{2x^2+(a-4)x-2a+b+8\}$

이므로 양변을 $x+2$로 나누면

$x^n\{2x^2+(a-4)x-2a+b+8\}$

$=(x+2)^2\mathrm{Q}(x)+2^{n+1}(x+2)$ …… ㉢

㉢의 양변에 $x=-2$를 대입하면

$-2^n\{8-2(a-4)-2a+b+8\}=0$

$\therefore\ b=4a-24$ $(\because\ 2^n>0)$

이를 ㉢에 대입하면

$x^n\{2x^2+(a-4)x+2a-16\}$

$=(x+2)^2\mathrm{Q}(x)+2^{n+1}(x+2)$

$x^n(x+2)(2x+a-8)$

$=(x+2)^2\mathrm{Q}(x)+2^{n+1}(x+2)$

$\therefore\ x^n(2x+a-8)=(x+2)\mathrm{Q}(x)+2^{n+1}$ …… ㉣

㉣식에 $x=-2$를 대입하면

$-2^n(-4+a-8)=2^{n+1}$에서

$4-a+8=2$

$\therefore\ a=10,\ b=16,\ c=8$

086 정답 x^3+2x+1

$x^{2021}+x^{1003}+x^{52}+x^{11}+x^7+1$을

$x^4-x^3+x^2-x+1$로 나누었을 때

몫을 $\mathrm{Q}(x)$, 나머지를 $\mathrm{R}(x)$라 하면

$x^{2021}+x^{1003}+x^{52}+x^{11}+x^7+1$

$=(x^4-x^3+x^2-x+1)\mathrm{Q}(x)+\mathrm{R}(x)$ …… ㉠

$x^4-x^3+x^2-x+1=0$의 한 허근을 $x=\omega$라 하면

$\omega^4-\omega^3+\omega^2-\omega+1=0$ …… ㉡

㉡식 양변에 $\omega+1$을 곱하면,

$(\omega+1)(\omega^4-\omega^3+\omega^2-\omega+1)=0,\ \omega^5=-1$ …… ㉢

㉠식에 $x=\omega$를 대입하면

$\omega^{2021}+\omega^{1003}+\omega^{52}+\omega^{11}+\omega^7+1=\mathrm{R}(\omega)$

$(\omega^5)^{404}\times\omega+(\omega^5)^{200}\times\omega^3+(\omega^5)^{10}\times\omega^2$

$+(\omega^5)^2\times\omega+\omega^5\times\omega^2+1=\mathrm{R}(\omega)$

㉢에 의하여

$\omega+\omega^3+\omega^2+\omega-\omega^2+1=\mathrm{R}(\omega)$

$\therefore\ \mathrm{R}(\omega)=\omega^3+2\omega+1$

위 등식에 $\omega=x$를 대입하면 $\mathrm{R}(x)=x^3+2x+1$

087 정답 x^3+x^2-x+3

$x^{16}+x^5+4$를 x^4-x^2+1로 나누었을 때

몫을 $\mathrm{Q}(x)$, 나머지를 ax^3+bx^2+cx+d

(단, a, b, c, d는 실수)라 하면

$x^{16}+x^5+4$

$=(x^4-x^2+1)\mathrm{Q}(x)+ax^3+bx^2+cx+d$ …… ㉠

$x^4-x^2+1=0$의 한 허근을 $x=\omega$라 하면

$\omega^4-\omega^2+1=0$ …… ㉡

㉡식 양변에 ω^2+1을 곱하면,

$(\omega^2+1)(\omega^4-\omega^2+1)=0,\ \omega^6=-1,\ \omega^{12}=1$ …… ㉢

㉠식에 $x=\omega$를 대입하면

$\omega^{16}+\omega^5+4=a\omega^3+b\omega^2+c\omega+d$

$\omega^{12}\times\omega^4+\omega^5+4=a\omega^3+b\omega^2+c\omega+d$

$\omega^4+\omega^5+4=a\omega^3+b\omega^2+c\omega+d$ $(\because$ ㉢$)$

$\omega^4(\omega+1)+4=a\omega^3+b\omega^2+c\omega+d$

$(\omega^2-1)(\omega+1)+4=a\omega^3+b\omega^2+c\omega+d$ $(\because$ ㉡$)$

$\omega^3+\omega^2-\omega+3=a\omega^3+b\omega^2+c\omega+d$
복소수가 서로 같을 조건에 의하여
$\therefore\ a=1,\ b=1,\ c=-1,\ d=3$
그러므로 구하는 나머지는 x^3+x^2-x+3

088 정답 ········ $-2x^3+3x^2+2x+7$

다항식 $\mathrm{P}(x)$를 x^2-1로 나눈 나머지가 10이므로
$\mathrm{P}(1)=10,\ \mathrm{P}(-1)=10$
다항식 $\mathrm{P}(x)$를 $(x+1)(x^3-1)$으로 나누었을 때
몫을 $\mathrm{Q}(x)$, 나머지를 $\mathrm{R}(x)$라 하면
$\mathrm{P}(x)=(x+1)(x^3-1)\mathrm{Q}(x)+\mathrm{R}(x)$
$=(x+1)(x-1)(x^2+x+1)\mathrm{Q}(x)+\mathrm{R}(x)$
다항식 $\mathrm{P}(x)$를 x^2+x+1로 나누었을 때
나머지가 $-x+2$이므로
$\mathrm{R}(x)$를 x^2+x+1로 나눈 나머지도 $-x+2$이다.
나머지 $\mathrm{R}(x)$의 차수가 3차 이하 이므로 몫을 $ax+b$이라 하면
$\mathrm{R}(x)=(x^2+x+1)(ax+b)-x+2$
$\therefore\ \mathrm{P}(x)=(x+1)(x-1)(x^2+x+1)\mathrm{Q}(x)$
$+(x^2+x+1)(ax+b)-x+2$ ······ ㉠
㉠의 양변에 $x=1$을 대입하면
$3(a+b)+1=10$ ······ ㉡
㉠의 양변에 $x=-1$을 대입하면
$(-a+b)+3=10$ ······ ㉢
㉡와 ㉢을 연립하여 풀면
$a=-2,\ b=5$이므로
$\mathrm{R}(x)=(-2x+5)(x^2+x+1)-x+2$
$=-2x^3+3x^2+2x+7$

089 정답 ········ $10(x^3-1)$

$x^{30}-1=(x^3)^{10}-1$
$=(x^3-1)\{(x^3)^9+(x^3)^8+\cdots+x^3+1\}$
$=(x^3-1)(x^{27}+x^{24}+\cdots+x^3+1)$ ······ ㉠
여기에서 $x^{27}+x^{24}+\cdots+x^3+1$을 $x-1$로 나누었을 때
몫을 $\mathrm{Q}(x)$, 나머지를 R이라 하면
$x^{27}+x^{24}+\cdots+x^3+1=(x-1)\mathrm{Q}(x)+\mathrm{R}$
양변에 $x=1$을 대입하면 $\mathrm{R}=10$
이를 ㉠에 대입하여 정리하면
$x^{30}-1=(x^3-1)\{(x-1)\mathrm{Q}(x)+10\}$
$=(x^3-1)(x-1)\mathrm{Q}(x)+10(x^3-1)$
$=(x-1)^2(x^2+x+1)\mathrm{Q}(x)+10(x^3-1)$
따라서 $x^{30}-1$을 $(x-1)^2(x^2+x+1)$로 나누었을 때
나머지는 $10(x^3-1)$이다.

090 정답 ········ $-x^5+x^2-x+5$

다항식 $x^{50}+x^{21}+5$를
$(x^4+x^2+1)(x^4-x^2+1)$로 나누었을 때
몫을 $\mathrm{Q}(x)$, 나머지를 $\mathrm{R}(x)$라 하면
$x^{50}+x^{21}+5$
$=(x^4+x^2+1)(x^4-x^2+1)\mathrm{Q}(x)+\mathrm{R}(x)$
$=(x^8+x^4+1)\mathrm{Q}(x)+\mathrm{R}(x)$ ······ ㉠
방정식 $x^8+x^4+1=0$의 한 허근을 ω라고 하면
$\omega^8+\omega^4+1=0,\ \omega^{12}=1$
㉠의 양변에 $x=\omega$를 대입하면
$\omega^{50}+\omega^{21}+5=\mathrm{R}(\omega)$
$\omega^{50}=(\omega^{12})^4\times\omega^2=\omega^2$
$\omega^{21}=\omega^{12}\times\omega^9=\omega^9=\omega^8\times\omega=(-\omega^4-1)\omega=-\omega^5-\omega$
$\therefore\ \mathrm{R}(\omega)=\omega^2-\omega^5-\omega+5$
따라서 구하는 나머지는 $-x^5+x^2-x+5$이다.

091 정답 ········ x^3-x^2-4x-4

$f(x)$를 $(x+2)^2(x-2)^2$으로 나누었을 때의 몫을 $\mathrm{Q}(x)$,
나머지를 ax^3+bx^2+cx+d (단, $a,\ b,\ c,\ d$는 상수)라 하면
$f(x)=(x+2)^2(x-2)^2\mathrm{Q}(x)+ax^3+bx^2+cx+d$
이때 $f(x)$를 $(x+2)^2$으로 나누었을 때
나머지가 $12x+16$이므로
ax^3+bx^2+cx+d
$=(x+2)^2(ax+p)+12x+16$ (단, p는 상수) ······ ㉠
$f(x)$를 $(x-2)^2$으로 나누었을 때의 나머지가 $4x-16$이므로
ax^3+bx^2+cx+d
$=(x-2)^2(ax+q)+4x-16$ (단, q는 상수) ······ ㉡
㉠, ㉡에서
$(x+2)^2(ax+p)+12x+16=(x-2)^2(ax+q)+4x-16$
$ax^3+(4a+p)x^2+(4a+4p+12)x+4p+16$
$=ax^3+(-4a+q)x^2+(4a-4q+4)x+4q-16$
이 등식은 x에 대한 항등식이므로 계수비교법을 사용하면
$4a+p=-4a+q$
$4a+4p+12=4a-4q+4$
$4p+16=4q-16$
$\therefore a=1,\ p=-5,\ q=3$
이를 ㉠에 대입하여 나머지를 구하면
$(x+2)^2(x-5)+12x+16=x^3-x^2-4x-4$

3 몫에 관한 문제

092 정답 496

$x^6=(x-2)Q_1(x)+R_1$에서

양변에 $x=2$를 대입하면 $R_1=64$이므로

$x^6-2^6=(x-2)Q_1(x)$

$(x-2)(x^5+2x^4+4x^3+8x^2+16x+32)=(x-2)Q_1(x)$

$\therefore\ Q_1(x)=x^5+2x^4+4x^3+8x^2+16x+32$

$x^5+2x^4+4x^3+8x^2+16x+32=(x-2)Q_2(x)+R_2$에서

양변에 $x=2$를 대입하면 $R_2=192$

$x^5+2x^4+4x^3+8x^2+16x-160=(x-2)Q_2(x)$

$(x-2)(x^4+4x^3+12x^2+32x+80)=(x-2)Q_2(x)$

$\therefore\ Q_2(x)=x^4+4x^3+12x^2+32x+80$

$Q_2(x)$를 $x-2$로 나눈 나머지 $R_3=Q_2(2)=240$

$\therefore\ R_1+R_2+R_3=496$

093 정답 .... $\frac{5}{6}$

$f(x)=(x-2)(x-3)Q(x)+x-1$ ...... ㉠

$f(x)$를 $x+1$로 나누었을 때 나머지가 8이므로

나머지정리에 의하여 $f(-1)=8$

㉠에 $x=-1$을 대입하면

$f(-1)=12Q(-1)-2=8$

$\therefore\ Q(-1)=\frac{5}{6}$

따라서 $Q(x)$를 $x+1$로 나누었을 때 나머지는 $\frac{5}{6}$이다.

094 정답 100

$f(x)=x^n+2x-3$으로 놓으면

$f(1)=0$이므로 $f(x)$는 $x-1$로 나누어떨어진다.

1	1	0	0	⋯	0	2	−3
		1	1	⋯	1	1	3
	1	1	1	⋯	1	3	0

위의 조립제법에 의하여

$f(x)=(x-1)(x^{n-1}+x^{n-2}+\cdots+x+3)$

$f(x)$를 $x-1$로 나누었을 때 몫을 $Q(x)$라 하면

$Q(x)=x^{n-1}+x^{n-2}+\cdots+x+3$

$Q(x)$를 $x-1$로 나누었을 때 나머지가 102이므로

나머지 정리에 의해

$Q(1)=\underbrace{1+1\cdots+1}_{(n-1)\text{개}}+3=102$

$n-1+3=102$

$\therefore\ n=100$

095 정답 24

$f(x)$를 $g(x)$로 나누었을 때

몫이 x^2-4x+3, 나머지가 $3x^3-5x^2+3x+1$이므로

$f(x)=g(x)(x^2-4x+3)+3x^3-5x^2+3x+1$

$\quad=g(x)(x-1)(x-3)+(x-1)(3x^2-2x+1)+2$

$\quad=(x-1)\{(x-3)g(x)+3x^2-2x+1)\}+2$

이때 $f(x)$를 $x-1$로 나누었을 때 몫이 $Q(x)$, 나머지가 R이므로

$Q(x)=(x-3)g(x)+3x^2-2x+1,\ R=2$

$\therefore\ Q(3)+R=3\times3^2-2\times3+1+2=24$

096 정답 .... −2

다항식 $f(x)$를 $(x-2)^2$으로 나누었을 때 몫을 $Q(x)$라 하면 나머지가 $x+2$이므로

$f(x)=(x-2)^2Q(x)+x+2$ ...... ㉠

㉠식의 양변에 x를 곱하면

$xf(x)=(x-2)^2xQ(x)+x^2+2x$

$\quad=(x-2)^2xQ(x)+x^2-4x+4+6x-4$

$\quad=(x-2)^2\{xQ(x)+1\}+6x-4$ ...... ㉡

㉡식의 양변에 $x=1$을 대입하면 $f(1)=0$이므로

$f(1)=Q(1)+3=0,\ Q(1)=-3$

㉡식에서 $xf(x)$를 $(x-2)^2$으로 나누었을 때 몫은 $xQ(x)+1$이므로 $xQ(x)+1$을 $x-1$로 나누었을 때 나머지는 $Q(1)+1$이므로

$Q(1)+1=-3+1=-2$

즉, 구하는 나머지는 -2이다.

097 정답 1

x^{2024}을 x^2-x로 나누었을 때

나머지를 $R(x)=ax+b$ (단, a, b는 상수)라 하면 몫이 $Q(x)$이므로

$x^{2024}=x(x-1)Q(x)+ax+b$ ...... ㉠

㉠의 양변에 $x=0$, $x=1$을 각각 대입하여 정리하면

$0=b,\ 1=a+b=a$

$\therefore\ R(x)=x$

즉, $x^{2024}=x(x-1)\mathrm{Q}(x)+x$ 이므로

$x^{2023}-1=(x-1)\mathrm{Q}(x)$

이때,

$x^{2023}-1=(x-1)(x^{2022}+x^{2021}+\cdots+x+1)$ 이므로

$\mathrm{Q}(x)=x^{2022}+x^{2021}+\cdots+x+1$ …… ㉡

$\mathrm{Q}(x)$를 x^2+x로 나누었을 때

몫을 $\mathrm{P}(x)$, 나머지를 $cx+d$ (단, c, d는 상수)라 하면

$\mathrm{Q}(x)=x(x+1)\mathrm{P}(x)+cx+d$ …… ㉢

㉡, ㉢의 양변에 $x=0$, $x=-1$을 각각 대입하면 ㉡에 의해

$\mathrm{Q}(0)=d=1$

$$\begin{aligned}\mathrm{Q}(-1)&=-c+d\\&=-c+1\\&=(-1)^{2022}+(-1)^{2021}+\cdots+(-1)+1\\&=(1-1)+(1-1)+\cdots+(1-1)+1\\&=1\end{aligned}$$

$\therefore\ c=0,\ d=1$

그러므로 구하는 나머지는 1이다.

098 정답 0

$x^{50}-x+1$을 x^2-1로 나누었을 때 몫이 $\mathrm{Q}(x)$이므로

나머지를 $ax+b$ (단, a, b는 상수)라 하면

$x^{50}-x+1=(x^2-1)\mathrm{Q}(x)+ax+b$ …… ㉠

㉠의 양변에 $x=-1$, $x=1$을 각각 대입하면

$(-1)^{50}-(-1)+1=3=-a+b$

$1^{50}-1+1=1=a+b$

두 식을 연립하여 풀면 $a=-1$, $b=2$

㉠식에 이를 대입하여 정리한 후 $\mathrm{Q}(x)$를 구하면

$x^{50}-x+1=(x^2-1)\mathrm{Q}(x)-x+2$에서

$x^{50}-1=(x^2-1)\mathrm{Q}(x)$

$$\begin{aligned}\text{이때 } x^{50}-1&=(x^2)^{25}-1\\&=(x^2-1)\{(x^2)^{24}+(x^2)^{23}+\cdots+x^2+1\}\end{aligned}$$ 이므로

$$\begin{aligned}\therefore\ \mathrm{Q}(x)&=x^{48}+x^{46}+\cdots+x^2+1\\&=a_0+a_1x+a_2x^2+\cdots+a_{48}x^{48}\end{aligned}$$

이때 $\mathrm{Q}(x)$의 홀수 차수의 계수가 모두 0이므로

$a_1=a_3=\cdots=a_{47}=0$

$\therefore\ a_1+a_3+a_5+\cdots+a_{47}=0$

4 몫과 나머지를 통해 식 구하기

099 정답 x^3-x^2+x+2

$f(0)=2$이고 삼차항의 계수가 1이므로

$f(x)=x^3+ax^2+bx+2$ (단, a, b는 실수)라 하면

$$\begin{aligned}&f(x^2-x+1)\\&=(x^2-x+1)^3+a(x^2-x+1)^2\\&\quad+b(x^2-x+1)+2\end{aligned}$$ …… ㉠

이때 $f(x^2-x+1)$를 x^2+x+1로 나누었을 때

몫을 $\mathrm{Q}(x)$라 하면 나머지가 $2x-2$이므로

$f(x^2-x+1)=(x^2+x+1)\mathrm{Q}(x)+2x-2$ …… ㉡

방정식 $x^2+x+1=0$의 한 허근을 ω라 하면

$\omega^2+\omega+1=0$, $\omega^3=1$

㉠, ㉡의 양변에 $x=\omega$를 대입하여 정리하면

$\omega^2-\omega+1=-2\omega$ 이므로

$$\begin{aligned}&(\omega^2-\omega+1)^3+a(\omega^2-\omega+1)^2+b(\omega^2-\omega+1)+2\\&=(-2\omega)^3+a(-2\omega)^2+b(-2\omega)+2\\&=-8\omega^3+4a\omega^2-2b\omega+2\\&=-8+4a(-\omega-1)-2b\omega+2\\&=(-4a-2b)\omega-4a-6\\&=2\omega-2\end{aligned}$$

따라서 $-4a-2b=2$, $-4a-6=-2$

이를 연립하면 $a=-1$, $b=1$

따라서 구하는 삼차다항식 $f(x)$는 x^3-x^2+x+2이다.

100 정답 $x^5+2x^4+2x^3+2x^2+2x+2$

$f(x)$를 x^4+x^2+1로 나누었을 때

몫은 $x+2$이므로 나머지를 $\mathrm{R}(x)$라 하면

$$\begin{aligned}f(x)&=(x^4+x^2+1)(x+2)+\mathrm{R}(x)\\&=(x^2+x+1)(x^2-x+1)(x+2)+\mathrm{R}(x)\end{aligned}$$ …… ㉠

이때 $\mathrm{R}(x)$는 삼차 이하의 다항식이고,

$f(x)$를 x^2+x+1로 나누었을 때 나머지가 $x+1$이므로

$$\begin{aligned}\mathrm{R}(x)&=(x^2+x+1)(ax+b)+x+1\ (\text{단, } a,\ b\text{는 상수})\\&=(x^2-x+1+2x)(ax+b)+x+1\\&=(x^2-x+1)(ax+b)+2x(ax+b)+x+1\\&=(x^2-x+1)(ax+b)+2a(x^2-x+1)\\&\quad+(2a+2b+1)x-2a+1\\&=(x^2-x+1)(ax+2a+b)+(2a+2b+1)x-2a+1\end{aligned}$$

이를 ㉠에 대입하여 정리하면

$$\begin{aligned}f(x)&=(x^2-x+1)\{(x^2+x+1)(x+2)+ax+2a+b\}\\&\quad+(2a+2b+1)x-2a+1\end{aligned}$$ …… ㉡

이때, $f(x)$를 x^2-x+1로 나누었을 때

나머지가 $x-1$이므로

$2a+2b+1=1$, $-2a+1=-1$

$\therefore\ a=1,\ b=-1$

이를 ㉡에 대입하면

$f(x)=(x^4+x^2+1)(x+2)+(x^2-x+1)(x+1)+x-1$
$=(x^4+x^2+1)(x+2)+x^3+x$
$=x^5+2x^4+2x^3+2x^2+2x+2$

101 정답 ······ x^2+x+1

조건 ㈏에 의해 삼차식 $f(x)$를 $(x+1)^2$으로 나누었을 때, 몫은 일차식이므로 $ax+b$ (단, $a\neq0$, a, b는 상수)라 하면

$f(x)=(x+1)^2(ax+b)+2(ax+b)$ ······ ㉠

$f(-1)=1$이므로 $f(-1)=2(-a+b)=1$ $\therefore b=a+\frac{1}{2}$

이를 ㉠에 대입하면

$f(x)=(x+1)^2\left(ax+a+\frac{1}{2}\right)+2\left(ax+a+\frac{1}{2}\right)$
$=(x+1)^2\left\{a(x+1)+\frac{1}{2}\right\}+2a(x+1)+1$

이때, $x^3+4x^2+5x+2=(x+1)^2(x+2)$이므로 위의 식을 변형하면

$f(x)=(x+1)^2\left\{a(x+2)-a+\frac{1}{2}\right\}+2a(x+1)+1$
$=a(x+1)^2(x+2)+\left(\frac{1}{2}-a\right)(x+1)^2$
$+2a(x+1)+1$ ······ ㉡

따라서 $f(x)$를 $(x+1)^2(x+2)$로 나누었을 때의 나머지 $R(x)$는

$R(x)=\left(\frac{1}{2}-a\right)(x+1)^2+2a(x+1)+1$

$R(0)=1$이므로 $R(0)=\frac{1}{2}-a+2a+1=1$ $\therefore a=-\frac{1}{2}$

$\therefore R(x)=(x+1)^2-(x+1)+1=x^2+x+1$

102 정답 ······ $-3x^2+7x-4$

조건 ㈏에 의해 삼차식 $f(x)$를 $(x-1)^2$으로 나누었을 때 몫은 일차식이므로 $ax+b$ (단, a, b는 상수)라 하면

$f(x)=(x-1)^2(ax+b)+ax+b+1$ ······ ㉠

$f(1)=0$이므로 $f(1)=a+b+1=0$ $\therefore b=-a-1$

이를 ㉠에 대입하면

$f(x)=(x-1)^2(ax-a-1)+ax-a$
$=(x-1)^2\{a(x-1)-1\}+a(x-1)$

이때, $(x-1)(x^2-1)=(x-1)^2(x+1)$이므로 위의 식을 변형하면

$f(x)=(x-1)^2\{a(x+1)-2a-1\}+a(x-1)$
$=a(x+1)(x-1)^2-(2a+1)(x-1)^2+a(x-1)$ ······ ㉡

따라서 $f(x)$를 $(x-1)(x^2-1)$로 나누었을 때의 나머지 $R(x)$는

$R(x)=-(2a+1)(x-1)^2+a(x-1)$

$R(0)=-3a-1$, $R(2)=-a-1$이므로
$R(0)+2=R(2)$에서 $-3a+1=-a-1$ $\therefore a=1$

따라서 구하는 $R(x)$는

$R(x)=-3(x-1)^2+(x-1)=-3x^2+7x-4$

103 정답 ······ 2

조건 ㈎에서 $f(x)+g(x)$와 $f(x)g(x)$가 모두 $x-1$로 나누어 떨어지므로

$f(1)+g(1)=0$, $f(1)g(1)=0$ $\therefore f(1)=g(1)=0$

즉, $f(x)g(x)$가 $(x-1)^2$으로 나누어 떨어지므로 양변의 x^3과 상수항의 계수를 비교하면

$f(x)g(x)=x^4+x^3+ax^2+bx+2$
$=(x-1)^2(x^2+3x+2)$
$=(x-1)^2(x+1)(x+2)$

이때, 두 이차식 $f(x)$, $g(x)$의 이차항의 계수가 모두 1이므로 가능한 경우는

$f(x)=(x-1)(x+1)$, $g(x)=(x-1)(x+2)$
또는 $f(x)=(x-1)(x+2)$, $g(x)=(x-1)(x+1)$

$\therefore |f(3)-g(3)|=10-8=2$

104 정답 ······ $-3x^2-6x-9$

조건 ㈎에서 $g(x)=-\frac{3}{2}f(x)$이므로

$f(x)g(x)=-\frac{3}{2}\{f(x)\}^2$

조건 ㈏에 의해 $f(x)g(x)$를 x^2+2x+3으로 나누었을 때 몫을 $Q(x)$라 하면 나누어 떨어지므로

$f(x)g(x)=-\frac{3}{2}\{f(x)\}^2=(x^2+2x+3)Q(x)$

$\therefore \{f(x)\}^2=(x^2+2x+3)\left\{-\frac{2}{3}Q(x)\right\}$

$\{f(x)\}^2$이 x^2+2x+3을 인수로 가지므로 $f(x)$도 x^2+2x+3을 인수로 갖는다.

이때 $f(x)$는 이차식이므로 $f(x)=a(x^2+2x+3)$ (단, $a\neq0$인 상수)라 놓을 수 있다.

$f(-1)=4$이므로 $f(-1)=2a=4$, $a=2$

$\therefore f(x)=2(x^2+2x+3)$

그러므로 $g(x)=-\frac{3}{2}f(x)=-3(x^2+2x+3)$

105 정답 ······ $f(x)=3x^2-12$, $g(x)=x^2-3x+2$

이차식 $f(x)$의 최고차항의 계수가 3이고, 이차식 $g(x)$의 최고차항의 계수가 1이므로

$f(x)-3g(x)$는 일차다항식이다.
조건 ㈎에서 $f(x)-3g(x)$를 $x-3$으로 나누었을 때
몫과 나머지가 서로 같으므로
몫과 나머지를 모두 a (단, $a\neq0$인 상수)라 하면
$f(x)-3g(x)=a(x-3)+a=a(x-2)$
$\therefore f(2)-3g(2)=0$ …… ㉠
조건 ㈏에서 $f(x)g(x)$가 x^2-4로 나누어 떨어지므로
몫을 $Q(x)$라 하면
$f(x)g(x)=(x^2-4)Q(x)$
$=(x-2)(x+2)Q(x)$
$\therefore f(2)g(2)=0,\ f(-2)g(-2)=0$
이때, ㉠에 의해 $f(2)=g(2)=0$
즉, $g(x)$의 최고차항의 계수가 1이고 $x-2$로 나누어 떨어지므로
$g(x)=(x-2)(x+b)$ (단, b는 상수)라 하면
$g(3)=2$이므로 $b+3=2$ $\therefore b=-1$
$\therefore g(x)=(x-2)(x-1)$
한편 $f(-2)g(-2)=0$에서 $g(-2)\neq0$이므로 $f(-2)=0$
$\therefore f(x)=3(x+2)(x-2)$

106 정답 …… $P(x)=x^2-x+3,\ Q(x)=x+2$

조건 ㈎에서 $P(x+2)-Q(x+2)$이 $x+1$로 나누어 떨어지므로
인수정리에 의해 $P(1)-Q(1)=0$
또한, $P(x)+Q(x)$를 $x-1$로 나눈 나머지가 6이므로
나머지 정리에 의해 $P(1)+Q(1)=6$
$\therefore P(1)=Q(1)=3$
이때, 조건 ㈏에서 방정식 $P(x-1)-Q(x-1)=0$에
$x=2$를 대입하면 $P(1)-Q(1)=0$이므로
이차식 $P(x-1)-Q(x-1)$은 $(x-2)^2$을 인수로 갖고 이차식
$P(x)$의 이차항의 계수가 1이므로
$P(x-1)-Q(x-1)=(x-2)^2$
$\therefore P(x)-Q(x)=(x-1)^2$ …… ㉠
$Q(x)=x+a$ (단, a는 상수)라 하면
$Q(1)=3$에서 $a=2$ 이므로 $Q(x)=x+2$이고
이를 ㉠에 대입하면
$P(x)=(x-1)^2+x+2=x^2-x+3$

5 나머지정리의 활용

107 정답 …… 21

$27=x$라 하면
$3^{2021}=(3^3)^{673}\times9,\ 3^{2023}=(3^3)^{674}\times3,\ 3^{2025}=(3^3)^{675}$
이므로
$9x^{673}+3x^{674}+x^{675}$을 $x+1$로 나누었을 때,
나머지를 구하는 문제로 바꾸어 생각하자.
$f(x)=9x^{673}+3x^{674}+x^{675}$라 하면
다항식 $f(x)$를 $x+1$로 나누었을 때의 나머지는
나머지정리에 의해
$f(-1)=-9+3-1=-7$이고 몫을 $Q(x)$라 하면
$9x^{673}+3x^{674}+x^{675}=(x+1)Q(x)-7$ …… ㉠
㉠의 양변에 $x=27=3^3$을 대입하면
$3^{2021}+3^{2023}+3^{2025}=28Q(27)-7$
$=28\{Q(27)-1\}+21$
따라서 구하는 나머지는 21이다.

108 정답 …… 14

$23^{17}-9=23^{17}+1-10$
$=(23+1)(23^{16}-23^{15}+\cdots-23+1)-10$
$=24\times(23^{16}-23^{15}+\cdots-23)+24-10$
$=24\times(23^{16}-23^{15}+\cdots-23)+14$
따라서 구하는 나머지는 14

109 정답 …… 2005

$2024=x$라 하면 $2025=x+1$이다.
$x^{20}=(x+1)Q(x)+R_1$이라 할 수 있고,
x에 대한 항등식이므로
$x=-1$을 대입하면 $R_1=1$이다.
$x^{20}=(x+1)Q(x)+1$이므로
$x^{20}-1=(x+1)Q(x)$
좌변에서 $x+1$의 인수를 찾아보면
$x^{20}-1=(x+1)(x^{19}-x^{18}+x^{17}-\cdots+x-1)$이다.
따라서
$Q(x)=\underbrace{x^{19}-x^{18}+x^{17}-\cdots+x-1}_{\text{항의 개수 }20\text{개}}$
$Q(x)=x^{19}-x^{18}+x^{17}-\cdots+x-1$
$=(x+1)P(x)+R_2$
라 할 수 있고, $x=-1$을 대입하면
$Q(-1)=R_2=-1\times20=-20$
따라서 2025로 나눈 나머지는 $-20+2025=2005$이다.

110 정답 …… 6

$x=3$이라 하고 $x^{25}+x^{20}+x^{15}+x^{10}+x^5+1$을

$x^4+x^3+x^2+x+1$로 나누었을 때
나머지를 구하는 문제로 바꾸어 생각하자.
$x^{25}+x^{20}+x^{15}+x^{10}+x^5+1$을
$x^4+x^3+x^2+x+1$로 나누었을 때
몫을 $Q(x)$, 나머지를 $R(x)$라 하면
$x^{25}+x^{20}+x^{15}+x^{10}+x^5+1$
$=(x^4+x^3+x^2+x+1)Q(x)+R(x)$ …… ㉠
이때 $x^4+x^3+x^2+x+1=0$의 한 허근을 ω라 하면
$\omega^4+\omega^3+\omega^2+\omega+1=0$, $\omega^5=1$
㉠의 양변에 $x=\omega$를 대입하여 정리하면
$\omega^{25}=(\omega^5)^5=1$, $\omega^{20}=(\omega^5)^4=1$
$\omega^{15}=(\omega^5)^3=1$, $\omega^{10}=(\omega^5)^2=1$
이므로
$R(\omega)=1+1+1+1+1+1=6$
즉,
$x^{25}+x^{20}+x^{15}+x^{10}+x^5+1=(x^4+x^3+x^2+x+1)Q(x)+6$
위의 식에 $x=3$을 대입하면
$3^{25}+3^{20}+3^{15}+3^{10}+3^5+1=(3^4+3^3+3^2+3+1)Q(3)+6$
따라서 구하는 나머지는 6이다.

111 정답 …… 128, 257, 386, 515, 644, 773, 902

2의 거듭제곱으로 129를 나타내면 $129=2^7+1$이다.
$2^7=x$라고 하면, $2^{252}=(2^7)^{36}=x^{36}$이다.
주어진 식을 나눗셈의 항등식으로 표현하면
$n+2^{252}=n+x^{36}=(x+1)Q(x)$ (단, $Q(x)$는 몫)이다.
x에 대한 항등식이므로 $x=-1$을 대입하면
$n+1=0$이므로 $n=-1$이다.
따라서 가능한 1000 이하의 자연수 n은
$-1+129\times k$꼴이며, $1\le k\le 7$인 정수일 때 가능하다.
따라서 가능한 자연수 n의 값은
128, 257, 386, 515, 644, 773, 902이다.

112 정답 …… 8

$f(1)=1$, $f(2)=4$, $f(3)=7$에서
$f(1)-(3\times1-2)=0$
$f(2)-(3\times2-2)=0$
$f(3)-(3\times3-2)=0$이므로
삼차방정식 $f(x)-(3x-2)=0$의 세 근이
1, 2, 3임을 알 수 있다.
즉, $f(x)-(3x-2)$의 삼차항의 계수를 k라 하면
$f(x)-(3x-2)=k(x-1)(x-2)(x-3)$
$f(x)=k(x-1)(x-2)(x-3)+3x-2$에서
$f(0)=-6k-2$, $f(4)=6k+10$이므로
$\therefore f(0)+f(4)=8$

113 정답 …… 364

다항식 $f(x)$를 나머지 정리를 이용하여 나타내면
$f(1)=3\times1^2$에서 $f(1)-3\times1^2=0$
$f(2)=3\times2^2$에서 $f(2)-3\times2^2=0$
$\vdots$
$f(10)=3\times10^2$에서 $f(10)-3\times10^2=0$
이므로 $f(x)-3x^2$은 인수정리에 의하여
$x-1$, $x-2$, $\cdots$, $x-10$을 인수로 갖는다.
$f(x)$는 십차다항식이므로 최고차항의 계수를 a라 하면
$f(x)-3x^2=a(x-1)(x-2)\cdots(x-10)$ …… ㉠
㉠ 식에 $x=0$을 양변에 대입하면 $f(0)=1$이므로
$f(0)=a\times(-1)\times(-2)\times\cdots\times(-10)=1$
$\therefore a=\frac{1}{1\times2\times\cdots\times10}$
위의 값을 ㉠에 대입하면 다항식 $f(x)$는
$f(x)=\left\{\frac{1}{1\times2\times\cdots\times10}\right\}(x-1)(x-2)\cdots(x-10)+3x^2$
위의 식에 $x=11$을 대입하면
$f(11)=\left\{\frac{1}{1\times2\times\cdots\times10}\right\}\times(10\times9\times\cdots\times1)+3\times11^2$
$=364$
따라서 $f(x)$를 $x-11$로 나눈 나머지는 364이다.

114 정답 …… 124

$P(1)=9$, $P(2)=8$, $P(3)=7$, $P(4)=6$을
규칙성이 드러나도록 변형해 보면
$P(1)-(10-1)=0$
$P(2)-(10-2)=0$
$P(3)-(10-3)=0$
$P(4)-(10-4)=0$
따라서 1, 2, 3, 4는
$P(x)-(10-x)=0$의 네 근임을 알 수 있다.
$P(x)$가 x^4의 계수가 1인 사차다항식이면
$P(x)$에서 일차식을 뺀 $P(x)-(10-x)$ 역시
x^4의 계수가 1인 사차다항식이므로
$P(x)-(10-x)=(x-1)(x-2)(x-3)(x-4)$
$P(x)=(x-1)(x-2)(x-3)(x-4)+10-x$ …… ㉠
$P(x)$를 $x-6$으로 나누었을 때
몫을 $Q(x)$, 나머지를 R이라 하면

$P(x)=(x-6)Q(x)+R$ ······ ㉡

㉠, ㉡에 $x=6$을 대입하면 $P(6)=R$이므로

$\therefore\ R=(6-1)(6-2)(6-3)(6-4)+10-6$

$=5\times4\times3\times2+4$

$=124$

115 정답 ········· 62

주어진 조건에 의하여

$f(1)=\frac{1+4}{7-1},\ f(2)=\frac{2+4}{7-2},\ f(3)=\frac{3+4}{7-3},\ f(4)=\frac{4+4}{7-4}$에서

$(7-1)\times f(1)-(1+4)=0,\ (7-2)\times f(2)-(2+4)=0$

$(7-3)\times f(3)-(3+4)=0,\ (7-4)\times f(4)-(4+4)=0$

이므로

다항식 $(7-x)f(x)-(x+4)$는 인수정리에 의하여

$x-1,\ x-2,\ x-3,\ x-4$를 인수로 가진다.

$f(x)$가 삼차식이므로

$(7-x)f(x)-(x+4)$은 x에 관한 사차식이다.

따라서 최고차항 계수를 a라 하고 다음과 같이 식을 만들 수 있다.

$(7-x)f(x)-(x+4)$

$=a(x-1)(x-2)(x-3)(x-4)$ ······ ㉠

㉠식의 양변에 $x=7$을 대입하면

$-11=a\times6\times5\times4\times3$

$\therefore\ a=-\frac{11}{360}$

위의 값을 ㉠에 대입하면

$(7-x)f(x)-(x+4)=-\frac{11}{360}(x-1)(x-2)(x-3)(x-4)$

위의 식에 $x=5$를 양변에 대입하면

$2f(5)-9=-\frac{11}{360}\times24$에서 $f(5)=\frac{62}{15}$

$\therefore\ 15f(5)=62$

116 정답 ········· 214

$\frac{f(1)}{7}=\frac{2f(2)}{6}=\frac{5f(5)}{3}=\frac{6f(6)}{2}=2$를

규칙성이 드러나도록 정리하고 변형해 보자.

$f(1)=2\times7$에서 $f(1)-2(8-1)=0$

$2f(2)=2\times6$에서 $2f(2)-2(8-2)=0$

$5f(5)=2\times3$에서 $5f(5)-2(8-5)=0$

$6f(6)=2\times2$에서 $6f(6)-2(8-6)=0$

따라서 1, 2, 5, 6이

방정식 $xf(x)-2(8-x)=0$의 근이라고 볼 수 있다.

$f(x)$가 최고차항의 계수가 1인 사차다항식이면

$xf(x)-2(8-x)$는 최고차항의 계수가 1인 오차다항식이므로

$xf(x)-2(8-x)=0$의 근의 개수는 총 5개이다.

1, 2, 5, 6 외에 나머지 한 근을 a라 하고 식을 세워보면,

$xf(x)-2(8-x)=(x-1)(x-2)(x-5)(x-6)(x-a)$

$xf(x)=(x-1)(x-2)(x-5)(x-6)(x-a)+2(8-x)$ ······ ㉠

㉠의 양변에 $x=0$을 대입하면

$0=-60a+16$ $\qquad\therefore\ a=\frac{4}{15}$

따라서

$xf(x)=(x-1)(x-2)(x-5)(x-6)\left(x-\frac{4}{15}\right)+2(8-x)$

위의 식에 $x=3$을 대입하면

$3f(3)=2\times1\times(-2)\times(-3)\times\left(3-\frac{4}{15}\right)+2\times5$

$=\frac{214}{5}$

$\therefore\ 15f(3)=214$

117 정답 ········· 14

$f(k)=2^{k-1}-1$의 양변에 $k=1,\ 2,\ 3,\ 4$를 각각 대입하면

$f(1)=0,\ f(2)=1,\ f(3)=3,\ f(4)=7$이므로

상수 $a,\ b,\ c$에 대하여 삼차식 $f(x)$를 다음과 같이 나타낼 수 있다.

$f(x)=a(x-1)(x-2)(x-3)$

$+b(x-1)(x-2)+c(x-1)$ ······ ㉠

㉠식의 양변에

$x=2$를 대입하면

$f(2)=c=1$

$x=3$을 대입하면

$f(3)=2b+2c=2b+2=3$ $\qquad\therefore\ b=\frac{1}{2}$

$x=4$를 대입하면

$f(4)=6a+6b+3c=6a+3+3=7$ $\qquad\therefore\ a=\frac{1}{6}$

이므로

$f(x)=\frac{1}{6}(x-1)(x-2)(x-3)+\frac{1}{2}(x-1)(x-2)+(x-1)$

위 식의 양변에 $x=5$를 대입하면

$f(5)=\frac{1}{6}\times4\times3\times2+\frac{1}{2}\times4\times3+4$

$=4+6+4=14$

118 정답 ····· $x=1,\ y=8$ 또는 $x=5,\ y=1$ 또는 $x=8,\ y=4$

일곱 자리 자연수 $\overline{36x49y5}$가 33의 배수이려면

3의 배수이면서 11의 배수이어야 한다.

이때, 3의 배수가 되려면 각 자릿수의 합이 3의 배수이어야 하므로

$3+6+x+4+9+y+5=x+y+27$에서

$x+y=3k$ (단, k는 음이 아닌 정수) …… ㉠

일곱 자리 자연수 $\overline{36x49y5}$를

10의 거듭제곱의 합의 꼴로 표현하면 다음과 같다.

$\overline{36x49y5}=3\times10^6+6\times10^5$

$+x\times10^4+4\times10^3+9\times10^2+y\times10+5$

$t=10$이라 하고,

$3t^6+6t^5+xt^4+4t^3+9t^2+yt+5$를 $t+1$로 나누었을 때

나머지를 구하는 문제로 변형하자.

$f(t)=3t^6+6t^5+xt^4+4t^3+9t^2+yt+5$라 하면

주어진 일곱 자리 자연수 $\overline{36x49y5}$가 11의 배수가 되어야 하므로

다항식 $f(t)$는 $t+1$로 나누어 떨어지거나 11의 배수이어야 한다.

따라서 $f(-1)=x-y+7=11k$ (단, k는 정수)

x, y는 0 이상의 한 자리 정수이므로 가능한 경우는

$x-y+7=0$ 또는 $x-y+7=11$

즉, $y-x=7$ 또는 $x-y=4$ …… ㉡

따라서 ㉠, ㉡을 모두 만족시키는 경우는

$x=1$, $y=8$ 또는 $x=5$, $y=1$ 또는 $x=8$, $y=4$이다.

6 조립제법

119 정답 ······ $a=1$, $b=6$, $c=10$, $d=8$, $e=10$

$x+3=t$로 놓으면 $x=t-3$이므로

$t^4-6t^3+10t^2+2t-5$

$=a(t-3)^4+b(t-3)^3+c(t-3)^2+d(t-3)+e$

다항식 $t^4-6t^3+10t^2+2t-5$를 $t-3$으로 나누었을 때

몫과 나머지를 아래와 같이 조립제법으로 구하면

3	1	−6	10	2	−5
		3	−9	3	15
3	1	−3	1	5	10
		3	0	3	
3	1	0	1	8	
		3	9		
3	1	3	10		
		3			
	1	6			

몫이 t^3-3t^2+t+5, 나머지가 10이므로

$t^4-6t^3+10t^2+2t-5$

$=(t-3)(t^3-3t^2+t+5)+10$ …… ㉠

같은 방법으로 t^3-3t^2+t+5를 $t-3$으로 나누었을 때

몫과 나머지를 구하면

몫이 t^2+1, 나머지는 8이므로

$t^3-3t^2+t+5=(t-3)(t^2+1)+8$

이를 ㉠에 대입하면

$t^4-6t^3+10t^2+2t-5$

$=(t-3)\{(t-3)(t^2+1)+8\}+10$

$=(t-3)^2(t^2+1)+8(t-3)+10$ …… ㉡

t^2+1을 $t-3$으로 나누었을 때 몫은 $t+3$, 나머지는 10이므로

$t^2+1=(t-3)(t+3)+10$

이를 ㉡에 대입하면

$t^4-6t^3+10t^2+2t-5$

$=(t-3)^2\{(t-3)(t+3)+10\}+8(t-3)+10$

$=(t-3)^3(t+3)+10(t-3)^2+8(t-3)+10$ …… ㉢

마찬가지로 $t+3$을 $t-3$으로 나누면

몫은 1, 나머지는 6이므로 이를 ㉢에 대입하면

$t^4-6t^3+10t^2+2t-5$

$=(t-3)^3\{(t-3)+6\}+10(t-3)^2+8(t-3)+10$

$=(t-3)^4+6(t-3)^3+10(t-3)^2+8(t-3)+10$

$\therefore\ a=1$, $b=6$, $c=10$, $d=8$, $e=10$

120 정답 ······ 11.216

$\{P(0.9)+P(3.1)\}-\{P(1.1)+P(2.9)\}$

$=\{P(0.9)-P(1.1)\}+\{P(3.1)-P(2.9)\}$로

변형 가능하므로

(ⅰ) $P(x)=x^4-4x^3+12x^2-10x+8$에서

$P(x)=a(x-1)^4+b(x-1)^3+c(x-1)^2+d(x-1)+e$

라 하고 우변의 식에서 조립제법을 연이어 사용하면

1	1	−4	12	−10	8
		1	−3	9	−1
1	1	−3	9	−1	7
		1	−2	7	
1	1	−2	7	6	
		1	−1		
1	1	−1	6		
		1			
	1	0			

$a=1$, $b=0$, $c=6$, $d=6$, $e=7$이므로

$P(x)=(x-1)^4+6(x-1)^2+6(x-1)+7$

$\therefore\ P(0.9)-P(1.1)$

$=\{(0.1)^4+6\times(0.1)^2-6\times(0.1)+7\}$

$-\{(0.1)^4+6\times(0.1)^2+6\times(0.1)+7\}$

$=2\times\{6\times(-0.1)\}$

$=-1.2$

(ii) $P(x)=x^4-4x^3+12x^2-10x+8$에서

$P(x)=p(x-3)^4+q(x-3)^3+r(x-3)^2+s(x-3)+t$

라 하고 우변의 식에서 조립제법을 연이어 사용하면

3	1	−4	12	−10	8
		3	−3	27	51
3	1	−1	9	17	59
		3	6	45	
3	1	2	15	62	
		3	15		
3	1	5	30		
		3			
	1	8			

$p=1$, $q=8$, $r=30$, $s=62$, $t=59$이므로

$P(x)=(x-3)^4+8(x-3)^3+30(x-3)^2+62(x-3)+59$

$\therefore$ $P(3.1)-P(2.9)$

$=\{(0.1)^4+8\times(0.1)^3+30\times(0.1)^2+62\times(0.1)+59\}$

$-\{(0.1)^4-8\times(0.1)^3+30\times(0.1)^2-62\times(0.1)+59\}$

$=2\times\{8\times(0.1)^3+62\times0.1\}$

$=12.416$

따라서

$\{P(0.9)+P(3.1)\}-\{P(1.1)+P(2.9)\}$

$=\{P(0.9)-P(1.1)\}+\{P(3.1)-P(2.9)\}$

$=-1.2+12.416$

$=11.216$

121 정답 ······························ $a=\frac{1}{3}$, $b=-1$, $c=1$, $d=\frac{1}{3}$

$9x^3-18x^2+12x-2$

$=p\left(x-\frac{1}{3}\right)^3+q\left(x-\frac{1}{3}\right)^2+r\left(x-\frac{1}{3}\right)+s$

라 하면 (단, p, q, r, s는 상수)

좌변의 식에서 조립제법을 연이어 사용하면

$\frac{1}{3}$	9	−18	12	−2
		3	−5	$\frac{7}{3}$
$\frac{1}{3}$	9	−15	7	$\frac{1}{3}$
		3	−4	
$\frac{1}{3}$	9	−12	3	
		3		
	9	−9		

$p=9$, $q=-9$, $r=3$, $s=\frac{1}{3}$이므로

$9x^3-18x^2+12x-2$

$=9\left(x-\frac{1}{3}\right)^3-9\left(x-\frac{1}{3}\right)^2+3\left(x-\frac{1}{3}\right)+\frac{1}{3}$

$=\frac{1}{3}(3x-1)^3-(3x-1)^2+(3x-1)+\frac{1}{3}$

$\therefore$ $a=\frac{1}{3}$, $b=-1$, $c=1$, $d=\frac{1}{3}$

122 정답 ······························ A=1, B=5, C=10, D=10

주어진 식의 양변을 $(x-1)^4$을 곱하여 정리하면

$x^3+2x^2+3x+4=A(x-1)^3+B(x-1)^2+C(x-1)+D$

다항식 x^3+2x^2+3x+4를 $x-1$로 나누는

조립제법을 연속으로 이용하면 다음과 같다.

1	1	2	3	4
		1	3	6
1	1	3	6	10=D
		1	4	
1	1	4	10=C	
		1		
	1=A	5=B		

조립제법의 결과를 이용하면

x^3+2x^2+3x+4

$=(x-1)(x^2+3x+6)+10$

$=(x-1)\{(x-1)(x+4)+10\}+10$

$=(x-1)(x-1)\{(x-1)+5\}+10(x-1)+10$

$=(x-1)^3+5(x-1)^2+10(x-1)+10$

따라서, A=1, B=5, C=10, D=10이다.

123 정답 ······························ 몫 $x+3$ 나머지 $4x^2-\frac{11}{3}x+\frac{8}{3}$

$ax^4+bx^3+cx^2+dx+e$를 $x-\frac{2}{3}$로 나누었을 때

몫을 $Q_1(x)$라 하면 주어진 조립제법 과정에 의하여

$ax^4+bx^3+cx^2+dx+e=\left(x-\frac{2}{3}\right)Q_1(x)+2$ ······ ㉠

$Q_1(x)$를 $x-1$로 나누었을 때 몫을 $Q_2(x)$라 하면

$Q_1(x)=(x-1)Q_2(x)+3$

이를 ㉠에 대입하면

$ax^4+bx^3+cx^2+dx+e$

$=\left(x-\frac{2}{3}\right)(x-1)Q_2(x)+3\left(x-\frac{2}{3}\right)+2$ ······ ㉡

$Q_2(x)$를 $x+2$로 나누었을 때

몫이 $3x+9$, 나머지가 4이므로

$Q_2(x)=(x+2)(3x+9)+4$

이를 ㉡에 대입하면

$$\begin{aligned}ax^4+bx^3+cx^2+dx+e\\&=\left(x-\frac{2}{3}\right)(x-1)(x+2)(3x+9)\\&\quad+4\left(x-\frac{2}{3}\right)(x-1)+3\left(x-\frac{2}{3}\right)+2\\&=(3x-2)(x-1)(x+2)(x+3)+4x^2-\frac{11}{3}x+\frac{8}{3}\end{aligned}$$

따라서 구하는 몫은 $x+3$이고 나머지는 $4x^2-\frac{11}{3}x+\frac{8}{3}$

124 정답 16

조립제법을 연이어 사용하여 $n^4-2n^3-7n^2+17n-6$을 n^2-5n+6으로 나누었을 때의 몫과 나머지를 구하여 보자.

2	1	−2	−7	17	−6
		2	0	−14	6
3	1	0	−7	3	0
		3	9	6	
	1	3	2	9	

$$\begin{aligned}n^4-2n^3-7n^2+17n-6\\&=(n-2)(n^3-7n+3)\\&=(n-2)\{(n-3)(n^2+3n+2)+9\}\\&=(n-2)(n-3)(n^2+3n+2)+9(n-2) \quad \cdots\cdots ㉠\end{aligned}$$

㉠이 $(n-2)(n-3)$의 배수가 되기 위해서는

$(n-2)(n-3)(n^2+3n+2)$는 $(n-2)(n-3)$의 배수이므로

$9(n-2)$가 $(n-2)(n-3)$의 배수이어야 한다.

즉, $n-3$은 9의 약수이어야 한다.

이때, 9의 약수는 1, 3, 9이므로

$n-3=1$일 때, $n=4$

$n-3=3$일 때, $n=6$

$n-3=9$일 때, $n=12$

따라서, 자연수 n의 최솟값과 최댓값의 합은 $4+12=16$이다.

7 고난도 실전 연습 문제

125 정답 .... $a=-\frac{3}{2}$, $b=1$, $c=6$

$x^n(x^4+ax^3+bx^2+cx-8)$을 x^3+8로 나누었을 때

몫을 $Q(x)$라 하면 나머지가 $2^n(x^2-2x+4)$이므로

$$\begin{aligned}x^n(x^4+ax^3+bx^2+cx-8)\\&=(x^3+8)Q(x)+2^n(x^2-2x+4) \quad \cdots\cdots ㉠\end{aligned}$$

㉠의 양변에 $x=-2$를 대입하면 n이 짝수이므로

$2^n(16-8a+4b-2c-8)=2^n\times 12$

$16-8a+4b-2c-8=12$ ($\because$ $2^n>0$)

$\therefore$ $c=-4a+2b-2$ $\cdots\cdots$ ㉡

㉡을 ㉠에 대입하면

$$\begin{aligned}x^n\{x^4+ax^3+bx^2-2(2a-b+1)x-8\}\\&=(x^3+8)Q(x)+2^n(x^2-2x+4)\\&=(x+2)(x^2-2x+4)Q(x)+2^n(x^2-2x+4)\\&=(x^2-2x+4)\{(x+2)Q(x)+2^n\}\end{aligned}$$

$x^4+ax^3+bx^2-2(2a-b+1)x-8$은

x^2-2x+4로 나누어떨어지므로

x^3의 계수와 상수항을 비교하면

$$\begin{aligned}x^4+ax^3+bx^2-2(2a-b+1)x-8\\&=(x^2-2x+4)\{x^2+(a+2)x-2\}\\&=x^4+ax^3+(-2a-2)x^2+(4a+12)x-8\end{aligned}$$

$b=-2a-2$, $-4a+2b-2=4a+12$

두 식을 연립하면

$a=-\frac{3}{2}$, $b=1$, $c=6$

126 정답 .... 10, −2

다항식

$\{(x^{2020}+1)(x^{2022}+1)(x^{2024}+1)(x^{2026}+1)(x^{2028}+1)+a\}^2$

을 $f(x)$라 하고,

$f(x)$를 x^4+x^2+1로 나누었을때 몫을 $Q(x)$,

나머지를 $R(x)$라 하면

$f(x)=(x^4+x^2+1)Q(x)+R(x)$ $\cdots\cdots$ ㉠

이때, 방정식 $x^4+x^2+1=0$의 한 허근을 ω라 하면

$\omega^4+\omega^2+1=0$, $\omega^6=1$

㉠의 양변에 $x=\omega$를 대입하면

$R(\omega)$

$=\{(\omega^{2020}+1)(\omega^{2022}+1)(\omega^{2024}+1)(\omega^{2026}+1)(\omega^{2028}+1)+a\}^2$

$$\begin{aligned}\omega^{2020}+1&=(\omega^6)^{336}\times\omega^4+1\\&=\omega^4+1=-\omega^2\end{aligned}$$

$$\begin{aligned}\omega^{2022}+1&=(\omega^6)^{337}+1\\&=2\end{aligned}$$

$$\begin{aligned}\omega^{2024}+1&=(\omega^6)^{337}\times\omega^2+1\\&=\omega^2+1=-\omega^4\end{aligned}$$

$$\begin{aligned}\omega^{2026}+1&=(\omega^6)^{337}\times\omega^4+1\\&=\omega^4+1=-\omega^2\end{aligned}$$

$$\begin{aligned}\omega^{2028}+1&=(\omega^6)^{338}+1\\&=2\end{aligned}$$

따라서,

$R(\omega)=\{(-\omega^2)\times2\times(-\omega^4)\times(-\omega^2)\times2+a\}^2$

$=(a-4\omega^8)^2$

$=(a-4\omega^2)^2$

$=a^2-8a\omega^2+16\omega^4$

$=a^2-8a\omega^2+16(-\omega^2-1)$

$=-(8a+16)\omega^2+a^2-16$

$\therefore\ R(x)=-(8a+16)x^2+a^2-16$

$R(1)=a^2-8a-32=-12$에서

$a^2-8a-20=0$이므로 $a=10$ 또는 $a=-2$

127 정답 $\frac{3}{8}x^3-\frac{3}{4}x^2+\frac{1}{2}x+2$

$f(x)$를 $(x^2+4)(x-2)^2$으로 나누었을 때의 몫을 $Q(x)$, 나머지를 ax^3+bx^2+cx+d (단, a, b, c, d는 상수)라 하면

$f(x)=(x^2+4)(x-2)^2Q(x)+ax^3+bx^2+cx+d$

이때, $f(x)$를 x^2+4로 나누었을 때의 나머지가 $-x+5$이므로

ax^3+bx^2+cx+d

$=(x^2+4)(ax+p)-x+5$ (단, p는 상수) ⋯⋯ ㉠

$f(x)$를 $(x-2)^2$으로 나누었을 때의 나머지가 $2x-1$이므로

ax^3+bx^2+cx+d

$=(x-2)^2(ax+q)+2x-1$ (단, q는 상수) ⋯⋯ ㉡

㉠, ㉡에서

$(x^2+4)(ax+p)-x+5=(x-2)^2(ax+q)+2x-1$

$ax^3+px^2+(4a-1)x+4p+5$

$=ax^3+(-4a+q)x^2+(4a-4q+2)x+4q-1$

이 등식은 x에 대한 항등식이므로 계수비교법을 사용하면

$p=-4a+q$

$4a-1=4a-4q+2$

$4p+5=4q-1$

연립하면 $a=\frac{3}{8}$, $p=-\frac{3}{4}$, $q=\frac{3}{4}$

이를 ㉠에 대입하여 나머지를 구하면

$(x^2+4)\left(\frac{3}{8}x-\frac{3}{4}\right)-x+5=\frac{3}{8}x^3-\frac{3}{4}x^2+\frac{1}{2}x+2$

128 정답 $4-2x^2$

$F(x^{18})$을 x^6+1로 나누었을 때 나머지를 $R(x)$라 하면

$F(x^{18})=x^{54}+x^{36}+x^{18}+1$

$=(x^6+1)Q(x)+R(x)$

$x^6=-1$을 만족하는 x의 값을 양변에 대입하면

$(-1)^9+(-1)^6+(-1)^3+1=R(x)$ $\therefore R(x)$

$x^{54}+x^{36}+x^{18}+1=x^{36}(x^{18}+1)+x^{18}+1$

$=(x^{18}+1)(x^{36}+1)$

$=(x^6+1)(x^{12}-x^6+1)(x^{36}+1)$

$=(x^6+1)Q(x)$

따라서 $Q(x)=(x^{12}-x^6+1)(x^{36}+1)$

한편, $Q(x)$를 $F(x)$로 나누었을 때 몫을 $Q'(x)$, 나머지를 $R'(x)$라 하면

$(x^{12}-x^6+1)(x^{36}+1)$

$=(x^3+x^2+x+1)Q'(x)+R'(x)$ ⋯⋯ ㉠

이때, $x^3+x^2+x+1=0$인 x의 값을 ω라 하면

$\omega^3+\omega^2+\omega+1=0$, $\omega^4=1$이므로

㉠의 양변에 $x=\omega$를 대입하면

$(\omega^{12}-\omega^6+1)(\omega^{36}+1)=R'(w)$

$(1-\omega^2+1)(1+1)=2\times(2-\omega^2)=R'(\omega)$

$\therefore R'(x)=4-2x^2$

129 정답 x^2+6x+8

$f(x)-x$를 $x+2$로 나누었을 때 나머지를 R_1이라고 하면 몫이 $Q_1(x)$이므로

$f(x)-x=(x+2)Q_1(x)+R_1$ ⋯⋯ ㉠

$f(x)-x+2$를 $x+1$로 나누었을 때 나머지를 R_2라고 하면 몫이 $Q_2(x)$이므로

$f(x)-x+2=(x+1)Q_2(x)+R_2$ ⋯⋯ ㉡

㉡에 $x=-1$을 대입하면 $R_2=f(-1)+3$

조건 ㈎에서

$f(-1)=Q_2(-2)+1$ ⋯⋯ ㉢

이므로 위의 식에 대입하면

$R_2=Q_2(-2)+4$ ⋯⋯ ㉣

㉡에 $x=-2$를 대입하면

$f(-2)+4=-Q_2(-2)+R_2$

$=-Q_2(-2)+Q_2(-2)+4=4$ ($\because$ ㉣)

$\therefore\ f(-2)=0$

㉠의 양변에 $x=-2$를 대입하면

$f(-2)+2=R_1=2$이므로

$f(x)-x=(x+2)Q_1(x)+2$

이때, $f(x)$는 최고차항의 계수가 1인 이차식이므로

$Q_1(x)=x+a$ (단, a는 상수)라 놓으면

$f(x)-x=(x+2)(x+a)+2$

$Q_1(-2)=a-2$, $f(-1)=a$

조건 ㈏에서 $2Q_1(-2)=Q_2(-2)$이므로

$2(a-2)=f(-1)-1=a-1$ ($\because$ ㉢)

$\therefore\ a=3$

즉, $f(x)=(x+2)(x+3)+x+2=x^2+6x+8$이다.

130 정답 ······ 11

$31=5^2+5+1$ 이므로
$5=x$ 라 하고 주어진 값을 x 로 나타내면
$5^{15}+5^{12}+5^9+5^6+5^3+5+1$
$=x^{15}+x^{12}+x^9+x^6+x^3+x+1$
$x^{15}+x^{12}+x^9+x^6+x^3+x+1$ 을 x^2+x+1 로 나누었을 때
몫을 $\mathrm{Q}(x)$, 나머지를 $\mathrm{R}(x)$ 라 하면
$x^{15}+x^{12}+x^9+x^6+x^3+x+1$
$=(x^2+x+1)\mathrm{Q}(x)+\mathrm{R}(x)$ ······ ㉠
이때 $x^2+x+1=0$ 의 한 허근을 ω 라 하면
$\omega^2+\omega+1=0$, $\omega^3=1$
㉠식은 x 에 대한 항등식이므로
㉠의 양변에 $x=\omega$ 를 대입하면
$\omega^{15}+\omega^{12}+\omega^9+\omega^6+\omega^3+\omega+1=\mathrm{R}(\omega)$
$\omega^{15}=(\omega^3)^5=1$, $\omega^{12}=(\omega^3)^4=1$, $\omega^9=(\omega^3)^3=1$
$\omega^6=(\omega^3)^2=1$, $\omega^3=1$ 이므로
$\mathrm{R}(\omega)=\omega+6$ $\quad\therefore \mathrm{R}(x)=x+6$
이를 ㉠에 대입하면
$x^{15}+x^{12}+x^9+x^6+x^3+x+1=(x^2+x+1)\mathrm{Q}(x)+x+6$
이고, $x=5$ 를 대입하면
$5^{15}+5^{12}+5^9+5^6+5^3+5+1=31\times\mathrm{Q}(5)+11$
따라서 구하는 나머지는 11 이다.

131 정답 ······ 72

$12=x$ 라 하면
$11^{2025}+13^{2025}=(x-1)^{2025}+(x+1)^{2025}$ 이다.
이때, $f(x)=(x-1)^{2025}+(x+1)^{2025}$ 이라 하자.
다항식 $f(x)$ 를 x^2 으로 나누었을 때의
몫을 $\mathrm{Q}(x)$, 나머지를 $ax+b$ (단, a, b 는 상수)라 하면
$f(x)=x^2\mathrm{Q}(x)+ax+b$
$x=0$ 을 대입하면 $f(0)=0=b$ 이고,
주어진 파스칼의 삼각형을 이용하여 a 의 값을 구할 수 있다.
$(x-1)^3+(x+1)^3$ 에서 x 의 계수는 $2\times3x$
$(x-1)^5+(x+1)^5$ 에서 x 의 계수는 $2\times5x$
⋮
$(x-1)^{2025}+(x+1)^{2025}$ 에서 x 의 계수는 $2\times2025x$
$\therefore a=4050$
$f(x)=x^2\mathrm{Q}(x)+4050x$ 이고 $x=12$ 를 대입하면
$11^{2025}+13^{2025}$
$=144\times\mathrm{Q}(12)+4050\times12$
$=144\times\{\mathrm{Q}(12)+337\}+4050\times12-144\times337$
$=144\times\{\mathrm{Q}(12)+337\}+72$
따라서 $11^{2025}+13^{2025}$ 을 114 로 나눈 나머지는 72 이다.

132 정답 ······ 32

주어진 식을 변형하면 $(k+1)(k+2)f(k)-120k=0$ 에서
만족하는 k 의 값은 0, 1, 2, 3 이므로
다항식 $(x+1)(x+2)f(x)-120x$ 는 인수정리에 의해
x, $x-1$, $x-2$, $x-3$ 을 인수로 가진다.
$f(x)$ 가 삼차식이므로
$(x+1)(x+2)f(x)-120x$ 는 x 에 관한 오차식이다.
따라서 다음과 같이 놓을 수 있다.
$(x+1)(x+2)f(x)-120x$
$=x(x-1)(x-2)(x-3)$
$\times(ax+b)$ (단, a, b 는 상수) ······ ㉠
㉠식의 양변에 $x=-1$, $x=-2$ 를 각각 대입하여 정리하면
$120=24(-a+b)$ 에서 $-a+b=5$
$240=120(-2a+b)$ 에서 $-2a+b=2$
두 식을 연립하면 $a=3$, $b=8$ 이므로
$(x+1)(x+2)f(x)-120x=x(x-1)(x-2)(x-3)(3x+8)$
위의 식의 양변에 $x=4$ 를 대입하면
$30f(4)-480=480$ 에서 $f(4)=32$

133 정답 ······ 풀이참조

주어진 아홉 자리 자연수 $\overline{abcdefghi}$ 를
1001 이 7 의 배수임을 이용하기 위해 다음과 같이 나타낼 수 있다.
$\overline{abcdefghi}=\overline{abc}\times10^6+\overline{def}\times10^3+\overline{ghi}$
$10^3=x$ 라 하고,
$\overline{abc}x^2+\overline{def}x+\overline{ghi}$ 를 $x+1$ 로 나누었을 때
나머지를 구하는 문제로 변형하자.
$f(x)=\overline{abc}x^2+\overline{def}x+\overline{ghi}$ 라 하면
다항식 $f(x)$ 를 $x+1$ 로 나누었을 때의 나머지는
$f(-1)=\overline{abc}-\overline{def}+\overline{ghi}$ 이므로 몫을 $\mathrm{Q}(x)$ 라 하면
$f(x)=\overline{abc}x^2+\overline{def}x+\overline{ghi}$
$=(x+1)\mathrm{Q}(x)+\overline{abc}-\overline{def}+\overline{ghi}$
양변에 $x=10^3$ 을 대입하면
$\overline{abc}\times10^6+\overline{def}\times10^3+\overline{ghi}$
$=1001\times\mathrm{Q}(1000)+\overline{abc}-\overline{def}+\overline{ghi}$
이때, $\overline{abc}-\overline{def}+\overline{ghi}$ 가 7 의 배수이므로
아홉 자릿수 $\overline{abcdefghi}$ 도 7 의 배수임을 알 수 있다.

134 정답 .... $p=2,\ q=-7,\ r=2$

$\frac{1}{2}$	a	b	c	d
-1	4	s	-10	4
			u	
	4	t	v	

$$\begin{aligned}&ax^3+bx^2+cx+d\\&=\left(x-\frac{1}{2}\right)(4x^2+sx-10)+4\\&=\left(x-\frac{1}{2}\right)\{(x+1)(4x+t)+v\}+4\\&=\left(x-\frac{1}{2}\right)(x+1)(4x+t)+v\left(x-\frac{1}{2}\right)+4\\&=(2x-1)(x+1)\left(2x+\frac{t}{2}\right)+vx-\frac{1}{2}v+4\\&=(2x-1)(x+1)(px+q)+4x+r\end{aligned}$$

이므로

$p=2,\ v=4,\ r=-\frac{1}{2}v+4=2,\ q=\frac{t}{2}$ 이고

위의 조립제법 과정에 의해

$-10+u=v$ 에서 $u=v+10=14$

$-1\times t=u$ 에서 $t=-u=-14$ $\qquad \therefore q=\frac{t}{2}=-7$

그러므로 $p=2,\ q=-7,\ r=2$ 이다.

135 정답 .... 최댓값 21, 최솟값 4

$$\begin{aligned}&n^5-5n^4+6n^3+17n^2-49n+30\\&=(n-1)(n^4-4n^3+2n^2+19n-30)\\&=(n-1)(n-2)(n^3-2n^2-2n+15)\\&=(n-1)(n-2)\{(n-3)(n^2+n+1)+18\}\\&=(n-1)(n-2)(n-3)(n^2+n+1)\\&\quad+18(n-1)(n-2)\qquad\cdots\cdots ㉠\end{aligned}$$

㉠이 $(n-1)(n-2)(n-3)$의 배수가 되기 위해서는

$(n-1)(n-2)(n-3)(n^2+n+1)$은

$(n-1)(n-2)(n-3)$의 배수이므로

$18(n-1)(n-2)$가 $(n-1)(n-2)(n-3)$의 배수이어야 한다.

즉, $n-3$은 18의 약수이어야 한다.

이때, 18의 약수는 1, 2, 3, 6, 9, 18이므로

$n-3=1,\ 2,\ 3,\ 6,\ 9,\ 18$ 에서

$n=4,\ 5,\ 6,\ 9,\ 12,\ 21$

따라서 구하는 n의 최댓값은 21, 최솟값은 4이다.

136 정답 .. $f(x)=x^4+x^3+x^2+x+2,\ g(x)=x^2+2x+3$

x^5+x^3 을 $f(x)$로 나누었을 때 나머지가 x^3-x+2 이므로

$f(x)$는 사차다항식 또는 오차다항식이다.

이때 x^5+x^3 에서 x^3-x+2 를 뺀 다항식 x^5+x-2 는

$f(x)$로 나누어떨어지므로

1	1	0	0	0	1	-2
		1	1	1	1	2
	1	1	1	1	2	0

위 조립제법에서

$x^5+x-2=(x-1)(x^4+x^3+x^2+x+2)$

$x^4+x^3+x^2+x+2$ 는 더 이상 인수분해 되지 않으므로

$f(x)=x^4+x^3+x^2+x+2$

한편 $f(x)$를 $g(x)$로 나누었을 때 나머지가 $4x+2$ 이므로

$f(x)$에서 $4x+2$ 를 뺀 다항식 $x^4+x^3+x^2-3x$ 는

$g(x)$로 나누어떨어진다.

$$\begin{aligned}&x^4+x^3+x^2-3x\\&=x(x^3+x^2+x-3)\\&=x(x-1)(x^2+2x+3)\end{aligned}$$

$g(x)$는 이차 이상의 다항식이고 $g(-2)=3$ 이므로

$g(x)=x^2+2x+3$

$\therefore f(x)=x^4+x^3+x^2+x+2,\ g(x)=x^2+2x+3$

137 정답 .... -27

조건 ㈎에서

$f(0)f(1)=0$ 이므로 $f(0)=0$ 또는 $f(1)=0$

조건 ㈏에서

$f(x)\{f(x)+3\}$ 을 $(x+1)(x-2)$ 로 나누었을 때의

몫을 $Q(x)$라 하면 나누어 떨어지므로

$f(x)\{f(x)+3\}=(x+1)(x-2)Q(x)$

위의 식에 $x=-1,\ x=2$ 를 각각 대입하면

$f(-1)\{f(-1)+3\}=0 \quad \therefore f(-1)=0$ 또는 $f(-1)=-3$

$f(2)\{f(2)+3\}=0 \quad \therefore f(2)=0$ 또는 $f(2)=-3$

조건 ㈎에 의하여 다음과 같이 세 가지 경우가 있다.

(ⅰ) $f(0)=0,\ f(1)=0$ 인 경우

조건 ㈏에서 $f(x)$는 이차식이므로

$f(-1)=-3,\ f(2)=-3$ 이어야 한다.

$f(x)=ax(x-1)$ (단, $a\neq0$ 인 상수)라 하면

$f(-1)=f(2)=2a=-3,\ a=-\frac{3}{2}$

$\therefore\ f(x)=-\frac{3}{2}x(x-1)$ …… ㉠

(ii) $f(0)=0,\ f(1)\neq0$ 인 경우

$f(x)$는 이차다항식이므로

조건 ㈏에 의해 다음 세 가지 경우가 존재한다.

① $f(0)=0,\ f(2)=0,\ f(-1)=-3$ 일 때,

$f(x)=bx(x-2)$ (단, $b\neq0$ 인 상수)라 하면

$f(-1)=3b=-3,\ b=-1$

$\therefore\ f(x)=-x(x-2)$ …… ㉡

② $f(0)=0,\ f(2)=-3,\ f(-1)=0$ 일 때,

같은 방법으로 구하면 $f(x)=-\frac{1}{2}x(x+1)$ …… ㉢

③ $f(0)=0,\ f(2)=-3,\ f(-1)=-3$ 일 때,

같은 방법으로 구하면 $f(x)=-\frac{3}{2}x(x-1)$

이는 $f(1)=0$ 이므로 모순이다.

(iii) $f(0)\neq0,\ f(1)=0$ 인 경우

① $f(1)=0,\ f(2)=0,\ f(-1)=-3$ 일 때,

$f(x)=-\frac{1}{2}(x-1)(x-2)$ …… ㉣

② $f(1)=0,\ f(2)=-3,\ f(3)=0$ 일 때,

$f(x)=-(x-1)(x+1)$ …… ㉤

③ $f(1)=0,\ f(2)=-3,\ f(-1)=-3$ 일 때,

$f(x)=-\frac{3}{2}x(x-1)$

이는 $f(0)=0$ 이므로 모순이다.

㉠, ㉡, ㉢, ㉣, ㉤에서

$g(x)=-\frac{3}{2}x(x-1)-x(x-2)-\frac{1}{2}x(x+1)$

$\quad -\frac{1}{2}(x-1)(x-2)-(x-1)(x+1)$

$\therefore\ g(3)=-9-3-6-1-8=-27$

138 정답 ………… x^2-1

$x^3+3x+8=0$ 의 서로 다른 세 근이 모두

방정식 $(x^2-2x+4)f(x)=12$ 의 근이므로

$(x^2-2x+4)f(x)-12=(x^3+3x+8)g(x)$

인 다항식 $g(x)$가 존재한다.

즉, $(x^2-2x+4)f(x)=(x^3+3x+8)g(x)+12$ 이다.

이때, x^3+3x+8 을 x^2-2x+4 로 나누었을 때

몫과 나머지는 각각 $x+2,\ 3x$ 이므로

$(x^2-2x+4)f(x)$

$\quad =(x+2)(x^2-2x+4)g(x)+3xg(x)+12$ …… ㉠

등식 ㉠을 만족하는 다항식 $f(x)$의 차수가 최소가

되기 위해서는 $g(x)$가 다항식이므로

$3xg(x)+12=3(x^2-2x+4)$

따라서 $g(x)=x-2$ 이다.

이를 ㉠에 대입하여 다항식 $f(x)$를 구하면

$f(x)=(x+2)g(x)+3=(x+2)(x-2)+3=x^2-1$

Ⅳ 인수분해

1 문자가 하나인 다항식의 인수분해

139 정답 ………… 4, 5, 8, 12, 13, 20, 21, 29, 32, 40, 45

복이차식 x^4-nx^2+4가 인수분해되려면

다음 경우로 나누어 볼 수 있다.

(i) $x^4-nx^2+4=x^4+4x^2+4-nx^2-4x^2$

$\quad =(x^2+2)^2-(n+4)x^2$

위의 식이 인수분해되려면 $n+4$가 제곱수이어야 하고,

n이 50이하의 자연수이므로

$n+4=3^2,\ 4^2,\ 5^2,\ 6^2,\ 7^2$

$\therefore\ n=5,\ 12,\ 21,\ 32,\ 45$

(ii) $x^4-nx^2+4=x^4-4x^2+4-nx^2+4x^2$

$\quad =(x^2-2)^2-(n-4)x^2$

위의 식이 인수분해되려면 $n-4$가 제곱수이어야 하고,

n이 50이하의 자연수이므로

$n-4=0^2,\ 1^2,\ 2^2,\ 3^2,\ 4^2,\ 5^2,\ 6^2$

$\therefore\ n=4,\ 5,\ 8,\ 13,\ 20,\ 29,\ 40$

(i), (ii)에 의해 가능한 n의 값은

4, 5, 8, 12, 13, 20, 21, 29, 32, 40, 45이다.

140 정답 ………… 4

다항식 $f(x)$가 일차식 $x-n$을 인수로 가지므로

$f(n)=n^4-50n^2+m=0,\ m=(50-n^2)n^2$

m은 자연수이므로 $50-n^2>0$에서

이를 만족하는 n의 값은 1, 2, 3, ⋯, 7이다.

한편 $m=(50-n^2)n^2$을 다항식 $f(x)$에 대입하여 인수분해하면

$x^4-50x^2+(50-n^2)n^2$

$\quad =(x^2-n^2)(x^2+n^2-50)$

$\quad =(x-n)(x+n)(x^2+n^2-50)$

조건에 의해 x^2+n^2-50이 계수와 상수항이 모두 정수인

서로 다른 두 개의 일차식의 곱으로 인수분해되는 경우를 제외

해야 하므로

$x^2+n^2-50=x^2-(50-n^2)$이 계수와 상수항이 모두 정수인 서로 다른 두 개의 일차식의 곱으로 인수분해되는 경우는 $50-n^2$이 제곱수인 경우이다.
$50=1^2+7^2=5^2+5^2$이므로
$50-n^2$이 제곱수가 되는 자연수 n의 값은 $n=1,\ 5,\ 7$이다.
따라서 조건을 만족하는 n의 값의 개수는 $7-3=4$이므로
모든 다항식 $f(x)$의 개수는 4개다.

141 정답 ······ 455

$x^4-nx^2+324=t^2-nt+324$라 하면
이 식을 계수가 모두 정수인 t에 관한
두 일차식의 곱으로 인수분해 되는 경우는 다음과 같다.

$t^2-nt+324=(t-1)(t-324)$
$t^2-nt+324=(t-2)(t-162)$
$t^2-nt+324=(t-3)(t-108)$
$\vdots$
$t^2-nt+324=(t-18)(t-18)$

이때, $(t-\alpha)(t-\beta)=(x^2-\alpha)(x^2-\beta)$에서
n에 대한 각 이차식이 계수가 정수인 두 일차식으로 인수분해 되려면 $\alpha,\ \beta$가 각각 어떤 자연수의 제곱이 되어야 한다.
따라서, 가능한 경우는 다음과 같다.

$$\begin{aligned}&(t-1)(t-324)\\&\quad=(x^2-1)(x^2-324)\\&\quad=(x-1)(x+1)(x-18)(x+18)\\&(t-4)(t-81)\\&\quad=(x^2-4)(x^2-81)\\&\quad=(x-2)(x+2)(x-9)(x+9)\\&(t-9)(t-36)\\&\quad=(x^2-9)(x^2-36)\\&\quad=(x-3)(x+3)(x-6)(x+6)\end{aligned}$$

따라서 가능한 자연수 n의 값은 325 또는 85 또는 45이므로
$325+85+45=455$

142 정답 ······ $(x^2-3x-1)(x^2+x-1)$

$$\begin{aligned}&x^4-2x^3-5x^2+2x+1\\&\quad=x^2\left(x^2-2x-5+\frac{2}{x}+\frac{1}{x^2}\right)\\&\quad=x^2\left\{\left(x^2+\frac{1}{x^2}\right)-2\left(x-\frac{1}{x}\right)-5\right\}\\&\quad=x^2\left[\left\{\left(x-\frac{1}{x}\right)^2+2\right\}-2\left(x-\frac{1}{x}\right)-5\right]\\&\quad=x^2\left\{\left(x-\frac{1}{x}\right)^2-2\left(x-\frac{1}{x}\right)-3\right\}\\&\quad=x^2\left(x-\frac{1}{x}-3\right)\left(x-\frac{1}{x}+1\right)\\&\quad=(x^2-3x-1)(x^2+x-1)\end{aligned}$$

143 정답 ······ $(x^2-3x-1)(x^2+2x-1)$

$$\begin{aligned}&(x^2-4)^2-x(x^2-1)-15\\&\quad=x^4-8x^2+16-x^3+x-15\\&\quad=x^4-x^3-8x^2+x+1\\&\quad=x^2\left(x^2-x-8+\frac{1}{x}+\frac{1}{x^2}\right)\\&\quad=x^2\left\{\left(x^2+\frac{1}{x^2}\right)-\left(x-\frac{1}{x}\right)-8\right\}\\&\quad=x^2\left[\left\{\left(x-\frac{1}{x}\right)^2+2\right\}-\left(x-\frac{1}{x}\right)-8\right]\\&\quad=x^2\left\{\left(x-\frac{1}{x}\right)^2-\left(x-\frac{1}{x}\right)-6\right\}\\&\quad=x^2\left(x-\frac{1}{x}-3\right)\left(x-\frac{1}{x}+2\right)\\&\quad=(x^2-3x-1)(x^2+2x-1)\end{aligned}$$

144 정답 ······ $(x^2-x+1)(x^6-x^4-x^3+x+1)$

x^8-x^7+1을 인수분해하기 위해
복소수 범위에서 $x^3=-1$의 허근인 $x=\omega$를 고려한다.
$\omega^3=-1$을 이용하면 $\omega^8-\omega^7+1=\omega^2-\omega+1=0$이다.
이를 통해 x^2-x+1이 공통인수가 될 것임을 알 수 있고,
따라서 x^8-x^7+1은 다음과 같이 변형할 수 있다.

$$\begin{aligned}x^8-x^7+1&=(x^8-x^2)-(x^7-x)+x^2-x+1\\&=x\{x^6(x-1)-(x-1)\}+x^2-x+1\\&=x(x-1)(x^6-1)+x^2-x+1\\&=x(x-1)(x^3-1)(x^3+1)+x^2-x+1\\&=x(x-1)(x^3-1)(x+1)(x^2-x+1)+x^2-x+1\\&=(x^2-x+1)\{x(x-1)(x^3-1)(x+1)+1\}\\&=(x^2-x+1)(x^6-x^4-x^3+x+1)\end{aligned}$$

145 정답 ······ $(x^4+x^3+x^2+x+1)(x^5-x^4+x^3-x+1)$

$x^9+x^7+x^6+x^3+1$을 인수분해하기 위해
복소수 범위에서 $x^5=1$의 허근인 $x=\omega$를 고려한다.
$\omega^5=1$을 이용하면
$\omega^9+\omega^7+\omega^6+\omega^3+1=\omega^4+\omega^2+\omega+\omega^3+1=0$이다.
이를 통해 $x^4+x^3+x^2+x+1$이 공통인수가 될 것임을 알 수 있다.
따라서 $x^9+x^7+x^6+x^3+1$은
다음과 같이 변형하여 인수분해 할 수 있다.

$x^9+x^7+x^6+x^3+1$
$=(x^9-x^4+x^7-x^2+x^6-x)+(x^4+x^3+x^2+x+1)$
$=\{x^4(x^5-1)+x^2(x^5-1)+x(x^5-1)\}$
$+x^4+x^3+x^2+x+1$
$=(x^5-1)(x^4+x^2+x)+x^4+x^3+x^2+x+1$
$=(x-1)(x^4+x^3+x^2+x+1)(x^4+x^2+x)$
$+x^4+x^3+x^2+x+1$
$=(x^4+x^3+x^2+x+1)\{(x-1)(x^4+x^2+x)+1\}$
$=(x^4+x^3+x^2+x+1)(x^5-x^4+x^3-x+1)$

146 정답 ············ $(x^6+x^5+x^4+x^3+x^2+x+1)$ $\times(x^6-x^5+x^4-x^3+x^2-x+1)$

• **방법 1**

$x^2=\mathrm{X}$로 놓으면 주어진 식은

$\mathrm{X}^6+\mathrm{X}^5+\mathrm{X}^4+\mathrm{X}^3+\mathrm{X}^2+\mathrm{X}+1$

$=\dfrac{(\mathrm{X}-1)(\mathrm{X}^6+\mathrm{X}^5+\mathrm{X}^4+\mathrm{X}^3+\mathrm{X}^2+\mathrm{X}+1)}{\mathrm{X}-1}$

$=\dfrac{\mathrm{X}^7-1}{\mathrm{X}-1}$

$=\dfrac{x^{14}-1}{x^2-1}$

$=\dfrac{(x^7-1)(x^7+1)}{(x-1)(x+1)}$

$=\dfrac{(x-1)(x^6+x^5+x^4+x^3+x^2+x+1)}{(x-1)}$

$\times\dfrac{(x+1)(x^6-x^5+x^4-x^3+x^2-x+1)}{(x+1)}$

$=(x^6+x^5+x^4+x^3+x^2+x+1)$
$\times(x^6-x^5+x^4-x^3+x^2-x+1)$

• **방법 2**

$x^{12}+x^{10}+x^8+x^6+x^4+x^2+1$을 인수분해 하기 위해 복소수 범위에서 $x^7=1$의 허근인 $x=\omega$를 고려한다.
$\omega^7=1$을 이용하면
$\omega^{12}+\omega^{10}+\omega^8+\omega^6+\omega^4+\omega^2+1$
$=\omega^5+\omega^3+\omega+\omega^6+\omega^4+\omega^2+1=0$
이다. 이를 통해 $x^6+x^5+x^4+x^3+x^2+x+1$이 공통인수가 될 것임을 알 수 있다.
따라서
$x^{12}+x^{10}+x^8+x^6+x^4+x^2+1$
$=(x^{12}-x^5)+(x^{10}-x^3)+(x^8-x)$
$+(x^6+x^4+x^2+1+x^5+x^3+x)$
$=x^5(x^7-1)+x^3(x^7-1)+x(x^7-1)$
$+(x^6+x^5+x^4+x^3+x^2+x+1)$
$=(x^7-1)(x^5+x^3+x)$
$+(x^6+x^5+x^4+x^3+x^2+x+1)$
$=(x-1)(x^6+x^5+x^4+x^3+x^2+x+1)(x^5+x^3+x)$
$+(x^6+x^5+x^4+x^3+x^2+x+1)$
$=(x^6+x^5+x^4+x^3+x^2+x+1)$
$\times\{(x-1)(x^5+x^3+x)+1\}$
$=(x^6+x^5+x^4+x^3+x^2+x+1)$
$\times(x^6-x^5+x^4-x^3+x^2-x+1)$

147 정답 ············ 8

$f(x)=x^3+4x^2+(3-k)x-k$라 하자.
$f(-1)=0$이므로 조립제법을 이용하여 인수분해하면

-1	1	4	$3-k$	$-k$
		-1	-3	k
	1	3	$-k$	0

$f(x)=(x+1)(x^2+3x-k)$
따라서 x^2+3x-k가 x의 계수와 상수항이 정수인 두 일차식의 곱으로 인수분해 되면 된다.
x^2+3x-k
$=(x+a)(x+b)$
$=x^2+(a+b)x+ab$
$\therefore a+b=3,\ ab=-k$ (단, a, b는 정수)
b를 소거하면 $a(a-3)=k$
k는 100이하의 자연수이므로
$k=4\times1,\ 5\times2,\ 6\times3,\ \cdots,\ 11\times8$
따라서 자연수 k의 개수는 8개다.

148 정답 ············ 5, -1

$f(x)=x^4+(k-1)x^3-(8+k)x^2+(6-2k)x+12$라 하면
$f(-1)=0,\ f(2)=0$이므로
조립제법을 이용하여 인수분해하면

-1	1	$k-1$	$-8-k$	$6-2k$	12
		-1	$-k+2$	$2k+6$	-12
2	1	$k-2$	$-2k-6$	12	0
		2	$2k$	-12	
	1	k	-6	0	

$f(x)=(x+1)(x-2)(x^2+kx-6)$
이 다항식이 계수가 모두 정수인

서로 다른 네 개의 일차식의 곱으로 인수분해 되려면
이차방정식 $x^2+kx-6=0$은
$x=-1$, $x=2$를 근으로 갖지 않아야 한다.
이차방정식의 근과 계수의 관계에 의하여
(두 근의 합) $=-k$, (두 근의 곱) $=-6$
따라서, 계수가 모두 정수인
서로 다른 두 일차식의 곱으로 인수분해 되는 경우는
이 이차방정식의 두 근이 1, -6 또는 -2, 3일 때이다.
(두 근의 합)$=-k$이므로
구하는 정수 k의 값은 5 또는 -1이다.

149 정답 .... $\frac{5}{7}$, $\frac{5}{3}$, 2, 3

$f(x)=x^4-2ax^3+(5a-7)x^2+2ax-5a+6$이라 하면
$f(1)=0$, $f(-1)=0$이므로 조립제법을 이용하여 인수분해하면

1	1	$-2a$	$5a-7$	$2a$	$-5a+6$
		1	$-2a+1$	$3a-6$	$5a-6$
-1	1	$-2a+1$	$3a-6$	$5a-6$	0
		-1	$2a$	$-5a+6$	
	1	$-2a$	$5a-6$	0	

$f(x)=(x-1)(x+1)(x^2-2ax+5a-6)$
따라서 주어진 다항식이
$(x-\alpha)(x-\beta)(x-\gamma)^2$으로 인수분해 되려면
다음과 같은 경우가 존재한다.
(i) 이차식 $x^2-2ax+5a-6$이 완전제곱식으로 인수분해 될 때
이차방정식 $x^2-2ax+5a-6=0$의 판별식을 D라 하면
$D/4=a^2-(5a-6)=0$, $(a-2)(a-3)=0$
$\therefore a=2$ 또는 $a=3$
즉, $x^2-2ax+5a-6=(x-2)^2$ 또는 $(x-3)^2$으로
인수분해 되므로 둘 다 가능하다.
(ii) 이차식 $x^2-2ax+5a-6$이
$x-1$ 또는 $x+1$을 인수로 가질 때
$g(x)=x^2-2ax+5a-6$이라 하면
$g(1)=0$ 또는 $g(-1)=0$이므로
$1-2a+5a-6=0$에서 $a=\frac{5}{3}$
$1+2a+5a-6=0$에서 $a=\frac{5}{7}$
(i), (ii)에 의해 가능한 a의 값은 $\frac{5}{7}$, $\frac{5}{3}$, 2, 3이다.

150 정답 4

$P(x)=x^3-4x+k$ (단, k는 $-50\le k\le 50$인 정수)라 하면
다항식 x^3-4x+k이 $x-n$을 인수로 가지므로 $P(n)=0$
$n^3-4n+k=0$에서
$k=-n^3+4n=-n(n-2)(n+2)$ …… ㉠
따라서, 자연수 n의 값을 ㉠에 대입하면
$n=1$일 때, $k=3$
$n=2$일 때, $k=0$
$n=3$일 때, $k=-15$
$n=4$일 때, $k=-48$
$n=5$일 때, $k=-105$
⋮
따라서 $-50\le k\le 50$을 만족시키는 정수 k의 개수는 4개이므로
$x-n$을 인수로 갖는 다항식은 4개다.

151 정답 .... $(-19, 1)$, $(-5, 3)$

$f(x)=x^3+mx^2+18$로 놓으면
다항식 $f(x)$는 $x-n$을 인수로 가지므로
인수정리에 의하여 $f(n)=0$
$n^3+mn^2+18=0$에서
$m=-\frac{n^3+18}{n^2}=-n-\frac{18}{n^2}$ …… ㉠
이때 m은 정수이므로 가능한 자연수 n의 값은
n^2이 18의 약수일 때이다.
즉, $n^2=1$ 또는 $n^2=9$일 때이므로
가능한 자연수 n의 값은 $n=1$ 또는 $n=3$
이를 ㉠에 대입하면
$n=1$일 때 $m=-19$
$n=3$일 때 $m=-5$
따라서 구하는 순서쌍 (m, n)은 $(-19, 1)$, $(-5, 3)$이다.

2 문자가 두 개 이상인 다항식의 인수분해

152 정답 .... $(9x^2y^2+6xy+2)(9x^2y^2-6xy+2)$

$$\begin{aligned}81x^4y^4+4&=(81x^4y^4+36x^2y^2+4)-36x^2y^2\\&=(9x^2y^2+2)^2-(6xy)^2\\&=\{(9x^2y^2+2)+6xy\}\{(9x^2y^2+2)-6xy\}\\&=(9x^2y^2+6xy+2)(9x^2y^2-6xy+2)\end{aligned}$$

153 정답 .... -2

$x^2-y^2-4x+(k+1)y-12=0$이라 하고
주어진 식을 x에 대하여 내림차순으로 정리하면
$x^2-4x-y^2+(k+1)y-12=0$
근의 공식에 의하여
$x=2\pm\sqrt{2^2+y^2-(k+1)y+12}$
$\quad=2\pm\sqrt{y^2-(k+1)y+16}$ ...... ㉠
주어진 이차다항식이 정수를 계수로 하는 x, y에 대한 두 일차식의 곱으로 인수분해 되려면 ㉠에서 $y^2-(k+1)y+16$이 완전제곱식이어야 하므로 방정식 $y^2-(k+1)y+16=0$의 판별식 $D=0$이어야 한다.
$\therefore D=(k+1)^2-64=0$, $k^2+2k-63=0$
근과 계수의 관계에 의하여 모든 상수 k의 값의 합은 -2이다.

154 정답 .... $(a^2+b^2-c^2)^2$

$a^2=x$, $b^2=y$, $c^2=z$로 놓으면
$a^2(a^2+2b^2)+b^2(b^2-2c^2)+c^2(c^2-2a^2)$
$\quad=x(x+2y)+y(y-2z)+z(z-2x)$
$\quad=x^2+2xy+y^2-2yz+z^2-2zx$
$\quad=(x+y-z)^2=(a^2+b^2-c^2)^2$

155 정답 .... $(ab+2a+2b-4)(ab-2a-2b-4)$

$(4-a^2)(4-b^2)-16ab$
$\quad=a^2b^2-4(a^2+b^2)-16ab+16$
$\quad=(a^2b^2-8ab+16)-4(a^2+2ab+b^2)$
$\quad=(ab-4)^2-\{2(a+b)\}^2$
$\quad=\{(ab-4)+2(a+b)\}\{(ab-4)-2(a+b)\}$
$\quad=(ab+2a+2b-4)(ab-2a-2b-4)$

156 정답 .... $(x^2+4xy+4y^2-8)(x^2-4xy+4y^2-8)$

주어진 식에서 $x+2y=A$, $x-2y=B$라 하면
$A^2+B^2=(x+2y)^2+(x-2y)^2=2(x^2+4y^2)$이므로
$(x+2y)^2(x-2y)^2-16(x^2+4y^2)+64$
$\quad=A^2B^2-8(A^2+B^2)+64$
$\quad=A^2(B^2-8)-8(B^2-8)$
$\quad=(A^2-8)(B^2-8)$
$\quad=\{(x+2y)^2-8\}\{(x-2y)^2-8\}$
$\quad=(x^2+4xy+4y^2-8)(x^2-4xy+4y^2-8)$

157 정답 .... $(a+2b-2)^3$

주어진 식은 차수가 같으므로
문자 a에 관해 내림차순으로 정리하면
$a^3+8b^3-6a^2-24b^2+12a+24b+6a^2b-24ab+12ab^2-8$
$\quad=a^3+6(b-1)a^2+12(b-1)^2a+8(b-1)^3$
위의 식에서 $a=A$, $2(b-1)=B$라 하면
$a^3+6(b-1)a^2+12(b-1)^2a+8(b-1)^3$
$\quad=A^3+3BA^2+3B^2A+B^3$
$\quad=(A+B)^3=(a+2b-2)^3$

158 정답 .... 빗변의 길이가 z인 직각삼각형

주어진 식의 좌변을
z에 대한 내림차순으로 정리하여 인수분해하면
$-(x+2y)z^2+x^2(x+2y)+y^2(x+2y)$
$\quad=-(x+2y)(z^2-x^2-y^2)=0$
$x+2y>0$이므로 $x^2+y^2=z^2$
따라서 세 변의 길이가 x, y, z인 삼각형은
빗변의 길이가 z인 직각삼각형이다.

159 정답 .... $(x-y)(y+3z)(z-3x)$

여러 미지수가 포함된 식의 인수분해에서
항 사이에 규칙도, 공통부분도 쉽게 보이지 않을 때는
x는 문자로, 나머지 문자는 상수로 생각하고 식을
x에 대한 내림차순으로 나타내고 각 계수를 정리해 본다.
$10xyz-3x^2y+3xy^2-y^2z-3yz^2+3z^2x-9zx^2$
$\quad=-(3y+9z)x^2+(3y^2+10yz+3z^2)x-y^2z-3yz^2$
$\quad=-3(y+3z)x^2+(3y+z)(y+3z)x-yz(y+3z)$
$\quad=-(y+3z)\{3x^2-(3y+z)x+yz\}$
$\quad=-(y+3z)(3x-z)(x-y)$
$\quad=(x-y)(y+3z)(z-3x)$

160 정답 70

$a^2(b+c)+(b^2+3bc+c^2)a+b^2c+bc^2-310=0$에서
$(b+c)a^2+(b^2+3bc+c^2)a+bc(b+c)=310$
$(b+c)a^2+\{(b+c)^2+bc\}a+bc(b+c)=310$
$\{(b+c)a+bc\}\{a+(b+c)\}=310$
$(a+b+c)(ab+bc+ca)=310$
서로 다른 세 자연수 a, b, c에 대하여

$ab+bc+ca>a+b+c\geq 6$이므로

$ab+bc+ca=31$, $a+b+c=10$

따라서 주어진 식의 값은

$a^3+b^3+c^3-3abc$

$=(a+b+c)(a^2+b^2+c^2-ab-bc-ca)$

$=(a+b+c)\{(a+b+c)^2-3(ab+bc+ca)\}$

$=10\times(10^2-3\times31)=70$

161 정답 … $b=c$인 이등변삼각형 또는 $a=c$인 이등변삼각형

$a^2=x$, $b^2=y$, $c^2=z$라 하면 주어진 식은

$(x+y-z)(yz+zx-xy)=xyz$

$xyz+zx^2-x^2y+y^2z+xyz-xy^2-yz^2-z^2x+xyz=xyz$

x에 관하여 내림차순한 후 인수분해하면

$(z-y)x^2-(y-z)^2x+yz(y-z)=0$

$(y-z)\{x^2+(y-z)x-yz\}=0$

$(y-z)(x+y)(x-z)=0$

이므로

$(b^2-c^2)(a^2+b^2)(a^2-c^2)=0$

$(b-c)(b+c)(a^2+b^2)(a-c)(a+c)=0$

a, b, c는 삼각형의 세 변이므로

$b+c\neq0$, $a^2+b^2\neq0$, $a+c\neq0$

따라서 주어진 방정식은 $b-c=0$ 또는 $a-c=0$일 때 성립한다.

$\therefore$ $b=c$인 이등변삼각형 또는 $a=c$인 이등변삼각형

162 정답 …… $(a+b+c)(a^2+b^2+c^2)$

식을 정리했을 때 $(b+c)$ 혹은 (b^2+c^2)가 더 나타날 가능성을 고려하여

항 $a^2(b+c)$, $a(b^2+c^2)$은 일단 전개하지 않고 주어진 그대로 두고 문자 b, c로만 이루어진 뒷부분 식을 먼저 살펴보면

$b^2c+bc^2+b^3+c^3$

$=b^2(b+c)+c^2(b+c)$

$=(b+c)(b^2+c^2)$

이므로 주어진 식은

$a^3+a^2(b+c)+a(b^2+c^2)+(b+c)(b^2+c^2)$

공통인수 $(b+c)$를 가진 항들끼리 묶어준 후 인수분해 하면

$a^3+a^2(b+c)+a(b^2+c^2)+(b+c)(b^2+c^2)$

$=a^2(b+c)+(b+c)(b^2+c^2)+a^3+a(b^2+c^2)$

$=(b+c)(a^2+b^2+c^2)+a(a^2+b^2+c^2)$

$=(a+b+c)(a^2+b^2+c^2)$

163 정답 …… $\frac{22}{7}$

주어진 등식을 변형하면

$a^3(b+c)+b^3(c+a)+c^3(a+b)+a^2bc+ab^2c+abc^2=77$

$a^3(b+c)+a^2bc+b^3(c+a)+ab^2c+c^3(a+b)+abc^2=77$

$a^2(ab+bc+ca)+b^2(ab+bc+ca)+c^2(ab+bc+ca)=77$

$(a^2+b^2+c^2)(ab+bc+ca)=77$

직육면체의 대각선의 길이가 7이므로

$a^2+b^2+c^2=7^2$

$\therefore ab+bc+ca=\frac{77}{49}=\frac{11}{7}$

$\therefore$ (직육면체의 겉넓이)$=2(ab+bc+ca)=\frac{22}{7}$

164 정답 …… $(a-b-c)(a^2+b^2-c^2)$

$a^3-b^3+c^3-ab(a-b)-bc(b-c)-ca(c+a)$

$=a^3-b^3+c^3-a^2b+ab^2-b^2c+bc^2-c^2a-ca^2$

$=a^3-(b+c)a^2+(b^2-c^2)a-b^2(b+c)+c^2(b+c)$

$=(a-b-c)a^2+(b^2-c^2)a-(b+c)(b^2-c^2)$

$=(a-b-c)a^2+(b^2-c^2)(a-b-c)$

$=(a-b-c)(a^2+b^2-c^2)$

165 정답 …… $(x+2y)(3x+6y+1)(x-2y)$

주어진 식을 x에 대한 내림차순으로 정리하면

$3x^3+(6y+1)x^2-12y^2x-24y^3-4y^2$

이때, $f(x)=3x^3+(6y+1)x^2-12y^2x-24y^3-4y^2$이라 하면

$f(-2y)=0$이므로 조립제법을 이용하여 인수분해하면

$-2y$	3	$6y+1$	$-12y^2$	$-24y^3-4y^2$
		$-6y$	$-2y$	$24y^3+4y^2$
	3	1	$-12y^2-2y$	0

에서

$3x^3+(6y+1)x^2-12y^2x-24y^3-4y^2$

$=(x+2y)(3x^2+x-12y^2-2y)$

$=(x+2y)\{3x^2+x-2y(6y+1)\}$

$=(x+2y)(3x+6y+1)(x-2y)$

3 대칭식과 교대식의 인수분해

166 정답 .... $3(a+b)(b+c)(c+a)$

주어진 식에 b대신 $-a$를 대입하면 0이 되므로
$a+b$를 인수로 갖는다.
따라서 대칭식의 성질에 의해서
$(a+b)(b+c)(c+a)$를 인수로 갖는다.
주어진 식은 3차식이므로
$(a+b+c)^3-a^3-b^3-c^3=k(a+b)(b+c)(c+a)$
로 놓을 수 있다.
위 식은 항등식이므로 $a=b=c=1$을 대입하면
$24=8k \qquad \therefore k=3$
따라서
$(a+b+c)^3-a^3-b^3-c^3=3(a+b)(b+c)(c+a)$

167 정답 .... $(a+b+c)(ab+bc+ca)$

$a+b+c=t$라 놓으면
$a+b=t-c$, $b+c=t-a$, $c+a=t-b$이므로
$(a+b)(b+c)(c+a)+abc$
$=(t-c)(t-a)(t-b)+abc$
$=t^3-(a+b+c)t^2+(ab+bc+ca)t-abc+abc$
$=(a+b+c)^3-(a+b+c)(a+b+c)^2$
$+(ab+bc+ca)(a+b+c)$
$=(a+b+c)(ab+bc+ca)$

168 정답 .... $3(a-b)(b-c)(c-a)$

문자가 3개인 3차 교대식이므로
$(a-b)^3+(b-c)^3+(c-a)^3=k(a-b)(b-c)(c-a)$
로 놓을 수 있다.
위의 식은 항등식이므로 $a=2$, $b=1$, $c=0$을 대입하면
$1+1+(-8)=-2k \qquad \therefore k=3$
$\therefore (a-b)^3+(b-c)^3+(c-a)^3=3(a-b)(b-c)(c-a)$

169 정답 .... $(a-b)(b-c)(c-a)(a+b+c)$

문자가 3개인 4차 교대식이므로
$(a-b)(b-c)(c-a)$를 인수로 가지며
문자가 3개인 1차 대칭식을 인수로 갖는다.
1차 대칭식을 기본 대칭식으로 표현하여 나타내면 다음과 같다.
$a(b-c)^3+b(c-a)^3+c(a-b)^3=k(a-b)(b-c)(c-a)(a+b+c)$
위 식은 항등식이므로 $a=2$, $b=1$, $c=0$을 대입하면
$2-8=-6k \qquad \therefore k=1$
$\therefore a(b-c)^3+b(c-a)^3+c(a-b)^3$
$=(a-b)(b-c)(c-a)(a+b+c)$

170 정답 .... $(a-b)(b-c)(c-a)(ab+bc+ca)$

문자가 3개인 5차 교대식이므로
$(a-b)(b-c)(c-a)$를 인수로 가지며
문자가 3개인 2차 대칭식을 인수로 갖는다.
2차 대칭식을 기본 대칭식으로 표현하여 나타내면 다음과 같다.
$a^2(b-c)^3+b^2(c-a)^3+c^2(a-b)^3$
$=(a-b)(b-c)(c-a)\{k(a^2+b^2+c^2)+l(ab+bc+ca)\}$
a^4의 계수를 비교하면
$0=-k(b-c) \qquad \therefore k=0$
위의 식은 항등식이므로 $a=2$, $b=1$, $c=0$을 대입하면
$4-8=-2(5k+2l) \qquad \therefore l=1$
$\therefore a^2(b-c)^3+b^2(c-a)^3+c^2(a-b)^3$
$=(a-b)(b-c)(c-a)(ab+bc+ca)$

171 정답 .... $-(a-b)(b-c)(c-a)(ab+bc+ca)$

문자가 3개인 5차 교대식이므로
$(a-b)(b-c)(c-a)$를 인수로 가지며
문자가 3개인 2차 대칭식을 인수로 갖는다.
2차 대칭식을 기본 대칭식으로 표현하여 나타내면 다음과 같다.
$a^2b^2(a-b)+b^2c^2(b-c)+c^2a^2(c-a)$
$=(a-b)(b-c)(c-a)\{k(a^2+b^2+c^2)+l(ab+bc+ca)\}$
a^4의 계수를 비교하면
$0=-(b-c)k \qquad \therefore k=0$
a^3의 계수를 비교하면
$(b^2-c^2)=-(b^2-c^2)l \qquad \therefore l=-1$
따라서
$a^2b^2(a-b)+b^2c^2(b-c)+c^2a^2(c-a)$
$=-(a-b)(b-c)(c-a)(ab+bc+ca)$

4 인수분배의 활용

172 정답 .... $2^9\times3\times17\times23^2$

주어진 식에서 $23^2=a$, $-2^9=b$, $-17=c$로 놓으면

$a+b+c=0$이므로

$a^3+b^3+c^3=(a+b+c)(a^2+b^2+c^2-ab-bc-ca)+3abc$

$=3abc$ …… ㉠

따라서 ㉠식에 $a=23^2$, $b=-2^9$, $c=-17$을 대입하면

$23^6-2^{27}-17^3$

$=3\times23^2\times(-2^9)\times(-17)$

$=2^9\times3\times17\times23^2$

173 정답 ………… 4

$a=502$, $b=498$이라고 하면

$a-b=4$, $a+b=1000$이므로

502^6-498^6

$=a^6-b^6$

$=(a^3-b^3)(a^3+b^3)$

$=(a-b)(a^2+ab+b^2)(a+b)(a^2-ab+b^2)$

$16+3\times502\times498$

$=4^2+3ab$

$=(a-b)^2+3ab$

$=a^2+ab+b^2$

$10^6-3\times502\times498$

$=(10^3)^2-3ab$

$=(a+b)^2-3ab$

$=a^2-ab+b^2$

$\therefore N=\dfrac{502^6-498^6}{(16+3\times502\times498)(10^6-3\times502\times498)}\times\dfrac{1}{1000}$

$=\dfrac{(a-b)(a+b)(a^2+ab+b^2)(a^2-ab+b^2)}{(a^2+ab+b^2)(a^2-ab+b^2)}\times\dfrac{1}{1000}$

$=(a-b)(a+b)\times\dfrac{1}{1000}$

$=4\times1000\times\dfrac{1}{1000}=4$

174 정답 ………… 67

$P(x)=x^2+x+1$, $Q(x)=x^2-x+1$에서

$Q(x+1)=(x+1)^2-(x+1)+1$

$=x^2+x+1$

이므로

$P(x)=Q(x+1)$ …… ㉠

$\dfrac{(2^3-1)(3^3-1)(4^3-1)\cdots(11^3-1)}{(2^3+1)(3^3+1)(4^3+1)\cdots(11^3+1)}$

$=\dfrac{(2-1)(2^2+2+1)(3-1)(3^2+3+1)}{(2+1)(2^2-2+1)(3+1)(3^2-3+1)}$

$\times\dfrac{\cdots(11-1)(11^2+11+1)}{\cdots(11+1)(11^2-11+1)}$

$=\dfrac{1\times2\times3\times\cdots\times10}{3\times4\times5\times\cdots\times12}$

$\times\dfrac{P(2)\times P(3)\times\cdots\times P(11)}{Q(2)\times Q(3)\times\cdots\times Q(11)}$

$=\dfrac{1\times2}{11\times12}\times\dfrac{P(11)}{Q(2)}$ ($\because$ ㉠)

$=\dfrac{1}{66}\times\dfrac{P(11)}{Q(2)}$

따라서 $a=66$, $b=1$ 이므로 $a+b=67$

5 고난도 실전 연습 문제

175 정답 ………… 144

$P(x)=x^3-13x^2+n$이라 하자.

이때 다항식 x^3-13x^2+n이

$x-\alpha$ (단, α는 자연수)를 인수로 갖는다고 하면

인수정리에 의해 $P(\alpha)=0$

$\alpha^3-13\alpha^2+n=0$ $\therefore n=-\alpha^2(\alpha-13)$

이때 α, n이 자연수이므로 다음과 같이 경우를 나누어 보면

$\alpha=1$, $n=12$일 때,

$x^3-13x^2+12=(x-1)(x^2-12x-12)$

$\alpha=2$, $n=44$일 때,

$x^3-13x^2+44=(x-2)(x^2-11x-22)$

$\alpha=3$, $n=90$일 때,

$x^3-13x^2+90=(x-3)(x^2-10x-30)$

$\alpha=4$, $n=144$일 때,

$x^3-13x^2+144=(x-4)(x^2-9x-36)$

$=(x-4)(x+3)(x-12)$

⋮

$\alpha=11$, $n=242$일 때,

$x^3-13x^2+242=(x-11)(x^2-2x-22)$

$\alpha=12$, $n=144$일 때,

$x^3-13x^2+144=(x-12)(x^2-x-12)$

$=(x-12)(x+3)(x-4)$

이 중 세 개의 일차식으로 인수분해되는 경우는

$n=144$일 때뿐이다. $\therefore n=144$

176 정답 ………… −12, 0, 4

$f(k+2)=0$이므로 조립제법을 이용하여 주어진 식을

인수분해하면

$k+2$	1	$-2k-2$	k^2-k	$3k^2+6k$
		$k+2$	$-k^2-2k$	$-3k^2-6k$
	1	$-k$	$-3k$	0

$f(x)=(x-k-2)(x^2-kx-3k)$
이때, 다항식 $f(x)$가 일차식의 완전제곱식을 인수로 가지려면
이차방정식 $x^2-kx-3k=0$이 중근을 갖거나
$x=k+2$를 한 근으로 가져야 한다.
(i) 방정식 $x^2-kx-3k=0$이 중근을 갖는 경우
이 방정식의 판별식을 D라 하면
$D=k^2+12k=0$, $k(k+12)=0$
$\therefore k=-12$ 또는 $k=0$
(ii) 방정식 $x^2-kx-3k=0$이 $x=k+2$를 한 근으로 갖는 경우
이 방정식에 $x=k+2$를 대입하면
$(k+2)^2-k(k+2)-3k=0$, $-k+4=0$
$\therefore k=4$
(i), (ii)에서 실수 k의 값은 -12또는 4 또는 0이다.

177 정답 6

주어진 식을 n에 대한 내림차순으로 정리하여 인수분해하면
$12n^2+(7m-31)n+m^2-11m-26$
$=12n^2+(7m-31)n+(m+2)(m-13)$
$=(4n+m-13)(3n+m+2)$
m, n이 자연수이므로 $3n+m+2\neq1$
즉, 주어진 식이 소수가 되려면 $4n+m-13=1$이어야 한다.
$\therefore 4n+m=14$
$n=1$, $m=10$일 때, $3n+m+2=15$
$n=2$, $m=6$일 때, $3n+m+2=14$
$n=3$, $m=2$일 때, $3n+m+2=13$
주어진 식이 소수가 되는 경우는 $n=3$, $m=2$일 때이다.
$\therefore mn=6$

178 정답 .... $m=12$, $n=10$

$n^2+3n+14=m^2$으로 놓고 인수분해하자.
$n^2+3n+14-m^2=0$
위 식의 양변에 4를 곱하면
$4n^2+12n+56-4m^2=0$
$4m^2-(4n^2+12n+9)=47$
$(2m)^2-(2n+3)^2=47$
$(2m+2n+3)(2m-2n-3)=47$
$47=47\times1$이므로
$2m-2n-3=1$, $2m+2n+3=47$
$m-n=2$, $m+n=22$
두 식을 연립하여 풀면 $m=12$, $n=10$

179 정답 .... $(x^4-x^3+x^2-x+1)(x^4-x^2+1)$

$x^8-x^7+x^4-x+1$을 인수분해하기 위해
복소수 범위에서 $x^5=-1$의 허근인 $x=\omega$를 고려한다.
$\omega^5=-1$을 이용하면
$\omega^8-\omega^7+\omega^4-\omega+1=-\omega^3+\omega^2+\omega^4-\omega+1$
$=\omega^4-\omega^3+\omega^2-\omega+1=0$
이다. 이를 통해 $x^4-x^3+x^2-x+1$이
공통인수가 될 것임을 알 수 있다. 따라서
$x^8-x^7+x^4-x+1$
$=(x^8+x^3)-(x^7+x^2)+(x^4-x+1-x^3+x^2)$
$=x^3(x^5+1)-x^2(x^5+1)+x^4-x^3+x^2-x+1$
$=(x^5+1)(x^3-x^2)+x^4-x^3+x^2-x+1$
$=(x+1)(x^4-x^3+x^2-x+1)(x^3-x^2)$
$+x^4-x^3+x^2-x+1$
$=(x^4-x^3+x^2-x+1)(x^4-x^2+1)$

180 정답 .... $p=24$, $q=-150$

$f(x)=x^4+px^3+qx^2+125$로 놓으면
다항식 $f(x)$는 $x-\alpha$와 $x-\beta$를 인수로 가지므로
인수정리에 의해 $f(\alpha)=f(\beta)=0$
$\alpha^4+p\alpha^3+q\alpha^2+125=0$, $\beta^4+p\beta^3+q\beta^2+125=0$
$\alpha^2(\alpha^2+p\alpha+q)=-125$ ...... ㉠
$\beta^2(\beta^2+p\beta+q)=-125$ ...... ㉡
㉠, ㉡에서 α, β (단, $\alpha<\beta$)는 서로 다른 자연수이므로
$\alpha^2(\alpha^2+p\alpha+q)=1^2\times(-125)$
$\beta^2(\beta^2+p\beta+q)=5^2\times(-5)$
$\therefore \alpha=1$, $\beta=5$
이를 ㉠, ㉡에 대입하면
$\begin{cases}1+p+q=-125\\25+5p+q=-5\end{cases}$
두 식을 연립하여 풀면 $p=24$, $q=-150$이다.

181 정답 .... $(a-b)(c-a-b)(c^2-a^2-b^2)$

주어진 식을 c에 대한 내림차순으로 정리하여 인수분해하면
$(a-b)c^3-(a^2-b^2)c^2-\{a^2(a-b)+b^2(a-b)\}c+a^4-b^4$
$=(a-b)c^3-(a-b)(a+b)c^2-(a-b)(a^2+b^2)c$

$+(a-b)(a+b)(a^2+b^2)$
$=(a-b)\{c^3-(a+b)c^2-(a^2+b^2)c+(a+b)(a^2+b^2)\}$
$=(a-b)\{(c-a-b)c^2-(a^2+b^2)(c-a-b)\}$
$=(a-b)(c-a-b)(c^2-a^2-b^2)$

182 정답 ························ $-(x+y-z)(x-y+z)(x+y+z)$

$x(y^2+z^2-x^2)-y(z^2+x^2-y^2)-z(x^2+y^2-z^2)-2xyz$
$=\{x(y^2+z^2-x^2)-2xyz\}-\{y(z^2+x^2-y^2)-2xyz\}$
$-\{z(x^2+y^2-z^2)+2xyz\}$
$=x(y^2+z^2-2yz-x^2)-y(z^2+x^2-2zx-y^2)$
$-z(x^2+y^2+2xy-z^2)$
$=x\{(y-z)^2-x^2\}-y\{(z-x)^2-y^2\}-z\{(x+y)^2-z^2\}$
$=x(y-z+x)(y-z-x)-y(z-x+y)(z-x-y)$
$-z(x+y+z)(x+y-z)$
$=-x(x+y-z)(x-y+z)-y(x+y-z)(x-y-z)$
$-z(x+y-z)(x+y+z)$
$=-(x+y-z)\{x(x-y+z)+y(x-y-z)+z(x+y+z)\}$
$=-(x+y-z)(x^2+2zx+z^2-y^2)$
$=-(x+y-z)\{(x+z)^2-y^2\}$
$=-(x+y-z)(x-y+z)(x+y+z)$

183 정답 $5(a+b)(b+c)(c+a)(a^2+b^2+c^2+ab+bc+ca)$

주어진 식에 b대신 $-a$를 대입하면 0이 되므로
$a+b$를 인수로 갖는다.
따라서 대칭식의 성질에 의해서 $(a+b)(b+c)(c+a)$를
인수로 갖는다.
주어진 식은 5차 대칭식이므로
$(a+b+c)^5-a^5-b^5-c^5$
$=(a+b)(b+c)(c+a)\{k(a^2+b^2+c^2)+l(ab+bc+ca)\}$
위의 식은 항등식이므로 $a=b=1$, $c=0$을 대입하면
$30=2(2k+l)$, $2k+l=15$ ······ ㉠
또한, $a=b=c=1$을 위의 식에 대입하면
$240=8(3k+3l)$, $k+l=10$ ······ ㉡
㉠, ㉡을 연립하여 풀면 $k=5$, $l=5$
따라서
$(a+b+c)^5-a^5-b^5-c^5$
$=5(a+b)(b+c)(c+a)(a^2+b^2+c^2+ab+bc+ca)$

184 정답 $5(a-b)(b-c)(c-a)(a^2+b^2+c^2-ab-bc-ca)$

문자가 3개인 5차 교대식이므로
$(a-b)(b-c)(c-a)$를 인수로 가지며
문자가 3개인 2차 대칭식을 인수로 갖는다.
2차 대칭식을 기본 대칭식으로 표현하여 나타내면 다음과 같다.
$(a-b)^5+(b-c)^5+(c-a)^5$
$=(a-b)(b-c)(c-a)\{k(a^2+b^2+c^2)+l(ab+bc+ca)\}$
위의 식은 항등식이므로
$a=2$, $b=1$, $c=0$을 대입하면 $1+1-32=-2(5k+2l)$
$\therefore 5k+2l=15$ ······ ㉠
$a=1$, $b=-1$, $c=0$을 대입하면 $32-1-1=4k-2l$
$\therefore 2k-l=15$ ······ ㉡
㉠, ㉡을 연립하여 풀면 $k=5$, $l=-5$
$\therefore (a-b)^5+(b-c)^5+(c-a)^5$
$=5(a-b)(b-c)(c-a)(a^2+b^2+c^2-ab-bc-ca)$

185 정답 ························ 158

$x^4+x^2+1=(x^2-x+1)(x^2+x+1)$ 이므로

$$\frac{(1^4+1^2+1)(3^4+3^2+1)(5^4+5^2+1)(7^4+7^2+1)}{(2^4+2^2+1)(4^4+4^2+1)(6^4+6^2+1)(8^4+8^2+1)}\times\frac{(9^4+9^2+1)(11^4+11^2+1)}{(10^4+10^2+1)(12^4+12^2+1)}$$
$$=\frac{(1^2-1+1)(1^2+1+1)(3^2-3+1)(3^2+3+1)}{(2^2-2+1)(2^2+2+1)(4^2-4+1)(4^2+4+1)}\times\frac{\cdots(11^2-11+1)(11^2+11+1)}{\cdots(12^2-12+1)(12^2+12+1)}$$

이고
$(x+1)^2-(x+1)+1=x^2+x+1$
이므로
$2^2-2+1=1^2+1+1$
$3^2-3+1=2^2+2+1$
$\vdots$
$12^2-12+1=11^2+11+1$
따라서

$$\frac{(1^4+1^2+1)(3^4+3^2+1)(5^4+5^2+1)(7^4+7^2+1)}{(2^4+2^2+1)(4^4+4^2+1)(6^4+6^2+1)(8^4+8^2+1)}\times\frac{(9^4+9^2+1)(11^4+11^2+1)}{(10^4+10^2+1)(12^4+12^2+1)}$$
$$=\frac{1^2-1+1}{12^2+12+1}=\frac{1}{144+12+1}=\frac{1}{157}$$

$\therefore p+q=157+1=158$

186 정답 ························ 146

a^4+4b^4을 인수분해하면
$a^4+4b^4=a^4+4a^2b^2+4b^2-4a^2b^2$

$=(a^2+2b^2)^2-(2ab)^2$

$=(a^2-2ab+2b^2)(a^2+2ab+2b^2)$

$=\{a^2+2b(b-a)\}\{a^2+2b(b+a)\}$ …… ㉠

주어진 식을 변형하면

$\frac{(2^2+1)(18^2+1)(50^2+1)(98^2+1)}{(8^2+1)(32^2+1)(72^2+1)(128^2+1)}$

$=\frac{(1+2^2)(1+18^2)(1+50^2)(1+98^2)}{(1+8^2)(1+32^2)(1+72^2)(1+128^2)}$

$=\frac{(1^4+4\times1^4)(1^4+4\times3^4)(1^4+4\times5^4)(1^4+4\times7^4)}{(1^4+4\times2^4)(1^4+4\times4^4)(1^4+4\times6^4)(1^4+4\times8^4)}$

㉠식에서 $a=1$을 대입하면

$1^4+4b^4=\{1+2b(b-1)\}\{1+2b(b+1)\}$

이므로 위 식에 적용하면

$\frac{(1^4+4\times1^4)(1^4+4\times3^4)(1^4+4\times5^4)(1^4+4\times7^4)}{(1^4+4\times2^4)(1^4+4\times4^4)(1^4+4\times6^4)(1^4+4\times8^4)}$

$=\frac{(1+2\times0)(1+2\times2)(1+6\times2)(1+6\times4)}{(1+4\times1)(1+4\times3)(1+8\times3)(1+8\times5)}$

$\times\frac{(1+10\times4)(1+10\times6)(1+14\times6)(1+14\times8)}{(1+12\times5)(1+12\times7)(1+16\times7)(1+16\times9)}$

$=\frac{1}{145}$

$p=145$, $q=1$ 이므로 $p+q=146$

V 복소수

1 복소수의 성질

187 정답 ········ -1

z^2이 실수이므로 복소수 z는 실수 또는 순허수이다.

즉, $z=(-x^2+x+2)+(2x^2+x-1)i$에서

$-x^2+x+2=0$ 또는 $2x^2+x-1=0$이어야 한다.

(i) $x^2-x-2=0$인 경우

$(x-2)(x+1)=0$에서 $x=2$ 또는 $x=-1$

(ii) $2x^2+x-1=0$인 경우

$(2x-1)(x+1)=0$에서 $x=-1$ 또는 $x=\frac{1}{2}$

(i), (ii)에서 구하는 x값은 $x=-1$, $x=\frac{1}{2}$ 또는 $x=2$이므로

모든 실수 x값의 곱은 $(-1)\times\frac{1}{2}\times2=-1$

188 정답 ········ -1, 1

z^2이 실수이므로 z는 순허수 또는 실수이다.

또한 $z-3i$가 실수이므로 z는 $a+3i$ (단, a는 실수)이다.

둘 다 만족하는 z는 순허수, 즉 $z=3i$이다.

$z=k^3(1+i)+2k^2-k(1+i)+(3i-2)$를 정리하면

$z=(k^3+2k^2-k-2)+(k^3-k+3)i=3i$이므로

$k^3+2k^2-k-2=0$이고 $k^3-k+3=3$이어야 한다.

(i) $k^3+2k^2-k-2=0$에서

$k^2(k+2)-(k+2)=0$

$(k+2)(k^2-1)=0$

$(k+2)(k+1)(k-1)=0$

$\therefore k=-2$, $k=-1$ 또는 $k=1$

(ii) $k^3-k+3=3$에서

$k^3-k=0$

$k(k+1)(k-1)=0$

$\therefore k=-1$, $k=0$ 또는 $k=1$

(i)과 (ii)를 동시에 만족하는 k의 값은 -1 또는 1이다.

189 정답 ········ 35

$z=a+bi$ (단, a, b는 실수)라 하면

$z^2=a^2-b^2+2abi$

z^2이 허수가 되기 위해서는 $a\neq0$이고 $b\neq0$이어야 한다.

즉, z는 실수나 순허수가 되면 안 된다.

$z=(k^2-k-2)+(k^2-8k+15)i$이므로

$k^2-k-2\neq0$이고 $k^2-8k+15\neq0$

$\therefore k\neq-1$, $k\neq2$, $k\neq3$, $k\neq5$

그러므로 z^2이 허수일 때, 한자리 자연수 k의 합은

$1+4+6+7+8+9=35$

190 정답 ········ 3

$z+\frac{3}{z}$이 실수이므로 켤레복소수의 성질에 의해

$z+\frac{3}{z}=\overline{z}+\frac{3}{\overline{z}}$에서 $z-\overline{z}+3\left(\frac{1}{z}-\frac{1}{\overline{z}}\right)=0$

$z-\overline{z}-3\left(\frac{z-\overline{z}}{z\overline{z}}\right)=0$, $(z-\overline{z})\left(1-\frac{3}{z\overline{z}}\right)=0$

z는 실수가 아니므로 $z\neq\overline{z}$, $1-\frac{3}{z\overline{z}}=0$

$\therefore z\overline{z}=3$

191 정답 ········ -1

$z=a+bi$ (단, a, b는 실수)로 놓고 대입하면 계산이 복잡하므로 켤레복소수의 성질을 이용한다.

$z\overline{z}+\dfrac{\overline{z}}{z^2}$가 실수이므로

$z\overline{z}+\dfrac{\overline{z}}{z^2}=\overline{z}z+\dfrac{z}{\overline{z}^2}$에서

$\dfrac{\overline{z}}{z^2}-\dfrac{z}{\overline{z}^2}=0$, $z^3-\overline{z}^3=0$

$(z-\overline{z})(z^2+z\overline{z}+\overline{z}^2)=0$

z는 실수가 아닌 복소수이므로

$z\neq\overline{z}$, $z^2+z\overline{z}+\overline{z}^2=0$

이 식의 양변을 $z\overline{z}$로 나누면 $\dfrac{z}{\overline{z}}+1+\dfrac{\overline{z}}{z}=0$

$\therefore \dfrac{\overline{z}}{z}+\dfrac{z}{\overline{z}}=-1$

192 정답 ········ $z=\dfrac{1}{8}+\dfrac{\sqrt{15}}{8}i$

$z=a+bi$ (단, a, b는 실수)라 하면

$(z-\overline{z})i=\{a+bi-(a-bi)\}i=-2b<0$이므로

$b>0$, 즉 z는 허수이므로 $z\neq\overline{z}$

또한 $\left(\dfrac{z}{1+4z^2}\right)^2>0$이므로 $\dfrac{z}{1+4z^2}$은 실수이다.

(i) $\dfrac{z}{1+4z^2}$이 실수일 때

$\dfrac{z}{1+4z^2}$가 실수이므로 켤레복소수의 성질에 의해

$\dfrac{z}{1+4z^2}=\dfrac{\overline{z}}{1+4\overline{z}^2}$

이 식을 정리하면

$z+4z\overline{z}^2=\overline{z}+4z^2\overline{z}$

$z-\overline{z}-4z\overline{z}(z-\overline{z})=0$

$(z-\overline{z})(1-4z\overline{z})=0$, 이때 $z\neq\overline{z}$이므로

$\therefore z\overline{z}=\dfrac{1}{4}$ ······ ㉠

(ii) $\dfrac{z^2}{1-z}$이 실수일 때

$\dfrac{z^2}{1-z}$가 실수이므로 켤레복소수의 성질에 의해

$\dfrac{z^2}{1-z}=\dfrac{\overline{z}^2}{1-\overline{z}}$

이 식을 정리하면

$z^2-z^2\overline{z}=\overline{z}^2-z\overline{z}^2$

$(z-\overline{z})(z+\overline{z})-z\overline{z}(z-\overline{z})=0$

$(z-\overline{z})(z+\overline{z}-z\overline{z})=0$, 이때 $z\neq\overline{z}$이므로

$\therefore z+\overline{z}=\dfrac{1}{4}$ ($\because$ ㉠) ······ ㉡

㉠, ㉡에서 z, $\overline{z}$를 두 근으로 하는 이차방정식은

$x^2-\dfrac{1}{4}x+\dfrac{1}{4}=0$, $4x^2-x+1=0$에서

$x=\dfrac{1\pm\sqrt{15}i}{8}$

$\therefore z=\dfrac{1}{8}+\dfrac{\sqrt{15}}{8}i$ $\quad(\because b>0)$

193 정답 ········ -1

$7z\overline{z}+4\left(\dfrac{\overline{z}}{z}\right)$는 실수이므로 켤레복소수의 성질에 의해

$7z\overline{z}+4\left(\dfrac{\overline{z}}{z}\right)=7\overline{z}z+4\left(\dfrac{z}{\overline{z}}\right)$

$4\left(\dfrac{\overline{z}}{z}-\dfrac{z}{\overline{z}}\right)=0$에서 $\overline{z}^2-z^2=0$, $(\overline{z}-z)(\overline{z}+z)=0$

$\therefore z=\overline{z}$ 또는 $z=-\overline{z}$

(i) $z=\overline{z}$인 경우

$7z\overline{z}+4\left(\dfrac{\overline{z}}{z}\right)=3$에 대입하면

$7z^2+4=3$, $z^2=-\dfrac{1}{7}$

그런데 z는 실수이므로 $z^2\geq0$

따라서 조건을 만족하지 않는다.

(ii) $z=-\overline{z}$인 경우

$7z\overline{z}+4\left(\dfrac{\overline{z}}{z}\right)=3$에 대입하면

$-7z^2-4=3$, $z^2=-1$

(i), (ii)에 의하여 구하는 값은 -1이다.

194 정답 ········ 7

$z=x+yi$ (단, x, y는 실수)라 하면

$z^2=(x+yi)^2=x^2-y^2+2xyi$

이때, z^2이 음의 실수가 되려면

$x=0$, $y\neq0$이어야 하므로 복소수 z는 순허수이다.

$z=a-bi+\dfrac{7}{bi-a}$

$=a-bi+\dfrac{7(-bi-a)}{(bi-a)(-bi-a)}$

$=a-bi+\dfrac{-7a-7bi}{a^2+b^2}$

$=\left(a-\dfrac{7a}{a^2+b^2}\right)+\left(-b-\dfrac{7b}{a^2+b^2}\right)i$

이때 z가 순허수가 되려면

$a-\dfrac{7a}{a^2+b^2}=0$, $-b-\dfrac{7b}{a^2+b^2}\neq0$

조건에서 a, b가 0이 아닌 실수이므로 양변을 각각 a, b로 나누면

$1-\dfrac{7}{a^2+b^2}=0$, $-1-\dfrac{7}{a^2+b^2}\neq0$

$\therefore a^2+b^2=7$

• **다른 풀이**

$a-bi=\alpha$라고 하면

$z=\alpha-\dfrac{7}{\alpha}$

z는 순허수이므로 $z+\overline{z}=0$에서

$\alpha-\dfrac{7}{\alpha}+\overline{\alpha}-\dfrac{7}{\overline{\alpha}}=0$이므로 정리하면

$(\alpha+\overline{\alpha})-7\left(\dfrac{1}{\alpha}+\dfrac{1}{\overline{\alpha}}\right)=0$

$(\alpha+\overline{\alpha})-7\left(\dfrac{\alpha+\overline{\alpha}}{\alpha\overline{\alpha}}\right)=0$

$(\alpha+\overline{\alpha})\left(1-\dfrac{7}{\alpha\overline{\alpha}}\right)=0$

$\therefore\ \alpha+\overline{\alpha}=0$ 또는 $1=\dfrac{7}{\alpha\overline{\alpha}}$

이때, $\alpha+\overline{\alpha}=2a\neq0$이므로 $\alpha\overline{\alpha}=7$

따라서 $\alpha\overline{\alpha}=(a-bi)(a+bi)=a^2+b^2=7$

195 정답 ······ $a=0,\ a=-\dfrac{1}{2}$ 또는 $a=1$

이차방정식 $x^2+2ax+a+1=0$이 허근을 가지므로

이 이차방정식의 판별식을 D라고 하면

$D/4<0$에서 $a^2-a-1<0$

$\therefore\ \dfrac{1-\sqrt{5}}{2}<a<\dfrac{1+\sqrt{5}}{2}$ ······ ㉠

이차방정식 $x^2+2ax+a+1=0$의 한 허근이 α이므로

$\alpha^2+2a\alpha+a+1=0$이 성립한다.

즉, $\alpha^2=-2a\alpha-a-1$

$\alpha^4=(\alpha^2)^2=(-2a\alpha-a-1)^2$

$=4a^2\alpha^2+4a(a+1)\alpha+(a+1)^2$

$=4a^2(-2a\alpha-a-1)+4a(a+1)\alpha+(a+1)^2$

$=(-8a^3+4a^2+4a)\alpha-(4a^3+3a^2-2a-1)$

α^4이 실수이고 a는 실수, α는 허수이므로

$-8a^3+4a^2+4a=0,\ 2a^3-a^2-a=0$

$a(2a^2-a-1)=0,\ a(2a+1)(a-1)=0$

$\therefore\ a=0,\ a=-\dfrac{1}{2}$ 또는 $a=1$ (∵ ㉠)

• **다른 풀이**

α^4이 실수이므로 α^2은 순허수 또는 실수이다.

(i) α^2이 순허수일 때

α^2이 순허수이므로 $\alpha^2+\overline{\alpha}^2=0$ ······ ㉡

한편, 이차방정식 $x^2+2ax+a+1=0$의

두 근이 $\alpha,\ \overline{\alpha}$이므로

$\alpha+\overline{\alpha}=-2a,\ \alpha\overline{\alpha}=a+1$

이를 ㉡에 대입하면

$\alpha^2+\overline{\alpha}^2=(\alpha+\overline{\alpha})^2-2\alpha\overline{\alpha}=0$

$(-2a)^2-2(a+1)=0$

$2a^2-a-1=0$

$(2a+1)(a-1)=0$ $\therefore\ a=-\dfrac{1}{2}$ 또는 $a=1$

(ii) α^2이 실수일 때

α^2이 실수이므로 α는 순허수 (∵ α는 허수)

즉, $\alpha+\overline{\alpha}=0$에서 $-2a=0$ $\therefore\ a=0$

(i), (ii)에 의해 구하는 a의 값은 $a=0,\ a=-\dfrac{1}{2}$ 또는 $a=1$

196 정답 ······ $\dfrac{3}{4}$

이차방정식 $4x^2-4kx+k+2=0$은

허근 α를 가지므로 다른 한 근은 $\overline{\alpha}$이다.

근과 계수의 관계에서

$\alpha+\overline{\alpha}=k,\ \alpha\overline{\alpha}=\dfrac{k+2}{4}$ ······ ㉠

또한 $4x^2-4kx+k+2=0$이 허근을 가지므로 판별식을 D라 하면

$D/4<0$에서 $(-2k)^2-4(k+2)<0$

$\therefore\ -1<k<2$ ······ ㉡

α^3이 순허수이므로

$\alpha^3+\overline{\alpha}^3=0,\ (\alpha+\overline{\alpha})^3-3\alpha\overline{\alpha}(\alpha+\overline{\alpha})=0$

이때 α^2이 허수이므로 $\alpha+\overline{\alpha}\neq0$이다.

(∵ $\alpha+\overline{\alpha}=0$이면 $\alpha=0$ 또는 α는 순허수이므로 α^2은 실수)

$\therefore\ (\alpha+\overline{\alpha})^2-3\alpha\overline{\alpha}=0$

이 식에 ㉠을 대입하면

$k^2-3\times\dfrac{k+2}{4}=0$

$4k^2-3k-6=0$ $\therefore\ k=\dfrac{3\pm\sqrt{105}}{8}$

이 값은 모두 ㉡을 만족하므로

구하는 실수 k값의 합은 $\dfrac{3}{4}$이다.

2 켤레복소수의 성질

197 정답 ······ 1

$z\overline{z}\geq0$이므로

$\alpha^2\overline{\alpha}^2=\beta^2\overline{\beta}^2=4$에서

$\alpha\overline{\alpha}=\beta\overline{\beta}=2$ ······ ㉠

$(\alpha+\beta)^2(\overline{\alpha+\beta})^2=36$에서

$(\alpha+\beta)(\overline{\alpha}+\overline{\beta})=6$ ······ ㉡

㉠에서 $\overline{\alpha}=\dfrac{2}{\alpha},\ \overline{\beta}=\dfrac{2}{\beta}$이므로 ㉡에 대입하면

$$(\alpha+\beta)(\overline{\alpha}+\overline{\beta})=(\alpha+\beta)\left(\frac{2}{\alpha}+\frac{2}{\beta}\right)$$
$$=2+\frac{2\alpha}{\beta}+\frac{2\beta}{\alpha}+2=6$$
$$\therefore \frac{\alpha}{\beta}+\frac{\beta}{\alpha}=1$$

198 정답 ········ 40

$(z_1\overline{z_1})^2=(z_2\overline{z_2})^2=\cdots=(z_{2025}\overline{z_{2025}})^2=16$에서

$z\overline{z}\geq 0$이므로 $z_1\overline{z_1}=z_2\overline{z_2}=z_3\overline{z_3}=\cdots=z_{2025}\overline{z_{2025}}=4$

$\therefore \frac{1}{z_1}=\frac{\overline{z_1}}{4},\ \frac{1}{z_2}=\frac{\overline{z_2}}{4},\ \cdots,\ \frac{1}{z_{2025}}=\frac{\overline{z_{2025}}}{4}$

이를 주어진 식에 각각 대입하면,

$(z_1+z_2+\cdots+z_{2025})\left(\frac{\overline{z_1}}{4}+\frac{\overline{z_2}}{4}+\cdots+\frac{\overline{z_{2025}}}{4}\right)=10$

$\therefore (z_1+z_2+\cdots+z_{2025})(\overline{z_1}+\overline{z_2}+\cdots+\overline{z_{2025}})=40$

199 정답 ········ $\frac{-1\pm\sqrt{15}i}{4}$

$\alpha\overline{\alpha}=2,\ \beta\overline{\beta}=2$에서

$\overline{\alpha}=\frac{2}{\alpha},\ \overline{\beta}=\frac{2}{\beta}$ ······ ㉠

$(\alpha+\beta)\overline{(\alpha+\beta)}=(\alpha+\beta)(\overline{\alpha}+\overline{\beta})=3$ ······ ㉡

㉠을 ㉡에 대입하면

$(\alpha+\beta)\left(\frac{2}{\alpha}+\frac{2}{\beta}\right)=3$

$2+\frac{2\alpha}{\beta}+\frac{2\beta}{\alpha}+2=3$

$\frac{\beta}{\alpha}+\frac{\alpha}{\beta}+\frac{1}{2}=0$ ······ ㉢

이때 $\frac{\alpha}{\beta}=t$로 놓으면 ㉢식은

$\frac{1}{t}+t+\frac{1}{2}=0$

$2t^2+t+2=0$

$\therefore \frac{\alpha}{\beta}=t=\frac{-1\pm\sqrt{15}i}{4}$

200 정답 ········ $2i$

$\alpha+\beta=i,\ \overline{\alpha}+\overline{\beta}=-i$ ······ ㉠

$\alpha\overline{\alpha}=1,\ \beta\overline{\beta}=1$에서

$\overline{\alpha}=\frac{1}{\alpha},\ \overline{\beta}=\frac{1}{\beta}$ ······ ㉡

㉡을 ㉠에 대입하면

$\frac{1}{\alpha}+\frac{1}{\beta}=-i$이므로 $\frac{\alpha+\beta}{\alpha\beta}=\frac{i}{\alpha\beta}=-i$

$\therefore \alpha\beta=\frac{i}{-i}=-1$

그러므로

$\alpha^3+\beta^3=(\alpha+\beta)^3-3\alpha\beta(\alpha+\beta)$
$=i^3-3\times(-1)\times i$
$=-i+3i$
$=2i$

201 정답 ········ -1

복소수 $\alpha=a+bi$에 대하여 $a^2+b^2=4$이므로

$\alpha\overline{\alpha}=4$　　$\therefore \overline{\alpha}=\frac{4}{\alpha}$ ······ ㉠

복소수 $\beta=c+di$에 대하여 $c^2+d^2=4$이므로

$\beta\overline{\beta}=4$　　$\therefore \overline{\beta}=\frac{4}{\beta}$ ······ ㉡

$(a+c)+(b+d)i=3i$이므로

$(a+bi)+(c+di)=\alpha+\beta=3i$ ······ ㉢

㉢에서 $\overline{\alpha}+\overline{\beta}=-3i$이므로 이 식에 ㉠, ㉡을 대입하면

$\frac{4}{\alpha}+\frac{4}{\beta}=-3i,\ \frac{4(\alpha+\beta)}{\alpha\beta}=-3i,\ \frac{12i}{\alpha\beta}=-3i$

$\therefore \alpha\beta=-4$

그러므로

$(a^2+c^2)-(b^2+d^2)+2(ab+cd)i$
$=a^2+2abi-b^2+c^2+2cdi-d^2$
$=a^2+2abi+(bi)^2+c^2+2cdi+(di)^2$
$=(a+bi)^2+(c+di)^2$
$=\alpha^2+\beta^2$
$=(\alpha+\beta)^2-2\alpha\beta$
$=(3i)^2-2\times(-4)$
$=-9+8=-1$

202 정답 ········ $-\sqrt{3}i$

$\alpha\overline{\alpha}=1,\ \beta\overline{\beta}=1$이므로 $\overline{\alpha}=\frac{1}{\alpha},\ \overline{\beta}=\frac{1}{\beta}$

또한, $\alpha+\beta=\sqrt{3}i$에서

$\overline{\alpha+\beta}=\overline{\alpha}+\overline{\beta}=\frac{1}{\alpha}+\frac{1}{\beta}=\frac{\alpha+\beta}{\alpha\beta}=\frac{\sqrt{3}i}{\alpha\beta}=-\sqrt{3}i$

$\therefore \alpha\beta=-1$

이때 $\alpha+\beta=\sqrt{3}i,\ \alpha\beta=-1$이므로

$\alpha,\ \beta$를 근으로 하는 이차방정식은

$x^2-\sqrt{3}ix-1=0,\ x^2-1=\sqrt{3}ix$

이 식의 양변을 제곱하여 정리하면

$x^4-2x^2+1=-3x^2,\ x^4+x^2+1=0$

$(x^2-1)(x^4+x^2+1)=0,\ x^6-1=0$

$\therefore x^6=1$

즉, $\alpha^6=1$, $\beta^6=1$이므로

$$\alpha^{41}+\beta^{41}=(\alpha^6)^6\times\alpha^5+(\beta^6)^6\times\beta^5$$
$$=\alpha^5+\beta^5 \quad \cdots\cdots ㉠$$

$\alpha^6=1$, $\beta^6=1$에서

$\alpha^5=\dfrac{1}{\alpha}$과 $\beta^5=\dfrac{1}{\beta}$을 ㉠에 대입하면

$\alpha^5+\beta^5=\dfrac{1}{\alpha}+\dfrac{1}{\beta}=\overline{\alpha}+\overline{\beta}=-\sqrt{3}i$

$\therefore\ \alpha^{41}+\beta^{41}=-\sqrt{3}i$

203 정답 ······ 1

$P(3+2i)=\dfrac{\sqrt{3}+\sqrt{6}i}{3}$에서

$a(3+2i)^2+b(3+2i)+c=\dfrac{\sqrt{3}+\sqrt{6}i}{3}$

a, b, c는 실수이므로 양변에 켤레를 취하면

$a\overline{(3+2i)^2}+b\overline{(3+2i)}+c=\overline{\left(\dfrac{\sqrt{3}+\sqrt{6}i}{3}\right)}$

$a(3-2i)^2+b(3-2i)+c=\dfrac{\sqrt{3}-\sqrt{6}i}{3}$

즉, $P(3-2i)=\dfrac{\sqrt{3}-\sqrt{6}i}{3}$이므로 $p=\dfrac{\sqrt{3}}{3}$, $q=-\dfrac{\sqrt{6}}{3}$

$\therefore\ p^2+q^2=\dfrac{1}{3}+\dfrac{2}{3}=1$

204 정답 ······ 풀이참조

실수 a, b, c, d에 대하여

복소수 z가 삼차방정식 $ax^3+bx^2+cx+d=0$의 근이면

$az^3+bz^2+cz+d=0$

두 복소수가 서로 같으면 두 복소수의 켤레복소수도 서로 같으므로

$\overline{az^3+bz^2+cz+d}=\overline{0}$

그런데

$\overline{z^3}=\overline{z\times z\times z}=\overline{z}\times\overline{z}\times\overline{z}=(\overline{z})^3$

$\overline{z^2}=\overline{z\times z}=\overline{z}\times\overline{z}=(\overline{z})^2$

이므로 $a(\overline{z})^3+b(\overline{z})^2+c(\overline{z})+d=0$

이것은 주어진 삼차방정식 $ax^3+bx^2+cx+d=0$에

$x=\overline{z}$를 대입한 식이므로 z가 주어진 방정식의 근이면

$\overline{z}$도 근임을 알 수 있다.

205 정답 ······ -1

실수 a, b, c에 대하여

복소수 z가 이차방정식 $ax^2+bix+c=0$의 근이면

$az^2+biz+c=0$

두 복소수가 서로 같으면 두 복소수의 켤레복소수도 서로 같으므로

$\overline{az^2+biz+c}=\overline{0}$

$a\overline{z}^2-bi\overline{z}+c=0$, $a(-\overline{z})^2+bi(-\overline{z})+c=0$

이것은 주어진 이차방정식 $ax^2+bx+c=0$에

$x=-\overline{z}$를 대입한 식이므로 z가 주어진 방정식의 근이면

$-\overline{z}$도 근임을 알 수 있다. $k\overline{z}=-\overline{z}$이므로 $k=-1$

206 정답 ······ 풀이참조

실수 a, b, c, d에 대하여

복소수 z가 방정식 $ax^3+bix^2+cx+di=0$의 근이면

$az^3+biz^2+cz+di=0$

두 복소수가 서로 같으면 두 복소수의 켤레 복소수도

서로 같으므로

$\overline{az^3+biz^2+cz+di}=\overline{0}$

즉, $a(\overline{z})^3-bi(\overline{z})^2+c(\overline{z})-di=0$

양변에 -8을 곱하면

$-8a(\overline{z})^3+8bi(\overline{z})^2-8c\overline{z}+8di=0$

$a(-2\overline{z})^3+2bi(-2\overline{z})^2+4c(-2\overline{z})+8di=0$

이것은 주어진 삼차방정식 $ax^3+2bix^2+4cx+8di=0$에

$x=-2\overline{z}$를 대입한 식이므로

z가 $ax^3+bix^2+cx+di=0$의 근이면

$-2\overline{z}$는 $ax^3+2bix^2+4cx+8di=0$의 근임을 알 수 있다.

3 음수의 제곱근

207 정답 ······ -12

$\alpha\beta=-2$에서 $\alpha\beta<0$, 즉 $\dfrac{\beta}{\alpha}<0$, $\dfrac{\alpha}{\beta}<0$이므로

$\sqrt{\dfrac{\beta}{\alpha}}\sqrt{\dfrac{\alpha}{\beta}}=-\sqrt{\dfrac{\beta}{\alpha}\times\dfrac{\alpha}{\beta}}=-1$

$$\therefore\ \left(\sqrt{\frac{\beta}{\alpha}}+\sqrt{\frac{\alpha}{\beta}}\right)^2=\left(\sqrt{\frac{\beta}{\alpha}}\right)^2+\left(\sqrt{\frac{\alpha}{\beta}}\right)^2+2\sqrt{\frac{\beta}{\alpha}}\sqrt{\frac{\alpha}{\beta}}$$
$$=\frac{\beta}{\alpha}+\frac{\alpha}{\beta}+2\times(-1)$$
$$=\frac{\alpha^2+\beta^2}{\alpha\beta}-2$$
$$=\frac{(\alpha+\beta)^2-2\alpha\beta}{\alpha\beta}-2$$
$$=\frac{4^2-2\times(-2)}{-2}-2$$
$$=-10-2=-12$$

208 정답 ········ $2(\sqrt{ab}-b)i$

$ab\neq0$이고 $\sqrt{ab}=-\sqrt{a}\sqrt{b}$이므로 $a<0,\ b<0$

(i) $(\sqrt{a}+\sqrt{b})(\sqrt{a}+\sqrt{-b})$

$=(\sqrt{a})^2+\sqrt{a}\sqrt{-b}+\sqrt{a}\sqrt{b}+\sqrt{b}\sqrt{-b}$

$=a+\sqrt{-ab}-\sqrt{ab}+\sqrt{-b^2}$ ······ ㉠

(ii) $(\sqrt{-a}+\sqrt{b})(\sqrt{-a}+\sqrt{-b})$

$=(\sqrt{-a})^2+\sqrt{-a}\sqrt{-b}+\sqrt{-a}\sqrt{b}+\sqrt{b}\sqrt{-b}$

$=-a+\sqrt{ab}+\sqrt{-ab}+\sqrt{-b^2}$ ······ ㉡

㉠+㉡을 하면

$(\sqrt{a}+\sqrt{b})(\sqrt{a}+\sqrt{-b})+(\sqrt{-a}+\sqrt{b})(\sqrt{-a}+\sqrt{-b})$

$=2(\sqrt{-ab}+\sqrt{-b^2})$

$=2(\sqrt{ab}\,i+\sqrt{b^2}\,i)$

$=2(\sqrt{ab}\,i-bi)=2(\sqrt{ab}-b)i$

209 정답 ········ $2a(1+b)$

$\dfrac{\sqrt{a}}{\sqrt{b}}=-\sqrt{\dfrac{a}{b}}$에서 $a\geq0,\ b<0$

즉, $ab\leq0,\ b-a<0$이므로

$\sqrt{a^2b^2}=|ab|=-ab$

$|b-a|=-(b-a)$

$\therefore \sqrt{a}\sqrt{a}+(\sqrt{ab})^2+|b-a|+\sqrt{b}\sqrt{b}-\sqrt{a^2b^2}$

$=a+ab+a-b+b-(-ab)$

$=2a(1+b)$

4 복소수의 거듭제곱 및 주기성

210 정답 ········ 0

$\dfrac{1+i}{1-i}=\dfrac{(1+i)^2}{(1-i)(1+i)}=\dfrac{2i}{2}=i$이므로 $f(n)=i^n$

$\dfrac{1-i}{1+i}=\dfrac{(1-i)^2}{(1+i)(1-i)}=\dfrac{-2i}{2}=-i$이므로 $g(x)=(-i)^n$

따라서 $h(n)=f(n)+g(n)=i^n+(-i)^n$

$h(1)=i-i=0$

$h(2)=i^2+(-i)^2=-1-1=-2$

$h(3)=i^3+(-i)^3=i^3-i^3=0$

$h(4)=i^4+(-i)^4=1+1=2$

⋮

이므로

$$h(n)=\begin{cases}0 & (n=4k+1)\\ -2 & (n=4k+2)\\ 0 & (n=4k+3)\\ 2 & (n=4k+4)\end{cases}$$ (단, k는 음이 아닌 정수)

그러므로

$h(1)+h(2)+h(3)+\cdots+h(2025)$

$=\{0+(-2)+0+2\}+\{0+(-2)+0+2\}$

$+\cdots+\{0+(-2)+0+2\}+0$

$=506\times\{0+(-2)+0+2\}+0=0$

211 정답 ········ $-50-50i$

$z=\dfrac{1-i}{1+i}=\dfrac{(1-i)^2}{(1+i)(1-i)}=\dfrac{-2i}{2}=-i$이므로

$\dfrac{1}{z}-\dfrac{2}{z^2}+\dfrac{3}{z^3}-\dfrac{4}{z^4}+\cdots+\dfrac{99}{z^{99}}-\dfrac{100}{z^{100}}$

$=\dfrac{1}{-i}-\dfrac{2}{(-i)^2}+\dfrac{3}{(-i)^3}-\dfrac{4}{(-i)^4}$

$+\cdots+\dfrac{99}{(-i)^{99}}-\dfrac{100}{(-i)^{100}}$

$=-\dfrac{1}{i}-\dfrac{2}{i^2}-\dfrac{3}{i^3}-\dfrac{4}{i^4}-\cdots-\dfrac{99}{i^{99}}-\dfrac{100}{i^{100}}$

$=(i+2-3i-4)+(5i+6-7i-8)$

$+\cdots+(97i+98-99i-100)$

$=(-2-2i)+(-2-2i)+\cdots+(-2-2i)$

$=25\times(-2-2i)$

$=-50-50i$

212 정답 ········ 12

정답 12개

$z_1=\dfrac{\sqrt{2}}{1-i}$에서 양변을 제곱하면

$z_1^2=\dfrac{2}{-2i}=-\dfrac{1}{i}=i$

$z_2=\dfrac{1-i}{\sqrt{2}}$에서 양변을 제곱하면

$z_2^2=\dfrac{-2i}{2}=-i$

$\therefore\ z_1^4=z_2^4=-1,\ z_1^8=z_2^8=1,\ z_1^{12}=z_2^{12}=-1,\ \cdots$

그러므로 $z_1^n=z_2^n$을 만족하는 자연수 n은

4의 배수이므로 50이하의 n의 개수는 12개이다.

213 정답 ········ -1024

$\overline{z}i=z$ ······ ㉠

$\dfrac{(\overline{z})^2}{z}=\overline{z}-2$ ······ ㉡

㉠을 ㉡에 대입하면

$\frac{(\overline{z})^2}{zi}=\overline{z}-2,\ \frac{\overline{z}}{i}=\overline{z}-2,\ -\overline{z}i=\overline{z}-2$

$\therefore\ \overline{z}=\frac{2}{1+i}=1-i$ ...... ㉢

㉢에서 $z=1+i$이므로

$z^2=(1+i)^2=2i,\ z^4=(2i)^2=-4$

$\therefore\ z^{20}=(z^4)^5=(-4)^5=-1024$

214 정답 11

$z_1=\frac{\sqrt{2}i}{1+i},\ z_2=\frac{\sqrt{2}i}{1-i}$라 하면

$z_1^2=\left(\frac{\sqrt{2}i}{1+i}\right)^2=\frac{-2}{2i}=-\frac{1}{i}=i$

$z_1^4=(z_1^2)^2=i^2=-1$

$z_1^8=(z_1^4)^2=(-1)^2=1$

또한, $z_2^2=\left(\frac{\sqrt{2}i}{1-i}\right)^2=\frac{-2}{-2i}=\frac{1}{i}=-i$

$z_2^4=(z_2^2)^2=(-i)^2=-1,\ z_2^8=1$

즉, $n=8k$ (단, k는 자연수)일 때,

$z_n=2$이므로 두 자리 자연수 n의 값은

$8\times2,\ 8\times3,\ \cdots,\ 8\times12$

따라서 두 자리 자연수 n의 개수는 11개다.

215 정답 0

$g(n)=\left(\frac{\sqrt{2}}{1-i}\right)^n,\ h(n)=\left(\frac{\sqrt{2}}{1+i}\right)^n$이라 하면

$f(n)=g(n)+h(n)$이므로

(i) $g(1)+g(3)+g(5)+\cdots+g(49)+g(51)$

$=\frac{\sqrt{2}}{1-i}+\left(\frac{\sqrt{2}}{1-i}\right)^3+\cdots+\left(\frac{\sqrt{2}}{1-i}\right)^{49}+\left(\frac{\sqrt{2}}{1-i}\right)^{51}$

에서

$\left(\frac{\sqrt{2}}{1-i}\right)^2=\frac{2}{-2i}=-\frac{1}{i}=i,\ \left(\frac{\sqrt{2}}{1-i}\right)^4=i^2=-1$

$\left(\frac{\sqrt{2}}{1-i}\right)^6=i\times(-1)=-i,\ \left(\frac{\sqrt{2}}{1-i}\right)^8=(-1)^2=1$

이므로

$\frac{\sqrt{2}}{1-i}\left\{1+\left(\frac{\sqrt{2}}{1-i}\right)^2+\left(\frac{\sqrt{2}}{1-i}\right)^4+\cdots+\left(\frac{\sqrt{2}}{1-i}\right)^{48}+\left(\frac{\sqrt{2}}{1-i}\right)^{50}\right\}$

$=\frac{\sqrt{2}}{1-i}\{(1+i-1-i)+(1+i-1-i)+\cdots+(1+i)\}$

$=\frac{\sqrt{2}}{1-i}\{(1+i-1-i)\times6+(1+i)\}$

$=\frac{\sqrt{2}}{1-i}\times(1+i)=\sqrt{2}i$

(ii) $h(1)+h(3)+h(5)+\cdots+h(49)+h(51)$

$=\frac{\sqrt{2}}{1+i}+\left(\frac{\sqrt{2}}{1+i}\right)^3+\cdots+\left(\frac{\sqrt{2}}{1+i}\right)^{49}+\left(\frac{\sqrt{2}}{1+i}\right)^{51}$

에서

$\left(\frac{\sqrt{2}}{1+i}\right)^2=\frac{2}{2i}=\frac{1}{i}=-i,\ \left(\frac{\sqrt{2}}{1+i}\right)^4=(-i)^2=-1$

$\left(\frac{\sqrt{2}}{1+i}\right)^6=-i\times(-1)=i,\ \left(\frac{\sqrt{2}}{1+i}\right)^8=(-1)^2=1$

이므로

$\frac{\sqrt{2}}{1+i}\left\{1+\left(\frac{\sqrt{2}}{1+i}\right)^2+\left(\frac{\sqrt{2}}{1+i}\right)^4+\cdots+\left(\frac{\sqrt{2}}{1+i}\right)^{48}+\left(\frac{\sqrt{2}}{1+i}\right)^{50}\right\}$

$=\frac{\sqrt{2}}{1+i}\{(1-i-1+i)+(1-i-1+i)+\cdots+(1-i)\}$

$=\frac{\sqrt{2}}{1+i}\{(1-i-1+i)\times6+(1-i)\}$

$=\frac{\sqrt{2}}{1+i}\times(1-i)=-\sqrt{2}i$

(i), (ii)에 의해

$f(1)+f(3)+\cdots+f(49)+f(51)$

$=\{g(1)+h(1)\}+\{g(3)+h(3)\}$

$+\cdots+\{g(49)+h(49)\}+\{g(51)+h(51)\}$

$=\{g(1)+g(3)+\cdots+g(49)+g(51)\}$

$+\{h(1)+h(3)+\cdots+h(49)+h(51)\}$

$=\sqrt{2}i-\sqrt{2}i=0$

5 복소평면과 복소수의 극형식

216 정답 .... 최댓값 25, 최솟값 1

$|z-3|=2$에서

$|(a-3)+bi|=2,\ \sqrt{(a-3)^2+b^2}=2$

양변을 제곱하여 정리하면

$(a-3)^2+b^2=4$ ...... ㉠

㉠ 식에서 b는 실수이므로

$b^2=4-(a-3)^2\geq0$ $\quad\therefore 1\leq a\leq5$

한편, $z\overline{z}=a^2+b^2=f(a)$라 하고

$b^2=4-(a-3)^2$을 대입하면

$f(a)=a^2+4-(a-3)^2=6a-5\ (1\leq a\leq5)$

따라서

$f(a)$는 $a=5$일 때 최댓값 25

$a=1$일 때 최솟값 1을 갖는다.

즉, $z\overline{z}$의 최댓값은 25, 최솟값은 1이다.

217 정답 1

$|z|^2=a^2+b^2=z\overline{z}$이므로

$|5iz-4|=|4z+5i|$에서

$|5iz-4|^2=|4z+5i|^2$

$(5iz-4)(-5i\overline{z}-4)=(4z+5i)(4\overline{z}-5i)$

$25z\overline{z}+16=16z\overline{z}+25$

$25|z|^2+16=16|z|^2+25$ $\quad (\because z\overline{z}=|z|^2)$

따라서 $|z|^2=1$에서 $|z|=1$ $\quad (\because |z|\geq 0)$

218 정답 ········· -1

$|z|=\sqrt{a^2+b^2}$이므로 $|z|^2=a^2+b^2=z\overline{z}$

$|z_1|=3$에서 $z_1\overline{z_1}=9$, $|z_2|=3$에서 $z_2\overline{z_2}=9$

$\therefore \overline{z_1}=\dfrac{9}{z_1},\ \overline{z_2}=\dfrac{9}{z_2}$ ······ ㉠

$z_1+z_2=3$에서 $\overline{z_1}+\overline{z_2}=3$

이 식에 ㉠을 대입하면

$\dfrac{9}{z_1}+\dfrac{9}{z_2}=3$ $\quad \therefore \dfrac{1}{z_1}+\dfrac{1}{z_2}=\dfrac{1}{3}$

이때 $(z_1+z_2)\left(\dfrac{1}{z_1}+\dfrac{1}{z_2}\right)=3\times\dfrac{1}{3}$이므로

$1+\dfrac{z_1}{z_2}+\dfrac{z_2}{z_1}+1=1$ $\quad \therefore \dfrac{z_2}{z_1}+\dfrac{z_1}{z_2}=-1$

219 정답 ········· $\dfrac{1+\sqrt{15}i}{2}$ 또는 $\dfrac{1-\sqrt{15}i}{2}$

$z=a+bi$에 대하여

$z\overline{z}=(a+bi)(a-bi)=a^2+b^2$이므로

$|z|^2=z\overline{z}=a^2+b^2$ ······ ㉠

$\overline{z}+i=\dfrac{1}{z}(2+i+|z|-\overline{z}i)$에서

$z\overline{z}+zi=2+i+|z|-\overline{z}i$

$|z|^2-|z|=(1-z-\overline{z})i+2$ $\quad (\therefore ㉠)$

이때 좌변이 실수이므로

(i) $1-z-\overline{z}=0$에서 $z+\overline{z}=2a=1$ $\quad \therefore a=\dfrac{1}{2}$

(ii) $|z|^2-|z|-2=0$에서 $(|z|-2)(|z|+1)=0$

$|z|\geq 0$이므로 $|z|=2$

$|z|^2=a^2+b^2=4$ $\quad \therefore b=\pm\dfrac{\sqrt{15}}{2}$

(i), (ii)에서 구하는 복소수 z는 $\dfrac{1+\sqrt{15}i}{2}$ 또는 $\dfrac{1-\sqrt{15}i}{2}$이다.

220 정답 ········· $z^2=i$, $z^3=\dfrac{-\sqrt{2}+\sqrt{2}i}{2}$, $z^4=-1$, $z^5=\dfrac{-\sqrt{2}-\sqrt{2}i}{2}$, $z^6=-i$, $z^7=\dfrac{\sqrt{2}-\sqrt{2}i}{2}$, $z^8=1$

$z=\dfrac{\sqrt{2}+\sqrt{2}i}{2}$를 복소평면에 대응시킨 점을

점 P라 하면 $\mathrm{P}\left(\dfrac{\sqrt{2}}{2},\ \dfrac{\sqrt{2}}{2}\right)$

$r=\sqrt{\left(\dfrac{\sqrt{2}}{2}\right)^2+\left(\dfrac{\sqrt{2}}{2}\right)^2}=1$, $\theta=45^\circ$이므로

$z=\cos 45^\circ+i\sin 45^\circ$

$z^2=r^2(\cos 2\theta+i\sin 2\theta)$에서

$z^2=\cos 90^\circ+i\sin 90^\circ=i$

$n=3,\ 4,\ 5,\ \cdots$일 때, 복소평면에 대응되는

z^n의 점에서 원점까지의 거리는 1이므로 $\quad (\because r^n=1)$

z^n은 자연수 n의 값에 관계없이 단위원 (반지름이 1인 원) 위에 놓이게 된다. 이를 그림에 나타내면 다음과 같다.

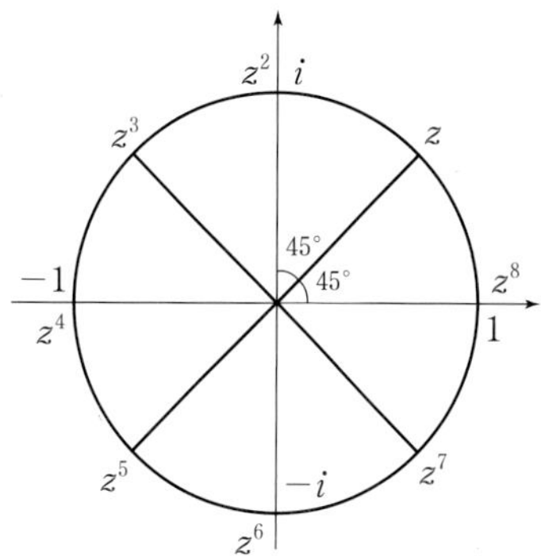

여기서 z가 한 번씩 곱해지면 각도는 45°씩 더해지므로 단위원 위를 반시계 방향으로 45°씩 회전한다.

따라서 구하는 값들은 다음과 같다.

$z^2=i$, $z^3=\dfrac{-\sqrt{2}+\sqrt{2}i}{2}$, $z^4=-1$

$z^5=\dfrac{-\sqrt{2}-\sqrt{2}i}{2}$, $z^6=-i$, $z^7=\dfrac{\sqrt{2}-\sqrt{2}i}{2}$

$z^8=1$

221 정답 ········· 풀이참조

$z=\dfrac{1+\sqrt{3}i}{2}$에서 $r=1$, $\theta=60^\circ$이므로

복소수의 극형식으로 표현하면

$z=\cos 60^\circ+i\sin 60^\circ$

이를 이용하여 $z,\ z^2,\ z^3,\ \cdots,\ z^6$을 복소평면에 나타내면 다음과 같다.

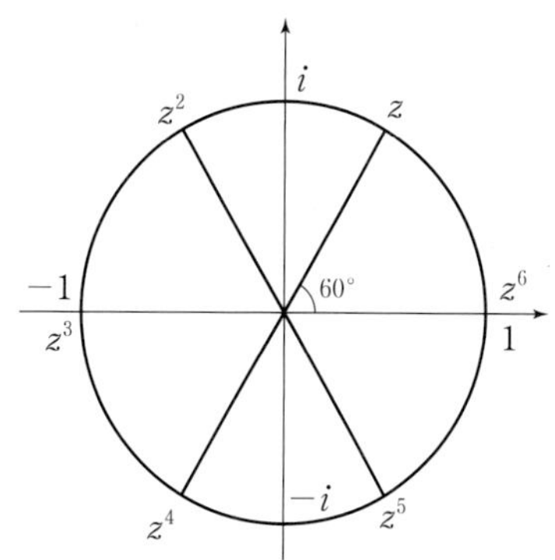

222 정답 ······ 풀이참조

$z=\frac{-1+\sqrt{3}i}{2}$에서 $r=1$, $\theta=120^\circ$이므로 복소수의 극형식으로 표현하면

$z=\cos 120^\circ+i\sin 120^\circ$

이를 이용하여 z, z^2, z^3을 복소평면에 나타내면 다음과 같다.

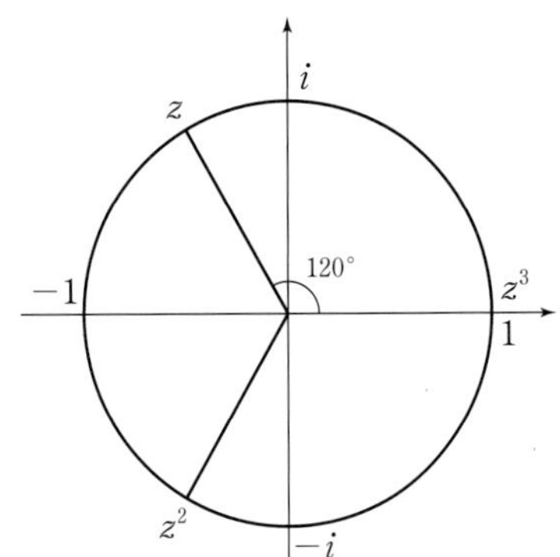

223 정답 ······ 15+8i

• **방법 1**

$\alpha=a+bi$일 때,

$\alpha\langle\alpha\rangle=(a+bi)(b+ai)=(a^2+b^2)i$이므로

$\alpha=\frac{15+8i}{17}$에서

$\alpha\langle\alpha\rangle=\left(\frac{15+8i}{17}\right)\left\langle\frac{15+8i}{17}\right\rangle=\frac{15^2+8^2}{17^2}i=i$

따라서

$$\begin{aligned}17\alpha^5\langle\alpha\rangle^4&=17\alpha\times(\alpha\langle\alpha\rangle)^4\\&=17\alpha\times i^4\\&=15+8i\end{aligned}$$

• **방법 2**

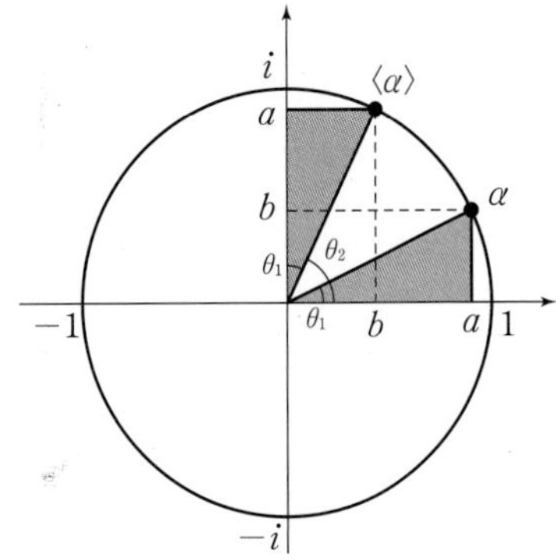

위의 그림과 같이

$\alpha=\cos\theta_1+i\sin\theta_1$, $\langle\alpha\rangle=\cos\theta_2+i\sin\theta_2$라 하면

두 복소수 α, $\langle\alpha\rangle$는 서로 $y=x$에 대하여 대칭이므로

$\theta_1+\theta_2=90^\circ$

즉, $\alpha\langle\alpha\rangle=\cos(\theta_1+\theta_2)+i\sin(\theta_1+\theta_2)=\cos 90^\circ+i\sin 90^\circ=i$

$\therefore 17\alpha^5\langle\alpha\rangle^4=17\alpha(\alpha\langle\alpha\rangle)^4=17\alpha=15+8i$

224 정답 ······ 57

• **방법 1**

$\alpha=\frac{\sqrt{3}+i}{2}$에서

$\alpha^2=\left(\frac{\sqrt{3}+i}{2}\right)^2=\frac{1+\sqrt{3}i}{2}$, $\alpha^3=\left(\frac{\sqrt{3}+i}{2}\right)^3=i$

이므로

$\alpha^5=\alpha^2\times\alpha^3=\frac{1+\sqrt{3}i}{2}\times i$

$=\frac{-\sqrt{3}+i}{2}=\beta$ ······ ㉠

$\alpha^{12}=(\alpha^3)^4=i^4=1$ ······ ㉡

$\alpha^9=(\alpha^3)^3=i^3=-i$

따라서

$\alpha^m\beta^n=\alpha^m(\alpha^5)^n=\alpha^{m+5n}=-i$ ($\because$ ㉠)

이때 $\alpha^9=-i$이므로 $m+5n$의 값 중

최소인 자연수는 9이고 ㉡에 의하여

$m+5n$이 될 수 있는 값은 9, 21, 33, 45, ⋯

m, n은 각각 10 이하의 자연수이므로 $m+5n\le 60$

$\therefore m+5n=9, 21, 33, 45, 57$

따라서 구하는 최댓값은 57이다.

• **방법 2**

$\alpha=\frac{\sqrt{3}+i}{2}$에서 $r=1$, $\theta=30^\circ$이므로

복소수의 극형식으로 표현하면 $\alpha=\cos 30^\circ+i\sin 30^\circ$

같은 방법으로 $\beta=\frac{-\sqrt{3}+i}{2}=\cos 150^\circ+i\sin 150^\circ$

$30^\circ\times 5=150^\circ$, $30^\circ\times 12=360^\circ$이므로

$\alpha^5=\beta$, $\alpha^{12}=1$

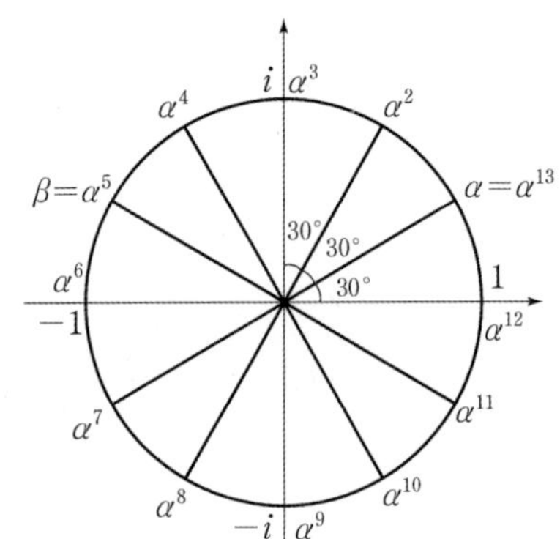

즉, $\alpha^m\beta^n=\alpha^m(\alpha^5)^n=\alpha^{m+5n}=-i$에서
$\alpha^9=-i$, $\alpha^{12}=1$이므로
$m+5n=12k+9$ (단, $k\geq 0$인 정수)이고
$m\leq 10$, $5n\leq 50$이므로 $m+5n\leq 60$
따라서 $m+5n$의 최댓값은
$k=4$일 때 이므로 $12\times 4+9=57$

225 정답 897

• 방법 1

$\alpha^2=\frac{1+\sqrt{3}i}{2}$, $\alpha^4=\frac{-1+\sqrt{3}i}{2}$, $\alpha^8=\frac{-1-\sqrt{3}i}{2}=\beta$이고

$\alpha^3=\alpha^2\times\alpha=\left(\frac{1+\sqrt{3}i}{2}\right)\times\left(\frac{\sqrt{3}+i}{2}\right)=i$이므로

$\alpha^9=(\alpha^3)^3=i^3=-i$ ...... ㉠

$\alpha^{12}=(\alpha^3)^4=i^4=1$ ...... ㉡

주어진 식에서
$\alpha^m\times\beta^n=\alpha^m\times\alpha^{8n}=\alpha^{m+8n}=-i$ 이므로
$m+8n$은 ㉠과 ㉡에 의해서
$m+8n=12k+9$ (단, $k\geq 0$인 정수)이고
$m\leq 100$, $8n\leq 800$, $m+8n\leq 900$
따라서 $m+8n$의 최댓값은 $k=74$일 때이므로
$12\times 74+9=897$

• 방법 2

$\alpha=\frac{\sqrt{3}+i}{2}$에서 $r=1$, $\theta=30^\circ$이므로
복소수의 극형식으로 표현하면 $\alpha=\cos 30^\circ+i\sin 30^\circ$
같은 방법으로 $\beta=\frac{-1-\sqrt{3}i}{2}$에서 $r=1$, $\theta=240^\circ$이므로
복소수의 극형식으로 표현하면 $\beta=\cos 240^\circ+i\sin 240^\circ$

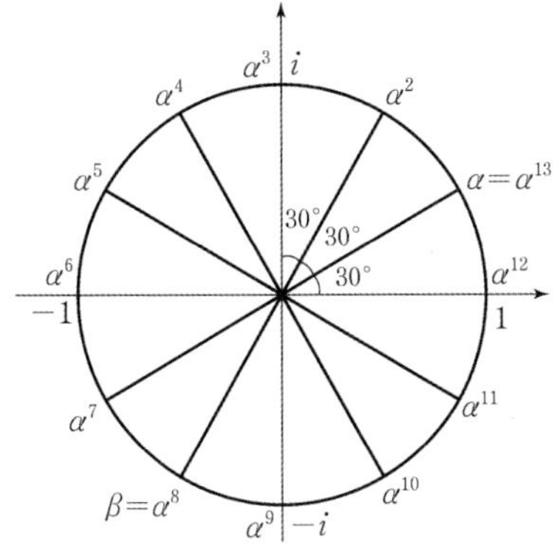

$30^\circ\times 8=240^\circ$이고 $30^\circ\times 12=360^\circ$이므로
$\alpha^8=\beta$, $\alpha^{12}=1$이다.
즉, $\alpha^m\times\beta^n=\alpha^m\times(\alpha^8)^n=\alpha^{m+8n}=-i$에서
$\alpha^9=-i$, $\alpha^{12}=1$이므로
$m+8n=12k+9$ (단, $k\geq 0$인 정수)이고
$m\leq 100$, $8n\leq 800$이므로 $m+8n\leq 900$
따라서 $m+8n$의 최댓값은 $k=74$일 때이므로
$12\times 74+9=897$

226 정답 .... $\sqrt{2}$

• 방법 1

$z_1^2=i$, $z_2^2=-i$이므로
$z_1^4=z_2^4=-1$, $z_1^8=z_2^8=1$
이를 이용하여 $f(1)$, $f(2)$, $f(3)$, $\cdots$, $f(8)$을 각각 구하면
$f(1)=z_1+z_2=\sqrt{2}$, $f(2)=z_1^2+z_2^2=0$
$f(3)=z_1^2\times z_1+z_2^2\times z_2=(z_1-z_2)i=-\sqrt{2}$
$f(4)=z_1^4+z_2^4=-2$
$f(5)=z_1^5+z_2^5=-(z_1+z_2)=-\sqrt{2}$
$f(6)=z_1^6+z_2^6=-(z_1^2+z_2^2)=0$
$f(7)=z_1^7+z_2^7=-(z_1^3+z_2^3)=\sqrt{2}$
$f(8)=z_1^8+z_2^8=2$이므로
$f(1)+f(2)+\cdots+f(8)=0$
$f(n)=f(n+8)$이므로 주어진 식의 값을 구하면
$\therefore f(1)+f(2)+\cdots+f(2024)+f(2025)$
$=253\times\{f(1)+f(2)+\cdots+f(8)\}+f(1)$
$=f(1)=\sqrt{2}$

• 방법 2

두 복소수 z_1, z_2를 극형식으로 표현하면
$z_1=\cos 45^\circ+i\sin 45^\circ$
$z_2=\cos(-45^\circ)+i\sin(-45^\circ)$이므로
이를 복소평면에 각각 대응시켜 보면 다음 그림과 같다.

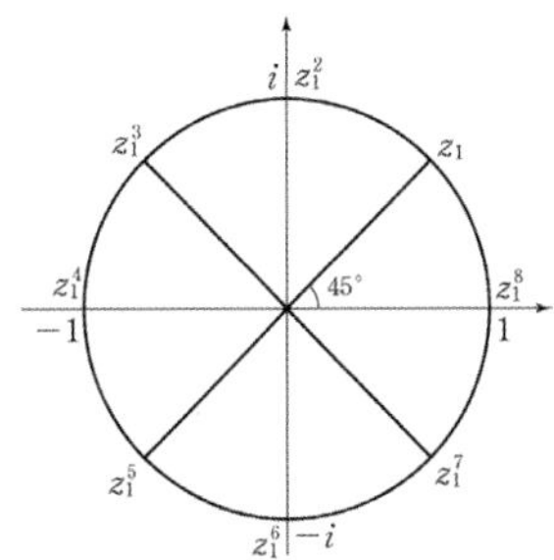

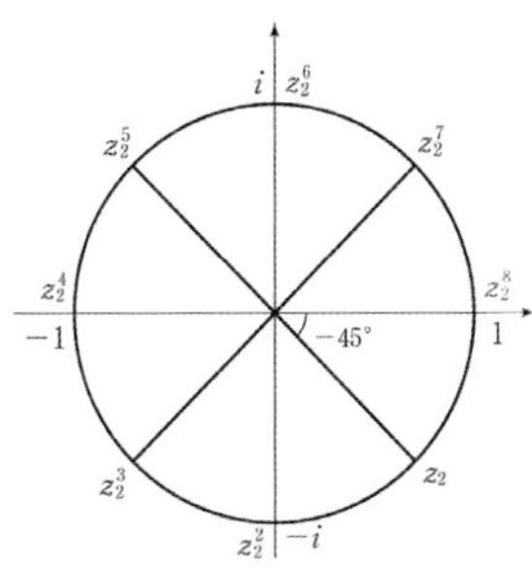

$45^\circ\times 8=360^\circ$이므로 $z_1^n=z_1^{n+8}$, $z_2^n=z_2^{n+8}$
$\therefore f(n+8)=f(n)$
위의 그림에 의해서
$f(1)=z_1+z_2=\sqrt{2}$, $f(2)=z_1^2+z_2^2=0$
$f(3)=z_1^3+z_2^3=-\sqrt{2}$, $f(4)=z_1^4+z_2^4=-2$

$f(5)=z_1^5+z_2^5=-\sqrt{2}$, $f(6)=z_1^6+z_2^6=0$

$f(7)=\sqrt{2}$, $f(8)=2$이므로

$f(1)+f(2)+\cdots+f(8)=0$

$\therefore f(1)+f(2)+\cdots+f(2024)+f(2025)$

$=253\{f(1)+f(2)+\cdots+f(8)\}+f(1)$

$=253\times0+\sqrt{2}=\sqrt{2}$

227 정답 ······ 4

z_1, z_2를 복소수의 극형식으로 나타내면 다음 그림과 같다.

$z_1=\dfrac{1-\sqrt{3}i}{2}=\cos(-60^\circ)+i\sin(-60^\circ)$

$z_2=\dfrac{\sqrt{2}}{1-i}=\dfrac{\sqrt{2}+\sqrt{2}i}{2}=\cos45^\circ+i\sin45^\circ$

z_1^n, z_2^n $(n=1, 2, \cdots)$을 복소평면 위에 나타내면 다음 그림과 같다.

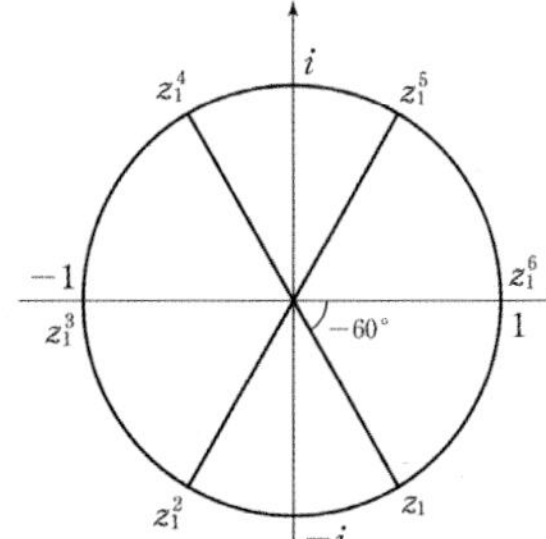

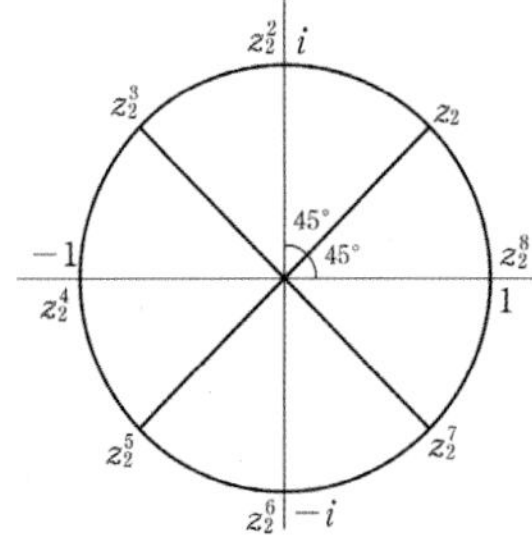

위의 두 그림에서 좌표가 일치하는 점은 $(1, 0)$ 또는 $(-1, 0)$이다.

(i) $z_1^6=z_1^{12}=\cdots=z_1^{96}=1$에서 지수는 6의 배수

$z_2^8=z_2^{16}=\cdots=z_2^{96}=1$에서 지수는 8의 배수이므로

$z_1^n=z_2^n=1$을 동시에 만족하는 경우는 n이 24의 배수일 때이다.

따라서 가능한 두 자리 자연수 n은 24, 48, 72, 96

(ii) $z_1^3=z_1^9=\cdots=z_1^{99}=-1$에서

지수는 $6k-3$ (단, k는 자연수)

$z_2^4=z_2^{12}=\cdots=z_2^{92}=-1$에서

지수는 $8l-4$ (단, l은 자연수)이므로

$z_1^n=z_2^n=-1$을 동시에 만족하는 경우는 존재하지 않는다.

($\because$ $6k-3$은 홀수, $8l-4$는 짝수)

(i), (ii)에 의해 구하는 n의 개수는 4개다.

228 정답 ······ 45

$z_1=\dfrac{1+\sqrt{3}i}{2}$, $z_2=\left(\dfrac{\sqrt{3}-i}{2}\right)^2=\dfrac{1-\sqrt{3}i}{2}$라 하고

이를 극형식으로 표현하면

$z_1=\cos60^\circ+i\sin60^\circ$

$z_2=\cos(-60^\circ)+i\sin(-60^\circ)$

이므로 각각 복소평면에 나타내면 다음 그림과 같다.

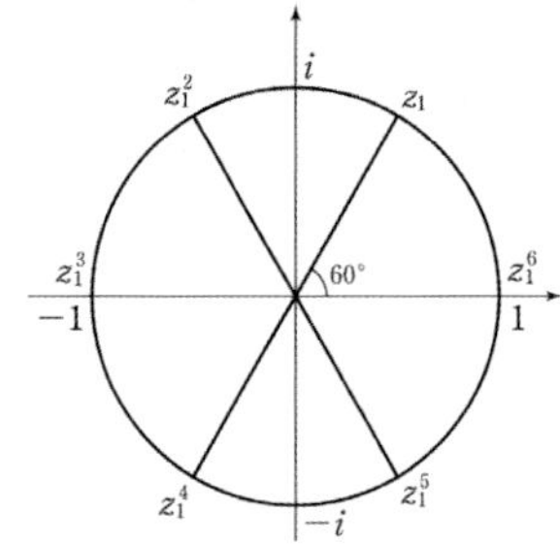

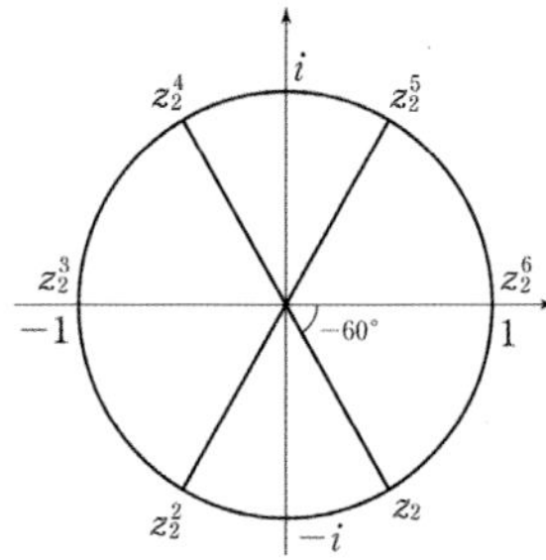

$60^\circ\times6=360^\circ$이므로

$z_1^n=z_1^{n+6}$, $z_2^n=z_2^{n+6}$ $\qquad\therefore f(n)=f(n+6)$

위의 그림에 의해서

$f(1)=z_1+z_2=1$, $f(2)=z_1^2+z_2^2=-1$, $f(3)=z_1^3+z_2^3=-2$

$f(4)=z_1^4+z_2^4=-1$, $f(5)=z_1^5+z_2^5=1$, $f(6)=z_1^6+z_2^6=2$

이므로 $f(n)>0$인 경우는 $n=6k-5$

또는 $n=6k-1$ 또는 $n=6k$ (단, k는 자연수)일 때이다.

즉, 가능한 경우를 모두 구해보면 다음과 같다.

$6\times3-5$, $6\times4-5$, $\cdots$, $6\times17-5$

$6\times2-1$, $6\times3-1$, $\cdots$, $6\times16-1$

6×2, 6×3, $\cdots$, 6×16

따라서 두 자리 자연수 n의 개수는 $15\times3=45$개다.

229 정답 ······ $-\sqrt{3}i$

• **방법 1**

$\alpha-\dfrac{1}{\alpha}+\sqrt{3}i=0$에서 $\alpha-\dfrac{1}{\alpha}=-\sqrt{3}i$

양변을 제곱하여 정리하면

$\alpha^2+\dfrac{1}{\alpha^2}+1=0$, $\alpha^4+\alpha^2+1=0$

$(\alpha^2-1)(\alpha^4+\alpha^2+1)=0$

$\alpha^6-1=0$ $\qquad\therefore \alpha^6=1$

그러므로

$\dfrac{\alpha^{2024}-1}{\alpha}=\dfrac{\alpha^2(\alpha^6)^{337}-1}{\alpha}$

$=\dfrac{\alpha^2-1}{\alpha}$

$=\alpha-\dfrac{1}{\alpha}=-\sqrt{3}i$

• **방법 2**

$\alpha-\dfrac{1}{\alpha}+\sqrt{3}i=0$에서 $\alpha^2+\sqrt{3}i\alpha-1=0$

$\therefore \alpha=\dfrac{1-\sqrt{3}i}{2}$ 또는 $\alpha=\dfrac{-1-\sqrt{3}i}{2}$

이를 극형식으로 표현하면

$\alpha=\cos(-60^\circ)+i\sin(-60^\circ)$

또는 $\alpha=\cos(-120^\circ)+i\sin(-120^\circ)$

$60^\circ\times 6=360^\circ$, $120^\circ\times 3=360^\circ$이므로 $\alpha^6=1$

따라서

$$\frac{\alpha^{2024}-1}{\alpha}=\frac{\alpha^2(\alpha^6)^{337}-1}{\alpha}$$
$$=\frac{\alpha^2-1}{\alpha}$$
$$=\alpha-\frac{1}{\alpha}=-\sqrt{3}i$$

230 정답 .... $4+2\sqrt{3}$

• **방법 1**

$z^2=\frac{1+\sqrt{3}i}{2}=\omega$라 하면 $2\omega-1=\sqrt{3}i$

양변을 제곱하여 정리하면 $\omega^2-\omega+1=0$

$(\omega+1)(\omega^2-\omega+1)=0$, $\omega^3=-1$, $\omega^6=1$

$\therefore z^6=-1$, $z^{12}=1$ ...... ㉠

$z^{12}-1=0$에서

$(z-1)(z^{11}+z^{10}+\cdots+z+1)=0$

$\therefore z^{11}+z^{10}+\cdots+z+1=0$ $(\because z\neq 1)$

위의 식에서

$z^8+z^7+\cdots+z+1=-z^9-z^{10}-z^{11}$

$=z^3+z^4+z^5$ $(\because z^6=-1)$

따라서 주어진 식은

$(1+z+z^2+\cdots+z^7+z^8)(1+\overline{z}+\overline{z}^2+\cdots+\overline{z}^7+\overline{z}^8)$

$=(z^3+z^4+z^5)(\overline{z}^3+\overline{z}^4+\overline{z}^5)$

$=z^3\overline{z}^3(1+z+z^2)(1+\overline{z}+\overline{z}^2)$ ...... ㉡

이때 $z+\overline{z}=\frac{\sqrt{3}+i}{2}+\frac{\sqrt{3}-i}{2}=\sqrt{3}$, $z\overline{z}=\frac{\sqrt{3}+i}{2}\times\frac{\sqrt{3}-i}{2}=1$

이므로

z, $\overline{z}$를 두 근으로 하고 이차항의 계수가 1인

x에 관한 이차방정식은 $x^2-\sqrt{3}x+1=0$

$x=z$를 대입하여 정리하면 $z^2+1=\sqrt{3}z$

이를 ㉡식에 대입하면

$(1+z+z^2+\cdots+z^7+z^8)(1+\overline{z}+\overline{z}^2+\cdots+\overline{z}^7+\overline{z}^8)$

$=(z\overline{z})^3(1+\sqrt{3})z\times(1+\sqrt{3})\overline{z}$

$=(1+\sqrt{3})^2(z\overline{z})^4=4+2\sqrt{3}$

• **방법 2**

$z=\frac{\sqrt{3}+i}{2}$를 극형식으로 표현하면 $z=\cos 30^\circ+i\sin 30^\circ$

$30^\circ\times 12=360^\circ$이므로

$z^{12}=1$이고 $z^{12}-1=0$ 에서

$(z-1)(z^{11}+z^{10}+\cdots+z+1)=0$

$\therefore z^{11}+z^{10}+\cdots+z+1=0$ ...... ㉠

$(1+z+z^2+\cdots+z^7+z^8)(1+\overline{z}+\overline{z}^2+\cdots+\overline{z}^7+\overline{z}^8)$

$=(-z^9-z^{10}-z^{11})(-\overline{z}^9-\overline{z}^{10}-\overline{z}^{11})$ $(\because$ ㉠$)$

$=z^9\overline{z}^9(1+z+z^2)(1+\overline{z}+\overline{z}^2)$

$=(z\overline{z})^9(\sqrt{3}+1)z\times(\sqrt{3}+1)\overline{z}$ $(\because z^2+1=\sqrt{3}z)$

$=(z\overline{z})^{10}(\sqrt{3}+1)^2=4+2\sqrt{3}$ $(\because z\overline{z}=1)$

231 정답 .... $4+2\sqrt{3}$

$z=\frac{\sqrt{3}-i}{2}$를 극형식으로 표현하면

$z=\cos(-30^\circ)+i\sin(-30^\circ)$이므로

이를 복소평면에 대응시키면 다음 그림과 같다.

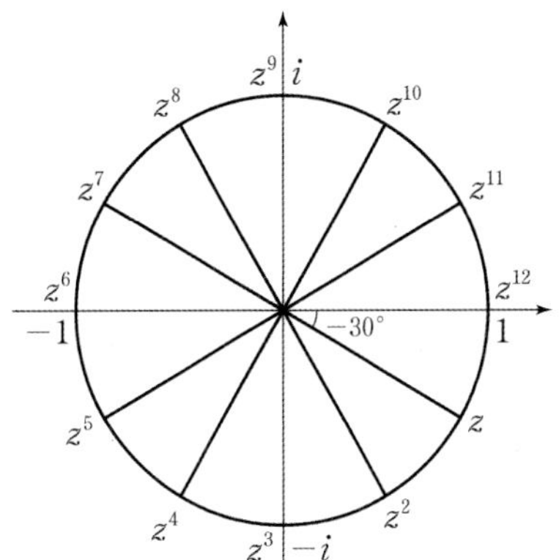

$30^\circ\times 12=360^\circ$이므로 $z^{12}=1$

$z^{12}-1=0$에서

$(z-1)(1+z+z^2+\cdots+z^{11})=0$

$\therefore 1+z+z^2+\cdots+z^{11}=0$ $(\because z\neq 1)$ ...... ㉠

이때

$z+\overline{z}=\frac{\sqrt{3}-i}{2}+\frac{\sqrt{3}+i}{2}=\sqrt{3}$

$z\overline{z}=\frac{\sqrt{3}-i}{2}\times\frac{\sqrt{3}+i}{2}=1$이므로

z, $\overline{z}$를 두 근으로 하고 이차항의 계수가 1인

x에 관한 이차방정식은 $x^2-\sqrt{3}x+1=0$

이 식에 $x=z$를 대입하여 정리하면

$z^2+1=\sqrt{3}z$ ...... ㉡

㉠에 의해서

$(1+z+z^2+z^3+\cdots+z^{50})(1+\overline{z}+\overline{z}^2+\overline{z}^3+\cdots+\overline{z}^{50})$

$=(z^{48}+z^{49}+z^{50})(\overline{z}^{48}+\overline{z}^{49}+\overline{z}^{50})$

$=(1+z+z^2)(1+\overline{z}+\overline{z}^2)$ $(\because z^{12}=1)$

$=(\sqrt{3}+1)z\times(\sqrt{3}+1)\overline{z}$ $(\because$ ㉡$)$

$=(\sqrt{3}+1)^2 z\overline{z}=4+2\sqrt{3}$ $(\because z\overline{z}=1)$

6 고난도 실전 연습 문제

232 정답 $-1,\ 0,\ 1$ 또는 2

z^4이 실수이므로 z^2은 실수이거나 순허수이다.

(i) z^2이 실수일 때

z는 실수 또는 순허수이므로

$z=(k^2-k-2)+(k^2+k)i$에서

$k^2-k-2=0$ 또는 $k^2+k=0$

$(k-2)(k+1)=0,\ k(k+1)=0$

$\therefore k=-1,\ k=0$ 또는 $k=2$

(ii) z^2이 순허수일 때

$z=a+bi$ (단, a, b는 실수)라 하면

z^2이 순허수이므로 $z^2+\overline{z}^2=0$

$(a+bi)^2+(a-bi)^2=0,\ 2(a^2-b^2)=0$

$\therefore a+b=0$ 또는 $a-b=0$

$a+b=0$에서 $(k^2-k-2)+(k^2+k)=0,\ k^2=1$

$\therefore k=-1$ 또는 $k=1$

$a-b=0$에서 $(k^2-k-2)-(k^2+k)=0$

$\therefore k=-1$

(i), (ii)에 의하여 구하는 k의 값은 $-1,\ 0,\ 1$ 또는 2이다.

233 정답 16

$\dfrac{z}{2z^2-4}$이 순허수이면

$\dfrac{z}{2z^2-4}+\dfrac{\overline{z}}{2\overline{z}^2-4}=0$이므로

$z(2\overline{z}^2-4)+\overline{z}(2z^2-4)=0$

$2z\overline{z}(z+\overline{z})-4(z+\overline{z})=0$

$\therefore 2(z+\overline{z})(z\overline{z}-2)=0$

z는 순허수가 아니므로 $z+\overline{z}\neq0$ $\qquad \therefore z\overline{z}=2$

$z^4=p+qi$에서 $\overline{z}^4=p-qi$이므로

$\therefore p^2+q^2=z^4\overline{z}^4=(z\overline{z})^4=2^4=16$

234 정답 0

이차방정식 $x^2-2ax+a^2-a+1=0$이 허근을 가지므로

이 방정식의 판별식을 D라고 하면

$D/4<0,\ a^2-(a^2-a+1)<0$

$\therefore a<1$ …… ㉠

$\alpha^6<0$이므로 α^3은 순허수임을 알 수 있다.

즉, $\alpha^3+\overline{\alpha}^3=0,\ (\alpha+\overline{\alpha})(\alpha^2-\alpha\overline{\alpha}+\overline{\alpha}^2)=0$

$\therefore \alpha+\overline{\alpha}=0$ 또는 $\alpha^2-\alpha\overline{\alpha}+\overline{\alpha}^2=0$

한편, 이차방정식 $x^2-2ax+a^2-a+1=0$의 두 근은 α, $\overline{\alpha}$이므로 근과 계수의 관계에 의하여

$\alpha+\overline{\alpha}=2a,\ \alpha\overline{\alpha}=a^2-a+1$ …… ㉡

(i) $\alpha+\overline{\alpha}=0$일 때

㉡에 의하여 $2a=0$ $\qquad \therefore a=0$

(ii) $\alpha^2-\alpha\overline{\alpha}+\overline{\alpha}^2=0$일 때,

$(\alpha+\overline{\alpha})^2-3\alpha\overline{\alpha}=0$

㉡을 대입하여 정리하면

$(2a)^2-3(a^2-a+1)=0,\ a^2+3a-3=0$

$\therefore a=\dfrac{-3\pm\sqrt{21}}{2}$

이때 $\dfrac{-3-\sqrt{21}}{2}<1,\ \dfrac{-3+\sqrt{21}}{2}<\dfrac{-3+\sqrt{25}}{2}=1$ 이므로

구한 a의 값은 모두 조건 ㉠을 만족시킨다.

(i), (ii)에 의하여

a의 개수 p는 3

a의 값들의 합 q는 $0+\left(\dfrac{-3-\sqrt{21}}{2}\right)+\left(\dfrac{-3+\sqrt{21}}{2}\right)=-3$이다.

$\therefore p+q=0$

235 정답 5

$\dfrac{\alpha^2(\beta+\gamma)+\beta^2(\gamma+\alpha)+\gamma^2(\alpha+\beta)}{\alpha\beta\gamma}$

$=\dfrac{\alpha(\beta+\gamma)}{\beta\gamma}+\dfrac{\beta(\gamma+\alpha)}{\gamma\alpha}+\dfrac{\gamma(\alpha+\beta)}{\alpha\beta}$

$=\alpha\left(\dfrac{1}{\gamma}+\dfrac{1}{\beta}\right)+\beta\left(\dfrac{1}{\gamma}+\dfrac{1}{\alpha}\right)+\gamma\left(\dfrac{1}{\alpha}+\dfrac{1}{\beta}\right)$

$=\alpha\left(\dfrac{1}{\alpha}+\dfrac{1}{\beta}+\dfrac{1}{\gamma}\right)+\beta\left(\dfrac{1}{\alpha}+\dfrac{1}{\beta}+\dfrac{1}{\gamma}\right)+\gamma\left(\dfrac{1}{\alpha}+\dfrac{1}{\beta}+\dfrac{1}{\gamma}\right)-3$

$=(\alpha+\beta+\gamma)\left(\dfrac{1}{\alpha}+\dfrac{1}{\beta}+\dfrac{1}{\gamma}\right)-3$

이때 $\alpha+\beta+\gamma=4i$이므로

$\overline{\alpha}+\overline{\beta}+\overline{\gamma}=-4i$ …… ㉠

$\alpha\overline{\alpha}=\beta\overline{\beta}=\gamma\overline{\gamma}=2$이므로

$\overline{\alpha}=\dfrac{2}{\alpha},\ \overline{\beta}=\dfrac{2}{\beta},\ \overline{\gamma}=\dfrac{2}{\gamma}$ …… ㉡

㉡을 ㉠에 대입하면

$\dfrac{2}{\alpha}+\dfrac{2}{\beta}+\dfrac{2}{\gamma}=-4i$

$\therefore \dfrac{1}{\alpha}+\dfrac{1}{\beta}+\dfrac{1}{\gamma}=-2i$

그러므로

$\dfrac{\alpha^2(\beta+\gamma)+\beta^2(\gamma+\alpha)+\gamma^2(\alpha+\beta)}{\alpha\beta\gamma}$

$=(\alpha+\beta+\gamma)\left(\dfrac{1}{\alpha}+\dfrac{1}{\beta}+\dfrac{1}{\gamma}\right)-3$

$=4i\times(-2i)-3=5$

236 정답 ······ 36, -36

$z^2=8-6i$에서 ······ ㉠

$\overline{z}^2=8+6i$ ······ ㉡

㉠과 ㉡을 곱하면

$(z\overline{z})^2=100$

$\therefore z\overline{z}=10 \quad (\because z\overline{z}\geq 0)$ ······ ㉢

또한 ㉠과 ㉡을 더하면

$z^2+\overline{z}^2=16$, $(z+\overline{z})^2-2z\overline{z}=16$

$(z+\overline{z})^2=16+2z\overline{z}=16+2\times 10=36$

$\therefore z+\overline{z}=\pm 6$ ······ ㉣

㉢과 ㉣에 의해서

$$\begin{aligned} z^3+\overline{z}^3 &= (z+\overline{z})^3-3z\overline{z}(z+\overline{z}) \\ &= (\pm 6)^3-3\times 10\times(\pm 6) \\ &= \pm 36 \end{aligned}$$

따라서 $z^3+\overline{z}^3$의 값은 36 또는 -36이다.

237 정답 ······ 2

0이 아닌 두 실수 a, b에 대하여

$\sqrt{ab}=-\sqrt{a}\sqrt{b}$ 이므로 $a<0$, $b<0$이다.

ㄱ. $a^2>0$, $b<0$에서

$\sqrt{a^2b}=\sqrt{a^2}\sqrt{b}=|a|\sqrt{b}=-a\sqrt{b}$이므로 참이다.

ㄴ. $a<0$, $b^2>0$에서

$\sqrt{\dfrac{a}{b^2}}=\dfrac{\sqrt{a}}{\sqrt{b^2}}=\dfrac{\sqrt{a}}{|b|}=-\dfrac{\sqrt{a}}{b}$이므로 참이다.

ㄷ. $a^2>0$, $b<0$에서

$\sqrt{\dfrac{a^2}{b}}=-\dfrac{\sqrt{a^2}}{\sqrt{b}}=-\dfrac{|a|}{\sqrt{b}}=-\dfrac{-a}{\sqrt{b}}=\dfrac{a}{\sqrt{b}}$이므로 거짓이다.

ㄹ. $a<0$, $ab>0$에서

$\dfrac{\sqrt{a}}{\sqrt{ab}}=\sqrt{\dfrac{a}{ab}}=\sqrt{\dfrac{1}{b}}=-\dfrac{1}{\sqrt{b}}=-\dfrac{\sqrt{b}}{b}$이므로 거짓이다.

ㅁ. $a^3<0$, $b^2>0$에서

$$\sqrt{\frac{b^2}{a^3}}=-\frac{\sqrt{b^2}}{\sqrt{a^3}}=-\frac{|b|}{|a|\sqrt{a}}=-\frac{-b}{-a\sqrt{a}}=-\frac{b}{a\sqrt{a}}$$

$=-\dfrac{b\sqrt{a}}{a^2}$ 이므로 거짓이다.

따라서 참인 경우는 ㄱ, ㄴ의 2개이다.

238 정답 ······ 25

$z+\dfrac{1}{z}=\sqrt{2}$의 양변에 z를 곱해서 정리하면

$z^2-\sqrt{2}z+1=0$이므로 $z=\dfrac{1\pm i}{\sqrt{2}}$이다.

$z_1=\dfrac{1+i}{\sqrt{2}}$, $z_2=\dfrac{1-i}{\sqrt{2}}$라 하고 이를 극형식으로 표현하면

$z_1=\cos 45^\circ+i\sin 45^\circ$, $z_2=\cos(-45^\circ)+i\sin(-45^\circ)$

z_1^n, z_2^n $(n=1, 2, 3, \cdots)$을 복소평면 위에 나타내면 다음과 같다.

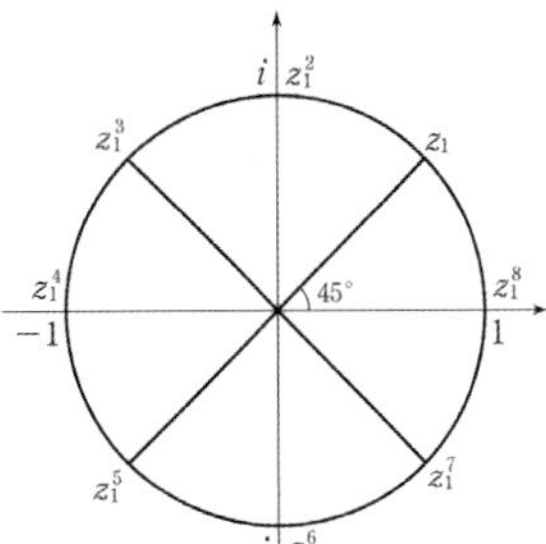

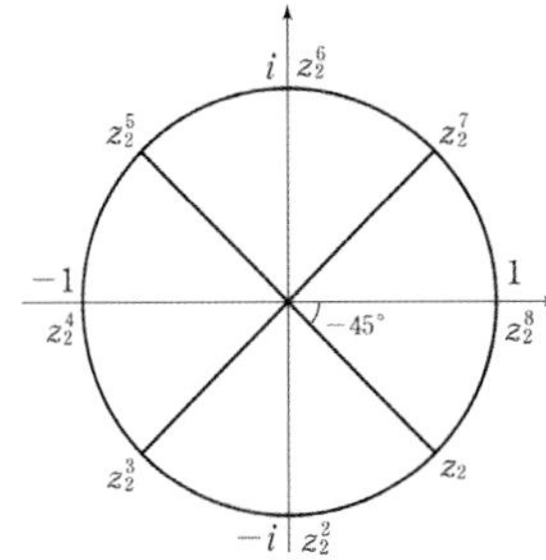

두 그림에서 알 수 있듯이

$z_1^8=1$, $z_2^8=1$이므로

$z_1^n=z_1^{n+8}$, $z_2^n=z_2^{n+8}$이고

$z_1+z_2=\sqrt{2}$, $z_1^2+z_2^2=0$, $z_1^3+z_2^3=-\sqrt{2}$, $z_1^4+z_2^4=-2$

$z_1^5+z_2^5=-\sqrt{2}$, $z_1^6+z_2^6=0$, $z_1^7+z_2^7=\sqrt{2}$, $z_1^8+z_2^8=2, \cdots$ 이므로

$z_1^n+z_2^n=0$을 만족시키는 자연수 n은

$n=8k+2$, $8k+6$ (단, k는 음이 아닌 정수)이다.

가능한 n의 값은

$8\times 0+2$, $8\times 1+2$, $\cdots$, $8\times 12+2$

$8\times 0+6$, $8\times 1+6$, $\cdots$, $8\times 11+6$

따라서 100이하의 자연수 n의 개수는

$13+12=25$(개)이다.

239 정답 ······ $(\sqrt{3}+1)i$

$\alpha^2=\beta$이고 $\beta=\dfrac{1+\sqrt{3}i}{2}$에서 $2\beta-1=\sqrt{3}i$

양변을 제곱하여 정리하면 $\beta^2-\beta+1=0$

$(\beta+1)(\beta^2-\beta+1)=0$, $\beta^3=-1$, $\beta^6=1$

$\therefore \alpha^{12}=1$

$$\begin{aligned} &\alpha^{50}+\alpha^{49}\beta+\alpha^{48}\beta^2+\cdots+\alpha\beta^{49}+\beta^{50} \\ &=\frac{(\alpha-\beta)(\alpha^{50}+\alpha^{49}\beta+\alpha^{48}\beta^2+\cdots+\alpha\beta^{49}+\beta^{50})}{\alpha-\beta} \\ &=\frac{\alpha^{51}-\beta^{51}}{\alpha-\beta}=\frac{(\alpha^{12})^4\alpha^3-(\beta^{12})^4\beta^3}{\alpha-\beta} \\ &=\frac{\alpha^3-\beta^3}{\alpha-\beta}=\alpha^2+\alpha\beta+\beta^2 \\ &=\beta+\alpha\beta+\beta-1 \qquad (\because \alpha^2=\beta,\ \beta^2=\beta-1) \\ &=\sqrt{3}i+i \qquad (\because \alpha\beta=i,\ 2\beta-1=\sqrt{3}i) \\ &=(\sqrt{3}+1)i \end{aligned}$$

240 정답 ······ 25

$$\left[\left(\frac{1+i}{\sqrt{2}}\right)^{2m}+\left\{\left(\frac{\sqrt{2}i}{1-i}\right)^{2}\right\}^{2m}\right]^{n}$$
$$=\left\{i^{m}+\left(\frac{1}{i}\right)^{2m}\right\}^{n}$$
$$=\{i^{m}+(-i)^{2m}\}^{n}$$
$$=\{i^{m}+(-1)^{m}\}^{n}$$

에서 $f(m)=i^{m}+(-1)^{m}$이라 하자.

(i) $m=4k-3$ (k는 자연수)일 때

$i^{4k-3}=i$, $(-1)^{4k-3}=-1$이므로

$f(m)=i-1$

$\{f(m)\}^{2}=(i-1)^{2}=-2i$

$\{f(m)\}^{4}=(-2i)^{2}=-4$

$\{f(m)\}^{8}=16, \cdots$

$\{f(m)\}^{n}$의 값이 양의 실수가 되도록 하는

10이하의 자연수 n은 8뿐이고

10이하의 자연수 m은 1, 5, 9의 3개다.

따라서 순서쌍 (m, n)의 개수는 3개

(ii) $m=4k-2$ (k는 자연수)일 때

$i^{4k-2}=-1$, $(-1)^{4k-2}=1$이므로

$f(m)=-1+1=0$

따라서 $\{f(m)\}^{n}$의 값이 양의 실수가 되도록 하는

순서쌍 (m, n)은 존재하지 않는다.

(iii) $m=4k-1$ (k는 자연수)일 때

$i^{4k-1}=-i$, $(-1)^{4k-1}=-1$이므로

$f(m)=-i-1$

$\{f(m)\}^{2}=2i$

$\{f(m)\}^{4}=(2i)^{2}=-4$

$\{f(m)\}^{8}=16, \cdots$

(i)의 경우와 마찬가지로

$\{f(m)\}^{n}$의 값이 양의 실수가 되도록 하는

10이하의 자연수 n은 8뿐이고

10이하의 자연수 m은 3, 7의 2개다.

따라서 순서쌍 (m, n)의 개수는 2개

(iv) $m=4k$ (k는 자연수)일 때

$i^{4k}=1$, $(-1)^{4k}=1$이므로 $f(m)=1+1=2$

따라서 $\{f(m)\}^{n}$의 값은 n의 값에 관계없이 항상

양의 실수이므로 10이하의 자연수 n은 10개이고

10이하의 자연수 m은 4, 8의 2개다.

따라서 순서쌍 (m, n)의 개수는 $10\times2=20$개

(i) ~ (iv)에 의해 구하는

순서쌍 (m, n)의 개수는 $3+2+20=25$개

241 정답 ······ 2025

$\alpha=x+yi$ (단, x, y는 실수) 일 때,

$\alpha\times\overline{\alpha}=(x+yi)(x-yi)$

$=x^{2}+y^{2}$ 이므로

$|\alpha|^{2}=x^{2}+y^{2}=\alpha\overline{\alpha}$ ······ ㉠

$|\alpha-2025\beta|=|2025-\alpha\overline{\beta}|$

양변을 제곱하자.

$|\alpha-2025\beta|^{2}=|2025-\alpha\overline{\beta}|^{2}$이므로 ㉠에 의해

$(\alpha-2025\beta)\overline{(\alpha-2025\beta)}=(2025-\alpha\overline{\beta})\overline{(2025-\alpha\overline{\beta})}$

$(\alpha-2025\beta)(\overline{\alpha}-2025\overline{\beta})=(2025-\alpha\overline{\beta})(2025-\overline{\alpha}\beta)$

식을 전개하여 정리하면,

$\alpha\overline{\alpha}-2025\alpha\overline{\beta}-2025\overline{\alpha}\beta+(2025)^{2}\beta\overline{\beta}$

$=(2025)^{2}-2025\overline{\alpha}\beta-2025\alpha\overline{\beta}+\alpha\overline{\alpha}\beta\overline{\beta}$

$\alpha\overline{\alpha}+(2025)^{2}\beta\overline{\beta}=(2025)^{2}+\alpha\overline{\alpha}\beta\overline{\beta}$

$\alpha\overline{\alpha}-\alpha\overline{\alpha}\beta\overline{\beta}+(2025)^{2}\beta\overline{\beta}-(2025)^{2}=0$

$\alpha\overline{\alpha}(1-\beta\overline{\beta})+(2025)^{2}(\beta\overline{\beta}-1)=0$

$(1-\beta\overline{\beta})\{\alpha\overline{\alpha}-(2025)^{2}\}=0$

따라서 $\beta\overline{\beta}=1$ 또는 $\alpha\overline{\alpha}=(2025)^{2}$이다.

이때 $\beta\overline{\beta}\neq1$이므로 $\alpha\overline{\alpha}=|\alpha|^{2}=(2025)^{2}$

$\therefore |\alpha|=2025$

242 정답 ······ 11

• **방법 1**

이차방정식 $3x^{2}-3x+1=0$에서 $\sqrt{3}x=t$라 하면

$(\sqrt{3}x)^{2}-\sqrt{3}(\sqrt{3}x)+1=0$, $t^{2}-\sqrt{3}t+1=0$

즉, $t^{2}-\sqrt{3}t+1=0$의 두 근은

$\sqrt{3}\alpha$, $\sqrt{3}\beta$임을 알 수 있다.

$\sqrt{3}\alpha=a$, $\sqrt{3}\beta=b$라 하면 근과 계수의 관계에 의하여

$a+b=\sqrt{3}$, $ab=1$ ······ ㉠

$t^{2}-\sqrt{3}t+1=0$의 두 근이 a, b이므로

$a^{2}-\sqrt{3}a+1=0$, $b^{2}-\sqrt{3}b+1=0$ ······ ㉡

$t^{2}-\sqrt{3}t+1=0$에서 $t^{2}+1=\sqrt{3}t$

양변을 제곱하여 정리하면

$t^{4}-t^{2}+1=0$, $(t^{2}+1)(t^{4}-t^{2}+1)=0$

$t^{6}+1=0$, $t^{6}=-1$, $t^{12}=1$

$\therefore t^{11}+t^{10}+t^{9}+\cdots+t+1=0$

그러므로

$a^{12}=1$, $b^{12}=1$

$1+a+\cdots+a^{11}=0$, $1+b+\cdots+b^{11}=0$ ······ ㉢

$\therefore (1+\sqrt{3}\alpha+3\alpha^{2}+\cdots+3^{49}\sqrt{3}\alpha^{99}+3^{50}\alpha^{100})$

$\times(1+\sqrt{3}\beta+3\beta^2+\cdots+3^{49}\sqrt{3}\beta^{99}+3^{50}\beta^{100})$

$=(1+a+a^2+\cdots+a^{100})(1+b+b^2+\cdots+b^{100})$

$=(1+a+a^2+a^3+a^4)(1+b+b^2+b^3+b^4)$ (∵ ㉢)

이때 $1+a+a^2+a^3+a^4$

$=1+a(1+a^2)+a^2(1+a^2)$

$=1+(1+a^2)(a+a^2)$

$=1+\sqrt{3}a\{a+(\sqrt{3}a-1)\}$ (∵ ㉡)

$=(3+\sqrt{3})a^2-\sqrt{3}a+1$

$=(3+\sqrt{3})(\sqrt{3}a-1)-(\sqrt{3}a-1)$

$=(2+\sqrt{3})(\sqrt{3}a-1)$

$=(2+\sqrt{3})a^2$ (∵ $a^2=\sqrt{3}a-1$)

같은 방법으로 $1+b+b^2+b^3+b^4=(2+\sqrt{3})b^2$이므로

$(1+a+a^2+a^3+a^4)(1+b+b^2+b^3+b^4)$

$=(2+\sqrt{3})^2a^2b^2$

$=(7+4\sqrt{3})(ab)^2$

$=7+4\sqrt{3}$ (∵ ㉠)

따라서 $p=7$, $q=4$ 이므로 $p+q=7+4=11$

• **방법 2**

$t^2-\sqrt{3}t+1=0$에서 $t=\dfrac{\sqrt{3}+i}{2}$ 또는 $t=\dfrac{\sqrt{3}-i}{2}$

이때 $z=\sqrt{3}\alpha=\dfrac{\sqrt{3}+i}{2}$, $\overline{z}=\sqrt{3}\beta=\dfrac{\sqrt{3}-i}{2}$라 놓고

각각을 극형식으로 나타내면

$z=\cos 30^\circ+i\sin 30^\circ$, $\overline{z}=\cos(-30^\circ)+i\sin(-30^\circ)$

$30^\circ\times 12=360^\circ$이므로 $z^{12}=1$, $\overline{z}^{12}=1$이고

$z^{11}+z^{10}+\cdots+z+1=0$, $\overline{z}^{11}+\overline{z}^{10}+\cdots+\overline{z}+1=0$

이를 주어진 식에 대입하여 정리하자.

$(1+\sqrt{3}\alpha+3\alpha^2+\cdots+3^{49}\sqrt{3}\alpha^{99}+3^{50}\alpha^{100})$

$\times(1+\sqrt{3}\beta+3\beta^2+\cdots+3^{49}\sqrt{3}\beta^{99}+3^{50}\beta^{100})$

$=(1+z+z^2+\cdots+z^{100})(1+\overline{z}+\overline{z}^2+\cdots+\overline{z}^{100})$

$=(1+z+z^2+z^3+z^4)(1+\overline{z}+\overline{z}^2+\overline{z}^3+\overline{z}^4)$

$=\{1+(z+z^2)(1+z^2)\}\{1+(\overline{z}+\overline{z}^2)(1+\overline{z}^2)\}$

$=[1+\sqrt{3}z\{(\sqrt{3}+1)z-1\}][1+\sqrt{3}\overline{z}\{(\sqrt{3}+1)\overline{z}-1\}]$

(∵ $z^2=\sqrt{3}z-1$)

$=\{(3+\sqrt{3})z^2-\sqrt{3}z+1\}\{(3+\sqrt{3})\overline{z}^2-\sqrt{3}\overline{z}+1\}$

$=(2+\sqrt{3})z^2(2+\sqrt{3})\overline{z}^2$ (∵ $\sqrt{3}z-1=z^2$)

$=(2+\sqrt{3})^2(z\overline{z})^2$

$=7+4\sqrt{3}$ (∵ $z\overline{z}=1$)

$p=7$, $q=4$ 이므로 $p+q=7+4=11$

Ⅵ 이차방정식

1 이차방정식의 판별식

243 정답 ······ 7

$x^2-2(a-b)x+a^2+b^2-3ab+2a+3b-5=0$의

판별식을 D라 하면 중근을 가져야 하므로 $D=0$이다.

$D/4=(a-b)^2-(a^2+b^2-3ab+2a+3b-5)=0$

$ab-2a-3b+5=0$, $(a-3)(b-2)=1$

이때 a, b는 자연수이므로

$\begin{cases}a-3=1\\b-2=1\end{cases}$ 또는 $\begin{cases}a-3=-1\\b-2=-1\end{cases}$ 에서

$\begin{cases}a=4\\b=3\end{cases}$ 또는 $\begin{cases}a=2\\b=1\end{cases}$

따라서 $a+b$의 최댓값은 7이다.

244 정답 ······ 7

$f(x)-2x$가 이차다항식이므로 $(x-a)(x+a)(x^2+2)+9$는

이차다항식의 완전제곱식이어야 한다.

$(x-a)(x+a)(x^2+2)+9$

$=(x^2-a^2)(x^2+2)+9$

$=x^4+(2-a^2)x^2+9-2a^2$ ······ ㉠

$x^2=t$로 놓으면 ㉠은

$t^2+(2-a^2)t+9-2a^2$

위의 식이 완전제곱식이 되어야 한다.

t에 대한 이차방정식 $t^2+(2-a^2)t+9-2a^2=0$의

판별식을 D라 하면

$D=(2-a^2)^2-4(9-2a^2)=0$이어야 한다.

$a^4+4a^2-32=0$, $(a^2-4)(a^2+8)=0$

$(a+2)(a-2)(a^2+8)=0$ $\therefore a=2$ (∵ $a>0$)

이를 ㉠에 대입하여 정리하면

$\{f(x)-2x\}^2=(x^2-1)^2$이고

$f(x)$의 최고차항의 계수가 양수이므로

$f(x)=x^2+2x-1$ $\therefore f(a)=f(2)=7$

245 정답 ······ −8

이차방정식 $x^2-2kx+k^2+k+2=0$이 실근을 가지므로

이차방정식의 판별식을 D라 하면

$D/4=k^2-(k^2+k+2)\ge 0$ $\qquad\qquad \therefore k\le -2$

$x^2-2kx+k^2+k+2=0$의 두 근이 α, β이므로

근과 계수의 관계에 의해

$\alpha+\beta=2k$, $\alpha\beta=k^2+k+2$

$$\begin{aligned}\therefore \alpha+\beta-\alpha\beta&=2k-(k^2+k+2)\\&=-k^2+k-2\\&=-\left(k-\frac{1}{2}\right)^2-\frac{7}{4}\end{aligned}$$

$k\le -2$이므로 $\alpha+\beta-\alpha\beta$는 $k=-2$일 때 최댓값 -8을 갖는다.

246 정답 0

$x+y=2k-1$, $xy=k^2+(x+y)=k^2+2k-1$이므로

x, y는 이차방정식의 근과 계수의 관계에 의해

$t^2-(2k-1)t+k^2+2k-1=0$의 두 근이다.

이 이차방정식의 판별식을 D라 하면 x, y는 실수이므로

$D=(2k-1)^2-4(k^2+2k-1)\ge 0$

$\therefore k\le \frac{5}{12}$

따라서 정수 k의 최댓값은 0이다.

247 정답 .... 최솟값 : -4, 최댓값 : 8

$a+b+c=6$에서 $a+c=6-b$

$ab+bc+ca=-15$에서 $b(a+c)+ca=-15$

$$\begin{aligned}ca&=-15-b(a+c)\\&=-15-b(6-b)\\&=b^2-6b-15\end{aligned}$$

이때, 근과 계수의 관계를 이용하여

두 실수 a, c를 근으로 하고, 이차항의 계수가 1인

t에 대한 이차방정식을 세워보면

$t^2-(a+c)t+ac=0$

$t^2-(6-b)t+(b^2-6b-15)=0$

이 이차방정식이 실근을 가진다는 뜻이므로

판별식의 값은 0이상이어야 한다.

판별식을 D라 하면

$$\begin{aligned}D&=(6-b)^2-4(b^2-6b-15)\\&=-3b^2+12b+96\ge 0\end{aligned}$$

$b^2-4b-32\le 0$, $(b-8)(b+4)\le 0$

$\therefore -4\le b\le 8$

즉, 실수 b의 최솟값은 -4, 최댓값은 8이다.

248 정답 36

$(2x+y)^2+(x-y)^2=k$라고 하면

$5x^2+2xy+2y^2=k$ $\quad\cdots\cdots$ ㉠

$x^2+y^2=2$ $\quad\cdots\cdots$ ㉡

㉠$\times 2-$㉡$\times k$를 하면

$(10-k)x^2+4xy+(4-k)y^2=0$ $\quad\cdots\cdots$ ㉢

(i) $y=0$일 때

㉡ 에서 $x^2=2$이므로 ㉠에 대입하면 $k=10$

(ii) $y\ne 0$, $k\ne 10$일 때

㉢ 을 y^2으로 나누면

$(10-k)\left(\frac{x}{y}\right)^2+4\left(\frac{x}{y}\right)+(4-k)=0$

이때 $\frac{x}{y}=t$로 놓으면

$(10-k)t^2+4t+4-k=0$

t는 실수이므로 이 이차방정식의 판별식을 D라 하면

$D/4=2^2-(10-k)(4-k)\ge 0$, $k^2-14k+36\le 0$

$\therefore 7-\sqrt{13}\le k\le 7+\sqrt{13}$

(i), (ii)에 의해 k의 최댓값은 $7+\sqrt{13}$, 최솟값은 $7-\sqrt{13}$

이므로 $M\times m=(7+\sqrt{13})(7-\sqrt{13})=36$

2 근과 계수의 관계

249 정답 .... $\frac{11}{45}$

주어진 이차방정식의 두 근이 α_n, β_n이므로

근과 계수의 관계에 의하여

$$\begin{aligned}\alpha_n+\beta_n&=\frac{1}{n(n+1)(n+2)}\\&=\frac{1}{2}\left\{\frac{1}{n(n+1)}-\frac{1}{(n+1)(n+2)}\right\}\end{aligned}$$

주어진 식의 값을 구하면

$$\begin{aligned}&(\alpha_1+\alpha_2+\cdots+\alpha_8)+(\beta_1+\beta_2+\cdots+\beta_8)\\&=(\alpha_1+\beta_1)+(\alpha_2+\beta_2)+\cdots+(\alpha_8+\beta_8)\\&=\frac{1}{2}\left\{\left(\frac{1}{1\times 2}-\frac{1}{2\times 3}\right)+\left(\frac{1}{2\times 3}-\frac{1}{3\times 4}\right)+\cdots\right.\\&\qquad\left.+\left(\frac{1}{8\times 9}-\frac{1}{9\times 10}\right)\right\}\\&=\frac{1}{2}\left(\frac{1}{2}-\frac{1}{90}\right)=\frac{11}{45}\end{aligned}$$

250 정답 .... $\frac{58}{45}$

$f(x)=(n+1)x^2+2x-n(n+2)$라 하면

$f(x)=0$의 두 근이 α_n, β_n이므로

$f\left(\frac{1}{x}\right)=0$의 두 근은 $\frac{1}{\alpha_n}$, $\frac{1}{\beta_n}$이다.

따라서 $f\left(\frac{1}{x}\right)=(n+1)\left(\frac{1}{x}\right)^2+2\left(\frac{1}{x}\right)-n(n+2)=0$의

양변에 x^2을 곱하면

$n(n+2)x^2-2x-(n+1)=0$

이차방정식의 근과 계수의 관계에 의하여

$\frac{1}{\alpha_n}+\frac{1}{\beta_n}=\frac{2}{n(n+2)}=\frac{1}{n}-\frac{1}{n+2}$

$\therefore \left(\frac{1}{\alpha_1}+\frac{1}{\alpha_2}+\cdots+\frac{1}{\alpha_8}\right)+\left(\frac{1}{\beta_1}+\frac{1}{\beta_2}+\cdots+\frac{1}{\beta_8}\right)$

$=\left(\frac{1}{\alpha_1}+\frac{1}{\beta_1}\right)+\left(\frac{1}{\alpha_2}+\frac{1}{\beta_2}\right)+\cdots+\left(\frac{1}{\alpha_8}+\frac{1}{\beta_8}\right)$

$=\left(\frac{1}{1}-\frac{1}{3}\right)+\left(\frac{1}{2}-\frac{1}{4}\right)+\left(\frac{1}{3}-\frac{1}{5}\right)+\cdots$

$+\left(\frac{1}{7}-\frac{1}{9}\right)+\left(\frac{1}{8}-\frac{1}{10}\right)$

$=1+\frac{1}{2}-\frac{1}{9}-\frac{1}{10}=\frac{58}{45}$

251 정답 ········ $\frac{9}{10}$

방정식 $\{n\sqrt{n}\sqrt{n+1}+n(n+1)\}x^2-\sqrt{n}x-1=0$에서

이차방정식의 근과 계수의 관계에 의하여

$\alpha_n+\beta_n=\frac{\sqrt{n}}{n\sqrt{n}\sqrt{n+1}+n(n+1)}$

$=\frac{\sqrt{n}}{n\sqrt{n+1}(\sqrt{n}+\sqrt{n+1})}$

$=\frac{1}{\sqrt{n}\sqrt{n+1}}\times\frac{1}{\sqrt{n}+\sqrt{n+1}}$

$=\frac{\sqrt{n+1}-\sqrt{n}}{\sqrt{n}\sqrt{n+1}}$

$=\frac{1}{\sqrt{n}}-\frac{1}{\sqrt{n+1}}$

$\therefore (\alpha_1+\alpha_2+\cdots+\alpha_{99})+(\beta_1+\beta_2+\cdots+\beta_{99})$

$=(\alpha_1+\beta_1)+(\alpha_2+\beta_2)+\cdots+(\alpha_{99}+\beta_{99})$

$=\left(\frac{1}{1}-\frac{1}{\sqrt{2}}\right)+\left(\frac{1}{\sqrt{2}}-\frac{1}{\sqrt{3}}\right)+\left(\frac{1}{\sqrt{3}}-\frac{1}{\sqrt{4}}\right)+\cdots$

$+\left(\frac{1}{\sqrt{99}}-\frac{1}{\sqrt{100}}\right)$

$=1-\frac{1}{10}=\frac{9}{10}$

252 정답 ········ 5

조건 ㈎에서 α, β는 소수의 네 제곱수이므로

α, β가 될 수 있는 수는 2^4, 3^4, 5^4, 즉 16, 81, 625이다.

한편 이차방정식 $x^2-ax+b=0$의 두 근이 α, β이므로

이차방정식의 근과 계수의 관계에 의하여

$a=\alpha+\beta$, $b=\alpha\beta$

a는 1000이하의 자연수이므로

$a=16+81$, $b=16\times81$

$a=16+625$, $b=16\times625$

$a=81+625$, $b=81\times625$

$a=16+16$, $b=16\times16$

$a=81+81$, $b=81\times81$

따라서 순서쌍 (a, b)의 개수는 5개이다.

253 정답 ········ 36

조건 ㈎, ㈏에서 α, β는 30이하인 소수의

세 제곱수 또는 서로 다른 두 소수의 곱이므로

α, β가 될 수 있는 수는

2×3, 2×5, 2×7, 2×11, 2×13, 3×5, 3×7, 2^3, 3^3이다.

즉, 6, 8, 10, 14, 15, 21, 22, 26, 27이다.

한편, 이차방정식 $x^2-ax+b=0$의 두 근이 α, β이므로

이차방정식의 근과 계수의 관계에 의하여

$a=\alpha+\beta$, $b=\alpha\beta$

이때, 순서쌍 (a, b)의 개수는

순서쌍 (α, β)(단, $\alpha<\beta$)의 개수와 같으므로

구하는 순서쌍의 개수는 $\frac{9\times8}{2}=36$이다.

254 정답 ········ $-1\le a\le1$

방정식 $x^2-2x-a^2-2=0$의 두 근이 α, β이므로

근과 계수의 관계에 의하여

$\alpha+\beta=2$, $\alpha\beta=-a^2-2$

이때, $\alpha+\beta>0$, $\alpha\beta<0$이므로 α와 β의 부호는

서로 다르다.

$|\alpha|+|\beta|\le4$에서 양변을 제곱하면

$\alpha^2+\beta^2+2|\alpha\beta|\le16$

$(\alpha+\beta)^2-4\alpha\beta\le16$ $\quad(\because \alpha\beta<0)$

$2^2-4(-a^2-2)\le16$

$\therefore -1\le a\le1$

255 정답 ········ $a=1$, $b=-4$

이차방정식 $x^2+ax+3b=0$의 두 근이

α, β (단, $\alpha<0<\beta$) 이므로

근과 계수의 관계에 의하여

$\alpha+\beta=-a$ ······ ㉠

$\alpha\beta=3b$ ······ ㉡

이차방정식 $x^2-(3a-b)x+4a-2b=0$의

두 근이 $|\alpha|, |\beta|$이므로

근과 계수의 관계에 의하여

$|\alpha|+|\beta|=-\alpha+\beta=3a-b$ …… ㉢

$|\alpha||\beta|=-\alpha\beta=4a-2b$ …… ㉣

㉡, ㉣에서 $4a+b=0$ $\therefore b=-4a$

㉢식을 제곱하면 $(\beta-\alpha)^2=(\alpha+\beta)^2-4\alpha\beta=(3a-b)^2$

$(3a-b)^2=(-a)^2-4\times 3b$ ($\because$ ㉠, ㉡)

이 식에 $b=-4a$를 대입하여 정리하면

$49a^2=a^2+48a$, $a^2=1$

$\therefore a=-1$ 또는 $a=1$

㉡식에서 두 근의 부호가 다르므로 $b<0$, $-4a<0$ $\therefore a>0$

즉, $a=1$이고 $b=-4$이다.

256 정답 …… $1, \frac{1}{3}$

이차방정식 $x^2-ax+3a-9=0$에서

$x^2-ax+3(a-3)=0$, $(x-3)(x-a+3)=0$

$\therefore x=3$ 또는 $x=a-3$

조건 (나)에서 $\alpha\beta<0$이므로 $a-3<0$ $\therefore a<3$

(i) $\alpha=3$, $\beta=a-3$일 때

조건 (가)에서 $9+3-a=11$ $\therefore a=1$

(ii) $\alpha=a-3$, $b=3$일 때

조건 (가)에서 $3(3-a)+3=11$ $\therefore a=\frac{1}{3}$

(i), (ii)에 의해 구하는 a의 값은 1 또는 $\frac{1}{3}$이다.

257 정답 …… 16

근과 계수의 관계에 의하여

$\alpha+\beta=-a$, $\alpha\beta=-4a$

이때 $a>0$이므로 $\alpha\beta<0$

$(|\alpha|-|\beta|)^2$

$=\alpha^2-2|\alpha\beta|+\beta^2$

$=\alpha^2+2\alpha\beta+\beta^2$

$=(\alpha+\beta)^2=a^2=1$

$\therefore a=1$

이를 주어진 이차방정식에 대입하면

$x^2+x-4=0$

이 이차방정식의 두 근이 α, β이므로

$\alpha^2+\alpha-4=0$, $\beta^2+\beta-4=0$

이를 구하는 식에 대입하면

$\alpha^4+2\alpha^3+2\alpha^2+2\alpha-15$

$=(\alpha^2+\alpha-4)(\alpha^2+\alpha+5)+\alpha+5$

$=\alpha+5$

$\beta^4+2\beta^3+2\beta^2+2\beta-15$

$=(\beta^2+\beta-4)(\beta^2+\beta+5)+\beta+5$

$=\beta+5$

따라서 구하는 식의 값은

$(\alpha^4+2\alpha^3+2\alpha^2+2\alpha-15)(\beta^4+2\beta^3+2\beta^2+2\beta-15)$

$=(\alpha+5)(\beta+5)$

$=\alpha\beta+5(\alpha+\beta)+25$

$=-4+5\times(-1)+25=16$

258 정답 …… -8

$x^2+6x+1=0$의 두 근이 α, β이므로

$\alpha^2+6\alpha+1=0$, $\beta^2+6\beta+1=0$

따라서

$\alpha^4+12\alpha^3+37\alpha^2+7\alpha$

$=(\alpha^2+6\alpha+1)(\alpha^2+6\alpha)+\alpha=\alpha$

$\beta^4+12\beta^3+37\beta^2+7\beta$

$=(\beta^2+6\beta+1)(\beta^2+6\beta)+\beta=\beta$

한편, 이차방정식의 근과 계수의 관계에 의해

$\alpha+\beta=-6$, $\alpha\beta=1$이므로 $\alpha<0$, $\beta<0$

따라서 구하는 식의 값은

$(\sqrt{\alpha^4+12\alpha^3+37\alpha^2+7\alpha}+\sqrt{\beta^4+12\beta^3+37\beta^2+7\beta})^2$

$=(\sqrt{\alpha}+\sqrt{\beta})^2$

$=\alpha+2\sqrt{\alpha}\sqrt{\beta}+\beta$

$=\alpha+\beta-2\sqrt{\alpha\beta}$

$=-6-2=-8$

3 이차방정식의 켤레근

259 정답 …… $k=-2\pm2\sqrt{3}$

이차방정식 $(1+i)x^2+(2+k)x+3(1-i)=0$의

실근을 α라 하면

$(1+i)\alpha^2+(2+k)\alpha+3(1-i)=0$

$\{\alpha^2+(2+k)\alpha+3\}+(\alpha^2-3)i=0$

복소수가 서로 같을 조건에 의하여

$\alpha^2+(2+k)\alpha+3=0$, $\alpha^2-3=0$

두 식을 연립하여 풀면

$\therefore \alpha=\pm\sqrt{3}$, $k=-2\pm2\sqrt{3}$

260 정답 ········· $-1,\ 2$

이차방정식 $x^2-(2-\sqrt{2})x-8-2\sqrt{2}a=0$의 정수근을 α라 하면

$\alpha^2-(2-\sqrt{2})\alpha-8-2\sqrt{2}a=0$

$(\alpha^2-2\alpha-8)+(\alpha-2a)\sqrt{2}=0$

무리수가 서로 같은 조건에 의하여

$\alpha^2-2\alpha-8=0$ ······ ㉠

$\alpha-2a=0$ ······ ㉡

㉠에서 $(\alpha-4)(\alpha+2)=0$이므로

$\alpha=-2$ 또는 $\alpha=4$

$\alpha=-2$를 ㉡에 대입하면 $a=-1$

$\alpha=4$를 ㉡에 대입하면 $a=2$

따라서 구하는 정수 a의 값은 -1 또는 2이다.

261 정답 ········· $k=4$, 허근 : $\frac{1+i}{3}$

이차방정식 $(1-k)x^2+(i-2)x+1+i=0$의 실근을 α라 하면

$(1-k)\alpha^2+(i-2)\alpha+1+i=0$

$\{(1-k)\alpha^2-2\alpha+1\}+(\alpha+1)i=0$

복소수가 서로 같을 조건에 의하여

$(1-k)\alpha^2-2\alpha+1=0,\ \alpha+1=0$

$\alpha=-1$을 대입하면

$1-k+2+1=0$ $\therefore k=4$

즉, 주어진 이차방정식은

$-3x^2+(i-2)x+1+i=0$

$3x^2+(2-i)x-(1+i)=0$

$(x+1)(3x-1-i)=0$ 이므로

그때의 허근은 $x=\frac{1+i}{3}$이다.

262 정답 ········· $p=2,\ q=2$

이차방정식 $x^2+px+q=0$은 서로 다른 두 허근 $\alpha,\ \beta$를 갖는다.

이때, 두 허근은 서로 켤레복소수 관계이므로 $\alpha=\overline{\beta}$, $\overline{\alpha}=\beta$

즉, $\alpha^2-2\beta=2$에서

$\alpha^2-2\overline{\alpha}=2$ ······ ㉠

$\overline{\alpha}^2-2\alpha=2$ ······ ㉡

㉠$-$㉡을 하면

$\alpha^2-\overline{\alpha}^2-2\overline{\alpha}+2\alpha=0,\ (\alpha-\overline{\alpha})(\alpha+\overline{\alpha})+2(\alpha-\overline{\alpha})=0$

$(\alpha-\overline{\alpha})(\alpha+\overline{\alpha}+2)=0$ $\therefore \alpha+\overline{\alpha}=-2\ (\because \alpha\neq\overline{\alpha})$

㉠$+$㉡을 하면

$\alpha^2+\overline{\alpha}^2-2\overline{\alpha}-2\alpha=4,\ (\alpha+\overline{\alpha})^2-2\alpha\overline{\alpha}-2(\alpha+\overline{\alpha})=4$

$(-2)^2-2\alpha\overline{\alpha}-2\times(-2)=4$ $\therefore \alpha\overline{\alpha}=2$

따라서 이차방정식의 근과 계수의 관계에 의하여

$-p=\alpha+\overline{\alpha}=-2,\ q=\alpha\overline{\alpha}=2$

$\therefore p=2,\ q=2$

263 정답 ········· $-\frac{7}{3}$

$ax^2+bx+c=0$에서 a를 a'으로 잘못 보고 풀었다고 하면 $b,\ c$의 값을 바르게 보았다.

$$-\frac{b}{c}=\left(-\frac{b}{a'}\right)\div\frac{c}{a'}$$
$$=[\text{두 근의 합}]\div[\text{두 근의 곱}]$$
$$=\{(-1+\sqrt{3})+(-1-\sqrt{3})\}\div\{(-1+\sqrt{3})(-1-\sqrt{3})\}$$
$$=-2\div(-2)=1$$

$\therefore c=-b$

c를 다른 유리수로 잘못 보고 풀었으므로 $a,\ b$의 값을 바르게 보았다.

따라서 두 근의 합이 $-\frac{b}{a}=-1+\frac{2}{3}=-\frac{1}{3}$이므로 $a=3b$

이를 $ax^2+bx+c=0$에 대입하면

$3bx^2+bx-b=0,\ 3x^2+x-1=0$ $(\because b\neq0)$

$\alpha+\beta=-\frac{1}{3},\ \alpha\beta=-\frac{1}{3}$이므로

$$\frac{\beta}{\alpha}+\frac{\alpha}{\beta}=\frac{\alpha^2+\beta^2}{\alpha\beta}$$
$$=\frac{(\alpha+\beta)^2-2\alpha\beta}{\alpha\beta}$$
$$=\frac{\left(-\frac{1}{3}\right)^2-2\times\left(-\frac{1}{3}\right)}{-\frac{1}{3}}=-\frac{7}{3}$$

264 정답 ········· -6

잘못 구한 한 근이 $2+i$이므로 다른 한 근은 $2-i$이다.

$x=\frac{-b\pm\sqrt{b^2-ac}}{a}$이므로

b의 값을 $2b$로 잘못 대입한 것과 같다.

이때 $2+i,\ 2-i$를 근으로 하고

x^2의 계수가 a인 이차방정식은

$a(x-2-i)(x-2+i)=0$

$ax^2-4ax+5a=0$이므로

처음 방정식의 일차항의 계수는 $-4a\times\frac{1}{2}=-2a$이다.

즉, 처음 방정식은 $ax^2-2ax+5a=0$

근과 계수의 관계에 의하여 $\alpha+\beta=2,\ \alpha\beta=5$

$\therefore \alpha^2+\beta^2=(\alpha+\beta)^2-2\alpha\beta$

$=4-10=-6$

4 이차방정식의 근의 형태

265 정답 .... $p=4,\ q=1$

$4cx^2-2bx+a=0$에서 양변을 $4x^2$으로 나누면

$\dfrac{4cx^2-2bx+a}{4x^2}=0$에서 $a\left(-\dfrac{1}{2x}\right)^2+b\left(-\dfrac{1}{2x}\right)+c=0$

즉, 이차방정식 $4cx^2-2bx+a=0$의 두 근 $\alpha,\ \beta$는 다음과 같다.

$-\dfrac{1}{2(1-\sqrt{2}i)}=-\dfrac{1+\sqrt{2}i}{6},\ -\dfrac{1}{2(1+\sqrt{2}i)}=-\dfrac{1-\sqrt{2}i}{6}$

$\alpha+\beta=-\dfrac{1+\sqrt{2}i}{6}-\dfrac{1-\sqrt{2}i}{6}=-\dfrac{1}{3}$

$\alpha\beta=\left(-\dfrac{1+\sqrt{2}i}{6}\right)\left(-\dfrac{1-\sqrt{2}i}{6}\right)=\dfrac{1}{12}$이므로

$\alpha,\ \beta$를 두 근으로 하는 이차방정식은 근과 계수의 관계에 의하여

$x^2+\dfrac{1}{3}x+\dfrac{1}{12}=0,\ 12x^2+4x+1=0$

$\therefore\ p=4,\ q=1$

• **다른 풀이**

이차방정식 $ax^2+bx+c=0$의

두 근이 $1-\sqrt{2}i,\ 1+\sqrt{2}i$이므로 근과 계수의 관계에 의하여

[두 근의 합]$=-\dfrac{b}{a}=2$에서 $b=-2a$

[두 근의 곱]$=\dfrac{c}{a}=3$에서 $c=3a$

이를 $4cx^2-2bx+a=0$에 대입하여 정리하면

$12ax^2+4ax+a=0,\ 12x^2+4x+1=0$

$\therefore\ p=4,\ q=1$

266 정답 .... $\dfrac{333}{4}$

이차방정식 $f(x)=0$의 두 근이 $\alpha,\ \beta$이므로 $f(\alpha)=0,\ f(\beta)=0$

$f(\alpha)=\left(\dfrac{3\alpha-5}{2}\right)^2-\left(\dfrac{3\alpha-5}{2}\right)+7=0$

$f(\beta)=\left(\dfrac{3\beta-5}{2}\right)^2-\left(\dfrac{3\beta-5}{2}\right)+7=0$

에서 $t=\dfrac{3x-5}{2}$라 하면

$t^2-t+7=0$의 두 근이 $\dfrac{3\alpha-5}{2},\ \dfrac{3\beta-5}{2}$이다.

근과 계수의 관계에 의하여

$\dfrac{3\alpha-5}{2}+\dfrac{3\beta-5}{2}=1$에서 $\dfrac{3(\alpha+\beta)-10}{2}=1$

$\therefore\ \alpha+\beta=4$ ...... ㉠

$\dfrac{3\alpha-5}{2}\times\dfrac{3\beta-5}{2}=7$에서 $\dfrac{9\alpha\beta-15(\alpha+\beta)+25}{4}=7$

$\therefore\ \alpha\beta=7$ ...... ㉡

이때, $f(\alpha)=0,\ f(\beta)=0$이므로

$f\left(\dfrac{2x-3}{6}\right)=0$이기 위해서는

$\dfrac{2x-3}{6}=\alpha$ 또는 $\dfrac{2x-3}{6}=\beta$

$\therefore\ x=\dfrac{6\alpha+3}{2}$ 또는 $x=\dfrac{6\beta+3}{2}$

따라서 이차방정식 $f\left(\dfrac{2x-3}{6}\right)=0$의 두 근의 곱은 ㉠, ㉡에 의해

$\dfrac{6\alpha+3}{2}\times\dfrac{6\beta+3}{2}=\dfrac{36\alpha\beta+18(\alpha+\beta)+9}{4}=\dfrac{333}{4}$

267 정답 22

이차방정식 $P(x-2)=0$의 두 근이 $\alpha,\ \beta$이므로

$P(\alpha-2)=0,\ P(\beta-2)=0$

따라서 $P(x^2+x+3)=0$의 근은

$x^2+x+3=\alpha-2,\ x^2+x+3=\beta-2$를 만족시킨다.

$x^2+x+3=\alpha-2$에서

$x^2+x+5-\alpha=0$ ...... ㉠

$x^2+x+3=\beta-2$에서

$x^2+x+5-\beta=0$ ...... ㉡

이차방정식의 근과 계수의 관계에 의해

㉠에서 두 근의 곱은 $5-\alpha$

㉡에서 두 근의 곱은 $5-\beta$

따라서 주어진 방정식의 모든 근의 곱은 $\alpha+\beta=1,\ \alpha\beta=2$이므로

$(5-\alpha)(5-\beta)=25-5(\alpha+\beta)+\alpha\beta$

$=25-5\times1+2=22$

268 정답 .... $-\alpha,\ -\beta$

$f(x)=a(x-1)^2+b(x-1)+c$라 하면

이차방정식 $f(x)=0$의 두 근이 $\alpha,\ \beta$이므로 $f(\alpha)=0,\ f(\beta)=0$

주어진 이차방정식 $c\left(\dfrac{1}{x+1}\right)^2-b\left(\dfrac{1}{x+1}\right)+a=0$의

양변에 $(x+1)^2$을 곱한 후 정리하면

$c-b(x+1)+a(x+1)^2=0,\ a(x+1)^2-b(x+1)+c=0$

$\therefore\ a(-x-1)^2+b(-x-1)+c=0$

이는 이차방정식 $f(x)=0$에 x대신 $-x$를 대입한 식이므로

이차방정식 $f(-x)=0$의 두 근을 구하면 된다.

이 두 근을 $\gamma,\ \delta$라 하면

$-\gamma=\alpha,\ -\delta=\beta$에서 $\gamma=-\alpha,\ \delta=-\beta$이다.

즉, 주어진 이차방정식의 두 근은 $-\alpha,\ -\beta$이다.

5 이차방정식 만들기

269 정답 $\frac{8}{3}$

이차방정식 $x^2+x-1=0$의 두 근이 α, β이므로
$\alpha^2+\alpha-1=0$, $\beta^2+\beta-1=0$
이차방정식의 근과 계수의 관계에 의하여
$\alpha+\beta=-1$, $\alpha\beta=-1$
$\beta^2=1-\beta=1-(-1-\alpha)=2+\alpha$
$\alpha^2=1-\alpha=1-(-1-\beta)=2+\beta$ 이므로
$f(\alpha)=\beta^2$에서 $f(\alpha)=2+\alpha$, $f(\alpha)-\alpha-2=0$
$f(\beta)=\alpha^2$에서 $f(\beta)=2+\beta$, $f(\beta)-\beta-2=0$
즉, $f(x)-x-2=0$의 두 근이 α, β이므로
$f(x)$의 이차항의 계수를 k라 하면
$f(x)-x-2=k(x^2+x-1)$
$f(x)=kx^2+(k+1)x-k+2$
이때, $f(1)=0$이므로
$f(1)=k+3=0$ $\therefore k=-3$
따라서 $f(x)=-3x^2-2x+5$
이차방정식 $-3x^2-2x+5=0$에서
$3x^2+2x-5=0$, $(3x+5)(x-1)=0$ 이므로
이차방정식 $f(x)=0$의 두 근의 차는 $1-\left(-\frac{5}{3}\right)=\frac{8}{3}$이다.

270 정답 1

이차방정식 $x^2-x-1=0$의 두 근이 α, β이므로
근과 계수의 관계에 의하여 $\alpha\beta=-1$이고
$\alpha=-\frac{1}{\beta}$에서 $\alpha^2=\frac{1}{\beta^2}$이므로
(나)조건에서 $f(\alpha)=-\frac{1}{\beta^2}-\alpha$, $f(\alpha)+\frac{1}{\beta^2}+\alpha=0$
$\therefore f(\alpha)+\alpha^2+\alpha=0$
마찬가지로
$\beta=-\frac{1}{\alpha}$에서 $\beta^2=\frac{1}{\alpha^2}$이므로
$f(\beta)=-\frac{1}{\alpha^2}-\beta$, $f(\beta)+\frac{1}{\alpha^2}+\beta=0$
$\therefore f(\beta)+\beta^2+\beta=0$
또한 이차방정식 $x^2-x-1=0$의 두 근이 α, β이므로
$\alpha^2=\alpha+1$, $\beta^2=\beta+1$
따라서 $f(\alpha)+\alpha^2+\alpha=0$에서 $f(\alpha)+2\alpha+1=0$
$f(\beta)+\beta^2+\beta=0$에서 $f(\beta)+2\beta+1=0$
즉, 방정식 $f(x)+2x+1=0$의 두 근이 α, β이고,
(가) 조건에 의하여
$f(x)+2x+1=0$는 이차항의 계수가 1인 이차식이고
x^2-x-1을 인수로 가지므로
$f(x)+2x+1=x^2-x-1$
$\therefore f(x)=x^2-3x-2$
그러므로 이차방정식 $f(x)=0$의
두 근의 합 p, 두 근의 곱 q는
근과 계수의 관계에 의하여 $p=3$, $q=-2$이므로 $p+q=1$이다.

271 정답 $f(x)=\frac{1}{2}x^2+x+1$

이차방정식 $x^2-2x+2=0$의 두 근이 α, β이므로
이차방정식의 근과 계수의 관계에 의하여
$\alpha+\beta=2$, $\alpha\beta=2$
$\beta f(\alpha)=4$에서
$f(\alpha)=\frac{4}{\beta}=2\times\left(\frac{2}{\beta}\right)=2\alpha$ $\therefore f(\alpha)-2\alpha=0$
$\alpha f(\beta)=4$에서
$f(\beta)=\frac{4}{\alpha}=2\times\left(\frac{2}{\alpha}\right)=2\beta$ $\therefore f(\beta)-2\beta=0$
즉, $f(x)-2x=0$의 두 근이 α, β이고
$f(x)$의 이차항의 계수를 k라 하면
$f(x)-2x=k(x^2-2x+2)$
$f(x)=kx^2+(2-2k)x+2k$
이때, $f(0)=1$이므로
$f(0)=2k=1$ $\therefore k=\frac{1}{2}$
그러므로 $f(x)=\frac{1}{2}x^2+x+1$이다.

272 정답 $f(x)=x^2+\frac{11}{6}x-1$

이차방정식 $x^2-\frac{1}{3}x-4=0$의 두 근이 α, β이므로
이차방정식의 근과 계수의 관계에 의하여
$\alpha+\beta=\frac{1}{3}$, $\alpha\beta=-4$ …… ㉠
$(1-3\beta)f\left(\frac{1}{6}-\frac{1}{2}\alpha\right)=-12$에서
$f\left\{\frac{1}{2}\left(\frac{1}{3}-\alpha\right)\right\}=\frac{-4}{\frac{1}{3}-\beta}$, $f\left(\frac{\beta}{2}\right)=\frac{-4}{\alpha}=\beta$ ($\because$ ㉠)
$\therefore f\left(\frac{\beta}{2}\right)-\beta=0$
$(1-3\alpha)f\left(\frac{1}{6}-\frac{1}{2}\beta\right)=-12$에서
$f\left\{\frac{1}{2}\left(\frac{1}{3}-\beta\right)\right\}=\frac{-4}{\frac{1}{3}-\alpha}$, $f\left(\frac{\alpha}{2}\right)=\frac{-4}{\beta}=\alpha$ ($\because$ ㉠)
$\therefore f\left(\frac{\alpha}{2}\right)-\alpha=0$
즉, 이차방정식 $f\left(\frac{x}{2}\right)-x=0$의 두 근이 α, β이고,
$f(x)$의 이차항의 계수가 1이므로 $f\left(\frac{x}{2}\right)$의 최고차항의 계수가

$\frac{1}{4}$이 되어

$f\left(\frac{x}{2}\right)-x=\frac{1}{4}\left(x^2-\frac{1}{3}x-4\right)$

$=\frac{1}{4}x^2-\frac{1}{12}x-1$

$\frac{x}{2}=t$로 놓으면 $f(t)=t^2+\frac{11}{6}t-1$

$\therefore f(x)=x^2+\frac{11}{6}x-1$

6 공통근 및 정수근

273 정답 0, 6

두 이차방정식

$x^2+(m+1)x-3m=0$, $x^2-(m+5)x+3m=0$

의 공통근을 $x=p$라 하면

$p^2+(m+1)p-3m=0$ …… ㉠

$p^2-(m+5)p+3m=0$ …… ㉡

㉠+㉡을 하면 $p^2-2p=0$이므로

$p=0$ 또는 $p=2$

이것을 ㉠에 대입하면

$p=0$일 때 $m=0$

$p=2$일 때 $m=6$

따라서 구하는 m의 값은 0 또는 6이다.

274 정답 .... −2

두 이차방정식

$x^2+(2m+3)x-m-4=0$, $x^2+(m+3)x+m-4=0$

의 공통근을 $x=p$라 하면

$p^2+(2m+3)p-m-4=0$ …… ㉠

$p^2+(m+3)p+m-4=0$ …… ㉡

㉠−㉡을 하면 $mp-2m=0$이므로

$m(p-2)=0$ $\therefore m=0$ 또는 $p=2$

(i) $m=0$이면 두 이차방정식은

$x^2+3x-4=0$으로 같게 되어

공통근이 2개이므로 성립하지 않는다.

(ii) $p=2$이면 ㉠에서

$3m+6=0$ $\therefore m=-2$

(i), (ii)에 의해 구하는 m의 값은 -2이다.

275 정답 8

이차방정식 $x^2-mx+m+5=0$의

두 정수인 근을 α, β (단, $\alpha\le\beta$) 라 하면

근과 계수의 관계에 의하여

$\alpha+\beta=m$, $\alpha\beta=m+5$

두 식을 연립하면

$\alpha+\beta=\alpha\beta-5$ 이므로

$\alpha\beta-\alpha-\beta-5=0$

$\therefore (\alpha-1)(\beta-1)=6$

이때 $\alpha-1$, $\beta-1$은 정수이므로

(i) $\alpha-1=-6$, $\beta-1=-1$일 때

$\alpha=-5$, $\beta=0$

(ii) $\alpha-1=-3$, $\beta-1=-2$일 때

$\alpha=-2$, $\beta=-1$

(iii) $\alpha-1=1$, $\beta-1=6$일 때

$\alpha=2$, $\beta=7$

(iv) $\alpha-1=2$, $\beta-1=3$일 때

$\alpha=3$, $\beta=4$

$m=\alpha+\beta$ 이므로

(i) ~ (iv)에 의하여 구하는 m의 값은 각각 -5, -3, 9, 7

따라서 모든 상수 m의 값의 합은 8이다.

276 정답 .... −12, −10, −6, −4, 0, 2

근의 공식에 의하여

이차방정식의 두 근은 $x=-k+5\pm\sqrt{-k^2-10k+25}$

이때, $-k+5\pm\sqrt{-k^2-10k+25}$의 값이 정수가 되려면

$\sqrt{-k^2-10k+25}$가 정수가 되어야 하므로

$-k^2-10k+25$는 제곱수이어야 한다.

$-k^2-10k+25=l^2$ (단, l은 정수)이라 하면

$l^2+k^2+10k=25$, $l^2+(k+5)^2=50$

(i) $l^2=1$, $(k+5)^2=49$이면

$l=\pm1$이고 k는 2 또는 -12

(ii) $l^2=49$, $(k+5)^2=1$이면

$l=\pm7$이고 k는 -4 또는 -6

(iii) $l^2=25$, $(k+5)^2=25$이면

$l=\pm5$이고 k는 0 또는 -10

(i) ~ (iii)에 의해서 가능한 정수 k의 값은

-12, -10, -6, -4, 0, 2이다.

277 정답 19

이차방정식 $x^2-px-114p=0$에서

근과 계수의 관계에 의하여

$\alpha+\beta=p$, $\alpha\beta=-114p$

그런데 α, β가 모두 정수이고 두 근의 곱이 $-114p$이므로

α, β를 kp, $-\frac{114}{k}$ (단, k는 0이 아닌 정수)라 놓으면

$kp-\frac{114}{k}=p$에서 $k(k-1)p=114$ …… ㉠

이때, $114=2\times3\times19$이고, p는 소수이므로

가능한 p의 값은 2, 3, 19뿐이다.

(i) $p=2$일 때

㉠에 대입하면 $k(k-1)=57$

이를 만족하는 정수 k는 존재하지 않는다.

(ii) $p=3$일 때

㉠에 대입하면 $k(k-1)=38$

이를 만족하는 정수 k는 존재하지 않는다.

(iii) $p=19$일 때

㉠에 대입하면 $k(k-1)=6$에서 $k^2-k-6=0$

$(k-3)(k+2)=0$ $\therefore k=-2$ 또는 $k=3$

즉, α, β는 -38, 57로 가능하다.

(i) ~ (iii)에 의해 구하는 소수 p는 19이다.

278 정답 …… 4

주어진 이차방정식 $x^2-2px-3q^2=0$에서

근과 계수의 관계에 의하여

$\alpha+\beta=2p$, $\alpha\beta=-3q^2$

이때, 두 근이 모두 정수이고

두 근의 곱이 $-3q^2$, 두 근의 합이 $2p(>0)$이므로

가능한 α, β는 -1, $3q^2$ 또는 -3, q^2 또는 $-q$, $3q$이다.

(i) $\alpha=-1$, $\beta=3q^2$일 때

$\alpha+\beta=-1+3q^2=2p$, $3q^2=2p+1$

이를 만족하는 한 자리 소수 p, q는 존재하지 않는다.

(ii) $\alpha=-3$, $\beta=q^2$일 때

$\alpha+\beta=-3+q^2=2p$, $q^2=2p+3$

이를 만족하는 한 자리 소수 p, q의 순서쌍은

$(p, q)=(3, 3)$뿐이다.

(iii) $\alpha=-q$, $\beta=3q$일 때

$\alpha+\beta=-q+3q=2p$, $p=q$

이를 만족하는 한 자리 소수 p, q의 순서쌍은

$(p, q)=(2, 2), (3, 3), (5, 5), (7, 7)$로 4개 존재한다.

(i) ~ (iii)에 의해 구하는 순서쌍의 개수는

$(2, 2), (3, 3), (5, 5), (7, 7)$로 4개다.

7 단원 연계

279 정답 …… $-\frac{21}{5}$

이차방정식의 근과 계수의 관계에 의하여

$\alpha+\beta=1$, $\alpha\beta=-5$이므로

$\frac{\beta}{\alpha}<0$, $\frac{\alpha}{\beta}<0$이다.

$$\therefore \left(\sqrt{\frac{\beta}{\alpha}}+\sqrt{\frac{\alpha}{\beta}}\right)^2$$

$$=\left(\sqrt{\frac{\beta}{\alpha}}\right)^2+\left(\sqrt{\frac{\alpha}{\beta}}\right)^2+2\sqrt{\frac{\beta}{\alpha}}\sqrt{\frac{\alpha}{\beta}}$$

$$=\frac{\beta}{\alpha}+\frac{\alpha}{\beta}-2\sqrt{\frac{\beta}{\alpha}\times\frac{\alpha}{\beta}}$$

$$=\frac{\alpha^2+\beta^2}{\alpha\beta}-2$$

$$=\frac{(\alpha+\beta)^2-2\alpha\beta}{\alpha\beta}-2$$

$$=\frac{1^2-2\times(-5)}{-5}-2=-\frac{21}{5}$$

280 정답 …… $24-8\sqrt{5}$

이차방정식 $x^2+ax+4a=0$의

두 근이 α, β이므로 근과 계수의 관계에 의하여

$\alpha+\beta=-a$, $\alpha\beta=4a$이다.

$(\sqrt{\alpha}+\sqrt{\beta})^2=\alpha+\beta+2\sqrt{\alpha}\sqrt{\beta}=-16$

$a>0$이므로

$\alpha+\beta<0$, $\alpha\beta>0$, 즉 $\alpha<0$, $\beta<0$

따라서 $\sqrt{\alpha}\sqrt{\beta}=-\sqrt{\alpha\beta}$이다.

$\alpha+\beta-2\sqrt{\alpha\beta}=-16$에서 $-a-2\sqrt{4a}=-16$

$a+4\sqrt{a}=16$

$\sqrt{a}=t$로 놓으면 $t^2+4t-16=0$

$t=-2+2\sqrt{5}$ $(\because t>0)$

$\therefore a=(-2+2\sqrt{5})^2=24-8\sqrt{5}$

281 정답 …… 6

이차방정식 $x^2+4x-k=0$의 두 실근이 α, β이므로

이차방정식의 근과 계수의 관계에 의하여

$\alpha+\beta=-4$, $\alpha\beta=-k$

이때 $\sqrt{\alpha}+\sqrt{\beta}=\sqrt{6}\,i$이므로 $\alpha<0$이고 $\beta<0$이다.

따라서 $\alpha\beta=-k$에서 $\alpha\beta>0$이므로 $k<0$

$\sqrt{\alpha}+\sqrt{\beta}=\sqrt{6}\,i$의 양변을 제곱하여 정리하면

$(\sqrt{\alpha})^2+(\sqrt{\beta})^2+2\sqrt{\alpha}\sqrt{\beta}=-6$에서

$\alpha+\beta-2\sqrt{\alpha\beta}=-6$

$-4-2\sqrt{-k}=-6$ $\therefore k=-1$

한편

$\left(\frac{1}{\sqrt{\alpha}}+\frac{1}{\sqrt{\beta}}\right)^2$

$$=\left(\frac{1}{\sqrt{\alpha}}\right)^2+\left(\frac{1}{\sqrt{\beta}}\right)^2+2\times\frac{1}{\sqrt{\alpha}}\times\frac{1}{\sqrt{\beta}}$$
$$=\frac{1}{\alpha}+\frac{1}{\beta}-\frac{2}{\sqrt{\alpha\beta}}$$
$$=\frac{\alpha+\beta}{\alpha\beta}-\frac{2}{\sqrt{\alpha\beta}} \qquad (\because \alpha<0,\ \beta<0)$$
$$=\frac{-4}{1}-\frac{2}{\sqrt{1}}=-6$$
$$\therefore k\left(\frac{1}{\sqrt{\alpha}}+\frac{1}{\sqrt{\beta}}\right)^2=(-1)\times(-6)=6$$

282 정답 .... $2-\sqrt{3}$

$x^2+\sqrt{3}x+1=0$에서 $x^2+1=-\sqrt{3}x$
양변을 제곱하여 정리하면
$x^4-x^2+1=0$
$(x^2+1)(x^4-x^2+1)=0 \qquad \therefore x^6=-1,\ x^{12}=1$
$x^{12}=1$에서
$x^{12}-1=0,\ (x-1)(x^{11}+x^{10}+x^9+\cdots+x+1)=0$
$x\neq1$이므로
$x^{11}+x^{10}+x^9+\cdots+x+1=0$
즉, $\alpha^{12}=1,\ \beta^{12}=1$이고
$\alpha^{11}+\alpha^{10}+\alpha^9+\cdots+\alpha+1=0$
$\beta^{11}+\beta^{10}+\beta^9+\cdots+\beta+1=0$
이므로
$$1+\frac{1}{\alpha}+\frac{1}{\alpha^2}+\cdots+\frac{1}{\alpha^9}$$
$$=\frac{1+\alpha+\alpha^2+\cdots+\alpha^9}{\alpha^9}$$
$$=\frac{1}{\alpha^9}(-\alpha^{10}-\alpha^{11})$$
$$=-(\alpha+\alpha^2)=-\alpha+(\sqrt{3}\alpha+1) \qquad (\because \alpha^2=-1-\sqrt{3}\alpha)$$
$$=(\sqrt{3}-1)\alpha+1$$
같은 방법으로
$$1+\frac{1}{\beta}+\frac{1}{\beta^2}+\cdots+\frac{1}{\beta^9}=(\sqrt{3}-1)\beta+1$$
한편, $x^2+\sqrt{3}x+1=0$의 두 근이 α, β이므로 근과 계수의 관계에 의하여
$\alpha+\beta=-\sqrt{3},\ \alpha\beta=1$
$$\therefore \left(1+\frac{1}{\alpha}+\frac{1}{\alpha^2}+\cdots+\frac{1}{\alpha^9}\right)\left(1+\frac{1}{\beta}+\frac{1}{\beta^2}+\cdots+\frac{1}{\beta^9}\right)$$
$$=\{(\sqrt{3}-1)\alpha+1\}\{(\sqrt{3}-1)\beta+1\}$$
$$=(\sqrt{3}-1)^2\alpha\beta+(\sqrt{3}-1)(\alpha+\beta)+1=2-\sqrt{3}$$

283 정답 .... $-\frac{1+\sqrt{5}}{2}$

이차방정식 $2x^2-(1+\sqrt{5})x+2=0$의 두 근이 α, β이므로
근과 계수의 관계에 의하여
$\alpha+\beta=\frac{1+\sqrt{5}}{2},\ \alpha\beta=1$
$\alpha\beta=1$에서 $\beta=\frac{1}{\alpha}$이므로
$$\alpha+\beta=\alpha+\frac{1}{\alpha}=\frac{1+\sqrt{5}}{2} \qquad \cdots\cdots \text{㉠}$$
㉠식에서 $2\left(\alpha+\frac{1}{\alpha}\right)-1=\sqrt{5}$
양변을 제곱하여 정리하면
$$4\left(\alpha+\frac{1}{\alpha}\right)^2-4\left(\alpha+\frac{1}{\alpha}\right)+1=5$$
$$\left(\alpha+\frac{1}{\alpha}\right)^2-\left(\alpha+\frac{1}{\alpha}\right)-1=0$$
$$\alpha^2+2+\frac{1}{\alpha^2}-\alpha-\frac{1}{\alpha}-1=0$$
이 식의 양변에 α^2을 곱하여 정리하면
$\alpha^4-\alpha^3+\alpha^2-\alpha+1=0$
즉, $(\alpha+1)(\alpha^4-\alpha^3+\alpha^2-\alpha+1)=0$에서
$\alpha^5+1=0$ 이므로 $\alpha^5=-1,\ \alpha^{10}=1$
따라서
$\alpha^{2024}+\beta^{2024}$
$$=\alpha^{2024}+\frac{1}{\alpha^{2024}}$$
$$=(\alpha^{10})^{202}\times\alpha^4+\frac{1}{(\alpha^{10})^{202}\times\alpha^4}$$
$$=\alpha^4+\frac{1}{\alpha^4}=\alpha^5\times\frac{1}{\alpha}+\frac{\alpha}{\alpha^5}$$
$$=-\left(\alpha+\frac{1}{\alpha}\right)=-\frac{1+\sqrt{5}}{2} \qquad (\because \alpha^5=-1,\ \text{㉠})$$

284 정답 .... -1

켤레 관계인 두 복소수 α, β에 대하여 $\alpha+\beta=1$, $\alpha\beta=1$이므로 α, β를 두 근으로 가지는 이차항의 계수가 1인 z에 관한 이차방정식은 $z^2-z+1=0$
양변에 $z+1$을 곱하면 $z^3+1=0$
$\therefore z^3=-1,\ z^6=1$
즉, $\alpha^2-\alpha+1=0,\ \beta^2-\beta+1=0$이고
$\alpha^6=1,\ \beta^6=1$이므로
주어진 식의 값을 구하면
$$\left(\frac{1}{1-\alpha}\right)^{40}+\left(\frac{1}{1-\beta}\right)^{40}$$
$$=\left(\frac{1}{-\alpha^2}\right)^{40}+\left(\frac{1}{-\beta^2}\right)^{40}$$
$$=\frac{1}{\alpha^{80}}+\frac{1}{\beta^{80}}$$
$$=\frac{1}{(\alpha^6)^{13}\times\alpha^2}+\frac{1}{(\beta^6)^{13}\times\beta^2}$$
$$=\frac{1}{\alpha^2}+\frac{1}{\beta^2}=\frac{\alpha}{\alpha^3}+\frac{\beta}{\beta^3}$$

$=-(\alpha+\beta)=-1 \quad (\because \alpha+\beta=1)$

8 고난도 실전 연습 문제

285 정답 $-2-\frac{9}{5}\sqrt{5}$

$\alpha=1-\sqrt{5}$는 이차방정식 $ax^2+bx+\sqrt{5}c=0$의 한 근이므로

$a(1-\sqrt{5})^2+b(1-\sqrt{5})+\sqrt{5}c=0$

$(6a+b)+(-2a-b+c)\sqrt{5}=0$

a, b, c가 유리수이므로 무리수가 서로 같을 조건에 의하여

$6a+b=0$, $-2a-b+c=0$

$b=-6a$, $c=2a+b=-4a$

주어진 방정식에 $b=-6a$, $c=-4a$를 대입하면

$a(x^2-6x-4\sqrt{5})=0$

$a\neq0$이므로 $x^2-6x-4\sqrt{5}=0$

이 이차방정식의 근이 α, β이므로

$\alpha^2=6\alpha+4\sqrt{5}$, $\beta^2=6\beta+4\sqrt{5}$

이를 구하는 식에 대입하면

$$\frac{\beta}{\alpha^2-5\alpha-4\sqrt{5}}+\frac{\alpha}{\beta^2-5\beta-4\sqrt{5}}$$
$$=\frac{\beta}{\alpha}+\frac{\alpha}{\beta}=\frac{\alpha^2+\beta^2}{\alpha\beta}=\frac{(\alpha+\beta)^2-2\alpha\beta}{\alpha\beta}$$
$$=\frac{6^2-2\times(-4\sqrt{5})}{-4\sqrt{5}} \quad (\because \alpha+\beta=6,\ \alpha\beta=-4\sqrt{5})$$
$$=-2-\frac{9}{5}\sqrt{5}$$

286 정답 $-\frac{2}{11}$

$ax^2+bx+c=0$에서 a를 a'으로 잘못 보고 풀었다고 하면

b, c 의 값은 바르게 보았다.

$$-\frac{b}{c}=\left(-\frac{b}{a'}\right)\div\frac{c}{a'}=[\text{두 근의 합}]\div[\text{두 근의 곱}]$$
$$=\{(-1+\sqrt{3}i)+(-1-\sqrt{3}i)\}\div\{(-1+\sqrt{3}i)(-1-\sqrt{3}i)\}$$
$$=-2\div4=-\frac{1}{2}$$

$\therefore b=\frac{1}{2}c$

b를 잘못보고 풀었으므로 a, c의 값은 바르게 보았다.

두 근의 곱은 $\frac{c}{a}=(2-\sqrt{2})\times(2+\sqrt{2})=2$

$\therefore a=\frac{1}{2}c$

이를 $ax^2+bx+c=0$에 대입하면

$\frac{1}{2}cx^2+\frac{1}{2}cx+c=0$, $x^2+x+2=0 \quad (\because c\neq0)$

이 이차방정식의 근이 α, β이므로

$\alpha^2=-\alpha-2$, $\beta^2=-\beta-2$

이를 구하는 식에 대입하면

$$\frac{1}{\alpha^2-3\alpha-4}+\frac{1}{\beta^2-3\beta-4}$$
$$=\frac{1}{-4\alpha-6}+\frac{1}{-4\beta-6}$$
$$=-\frac{1}{2}\left(\frac{1}{2\alpha+3}+\frac{1}{2\beta+3}\right)$$
$$=-\frac{1}{2}\times\frac{2\alpha+3+2\beta+3}{(2\alpha+3)(2\beta+3)}$$
$$=-\frac{\alpha+\beta+3}{4\alpha\beta+6(\alpha+\beta)+9}$$
$$=-\frac{-1+3}{4\times2+6\times(-1)+9} \quad (\because \alpha+\beta=-1,\ \alpha\beta=2)$$
$$=-\frac{2}{11}$$

287 정답 1, 2, 3, 4

양변에 x^2-x+1을 곱하면

$\mathrm{N}(x^2-x+1)=x^2+x+2$

$(\mathrm{N}-1)x^2-(\mathrm{N}+1)x+\mathrm{N}-2=0$ …… ㉠

(i) $\mathrm{N}-1=0$일 때

$\mathrm{N}=1$을 ㉠에 대입하면 $-2x-1=0$

$x=-\frac{1}{2}$이므로 가능하다.

(ii) $\mathrm{N}-1\neq0$일 때

㉠에서 x는 실수이므로 방정식

$(\mathrm{N}-1)x^2-(\mathrm{N}+1)x+\mathrm{N}-2=0$의

판별식을 D라 하면

$\mathrm{D}=(\mathrm{N}+1)^2-4(\mathrm{N}-1)(\mathrm{N}-2)\geq0$에서

$3\mathrm{N}^2-14\mathrm{N}+7\leq0$

$\therefore \frac{7-2\sqrt{7}}{3}\leq\mathrm{N}\leq\frac{7+2\sqrt{7}}{3}$

이때 $2\sqrt{7}=\sqrt{28}=5.\cdots$ 이므로 $0<\mathrm{N}<1$ 또는 $1<\mathrm{N}\leq4$

(i), (ii)에 의해 가능한 정수 N은 1, 2, 3, 4이다.

288 정답 32

$x^4+y^4=(x^2+y^2)^2-2x^2y^2$

$=\{(x+y)^2-2xy\}^2-2(xy)^2$

이때, 두 실수 x, y에 대하여

$x+y=4$이므로 $xy=k$라 놓고 근과 계수의 관계를 이용하여

두 실수 x, y를 근으로 하고 이차항의 계수가 1인

t에 대한 이차방정식을 세워보면,

$t^2-(x+y)t+xy=0$, $t^2-4t+k=0$

이 이차방정식이 실근을 가진다는 뜻이므로

판별식의 값은 0이상이어야 한다.
판별식을 D라 하면
$D=4-k\geq 0,\ k\leq 4$
$\{(x+y)^2-2xy\}^2-2(xy)^2$
$=(16-2k)^2-2k^2$
$=2k^2-64k+256$
$=2(k-16)^2+256-2\times 16^2$
$=2(k-16)^2-256$
$k\leq 4$이므로 $2(k-16)^2-256$
즉, x^4+y^4의 최솟값은 $k=4$일 때의 값이다.
$\therefore\ 2(4-16)^2-256=32$

289 정답 -1

이차방정식 $t(1+i)x^2+(2+ti)x+t+2i=0$의
실근을 α로 놓으면
$t(1+i)\alpha^2+(2+ti)\alpha+t+2i=0$
이 이차방정식은 계수가 허수이므로
실수부분과 허수부분으로 나누어 정리하면
$(t\alpha^2+2\alpha+t)+(t\alpha^2+t\alpha+2)i=0$
$\alpha,\ t$가 실수이므로 복소수가 서로 같을 조건에 의하여
$t\alpha^2+2\alpha+t=0$ …… ㉠
$t\alpha^2+t\alpha+2=0$ …… ㉡
㉡−㉠을 하면
$(t-2)\alpha+(2-t)=0,\ (t-2)(\alpha-1)=0$
$\therefore\ \alpha=1$ 또는 $t=2$
$\alpha=1$을 ㉠에 대입하면 $t=-1$
$t=2$를 ㉠에 대입하면 $\alpha^2+\alpha+1=0$
이때, 이 방정식의 판별식을 D라 하면
$D=(-1)^2-4=-3<0$이므로 위의 방정식의 근은 허근이다.
그런데 α는 실수이므로 $t\neq 2$이다.
따라서 구하는 t의 값은 -1이다.

290 정답 $c\neq d$ 그리고 $e=0$

이차방정식 $ax^2+\{b+(c-d)i\}x+e=0$의 실근을 α라 하면
$a\alpha^2+\{b+(c-d)i\}\alpha+e=0$
$(a\alpha^2+b\alpha+e)+\{(c-d)\alpha\}i=0$
복소수가 서로 같을 조건에 의하여
$a\alpha^2+b\alpha+e=0$ …… ㉠
$(c-d)\alpha=0$ …… ㉡
㉡에서 $c=d$이면 주어진 이차방정식은 $ax^2+bx+e=0$이 되어
두 실근 또는 두 허근을 가지므로 조건을 만족하지 않는다.
즉, $\alpha=0$이고 이를 ㉠에 대입하면 $e=0$
따라서 주어진 이차방정식이 실근 1개, 허근 1개를 갖는 조건은
$c\neq d$이고 $e=0$이다.

291 정답 $\frac{90}{91}$

주어진 이차방정식의 두 근이 $\alpha_n,\ \beta_n$이므로
근과 계수의 관계에 의하여
$\alpha_n+\beta_n=\frac{2n}{n^4+n^2+1}=\frac{2n}{(n^2+n+1)(n^2-n+1)}$
$=\frac{1}{n^2-n+1}-\frac{1}{n^2+n+1}$
$=\frac{1}{n^2-n+1}-\frac{1}{(n+1)^2-(n+1)+1}$
이므로 주어진 식의 값을 구하면
$(\alpha_1+\alpha_2+\cdots+\alpha_9)+(\beta_1+\beta_2+\cdots+\beta_9)$
$=(\alpha_1+\beta_1)+(\alpha_2+\beta_2)+(\alpha_3+\beta_3)+\cdots+(\alpha_9+\beta_9)$
$=\left(\frac{1}{1^2-1+1}-\frac{1}{2^2-2+1}\right)+\left(\frac{1}{2^2-2+1}-\frac{1}{3^2-3+1}\right)$
$+\cdots+\left(\frac{1}{9^2-9+1}-\frac{1}{10^2-10+1}\right)$
$=1-\frac{1}{91}=\frac{90}{91}$

292 정답 $\sqrt{2}$

주어진 이차방정식의 판별식을 D라 하면,
중근을 가지려면 D=0이 되어야 하므로
$D=(a-3b)^2-4(-ab+4b^2)=0$에서
$a^2-2ab-7b^2=0$ …… ㉠
㉠식에서 양변을 b^2으로 나누면
$\left(\frac{a}{b}\right)^2-\frac{2a}{b}-7=0$ 이고
$\frac{a}{b}=t$로 놓으면 $t^2-2t-7=0,\ t=1+2\sqrt{2}$ $(\because\ t>0)$
따라서 구하는 식의 분모, 분자를 b^2으로 나누어 정리하면
$\frac{a^2-ab-4b^2}{a^2-ab-6b^2}$
$=\frac{\left(\frac{a}{b}\right)^2-\frac{a}{b}-4}{\left(\frac{a}{b}\right)^2-\frac{a}{b}-6}$
$=\frac{t^2-t-4}{t^2-t-6}=\frac{t+3}{t+1}$ $(\because\ t^2-2t-7=0)$
$=1+\frac{2}{t+1}=1+\frac{2}{(1+2\sqrt{2})+1}$
$=1+\frac{1}{\sqrt{2}+1}=\sqrt{2}$

293 정답 ········· 1

이차방정식 $x^2+(2abc+2)x+2a^2b^2c^2+2=0$이
실근을 가지므로 판별식을 D라 하면
$D/4=(abc+1)^2-2(a^2b^2c^2+1)\geq 0$에서
$-a^2b^2c^2+2abc-1\geq 0$
$(abc-1)^2\leq 0$ $\therefore abc=1$
따라서 주어진 식의 값은

$$\frac{a}{2ab+a+2}+\frac{2b}{2bc+2b+1}+\frac{2c}{ca+2c+2}$$
$$=\frac{a}{2ab+a+2}+\frac{2ab}{2abc+2ab+a}+\frac{2c}{ca+2c+2abc}$$
$$=\frac{a}{2ab+a+2}+\frac{2ab}{2+2ab+a}+\frac{2}{a+2+2ab}$$
$$=\frac{a+2ab+2}{2ab+a+2}=1$$

294 정답 ········· $f(x)=2x^2+4x-10$

$x^2+4x+2=0$의 두 근이 α, β이므로
$\alpha^2+4\alpha+2=0$, $\beta^2+4\beta+2=0$ ······ ㉠
이차방정식의 근과 계수의 관계에 의해
$\alpha+\beta=-4$, $\alpha\beta=2$ ······ ㉡
$(\beta^2+5\beta+6)f(\alpha)=\frac{4}{\alpha}$에서 $(\beta+4)f(\alpha)=\frac{4}{\alpha}$ ($\because$ ㉠)
$f(\alpha)=\frac{4}{\alpha(\beta+4)}=\frac{4}{-\alpha^2}$ ($\because$ ㉡)
$=-\beta^2=4\beta+2=4(-4-\alpha)+2$ ($\because$ ㉠, ㉡)
$=-4\alpha-14$
같은 방법으로
$f(\beta)=-4\beta-14$
$\therefore f(\alpha)+4\alpha+14=0$, $f(\beta)+4\beta+14=0$
즉, $f(x)+4x+14=0$의 두 근은 α, β이고
$f(x)$의 이차항의 계수가 2이므로
$f(x)+4x+14=2(x^2+4x+2)$
$\therefore f(x)=2x^2+4x-10$

295 정답 ········· 2

$x^2-2x+2=0$의 두 근이 α, β이므로
$\alpha^2-2\alpha+2=0$, $\beta^2-2\beta+2=0$
이차방정식의 근과 계수의 관계에 의하여
$\alpha+\beta=2$, $\alpha\beta=2$ ······ ㉠
$\alpha^2=2\alpha-2$에서
$\alpha^3=2\alpha^2-2\alpha$
$=2(2\alpha-2)-2\alpha=2\alpha-4$
$\alpha^5=(2\alpha-2)(2\alpha-4)$
$=4\alpha^2-12\alpha+8$
$=4(2\alpha-2)-12\alpha+8=-4\alpha$
같은 방법으로
$\beta^3=2\beta-4$, $\beta^5=-4\beta$
㉠에서 $\frac{2}{\alpha}=\beta$이므로
$\alpha^3f(\alpha^5)=8$에서
$f(-4\alpha)=\frac{8}{\alpha^3}=\beta^3=2\beta-4=2(2-\alpha)-4=-2\alpha$
$\beta^3f(\beta^5)=8$에서
$f(-4\beta)=\frac{8}{\beta^3}=\alpha^3=2\alpha-4=2(2-\beta)-4=-2\beta$
$\therefore f(-4\alpha)+2\alpha=0$, $f(-4\beta)+2\beta=0$
즉, $f(-4x)+2x=0$의 두 근은 α, β이고
$f(x)$의 이차항의 계수가 1이므로
$f(-4x)$의 이차항의 계수는 16이다.
$\therefore f(-4x)+2x=16(x^2-2x+2)$
$f(-4x)=16x^2-34x+32$ ······ ㉡
$f(x)=x^2+ax+b$에서
$f(-4)=16-4a+b$이므로
㉡식에 $x=1$을 대입하면
$f(-4)=16-34+32=16-4a+b$
$\therefore 4a-b=2$

296 정답 ········· 최댓값 : $\frac{205}{2}$, 최솟값 : 18

$a^4+a^3b+a^2+ab^3+b^2+b^4$
$=a^3(a+b)+b^3(a+b)+(a^2+b^2)$
$=(a+b)(a^3+b^3)+(a^2+b^2)$ ······ ㉠
$a+b+c=0$에서 $a+b=-c$
$ab+bc+ca=-9$ 에서
$ab=-(bc+ca)-9=-c(a+b)-9=c^2-9$
이때, 근과 계수의 관계를 이용하여
두 실수 a, b를 근으로 하고 이차항의 계수가 1인
t에 대한 이차방정식을 세워보면
$t^2+ct+c^2-9=0$
이 이차방정식은 실근을 가진다는 뜻이므로
판별식의 값은 0이상이어야 한다.
판별식을 D라 하면
$D=c^2-4(c^2-9)\geq 0$, $-3c^2+36\geq 0$, $c^2\leq 12$
$\therefore 0\leq c^2\leq 12$
또한
$a^3+b^3=(a+b)^3-3ab(a+b)$
$=-c^3+3c(-9+c^2)$

$=2c^3-27c$ ...... ㉡

$a^2+b^2=(a+b)^2-2ab$

$=c^2-2c^2+18$

$=-c^2+18$ ...... ㉢

㉡, ㉢을 ㉠식에 대입하면

$(a+b)(a^3+b^3)+(a^2+b^2)$

$=(-c)(2c^3-27c)+(-c^2+18)$

$=-2c^4+26c^2+18$

$=-2\left(c^2-\frac{13}{2}\right)^2+18+\frac{169}{2}$

$0\le c^2\le 12$이므로

최댓값은 $c^2=\frac{13}{2}$일 때, $18+\frac{169}{2}=\frac{205}{2}$이고,

최솟값은 $c^2=0$일 때, 18이다.

297 정답 2

이차방정식 $x^2+ax-4a=0$의 두 근이 α, β이므로

근과 계수의 관계에 의하여

$\alpha+\beta=-a$, $\alpha\beta=-4a$ ...... ㉠

이차방정식 $x^2-7ax+24a=0$의 두 근이 $|\alpha|+|\beta|$, $|\alpha\beta|$이므로

근과 계수의 관계에 의하여

$|\alpha|+|\beta|+|\alpha\beta|=7a$ ...... ㉡

$|\alpha\beta|(|\alpha|+|\beta|)=24a$ ...... ㉢

이때, 이차방정식 $x^2+ax-4a=0$의 두 근에 대하여

㉡에서 $|\alpha|+|\beta|>0$, $|\alpha\beta|\ge 0$이므로 $a>0$

따라서 ㉠에서 $\alpha+\beta<0$, $\alpha\beta<0$

즉, 서로 다른 두 근 α, β는 부호가 다르므로

$\alpha<0<\beta$라 놓으면

㉡식은 $\beta-\alpha-\alpha\beta=7a$, $\beta-\alpha=7a+\alpha\beta=3a$

㉢식은 $-\alpha\beta(-\alpha+\beta)=24a$에서 $4a\times 3a=24a$

$\therefore a=2$ $(\because a>0)$

298 정답 .... (1, 2), (2, 1)

$mx^2-14x+24=0$에서

$x=\frac{7\pm\sqrt{49-24m}}{m}$ ...... ㉠

적어도 한 개는 정수이므로

$49-24m=k^2$ (단, k는 음이 아닌 정수)이어야 한다.

$\therefore m=1$ 또는 $m=2$

(i) $m=1$일 때

㉠에서 $x=7\pm5$ 이므로 $x=2$ 또는 $x=12$

$nx^2-3x+m=0$에 $m=1$을 대입하면

$nx^2-3x+1=0$ $\therefore x=\frac{3\pm\sqrt{9-4n}}{2n}$

x가 정수가 되도록 하는 자연수 n은 2이다.

(ii) $m=2$일 때

㉠에서 $x=\frac{7\pm1}{2}$이므로 $x=4$ 또는 $x=3$

$nx^2-3x+m=0$에 $m=2$를 대입하면

$nx^2-3x+2=0$ $\therefore x=\frac{3\pm\sqrt{9-8n}}{2n}$

x가 정수가 되도록 하는 자연수 n은 1이다.

(i), (ii)에 의해 구하는 순서쌍 (m, n)은 (1, 2) 또는 (2, 1)이다.

299 정답 5

이차방정식 $x^2-4px-160p=0$에서

근의 공식에 의하여 $x=2p\pm2\sqrt{p^2+40p}$

두 근이 모두 정수가 되려면 p^2+40p는

완전제곱수가 되어야 한다.

$p(p+40)=p^2k^2$ (단, k는 정수)이라 하면

$p+40=pk^2$

$\therefore p=\frac{40}{k^2-1}$ ...... ㉠

즉, p는 40의 약수 중 소수일 때만 가능하다.

(i) $p=2$일 때

㉠에 대입하면 $k^2-1=20$ $\therefore k=\pm\sqrt{21}$

이는 조건에 맞지 않는다.

(ii) $p=5$일 때

㉠에 대입하면 $k^2-1=8$ $\therefore k=\pm3$

(i), (ii)에 의해 구하는 소수 p의 값은 5이다.

300 정답 .... $-2+(4-\sqrt{5})i$

이차방정식 $x^2+2x-4=0$의 두 근이 α, β이므로

근과 계수의 관계에 의하여

$\alpha+\beta=-2$, $\alpha\beta=-4$

즉, 두 근의 부호가 서로 다르므로 $\alpha<0<\beta$로 놓으면

$(\sqrt{\alpha}+\sqrt{\beta})^2$

$=(\sqrt{\alpha})^2+2\sqrt{\alpha}\sqrt{\beta}+(\sqrt{\beta})^2$

$=\alpha+\beta+2\sqrt{\alpha\beta}$ $(\because \alpha<0, \beta>0)$

$=-2+4i$

$\left(\sqrt{\frac{\beta}{\alpha}}+\sqrt{\frac{\alpha}{\beta}}\right)^2$

$=\left(\sqrt{\frac{\beta}{\alpha}}\right)^2+2\sqrt{\frac{\beta}{\alpha}}\sqrt{\frac{\alpha}{\beta}}+\left(\sqrt{\frac{\alpha}{\beta}}\right)^2$

$=\frac{\beta}{\alpha}+\frac{\alpha}{\beta}-2\sqrt{\frac{\beta}{\alpha}\times\frac{\alpha}{\beta}}$ $\left(\because \frac{\beta}{\alpha}<0, \frac{\alpha}{\beta}<0\right)$

$=\frac{\alpha^2+\beta^2}{\alpha\beta}-2$

$$=\frac{(\alpha+\beta)^2-2\alpha\beta}{\alpha\beta}-2$$
$$=\frac{(-2)^2-2\times(-4)}{-4}-2=-5$$

에서 $\sqrt{\frac{\beta}{\alpha}}+\sqrt{\frac{\alpha}{\beta}}=\sqrt{5}\,i$

따라서 주어진 식의 값은

$$(\sqrt{\alpha}+\sqrt{\beta})^2-\left(\sqrt{\frac{\beta}{\alpha}}+\sqrt{\frac{\alpha}{\beta}}\right)$$
$$=-2+4i-\sqrt{5}\,i=-2+(4-\sqrt{5})i$$

301 정답 1

이차방정식 $x^2-\sqrt{2}x+1=0$에서 $x^2+1=\sqrt{2}x$

위의 식의 양변을 제곱하면

$x^4+2x^2+1=2x^2$, $x^4=-1$

$\therefore x^8=1$ ...... ㉠

$(x+1)(1-x+x^2-x^3+\cdots-x^{13}+x^{14})=x^{15}+1$이므로

주어진 식의 분자, 분모에 $x+1$을 곱하면

$$\frac{1-x+x^2-x^3+\cdots-x^{13}+x^{14}}{x^7}$$
$$=\frac{(x+1)(1-x+x^2-x^3+\cdots-x^{13}+x^{14})}{x^7(x+1)}$$
$$=\frac{x^{15}+1}{x^7(x+1)}=\frac{x^7+x^8}{x^7(x+1)} \quad (\because ㉠)$$
$$=\frac{x^7(1+x)}{x^7(x+1)}=1 \quad (\because x\neq-1)$$

Ⅶ 이차함수

1 이차함수의 특성과 수식

302 정답 .... $f(x)=-x^2+4x$, $f(x)=-\frac{1}{4}x^2+x$

이차함수 $y=f(x)$의 그래프는

조건 ㈎에 의해 축의 방정식은 $x=2$이고,

조건 ㈏에 의해 위로 볼록하다.

따라서, 조건을 만족시키는 이차함수는

$f(x)=a(x-2)^2+b$ (단, a, b는 실수, $a<0$)이다.

이차함수 $f(x)$는 $0\le x\le3$에서

축과 더 멀리 떨어진 점에서 최소이므로

$x=0$일 때 최솟값 0을 갖는다.

$f(0)=0$이므로 $4a+b=0$에서 $b=-4a$

즉, $f(x)=a(x-2)^2-4a=ax^2-4ax$ ...... ㉠

이고 직선 $y=-2x+9$와 접하므로

이차방정식 $ax^2-4ax=-2x+9$에서

$ax^2+2(1-2a)x-9=0$의 판별식을 D라 하면

$D/4=(1-2a)^2+9a=0$, $4a^2+5a+1=0$

$(4a+1)(a+1)=0$ $\quad\therefore a=-1$ 또는 $a=-\frac{1}{4}$

이를 ㉠에 대입하여 조건에 맞는 이차함수 $f(x)$를 구하면

$f(x)=-x^2+4x$ 또는 $f(x)=-\frac{1}{4}x^2+x$이다.

2 차의 함수로 식 세우기

303 정답 12

두 이차함수 $y=f(x)$와 $y=g(x)$의 교점의 x좌표가

2와 6이므로

이차방정식 $f(x)=g(x)$의 해는 2와 6이다.

이때 두 이차함수 $y=f(x)$, $y=g(x)$의 이차항의 계수가 각각

1과 -2이므로

$$f(x)-g(x)=3(x-2)(x-6)$$
$$=3x^2-24x+36$$

점 A의 x좌표를 α라 하면

$\mathrm{A}(\alpha,\ g(\alpha))$ $\mathrm{B}(\alpha,\ f(\alpha))$ (단, $2\le\alpha\le6$)

$$\overline{\mathrm{AB}}=g(\alpha)-f(\alpha)$$
$$=-3\alpha^2+24\alpha-36$$
$$=-3(\alpha-4)^2+12$$

따라서 $\alpha=4$일 때 최댓값 12를 갖는다.

304 정답 6

조건 ㈎에 의하여

이차함수 $y=f(x)$의 그래프와

이차함수 $y=x^2+2$의 그래프가

만나는 한 점을 $x=a$라 하면

방정식 $f(x)=x^2+2$는 중근 a를 갖는다.

이때 이차함수 $y=f(x)$의 최고차항의 계수가 2이므로

$f(x)-(x^2+2)=(x-a)^2$에서

$$f(x)=2x^2-2ax+a^2+2$$
$$=2\left(x-\frac{a}{2}\right)^2+\frac{a^2}{2}+2$$

조건 ㈏에 의하여

이차함수 $y=f(x)$의 최솟값이 4이므로

$\frac{a^2}{2}+2=4$　　　$\therefore a^2=4$

그러므로 $f(0)=a^2+2=4+2=6$이다.

305 정답 ………… $\frac{7}{8}$

이차함수 $y=f(x)$의 그래프가
일차함수 $y=g(x)$의 그래프와
만나는 교점의 x좌표가 2와 4이므로
이차방정식 $f(x)-g(x)=0$의 두 근은 2와 4이다.
이때, 이차함수 $y=f(x)$의 이차항의 계수를 a라 하면
$f(x)-g(x)=a(x-2)(x-4)$ …… ㉠
또한, 이차함수 $y=f(x)$의 그래프가
일차함수 $y=h(x)$의 그래프와 $x=-1$에서 접하므로
이차방정식 $f(x)-h(x)=0$은 $x=-1$인 중근을 갖는다.
$\therefore f(x)-h(x)=a(x+1)^2$ …… ㉡
㉡－㉠을 하면
$g(x)-h(x)=a(x+1)^2-a(x-2)(x-4)$
$=a(8x-7)$
따라서 두 함수 $y=g(x)$와 $y=h(x)$의
그래프의 교점의 x좌표는 $x=\frac{7}{8}$이다.

306 정답 ………… $3\sqrt{3}$

두 이차함수 $y=f(x)$, $y=g(x)$의
두 교점의 x좌표가 0, 4이므로
방정식 $f(x)-g(x)=0$의 두 실근은 0, 4이다.
이때 두 이차함수 $y=f(x)$와 $y=g(x)$의 이차항의 계수가 각각 1과 -2이므로
$\therefore f(x)-g(x)=3x(x-4)$ …… ㉠
또한, 이차함수 $y=f(x)$와 일차함수 $y=h(x)$의
교점의 x좌표가 3뿐이므로
방정식 $f(x)-h(x)=0$의 두 실근은 3으로 중근이다.
$\therefore f(x)-h(x)=(x-3)^2$ …… ㉡
㉡에서 ㉠을 빼면
$g(x)-h(x)=(x-3)^2-3x(x-4)$
$=-2x^2+6x+9$
두 함수 $y=g(x)$와 $y=h(x)$의 그래프의
교점의 x좌표가 α, β이므로
방정식 $g(x)-h(x)=-2x^2+6x+9=0$의
두 실근이 α, β이다.
근과 계수의 관계에 의해
$\alpha+\beta=3$, $\alpha\beta=-\frac{9}{2}$

$\therefore |\alpha-\beta|=\sqrt{(\alpha+\beta)^2-4\alpha\beta}$
$=\sqrt{3^2-4\times\left(-\frac{9}{2}\right)}=3\sqrt{3}$

307 정답 ………… $f(x)=-2x^2-4x-1$

조건 ㈎에서 이차함수 $y=f(x)$는
위로 볼록한 곡선이므로 $a<0$
또한, 이차함수 $y=f(x)$와 직선 $y=4ax+b$가
만나는 두 점의 x좌표가 -2와 4이므로
$f(x)-(4ax+b)=a(x+2)(x-4)$에서
$f(x)=ax^2+2ax+b-8a$
$=a(x+1)^2+b-9a$
이차함수 $y=f(x)$의 꼭짓점의 x좌표 -1이
주어진 범위 $-\frac{3}{2}\le x\le 0$에 포함되므로
$x=-1$에서 최댓값 1을 갖는다. 즉, $f(-1)=b-9a=1$
$x=0$에서 최솟값 -1을 갖으므로 $f(0)=b-8a=-1$
두 식을 연립하면 $a=-2$이고 $b=-17$
따라서 구하는 이차함수는 $f(x)=-2x^2-4x-1$이다.

308 정답 ………… $m=-\frac{16}{3}$, $p=\frac{70}{9}$, $q=-\frac{5}{9}$

두 이차함수 $y=g(x)$와 $y=h(x)$가
접하는 점 A의 x좌표를 구하면
$x^2-2x+p=-2x^2-12x+q$에서
$3x^2+10x+p-q=0$
$3\left(x+\frac{5}{3}\right)^2=0$이므로 점 A의 x좌표는 $x=-\frac{5}{3}$
$3x^2+10x+\frac{25}{3}=0$에서 $p-q=\frac{25}{3}$
또한, 이차함수 $y=g(x)$와 직선 $y=f(x)$가
$x=-\frac{5}{3}$에서 접하므로
$g(x)-f(x)=\left(x+\frac{5}{3}\right)^2$에서
$x^2-(m+2)x+p-5=x^2+\frac{10}{3}x+\frac{25}{9}$
$m+2=-\frac{10}{3}$, $p-5=\frac{25}{9}$
$\therefore m=-\frac{16}{3}$, $p=\frac{70}{9}$, $q=p-\frac{25}{3}=-\frac{5}{9}$

309 정답 ………… $\frac{5}{2}$

이차함수 $y=f(x)$와 일차함수 $y=g(x)$가
$x=1$에서 접하므로
$f(x)-g(x)=(x-1)^2$

$=x^2-2x+1$

직선 $y=g(x)$의 기울기를 $a\,(>0)$라 하면 $g(2)=4$이므로

$g(x)=a(x-2)+4$

$\quad=ax+4-2a$

따라서

$f(x)=g(x)+x^2-2x+1$

$\quad=x^2+(a-2)x+5-2a$

또한, 이차함수 $y=f(x)+3g(x)$의 그래프와

직선 $y=1$이 서로 접하므로

이차방정식 $f(x)+3g(x)-1=0$이 중근을 갖는다.

$x^2+(a-2)x+5-2a+3(ax+4-2a)-1=0$

$x^2+2(2a-1)x+16-8a=0$

이 이차방정식의 판별식을 D라 하면 D$=0$이어야 하므로

$D/4=(2a-1)^2-(16-8a)=0$

$4a^2+4a-15=0,\ (2a+5)(2a-3)=0$

$\therefore a=\frac{3}{2} \qquad (\because a>0)$

즉, $g(x)=\frac{3}{2}x+1$이므로 $k=g(1)=\frac{5}{2}$이다.

310 정답 $\sqrt{3}$

일차함수 $y=f(x)$와 이차함수 $y=g(x)$가 만나는

두 점 P, Q의 x좌표를 각각 α, β라 하면

이차방정식 $g(x)-f(x)=2x^2-x-a=0$의

두 실근이 α, β임을 알 수 있다.

이차방정식의 근과 계수의 관계에 의해

$\alpha+\beta=\frac{1}{2},\ \alpha\beta=-\frac{a}{2}$

이때 직선 $y=f(x)$의 기울기가 1이므로

$\overline{PQ}$의 길이는 $\overline{PQ}=\sqrt{1+m^2}|\beta-\alpha|=1$에서

$m=1$이므로 양변을 제곱하여 정리하면

$2(\beta-\alpha)^2=1,\ (\alpha+\beta)^2-4\alpha\beta=\frac{1}{2}$

$\left(\frac{1}{2}\right)^2-4\times\left(-\frac{a}{2}\right)=\frac{1}{2} \qquad \therefore a=\frac{1}{8}$

같은 방법으로

일차함수 $y=f(x)$와 이차함수 $y=h(x)$가 만나는

두 점 R, S의 x좌표를 각각 γ, δ라 하면

이차방정식

$h(x)-f(x)=x^2-4x+6-\left(x+\frac{1}{8}\right)$

$\qquad=x^2-5x+\frac{47}{8}=0$

의 두 실근은 γ, δ이다.

이차방정식의 근과 계수의 관계에 의해

$\gamma+\delta=5,\ \gamma\delta=\frac{47}{8}$

따라서 $\overline{RS}$의 길이는 $y=f(x)$의 기울기가 1이므로

$\overline{RS}=\sqrt{1+m^2}|\delta-\gamma|$

$\quad=\sqrt{2\{(\gamma+\delta)^2-4\gamma\delta\}}$

$\quad=\sqrt{2\left(5^2-4\times\frac{47}{8}\right)}=\sqrt{3}$

3 이차방정식과 함수의 그래프

311 정답 (1) $k<-1$ 또는 $k>3$ (2) $-1<k\le 0$

• 방법 1

(1) $f(x)=x^2-2x-k$라 하면

이차방정식 $f(x)=0$이 $-1\le x\le 2$에서

실근을 갖지 않기 위해서는

이차함수 $f(x)=x^2-2x-k=(x-1)^2-k-1$의 그래프가

다음과 같아야 한다.

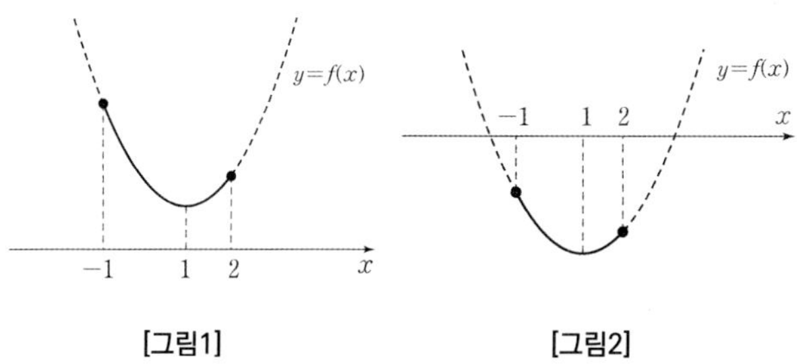

[그림1] [그림2]

(i) **[그림1]**과 같이 x축과 만나지 않는 경우

이차방정식 $f(x)=0$의 판별식을 D라 하면

$D/4=(-1)^2-(-k)<0 \qquad \therefore k<-1$

(ii) **[그림2]**와 같이 대칭축이 $x=1$이므로 $f(-1)<0$인 경우

$f(-1)<0$에서

$(-1)^2-2\times(-1)-k<0 \qquad \therefore k>3$

(i), (ii)에서 구하는 실수 k의 범위는 $k<-1$ 또는 $k>3$ 이다.

(2) 이차방정식 $f(x)=0$이 $-1\le x\le 2$에서

서로 다른 두 실근을 갖기 위해서는

이차함수 $y=f(x)$의 그래프는 다음과 같아야 한다.

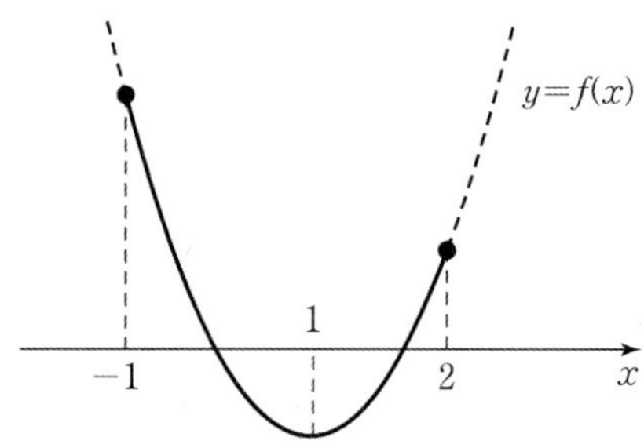

(i) $f(1)<0$에서 $1^2-2\times1-k<0$ $\therefore k>-1$

(ii) $f(-1)\ge0$에서 $(-1)^2-2\times(-1)-k\ge0$ $\therefore k\le3$

(iii) $f(2)\ge0$에서 $2^2-2\times2-k\ge0$ $\therefore k\le0$

(i) ~ (iii)에서 구하는 실수 k의 범위는 $-1<k\le0$이다.

• **방법 2**

$x^2-2x-k=0$에서 $x^2-2x=k$

$f(x)=x^2-2x$, $g(x)=k$라 하면

(1) 주어진 이차방정식이 $-1\le x\le2$에서
실근을 갖지 않기 위해서는
두 함수 $y=f(x)$와 $y=g(x)$의 그래프가
$-1\le x\le2$에서 만나지 않아야 한다.
이를 나타내면 다음과 같다.

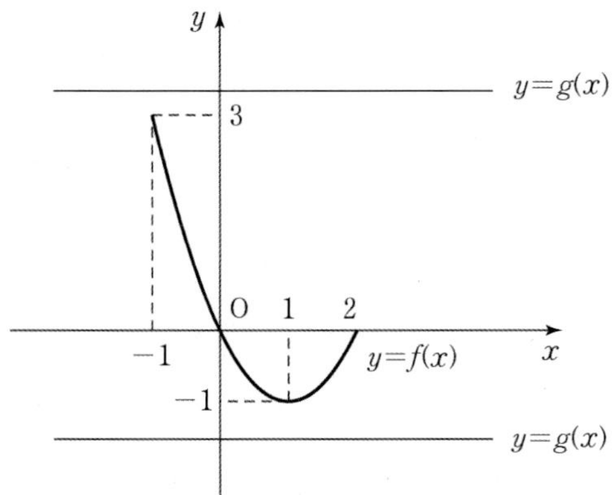

따라서 구하는 실수 k의 범위는 $k<-1$ 또는 $k>3$ 이다.

(2) 주어진 이차방정식이 $-1\le x\le2$에서
서로 다른 두 실근을 갖기 위해서는
두 함수 $y=f(x)$와 $y=g(x)$의 그래프가
$-1\le x\le2$에서 다음 그림과 같이 서로 다른 두 점에서 만나야 한다.

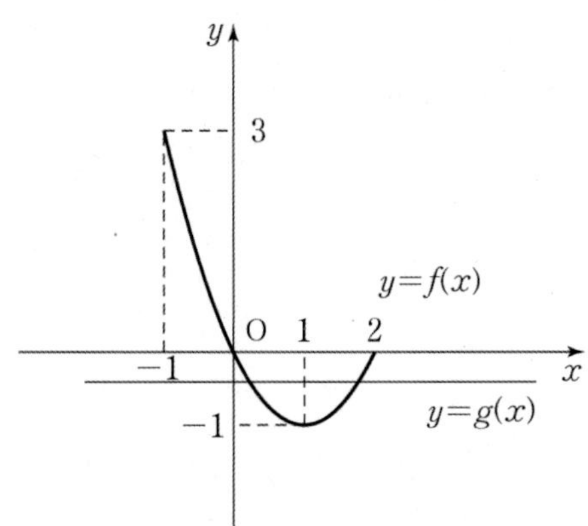

따라서 구하는 실수 k의 범위는 $-1<k\le0$이다.

312 정답 $-4<a\le0$

방정식 $x^2-4|x|-a=0$에서 $x^2-4|x|=a$
이 방정식의 서로 다른 실근의 개수는
함수 $f(x)=\begin{cases}x^2+4x & (x<0)\\ x^2-4x & (x\ge0)\end{cases}$와 직선 $y=a$의
교점의 개수와 같으므로
세 개 이상의 교점을 갖는 경우는 다음 그림과 같다.

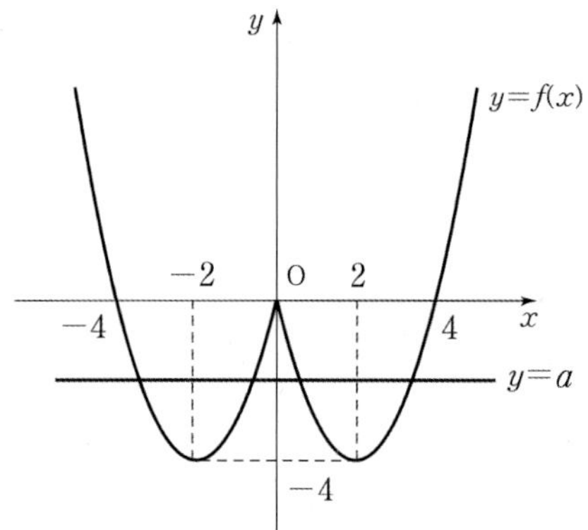

따라서 실수 a의 값의 범위는 $-4<a\le0$이다.

313 정답 $a=-2$, $a=0$

방정식 $f(x)=g(x)$에서 $g(x)=-x^2+x+a$이므로
$f(x)+x^2-x=a$에서 $h(x)=f(x)+x^2-x$라 하면
방정식 $f(x)=g(x)$의 서로 다른 실근의 개수는
두 함수 $y=h(x)$와 $y=a$의 교점의 개수와 같다.

$h(x)=\begin{cases}2x^2-4x & (x\ge0)\\ -2x^2+4x & (x<0)\end{cases}$이므로
그래프를 그려보면 다음과 같다.

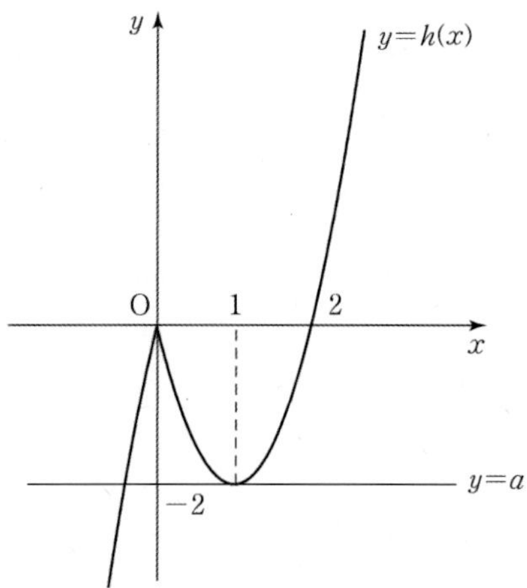

그림에서 알 수 있듯이 $y=h(x)$의 그래프와
$y=a$가 만나는 서로 다른 교점의 개수가 2가 되는
실수 a의 값은 $a=-2$ 또는 $a=0$이다.

314 정답 ············ $-4\le a<-3$

$f(x)=-x^2+4tx-4t^2=-(x-2t)^2$

따라서 함수 $x=2t$의 축의 방정식은 $x=2t$이다.

(i) $t\le 2t\le t+2$ 즉, $0\le t\le 2$일 때

① $2t-t<(t+2)-2t$ 즉, $0\le t<1$일 때

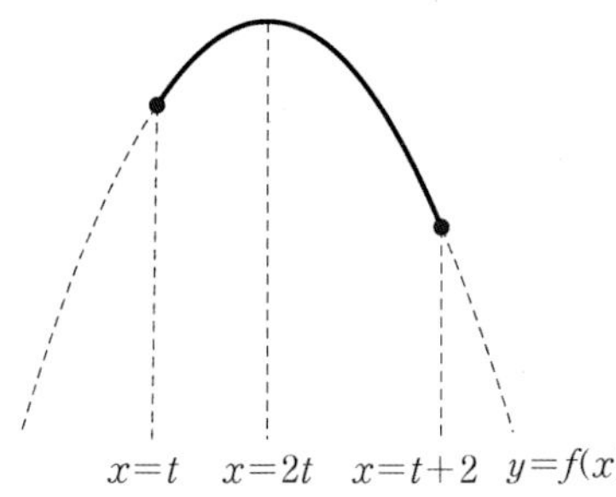

그림과 같이 최댓값은 $f(2t)=0$이고

최솟값은 $f(t+2)=-(t+2-2t)^2=-t^2+4t-4$

따라서 최댓값과 최솟값의 합 $g(t)$는

$g(t)=f(2t)+f(t+2)=-t^2+4t-4$

② $2t-t\ge(t+2)-2t$ 즉, $1\le t\le 2$일 때

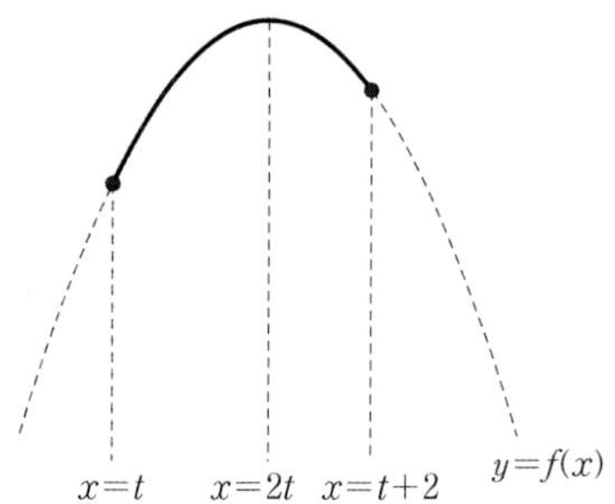

그림과 같이 최댓값은 $f(2t)=0$이고

최솟값은 $f(t)=-t^2+4t^2-4t^2=-t^2$

따라서 최댓값과 최솟값의 합 $g(t)$는

$g(t)=f(2t)+f(t)=-t^2$

(ii) $2t>t+2$ 즉, $t>2$일 때

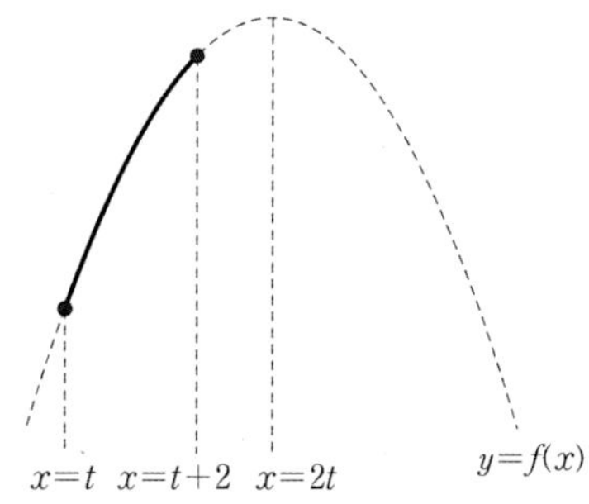

그림과 같이 최댓값은 $f(t+2)=-t^2+4t-4$이고

최솟값은 $f(t)=-t^2$이므로

따라서 최댓값과 최솟값의 합 $g(t)$는

$g(t)=f(t+2)+f(t)=-2t^2+4t-4$

(i), (ii)에 의해

$$g(t)=\begin{cases}-t^2+4t-4 & (0\le t\le 1)\\ -t^2 & (1<t\le 2)\\ -2t^2+4t-4 & (t>2)\end{cases}$$

$g(t)=2t+a$에서 $g(t)-2t=a$이므로

이 방정식의 서로 다른 실근의 개수가 2가 되려면

함수 $y=g(t)-2t$의 그래프와 직선 $y=a$의

서로 다른 교점의 개수가 2개이어야 한다.

$$g(t)-2t=\begin{cases}-t^2+2t-4 & (0\le t\le 1)\\ -t^2-2t & (1<t\le 2)\\ -2t^2+2t-4 & (t>2)\end{cases}$$

$$=\begin{cases}-(t-1)^2-3 & (0\le t\le 1)\\ -(t+1)^2+1 & (1<t\le 2)\\ -2\left(t-\frac{1}{2}\right)^2-\frac{7}{2} & (t>2)\end{cases}$$

따라서 함수 $y=g(t)-2t$의 그래프와 직선 $y=a$가

서로 다른 두 점에서 만나려면 다음 그림과 같아야 한다.

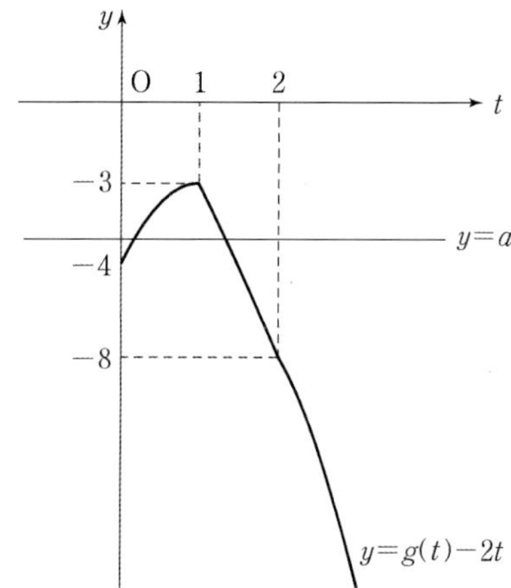

$\therefore\ -4\le a<-3$

315 정답 ············ $-\frac{5}{3}\le a\le 0$

$x^2-4=ax$에서 $f(x)=x^2-4$, $g(x)=ax$라 하면

이차방정식 $x^2-ax-4=0$이 $-3\le x\le 2$에서

서로 다른 두 실근을 가지려면

두 함수 $f(x)$와 $g(x)$가 $-3\le x\le 2$에서

서로 다른 두 점에서 만나야 한다.

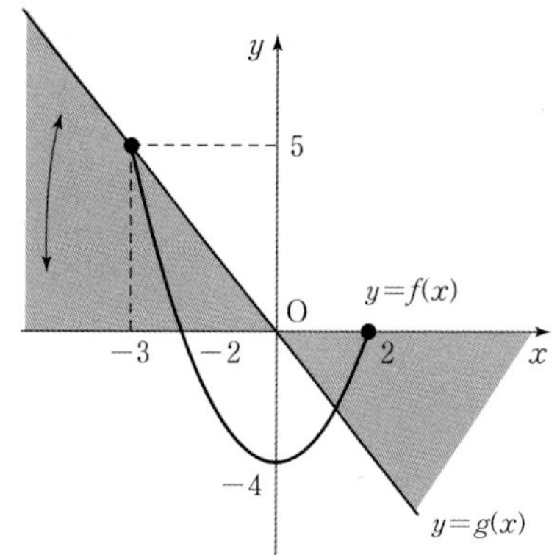

즉, 위의 그림과 같이 직선 $y=g(x)$의 기울기 a가
$(-3,\ 5)$를 지날 때의 기울기 $-\frac{5}{3}$보다 크거나 같고,
$(2,\ 0)$을 지날 때의 기울기 0보다 작거나 같아야 한다.
$\therefore -\frac{5}{3}\le a\le 0$

316 정답 ········ $k<\frac{1}{2}$

• **방법 1**

$f(x)=x^2-3kx-2x+3k$라 하면
$f(x)=\left(x-1-\frac{3}{2}k\right)^2+3k-\left(1+\frac{3}{2}k\right)^2$이므로
이차함수 $y=f(x)$의 축은 $x=1+\frac{3}{2}k$이다.
이때 이차방정식 $x^2-3kx-2x+3k=0$의
두 실근이 모두 3보다 작으려면
이차함수 $y=f(x)$의 그래프와
x축의 교점의 x좌표가 모두 3보다 작아야 한다.
이차방정식 $x^2-3kx-2x+3k=0$의 판별식을 D라 하면
$D=(3k+2)^2-12k\ge 0$에서
$9k^2+4\ge 0$이므로 항상 성립한다.
$f(3)=9-9k-6+3k>0$에서 $k<\frac{1}{2}$
(대칭축)<3에서 $1+\frac{3}{2}k<3,\ k<\frac{4}{3}$
따라서 구하는 실수 k의 값의 범위는 $k<\frac{1}{2}$이다.

• **방법 2**

$x^2-3kx-2x+3k=0$에서 $\frac{1}{3}(x^2-2x)=k(x-1)$
$f(x)=\frac{1}{3}(x^2-2x),\ g(x)=k(x-1)$이라 하면
주어진 이차방정식의 두 실근이 모두 3보다 작으므로
$x<3$에서 그래프가 서로 접하거나 두 점에서 만나야 한다.
이때, 함수 $y=g(x)$의 그래프는
기울기 k의 값에 관계없이 항상 점 $(1,\ 0)$을 지나는 직선이므로
두 함수의 그래프를 그려보면 다음과 같다.

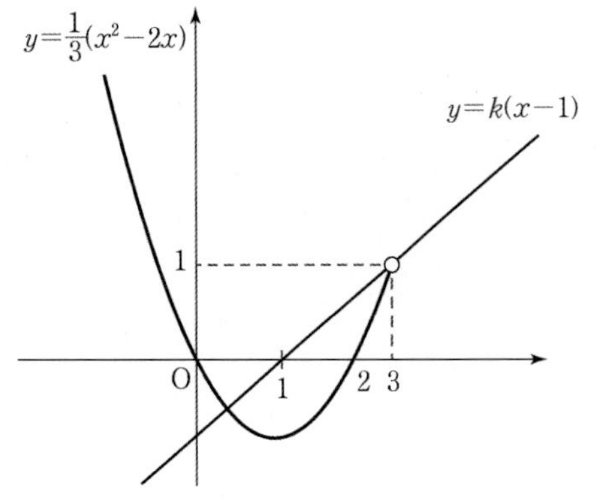

두 함수가 $x<3$일 때, 두 점에서 만나려면
직선 $y=g(x)$의 그래프가
점 $(3,\ 1)$을 지나는 경우일 때의 기울기보다 작아야 한다.
$g(3)=k(3-1)=1$에서 $k=\frac{1}{2}$
따라서 구하는 실수 k의 값의 범위는 $k<\frac{1}{2}$이다.

317 정답 ········ $-1<a<0$

조건 (가)에서 $|\alpha\beta|>\alpha\beta$이므로 $\alpha\beta<0$
이때, 두 근 $\alpha,\ \beta$ 가 -1과 2사이에 있으므로
한 근은 -1과 0사이에,
다른 한 근은 0과 2사이에 존재해야 한다.
따라서 $f(x)=3x^2-2ax+a$라 하면
함수 $f(x)$의 그래프가 x축과 만나는 두 점의 x좌표 중
하나는 -1보다 크고 0보다 작고
다른 하나는 0보다 크고 2보다 작아야 한다.
즉, $f(-1)>0,\ f(0)<0,\ f(2)>0$이어야 한다.
$f(-1)>0$에서 $3+2a+a>0$ $\quad\therefore a>-1$
$f(0)<0$에서 $a<0$
$f(2)>0$에서 $12-4a+a>0$ $\quad\therefore a<4$
$\therefore -1<a<0$

318 정답 ········ $k\le 0$ 또는 $k\ge\frac{3}{2}$

• **방법 1**

이차방정식 $x^2-(k+2)x+k=0$의 판별식을 D라 하면
$D=(k+2)^2-4k=k^2+4>0$이므로
이차함수 $f(x)=x^2-(k+2)x+k$와 x축과의 교점을
다음과 같은 경우로 나누어 생각할 수 있다.
(i) $f(0)f(3)<0$일 때,

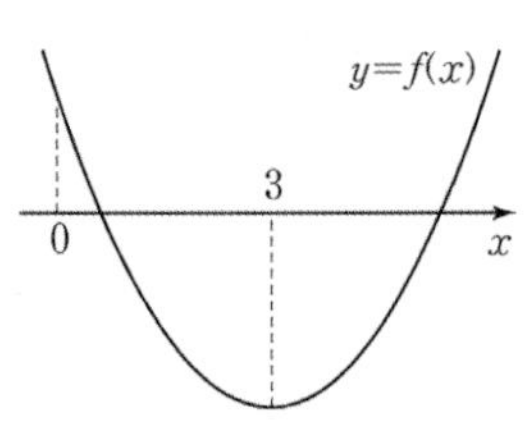

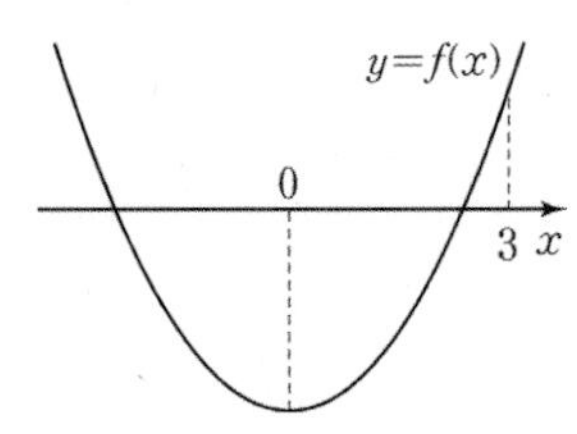

$f(0)f(3)=k(3-2k)<0$
$\therefore k<0$ 또는 $k>\frac{3}{2}$

(ii) $f(0)=0$, $f(3)>0$인 경우

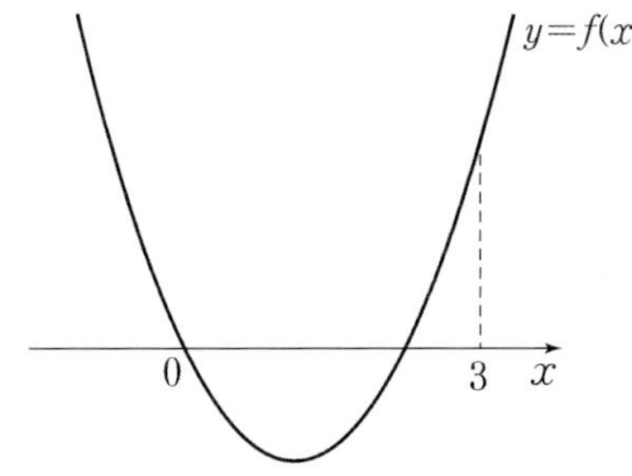

$f(0)=0$에서 $k=0$이고 $f(3)=3>0$이므로 성립

(iii) $f(3)=0$, $f(0)>0$인 경우

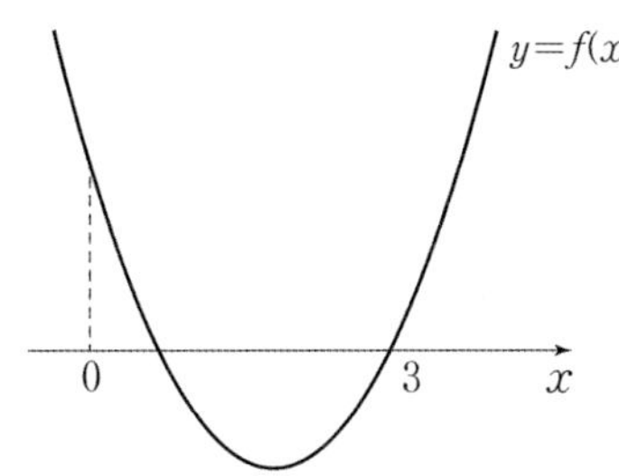

$f(3)=0$에서 $k=\frac{3}{2}$이고 $f(0)=\frac{3}{2}>0$이므로 성립

(i) ~ (iii)에 의해 만족하는 k의 값의 범위는

$k\le 0$ 또는 $k\ge\frac{3}{2}$

• **방법 2**

이차방정식 $x^2-(k+2)x+k=0$에서

$x^2-2x=k(x-1)$

$f(x)=x^2-2x$, $g(x)=k(x-1)$이라 하면

k는 $y=g(x)$의 기울기이다.

이때 이차방정식 $x^2-(k+2)x+k=0$의 두 근 중 한 근만 0과 3사이에 존재하려면

$y=f(x)$와 $y=g(x)$의 교점이

$0<x<3$의 범위에서 1개만 존재해야 한다.

즉, 그림과 같이 $y=g(x)$의 기울기 k가 $k\le 0$이거나 $k\ge\frac{3}{2}$이어야 한다.

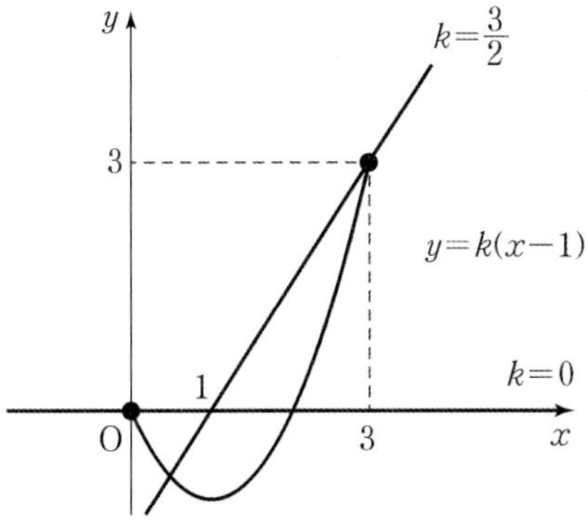

$\therefore$ $k\le 0$ 또는 $k\ge\frac{3}{2}$

319 정답 ········ 4

x에 대한 이차방정식

$x^2-2ax-a^2+8=0$ ······ ㉠

에서 양의 실근을 갖지 않는 경우는 다음과 같다.

(i) 실근을 갖지 않을 때

이 이차방정식의 판별식을 D라 하면

$D/4=a^2-(-a^2+8)<0$, $a^2<4$

$\therefore$ $-2<a<2$

(ii) 한 근은 0, 다른 한 근은 0 또는 음수일 때

$x=0$을 ㉠에 대입하면 $-a^2+8=0$이고

(두 근의 합)$=2a\le 0$이므로 $a=-2\sqrt{2}$

(iii) 두 근이 모두 음수일 때

(두 근의 합)$=2a<0$에서 $a<0$

(두 근의 곱)$=-a^2+8>0$에서 $-2\sqrt{2}<a<2\sqrt{2}$

$D/4=2a^2-8\ge 0$에서 $a\le -2$ 또는 $a\ge 2$

따라서 $-2\sqrt{2}<a\le -2$

(i) ~ (iii)에 의해 구하는 실수 a의 값의 범위는 $-2\sqrt{2}\le a<2$

이를 만족하는 정수는 -2, -1, 0, 1로 4개다.

320 정답 ········ $-1<a\le 3$

$f(x)=x^2+(2a+2)x+2a^2-2$로 놓으면

이차방정식 $f(x)=0$의 두 근 중에서

적어도 하나가 음수가 되는 경우는 다음과 같다.

(i) 두 근이 모두 0보다 작을 때

이차방정식 $x^2+(2a+2)x+2a^2-2=0$의

두 음의 실근을 α, β라 하고,

이 이차방정식의 판별식을 D라 하면

$\alpha+\beta=-(2a+2)<0$에서 $a>-1$

$\alpha\beta=2a^2-2>0$에서 $a<-1$ 또는 $a>1$

$D/4=(a+1)^2-(2a^2-2)\ge 0$에서

$a^2-2a-3\le 0$, $-1\le a\le 3$

$\therefore$ $1<a\le 3$

(ii) 두 근 중 한 근은 0보다 크고,

다른 한 근은 0보다 작을 때

$f(0)=2a^2-2<0$에서 $-1<a<1$

(iii) 두 근 중 한 근은 0이고, 다른 한근은 0보다 작을 때

$f(0)=2a^2-2=0$에서 $a=-1$ 또는 $a=1$

축의 방정식 $x=-a-1<0$이므로 $a>-1$

$\therefore$ $a=1$

(i) ~ (iii)에서 $-1<a\le 3$

321 정답 $-\frac{15}{4}\le a\le -\frac{5}{2}$

두 점 A, B를 지나는 직선의 방정식은 $y=x-1$이므로
방정식 $x^2+ax+2=x-1$, 즉 $x^2+(a-1)x+3=0$이
$2\le x\le 4$에서 적어도 한 근을 가져야 한다.
$x^2+(a-1)x+3=0$에서 $-x^2+x=ax+3$
이때, $f(x)=-x^2+x$, $g(x)=ax+3$으로 놓으면
$2\le x\le 4$에서 직선 $y=g(x)$가 이차함수 $y=f(x)$와
적어도 한 점에서 만나야 한다.
이를 그래프로 나타내면 다음과 같다.

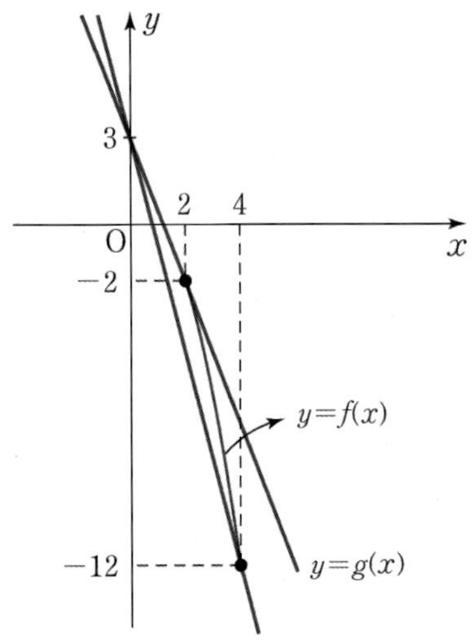

두 함수 $y=f(x)$와 $y=g(x)$가 접하는 경우는
$x^2+(a-1)x+3=0$의 판별식을 D라 하면
$D=(a-1)^2-12=0$에서 $a=1\pm 2\sqrt{3}$이고
그 때의 접점 $x=\frac{1-a}{2}=\pm\sqrt{3}$이므로 $2\le x\le 4$ 범위 밖이다.
따라서 직선 $y=g(x)$가 점 $(2, -2)$와 점 $(4, -12)$를 지날 때
기울기 a의 값은 각각 $-\frac{5}{2}$, $-\frac{15}{4}$이므로
구하는 실수 a의 값의 범위는 $-\frac{15}{4}\le a\le -\frac{5}{2}$이다.

322 정답 (1) $\frac{9}{8}<k\le\frac{9}{2}$ 또는 $k=0$ (2) $0<k<\frac{1}{4}$ (3) $\frac{1}{4}<k\le\frac{9}{8}$

주어진 이차방정식 $x^2-2x+1=k(x+4)$에서
$f(x)=x^2-2x+1$와 $g(x)=k(x+4)$라 놓으면
이차방정식의 실근은 $y=f(x)$와 $y=g(x)$의
교점의 x좌표와 같다.
즉, 실근의 개수는 교점의 개수와 같다.
이때, k의 값은 $(-4, 0)$을 지나는 직선 $y=g(x)$의 기울기이다.

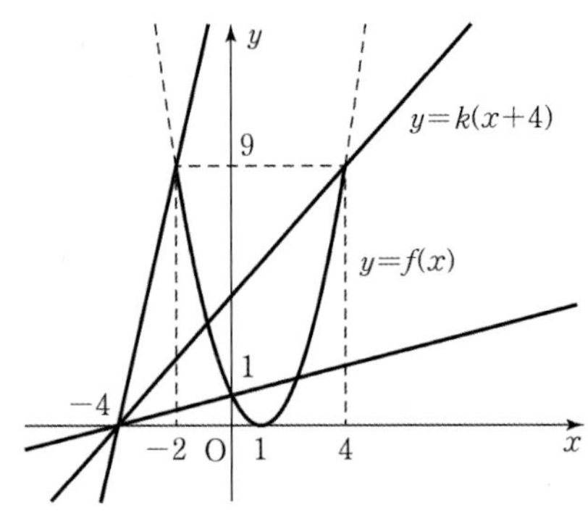

(1) 단 하나의 실근을 갖는 경우는 다음 두가지 경우가 존재한다.
(i) 직선 $y=k(x+4)$의 기울기가
점 $(4, 9)$를 지날 때의 기울기보다 크고,
점 $(-2, 9)$를 지날 때의 기울기보다 작거나 같을 때
$\frac{9}{8}<k\le\frac{9}{2}$
(ii) 직선 $y=k(x+4)$가 $y=f(x)$와 $(1, 0)$에서 접할 때
$k=0$
(i), (ii)에서 구하는 k의 값의 범위는 $\frac{9}{8}<k\le\frac{9}{2}$ 또는 $k=0$

(2) 서로 다른 두 양의 실근을 가지기 위해서는
직선 $y=k(x+4)$의 기울기가
점 $(0, 1)$을 지날 때의 기울기보다 작고,
점 $(1, 0)$을 지날 때의 기울기보다 커야한다.
$\therefore 0<k<\frac{1}{4}$

(3) 양의 실근 1개와 음의 실근 1개를 가지기 위해서는
직선 $y=k(x+4)$의 기울기가
점 $(0, 1)$을 지날 때의 기울기보다 크고,
점 $(4, 9)$을 지날 때의 기울기보다 작거나 같아야 한다.
$\therefore \frac{1}{4}<k\le\frac{9}{8}$

323 정답 3

• **방법 1**
일차함수 $y=g(x)$와 $y=h(x)$의 상수항이 모두 2이므로
두 이차방정식 $f(x)-g(x)=0$과 $f(x)-h(x)=0$의
두 근의 곱은 동일하다.
즉, $1\times 6=2\times a$ $\therefore a=3$

• **방법 2**
이차함수 $y=f(x)$의 그래프와 일차함수 $y=g(x)$의

교점의 x좌표가 각각 1, 6이므로
이차방정식 $f(x)-g(x)=0$의 두 근은 1과 6이다.
이때, 이차함수 $y=f(x)$의 이차항의 계수를 k라 하면
$f(x)-g(x)=k(x-1)(x-6)$
$\therefore\ f(x)=k(x^2-7x+6)+g(x)$
$\quad =kx^2+(m-7k)x+6k+2$ …… ㉠
같은 방법으로
$f(x)=k(x-2)(x-\alpha)+h(x)$
$\quad =kx^2+(n-2k-\alpha k)x+2\alpha k+2$ …… ㉡
㉠, ㉡에서 $6k+2=2\alpha k+2$이므로 $\alpha=3$

324 정답 ………… 4

점 P(2, 4)를 지나는 직선의 기울기를 m이라 하면,
이 직선의 방정식은 $y=m(x-2)+4$이다.
이때, 이차함수 $y=f(x)$와 직선 $y=m(x-2)+4$의
교점의 x좌표가 α, β이므로
이차방정식 $-x^2+2x+8=m(x-2)+4$에서
$x^2+(m-2)x-2m-4=0$의 두 근은 α, β이다.
이차방정식의 근과 계수의 관계에 의하여
$\alpha+\beta=-m+2$, $\alpha\beta=-2m-4$이므로
$|\alpha-\beta|=\sqrt{(\alpha+\beta)^2-4\alpha\beta}$
$\quad =\sqrt{(-m+2)^2-4(-2m-4)}$
$\quad =\sqrt{m^2+4m+20}$
$\quad =\sqrt{(m+2)^2+16}$
따라서 $m=-2$일 때 최솟값 4를 갖는다.

325 정답 ………… $m=-1$, $m=1$

이차함수 $y=f(x)$의 그래프와 일차함수 $y=g(x)$가 만나는
서로 다른 두 점 P, Q의 x좌표를 각각 α, β라 하면
α, β는 이차방정식 $x^2=mx+1$, $x^2-mx-1=0$의 두 근이다.

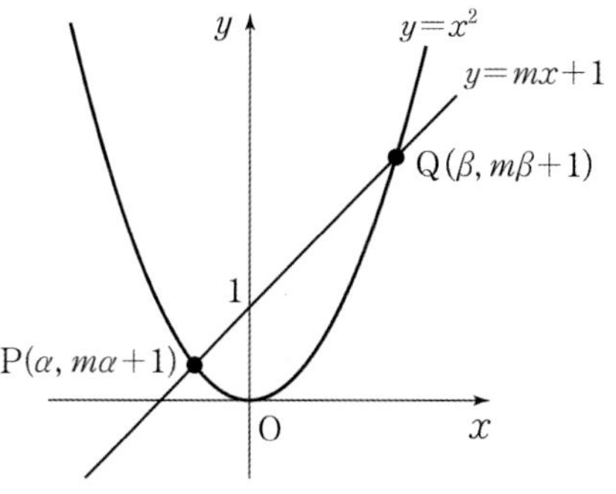

이차방정식의 근과 계수의 관계에 의하여
$\alpha+\beta=m$, $\alpha\beta=-1$ …… ㉠

$\overline{PQ}=|\alpha-\beta|\sqrt{m^2+1}=\sqrt{10}$
이므로 양변을 제곱하면
$(\alpha-\beta)^2(m^2+1)=10$ …… ㉡
이때 $(\alpha-\beta)^2=(\alpha+\beta)^2-4\alpha\beta$
$\quad =m^2+4$이므로 ($\because$ ㉠)
이 값을 ㉡에 대입하면
$(m^2+4)(m^2+1)=10$에서
$m^4+5m^2-6=0$, $(m^2+6)(m^2-1)=0$
$\therefore m=-1$ 또는 $m=1$

326 정답 ………… 2

이차함수 $y=f(x)$의 그래프와 직선 $y=g(x)$가 만나는
서로 다른 두 점 A, B의 x좌표를 각각 α, β라 하면
α, β는 이차방정식 $x^2=x+n$, $x^2-x-n=0$의 두 근이다.
이차방정식의 근과 계수의 관계에 의하여
$\alpha+\beta=1$, $\alpha\beta=-n$ …… ㉠
한편, 직선 $y=x+n$이 y축과 만나는
점 C는 C$(0, n)$이므로 $\overline{OC}=n$이고,
$\overline{AB}=|\alpha-\beta|\sqrt{m^2+1}$
$\quad =|\alpha-\beta|\sqrt{2}$ (m은 직선 $y=g(x)$의 기울기)
이를 $\overline{AB}\times\overline{OC}=6\sqrt{2}$에 대입하여 정리하면
$|\alpha-\beta|\sqrt{2}\times n=6\sqrt{2}$
$\therefore (\alpha-\beta)^2=\frac{36}{n^2}$
이때
$(\alpha-\beta)^2=(\alpha+\beta)^2-4\alpha\beta$
$\quad =1^2+4n$이므로 ($\because$ ㉠)
$\frac{36}{n^2}=1+4n$, $4n^3+n^2-36=0$, $(n-2)(4n^2+9n+18)=0$
$\therefore n=2$

327 정답 ………… $17\sqrt{17}$

먼저 주어진 두 이차함수의 교점의 x좌표를 구하자.
방정식 $x^2-2x+2=2x^2-8x-6$에서
$x^2-6x-8=0$
두 점 A, B의 x좌표를 각각 α, β라 하면
이차방정식의 근과 계수의 관계에 의해
$\alpha+\beta=6$, $\alpha\beta=-8$ …… ㉠
y축에 평행한 직선을 $x=k$라 하면 두 점 P, Q의 좌표는
P(k, k^2-2k+2), Q$(k, 2k^2-8k-6)$이므로
$\alpha<k<\beta$에서 $\overline{PQ}=-k^2+6k+8$이다.
한편 두 점 A, B에서 직선 $x=k$에 내린

수선의 발을 각각 H_1, H_2라 하면

$\overline{AH_1}=k-\alpha$, $\overline{BH_2}=\beta-k$이므로

삼각형 APQ의 넓이는

$\frac{1}{2}\times\overline{PQ}\times\overline{AH_1}=\frac{1}{2}\times(-k^2+6k+8)\times(k-\alpha)$

삼각형 BPQ의 넓이는

$\frac{1}{2}\times\overline{PQ}\times\overline{BH_2}=\frac{1}{2}\times(-k^2+6k+8)\times(\beta-k)$

따라서 사각형 AQBP의 넓이를 $S(k)$라 하면

$$\begin{aligned}S(k)&=\triangle APQ+\triangle BPQ\\&=\frac{1}{2}\times(-k^2+6k+8)\times(k-\alpha+\beta-k)\\&=\frac{1}{2}\times(-k^2+6k+8)\times(\beta-\alpha)\end{aligned}$$

이때

$$\begin{aligned}\beta-\alpha&=\sqrt{(\alpha+\beta)^2-4\alpha\beta}\\&=\sqrt{6^2-4\times(-8)}=2\sqrt{17}\qquad(\because ㉠)\end{aligned}$$

이므로

$$\begin{aligned}S(k)&=\sqrt{17}(-k^2+6k+8)\\&=-\sqrt{17}(k-3)^2+17\sqrt{17}\end{aligned}$$

따라서 사각형 AQBP의 넓이의 최댓값은 $17\sqrt{17}$이다.

4 이차함수의 최대 · 최소

328 정답 ······ $k\le\frac{1}{2}$

모든 실수 x에 대하여

$\frac{1}{2}x^2-2kx+k^2+1\ge-\frac{1}{2}x^2+2x+2k-2$이므로

이차함수 $y=\frac{1}{2}x^2-2kx+k^2+1$의 그래프가

이차함수 $y=-\frac{1}{2}x^2+2x+2k-2$의 그래프보다

항상 위쪽에 있거나 서로 접해야 한다.

$\frac{1}{2}x^2-2kx+k^2+1\ge-\frac{1}{2}x^2+2x+2k-2$에서

$x^2-2(k+1)x+k^2-2k+3\ge0$이

모든 실수 x에 대하여 성립해야 하므로

이차방정식 $x^2-2(k+1)x+k^2-2k+3=0$의

판별식을 D라 하면 $D\le0$이어야 한다.

$D/4=(k+1)^2-(k^2-2k+3)\le0$

$\therefore k\le\frac{1}{2}$

329 정답 ······ $k\ge-\frac{1}{3}$

임의의 두 실수 x_1, x_2에 대하여

$f(x_1)\ge g(x_2)$가 항상 성립하려면

$[f(x)$의 최솟값$]\ge[g(x)$의 최댓값$]$이어야 한다.

$$\begin{aligned}f(x)&=x^2+2x+k+1\\&=(x+1)^2+k\text{에서}\end{aligned}$$

$[f(x)$의 최솟값$]=k$

$$\begin{aligned}g(x)&=-x^2+2x-2k-2\\&=-(x-1)^2-2k-1\text{에서}\end{aligned}$$

$[g(x)$의 최댓값$]=-2k-1$

즉, $k\ge-2k-1$이므로 $k\ge-\frac{1}{3}$

330 정답 ······ $a<-1$ 또는 $a>\sqrt{2}$

$$f(x)=\begin{cases}x^2+2ax+2a^2-1 & (x<0)\\x^2-2ax+2a^2-1 & (x\ge0)\end{cases}$$

다음과 같이 a의 범위에 따라

함수 $y=f(x)$의 최솟값을 구해보면

(i) $a<0$일 때

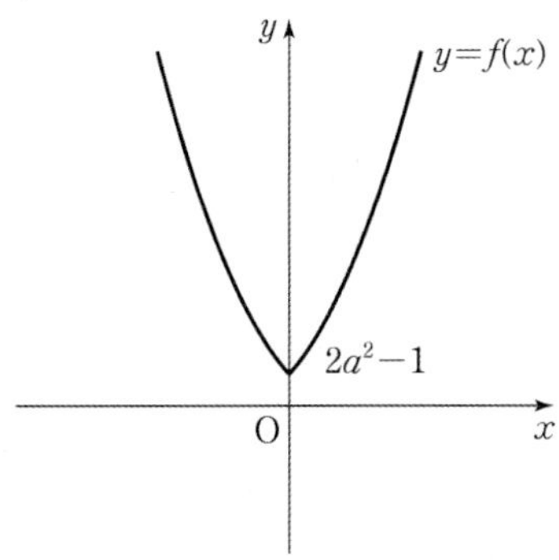

$x\ge0$일 때, 대칭축 $x=a$가 0보다 작고

$x<0$일 때, 대칭축 $x=-a$는 0보다 크므로

$y=f(x)$의 그래프는 위와 같다.

그러므로 함수 $y=f(x)$는

$x=0$일 때 최솟값 $2a^2-1$을 갖는다.

(ii) $a\ge0$일 때

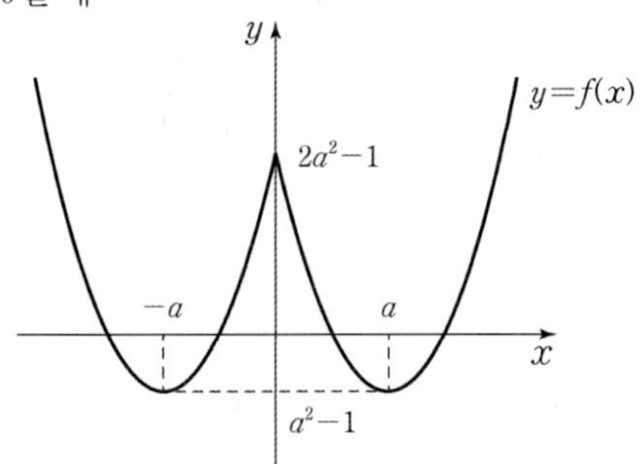

$x\ge0$일 때 대칭축 $x=a$가 0보다 크고

$x<0$일 때 대칭축 $x=-a$가 0보다 작으므로

위의 그림과 같이 함수 $y=f(x)$는

$x=a$ 또는 $x=-a$에서 최솟값 a^2-1을 갖는다.

한편, $g(x)=-x^2+4x-3=-(x-2)^2+1$에서

$g(x)$는 $x=2$에서 최댓값 1을 갖는다.

임의의 두 실수 x_1, x_2에 대하여

$f(x_1)>g(x_2)$가 성립하려면

$[f(x)$의 최솟값$]>[g(x)$의 최댓값$]$이어야 하므로

$a<0$일 때, $2a^2-1>1$에서 $a^2>1$

$\therefore a<-1$ $\quad$ $(\because a<0)$

$a\geq 0$일 때, $a^2-1>1$에서 $a^2>2$

$\therefore a>\sqrt{2}$ $\quad$ $(\because a\geq 0)$

따라서 구하는 실수 a의 값의 범위는

$a<-1$ 또는 $a>\sqrt{2}$이다.

331 정답 ············ $a<-3$ 또는 $a>-1$

$f(x)=-x^2+2ax-a^2-a-2=-(x-a)^2-a-2$

축의 방정식이 $x=a$이므로 a의 범위에 따라

$-1\leq x\leq 1$에서

이차함수 $y=f(x)$의 최댓값을 구해보면 다음과 같다.

(i) $a<-1$일 때

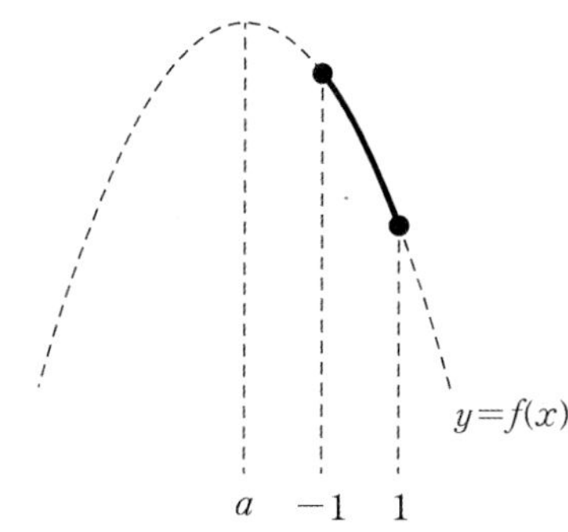

그림과 같이 함수 $f(x)$의 최댓값은

$f(-1)=-a^2-3a-3$

(ii) $-1\leq a<1$일 때

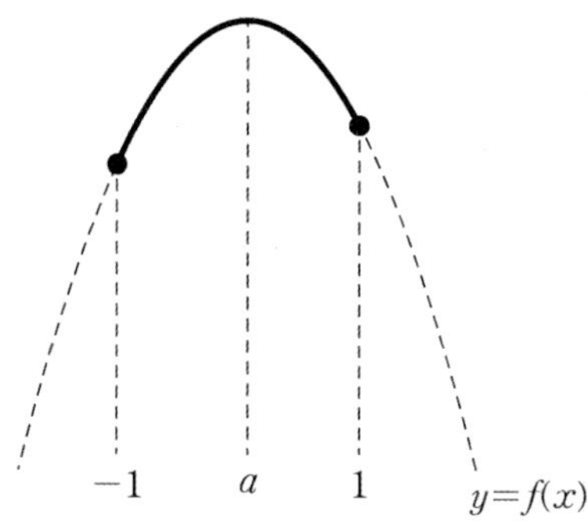

그림과 같이 함수 $f(x)$의 최댓값은

$f(a)=-a-2$

(iii) $a\geq 1$일 때

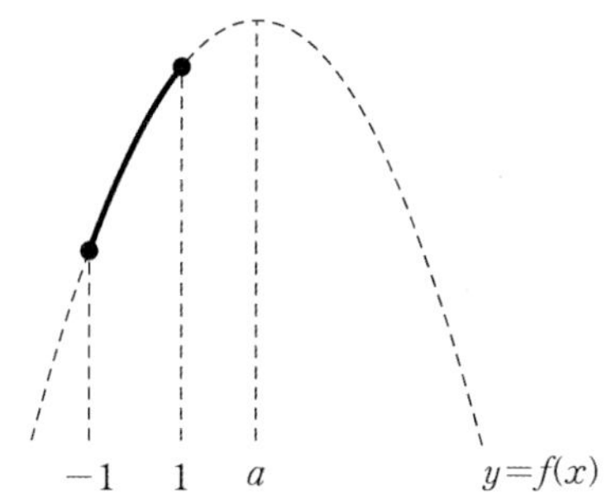

그림과 같이 함수 $f(x)$의 최댓값은

$f(1)=-a^2+a-3$

한편, $g(x)=x^2+a$는

$-1\leq x\leq 1$에서 최솟값 a를 갖는다.

이때, $-1\leq x_1\leq 1$, $-1\leq x_2\leq 1$을 만족하는

임의의 두 실수 x_1, x_2에 대하여

$f(x_1)<g(x_2)$가 성립하려면

$-1\leq x\leq 1$에서

$[f(x)$의 최댓값$]<[g(x)$의 최솟값$]$이어야 한다.

(i)의 경우는

$-a^2-3a-3<a$에서

$a^2+4a+3>0$, $(a+3)(a+1)>0$

$\therefore a<-3$ $\quad$ $(\because a<-1)$

(ii)의 경우는

$-a-2<a$에서 $a>-1$

$\therefore -1<a<1$

(iii)의 경우는

$-a^2+a-3<a$에서 $a^2+3>0$

$\therefore a\geq 1$

(i) ~ (iii)에 의해 구하는 실수 a의 값의 범위는

$a<-3$ 또는 $a>-1$이다.

332 정답 ············ 2

두 함수 $f(x)=x^2-2x+ma$와 $g(x)=mx+2$가 m의 값에 관계없이 서로 만나므로

이차방정식 $x^2-2x+ma=mx+2$에서

$x^2-(2+m)x+ma-2=0$의 판별식을 D_1이라 하면

$D_1=(m+2)^2-4(ma-2)\geq 0$

$m^2+4(1-a)m+12\geq 0$

이때, 모든 실수 m에 대하여 이 부등식이 항상 성립해야 하므로

이차방정식 $m^2+4(1-a)m+12=0$의 판별식을 D_2라 하면

$D_2/4=4(1-a)^2-12\leq 0$, $(1-a)^2\leq 3$

$\therefore 1-\sqrt{3}\leq a\leq 1+\sqrt{3}$

즉, $\alpha=1-\sqrt{3}$, $\beta=1+\sqrt{3}$이므로

$\alpha+\beta=(1-\sqrt{3})+(1+\sqrt{3})=2$

333 정답 $f(x)=-x^2+4x-2$

조건 ㈎로부터
모든 실수 x에 대하여 $f(x)\le f(2)$이므로
함수 $f(x)$는 $x=2$에서 최댓값을 가지고
축의 방정식이 $x=2$이다.
또한, 그래프는 위로 볼록이다.
함수 $f(x)$는 $x=2$에 대하여 대칭이므로
조건 ㈏로부터 $f(1)=f(3)=1$
따라서 이차함수 $f(x)$의 최고차항의 계수를 a라 하면
$f(x)-1=a(x-1)(x-3)$ (단, $a<0$)
$f(x)=a(x^2-4x+3)+1$
$\quad=a(x-2)^2-a+1$
이때, $0\le x\le 3$에서 이차함수 $f(x)$는
$x=0$에서 최소이므로
$f(0)=3a+1=-2$ $\qquad\therefore a=-1$
즉, 구하는 이차함수 $f(x)$는
$f(x)=-x^2+4x-2$이다.

334 정답 $k=-1,\ k=1$

$0\le x\le 2$에서 이차함수
$f(x)=-x^2-4kx-4k^2+2k+2$
$\quad=-(x+2k)^2+2k+2$
라 하면 대칭축이 $x=-2k$이므로
다음과 같은 경우로 나누어 생각할 수 있다.
(i) $-2k<0$ $(k>0)$일 때
$x=0$일 때 최댓값을 가진다.
$f(0)=0$에서 $2k^2-k-1=0$, $(2k+1)(k-1)=0$
$\therefore k=1$ $\quad(\because k>0)$

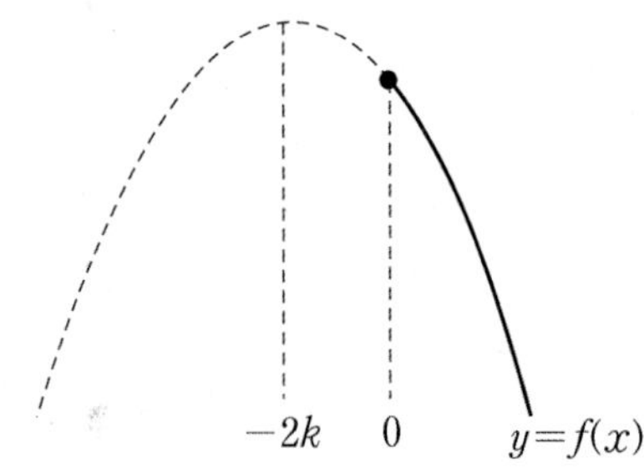

(ii) $0\le -2k<2$ $(-1<k\le 0)$일 때
$x=-2k$일 때 최댓값을 가진다.
$f(-2k)=0$에서 $2k+2=0$, $k=-1$
이므로 성립하지 않는다.

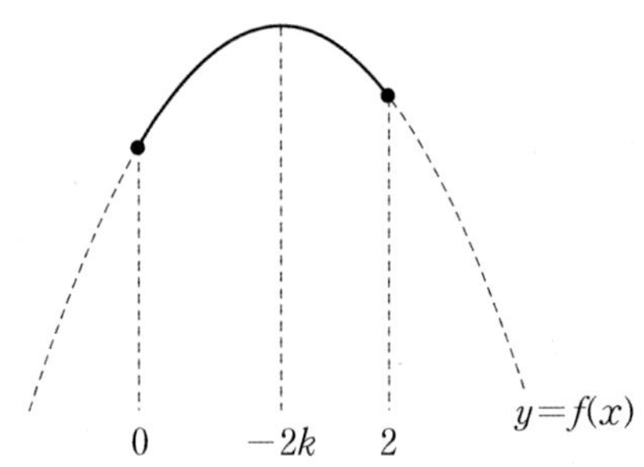

(iii) $-2k\ge 2$ $(k\le -1)$일 때
$x=2$일 때 최댓값을 가진다.
$f(2)=0$에서 $2k^2+3k+1=0$, $(2k+1)(k+1)=0$
$\therefore k=-1$ $\quad(\because k\le -1)$

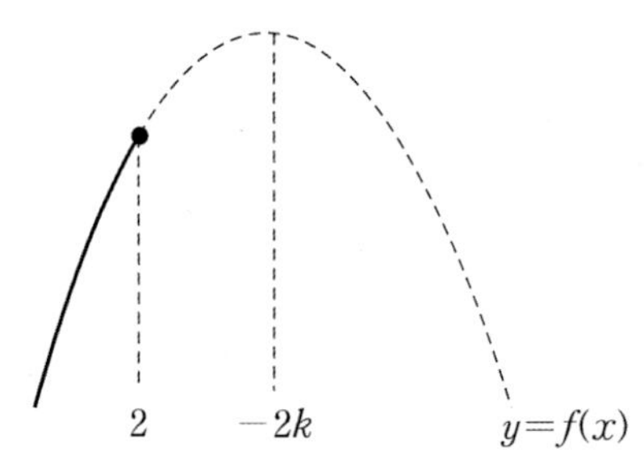

(i) ~ (iii)에 의해서 구하는 k의 값은 $k=-1$ 또는 $k=1$이다.

335 정답 0

이차함수 $f(x)=kx^2-2kx+k^2-k$
$\qquad=k(x-1)^2+k^2-2k$ $(-1\le x\le 2)$에서
(i) $k<0$일 때

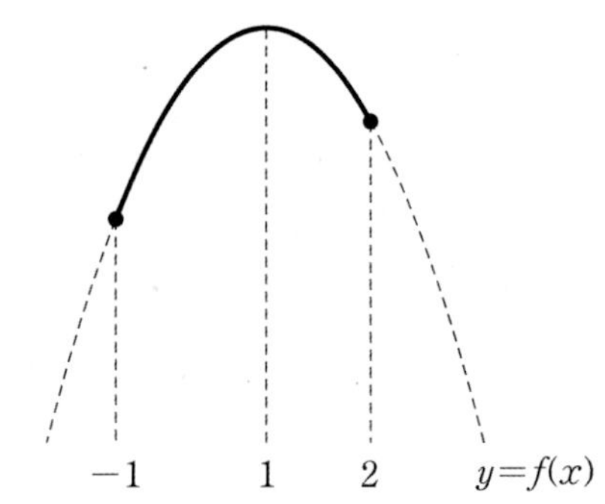

위의 그림으로부터
$x=1$에서 최댓값을 가지므로
$f(1)=k^2-2k=8$
$k^2-2k-8=0$, $(k-4)(k+2)=0$
$\therefore k=-2$ $\quad(\because k<0)$

(ii) $k>0$일 때

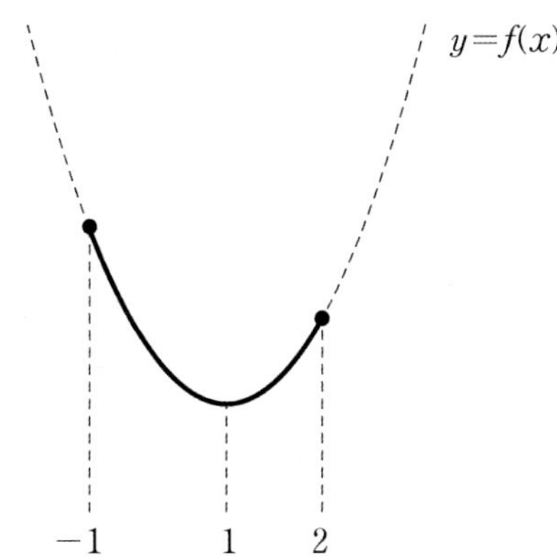

위의 그림으로부터

$x=-1$에서 최댓값을 가지므로

$f(-1)=k+2k+k^2-k=8$

$k^2+2k-8=0$, $(k+4)(k-2)=0$

$\therefore k=2 \quad (\because k>0)$

따라서 (i), (ii)를 만족시키는 k의 값의 합은 $-2+2=0$이다.

336 정답 ········ 최댓값 5, 최솟값 $\frac{11}{4}$

이차함수 $y=f(x)$의 그래프가 $A(0, 5)$를 지나므로

$f(x)=ax^2+bx+5$ $(a\neq 0)$로 놓을 수 있다.

함수 $y=f(x)$의 그래프가

두 점 $B(2, 1)$, $C(3, 2)$를 지나므로

$f(2)=4a+2b+5=1$, $2a+b=-2$

$f(3)=9a+3b+5=2$, $3a+b=-1$

두 식을 연립하여 풀면 $a=1$, $b=-4$

$\therefore f(x)=x^2-4x+5$

점 $P(p, q)$가 곡선 $y=f(x)$ 위의 점이므로

$q=p^2-4p+5$

$\therefore p+q=p^2-3p+5$

$\quad =\left(p-\frac{3}{2}\right)^2+\frac{11}{4}$

이때 $0\leq p\leq 3$이므로

$g(p)=\left(p-\frac{3}{2}\right)^2+\frac{11}{4}$로 놓으면

최댓값은 $g(0)=g(3)=5$

최솟값은 $g\left(\frac{3}{2}\right)=\frac{11}{4}$이다.

337 정답 ········ 최댓값 2, 최솟값 -1

이차함수 $f(x)=x^2-2kx+2k+1$

$\quad =(x-k)^2-k^2+2k+1$에서

(i) $-1\leq k<0$일 때

$0\leq x\leq 2$에서 $x=0$일 때 최소이다.

$\therefore g(k)=2k+1$

(ii) $0\leq k\leq 2$일 때

$0\leq x\leq 2$에서 $x=k$일 때 최소이다.

$\therefore g(k)=-k^2+2k+1=-(k-1)^2+2$

따라서 $-1\leq k\leq 2$일 때 $y=g(k)$의 그래프는 다음과 같다.

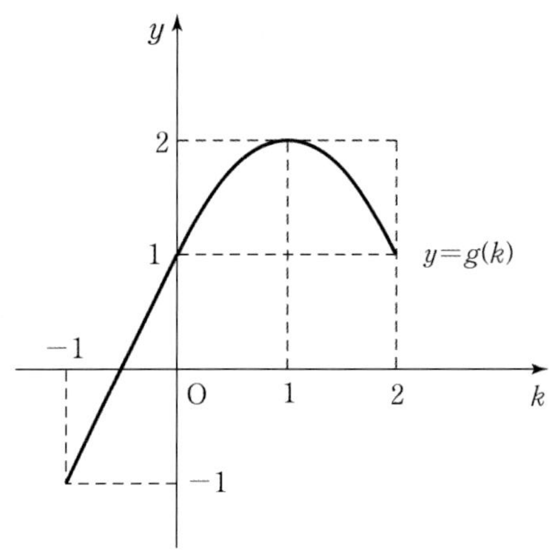

따라서 $y=g(k)$의 최댓값은 2, 최솟값은 -1이다.

338 정답 ········ $\frac{17}{4}$

$f(x)=-2x^2+4px+2p^2+q$

$\quad =-2(x-p)^2+4p^2+q$

라 하면 축의 방정식은 $x=p$이다.

(i) $p\leq -1$일 때

$x=-1$일 때 최대이므로

$f(-1)=-2-4p+2p^2+q=4$

$\therefore q=-2p^2+4p+6$

$2p+q=-2p^2+6p+6=-2\left(p-\frac{3}{2}\right)^2+\frac{21}{2}$

$p\leq -1$의 범위에서 $p=-1$일 때 최댓값 -2이다.

$\therefore 2p+q\leq -2$

(ii) $-1<p<1$일 때

$x=p$일 때 최대이므로

$f(p)=4p^2+q=4$

$\therefore q=-4p^2+4$

$2p+q=-4p^2+2p+4=-4\left(p-\frac{1}{4}\right)^2+\frac{17}{4}$

$-1<p<1$의 범위에서

$p=\frac{1}{4}$일 때 최댓값 $\frac{17}{4}$이다.

$\therefore 2p+q\leq \frac{17}{4}$

(iii) $p\geq 1$일 때

$x=1$일 때 최대이므로

$f(1)=-2+4p+2p^2+q=4$

$\therefore\ q=-2p^2-4p+6$

$2p+q=-2p^2-2p+6=-2\left(p+\frac{1}{2}\right)^2+\frac{13}{2}$

$p\geq1$의 범위에서

$p=1$일때 최댓값 2이다.

$\therefore\ 2p+q\leq2$

(i) ~ (iii)에 의해

$2p+q$의 최댓값은 $\frac{17}{4}$이다.

339 정답 3, 5

실수 a에 대하여

(i) $a<4$일 때

$f(a-2)<f(a)$이므로

$g(a)=f(a-2)$

(ii) $a>4$일 때

$f(a-2)>f(a)$이므로

$g(a)=f(a)$

한편, $a=4$일 때 $f(a-2)=f(a)$이다.

따라서 함수 $g(a)$는

$$g(a)=\begin{cases}f(a-2) & (a\leq4)\\ f(a) & (a>4)\end{cases}$$

이때 $g(a)=5$를 만족하는 실수 a의 값은

$f(a-2)=5$에서 $-(a-2)^2+6(a-2)=5$

$a^2-10a+21=0$

$\therefore\ a=3\qquad(\because\ a\leq4)$

$f(a)=5$에서 $-a^2+6a=5$

$a^2-6a+5=0$

$\therefore\ a=5\qquad(\because\ a>4)$

따라서 구하는 실수 a의 값은 3 또는 5이다.

340 정답 .... $-1,\ \frac{3+\sqrt{13}}{2}$

$f(x)=-x^2+2x+t+1$

$\quad=-(x-1)^2+t+2$

라 하면 실수 t에 대하여

$y=f(t)$의 최댓값은 다음과 같다.

(i) $t\leq0$일 때

$f(t)\leq f(t+1)$이므로 최댓값은

$f(t+1)=-t^2+t+2$

$-t^2+t+2=0$에서 $t=-1$ 또는 $t=2$

$\therefore\ t=-1$

(ii) $0<t\leq1$일 때

최댓값은 $f(1)=t+2=0$에서 $t=-2$이므로

성립하지 않는다.

(iii) $t>1$일 때

$f(t)>f(t+1)$이므로 최댓값은

$f(t)=-t^2+3t+1$이므로

$-t^2+3t+1=0$에서 $t=\frac{3\pm\sqrt{13}}{2}$

$\therefore\ t=\frac{3+\sqrt{13}}{2}$

(i) ~ (iii)에 의하여 t의 값은 -1 또는 $\frac{3+\sqrt{13}}{2}$이다.

341 정답 .... $2-\sqrt{3},\ 2+\sqrt{3}$

$f(x)=x^2-4x+5$라 하면

$f(x)=(x-2)^2+1$이므로 축의 방정식은 $x=2$이다.

조건에서 $t-1\leq x\leq t+1$이므로

다음과 같이 세 가지 경우로 나누어 생각한다.

(i) $t+1\leq2$일 때

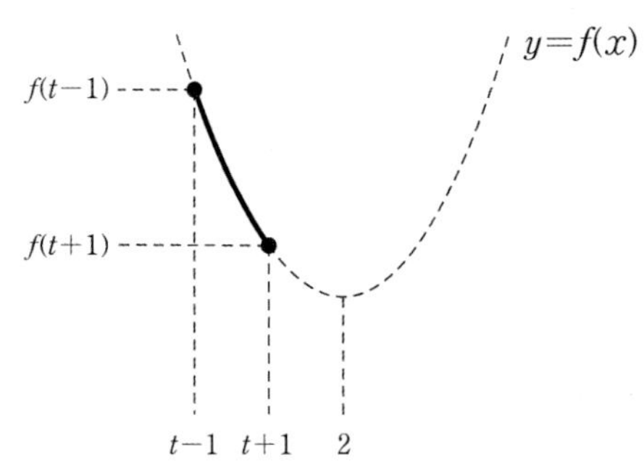

그림으로부터 $t-1\leq x\leq t+1$에서

함수 $f(x)$의 최댓값은 $f(t-1)$

함수 $f(x)$의 최솟값은 $f(t+1)$

조건으로부터 $f(t-1)+f(t+1)=10$

$f(t-1)+f(t+1)=(t-3)^2+1+(t-1)^2+1=10$

에서 $t^2-4t+1=0$

$\therefore\ t=2\pm\sqrt{3}$

$t\leq1$이므로 $t=2-\sqrt{3}$

(ii) $t-1\leq2,\ t+1>2$일 때

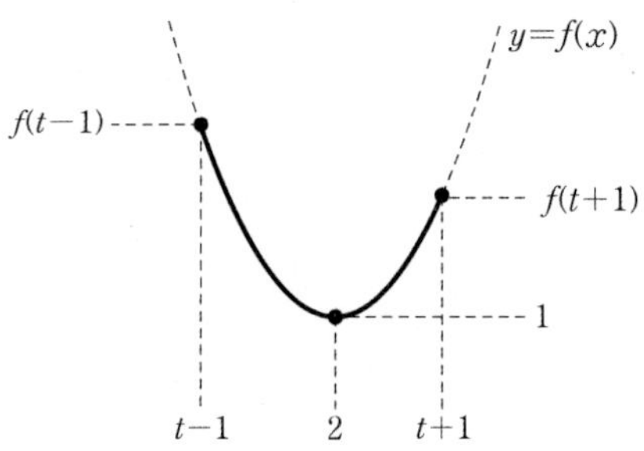

그림으로부터 $t-1\leq x\leq t+1$에서

함수 $f(x)$의 최댓값은 $f(t-1)$ 또는 $f(t+1)$

함수 $f(x)$의 최솟값은 $f(2)=1$이다.

$f(t-1)+1=10$, $(t-3)^2+2=10$

$\therefore t=3\pm2\sqrt{2}$

$f(t+1)+1=10$, $(t-1)^2+2=10$

$\therefore t=1\pm2\sqrt{2}$

이는 $1<t\le3$의 조건에 맞지 않으므로 존재하지 않는다.

(iii) $t-1>2$일 때

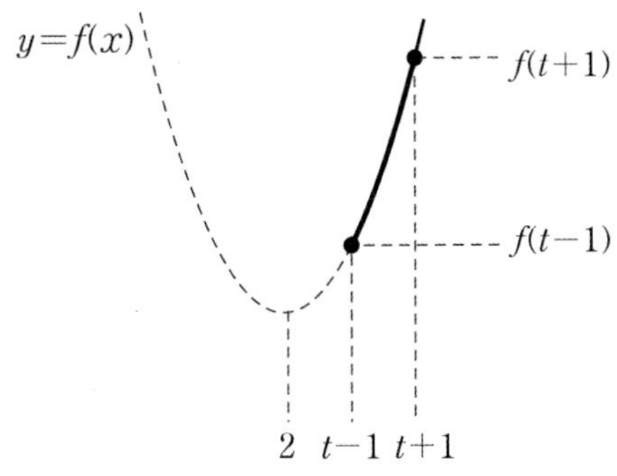

그림으로부터 $t-1\le x\le t+1$에서

함수 $f(x)$의 최댓값은 $f(t+1)$

함수 $f(x)$의 최솟값은 $f(t-1)$이다.

$f(t+1)+f(t-1)=10$에서 $t^2-4t+1=0$

$\therefore t=2\pm\sqrt{3}$

$t>3$이므로 $t=2+\sqrt{3}$

(i) ~ (iii)에 의하여 구하는 t의 값은 $2\pm\sqrt{3}$

342 정답 $f(x)=-(x-2)^2+3$

조건 (가)에서 모든 실수 x에 대하여 $f(x)\le f(2)$이므로

함수 $f(x)$는 $x=2$에서 최댓값을 가지고,

축의 방정식이 $x=2$이며, 그래프는 위로 볼록하다.

따라서 함수 $f(x)$를 $f(x)=a(x-2)^2+k$라 하자. (단, $a<0$)

조건 (다)에서 $f(0)=-1$이므로

$4a+k=-1$ $\therefore k=-1-4a$

$\therefore f(x)=a(x-2)^2-4a-1$

(i) $t=3$일 때

$f(x)$는 $x=t-2$ 또는 $x=t$에서 최소이고

최솟값 $m(t)$는

$m(t)=f(t-2)=f(t)$이다.

(ii) $t<3$일 때

$f(x)$는 $x=t-2$에서 최소이고

최솟값 $m(t)$는

$m(t)=f(t-2)$이다.

(iii) $t>3$일 때

$f(x)$는 $x=t$에서 최소이고

최솟값 $m(t)$는

$m(t)=f(t)$이다

(i) ~ (iii)에 의하여 함수 $m(t)$는 다음과 같다.

$$m(t)=\begin{cases} a(t-4)^2-1-4a & (t\le3) \\ a(t-2)^2-1-4a & (t>3) \end{cases}$$

따라서 함수 $m(t)$는 $t=3$일때 최대이므로

$m(3)=-3a-1=2$ $\therefore a=-1$

따라서 $f(x)=-(x-2)^2+3$

343 정답 -3

$f(x)=x^2+2x-1=(x+1)^2-2$이므로

t의 범위를 나누어보자.

(i) $t<-2$일 때

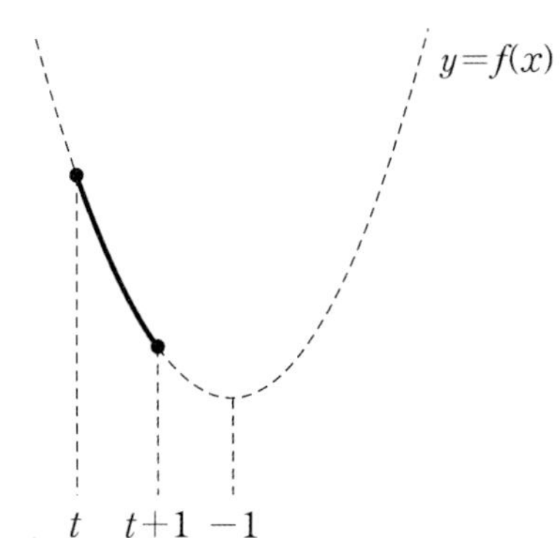

위의 그림으로부터 $\mathrm{M}(t)=f(t)$,

$m(t)=f(t+1)$이므로 $\mathrm{M}(t)-m(t)=3$에서

$f(t)-f(t+1)=3$, $(t+1)^2-2-\{(t+2)^2-2\}=3$

$-2t-3=3$ $\therefore t=-3$

(ii) $-2\le t<-\frac{3}{2}$일 때

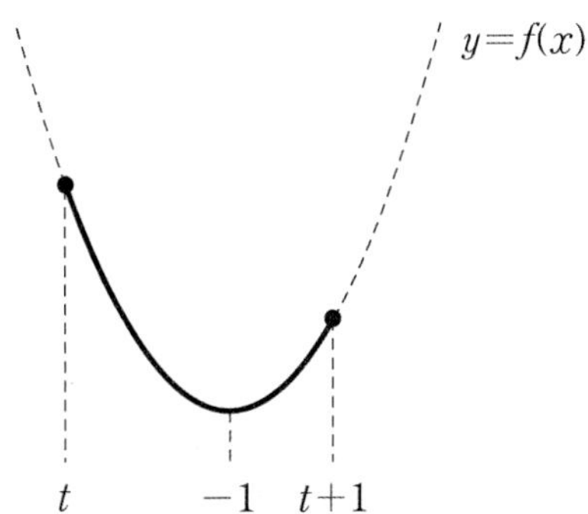

위의 그림으로부터 $\mathrm{M}(t)=f(t)$,

$m(t)=f(-1)$이므로 $\mathrm{M}(t)-m(t)=3$에서

$f(t)-f(-1)=3$, $(t+1)^2-2-(-2)=3$

$t=-1\pm\sqrt{3}$

이는 주어진 범위를 만족하지 않는다.

(iii) $-\frac{3}{2} \le t < -1$일 때

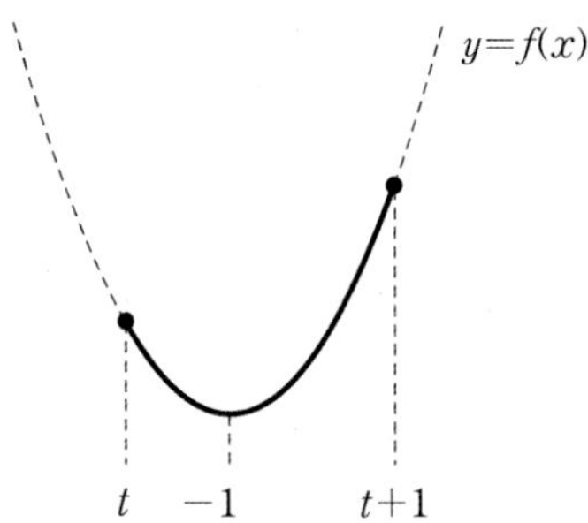

위의 그림으로부터 $M(t)=f(t+1)$,
$m(t)=f(-1)$이므로 $M(t)-m(t)=3$에서
$f(t+1)-f(-1)=3$, $(t+2)^2-2-(-2)=3$
$t=-2\pm\sqrt{3}$
이는 주어진 범위를 만족하지 않는다.

(iv) $t \ge -1$일 때

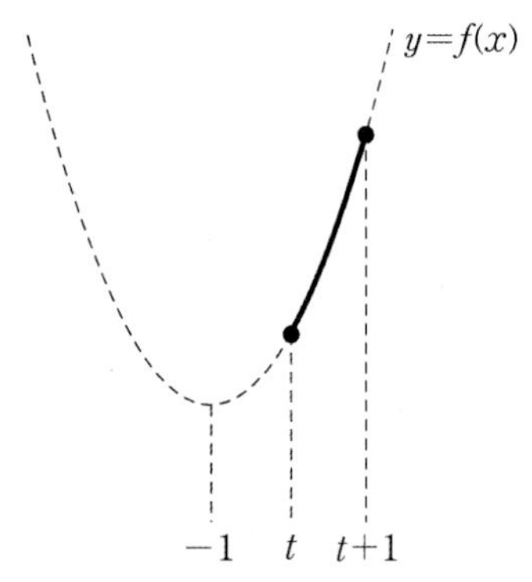

위의 그림으로부터 $M(t)=f(t+1)$,
$m(t)=f(t)$이므로 $M(t)-m(t)=3$에서
$f(t+1)-f(t)=3$, $(t+2)^2-2-\{(t+1)^2-2\}=3$
$2t+3=3$ $\qquad \therefore t=0$

(i) ~ (iv)에 의해 모든 t의 값의 합은 $-3+0=-3$이다.

5 이차함수와 접하는 직선

344 정답 ········· 8

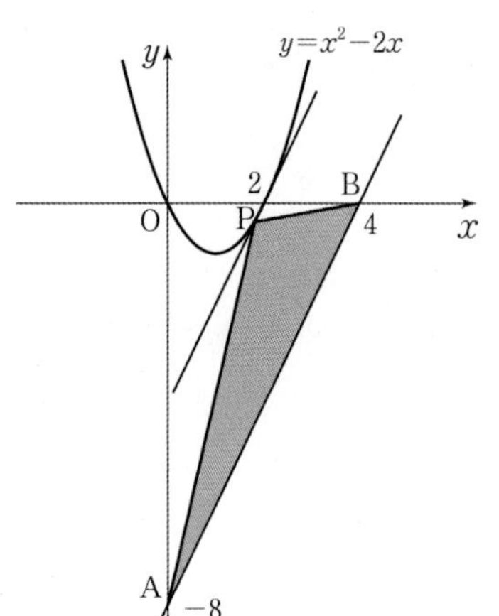

삼각형 PAB의 넓이가 최소가 되는 경우는 그림과 같이 점 P가 직선 AB에 평행한 접선의 접점이 될 때이다.
직선 AB의 기울기는 2이므로 접선의 방정식을
$y=2x+k$라 하면
$x^2-2x=2x+k$ ······ ㉠
$x^2-4x-k=0$에서 이 이차방정식의 판별식을 D라 하면
$D/4=4+k=0$ $\qquad \therefore k=-4$
이를 ㉠에 대입하면 $x^2-4x+4=0$, $x=2$
즉, 접점 P의 좌표는 $(2, 0)$이다.

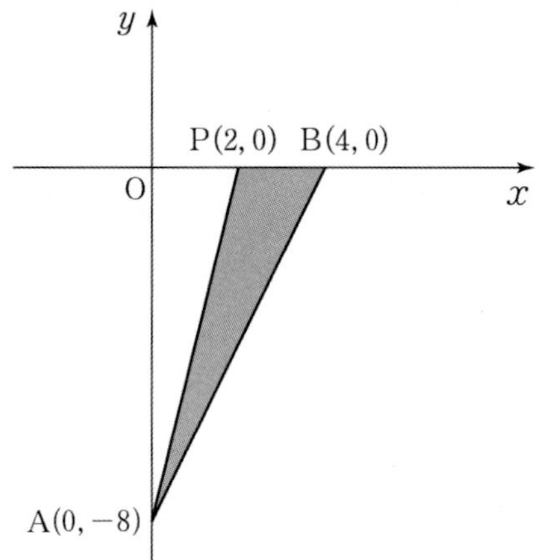

따라서 구하는 삼각형 PAB의 넓이의 최솟값은
$\frac{1}{2}\times\overline{PB}\times\overline{OA}=\frac{1}{2}\times2\times8=8$이다.

345 정답 ········· 최댓값 9, P(2, −2)

다각형 OBPCA의 넓이는
사다리꼴 OBCA의 넓이에서 △BPC의 넓이를 뺀 것과 같다.
따라서 △BPC의 넓이가 최소가 될 때
다각형 OBPCA의 넓이는 최대가 된다.
이때, △BPC의 넓이가 최소가 되는 것은
점 P에서의 접선이 직선 BC와 평행할 때이다.
직선 BC의 기울기는 $\frac{-2-(-5)}{3-0}=1$이므로
점 P에서의 접선의 방정식을 $y=x+k$라 하면
$x^2-3x=x+k$ ······ ㉠
$x^2-4x-k=0$에서 이 이차방정식의 판별식을 D라 하면
$D/4=2^2+k=0$ $\qquad \therefore k=-4$
이를 ㉠에 대입하면 $x^2-4x+4=0$, $x=2$
즉, 접점 P의 좌표는 $(2, -2)$이다.

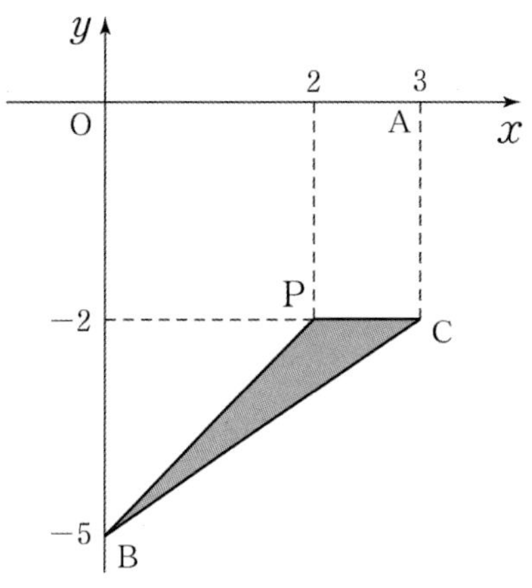

따라서 구하는 넓이의 최댓값은

$\frac{1}{2}\times(\overline{OB}+\overline{AC})\times\overline{OA}-\frac{1}{2}\times\overline{PC}\times3$

$=\frac{1}{2}\times(5+2)\times3-\frac{1}{2}\times1\times3$

$=9$

346 정답 ······ $\frac{13\sqrt{13}}{8}$

이차함수 $y=-x^2+1$의 그래프와 직선 $y=x-2$의
교점 A, B의 x좌표를 각각 α, β라 하면
$-x^2+1=x-2$에서 $x^2+x-3=0$
이차방정식의 근과 계수의 관계에 의하여
$\alpha+\beta=-1$, $\alpha\beta=-3$이다.
이때, $A(\alpha, \alpha-2)$, $B(\beta, \beta-2)$에서
삼각형 PAB의 밑변을 $\overline{AB}$라 하면

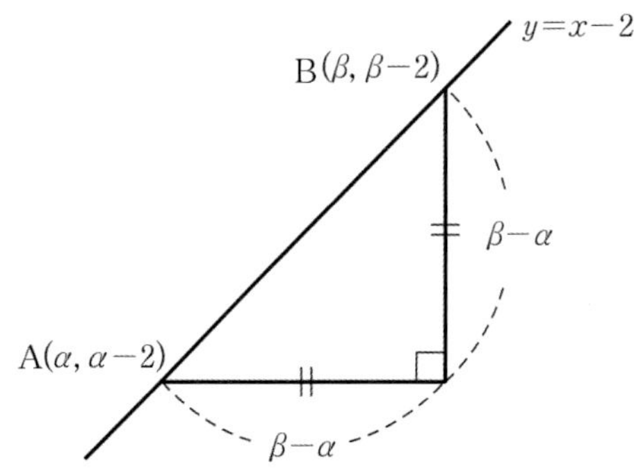

직선 AB의 기울기가 1이므로

$\overline{AB}=\sqrt{2}(\beta-\alpha)$

$=\sqrt{2(\beta-\alpha)^2}$

$=\sqrt{2\{(\alpha+\beta)^2-4\alpha\beta\}}$

$=\sqrt{2\{(-1)^2-4\times(-3)\}}=\sqrt{26}$

따라서 높이가 최대일때 넓이가 최대이다.
즉, 두 점 A, B 사이에 있는 점 P에서 직선 AB까지의 거리가 최대이려면
곡선 $y=-x^2+1$ 위의 점 P에서의 접선의 기울기가
직선 AB의 기울기 1과 같아야 한다.
점 P를 지나고 기울기가 1인 직선의 방정식을 $y=x+k$라 하면
곡선 $y=-x^2+1$과 접하므로 $-x^2+1=x+k$에서
이차방정식 $x^2+x+k-1=0$은 중근을 갖는다.
판별식을 D라 하면

$D=1^2-4(k-1)=0$ $\therefore k=\frac{5}{4}$

$y=x+\frac{5}{4}$
$y=x-2$
C
h
$\sqrt{2}h$
h
D
$x=k$

그림과 같이 $x=k$가 두 직선 $y=x+\frac{5}{4}$, $y=x-2$와
만나는 두 교점의 좌표를 C, D라 하면

$\overline{CD}=\left(k+\frac{5}{4}\right)-(k-2)=\frac{13}{4}$이고

두 직선 $y=x+\frac{5}{4}$, $y=x-2$의 기울기가 1이므로
삼각형 PAB의 높이 h는

$h=\frac{\overline{CD}}{\sqrt{2}}=\frac{13}{4\sqrt{2}}=\frac{13\sqrt{2}}{8}$

따라서 삼각형 PAB의 넓이의 최댓값은

$\frac{1}{2}\times\overline{AB}\times h=\frac{1}{2}\times\sqrt{26}\times\frac{13\sqrt{2}}{8}$

$=\frac{13\sqrt{13}}{8}$

347 정답 ······ $6\sqrt{3}$

점 A에서 함수 $y=-x^2+2$에 접하는 직선의 방정식을
$y=ax+b$ (단, a, b는 실수)라 하자.
이차방정식 $-x^2+2=ax+b$는 $x=\alpha$를 중근으로 가지므로
$x^2+ax+b-2=(x-\alpha)^2$에서 $ax+b=-x^2+2+(x-\alpha)^2$
즉, 점 A에서 함수 $y=-x^2+2$에 접하는 직선의 방정식은

$y=-x^2+2+(x-\alpha)^2$ ······ ㉠

같은 방법으로 점 B에서 $y=-x^2+2$에 접하는 직선의 방정식은

$y=-x^2+2+(x-\beta)^2$ ······ ㉡

따라서 ㉠과 ㉡의 교점인 점 C의 x좌표는

$-x^2+2+(x-\alpha)^2=-x^2+2+(x-\beta)^2$에서

$-2(\alpha-\beta)x+\alpha^2-\beta^2=0$

$\therefore x=\dfrac{\alpha+\beta}{2}=-1 \quad (\because \alpha\neq\beta)$

한편, α, β는 이차함수 $y=-x^2+2$와 직선 $y=mx$의 교점의 x좌표이므로

$-x^2+2=mx$에서 $x^2+mx-2=0$

이차방정식의 근과 계수의 관계에 의하여

$\alpha+\beta=-m=-2$, $\alpha\beta=-2$

$\therefore m=2$

이때 점 C의 y좌표는 ㉠에 $x=\dfrac{\alpha+\beta}{2}$를 대입하여 구하면

$y=-\left(\dfrac{\alpha+\beta}{2}\right)^2+2+\left(\dfrac{-\alpha+\beta}{2}\right)^2=2-\alpha\beta=4$

즉, 점 C의 좌표는 $(-1, 4)$이고,

점 A와 점 B는 $y=mx=2x$ 위의 점이므로

$A(\alpha, 2\alpha)$, $B(\beta, 2\beta)$로 놓을 수 있다.

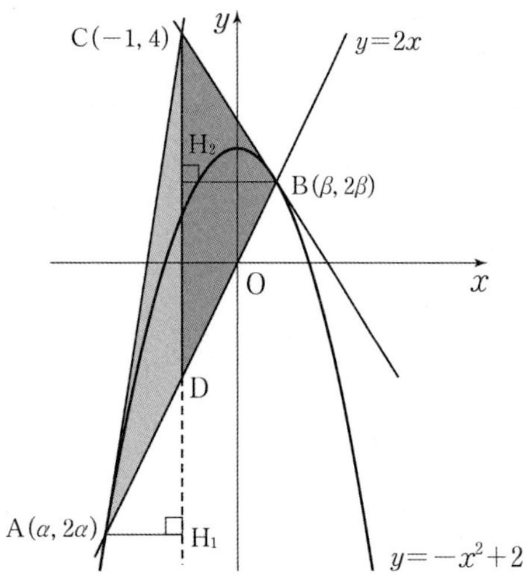

점 C를 지나고 y축에 평행한 직선이

$y=2x$와 만나는 점을 D라 하면

점 D의 좌표는 $(-1, -2)$이므로 삼각형 ABC의 넓이는

$$\begin{aligned}\triangle ABC&=\triangle ACD+\triangle BCD\\&=\frac{1}{2}\times\overline{CD}\times\overline{AH_1}+\frac{1}{2}\times\overline{CD}\times\overline{BH_2}\\&=\frac{1}{2}\times\overline{CD}\times(\overline{AH_1}+\overline{BH_2})\\&=\frac{1}{2}\times6\times(\beta-\alpha)\\&=3\sqrt{(\beta-\alpha)^2}\\&=3\sqrt{(\alpha+\beta)^2-4\alpha\beta}\\&=3\sqrt{(-2)^2-4\times(-2)}=6\sqrt{3}\end{aligned}$$

348 정답 ······························ $y=x-\dfrac{1}{2}$

두 이차함수의 이차항의 계수의 부호와 절댓값이 같으므로

두 이차함수의 꼭짓점을 연결한 직선과 공통접선의 기울기가 같다.

각각 꼭짓점의 좌표가 $(0, 0)$, $(2, 2)$이므로

기울기를 구하면 1이다.

따라서 구하는 직선의 방정식을 $y=x+k$라 하면

$y=\dfrac{1}{2}x^2$과 서로 접하므로

$\dfrac{1}{2}x^2=x+k$, $x^2-2x-2k=0$

이 이차방정식의 판별식을 D라 하면

$D/4=1^2-(-2k)=0 \qquad \therefore k=-\dfrac{1}{2}$

즉, 구하는 직선의 방정식은 $y=x-\dfrac{1}{2}$이다.

349 정답 ······························ $y=6x-9$, $y=-2x-1$

두 이차함수의 이차항의 계수가 부호는 다르고 절댓값이 같으므로

동시에 접하는 직선의 방정식은 두 이차함수의 꼭짓점의 중점을 지난다.

각각 꼭짓점의 좌표가 $(0, 0)$ $(2, -6)$이므로

중점 $(1, -3)$을 지나는 직선의 방정식의 기울기를 m이라 하면

$y=m(x-1)-3=mx-m-3$ ······ ㉠

이 직선과 $y=x^2$이 서로 접하므로

$x^2=mx-m-3$, $x^2-mx+m+3=0$

이 이차방정식의 판별식을 D라 하면

$D=m^2-4(m+3)=0$에서 $m^2-4m-12=0$

$(m-6)(m+2)=0$

$\therefore m=6$ 또는 $m=-2$

이를 ㉠에 대입하면

구하는 직선의 방정식은 $y=6x-9$, $y=-2x-1$이다.

6 고난도 실전 연습 문제

350 정답 ······························ $f(x)=-x^2+2x-6$

이차함수 $y=f(x)$의 그래프와 직선 $y=2ax-3$이 만나는 두 점의 x좌표가 1과 3이므로

$f(x)-(2ax-3)=a(x-1)(x-3)$

$f(x)=ax^2-2ax+3a-3$

$\quad\ =a(x-1)^2+2a-3$ ······ ㉠

조건 (나)에서 이차함수 $y=f(x)$는

위로 볼록이므로 $a<0$이고, 꼭짓점의 x좌표 1이

주어진 범위 $0\le x\le\frac{3}{2}$에 포함되므로

$x=1$에서 최댓값을 갖고,

$x=0$에서 최솟값 -6을 갖는다.

즉, $f(0)=3a-3=-6$ $\therefore a=-1$

이를 ㉠에 대입하면 $f(x)=-x^2+2x-6$이다.

351 정답 ······ 58

일차함수 $y=f(x)$와 이차함수 $y=g(x)$가

만나는 두 점의 x좌표가 -1과 1이므로

$g(x)-f(x)=2(x+1)(x-1)=2x^2-2$ ······ ㉠

마찬가지로 일차함수 $y=f(x)$와 이차함수 $y=h(x)$가

$x=3$에서 접하므로

$h(x)-f(x)=(x-3)^2=x^2-6x+9$ ······ ㉡

㉠－㉡을 하면

$$g(x)-h(x)=2x^2-2-(x^2-6x+9)$$
$$=x^2+6x-11$$

따라서 두 이차함수 $y=g(x)$와 $y=h(x)$의 그래프가 만나는

두 점의 x좌표 α, β는

이차방정식 $x^2+6x-11=0$의 두 실근임을 알 수 있다.

이차방정식의 근과 계수의 관계에 의해

$\alpha+\beta=-6$, $\alpha\beta=-11$

$$\therefore \alpha^2+\beta^2=(\alpha+\beta)^2-2\alpha\beta$$
$$=(-6)^2-2\times(-11)$$
$$=36+22=58$$

352 정답 ······ -2

주어진 두 이차방정식의 공통인 근을 구하기 위해서

$x^2-2x+3a=0$ ······ ㉠

$x^2+2ax-3=0$ ······ ㉡

㉠－㉡을 하면

$(-2-2a)x+3a+3=0$ (단, $a\ne-1$)

$-2(a+1)\left(x-\frac{3}{2}\right)=0$ $\therefore x=\frac{3}{2}$

즉, 두 이차함수

$f(x)=x^2-2x+3a$와 $g(x)=x^2+2ax-3$은

$x=\frac{3}{2}$일 때 한 점에서 만난다.

$\alpha<\gamma<\beta<\delta$이므로 이를 적용하여

두 그래프를 그리면 다음과 같다.

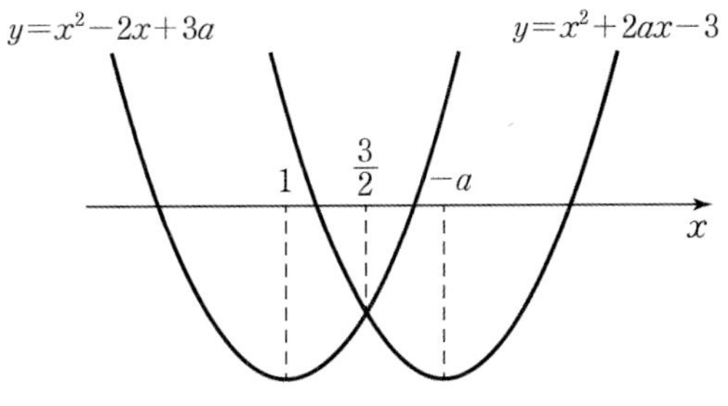

㉠의 판별식을 D_1, ㉡의 판별식을 D_2라고 하면

(i) 두 이차함수는

각각 x축과 서로 다른 두 점에서 만나므로

$D_1=(-1)^2-3a>0$, $D_2=a^2+3>0$

따라서 동시에 만족하는 a의 범위는 $a<\frac{1}{3}$

(ii) $-a$가 $\frac{3}{2}$보다 크므로 $-a>\frac{3}{2}$

$\therefore a<-\frac{3}{2}$

(iii) $f\left(\frac{3}{2}\right)<0$이므로 $\frac{9}{4}-3+3a<0$

$\therefore a<\frac{1}{4}$

(i) ~ (iii)에 의해 구하는 a의 값의 범위는 $a<-\frac{3}{2}$

따라서 정수 a의 최댓값은 -2이다.

353 정답 ······ $-5<k<-\frac{19}{4}$

$$f(x)=-x^2+2tx+t^2-1$$
$$=-(x-t)^2+2t^2-1$$

$y=f(x)$의 그래프는 꼭짓점의 좌표가 $(t,\ 2t^2-1)$이므로

대칭축의 방정식은 직선 $x=t$이다.

따라서 $-1\le x\le 2$에서 t의 값에 따라

이차함수 $y=f(x)$의 최솟값 $g(t)$를 구하면 다음과 같다.

(i) $t<\frac{1}{2}$일 때

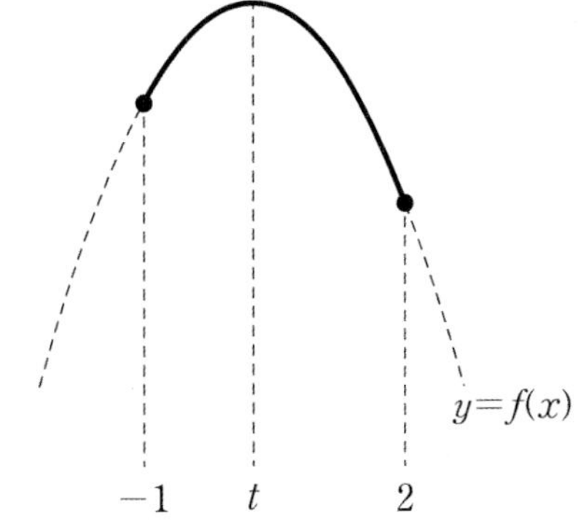

그림과 같이 $2-t>t-(-1)$일 때,

즉, $t<\frac{1}{2}$일 때 $y=f(x)$의 최솟값은

$g(t)=f(2)=t^2+4t-5$

(ii) $t\geq\frac{1}{2}$일 때

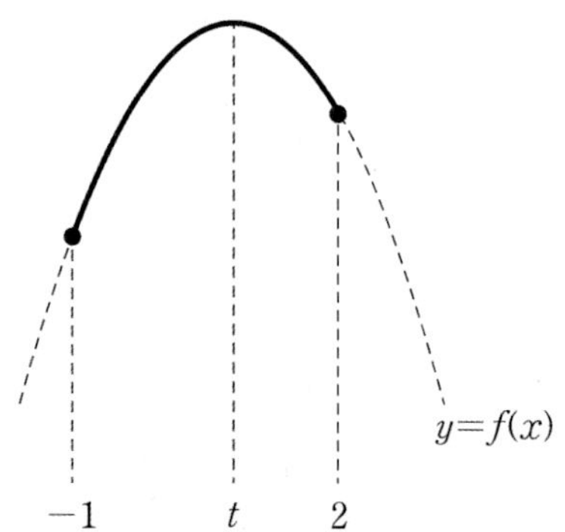

그림과 같이 $2-t\leq t-(-1)$일 때,

즉, $t\geq\frac{1}{2}$일 때 $y=f(x)$의 최솟값은

$g(t)=f(-1)=t^2-2t-2$

(i), (ii)에 의해 $g(t)=\begin{cases} t^2+4t-5 & \left(t<\frac{1}{2}\right) \\ t^2-2t-2 & \left(t\geq\frac{1}{2}\right) \end{cases}$이고

방정식 $g(t)=4t+k$가 서로 다른 네 실근을 갖기 위해서는 그림과 같이 두 함수 $y=g(t)$와 $y=4t+k$가 서로 다른 네 점에서 만나는 경우를 구하면 된다.

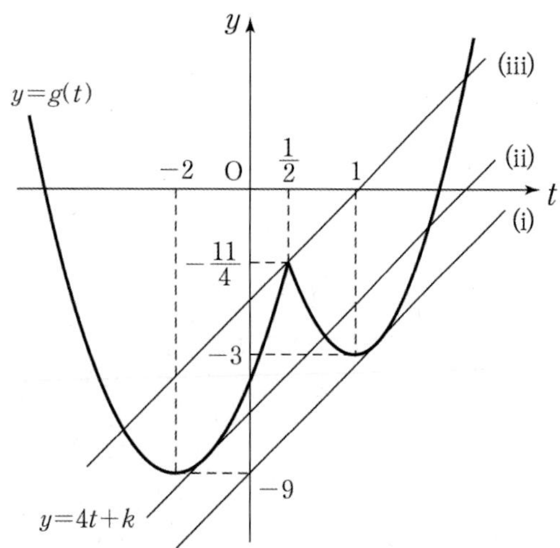

(i) 직선 $y=4t+k$와 이차함수 $y=t^2-2t-2$가 서로 접할 때

이차방정식 $4t+k=t^2-2t-2$, $t^2-6t-2-k=0$

의 판별식을 D_1이라 하면

$D_1/4=3^2-(-2-k)=0$, $k=-11$

(ii) 직선 $y=4t+k$와 이차함수 $y=t^2+4t-5$가 서로 접할 때

이차방정식 $4t+k=t^2+4t-5$, $t^2-5-k=0$

의 판별식을 D_2라 하면

$D_2=0^2-4(-5-k)=0$, $k=-5$

(iii) 직선 $y=4t+k$가 $\left(\frac{1}{2}, -\frac{11}{4}\right)$을 지날 때

$y=4t+k$에 $\left(\frac{1}{2}, -\frac{11}{4}\right)$을 대입하면 $k=-\frac{19}{4}$

(i) ~ (iii)에 의해

구하는 k의 값의 범위는 $-5<k<-\frac{19}{4}$이다.

354 정답 .... $\frac{3}{2}$

$f(x)=x^2-2x+4=(x-1)^2+3$이라 하자.

(i) $y=M(a)$

이차함수 $y=f(x)$의 대칭축이 $x=1$이므로

$f(a-1)=f(a+2)$인 경우는

$\frac{a-1+a+2}{2}=1$, $a=\frac{1}{2}$일 때이다.

① $a\leq\frac{1}{2}$일 때

$f(a-1)\geq f(a+2)$이므로

$M(a)=f(a-1)=a^2-4a+7$

② $a>\frac{1}{2}$일 때

$f(a-1)<f(a+2)$이므로

$M(a)=f(a+2)=a^2+2a+4$

따라서 함수 $M(a)$는

$M(a)=\begin{cases} a^2-4a+7 & \left(a\leq\frac{1}{2}\right) \\ a^2+2a+4 & \left(a>\frac{1}{2}\right) \end{cases}$

이를 그래프로 나타내면 다음과 같다.

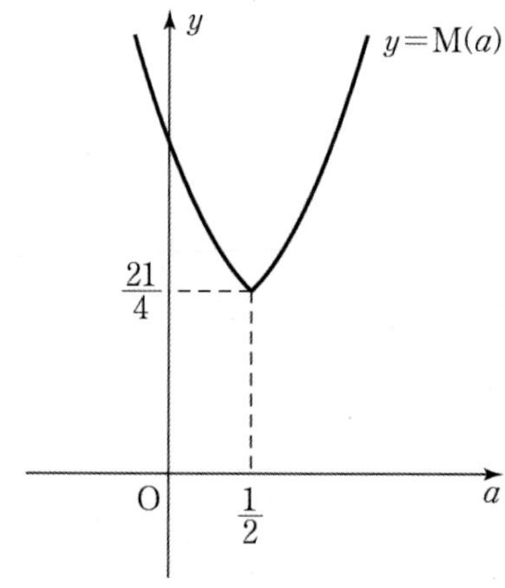

따라서 $y=M(a)$의 최솟값은

$a=\frac{1}{2}$일때 이므로 $\alpha=\frac{1}{2}$이다.

(ii) $y=m(a)$

① $a\leq-1$일 때

$f(a-1)\geq f(a+2)$이므로

$m(a)=f(a+2)=a^2+2a+4$

② $-1<a\leq2$일 때

$m(a)=f(1)=3$

③ $a>2$일 때

$f(a-1)<f(a+2)$이므로

$m(a)=f(a-1)=a^2-4a+7$

따라서 함수 $m(a)$는

$$m(a)=\begin{cases} a^2+2a+4 & (a\le -1) \\ 3 & (1<a\le 2) \\ a^2-4a+7 & (a>2) \end{cases}$$

이를 그래프로 나타내면 다음과 같다.

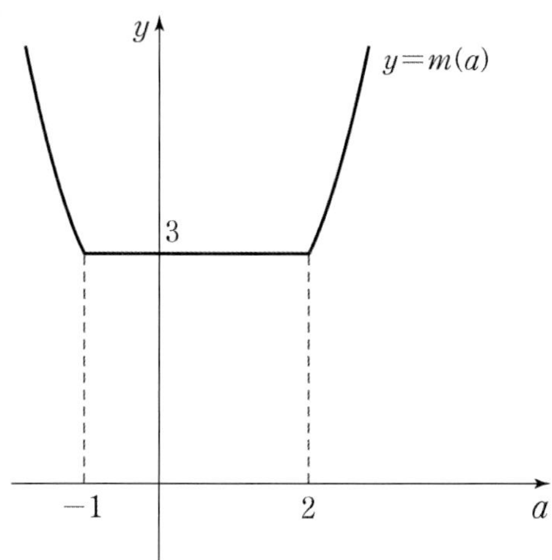

따라서 $y=m(a)$가 최솟값을 가질 때

$-1\le a\le 2$이므로 $\beta=-1$, $\gamma=2$이다.

즉, $\alpha+\beta+\gamma=\frac{1}{2}-1+2=\frac{3}{2}$

355 정답 ······ $a<0$ 또는 $a>\frac{8}{3}$

$|x^2-4x-12|+ax=16$에서

$|x^2-4x-12|=-ax+16$

$f(x)=|x^2-4x-12|$

$$=\begin{cases} x^2-4x-12 & (x<-2 \text{ 또는 } x\ge 6) \\ -x^2+4x+12 & (-2\le x<6) \end{cases}$$

$g(x)=-ax+16$이라 하자.

$y=-x^2+4x+12$와 $y=-ax+16$이

서로 접할 때의 접점의 x좌표를 구하면

$-x^2+4x+12=-ax+16$에서

$x^2-(a+4)x+4=0$ ······ ㉠

이 이차방정식의 판별식을 D라 하면

$D=(a+4)^2-4\times 4=0$

$\therefore a=0$ 또는 $a=-8$

$a=0$을 ㉠에 대입하면

$x^2-4x+4=0$, $x=2$

$a=-8$을 ㉠에 대입하면

$x^2+4x+4=0$, $x=-2$

즉, 접점의 x좌표는 -2 또는 2이다.

이를 이용하여 교점이 두 개 생기는 경우는 아래 그림과 같이

직선 $y=-ax+16$의 기울기가 (ⅰ)의 경우보다 커야 하고,

직선 $y=-ax+16$의 기울기가 (ⅲ)의 경우보다 작아야 한다.

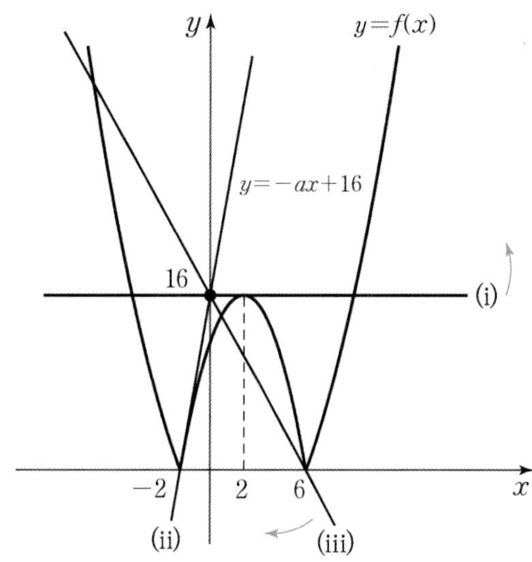

(ⅰ)의 경우는 기울기가 0이므로 $-a>0$에서 $a<0$

(ⅲ)의 경우는 직선 $y=-ax+16$이 $(6,\ 0)$을 지날 때이므로

기울기는 $-a=-\frac{8}{3}$이고 $-a<-\frac{8}{3}$에서 $a>\frac{8}{3}$

(ⅰ), (ⅲ) 의해

구하는 a의 값의 범위는 $a<0$ 또는 $a>\frac{8}{3}$

356 정답 ······ $f(x)=-\frac{1}{2}x^2-3x+1$

• **방법 1**

이차함수 $y=f(x)$와 만나는

직선의 기울기(x의 계수)가 모두 같으므로

세 개의 이차방정식

$f(x)-(-x+1)=0$

$f(x)-(-x+2)=0$

$f(x)-(-x+3)=0$

의 두 근의 합은 동일하다.

즉, 이차방정식의 근과 계수의 관계에 의해

$x_1+x_5=x_2+x_4=2x_3$

이때 $x_5=0$이므로

$x_1=2x_3$, $x_2+x_4=2x_3$이다.

이를 $x_1+x_2+x_3+x_4=-10$에 대입하면

$x_3=-2$, $x_1=2x_3=-4$

이차함수 $f(x)$의 최고차항의 계수를 k라 하면

조건 ㈎에서

$f(x)-(-x+1)=k(x-x_1)(x-x_5)=kx(x+4)$
$\therefore f(0)=1$
조건 ㈐에서
$f(x)-(-x+3)=k(x+2)^2$
위의 식에 $x=0$을 대입하면
$1-3=4k \qquad \therefore k=-\frac{1}{2}$
즉, 구하는 이차함수 $f(x)$는
$f(x)=-\frac{1}{2}x^2-3x+1$이다.

• **방법 2**
조건 ㈎에서 이차함수 $y=f(x)$와 직선 $y=-x+1$의 그래프의 두 교점의 x좌표가 각각 x_1, x_5이므로 방정식 $f(x)-(-x+1)=0$의 두 실근은 x_1, x_5이다.
따라서, 이차함수 $y=f(x)$의 최고차항의 계수를 k라 하면
$f(x)-(-x+1)=k(x-x_1)(x-x_5)$
$f(x)=kx^2-\{k(x_1+x_5)+1\}x+kx_1x_5+1$
$\quad =kx^2-(kx_1+1)x+1 \quad (\because x_5=0)$ …… ㉠
같은 방법으로
$f(x)-(-x+2)=k(x-x_2)(x-x_4)$
$f(x)=kx^2-\{k(x_2+x_4)+1\}x+kx_2x_4+2$ …… ㉡
$f(x)-(-x+3)=k(x-x_3)^2$
$f(x)=kx^2-(2kx_3+1)x+kx_3^2+3$ …… ㉢
㉠, ㉡, ㉢에서
$kx_1+1=k(x_2+x_4)+1=2kx_3+1$
즉, $x_1=x_2+x_4=2x_3$
이를 ㈑ 조건에 대입하면
$5x_3=-10 \qquad \therefore x_3=-2$
따라서 ㉢에서
$f(x)=kx^2-(-4k+1)x+4k+3$ …… ㉣
또한, ㉠에서 이차함수 $y=f(x)$의 상수항이 1이므로
$4k+3=1 \qquad \therefore k=-\frac{1}{2}$
이를 ㉣에 대입하면 $f(x)=-\frac{1}{2}x^2-3x+1$

357 정답 ······ $m=2-\sqrt{5}$, $m=2+\sqrt{5}$

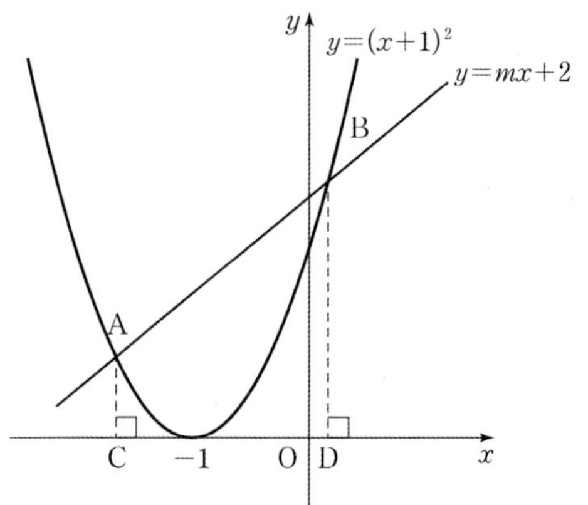

점 C의 좌표를 $(\alpha, 0)$
점 D의 좌표를 $(\beta, 0)$이라 하면
직선 $y=mx+2$ 위의 두 점
$A(\alpha, m\alpha+2)$, $B(\beta, m\beta+2)$는
이차함수 $y=f(x)$와 직선 $y=mx+2$의 교점이므로
방정식 $(x+1)^2=mx+2$, $x^2+(2-m)x-1=0$의
두 근은 α, β이다.
이차방정식의 근과 계수의 관계에 의하여
$\alpha+\beta=m-2$, $\alpha\beta=-1$ …… ㉠
이때, $\frac{1}{\overline{OC}}+\frac{1}{\overline{OD}}=3$에서
$\frac{1}{-\alpha}+\frac{1}{\beta}=3$, $\frac{\beta-\alpha}{-\alpha\beta}=\beta-\alpha=3 \quad (\because ㉠)$
이므로
$(\beta-\alpha)^2=9$에서 $(\alpha+\beta)^2-4\alpha\beta=9$
㉠을 대입하면
$(m-2)^2+4=9$, $(m-2)^2=5$
$\therefore m=2+\sqrt{5}$ 또는 $m=2-\sqrt{5}$

358 정답 ······ $\frac{13}{4}$

$f(x)=x^2-2ax+a^2-a+b$
$\quad =(x-a)^2-a+b$
라 하면 축의 방정식은 $x=a$이다.
(i) $a\leq-1$일 때
$x=-1$에서 최소이므로
$f(-1)=1+2a+a^2-a+b=2$
$\therefore b=-a^2-a+1$
$b-2a=-a^2-3a+1=-\left(a+\frac{3}{2}\right)^2+\frac{13}{4}$
$a\leq-1$의 범위에서
$a=-\frac{3}{2}$일 때, 최댓값은 $\frac{13}{4}$이다.

$\therefore\ b-2a\le\frac{13}{4}$

(ii) $-1<a<1$일 때

$x=a$에서 최소이므로

$f(a)=-a+b=2$

$\therefore\ b=a+2$

$b-2a=-a+2$

$-1<a<1$의 범위에서

$1<-a+2<3$이므로

$\therefore\ 1<b-2a<3$

(iii) $a\ge1$일 때

$x=1$에서 최소이므로

$f(1)=1-2a+a^2-a+b=2$

$\therefore\ b=-a^2+3a+1$

$b-2a=-a^2+a+1=-\left(a-\frac{1}{2}\right)^2+\frac{5}{4}$

$a\ge1$의 범위에서 $a=1$일 때, 최댓값은 1이다.

$\therefore\ b-2a\le1$

(i), (ii), (iii)에 의해 $b-2a$의 최댓값은 $\frac{13}{4}$이다.

359 정답 $f(x)=2x^2-8x+1$

조건 (가)에서 함수 $f(x)$는 아래로 볼록이며,
$x=2$에서 최솟값을 가진다.
따라서 함수 $f(x)$를
$f(x)=p(x-2)^2+q$ (단, $p>0$)라 하면
$f(4)=1$이므로
$f(4)=4p+q=1$ $\therefore\ q=1-4p$
$\therefore\ f(x)=p(x-2)^2+1-4p$
함수 $f(x)$에서

(i) $a=2$일 때

$f(x)$는 $x=a-1$ 또는 $x=a+1$에서 최대이므로

$\mathrm{M}(a)=f(a-1)=f(a+1)$이다.

(ii) $a<2$일 때

$f(x)$는 $x=a-1$에서 최대이므로

$\mathrm{M}(a)=f(a-1)=p(a-3)^2+1-4p$

(iii) $a>2$일 때

$f(x)$는 $x=a+1$에서 최대이므로

$\mathrm{M}(a)=f(a+1)=p(a-1)^2+1-4p$

(i), (ii), (iii)에 의하여 함수 $\mathrm{M}(a)$는 다음과 같다.

$$\mathrm{M}(a)=\begin{cases}p(a-3)^2+1-4p & (a\le2)\\ p(a-1)^2+1-4p & (a>2)\end{cases}$$

함수 $\mathrm{M}(a)$는 $a=2$일 때 최소이므로
$\mathrm{M}(2)=1-3p=-5$에서 $p=2$

따라서 $f(x)=2(x-2)^2-7=2x^2-8x+1$이다.

360 정답 풀이참조

$g(x)=x^2-2x+3$
$\quad=(x-1)^2+2$
t의 범위를 나누어 구하자.

(i) $t<-1$일 때

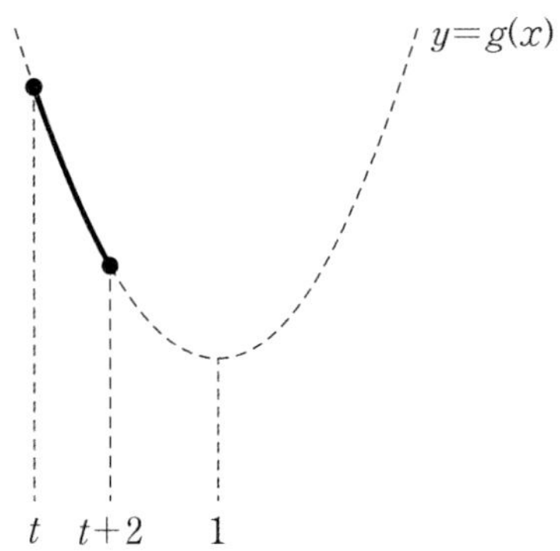

위의 그림으로부터
$\mathrm{M}(t)=g(t)$, $m(t)=g(t+2)$이다.
따라서
$f(t)=g(t)-g(t+2)$
$\quad=(t-1)^2+2-\{(t+1)^2+2\}$
$\quad=-4t$

(ii) $-1\le t<0$일 때

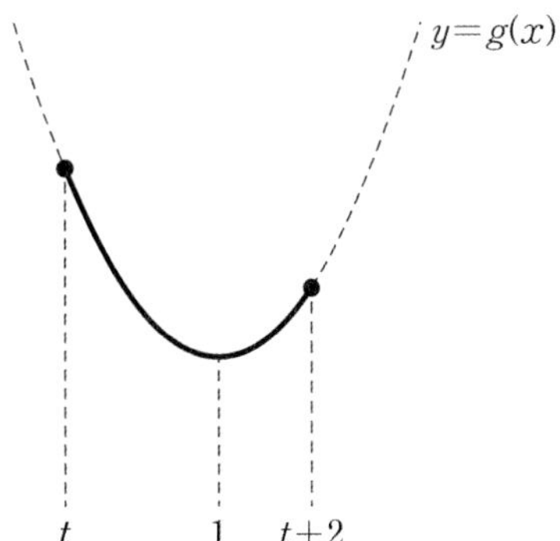

위의 그림으로부터
$\mathrm{M}(t)=g(t)$, $m(t)=g(1)$이다.
따라서
$f(t)=g(t)-g(1)$
$\quad=(t-1)^2+2-2$
$\quad=(t-1)^2$

(iii) $0\le t<1$일 때

위의 그림으로부터

$\mathrm{M}(t)=g(t+2)$, $m(t)=g(1)$이다.

따라서

$f(t)=g(t+2)-g(1)$

$=(t+1)^2+2-2$

$=(t+1)^2$

(iv) $t\geq1$일 때

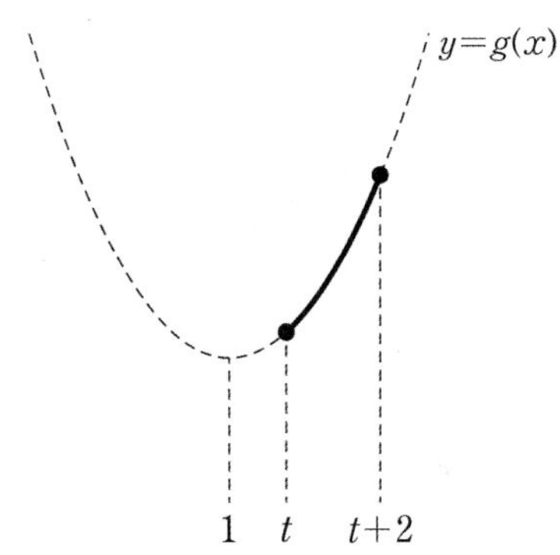

위의 그림으로부터

$\mathrm{M}(t)=g(t+2)$, $m(t)=g(t)$이다.

따라서

$f(t)=g(t+2)-g(t)$

$=(t+1)^2+2-\{(t-1)^2+2\}$

$=4t$

(i) ~ (iv)에 의해 $y=f(t)$의 그래프의 개형은 다음과 같다.

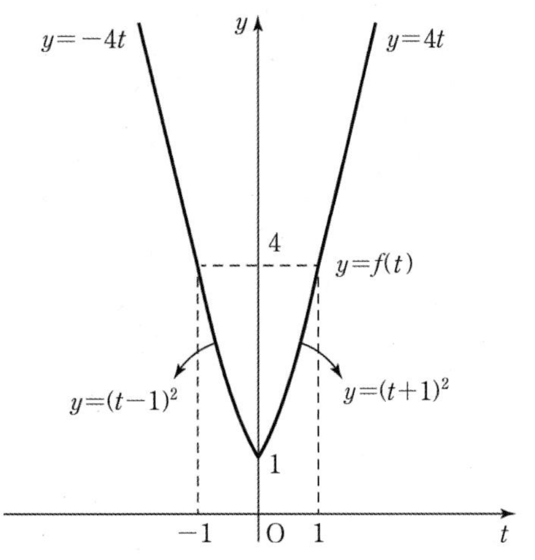

361 정답 $\frac{21}{4}$

$g(m)=|m+n|$이라 놓자.

(i) $-1\leq m<0$일 때

$x=0$일 때 최대이므로

$f(0)=-m^2+n=-5$, $n=m^2-5$

$g(m)=|m+n|$

$=|m^2+m-5|$

$=\left|\left(m+\frac{1}{2}\right)^2-\frac{21}{4}\right|$

(ii) $0\leq m<1$일 때

$x=m$일 때 최대이므로

$f(m)=n=-5$

$g(m)=|m+n|$

$=|m-5|$

(iii) $1\leq m\leq3$일 때

$x=1$일 때 최대이므로

$f(1)=-(1-m)^2+n=-5$

$n=(m-1)^2-5$

$g(m)=|m+n|$

$=|m^2-m-4|$

$=\left|\left(m-\frac{1}{2}\right)^2-\frac{17}{4}\right|$

따라서 $-1\leq m\leq3$일때 $y=g(m)$의 그래프는 다음과 같다.

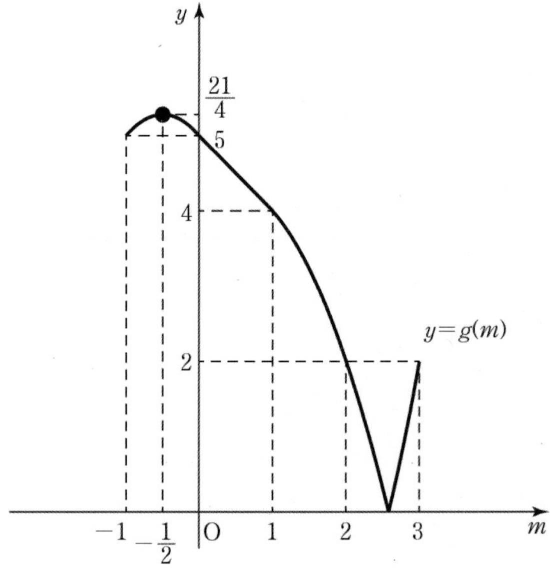

즉, $|m+n|$의 최댓값은 $\frac{21}{4}$이다.

Ⅷ 여러 가지 방정식

1 삼차방정식의 근의 종류 및 오메가

362 정답 ······ 7

삼차방정식 $x^3-2(a+2)x^2+(4a+b^2+4)x-2b^2=0$의
세 실근의 합이 12이므로 근과 계수의 관계에 의하여
$2(a+2)=12$ $\therefore a=4$
즉, 삼차방정식 $x^3-12x^2+(b^2+20)x-2b^2=0$을
조립제법을 이용하여 인수분해하면

2	1	−12	b^2+20	$-2b^2$
		2	−20	$2b^2$
	1	−10	b^2	0

$(x-2)(x^2-10x+b^2)=0$
이 방정식이 서로 다른 세 실근을 가져야 하므로
이차방정식 $x^2-10x+b^2=0$은 $x=2$가 아닌
서로 다른 두 실근을 가져야 한다.
즉, $4-20+b^2\neq0$이어야 하므로 $b^2\neq16$
이차방정식 $x^2-10x+b^2=0$의 판별식을 D라 하면
$D/4=(-5)^2-b^2>0$ $\therefore b^2<25$
따라서 정수 b는 $-3, -2, -1, 0, 1, 2, 3$의 7개이므로
조건을 만족시키는 순서쌍 (a, b)의 개수는 7개다.

363 정답 ······ −9, 11

$f(x)=x^3-(a+1)x^2+(2a+7)x-18$이라 하면
$f(2)=0$이다.

2	1	$-a-1$	$2a+7$	−18
		2	$-2a+2$	18
	1	$-a+1$	9	0

위 조립제법에서 $f(x)=(x-2)\{x^2+(1-a)x+9\}$이므로
방정식 $f(x)=0$의 해는
$x=2$ 또는 방정식 $x^2+(1-a)x+9=0$의 해이다.
방정식 $x^2+(1-a)x+9=0$의
두 정수인 근을 α, $\beta(\alpha<\beta)$라 하면
근과 계수의 관계에 의하여
$\alpha+\beta=a-1$, $\alpha\beta=9$
따라서 가능한 순서쌍 (α, β)는
$(-9, -1)$ 또는 $(1, 9)$이다.
$a=\alpha+\beta+1$에서 $a=-9$ 또는 $a=11$

364 정답 ······ 3

$f(x)=2x^3-(6+2a)x^2+(a^2+6a)x-a^3$이라 하면
$f(a)=0$이므로 조립제법을 이용하여 $f(x)$를 인수분해하면

a	2	$-6-2a$	a^2+6a	$-a^3$
		$2a$	$-6a$	a^3
	2	−6	a^2	0

$f(x)=(x-a)(2x^2-6x+a^2)$
즉, 주어진 방정식은 $(x-a)(2x^2-6x+a^2)=0$이다.
이때 이 방정식이 서로 다른 세 실근을 가지려면
이차방정식 $2x^2-6x+a^2=0$이 $x\neq a$인
서로 다른 두 실근을 가져야 한다.
(i) $x=a$는 이차방정식 $2x^2-6x+a^2=0$의 근이
아니어야 하므로
$2a^2-6a+a^2\neq0$, $a^2-2a\neq0$
$\therefore a\neq0$, $a\neq2$
(ii) 이차방정식 $2x^2-6x+a^2=0$이 서로 다른 두 실근을
가져야 하므로
이 이차방정식의 판별식을 D라 하면 $D/4=9-2a^2>0$
$\therefore -\frac{3\sqrt{2}}{2}<a<\frac{3\sqrt{2}}{2}$
따라서 (i), (ii)를 만족하는
정수 a의 개수는 $-2, -1, 1$의 3개다.

365 정답 ······ 50

$x^3=1$에서 $x^3-1=0$ 즉, $(x-1)(x^2+x+1)=0$이므로
ω는 $x^2+x+1=0$의 한 허근이고,
$\overline{\omega}$도 $x^2+x+1=0$의 근이다.
근과 계수의 관계에 의해 $\omega+\overline{\omega}=-1$, $\omega\overline{\omega}=1$
$\omega^{2n}=\left(\frac{\omega+\overline{\omega}}{\overline{\omega}^2}\right)^n$에서
$\left(\frac{\omega+\overline{\omega}}{\overline{\omega}^2}\right)^n=\left(\frac{-1}{\overline{\omega}^2}\right)^n=\left(\frac{-\omega^2}{\overline{\omega}^2\omega^2}\right)^n=(-\omega^2)^n$이므로 $\omega^{2n}=(-\omega^2)^n$
따라서 자연수 n은 짝수이어야 하므로
조건을 만족시키는 100이하의 자연수 n은 50개다.

366 정답 16

$x^3=-1$에서 $x^3+1=0$

즉, $(x+1)(x^2-x+1)=0$이므로

ω는 $x^2-x+1=0$의 한 허근이고

$\overline{\omega}$도 $x^2-x+1=0$의 근이다.

$\therefore\ \omega^2-\omega+1=0,\ \omega^3=-1,\ \omega^6=1$

또한, 근과 계수의 관계에 의해 $\omega+\overline{\omega}=1,\ \omega\overline{\omega}=1$

$(\omega-1)^n=\left(\dfrac{1}{\overline{\omega}^2+\omega\overline{\omega}}\right)^n$에서

$(\omega-1)^n=(\omega^2)^n=\omega^{2n}$

$\left(\dfrac{1}{\overline{\omega}^2+\omega\overline{\omega}}\right)^n=\left(\dfrac{1}{\overline{\omega}^2+1}\right)^n=\left(\dfrac{1}{\overline{\omega}}\right)^n=\left(\dfrac{\omega}{\omega\overline{\omega}}\right)^n=\omega^n$

이므로 $\omega^{2n}=\omega^n,\ \omega^n=1$

따라서 자연수 n은 6의 배수이어야 하므로

조건을 만족시키는 100이하의 자연수 n의 개수는 16개다.

367 정답 .... $\pm\sqrt{3}i$

$x^2-xy+y^2=0$의 양변을 x^2으로 나누면

$1-\dfrac{y}{x}+\left(\dfrac{y}{x}\right)^2=0,\ \dfrac{y}{x}=t$ 로 놓으면 $t^2-t+1=0$

$\therefore\ t^3=-1,\ t^6=1$

주어진 식에서

$$\left(\frac{x}{x-y}\right)^{101}-\left(\frac{y}{y-x}\right)^{101}$$

$$=\left(\frac{1}{1-\frac{y}{x}}\right)^{101}-\left(\frac{\frac{y}{x}}{\frac{y}{x}-1}\right)^{101}$$

$$=\left(\frac{1}{1-t}\right)^{101}-\left(\frac{t}{t-1}\right)^{101}$$

$$=\left(\frac{1}{-t^2}\right)^{101}-\left(\frac{t}{t^2}\right)^{101}$$

$$=-\frac{1}{t^{202}}-\frac{1}{t^{101}}$$

이때 $t^{101}=(t^6)^{16}\times t^5=t^5=-t^2,\ t^{202}=(t^6)^{33}\times t^4=t^4=-t$

이므로 주어진 식은

$$\frac{1}{t}+\frac{1}{t^2}=\frac{t+1}{t^2}=\frac{t^2+t}{t^3}$$

$$=\frac{(t-1)+t}{-1}=1-2t \quad \cdots\cdots ㉠$$

따라서 이차방정식 $t^2-t+1=0$의

두 근이 $t=\dfrac{1\pm\sqrt{3}i}{2}$이므로 이를 ㉠에 대입하여 정리하면

$1-2t=\pm\sqrt{3}i$

368 정답 .... -65

$x^2+2xy+4y^2=0$의 양변을 x^2으로 나누면

$1+\dfrac{2y}{x}+\left(\dfrac{2y}{x}\right)^2=0$

$\dfrac{2y}{x}=z$로 놓으면 $z^2+z+1=0$이고

$(z-1)(z^2+z+1)=0$에서 $z^3=1$

$z+1=-z^2$의 양변에 세제곱을 하면

$(1+z)^3=-z^6 \qquad \therefore\ (1+z)^3=-1$

주어진 식에서

$$\left(\frac{2x+4y}{y}\right)^3+\left(\frac{2y}{x+2y}\right)^3$$

$$=\left(\frac{2+\frac{4y}{x}}{\frac{y}{x}}\right)^3+\left(\frac{\frac{2y}{x}}{1+\frac{2y}{x}}\right)^3$$

$$=\left(\frac{2+2z}{\frac{1}{2}z}\right)^3+\left(\frac{z}{1+z}\right)^3$$

$$=4^3\times\left(\frac{1+z}{z}\right)^3+\left(\frac{z}{1+z}\right)^3$$

$$=64\times\frac{-1}{1}+\frac{1}{-1}=-65$$

369 정답 1

$\alpha+\beta+\gamma=0$이고, $\alpha\beta+\beta\gamma+\gamma\alpha=0$이므로

$\alpha,\ \beta,\ \gamma$를 세 근으로 하는 t에 대한 삼차방정식은

$t^3-\alpha\beta\gamma=0$이다.

이 식에 $\alpha,\ \beta,\ \gamma$를 대입하여 정리하면

$\alpha^3=\alpha\beta\gamma,\ \beta^3=\alpha\beta\gamma,\ \gamma^3=\alpha\beta\gamma$

이때 $\alpha,\ \beta,\ \gamma$는 0이 아닌 복소수이므로

$\alpha^2=\beta\gamma,\ \beta^2=\gamma\alpha,\ \gamma^2=\alpha\beta$이다.

$\alpha^2=\beta\gamma$에서 $\dfrac{\alpha}{\gamma}=\dfrac{\beta}{\alpha}$

$\beta^2=\gamma\alpha$에서 $\dfrac{\beta}{\alpha}=\dfrac{\gamma}{\beta}$

$\gamma^2=\alpha\beta$에서 $\dfrac{\gamma}{\beta}=\dfrac{\alpha}{\gamma}$

이므로 $\dfrac{\beta}{\alpha}=\dfrac{\gamma}{\beta}=\dfrac{\alpha}{\gamma}=k$라 놓으면

$\dfrac{\beta}{\alpha}=k,\ \dfrac{\gamma}{\beta}=k,\ \dfrac{\alpha}{\gamma}=k$이고,

변변 곱하면 $k^3=\dfrac{\beta}{\alpha}\times\dfrac{\gamma}{\beta}\times\dfrac{\alpha}{\gamma}=1$이므로

$k^3=1$에서 $(k-1)(k^2+k+1)=0$

이때, $k=1$이면 $\alpha=\beta=\gamma=0$이므로 조건에 맞지 않는다.

따라서 $\dfrac{\beta}{\alpha},\ \overline{\left(\dfrac{\beta}{\alpha}\right)}$ 또는 $\dfrac{\gamma}{\beta},\ \overline{\left(\dfrac{\gamma}{\beta}\right)}$ 또는 $\dfrac{\alpha}{\gamma},\ \overline{\left(\dfrac{\alpha}{\gamma}\right)}$

즉, $k,\ \overline{k}$는 $x^2+x+1=0$의 근이다.

$\therefore \left(\frac{\beta}{\alpha}\right)^3-\left(\frac{\alpha}{\gamma}\right)^2+\overline{\left(\frac{\gamma}{\beta}\right)}$

$=k^3-k^2+\bar{k}$

$=1+(k+1)+\bar{k}$ $\quad(\because k^2+k+1=0)$

$=2+k+\bar{k}$

$=2-1$ $\quad(\because k+\bar{k}=-1)$

$=1$

370 정답 2

0이 아닌 세 복소수 α, β, γ에 대하여 $\alpha^2\beta\gamma+\alpha\beta^2\gamma+\alpha\beta\gamma^2=0$

즉, $\alpha\beta\gamma(\alpha+\beta+\gamma)=0$에서 $\alpha+\beta+\gamma=0$이고,

$\frac{1}{\alpha}+\frac{1}{\beta}+\frac{1}{\gamma}=0$에서

$\frac{\alpha\beta+\beta\gamma+\gamma\alpha}{\alpha\beta\gamma}=0$이므로 $\alpha\beta+\beta\gamma+\gamma\alpha=0$

α, β, γ를 세 근으로 하는 t에 대한 삼차방정식은

$t^3-\alpha\beta\gamma=0$이다.

이 식에 α, β, γ를 대입하여 정리하면

$\alpha^3=\alpha\beta\gamma$, $\beta^3=\alpha\beta\gamma$, $\gamma^3=\alpha\beta\gamma$에서

$\alpha^2=\beta\gamma$, $\beta^2=\gamma\alpha$, $\gamma^2=\alpha\beta$이다.

$\alpha^2=\beta\gamma$에서 $\frac{\alpha}{\gamma}=\frac{\beta}{\alpha}$

$\beta^2=\gamma\alpha$에서 $\frac{\beta}{\alpha}=\frac{\gamma}{\beta}$

$\gamma^2=\alpha\beta$에서 $\frac{\gamma}{\beta}=\frac{\alpha}{\gamma}$

이므로 $\frac{\beta}{\alpha}=\frac{\gamma}{\beta}=\frac{\alpha}{\gamma}=k$라 놓으면

$\frac{\beta}{\alpha}=k$, $\frac{\gamma}{\beta}=k$, $\frac{\alpha}{\gamma}=k$이고,

변변 곱하면 $k^3=\frac{\beta}{\alpha}\times\frac{\gamma}{\beta}\times\frac{\alpha}{\gamma}=1$이므로

$\frac{\beta}{\alpha}$, $\overline{\left(\frac{\beta}{\alpha}\right)}$ 또는 $\frac{\gamma}{\beta}$, $\overline{\left(\frac{\gamma}{\beta}\right)}$ 또는 $\frac{\alpha}{\gamma}$, $\overline{\left(\frac{\alpha}{\gamma}\right)}$는

$x^2+x+1=0$의 근이다.

$\therefore \left(\frac{\beta}{\alpha}\right)^4+2\left(\frac{\alpha}{\gamma}\right)^3+\overline{\left(\frac{\gamma}{\beta}\right)}+\frac{\beta}{\alpha}\overline{\left(\frac{\gamma}{\beta}\right)}$

$=k^4+2k^3+\bar{k}+k\bar{k}$

$=k+2+\bar{k}+k\bar{k}$

$=2-1+1$ $\quad(\because k+\bar{k}=-1,\ k\bar{k}=1)$

$=2$

371 정답 .... −2

$\alpha=a$, $\beta=b$, $-2\gamma=c$라 하면 $a+b+c=0$이고,

$\frac{1}{a}+\frac{1}{b}+\frac{1}{c}=0$이므로

$\frac{ab+bc+ca}{abc}=0$에서 $ab+bc+ca=0$

따라서 a, b, c를 세 근으로 하는 t에 대한 삼차방정식은

$t^3-abc=0$이다.

이 식에 a, b, c를 대입하여 정리하면

$a^3=abc$, $b^3=abc$, $c^3=abc$

$\therefore a^2=bc$, $b^2=ca$, $c^2=ab$

$a^2=bc$에서 $\frac{a}{c}=\frac{b}{a}$

$b^2=ca$에서 $\frac{b}{a}=\frac{c}{b}$

$c^2=ab$에서 $\frac{c}{b}=\frac{a}{c}$

이므로 $\frac{b}{a}=\frac{c}{b}=\frac{a}{c}=k$라 놓으면

$\frac{b}{a}=k$, $\frac{c}{b}=k$, $\frac{a}{c}=k$이고, 변변 곱하면

$k^3=\frac{b}{a}\times\frac{c}{b}\times\frac{a}{c}=1$이므로

$\frac{b}{a}$, $\overline{\left(\frac{b}{a}\right)}$ 또는 $\frac{c}{b}$, $\overline{\left(\frac{c}{b}\right)}$ 또는 $\frac{a}{c}$, $\overline{\left(\frac{a}{c}\right)}$는

$x^2+x+1=0$의 근이다.

$\therefore \left(\frac{\beta}{\alpha}\right)^5+\left(\frac{\alpha}{2\gamma}\right)^3+\overline{\left(\frac{2\gamma}{\beta}\right)}-1$

$=\left(\frac{b}{a}\right)^5-\left(\frac{a}{c}\right)^3-\overline{\left(\frac{c}{b}\right)}-1$

$=k^5-k^3-\bar{k}-1$

$=k^2-1-\bar{k}-1$

$=-(k+1)-1-\bar{k}-1$ $\quad(\because k^2+k+1=0)$

$=-3-(k+\bar{k})$

$=-2$ $\quad(\because k+\bar{k}=-1)$

372 정답 .... $\frac{1}{4}$

$\frac{z_2}{2z_1+5i}=k$에서 $z_2=k(2z_1+5i)$ ······ ㉠

$\frac{z_3}{2z_2+5i}=k$에서 $z_3=k(2z_2+5i)$ ······ ㉡

$\frac{z_1}{2z_3+5i}=k$에서 $z_1=k(2z_3+5i)$ ······ ㉢

㉠−㉡에서 $z_2-z_3=2k(z_1-z_2)$

㉡−㉢에서 $z_3-z_1=2k(z_2-z_3)$

㉢−㉠에서 $z_1-z_2=2k(z_3-z_1)$

위의 세 식을 변변 곱하면

$(z_2-z_3)(z_3-z_1)(z_1-z_2)=8k^3(z_1-z_2)(z_2-z_3)(z_3-z_1)$

z_1, z_2, z_3은 서로 다른 세 복소수이므로

$8k^3=1$, $(2k-1)(4k^2+2k+1)=0$

또한, ㉠+㉡+㉢을 하면

$z_1+z_2+z_3=2k(z_1+z_2+z_3)+15ki$

$(1-2k)(z_1+z_2+z_3)=15ki$이므로 $k\neq\frac{1}{2}$이다.

즉, $4k^2+2k+1=0$

따라서 근과 계수의 관계에 의하여 모든 k의 값의 곱은 $\frac{1}{4}$

2 특수한 형태의 고차방정식

373 정답 ········ $a<-1$

사차방정식 $x^4-2ax^2+a^2-a-2=0$에서

$x^2=\mathrm{X}$라 하면

$\mathrm{X}^2-2a\mathrm{X}+a^2-a-2=0$ ······ ㉠

주어진 사차방정식이 실근을 갖지 않으려면

이차방정식 ㉠이

서로 다른 두 허근을 갖거나 실근인 음근을 가져야 한다.

(i) 서로 다른 두 허근을 갖는 경우

판별식을 D라 하면 $\mathrm{D}/4=a^2-(a^2-a-2)<0$

$\therefore a<-2$

(ii) 실근을 갖지만 모두 음근인 경우

① (두 근의 합)$=2a<0$

$\therefore a<0$

② (두 근의 곱)$=a^2-a-2>0$

$\therefore a<-1$ 또는 $a>2$

③ $\mathrm{D}/4=a^2-(a^2-a-2)\geq 0$

$\therefore a\geq -2$

① ~ ③에 의해 $-2\leq a<-1$

(i), (ii)에서 $a<-1$

374 정답 ········ $a<-1$

• 방법 1

$x^4-2ax^2-a-1=0$에서 $x^2=\mathrm{X}$라 하면

$\mathrm{X}^2-2a\mathrm{X}-a-1=0$ ······ ㉠

이차방정식 ㉠의 판별식을 D라 하면

$\mathrm{D}/4=a^2-(-a-1)=\left(a+\frac{1}{2}\right)^2+\frac{3}{4}>0$

이므로 서로 다른 두 실근을 갖는다.

따라서 주어진 사차방정식이

서로 다른 네 허근을 갖기 위해서는

이차방정식 ㉠이 서로 다른 음근을 가져야 한다.

(두 근의 합)$=2a<0$ $\therefore a<0$

(두 근의 곱)$=-a-1>0$ $\therefore a<-1$

따라서 구하는 실수 a의 값의 범위는 $a<-1$이다.

• 방법 2

$x^4-2ax^2-a-1=0$에서 $x^2=t$라 하면

$t^2-2at-a-1=0$, $t^2-1=2at+a$

이때 $f(t)=t^2-1$, $g(t)=2a\left(t+\frac{1}{2}\right)$이라 하면

사차방정식 $x^4-2ax^2-a-1=0$이

서로 다른 네 허근을 갖는 경우는

이차방정식 $t^2-2at-a-1=0$이

서로 다른 음근을 가져야 하므로

두 함수 $y=f(t)$와 $y=g(t)$가 $t<0$에서

서로 다른 두 점에서 만나야 한다.

이를 그래프로 나타내면 다음과 같다.

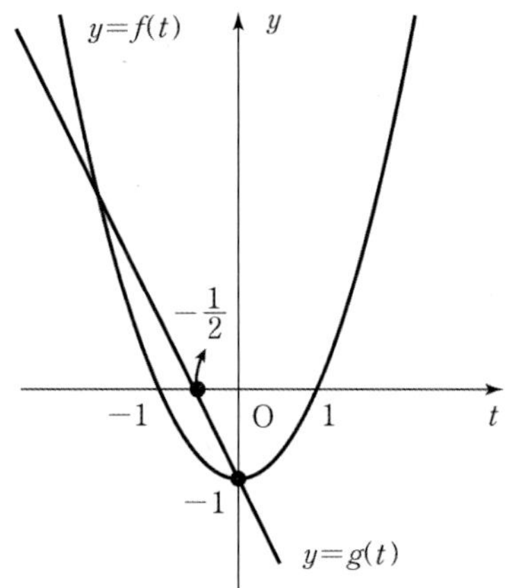

즉, 직선 $y=g(t)$의 기울기 $2a$는

$(0, -1)$을 지날 때의 기울기보다 작아야 한다.

$(0, -1)$을 $y=g(t)$에 대입하면 $-1=a$이므로

구하는 실수 a의 값의 범위는 $a<-1$이다.

375 정답 ········ -1

사차방정식 $x^4-ax^2+a^2-2a-3=0$에서

$x^2=\mathrm{X}$라 하면

$\mathrm{X}^2-a\mathrm{X}+a^2-2a-3=0$ ······ ㉠

주어진 사차방정식이

한 개의 중근과 두 개의 허근을 가지려면

이차방정식 ㉠이 0과 음의 실수를 근으로 가져야 한다.

이차방정식의 근과 계수의 관계에 의하여

(두 근의 합)$=a<0$

(두 근의 곱)$=a^2-2a-3=0$, $(a-3)(a+1)=0$

$\therefore a=-1$ 또는 $a=3$

$a<0$이므로 구하는 실수 a의 값은 -1이다.

376 정답 ········· 풀이참조

사차방정식 $x^4-(2k-3)x^2+k^2-3k+2=0$에서

$x^2=\mathrm{X}$라 하면

$\mathrm{X}^2-(2k-3)\mathrm{X}+(k-1)(k-2)=0$

$(\mathrm{X}-k+1)(\mathrm{X}-k+2)=0$

$\therefore \mathrm{X}=k-1$ 또는 $\mathrm{X}=k-2$

이때

$\mathrm{X}>0$이면 x는 서로 다른 두 실근

$\mathrm{X}=0$이면 $x=0$인 중근

$\mathrm{X}<0$이면 x는 서로 다른 두 허근을 가지므로

다음과 같은 경우로 나누어 생각해보자.

(ⅰ) $k-1<0$이고 $k-2<0$인 경우, 즉 $k<1$일 때

둘 다 음수이므로 실근이 존재하지 않는다.

$\therefore f(k)=0$

(ⅱ) $k-1=0$인 경우, 즉 $k=1$일 때

$k-2<0$이므로 실근이 1개 존재한다.

$\therefore f(1)=1$

(ⅲ) $k-1>0$이고 $k-2<0$인 경우, 즉 $1<k<2$일 때

서로 다른 두 실근을 갖는다.

$\therefore f(k)=2$

(ⅳ) $k-2=0$인 경우, 즉 $k=2$일 때

$k-1>0$이므로 서로 다른 세 실근을 갖는다.

$\therefore f(2)=3$

(ⅴ) $k-2>0$인 경우, 즉 $k>2$일 때

$k-1>0$이므로 서로 다른 네 실근을 갖는다.

$\therefore f(k)=4$

(ⅰ) ~ (ⅴ)를 이용하여 $y=f(k)$의 그래프를 그리면 다음과 같다.

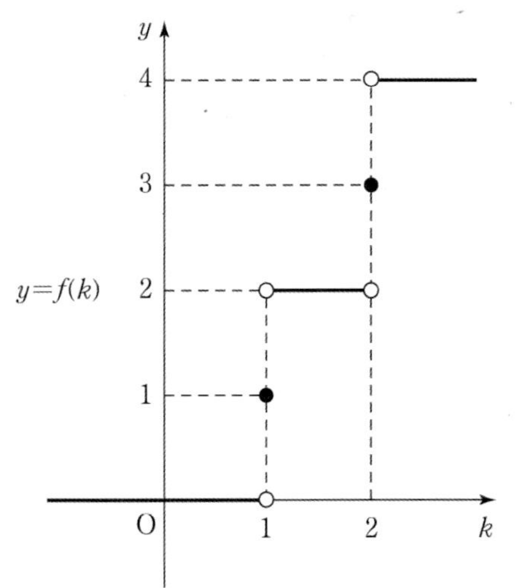

377 정답 ········· $1<a<2$

주어진 사차방정식의 가장 큰 실근이 β $(\beta>0)$이므로

가장 작은 실근은 $-\beta(=\alpha)$이다.

이를 $\beta-\alpha<4$에 대입하면

$\beta-(-\beta)<4$에서 $0<\beta<2$

사차방정식 $x^4-2ax^2-a+2=0$에서

$x^2=\mathrm{X}$로 놓으면

$\mathrm{X}^2-2a\mathrm{X}-a+2=0$ ······ ㉠

주어진 사차방정식이 2보다 작은

서로 다른 네 실근을 가지려면 $0<\beta^2<4$이어야 하므로

㉠은 4보다 작은 서로 다른 두 양의 실근을 가져야 한다.

즉, $f(\mathrm{X})=\mathrm{X}^2-2a\mathrm{X}-a+2$라 하면

(ⅰ) $f(0)=-a+2>0$에서

$a<2$

(ⅱ) $f(4)=16-8a-a+2>0$에서

$a<2$

(ⅲ) 대칭축이 $x=a$이므로

$0<a<4$

(ⅳ) 이차방정식 ㉠의 판별식을 D라 하면

$\mathrm{D}/4=a^2-(-a+2)=(a+2)(a-1)>0$에서

$a<-2$ 또는 $a>1$

(ⅰ) ~ (ⅳ)에 의해 구하는 실수 a의 값의 범위는

$1<a<2$이다.

378 정답 ········· $a=-\frac{1}{2},\ a=\frac{1}{4}$

주어진 사차방정식이 실근 $x=\gamma$를 가지려면

$x=-\gamma$도 근으로 가져야 하므로

서로 다른 네 실근은 $-\delta(=\alpha)$, $-\gamma(=\beta)$, γ, δ라고 할 수 있다.

$x^2=\mathrm{X}$라고 하면 주어진 사차방정식은

$\mathrm{X}^2+(a-1)\mathrm{X}+a^2=0$ ······ ㉠

두 근이 γ^2, δ^2이므로

근과 계수의 관계에 의하여

$\gamma^2+\delta^2=-a+1,\ \gamma^2\delta^2=a^2$

이때 주어진 사차방정식이 서로 다른 네 실근을 가지려면

이차방정식 ㉠이 서로 다른 두 양의 실근을 가져야 한다.

방정식 ㉠의 판별식을 D라 하면

$\mathrm{D}=(a-1)^2-4a^2>0,\ 3a^2+2a-1<0$ $\quad\therefore -1<a<\frac{1}{3}$

$\gamma^2+\delta^2=-a+1>0$ $\quad\therefore a<1$

$\gamma^2\delta^2=a^2>0$ $\quad\therefore a\neq0$

따라서 실수 a의 범위는

$-1<a<0$ 또는 $0<a<\frac{1}{3}$ ······ ㉡

또한

$$\frac{\beta}{\alpha}+\frac{\delta}{\gamma}=\frac{-\gamma}{-\delta}+\frac{\delta}{\gamma}$$
$$=\frac{\gamma^2+\delta^2}{\gamma\delta}$$
$$=\frac{-a+1}{|a|}=3 \qquad (\because \gamma\delta>0)$$

$-a+1=3|a|$에서 $a=-\frac{1}{2}$ 또는 $a=\frac{1}{4}$

이 값들은 ㉡을 만족한다.

$\therefore\ a=-\frac{1}{2}$ 또는 $a=\frac{1}{4}$

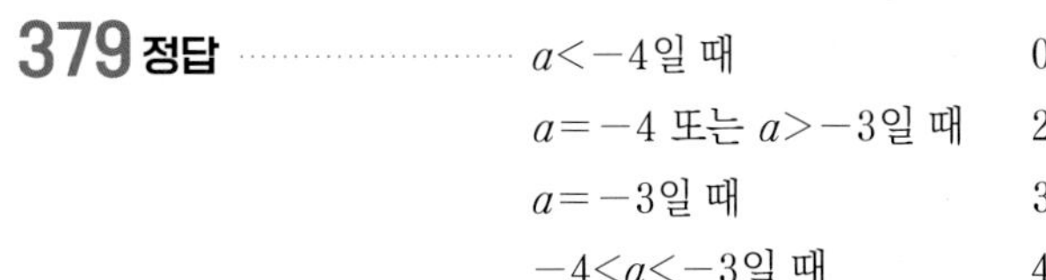

379 정답 ························

$a<-4$일 때	0
$a=-4$ 또는 $a>-3$일 때	2
$a=-3$일 때	3
$-4<a<-3$일 때	4

$(x^2+1)^2-4(x^2+1)-a=0$에서

$x^2+1=t$로 놓으면

$t^2-4t-a=0$ ······ ㉠

이차방정식 $x^2+1=t$에서 $f(x)=x^2+1$, $y=t$라 하자.

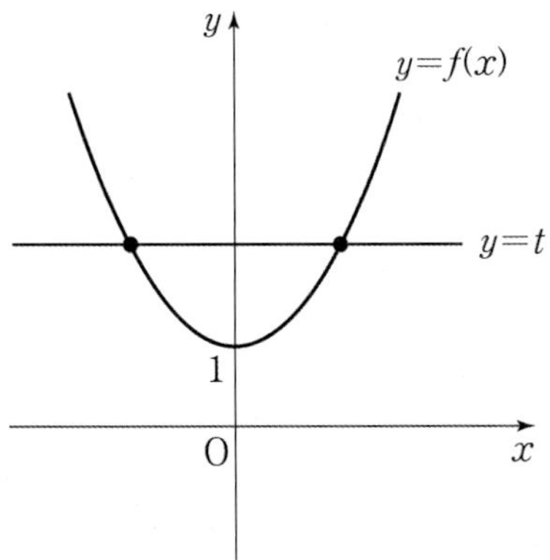

그림과 같이

① $t<1$일 때 교점이 존재하지 않으므로 실근이 존재하지 않고

② $t=1$일 때 교점이 1개가 되어 서로 다른 실근의 개수는 1개

③ $t>1$일 때 교점이 2개가 되어 서로 다른 실근의 개수는 2개

임을 알 수 있다.

이를 이용하여 ㉠의 실근의 개수를 조사하자.

$t^2-4t=a$에서 $g(t)=t^2-4t$, $y=a$라 하면 (단, $t\geq1$)

$y=g(t)$와 $y=a$의 그래프는 다음과 같다.

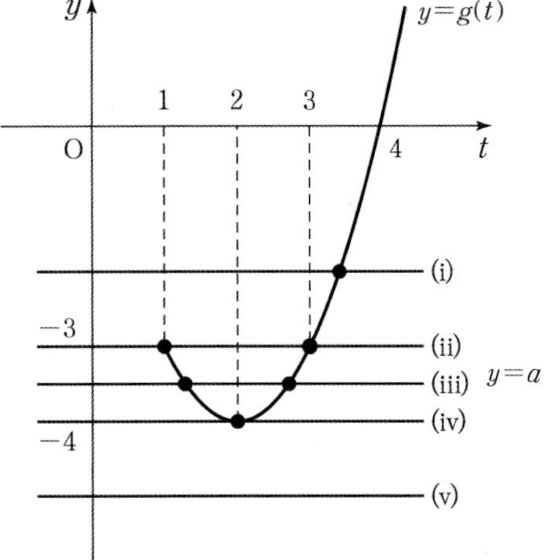

(i) $a>-3$일 때
$t>1$인 교점 1개가 존재하므로 서로 다른 실근의 개수는 2개다.

(ii) $a=-3$일 때
교점의 t의 값은 1과 1보다 큰 경우가 존재하므로 서로 다른 실근의 개수는 $1+2=3$(개)이다.

(iii) $-4<a<-3$일 때
만나는 서로 다른 두 교점의 t의 값이 모두 1보다 크므로 서로 다른 실근의 개수는 $2+2=4$(개) 존재한다.

(iv) $a=-4$일 때
$t>1$인 교점 1개가 존재하므로 서로 다른 실근의 개수는 2개다.

(v) $a<-4$일 때
교점이 존재하지 않으므로 실근 또한 존재하지 않는다.

(i) ~ (v)에 의해 서로 다른 실근의 개수는

$a<-4$일 때	0개
$a=-4$ 또는 $a>-3$일 때	2개
$a=-3$일 때	3개
$-4<a<-3$일 때	4개

380 정답 ························ $m=1$ 또는 $4<m<5$

사차방정식 $(x^2-4x)^2+4(x^2-4x)+m-1=0$에서

$x^2-4x=t$로 놓으면

$t^2+4t+m-1=0$

이때, $0\leq x\leq3$에서 $t=x^2-4x$의

t의 범위에 따른 서로 다른 실근의 개수는

$f(x)=x^2-4x$, $y=t$로 놓으면

두 그래프의 교점의 개수와 같다.

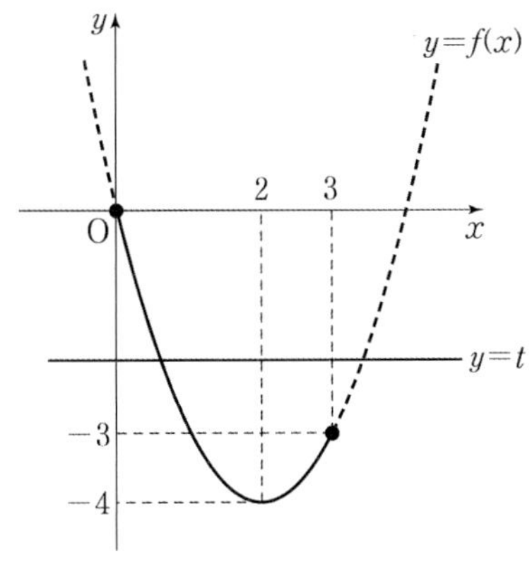

① $t>0$이거나 $t<-4$일 때 실근은 존재하지 않고
② $t=-4$ 또는 $-3<t\le 0$일 때 서로 다른 실근은 1개
③ $-4<t\le -3$일 때 서로 다른 실근의 개수는 2개다.
따라서 $(x^2-4x)^2+4(x^2-4x)+m-1=0$이 서로 다른 두 개의 실근을 가지려면 다음과 같은 경우가 존재한다.

(i) $t^2+4t+m-1=0$의 한 근은 -4, 다른 한 근은 -3보다 크고 0보다 작거나 같은 경우

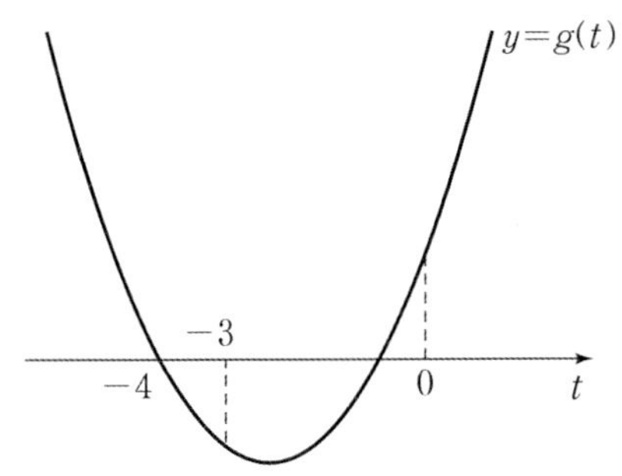

$g(t)=t^2+4t+m-1$이라 하면
$g(-4)=0$에서 $16-16+m-1=0$, $m=1$
$g(-3)<0$에서 $9-12+m-1<0$, $m<4$
$g(0)\ge 0$에서 $m\ge 1$
$\therefore\ m=1$

(ii) $t^2+4t+m-1=0$이 $-3<t\le 0$에서 서로 다른 두 실근을 가질 때

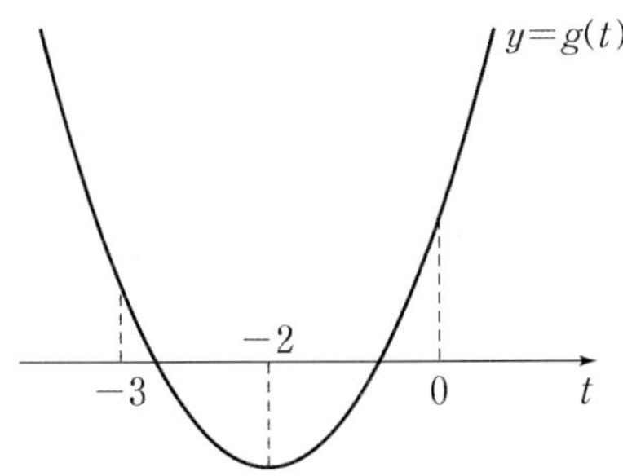

$g(-3)>0$에서 $m>4$
$g(0)\ge 0$에서 $m\ge 1$
$D=2^2-(m-1)>0$에서 $m<5$
$\therefore\ 4<m<5$

(iii) $t^2+4t+m-1=0$이 $-4<t\le -3$에서 중근을 갖거나 $-4<t\le -3$에서 한 근, $t>0$ 또는 $t<-4$에서 한 근을 갖는 경우
이차함수 $g(t)=t^2+4t+m-1$의 대칭축이 -2이므로 조건을 만족하는 경우는 존재하지 않는다.

(i)~(iii)에 의해 구하는 실수 m은
$m=1$ 또는 $4<m<5$이다.

381 정답 ············ $a=\frac{2\sqrt{21}}{3}$ 또는 $-3<a<2$

$(x^2-1)^2-a(x^2-1)+a^2-7=0$에서
$x^2-1=t$로 놓으면
$t^2-at+a^2-7=0$
이때, $t=x^2-1$에서
$f(x)=x^2-1$, $y=t$라 하자.

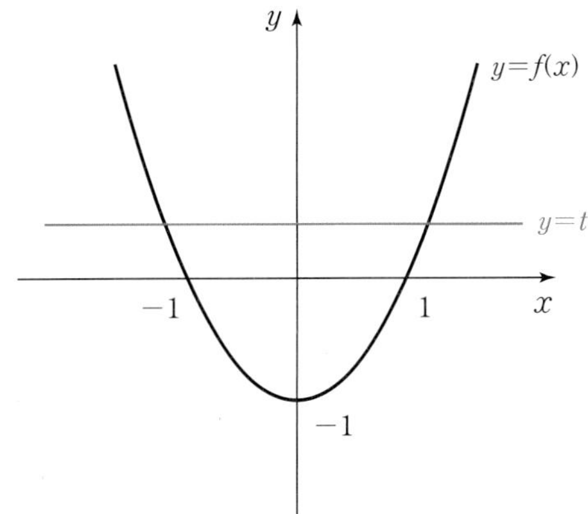

그림에서 알 수 있듯이
① $t<-1$일 때 실근은 존재하지 않고
② $t=-1$일 때 서로 다른 실근의 개수는 1개
③ $t>-1$일 때 서로 다른 실근의 개수는 2개다.
이를 이용하면 $(x^2-1)^2-a(x^2-1)+a^2-7=0$의 서로 다른 실근의 개수가 2개인 경우는 다음과 같다.

(i) 이차방정식 $t^2-at+a^2-7=0$의
한 근은 -1보다 작고 다른 한 근은 -1보다 클 때
$t<-1$일 때 실근 0개, $t>-1$일 때 실근 2개이므로 주어진 사차방정식은 서로 다른 두 실근을 갖는다.
즉, $g(t)=t^2-at+a^2-7$이라 하면

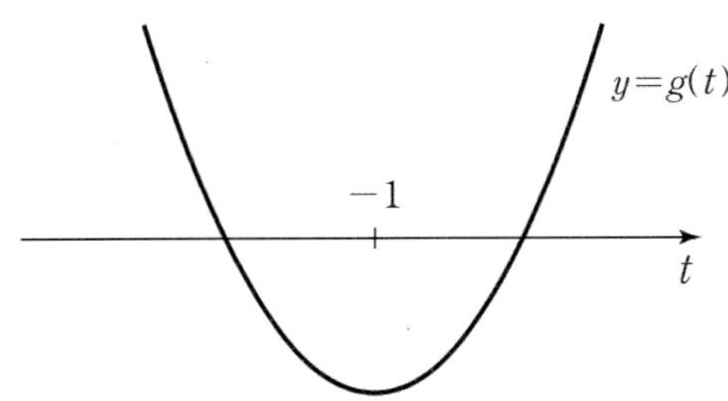

$g(-1)<0$에서 $(a+3)(a-2)<0$

$\therefore -3<a<2$

(ii) 이차방정식 $t^2-at+a^2-7=0$

-1보다 큰 중근을 가질 때

$t>-1$일 때 실근의 개수가 2개이므로

주어진 사차방정식은 서로 다른 두 실근을 갖는다.

판별식을 D라 하면 $D=a^2-4(a^2-7)=0$에서

$a^2=\frac{28}{3}$, $a=\pm\frac{2\sqrt{21}}{3}$

$\frac{a}{2}>-1$에서 $a>-2$

$\therefore a=\frac{2\sqrt{21}}{3}$

(i), (ii)에 의해

$a=\frac{2\sqrt{21}}{3}$ 또는 $-3<a<2$이다.

382 정답 5

$(x^2-4x)^2+a(x^2-4x)+a^2-21=0$에서

$t=x^2-4x$로 놓으면

$t^2+at+a^2-21=0$

이때, $t=x^2-4x$에서

$f(x)=x^2-4x$ (단, $0<x<4$), $y=t$라 하자.

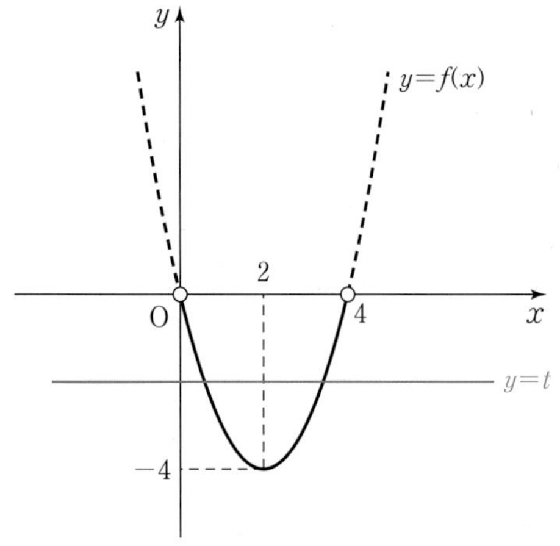

그림에서 알 수 있듯이

① $t<-4$ 또는 $t\geq 0$일 때 실근은 존재하지 않고

② $t=-4$일 때 서로 다른 실근의 개수는 1개

③ $-4<t<0$일 때 서로 다른 실근의 개수는 2개다.

따라서 주어진 사차방정식이 서로 다른 세 실근을 가지려면

이차방정식 $t^2+at+a^2-21=0$의

한 근이 -4, 다른 한 근은 -4보다 크고 0보다 작아야 한다.

$g(t)=t^2+at+a^2-21$이라 하면

$g(-4)=0$에서

$16-4a+a^2-21=0$, $(a-5)(a+1)=0$

$\therefore a=-1$ 또는 $a=5$

이 중 나머지 한 근이

-4보다 크고 0보다 작은 경우는 $a=5$일 때이다.

따라서 구하는 a의 값은 5이다.

383 정답 .... -2

$x\neq 0$이므로 주어진 방정식의 양변을 x^2으로 나누면

$x^2-4x+5-\frac{4}{x}+\frac{1}{x^2}=0$

$x^2+\frac{1}{x^2}-4\left(x+\frac{1}{x}\right)+5=0$

$\left(x+\frac{1}{x}\right)^2-4\left(x+\frac{1}{x}\right)+3=0$

$\left(x+\frac{1}{x}-1\right)\left(x+\frac{1}{x}-3\right)=0$

$(x^2-x+1)(x^2-3x+1)=0$

$\therefore x^2-x+1=0$ 또는 $x^2-3x+1=0$

이때 허근인 α, β는

$x^2-x+1=0$의 서로 다른 두 허근이므로

근과 계수의 관계에 의하여 $\alpha\beta=1$이고

$x^2-x+1=0$에서

$(x+1)(x^2-x+1)=0$

$x^3=-1$이고 $x^6=1$이므로

$\alpha^3=-1$, $\beta^3=-1$, $\alpha^6=1$, $\beta^6=1$

따라서 주어진 식의 값은

$$\frac{\beta^{2024}}{\alpha}+\frac{\alpha^{2024}}{\beta}=\frac{(\beta^6)^{337}\times\beta^2}{\alpha}+\frac{(\alpha^6)^{337}\times\alpha^2}{\beta}$$

$$=\frac{\beta^2}{\alpha}+\frac{\alpha^2}{\beta}$$

$$=\frac{\beta^3+\alpha^3}{\alpha\beta}=-2$$

384 정답 .... $a=1$, $b=-2$

방정식 $x^5+ax^4+bx^3+bx^2+ax+1=0$에

$x=-1$을 대입하면 등식이 성립하므로

조립제법을 이용하여 인수분해하면

-1	1	a	b	b	a	1
		-1	$-a+1$	$a-b-1$	$-a+1$	-1
	1	$a-1$	$-a+b+1$	$a-1$	1	0

$(x+1)\{x^4+(a-1)x^3+(-a+b+1)x^2+(a-1)x+1\}=0$

따라서 사차방정식

$x^4+(a-1)x^3+(-a+b+1)x^2+(a-1)x+1=0$은

$\alpha(=-1)$와 β를 중근으로 갖는다.

위의 방정식의 양변을 x^2으로 나누면

$x^2+(a-1)x+(-a+b+1)+\frac{a-1}{x}+\frac{1}{x^2}=0$

$\left(x+\frac{1}{x}\right)^2+(a-1)\left(x+\frac{1}{x}\right)+(-a+b-1)=0$ ...... ㉠

$x+\frac{1}{x}=t$라 할 때,

양변에 x를 곱하여 식을 정리하면

$x^2-tx+1=0$

이 이차방정식이 중근을 갖는 경우는

$t=2$ 또는 $t=-2$일 때이다.

$x+\frac{1}{x}=t$를 ㉠에 대입하면

$t^2+(a-1)t+(-a+b-1)=0$

이 이차방정식의 두 근이 -2, 2이므로

근과 계수의 관계에 의하여

$1-a=-2+2=0$, $a=1$

$-a+b-1=(-2)\times2=-4$, $b=-2$

$\therefore a=1$, $b=-2$

385 정답 4

$x^4+ax^3+bx^2+ax+1=0$에서

$x^2+ax+b+\frac{a}{x}+\frac{1}{x^2}=0$

$\left(x+\frac{1}{x}\right)^2+a\left(x+\frac{1}{x}\right)+b-2=0$

이때 $x+\frac{1}{x}=t$라 하면

$t^2+at+b-2=0$ ...... ㉠

$x=-1$일 때 $t=-2$이므로

㉠에 대입하면 $4-2a+b-2=0$

$\therefore b=2a-2$

이를 ㉠에 대입하면

$t^2+at+2a-4=0$, $(t+2)(t+a-2)=0$

$\therefore t=-2$ 또는 $t=-a+2$

주어진 사차방정식이 네 실근을 가지려면

$t=-a+2$에서 $x+\frac{1}{x}=-a+2$

식을 정리하면 $x^2+(a-2)x+1=0$

이 이차방정식의 판별식을 D라 하면

$D=(a-2)^2-4\geq0$

$\therefore a\leq0$ 또는 $a\geq4$

따라서

$(b-a)^2=(2a-2-a)^2$

$\qquad\quad=(a-2)^2$

이므로 $(b-a)^2$은 $a=0$ 또는 $a=4$일 때

최솟값 4를 갖는다.

386 정답 ...... $k=-11$ 또는 $k>-10$

$x\neq0$이므로 $x^4-6x^3-kx^2-6x+1=0$의

양변을 x^2으로 나누면

$x^2-6x-k-\frac{6}{x}+\frac{1}{x^2}=0$

$\left(x+\frac{1}{x}\right)^2-6\left(x+\frac{1}{x}\right)-k-2=0$

이때 $x+\frac{1}{x}=t$라 하면

$t^2-6t-k-2=0$ ...... ㉠

$x+\frac{1}{x}=t$에서

$x^2+1=tx$ ...... ㉡

$f(x)=x^2+1$, $g(x)=tx$라 놓으면

$x>0$에서

그림과 같이 $y=g(x)$가 $y=f(x)$에 접할 때

㉡의 서로 다른 실근의 개수는 1개이고,

두 그래프가 두 점에서 만날 때는

㉡의 서로 다른 실근의 개수는 2개다.

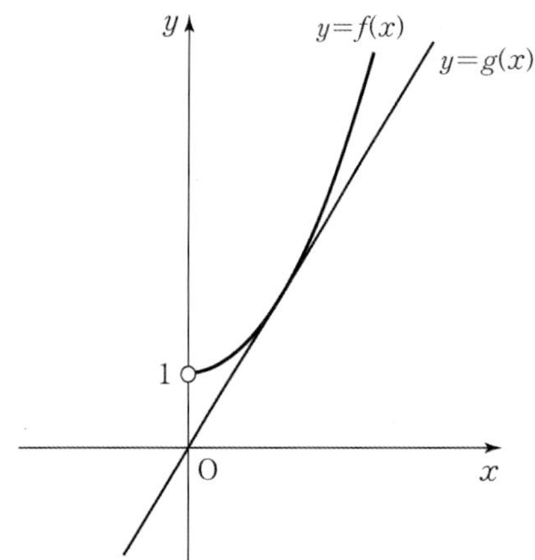

즉, $x^2-tx+1=0$의 판별식을 D라 하면

$D=t^2-4=0$, $t=2$ ($\because t>0$)이므로

$t=2$일 때 ㉡의 서로 다른 실근의 개수는 1개

$t>2$일 때 서로 다른 실근의 개수는 2개다.

따라서 주어진 사차방정식이 서로 다른 두 실근을 가지려면

이차방정식 ㉠이 $t>2$에서

서로 다른 실근의 개수가 1개이어야 한다.

(i) $t^2-6t-k-2=0$의 한 근은 2보다 크고 다른 한 근은 2보다 작을 때

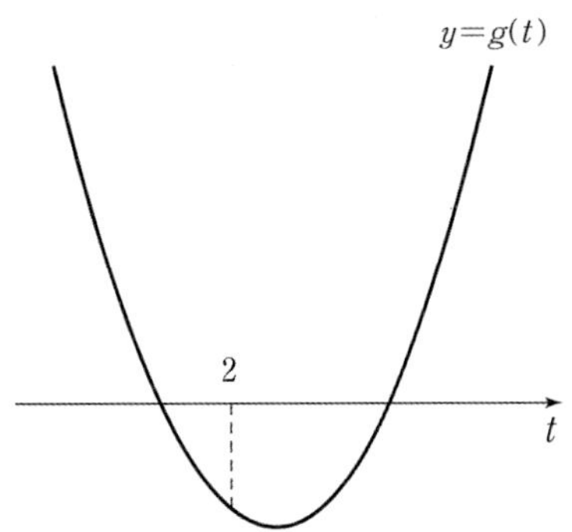

$g(t)=t^2-6t-k-2$라 하면

$g(2)<0$에서 $4-12-k-2<0$ $\qquad \therefore k>-10$

(ii) 2보다 큰 중근을 가질 때

이 이차방정식의 판별식을 D라 하면

$D/4=9+(k+2)=0$ $\qquad \therefore k=-11$

(대칭축)$=3>2$이므로 성립

(i), (ii)에 의해 구하는 k의 값의 범위는

$k=-11$ 또는 $k>-10$이다.

387 정답 6

$\sqrt{5}=t$ 라고 놓고 주어진 식을 정리하면

$6\sqrt{5}x=6xt$, $3\sqrt{5}=3t$, $5=t^2$이므로

$x^4-6x^3+3x^2-18x+6\sqrt{5}x+3\sqrt{5}-5$

$=x^4-6x^3+3x^2-18x+6xt+3t-t^2$

$=-t^2+(6x+3)t+x^4-6x^3+3x^2-18x$

일차항의 계수가 $6x+3$

상수항이 $x^4-6x^3+3x^2-18x$인

t에 대한 이차방정식으로 볼 수 있다.

상수항을 두 식의 곱 형태로 나타내어

$-t^2+(6x+3)t+x^4-6x^3+3x^2-18x$를 인수분해 해보자.

$x^4-6x^3+3x^2-18x$

$=x(x^3-6x^2+3x-18)$

$=x\{x^2(x-6)+3(x-6)\}$

$=x(x-6)(x^2+3)$

$=(x^2-6x)(x^2+3)$이므로

$-t^2+(6x+3)t+x^4-6x^3+3x^2-18x$

$=-t^2+(6x+3)t+(x^2-6x)(x^2+3)$

$=\{t+(x^2-6x)\}\{-t+(x^2+3)\}$

$=(t+x^2-6x)(-t+x^2+3)$

다시 t자리에 $\sqrt{5}$를 대입하면

$(t+x^2-6x)(-t+x^2+3)$

$=(\sqrt{5}+x^2-6x)(-\sqrt{5}+x^2+3)$

$=(x^2-6x+\sqrt{5})(x^2+3-\sqrt{5})=0$

에서 $x^2-6x+\sqrt{5}=0$ 또는 $x^2=\sqrt{5}-3$ 이다.

$\sqrt{5}<3=\sqrt{9}$, 즉 $\sqrt{5}-3<0$이므로

$x^2=\sqrt{5}-3$에서 실근은 나올 수 없다.

따라서 $x^4-6x^3+3x^2-18x+6\sqrt{5}x+3\sqrt{5}-5$의

두 실근의 합은

$x^2-6x+\sqrt{5}=0$의 두 근의 합과 같다.

근과 계수의 관계에 의해 두 실근의 합은 6이다.

3 고차방정식의 근에 관한 식

388 정답 .... −1

사차방정식 $x^4-x^3-x^2-3x+1=0$의

네 근이 α, β, γ, δ이므로 근과 계수의 관계에 의해

$\alpha+\beta+\gamma+\delta=1$, $\alpha\beta+\alpha\gamma+\alpha\delta+\beta\gamma+\beta\delta+\gamma\delta=-1$

$\alpha\beta\gamma+\alpha\beta\delta+\alpha\gamma\delta+\beta\gamma\delta=3$, $\alpha\beta\gamma\delta=1$이다.

따라서 주어진 식의 값은

$$\frac{\beta+\gamma+\delta}{\alpha}+\frac{\alpha+\gamma+\delta}{\beta}+\frac{\alpha+\beta+\delta}{\gamma}+\frac{\alpha+\beta+\gamma}{\delta}$$

$$=\frac{1-\alpha}{\alpha}+\frac{1-\beta}{\beta}+\frac{1-\gamma}{\gamma}+\frac{1-\delta}{\delta}$$

$$=-4+\left(\frac{1}{\alpha}+\frac{1}{\beta}+\frac{1}{\gamma}+\frac{1}{\delta}\right)$$

$$=-4+\frac{\alpha\beta\gamma+\alpha\beta\delta+\alpha\gamma\delta+\beta\gamma\delta}{\alpha\beta\gamma\delta}$$

$$=-4+\frac{3}{1}=-1$$

389 정답 .... −4

삼차방정식 $x^3-2x^2-5x+6=0$의

세 근이 α, β, γ이므로

근과 계수의 관계에 의하여 $\alpha+\beta+\gamma=2$이며

$(\alpha+\beta)(\beta+\gamma)(\gamma+\alpha)=(2-\alpha)(2-\beta)(2-\gamma)$이다.

따라서

$x^3-2x^2-5x+6=(x-\alpha)(x-\beta)(x-\gamma)$에서

양변에 $x=2$를 대입하면

$(2-\alpha)(2-\beta)(2-\gamma)=-4$

390 정답 .... −6

$x^4+x^3-2x^2+3x-1=0$의 네 근이 α, β, γ, δ이므로

$x^4+x^3-2x^2+3x-1=(x-\alpha)(x-\beta)(x-\gamma)(x-\delta)$

이 식의 양변에 $x=-1$을 대입하면

$(-1-\alpha)(-1-\beta)(-1-\gamma)(-1-\delta)=1-1-2-3-1=-6$

$\therefore (1+\alpha)(1+\beta)(1+\gamma)(1+\delta)=-6$

391 정답 ······ -40

삼차방정식 $x^3+2x^2+2x-4=0$의

세 근 $\alpha,\ \beta,\ \gamma$에 대하여 근과 계수의 관계에 의해

$\alpha+\beta+\gamma=-2$ 이므로

$\alpha+\beta=-2-\gamma,\ \alpha+\gamma=-2-\beta,\ \beta+\gamma=-2-\alpha$를

다음 식에 대입하면

$(\alpha+\beta-\gamma)(\alpha-\beta+\gamma)(-\alpha+\beta+\gamma)$

$=(-2-2\gamma)(-2-2\beta)(-2-2\alpha)$

$=2^3(-1-\gamma)(-1-\beta)(-1-\alpha)$

$\alpha,\ \beta,\ \gamma$가 $x^3+2x^2+2x-4=0$의 세 근이므로

$x^3+2x^2+2x-4=(x-\alpha)(x-\beta)(x-\gamma)$ ······ ㉠

$(-1-\gamma)(-1-\beta)(-1-\alpha)$의 값을 구하기 위하여

이와 동일한 형태의 수식이 나타나도록

㉠의 양변에 $x=-1$을 대입하면

$(-1)^3+2\times(-1)^2+2\times(-1)-4$

$=(-1-\alpha)(-1-\beta)(-1-\gamma)$

$(-1-\alpha)(-1-\beta)(-1-\gamma)=-1+2-2-4=-5$

따라서 구하는 식의 값은

$(\alpha+\beta-\gamma)(\alpha-\beta+\gamma)(-\alpha+\beta+\gamma)$

$=2^3(-1-\gamma)(-1-\beta)(-1-\alpha)$

$=8\times(-5)=-40$

392 정답 ······ $\frac{2}{5}$

삼차방정식 $x^3+2x^2+2x-4=0$의

세 근 $\alpha,\ \beta,\ \gamma$에 대하여 근과 계수의 관계에 의해

$\alpha+\beta+\gamma=-2,\ \alpha\beta+\beta\gamma+\gamma\alpha=2,\ \alpha\beta\gamma=4$이므로

$\alpha+\beta=-2-\gamma,\ \alpha+\gamma=-2-\beta,\ \beta+\gamma=-2-\alpha$ 임을

알 수 있다.

$(\alpha+\beta-\gamma)(\alpha-\beta+\gamma)(-\alpha+\beta+\gamma)$

$=(-2-2\gamma)(-2-2\beta)(-2-2\alpha)$

$=2^3(-1-\gamma)(-1-\beta)(-1-\alpha)$ ······ ㉠

$\{\alpha(\beta+\gamma)+2\}\{\beta(\gamma+\alpha)+2\}\{\gamma(\alpha+\beta)+2\}$

$=\{\alpha(-2-\alpha)+2\}\{\beta(-2-\beta)+2\}\{\gamma(-2-\gamma)+2\}$

$=(-\alpha^2-2\alpha+2)(-\beta^2-2\beta+2)(-\gamma^2-2\gamma+2)$ ······ ㉡

한편 $\alpha,\ \beta,\ \gamma$는

삼차방정식 $x^3+2x^2+2x-4=0$의 근이므로

$\alpha^3+2\alpha^2+2\alpha-4=0$

$\beta^3+2\beta^2+2\beta-4=0$

$\gamma^3+2\gamma^2+2\gamma-4=0$

이때

$\alpha^3+2\alpha^2+2\alpha-4=(-\alpha^2-2\alpha+2)(-\alpha)+4\alpha-4=0$

이므로

$-\alpha^2-2\alpha+2=\frac{4(\alpha-1)}{\alpha}$

같은 방법으로

$-\beta^2-2\beta+2=\frac{4(\beta-1)}{\beta},\ -\gamma^2-2\gamma+2=\frac{4(\gamma-1)}{\gamma}$

이를 ㉡에 대입하면

$\{\alpha(\beta+\gamma)+2\}\{\beta(\gamma+\alpha)+2\}\{\gamma(\alpha+\beta)+2\}$

$=\frac{64(\alpha-1)(\beta-1)(\gamma-1)}{\alpha\beta\gamma}$

$=16(\alpha-1)(\beta-1)(\gamma-1)$ $(\because \alpha\beta\gamma=4)$

$=-16(1-\alpha)(1-\beta)(1-\gamma)$ ······ ㉢

$\alpha,\ \beta,\ \gamma$가 $x^3+2x^2+2x-4=0$의 세 근이므로

$f(x)=x^3+2x^2+2x-4$

$=(x-\alpha)(x-\beta)(x-\gamma)$

$(-1-\alpha)(-1-\beta)(-1-\gamma),\ (1-\alpha)(1-\beta)(1-\gamma)$

의 값을 구하기 위하여

이와 동일한 형태의 수식이 나타나도록

$x=-1,\ x=1$을 각각 대입해 정리해보자.

$(-1-\gamma)(-1-\beta)(-1-\alpha)=f(-1)=-5$

$(1-\gamma)(1-\beta)(1-\alpha)=f(1)=1$

이를 ㉠, ㉢식에 대입하여 정리하면

$\frac{\{\alpha(\beta+\gamma)+2\}\{\beta(\gamma+\alpha)+2\}\{\gamma(\alpha+\beta)+2\}}{(\alpha+\beta-\gamma)(\beta+\gamma-\alpha)(\gamma+\alpha-\beta)}$

$=\frac{(-16)\times1}{8\times(-5)}=\frac{2}{5}$

393 정답 ······ 3

삼차방정식 $x^3+3x^2+6x+5=0$의 세 근이 $\alpha,\ \beta,\ \gamma$이므로

$f(x)=x^3+3x^2+6x+5=(x-\alpha)(x-\beta)(x-\gamma)$

이때, x^3+3x^2+6x+5를 x^2+2x+3으로 나누면 다음과 같다.

$$\begin{array}{r|l} & x+1 \\ x^2+2x+3 & x^3+3x^2+6x+5 \\ & x^3+2x^2+3x \\ \hline & \quad x^2+3x+5 \\ & \quad x^2+2x+3 \\ \hline & \qquad x+2 \end{array}$$

$\therefore x^3+3x^2+6x+5=(x^2+2x+3)(x+1)+x+2$

즉, $(x^2+2x+3)(x+1)+x+2=(x-\alpha)(x-\beta)(x-\gamma)$이므로

양변에 $x=\alpha$를 대입하면

$(\alpha^2+2\alpha+3)(\alpha+1)+\alpha+2=0$

$\therefore \alpha^2+2\alpha+3=\frac{-(\alpha+2)}{\alpha+1}$

같은 방법으로 $\beta^2+2\beta+3=\frac{-(\beta+2)}{\beta+1}$, $\gamma^2+2\gamma+3=\frac{-(\gamma+2)}{\gamma+1}$

$\therefore (\alpha^2+2\alpha+3)(\beta^2+2\beta+3)(\gamma^2+2\gamma+3)$

$=\frac{-(\alpha+2)(\beta+2)(\gamma+2)}{(\alpha+1)(\beta+1)(\gamma+1)}$

$=\frac{(-2-\alpha)(-2-\beta)(-2-\gamma)}{-(-1-\alpha)(-1-\beta)(-1-\gamma)}$

$=\frac{f(-2)}{-f(-1)}=\frac{-3}{-1}=3$

4 고차방정식 만들기

394 정답 $-\sqrt{3}i$

$2x-1=-\sqrt{3}i$에서

$(2x-1)^2=(-\sqrt{3}i)^2$, $4x^2-4x+1=-3$

$x^2-x+1=0$의 양변에 $x+1$을 곱하면

$(x+1)(x^2-x+1)=0$에서 $x^3+1=0$

$\therefore x^3=-1$, $x^6=1$

$x^{20}=(x^6)^3\times x^2=x^2$이므로

$x^{20}-\frac{1}{x^{20}}=x^2-\frac{1}{x^2}$

$=\left(x+\frac{1}{x}\right)\left(x-\frac{1}{x}\right)$

$=x-\frac{1}{x}$ $\quad$ ($\because x^2-x+1=0$에서 $x+\frac{1}{x}=1$)

$=\frac{1-\sqrt{3}i}{2}-\frac{2}{1-\sqrt{3}i}$

$=\frac{1-\sqrt{3}i}{2}-\frac{1+\sqrt{3}i}{2}=-\sqrt{3}i$

395 정답 25

$x=\frac{-1+\sqrt{3}i}{2}$를 근으로 가지는

이차항의 계수가 1인 이차방정식은 $x^2+x+1=0$이고

양변에 $x-1$을 곱하면 $x^3=1$

주어진 식의 각 항은

$\frac{x}{1+x}=\frac{x}{-x^2}=-\frac{1}{x}$

$\frac{x^2}{1+x^2}=\frac{x^2}{-x}=-x$

$\frac{x^3}{1+x^3}=\frac{1}{2}$

$\frac{x^4}{1+x^4}=\frac{x}{1+x}, \cdots$

따라서 구하는 식의 값은

$\frac{x}{1+x}+\frac{x^2}{1+x^2}+\frac{x^3}{1+x^3}+\cdots+\frac{x^{49}}{1+x^{49}}+\frac{x^{50}}{1+x^{50}}$

$=\left(\frac{x}{1+x}+\frac{x^2}{1+x^2}+\frac{x^3}{1+x^3}\right)\times16+\frac{x}{1+x}+\frac{x^2}{1+x^2}$

$=\left(-\frac{1}{x}-x+\frac{1}{2}\right)\times16+\left(-\frac{1}{x}-x\right)$

$=\left(-\frac{x^2+1}{x}+\frac{1}{2}\right)\times16+\left(-\frac{x^2+1}{x}\right)$

$=\left(1+\frac{1}{2}\right)\times16+1=25$

396 정답 $4-2\sqrt{3}$

$\alpha=\frac{-\sqrt{3}+i}{2}$에서 $2\alpha+\sqrt{3}=i$

양변을 제곱하여 정리하면 $(2\alpha+\sqrt{3})^2=-1$

$\alpha^2+\sqrt{3}\alpha+1=0$ $\quad$ ...... ㉠

$x^2+\sqrt{3}x+1=0$의 한 허근이 α이므로

다른 한 허근은 $\overline{\alpha}$이다.

근과 계수의 관계에 의해

$\alpha+\overline{\alpha}=-\sqrt{3}$, $\alpha\overline{\alpha}=1$ $\quad$ ...... ㉡

한편, $x^2+1=-\sqrt{3}x$에서 양변을 제곱하여 정리하면

$x^4-x^2+1=0$, $(x^2+1)(x^4-x^2+1)=0$

$x^6+1=0$ $\qquad$ $\therefore x^6=-1$, $x^{12}=1$

즉, $\alpha^{12}=1$, $\overline{\alpha}^{12}=1$이고

$\alpha^{12}-1=(\alpha-1)(\alpha^{11}+\alpha^{10}+\cdots+\alpha+1)=0$에서

$\alpha\neq1$이므로

$1+\alpha+\alpha^2+\cdots+\alpha^{11}=0$ $\quad$ ...... ㉢

같은 방법으로

$1+\overline{\alpha}+\overline{\alpha}^2+\cdots+\overline{\alpha}^{11}=0$이다.

$\therefore 1+\alpha+\alpha^2+\cdots+\alpha^{20}$

$=(1+\alpha+\alpha^2+\cdots+\alpha^{11})$

$\quad+\alpha^{12}(1+\alpha+\alpha^2+\cdots+\alpha^8)$

$=1+\alpha+\alpha^2+\cdots+\alpha^8$ $\quad$ ($\because$ ㉢)

$=-\alpha^9-\alpha^{10}-\alpha^{11}$ $\quad$ ($\because$ ㉢)

$=-\alpha^9(1+\alpha+\alpha^2)$

$=-\alpha^9(1-\sqrt{3})\alpha$ $\quad$ ($\because$ ㉠)

$=(\sqrt{3}-1)\alpha^{10}$

마찬가지로

$1+\overline{\alpha}+\overline{\alpha}^2+\cdots+\overline{\alpha}^{20}=(\sqrt{3}-1)\overline{\alpha}^{10}$

따라서 구하는 식의 값은

$(1+\alpha+\alpha^2+\cdots+\alpha^{20})(1+\overline{\alpha}+\overline{\alpha}^2+\cdots+\overline{\alpha}^{20})$

$=(\sqrt{3}-1)\alpha^{10}\times(\sqrt{3}-1)\overline{\alpha}^{10}$

$=(\sqrt{3}-1)^2(\alpha\overline{\alpha})^{10}$

$=(\sqrt{3}-1)^2=4-2\sqrt{3}$ $\quad$ ($\because$ ㉡)

397 정답 .... $\frac{-1+\sqrt{5}}{2}$

$x+\frac{1}{x}=\frac{-1+\sqrt{5}}{2}$에서

양변에 2를 곱한 후 정리하면

$2\left(x+\frac{1}{x}\right)+1=\sqrt{5}$

양변을 제곱하면

$4\left(x+\frac{1}{x}\right)^2+4\left(x+\frac{1}{x}\right)+1=5$

$\left(x+\frac{1}{x}\right)^2+\left(x+\frac{1}{x}\right)-1=0$

전개하면

$x^2+\frac{1}{x^2}+x+\frac{1}{x}+1=0$

양변에 x^2을 곱하면

$x^4+x^3+x^2+x+1=0$

다시 양변에 $x-1$을 곱하여 정리하면

$(x-1)(x^4+x^3+x^2+x+1)=0$에서

$x^5=1$, $x^{10}=1$

$x^{10}=1$에서 양변을 x로 나누면 $x^9=\frac{1}{x}$이다.

$\therefore\ x+x^9=x+\frac{1}{x}=\frac{-1+\sqrt{5}}{2}$

398 정답 .... $z=0$, $z=-1$ 또는 $z=\frac{1\pm\sqrt{3}i}{2}$

$z^2=-\bar{z}$ ...... ㉠

$\bar{z}^2=-z$ ...... ㉡

㉠과 ㉡식을 곱하면

$(z\bar{z})^2=z\bar{z}$, $z\bar{z}(z\bar{z}-1)=0$에서 $z\bar{z}=0$ 또는 $z\bar{z}=1$

(i) $z\bar{z}=0$일 때

$z=a+bi$, $\bar{z}=a-bi$ (단, a, b는 실수)라 하면

$z\bar{z}=a^2+b^2=0$이므로 $a=0$, $b=0$

$\therefore\ z=0$

(ii) $z\bar{z}=1$일 때

㉠의 양변에 z를 곱하면

$z^3=-z\bar{z}=-1$, $z^3+1=0$, $(z+1)(z^2-z+1)=0$

$\therefore\ z=-1$ 또는 $z=\frac{1\pm\sqrt{3}i}{2}$

(i), (ii)에 의하여

$z=0$, $z=-1$ 또는 $z=\frac{1\pm\sqrt{3}i}{2}$

399 정답 1

$z^3=\bar{z}$에서 $\bar{z}^3=z$이고, 두 식을 곱하면

$z^3\bar{z}^3=z\bar{z}$, $z\bar{z}(z\bar{z}+1)(z\bar{z}-1)=0$

z는 허수이므로 $z\bar{z}>0$

$\therefore\ z\bar{z}=1$

한편, $z^3=\bar{z}$의 양변에 z를 곱하면

$z^4=1$, $(z-1)(1+z+z^2+z^3)=0$

$\therefore\ 1+z+z^2+z^3=0\quad(\because z\neq1)$ ...... ㉠

그러므로 구하는 식의 값은

$$1+\frac{1}{z}+\frac{1}{z^2}+\cdots+\frac{1}{z^{100}}$$
$$=\frac{1+z+z^2+\cdots+z^{99}+z^{100}}{z^{100}}$$
$$=\frac{1+z+z^2+\cdots+z^{99}+z^{100}}{(z^4)^{25}}$$
$$=1+z+z^2+\cdots+z^{99}+z^{100}\quad(\because z^4=1)$$
$$=(1+z+z^2+z^3)+(z^4+z^5+z^6+z^7)+\cdots+(z^{96}+z^{97}+z^{98}+z^{99})+z^{100}$$
$$=z^{100}=(z^4)^{25}=1\quad(\because ㉠)$$

400 정답 .... $\frac{-1\pm\sqrt{5}}{2}$

$z^4=\bar{z}$ ...... ㉠

$\bar{z}^4=z$ ...... ㉡

㉠과 ㉡을 곱하면

$(z\bar{z})^4=z\bar{z}$, $z\bar{z}\{(z\bar{z})^3-1\}=0$

z가 허수이므로 $z\bar{z}>0$ $\quad\therefore\ z\bar{z}=1$

㉠과 ㉡을 더하면

$z^4+\bar{z}^4=z+\bar{z}$ ...... ㉢

$z+\bar{z}=t$라고 하면

$$z^4+\bar{z}^4=(z^2+\bar{z}^2)^2-2(z\bar{z})^2$$
$$=\{(z+\bar{z})^2-2z\bar{z}\}^2-2(z\bar{z})^2$$
$$=(t^2-2)^2-2$$

이므로 ㉢에 대입하면

$(t^2-2)^2-2=t$, $t^4-4t^2-t+2=0$

좌변을 인수분해 하면

$(t+1)(t-2)(t^2+t-1)=0$

$\therefore\ t=2$, $t=-1$ 또는 $t=\frac{-1\pm\sqrt{5}}{2}$

(i) $t=2$일 때

$z+\bar{z}=2$, $z\bar{z}=1$이므로

z는 $x^2-2x+1=0$의 한 근이다.

$z=1$인 실수가 되어 모순이다.

(ii) $t=-1$일 때

$z+\bar{z}=-1$, $z\bar{z}=1$이므로

z는 $x^2+x+1=0$의 한 근이다.

$z^2+z+1=0$이면 $z^3=1$이므로

㉠에서 $z^4=z^3\times z=z$, $z=\bar{z}$이므로 모순이다.

따라서 $z+\bar{z}=\dfrac{-1\pm\sqrt{5}}{2}$

• **다른 풀이**

$z^4=\bar{z}$ …… ㉠

$\bar{z}^4=z$ …… ㉡

㉠과 ㉡을 곱하면

$(z\bar{z})^4=z\bar{z}$, $z\bar{z}\{(z\bar{z})^3-1\}=0$

z가 허수이므로 $z\bar{z}>0$ $\quad\therefore z\bar{z}=1$

따라서 $z+\bar{z}=z+\dfrac{1}{z}$로 나타낼 수 있다.

$z^4=\bar{z}$의 양변에 z를 곱하면

$z^5=z\bar{z}=1$, $z^5-1=0$이므로

$z^4+z^3+z^2+z+1=0 \quad (\because z\neq1)$ …… ㉢

㉢식의 양변을 $z^2(z^2\neq0)$으로 나누면

$z^2+z+1+\dfrac{1}{z}+\dfrac{1}{z^2}=0$

$\left(z+\dfrac{1}{z}\right)^2-2+\left(z+\dfrac{1}{z}\right)+1=0$

$z+\dfrac{1}{z}=k$라고 하면 $k^2+k-1=0$

따라서

$k=z+\dfrac{1}{z}=z+\bar{z}$

$=\dfrac{-1\pm\sqrt{5}}{2}$

401 정답 ······ $a=-3$, $b=4$

사차방정식의 계수가 실수이고

두 실근과 서로 다른 두 허근을 가지므로

한 허근 α이면 나머지 허근은 $\bar{\alpha}$이다.

즉, $\bar{\alpha}=-\alpha^2$, $\alpha=-\bar{\alpha}^2$이다.

$\bar{\alpha}=-\alpha^2$을 $-\bar{\alpha}^2=\alpha$에 대입하면

$-(-\alpha^2)^2=\alpha$, $-\alpha^4=\alpha$

$\therefore \alpha^3=-1$, $\alpha^2-\alpha+1=0$

즉, 두 허근 α, $-\alpha^2$을 근으로 가지고

최고차항의 계수가 1인 이차방정식은

$x^2-x+1=0$ …… ㉠

두 실근을 가지는 최고차항의 계수가 1인 이차방정식은

주어진 사차방정식의 상수항이 -1이므로

$x^2+px-1=0$ …… ㉡

㉠과 ㉡의 곱은 주어진 사차방정식과 같으므로

x^3항의 계수를 비교하면 $p=3$

따라서 주어진 사차방정식은

$(x^2-x+1)(x^2+3x-1)=0$

전개하면

$x^4+2x^3-3x^2+4x-1=0$

$\therefore a=-3$, $b=4$

402 정답 ······ $a=4$, $b=15$, $c=-4$

α, $-\alpha$를 두 실근으로 갖는 최고차항의 계수가 1인

x에 대한 이차방정식은

$(x-\alpha)(x+\alpha)=0$, $x^2-\alpha^2=0$ …… ㉠

한편, 한 허근이 2β이면 나머지 허근은 $2\bar{\beta}$이므로

$2\bar{\beta}=\beta^2$, $2\beta=\bar{\beta}^2$

두 식을 곱하면 $4\beta\bar{\beta}=(\beta\bar{\beta})^2$

$\beta\bar{\beta}\neq0$이므로 $\beta\bar{\beta}=4$

이 식에 $\bar{\beta}=\dfrac{\beta^2}{2}$을 대입하면

$\beta\times\dfrac{\beta^2}{2}=4$, $\beta^3=8$, $(\beta-2)(\beta^2+2\beta+4)=0$

$\therefore \beta^2+2\beta+4=0$

이때 $2\beta=x$로 놓으면

$\left(\dfrac{x}{2}\right)^2+2\times\dfrac{x}{2}+4=0$, $x^2+4x+16=0$

즉, 2β, β^2을 두 허근으로 갖는 최고차항의 계수가 1인

x에 대한 이차방정식은

$x^2+4x+16=0$ …… ㉡

따라서 주어진 사차방정식은

두 식 ㉠과 ㉡의 곱이고 상수항이 -16이므로 $\alpha^2=1$이 되어

$x^4+ax^3+bx^2+cx-16$

$=(x^2+4x+16)(x^2-\alpha^2)$

$=(x^2+4x+16)(x^2-1)$

$=x^4+4x^3+15x^2-4x-16$

$\therefore a=4$, $b=15$, $c=-4$

403 정답 ······ $-\dfrac{1}{4}$

이차방정식 $x^2+px+q=0$의

서로 다른 두 허근이 z_1, z_2이므로

$\bar{z_1}=z_2$, $z_1=\bar{z_2}$ …… ㉠

$\dfrac{z_2^2}{z_1}$이 실수이므로 $\dfrac{z_2^2}{z_1}=\dfrac{\bar{z_2}^2}{\bar{z_1}}=\dfrac{z_1^2}{z_2} \quad (\because ㉠)$

$\therefore z_1^3=z_2^3$

$z_1^3=z_2^3=k^3$ (단, k는 실수)이라 하면

z_1, z_2, k를 근으로 갖는 x에 대한 삼차방정식은

$x^3-k^3=0$, $(x-k)(x^2+kx+k^2)=0$이고

$x^2+kx+k^2=0$에서 허근 z_1, z_2를 가지므로

주어진 이차방정식의 계수를 비교하면

$p=k,\ q=k^2$

따라서 $q-p=k^2-k=\left(k-\frac{1}{2}\right)^2-\frac{1}{4}$이므로

$q-p$는 $k=\frac{1}{2}$일 때, 최솟값 $-\frac{1}{4}$을 갖는다.

404 정답 $x^3+2x^2+x+1=0$

삼차방정식 $x^3+x^2-1=0$의 세 근 $\alpha,\ \beta,\ \gamma$에 대하여

근과 계수의 관계에 의해 $\alpha+\beta+\gamma=-1$이므로

$\alpha+\beta=-1-\gamma,\ \beta+\gamma=-1-\alpha,\ \gamma+\alpha=-1-\beta$이다.

$-1-x=t$ 라고 놓으면 $x=-1-t$이므로

$x^3+x^2-1=0$을 다음과 같이 바꾸어 나타낼 수 있다.

$(-1-t)^3+(-1-t)^2-1=0$

$(-t^3-3t^2-3t-1)+(t^2+2t+1)-1=0$

$-t^3-2t^2-t-1=0$

$t^3+2t^2+t+1=0$

삼차방정식 $x^3+x^2-1=0$의

세 근이 $\alpha,\ \beta,\ \gamma$이므로

$t^3+2t^2+t+1=0$을 만족시키는

t의 값은 $-1-\alpha,\ -1-\beta,\ -1-\gamma$이다.

따라서 $-1-\alpha,\ -1-\beta,\ -1-\gamma$

즉, $\alpha+\beta,\ \beta+\gamma,\ \gamma+\alpha$를 세 근으로 하고

x^3의 계수가 1인 삼차방정식은

$x^3+2x^2+x+1=0$임을 알 수 있다.

405 정답 $x^3+6x^2+8x+4=0$

삼차방정식 $x^3+3x^2-x+1=0$의 세 근이 $\alpha,\ \beta,\ \gamma$이므로

$\alpha^3+3\alpha^2-\alpha+1=0$

$\beta^3+3\beta^2-\beta+1=0$

$\gamma^3+3\gamma^2-\gamma+1=0$

이고

$\alpha^3+3\alpha^2=\alpha-1$

$\beta^3+3\beta^2=\beta-1$

$\gamma^3+3\gamma^2=\gamma-1$

이므로

$\alpha^3+3\alpha^2,\ \beta^3+3\beta^2,\ \gamma^3+3\gamma^2$을

세 근으로 하는 삼차방정식은

$\alpha-1,\ \beta-1,\ \gamma-1$을 세 근으로 하는 삼차방정식과 같다.

$\alpha-1,\ \beta-1,\ \gamma-1$에서 $x-1=t$라고 놓으면

$x=t+1$이므로 $x^3+3x^2-x+1=0$에 대입하여 정리하면

$(t+1)^3+3(t+1)^2-(t+1)+1=0$

$t^3+6t^2+8t+4=0$

따라서 구하는 삼차방정식은

$x^3+6x^2+8x+4=0$이다.

406 정답 4

삼차방정식 $x^3-x^2+3x+1=0$의

세 근 $\alpha,\ \beta,\ \gamma$에 대하여

근과 계수의 관계에 의해 $\alpha+\beta+\gamma=1$이므로

$(\alpha+\beta)(\beta+\gamma)+(\beta+\gamma)(\gamma+\alpha)+(\gamma+\alpha)(\alpha+\beta)$

$\quad=(1-\gamma)(1-\alpha)+(1-\alpha)(1-\beta)+(1-\beta)(1-\gamma)$

이때, $f(x)=x^3-x^2+3x+1$에서 $t=1-x$라 하면

$f(t)=t^3-t^2+3t+1$ …… ㉠

$f(t)=0$을 만족하는 t의 값은 $\alpha,\ \beta,\ \gamma$이므로

x의 값은 $1-\alpha,\ 1-\beta,\ 1-\gamma$이다.

따라서 $1-\alpha,\ 1-\beta,\ 1-\gamma$를 세 근으로 하는

삼차방정식은 $t=1-x$를 ㉠에 대입하여 구할 수 있다.

즉, $f(1-x)=0$에서

$(1-x)^3-(1-x)^2+3(1-x)+1=0$

$x^3-2x^2+4x-4=0$

따라서 근과 계수의 관계에 의하여

$(1-\alpha)(1-\beta)+(1-\beta)(1-\gamma)+(1-\gamma)(1-\alpha)=4$이다.

407 정답 $\frac{2}{3}$

$\frac{1}{\alpha+1},\ \frac{1}{\beta+1},\ \frac{1}{\gamma+1}$을 근으로 하는 삼차방정식을 찾은 후,

근과 계수의 관계를 이용하여 세 근의 합으로

$\frac{1}{\alpha+1}+\frac{1}{\beta+1}+\frac{1}{\gamma+1}$의 값을 구하자.

$\frac{1}{x+1}$을 t라고 놓으면

$x+1=\frac{1}{t},\ x=\frac{1}{t}-1=\frac{1-t}{t}$이고

$x^3+2x^2-x+1=0$은 다음과 같이 바꾸어 나타낼 수 있다.

$\left(\frac{1-t}{t}\right)^3+2\left(\frac{1-t}{t}\right)^2-\left(\frac{1-t}{t}\right)+1=0$

$\frac{(1-t)^3}{t^3}+\frac{2(1-t)^2}{t^2}-\frac{1-t}{t}+1=0$

양변에 t^3을 곱하면

$(1-t)^3+2t(1-t)^2-t^2(1-t)+t^3=0$

$(-t^3+3t^2-3t+1)+(2t^3-4t^2+2t)-(t^2-t^3)+t^3=0$

$3t^3-2t^2-t+1=0$

삼차방정식 $x^3+2x^2-x+1=0$의 세 근이 $\alpha,\ \beta,\ \gamma$이므로

$3t^3-2t^2-t+1=0$의 세 근은 $\frac{1}{\alpha+1},\ \frac{1}{\beta+1},\ \frac{1}{\gamma+1}$이다.

따라서 근과 계수의 관계에 의해

$\frac{1}{\alpha+1}+\frac{1}{\beta+1}+\frac{1}{\gamma+1}=\frac{2}{3}$이다.

408 정답 ········· $x^3-2x^2-x+3=0$

삼차방정식 $3x^3-x^2-2x+1=0$의
세 근이 α, β, γ이므로
$3\alpha^3-\alpha^2-2\alpha+1=0$
$3\beta^3-\beta^2-2\beta+1=0$
$3\gamma^3-\gamma^2-2\gamma+1=0$
또한, 근과 계수의 관계에 의해
$\alpha+\beta+\gamma=\frac{1}{3}$이므로
$\frac{1}{3}-(\beta+\gamma)=\alpha$
$\frac{1}{3}-(\gamma+\alpha)=\beta$
$\frac{1}{3}-(\alpha+\beta)=\gamma$
따라서

$$\frac{1-3\beta-3\gamma}{9\alpha^3-6\alpha+3}=\frac{\frac{1}{3}-(\beta+\gamma)}{3\alpha^3-2\alpha+1}=\frac{\alpha}{\alpha^2}=\frac{1}{\alpha}$$

$$\frac{1-3\gamma-3\alpha}{9\beta^3-6\beta+3}=\frac{\frac{1}{3}-(\gamma+\alpha)}{3\beta^3-2\beta+1}=\frac{\beta}{\beta^2}=\frac{1}{\beta}$$

$$\frac{1-3\alpha-3\beta}{9\gamma^3-6\gamma+3}=\frac{\frac{1}{3}-(\alpha+\beta)}{3\gamma^3-2\gamma+1}=\frac{\gamma}{\gamma^2}=\frac{1}{\gamma}$$ 이므로

$\frac{1}{\alpha}$, $\frac{1}{\beta}$, $\frac{1}{\gamma}$을 세 근으로 하는 삼차방정식을 구하면 된다.
$\therefore x^3-2x^2-x+3=0$

409 정답 ········· 3

$x^5-x-1=0$의 근을 ω라 하면 $\omega^5=\omega+1$이므로

$$\frac{1}{\omega^5}-\frac{1}{\omega^4}=\frac{1-\omega}{\omega^5}=\frac{1-\omega}{\omega+1}=-1+\frac{2}{\omega+1}$$

$$\left(\frac{1}{\omega_1^5}+\frac{1}{\omega_2^5}+\frac{1}{\omega_3^5}+\frac{1}{\omega_4^5}+\frac{1}{\omega_5^5}\right)-\left(\frac{1}{\omega_1^4}+\frac{1}{\omega_2^4}+\frac{1}{\omega_3^4}+\frac{1}{\omega_4^4}+\frac{1}{\omega_5^4}\right)$$
$$=\left(\frac{1}{\omega_1^5}-\frac{1}{\omega_1^4}\right)+\left(\frac{1}{\omega_2^5}-\frac{1}{\omega_2^4}\right)+\left(\frac{1}{\omega_3^5}-\frac{1}{\omega_3^4}\right)+\left(\frac{1}{\omega_4^5}-\frac{1}{\omega_4^4}\right)+\left(\frac{1}{\omega_5^5}-\frac{1}{\omega_5^4}\right)$$
$$=-5+2\left(\frac{1}{\omega_1+1}+\frac{1}{\omega_2+1}+\frac{1}{\omega_3+1}+\frac{1}{\omega_4+1}+\frac{1}{\omega_5+1}\right) \quad \cdots\cdots ㉠$$

$\frac{1}{x+1}=t$라 하면 $x=\frac{1}{t}-1$이므로
오차방정식 $x^5-x-1=0$의 x에 $\frac{1}{t}-1$을 대입하면
$\left(\frac{1}{t}-1\right)^5-\left(\frac{1}{t}-1\right)-1=0$
이 식을 전개하여 정리한 후
양변에 t^5을 곱하고 t를 x로 바꾸면
$x^5-4x^4+10x^3-10x^2+5x-1=0$
이 식은
$\frac{1}{\omega_1+1}$, $\frac{1}{\omega_2+1}$, $\frac{1}{\omega_3+1}$, $\frac{1}{\omega_4+1}$, $\frac{1}{\omega_5+1}$
을 근으로 하는 x에 관한 오차방정식이다.
근과 계수의 관계에 의해
$\frac{1}{\omega_1+1}+\frac{1}{\omega_2+1}+\frac{1}{\omega_3+1}+\frac{1}{\omega_4+1}+\frac{1}{\omega_5+1}=4$
이므로 이를 ㉠에 대입하여 계산하면
주어진 식의 값은 $-5+2\times4=3$

410 정답 ········· 19

주어진 식의 값을 구하기 위해
$\frac{1}{\alpha}$, $\frac{1}{\beta}$, $\frac{1}{\gamma}$을 세 근으로 하는 삼차방정식을 구해보자.
$f(x)=x^3-2x^2-4x+1$에서 $t=\frac{1}{x}$으로 놓으면
$f(t)=t^3-2t^2-4t+1$ ······ ㉠
$f(t)=0$를 만족시키는 t의 값은
α, β, γ이므로 x의 값은 $\frac{1}{\alpha}$, $\frac{1}{\beta}$, $\frac{1}{\gamma}$이다.
따라서 $\frac{1}{\alpha}$, $\frac{1}{\beta}$, $\frac{1}{\gamma}$을 세 근으로 하는 삼차방정식은
$t=\frac{1}{x}$을 ㉠에 대입하여 구할 수 있다.
즉, $f\left(\frac{1}{x}\right)=0$에서 $\frac{1}{x^3}-\frac{2}{x^2}-\frac{4}{x}+1=0$, $x^3-4x^2-2x+1=0$
$x^3-4x^2-2x+1=0$의 세 근이 $\frac{1}{\alpha}$, $\frac{1}{\beta}$, $\frac{1}{\gamma}$이므로
$x^3-4x^2-2x+1=\left(x-\frac{1}{\alpha}\right)\left(x-\frac{1}{\beta}\right)\left(x-\frac{1}{\gamma}\right)$
위의 식의 양변에 $x=-2$를 대입하면
$\left(-2-\frac{1}{\alpha}\right)\left(-2-\frac{1}{\beta}\right)\left(-2-\frac{1}{\gamma}\right)=-8-16+4+1=-19$
$-\left(2+\frac{1}{\alpha}\right)\left(2+\frac{1}{\beta}\right)\left(2+\frac{1}{\gamma}\right)=-19$
$\therefore \left(2+\frac{1}{\alpha}\right)\left(2+\frac{1}{\beta}\right)\left(2+\frac{1}{\gamma}\right)=19$

411 정답 ······ $p=2,\ q=1,\ r=1$

$f\left(-1-\frac{1}{\alpha}\right)-2=0$

$f\left(-1-\frac{1}{\beta}\right)-2=0$

$f\left(-1-\frac{1}{\gamma}\right)-2=0$이므로

$-\frac{1}{\alpha},\ -\frac{1}{\beta},\ -\frac{1}{\gamma}$은 $f(x-1)-2=0$의 세 근이다.

$f(x-1)-2=x^3+px^2+qx+r-2$ ······ ㉠

한편, $\alpha,\ \beta,\ \gamma$를 세 근으로 하는 삼차방정식이

$x^3+x^2-2x+1=0$이므로

$-\frac{1}{\alpha},\ -\frac{1}{\beta},\ -\frac{1}{\gamma}$을 세 근으로 하는 삼차방정식은

$(-x)^3-2x^2+(-x)+1=0$이다.

$x^3+2x^2+x-1=0$ ······ ㉡

㉠과 ㉡이 같은 식이므로

$p=2,\ q=1,\ r=1$

412 정답 ······ -1

$\frac{a^3-3a^2}{a+3}=\frac{b^3-3b^2}{b+3}=\frac{c^3-3c^2}{c+3}=k$로 놓으면

$a^3-3a^2=ka+3k$에서

$a^3-3a^2-ka-3k=0$ ······ ㉠

$b^3-3b^2=kb+3k$에서

$b^3-3b^2-kb-3k=0$ ······ ㉡

$c^3-3c^2=kc+3k$에서

$c^3-3c^2-kc-3k=0$ ······ ㉢

㉠, ㉡, ㉢에 의하여 $a,\ b,\ c$는 x에 대한 삼차방정식

$x^3-3x^2-kx-3k=0$의 세 근임을 알 수 있다.

근과 계수의 관계에 의하여

$a+b+c=3,\ ab+bc+ca=-k,\ abc=3k$

이때, $k=0$이면 $abc=0$에서 적어도 하나가 0이 된다.

만약 $a=0$이면 $ab+bc+ca=-k$에서

$bc=0,\ b=0$ 또는 $c=0$이 된다.

이는 서로 다른 복소수 $a,\ b,\ c$이므로 모순이다.

$\therefore k\neq0$

따라서 구하는 식의 값은

$\frac{(a+b+c)(ab+bc+ca)}{abc}=\frac{3\times(-k)}{3k}=-1$

413 정답 ······ 3

$x^3+y^3-(x^2+y^2)-x-y$

$=y^3+z^3-(y^2+z^2)-y-z$

$=z^3+x^3-(z^2+x^2)-z-x$

$=2k$

라 놓자.

$x^3+y^3-(x^2+y^2)-x-y=2k$ ······ ㉠

$y^3+z^3-(y^2+z^2)-y-z=2k$ ······ ㉡

$z^3+x^3-(z^2+x^2)-z-x=2k$ ······ ㉢

세 식을 모두 더하면

$2(x^3+y^3+z^3)-2(x^2+y^2+z^2)-2(x+y+z)=6k$

$\therefore x^3+y^3+z^3-(x^2+y^2+z^2)-(x+y+z)=3k$ ······ ㉣

㉣-㉠에서 $z^3-z^2-z=k$

㉣-㉡에서 $x^3-x^2-x=k$

㉣-㉢에서 $y^3-y^2-y=k$

$x,\ y,\ z$는 서로 다른 세 수이므로

$t^3-t^2-t-k=0$의 세 근이 $x,\ y,\ z$임을 알 수 있다.

근과 계수의 관계에 의해

$x+y+z=1,\ xy+yz+zx=-1,\ xyz=k$이므로

$x^2+y^2+z^2=(x+y+z)^2-2(xy+yz+zx)$

$=1+2=3$

414 정답 ······ $(x,\ y,\ z)$

$=\left(\frac{2}{\alpha\beta\gamma},\ \frac{-2(\alpha+\beta+\gamma)}{\alpha\beta\gamma},\ \frac{2(\alpha\beta+\beta\gamma+\gamma\alpha)}{\alpha\beta\gamma}\right)$

주어진 연립방정식에서

$\alpha^3x+\alpha^2y+\alpha z-2=0$ ······ ㉠

$\beta^3x+\beta^2y+\beta z-2=0$ ······ ㉡

$\gamma^3x+\gamma^2y+\gamma z-2=0$ ······ ㉢

㉠, ㉡, ㉢에 의하여 $\alpha,\ \beta,\ \gamma$는 t에 관한

삼차방정식 $xt^3+yt^2+zt-2=0$의 세 근이다.

근과 계수의 관계에 의하여

$\alpha+\beta+\gamma=-\frac{y}{x},\ \alpha\beta+\beta\gamma+\gamma\alpha=\frac{z}{x},\ \alpha\beta\gamma=\frac{2}{x}$

이때 $\alpha\beta\gamma\neq0$이므로

$x=\frac{2}{\alpha\beta\gamma}$

$y=-x(\alpha+\beta+\gamma)=-\frac{2(\alpha+\beta+\gamma)}{\alpha\beta\gamma}$

$z=x(\alpha\beta+\beta\gamma+\gamma\alpha)=\frac{2(\alpha\beta+\beta\gamma+\gamma\alpha)}{\alpha\beta\gamma}$

$\therefore (x,\ y,\ z)=\left(\frac{2}{\alpha\beta\gamma},\ \frac{-2(\alpha+\beta+\gamma)}{\alpha\beta\gamma},\ \frac{2(\alpha\beta+\beta\gamma+\gamma\alpha)}{\alpha\beta\gamma}\right)$

415 정답 ······ 2

$z_1^2-z_2z_3+1=0$의 양변에 z_1를 곱하면

$z_1^3+z_1-z_1z_2z_3=0$ ...... ㉠

$z_2^2-z_3z_1+1=0$의 양변에 z_2를 곱하면

$z_2^3+z_2-z_1z_2z_3=0$ ...... ㉡

$z_3^2-z_1z_2+1=0$의 양변에 z_3를 곱하면

$z_3^3+z_3-z_1z_2z_3=0$ ...... ㉢

㉠, ㉡, ㉢에 의하여 z_1, z_2, z_3는

t에 관한 방정식 $t^3+t-z_1z_2z_3=0$의 세 근이다.

근과 계수의 관계에 의하여

$z_1+z_2+z_3=0$, $z_1z_2+z_2z_3+z_3z_1=1$

곱셈공식 변형을 이용하여

$z_1^2+z_2^2+z_3^2$과 $z_1^2z_2^2+z_2^2z_3^2+z_3^2z_1^2$의 값을 구하면

$z_1^2+z_2^2+z_3^2$

$=(z_1+z_2+z_3)^2-2(z_1z_2+z_2z_3+z_3z_1)=-2$

$z_1^2z_2^2+z_2^2z_3^2+z_3^2z_1^2$

$=(z_1z_2+z_2z_3+z_3z_1)^2-2z_1z_2z_3(z_1+z_2+z_3)=1$

$\therefore\ z_1^4+z_2^4+z_3^4$

$=(z_1^2+z_2^2+z_3^2)^2-2(z_1^2z_2^2+z_2^2z_3^2+z_3^2z_1^2)$

$=(-2)^2-2\times1=2$

416 정답 .... $\dfrac{-1\pm\sqrt{7}i}{2}$

• 방법 1

주어진 방정식의 근이 ω이므로

$\omega^7-1=0$, $(\omega-1)(\omega^6+\omega^5+\cdots+\omega+1)=0$에서

$\omega\neq1$이므로 $\omega^6+\omega^5+\cdots+\omega+1=0$

$z=\omega^4+\omega^2+\omega$라 하면

$\omega^6+\omega^5+\omega^3=-\omega^4-\omega^2-\omega-1$

$=-z-1$

이고,

$z^2=(\omega^4+\omega^2+\omega)^2$

$=\omega^8+\omega^4+\omega^2+2(\omega^6+\omega^5+\omega^3)$

$=\omega+\omega^4+\omega^2+2(\omega^6+\omega^5+\omega^3)$ $(\because\ \omega^7=1)$

$=z+2(-1-z)$

$=-z-2$

$\therefore\ z^2+z+2=0$

즉, 주어진 식의 값 $z=\omega^4+\omega^2+\omega=\dfrac{-1\pm\sqrt{7}i}{2}$

• 방법 2

$\omega^4+\omega^2+\omega=\mathrm{X}$, $\omega^3+\omega^5+\omega^6=\mathrm{Y}$라 하면

$\mathrm{X}+\mathrm{Y}+1=0$ $\therefore\ \mathrm{X}+\mathrm{Y}=-1$

$\mathrm{XY}=(\omega^4+\omega^2+\omega)(\omega^3+\omega^5+\omega^6)$

$=\omega^7+\omega^9+\omega^{10}+\omega^5+\omega^7+\omega^8+\omega^4+\omega^6+\omega^7$

$=1+\omega^2+\omega^3+\omega^5+1+\omega+\omega^4+\omega^6+1=2$

X, Y를 두 근으로 하는 x에 대한 이차방정식은

$x^2+x+2=0$, $x=\dfrac{-1\pm\sqrt{7}i}{2}$이므로

$\therefore\ \mathrm{X}=\omega^4+\omega^2+\omega=\dfrac{-1\pm\sqrt{7}i}{2}$

417 정답 .... -2

• 방법 1

주어진 방정식의 근이 ω이므로

$\omega^7-1=0$, $(\omega-1)(\omega^6+\omega^5+\cdots+\omega+1)=0$에서

$\omega\neq1$이므로

$\omega^6+\omega^5+\omega^4+\omega^3+\omega^2+\omega+1=0$

$\omega^5+\omega^4+\omega^3+\omega^2+\omega+1=-\omega^6$ ...... ㉠

주어진 식의 값을 구하면

$\dfrac{\omega}{\omega^2+1}+\dfrac{\omega^2}{\omega^4+1}+\dfrac{\omega^3}{\omega^6+1}$

$=\dfrac{\omega(\omega^4+1)(\omega^6+1)+\omega^2(\omega^2+1)(\omega^6+1)+\omega^3(\omega^2+1)(\omega^4+1)}{(\omega^2+1)(\omega^4+1)(\omega^6+1)}$

$=\dfrac{2(\omega^5+\omega^4+\omega^3+\omega^2+\omega+1)}{2\omega^6+\omega^5+\omega^4+\omega^3+\omega^2+\omega+1}=\dfrac{-2\omega^6}{\omega^6}=-2$ $(\because$ ㉠$)$

• 방법 2

$\omega^6+\omega^5+\omega^4+\omega^3+\omega^2+\omega+1=0$에서

양변을 ω^3으로 나누어 정리하면

$\omega^3+\omega^2+\omega+1+\dfrac{1}{\omega}+\dfrac{1}{\omega^2}+\dfrac{1}{\omega^3}=0$

$\omega^3+\dfrac{1}{\omega^3}+\omega^2+\dfrac{1}{\omega^2}+\omega+\dfrac{1}{\omega}+1=0$

$\left(\omega+\dfrac{1}{\omega}\right)^3-3\left(\omega+\dfrac{1}{\omega}\right)+\left(\omega+\dfrac{1}{\omega}\right)^2-2+\left(\omega+\dfrac{1}{\omega}\right)+1=0$

이때 $\omega+\dfrac{1}{\omega}$을 z라 하면 $z^3+z^2-2z-1=0$

즉 $z^3+z^2-2z-1=0$의 근은

$\omega+\dfrac{1}{\omega}$, $\omega^2+\dfrac{1}{\omega^2}$, $\omega^3+\dfrac{1}{\omega^3}$이 된다.

$\omega+\dfrac{1}{\omega}=\alpha$, $\omega^2+\dfrac{1}{\omega^2}=\beta$, $\omega^3+\dfrac{1}{\omega^3}=\gamma$라 하면

근과 계수의 관계에 의하여

$\alpha+\beta+\gamma=-1$, $\alpha\beta+\beta\gamma+\gamma\alpha=-2$, $\alpha\beta\gamma=1$

따라서

$\dfrac{\omega}{\omega^2+1}+\dfrac{\omega^2}{\omega^4+1}+\dfrac{\omega^3}{\omega^6+1}$

$=\dfrac{1}{\omega+\dfrac{1}{\omega}}+\dfrac{1}{\omega^2+\dfrac{1}{\omega^2}}+\dfrac{1}{\omega^3+\dfrac{1}{\omega^3}}$

$=\dfrac{1}{\alpha}+\dfrac{1}{\beta}+\dfrac{1}{\gamma}$

$=\dfrac{\alpha\beta+\beta\gamma+\gamma\alpha}{\alpha\beta\gamma}$

$=\dfrac{-2}{1}=-2$

5 켤레근, 공통근, 연립이차방정식 및 부정방정식

418 정답 $a=-7,\ b=8$

$P(1-i)=3$에서 $P(1-i)-3=0$
따라서 $P(x)-3=0$의 한 허근은 $1-i$이고
$P(x)-3=0$의 계수가 모두 실수이므로
나머지 한 허근은 $1+i$이다.
두 근이 $1-i,\ 1+i$인 이차방정식은
두 근의 합이 2, 두 근의 곱이 2이므로
$x^2-2x+2=0$이다.
이때, 사차방정식 $P(x)-3=0$
즉, $x^4+3x^3+ax^2+bx+2=0$의
x^3의 계수가 3이고 상수항이 2이므로
$x^4+3x^3+ax^2+bx+2$
$=(x^2-2x+2)(x^2+5x+1)$
$=x^4+3x^3-7x^2+8x+2$
$\therefore a=-7,\ b=8$

419 정답 1

주어진 삼차방정식을 조립제법을 이용하여 인수분해하면

−1	1	2	3	2
		−1	−1	−2
	1	1	2	0

$(x+1)(x^2+x+2)=0$
따라서 두 방정식이 허근을 공통인 근으로 가지므로
사차방정식 $x^4+(2-a)x^2-2ax-a+1=0$은
이차식 x^2+x+2를 인수로 가져야 한다.
따라서 x^3의 계수와 x^2의 계수를 비교하여 식을 정리하면
$x^4+(2-a)x^2-2ax-a+1=(x^2+x+2)(x^2-x+1-a)$
양변의 계수를 비교하면
$-2a=-a-1,\ 1-a=2(1-a)$
$\therefore a=1$

420 정답 1, 2, 4

두 방정식의 공통인 근을 α라 하면
이차방정식 $x^2+(k-1)x-2+k=0$의 근이므로
$\alpha^2+(k-1)\alpha-2+k=0,\ (\alpha+k-2)(\alpha+1)=0$
$\therefore \alpha=-k+2$ 또는 $\alpha=-1$

(i) $\alpha=-1$을 공통근으로 가질 때
주어진 삼차방정식에 $x=-1$을 대입하면
$-1+k+1+2-k=2\neq0$이므로
성립하지 않는다.
(ii) $\alpha=-k+2$를 공통근으로 가질 때
주어진 삼차방정식에 $x=-k+2$를 대입하면
$(-k+2)^3-(k+1)(-k+2)+2-k=0$
$(k-2)(k-1)(k-4)=0$
이때 주어진 삼차방정식이
$x=-1$을 근으로 갖지 않으므로
$k=1,\ k=2$ 또는 $k=4$
(i), (ii)에 의해 구하는 k의 값은
$k=1,\ k=2$ 또는 $k=4$이다.

421 정답 $-3,\ 1$

두 방정식의 공통근을 α라 하면
α가 이차방정식 $x^2-ax+1=0$의 근이므로
$\alpha^2-a\alpha+1=0,\ \alpha^2=a\alpha-1$ …… ㉠
사차방정식 $x^4+2x^3-x^2+2x+1=0$의
양변을 x^2으로 나누면
$x^2+2x-1+\frac{2}{x}+\frac{1}{x^2}=0$
$\left(x+\frac{1}{x}\right)^2+2\left(x+\frac{1}{x}\right)-3=0$
$x+\frac{1}{x}=t$로 놓으면
$t^2+2t-3=0,\ (t+3)(t-1)=0$
$\therefore t=-3$ 또는 $t=1$
(i) $t=-3$일 때
$x+\frac{1}{x}=-3$이므로 $x^2+3x+1=0$
위의 이차방정식의 근이 α이면
$\alpha^2+3\alpha+1=0$ …… ㉡
㉠을 ㉡에 대입하면
$\alpha(a+3)=0$ $\therefore a=-3$ $(\because \alpha\neq0)$
(ii) $t=1$일 때
$x+\frac{1}{x}=1$이므로 $x^2-x+1=0$
위의 이차방정식의 근이 α이면
$\alpha^2-\alpha+1=0$ …… ㉢
㉠을 ㉢에 대입하면
$\alpha(a-1)=0$ $\therefore a=1$ $(\because \alpha\neq0)$
(i), (ii)에 의해서
구하는 실수 a의 값은 -3 또는 1이다.

422 정답 …… $\begin{cases}x=-1\\y=-1\end{cases}$, $\begin{cases}x=1\\y=1\end{cases}$, $\begin{cases}x=-4\\y=-2\end{cases}$ 또는 $\begin{cases}x=4\\y=2\end{cases}$

$x^2+3xy-12y^2=-8$ …… ㉠

$x^2-6xy+9y^2=4$ …… ㉡

㉠+㉡×2를 하면

$3x^2-9xy+6y^2=0$, $x^2-3xy+2y^2=0$

$(x-y)(x-2y)=0$ $\quad\therefore x=y$ 또는 $x=2y$

(i) $x=y$일 때

㉠에 대입하면

$y^2+3y^2-12y^2=-8$

$y^2=1$이므로 $y=-1$ 또는 $y=1$

$\therefore \begin{cases}x=-1\\y=-1\end{cases}$ 또는 $\begin{cases}x=1\\y=1\end{cases}$

(ii) $x=2y$일 때

㉠에 대입하면

$4y^2+6y^2-12y^2=-8$

$y^2=4$이므로 $y=-2$ 또는 $y=2$

$\therefore \begin{cases}x=-4\\y=-2\end{cases}$ 또는 $\begin{cases}x=4\\y=2\end{cases}$

(i), (ii)에 의해

구하는 방정식의 해는

$\begin{cases}x=-1\\y=-1\end{cases}$, $\begin{cases}x=1\\y=1\end{cases}$, $\begin{cases}x=-4\\y=-2\end{cases}$ 또는 $\begin{cases}x=4\\y=2\end{cases}$이다.

423 정답 …… $-\frac{5}{7}$

$\begin{cases}x^2+y^2+2x+2y=1\\x^2+xy+y^2=2\end{cases}$ 에서

$x+y=a$, $xy=b$라 놓으면

$a^2+2a-2b=1$ …… ㉠

$a^2-b=2$에서 $b=a^2-2$ …… ㉡

㉡을 ㉠에 대입하여 정리하면

$a^2+2a-2(a^2-2)=1$, $a^2-2a-3=0$

$\therefore a=3$ 또는 $a=-1$

이를 ㉡에 대입하면

$a=3$, $b=7$ 또는 $a=-1$, $b=-1$

즉, $\alpha+\beta=3$, $\alpha\beta=7$ 또는 $\alpha+\beta=-1$, $\alpha\beta=-1$이다.

(i) $\alpha+\beta=3$, $\alpha\beta=7$일 때

$$\frac{\beta}{\alpha}+\frac{\alpha}{\beta}=\frac{\alpha^2+\beta^2}{\alpha\beta}=\frac{(\alpha+\beta)^2-2\alpha\beta}{\alpha\beta}$$

$$=\frac{9-14}{7}=-\frac{5}{7}$$

(ii) $\alpha+\beta=-1$, $\alpha\beta=-1$일 때

$$\frac{\beta}{\alpha}+\frac{\alpha}{\beta}=\frac{(\alpha+\beta)^2-2\alpha\beta}{\alpha\beta}$$

$$=\frac{1+2}{-1}=-3$$

(i), (ii)에 의해

$\frac{\beta}{\alpha}+\frac{\alpha}{\beta}$의 최댓값은 $-\frac{5}{7}$이다.

424 정답 …… $6\le k\le 18$

$x^2+y^2=12$ …… ㉠

$x^2-xy+y^2=k$ …… ㉡

등호를 기준으로 우변이 사라져 0이 되도록

㉠×k−㉡×12를 계산하여 두 식을 연립하면

$kx^2+ky^2-12x^2+12xy-12y^2=0$

x에 대한 내림차순으로 정리하자.

$(k-12)x^2+12yx+(k-12)y^2=0$

실수 x, y에 대하여 연립방정식

$x^2+y^2=12$, $x^2-xy+y^2=k$

의 해가 존재해야하므로

위의 x에 대한 이차방정식은 실근을 가진다.

따라서 판별식을 D라 하면

$D/4=(6y)^2-(k-12)\times(k-12)y^2$

$=36y^2-(k-12)^2y^2$

$=y^2\{36-(k-12)^2\}\ge 0$

$y^2\ge 0$이므로

$36-(k-12)^2\ge 0$이다.

$(k-12)^2\le 36$

$-6\le k-12\le 6$

$\therefore 6\le k\le 18$

425 정답 …… 4

$x+y+z=-2$ …… ㉠

$x^2+y^2+z^2=6$ …… ㉡

$x^3+y^3+z^3=-8$ …… ㉢

㉡에서

$(x+y+z)^2-2(xy+yz+zx)=6$이므로

㉠을 대입하면

$xy+yz+zx=-1$

㉢에서

$x^3+y^3+z^3=(x+y+z)(x^2+y^2+z^2-xy-yz-zx)+3xyz$

이므로

$-8=(-2)\{6-(-1)\}+3xyz$ $\quad\therefore xyz=2$

이때, x, y, z를 세 근으로 하고

삼차항의 계수가 1인 t에 대한 삼차방정식은

$t^3-(x+y+z)t^2+(xy+yz+zx)t-xyz=0$이므로

$t^3+2t^2-t-2=0$

$t^2(t+2)-(t+2)=0$

$(t-1)(t+1)(t+2)=0$에서

$t=-1$, $t=1$ 또는 $t=-2$

따라서 주어진 식의 값은

$|x|+|y|+|z|=1+1+2=4$

426 정답 6

주어진 방정식 $5x+3y=100$에서

5, 3의 최대공약수는 1이므로

먼저 $5x+3y=1$을 만족시키는 특수해를 구하면

$x=2$, $y=-3$

$5\times(2)+3\times(-3)=1$의 양변에 100을 곱하면

$5\times(200)+3\times(-300)=100$

즉, $5x+3y=100$의 특수해는

$x=200$, $y=-300$이라 할 수 있다.

이제 일반해를 구해보자.

정수 k에 대하여

$x=200+3k$, $y=-300-5k$ ...... ㉠

로 놓으면 x, y는 모두 자연수이므로

$200+3k>0$에서 $k>-\frac{200}{3}$

$-300-5k>0$에서 $k<-60$

$\therefore -\frac{200}{3}<k<-60$

가능한 정수 k는

$-66, -65, -64, \cdots, -61$로 6개 존재한다.

이를 ㉠에 대입하면

구하는 자연수 해의 순서쌍 (x, y)도 6개 존재한다.

427 정답 4

주어진 방정식 $22x+23y=2025$에서

22, 23의 최대공약수는 1이므로

먼저 $22x+23y=1$을 만족시키는 특수해를 구하면

$x=-1$, $y=1$

$22\times(-1)+23\times(1)=1$의 양변에 2025를 곱하면

$22\times(-2025)+23\times(2025)=2025$

즉, $22x+23y=2025$의 특수해는

$x=-2025$, $y=2025$라 할 수 있다.

이제 일반해를 구해보자.

정수 k에 대하여

$x=-2025-23k$, $y=2025+22k$ ...... ㉠

x, y는 모두 자연수이므로

$-2025-23k>0$에서 $k<-\frac{2025}{23}$

$2025+22k>0$에서 $k>-\frac{2025}{22}$

$\therefore -\frac{2025}{22}<k<-\frac{2025}{23}$

가능한 정수 k는

$-92, -91, -90, -89$로 4개 존재한다.

이를 ㉠에 대입하면

구하는 자연수 해의 순서쌍 (x, y)도 4개 존재한다.

428 정답 .... $\begin{cases}x=-3\\y=0\end{cases}$, $\begin{cases}x=3\\y=0\end{cases}$, $\begin{cases}x=-3\\y=2\end{cases}$, $\begin{cases}x=-1\\y=2\end{cases}$, $\begin{cases}x=1\\y=-2\end{cases}$, $\begin{cases}x=3\\y=-2\end{cases}$

주어진 방정식을 x에 대하여 내림차순으로 정리하면

$x^2+2yx+3y^2-9=0$ ...... ㉠

x가 실수이므로 ㉠의 판별식을 D라 하면

$D/4=y^2-(3y^2-9)\geq 0$, $y^2\leq\frac{9}{2}$

즉, 가능한 정수 y의 값은 ±2, ±1, 0이다.

$y=-2$일 때 ㉠에 대입하면

$x^2-4x+3=0$ $\therefore x=1$ 또는 $x=3$

$y=2$일 때 ㉠에 대입하면

$x^2+4x+3=0$ $\therefore x=-3$ 또는 $x=-1$

$y=-1$일 때 ㉠에 대입하면

$x^2-2x-6=0$ $\therefore x=1\pm\sqrt{7}$

$y=1$일 때 ㉠에 대입하면

$x^2+2x-6=0$ $\therefore x=-1\pm\sqrt{7}$

$y=0$일 때 ㉠에 대입하면

$x^2-9=0$ $\therefore x=-3$ 또는 $x=3$

따라서 구하는 정수 x, y는

$\begin{cases}x=-3\\y=0\end{cases}$, $\begin{cases}x=3\\y=0\end{cases}$, $\begin{cases}x=-3\\y=2\end{cases}$, $\begin{cases}x=-1\\y=2\end{cases}$, $\begin{cases}x=1\\y=-2\end{cases}$, $\begin{cases}x=3\\y=-2\end{cases}$이다.

429 정답 4

$x^2+4xy+5y^2-4=0$에서 $x^2+4xy+4y^2+y^2=4$

$(x+2y)^2+y^2=4$이고 x, y가 정수이므로

다음과 같이 두 가지 경우가 존재한다.

(i) $(x+2y)^2=0$, $y^2=4$인 경우

$x=-2y$, $y=-2$ 또는 2이므로

가능한 순서쌍 (x, y)는 $(4, -2)$, $(-4, 2)$

(ii) $(x+2y)^2=4$, $y^2=0$인 경우

$x+2y=2$ 또는 $x+2y=-2$, $y=0$이므로

가능한 순서쌍 (x, y)는 $(2, 0)$, $(-2, 0)$이다.
(i), (ii)에서 가능한 순서쌍 (x, y)의 개수는 4개다.

430 정답 ······ $m=2$, $n=1$

삼차방정식 $x^3-(m^2+2)x^2+(2m^2+n^2)x-2n^2=0$의
세 실근의 합이 6이므로
근과 계수의 관계에 의하여 $m^2+2=6$
m은 자연수이므로 $m=2$
즉, 삼차방정식 $x^3-6x^2+(n^2+8)x-2n^2=0$에서
$P(x)=x^3-6x^2+(n^2+8)x-2n^2$이라 하면
$P(2)=8-24+2(n^2+8)-2n^2=0$이므로
조립제법을 이용하여 인수분해하면

$$\begin{array}{c|cccc} 2 & 1 & -6 & n^2+8 & -2n^2 \\ & & 2 & -8 & 2n^2 \\ \hline & 1 & -4 & n^2 & 0 \end{array}$$

$P(x)=(x-2)(x^2-4x+n^2)$
이때, 방정식 $P(x)=0$이 서로 다른 세 실근을 가져야 하므로
이차방정식 $x^2-4x+n^2=0$은 $x=2$가 아닌
서로 다른 두 실근을 가져야 한다.
즉, $4-8+n^2\neq0$이어야 하므로 $n\neq2$
이 이차방정식의 판별식을 D라 하면
$D/4=(-2)^2-n^2>0$ $\quad\therefore n^2<4$
따라서 가능한 자연수 n의 값은 1뿐이고,
구하는 자연수 m, n의 값은 $m=2$, $n=1$이다.

431 정답 ······ 4

방정식 $x^3-(6+m)x^2+(6m+n)x-mn=0$에
$x=m$을 대입하면 등식이 성립하므로
조립제법을 이용하여 인수분해하면

$$\begin{array}{c|cccc} m & 1 & -6-m & 6m+n & -mn \\ & & m & -6m & mn \\ \hline & 1 & -6 & n & 0 \end{array}$$

$(x-m)(x^2-6x+n)=0$
이때, 이차방정식 $x^2-6x+n=0$의 판별식을 D라 하면
$D/4=9-n\neq0$ $\quad(\because n\neq9)$
따라서 주어진 삼차방정식이
서로 다른 두 실근을 가지려면
방정식 $x^2-6x+n=0$이 $x=m$을 근으로 가져야 한다.
$x=m$을 대입하면
$m^2-6m+n=0$, $(m-3)^2+n=9$
위의 식을 만족하는 자연수 m, n을 구하면
$m=1$ 또는 $m=5$일 때, $n=5$
$m=2$ 또는 $m=4$일 때, $n=8$
즉, 구하는 순서쌍 (m, n)의 개수는 4개다.

432 정답 ······ -5

주어진 방정식의 세 근을 α, β, γ (단, $\alpha\leq\beta\leq\gamma$)라 하면
삼차방정식의 근과 계수의 관계에 의하여
$\alpha+\beta+\gamma=2$ ······ ㉠
$\alpha\beta+\beta\gamma+\gamma\alpha=a$ ······ ㉡
$\alpha\beta\gamma=-6$ ······ ㉢
㉢에서 $\alpha\leq\beta\leq\gamma$이므로 가능한 경우는 다음과 같다.

α	-6	-6	-3	-3	-2	-1	-1
β	-1	1	-2	1	1	1	2
γ	-1	1	-1	2	3	6	3

㉠을 만족해야 하므로
$\alpha=-2$, $\beta=1$, $\gamma=3$
이를 ㉡에 대입하면 $a=-5$이다.

433 정답 ······ 6

$f(x)=x^4-(a+7)x^3+(8a+6)x^2-(a^2+7a)x+a^2$라 하면
$f(a)=0$, $f(1)=0$이므로
조립제법을 이용하여 $f(x)$를 인수분해하면

$$\begin{array}{c|ccccc} a & 1 & -a-7 & 8a+6 & -a^2-7a & a^2 \\ & & a & -7a & a^2+6a & -a^2 \\ \hline 1 & 1 & -7 & a+6 & -a & 0 \\ & & 1 & -6 & a & \\ \hline & 1 & -6 & a & 0 & \end{array}$$

$f(x)=(x-a)(x-1)(x^2-6x+a)$
즉, 주어진 방정식은 $(x-a)(x-1)(x^2-6x+a)=0$
이때 이 방정식이 서로 다른 네 실근을 가지려면
$a\neq1$이고 이차방정식 $x^2-6x+a=0$이
$x\neq a$, $x\neq1$인 서로 다른 두 실근을 가져야한다.
(i) $x=a$는 이차방정식 $x^2-6x+a=0$의 근이 아니어야 하므로
$a^2-6a+a\neq0$, $a(a-5)\neq0$
$\therefore a\neq0$, $a\neq5$
(ii) $x=1$은 이차방정식 $x^2-6x+a=0$의 근이 아니어야 하므로
$1-6+a\neq0$

$\therefore a \neq 5$

(iii) 이차방정식 $x^2-6x+a=0$이

서로 다른 두 실근을 가져야 하므로

이차방정식의 판별식을 D라 하면

$D/4=9-a>0$ $\qquad \therefore a<9$

(i) ~ (iii)에 의해

자연수 a는 2, 3, 4, 6, 7, 8의 6개다.

434 정답 .... -8, 4

주어진 방정식을 조립제법을 이용하여 인수분해하면

1	1	k	$3-k$	$-k$	$k-4$
		1	$k+1$	4	$-k+4$
-1	1	$k+1$	4	$-k+4$	0
		-1	$-k$	$k-4$	
	1	k	$-k+4$	0	

$(x-1)(x+1)(x^2+kx-k+4)=0$

따라서 이차방정식 $x^2+kx-k+4=0$의 두 근이 정수가 되어야 한다.

$x^2+kx-k+4=0$의 두 근을 α, β (단, $\alpha \leq \beta$)라 하면

이차방정식의 근과 계수의 관계에 의해

$\alpha+\beta=-k$ $\qquad$ ...... ㉠

$\alpha\beta=-k+4$ $\qquad$ ...... ㉡

㉡－㉠을 하면

$\alpha\beta-\alpha-\beta=4$, $(\alpha-1)(\beta-1)=5$

두 근 α, β가 모두 정수이므로 다음과 같이 두 가지 경우가 존재한다.

(i) $\alpha-1=-5$, $\beta-1=-1$일 때

$\alpha=-4$, $\beta=0$

이를 ㉠에 대입하면

$-4+0=-k$ $\qquad \therefore k=4$

(ii) $\alpha-1=1$, $\beta-1=5$일 때

$\alpha=2$, $\beta=6$

이를 ㉠에 대입하면

$2+6=-k$ $\qquad \therefore k=-8$

(i), (ii)에 의해

구하는 정수 k의 값은 -8 또는 4이다.

435 정답 24

주어진 방정식을 조립제법을 이용하여 인수분해하면

1	a	$-2a+4b$	$5a$	$2a-4b$	$-6a$
		a	$-a+4b$	$4a+4b$	$6a$
-1	a	$-a+4b$	$4a+4b$	$6a$	0
		$-a$	$2a-4b$	$-6a$	
	a	$-2a+4b$	$6a$	0	

$(x-1)(x+1)\{ax^2-2(a-2b)x+6a\}=0$

따라서 방정식 $ax^2-2(a-2b)x+6a=0$은

$x=1$과 $x=-1$을 근으로 갖지 않아야 한다.

이차방정식의 근과 계수의 관계에 의하여

(두 근의 합)$=\dfrac{2(a-2b)}{a}=2-\dfrac{4b}{a}$

(두 근의 곱)$=\dfrac{6a}{a}=6$

따라서 방정식 $ax^2-2(a-2b)x+6a=0$의

서로 다른 정수근은 2, 3 또는 -3, -2이다.

(i) 이차방정식의 두 근이 -3, -2인 경우

두 근의 합이 $2-\dfrac{4b}{a}=-5$이므로 $7a=4b$

이를 만족시키는 순서쌍 (a, b)는

$(-16, -28)$, $(-12, -21)$, $\cdots$, $(16, 28)$로 8개다.

(ii) 이차방정식의 두 근이 2, 3인 경우

두 근의 합이 $2-\dfrac{4b}{a}=5$이므로 $3a+4b=0$

이를 만족시키는 순서쌍 (a, b)는

$(-32, 24)$, $(-28, 21)$, $(-24, 18)$, $\cdots$, $(32, -24)$로 16개다.

(i), (ii)에서

순서쌍 (a, b)의 개수는 $8+16=24$이다.

436 정답 .... $x=1$, $y=-2$

• 방법 1

$(x^2+y^2+2x+2y+2xy+1)+(x^2-2x+1)=0$

$(x+y+1)^2+(x-1)^2=0$

이때, x, y가 실수이므로 $x+y+1$, $x-1$도 실수이다.

따라서 $x+y+1=0$, $x-1=0$이므로

$x=1$, $y=-2$이다.

• 방법 2

주어진 방정식을 x에 대하여 내림차순으로 정리하면

$2x^2+2yx+y^2+2y+2=0$ $\qquad$ ...... ㉠

x가 실수이므로 ㉠의 판별식을 D라 하면

$D/4=y^2-2(y^2+2y+2)\geq 0$, $y^2+4y+4\leq 0$

$\therefore (y+2)^2\leq 0$

y가 실수이므로

$y+2=0$, $y=-2$

$y=-2$를 ㉠에 대입하면

$2x^2-4x+2=0$, $2(x-1)^2=0$이므로 $x=1$

따라서 구하는 실수 x, y의 값은

$x=1$, $y=-2$이다.

437 정답 ······ $(-2, -1)$, $(2, 1)$

$x^2y^2+x^2+4y^2-8xy+4=0$에서

$(x^2y^2-4xy+4)+(x^2-4xy+4y^2)=0$

$\therefore (xy-2)^2+(x-2y)^2=0$

x, y는 실수이므로

$xy-2=0$, $x-2y=0$

$x=2y$를 $xy=2$에 대입하면

$2y^2=2$, $y=\pm1$

이때 $x=2y$에서 $x=\pm2$

따라서 구하는 순서쌍 (x, y)는

$(-2, -1)$ 또는 $(2, 1)$이다.

438 정답 ······ $(\sqrt{3}, 1, \sqrt{3})$, $(-\sqrt{3}, -1, \sqrt{3})$ $(-\sqrt{3}, 1, -\sqrt{3})$, $(\sqrt{3}, -1, -\sqrt{3})$

주어진 식을 $A^2+B^2+C^2=0$꼴로 변형을 하면

$(x^4-6x^2y^2+9y^4)+(6x^2y^2-12xyz+6z^2)+(z^4-6z^2+9)=0$

$(x^2-3y^2)^2+6(xy-z)^2+(z^2-3)^2=0$

이때, x, y, z는 실수이므로

$x^2=3y^2$, $xy=z$, $z^2=3$

$\therefore x=\pm\sqrt{3}y$, $xy=z$, $z=\pm\sqrt{3}$

(i) $x=\sqrt{3}y$일 때

x와 y의 부호가 같으므로

$xy=z=\sqrt{3}$ ······ ㉠

$x=\sqrt{3}y$을 ㉠에 대입하면

$\sqrt{3}y^2=\sqrt{3}$, $y=\pm1$

(x, y, z)는 $(\sqrt{3}, 1, \sqrt{3})$ 또는 $(-\sqrt{3}, -1, \sqrt{3})$

(ii) $x=-\sqrt{3}y$일 때

x와 y의 부호가 다르므로

$xy=z=-\sqrt{3}$ ······ ㉡

$x=-\sqrt{3}y$을 ㉡에 대입하면

$-\sqrt{3}y^2=-\sqrt{3}$, $y=\pm1$

(x, y, z)는 $(-\sqrt{3}, 1, -\sqrt{3})$ 또는 $(\sqrt{3}, -1, -\sqrt{3})$

6 고난도 실전 연습문제

439 정답 ······ $(-5, -5)$, $(-2, -1)$, $(-1, 1)$, $(0, 5)$

계수가 실수인 삼차방정식 $x^3+mx^2+nx-6=0$에서

$\overline{\beta}=\gamma$이므로 $\beta+\gamma=-1$에서 $\beta+\overline{\beta}=-1$

$\beta\overline{\beta}=k$라 하면 β, $\overline{\beta}$를 두 근으로 하는

이차방정식은 $x^2+x+k=0$

이 이차방정식의 판별식을 D라 하면

$D=1-4k<0$ $\qquad \therefore k>\frac{1}{4}$

$x^3+mx^2+nx-6=(x^2+x+k)(x-\alpha)$

$=x^3+(1-\alpha)x^2+(k-\alpha)x-k\alpha$

x^2의 계수를 비교하면

$m=1-\alpha$ ······ ㉠

x의 계수를 비교하면

$n=k-\alpha$ ······ ㉡

상수항을 비교하면

$6=k\alpha$ ······ ㉢

이때 ㉠, ㉡에서 m, n이 정수이므로 α와 k도 정수이다.

따라서 $k>\frac{1}{4}$에서 k는 1이상의 정수가 되어 ㉢에 대입하면

α는 6의 약수임을 알 수 있다.

이를 적용하여 순서쌍 (m, n)을 구하면

$k=1$일 때, $\alpha=6$이므로 (m, n)은 $(-5, -5)$

$k=2$일 때, $\alpha=3$이므로 (m, n)은 $(-2, -1)$

$k=3$일 때, $\alpha=2$이므로 (m, n)은 $(-1, 1)$

$k=6$일 때, $\alpha=1$이므로 (m, n)은 $(0, 5)$

440 정답 ······ 2

$\gamma(\alpha+\beta)=\alpha\beta$에서 양변을 $\alpha\beta\gamma$로 나누어 정리하면

$\frac{1}{\alpha}+\frac{1}{\beta}-\frac{1}{\gamma}=0$이고

$\alpha=a$, $\beta=b$, $-\gamma=c$라 하면

$\alpha+\beta-\gamma=0$에서 $a+b+c=0$

$\frac{1}{\alpha}+\frac{1}{\beta}-\frac{1}{\gamma}=0$에서 $\frac{1}{a}+\frac{1}{b}+\frac{1}{c}=0$

$\frac{ab+bc+ca}{abc}=0$ $\qquad \therefore ab+bc+ca=0$

따라서 a, b, c를 세 근으로 하는 t에 대한

삼차방정식은 $t^3-abc=0$이다.

이 식에 a, b, c를 대입하여 정리하면

$a^3=abc$, $b^3=abc$, $c^3=abc$에서

$a^2=bc$, $b^2=ca$, $c^2=ab$이다.

$a^2=bc$에서 $\frac{a}{b}=\frac{c}{a}$

$b^2=ca$에서 $\frac{b}{c}=\frac{a}{b}$

$c^2=ab$에서 $\frac{c}{a}=\frac{b}{c}$

이므로 $\frac{a}{b}=\frac{c}{a}=\frac{b}{c}=k$라 할 수 있다.

$\frac{a}{b}=k$, $\frac{c}{a}=k$, $\frac{b}{c}=k$에서 변변 곱하면

$k^3=\frac{a}{b}\times\frac{c}{a}\times\frac{b}{c}=1$이므로

$\frac{a}{b}$, $\overline{\left(\frac{a}{b}\right)}$ 또는 $\frac{c}{a}$, $\overline{\left(\frac{c}{a}\right)}$ 또는 $\frac{b}{c}$, $\overline{\left(\frac{b}{c}\right)}$는

$k^2+k+1=0$의 근이다.

$$\left\{\left(\frac{\alpha}{\beta}\right)^4-\overline{\left(\frac{\gamma}{\beta}\right)}\right\}\times\left(\frac{\gamma}{\alpha}\right)^2$$
$$=\left\{\left(\frac{a}{b}\right)^4+\overline{\left(\frac{c}{b}\right)}\right\}\times\left(\frac{c}{a}\right)^2$$
$$=\left(k^4+\frac{1}{\overline{k}}\right)\times k^2$$
$$=\left(k+\frac{k}{\overline{k}k}\right)\times k^2$$
$$=2k^3=2 \qquad (\because k^3=1,\ k\overline{k}=1)$$

441 정답 ········ $\pm\sqrt{3}i$

$\frac{2025\alpha}{2024-2025\beta}=k$

$\frac{2025\beta}{2024-2025\gamma}=k$

$\frac{2025\gamma}{2024-2025\alpha}=k$에서

$2025\alpha=(2024-2025\beta)k$ ······ ㉠

$2025\beta=(2024-2025\gamma)k$ ······ ㉡

$2025\gamma=(2024-2025\alpha)k$ ······ ㉢

㉠−㉡에서

$2025(\alpha-\beta)=2025k(\gamma-\beta)$이므로

$\alpha-\beta=k(\gamma-\beta)$

㉡−㉢에서

$2025(\beta-\gamma)=2025k(\alpha-\gamma)$이므로

$\beta-\gamma=k(\alpha-\gamma)$

㉢−㉠에서

$2025(\gamma-\alpha)=2025k(\beta-\alpha)$이므로

$\gamma-\alpha=k(\beta-\alpha)$

$\therefore\ \alpha-\beta=k(\gamma-\beta)$

$\beta-\gamma=k(\alpha-\gamma)$

$\gamma-\alpha=k(\beta-\alpha)$

위의 세 식을 변변 곱하면

$(\alpha-\beta)(\beta-\gamma)(\gamma-\alpha)=k^3(\beta-\alpha)(\gamma-\beta)(\alpha-\gamma)$

α, β, γ가 서로 다르므로 $k^3=-1$

$k^3+1=0$에서 $(k+1)(k^2-k+1)=0$

$\therefore\ k^2-k+1=0\ (\because k\neq-1)$, $k^6=1$

$k^6-1=(k-1)(k^5+k^4+k^3+k^2+k+1)=0$

이고 $k\neq1$이므로

$k^5+k^4+k^3+k^2+k+1=0$이다.

$1+k+k^2+k^3+k^4+\cdots+k^{2025}$에서

$2026=6\times337+4$이므로

$$1+k+k^2+k^3+k^4+\cdots+k^{2025}$$
$$=(1+k+k^2+k^3+k^4+k^5)+k^6(1+k+k^2+k^3+k^4+k^5)$$
$$+\cdots+k^{2022}(1+k+k^2+k^3)$$
$$=1+k+k^2+k^3$$
$$=1+k+k^2-1$$
$$=k+(k-1)$$
$$=2k-1=2\times\left(\frac{1\pm\sqrt{3}i}{2}\right)-1=\pm\sqrt{3}i$$

442 정답 ········ 4

$x=\frac{4}{\sqrt{3}i-1}$는 $x=-1-\sqrt{3}i$이고

양변에 $\frac{1}{2}$을 곱하면 $\frac{x}{2}=\frac{-1-\sqrt{3}i}{2}$

$\frac{x}{2}=z$로 놓으면

z를 근으로 가지는 이차항의 계수가 1인 이차방정식은

$z^2+z+1=0$ ······ ㉠

$\therefore\ z^3=1$

주어진 식에서

$$\frac{(2+x)(2^2+x^2)(2^3+x^3)(2^4+x^4)(2^5+x^5)(2^6+x^6)}{2^{21}}$$
$$=\left(1+\frac{x}{2}\right)\left(1+\left(\frac{x}{2}\right)^2\right)\left(1+\left(\frac{x}{2}\right)^3\right)\cdots\left(1+\left(\frac{x}{2}\right)^6\right)$$
$$=(1+z)(1+z^2)(1+z^3)(1+z^4)(1+z^5)(1+z^6)$$
$$=\{2(1+z)(1+z^2)\}^2 \qquad (\because z^3=1)$$
$$=\{2\times(-z^2)\times(-z)\}^2 \qquad (\because ㉠)$$
$$=(2z^3)^2=4$$

443 정답 ········ 2, 4

주어진 사차방정식 $x^4-6ax^2+a^2=0$에서

$x^2=\mathrm{X}$라 하면

$\mathrm{X}^2-6a\mathrm{X}+a^2=0$ ······ ㉠

이때, 주어진 사차방정식이

서로 다른 네 실근을 가지려면,

이차방정식 ㉠이

서로 다른 두 양의 실근을 가져야 한다.

이 이차방정식의 두 근을 α^2, β^2이라 하고

판별식을 D라 하면

$\alpha^2+\beta^2=6a>0$ $\qquad\therefore a>0$

$\alpha^2\beta^2=a^2>0$ $\qquad\therefore a\neq0$

$D/4=(-3a)^2-a^2>0$ $\qquad\therefore a\neq0$

위의 세 조건에 의해

$a>0$ …… ㉡

이차방정식 ㉠의 두 근이 α^2, β^2이므로

주어진 사차방정식은

$-\beta$, $-\alpha$, α, β (단, $0<\alpha<\beta$)를 네 실근으로 갖는다.

이때 두 실근의 합이 4이고

$-\beta<-\alpha<0<\alpha<\beta$이므로

다음 두 가지 경우가 존재한다.

(ⅰ) $\alpha+\beta=4$일 때

$\alpha^2+\beta^2=(\alpha+\beta)^2-2\alpha\beta$에서

$6a=4^2-2a$ $\qquad\therefore a=2$

(ⅱ) $\beta-\alpha=4$일 때

$(\beta-\alpha)^2=\alpha^2+\beta^2-2\alpha\beta$에서

$4^2=6a-2a$ $\qquad\therefore a=4$

(ⅰ), (ⅱ)에서 구한 a의 값은 모두 ㉡을 만족하므로

구하는 실수 a의 값은 2 또는 4이다.

444 정답 ……… (1) $-2<k<1$ 또는 $k=2$

(2) $k=1$

(3) $1<k<2$

$(x^2+2x)^2-k(x^2+2x)+k^2-3=0$에서

$x^2+2x=t$라고 놓으면 t의 범위에 따라 실근의 개수는 두 그래프 $f(x)=x^2+2x$와 $y=t$의 교점의 개수와 같다. 즉

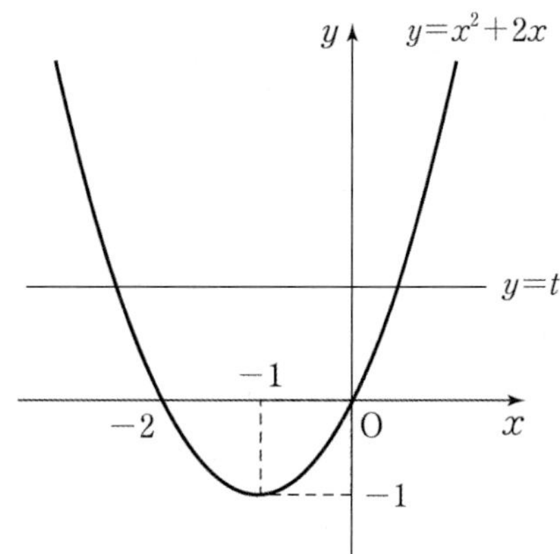

① $t<-1$일 때는 실근이 존재하지 않고

② $t=-1$일 때는 서로 다른 실근의 개수는 1개

③ $t>-1$일 때는 서로 다른 실근의 개수는 2개다.

이를 이용하여 각 경우의 k의 값 또는 범위를 구하면

(1) 사차방정식 $(x^2+2x)^2-k(x^2+2x)+k^2-3=0$이 서로 다른 두 실근을 갖기 위해서는

(ⅰ) $t^2-kt+k^2-3=0$의 한 근은 -1보다 크고 다른 한 근은 -1보다 작을 때

$g(t)=t^2-kt+k^2-3$이라고 놓으면

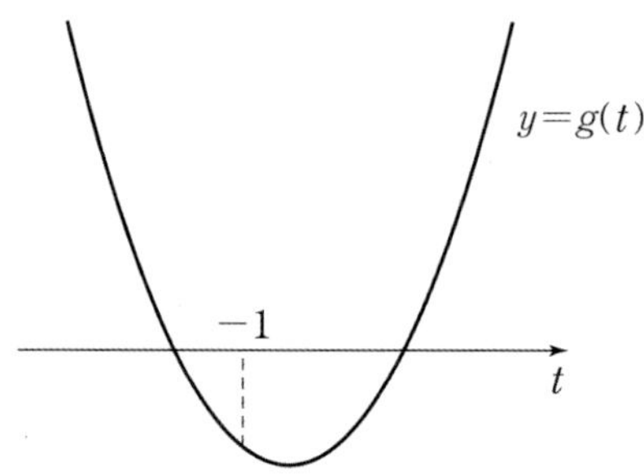

$g(-1)<0$에서 $(k+2)(k-1)<0$ $\qquad\therefore -2<k<1$

(ⅱ) 이차방정식 $t^2-kt+k^2-3=0$의 두 근이 -1보다 큰 중근을 가지는 경우

이차방정식 $t^2-kt+k^2-3=0$의 판별식을 D라 하면

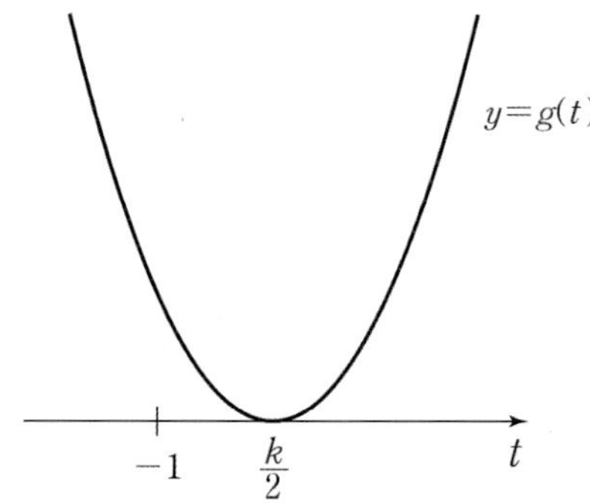

$D=(-k)^2-4(k^2-3)=0$에서 $k=-2$ 또는 $k=2$

$\frac{k}{2}>-1$에서 $k>-2$

$\therefore k=2$

(ⅰ), (ⅱ)에 의해 구하는 k의 값의 범위는 $-2<k<1$ 또는 $k=2$이다.

(2) 사차방정식 $(x^2+2x)^2-k(x^2+2x)+k^2-3=0$이 서로 다른 세 실근을 갖기 위해서는

$t^2-kt+k^2-3=0$의 한 근은 -1이고 다른 한 근은 -1보다 커야한다.

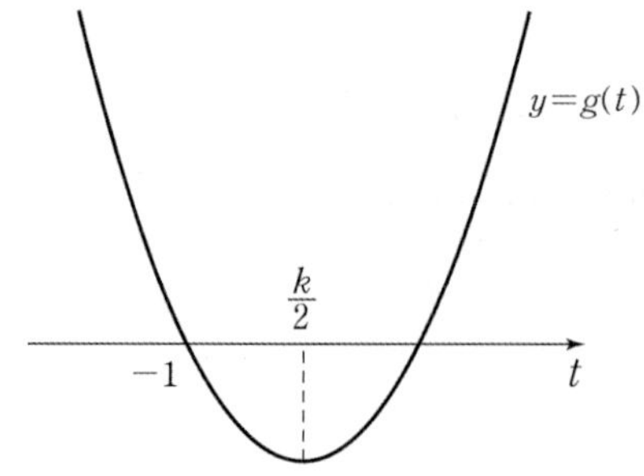

$g(t)=t^2-kt+k^2-3$라고 놓으면

$g(-1)=0$에서 $k=-2$ 또는 $k=1$

$\frac{k}{2}>-1$에서 $k>-2$

$\therefore k=1$

(3) 사차방정식 $(x^2+2x)^2-k(x^2+2x)+k^2-3=0$이 서로 다른 네 실근을 갖기 위해서는

$t^2-kt+k^2-3=0$이 -1 보다 큰 서로 다른 두 실근을 가져야 한다.

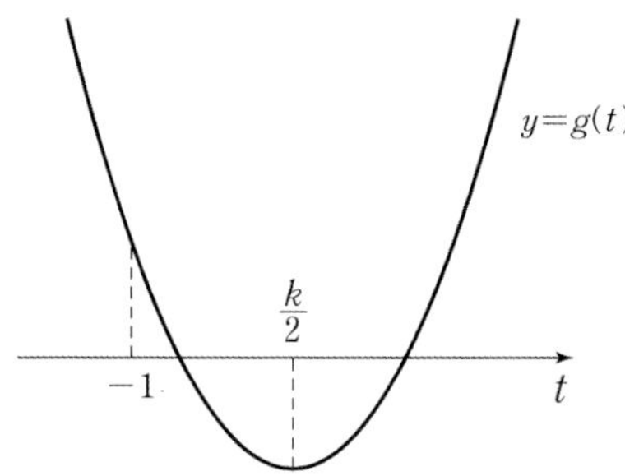

$g(t)=t^2-kt+k^2-3$라고 놓으면

$g(-1)>0$에서 $k<-2$ 또는 $k>1$

$\frac{k}{2}>-1$에서 $k>-2$

$D=-3k^2+12>0$에서 $-2<k<2$

$\therefore 1<k<2$

445 정답 .... 81, −495

$x^2-8x=X$라 하면

$f(x)=(x^2-8x)(x^2-8x-18)+k$

$=X(X-18)+k$

$=X^2-18X+k$

방정식 $f(x)=0$의 근이 모두 정수이므로 정수 p, q에 대하여

$f(x)=(X+p)(X+q)$

$=(x^2-8x+p)(x^2-8x+q)$

로 인수분해 된다고 하면

$p+q=-18$, $pq=k$ ...... ㉠

방정식 $x^2-8x+p=0$의 한 근을 α라 하면

두 근의 합이 8이므로 다른 한 근은 $8-\alpha$이고

$p=\alpha(8-\alpha)=-\alpha^2+8\alpha$

같은 방법으로

방정식 $x^2-8x+q=0$의 한 근을 β라 하면

두 근의 합이 8이므로 다른 한 근은 $8-\beta$이고

$q=\beta(8-\beta)=-\beta^2+8\beta$

㉠에서

$p+q=-\alpha^2+8\alpha-\beta^2+8\beta=-18$

$\alpha^2-8\alpha+\beta^2-8\beta=18$, $(\alpha-4)^2+(\beta-4)^2=50$

이때 $\alpha-4$, $\beta-4$는 모두 정수이므로

$\alpha-4=\pm5$, $\beta-4=\pm5$ 또는

$\alpha-4=\pm1$, $\beta-4=\pm7$ 또는

$\alpha-4=\pm7$, $\beta-4=\pm1$ 이다.

가능한 α, β에 대한

순서쌍 (α, β)가

$(9, 9)$, $(9, -1)$, $(-1, 9)$, $(-1, -1)$일 때는

$k=pq=(-9)\times(-9)=81$

순서쌍 (α, β)가

$(5, 11)$, $(5, -3)$, $(3, 11)$, $(3, -3)$

$(11, 5)$, $(-3, 5)$, $(11, 3)$, $(-3, 3)$일 때는

$k=15\times(-33)=-495$

따라서 구하는 k의 값은 81 또는 -495이다.

446 정답 127

주어진 식을 인수분해하면,

$x^3-2x^2-2x-3=(x-3)(x^2+x+1)$

$(x-3)(x^2+x+1)=0$의 해는

$x=3$ 또는 $x^2+x+1=0$이다.

허근이 α, β라고 주어졌고 3은 실근이므로,

α, β는 $x^2+x+1=0$의 두 근이다.

근과 계수의 관계에 의하여 $\alpha+\beta=-1$, $\alpha\beta=1$ ...... ㉠

따라서 $\alpha^2+\alpha+1=0$, $\alpha^3=1$ 임을 알 수 있다.

$1+\alpha+2\alpha^2+3\alpha^3+\cdots+20\alpha^{20}$

$=(1+\alpha+2\alpha^2)+(3\alpha^3+4\alpha^4+5\alpha^5)+(6\alpha^6+7\alpha^7+8\alpha^8)$

$+\cdots+(18\alpha^{18}+19\alpha^{19}+20\alpha^{20})$

$1+\alpha+2\alpha^2$

$=\alpha^2+\alpha+1+\alpha^2=\alpha^2$

$3\alpha^3+4\alpha^4+5\alpha^5$

$=3\alpha^3(1+\alpha+\alpha^2)+\alpha^4+2\alpha^5$

$=\alpha^4+2\alpha^5$

$=\alpha+2\alpha^2$

$6\alpha^6+7\alpha^7+8\alpha^8$

$=6\alpha^6(1+\alpha+\alpha^2)+\alpha^7+2\alpha^8$

$=\alpha^7+2\alpha^8$

$=\alpha+2\alpha^2$

이므로

$(1+\alpha+2\alpha^2)+(3\alpha^3+4\alpha^4+5\alpha^5)+(6\alpha^6+7\alpha^7+8\alpha^8)$

$+\cdots+(18\alpha^{18}+19\alpha^{19}+20\alpha^{20})$

$=\alpha^2+(\alpha+2\alpha^2)\times6$

$=13\alpha^2+6\alpha$

$=13(-\alpha-1)+6\alpha$

$=-7\alpha-13$ $(\because \alpha^2=-\alpha-1)$

마찬가지로 위와 같은 과정을 거치면

$1+\beta+2\beta^2+3\beta^3+\cdots+20\beta^{20}=-7\beta-13$이다.

따라서 구하는 식의 값은

$$\begin{aligned}&(1+\alpha+2\alpha^2+3\alpha^3+\cdots+20\alpha^{20})\\&\quad\times(1+\beta+2\beta^2+3\beta^3+\cdots+20\beta^{20})\\&\qquad=(-7\alpha-13)(-7\beta-13)\\&\qquad=49\alpha\beta+91(\alpha+\beta)+169\\&\qquad=49\times1+91\times(-1)+169=127\qquad(\because ㉠)\end{aligned}$$

447 정답 ········ 19

$x^{19}-1=0$의 한 근이 z이므로 $z^{19}=1$이고

$x^{19}-1=(x-1)(x^{18}+x^{17}+\cdots+x+1)=0$에서

$z\neq1$이므로

$x^{18}+x^{17}+\cdots+x+1=0$ ······ ㉠

의 한 근은 z이다.

$\therefore z^{18}+z^{17}+\cdots+z+1=0$

이때, z^2을 ㉠에 대입하면

$$\begin{aligned}&(z^2)^{18}+(z^2)^{17}+\cdots+z^2+1\\&\quad=z^{36}+z^{34}+\cdots+z^2+1\\&\quad=z^{17}+z^{15}+\cdots+z^2+1\qquad(\because z^{19}=1)\\&\quad=z^{18}+z^{17}+\cdots+z^2+1=0\end{aligned}$$

따라서 z^2도 방정식 ㉠의 근이다.

같은 방법으로 z^3, z^4, $\cdots$, z^{18}도

$x^{18}+x^{17}+\cdots+x+1=0$의 근임을 알 수 있다.

즉,

$x^{18}+x^{17}+\cdots+x+1=(x-z)(x-z^2)(x-z^3)\cdots(x-z^{18})$

따라서 위의 식에 $x=1$을 대입하면

$(1-z)(1-z^2)(1-z^3)\cdots(1-z^{18})=19$

448 정답 ········ $\frac{-1+\sqrt{5}}{2}$

$z+\frac{1}{z}=\frac{-1+\sqrt{5}}{2}$에서 $2\left(z+\frac{1}{z}\right)+1=\sqrt{5}$

양변을 제곱하여 정리하면

$4\left(z+\frac{1}{z}\right)^2+4\left(z+\frac{1}{z}\right)-4=0$, $\left(z+\frac{1}{z}\right)^2+\left(z+\frac{1}{z}\right)-1=0$

$z^2+2+\frac{1}{z^2}+z+\frac{1}{z}-1=0$

양변에 z^2을 곱하면

$z^4+z^3+z^2+z+1=0$, $(z-1)(z^4+z^3+z^2+z+1)=0$

$\therefore z^5=1$

$$\begin{aligned}z+\frac{z}{1+z^2}+\frac{z^2}{1+z^3}&=z+\frac{z}{z^5+z^2}+\frac{z^4}{z^2+z^5}\\&=z+\frac{z+z^4}{z^5+z^2}\\&=z+\frac{z+z^4}{z(z+z^4)}\\&=z+\frac{1}{z}=\frac{-1+\sqrt{5}}{2}\end{aligned}$$

449 정답 ········ $\frac{2}{3}$

$x^3+x^2-2x+1=0$의 세 근이 α, β, γ이므로

$x^3+x^2-2x+1=(x-\alpha)(x-\beta)(x-\gamma)$ ······ ㉠

㉠의 양변에 $x=1$, $x=2$를 각각 대입하여 정리하면

$(1-\alpha)(1-\beta)(1-\gamma)=1$에서

$(\alpha-1)(\beta-1)=\frac{1}{1-\gamma}$

$(2-\alpha)(2-\beta)(2-\gamma)=9$에서

$(\alpha-2)(\beta-2)=\frac{9}{2-\gamma}$

$$\begin{aligned}\therefore \frac{(\alpha-1)(\beta-1)}{(\alpha-2)(\beta-2)}&=\frac{2-\gamma}{9(1-\gamma)}\\&=\frac{1}{9}\left(1-\frac{1}{\gamma-1}\right)\end{aligned}$$

마찬가지로

$\frac{(\beta-1)(\gamma-1)}{(\beta-2)(\gamma-2)}=\frac{1}{9}\left(1-\frac{1}{\alpha-1}\right)$

$\frac{(\gamma-1)(\alpha-1)}{(\gamma-2)(\alpha-2)}=\frac{1}{9}\left(1-\frac{1}{\beta-1}\right)$

$$\begin{aligned}&\therefore \frac{(\alpha-1)(\beta-1)}{(\alpha-2)(\beta-2)}+\frac{(\beta-1)(\gamma-1)}{(\beta-2)(\gamma-2)}+\frac{(\gamma-1)(\alpha-1)}{(\gamma-2)(\alpha-2)}\\&\qquad=\frac{1}{9}\left(1-\frac{1}{\gamma-1}\right)+\frac{1}{9}\left(1-\frac{1}{\alpha-1}\right)+\frac{1}{9}\left(1-\frac{1}{\beta-1}\right)\\&\qquad=\frac{1}{9}\left\{3-\left(\frac{1}{\alpha-1}+\frac{1}{\beta-1}+\frac{1}{\gamma-1}\right)\right\}\end{aligned}$$

이때 $t=x-1$로 놓으면 $x=t+1$이고

$x^3+x^2-2x+1=0$은 다음과 같이 바꾸어 나타낼 수 있다.

$(t+1)^3+(t+1)^2-2(t+1)+1=0$

$t^3+4t^2+3t+1=0$

삼차방정식 $x^3+x^2-2x+1=0$의 세 근이 α, β, γ이므로

$t^3+4t^2+3t+1=0$을 만족시키는

t의 값은 $\alpha-1$, $\beta-1$, $\gamma-1$이다.

따라서 $\frac{1}{\alpha-1}$, $\frac{1}{\beta-1}$, $\frac{1}{\gamma-1}$을 세 근으로 하고

x^3의 계수가 1인 삼차방정식은 $x^3+3x^2+4x+1=0$이다.

근과 계수의 관계에 의해

$\frac{1}{\alpha-1}+\frac{1}{\beta-1}+\frac{1}{\gamma-1}=-3$

따라서 주어진 식의 값은

$$\begin{aligned}&\frac{(\alpha-1)(\beta-1)}{(\alpha-2)(\beta-2)}+\frac{(\beta-1)(\gamma-1)}{(\beta-2)(\gamma-2)}+\frac{(\gamma-1)(\alpha-1)}{(\gamma-2)(\alpha-2)}\\&\qquad=\frac{1}{9}\left\{3-\left(\frac{1}{\alpha-1}+\frac{1}{\beta-1}+\frac{1}{\gamma-1}\right)\right\}\end{aligned}$$

$=\frac{1}{9}\{3-(-3)\}=\frac{2}{3}$

450 정답 ············ $p=-4$, $q=3$, $r=6$

삼차방정식 $(x+1)^3-3(x+1)^2-4(x+1)-1=0$의
세 근이 α, β, γ이므로
$t=x+1$로 놓으면 $t^3-3t^2-4t-1=0$의
세 근은 $\alpha+1$, $\beta+1$, $\gamma+1$이다.
삼차방정식의 근과 계수의 관계에 의하여
$(\alpha+1)+(\beta+1)+(\gamma+1)=3$ $\quad\therefore \alpha+\beta+\gamma=0$
이때, $f\left(\frac{-\beta-\gamma}{\alpha+1}\right)=f\left(\frac{-\gamma-\alpha}{\beta+1}\right)=f\left(\frac{-\alpha-\beta}{\gamma+1}\right)=5$에서

$\frac{-\beta-\gamma}{\alpha+1}=\frac{\alpha}{\alpha+1}=1-\frac{1}{\alpha+1}$

$\frac{-\gamma-\alpha}{\beta+1}=\frac{\beta}{\beta+1}=1-\frac{1}{\beta+1}$

$\frac{-\alpha-\beta}{\gamma+1}=\frac{\gamma}{\gamma+1}=1-\frac{1}{\gamma+1}$이므로

$f\left(1-\frac{1}{\alpha+1}\right)=f\left(1-\frac{1}{\beta+1}\right)=f\left(1-\frac{1}{\gamma+1}\right)=5$

이를 삼차방정식
$f(x)=(x-1)^3+p(x-1)^2+q(x-1)+r$
에 대입하면

$$\left(-\frac{1}{\alpha+1}\right)^3+p\left(-\frac{1}{\alpha+1}\right)^2+q\left(-\frac{1}{\alpha+1}\right)+r$$
$$=\left(-\frac{1}{\beta+1}\right)^3+p\left(-\frac{1}{\beta+1}\right)^2+q\left(-\frac{1}{\beta+1}\right)+r$$
$$=\left(-\frac{1}{\gamma+1}\right)^3+p\left(-\frac{1}{\gamma+1}\right)^2+q\left(-\frac{1}{\gamma+1}\right)+r=5$$

즉, 방정식
$x^3+px^2+qx+r-5=0$ ······ ㉠
의 세 근이 $-\frac{1}{\alpha+1}$, $-\frac{1}{\beta+1}$, $-\frac{1}{\gamma+1}$이다.
이때 $\alpha+1$, $\beta+1$, $\gamma+1$를 세 근으로 하는 삼차방정식이
$t^3-3t^2-4t-1=0$이므로
$-\frac{1}{\alpha+1}$, $-\frac{1}{\beta+1}$, $-\frac{1}{\gamma+1}$를 세 근으로 하는 삼차방정식은
$-(-x)^3-4(-x)^2-3(-x)+1=0$에서
$x^3-4x^2+3x+1=0$
㉠의 삼차방정식과 계수를 비교하면
$p=-4$, $q=3$, $r=6$이다.

451 정답 ············ -1

• **방법 1**

주어진 방정식
$x^4+4x^3+5x^2+4x+3=0$ ······ ㉠
에서 $(x^3+3x^2+2x+1)(x+1)+x+2=0$

$x^3+3x^2+2x+1=-\frac{x+2}{x+1}$

$\therefore x^3+3x^2+2x+1=-1-\frac{1}{x+1}$ ······ ㉡

이때, $t=-1-\frac{1}{x+1}$라 하고

$x=\frac{-t-2}{t+1}$를 ㉠식에 대입하면

$$\left(\frac{-t-2}{t+1}\right)^4+4\left(\frac{-t-2}{t+1}\right)^3+5\left(\frac{-t-2}{t+1}\right)^2+4\left(\frac{-t-2}{t+1}\right)+3=0$$

이고, 양변에 $(t+1)^4$을 곱하면
$(t+2)^4-4(t+1)(t+2)^3+5(t+1)^2(t+2)^2$
$\quad -4(t+1)^3(t+2)+3(t+1)^4=0$
$\therefore t^4+2t^3-t^2-4t-1=0$ ······ ㉢
한편, 주어진 식을 ㉡의 꼴로 변형을 하면
$(\alpha^3+3\alpha^2+2\alpha+1)(\beta^3+3\beta^2+2\beta+1)$
$\quad\times(\gamma^3+3\gamma^2+2\gamma+1)(\delta^3+3\delta^2+2\delta+1)$

$$=\left(-1-\frac{1}{\alpha+1}\right)\left(-1-\frac{1}{\beta+1}\right)\left(-1-\frac{1}{\gamma+1}\right)\left(-1-\frac{1}{\delta+1}\right)$$

㉢식은

$-1-\frac{1}{\alpha+1}$, $-1-\frac{1}{\beta+1}$, $-1-\frac{1}{\gamma+1}$, $-1-\frac{1}{\delta+1}$을

근으로 가지므로 근과 계수의 관계에 의하여
주어진 식의 값을 구하면

$$\left(-1-\frac{1}{\alpha+1}\right)\left(-1-\frac{1}{\beta+1}\right)\left(-1-\frac{1}{\gamma+1}\right)\left(-1-\frac{1}{\delta+1}\right)=-1$$

• **방법 2**

$x^4+4x^3+5x^2+4x+3$을 x^3+3x^2+2x+1로 나누면
몫이 $x+1$, 나머지가 $x+2$이므로
$x^4+4x^3+5x^2+4x+3=(x^3+3x^2+2x+1)(x+1)+x+2=0$
에서

$x^3+3x^2+2x+1=-\frac{x+2}{x+1}$ ······ ㉠

이때, 사차방정식 $x^4+4x^3+5x^2+4x+3=0$의
네 근이 α, β, γ, δ이므로 이를 ㉠에 대입하면

$\alpha^3+3\alpha^2+2\alpha+1=-\frac{\alpha+2}{\alpha+1}$

$\beta^3+3\beta^2+2\beta+1=-\frac{\beta+2}{\beta+1}$

$\gamma^3+3\gamma^2+2\gamma+1=-\frac{\gamma+2}{\gamma+1}$

$\delta^3+3\delta^2+2\delta+1=-\frac{\delta+2}{\delta+1}$

또한
$x^4+4x^3+5x^2+4x+3=(x-\alpha)(x-\beta)(x-\gamma)(x-\delta)$이므로
이 식에 $x=-1$, $x=-2$를 각각 대입하면
$(-1-\alpha)(-1-\beta)(-1-\gamma)(-1-\delta)=1$
$(-2-\alpha)(-2-\beta)(-2-\gamma)(-2-\delta)=-1$

따라서

$(\alpha^3+3\alpha^2+2\alpha+1)(\beta^3+3\beta^2+2\beta+1)$
$\times(\gamma^3+3\gamma^2+2\gamma+1)(\delta^3+3\delta^2+2\delta+1)$

$=\left(-\frac{\alpha+2}{\alpha+1}\right)\left(-\frac{\beta+2}{\beta+1}\right)\left(-\frac{\gamma+2}{\gamma+1}\right)\left(-\frac{\delta+2}{\delta+1}\right)$

$=\frac{(-2-\alpha)(-2-\beta)(-2-\gamma)(-2-\delta)}{(-1-\alpha)(-1-\beta)(-1-\gamma)(-1-\delta)}=\frac{-1}{1}=-1$

452 정답 0

$z_1^2-z_1-2kz_2z_3=z_2^2-z_2-2kz_3z_1=z_3^2-z_3-2kz_1z_2=a$라 하자.

$z_1^2-z_1-2kz_2z_3=a$에서 양변에 z_1을 곱하면

$z_1^3-z_1^2-az_1-2kz_1z_2z_3=0$

$z_2^2-z_2-2kz_3z_1=a$에서 양변에 z_2을 곱하면

$z_2^3-z_2^2-az_2-2kz_1z_2z_3=0$

$z_3^2-z_3-2kz_1z_2=a$에서 양변에 z_3을 곱하면

$z_3^3-z_3^2-az_3-2kz_1z_2z_3=0$

즉, z_1, z_2, z_3는

$t^3-t^2-at-2kz_1z_2z_3=0$의 세 근이다.

위의 방정식에서 근과 계수의 관계에 의하여

$z_1+z_2+z_3=1$, $z_1z_2z_3=2kz_1z_2z_3$

$\therefore k=\frac{1}{2}$ $\quad(\because z_1z_2z_3\neq0)$

따라서 주어진 식의 값을 구하면

$z_1+z_2+z_3-2k=1-2\times\frac{1}{2}=0$

453 정답 .... $k\leq-\frac{2}{7}$ 또는 $k\geq\frac{2}{9}$

사차방정식 $x^4+4kx^3-kx^2+4kx+1=0$에서

$x^2+4kx-k+\frac{4k}{x}+\frac{1}{x^2}=0$ $\quad(\because x\neq0)$

$\left(x^2+\frac{1}{x^2}\right)+4k\left(x+\frac{1}{x}\right)-k=0$

$\left(x+\frac{1}{x}\right)^2+4k\left(x+\frac{1}{x}\right)-2-k=0$

이때, $x+\frac{1}{x}=t$라 하면

$t^2+4kx-2-k=0$ ...... ㉠

$x+\frac{1}{x}=t$에서 $x^2-tx+1=0$

이 이차방정식의 판별식을 D라 하면

$D=t^2-4\geq0$ $\qquad\therefore t\leq-2$ 또는 $t\geq2$

사차방정식 $x^4+4kx^3-kx^2+4kx+1=0$이 실근을 가지려면

이차방정식 ㉠이 $t\leq-2$ 또는 $t\geq2$에서 실근을 가져야 한다.

$t^2+4kt-2-k=0$에서 $-t^2+2=4kt-k$

이때 $f(t)=-t^2+2$, $g(t)=4k\left(t-\frac{1}{4}\right)$이라 하면

다음 그림과 같이 $t\leq-2$ 또는 $t\geq2$에서

두 함수 $y=f(t)$와 $y=g(t)$의 교점이 존재 해야한다.

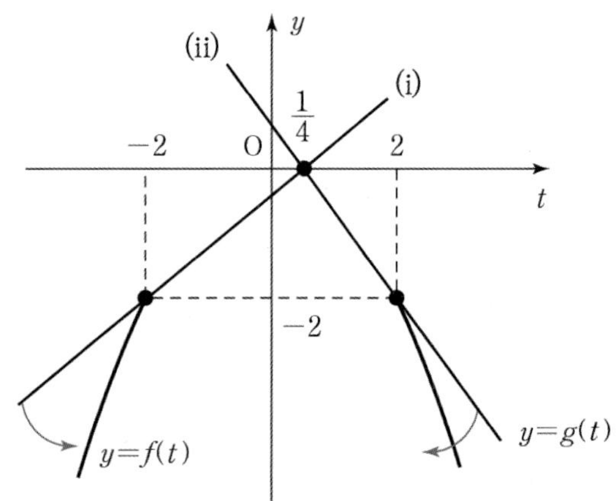

(i) $y=g(t)$가 점 $(-2, -2)$를 지날 때

점 $(-2, -2)$를 $y=g(t)$에 대입하면

$-2=-8k-k$, $k=\frac{2}{9}$ $\qquad\therefore k\geq\frac{2}{9}$

(ii) $y=g(t)$가 점 $(2, -2)$를 지날 때

점 $(2, -2)$를 $y=g(t)$에 대입하면

$-2=8k-k$, $k=-\frac{2}{7}$ $\qquad\therefore k\leq-\frac{2}{7}$

(i), (ii)에 의해 구하는

실수 k의 값의 범위는 $k\leq-\frac{2}{7}$ 또는 $k\geq\frac{2}{9}$

454 정답 16

$x^4+2x^3+5x^2+2x+1=0$에서 $x^2+2x+5+\frac{2}{x}+\frac{1}{x^2}=0$

$\left(x+\frac{1}{x}\right)^2+2\left(x+\frac{1}{x}\right)+3=0$ ...... ㉠

$x+\frac{1}{x}=t$라 할 때,

양변에 x를 곱하여 식을 정리하면

$x^2-tx+1=0$

이 이차방정식의 두 근의 곱이 1이므로

한 근이 α이면 다른 한 근은 $\frac{1}{\alpha}$이다.

즉, 주어진 사차방정식은 α, β, $\frac{1}{\alpha}(=\gamma)$, $\frac{1}{\beta}(=\delta)$을 네 근으로 갖는다.

$x+\frac{1}{x}=t$를 ㉠에 대입하면

$t^2+2t+3=0$

이 이차방정식의 두 근을

$t_1=\alpha+\frac{1}{\alpha}$, $t_2=\beta+\frac{1}{\beta}$로 놓을 수 있다.

근과 계수의 관계에 의하여

$t_1+t_2=-2$, $t_1t_2=3$

따라서 주어진 식의 값은

$\alpha^3+\beta^3+\gamma^3+\delta^3$

$=\alpha^3+\frac{1}{\alpha^3}+\beta^3+\frac{1}{\beta^3}$

$=\left(\alpha+\frac{1}{\alpha}\right)^3+\left(\beta+\frac{1}{\beta}\right)^3-3\left(\alpha+\frac{1}{\alpha}\right)-3\left(\beta+\frac{1}{\beta}\right)$

$=t_1^3+t_2^3-3t_1-3t_2$

$=(t_1+t_2)^3-3t_1t_2(t_1+t_2)-3(t_1+t_2)$

$=(-2)^3-3\times3\times(-2)-3\times(-2)=16$

Ⅸ 여러 가지 부등식

1 일차부등식

455 정답 $10\le k<14$

• 방법 1

$x\le -x+k+2<3x-2$에서

$x\le -x+k+2$이므로 $x\le\frac{k}{2}+1$ …… ㉠

$-x+k+2<3x-2$이므로 $x>\frac{k}{4}+1$ …… ㉡

따라서 ㉠, ㉡을 만족시키는 정수해가 존재하려면 $k>0$이고

그때의 공통범위는 $1+\frac{k}{4}<x\le\frac{k}{2}+1$ …… ㉢

즉, ㉢을 만족시키는 정수해의 개수가 3이 되려면

(ⅰ) $1<1+\frac{k}{4}<2$이고 $4\le\frac{k}{2}+1<5$일 때

$1<1+\frac{k}{4}<2$에서 $0<k<4$

$4\le\frac{k}{2}+1<5$에서 $6\le k<8$이므로 성립하지 않는다.

(ⅱ) $2\le1+\frac{k}{4}<3$이고 $5\le\frac{k}{2}+1<6$일 때

$2\le1+\frac{k}{4}<3$에서 $4\le k<8$

$5\le\frac{k}{2}+1<6$에서 $8\le k<10$이므로 성립하지 않는다.

(ⅲ) $3\le1+\frac{k}{4}<4$이고 $6\le\frac{k}{2}+1<7$일 때

$3\le1+\frac{k}{4}<4$에서 $8\le k<12$

$6\le\frac{k}{2}+1<7$에서 $10\le k<12$

$\therefore 10\le k<12$

(ⅳ) $4\le1+\frac{k}{4}<5$이고 $7\le\frac{k}{2}+1<8$일 때

$4\le1+\frac{k}{4}<5$에서 $12\le k<16$

$7\le\frac{k}{2}+1<8$에서 $12\le k<14$

$\therefore 12\le k<14$

(ⅴ) $5\le1+\frac{k}{4}<6$이고 $8\le\frac{k}{2}+1<9$일 때

$5\le1+\frac{k}{4}<6$에서 $16\le k<20$

$8\le\frac{k}{2}+1<9$에서 $14\le k<16$이므로 성립하지 않는다.

⋮

(ⅰ) ~ (ⅴ)에 의해 구하는 실수 k의 값의 범위는 $10\le k<14$

• 방법 2

주어진 연립부등식 $x\le -x+k+2<3x-2$에서

$2x-2\le k<4x-4$ …… ㉠

$f(x)=4x-4$, $g(x)=2x-2$라 하면

그림과 같이 직선 $y=f(x)$가 맨 위, $y=k$가 가운데,

직선 $y=g(x)$가 맨 아래에 있을 때이다.

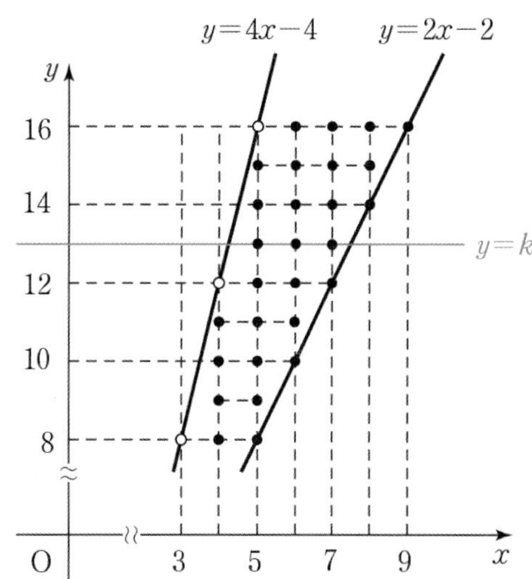

즉, ㉠을 만족시키는 정수해의 개수가 3일 때

k의 값의 범위는 $10\le k<14$이다.

456 정답 4

$f(x)=2|x-1|+3|x-2|$라 하면

$$f(x)=\begin{cases}-5x+8 & (x<1)\\ -x+4 & (1\le x<2)\text{이고}\\ 5x-8 & (x\ge2)\end{cases}$$

$y=f(x)$의 그래프는 다음과 같다.

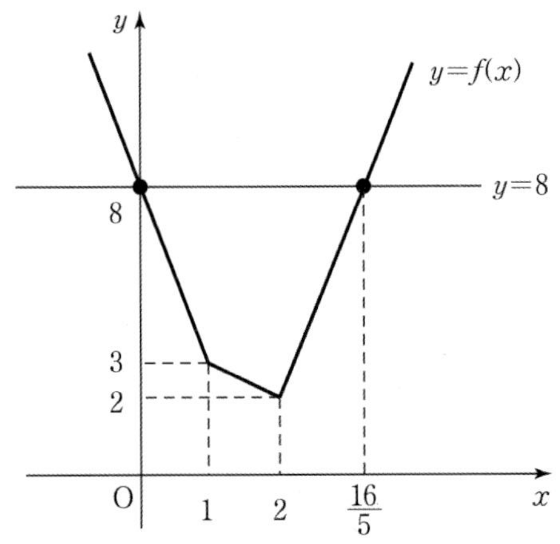

부등식 $2|x-1|+3|x-2|\le 8$을 만족시키는 x의 값의 범위는 $y=f(x)$의 그래프가 $y=8$과 만나거나

아래에 있을 때이므로 $0\le x\le \frac{16}{5}$

따라서 서로 다른 정수 x의 개수는

$x=0$, $x=1$, $x=2$, $x=3$으로 4개다.

457 정답 .... -1

부등식 $|x-a^2|\le|x-2a+2|$에서

$f(x)=|x-a^2|$, $g(x)=|x-2a+2|$라 하면

$a^2-(2a-2)=a^2-2a+2=(a-1)^2+1>0$이므로

두 함수 $y=f(x)$와 $y=g(x)$의 그래프는 다음과 같다.

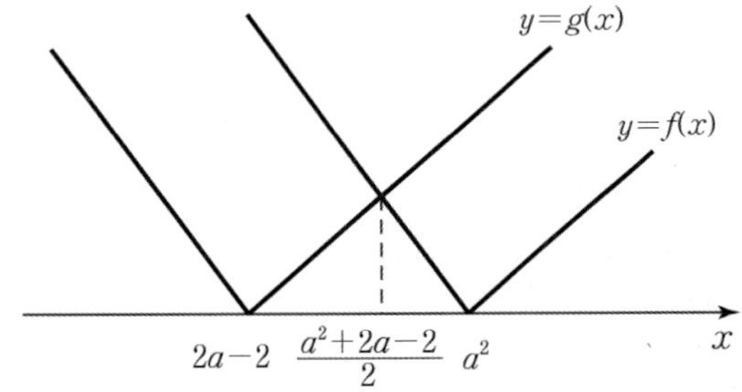

$|x-a^2|\le|x-2a+2|$에서 $f(x)\le g(x)$이므로

함수 $y=g(x)$가 함수 $y=f(x)$와 한 점에서 만나거나

위에 있을 범위는 $x\ge -\frac{3}{2}$이다.

따라서 $x=2a-2$와 $x=a^2$의 중점

$x=\frac{a^2+2a-2}{2}=-\frac{3}{2}$이어야 한다.

$a^2+2a-2=-3$에서 $a^2+2a+1=0$

$\therefore a=-1$

458 정답 .... $0<k\le 2$

주어진 부등식 $2\sqrt{(x-1)^2}+|x-2|<x+k$에서

$2|x-1|+|x-2|-x<k$

$f(x)=2|x-1|+|x-2|-x$라 하면

$$f(x)=\begin{cases}-4x+4 & (x<1)\\ 0 & (1\le x<2)\\ 2x-4 & (x\ge 2)\end{cases}$$이고

$y=f(x)$의 그래프는 다음과 같다.

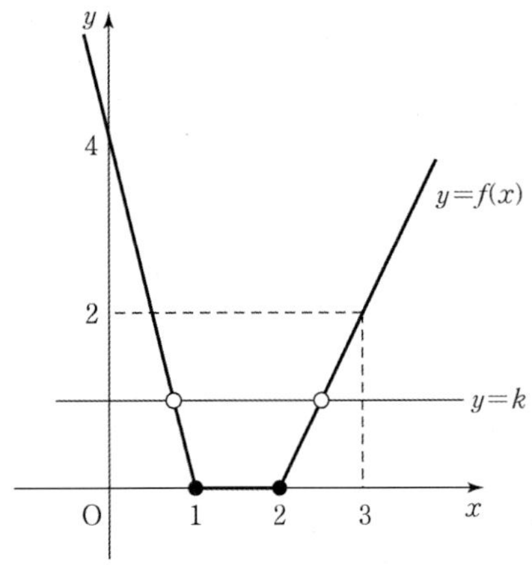

그림과 같이 부등식 $f(x)<k$를 만족하는

정수 $x(x=1,\ x=2)$의 개수가 2개가 되도록 하는

실수 k의 값의 범위는 $f(0)=4$, $f(3)=2$이므로 $0<k\le 2$이다.

459 정답 .... $a\le -3$

부등식 $2|x-2|-|x+1|\ge a$에서

$f(x)=2|x-2|-|x+1|$이라 하면

$$f(x)=\begin{cases}-x+5 & (x<-1)\\ -3x+3 & (-1\le x<2)\\ x-5 & (x\ge 2)\end{cases}$$이고

$y=f(x)$의 그래프는 다음과 같다.

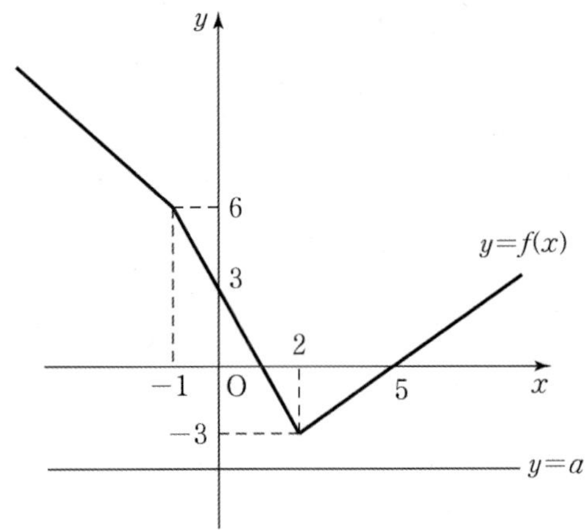

부등식 $2|x-2|-|x+1|\geq a$가 항상 성립하려면
$y=f(x)$의 최솟값이 a보다 크거나 같아야한다.
$\therefore a\leq -3$

460 정답 .... $a\leq 4$

부등식 $|x+2|+|x|+|x-2|\geq -x^2+x+a$에서
$f(x)=|x+2|+|x|+|x-2|$, $g(x)=-x^2+x+a$라 하면
$f(x)\geq g(x)$
이는 $y=f(x)$의 그래프가 $y=g(x)$의 그래프보다
항상 위에 있거나 한 점에서 만나야 한다.

$$f(x)=\begin{cases}-3x & (x<-2)\\ -x+4 & (-2\leq x<0)\\ x+4 & (0\leq x<2)\\ 3x & (x\geq 2)\end{cases}$$ 이고

$y=f(x)$, $y=g(x)$의 그래프는 다음과 같다.

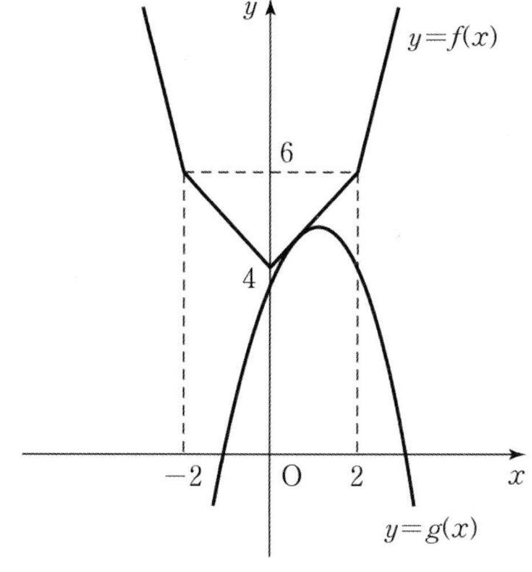

즉, $g(x)=-x^2+x+a$는 $x=\frac{1}{2}$에 대하여 대칭이므로
$y=g(x)$의 그래프는 그림과 같이
$y=x+4$와 접하거나 아래에 존재해야 한다.
방정식 $-x^2+x+a=x+4$
$x^2+4-a=0$의 판별식을 D라 하면
$D=0^2-4(4-a)=0$ $\qquad\therefore a=4$
즉, 구하는 실수 a의 값의 범위는 $a\leq 4$이다.

2 이차부등식

461 정답 .... $x<-2$ 또는 $x>3$

이차부등식 $ax^2+bx+c<0$의 해가 $-2<x<3$이므로 $a>0$이고
이차방정식 $ax^2+bx+c=0$의 두 근은 -2, 3이다.
따라서 이차방정식 $a(-x+1)^2+b(-x+1)+c=0$의 두 근은
$-x+1=-2$ 또는 $-x+1=3$에서
$x=3$ 또는 $x=-2$이다.
즉, $a>0$이므로
부등식 $a(-x+1)^2+b(-x+1)+c>0$의 해는
$x<-2$ 또는 $x>3$이다.

462 정답 .... $x<1-2\beta$ 또는 $x>1-2\alpha$

$a(1-2x)^2+b(1-2x)+c>0$의 해가
$\alpha<x<\beta$이므로 $a<0$이고
이차방정식 $a(1-2x)^2+b(1-2x)+c=0$의
두 근은 α, $\beta(\alpha<\beta)$이다.
$1-2x=t$라 하면 $at^2+bt+c=0$
즉, $at^2+bt+c=0$의 두 근은 $1-2\alpha$, $1-2\beta$이다.
따라서 $a<0$이므로 이차부등식 $ax^2+bx+c<0$의 해는
$x<1-2\beta$ 또는 $x>1-2\alpha$이다.

463 정답 .... $-\frac{1}{3\beta}<x<-\frac{1}{3\alpha}$

주어진 이차부등식 $ax^2+bx+c<0$의 해가 $\alpha<x<\beta$이므로
$a>0$이고
이차방정식 $ax^2+bx+c=0$의 두 근은 α, $\beta(\alpha<0<\beta)$이다.
이때 $\alpha\beta<0$이므로 $\frac{c}{a}<0$에서 $c<0$
$9cx^2-3bx+a=0$에서 양변을 $9x^2$으로 나누면
$c-\frac{b}{3x}+\frac{a}{9x^2}=0$, $a\left(-\frac{1}{3x}\right)^2+b\left(-\frac{1}{3x}\right)+c=0$이므로
$-\frac{1}{3x}=\alpha$ 또는 $-\frac{1}{3x}=\beta$에서 $x=-\frac{1}{3\alpha}$ 또는 $x=-\frac{1}{3\beta}$
즉, 이차방정식 $9cx^2-3bx+a=0$의 두 근은 $-\frac{1}{3\alpha}$, $-\frac{1}{3\beta}$이다.
따라서 부등식 $9cx^2-3bx+a>0$의 해는
$-\frac{1}{3\beta}<x<-\frac{1}{3\alpha}$이다. $\qquad(\because c<0)$

464 정답 .... $k\geq\frac{2}{3}$

$kx^2-2x+k\geq 2x^2-kx+1$에서
$(k-2)x^2+(k-2)x+k-1\geq 0$ $\qquad\cdots\cdots$ ㉠
(i) $k=2$일 때
㉠에 대입하면 $1\geq 0$이므로 주어진 부등식은
모든 실수 x에 대하여 성립한다.
(ii) $k<2$일 때

부등식 ㉠의 해가 존재하려면
이차방정식 $(k-2)x^2+(k-2)x+k-1=0$의
판별식을 D라 할 때,
$D=(k-2)^2-4(k-2)(k-1)\ge 0$이어야 한다.
$(k-2)(3k-2)\le 0$ $\therefore \frac{2}{3}\le k<2$

(iii) $k>2$일 때
주어진 부등식은 항상 성립한다.

(i), (ii), (iii)에서 k의 값의 범위는 $k\ge\frac{2}{3}$

465 정답 $-2\le n\le -1$

$x^2+2-mn\le(m+3)x$에서 $x^2-(m+3)x+2-mn\le 0$
이차부등식 $x^2-(m+3)x+2-mn\le 0$을
만족시키는 실수 x의 값이 존재하려면
이차함수 $y=x^2-(m+3)x+2-mn$이
x축과 적어도 한 점에서 만나야 하므로
이차방정식 $x^2-(m+3)x+2-mn=0$의 판별식을 D_1이라 하면
$D_1=(m+3)^2-4(2-mn)\ge 0$
$m^2+2(2n+3)m+1\ge 0$ …… ㉠
마찬가지로 이차부등식 ㉠이 항상 성립하기 위해서는
방정식 $m^2+2(2n+3)m+1=0$의 판별식을 D_2라 하면
$D_2/4=(2n+3)^2-1\le 0$이어야 한다.
$-1\le 2n+3\le 1$ $\therefore -2\le n\le -1$

466 정답 $k>\frac{1}{3}$

부등식 $kx^2-2(k-1)x+k+1\le 0$ …… ㉠
이 해가 존재하지 않으려면

(i) $k=0$일 때
㉠에 대입하면 $2x+1\le 0$이므로
부등식은 해가 존재한다.

(ii) $k\ne 0$일 때
주어진 이차부등식이 해를 가지지 않으려면
모든 실수 x에 대하여
$kx^2-2(k-1)x+k+1>0$이어야 한다.
즉, 이차함수 $y=kx^2-2(k-1)x+k+1$의
그래프는 아래로 볼록이어야 하고($k>0$)
이차방정식의 판별식을 D라 하면 $D<0$이어야 한다.
$D/4=(k-1)^2-k(k+1)<0$에서 $-3k+1<0$
$\therefore k>\frac{1}{3}$

(i), (ii)에 의해 구하는 k의 값의 범위는 $k>\frac{1}{3}$

467 정답 $a=2$, $b=2$

$f(x)=x^2-2x+6$, $g(x)=-x^2+6x-2$, $h(x)=ax+b$라 하면
모든 실수 x에 대하여 $g(x)\le h(x)\le f(x)$가 성립한다.
$f(x)-g(x)=2x^2-8x+8=2(x-2)^2$이므로
$y=f(x)$의 그래프와 $y=g(x)$의 그래프는 서로 접한다.
따라서 $g(x)\le h(x)\le f(x)$가 성립하기 위해서는
그림과 같이 $y=h(x)$의 그래프가
$y=g(x)$와 $y=f(x)$의 그래프에 동시에 $(2, 6)$에서 접해야한다.

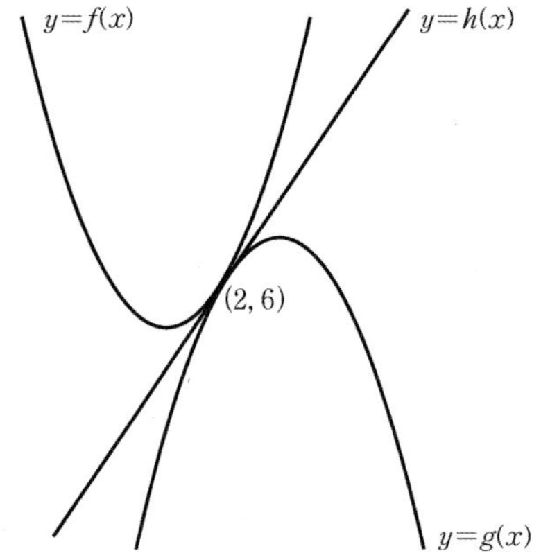

즉, $f(x)-h(x)=x^2-(a+2)x+6-b=x^2-4x+4$이므로
$a+2=4$, $6-b=4$에서 $a=2$, $b=2$

468 정답 4

모든 실수 x에 대하여 $2x+1\le mx+n$이므로
$(m-2)x\ge 1-n$에서
$m=2$, $1-n\le 0$ …… ㉠
또한, 모든 실수 x에 대하여 $mx+n\le x^2-2x+8-n$이므로
$x^2-(m+2)x+8-2n\ge 0$, $x^2-4x+8-2n\ge 0$
이차방정식 $x^2-4x+8-2n=0$의 판별식을 D라 하면
$D/4=2^2-(8-2n)\le 0$
$\therefore n\le 2$ …… ㉡
따라서 ㉠, ㉡에 의해 $1\le n\le 2$
즉, $m+n=2+n$이므로 $3\le m+n\le 4$
그러므로 $m+n$의 최댓값은 4이다.

469 정답 $-1\le a\le 1$

$ax-1\le x^2-3x+3$이므로 모든 실수 x에 대하여
$x^2-(a+3)x+4\ge 0$이 성립해야 한다.
즉, 이차방정식 $x^2-(a+3)x+4=0$의 판별식을 D_1이라 하면
$D_1=(a+3)^2-16\le 0$ $\therefore -7\le a\le 1$ …… ㉠

마찬가지로 $-x^2+x-2\le ax-1$이므로

모든 실수 x에 대하여

$x^2+(a-1)x+1\ge 0$이 성립하려면

이차방정식 $x^2+(a-1)x+1=0$의 판별식을 D_2라 하면

$D_2=(a-1)^2-4\le 0$ $\therefore -1\le a\le 3$ …… ㉡

따라서 ㉠, ㉡에 의해 구하는 실수 a의 값의 범위는

$-1\le a\le 1$이다.

470 정답 …… 4

모든 실수 x에 대하여

$-x^2-2x-3\le ax+b$이므로

$x^2+(a+2)x+b+3\ge 0$

이차방정식 $x^2+(a+2)x+b+3=0$의 판별식을 D_1이라 하면

$D_1=(a+2)^2-4(b+3)\le 0$

$4b\ge a^2+4a-8$ …… ㉠

또한 모든 실수 x에 대하여

$ax+b\le x^2-4x+10$이므로

$x^2-(a+4)x+10-b\ge 0$

이차방정식 $x^2-(a+4)x+10-b=0$의 판별식을 D_2라 하면

$D_2=(a+4)^2-4(10-b)\le 0$

$4b\le -a^2-8a+24$ …… ㉡

따라서 ㉠, ㉡에 의하여

$a^2+4a-8\le 4b\le -a^2-8a+24$ …… ㉢

즉, $a^2+4a-8\le -a^2-8a+24$이므로

$a^2+6a-16\le 0$ $\therefore -8\le a\le 2$

이때 a, b는 자연수이므로 $a=1$ 또는 $a=2$

이를 ㉢에 대입하면

$a=1$일 때,

$-3\le 4b\le 15$이므로 $b=1$, $b=2$ 또는 $b=3$

$a=2$일 때,

$4\le 4b\le 4$이므로 $b=1$

따라서 구하는 순서쌍 (a, b)의 개수는 4개이다.

471 정답 …… 5

$3x+a\le x^2+2x\le 2x^2+3x+b$

즉, $\begin{cases} x^2-x\ge a & \cdots\cdots ㉠ \\ -x^2-x\le b & \cdots\cdots ㉡ \end{cases}$

이므로

(i) $f(x)=x^2-x$라 하면 $f(x)=\left(x-\frac{1}{2}\right)^2-\frac{1}{4}$

$-1\le x\le 1$일 때, $y=f(x)$의 그래프에서

$-\frac{1}{4}\le f(x)\le 2$이므로 $-\frac{1}{4}\le x^2-x\le 2$

㉠에서 $a\le -\frac{1}{4}$

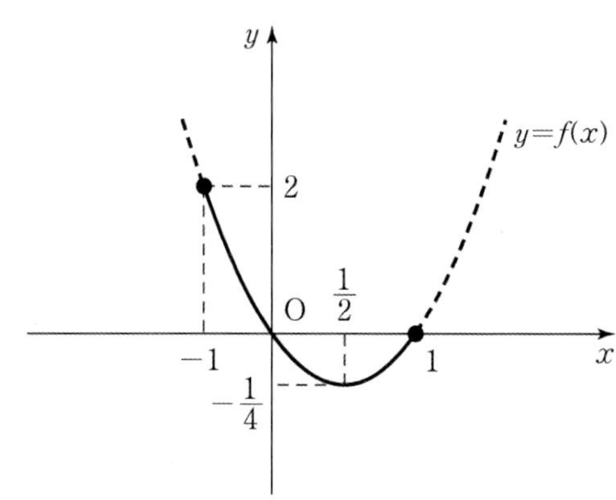

(ii) $g(x)=-x^2-x$라 하면 $g(x)=-\left(x+\frac{1}{2}\right)^2+\frac{1}{4}$

$-1\le x\le 1$일 때, $y=g(x)$의 그래프에서

$-2\le g(x)\le \frac{1}{4}$이므로 $-2\le -x^2-x\le \frac{1}{4}$

㉡에서 $b\ge \frac{1}{4}$

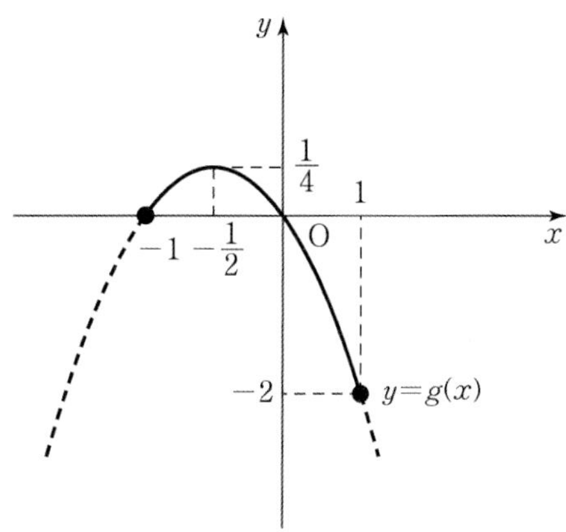

(i), (ii)에 의해

$b-a\ge \frac{1}{2}$이므로 $b-a$의 최솟값은 $k=\frac{1}{2}$ $\therefore 10k=5$

472 정답 …… $-\frac{2}{3}$

$x^2-3kx-\frac{3}{2}k+2\ge 0$에서 $x^2\ge 3k\left(x+\frac{1}{2}\right)-2$

$f(x)=x^2-3kx-\frac{3}{2}k+2$라 할 때, $f(x)\ge 0$이므로

$-3\le x\le 1$에서 함숫값이 항상 0이상이 되려면

그림과 같이 $-3\le x\le 1$에서 이차함수 $y=x^2$이

직선 $y=3k\left(x+\frac{1}{2}\right)-2$와 접하거나 항상 위쪽에 있어야 한다.

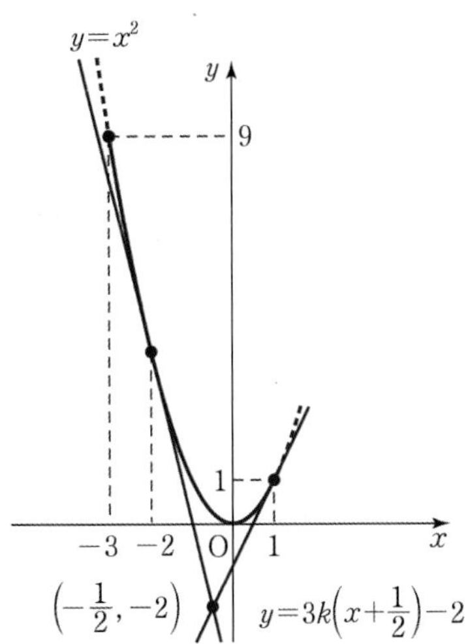

직선 $y=3k\left(x+\frac{1}{2}\right)-2$가 이차함수 $y=x^2$에 접하는 경우는

$x^2=3k\left(x+\frac{1}{2}\right)-2$에서 $x^2-3kx-\frac{3}{2}k+2=0$ ...... ㉠

이 이차방정식의 판별식을 D라 하면

$D=(3k)^2-4\left(-\frac{3}{2}k+2\right)=0$, $9k^2+6k-8=0$

$(3k+4)(3k-2)=0$ $\quad\therefore k=-\frac{4}{3}$ 또는 $k=\frac{2}{3}$

이때, 접점의 x좌표를 구해보면 ㉠에서 $x=\frac{3k}{2}$이므로

$x=-2$ 또는 $x=1$이다.

이는 $-3\le x\le 1$ 범위에 포함되므로

구하는 k의 값의 범위는 $-\frac{4}{3}\le k\le\frac{2}{3}$

따라서 k의 최댓값과 최솟값의 합은 $\frac{2}{3}+\left(-\frac{4}{3}\right)=-\frac{2}{3}$이다.

473 정답 .... $0\le a\le 1$

$0<x<4$에서 x에 대한 이차부등식

$x^2-2ax-a^2+2a\ge 0$이 항상 성립하려면

$0<x<4$에서 $f(x)=x^2-2ax-a^2+2a$의

최솟값이 0이상이어야 한다.

$f(x)=x^2-2ax-a^2+2a=(x-a)^2-2a^2+2a$에서

꼭짓점의 x좌표가 a이므로 다음 세 가지 경우로 나누어 생각해보자.

(i) $a<0$일 때

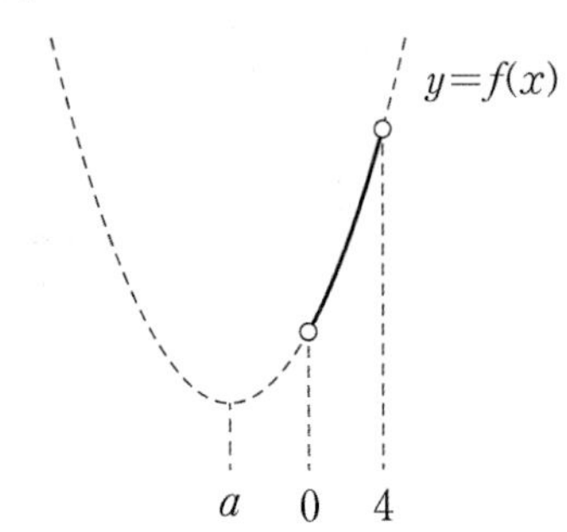

$0<x<4$에서 $f(x)\ge 0$이려면 $f(0)\ge 0$이어야 한다.

$-a^2+2a\ge 0$에서 $0\le a\le 2$

이때, $a<0$이므로 만족하는 a의 값은 없다.

(ii) $0\le a<4$일 때

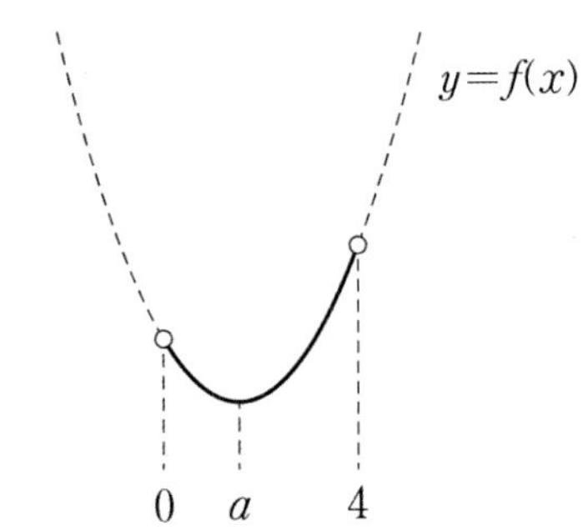

$0<x<4$에서 함수 $f(x)$의 최솟값은 $x=a$일 때이므로

$f(a)=-2a^2+2a\ge 0$에서 $0\le a\le 1$

$\therefore 0\le a\le 1$

(iii) $a\ge 4$일 때

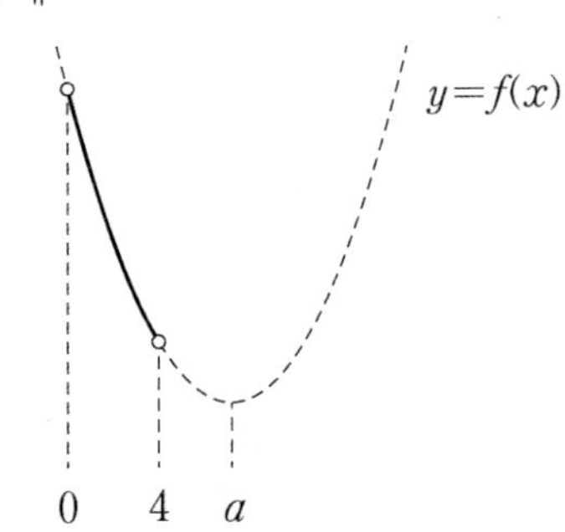

$0<x<4$에서 $f(x)\ge 0$이려면 $f(4)\ge 0$이어야 한다.

$16-8a-a^2+2a\ge 0$에서 $a^2+6a-16\le 0$

$-8\le a\le 2$

이때, $a\ge 4$이므로 만족하는 a의 값은 없다.

(i) ~ (iii)에 의해 구하는 실수 a의 값의 범위는 $0\le a\le 1$

474 정답 .... $-1<a<\frac{3}{2}$

$x^2-x-2\le 0$에서 $(x-2)(x+1)\le 0$

$\therefore -1\le x\le 2$ ...... ㉠

$x^2-4ax+4a^2-1<0$에서 $(x-2a+1)(x-2a-1)<0$

$\therefore 2a-1<x<2a+1$ ...... ㉡

㉠, ㉡에서 연립부등식의 해가 존재하기 위한

실수 a값의 범위는 다음 그림과 같이 그려져야 한다.

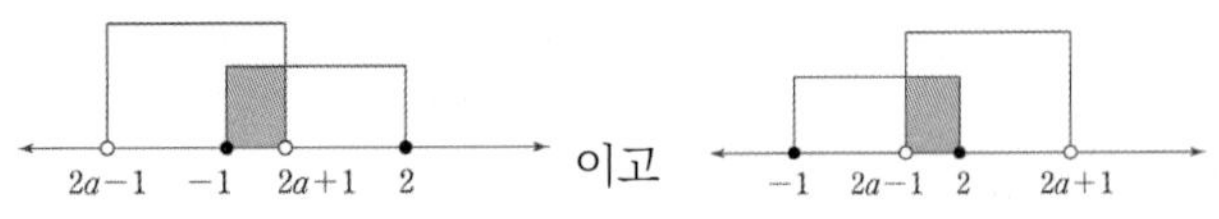

즉, $2a+1>-1$이고 $2a-1<2$

따라서 실수 a의 값의 범위는 $-1<a<\frac{3}{2}$

475 정답 ········ $1<a\le 6$

$x^2-7x+10>0$에서 $(x-2)(x-5)>0$

$\therefore x<2$ 또는 $x>5$ ······ ㉠

$2x^2-(2a+1)x+a<0$에서

$(2x-1)(x-a)<0$ ······ ㉡

(ⅰ) $a<\frac{1}{2}$일 때

㉡에서 $a<x<\frac{1}{2}$이므로

연립부등식의 자연수 해가 1개 존재하는 경우는 존재하지 않는다.

(ⅱ) $a=\frac{1}{2}$일 때

㉡에서 $(2x-1)^2<0$이므로 해가 존재하지 않는다.

(ⅲ) $a>\frac{1}{2}$일 때

다음 그림과 같이

㉡에서 $\frac{1}{2}<x<a$이므로 자연수 해($x=1$)가 1개 존재하려면

$1<a\le 6$

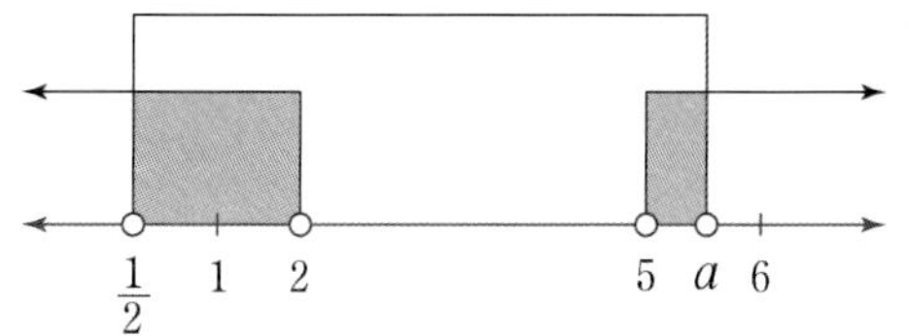

(ⅰ), (ⅱ), (ⅲ)에 의해 구하는 a의 값의 범위는 $1<a\le 6$

476 정답 ········ $-\frac{3}{2}\le k<-1$ 또는 $\frac{3}{2}<k\le 2$

$|2x-1|>3$에서 $2x-1>3$ 또는 $2x-1<-3$

$\therefore x>2$ 또는 $x<-1$ ······ ㉠

$x^2-kx-2k^2<0$에서

$(x-2k)(x+k)<0$ ······ ㉡

(ⅰ) $k>0$일 때

㉡에서 $-k<x<2k$이고 연립부등식의 정수해가 1개 존재할 때,

다음 그림과 같이 두 가지 경우를 생각할 수 있다.

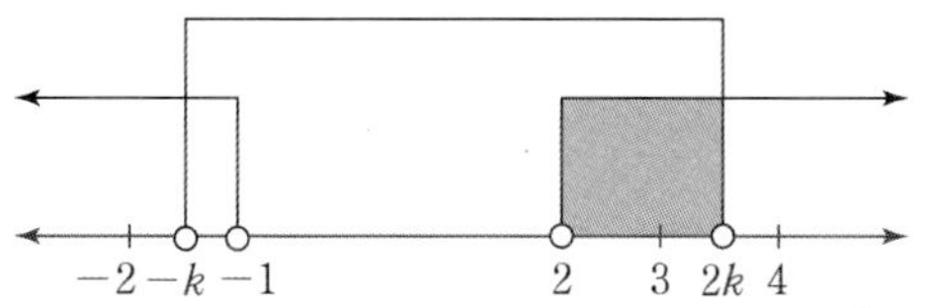

$3<2k\le 4$에서 $\frac{3}{2}<k\le 2$, $-2\le -k<-\frac{3}{2}<-1$이므로

정수해가 3만 존재한다. (성립함)

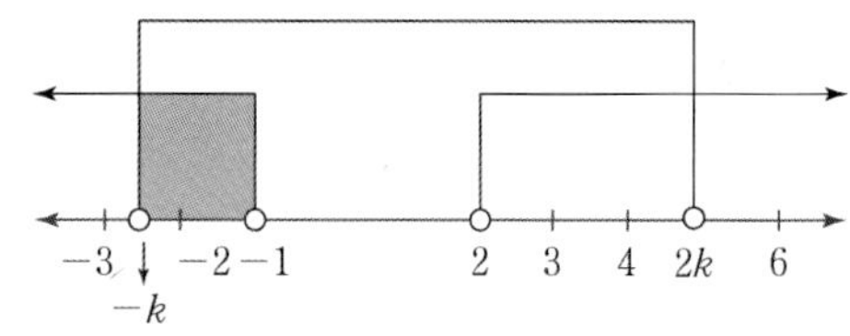

$-3\le -k<-2$에서 $2<k\le 3$, $4<2k\le 6$이므로

정수해가 $x=-2$ 이외의 정수해가 존재한다.

(성립하지 않음)

(ⅱ) $k=0$일 때

㉡에서 $x^2<0$이므로 해가 존재하지 않는다.

(ⅲ) $k<0$일 때

㉡에서 $2k<x<-k$이고 연립부등식의 정수해가 1개 존재할 때,

다음 그림과 같이 두 가지 경우를 생각할 수 있다.

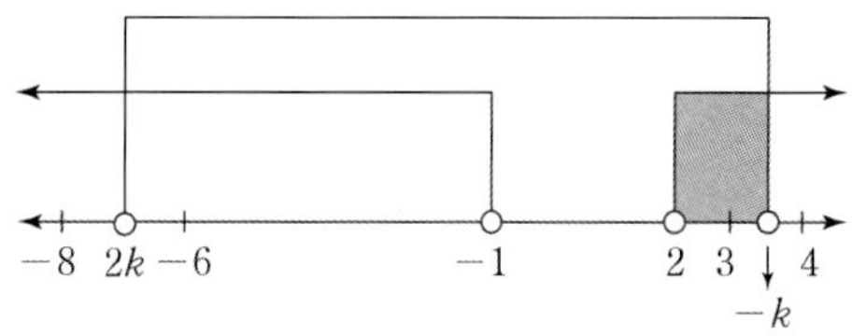

$3<-k\le 4$에서 $-4\le k<-3$, $-8\le 2k<-6$이므로

정수해가 3 이외의 정수해가 존재한다. (성립하지 않음)

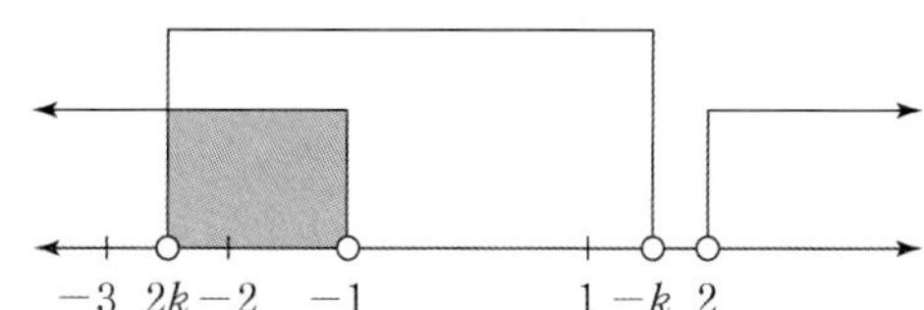

$-3\le 2k<-2$에서 $-\frac{3}{2}\le k<-1$, $1<-k\le\frac{3}{2}<2$이므로

정수해 -2만 존재한다. (성립함)

(ⅰ), (ⅱ), (ⅲ)에 의해

구하는 k의 값의 범위는 $\frac{3}{2}<k\le 2$ 또는 $-\frac{3}{2}\le k<-1$

477 정답 ········ $-2\le a<-1$ 또는 $6<a\le 7$

$2x^2-3x-2>0$에서 $(2x+1)(x-2)>0$

$\therefore x<-\frac{1}{2}$ 또는 $x>2$ ······ ㉠

$x^2-(4+a)x+4a<0$에서

$(x-4)(x-a)<0$ ······ ㉡

(ⅰ) $a<4$일 때

㉡에서 $a<x<4$이고 연립부등식의 정수해가 2개 존재할 때,

다음 그림과 같이 $-2\le a<-1$

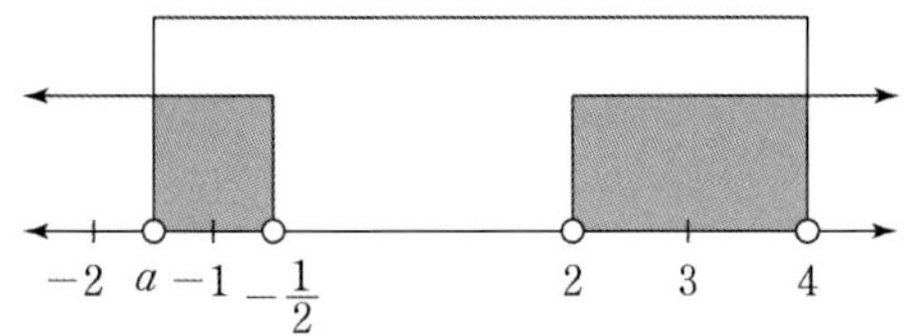

(ii) $a=4$일 때

㉡에서 $(x-4)^2<0$이므로 연립부등식의 해가 존재하지 않는다.

(iii) $a>4$일 때

㉡에서 $4<x<a$이므로 연립부등식의 정수해가 2개 존재할 때,

다음 그림과 같이 $6<a\le 7$

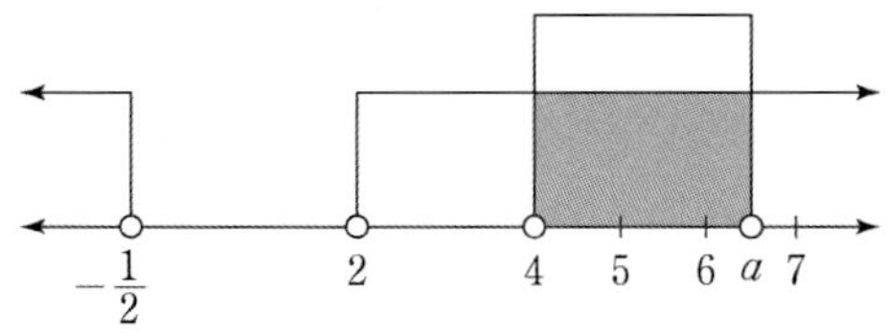

(i), (ii), (iii)에 의해

구하는 a의 값의 범위는 $-2\le a<-1$ 또는 $6<a\le 7$

478 정답 $a=1$

$x^2-(2a+2)x+4a\le 0$에서

$(x-2a)(x-2)\le 0$ ...... ㉠

$x^2-(2a-1)x+a^2-a-2>0$에서

$(x-a+2)(x-a-1)>0$

$\therefore$ $x<a-2$ 또는 $x>a+1$ ...... ㉡

(i) $a<1$일 때

㉠에서 $2a\le x\le 2$이고 연립부등식의 해가 존재하지 않으려면 다음 그림과 같이

$2a\ge a-2$이고 $a+1\ge 2$이어야 한다.

$a\ge -2$이고 $a\ge 1$에서 $a\ge 1$

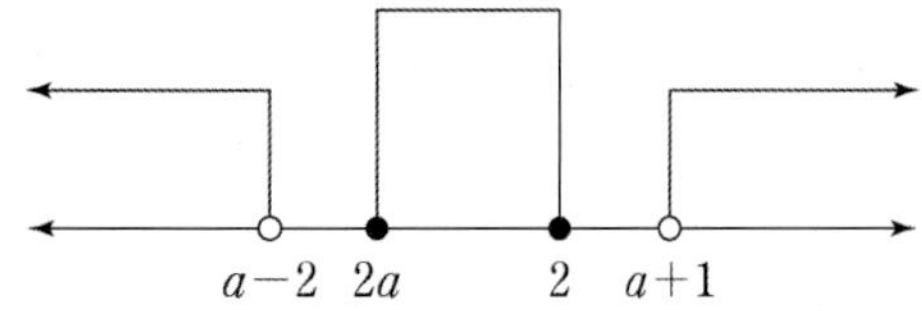

따라서 이를 만족하는 a는 존재하지 않는다.

(ii) $a=1$일 때

㉠에서 $(x-2)^2\le 0$, $x=2$

㉡에서 $x<-1$ 또는 $x>2$이므로 조건을 만족한다.

$\therefore$ $a=1$

(iii) $a>1$일 때

㉠에서 $2\le x\le 2a$이고 연립부등식의 해가 존재하지 않으려면 다음 그림과 같이

$2a\le a+1$이고 $a-2\le 2$이어야 한다.

$a\le 1$이고 $a\le 4$에서 $a\le 1$

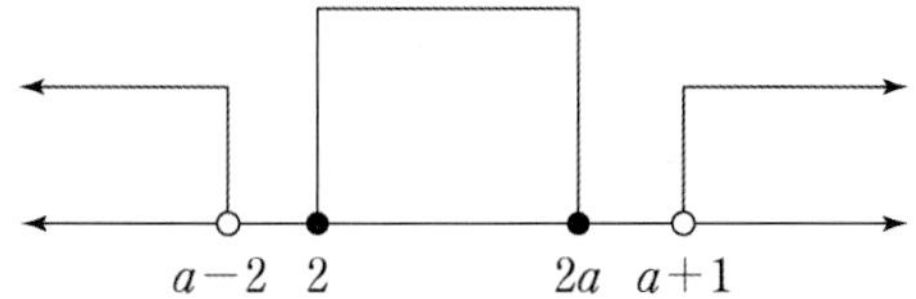

따라서 이를 만족하는 a값은 존재하지 않는다.

(i), (ii), (iii)에 의해

구하는 a의 값 또는 a의 값의 범위는 $a=1$

479 정답 $-1\le a<-\frac{1}{3}$ 또는 $\frac{7}{3}<a\le 3$

연립부등식 $\begin{cases}(2x+a-3)(2x-3a+1)<0 & \cdots\cdots ㉠\\(x-1)(x-2a+1)<0 & \cdots\cdots ㉡\end{cases}$ 에서

대소 관계를 비교하기 위해 그래프를 이용하면 다음과 같다.

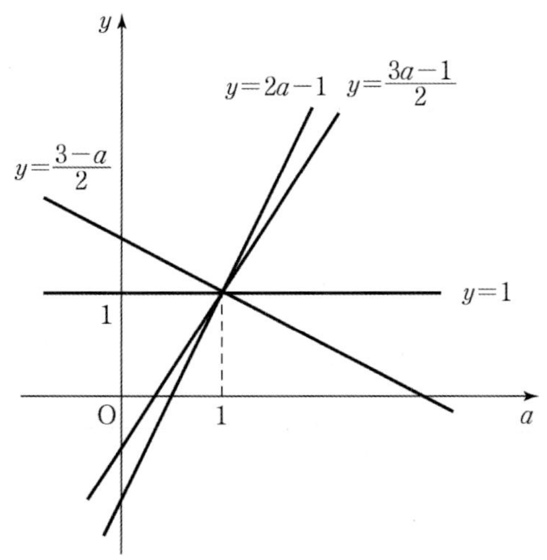

(i) $a<1$일 때

$2a-1<\frac{3a-1}{2}<1<\frac{3-a}{2}$이므로

㉠에서 $\frac{3a-1}{2}<x<\frac{-a+3}{2}$

㉡에서 $2a-1<x<1$

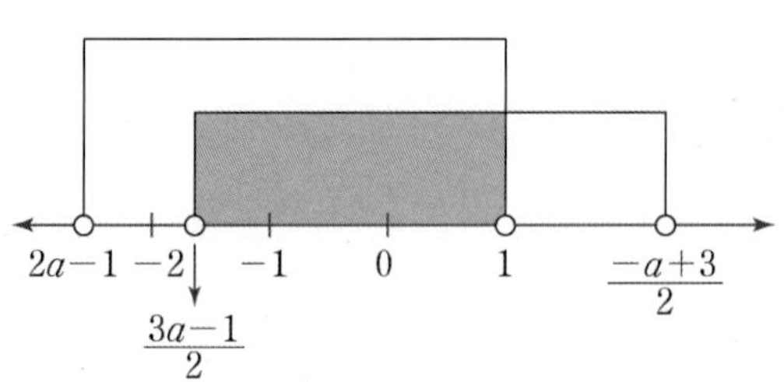

부등식을 만족하는 정수해 x가 2개 존재하려면

$-2\le\frac{3a-1}{2}<-1$에서 $-1\le a<-\frac{1}{3}$

(ii) $a=1$일 때

㉠, ㉡에서 $(x-1)^2<0$이므로 해가 존재하지 않는다.

(iii) $a>1$일 때

$\frac{3-a}{2}<1<\frac{3a-1}{2}<2a-1$이므로

㉠에서 $\frac{-a+3}{2}<x<\frac{3a-1}{2}$

㉡에서 $1<x<2a-1$

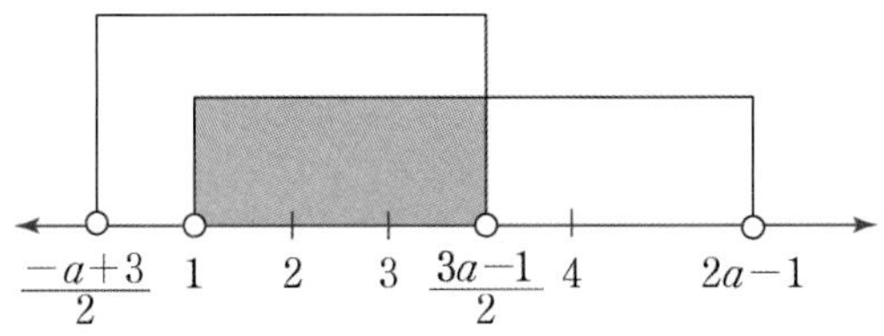

부등식을 만족하는 정수해가 2개가 존재하려면

$3<\frac{3a-1}{2}\le4$ $\therefore \frac{7}{3}<a\le3$

(i), (ii), (iii)에 의해 구하는 실수 a의 값의 범위는

$-1\le a<-\frac{1}{3}$ 또는 $\frac{7}{3}<a\le3$이다.

480 정답 .... $k=1$ 또는 $k=2$

$4x^2-k^2x\ge0$에서 $4x\left(x-\frac{k^2}{4}\right)\ge0$

$\therefore x\le0$ 또는 $x\ge\frac{k^2}{4}$

$x^2-2kx+k^2-1<0$에서

$(x-k+1)(x-k-1)<0$

$\therefore k-1<x<k+1$

이때, 대소 관계를 비교하기 위해 그래프를 이용하면 다음과 같다.

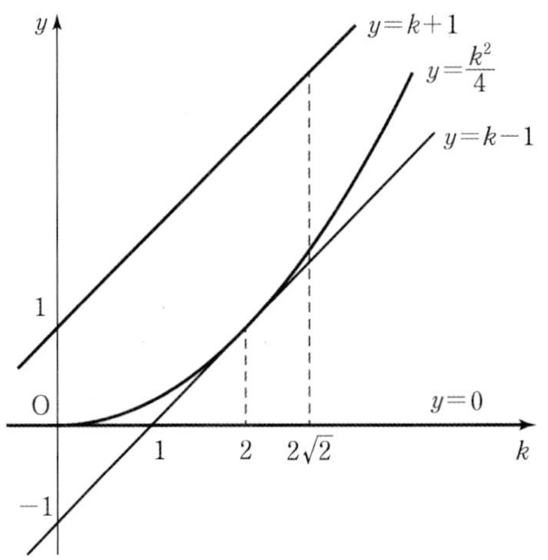

(i) $0<k<1$일 때

$-1<k-1<0$, $0<\frac{k^2}{4}<\frac{1}{4}$, $1<k+1<2$이므로

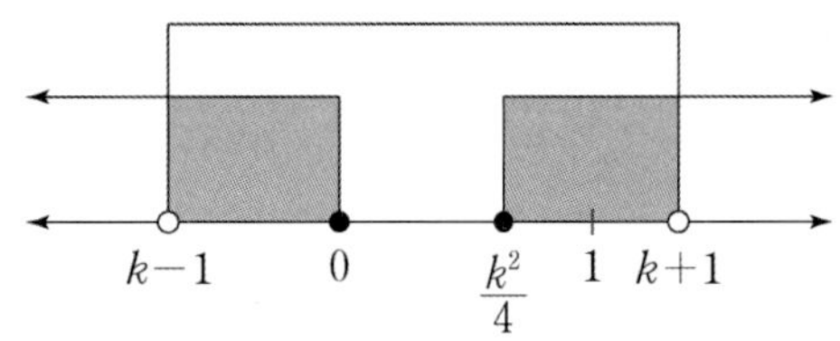

부등식의 정수해는 $x=0$, $x=1$이므로 조건에 맞지 않는다.

(ii) $k=1$일 때

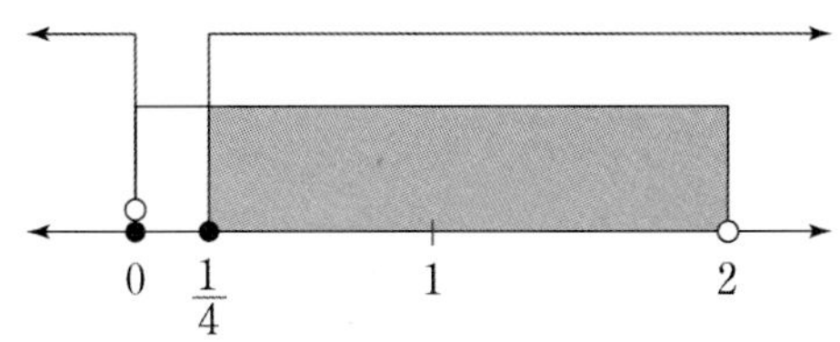

이 부등식의 정수해가 $x=1$이므로 조건에 맞다.

(iii) $1<k<2$일 때

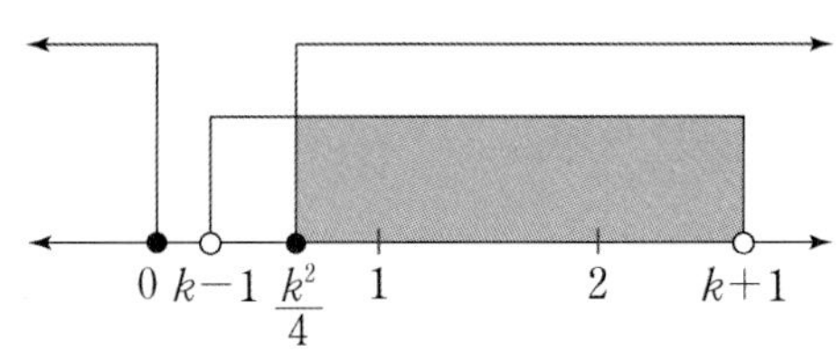

$\frac{1}{4}<\frac{k^2}{4}<1$, $2<k+1<3$에서

부등식의 정수해는 $x=1$, $x=2$이므로 조건에 맞지 않는다.

(iv) $k=2$일 때

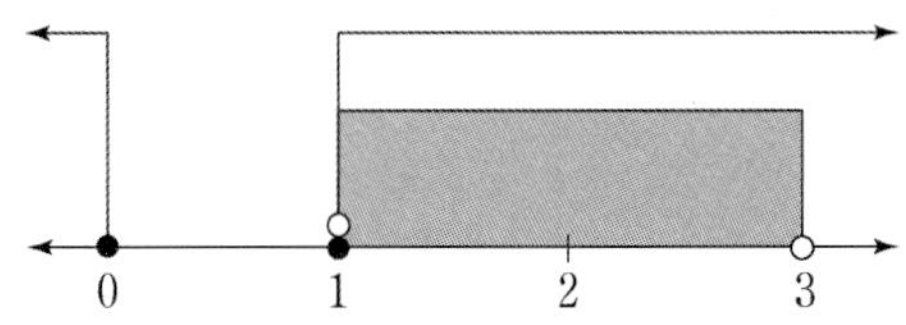

이 부등식의 정수해가 $x=2$이므로 성립한다.

(v) $2<k<2\sqrt{2}$일 때

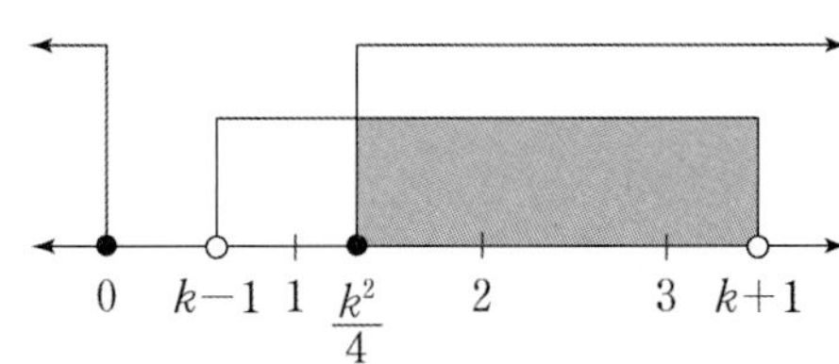

$1<\frac{k^2}{4}<2$, $3<k+1<2\sqrt{2}+1$이므로

부등식을 만족하는 정수해가 $x=2$, $x=3$이므로 성립하지 않는다.

(i) ~ (v)에 의해 구하는 k의 값은 $k=1$ 또는 $k=2$이다.

3 고난도 실전 연습문제

481 정답 .... $0\le x\le\frac{3}{2}$

$f(k)=(x-1)k-2x+1$이라고 하면

$1<k<4$에서 $f(k)<0$이어야 하므로 $f(1)\le0$, $f(4)\le0$이면 된다.

$f(1)=(x-1)-2x+1\le0$, $-x\le0$ $\quad\therefore x\ge0$

$f(4)=4(x-1)-2x+1\le0$, $2x-3\le0$ $\quad\therefore x\le\frac{3}{2}$

$\therefore 0\le x\le\frac{3}{2}$

482 정답 .... $-9\le m<-8$ 또는 $2<m\le3$

부등식 $|x^2-x-2|+x^2-x-2<2m(x+1)$에서

$\frac{1}{2}\{|x^2-x-2|+x^2-x-2\}<m(x+1)$

$f(x)=\frac{1}{2}\{|x^2-x-2|+x^2-x-2\}$, $g(x)=m(x+1)$로 놓으면

$f(x)<g(x)$ $\quad\cdots\cdots$ ㉠

이때 $f(x)=\frac{1}{2}\{|x^2-x-2|+x^2-x-2\}$에서

$x^2-x-2=(x-2)(x+1)$이므로

(i) $x\le-1$ 또는 $x\ge2$일 때

$x^2-x-2\ge0$이므로 $f(x)=x^2-x-2$

(ii) $-1<x<2$일 때

$x^2-x-2<0$이므로 $f(x)=0$

(i), (ii)에서 $f(x)=\begin{cases}x^2-x-2 & (x\le-1 \text{ 또는 } x\ge2)\\ 0 & (-1<x<2)\end{cases}$

즉, 함수 $y=f(x)$의 그래프는 다음과 같다.

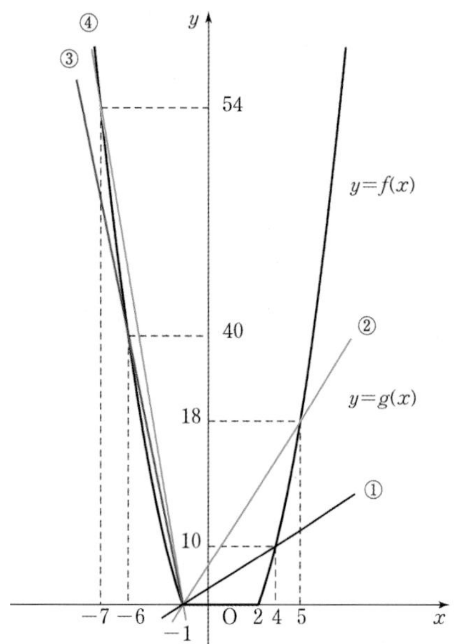

$g(x)=m(x+1)$은 기울기 m에 관계없이 $(-1, 0)$을 지나는 직선이므로

(iii) $m>0$일 때

㉠을 만족시키는 정수 x의 개수가

5개 ($x=0, 1, 2, 3, 4$) 이기 위해서는

두 직선 ①과 ②사이에 있어야 한다. (단, ②의 경우는 포함)

① 직선 $y=g(x)$가 $(4, 10)$을 지날 때

$10=5m$ $\quad\therefore m=2$

② 직선 $y=g(x)$가 $(5, 18)$을 지날 때

$18=6m$ $\quad\therefore m=3$

①, ②에 의해 구하는 m의 범위는 $2<m\le3$이다.

(iv) $m<0$일 때

㉠을 만족시키는 정수 x의 개수가

5개 ($x=-2, -3, -4, -5, -6$)이기 위해서는

두 직선 ③과 ④사이에 있어야 한다. (단, ④의 경우는 포함)

③ 직선 $y=g(x)$가 $(-6, 40)$을 지날 때

$40=-5m$ $\quad\therefore m=-8$

④ 직선 $y=g(x)$가 $(-7, 54)$를 지날 때

$54=-6m$ $\quad\therefore m=-9$

③, ④에 의해 구하는 m의 범위는 $-9\le m<-8$이다.

(v) $m=0$일 때

㉠을 만족하는 해가 존재하지 않는다.

따라서 (iii)~(V)에 의해 구하는 실수 m의 값의 범위는

$-9\le m<-8$ 또는 $2<m\le3$이다.

483 정답 .... $-1\le x\le1-\sqrt{2}$ 또는 $1+\sqrt{2}\le x\le3$

부등식 $\left|x^2-2|x+1|\right|\le1$에서

$f(x)=x^2-2|x+1|$라 하면 $|f(x)|\le1$ $\quad\cdots\cdots$ ㉠

이때 $f(x)=\begin{cases}x^2+2x+2 & (x<-1)\\ x^2-2x-2 & (x\ge-1)\end{cases}$이므로

$y=|f(x)|$의 그래프는 다음과 같다.

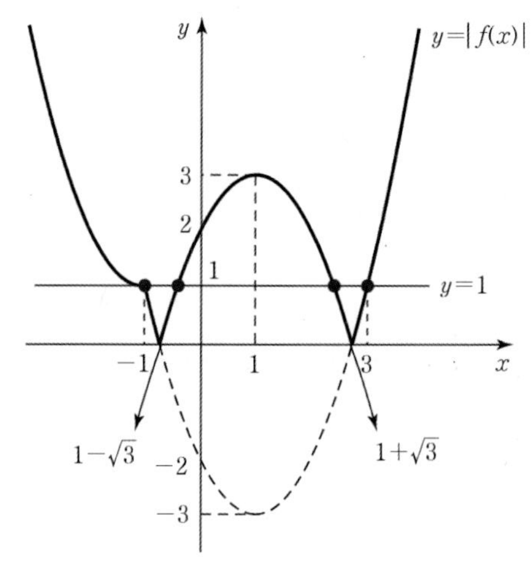

$y=|f(x)|$와 $y=1$의 교점을 구해보자.

(i) $x\le -1$일 때

$x^2+2x+2=1$, $(x+1)^2=0$

$\therefore x=-1$

(ii) $-1<x\le 1-\sqrt{3}$ 또는 $x>1+\sqrt{3}$일 때

$x^2-2x-2=1$, $x^2-2x-3=0$

$\therefore x=3$

(iii) $1-\sqrt{3}<x\le 1+\sqrt{3}$일 때

$-x^2+2x+2=1$, $x^2-2x-1=0$

$\therefore x=1-\sqrt{2}$ 또는 $x=1+\sqrt{2}$

(i) ~ (iii)에 의해 ㉠을 만족시키는 부등식의 해는 $-1\le x\le 1-\sqrt{2}$ 또는 $1+\sqrt{2}\le x\le 3$이다.

484 정답 .... $1<a\le 2$

(i) 이차함수 $y=f(x)$가 일차함수 $y=h(x)$보다 항상 위쪽에 있으려면, 임의의 실수 x에 대하여 $ax^2-x>x-a$, $ax^2-2x+a>0$ 이어야 하므로

$ax^2-2x+a=0$의 판별식을 D_1이라 하면

$D_1/4=(-1)^2-a^2<0$, $a^2>1$

$\therefore a>1 \quad (\because a>0)$

(ii) 이차함수 $y=g(x)$와 $y=h(x)$가 만나기 위해서는 이차방정식 $x^2-3x+a^2-a=x-a$, $x^2-4x+a^2=0$이 실근을 가져야 한다.

$x^2-4x+a^2=0$의 판별식을 D_2라 하면

$D_2/4=(-2)^2-a^2\ge 0$, $a^2\le 4$

$\therefore -2\le a\le 2$

(i), (ii)를 모두 만족시키는 a의 값의 범위는 $1<a\le 2$이다.

485 정답 .... $-\frac{1}{2}\le k\le \frac{3}{2}$

$t=-x^2+2x$라 놓으면

$-x^2+2x=-(x-1)^2+1\le 1$이므로 t의 값의 범위는 $t\le 1$이다.

$t^2-4kt+2+2k\ge 0$에서 $t^2+2\ge 4k\left(t-\frac{1}{2}\right)$

즉, $f(t)=t^2+2$라 했을 때, 주어진 식이 항상 성립하려면 다음 그림과 같이 $t\le 1$에서 $y=f(t)$가 $y=4k\left(t-\frac{1}{2}\right)$보다 항상 위쪽에 있거나 접해야 한다.

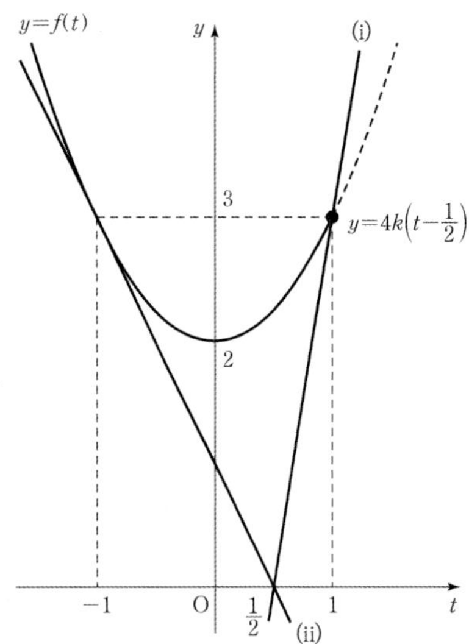

먼저 함수 $y=f(t)$와 $y=4k\left(t-\frac{1}{2}\right)$가 서로 접하는 경우를 생각해보자.

$t^2+2=4k\left(t-\frac{1}{2}\right)$에서

$t^2-4kt+2+2k=0$ ...... ㉠

이 이차방정식의 판별식을 D라 하면

$D/4=0$, $(2k)^2-(2+2k)=0$

$\therefore k=-\frac{1}{2}$ 또는 $k=1$

이를 ㉠에 대입하면

$k=-\frac{1}{2}$일 때 $t=-1$

$k=1$일 때 $t=2$ ($t\le 1$에 벗어남)

따라서 주어진 부등식을 만족하려면 위의 그림과 같이 직선 $y=4k\left(t-\frac{1}{2}\right)$이 $(1, 3)$을 지날 때의 기울기보다 작거나 같고, $t=-1$에서 접할 때의 기울기보다 크거나 같아야 한다.

(i) $y=4k\left(t-\frac{1}{2}\right)$이 점 $(1, 3)$을 지날 때

$3=4k\left(1-\frac{1}{2}\right)$, $k=\frac{3}{2}$

(ii) $t\le 1$에서 $y=f(t)$와 $y=4k\left(t-\frac{1}{2}\right)$이 접할 때

$k=1$일 때는 $t=2$로 범위 밖이므로

$k=-\frac{1}{2}$일 때 $t=-1$에서 접한다.

(i), (ii)에 의해 구하는 실수 k의 값의 범위는 $-\frac{1}{2}\le k\le \frac{3}{2}$

486 정답 .... -1 또는 $-\frac{1}{2}$

$x(x-k^2)\ge 0$에서 $x\le 0$ 또는 $x\ge k^2$

$(x+2k+1)(x+2k-3)<0$에서 $-2k-1<x<-2k+3$

주어진 부등식의 대소비교를 위해 그래프를 이용하면 다음과 같다.

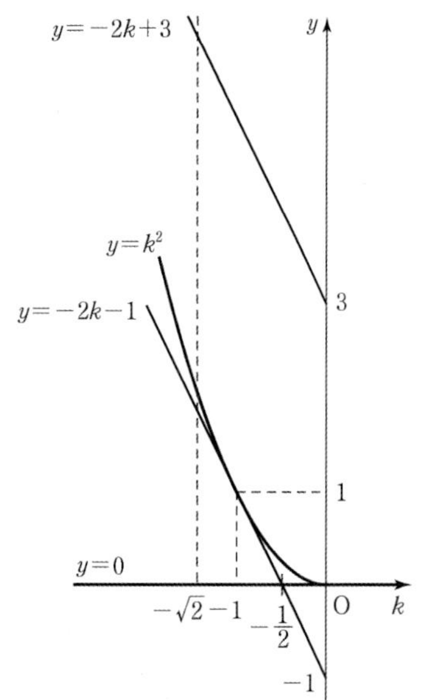

(ⅰ) $-\sqrt{2}<k<-1$일 때

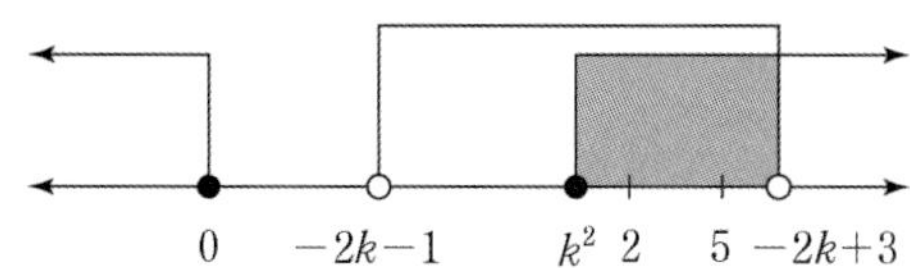

$1<k^2<2$, $5<-2k+3<2\sqrt{2}+3$이므로

그림과 같이 $-\sqrt{2}<k<-1$일 때

정수의 개수는 $x=2$, $x=3$, $x=4$, $x=5$로 4개다.

(ⅱ) $k=-1$일 때

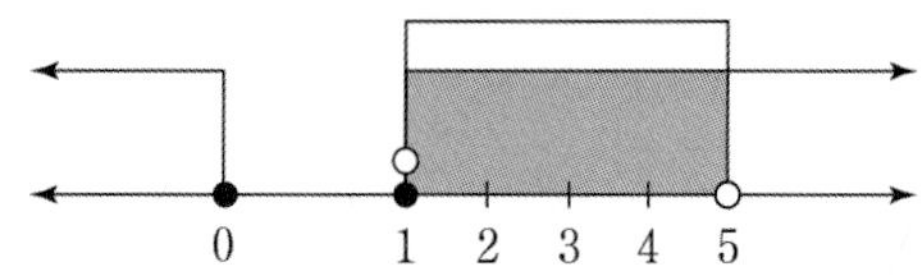

그림과 같이 $k=-1$일 때

정수의 개수는 $x=2$, $x=3$, $x=4$로 3개다.

(ⅲ) $-1<k<-\frac{1}{2}$일 때

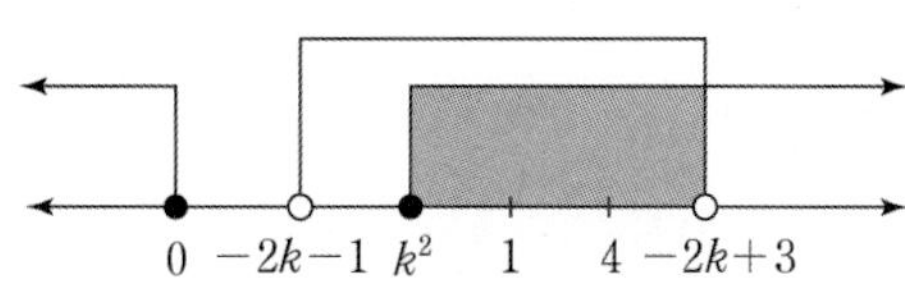

$\frac{1}{4}<k^2<1$, $4<-2k+3<5$이므로

그림과 같이 $-1<k<-\frac{1}{2}$일 때

정수의 개수는 $x=1$, $x=2$, $x=3$, $x=4$로 4개다.

(ⅳ) $k=-\frac{1}{2}$

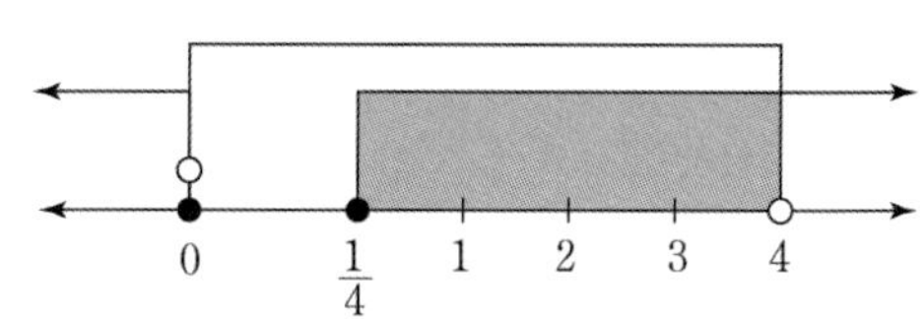

그림과 같이 $k=-\frac{1}{2}$일 때

정수의 개수는 $x=1$, $x=2$, $x=3$으로 3개다.

(ⅴ) $-\frac{1}{2}<k<0$일 때

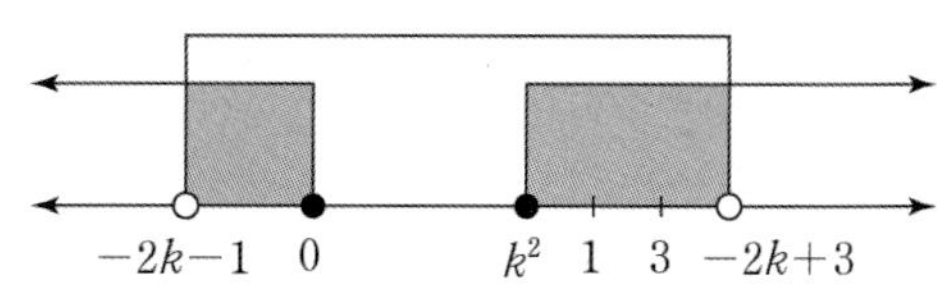

$-1<-2k-1<0$, $0<k^2<\frac{1}{4}$, $3<-2k+3<4$이므로

그림과 같이 $-\frac{1}{2}<k<0$일 때

정수의 개수는 $x=0$, $x=1$, $x=2$, $x=3$으로 4개다.

(ⅰ) ~ (ⅴ)에 의해 정수의 개수가 3개인 경우는

$k=-1$ 또는 $k=-\frac{1}{2}$일 때이다.

487 정답 5

조건 ㈎에서 $\beta-\alpha$가 자연수가 되기 위한 조건은

α, β가 모두 정수이거나

α, β가 정수가 아닌 실수인 경우로

나누어 생각해 보면,

조건 ㈏에 의해 $\alpha\le x\le\beta$인 정수 x의 개수가 5가 되기 위해서는

α, β가 모두 정수인 경우에는 $\beta-\alpha=4$

α, β가 정수가 아닌 실수인 경우에는 $\beta-\alpha=5$를 만족시켜야 한다.

(ⅰ) α, β가 모두 정수인 경우

$\frac{a^2+2a}{2}-\frac{5a}{2}=4$ 또는 $\frac{a^2+2a}{2}-\frac{5a}{2}=-4$이므로

$a^2-3a-8=0$ 또는 $a^2-3a+8=0$

$\therefore a=\frac{3\pm\sqrt{41}}{2}$ 또는 $a=\frac{3\pm\sqrt{23}i}{2}$

이는 α, β가 정수라는 조건을 만족시키지 못한다.

(ⅱ) α, β가 모두 정수가 아닌 실수인 경우

$\frac{a^2+2a}{2}-\frac{5a}{2}=5$ 또는 $\frac{a^2+2a}{2}-\frac{5a}{2}=-5$이므로

$a^2-3a-10=0$ 또는 $a^2-3a+10=0$

$\therefore a=5$, $a=-2$ 또는 $a=\frac{3\pm\sqrt{31}i}{2}$

$a=-2$이면 $\frac{a^2+2a}{2}=0$, $\frac{5a}{2}=-5$로
정수가 되어 조건을 만족시키지 못한다.
$a=5$이면 $\frac{a^2+2a}{2}=\frac{35}{2}$, $\frac{5a}{2}=\frac{25}{2}$로
각각 정수가 아닌 실수이다.
(i), (ii)에 의해 구하는 a의 값은 5이다.

X 순열과 조합

1 경우의 수와 순열

488 정답 2340

A→B→C→D→E→F 순으로 칠할 때
A와 D에 같은 색을 칠하는 경우와
다른 색을 칠하는 경우로 나누어 생각해야 한다.
(i) A와 D에 같은 색을 칠하는 경우
$5\times4\times3\times1\times4\times3=720$
(ii) A와 D에 다른 색을 칠하는 경우
$5\times4\times3\times3\times3\times3=1620$
(i), (ii)에 의해 구하는 경우의 수는 $720+1620=2340$

489 정답 1040

B→A→C→E→D 순으로 색을 칠하는 경우의 수는 다음과 같다.
(i) B와 E가 같은 색인 경우
$5\times4\times4\times1\times4=320$
(ii) B와 E가 다른 색인 경우
$5\times4\times4\times3\times3=720$
(i), (ii)에 의해 구하는 경우의 수는 $320+720=1040$

490 정답 780

A→C→D→E→B 순으로 색을 칠하는 경우의 수는 다음과 같다.
(i) A와 D가 같은 색인 경우
$5\times4\times1\times4\times3=240$
(ii) A와 D가 다른 색인 경우
$5\times4\times3\times3\times3=540$
(i), (ii)에 의해 구하는 경우의 수는 $240+540=780$

491 정답 4160

서로 인접하지 않는 두 영역 B, D를 칠하는 방법에 따라 경우를 나누면 다음과 같다.
(i) B와 D가 같은 색인 경우
B→C→D→F→E→A 순으로 칠하는 경우의 수는
$5\times4\times1\times4\times4\times4=1280$
(ii) B와 D가 다른 색인 경우
B→C→D→F→E→A 순으로 칠하는 경우의 수는
$5\times4\times3\times4\times3\times4=2280$
(i), (ii)에 의해 구하는 경우의 수는 $1280+2880=4160$

492 정답 12960

A→B→C→F→D→E 순으로 색을 칠하는 경우의 수는 다음과 같다.
(i) A와 F가 같은 색인 경우
$5\times4\times3\times1\times4\times3=720$
(ii) A와 F가 다른 색인 경우
$5\times4\times3\times2\times3\times2=720$
한편, G와 H영역을 칠하는 경우의 수는 각각 3가지이므로
(i), (ii)에 의해 구하는 경우의 수는
$(720+720)\times3\times3=12960$

493 정답 365

1, 2, 3, 4, 5의 5개의 공을
임의로 1개를 꺼내 나온 수를 확인하고
다시 넣기를 4회 시행할 때, 일어날 수 있는 모든 경우의 수는
$5\times5\times5\times5=625$(가지)
이때, $(x-y)(y-z)(z-w)(w-x)=0$인 경우의 수는
전체 방법의 수에서 $(x-y)(y-z)(z-w)(w-x)\neq0$인
경우를 제외하면 된다.
$(x-y)(y-z)(z-w)(w-x)\neq0$이기 위해선
$x\neq y$이고 $y\neq z$이고 $z\neq w$이고 $w\neq x$이어야 한다.
이는 5가지의 색을 그림과 같이
A, B, C, D의 네 영역에 칠하는 경우와 같다.

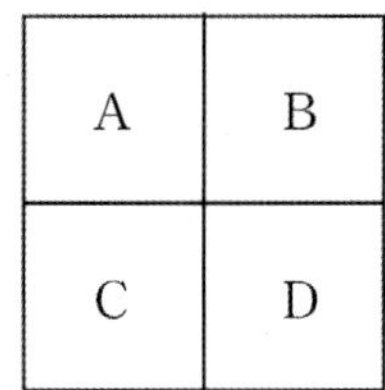

(i) A와 C가 같은 색인 경우

A → B → C → D 순으로 칠하는 경우의 수는

$5\times4\times1\times4=80$

(ii) A와 C가 다른 색인 경우

A → B → C → D 순으로 칠하는 경우의 수는

$5\times4\times3\times3=180$

(i), (ii)에 의해 구하는 경우의 수는 $625-(80+180)=365$

494 정답 9612

그림과 같이 9개의 영역을 A, B, C, D, E, F, G, H, I라 하자.

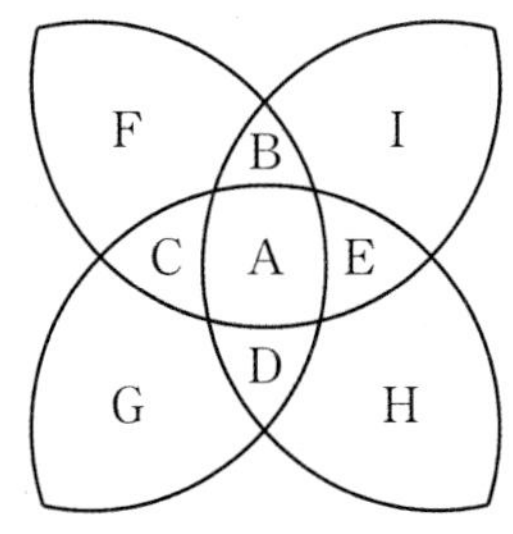

A → B → C → D → E → F → G → H → I 순으로 색을 칠할 때, B, C, D, E 영역에 사용되는 색의 가짓수에 따라 경우를 나누어보면 다음과 같다.

(i) 한 가지 색을 사용하는 경우

A에 칠하는 방법의 수는 4가지

그 각각에 대하여 B, C, D, E를 칠하는 방법의 수는 3가지

F, G, H, I를 칠하는 방법의 수는 $3\times3\times3\times3=81$(가지)

따라서 칠하는 방법의 수는 $4\times3\times81=972$

(ii) 두 가지 색을 사용하는 경우

① B=C, D=E 또는 B=E, C=D인 경우

A에 칠하는 방법의 수는 4가지

그 각각에 대하여 B, C, D, E 를 칠하는 방법의 수는

$3\times2=6$(가지)

F, G, H, I를 칠하는 방법의 수는

$3\times2\times3\times2=36$(가지)

따라서 칠하는 방법의 수는 $(4\times6\times36)\times2=1728$

② B=D, C=E인 경우

A에 칠하는 방법의 수는 4가지

그 각각에 대하여 B, C, D, E를 칠하는 방법의 수는

$3\times2=6$(가지)

F, G, H, I를 칠하는 방법의 수는

$2\times2\times2\times2=16$(가지)

따라서 칠하는 방법의 수는 $4\times6\times16=384$

③ $B=C=D\neq E$ 또는 $C=D=E\neq B$ 또는 $D=E=B\neq C$ 또는 $E=B=C\neq D$인 경우

A에 칠하는 방법의 수는 4가지

그 각각에 대하여 B, C, D, E를 칠하는 방법의 수는

$3\times2=6$(가지)

F, G, H, I를 칠하는 방법의 수는

$3\times3\times2\times2=36$(가지)

따라서 칠하는 방법의 수는 $(4\times6\times36)\times4=3456$

따라서 $1728+384+3456=5568$

(iii) 세 가지 색을 사용하는 경우

같은 색을 칠할 두 군데를 짝지으면 다음과 같다.

① B=C 또는 C=D 또는 D=E 또는 B=E인 경우

A에 칠하는 방법의 수는 4가지

그 각각에 대하여 B, C, D, E를 칠하는 방법의 수는

$3\times2\times1=6$(가지)

F, G, H, I를 칠하는 방법의 수는

$3\times2\times2\times2=24$(가지)

따라서 칠하는 방법의 수는 $(4\times6\times24)\times4=2304$

② B=D 또는 C=E인 경우

A에 칠하는 방법의 수는 4가지

그 각각에 대하여 B, C, D, E를 칠하는 방법의 수는

$3\times2\times1=6$(가지)

F, G, H, I를 칠하는 방법의 수는

$2\times2\times2\times2=16$(가지)

따라서 칠하는 방법의 수는 $(4\times6\times16)\times2=768$

따라서 $2304+768=3072$

(i) ~ (iii)에 의해 구하는 경우의 수는

$972+5568+3072=9612$이다.

495 정답 420

E 영역에 먼저 색을 칠한 후 A, B, C, D를 칠하는 경우를 생각하면 E 영역을 칠하는 방법의 수는 5가지이다.

나머지 4가지 이하의 색을 이용하여 A, B, C, D를 칠하는 경우를 점화식을 이용해 구해보자.

4가지 이하의 색을 n개의 부채꼴에 칠하는 경우의 수를 a_n이라 하면 다음과 같은 관계식을 만족한다.

$a_n=4\times3^{n-1}-a_{n-1}$ (단, $n\geq3$) …… ㉠

$a_2=4\times3=12$이므로 이를 ㉠에 대입하면

$a_3=4\times3^2-a_2=36-12=24$

마찬가지로, $a_4=4\times3^3-a_3=108-24=84$

즉, 4가지 이하의 색으로 A, B, C, D를 칠하는 방법의 수는 84가지이다.
따라서 구하는 경우의 수는 $5\times84=420$

496 정답 ········ 1032

가운데 A영역을 칠하는 경우의 수는 4가지이고,
나머지 3가지의 색을 바깥 8개의 영역에 칠하는 경우의 수를 구해보자.
3개 이하의 색을 n개의 부채꼴에 칠하는 경우의 수 a_n은
$a_n=3\times2^{n-1}-a_{n-1}$ (단, $n\geq3$)이다.
a_8의 값을 구해보면
$a_2=3\times2=6$
$a_3=3\times2^2-a_2=12-6=6$
$a_4=3\times2^3-a_3=24-6=18$
$a_5=3\times2^4-a_4=48-18=30$
$a_6=3\times2^5-a_5=96-30=66$
$a_7=3\times2^6-a_6=192-66=126$
$a_8=3\times2^7-a_7=384-126=258$
따라서 구하는 경우의 수는 $4\times a_8=4\times258=1032$

497 정답 ········ 600

5가지 색을 모두 사용하여 6개의 영역을 칠하는 경우의 수는 어느 한 색이 두 번 사용되어야 한다.
같은 색이 칠해지는 두 영역은
(A, C), (A, D), (A, E), (B, E), (C, F)
5가지이므로 구하는 경우의 수는
$5\times5!=600$

498 정답 ········ 480

4가지 색을 모두 사용하여 6개의 영역을 칠하는 경우는 다음과 같다.
(ⅰ) 어느 한 색이 세 번 사용되는 경우
같은 색이 칠해지는 세 영역은
(A, C, F), (A, C, D), (A, D, F), (C, D, F)
4가지이므로 $4\times4!=96$
(ⅱ) 어느 두 색이 각각 두 번씩 사용되는 경우
두 색이 각각 두 번씩 사용되는 경우는 다음과 같다.
(A, C) - (B, E), (B, F), (D, F)
(A, D) - (B, E), (B, F), (C, F)
(A, E) - (B, F), (C, D), (C, F), (D, F)
(A, F) - (B, E), (C, D)
(B, E) - (C, D), (C, F), (D, F)
(B, F) - (C, D)
따라서 구하는 경우의 수는 $(3+3+4+2+3+1)\times4!=384$
(ⅰ), (ⅱ)에 의해 구하는 경우의 수는 $96+384=480$

499 정답 ········ 2464

8명의 학생 중에서 자기 우산을 가지고 간 3명을 고르는 방법의 수는 ${}_8C_3=56$(가지)
나머지 5명이 다른 사람의 우산을 가져갈 때의 경우의 수는 5명일 때의 교란순열이므로 44(가지)
따라서 구하는 경우의 수는 $56\times44=2464$

500 정답 ········ 76

1, 2, 3, 4, 5를 한 번씩 사용하여 만들 수 있는 다섯 자릿수는 총 $5!=120$(가지)이다.
이때, $(a-1)(b-2)(c-3)(d-4)(e-5)=0$을 만족시키는 경우는 전체 경우에서 $(a-1)(b-2)(c-3)(d-4)(e-5)\neq0$인 경우를 제외하면 된다.
$a\neq1$이고 $b\neq2$이고 $c\neq3$이고 $d\neq4$이고 $e\neq5$인 경우의 수는 크기가 5인 교란순열이므로 44가지이다.
따라서 구하는 경우의 수는 $120-44=76$이다.

501 정답 ········ 309

다섯 명의 학생이 점심때 먹은 음식을 각각 A, B, C, D, E라고 하면
(ⅰ) 다섯 명의 학생이 점심때 먹은 음식 A, B, C, D, E를 저녁에도 그대로 먹는 경우
이 경우는 다섯 명일 때의 교란순열이므로 44가지이다.
(ⅱ) 다섯 명의 학생이 점심때 먹지 않은 음식 F를 저녁에 포함시키는 경우
이 경우는 한 명 추가하여 그 학생이 음식 F를 먹지 않는다고 생각하면 여섯 명일 때의 교란순열이므로 265가지이다.
(ⅰ), (ⅱ)에 의해 구하는 경우의 수는 $44+265=309$(가지)이다.

502 정답 ········ 1260

숫자 4는 1, 2, 3보다 뒤에 있으므로 7개의 자리 중에서 1, 2, 3, 4를 놓을 4개의 자리를 택하는 경우의 수는 ${}_7C_4$이고, 맨 뒤에 4가 위치하므로 1, 2, 3을 배열하는 가짓수는 $3!$,

나머지 3개의 자리에 A, B, C를 나열하는 경우의 수는 3!
따라서 구하는 경우의 수는 $35\times3!\times3!=1260$

503 정답 ······ 25200

먼저 문자 A, B, C, D, E, F를 일렬로 나열하는 경우의 수는 $6!=720$
문자 사이사이와 양 끝의 7개 자리 중 숫자 1, 2, 3이 들어갈 3개의 자리를 고르면 순서가 정해지므로 ${}_7C_3=35$
따라서, 구하는 경우의 수는 $720\times35=25200$

504 정답 ······ 1680

7개의 자리 중에서 A, B, C를 놓을 3개의 자리를 택하는 경우의 수는 ${}_7C_3$이고
나머지 4개의 자리에 소문자 d, e, f, g를 일렬로 배열하는 방법의 수는 4!
이때 택한 3개의 자리에 A, B, C를 배열하는 방법의 수는 A, B, C 또는 B, C, A의 두 가지이므로
구하는 경우의 수는 ${}_7C_3\times4!\times2=35\times24\times2=1680$

505 정답 ······ 80

문자 b는 a와 c사이에 숫자 2는 숫자 1과 3사이에 배열되므로 6개의 자리에 a, b, c를 놓을 자리 3개를 택하는 경우의 수는 ${}_6C_3$이다.
이때 고른 3개의 자리는 가운데에 b가 오므로 a, c를 배열하는 방법의 수는 2!이다.
나머지 3개의 자리에 1, 2, 3을 배열하는 방법의 수도 가운데 2가 오므로 2!이다.
따라서 구하는 경우의 수는 ${}_6C_3\times2!\times2!=80$

506 정답 ······ 26

• 방법 1
주어진 5개의 문자 중
B와 C를 같은 문자 X로, D와 E를 같은 문자 Y로 생각하여
A, X, X, Y, Y를 일렬로 나열할 때
두 개의 X 중 A와 가까이 있는 것은 B, 멀리 있는 것은 C,
두 개의 Y 중 앞에 있는 Y를 D, 뒤에 있는 Y를 E로 놓으면 된다.
따라서 조건 (가)를 만족하려면 전체의 경우의 수에서
두 개의 X가 A와 같은 거리에 있을 때를 제외시키면 된다.
A, X, X, Y, Y를 일렬로 배열하는 경우의 수는
${}_5C_2\times{}_3C_2\times\frac{1}{2!}=30$(가지)이고
두 개의 X가 A와 같은 거리에 있을 때는
$\boxed{\text{XAX}}$YY를 배열하는 경우(${}_3C_2=3$)와 XYAYX이므로
$3+1=4$ (가지)
따라서 구하는 경우의 수는 $30-4=26$

• 방법 2
A와 B 사이의 거리를 d_1, A와 C 사이의 거리를 d_2라 하면
$d_1<d_2$를 만족시키는 경우의 수와 $d_1>d_2$를
만족시키는 경우의 수가 같으므로
$d_1<d_2$가 되도록 배열하는 경우의 수는
$\frac{1}{2}$\{(전체 경우의 수)−($d_1=d_2$인 경우의 수)\}이다.
(i) 전체 경우의 수
D, E는 이 순서대로 배열되므로
5개의 자리 중에서 D, E를 놓을 2개의 자리를 택하는 경우의 수는 ${}_5C_2$이고,
나머지 3개의 자리에 A, B, C를 배열하는 경우의 수는 3!
$\therefore {}_5C_2\times3!=10\times6=60$
(ii) $d_1=d_2$인 경우
① A가 B와 C 사이에서 이웃하는 경우
☑D☑E☑
D, E가 이 순서로 배열되므로
BAC 또는 CAB가 위치할 자리는 그림과 같이 D와 E 사이 또는 D와 E 양쪽으로 3가지가 가능하므로 $3\times2=6$
② A와 B, A와 C 사이에 D와 E가 각각 있는 경우
BDAEC, CDAEB로 2가지이다.
(i), (ii)에 의해 구하는 경우의 수는 $\frac{1}{2}\{60-(6+2)\}=26$

507 정답 ······ 70

1부터 11까지 11장의 카드를 차례로 나열한 다음
이웃하지 않게 4장의 카드를 뽑는 경우와 같으므로
뽑지 않는 카드를 ○라 하면 그림과 같이 뽑지 않는 카드 7개를 놓고 ○의 사이사이와 양끝의 8개의 자리에서 카드 4개를 뽑으면 된다.
☑○☑○☑○☑○☑○☑○☑○☑
즉, 구하는 경우의 수는 ${}_8C_4=70$

508 정답 ······ 2880

숫자 1, 2, 3 중 이웃하는 2개를 고르는 방법의 수는 ${}_3C_2=3$

이웃하는 숫자를 서로 바꾸는 경우의 수는 $2!=2$
이때, 고른 두 개의 이웃하는 숫자와 나머지 한 개의 숫자가 서로 이웃하면 안되므로 다음과 같이 문자 A, B, C, D를 배열한 후, □ 다섯 곳 중 두 곳에 숫자를 배열하면 된다.
□A□B□C□D□
문자 A, B, C, D를 배열하는 경우의 수는 $4!=24$
□ 다섯 곳에 이웃하는 숫자와 나머지 숫자를 배열하는 경우의 수는
${}_5P_2=5\times4=20$
따라서 구하는 경우의 수는
${}_3C_2\times2!\times4!\times{}_5P_2=3\times2\times24\times20=2880$

509 정답 ······ 264

이웃하는 대문자 3개와 소문자 2개를 각각 묶어서 하나의 문자로 생각하여 4개를 일렬로 배열하는 방법의 수는 $4!=24$
그 각각에 대하여 대문자끼리, 소문자끼리 서로 자리를 바꾸는 방법의 수는
$3!\times2!=12$
그 중 C와 c가 이웃하는 경우를 제외시키면 된다.
즉, 묶음 ABCcd 또는 dcCAB와 남은 2개의 숫자 1, 2를 배열하는 경우의 수는 A와 B가 서로 자리를 바꿀 수 있으므로
$3!\times2\times2=24$
따라서 구하는 경우의 수는 $24\times12-24=264$

510 정답 ······ 720

여학생 2명은 서로 이웃하지 않아야 하므로 두 명의 여학생 사이에는 반드시 남학생 1명 또는 2명이 앉아야 한다.
나머지 남학생이 앉을 수 있는 자리는 두 명의 여학생 양쪽 끝만 가능하므로 남학생 5명은 2명, 2명, 1명으로 짝지어 가능한 세 곳에 나누어서 앉아야 한다.
즉, 남남여남남여남, 남여남남여남남, 남남여남여남남 3가지 경우가 존재한다.
각 경우에 대해 방법의 수가 $5!\times2!$이므로
구하는 방법의 수는 $3\times(5!\times2!)=720$

511 정답 ······ 68

0부터 6까지의 일곱 개의 숫자 중에서
3으로 나눈 나머지가 0, 1, 2인 수의 모음을 A_0, A_1, A_2라 하면
$A_0=\{0, 3, 6\}$, $A_1=\{1, 4\}$, $A_2=\{2, 5\}$
이때 서로 다른 세 수를 선택하여 세 자릿수를 만들 때, 그 수가 3의 배수인 경우는 다음과 같다.
(i) (A_0, A_0, A_0)인 경우
백의 자리에 0이 들어갈 수 없으므로 0, 3, 6을 배열하는 경우에서 0이 백의 자리인 경우를 제외하면 $3!-2!=4$
(ii) (A_0, A_1, A_2)인 경우
각 자리에 A_0, A_1, A_2를 배치하는 경우의 수는 $3!$이고 각 경우에 3가지, 2가지, 2가지가 존재하므로 전체 경우의 수는 $3!\times3\times2\times2=72$
이때 백의 자리에 0이 들어가는 경우는 십의 자리와 일의 자리에 A_1, A_2을 배치하는 경우의 수는 $2!$, 각각 2가지씩 존재하므로 $2!\times2\times2=8$
$\therefore 72-8=64$
(i), (ii)에 의해 구하는 경우의 수는 $4+64=68$

512 정답 ······ 444

6의 배수는 3의 배수이면서 2의 배수이어야 한다.
2의 배수는 일의 자릿수가 짝수이어야 하고,
3의 배수는 각 자리 숫자의 합이 3의 배수이어야 한다.
1부터 9까지의 자연수 중에서 3으로 나눈 나머지가 0, 1, 2인 수의 모임을 각각 A_0, A_1, A_2라 하면
$A_0=\{3, 6, 9\}$, $A_1=\{1, 4, 7\}$, $A_2=\{2, 5, 8\}$
(i) 일의 자릿수가 4인 경우
나머지 세 자릿수의 합이 3으로 나누었을 때 나머지가 2가 되어야 하므로 가능한 경우는 다음과 같다.
(A_0, A_1, A_1)인 경우 : ${}_3C_1\times{}_2C_2\times3!=18$
(A_1, A_2, A_2)인 경우 : ${}_2C_1\times{}_3C_2\times3!=36$
(A_0, A_0, A_2)인 경우 : ${}_3C_2\times{}_3C_1\times3!=54$
따라서 가능한 경우의 수는 $18+36+54=108$
(ii) 일의 자릿수가 2 또는 8인 경우
나머지 세 자릿수의 합이 3으로 나누었을 때 나머지가 1이 되어야 하므로 가능한 경우는 다음과 같다.
(A_1, A_1, A_2)인 경우 : ${}_3C_2\times{}_2C_1\times3!=36$
(A_0, A_0, A_1)인 경우 : ${}_3C_2\times{}_3C_1\times3!=54$
(A_0, A_2, A_2)인 경우 : ${}_3C_1\times{}_2C_2\times3!=18$
따라서 가능한 경우의 수는 $(36+54+18)\times2=216$(가지)
(iii) 일의 자릿수가 6인 경우
나머지 세 자릿수의 합이 3으로 나누었을 때 나머지가 0이 되어야 하므로 가능한 경우는 다음과 같다.
(A_1, A_1, A_1)인 경우 : ${}_3C_3\times3!=6$
(A_2, A_2, A_2)인 경우 : ${}_3C_3\times3!=6$
(A_0, A_1, A_2)인 경우 : ${}_2C_1\times{}_3C_1\times{}_3C_1\times3!=108$
따라서 가능한 경우의 수는 $6+6+108=120$(가지)

(ⅰ) ~ (ⅲ)에 의해 구하는 경우의 수는 $108+216+120=444$

513 정답 ········ 78

12의 배수는 4의 배수이면서 3의 배수이어야 한다.
4의 배수는 끝의 두 자리가 4의 배수이어야 하고,
3의 배수는 각 자리의 숫자의 합이 3의 배수이어야 한다.
0부터 6까지의 자연수 중에서 3으로 나눈 나머지가
0, 1, 2인 수의 모임을 각각 A_0, A_1, A_2 하면
$A_0=\{0,\ 3,\ 6\}$, $A_1=\{1,\ 4\}$, $A_2=\{2,\ 5\}$

(ⅰ) 끝의 두 자리가 04 또는 40인 경우
앞의 두 자리 숫자는 A_0, A_2로 만들어야 하므로
$({}_2C_1\times{}_2C_1\times2!)\times2=16$

(ⅱ) 끝의 두 자리가 20인 경우
앞의 두 자리 숫자는 A_0, A_1로 만들어야 하므로
${}_2C_1\times{}_2C_1\times2!=8$

(ⅲ) 끝의 두 자리가 60 또는 36인 경우
앞의 두 자리 숫자는 A_1, A_2로 만들어야 하므로
$({}_2C_1\times{}_2C_1\times2!)\times2=16$

(ⅳ) 끝의 두 자리가 12 또는 24인 경우
앞의 두 자리 숫자는
A_1, A_2 또는 A_0, A_0으로 만들어야 하므로
$(2!+3\times2-2)\times2=12$

(ⅴ) 끝의 두 자리가 16 또는 64인 경우
앞의 두 자리 숫자는 A_0, A_2로 만들어야 하므로
$({}_2C_1\times{}_2C_1\times2!-2)\times2=12$

(ⅵ) 끝의 두 자리가 32 또는 56인 경우
앞의 두 자리 숫자는 A_0, A_1 만들어야 하므로
$({}_2C_1\times{}_2C_1\times2!-2)\times2=12$

(ⅶ) 끝의 두 자리가 52인 경우
앞의 두 자리 숫자는 A_1, A_1로 만들어야 하므로
$2!=2$

(ⅰ) ~ (ⅶ)에 의해 구하는 경우의 수는 78가지이다.

514 정답 ········ 36

주어진 수를 보면 6을 제외하고는 모두 3의 거듭제곱이므로
나머지 수는 나열에 제한이 없다.
따라서 6의 위치에 따라 나누어 생각해 보자.
6과 이웃할 수 있는 숫자는 1 또는 3이므로
다음과 같이 두 가지 경우가 존재한다.

(ⅰ) 6의 양 옆에 1과 3이 위치하는 경우
163 또는 361을 묶어서 하나의 수로 보면 나머지 9, 27과 일렬로 배열하는 방법의 수는 3!이므로
$2\times3!=12$(가지)

(ⅱ) 6이 문자열의 양 끝에 위치하는 경우
6이 놓일 곳은 문자열의 양 끝 2가지, 6 옆에 가능한 수는 1과 3이므로 2가지, 남은 3개의 수를 일렬로 배열하는 방법의 수는 3!이므로
$2\times2\times3!=24$(가지)

(ⅰ), (ⅱ)에 의해 구하는 경우의 수는 $12+24=36$

515 정답 ········ 13824

서로 이웃한 두 수가 서로소가 되려면
2, 4, 6, 8이 서로 이웃하면 안 되고,
3, 6, 9도 서로 이웃하면 안 된다.
1, 3, 5, 7, 9를 먼저 나열한 후 2, 4, 6, 8을 나열하자
1, 3, 5, 7, 9를 나열하는 경우는 다음과 같다.

(ⅰ) 1, 3, 5, 7, 9를 먼저 나열할 때, 3, 9가 서로 이웃하는 경우
3, 9를 한 묶음으로 1, 3, 5, 7, 9를 일렬로 배열하는
경우의 수는
$4!\times2!=48$
나열된 수 사이사이와 양 끝 중 3, 9와 이웃하는 3개의 자리를 제외한 3개의 자리에 6을, 3과 9사이에 2, 4, 8중 1개를, 남은 4개의 자리 중 2개의 자리에 2, 4, 8중 남은 2개를 나열하는 경우의 수는 ${}_3C_1\times{}_3C_1\times{}_4P_2=108$
따라서 (ⅰ)의 경우의 수는 $48\times108=5184$

(ⅱ) 1, 3, 5, 7, 9를 먼저 나열할 때, 3, 9가 서로 이웃하지 않는 경우
1, 5, 7을 먼저 나열하고, 나열한 사이사이와 양 끝의 4개의 자리에 3, 9를 배열하는 경우의 수는
$3!\times{}_4P_2=72$
나열된 수 사이사이와 양 끝 중 3, 9와 이웃하는 4개의 자리를 제외한 2개의 자리에 6을, 6과 이웃하는 2개의 자리를 제외한 5개의 자리에 2, 4, 8을 나열하는 경우의 수는
$2\times{}_5P_3=120$
따라서 (ⅱ)의 경우의 수는 $72\times120=8640$

(ⅰ), (ⅱ)에 의하여 구하는 경우의 수는 $5184+8640=13824$

516 정답 ········ 191, 85

(ⅰ) 지불할 수 있는 방법의 수
500원짜리 동전을 지불하는 방법은 0, 1개로 2가지
100원짜리 동전을 지불하는 방법은 0, 1, 2개로 3가지
50원짜리 동전을 지불하는 방법은 0, 1, 2, 3개로 4가지
10원짜리 동전을 지불하는 방법은 0, 1, 2, ⋯, 7개로 8가지
이때, 0원을 지불하는 방법의 수는 1가지이므로
지불하는 방법의 수는 $2\times3\times4\times8-1=191$이다.

(ii) 지불할 수 있는 금액의 수

100원짜리 동전 1개로 지불할 수 있는 금액과 50원짜리 동전 2개로 지불하거나 50원짜리 동전 1개와 10원짜리 동전 5개로 지불하는 금액이 같고, 50원짜리 동전 1개로 지불할 수 있는 금액과 10원짜리 동전 5개로 지불하는 금액이 같다.

즉, 100원짜리 동전 2개를 10원짜리 동전 20개, 50원짜리 동전 3개를 10원짜리 동전 15개로 바꾸면 지불할 수 있는 금액의 수는 10원짜리 동전 42개와 500원짜리 동전 1개로 지불할 수 있는 금액의 수와 같으므로 $43\times2-1=85$

517 정답 ········ 89

50원짜리 동전 2개로 100원을 만들 수 있으므로
100원짜리 동전 3개는 50원짜리 동전 6개가 있는 것과 같다.
따라서 100원짜리 동전 3개를 50원짜리 동전 6개로 바꾸면
지불할 수 있는 금액의 수는
$5\times9\times2-1=89$

518 정답 ········ 520

10원짜리 동전 3개, 50원짜리 동전 4개, 100원짜리 동전 1개로
지불할 수 있는 금액의 수는
50원짜리 동전 2개로 100원을 만들 수 있으므로
100원짜리 동전 1개를 50원짜리 동전 2개로 바꾸면
$4\times7-1=27$(가지)이다.
그 다음이 500, 510, 520, …이므로 작은 금액부터 30번째 금액은 520원이다.

519 정답 ········ 27

$(a+b+c+d)(x+y+z)(b+c+d)$
$=(x+y+z)\{a(b+c+d)+(b+c+d)^2\}$
$=(x+y+z)\{ab+ac+ad+b^2+c^2+d^2+2(bc+bd+cd)\}$
따라서 서로 다른 항의 개수는 $3\times9=27$(개)이다.

520 정답 ········ 13

$(a+b+c)(x+y+z)$를 전개하면 a, b, c의 각각에
x, y, z 중 하나에 곱하여 항이 만들어지므로
구하는 항의 개수는 $3\times3=9$
같은 방법으로 $(c+d)(x+w+u)$를 전개했을 때
서로 다른 항의 개수는 $2\times3=6$
이 중 cx는 전개한 항에서 제외시켜야 하므로
구하는 경우의 수는
$9+6-2=13$

521 정답 ········ 13

$(a+b+c+d)(x+y+z)$를 전개하면
a, b, c, d의 각각에 x, y, z 중 하나를 곱하여 항이 만들어지므로
구하는 항의 개수는 $4\times3=12$
같은 방법으로 $(c+d+e)(y+z+w)$를 전개하였을 때
서로 다른 항의 개수는 $3\times3=9$
이 중 $(c+d)(y+z)$를 전개한 항들을 제외 시켜야 하므로
구하는 경우의 수는
$12+9-2\times(2\times2)=21-8=13$

2 조합

522 정답 ········ 260

세 점을 선택하여 삼각형을 만들려면 13개의 점 중 3개의 점을 선택하는 경우에서 세 점이 일직선 위에 위치하는 경우를 제외해야 한다.
이때 일직선 위에 3개의 점이 있는 직선은 8개, 일직선 위에 4개의 점이 있는 직선은 2개, 일직선 위에 5개의 점이 있는 직선은 1개이므로 만들 수 있는 삼각형의 개수는 다음과 같다.
${}_{13}C_3-8\times{}_3C_3-2\times{}_4C_3-1\times{}_5C_3=286-(8+8+10)=260$

523 정답 ········ 79

9개의 점 중 어느 세 점도 일직선 위에 있지 않다면 직선의 개수는 ${}_9C_2=36$(개)인데 실제 직선의 개수가 29개이므로 중복되는 직선의 개수는 7개다.
일직선 위에 세 점 중에 2개를 선택하는 경우는 ${}_3C_2=3$(개)이므로 세 점이 일직선 위에 있는 직선은 2번이 중복되어 세어진다.
즉, 세 점이 일직선 위에 있는 직선의 개수를 m개라고 하면 $2m$개가 중복되어 세어진다.
일직선 위에 네 점 중에 2개를 선택하는 경우는 ${}_4C_2=6$(개)이므로 네 점이 일직선 위에 있는 직선은 5번이 중복되어 세어진다.
즉, 네 점이 일직선 위에 있는 직선의 개수를 n개라고 하면 $5n$개가 중복되어 세어진다.
따라서 $2m+5n=7$이고 m, n은 음이 아닌 정수이므로
$m=1$, $n=1$이다.
그러므로 삼각형의 개수는
${}_9C_3-{}_3C_3\times1-{}_4C_3\times1=84-1-4=79$

524 정답 ········· 31

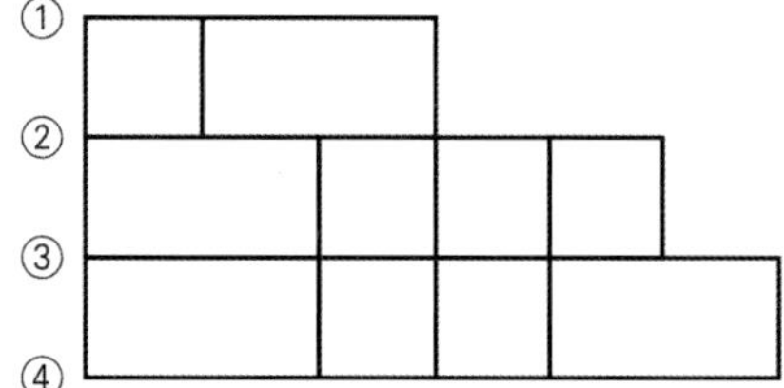

위의 그림에서 네 개의 가로줄 ①, ②, ③, ④ 중
두 개를 택해 만들어지는 직사각형을 각각 따져보면
(i) 가로줄 ①과 나머지 가로줄(②, ③, ④)을 택하는 경우
가능한 세로줄이 각각 3개, 2개, 2개이므로
$_3C_2+{_2C_2}\times2=3+1\times2=5$
(ii) 가로줄 ②와 나머지 가로줄(③, ④)을 택하는 경우
가능한 세로줄이 각각 5개, 4개이므로
$_5C_2+{_4C_2}=10+6=16$
(iii) 가로줄 ③과 ④를 택하는 경우
가능한 세로줄이 5개이므로
$_5C_2=10$
따라서 구하는 경우의 수는 $5+16+10=31$

525 정답 ········· 41

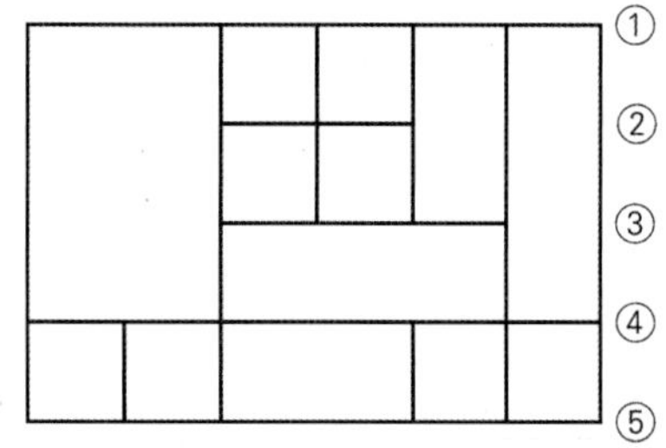

위의 그림에서 5개의 가로줄 ①, ②, ③, ④, ⑤ 중
2개를 택하여 만들어지는 직사각형을 따져보면
(i) 가로줄 ①과 나머지 가로줄(②, ③, ④, ⑤)을 택하는 경우
가능한 세로줄이 각각 3개, 4개, 4개, 4개이므로
$_3C_2+{_4C_2}\times3=3+6\times3=21$
(ii) 가로줄 ②와 ③을 택하는 경우
가능한 세로줄이 3개이므로
$_3C_2=3$
(iii) 가로줄 ③과 나머지 가로줄(④, ⑤)을 택하는 경우
가능한 세로줄이 각각 2개씩이므로
$_2C_2\times2=1\times2=2$
(iv) 가로줄 ④와 ⑤를 택하는 경우
가능한 세로줄이 6개이므로
$_6C_2=15$
따라서 구하는 경우의 수는 $21+3+2+15=41$

526 정답 ········· 164

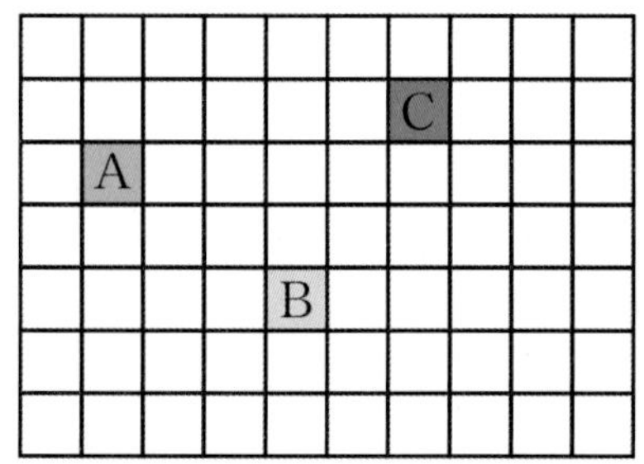

그림과 같이 색칠한 영역을 A, B, C라 하면
A, B를 포함하는 직사각형의 개수는
$({_2C_1}\times{_6C_1})\times({_3C_1}\times{_3C_1})=108$
B, C를 포함하는 직사각형의 개수는
$({_5C_1}\times{_4C_1})\times({_2C_1}\times{_3C_1})=120$
C, A를 포함하는 직사각형의 개수는
$({_2C_1}\times{_4C_1})\times({_2C_1}\times{_5C_1})=80$
A, B, C를 모두 포함하는 직사각형의 개수는
$({_2C_1}\times{_4C_1})\times({_2C_1}\times{_3C_1})=48$
따라서 구하는 경우의 수는 $108+120+80-3\times48=164$

527 정답 ········· 21

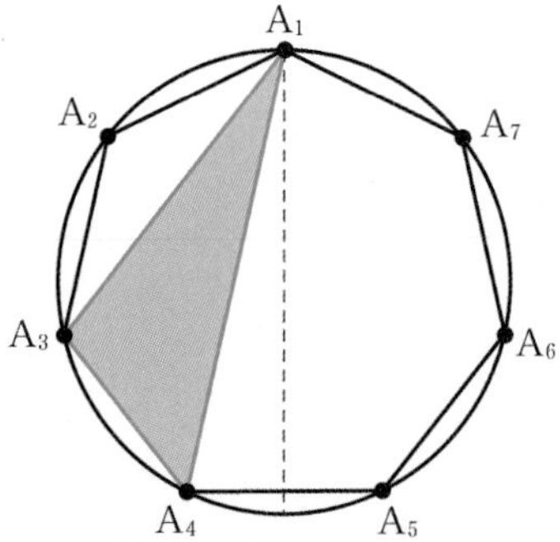

그림과 같이 지름 위의 한 점 A_1을 고정하고
중복을 피하기 위해 지름의 왼쪽에 있는 3개의 점 중 두 점을 선택하면 둔각삼각형이 만들어 진다.
기준이 되는 꼭짓점의 개수가 7개이므로 구하는 둔각삼각형의 개수는 $7\times{_3C_2}=21$

528 정답 .... $a=60$, $b=120$, $c=40$, $d=52$

(i)

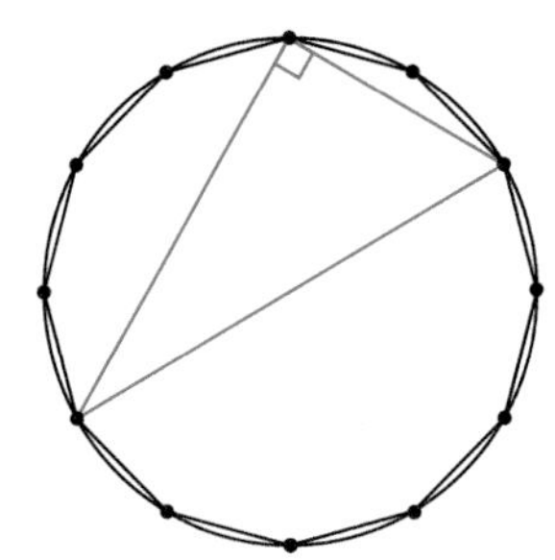

위의 그림과 같이 3개의 점을 택하여 만든 삼각형이 직각삼각형이려면 원의 지름이 삼각형의 빗변이어야 한다.
그림과 같이 원에서 만들 수 있는 서로 다른 지름의 개수는 6개이고 하나의 지름마다 지름을 이루는 점 2개를 제외한 나머지 점 10개를 삼각형의 나머지 한 꼭짓점으로 택할 수 있으므로
직각삼각형의 개수 a는 $a=6\times10=60$

(ii)

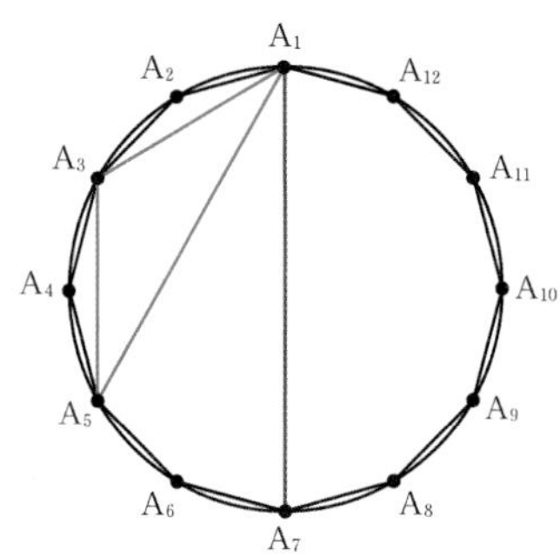

위의 그림과 같이 지름 위의 두 점 중 한점 A_1을 고정하고 중복을 피하기 위해 선분 A_1A_7의 왼쪽에 있는 5개의 점 중 두 점을 선택하여 둔각삼각형을 만드는 방법의 수는 ${}_5C_2=10$
따라서 각각의 꼭짓점을 고정하여 만든 둔각삼각형의 개수는
$b=12\times{}_5C_2=120$

(iii) 삼각형의 총 개수는 ${}_{12}C_3=220$이고 임의의 삼각형은 예각삼각형, 직각삼각형, 둔각삼각형 중 하나이므로 구하는 예각삼각형의 개수는
$c={}_{12}C_3-(a+b)=220-(60+120)=40$

(iv)

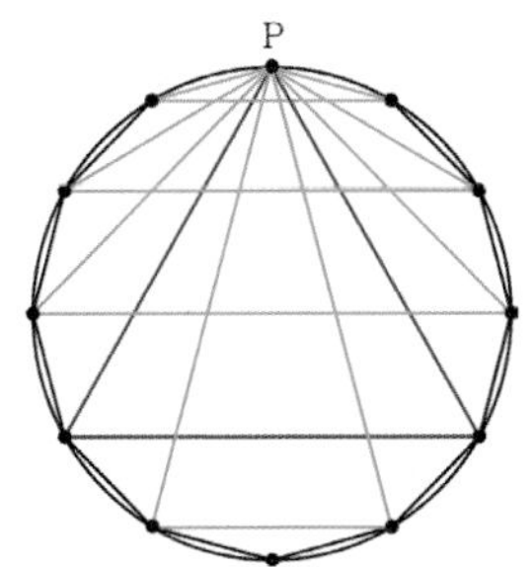

위의 그림과 같이 한 꼭짓점을 꼭짓각으로 하는 정삼각형이 아닌 이등변삼각형은 4개 존재하므로 가능한
정삼각형이 아닌 이등변삼각형은 $12\times4=48$이다.
또한 가능한 정삼각형은 총 4가지가 존재하므로 구하는 이등변삼각형의 개수는 $d=12\times4+4=52$

529 정답 .... $a=54$, $b=30$

(i)

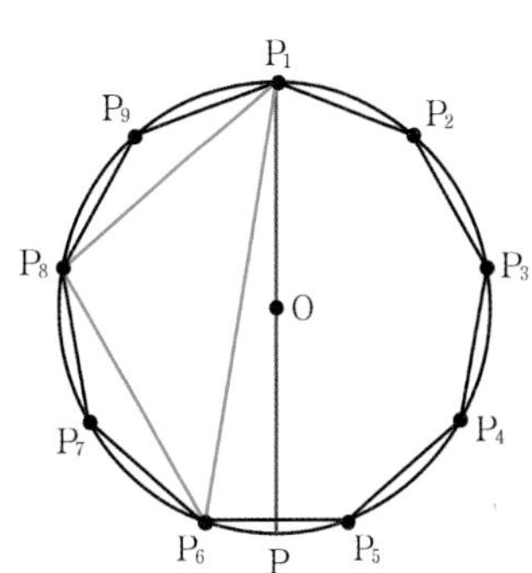

위의 그림과 같이 지름 위의 한 점 P_1을 고정하고 중복을 피하기 위해 지름의 왼쪽에 있는 4개의 점 중 두 점을 선택하면 둔각삼각형이 된다. ${}_4C_2=6$
따라서 각각의 꼭짓점을 고정하여 만든 둔각삼각형의 개수는
$a=9\times{}_4C_2=54$

(ii)

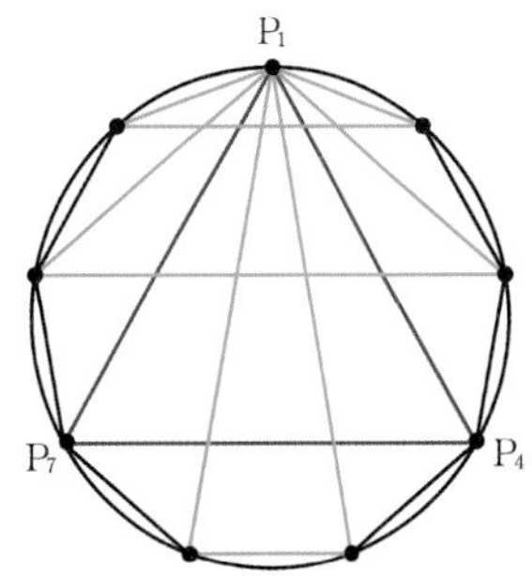

위의 그림과 같이 한 꼭짓점을 P_1을 꼭짓각으로 하는 이등변삼각형은 4개 존재한다. 이 중 정삼각형은 중복을 피하기 위해 따로 구하면 3개가 존재하므로 각각의 꼭짓점을 꼭짓각으로 하는 이등변삼각형의 개수는
$b=9\times3+3=30$

530 정답 54

그림과 같이 정구각형의 한 변 A_1A_2를 기준으로 평행선을 그려보면 서로 다른 평행선이 그림과 같이 4개 존재한다.

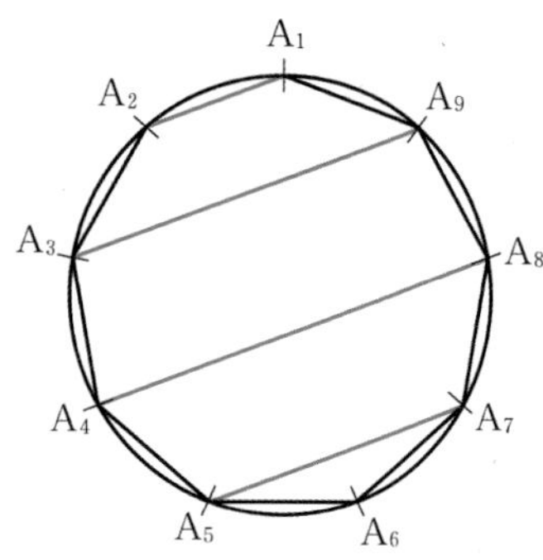

평행한 4개의 선분으로 만들 수 있는 사다리꼴은 ${}_4C_2$이고 변이 9개이므로 구하는 경우의 수는 ${}_4C_2\times9=54$

531 정답 70

꼭짓점 A_1을 기준으로 평행선을 그려보면 그림과 같이 두 가지가 존재한다.

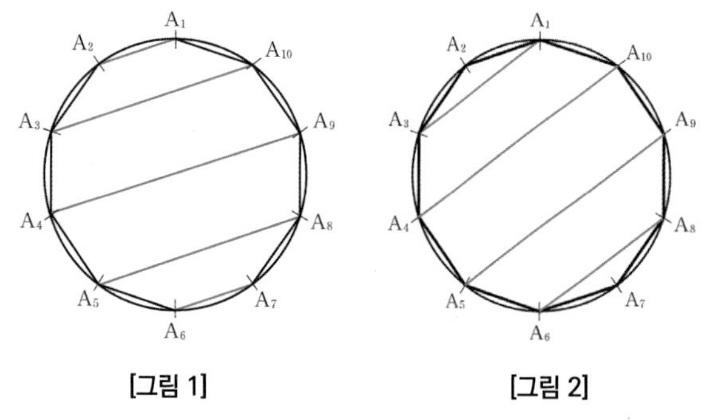

[그림 1] **[그림 2]**

[그림 1]에서의 5개의 평행한 선분으로 만들 수 있는 사다리꼴의 개수는 ${}_5C_2$이고 **[그림 2]**에서의 4개의 평행한 선분으로 만들 수 있는 사다리꼴의 개수는 ${}_4C_2$ 이므로
구할 수 있는 사다리꼴의 총 개수는 $({}_5C_2+{}_4C_2)\times5$이고
이때 중복되는 직사각형을 제외 시켜야 한다.
이를 그림으로 나타내면 다음과 같다.

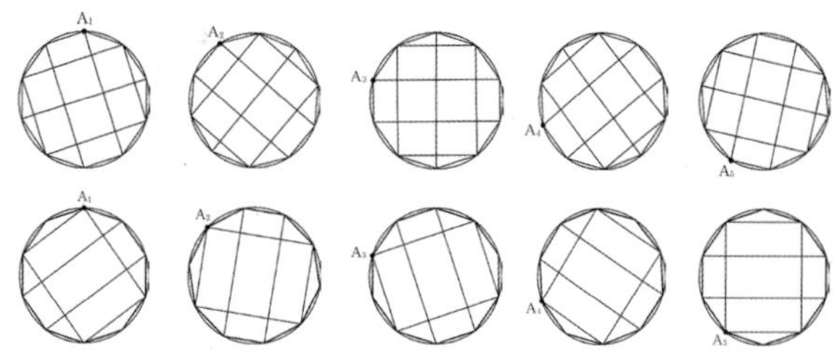

각 경우 두 번씩 중복되므로 구하는 경우의 수는
$({}_5C_2+{}_4C_2)\times5-2\times5=70$

532 정답 90

6개의 팀을 3개, 3개의 팀으로 나누는 방법의 수는
${}_6C_3\times{}_3C_3\times\frac{1}{2!}=10$가지이고
각각 3팀을 2팀, 1팀의 2개의 조로 나누는 방법은
$({}_3C_2\times{}_1C_1)^2=9$
따라서 구하는 방법의 수는
$10\times9=90$

533 정답 .... (1) 315 (2) 90 (3) 36 (4) 180

(1) 4팀, 3팀으로 조를 나눈 후 4팀인 조를 2팀, 2팀으로, 3팀인 조를 2팀, 1팀으로 나누면 된다.
$\therefore {}_7C_4\times{}_3C_3\times\left({}_4C_2\times{}_2C_2\times\frac{1}{2!}\right)\times({}_3C_2\times{}_1C_1)=35\times3\times3=315$

(2) 7팀을 4팀, 3팀으로 나눌 때 3위인 팀이 결승전에 오르려면 실력이 1, 2위인 팀과 같은 팀에 있으면 안되므로 다음과 두 가지 경우를 나누어 생각해 보자.

(ⅰ) 4팀에 실력이 3위인 팀이 있는 경우
4, 5, 6, 7위인 팀 중 세 팀을 고르는 경우는
${}_4C_3=4$(가지)이다.
이때 4팀을 2팀, 2팀으로 나누는 경우는
${}_4C_2\times{}_2C_2\times\frac{1}{2!}=3$(가지)이고
나머지 3팀을 2팀, 1팀으로 나누는 경우는
${}_3C_2\times{}_1C_1=3$(가지)이므로
구하는 경우의 수는
${}_4C_3\times\left({}_4C_2\times{}_2C_2\times\frac{1}{2!}\right)\times({}_3C_2\times{}_1C_1)=36$이다.

(ⅱ) 3팀에 실력이 3위인 팀이 있는 경우
4, 5, 6, 7위인 팀 중 두 팀을 고르는 경우는
${}_4C_2=6$(가지)이다.
4팀을 2팀, 2팀으로 나누는 경우는
${}_4C_2\times{}_2C_2\times\frac{1}{2!}=3$(가지)이고
나머지 3팀을 2팀, 1팀으로 나누는 경우는
${}_3C_2\times{}_1C_1=3$(가지)이므로
구하는 경우의 수는
${}_4C_2\times\left({}_4C_2\times{}_2C_2\times\frac{1}{2!}\right)\times({}_3C_2\times{}_1C_1)=54$이다.

(ⅰ), (ⅱ)에 의해 구하는 경우의 수는 $36+54=90$이다.

(3) 7팀을 4팀, 3팀으로 나눌 때 실력이 4위인 팀이 결승전에 올라가려면 실력이 1, 2, 3인 팀과 같은 팀에 있으면 안되므로 다음과 같이 두가지 경우로 나누어 생각하자.

(ⅰ) 4팀에 실력이 4위인 팀이 있는 경우
5, 6, 7위인 팀 중 세 팀을 고르는 경우는

${}_3C_3=1$(가지)이다.
이때 4팀을 2팀, 2팀으로 나누는 경우는
${}_4C_2\times{}_2C_2\times\frac{1}{2!}=3$(가지)이고
나머지 3팀을 2팀, 1팀으로 나누는 경우는
${}_3C_2\times{}_1C_1=3$(가지)이므로
구하는 경우의 수는
${}_3C_3\times\left({}_4C_2\times{}_2C_2\times\frac{1}{2!}\right)\times({}_3C_2\times{}_1C_1)=9$이다.

(ii) 3팀에 실력이 4위인 팀이 있는 경우
5, 6, 7위인 팀 중 두 팀을 고르는 경우는
${}_3C_2=3$(가지)이다.
4팀을 2팀, 2팀으로 나누는 경우는
${}_4C_2\times{}_2C_2\times\frac{1}{2!}=3$(가지)이고
나머지 3팀을 2팀, 1팀으로 나누는 경우는
${}_3C_2\times{}_1C_1=3$(가지)이므로
구하는 경우의 수는
${}_3C_2\times\left({}_4C_2\times{}_2C_2\times\frac{1}{2!}\right)\times({}_3C_2\times{}_1C_1)=27$이다.

(i), (ii)에 의해 구하는 경우의 수는 $9+27=36$이다.

(4) 실력이 1위인 팀과 2위인 팀이 결승전에서 만나려면 서로 다른 팀에 있어야 하므로 다음과 같이 나누어 생각해 보자.

(i) 실력이 1위인 팀이 4팀에 있는 경우
실력이 3, 4, 5, 6, 7위인 팀 중 3팀을 고르는 경우는
${}_5C_3=10$(가지)이다.

(ii) 이때 4팀을 2팀, 2팀으로, 3팀을 2팀, 1팀으로 나누는 경우는
$\left({}_4C_2\times{}_2C_2\times\frac{1}{2!}\right)\times({}_3C_2\times{}_1C_1)=3\times3=9$
따라서 구하는 경우의 수는 $10\times9=90$이다.

실력이 1위인 팀이 3팀에 있는 경우도 90가지이므로
구하는 경우의 수는 $90\times2=180$이다.

534 정답 ······ 301

서로 다른 7개의 공을 똑같은 세 개의 바구니에 나누어 담을 때, 빈 바구니가 없도록 나누어 담는 방법의 수는 다음과 같다.

(i) 5개, 1개, 1개로 분할하는 방법의 수는
${}_7C_5\times{}_2C_1\times{}_1C_1\times\frac{1}{2!}=21\times2\times1\times\frac{1}{2}=21$

(ii) 4개, 2개, 1개로 분할하는 방법의 수는
${}_7C_4\times{}_3C_2\times{}_1C_1=35\times3\times1=105$

(iii) 3개, 3개, 1개로 분할하는 방법의 수는
${}_7C_3\times{}_4C_3\times{}_1C_1\times\frac{1}{2!}=35\times4\times1\times\frac{1}{2}=70$

(iv) 3개, 2개, 2개로 분할하는 방법의 수는
${}_7C_3\times{}_4C_2\times{}_2C_2\times\frac{1}{2!}=35\times6\times1\times\frac{1}{2}=105$

(i)~(iv)에 의하여 구하는 경우의 수는 301가지

535 정답 ······ 960

서로 같은 사탕 2개를 서로 다른 모양의 바구니 5개에 나누어 담는 경우의 수는 다음과 같이 두 가지 경우가 존재한다.

(i) 한 바구니에 사탕 2개를 담는 경우
서로 다른 바구니 5개 중 사탕 2개를 담을 바구니 1개를 고르는 경우의 수는 ${}_5C_1$
빈 바구니가 존재하지 않아야 하므로 빈 바구니 4개에 서로 다른 과자 4개를 각각 하나씩 담는 경우의 수는 $4!$
따라서 구하는 경우의 수는 ${}_5C_1\times4!=120$

(ii) 두 개의 바구니에 각각 사탕 1개씩 담는 경우
서로 다른 바구니 5개 중 2개의 사탕을 담을 바구니를 고르는 경우의 수는 ${}_5C_2=10$
빈 바구니가 존재하지 않아야 하므로 다음 경우로 나누어 생각하면
① 서로 다른 4개의 과자를 사탕을 넣지 않은 빈 바구니 3개에 모두 담는 경우
서로 다른 4개의 과자를 2개, 1개, 1개로 분배하는 방법의 수는 ${}_4C_2\times{}_2C_1\times{}_1C_1\times\frac{1}{2!}\times3!=36$
② 서로 다른 4개의 과자를 3개의 빈 바구니에 각각 1개씩 담고, 남은 과자 1개는 사탕이 들어있는 바구니에 담는 경우 ${}_4P_3\times{}_2C_1=48$
따라서 구하는 경우의 수는 $10\times(36+48)=840$

(i), (ii)에 의해 구하는 경우의 수는 $120+840=960$

536 정답 ······ 풀이참조

${}_nP_r$은 A와 B를 포함한 n명 중에 r명을 선택하여 일렬로 나열하는 경우의 수이다.
n명 중 r명을 선택하여 일렬로 나열하는 경우는 선택된 r명 중 A, B가 포함되어 있는지에 따라 다음 세 경우로 나눌 수 있다.

(i) A, B가 모두 포함되지 않는 경우
A, B를 제외한 $n-2$명 중 r명을 선택하여
일렬로 나열하는 경우의 수는 ${}_{n-2}P_r$

(ii) A, B 둘 중 한 명만 포함된 경우
A, B 중 포함되는 한 명이 선택되는 경우의 수는 2가지
A, B를 제외한 $n-2$명 중 선택된 한 명을 제외한 $r-1$명을 선택하여 일렬로 나열하는 경우의 수는 ${}_{n-2}P_{r-1}$
$r-1$명의 사이사이 및 양 끝에 선택된 A 또는 B가 들어가는 경우의 수는 r가지

$\therefore 2\times r\times {}_{n-2}\mathrm{P}_{r-1}$

(iii) A, B가 모두 포함되는 경우

A, B를 제외한 $n-2$명 중 선택된 두 명을 제외한 $r-2$명을 선택하여 일렬로 나열하는 경우의 수는 ${}_{n-2}\mathrm{P}_{r-2}$

$r-2$명의 사이사이 및 양 끝에 A, B가 들어가는 경우의 수는 $(r-1)\times r$

$\therefore r(r-1)\times {}_{n-2}\mathrm{P}_{r-2}$

(i) ~ (iii)에 의해 주어진 식을 완성하면

${}_{n}\mathrm{P}_{r}=r(r-1)\times {}_{n-2}\mathrm{P}_{r-2}+2\times r\times {}_{n-2}\mathrm{P}_{r-1}+{}_{n-2}\mathrm{P}_{r}$

537 정답 ······ 풀이참조

A, B를 포함한 n명 중에서 r명을 뽑는 방법의 수는 다음 세 가지 경우로 생각할 수 있다.

(i) A, B를 모두 포함하여 r명을 뽑는 경우의 수는 ${}_{n-2}\mathrm{C}_{r-2}$

(ii) A, B중 한 명만 포함하여 r명을 뽑는 경우의 수는 $2\times {}_{n-2}\mathrm{C}_{r-1}$

(iii) A, B 모두 포함하지 않고 r명을 뽑는 경우의 수는 ${}_{n-2}\mathrm{C}_{r}$

n명에서 r명을 뽑는 과정에서 A, B를 기준으로 나누어서 경우의 수를 따지는 상황이므로 (i), (ii), (iii)을 모두 더한 것이 ${}_{n}\mathrm{C}_{r}$이다.

$\therefore {}_{n}\mathrm{C}_{r}={}_{n-2}\mathrm{C}_{r-2}+2\times {}_{n-2}\mathrm{C}_{r-1}+{}_{n-2}\mathrm{C}_{r}$

538 정답 ······ $n=12,\ r=6$

1에서 6까지의 번호가 붙은 파란 구슬과 빨간 구슬이 각각 6개씩 있다고 할 때,

12개의 구슬에서 6개를 뽑는 방법의 수는 ${}_{12}\mathrm{C}_{6}$이다.

한편, 12개의 구슬에서 6개를 뽑는 경우의 수는

6개의 파란 구슬에서 i개를 뽑고 $(i=0,\ 1,\ 2,\ \cdots,\ 6)$

나머지 $(6-i)$개를 빨간 구슬 6개에서 뽑는 경우의 수의 합과 같다.

즉, ${}_{6}\mathrm{C}_{0}\times {}_{6}\mathrm{C}_{6}+{}_{6}\mathrm{C}_{1}\times {}_{6}\mathrm{C}_{5}+{}_{6}\mathrm{C}_{2}\times {}_{6}\mathrm{C}_{4}+\cdots+{}_{6}\mathrm{C}_{6}\times {}_{6}\mathrm{C}_{0}$

이때 조합의 성질에 의해 ${}_{n}\mathrm{C}_{r}\times {}_{n}\mathrm{C}_{n-r}={}_{n}\mathrm{C}_{r}\times {}_{n}\mathrm{C}_{r}=({}_{n}\mathrm{C}_{r})^2$이므로

$({}_{6}\mathrm{C}_{0})^2+({}_{6}\mathrm{C}_{1})^2+({}_{6}\mathrm{C}_{2})^2+\cdots+({}_{6}\mathrm{C}_{6})^2$이 된다.

$\therefore ({}_{6}\mathrm{C}_{0})^2+({}_{6}\mathrm{C}_{1})^2+({}_{6}\mathrm{C}_{2})^2+\cdots+({}_{6}\mathrm{C}_{6})^2={}_{12}\mathrm{C}_{6}$

즉, $n=12,\ r=6$이다.

539 정답 ······ $n=20,\ r=5$

1부터 20까지의 자연수 중에서 서로 다른 5개의 수를 선택할 때, 5개의 수 중에서 가장 큰 수를 기준으로 경우를 나누면 다음과 같다.

제일 큰 수가 5인 경우 : ${}_{4}\mathrm{C}_{4}$

제일 큰 수가 6인 경우 : ${}_{5}\mathrm{C}_{4}$

⋮

제일 큰 수가 20인 경우 : ${}_{19}\mathrm{C}_{4}$

이는 1부터 20까지의 자연수 중에서 서로 다른 5개의 수를 선택하는 경우의 수와 같으므로

${}_{4}\mathrm{C}_{4}+{}_{5}\mathrm{C}_{4}+{}_{6}\mathrm{C}_{4}+\cdots+{}_{19}\mathrm{C}_{4}={}_{20}\mathrm{C}_{5}$

$\therefore n=20,\ r=5$

540 정답 ······ $n=100,\ r=5$

1부터 100까지의 자연수 중에서 서로 다른 5개의 수를 선택할 때, 5개의 수 중에서 두 번째로 작은 수가 k인 경우의 수를 a_k라 하면 k보다 작은 수 1개, k보다 큰 수 3개를 선택하면 된다.

$\therefore a_k={}_{k-1}\mathrm{C}_{1}\times {}_{100-k}\mathrm{C}_{3}$ (단, $k=2,\ 3,\ \cdots,\ 97$)

$a_2+a_3+a_4+\cdots+a_{97}$

$={}_{1}\mathrm{C}_{1}\times {}_{98}\mathrm{C}_{3}+{}_{2}\mathrm{C}_{1}\times {}_{97}\mathrm{C}_{3}+{}_{3}\mathrm{C}_{1}\times {}_{96}\mathrm{C}_{3}+\cdots+{}_{96}\mathrm{C}_{1}\times {}_{3}\mathrm{C}_{3}$

이는 1부터 100까지의 자연수 중에서 서로 다른 5개의 수를 선택하는 경우의 수와 같으므로

${}_{1}\mathrm{C}_{1}\times {}_{98}\mathrm{C}_{3}+{}_{2}\mathrm{C}_{1}\times {}_{97}\mathrm{C}_{3}+{}_{3}\mathrm{C}_{1}\times {}_{96}\mathrm{C}_{3}+\cdots+{}_{96}\mathrm{C}_{1}\times {}_{3}\mathrm{C}_{3}={}_{100}\mathrm{C}_{5}$

$\therefore n=100,\ r=5$

3 복잡한 문제해결의 아이디어

541 정답 ······ 252

7을 적어도 하나 포함하는 세 자리 자연수의 개수는

전체 세 자리수에서 7을 포함하지 않는 세 자리 자연수를 제외시키면 된다.

(i) 세 자리 자연수는 백의 자리에 0을 제외한 1부터 9까지 올 수 있고 이 각각에 대하여 십과 일의 자리에는 0부터 9까지 올 수 있으므로 총 가짓수는 $9\times 10\times 10=900$

(ii) 각 자리에 7이 들어가지 않는 세 자리 자연수는 $(9-1)\times(10-1)\times(10-1)=648$

(i), (ii)에서 구하는 세 자리 자연수의 개수는 $900-648=252$

542 정답 ······ 2880

7개의 문자 또는 숫자를 일렬로 배열하는 경우의 수는

$7!=5040$

(i) 5개의 문자 중 4개의 문자만 서로 이웃하는 경우

5개의 문자 중 이웃하는 4개의 문자를 고르는 방법의 수는

$_5C_4$

이웃하는 4개의 문자의 자리를 서로 바꾸는 방법의 수는 $4!$

이때 고른 4개의 이웃하는 문자와 나머지 한 개의 문자는 서로 이웃하면 안되므로 1, 2를 배열한 후 그 사이사이와 양 끝에 배열하면 된다. 즉 $2!\times{}_3P_2$가 되어

구하는 경우의 수는 $_5C_4\times4!\times2!\times{}_3P_2=1440$

(ii) 5개의 문자가 모두 이웃하는 경우

5개의 문자를 하나로 묶어서 배열하는 경우의 수이므로 $5!\times3!=720$

(i), (ii)에서 구하는 경우의 수는 $5040-1440-720=2880$

543 정답 ········ 576

• 방법 1

1, 2, 3, A, B, C를 일렬로 나열할 때,

숫자 2개만 서로 이웃하도록 배열하는 방법의 수를 먼저 구하자.

숫자 1, 2, 3 중 2개를 골라 묶어서 한 개로 보면($_3C_2=3$)

A, B, C 3개의 문자를 먼저 일렬로 배열하는 경우는 $3!=6$

A, B, C 사이사이와 양 끝의 4개의 자리 중 2개의 자리에 이웃하는 2개의 숫자와 남은 1개의 숫자를 배열하는 방법은 $_4P_2=12$

그 각각에 대하여 묶은 2개의 숫자끼리 서로 자리를 바꾸는 방법의 수는 $2!=2$

따라서 숫자 2개만 서로 이웃하는 경우의 수는

$3\times6\times12\times2=432$

숫자 3개가 서로 이웃하도록 배열하는 방법의 수는 1, 2, 3을 한 묶음으로 보면

총 4개를 일렬로 배열하고($4!=24$), 그 각각에 대하여 묶은 숫자끼리 서로 자리를 바꾸는 방법의 수($3!=6$)을 곱하여

$24\times6=144$

따라서 구하는 경우의 수는 $432+144=576$

• 방법 2

1, 2, 3, A, B, C의 6개를 일렬로 나열하는 경우의 수는

$6!=720$

숫자 1, 2, 3 중 어느 것도 이웃하지 않는 경우의 수는 A, B, C 3개의 문자를 일렬로 나열한 다음 양 끝과 그 사이사이 4개의 자리 중 3개의 자리에 숫자 3개를 일렬로 나열해야 하므로

$3!\times{}_4P_3=6\times24=144$

따라서 숫자 2개 또는 3개가 서로 이웃하도록 배열하는 경우의 수는 $720-144=576$

544 정답 ········ 2880

1, 2, 3, A, B, C, D의 7개를 일렬로 배열하는 경우의 수는

$7!=5040$

(i) 숫자 1, 2, 3 중 어느 것도 이웃하지 않는 경우의 수는

A, B, C, D 4개의 문자를 일렬로 나열한 후 양 끝과 그 사이사이의 5개의 자리 중 3개의 자리에 숫자 3개를 일렬로 나열해야 하므로 $4!\times{}_5P_3=24\times60=1440$

(ii) 숫자 1, 2, 3이 모두 이웃하는 경우의 수는 1, 2, 3을 묶어서 한 숫자로 보면

(1, 2, 3 한 숫자) + (A, B, C, D의 4개)인 5개를 일렬로 배열하는 방법의 수는 $5!=120$

그 각각에 대하여 1, 2, 3의 자리를 바꾸는 방법의 수는 $3!=6$

$\therefore 120\times6=720$

따라서 숫자 두 개는 서로 이웃 하지만 숫자 세 개는 모두 이웃하지 않도록 배열하는 방법의 수는

$5040-(1440+720)=2880$

545 정답 ········ 1314

2000은 말하여야 하는 수이므로 2000을 제외한 1부터 1999까지의 자연수만을 생각하기로 하자.

1부터 1999까지의 자연수는 다음과 같이 0을 사용하여 모두 네 자리로 나타낼 수 있다.

단, 천의 자리는 0 또는 1만 가능하다.

$1\to0001$, $10\to0010$, $1000\to1000$

이때, 말하여야 하는 수는 3, 6, 9를 제외한 7가지 수로 이루어져 있고, 그 중 0000은 제외되므로 그 개수는

$2\times7\times7\times7-1=685$

따라서 말하지 않아야 하는 수의 개수는 $1999-685=1314$

546 정답 ········ 781

주사위를 5번 던져서 나온 눈의 수의 최솟값이 3인 경우는

3 이상의 눈 3, 4, 5, 6이 나오는 경우에서 3이 반드시

포함 되어야 하므로

4, 5, 6의 눈이 나오는 경우를 제외하면 된다.

$\therefore 4^5-3^5=1024-243=781$

547 정답 ········ 180

주사위를 5번 던져서 나온 눈의 수의 최댓값이 6, 최솟값이 4인 경우는 4, 5, 6의 눈이 나오는 경우에서 4와 6이 모두 포함되어야 하므로 4, 6 중 하나만 포함되는 경우와 둘 다 포함되지 않는 경우를 제외시켜야 한다.

전체 경우의 수는 $3^5=243$이고
이 중 나온 눈의 수가 4만 포함되는 경우는 $2^5-1=31$
6만 포함되는 경우도 $2^5-1=31$
4, 6 둘다 포함 되지 않는 경우는 1가지이므로
구하는 경우의 수는 $3^5-(2^5-1)\times2-1=180$이다.

548 정답 ········· 12150

(ⅰ) a, b, c, d, e가 적힌 5개의 공을 서로 다른 세 개의 바구니에 넣는 경우의 수는 $3^5=243$
이때, 빈 바구니가 없도록 하려면 5개의 공을 두 개의 바구니에 적어도 하나씩 넣는 경우 ${}_3C_2\times(2^5-2)=90$과 5개의 공을 한 개의 바구니에 넣는 경우 3가지를 제외해야 하므로
$3^5-{}_3C_2\times(2^5-2)-3=150$
(ⅱ) 1, 2, 3, 4가 적힌 4개의 공을 서로 다른 세 개의 바구니에 넣는 경우의 수는 각각의 공을 넣을 수 있는 바구니가 3개씩이므로 $3\times3\times3\times3=3^4=81$
(ⅰ), (ⅱ)에 의해 구하는 경우의 수는 $150\times81=12150$

549 정답 ········· 3240

먼저 1, 2, 3, 4가 적힌 4개의 공을 똑같은 세 개의 바구니에 적어도 하나씩 들어가도록
공을 담는 경우의 수는 (2, 1, 1)씩 나누어 담아야 하므로
${}_4C_2\times{}_2C_1\times{}_1C_1\times\frac{1}{2!}=6$
이제 남은 a, b, c, d, e, f가 적혀있는 6개의 공을
숫자들이 담긴 세 바구니에 담는 경우의 수는 $3^6=729$
이때, 각 바구니에 문자가 적혀있는 공이 적어도 하나씩 들어가려면
6개의 공을 두 개의 바구니에 적어도 하나씩 넣는 경우
${}_3C_2\times(2^6-2)=186$
6개의 공을 한 개의 바구니에 넣는 경우 3가지를 제외해야 하므로 $3^6-{}_3C_2\times(2^6-2)-3=540$
따라서 구하는 경우의 수는 $6\times540=3240$

550 정답 ········· 36

• **방법 1**
서로 다른 과일 4개는 정의역, 3명의 학생은 공역에 해당되므로 정의역이 {1, 2, 3, 4}, 공역이 {1, 2, 3}일 때, 치역과 공역이 같은 함수의 개수는
$3^4-\{3+{}_3C_2(2^4-2)\}=81-(3+42)=36$
따라서 구하는 경우의 수는 36이다.

• **방법 2**
서로 다른 과일 4개를 3명의 학생에게 적어도 하나씩 모두 나눠주는 경우는 3명 중 한 명은 2개, 나머지는 1개씩 받는 경우의 수와 같으므로 과일 4개 중 2개를 고른 후 3명 중 한 명에게 모두 주고 나머지 2개는 남은 2명에게 한 개씩 주면 된다.
$\therefore\ {}_4C_2\times{}_3C_1\times2!=36$

551 정답 ········· 240

6개의 문자를 모두 사용하여 만든 문자열의 집합을 U라 하면
$n(U)=6!$
이때, A와 a가 이웃하는 문자열의 집합을 X
B와 b가 이웃하는 문자열의 집합을 Y
C와 c가 이웃하는 문자열의 집합을 Z라 하면
주어진 조건을 모두 만족하는 집합은 $X^C\cap Y^C\cap Z^C$이다.
따라서
$n(X^C\cap Y^C\cap Z^C)$
$=n(U)-n(X\cup Y\cup Z)$
$=n(U)-\{n(X)+n(Y)+n(Z)-n(X\cap Y)$
$-n(Y\cap Z)-n(Z\cap X)+n(X\cap Y\cap Z)\}$
$=6!-\{(5!\times2)\times3-(4!\times2^2)\times3+3!\times2^3\}$
$=720-720+288-48=240$

552 정답 ········· 480

같은 문자가 서로 이웃하는 경우는
(ⅰ) 같은 문자 한 쌍이 이웃하는 경우
같은 문자 세 쌍 중 이웃하는 한 쌍을 고르고, 이 이웃한 한 쌍을 하나로 묶어서 배열하는 경우의 수이므로
${}_3C_1\times5!\times2!=720$
(ⅱ) 같은 문자 두 쌍이 서로 이웃하는 경우
같은 문자 세 쌍 중 이웃하는 두 쌍을 고르고, 이때 고른 두 쌍의 문자는 각각 하나로 묶어서 배열하는 경우의 수이므로
${}_3C_2\times4!\times2!\times2!=288$
(ⅲ) 같은 문자 세 쌍이 모두 이웃하는 경우
같은 문자 세 쌍을 각각 하나로 묶어서 배열하는 경우의 수이므로 $3!\times2!\times2!\times2!=48$
(ⅰ) ~ (ⅲ)에서 포함배제의 원리에 의해 구하는 경우의 수는
$720-288+48=480$

553 정답 ········· 64

A, B, C, D, E를 모두 사용하여 만든 5자리 문자열의 집합을 U라 하면 $n(U)=5!$

U의 원소 중에서

A의 바로 다음 자리에 B가 오는 문자열의 집합을 X

B의 바로 다음 자리에 C가 오는 문자열의 집합을 Y

C의 바로 다음 자리에 D가 오는 문자열의 집합을 Z라 하면

주어진 조건을 모두 만족시키는 집합은 $X^C\cap Y^C\cap Z^C$이다.

A 바로 다음에 B가 오는 경우는 AB를 한 문자로 생각하여

4자리의 문자열을 배열하는 경우와 같으므로 4!

$\therefore n(X)=n(Y)=n(Z)=4!$

A 바로 다음 B, B 바로 다음 C가 오는 경우는

ABC를 한 문자로 생각하여

3자리 문자열을 배열하는 경우와 같고(3!)

B 바로 다음 C, C 바로 다음 D가 오는 경우는

BCD를 한 문자로 생각하여

3자리 문자열을 배열하는 경우와 같으며(3!)

C 바로 다음 D, A 바로 다음 B가 오는 경우는

CD와 AB를 각각 같은 한 문자로 생각하여

3자리 문자열을 배열하는 경우 (3!)이므로

$n(X\cap Y)=n(Y\cap Z)=n(Z\cap X)=3!$

A 바로 다음 B, B 바로 다음 C, C 바로 다음 D가 오는 경우는

ABCD를 한 문자로 생각하여

2자리의 문자열을 배열하는 경우와 같으므로 $n(X\cap Y\cap Z)=2!$

$$\begin{aligned}\therefore\ & n(X^C\cap Y^C\cap Z^C)\\ &=n(U)-n(X)-n(Y)-n(Z)\\ &\quad+n(X\cap Y)+n(Y\cap Z)+n(Z\cap X)-n(X\cap Y\cap Z)\\ &=5!-4!\times3+3!\times3-2=64\end{aligned}$$

554 정답 ········· 28

주어진 조건으로부터 A의 자리를 택하는 방법은 둘째, 넷째의 2가지이다. 만약 A가 둘째 자리에 왔다고 가정할 때 B, C, D, E를 모두 사용하여 만든 문자열의 집합을 U라 하면 $n(U)=4!$

한편, U의 원소 중에서 셋째 자리에 B가 오는 문자열을 X, 다섯째 자리에 C가 오는 문자열을 Y라 하면 주어진 조건을 모두 만족하는 집합은 $X^C\cap Y^C$이다. 따라서

$$\begin{aligned}n(X^C\cap Y^C)&=n(U)-n(X)-n(Y)+n(X\cap Y)\\ &=4!-2\times3!+2!\\ &=24-12+2=14\end{aligned}$$

A가 넷째 자리에 놓여있을 때도 14가지이므로

구하는 경우의 수는 $14\times2=28$(가지)이다.

555 정답 ········· 14

A, B, C, D, E를 모두 사용하여 C 다음에 바로 D가 오는 문자열을 U라 하면, C와 D를 한 문자로 생각하고 4개의 문자를 배열하면 되므로

$n(U)=4!=24$

한편, U의 원소 중에서 A의 바로 다음 자리에 B가 오는 문자열을 X, B 바로 다음에 C가 오는 문자열을 Y라 하면, A 바로 다음 자리에 B가 오는 경우는 A와 B를 한 문자로 생각하고 3개의 문자를 배열하면 되므로

$n(X)=3!=6$

마찬가지로 B 바로 다음 자리에 C가 오는 경우는 B, C, D를 한 문자로 생각하고 3개의 문자를 배열하면 되므로

$n(Y)=3!=6$

A 바로 다음 B, B 바로 다음 C가 오는 경우는 A, B, C, D를 한 문자로 생각하고 2개의 문자를 배열하면 되므로

$n(X\cap Y)=2!=2$

$$\begin{aligned}\text{따라서 } n(X^c\cap Y^c)&=n(U)-n(X)-n(Y)+n(X\cap Y)\\ &=4!-3!-3!+2!=14\end{aligned}$$

556 정답 ········· 110

네 숫자 1, 2, 3, 4를 중복사용하여 만들 수 있는 네 자리 자연수들의 집합을 U라 하고, 3이 포함되어 있는 자연수들의 집합을 A, 4가 포함되어 있는 자연수들의 집합을 B라 하면

$n(U)=4\times4\times4\times4=256$

$n(A^C)=3\times3\times3\times3=81$

$n(B^C)=3\times3\times3\times3=81$

$n(A^C\cap B^C)=2\times2\times2\times2=16$

$\therefore n(A^C\cup B^C)=81+81-16=146$

따라서 3과 4가 모두 포함되어 있는 자연수의 개수는

$n(A\cap B)=n(U)-n(A^c\cup B^c)=256-146=110$

557 정답 ········· 21

x, y, z를 공의 개수로 나타낸다고 하면 일렬로 나열된 8개의 공 사이사이의 7군데에 2개의 구분 선을 그어 3개의 묶음으로 나누는 방법의 수와 같으므로 ${}_7C_2=21$(가지)이다.

558 정답 ········· 84

$(x+y+z+w)^6$을 전개하였을 때 생기는 항들은

x^6, x^5y, x^4yz, xy^2z^3, $\cdots$으로 모두 육차이다.

이것은 $xxxxxx$, $xxxxxy$, $xxxxyz$, $xyyzzz$, …으로 볼 수 있고 각 문자(●)를 칸막이(/)를 이용하여 구별하면 각각 다음과 같이 표현할 수 있다.

●●●●●●///, ●●●●●/●//, ●●●●/●/●/, ●/●●/●●●/, …

즉, ● 6개와 / 3개의 배열을 의미하므로 구하는 경우의 수는 ${}_9C_3=84$

559 정답 ········· 28

서로 다른 과자 2개를 서로 같은 모양의 바구니에 1개씩 담으면 과자가 담긴 3개의 바구니는 구분이 되므로 서로 같은 사탕 7개를 서로 다른 세 바구니에 빈 바구니가 없도록 담는 방법의 수와 같다.

즉, 비어있는 바구니에 미리 사탕 1개를 넣고 나머지 6개를 서로 다른 세 바구니에 담는 경우의 수와 같으므로 칸막이 '/'를 사용하여 바구니를 구분하면 그림과 같이 6개의 공과 2개의 칸막이를 일렬로 배열하는 방법의 수와 같다.

●●●●●●//

즉, 8개의 자리 중에서 칸막이 놓을 2개의 자리를 택하는 경우의 수는 ${}_8C_2=28$이다.

560 정답 ········· 104

먼저 서로 다른 과자 4개를 서로 같은 모양의 바구니 3개에 나누어 담는 경우는

4개/0개/0개, 3개/1개/0개, 2개/2개/0개, 2개/1개/1개로 담는 경우가 존재한다.

(i) 4개/0개/0개로 나누어 담는 경우

서로 다른 과자 4개를 담는 경우는 1가지이고 빈 바구니가 존재하면 안되므로 서로 같은 사탕 3개를 담는 경우의 수는 각 바구니에 1개/1개/1개를 담는 경우와 빈 바구니 두 개에 2개/1개를 담는 경우 2가지가 존재한다.

$\therefore 1\times2=2$

(ii) 3개/1개/0개로 나누어 담는 경우

서로 다른 과자 4개를 3개/1개/0개로 나누어 담는 경우의 수는 ${}_4C_3\times{}_1C_1=4$

과자가 담긴 3개의 바구니는 구분이 되고 비어있는 바구니가 없어야 하므로 서로 같은 사탕 3개 중 1개를 비어있는 바구니에 넣고, 남은 2개의 사탕을 서로 다른 세 바구니에 넣으면 된다. 이를 각 바구니 사이에 칸막이가 있다고 생각하면 칸막이 두 개와 공 2개를 배열하는 경우의 수와 같다. 즉, 네 개의 빈 칸에 두 개의 공이 들어갈 곳을 선택하는 경우의 수와 같으므로 ${}_4C_2=6$

$\therefore 4\times6=24$

(iii) 2개/2개/0개로 나누어 담는 경우

서로 다른 과자 4개를 2개/2개/0개로 나누어 담는 경우의 수는 ${}_4C_2\times{}_2C_2\times\frac{1}{2!}=3$

이때 서로 같은 사탕 3개를 담는 경우의 수는

바구니 한 개가 비어 있으므로 (ii)의 경우와 같다.

즉, ${}_4C_2=6$

$\therefore 3\times6=18$

(iv) 2개/1개/1개로 나누어 담는 경우

서로 다른 과자 4개를 담는 경우의 수는

${}_4C_2\times{}_2C_1\times{}_1C_1\times\frac{1}{2!}=6$

이때, 각 바구니는 구분이 되므로 서로 같은 사탕 3개를 담는 경우의 수는 각 바구니 사이에 칸막이가 있다고 생각하면 칸막이 2개와 공 3개를 배열하는 경우의 수와 같다. 즉, 다섯 개의 빈칸에 세 개의 공이 들어갈 곳을 선택하는 경우의 수와 같으므로 ${}_5C_3=10$

$\therefore 6\times10=60$

(i) ~ (iv)에 의해 구하는 경우의 수는 $2+24+18+60=104$

561 정답 ········· 55

앞 두 자리는 21로 고정되므로 앞에서 세 번째 자리부터 n개의 비밀번호를 배열하는 방법의 수를 a_n이라 하면 조건을 만족하는 10자릿수의 비밀번호의 개수는 앞 세 번째 자리에 1이 오는 경우와 2가 오는 경우로 나누어 a_n의 관계식을 구해보자.

(i) 앞 세 번째 자리에 1이 오는 경우

나머지 $n-1$개의 비밀번호는 주어진 규칙에 따라 나열하는 방법의 수이므로 a_{n-1}(가지)

(ii) 앞 세 번째 자리에 2가 오는 경우

반드시 2 다음에 1이 와야 되고, 나머지 $n-2$개의 비밀번호를 주어진 규칙에 따라 나열하는 방법의 수이므로 a_{n-2}(가지)

(i), (ii)에 의해 $a_n=a_{n-1}+a_{n-2}$ (단, $n\ge3$) ······ ㉠

a_1은 211, 212로 2가지, a_2는 2111, 2112, 2121로 3가지이므로 ㉠에 대입하면

2, 3, 5, 8, 13, 21, 34, 55, …

$\therefore a_8=55$

562 정답 ········· 44

n단의 계단을 오르는데 1단 또는 2단 또는 3단을 섞어서 오르는 방법의 수를 a_n이라 할 때

처음에 1단을 오르면 남은 $(n-1)$개의 계단을

오르는 방법은 a_{n-1}(가지)

처음에 2단을 오르고 남은 $(n-2)$개의 계단을

오르는 방법은 a_{n-2}(가지)
처음에 3단을 오르고 남은 $(n-3)$개의 계단을
오르는 방법은 a_{n-3}(가지)
이 세 경우는 동시에 일어나지 않으므로 다음 관계식이 성립한다.

$a_n=a_{n-1}+a_{n-2}+a_{n-3}$ $(n\ge 4)$ …… ㉠

이때 1단을 오르는 방법은 1가지
2단을 오르는 방법은 (1단, 1단), (2단)의 2가지
3단을 오르는 방법은
(1단, 1단, 1단), (2단, 1단), (1단, 2단), (3단)의 4가지이므로
$a_1=1$, $a_2=2$, $a_3=4$
이를 ㉠에 대입하여 나열하면
1, 2, 4, 7, 13, 24, 44, ⋯
따라서 구하는 경우의 수는 44가지이다.

563 정답 ········· 89

가로의 길이가 1, 세로의 길이가 1인 정사각형 과
가로의 길이가 2, 세로의 길이가 1인 직사각형 을 사용하여 가로의 길이가 n, 세로의 길이가 1인 직사각형 모양의 네모 칸을 빈 공간 없이 채우는 방법의 수를 a_n이라 하면
처음 가로, 세로 모두 1인 정사각형을 채우고 남은 부분인 가로의 길이가 $n-1$, 세로의 길이가 1인 네모 칸을 채우는 방법의 수는 a_{n-1}
처음 가로 2, 세로 1인 직사각형을 채우고 남은 부분인 가로의 길이가 $n-2$, 세로의 길이가 1인 네모 칸을 채우는 방법의 수는 a_{n-2}
이 두 경우는 동시에 일어날 수 없으므로 다음 점화식이 성립한다.

$a_n=a_{n-1}+a_{n-2}$ $(n\ge 3)$ …… ㉠

이때, 가로 1인 네모 칸을 채우는 방법은 1가지
가로 2인 네모 칸을 채우는 방법은 , 의 2가지이므로
$a_1=1$, $a_2=2$
이를 ㉠에 대입하여 정리하면
$a_3=a_1+a_2=3$, $a_4=a_2+a_3=5$
$a_5=a_3+a_4=8$, $a_6=a_4+a_5=13$
$a_7=a_5+a_6=21$, $a_8=a_6+a_7=34$
$a_9=a_7+a_8=55$, $a_{10}=a_8+a_9=89$
따라서 구하는 경우의 수는 89가지이다.

564 정답 ········· 356

• 방법 1

산책로는 1km 거리의 산책로 4가지와 2km 거리의 산책로 2가지가 존재하므로 갑이 O 지점에서 4km를 산책할 때, 산책로를 정하는 방법을 다음 3가지 경우로 나누어 구해보자.
(i) 1km씩 4번 산책하는 경우
각 경우 4가지의 산책로가 존재하므로 $4^4=256$
(ii) 2km 1번, 1km 2번 산책하는 경우
배열하는 방법은 3가지이고 2km 거리의 산책로가 2가지, 1km 거리의 산책로가 4가지 존재하므로
$3\times(2\times 4^2)=96$
(iii) 2km씩 2번 산책하는 경우
각 경우 2가지의 산책로가 존재하므로 $2^2=4$
(i) ~ (iii)에 의해 구하는 방법의 수는 $256+96+4=356$

• 방법 2

(n)km의 산책로를 정하는 방법의 수를 a_n이라 하면
$a_1=4$, $a_2=4\times4+2=18$이고
맨 처음 1km의 산책로를 택한 경우와 2km의 산책로를 택한 경우로 나누어 생각할 수 있다.
(i) 맨 처음 1km의 산책로를 택한 경우
처음 1km 산책로를 정하는 방법은 4가지이고
남은 $(n-1)$km의 산책로를 정하는 방법이 a_{n-1}가지이므로 $4a_{n-1}$
(ii) 맨 처음 2km의 산책로를 택할 경우
처음 2km 산책로를 정하는 방법은 2가지이고
남은 $(n-1)$km의 산책로를 정하는 방법이 a_{n-2}가지이므로 $2a_{n-2}$
(i), (ii)에 의해 $a_n=4a_{n-1}+2a_{n-2}$ $(n\ge 3)$ …… ㉠
$a_1=4$, $a_2=18$을 ㉠에 대입하여 a_4를 구하면
$a_3=4\times18+2\times4=80$, $a_4=4\times80+2\times18=356$
따라서 구하는 방법의 수는 356이다.

565 정답 ········· 560

A가 이긴 라운드의 수를 가로, B가 이긴 라운드의 수를 세로라 하자.
A가 이기면 가로 방향으로 1칸, B가 이기면 세로 방향으로 1칸 이동하는 것으로 나타내면 구하려는 경우의 수는 그림과 같이 가로 8칸, 세로 5칸의 최단 경로의 수와 같다.
이때, 점수의 차가 4점 이상이 되면 경기가 중단되므로 점수 차가 4점인 X 표시한 곳의 안쪽,
즉 색칠한 부분으로 이동했을 때의 경우의 수이다.

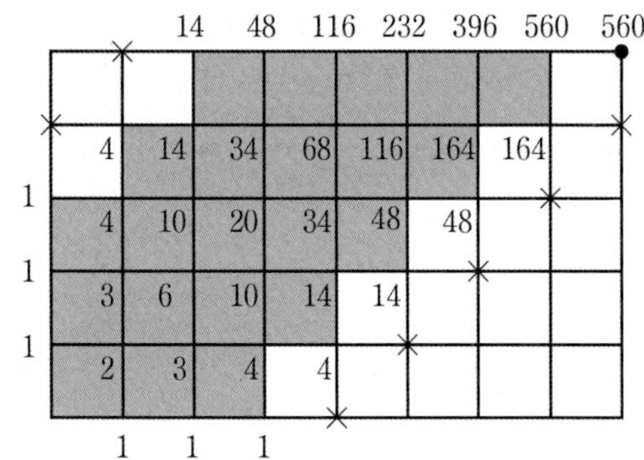

따라서 구하는 경우의 수는 560가지이다.

4 고난도 실전 연습문제

566 정답 1520

남학생을 일렬로 세우는 경우의 수는 $6!=720$이다.
이때 남학생끼리는 2명 이상씩 이웃해야 하므로 다음과 같이 나누어서 생각해보자.

(i) 남학생 6명이 모두 이웃하게 앉는 경우

여	남	남	남	남	남	남	여

여학생 2명을 서로 이웃하지 않게 앉는 방법의 수는 $2!=2$

(ii) 남학생 6명이 2명, 4명 또는 3명, 3명 또는 4명, 2명씩 이웃하여 앉는 경우

여	남	남	여	남	남	남	남	여

이웃한 두 그룹의 남학생 사이에 여학생 한 명$({}_2C_1)$, 양쪽에 나머지 여학생이 앉아야 하므로$({}_2C_1)$

$(2\times2)\times3=12$

(iii) 남학생 6명이 2명, 2명, 2명씩 이웃하여 앉는 경우

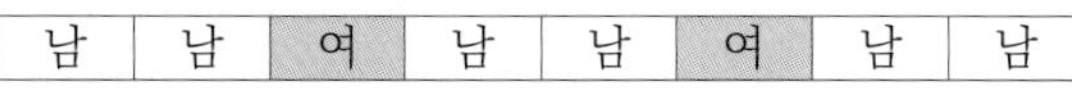

여학생 두 명은 남학생 사이에 앉아야 하므로 $2!=2$

(i) ~ (iii)에 의해 구하는 방법의 수는

$6!\times(2+12+2)=1520$

567 정답 30

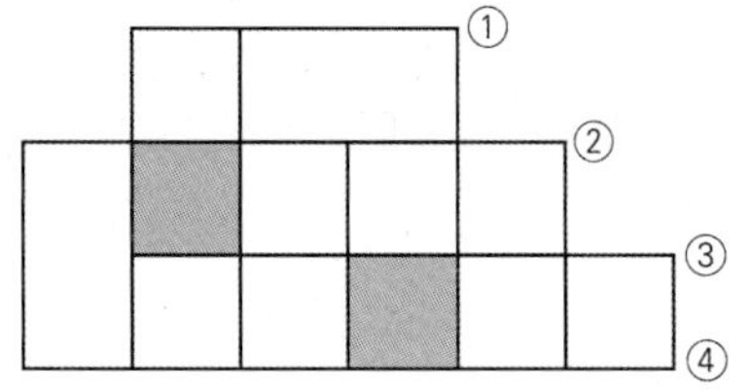

위의 그림에 있는 네 개의 가로줄 ①, ②, ③, ④ 중에서 2개를 선택하고, 각각의 경우에 대하여 세로줄 2개를 선택하면 직사각형이 된다.
이때, 색칠된 정사각형을 적어도 하나 포함하는 직사각형은

(i) 가로줄 ①, ②를 선택하는 경우는 존재하지 않는다.

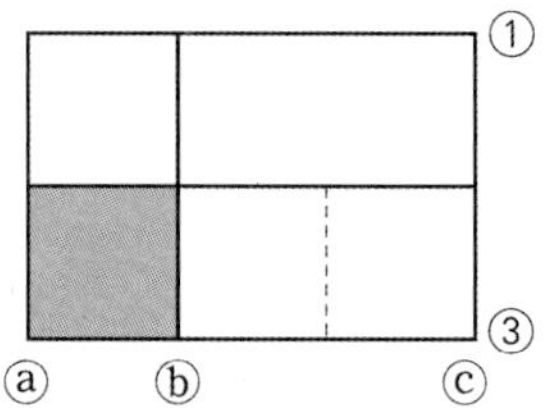

가로줄 ①, ③을 선택하는 경우는 세로줄 ⓐ, ⓑ, ⓒ에서 2개를 선택할 때, ⓑ, ⓒ를 선택하는 경우를 제외하면

${}_3C_2-1=2$

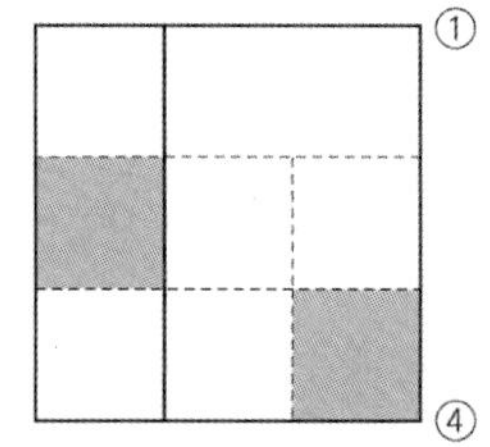

가로줄 ①, ④를 선택하는 경우는 세로줄 3개 중 2개를 선택하면 모두 색칠된 정사각형을 포함하므로 ${}_3C_2=3$

$\therefore 2+3=5$

(ii) 가로줄 ②, ③을 선택하는 경우는

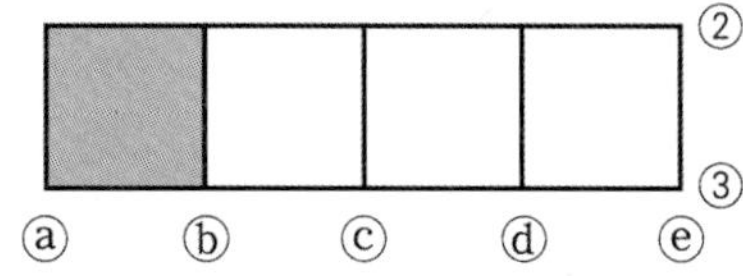

색칠한 정사각형을 포함하려면 세로줄 ⓐ와 세로줄 ⓑ, ⓒ, ⓓ, ⓔ 중 1개를 선택하면 되므로

$1\times{}_4C_1=4$

가로줄 ②, ④를 선택하는 경우는

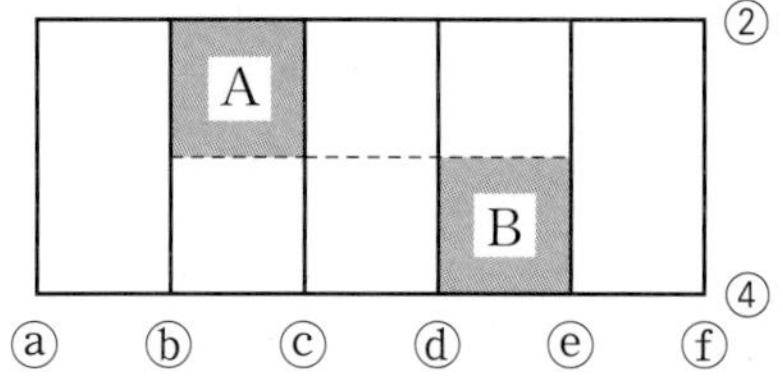

정사각형 A를 포함하는 경우는 세로줄 ⓐ, ⓑ 중 1개, 세로줄 ⓒ, ⓓ, ⓔ, ⓕ 중 1개를 선택하면 되므로 ${}_2C_1\times{}_4C_1=8$
정사각형 B를 포함하는 경우는 세로줄 ⓐ, ⓑ, ⓒ, ⓓ 중 1개, 세로 줄 ⓔ, ⓕ 중 1개를 선택하면 되므로 ${}_4C_1\times{}_2C_1=8$

같은 방법으로 A와 B를 모두 포함하는 경우는

${}_2C_1 \times {}_2C_1 = 4$이므로

구하는 경우의 수는 $8+8-4=12$

$\therefore 4+12=16$

(iii) 가로줄 ③, ④를 선택하는 경우는

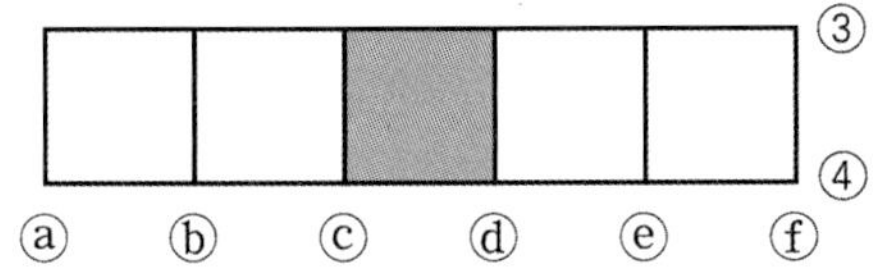

색칠한 정사각형을 포함하려면

세로줄 ⓐ, ⓑ, ⓒ에서 1개, 세로줄 ⓓ, ⓔ, ⓕ에서 1개를 선택하면 되므로 ${}_3C_1 \times {}_3C_1 = 9$

(i) ~ (iii)에 의해 구하는 경우의 수는 $5+16+9=30$

568 정답 ······ 1980

A→B→C→D→E→F 순으로 칠하는 경우의 수는 다음과 같다.

(i) B와 D가 같은 색인 경우

① B(D)와 E가 같은 색인 경우

$5 \times 4 \times 3 \times 1 \times 1 \times 4 = 240$

② B(D)와 E가 다른 색인 경우

$5 \times 4 \times 3 \times 1 \times 3 \times 3 = 540$

(ii) B와 D가 다른 색인 경우

① E에 B와 D중 한 곳과 같은 색을 칠하는 경우

$5 \times 4 \times 3 \times 2 \times 2 \times 3 = 720$

② E에 B와 D와 다른 색을 칠하는 경우

$5 \times 4 \times 3 \times 2 \times 2 \times 2 = 480$

(i), (ii)에 의해 구하는 경우의 수는

$240+540+720+480=1980$

569 정답 ······ 96

6개의 영역에 4가지 색을 모두 사용하여 칠하는 경우의 수는 어느 한 색이 세 번 사용되는 경우가 없으므로 어느 두 색이 각각 두 번 사용되는 경우만 존재한다.

그 경우는 다음과 같다.

(A, D) - (B, E), (C, F)

(A, F) - (B,E)

(B, E) - (C, F)

따라서 구하는 경우의 수는 $(2+1+1) \times 4! = 96$

570 정답 ······ 732

그림과 같이 11개의 영역을

A, B, C, D, E, F, G, H, I, J, K라 하자.

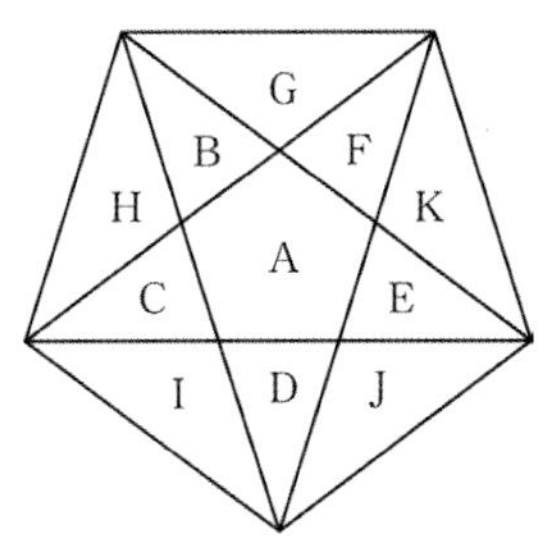

A→B→C→D→E→F→G→H→I→J→K 순으로 칠할 때, B, C, D, E, F 영역에 사용되는 색의 가짓수에 따라 경우를 나누어보면 다음과 같다.

(i) 한 가지 색을 사용하는 경우

$3 \times 2 \times 1 \times 1 \times 1 \times 1 \times 2 \times 2 \times 2 \times 2 \times 2 = 192$

(ii) 두 가지 색을 사용하는 경우

① B=C=D, E=F 또는 C=D=E, F=B 또는 D=E=F, B=C 또는 E=F=B, C=D 또는 F=B=C, D=E인 경우

$(3 \times 2 \times 1 \times 1 \times 1 \times 1 \times 1 \times 2 \times 2 \times 1 \times 2) \times 5 = 240$

② B=C=E, D=F 또는 C=D=F, B=E 또는 D=E=B, C=F 또는 E=F=C, B=D 또는 F=B=D, C=E인 경우

$(3 \times 2 \times 1 \times 1 \times 1 \times 1 \times 1 \times 2 \times 1 \times 1 \times 1) \times 5 = 60$

③ B=C=D=E 또는 C=D=E=F 또는 D=E=F=B 또는 E=F=B=C 또는 F=B=C=D인 경우

$(3 \times 2 \times 1 \times 1 \times 1 \times 1 \times 1 \times 2 \times 2 \times 2 \times 1) \times 5 = 240$

(i), (ii)에 의해 구하는 경우의 수는

$192+240+60+240=732$

571 정답 ······ 4656

조건을 만족하는 경우의 수는 전체 경우의 수에서

$(a_1-a_2)(a_2-a_3)(a_3-a_4)(a_4-a_5)(a_5-a_1) \neq 0$인

경우의 수를 빼면 된다.

(i) a_1, a_2, a_3, a_4, a_5가 가능한 경우의 수는

$6 \times 6 \times 6 \times 6 \times 6 = 6^5$

(ii) $(a_1-a_2)(a_2-a_3)(a_3-a_4)(a_4-a_5)(a_5-a_1) \neq 0$을 만족하려면

$a_1 \neq a_2$, $a_2 \neq a_3$, $a_3 \neq a_4$, $a_4 \neq a_5$, $a_5 \neq a_1$을

동시에 만족해야 한다.

이는 다음 그림과 같이 6개 이하의 색을 5개의 부채꼴에 칠하는 경우로 생각할 수 있다.

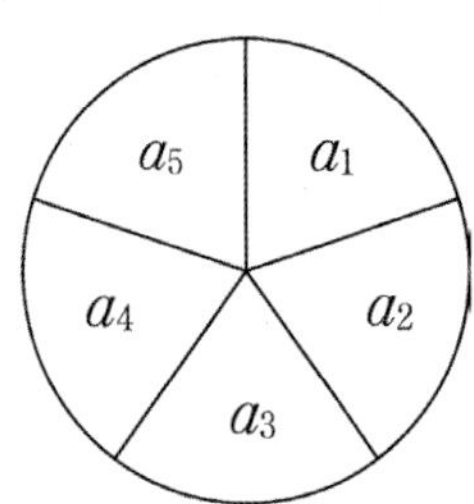

6개 이하의 색을 n개의 부채꼴에 칠하는 경우의 수를 P_n이라 하면 다음과 같은 관계식을 만족한다.

$P_n=6\times5^{n-1}-P_{n-1}$ (단, $n\geq3$) ...... ㉠

$P_2=6\times5=30$이므로 이를 ㉠에 대입하면

$P_3=6\times5^2-P_2=120$

마찬가지로 $P_4=6\times5^3-P_3=630$

$\therefore P_5=6\times5^4-P_4=3120$

(i), (ii)에 의해 구하는 경우의 수는 $6^5-3120=4656$

572 정답 777600

남학생 6명을 일렬로 세우는 방법의 수는 6!

여학생 4명을 일렬로 배열하는 방법의 수는 4!이다.

이때 남학생끼리는 2명 이상씩 이웃해야 하므로

다음과 같이 나누어 생각해보자.

(i) 남학생 6명이 모두 이웃하여 앉는 경우

이웃한 남학생 6명이 앉을 자리가 여학생 4명의 사이 사이와 양 끝의 다섯 군데이다.

$\therefore {}_5C_1=5$

(ii) 남학생 6명이 2명, 4명 또는 3명, 3명 또는 4명, 2명씩 이웃하여 앉는 경우

이웃한 남학생끼리 앉을 자리를 고르는 방법은 여학생 4명의 사이 사이와 양 끝의 다섯 군데이므로 ${}_5C_2=10$이다.

$\therefore {}_5C_2\times3=30$

(iii) 남학생 6명이 2명, 2명, 2명씩 이웃하여 앉는 경우

이웃한 남학생끼리 앉을 자리를 고르는 방법은 여학생 4명의 사이 사이와 양 끝의 다섯 군데이다.

$\therefore {}_5C_3=10$

(i) ~ (iii)에 의해 구하는 방법의 수는

$6!\times4!\times(5+30+10)=777600$

573 정답 361

14개의 점 중 어느 세 점도 일직선에 있지 않다면

직선의 개수는 ${}_{14}C_2=91$(개)인데, 직선의 개수가 85개이므로 중복되는 직선의 개수는 6개다.

일직선 위의 세 점 중에 2개를 선택하는 경우는 ${}_3C_2=3$(개)이므로 세 점이 일직선에 있는 직선은 2번이 중복되어 세어진다.

즉, 세 점이 일직선 위에 있는 직선의 개수를 m개라고 하면 $2m$개가 중복되어 세어진다.

일직선 위의 네 점 중에서 2개를 선택하는 경우는 ${}_4C_2=6$(개)이므로 네 점이 일직선 위에 있는 직선은 5번이 중복되어 세어진다.

즉, 네 점이 일직선 위에 있는 직선의 개수를 n개라고 하면 $5n$개가 중복되어 세어진다.

따라서 $2m+5n=6$이고 m, n은 음이아닌 정수이므로

$m=3$, $n=0$이다.

그러므로 삼각형의 개수는 ${}_{14}C_3-3\times{}_3C_3=364-3=361$이다.

574 정답 .... $a=15$, $b=135$

(i)

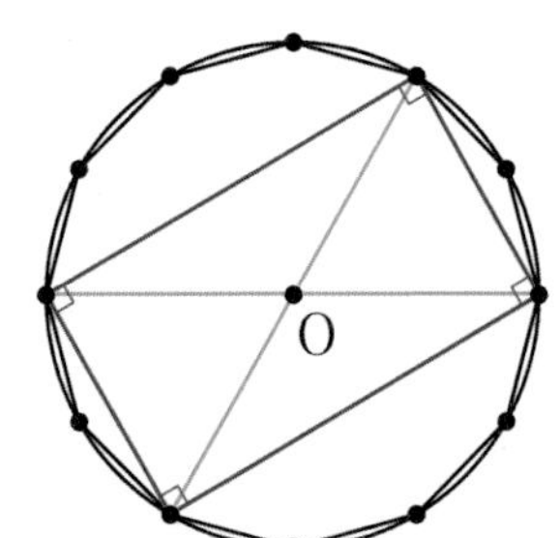

위의 그림과 같이 4개의 꼭짓점을 택하여 만든 사각형이 직사각형이려면 서로 다른 2개의 지름을 택하여 대각선으로 하면 된다. 즉, 직사각형의 개수 a는 서로 다른 지름 6개 중에서 2개를 택하는 경우의 수와 같으므로

$a={}_6C_2=15$

(ii)

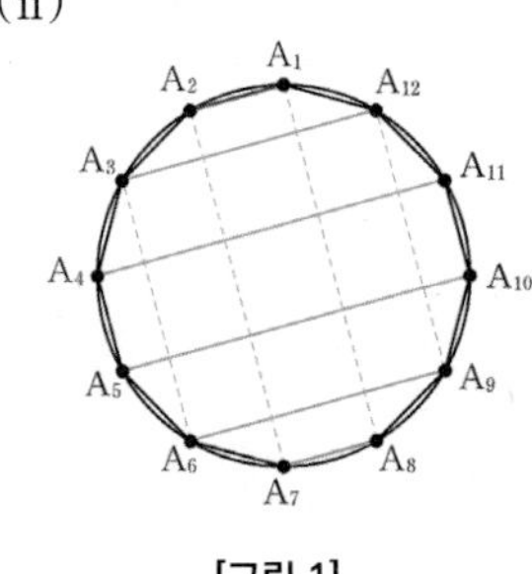

[그림 1]

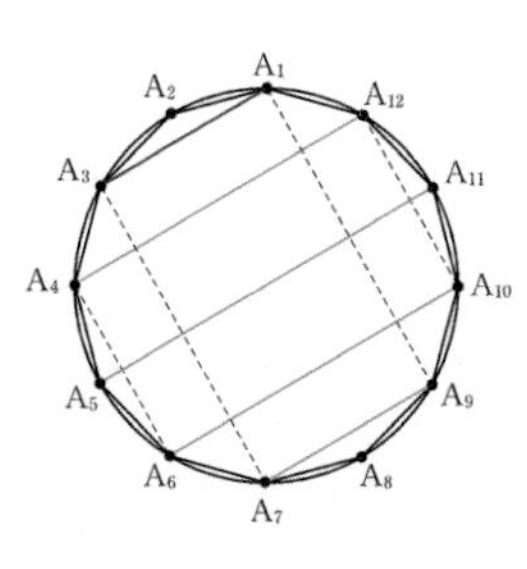

[그림 2]

4개의 점을 택하여 만든 사각형이 사다리꼴이 되려면 평행한 2개의 선분을 고르면 된다. 꼭짓점 A_1을 기준으로 평행선을 그려보면 그림과 같이 두 가지가 존재한다.

[그림1]에서 6개의 평행한 선분으로 만들 수 있는 사다리꼴은 ${}_6C_2$이고 **[그림2]**에서 5개의 평행한 선분으로 만들 수 있는 사다리꼴은 ${}_5C_2$이다.

이때 **[그림1]**에서는 $\overline{A_1A_2}$와 평행한 사다리꼴 중 직사각형은

$\overline{A_4A_5}$와 평행한 직사각형과 3개씩 중복이 되고 **[그림2]**에서는 $\overline{A_1A_3}$와 평행한 사다리꼴 중 직사각형은 $\overline{A_4A_6}$과 평행한 사다리꼴 중 직사각형과 2개씩 중복이 되므로 제외 시켜 주어야 한다.

즉, 직사각형의 개수는 **[그림1]**에서 $\overline{A_1A_2}$, $\overline{A_2A_3}$, $\overline{A_3A_4}$에 평행한 경우 각각 3개씩, **[그림 2]**에서 $\overline{A_1A_3}$, $\overline{A_2A_4}$, $\overline{A_3A_5}$에 평행한 경우 각각 2개씩 존재하므로 구하는 사다리꼴의 개수는

$b=({}_6C_2+{}_5C_2)\times6-3\times(2+3)=135$

575 정답 ······ 960

서로 같은 사탕 2개를 서로 다른 모양의 바구니 5개에
나누어 담는 경우의 수는 다음과 같이 두 가지 경우가 존재한다.

(ⅰ) 한 바구니에 사탕 2개를 담는 경우
서로 다른 바구니 5개 중 사탕 2개를 담을 바구니 1개를 고르는 경우의 수는 ${}_5C_1$
빈 바구니가 존재하지 않아야 하므로
빈 바구니 4개에 서로 다른 과자 4개를
각각 하나씩 담는 경우의 수는 $4!$
따라서 구하는 경우의 수는 ${}_5C_1\times4!=120$

(ⅱ) 두 개의 바구니에 각각 사탕 1개씩 담는 경우
서로 다른 바구니 5개 중 2개의 사탕을 담을 바구니를
고르는 경우의 수는 ${}_5C_2=10$
빈 바구니가 존재하지 않아야 하므로
다음 두 가지 경우로 나누어 생각하자.

① 서로 다른 4개의 과자를 사탕을 넣지 않은 빈 바구니 3개에 담는 경우
서로 다른 4개의 과자를 2개, 1개, 1개로 분배하는 방법의 수와 같으므로
${}_4C_2\times{}_2C_1\times{}_1C_1\times\frac{1}{2!}\times3!=36$

② 서로 다른 4개의 과자를 3개의 빈 바구니에 각각 1개씩 담고, 남은 과자 1개는 사탕이 들어있는 바구니에 담는 경우
${}_4P_3\times2!=48$

따라서 구하는 경우의 수는 $10\times(36+48)=840$

(ⅰ), (ⅱ)에 의해 가능한 모든 방법의 수는 $120+840=960$

576 정답 ······ $n=100$, $r=5$

1부터 100까지의 자연수 중에서 서로 다른 5개의 수를 선택할 때, 5개의 수 중에서 세 번째로 작은 수가 k인 경우의 수를 a_k라 하면
선택된 5개의 수 중에서 k보다 작은 수가 2개이고
k보다 큰 수가 2개인 경우의 수이므로

$a_k={}_{k-1}C_2\times{}_{100-k}C_2$ (단, $k=3, 4, \cdots, 98$)

$a_3+a_4+a_5+\cdots+a_{98}$

$={}_2C_2\times{}_{97}C_2+{}_3C_2\times{}_{96}C_2+\cdots+{}_{97}C_2\times{}_2C_2$

이는 1부터 100까지의 자연수 중에서 서로 다른 5개의 수를 선택하는 경우의 수와 같으므로

${}_2C_2\times{}_{97}C_2+{}_3C_2\times{}_{96}C_2+\cdots+{}_{97}C_2\times{}_2C_2={}_{100}C_5$

$\therefore n=100$, $r=5$

577 정답 ······ (1) 270 (2) 180

(1) 7개의 팀을 3팀, 4팀으로 나눈 후
3명인 조를 1명, 2명으로, 4명인 조를 2명, 2명으로
나누는 방법의 수는
${}_7C_3\times{}_4C_4\times({}_3C_1\times{}_2C_2)\times\left({}_4C_2\times{}_2C_2\times\frac{1}{2!}\right)=315$
이때, A, B가 첫 번째 경기에 만나는 경우는
다음 두 가지 경우로 나눌 수 있다.

(ⅰ) 3팀에서 첫 번째 경기를 하는 경우
남은 5개 팀 중 A, B의 승자와 경기 할 1팀을 고르는 경우는 ${}_5C_1=5$
이때, 다른 조 4팀을 2팀, 2팀으로 나누는 경우는
${}_4C_2\times{}_2C_2\times\frac{1}{2!}=3$이므로
구하는 경우의 수는 $5\times3=15$

(ⅱ) 4팀에서 첫 번째 경기를 하는 경우
남은 5개 팀 중 A, B와 같은 조인 2팀을 고르는 경우는
${}_5C_2=10$가지
이때, 다른 조 3팀을 1팀, 2팀으로 나누는 경우는
${}_3C_1\times{}_2C_2=3$이므로
구하는 경우의 수는 $10\times3=30$

(ⅰ), (ⅱ)에 의해 A, B가 첫 번째 경기에서 만나지 않도록 대진표 작성하는 방법의 수는 $315-(15+30)=270$

(2) A와 B가 결승전 이전에 서로 만나지 않으려면 A와 B를 3팀인 조와 4팀인 조에 나누어서 배정해야 한다.

(ⅰ) A와 B를 3팀인 조와 4팀인 조로 나누어서 배정하는 경우의 수는 2가지

(ⅱ) A, B를 제외하고 3팀인 조에 배정된 2개의 팀과 4팀인 조에 배정될 3개의 팀을 고르는 방법의 수는
${}_5C_2\times{}_3C_3=10\times1=10$

(ⅲ) 3팀인 조에 배정된 팀을 (1, 2)로 나누는 방법의 수는
${}_3C_1=3$
4팀인 조에 배정된 팀을 (2, 2)로 나누는 방법의 수는
${}_4C_2\times{}_2C_2\times\frac{1}{2!}=3$

(ⅰ) ~ (ⅲ)에 의해 구하는 방법의 수는 $2\times10\times(3\times3)=180$

578 정답 4800

먼저 대문자 A, B, C, D, E를 일렬로 배열하는 방법의 수는 $5!=120$

그 각각에 대하여 대문자 5개의 사이사이와 양 끝의 6개의 자리에 숫자 1, 2, 3을 배열하면 숫자끼리는 이웃하지 않는다.

이때, 숫자 1이 숫자 2, 3보다 왼쪽에 배열되어야 하므로 6개의 자리에 1, 2, 3을 놓을 3개의 자리를 먼저 택하고($_6C_3=20$) 선택한 3개의 자리 맨 앞에 1이 오므로 나머지 2개의 자리에 2, 3을 배열하는 경우의 수는 $2!=2$

따라서 구하는 방법의 수는 $120\times20\times2=4800$

579 정답 72

1부터 9까지의 자연수 중에서 3으로 나눈 나머지가 0, 1, 2인 수의 집합을 각각 A_0, A_1, A_2라 하면

$A_0=\{3, 6, 9\}$, $A_1=\{1, 4, 7\}$, $A_2=\{2, 5, 8\}$

2와 7은 3×3 정사각형 안의 칸에 고정되어 있으므로 색으로 표시하고, 9개의 자연수를 3으로 나눈 나머지인 0, 1, 2로 나타내보자.

그러면 같은 줄에 있는 세 수의 합이 모두 3의 배수가 되도록 배열하는 경우는 다음과 같이 세 가지다.

(i)

1	2	0
0	1	2
2	0	1

(ii)

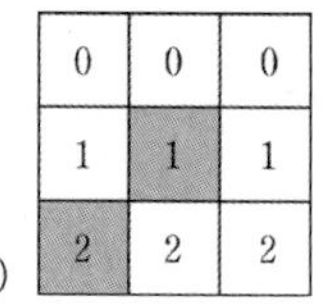

0	0	0
1	1	1
2	2	2

(iii)

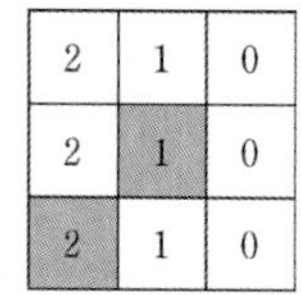

2	1	0
2	1	0
2	1	0

(i) ~ (iii)의 각 경우에서

0으로 표시된 칸에 A_0의 원소들을 배열하는 경우의 수는 $3!$

1로 표시된 칸에 A_1의 나머지 두 원소를 배열하는 방법의 수는 $2!$

2로 표시된 칸에 A_2의 나머지 두 원소를 배열하는 방법의 수는 $2!$

따라서 $3!\times2!\times2!=24$

(i) ~ (iii)에 의해 구하는 경우의 수는 $24\times3=72$

580 정답 178

같은 색의 바둑돌끼리 서로 두 개까지만 이웃할 수 있을 때, n개의 바둑돌을 일렬로 나열하는 방법의 수를 a_n이라고 하자.

이때, 흰 바둑돌을 ○, 검은 바둑돌을 ●라 놓고

n번째 바둑돌이 흰색인 경우와 검은색인 경우로 나누어 생각하면 다음 그림과 같다.

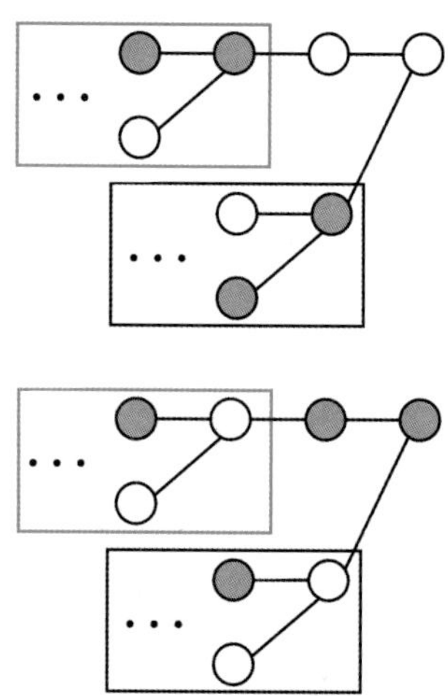

즉, 검은색 부분은 $n-1$개의 바둑돌을 조건에 맞게 배열하는 방법의 수이고,

파란색 부분은 $n-2$개의 바둑돌을 조건에 맞게 배열하는 방법의 수이므로

다음과 같은 점화식이 성립한다.

$a_n=a_{n-2}+a_{n-1}\ (n\geq3)$ ...... ㉠

이때, 바둑돌 1개일 때는 ○, ●이 가능하고,

바둑돌 2개일 때는 ○○, ○●, ●○, ●●이 가능하므로

$a_1=2$, $a_2=4$이다.

이를 ㉠에 대입하여 정리하면

$a_3=a_1+a_2=6$, $a_4=a_2+a_3=10$

$a_5=a_3+a_4=16$, $a_6=a_4+a_5=26$

$a_7=a_5+a_6=42$, $a_8=a_6+a_7=68$

$a_9=a_7+a_8=110$, $a_{10}=a_8+a_9=178$

따라서 구하는 경우의 수는 178가지이다.

581 정답 683

$50n$ mL의 물을 받기 위해서 정수기의 버튼을 순서대로 누르는 방법의 수를 a_n이라 하면

$a_1=1$, $a_2=3$이고

맨 처음 A버튼을 누르는 경우와 B 또는 C버튼을 누르는 경우로 나누어 생각할 수 있다.

(i) 맨 처음에 A버튼을 누르는 경우
50mL를 제외한 나머지 $50(n-1)$mL의 물을 받기 위해 정수기의 버튼을 누르는 방법의 수이므로 a_{n-1}가지

(ii) 맨 처음에 B 또는 C버튼을 누르는 경우
100mL를 제외한 나머지 $50(n-2)$mL의 물을 받기 위해 정수기의 버튼을 누르는 방법의 수이므로 $2a_{n-2}$가지

(i), (ii)에 의해

$a_n=a_{n-1}+2a_{n-2}\ (n\geq3)$ ...... ㉠

$a_1=1$, $a_2=3$을 ㉠에 대입하여 나열하면
1, 3, 5, 11, 21, 43, 85, 171, 341, 683, ⋯
따라서 500mL를 받기 위해서 버튼을 순서대로 누르는 방법 수는 683가지이다.

XI 행렬

1 행렬의 곱셈 및 거듭제곱

582 정답

(1) $A=O$

(2) $A=\begin{pmatrix}-2 & -2\\ -2 & 2\end{pmatrix}$, $A=\begin{pmatrix}2 & 2\\ 2 & -2\end{pmatrix}$

(3) $A=O$, $A=\begin{pmatrix}0 & 0\\ -4 & 4\end{pmatrix}$, $A=\begin{pmatrix}4 & 4\\ 0 & 0\end{pmatrix}$

(1) $A^2=O$이므로

$$\begin{pmatrix}p & p\\ -q & q\end{pmatrix}\begin{pmatrix}p & p\\ -q & q\end{pmatrix}=\begin{pmatrix}p^2-pq & p^2+pq\\ -pq-q^2 & -pq+q^2\end{pmatrix}=\begin{pmatrix}0 & 0\\ 0 & 0\end{pmatrix}$$

$p^2-pq=0$, $p^2+pq=0$에서 $p=0$
$-q^2-pq=0$, $q^2-pq=0$에서 $q=0$
$\therefore A=O$

(2) $A^2=8E$이므로

$$\begin{pmatrix}p & p\\ -q & q\end{pmatrix}\begin{pmatrix}p & p\\ -q & q\end{pmatrix}=\begin{pmatrix}p^2-pq & p^2+pq\\ -pq-q^2 & -pq+q^2\end{pmatrix}=\begin{pmatrix}8 & 0\\ 0 & 8\end{pmatrix}$$

$p^2-pq=8$, $p^2+pq=0$에서 $p^2=4$
$\therefore p=-2$ 또는 $p=2$
$pq=-p^2=-4$이므로
$p=-2$일 때 $q=2$
$p=2$일 때 $q=-2$
$-q^2-pq=0$, $q^2-pq=8$에서도 동일하다.
따라서 $A=\begin{pmatrix}-2 & -2\\ -2 & 2\end{pmatrix}$ 또는 $A=\begin{pmatrix}2 & 2\\ 2 & -2\end{pmatrix}$

(3) $A^2=4A$이므로

$$\begin{pmatrix}p & p\\ -q & q\end{pmatrix}\begin{pmatrix}p & p\\ -q & q\end{pmatrix}=\begin{pmatrix}p^2-pq & p^2+pq\\ -pq-q^2 & -pq+q^2\end{pmatrix}=\begin{pmatrix}4p & 4p\\ -4q & 4q\end{pmatrix}$$

$p^2-pq=4p$, $p^2+pq=4p$에서 $2p^2=8p$
$\therefore p=0$ 또는 $p=4$
이때, $p=4$를 대입하면 $q=0$
$-q^2-pq=-4q$, $q^2-pq=4q$에서 $2q^2=8q$
$\therefore q=0$ 또는 $q=4$
이때, $q=4$를 대입하면 $p=0$
즉, $p=0$, $q=0$, $p=0$, $q=4$ 또는 $p=4$, $q=0$이므로
$A=O$, $A=\begin{pmatrix}0 & 0\\ -4 & 4\end{pmatrix}$ 또는 $A=\begin{pmatrix}4 & 4\\ 0 & 0\end{pmatrix}$

583 정답 2024

$A=\begin{pmatrix}-1 & 0\\ 0 & 1\end{pmatrix}$에 대하여

$$A^n=\begin{pmatrix}(-1)^n & 0\\ 0 & 1^n\end{pmatrix}=\begin{pmatrix}(-1)^n & 0\\ 0 & 1\end{pmatrix}$$

$\therefore A+A^2+A^3+\cdots+A^{2025}$

$$=\begin{pmatrix}-1 & 0\\ 0 & 1\end{pmatrix}+\begin{pmatrix}1 & 0\\ 0 & 1\end{pmatrix}+\begin{pmatrix}-1 & 0\\ 0 & 1\end{pmatrix}+\cdots+\begin{pmatrix}-1 & 0\\ 0 & 1\end{pmatrix}$$

$$=\begin{pmatrix}-1 & 0\\ 0 & 1\times 2025\end{pmatrix}$$

따라서 $A+A^2+A^3+\cdots+A^{2025}$의 모든 성분의 합은
$-1+2025=2024$

584 정답 5

$A=\begin{pmatrix}1 & 0\\ 0 & 3\end{pmatrix}$에 대하여 $A^n=\begin{pmatrix}1^n & 0\\ 0 & 3^n\end{pmatrix}=\begin{pmatrix}1 & 0\\ 0 & 3^n\end{pmatrix}$

$B=\begin{pmatrix}-2 & 0\\ 0 & 1\end{pmatrix}$에 대하여 $B^n=\begin{pmatrix}(-2)^n & 0\\ 0 & 1^n\end{pmatrix}=\begin{pmatrix}(-2)^n & 0\\ 0 & 1\end{pmatrix}$

A^n+B^n의 모든 성분의 합이 213이므로
$1+3^n+1+1(-2)^n=213$
$3^n+(-2)^n=211$ $\therefore n=5$

585 정답 $\frac{2025}{2024}$

$A=\frac{1}{2}\begin{pmatrix}1 & 1\\ 0 & 2\end{pmatrix}$에 대하여

$$A^n=\left(\frac{1}{2}\right)^n\begin{pmatrix}1 & 1\times(1+2+2^2+\cdots+2^{n-1})\\ 0 & 2^n\end{pmatrix}$$

$$=\left(\frac{1}{2}\right)^n\begin{pmatrix}1 & \frac{2^n-1}{2-1}\\ 0 & 2^n\end{pmatrix}$$

$$=\begin{pmatrix}\left(\frac{1}{2}\right)^n & 1-\left(\frac{1}{2}\right)^n\\ 0 & 1\end{pmatrix}$$

이때, A^n의 모든 성분의 합이 2이므로
$A+A^2+A^3+\cdots+A^n$의 모든 성분의 합 $S(n)=2n$이다.

$\therefore \frac{S(2025)}{S(2024)}=\frac{2\times 2025}{2\times 2024}=\frac{2025}{2024}$

2 A^n의 유도

586 정답 ······ 19

(i) $A=kE$ (단, k는 실수)일 때

주어진 식에 $A=kE$를 대입하면

$A^2-5A+6E$

$=(kE)^2-5kE+6E$

$=(k^2-5k+6)E=O$에서

$k^2-5k+6=0$, $(k-2)(k-3)=0$

$\therefore k=2$ 또는 $k=3$

즉, $A=2E$ 또는 $A=3E$ 이므로

$A=\begin{pmatrix}2&0\\0&2\end{pmatrix}$ 또는 $A=\begin{pmatrix}3&0\\0&3\end{pmatrix}$

따라서 $ad-bc=4$ 또는 $ad-bc=9$

(ii) $A\neq kE$ (단, k는 실수)일 때

케일리-헤밀턴 정리에 의해 $ad-bc=6$

(i), (ii)에 의해 가능한 $ad-bc$의 합은 $4+9+6=19$

587 정답 ······ $a=2$, $b=-6$

$A=\begin{pmatrix}a&b\\-1&1\end{pmatrix}\neq kE$ (단, k는 실수)이므로 케일리-헤밀턴 정리에 의하여

$A^2-(a+1)A+(a+b)E=O$

$a+1=3$, $a+b=-4$

$\therefore a=2$, $b=-6$

588 정답 ······ 0

$A=\begin{pmatrix}-2&3\\-1&1\end{pmatrix}$에서 케일리-헤밀턴 정리에 의하여

$A^2+A+E=O$

양변에 $A-E$를 곱하면 $(A-E)(A^2+A+E)=O$

$A^3-E=O$

$\therefore A^3=E$

$A^{3k+1}=A$, $A^{3k+2}=A^2$, $A^{3k+3}=E$ (단, k는 음이 아닌 정수)이므로

$A^{3k+1}+A^{3k+2}+A^{3k+3}=A+A^2+E=O$

$\therefore E+A+A^2+A^3+\cdots+A^{2024}$

$=(E+A+A^2)+\cdots+(E+A+A^2)=O$

그러므로 주어진 행렬의 모든 성분의 합은 0이다.

589 정답 ······ $\begin{pmatrix}1&17\\2&29\end{pmatrix}$

$A=\begin{pmatrix}5&-3\\7&-4\end{pmatrix}$에서 케일리-헤밀턴 정리에 의하여

$A^2-A+E=O$

양변에 $A+E$를 곱하면 $(A+E)(A^2-A+E)=O$, $A^3+E=O$

$\therefore A^3=-E$

$A^6=(A^3)^2=(-E)^2=E$이므로

$A^{2024}=(A^6)^{337}\times A^2=A^2=A-E=\begin{pmatrix}5&-3\\7&-4\end{pmatrix}-\begin{pmatrix}1&0\\0&1\end{pmatrix}=\begin{pmatrix}4&-3\\7&-5\end{pmatrix}$

$\therefore A^{2024}B=\begin{pmatrix}4&-3\\7&-5\end{pmatrix}\begin{pmatrix}1&2\\1&-3\end{pmatrix}=\begin{pmatrix}1&17\\2&29\end{pmatrix}$

590 정답 ······ $x=-2$, $y=-1$

$A=\begin{pmatrix}1&-1\\1&-2\end{pmatrix}$에서 케일리-헤밀턴 정리에 의하여

$A^2+A-E=O$이므로

$A^4+2A^3+A^2-2A-2E$

$=(A^2+A-E)(A^2+A+E)-2A-E=-2A-E$

$\therefore x=-2$, $y=-1$

591 정답 ······ -1

$A=\begin{pmatrix}\frac{1}{2}&-\frac{\sqrt{3}}{2}\\\frac{\sqrt{3}}{2}&\frac{1}{2}\end{pmatrix}$에서 케일리-헤밀턴 정리에 의하여

$A^2-A+E=O$

양변에 $A+E$를 곱하면 $(A+E)(A^2-A+E)=O$, $A^3+E=O$

$\therefore A^3=-E$

$A^6=(A^3)^2=(-E)^2=E$이므로

$A^{100}=(A^6)^{16}\times A^4=A^4=A^3\times A=-A=\begin{pmatrix}-\frac{1}{2}&\frac{\sqrt{3}}{2}\\-\frac{\sqrt{3}}{2}&-\frac{1}{2}\end{pmatrix}$

따라서 A^{100}의 모든 성분의 합은 $-\frac{1}{2}+\frac{\sqrt{3}}{2}-\frac{\sqrt{3}}{2}-\frac{1}{2}=-1$이다.

592 정답 ······ 12

$A=\begin{pmatrix}2&1\\-2&0\end{pmatrix}$에서 케일리-헤밀턴 정리에 의하여

$A^2-2A+2E=O$

$\therefore A^2=2A-2E$

$A^3=2A^2-2A=2(2A-2E)-2A=2A-4E$

$A^4=2A^2-4A=2(2A-2E)-4A=-4E$

$A^8=(A^4)^2=16E$

즉, n이 8의 배수일 때 $A^n=kE$ (단, $k>0$) 꼴이 된다.

따라서 구하는 자연수 n은 $n=8, 16, \cdots, 96$으로 12개다.

593 정답 4096

$A=\begin{pmatrix} 2 & 1 \\ -4 & 2 \end{pmatrix}$에서 케일리-헤밀턴 정리에 의하여

$A^2-4A+8E=O$이므로

$\therefore A^2=4A-8E$

$A^3=4A^2-8A=4(4A-8E)-8A=8A-32E$

$A^4=8A^2-32A=8(4A-8E)-32A=-64E=-2^6E$

$A^8=2^{12}E$

$\therefore A^9=2^{12}A=2^{12}\begin{pmatrix} 2 & 1 \\ -4 & 2 \end{pmatrix}$

A^9의 모든 성분의 합은 $2^{12}(2+1-4+2)=2^{12}=4096$

594 정답 2

$A+B=2E$에서 $A=2E-B$

$AB=E$에서 $(2E-B)B=E$, $2B-B^2=E$

$\therefore B^2=2B-E$

$B^3=2B^2-B=2(2B-E)-B=3B-2E$

$B^4=3B^2-2B=3(2B-E)-2B=4B-3E$

$\vdots$

$\therefore B^7=7B-6E$ …… ㉠

같은 방법으로 하면 $A^2=2A-E$

$A^3=2A^2-A=2(2A-E)-A=3A-2E$

$A^4=3A^2-2A=3(2A-E)-2A=4A-3E$

$\vdots$

$\therefore A^7=7A-6E$ …… ㉡

㉠, ㉡에 의해

$A^7+B^7=(7A-6E)+(7B-6E)$

$=7(A+B)-12E$

$=14E-12E=2E$

따라서 k의 값은 2이다.

595 정답 .... $\alpha=2025$, $\beta=-1$

$A=\begin{pmatrix} 3 & 0 \\ 1 & 1 \end{pmatrix}$에서 케일리-헤밀턴 정리에 의해

$A^2-4A+3E=O$이므로

$A(A-E)=3(A-E)$ …… ㉠

$A(A-3E)=A-3E$ …… ㉡

㉠의 양변에 A를 곱하면

$A^2(A-E)=3A(A-E)=3^2(A-E)$

$A^3(A-E)=3^2A(A-E)=3^3(A-E)$

$\vdots$

$\therefore A^{2025}(A-E)=3^{2025}(A-E)$ …… ㉢

㉡의 양변에 A를 곱하면

$A^2(A-3E)=A(A-3E)=A-3E$

$A^3(A-3E)=A(A-3E)=A-3E$

$\vdots$

$\therefore A^{2025}(A-3E)=A-3E$ …… ㉣

㉢－㉣을 하면

$2A^{2025}=3^{2025}(A-E)-(A-3E)$

$\therefore \alpha=2025$, $\beta=-1$

3 행렬의 곱셈에 대한 성질

596 정답 .... ㄱ, ㄴ, ㄷ

ㄱ. $AB=O$이면 $A^3B^3=A^2(AB)B^2=A^2OB^2=O$ (참)

ㄴ. $A^7=(A^2)^3A=A^3A=(A^2)^2=A^2=A$이므로

$A^7+B^5=2A+3E$에 대입하면

$B^5=A+3E$ $\quad\therefore AB=BA$

즉, $AB^4=B^4A$ (참)

ㄷ. $2A^2+BA=2E$에서

$(2A+B)A=A(2A+B)=2E$ …… ㉠

이므로 $AB=BA$

$4A^3B=B^3A+4E$에서 $4A^3B-B^3A=4E$

$4A^3B-B^3A=(4A^2-B^2)AB$

$=(2A+B)(2A-B)AB$

$=(2A+B)A(2A-B)B$

$=2(2A-B)B$ $\quad(\because$ ㉠$)$

$=4AB-2B^2$

$=4(2E-2A^2)-2B^2$ $\quad(\because AB=2E-2A^2)$

$=8E-8A^2-2B^2=4E$

$\therefore 4A^2+B^2=2E$ (참)

597 정답 .... ㄱ, ㄴ, ㄷ

ㄱ. $B^2=BB=B(AB)=(BA)B=AB=B$ (참)

ㄴ. $(E+BAB)(E-BAB)=E-BABBAB$

$=E-BAAB \quad (\because B^2=E)$

$=E-BAB \quad (\because A^2=A)$ (참)

ㄷ. $B^2+BA=4E$에서 $B(B+A)=(B+A)B=4E$이므로

$AB=BA$

$A^2B+AB^2=3A+4B$에서 $AB=BA$이므로

$A(BA+B^2)=3A+4B$

이때, $BA+B^2=4E$이므로

$4A=3A+4B \qquad \therefore A=4B$

$A=4B$를 $B^2+BA=4E$에 대입하면

$B^2+4B^2=4E \qquad \therefore B^2=\frac{4}{5}E$

$\therefore A^2-B^2=16B^2-B^2 \quad (\because A=4B)$

$=15B^2=12E$ (참)

4 행렬 곱셈의 변형

598 정답 $\begin{pmatrix}5\\9\end{pmatrix}$

$A\begin{pmatrix}2\\3\end{pmatrix}=\begin{pmatrix}1\\0\end{pmatrix}$이고 $A^2+A-3E=O$에서 $A^2=-A+3E$이므로

$A^2\begin{pmatrix}2\\3\end{pmatrix}=(-A+3E)\begin{pmatrix}2\\3\end{pmatrix}=-A\begin{pmatrix}2\\3\end{pmatrix}+3E\begin{pmatrix}2\\3\end{pmatrix}$

$=-\begin{pmatrix}1\\0\end{pmatrix}+\begin{pmatrix}6\\9\end{pmatrix}=\begin{pmatrix}5\\9\end{pmatrix}$

따라서 $A^2\begin{pmatrix}2\\3\end{pmatrix}=AA\begin{pmatrix}2\\3\end{pmatrix}=A\begin{pmatrix}1\\0\end{pmatrix}$이므로 $A\begin{pmatrix}1\\0\end{pmatrix}=\begin{pmatrix}5\\9\end{pmatrix}$

599 정답 $\begin{pmatrix}1\\-1\end{pmatrix}$

$\begin{pmatrix}9p+2r\\3q-2s\end{pmatrix}=\begin{pmatrix}9p\\3q\end{pmatrix}+\begin{pmatrix}2r\\-2s\end{pmatrix}=3\begin{pmatrix}3p\\q\end{pmatrix}-2\begin{pmatrix}-r\\s\end{pmatrix}$이므로

$\begin{pmatrix}-r\\s\end{pmatrix}=\frac{1}{2}\left\{3\begin{pmatrix}3p\\q\end{pmatrix}-\begin{pmatrix}9p+2r\\3q-2s\end{pmatrix}\right\}$

$\therefore A\begin{pmatrix}-r\\s\end{pmatrix}=\frac{1}{2}\left\{3A\begin{pmatrix}3p\\q\end{pmatrix}-A\begin{pmatrix}9p+2r\\3q-2s\end{pmatrix}\right\}$

$=\frac{1}{2}\left\{3\begin{pmatrix}1\\-2\end{pmatrix}-\begin{pmatrix}1\\-4\end{pmatrix}\right\}=\begin{pmatrix}1\\-1\end{pmatrix}$

600 정답 $\begin{pmatrix}4\\-2\end{pmatrix}$

$A\begin{pmatrix}1\\-1\end{pmatrix}=\begin{pmatrix}1\\0\end{pmatrix}$의 양변의 왼쪽에 행렬 A를 곱하면

$A^2\begin{pmatrix}1\\-1\end{pmatrix}=A\begin{pmatrix}1\\0\end{pmatrix}$이므로

$A\begin{pmatrix}1\\0\end{pmatrix}=A^2\begin{pmatrix}1\\-1\end{pmatrix}=\begin{pmatrix}3&0\\0&2\end{pmatrix}\begin{pmatrix}1\\-1\end{pmatrix}=\begin{pmatrix}3\\-2\end{pmatrix}$

$\therefore A\begin{pmatrix}2\\-1\end{pmatrix}=A\begin{pmatrix}1\\-1\end{pmatrix}+A\begin{pmatrix}1\\0\end{pmatrix}=\begin{pmatrix}1\\0\end{pmatrix}+\begin{pmatrix}3\\-2\end{pmatrix}=\begin{pmatrix}4\\-2\end{pmatrix}$

5 고난도 실전 연습문제

601 정답 $m=2026$, $n=2025$

$A=2\begin{pmatrix}3&0\\2&1\end{pmatrix}$에 대하여

$A^n=2^n\begin{pmatrix}3^n&0\\2(1+3+3^2+\cdots+3^{n-1})&1\end{pmatrix}$

이때 $2(1+3+3^2+\cdots+3^{n-1})=2\times\frac{3^n-1}{3-1}=3^n-1$이므로

$A^n=2^n\begin{pmatrix}3^n&0\\3^n-1&1\end{pmatrix}$

따라서 A^n의 모든 성분의 합은

$2^n(3^n+3^n-1+1)=2^{n+1}\times3^n$ 이므로

A^{2025}의 모든 성분의 합은 $2^{2026}\times3^{2025}$

$\therefore m=2026$, $n=2025$

602 정답 O

$A+B=O$에서 $A=-B$, $B=-A$이고 $AB^2=E$이므로

$AB^2=A(-A)^2=A^3=E$이므로

$A^3-E=O$에서 $(A-E)(A^2+A+E)=O$

$\therefore A^2+A+E=O \quad (\because A\neq E)$

$B^3=(-A)^3=-A^3=-E \qquad \therefore B^6=E$

$B^3+E=O$에서 $(B+E)(B^2-B+E)=O$

$\therefore B^2-B+E=O \quad (\because B\neq -E)$

$A+A^2+A^3+\cdots+A^{2023}$

$=(A+A^2+A^3)+A^3(A+A^2+A^3)+\cdots$
$+A^{2019}(A+A^2+A^3)+A^{2023}$

$=(A+A^2+E)+E(A+A^2+E)+\cdots$
$+E(A+A^2+E)+A$

$=A$

$B+B^2+B^3+\cdots+B^{2023}$

$=(B+B^2+\cdots+B^6)+B^6(B+B^2+\cdots+B^6)+\cdots$
$+B^{2016}(B+B^2+\cdots+B^6)+B^{2023}$

$=(B+B^2-E-B-B^2+E)+E(B+B^2-\cdots+E)+\cdots$
$+E(B+B^2-\cdots+E)+B$

$=B$

$\therefore (A+A^2+A^3+\cdots+A^{2023})+(B+B^2+B^3+\cdots+B^{2023})$

$=A+B=O$

603 정답 ········· 3

$A=\begin{pmatrix} 2 & 1 \\ 0 & 3 \end{pmatrix}$에서 케일리-헤밀턴 정리에 의하여

$A^2-5A+6E=O$이므로

$A(A-2E)=3(A-2E)$ ······ ㉠

$A(A-3E)=2(A-3E)$ ······ ㉡

㉠의 양변에 A를 곱하면

$A^2(A-2E)=3A(A-2E)=3^2(A-2E)$

$A^3(A-2E)=3^2A(A-2E)=3^3(A-2E)$

⋮

$\therefore A^n(A-2E)=3^n(A-2E)$ ······ ㉢

㉡의 양변에 A를 곱하면

$A^2(A-3E)=2A(A-3E)=2^2(A-3E)$

$A^3(A-3E)=2^2A(A-3E)=2^3(A-3E)$

⋮

$\therefore A^n(A-3E)=2^n(A-3E)$ ······ ㉣

㉢$-$㉣을 하면

$A^n=3^n(A-2E)-2^n(A-3E)$

$=(3^n-2^n)A+6(2^{n-1}-3^{n-1})E$

따라서 A^n의 모든 성분의 합은

$S(n)=(3^n-2^n)\times 6+6(2^{n-1}-3^{n-1})\times 2$

$=2\times 3^n$

$\therefore \dfrac{S(2025)}{S(2024)}=\dfrac{2\times 3^{2025}}{2\times 3^{2024}}=3$

604 정답 ········· $x=-1$, $y=-1$

$A=\begin{pmatrix} -1 & 1 \\ -3 & 2 \end{pmatrix}$에서 케일리-헤밀턴 정리에 의하여

$A^2-A+E=O$

양변에 $A+E$를 곱하면 $(A+E)(A^2-A+E)=O$, $A^3+E=O$

$\therefore A^3=-E$

$A^6=(A^3)^2=(-E)^2=E$이므로

$A^{2026}=(A^6)^{337}\times A^4=A^4=A^3\times A=-A$

$\therefore A^{2026}\begin{pmatrix} 1 \\ 2 \end{pmatrix}=-A\begin{pmatrix} 1 \\ 2 \end{pmatrix}=-\begin{pmatrix} -1 & 1 \\ -3 & 2 \end{pmatrix}\begin{pmatrix} 1 \\ 2 \end{pmatrix}=\begin{pmatrix} -1 \\ -1 \end{pmatrix}$이므로

$x=-1$, $y=-1$

605 정답 ········· 0

$A=\begin{pmatrix} 5 & 4 \\ -4 & -3 \end{pmatrix}$에서 케일리-헤밀턴 정리에 의하여

$A^2-2A+E=O$

$\therefore A^2=2A-E$

$A^3=A^2A=(2A-E)A=2A^2-A=2(2A-E)-A$

$=3A-2E$

$A^4=A^3A=(3A-2E)A=3A^2-2A=3(2A-E)-2A$

$=4A-3E$

⋮

$A^n=nA-(n-1)E$ (단, n은 자연수)

$\therefore A^{2025}=2025A-2024E$

$A^{2025}-A^{2024}=(2025A-2024E)-(2024A-2023E)$

$=A-E$

$=\begin{pmatrix} 5 & 4 \\ -4 & -3 \end{pmatrix}-\begin{pmatrix} 1 & 0 \\ 0 & 1 \end{pmatrix}=\begin{pmatrix} 4 & 4 \\ -4 & -4 \end{pmatrix}$

따라서 모든 성분의 합은 $4+4-4-4=0$이다.

606 정답 ········· 2

$A=\begin{pmatrix} \frac{\sqrt{3}}{2} & -\frac{1}{2} \\ \frac{1}{2} & \frac{\sqrt{3}}{2} \end{pmatrix}$에서 케일리-헤밀턴 정리에 의하여

$A^2-\sqrt{3}A+E=O$ $\qquad\therefore A^2+E=\sqrt{3}A$

양변을 제곱하여 정리하면

$A^4+2A^2+E=3A^2$, $A^4-A^2+E=O$

$(A^2+E)(A^4-A^2+E)=O$에서 $A^6+E=O$

$\therefore A^6=-E$

$A^{12}=(A^6)^2=(-E)^2=E$

$A^{12}-E=(A-E)(A^{11}+A^{10}+\cdots+A+E)=O$

$\therefore E+A+A^2+\cdots+A^{11}=O$ $\quad(\because A\neq E)$

$E+A+A^2+A^3+\cdots+A^{96}$

$=(E+A+A^2+\cdots+A^{11})$

$+A^{12}(E+A+A^2+\cdots+A^{11})+\cdots$

$+A^{84}(E+A+A^2+\cdots+A^{11})+A^{96}$

$=A^{96}=(A^{12})^8=(E)^8=E$

따라서 구하는 행렬의 모든 성분의 합은 2이다.

607 정답 ········· ㄴ, ㄷ

ㄱ. [반례] $A=\begin{pmatrix} 1 & 1 \\ -1 & -1 \end{pmatrix}$, $B=\begin{pmatrix} 2 & -1 \\ 4 & -2 \end{pmatrix}$라 하면

$A^2=B^2=O$이지만 $AB\neq 0$이다. (거짓)

ㄴ. $BA=A+2E$에서 $(B-E)A=A(B-E)=2E$이므로

$AB=BA$

$\therefore AB^2A-2A=(BA)^2-2A$

$=(A+2E)^2-2A$
$=A^2+2A+4E$
$=4E+4E=8E$ (참)

ㄷ. $2A+BA=E$에서 $(2E+B)A=A(2E+B)=E$이므로
$AB=BA$
$A^2B+2A^2=B+3E$에서 $A(BA)+2A^2=B+3E$
$A(E-2A)+2A^2=B+3E$
$\therefore A=B+3E$ …… ㉠
$BA=E-2A=E-2(B+3E)=-5E-2B$
㉠의 왼쪽에 행렬 B를 곱하면 $BA=B^2+3B$
따라서 $B^2+3B=-5E-2B$에서 $B^2+5B=-5E$ (참)

608 정답 ㄱ, ㄴ, ㄷ

ㄱ. $(ABA-E)^2=ABAABA-2ABA+E$
$=ABBA-2ABA+E \quad (\because A^2=E)$
$=A^2-2ABA+E \quad (\because B^2=E)$
$=2(E-ABA) \quad (\because A^2=E)$
$\therefore (ABA-E)^5=\{(ABA-E)^2\}^2(ABA-E)$
$=4(E-ABA)^2(ABA-E)$
$=8(E-ABA)(ABA-E)$
$=-8(E-ABA)^2$
$=-16(E-ABA)$
$=16(ABA-E)$ (참)

ㄴ. $A-B=\begin{pmatrix} a & b+1 \\ c-1 & d \end{pmatrix}-\begin{pmatrix} a & b-1 \\ c+1 & d \end{pmatrix}=\begin{pmatrix} 0 & 2 \\ -2 & 0 \end{pmatrix}$
$(A-B)^2=\begin{pmatrix} 0 & 2 \\ -2 & 0 \end{pmatrix}\begin{pmatrix} 0 & 2 \\ -2 & 0 \end{pmatrix}=\begin{pmatrix} -4 & 0 \\ 0 & -4 \end{pmatrix}=-4E$
$(A-B)^2=-4E$에서 $A^2-AB-BA+B^2=-4E$
$\therefore A^2+B^2+4E=AB+BA$ (참)

ㄷ. $B^2+2AB+B=E$에서 …… ㉠
$(B+2A+E)B=B(B+2A+E)=E$이므로 $AB=BA$
$(A+B-E)(A+B+E)=O$에서
$(A+B)^2-E=O$이고 $AB=BA$이므로
$A^2+2AB+B^2-E=O$ …… ㉡
㉠$-$㉡에서 $B-A^2=O$ $\qquad \therefore B=A^2$
이를 ㉡에 대입하면 $A^2+2AA^2+(A^2)^2-E=O$
$\therefore A^4+2A^3+A^2=E$ (참)

609 정답 $p=10,\ q=-5$

$A^2\begin{pmatrix} -1 \\ 2 \end{pmatrix}=AA\begin{pmatrix} -1 \\ 2 \end{pmatrix}=A\begin{pmatrix} 2 \\ 1 \end{pmatrix}$ 이므로 $A\begin{pmatrix} 2 \\ 1 \end{pmatrix}=\begin{pmatrix} 3 \\ 2 \end{pmatrix}$
실수 a, b에 대하여
$\begin{pmatrix} 1 \\ 2 \end{pmatrix}=a\begin{pmatrix} 2 \\ 1 \end{pmatrix}+b\begin{pmatrix} 3 \\ 2 \end{pmatrix}$가 성립한다고 하면
$\begin{pmatrix} 1 \\ 2 \end{pmatrix}=\begin{pmatrix} 2a+3b \\ a+2b \end{pmatrix}$
$\therefore 2a+3b=1,\ a+2b=2$
두 식을 연립하여 풀면 $a=-4$, $b=3$
즉, $\begin{pmatrix} 1 \\ 2 \end{pmatrix}=-4\begin{pmatrix} 2 \\ 1 \end{pmatrix}+3\begin{pmatrix} 3 \\ 2 \end{pmatrix}$ 이므로
$\begin{pmatrix} 2 \\ 1 \end{pmatrix}=A\begin{pmatrix} -1 \\ 2 \end{pmatrix}$, $\begin{pmatrix} 3 \\ 2 \end{pmatrix}=A\begin{pmatrix} 2 \\ 1 \end{pmatrix}$을 대입하면
$\begin{pmatrix} 1 \\ 2 \end{pmatrix}=-4A\begin{pmatrix} -1 \\ 2 \end{pmatrix}+3A\begin{pmatrix} 2 \\ 1 \end{pmatrix}=A\begin{pmatrix} 10 \\ -5 \end{pmatrix}$
$\therefore p=10,\ q=-5$